山东省建筑施工企业管理人员安全生产考核培训教材

建筑安全生产考核知识

（第二版）

山东省建筑施工企业管理人员安全生产考核培训教材编审委员会　组织编写

主　　编　栾启亭　王东升

副 主 编　张英明　祁忠华　刘　锦

编写人员　（按姓氏笔画为序）

王东升　王学强　石　剑　刘　锦

祁忠华　杜海滨　吴秀丽　张英明

张国波　范国耀　郝瑞民　栾启亭

中国海洋大学出版社

·青岛·

图书在版编目(CIP)数据

建筑安全生产考核知识 / 栾启亭，王东升主编. —
青岛：中国海洋大学出版社，2012.12（2015.4 重印）
ISBN 978-7-5670-0214-2

Ⅰ.①建… Ⅱ.①栾…②王… Ⅲ.①建筑工程—安全生产—基本知识 Ⅳ.①TU714

中国版本图书馆 CIP 数据核字(2012)第 309941 号

出版发行 中国海洋大学出版社
社　　址 青岛市香港东路 23 号　　邮政编码 266071
出 版 人 杨立敏
网　　址 http://www.ouc-press.com
电子信箱 cbslxl@ouc.edu.cn
订购电话 0532—82032573(传真)
责任编辑 李学伦　　电　　话 0532—85902387
印　　制 日照报业印刷有限公司
版　　次 2012 年 12 月第 1 版
印　　次 2015 年 4 月第 2 次印刷
成品尺寸 185 mm×260 mm
印　　张 45.25
字　　数 1 036 千字
定　　价 150.00 元

山东省建筑施工企业管理人员安全生产考核培训教材(第二版)编审委员会

山东省建筑施工企业管理人员安全生产考核培训教材(第一版)编委会

前　言

（第二版）

本培训教材自2008年出版以来，对规范我省建筑施工企业管理人员任职资格安全生产培训考核工作，提高企业管理人员安全生产意识和水平，丰富相关人员安全生产知识，保障建筑施工企业的安全生产起到了积极作用。近年来，随着践行科学发展观的深入，国家、社会、企业和个人对安全生产空前重视，安全生产的法规建设、制度建设和技术创新与应用得到迅速发展，迫切需要对教材内容进行补充和完善。

本版教材修订的原则是，依据鲁建管质安字〔2009〕2号有关要求，对部分章节进行了调整，对一些内容进行了增删，突出了教材的针对性、时效性、实用性和知识性。针对性，表现在明确针对建筑施工企业管理人员这一特定对象，内容上紧紧围绕安全生产管理工作这一明确主题编写；时效性，表现在以现行安全生产法律法规和建筑安全技术标准为主要依据；实用性，表现在教材收纳的内容和编辑的形式充分考虑为企业管理人员安全生产考核服务，便于学员学习和思考；知识性，表现在将涉及建筑安全生产的现行主要法律法规、规范标准编辑在附录中，供以后实际工作中查阅。

本培训教材由山东省建筑施工企业管理人员安全生产考核培训教材（第二版）编审委员会组织修订和编写，山东省建筑施工安全监督站、山东省建筑安全与设备管理协会负责具体组织，编写过程中得到住房城乡建设部质量安全监督司，以及山东省各市建筑工程管理部门、安全监督管理机构以及相关建筑施工企业，尤其是得到中国海洋大学培训中心、青岛市城乡建设委员会建筑工程管理局、烟台市住房城乡建设局、威海市建筑工程管理处等单位的大力支持和热情帮助，在此表示感谢。

本书主要根据最新颁布的有关建筑安全生产法律法规和技术规范对原书的部分内容进行了修订，张英明、王东升、刘锦等负责具体修订和编写工作。

由于编者水平有限，难免存在错误和不足之处，真诚希望给予指正。

山 东 省 建 筑 工 程 管 理 局
山东省建筑施工企业管理人员安全生产考核培训教材(第二版)编委会
2012 年 12 月

目　次

第1章　绪论 ……………………………………………………… (1)
1.1　我国建筑业安全生产概况与形势 ……………………………… (1)
1.2　我省建筑安全生产形势 ………………………………………… (15)
1.3　国务院对建筑安全生产的指导意见 …………………………… (27)
1.4　住房与城乡建设部对建筑安全生产的要求 …………………… (47)
1.5　山东省政府关于建筑安全生产的措施 ………………………… (55)
1.6　安全生产“十二五”规划 ……………………………………… (61)

第2章　安全生产法律体系 ……………………………………… (83)
2.1　工程建设法律基础 ……………………………………………… (83)
2.2　工程建设法律关系 ……………………………………………… (87)
2.3　工程建设基本民事法律制度 …………………………………… (94)
2.4　安全生产法律法规概述 ………………………………………… (101)
2.5　建筑安全生产法律法规概述 …………………………………… (102)
2.6　建筑安全生产法律 ……………………………………………… (104)
2.7　建筑安全生产法规 ……………………………………………… (111)
2.8　建筑安全生产地方性法规 ……………………………………… (122)
2.9　建筑安全生产规章 ……………………………………………… (124)
2.10　建筑安全生产规范性文件 ……………………………………… (129)
2.11　建筑业安全卫生公约 …………………………………………… (174)

第3章　建筑安全生产法律责任 ………………………………… (176)
3.1　建筑安全生产法律责任概述 …………………………………… (176)
3.2　建设单位的建筑安全生产法律责任 …………………………… (177)
3.3　勘察、设计单位的建筑安全生产法律责任 …………………… (178)
3.4　工程监理单位的建筑安全生产法律责任 ……………………… (178)
3.5　施工单位的建筑安全生产法律责任 …………………………… (179)
3.6　其他相关单位建筑安全生产法律责任 ………………………… (190)
3.7　有关人员的建筑安全生产法律责任 …………………………… (191)
3.8　建设行政主管部门及其工作人员相关安全生产法律责任 …… (193)

第4章 建筑施工企业安全生产管理 …… (198)
4.1 安全生产责任制度 …… (198)
4.2 安全目标管理 …… (204)
4.3 施工组织设计 …… (207)
4.4 安全专项施工方案 …… (209)
4.5 安全技术措施和安全技术交底 …… (215)
4.6 安全检查与施工现场带班 …… (217)
4.7 安全生产教育培训 …… (223)
4.8 安全生产管理机构与人员配备 …… (228)
4.9 安全生产职业资格考核 …… (231)
4.10 施工机械设备管理与使用 …… (239)
4.11 安全防护用具 …… (244)
4.12 安全生产费用管理 …… (246)
4.13 建筑安全生产标准化 …… (248)
4.14 生产安全事故统计报告与调查处理 …… (250)
4.15 生产安全事故应急救援预案 …… (257)
4.16 作业人员安全生产方面的权利和义务 …… (261)

第5章 施工现场管理与文明施工 …… (265)
5.1 施工现场的平面布置与划分 …… (265)
5.2 场地与道路 …… (268)
5.3 封闭管理 …… (268)
5.4 临时设施 …… (270)
5.5 临时设施的搭设与使用管理 …… (273)
5.6 施工现场的卫生与防疫 …… (275)
5.7 六牌两图与两栏一报 …… (277)
5.8 安全标志的设置 …… (278)
5.9 塔式起重机的设置 …… (282)
5.10 搅拌站的设置 …… (283)
5.11 材料的堆放 …… (283)
5.12 场地清理 …… (284)
5.13 现场消防 …… (284)
5.14 治安综合治理与社区服务 …… (289)
5.15 环境保护 …… (290)
5.16 安全文明工地评选 …… (291)

第6章 建筑工程安全生产技术 …… (294)
6.1 工程建设强制性标准监督规定 …… (294)

6.2 施工企业安全生产评价标准 …… (296)
6.3 施工企业安全生产管理规范 …… (313)
6.4 建设工程施工现场消防安全技术规范 …… (330)
6.5 建筑施工安全检查标准 …… (352)
6.6 建筑施工扣件式钢管脚手架安全技术规范 …… (436)
6.7 建筑施工现场塔式起重机安装拆卸安全技术规程 …… (504)
6.8 施工现场临时用电安全技术规范 …… (531)
6.9 施工升降机安全规程 …… (571)
6.10 手持式电动工具的管理、使用、检查和维修安全技术规程 …… (581)
6.11 龙门架及井架物料提升机安全技术规范 …… (586)
6.12 施工现场临时建筑物技术规范 …… (603)
6.13 建筑施工土石方工程安全技术规范 …… (635)
6.14 建筑施工作业劳动防护用品配备及使用标准 …… (649)
6.15 建筑施工现场环境与卫生标准 …… (654)

附录 山东省建设厅及建筑工程管理局文件 …… (659)
关于印发《山东省建筑施工特种作业人员管理暂行办法》的通知 …… (659)
关于做好全省建筑施工企业管理人员安全生产考核合格证书延期复审工作的通知 …… (665)
关于印发《山东省建筑起重机械安全监督管理办法》的通知 …… (672)
关于印发《山东省建筑工程安全专项施工方案编制审查与专家论证办法》的通知 …… (679)
关于印发《山东省建筑施工企业及项目部领导施工现场值班带班管理规定》的通知 …… (686)
山东省建筑施工企业安全生产许可证管理办法 …… (690)
山东省建筑施工企业安全生产许可证动态考核办法 …… (699)
关于建立建筑工程安全生产警示约谈制度的通知 …… (702)
关于进一步落实建设工程安全生产监理责任的意见 …… (706)
关于印发《山东省建筑安全生产标准化工作实施方案》的通知 …… (709)

第1章 绪 论

1.1 我国建筑业安全生产概况与形势

1.1.1 我国建筑业安全生产概况

1.建筑业发展现状和面临形势

(1)“十五”时期,我国国民经济持续健康发展,社会主义市场经济体制不断完善,建筑业也取得了史无前例的辉煌成就

第一次全国经济普查结果显示,到2004年末,我国建筑行业拥有建筑业企业、产业活动单位和个体建筑户近70万个,从业人员3 270万人,营业收入32 426亿元。建筑行业中的主要力量是建筑业企业,全国近13万家建筑业企业从业人员达2 791万人,拥有资产超过31 600亿元,当年完成施工产值约31 000亿元,实现利税1 830亿元。建筑业已成为名副其实的国民经济支柱产业。

1)建筑业企业、单位和个体经营户数及分布特点

2004年末,我国共有建筑业企业法人12.81万个,占二、三产业全部企业法人的3.9%;非建筑行业的建筑业产业活动单位0.29万个,占二、三产业全部产业活动单位的0.04%;建筑业个体经营户56.48万户,占二、三产业全部个体经营户的1.4%。建筑业企业的分布特点如下:

①建筑业企业主要分布在东部沿海地区。2004年末,东部地区有7.95万个,占全部建筑业企业法人的62.1%;中部地区有2.64万个,占20.6%;西部地区有2.22万个,占17.3%。非建筑行业的建筑业产业活动单位和建筑业个体经营户的地域分布与建筑业法人企业的分布情况基本一致。

②主要从事房屋和土木工程建筑活动的建筑业企业占44%。2004年末,从事房屋和土木工程建筑业企业5.68万个,占全部建筑业法人企业的44.3%;建筑安装业企业2.34万个,占18.3%;建筑装饰业企业3.75万个,占29.3%;其他建筑业企业1.04万个,占8.1%。

从企业行业构成来看,资质内建筑业企业有近60%主要从事房屋和土木工程建筑活动,资质外建筑业企业有近40%主要从事建筑装饰活动。

③私营建筑业企业已经占全部建筑业企业的50%。2004年末,私营建筑业企业达6.69万个,占52.2%,其他有限责任公司2.62万个,占20.4%,集体企业1.49万个,占

11.6%，国有企业0.9万个，占7.0%。资质内和资质外建筑业企业分布与全部企业分布情况基本一致。

2)建筑业就业人员情况及分布特点

2004年末，我国建筑业就业人数达到3 270.34万人，占全部二、三产业就业人数的10.6%。其中，建筑业企业2 791.43万人，非建筑行业的建筑业产业活动单位17.27万人，建筑业个体经营户461.64万人。分布特点如下：

①建筑业从业人员主要分布在企业中。2004年末，建筑业企业就业人数2 791.43万人，占建筑业全部就业人员的85.4%，其中，资质内企业2 590.11万人，占79.2%；建筑业个体经营户461.64万人，占建筑业全部就业人员的14.1%；非建筑行业的建筑业产业活动单位17.27万人，仅占0.5%。建筑业从业人员主要分布在建筑业企业、特别是资质内企业中。

②东部地区建筑业就业人数超过中西部地区之合。2004年末，东部地区建筑业就业人数1 741.47万人，占建筑业全部就业人数的53.3%，其中，建筑业企业1 527.53万人，占46.7%；中部地区853.00万人，占26.1%，其中，建筑业企业695.24万人，占21.3%；西部地区675.87万人，占20.7%，其中，建筑业企业568.66万人，占17.4%。全国有近48%的建筑业从业人员在东部地区的建筑业企业就业。

③建筑业企业中，从事房屋和土木工程建筑活动的就业人数占84%。2004年末，从事房屋和土木工程建筑业的企业就业人数有2 344.00万人，占全部建筑业企业就业人数的84.0%，其中，资质内企业2 235.50万人，占80.1%；建筑安装业企业246.84万人，占8.8%，其中，资质内企业207.83万人，占7.4%；建筑装饰业企业122.18万人，占4.4%，其中，资质内企业87.43万人，占3.4%；其他建筑业企业78.42万人，仅占2.8%。

④其他有限责任公司吸纳的就业人数最多。2004年末，从事建筑生产活动的其他有限责任公司就业人数为920.25万人，占全部建筑企业就业人数的33.0%；私营企业726.83万人，占26.0%；国有企业448.76万人，占16.1%；集体企业360.68万个，占12.9%。

建筑业企业中，资质内企业就业人数与全部企业的分布情况一致，但资质外企业就业人数主要分布在私营企业中。

3)建筑业生产情况及特点

2004年，我国建筑业企业完成建筑业总产值30 998.35亿元，其中，资质内企业完成29 225.79亿元，资质外企业完成1 772.56亿元；非建筑行业的建筑业产业活动单位经营性收入215.14亿元；建筑业个体经营户经营收入2 164.63亿元。建筑业企业生产情况的主要特点：

①东部地区企业完成建筑业总产值占63.7%。2004年，东部地区建筑业企业完成建筑业总产值19 736.00亿元，占全部建筑业企业的63.7%，中部地区完成6 281.66亿元，占20.3%，西部地区完成4 980.69亿元，占16.1%。

②房屋和土木工程建筑业产值所占比重最高。2004年，建筑业企业完成房屋和土木工程建筑业产值25 972.23亿元，占全部建筑业企业的83.8%，其中，资质内企业完成25 040.22亿元，占80.8%；建筑安装业企业3 035.16亿元，占全部建筑业企业的9.8%；

建筑装饰业企业 1 310.96 亿元，占 4.2%；其他建筑业企业 679.99 亿元，占 2.2%。

建筑业企业资产、负债和所有者权益。2004 年末，我国建筑业企业拥有资产总额 31 628.72亿元，其中，资质内企业 29 000.64 亿元，资质外企业 2 628.08 亿元。企业负债总额 19 786.92 亿元，其中，资质内企业 18 472.22 亿元，资质外企业 1 314.69 亿元。企业所有者权益 11 841.40 亿元，其中，资质内企业 10 528.01 亿元，资质外企业 1 313.38 亿元。

在企业所有者权益中，实收资本 8 881.26 亿元，其中，资质内企业 7 948.89 亿元，资质外企业 932.37 亿元；工程结算收入 29 380.96 亿元，其中，资质内企业 27 647.89 亿元，资质外企业 1 733.07 亿元；实现利税 1 830.90 亿元，其中，资质内企业 1 666.25 亿元，资质外企业 164.65 亿元。

在企业实收资本总额中，国家资本 2 047.37 亿元，占 23.1%，集体资本 896.15 亿元，占 10.1%；法人资本 2 612.63 亿元，占 29.4%；个人资本 3 208.69 亿元，占 36.1%；港澳台资本 55.33 亿元，占 0.6%；外商资本 61.10 亿元，占 0.7%。

(2)“十一五”时期，我国国民经济保持了平稳快速发展，固定资产投资规模不断扩大，为建筑业的发展提供了良好的市场环境

1)取得主要成就

①工程建设成就辉煌。“十一五”期间，我国国民经济持续健康发展，社会主义市场经济体制不断完善，建筑业也取得了史无前例的辉煌成就，建筑业完成了一系列设计理念超前、结构造型复杂、科技含量高、使用要求高、施工难度大、令世界瞩目的重大工程；完成了上百亿平方米的住宅建筑，为改善城乡居民居住条件做出了突出贡献。

②产业规模创历史新高。全社会固定资产投资总额，2008 年和 2007 年都同比增长了 23%以上，2010 年比 2009 年增长了 23.8%，2010 年，全国具有资质等级的总承包和专业承包建筑业企业完成建筑业总产值 95 206 亿元，全社会建筑业实现增加值 26 451 亿元；全国工程勘察设计企业营业收入 9 547 亿元；全国工程监理企业营业收入 1 196 亿元。2011 年比 2010 年增长了 23.6%。“十一五”期间，建筑业增加值年均增长 20.6%，全国工程勘察设计企业营业收入年均增长 26.5%，全国工程监理企业营业收入年均增长 33.7%，均超过“十一五”规划的发展目标。但是，2012 年国家计划是全社会固定资产投资总额比去年增长 16%，和前两年比，增长的速度降低了 7 个百分点。按照惯例，一般来说实际增长可能比预计的要多一点。但是，2012 年的宏观调控目标是，GDP 增长 7.5%，全社会固定资产投资总额增长率降低 7 个百分点。

③在国民经济中的支柱地位不断加强。“十一五”期间，建筑业增加值占国内生产总值的比重保持在 6%左右，2010 年达到 6.6%。建筑业全社会从业人员达到 4 000 万人以上，成为大量吸纳农村富余劳动力就业、拉动国民经济发展的重要产业，在国民经济中的支柱地位不断加强。

④国际市场开拓取得新进展。“十一五”期间，建筑企业积极开拓国际市场，对外承包工程营业额年均增长 30%以上；2010 年对外承包工程完成营业额 922 亿美元，新签合同额 1 344 亿美元。

⑤技术进步和创新成效明显。“十一五”以来，许多大型工程勘察设计企业和建筑施

工企业加大科技投入，建立企业技术开发中心和管理体系，重视工程技术标准规范的研究，突出核心技术攻关，设计、建造能力显著提高。超高层大跨度房屋建筑、大型工业设施设计建造与安装、大跨径长距离桥梁建造、高速铁路、大体积混凝土筑坝、钢结构施工、特高压输电等领域技术达到国际领先或先进水平。

⑥监管机制逐步健全。“十一五”以来，政府部门出台了建筑市场监管、工程质量安全管理、标准定额管理等一系列规章制度和政策文件，监管机制逐步健全，监管力度逐步加大，工程质量安全形势持续好转。

2）建筑业存在主要问题

①行业可持续发展能力不足。建筑业发展很大程度上仍依赖于高速增长的固定资产投资规模，发展模式粗放，工业化、信息化、标准化水平偏低，管理手段落后；建造资源耗费量大，碳排放量突出；多数企业科技研发投入较低，专利和专有技术拥有数量少；高素质的复合型人才缺乏，一线从业人员技术水平不高。

②市场主体行为不规范。建设单位违反法定建设程序、规避招标、虚假招标、任意压缩工期、恶意压价、不严格执行工程建设强制性标准规范等情况较为普遍；建筑企业出卖、出借资质，围标、串标、转包、违法分包情况依然突出；建设工程各方主体责任不落实，有些施工企业质量安全生产投入不足，施工现场管理混乱，有些监理企业不认真履行法定职责，部分注册人员执业责任落实不到位，工程质量安全事故时有发生。

③政府监管有待加强。建筑市场、质量安全、标准规范和工程造价等法规制度还不完善，建筑业发展相关政策不配套；监管手段有待改进，监管力度有待进一步加强；诚实守信的行业自律机制尚未形成。

3）建筑业面临形势

“十二五”时期是全面建设小康社会的关键时期，是深化改革开放，加快转变经济发展方式的攻坚时期。随着我国工业化、信息化、城镇化、市场化、国际化深入发展，基本建设规模仍将持续增长，经济全球化继续深入发展，为建筑业“走出去”带来了更多的机遇。“十二五”时期仍然是建筑业发展的重要战略机遇期。

与此同时，建筑业也面临高、大、难、新工程增加，各类业主对设计、建造水平和服务品质的要求不断提高，节能减排外部约束加大，高素质复合型、技能型人才不足，技术工人短缺，国内外建筑市场竞争加剧等严峻挑战。

2.建筑业“十二五”指导思想、基本原则和发展目标

(1)指导思想

以邓小平理论和“三个代表”重要思想为指导，深入贯彻落实科学发展观，以保障工程质量安全为核心，以加快建筑业发展方式转变和产业结构调整为主线，以建筑节能减排为重点，以继续深化建筑业体制机制改革为动力，以完善法规制度和标准体系为着力点，以技术进步和创新为支撑，加大政府监管力度，加强行业发展指导，促进建筑业可持续发展。

(2)基本原则

1)坚持市场调节与政府监管相结合。在工程建设的全过程遵循市场经济规律，充分发挥市场配置资源的基础作用；加强政府对建筑市场秩序、质量安全的监管，形成统一开放、竞争有序的建筑市场环境。

2)坚持行业科技进步与规模增长相结合。转变建筑业发展方式,逐步改变建筑业单纯依靠规模扩张的发展模式,注重提高队伍人员素质,提升建筑业的科技、管理、标准化水平,使行业科技进步与产业规模同步发展。

3)坚持国内与国际两个市场发展相结合。适应国家调整优化投资结构发展需要,引导企业合理调整经营布局和业务结构,拓展国内市场;加快实施“走出去”发展战略,充分发挥工程建设标准的支撑引导作用和工程设计咨询的龙头作用,进一步提高建筑企业的对外工程承包能力,积极开拓国际市场。

4)坚持节能减排与科技创新相结合。发展绿色建筑,加强工程建设全过程的节能减排,实现低耗、环保、高效生产;大力推进建筑业技术创新、管理创新,推进绿色施工,发展现代工业化生产方式,使节能减排成为建筑业发展新的增长点。

5)坚持深化改革与稳定发展相结合。继续推进国有大型勘察设计、施工企业的改制重组,建立健全现代企业制度,支持非公有制企业发展;完善工程建设法规制度,健全市场机制,保障建筑从业人员合法权益,促进建筑业稳定发展。

(3)发展目标

至“十二五”期末,努力实现如下目标:

1)产业规模目标。以完成全社会固定资产投资建设任务为基础,全国建筑业总产值、建筑业增加值年均增长15%以上;全国工程勘察设计企业营业收入年均增长15%以上;全国工程监理、造价咨询、招标代理等工程咨询服务企业营业收入年均增长20%以上;全国建筑企业对外承包工程营业额年均增长20%以上。巩固建筑业支柱产业地位。

2)人才队伍建设目标。基本实施勘察设计注册工程师执业资格管理制度,健全注册建造师、注册监理工程师、注册造价工程师执业制度。培养造就一批满足工程建设需要的专业技术人才、复合型人才和高技能人才。加强劳务人员培训考核,提高劳务人员技能和标准化意识,施工现场建筑工人持证上岗率达到90%以上。调整优化队伍结构,促进大型企业做强做大,中小企业做专做精,形成一批具有较强国际竞争力的国际型工程公司和工程咨询设计公司。

3)技术进步目标。在高层建筑、地下工程、高速铁路、公路、水电、核电等重要工程建设领域的勘察设计、施工技术、标准规范达到国际先进水平。加大科技投入,大型骨干工程勘察设计单位的年度科技经费支出占企业年度勘察设计营业收入的比例不低于3%,其他工程勘察设计单位年度科技经费支出占企业年度营业收入的比例不低于1.5%;施工总承包特级企业年度科技经费支出占企业年度营业收入的比例不低于0.5%。特级及一级建筑施工企业,甲级勘察、设计、监理、造价咨询、招标代理等工程咨询服务企业建立和运行内部局域网及管理信息平台。施工总承包特级企业实现施工项目网络实时监控的比例达到60%以上。大型骨干工程设计企业基本建立协同设计、三维设计的设计集成系统,大型骨干勘察企业建立三维地层信息系统。

4)建筑节能目标。绿色建筑、绿色施工评价体系基本确立;建筑产品施工过程的单位增加值能耗下降10%,C60以上的混凝土用量达到总用量10%,HRB400以上钢筋用量达到总用量45%,钢结构工程比例增加。新建工程的工程设计符合国家建筑节能标准要达到100%,新建工程的建筑施工符合国家建筑节能标准要求;全行业对资源节约型社会的贡献率明显提高。

5)建筑市场监管目标。建筑市场监管法规进一步完善;市场准入清出、工程招标投标、工程监理、合同管理和工程造价管理等制度基本健全;工程担保、保险制度逐步推行;个人注册执业制度进一步推进;全国建筑市场监管信息系统基本完善;有效的行政执法联动、行业自律、社会监督相结合的建筑市场监管体系基本形成;市场各方主体行为基本规范,建筑市场秩序明显好转。

6)质量安全监管目标。质量安全法规制度体系进一步完善,工程建设标准体系进一步健全;全国建设工程质量整体水平保持稳中有升,国家重点工程质量达到国际先进水平,工程质量通病治理取得显著进步,建筑工程安全性、耐久性普遍增强;住宅工程质量投诉率逐年下降,住宅品质的满意度大幅度提高;安全生产形势保持稳定好转,有效遏制房屋建筑和市政工程安全较大事故,坚决遏制重大及以上生产安全事故,到2015年,房屋建筑和市政工程生产安全事故死亡人数比2010年下降11%以上。

3.主要任务及政策措施

(1)调整优化产业结构

1)支持大型企业提高核心竞争力。通过推进政府投资工程组织实施方式的改革,出台有关政策,引导推动有条件的大型设计、施工企业向开发与建造、资本运作与生产经营、设计与施工相结合方向转变;鼓励有条件的大型企业从单一业务领域向多业务领域发展,增强综合竞争实力。

2)促进中小建筑企业向专、特、精方向发展。通过完善市场准入制度,规范各方主体市场行为,拓宽中小建筑企业发展的市场空间。通过给予中小建筑企业相应扶持政策,提供融资、信息、政府采购优惠、培训等公共服务,促进中小型建筑企业向专、特、精方向发展,大力发展建筑劳务企业,积极引导建筑周转材料、设备、机具等租赁市场发展。

3)大力发展专业工程咨询服务。营造有利于工程咨询服务业发展的政策和体制环境,推进工程勘察、设计、监理、造价、招标代理等工程咨询服务企业规模化、品牌化、网络化经营,创新服务产品,提高服务品质,为业主或委托方提供专业化增值服务。

(2)加强技术进步和创新

1)健全建筑业技术政策体系。建立工程关键技术目录,完善技术成果评价奖励制度,总结、推广先进技术成果,继续加大"建筑业10项新技术"等先进适用技术的推广力度。加快制定推进和鼓励企业技术创新相关政策,完善相关激励机制。

2)建立完善建筑业技术创新体系。加快建立以企业为主体、市场为导向、产学研相结合的行业技术创新体系。引导企业通过开展战略联盟、战略合作、校企合作、技术转让、技术参股等方式,加大技术研发投入,加快技术改造,形成专利、专有技术、标准规范、工法的技术储备,在工程建设中积极应用先进技术,提高工程科技含量,推进建筑业技术更新与创新。

3)积极推动建筑工业化。研究和推动结构件、部品、部件、门窗的标准化,丰富标准件的种类、通用性、可置换性,以标准化推动建筑工业化;提高建筑构配件的工业化制造水平,促进结构构件集成化、模块化生产;鼓励建设工程制造、装配技术发展,鼓励有能力的企业在一些适用工程上采用制造、装配方式,进一步提高施工机械化水平;鼓励和推动新建保障性住房和商品住宅菜单式全装修交房。

4)全面提高行业信息化水平。加强引导,统筹规划,分类指导,重点推进建筑企业管理与核心业务信息化建设和专项信息技术的应用。建立涵盖设计、施工全过程的信息化标准体系,加快关键信息化标准的编制,促进行业信息共享。运用信息技术强化项目过程管理、企业集约化管理、协同工作,提高项目管理、设计、建造、工程咨询服务等方面的信息化技术应用水平,促进行业管理的技术进步。

5)组织重点领域和关键技术的研究。重点加强对建筑节能、环保、抗震、安全监控、既有建筑改造和智能化等关键技术的研究。推动重大工程、地下工程、超高层钢结构工程和住宅工程关键技术的基础研究。鼓励行业骨干企业建立技术研究机构和试验室,成为国家或地方某工程领域专项技术研发基地。

(3)推进建筑节能减排

1)严格履行节能减排责任。政府部门要认真履行建筑执行节能标准的监管责任,着力抓好设计、施工阶段执行节能标准的监管和稽查。各类企业应当自觉履行节能减排社会责任,严格执行国家、地方的各项节能减排标准,确保节能减排标准落实到位。

2)鼓励采用先进的节能减排技术和材料。建立有利于建筑业低碳发展的激励机制,鼓励先进成熟的节能减排技术、工艺、工法、产品向工程建设标准、应用转化,降低碳排放量大的建材产品使用,逐步提高高强度、高性能建材使用比例。推动建筑垃圾有效处理和再利用,控制建筑过程噪声、水污染,降低建筑物建造过程对环境的不良影响。开展绿色施工示范工程等节能减排技术集成项目试点,全面建立房屋建筑的绿色标识制度。

(4)强化质量安全监管

1)完善法规制度和标准规范。建立健全施工图审查、质量监督、质量检测、竣工验收备案、质量保修、质量保险、质量评价等工程质量法规制度。研究建立建筑施工企业和项目部负责人带班、隐患排查治理和挂牌督查等安全监管法规制度。逐步形成适应当前经济社会发展、满足工程建设需求的工程质量安全监管和技术管理的法规制度体系。不断完善工程质量、安全生产标准体系。加快技术创新成果向技术标准转化,不断完善建设工程安全性、耐久性以及抗震设防、节能环保的工程建设标准。

2)严格落实质量安全责任。严格落实工程建设各方主体及质量检测、施工图审查等有关机构的质量责任,落实注册执业人员的质量责任,健全责任追究制度,强化工程质量终身责任制。政府主管部门及质量监督机构要加强质量监督队伍建设,切实履行质量监管职责,督促企业认真执行工程质量法规制度。强化政府部门安全生产的监管责任,严格落实安全生产的企业主体责任,加强层级的监督检查,确保建筑施工安全。

3)提高质量安全监管效能。全面推行质量安全巡查制度,逐步建立以质量安全巡查为主要手段、以行政执法为基本特征的工程质量安全监管模式。建立市场与现场联动的监管机制,实行市场监管和质量安全监管部门的联合执法机制。积极推行分类监管和差别化监管,突出对质量安全管理较薄弱项目的监管,突出对重点工程和民生工程的监管,突出对质量安全行为不规范和社会信用较差的责任主体的监管。积极推进工程质量安全监督管理信息系统建设,研究建立工程质量评价指标体系,科学评价工程质量现状及存在问题,增强质量安全监管工作的针对性。

(5)规范建筑市场秩序

1)加快法规建设步伐。出台《建筑市场管理条例》等法规,明确建筑市场各方主体的责任,遏制建设单位违反法定建设程序、任意压缩工期、压低造价等违法违规行为,依法严厉打击承包单位转包、违法分包行为。推进勘察设计注册工程师、注册建造师、注册监理工程师、注册造价工程师等执业制度建设,落实执业责任,确保工程质量安全。

2)进一步健全市场监管制度。进一步完善工程招投标制度,制定招标代理机构及从业人员考核管理办法,推行电子化招投标。加强合同管理,修订出台工程勘察、设计、施工、监理、工程总承包、项目管理服务等标准合同范本,出台施工承包合同监管指导意见。完善企业市场准入标准,强化企业的现场管理能力、质量安全和技术水平等指标考核,修订出台建筑业企业、工程勘察资质标准。进一步完善工程监理制度,修订工程监理规范,开展工程监理项目标准化试点。加强施工许可管理,修订《建筑工程施工许可管理办法》。加强信用体系建设,完善全国统一的企业和注册人员诚信行为标准,健全诚信信息采集、报送、发布、使用制度。积极稳妥推进建设工程担保、保险制度。

3)加大市场动态监管力度。制定全国统一的数据标准,健全企业、注册人员、工程项目数据库,实现互联互通,建立建筑市场综合监管信息系统。对不满足资质标准、存在违法违规行为、发生重大质量安全事故的企业和个人,依法及时实施处罚,直至清出建筑市场。加强建筑市场监管队伍建设,提高监管效能。督促地方有关部门加强对建筑市场的动态监管,定期汇总通报各地监管情况,加强对地方检查执法情况的监督。

(6)提升从业人员素质

1)优化行业人才发展环境。积极引导企业制订人才发展规划,重视对建筑业人才的培养和引进,建立健全人才培养、引进、使用的激励机制,鼓励各类专业技术人才以专利技术和发明或其他科技成果等要素参与分配。充分发挥企业主体作用,组织开展从业人员岗位培训。加强企业与高等学校、职业院校的合作,引导和支持后备人才的培养,鼓励和支持专业培训机构为企业培养经营管理和专业技术人才。

2)加强注册执业人员队伍建设。严格落实注册执业人员的法律责任,增强其执行法律法规、工程建设标准的自觉性,发挥其在控制质量安全、规范市场行为中的独立性及中坚作用。加强注册执业人员法律法规、业务知识、职业操守等方面的继续教育,不断提升执业人员素质和执业水平。

3)加强施工现场专业人员队伍建设。制定发布建筑工程、市政工程等专业工程施工现场专业人员职业标准,明确施工现场专业人员职位要求,加大培训力度,先培训后上岗,提升专业人员职业素质和业务能力。

4)建设稳定的建筑产业骨干工人队伍。建立健全建筑业农民工培训工作长效机制,加强建筑农民工培训工作,构建适应建筑业行业特点和要求的农民工培训体系。充分发挥企业主体作用,组织开展建筑业从业人员岗位培训;重点依托建设类中等职业学校、技工学校、建筑劳务基地,开展职业技能培训;依托建筑工地农民工业余学校,开展安全生产、职业道德、标准规范培训;推进建筑行业职业技能证书、培训证书的持证上岗制度。推行建筑劳务人员实名管理制度,完善农民工工资支付保障制度,落实农民工的工伤保险、医疗保险、意外伤害保险等政策,探索解决农民工养老保险问题,形成稳定的新型建筑产业骨干工人队伍。

(7)深化企业体制机制改革

1)推进国有建筑企业改制重组。加强对国有建筑企业改革的指导、协调和服务,引导企业通过产权转让、增资扩股、资产剥离、主辅分离等方式推动改制。全面落实国家有关国有企业改革改制的各项优惠政策,努力创造条件,促进大型建筑企业重组,实现强强联合。推进中小国有建筑企业股份制改革,优化和完善产权结构,增强企业活力。国有工程勘察设计单位基本完成由事业单位改制为企业,建立体现技术要素、管理要素参与分配的企业产权制度。

2)大力发展非公有制建筑企业。进一步落实国家扶持非公有制经济发展的相关政策,引导非公有制建筑企业创新发展理念,推进企业文化建设,改进经营方式,提高管理水平。将非公有制建筑企业纳入创业带动就业的政策支持体系,给予相应的扶持政策。按照产业化发展、企业化经营、社会化服务的思路,鼓励非公有制建筑企业以投资、建设、运营等方式进入基础设施和重大产业等领域。鼓励集体建筑企业在界定产权的基础上改制为非公有制企业。

(8)加快“走出去”步伐

1)完善相关政策。会同有关部门共同研究制订《对外承包工程管理条例》配套政策,规范对外承包工程企业市场行为,推动对外承包工程有关税收、信贷、保险、担保等扶持政策落实。加快中国工程建设标准的翻译,加强和国际标准化组织的交流合作,推动中国工程建设标准国际化进程,为加快对外承包工程发展奠定基础。

2)加大市场开拓力度。引导企业选择优势领域、重点区域,大力开拓对外承包工程市场,加快工程设计企业“走出去”步伐,形成资金、设计、建造、设备综合优势,带动设备、建材出口。鼓励我国建筑企业以合资、合作或者投资收购等方式,在当地成立企业,有效利用当地资源拓展业务领域。

(9)发挥行业协会作用

充分发挥行业协会组织、服务、沟通、自律作用,支持行业协会加强行业自律机制建设,通过行业自律公约、信用档案、信用评价等措施,大力倡导企业的诚实守信行为准则,形成有效的行业自律机制。鼓励行业协会积极向政府部门反映行业、企业诉求,参与相关法律法规、宏观调控和产业政策的制定,参与有关标准和行业发展规划、行业准入条件的制定。支持行业协会开展培训、科技推广、经验交流、国际合作等活动。引导协会加强自身建设,提高服务质量和工作水平,增强凝聚力,提高社会公信力,使行业协会成为符合时代发展要求的新型社团组织。

1.1.2 我国建筑业安全生产形势

“十一五”期间,全国各级住房城乡建设部门按照党中央、国务院的决策部署,牢固树立安全发展理念,切实履行安全监管责任,深入推进企业责任落实,有力地促进了全国建筑安全生产形势的持续稳定好转。

1.建筑安全生产工作取得明显成效

(1)事故总量明显下降

2010年全国共发生房屋市政工程事故627起，比2005年减少388起，下降38.23%。

(2)事故死亡人数明显下降

2005年房屋市政工程事故死亡1 193人，之后每年不断减少，2008年降到1 000人以下，2009年降到900人以下，2010年又降到800人以下，2010年比2005年下降35.29%。

(3)较大及以上事故明显下降

2010年房屋市政工程较大及以上事故起数和死亡人数分别是29起、125人，比2005年分别下降32.56%和26.47%。“十一五”时期，全国房屋市政工程没有发生特大生产安全事故。

(4)百亿元建筑业增加值死亡人数明显下降

“十一五”期间，建筑业生产规模持续扩大，预计2010年增加值比2005年增长124%，预计2010年建筑业百亿元增加值死亡人数约为3人，比2005年的10.38人减少7.38人，下降了71.11%。百亿元建筑业增加值死亡人数这个相对指标的大幅度下降，更充分说明了我们安全生产工作所取得的成绩。

(5)有的地区安全生产状况明显好转

2010年与2005年相比，全国房屋和市政工程安全事故起数下降38.23%，下降50%以上的有北京、河北、辽宁、黑龙江、福建、河南、广东、贵州、甘肃等9个省；2010年与2005年相比，死亡人数全国下降了32.59%，下降50%以上的有北京、河北、辽宁、黑龙江、河南、四川、甘肃等7个省；有的地区的安全生产形势一直相对比较好，百亿元建筑业增加值死亡人数一直只有全国平均水平的一半左右，如2009年全国百亿元建筑业增加值死亡人数为3.58人，山东只有1.25人，河南只有1.35人，陕西只有1.90人，辽宁只有1.94人。

2.“十一五”期间全国房屋市政工程安全生产取得了很好的成绩

全国住房城乡建设系统(包括企业)的广大干部职工在建筑安全生产方面做了大量艰苦且富有成效的工作。回顾五年来的工作，主要在以下几个方面取得了比较大的进展：

(1)加强法规建设，建筑安全生产法规体系不断完善

“十一五”期间，建筑安全生产的法律法规在原有的基础上，得到了进一步完善，技术标准规范也不断健全。现施行的已有2部法律、5部行政法规、4个部门规章以及20多个规范性文件，有2部国家标准和12部行业标准。各地结合本地实际，加强地方法规建设和标准制定。如陕西省修订完善了《陕西省建设工程质量和安全生产管理条例》等。

(2)创新工作机制，建筑安全生产管理制度得到强化

“十一五”期间，我们建立并完善了安全生产责任、企业安全生产许可证、“三类人员”任职考核等10余项基本的安全管理制度，有效支撑了建筑安全生产工作。各地不断创新工作机制，如湖南省印发了《建设工程施工项目部和现场监理部关键岗位人员配备标准及管理办法》，安徽省对施工现场采取包括暗查暗访在内的多种检查形式，重庆、广东等地也积极创新，不断推动建筑安全生产工作。

(3)强化安全监管，安全监督执法检查工作有效开展

“十一五”期间，我部组织开展了“严厉打击建筑施工非法违法行为”、“建筑安全专项治理”、“建筑安全隐患排查”等多项专项安全检查。仅在2010年“打非”专项行动中，全国

各地共开展执法行动 21 166 项，检查在建工程项目 43 441 个，查处非法违法建筑施工行为 4 101 起。各地都注重加强安全监督检查工作，如北京市 2010 年全年检查工地 52 427 个，河南省 2010 年共检查建筑施工企业 4 128 家、工程项目 16 166 项，排除了大量的安全隐患。

(4)注重样板引路，施工安全标准化工作持续推进

2009 年底，我部在浙江宁波召开了全国建筑施工安全标准化现场会，对施工安全标准化工作进行了阶段性总结。据统计，“十一五”期间全国累计创建省级建筑施工安全标准化示范工地 32 000 多个。各地大力推动建筑施工安全标准化工作，如黑龙江、浙江、陕西等地不断完善安全标准化的管理措施，福建省组织编印了《建筑施工安全文明标准示范图集》。施工安全标准化工作的开展，有力促进了建筑施工企业安全生产水平的提高。

建筑安全生产工作取得的成绩，是全国住房城乡建设系统从事建筑安全生产的干部职工和广大企业的干部职工辛勤劳动和努力奋斗的结果，在此，肯定成绩，是为了鼓舞士气、坚定信心、继往开来，进一步做好我们的工作。我们相信，只要我们认真研究问题，深刻分析问题，积极想办法、出主意，开拓创新，扎扎实实做好每一项工作，我们的安全生产工作就一定能够做得更好。

3. 建筑安全生产面临的形势

我们在肯定成绩的同时，也要清醒认识到，当前建筑安全生产工作仍然存在不少问题，安全生产形势依然比较严峻。主要反映在以下几个方面：

(1)事故总量仍然比较大

“十一五”时期，虽然每年事故起数和死亡人数都在下降，但事故总量仍然比较大。2010 年共发生事故 627 起、死亡 772 人。

(2)较大及以上事故仍然较多

“十一五”期间，全国较大及以上事故年均发生 33.2 起、死亡 138.6 人。尤其是 2010 年较大及以上事故出现反弹，起数和死亡人数比 2009 年分别上升了 38.10%和 37.36%。2010 年发生两起以上较大事故的地区有江苏(4 起)、四川(4 起)、辽宁(3 起)、北京(2 起)、河北(2 起)、内蒙古(2 起)、吉林(2 起)、广东(2 起)、贵州(2 起)。“十一五”时期还发生了 6 起重大事故，分别是 2010 年 8 月 16 日吉林梅河口事故，死亡 11 人；2008 年 12 月 27 日湖南长沙事故，死亡 18 人；2008 年 11 月 15 日杭州地铁事故，死亡 21 人；2008 年 10 月 30 日福建霞浦事故，死亡 12 人；2007 年 11 月 14 日江苏无锡事故，死亡 11 人；2007 年 6 月 21 日辽宁本溪事故，死亡 10 人。

(3)各地安全工作不平衡

2010 年与 2005 年相比，全国事故起数下降 38.23%，其中有 9 个省下降 50%以上，但有的地方还上升，如山西上升 225%、内蒙古上升 71%、天津上升 40%、海南上升 25%、吉林上升 22%；2010 年与 2005 年相比，全国事故死亡人数下降 35.29%，其中有 7 个省下降 50%以上，但有的地方还上升，如山西上升 260%、吉林上升 100%、内蒙古上升 56%、海南上升 25%、江西上升 12%。从相对数百亿元建筑业增加值死亡人数看，有的地方远远高于全国水平，甚至是 2 倍以上，有的达到 3 倍。如 2009 年全国百亿元建筑业增加值死亡3.58 人，而青海达到 15.24 人、贵州达到 12.95 人、海南达到 8.40 人、上海达到 8.09 人、云南达

到 7.89 人。

(4)建筑市场活动中的不规范行为仍然比较多

从招投标环节看，既有建设单位规避招标，肢解工程、化整为零，或者直接指定施工单位等违法违规行为；又有投标单位弄虚作假、骗取中标，围标、串标，阴阳合同，低价中标、高价结算等违法违规行为；还有招投标代理机构“中介不中”，与招标、投标单位合谋围标、串标等违法违规行为。从承发包环节看，还存在转包、违法分包等违法违规行为。从企业经营管理看，由于建筑市场过度竞争，或者业主的明示、暗示，企业恶意压价，压缩合理工期、降低标准；如有的勘察设计单位不按规范标准勘察设计，勘察设计深度不够；有的施工单位不按强制性标准施工，甚至偷工减料、以次充好；有的监理、监测单位不按标准规范监理、监测，发现问题不及时纠正、不报告、不反映。从企业资质、注册人员资格管理看，有的弄虚作假，有的出借、出租，有的资质挂靠，有的隐瞒不良行为、隐瞒质量安全事故。以上这些大量的违法违规行为，给我们的安全生产埋下了大量的隐患，带来了极大的危害。并且，从大量发生的事故调查说明，其中都存在违法违规行为，如去年上海“11.15”火灾、吉林梅河口事故都是如此。因此，我们必须下决心、下功夫整顿规范建筑市场，必须严厉打击各种违法违规行为。

(5)建筑市场的监管不到位

归纳为“三多三少”，即法律法规制度建设相对比较多，执法监督检查相对比较少；市场准入管理相对比较多，市场清出管理相对比较少；企业资质和个人资格审批管理相对比较多，审批后的后续管理、企业和执业人员的动态管理相对比较少。大量的违法违规行为没有得到查处，严重扰乱了我们的市场。

(6)事故查处不到位

虽然这方面我们已经做了一些工作，但对照法律法规还远远不够。每年几百起的生产安全事故，查处了多少责任单位和责任人，值得我们反思。根据我们对各地事故查处情况的统计，在已作的处罚中，经济处罚方式较多，对企业资质和人员资格的处罚很少，2009年分别只占处罚总数的5.03%和8.68%。按照处罚权限，涉及特级、一级施工企业及甲级监理企业的资质和一级建造师及监理工程师资格的，应由地方向我部提出处罚建议，然后由我部进行处罚，但实际上各地上报要求部里处罚的非常少，甚至可以说少得可怜。以2009年为例，全国共发生了21起较大事故，但各地上报要求部里处罚的只有3起事故，降低企业资质只有1家，吊销建造师证书只有2人，吊销监理工程师证书只有2人。2010年，到目前为止，我部只收到1起地方(即北京)要求对责任企业和责任人进行处罚的建议，这起事故属于一般事故，并非较大事故。2010年全国共发生了29起较大及以上事故，其中施工企业有20家是特级或一级企业，监理企业有24家是甲级企业，而到目前为止，各地还没有报送一起要求我部进行处罚的建议。以上情况充分说明，我们的监管、我们的处罚还很不到位。

对于上述问题，各级住房城乡建设部门一定要引起高度重视，认真反思、认真研究，采取切实有效的措施，真正把建筑安全生产工作抓好。

4.“十二五”时期建筑安全生产的重点工作

“十二五”时期是全面建设小康社会的关键时期，是深化改革开放、加快经济发展方式转变的攻坚时期。随着国民经济的快速发展以及城镇化的高速推进，我国固定资产投资仍将快速增长。因此，“十二五”时期工程安全监管任务仍将艰巨而繁重。我们要结合“十二五”规划，针对存在的问题，认真分析查找原因，不断完善安全生产的法规制度，认真落实安全生产责任制，强化安全生产监管，加大安全生产投入，促进建筑安全生产形势的持续稳定好转。我们要重点做好以下几项工作：

(1)深入落实企业主体责任

2010 年 7 月 19 日，国务院印发了《关于进一步加强企业安全生产工作的通知》。该《通知》是继 2004 年国务院《关于进一步加强安全生产工作的决定》之后出台的又一个安全生产的重要文件，将对未来几年的安全生产工作起重要的指导作用。结合建筑安全生产工作的实际，住房与城乡建设部印发了《关于贯彻落实〈关于进一步加强企业安全生产工作的通知〉的实施意见》，提出了 5 个方面的 16 项具体工作要求和措施。各地一定要认真贯彻落实，要结合本地实际，针对每一项工作要求制定具体的实施办法。《通知》和《实施意见》提出了三项重要的新制度：

①领导带班制度。工程项目要有施工企业负责人或项目负责人、监理企业负责人或项目监理负责人在现场带班，并与工人同时上班、同时下班。对于无负责人带班或该带班而未带班的，对有关负责人按擅离职守处理，同时给予规定上限的经济处罚。发生事故而没有负责人现场带班的，对企业给予规定上限的经济处罚，并依法从重追究企业主要负责人的责任。这项制度非常重要，特别是对于一些重大工程、危险性较大的分部分项工程来说，领导带班对于及时消除隐患、排除险情很有好处。

②重大隐患挂牌督办制度。省级住房城乡建设部门要对重大隐患治理实行挂牌督办，住房城乡建设部将加强督促检查。企业要经常性开展安全隐患排查。要对深基坑、高大模板、脚手架、建筑起重机械设备等重点部位和环节进行重点检查和治理，真正及时消除隐患。对重大隐患，企业负责人要现场监督整改，确保消除隐患。从发生的安全生产事故看，不少事故是由于隐患排查治理不认真、不彻底，建设、勘察设计、施工、监理各单位、各环节都没有严格把关，最后才使隐患变成险情，使险情变成事故现实。只要其中一个或几个环节严格检查、严格把关，就有可能把隐患排除，不让隐患变成险情，就有可能把险情排除，不让险情变成事故现实。杭州地铁事故就是一个非常典型的反面例子。

③生产安全事故查处督办制度。重大事故查处由住房城乡建设部负责直接督办，较大事故由部督促省级住房城乡建设部门督办，其他事故由省级住房城乡建设部门负责督办。事故查处情况要在媒体上予以公告，接受社会监督。对于这三项制度，住房与城乡建设部都制定了具体办法，各地也要根据实际，制定具体的、可操作的办法。

(2)强化监督检查，切实排除安全隐患

安全生产监督检查要做到四个结合：①全面检查与重点检查相结合，既要加强全面监督检查，更要加强对重点项目、重点工程、安全形势不好的重点地区的监督检查。②自查与抽查相结合，即要求企业基层加强对自身检查，又要组织力量对管辖地区的项目、工地进行抽查。③经常性检查与集中专项检查相结合，既要组织经常性监督检查，又要专门组织力量，对突出问题、专项问题进行集中专项监督检查。四是明查与暗查相结合，既要有通知、有准备的监督检查，又要在不通知情况下暗查暗访，真正发现问题，真正排除安全隐患。

(3)大力整顿规范建筑市场,严厉打击各种违法违规行为

我们要做到“三个加强、三个并重”,即加强执法监督检查,做到立法与执法监督检查并重;加强市场清出管理,做到市场准入管理与市场清出管理并重;加强资质资格审批后的后续管理、动态管理,做到资质资格审批管理与后续动态管理并重。我部已经下发了《关于加强建筑市场资质资格动态监管完善企业和人员准入清出制度的指导意见》,即128号文件,就如何加强动态监管、加强准入清出管理提出了指导性意见,各地要深入贯彻落实。我们还研究起草下发了《规范住房城乡建设部工程建设行政处罚裁量权实施办法》和《住房城乡建设部工程建设行政处罚裁量基准》(即6号文件),把法律法规中的有关处罚规定进行细化,明确了各类违法违规行为和质量安全事故该如何处罚、由谁来处罚以及处罚程序等。以前事故处罚不到位,一个很重要的原因就是法律法规规定得比较原则,在实际工作中不易操作,因此住房与城乡建设部有关司局做了大量调查研究,下了很大功夫,也征求了各地意见,制定了这个文件。这个文件按照事故大小、情节轻重规定了不同的处罚措施,为打击违法违规行为和处罚质量安全事故责任单位、责任人提供了有力支撑。事实证明,只要严格遵行法律法规,严格执行强制性标准,就可以大幅度减少事故的发生。大量违法违规行为严重扰乱了市场,导致很多企业不是把能力和精力放在企业管理上、放在提高企业的质量安全管理水平和技术水平上,放在提高企业核心竞争力上,而是用在歪门邪道上,用在送礼、行贿上,使得诚信的企业拿不到项目,不诚信的企业反而能拿到项目,这是很不正常的。而且大量违法违规行为的存在,大家都不遵守法律法规,法律法规就成为一纸空文,失去了法律的严肃性、权威性。因此必须严肃整顿规范建筑市场秩序,严厉打击建筑活动中各种违法违规行为。我们要严厉打击招投标环节中的围标、串标、虚假招标行为,严厉打击转包、违法分包行为,严厉打击过度竞争、恶意压价、压缩合理工期的行为,严厉打击勘察、设计单位不按标准规范勘察设计的行为,严厉打击施工单位不按强制性标准施工、偷工减料、以次充好的行为,严厉打击监理、监测单位不按标准规范监理监测的行为,严厉打击企业资质、注册人员资格管理中弄虚作假、出借出租、资质挂靠等行为。这要作为建筑市场监管和质量安全监管部门共同的一项基本的重要工作。市场经济就是优胜劣汰的经济,政府一定要起到奖优罚劣、奖罚分明的作用,好的企业要扶持,鼓励支持其做强做优,违法违规的企业要依法加以制裁、淘汰。如果大家都只热衷于发证、评奖评优,都不愿得罪人,那么建筑市场就永无宁日,建筑安全生产就永远搞不好。各地包括住房与城乡建设部部有关司局一定要严格按部128号和6号文件,大力整顿规范建筑市场秩序,严厉打击各种违法违规行为,加大市场清出的力度,企业资质、注册人员资格该降级的降级,该吊销的吊销。把查处违法违规的情况登报、上网,让大家知道。只有这样,才能够真正引导市场、引导业主选用那些诚信的企业,不用不诚信的企业,选用质量安全好的企业,不用质量安全不好的企业。

(4)切实加强安全事故查处工作

事故查处是一项重要的基础性的工作,对于发生事故的责任单位和责任人,如果不严肃查处,就不能起到事故警示教育的作用,不能起到奖罚分明的作用,不能起到优胜劣汰的作用,不能起到净化市场的作用。所以我们一定要高度重视事故查处工作,严肃查处每

一起事故。前面说过，以前不少地方事故查处不严肃、不严厉，尤其是地方上报要求部里对企业资质、人员资格处罚的很少很少。这样企业和人员违法违规所付出的成本太低，大家不在乎，没有切肤之痛，也就不能起到警示惩戒的作用，他们继续不重视安全生产，继续发生事故，继续扰乱建筑市场。因此我们必须严格按照法律法规和6号文件的规定，对企业资质、安全生产许可证等进行处罚，该吊销的吊销，该降级的降级，该暂扣安全生产许可证的暂扣，该清出建筑市场的清出市场。对注册人员来说，该吊销证书的吊销证书，该停止执业的停止执业。要让企业和注册人员真正感受到，一旦发生事故，他们付出的成本、付出的代价要远远高于违法违规所得，不仅要在经济上受到处罚，还要在资质资格上严厉罚处，直至被清出建筑市场，一辈子都不能从事建筑活动。今后，各地要将每一起较大及以上事故的处罚情况上报我部，质安司、市场司要对每一起较大及以上事故的处罚情况进行审查，看是不是严格按有关规定进行了处罚。

(5)积极推进安全生产长效机制建设

建筑安全生产长效机制建设是基础性工作，有利于安全生产的长期稳定好转，必须高度重视。各地要结合“十二五”规划编制，统筹规划，全面加强建筑安全生产的基础工作。一是要进一步完善建筑安全生产法律法规和标准规范。我部将制定和颁布《建筑施工企业主要负责人、项目负责人和专职安全生产管理人员安全生产考核管理规定》以及《建筑施工企业安全生产管理规范》等标准规范。希望各地结合本地区实际情况，进一步完善建筑安全生产的地方性法规和地方标准。二是在全行业开展以严格执行法律法规、标准规范为重要内容的安全生产宣传教育活动，促进全社会重视、关注建筑安全生产。加强对企业“三类人员”和建筑施工特种作业人员的安全生产培训和考核，促使其熟练掌握关键岗位的安全技能；督促建筑施工企业加强对农民工的安全培训教育，切实提高他们的安全生产意识和技能。三是要加强建筑安全监管机构和队伍建设。要稳定安全监管队伍并进一步加强队伍建设，切实提高监管人员业务素质和依法监管水平。四是要加大建筑安全生产费用的保障力度，增加安全生产投入，加强安全生产科技研究，充分运用高科技信息化手段，提高企业的安全生产能力和政府安全监管效能，全面提升建筑安全生产管理水平。

1.2 我省建筑安全生产形势

1.2.1 我省建筑产业发展状况

进入21世纪，随着我省国民经济持续高速发展，山东建筑业再次紧紧抓住机遇，按照做大做强战略目标，积极调整产业结构，转变经济增长方式，建筑业产值持续大幅度增长，由2001年的986亿元增长至2011年的6 500亿，增长了5.59倍(图1-1)。

据统计，2011年全省拥有建筑业企业11 933家，从业人员达到370万人，三级以上建筑施工企业完成全社会建筑业总产值6 500亿元，同比增长18.29%。

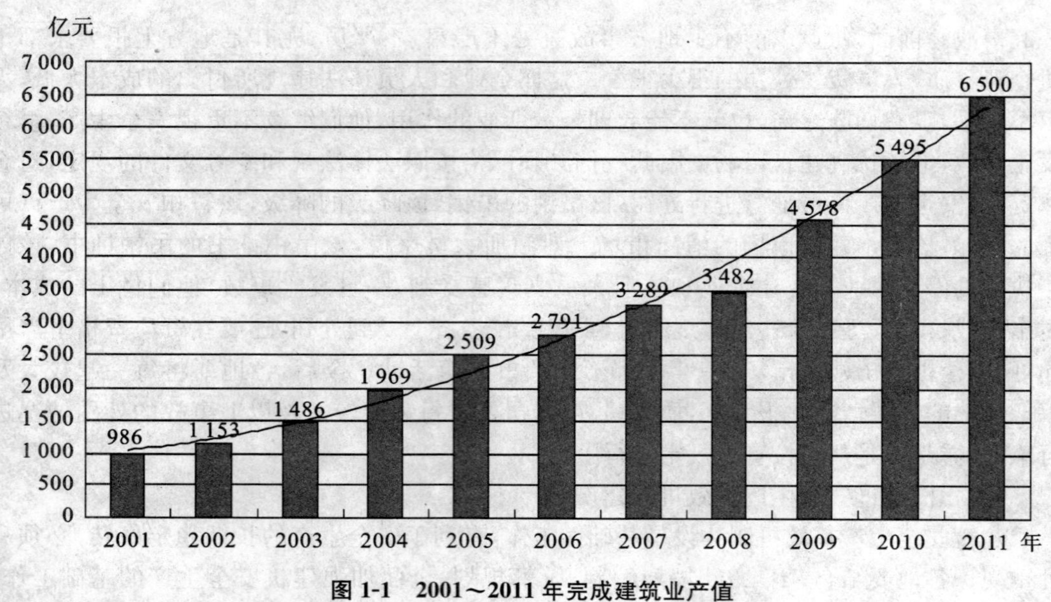

图 1-1　2001～2011 年完成建筑业产值

1.2.2　我省建筑安全生产形势

据统计，从 2001 年算起的 11 年间，我省房屋建筑工程建设中共发生施工安全生产事故 294 起，共造成 376 人死亡，事故频次和死亡人数呈现双下降的态势。2010 年，全省百亿元建筑业增加值死亡率为 0.97 人，列年度全国第二低。建筑安全生产的良好发展态势，为建筑业的又快又好发展提供了有力的保障。

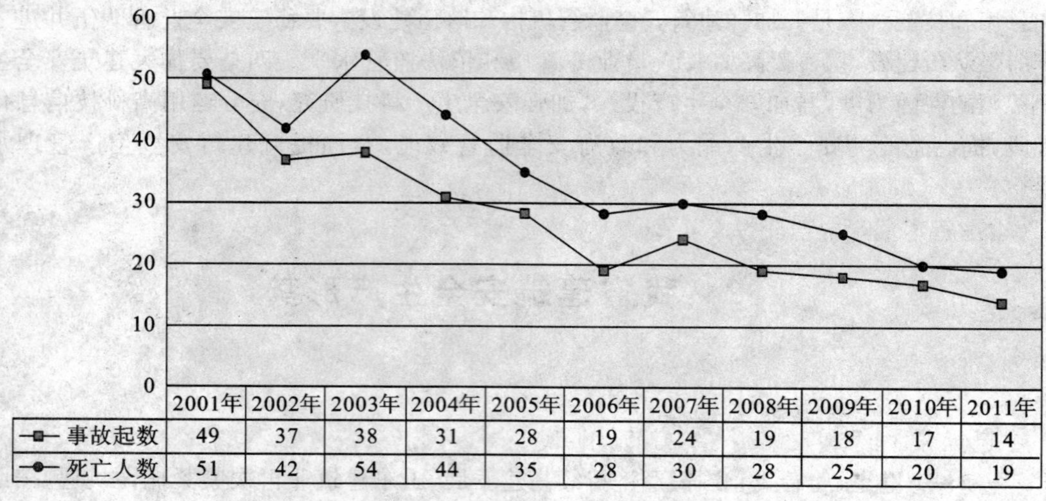

	2001年	2002年	2003年	2004年	2005年	2006年	2007年	2008年	2009年	2010年	2011年
事故起数	49	37	38	31	28	19	24	19	18	17	14
死亡人数	51	42	54	44	35	28	30	28	25	20	19

图 1-2　2000～2011 年全省建筑施工安全生产事故情况

安全生产形势持续稳定，主要得益于一个时期以来党中央、国务院和省委、省政府对安全生产工作高度重视，针对安全生产领域的主要矛盾和突出问题，从法制建设、体制机制、科技应用、财政投入等方面相继采取一系列措施。

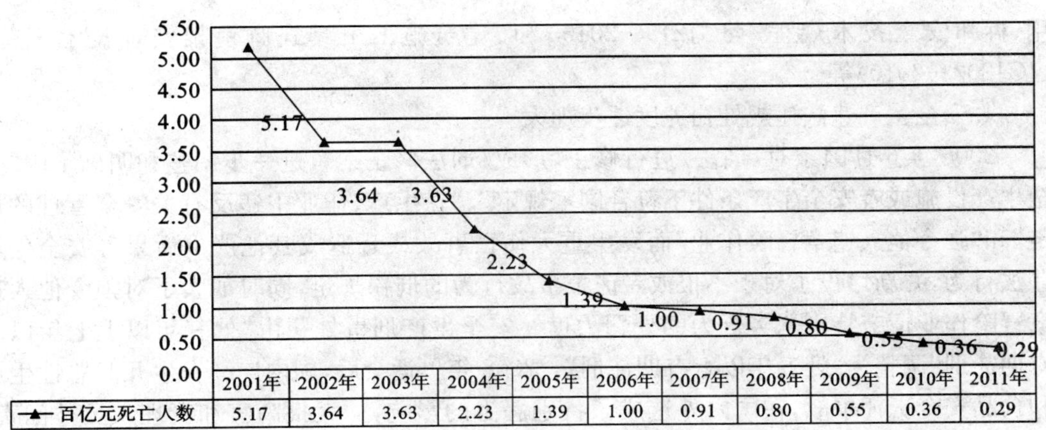

	2001年	2002年	2003年	2004年	2005年	2006年	2007年	2008年	2009年	2010年	2011年
百亿元死亡人数	5.17	3.64	3.63	2.23	1.39	1.00	0.91	0.80	0.55	0.36	0.29

图 1-3 2001～2011 年全省百亿元建筑业产值死亡人数

1. 安全生产监督管理组织机构不断健全

目前,已经形成国家、省市、地市、县区直至乡镇的一套完善的安全生产监督管理网络。早在 1999 年吴邦国委员长就明确指出:“在机构改革和企业改组、改制过程中,对安全生产工作只能加强,不能削弱,确保安全生产监督管理队伍人心不散、工作不断、力度不减。”自 1994 年省建筑施工安全监督站成立以来,经过十几年的努力,我省已经建立了省、市、县三级建筑安全监督管理网络。据统计,目前全省市、县(市、区)共设有 175 个建筑安全监督机构,实有监督人员 1 100 余名。除 17 个市成立安全监督机构,全省的 161 个县级行政区,建立了 158 个监督机构,占 98.13%。

2. 安全生产法律法规体系不断完善

自 2001 年 4 月国务院颁布了《国务院关于特大安全生产事故行政责任追究的规定》以来,国家又相继颁布了《安全生产法》、《特种设备安全监察条例》、《建设工程安全生产条例》、《安全生产许可证条例》、《生产安全事故报告和调查处理条例》以及《国务院关于进一步加强企业安全生产工作的通知》(国发〔2010〕23 号)和《国务院关于坚持科学发展安全发展促进安全生产形势持续稳定好转的意见》(国发〔2011〕40 号)等,我省 2001 年 11 月颁布了《山东省建筑安全管理规定》(省政府令 132 号)、2006 年 3 月颁布了《山东省安全生产条例》,2011 年 12 月省人民政府办公厅印发的《关于进一步加强房屋建筑和市政工程质量安全管理的意见》(鲁政办发〔2011〕74 号)。这些法律法规和行政规章、指导意见从行政、经济、政策等多方面对安全生产给予有力支持,使安全生产工作逐步迈向法制的轨道。

3. 安全生产技术标准体系不断丰富

近年来,国家和省编制修订、颁布实施了一大批安全生产技术规范标准。仅近一两年,住房城乡建设部新编和修订了十几部建筑施工安全技术标准,例如 2011 年颁布的《建筑施工安全检查标准》(JGJ59—2011)、《建筑施工扣件式钢管脚手架安全技术规范》(JGJ130—2011)、《建设工程施工现场消防安全技术规范》(GB50720—2011)和《施工企业安全生产管理规范》(GB50656—2011)等,2010 年颁布的《施工企业安全生产评价标准》(JGJ/T77—2010)、《龙门架及井架物料提升机安全技术规范》(JGJ88—2010)、《建筑施工塔式起重机安装、使用、拆卸安全技术规程》(JGJ196—2010)、《建筑施工升降机安装、使用、拆卸安全技术规程》(JGJ215—2010)和《建筑施工工具式脚手架安全技术规范》(JGJ202—2010)等。

4.安全生产违法违规处罚力度逐步加大

2006年6月国家对《刑法》进行修正,形成《刑法修正案》,进一步调整和明确了因“安全生产设施或者安全生产条件不符合国家规定”、“在生产、作业中违反有关安全管理的规定”和“强令他人违章冒险作业”而发生重大伤亡事故或者造成其他严重后果等安全生产违法行为,并新增设了对于不报或者谎报事故行为的刑罚规定,同时加大了对强令他人违章冒险作业情节特别恶劣行为的处罚力度。安全生产刑事处罚由“处三年以上七年以下有期徒刑”调整为“处五年以上有期徒刑”。2008年奥运会后,国内连续发生几起恶性生产和食品安全责任事故,在国内外造成了特别恶劣的影响,一大批高官和管理人员被问责、免职或引咎辞职。根据国务院批复的意见,因上海2010年“11.15”特大火灾,对54名事故责任人作出严肃处理,其中26名责任人被移送司法机关依法追究刑事责任,28名责任人受到党纪、政纪处分。同时,责成上海市人民政府和市长分别向国务院作出深刻检查。因济南2008年奥体中心体育馆“11.11”火灾事故,10人因涉嫌重大责任事故罪被移交司法机关追究刑事责任,施工承包单位、建设监理单位被处以巨额罚款,该市建设系统中对该火灾负领导责任的4名负责人被给予处分。

5.参与工程建设相关企业安全生产意识的提高

近年来,无论是建筑施工企业还是建设监理企业、工程建设单位,安全生产意识大幅度提高,抓好安全生产、文明施工已经变成企业的自觉行为。这既有内部因素,也有外部因素。从企业来讲,安全生产直接影响经营效益:暂扣《安全生产许可证》,严重影响招投标,停业整顿,严重影响工期;经济赔偿额度不断推高,也直接增加了企业事故成本,根据《关于进一步加强企业安全生产工作的通知》(国发〔2010〕23号),对因生产安全事故造成的职工死亡,其一次性工亡补助金标准调整为按上一年度城镇居民人均可支配收入的20倍计算,发放给工亡职工近亲属。据山东统计信息网报道,2009年我省城镇居民人均可支配收入19 946元,20倍是40万元,加上其他补偿,每人大约70万元。2011年“7.23”甬温线特别重大铁路交通事故每人赔偿90万。另外,政府对安全生产始终保持高压态势,安全生产的会议最多、检查最多、处罚最多,政府主导的专项治理持续不断,企业始终对安全生产保持高度的警惕。

6.得益于劳动者安全生产意识的觉醒

当前,我国文盲率在全世界处于极低水平,参与工程建设的新一代劳动者大部分拥有初中以上文化程度,受过正规专业训练的人员大量存在,已经不是放下镰刀,拿起瓦刀的意义上的农民工,是有知识、有文化的劳动者。劳动者素质的提高必然带来安全生产意识的觉醒,违章指挥、违章作业和违反劳动纪律以及冒险作业、野蛮施工的现象大幅度减少,职工基本具备“不伤害自己、不伤害别人和不被别人伤害”的良好安全生产素质。

7.得益于科学技术进步

一是机械设备的大量应用,极大改善了劳动条件与劳动强度,尤其土方机械的大量应用,使劳动者远离土方坍塌的伤害;二是自动保护系统应用,提高保护的可靠性。例如,标准建筑施工现场临时用电配电箱的应用,确保严格执行“三级配电,两级保护”和TN-S接零保护系统，极大降低了触电事故发生的频率，使触电事故由21世纪末建筑施工“五大”安全事故之首，降为现在较少发生。二是现代通讯技术改变监管模式，提高监管效力。例如，在施工现场塔机等制高点安装视频监控装置，将施工现场即时图像传输到项目部，通过互联网传至公司总部甚至监督管理机构，依靠科技改变了监管模式，提高了安全生产监管效率和力度。

1.2.3 建筑安全生产事故特征分析

1. 时间月份频次较集中

据统计，自2003年至2011年9年间全省共发生建筑施工事故211起，造成266人死亡，平均每月1.96起、死亡2.47人。其中，8月份事故起数和死亡人数均最高，平均每月3.12起、死亡4.56人；其次为11、10和4、5月份较高，1、2和12月份事故频次和死亡人数较低。

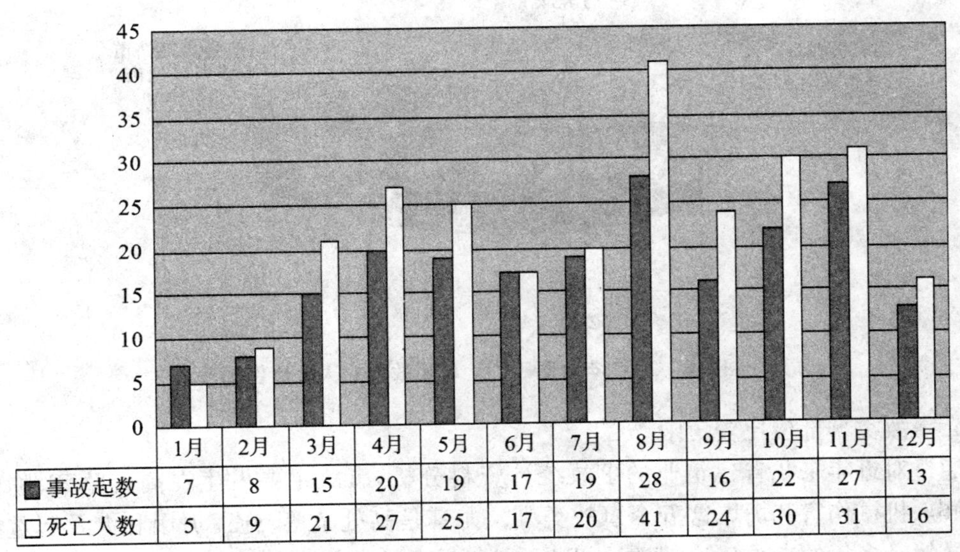

	1月	2月	3月	4月	5月	6月	7月	8月	9月	10月	11月	12月
■事故起数	7	8	15	20	19	17	19	28	16	22	27	13
□死亡人数	5	9	21	27	25	17	20	41	24	30	31	16

图1-4 2003～2011年月份累计事故情况分布图

2. 违规工程事故比例较高

经济功能园区、旧村改造、城乡结合部和民营企业项目事故所占比例始终较高，分别占事故起数和死亡人数的51.55%、54.29%，一次死亡3人以上事故80%发生在这些区域。据统计，自2004年以来，全省建筑施工安全事故中办理全部基本建设手续的，分别占事故起数和死亡人数的52.07%、46.06%；办理部分基本建设手续的，分别占事故起数和死亡人数的23.97%、23.03%；未办理任何基本建设手续的，分别占事故起数和死亡人数的23.97%、30.91%。

3. 城镇工程事故比例较高

2007年全国不同地域事故死亡人数比例图据住房城乡建设部统计分析，2007年全国建筑施工事故中，省会及直辖市（计划单列市）占事故起数的39.81%、死亡人数的39.13%；地级城市占事故起数的30.03%、死亡人数的31.62%；县级城市占事故起数的

25.03%、死亡人数的23.42%；村镇占事故起数的5.12%、死亡人数的5.83%。

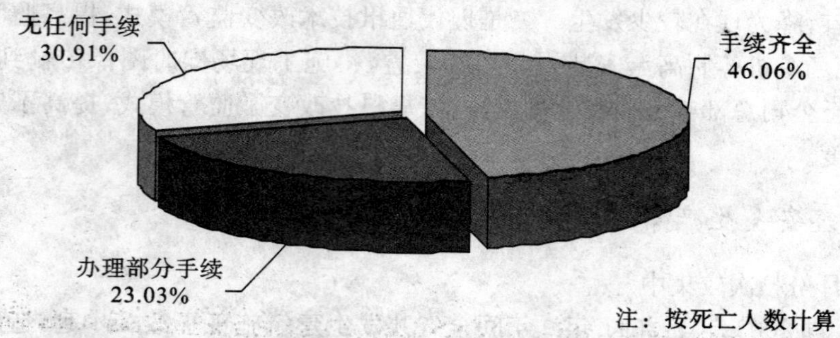

图1-5　2004年度以来事故工程基本建设手续办理情况分布图

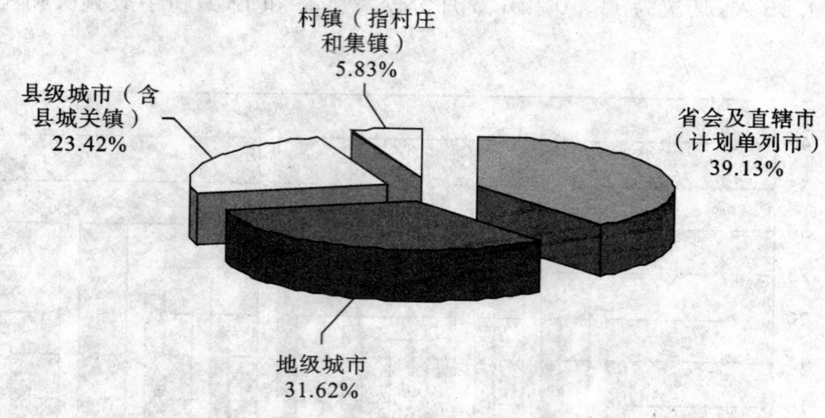

图1-6　2007年全国不同地域事故死亡人数比例图

4. 事故类型部位比较集中

通过对近年来我省建筑业的事故统计资料分析，事故主要发生在高处坠落、物体打击、触电、机械伤害和坍塌这五个事故类别。尤其是高处坠落、施工坍塌和涉及起重机械使用虽然经多年的专项整治，但事故发生的频率仍然较高。

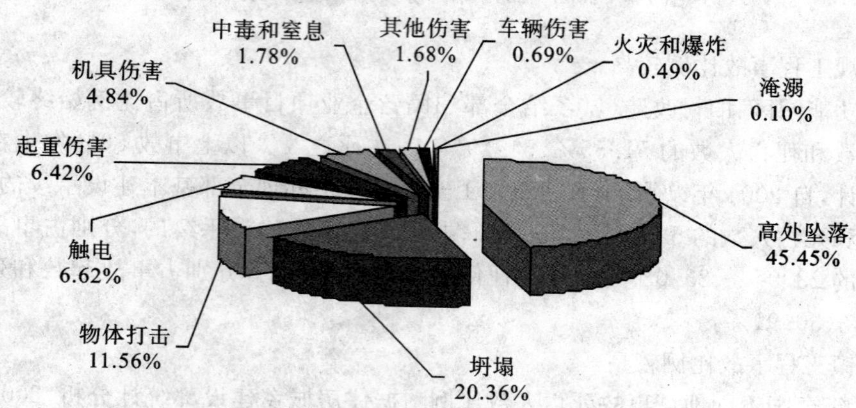

图1-7　2007年全国各类型事故死亡人数比例图

据统计，2003 年至 2011 年我省建筑施工事故中，高处坠落占事故起数第一位，分别占事故起数和死亡人数的 53.70%、49.09%；涉及起重机械使用占事故发生部位的第一位，分别占事故起数和死亡人数的 37.03%、34.68%；施工坍塌占较大级以上事故起数和死亡人数第一位，分别占事故起数和死亡人数的 8.64%、20.72%，尤其是模板支架坍塌事故，一般均死亡 3 人以上。触电事故已经大幅下降，分别占事故起数和死亡人数的 5.56%、4.05%，在统计的事故类别中最低。

据统计，2007 年全国建筑施工伤亡事故中，高处坠落、坍塌、物体打击、触电、起重伤害等，分别占全部事故死亡人数的 45.45%、20.36%、11.56%、6.62%、6.42%，总计占全部事故死亡人数的 90.42%。

按照发生的部位，洞口和临边作业发生事故的死亡人数占总数的 15.51%；在各类脚手架上作业发生事故的死亡人数占总数的 11.86%；安装、拆卸塔吊事故死亡人数占总数的 11.86%；模板事故死亡人数占总数的 6.82%。

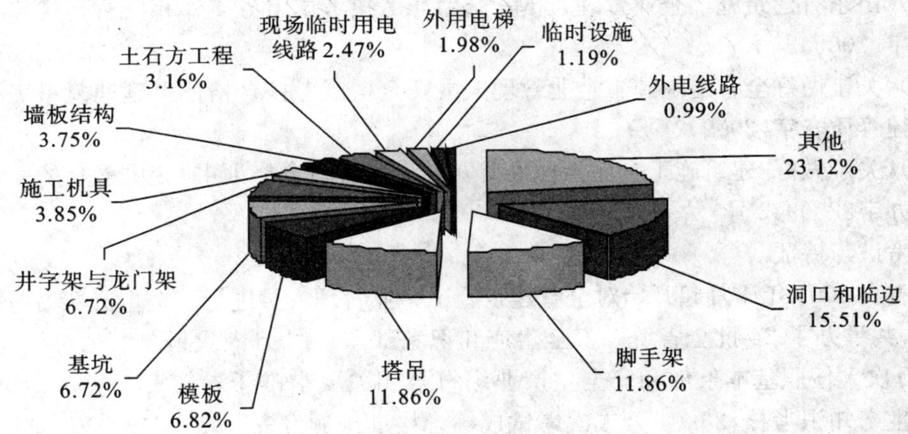

图 1-8 2007 年各类型事故发生部位死亡人数比例图

1.2.4 安全生产考核情况

建筑施工企业管理人员安全生产管理能力考核是《安全生产法》和《建设工程安全生产管理条例》规定的一项法律制度，是国家对个人职业资格设立的一项安全生产行政许可。建筑施工企业管理人员必须经建设行政主管部门安全生产能力考核，考核合格取得安全生产考核合格证书后，方可在建筑施工企业担任相应职务。

1. 考核机构

为了确保我省建筑施工企业管理人员安全生产考核工作得到有效落实，2004 年省建筑工程管理局成立了“山东省建筑施工企业管理人员安全生产考核办公室”，挂靠在省建筑施工安全监督站，具体负责考核管理和证书发放工作；在设区的市建筑工程管理部门设立了考核小组，考核小组一般设在当地建筑施工安全生产监督管理机构内，组长由市建筑工程管理部门分管负责人兼任。考核小组在建筑施工企业管理人员安全生产考核工作上，受省考核办公室领导，接受当地建筑工程管理部门综合协调。

省考核办公室与市考核小组在考核工作上进行了明确分工，省考核办公室负责制定考核办法和管理制度，对考核工作实行统一综合管理，考核小组负责对申请人员的基本条件考核，确定参加安全生产知识考试人员资格、制作发放准考证、确定考试考场、负责考务工作，对合格证书实施属地管理。

2. 考核制度

为了规范建筑施工企业管理人员安全生产考核工作，确保了考核工作有序开展，制定实施了一系列制度办法和标准。

(1)《山东省建筑施工企业管理人员安全生产考核实施暂行办法》(鲁建管发〔2004〕15号)；

(2)《山东省建筑施工企业管理人员安全生产考核实施细则》(鲁建管质安字〔2005〕2号)；

(3)《山东省建筑施工企业管理人员安全生产考核标准》(鲁建管质安字〔2005〕3号)；

(4)《山东省建筑施工企业管理人员安全生产考核大纲》(鲁建管质安字〔2005〕3号)；

(5)《山东省建筑施工企业管理人员安全生产考核考试考务工作相关暂行规定》(鲁建安监考字〔2005〕2号)；

(6)《关于做好全省建筑施工企业管理人员安全生产考核合格证书延期复审工作的通知》(鲁建管质安字〔2009〕2号)；

(7)《关于做好“建筑施工企业管理人员安全生产考核合格证书”变更事宜的通知》(鲁建安考办字〔2009〕2号)。

3. 考试与持证

我省自2005年4月起开始对全省建筑施工企业管理人员进行安全生产能力考核。截至目前，共举办了24批全省统一安全生产知识考试，34.12万人次报名参加考核，经审查32.56万次人任职基本条件和安全生产业绩符合相关要求准予参加安全生产知识考试。经安全生产知识考核，26.01万人次考试成绩合格准予颁发安全生产考核合格证书，考试合格率约79.88%。其中，企业主要负责人2.99万人次、项目负责人10.15万人次、专职安全生产管理人员12.86万人次。

4. 合格证书信息管理

开发并成功运行了《山东省建筑施工安全监督信息系统》，该系统设立了《建筑施工企业管理人员安全生产考核计算机管理(子)系统》，提供了省考核办公室、考核小组和建筑施工企业管理应用服务，实现了从证书数据生成、打印、查询、信息变更到证书注销，以及持证人不良记录等计算机网络管理，通过输入持证人员姓名、身份证号码、证书编号和工作单位，可在任何互联网计算机终端查询证书是否有效。

(1)企业注册信息变更

企业“注册信息”(包括变更企业法定名称、地址、法定代表人、施工资质等)发生变化时，企业可登录《山东省建筑业信息网》，进入《山东建筑安全监督管理信息系统》填写变更数据，打印(系统自动生成)相关申请表格，到变更后企业所属考核小组申请变更“计算机管理系统数据”，并提交以下资料：

①《企业注册信息变更申请表》；

②经有关部门批准的变更文件；

③企业法人营业执照；

④企业施工资质证书；

⑤企业安全生产许可证。

(2)企业合并信息处理

两个以上建筑施工企业依法合并后，可登录《山东建筑安全监督管理信息系统》填写变更数据，打印相关申请表格，到依法保留企业(或合并后新设立企业)所属考核小组申请变更新企业“计算机管理系统数据”，注销已依法撤销企业数据，申请重新核发需要变更企业名称的所有在岗管理人员的《安全生产考核合格证书》，并提交以下资料：

①《企业合并注册信息变更申请表》；

②经有关部门批准的变更文件；

③新企业法人营业执照；

④新企业施工资质证书；

⑤新企业安全生产许可证；

⑥新企业和依法撤销企业组织机构代码证；

⑦《安全生产考核合格证书变更汇总表》。

(3)企业分立信息处理

一个建筑施工企业被依法分立为两个及以上新建筑施工企业后，可登录《山东建筑安全监督管理信息系统》填写变更数据，打印相关申请表格，分别到分立后企业所属考核小组申请变更和注册新企业计算机数据，申请重新核发需要变更企业名称的所有在岗管理人员的《安全生产考核合格证书》，并提交以下资料：

①《企业分立注册信息变更申请表》；

②经有关部门批准的变更文件；

③各企业法人营业执照；

④各企业施工资质证书；

⑤各企业安全生产许可证；

⑥原企业和新设立企业组织机构代码证；

⑦《安全生产考核合格证书变更汇总表》。

(4)证书信息勘误与变更

个人信息(包括姓名、性别、出生年月、身份证号、职务等)录入有误或发生变化时，持证人所在企业可登录《山东建筑安全监督管理信息系统》填写变更数据，打印《安全生产考核合格证书变更申请表》，向企业所属考核小组申请核发变更后信息正确的《安全生产考核合格证书》，并提交以下资料：

①《安全生产考核合格证书变更申请表》；

②原《安全生产考核合格证书》；

③《居民身份证》。

企业主要负责人(包括企业法定代表人、企业最高行政负责人、企业分管安全生产工作行政负责人和企业技术负责人等)“职务”发生变化，还应当提供企业任职文件；法定代表人变更时，提供《企业法人营业执照》、《企业法定代表人证明书》等文件。

(5)调换工作单位信息变更

建筑施工企业管理人员调换工作单位，调换后仍从事原工作岗位的，可登录《山东建筑安全监督管理信息系统》填写变更数据，打印《安全生产考核合格证书变更申请表》，可向调入的企业所属考核小组申请核发新的《安全生产考核合格证书》，并提交以下资料：

①《安全生产考核合格证书变更申请表》；

②原《安全生产考核合格证书》；

③原单位解聘合同；

④现企业任职文件；

⑤经劳动部门认定的现企业劳动合同和社会保险凭证；

⑥《居民身份证》。

项目负责人应当提供变更后的《建造师注册证书》。

(6)证书遗失补发信息处理

建筑施工企业管理人员“遗失”安全生产考核合格证书的，在地市级以上公共媒体上做遗失声明后，由持证人所在企业登录《山东建筑安全监督管理信息系统》填写补发申请，打印《合格证书遗失补发申请表》，向企业所属考核小组申请补发《安全生产考核合格证书》，并提交以下资料：

①《合格证书遗失补发申请表》；

②《居民身份证》；

③声明遗失作废材料。

(7)证书失效

建筑施工企业管理人员有下列情形之一的，其证书失效：

①原单位破产的；

②原单位被吊销营业执照的；

③原单位被吊销或者撤回资质证书的；

④已与聘用单位解除聘用合同关系的；

⑤有效期满且未延续的；

⑥年龄超出相关规定的；

⑦死亡或不具有完全民事行为能力的。

1.2.5 证书延期复审

建筑施工企业管理人员安全生产考核合格书有效期为3年。有效期满需要延期的，应当在期满前3个月内向原发证机关申请办理延期手续。未办理延期手续和不予延期的，有效期满证书自动失效。

(1)证书延期复审范围

在我省取得由住房城乡建设部监制、省建筑工程管理局颁发的《建筑施工企业主要负责人安全生产考核合格证书》、《建筑施工企业项目负责人安全生产考核合格证书》和《建筑施工企业专职安全生产管理人员安全生产考核合格证书》有效期届满需要延期的，均应办理证书延期手续。

(2)证书延期条件

建筑施工企业管理人员在安全生产考核合格证书有效期内,严格遵守有关安全生产的法律、法规和规章;认真履行安全生产职责;接受企业年度安全生产培训教育并考核合格;接受建筑工程管理部门规定学时的继续教育并考核合格。

1)企业主要负责人和企业安全机构负责人不予延期条件

企业主要负责人和企业安全机构负责人证书有效期内有下列情形之一的,证书不予延期条件:

①所在企业发生过较大及以上级别生产安全责任事故或两起及以上一般生产安全责任事故的;

②所在企业存在安全生产违法违规行为,或本人未依法认真履行安全生产管理职责,被县级以上建筑工程管理部门处罚或通报批评累计三次及以上的;

③未按规定接受企业年度安全生产培训教育;

④未按规定参加建筑工程管理部门继续教育和考核不合格的;

⑤被追究刑事责任或受到撤职处分的;

⑥未按规定提出延期申请的;

⑦已经离开原证书注明的职业岗位;

⑧年龄不符合法律规定;

⑨身体健康条件不适合岗位要求。

2)项目负责人不予延期条件

项目负责人证书有效期内有下列情形之一的,证书不予延期条件:

①按照《山东省建筑施工企业项目负责人安全生产职责管理暂行办法》考核,年度考核结论为不合格的;

②承建的工程项目发生过一般及以上级别生产安全责任事故的;

③承建的工程项目存在安全生产违法违规行为,或本人未依法认真履行安全生产管理职责,被县级以上建筑工程管理部门处罚或通报批评的;

④未按规定接受企业年度安全生产培训教育的;

⑤建设行政主管部门继续教育和考核不合格的;

⑥被追究刑事责任或受到撤职处分的;

⑦未按规定提出延期申请的;

⑧已经离开原证书注明的职业岗位;

⑨年龄不符合法律规定;

⑩身体健康条件不适合岗位要求。

3)专职安全生产管理人员不予延期条件

专职安全生产管理人员证书有效期内有下列情形之一的,证书不予延期条件:

①所负责工程项目发生过一般及以上级别生产安全责任事故的;

②所负责工程项目存在安全生产违法违规行为,或本人未依法履行安全生产管理职责,被建筑工程管理部门处罚或通报批评的;

③未按规定接受企业年度安全生产培训教育的;

④建设行政主管部门继续教育和考核不合格的；

⑤被追究刑事责任或受到撤职处分的；

⑥未按规定提出延期申请的；

⑦已经离开原证书注明的职业岗位；

⑧年龄不符合法律规定；

⑨身体健康条件不适合岗位要求。

(3)证书延期复审程序

1)延期复审申请

持证人在安全生产考核证书有效期满前90日内，由本人向所在建筑施工企业提出延期申请；经企业审查，符合延期条件同意延期的，由企业登录《山东省建筑业信息网》，填写证书延期相关申请数据，打印《安全生产考核合格证书延期申请表》，报企业所属的考核小组并向提供以下资料：

①《安全生产考核合格证书延期申请表》；

②《安全生产考核合格证书延期汇总表》；

③《安全生产考核合格证书》原件。

2)考核小组审查

考核小组收到企业申请后，结合日常安全生产监督管理工作以及继续教育考核情况，对申请资料进行审查，打印《安全生产考核合格证书延期手续办理情况申报表》、《安全生产考核合格证书延期汇总表》；符合延期条件同意延期的，由考核小组在证书"有效期"栏打印新的有效期和"经考核，同意延期三年"字样，报省考核办公室办理证书延期手续，并提供以下资料：

①《安全生产考核合格证书延期手续办理情况申报表》；

②《安全生产考核合格证书延期汇总表》；

③《安全生产考核证书》原件；

④应当提供的其他资料。

对不予受理和不予延期的应当书面通知本人并申明理由。

对不符合延期条件需要重新考核的，经重新考核合格的，在其证书内注明"经重新考核，同意延期三年"字样。

3)省考核办公室审定确认

经省考核办公室审查，符合延期条件同意延期的，在证书"有效期"栏加盖"山东省建筑工程管理局安全证书专用章"。

(4)证书的重新考核

1)重新考核条件

持有考核合格证书的建筑施工企业管理人员下列情形之一，证书需重新考核：

①延期复审时被考核小组或省考核办公室确定为重新考核；

②考核证书被依法暂扣，暂扣期满后需经重新考核合格，证书方可重新启用；

③证书处于无效状态，需要重新启用的。

2)重新考核标准

按照《山东省建筑施工企业管理人员安全生产考核标准(试行)》和《山东省建筑施工企业管理人员考核大纲(试行)》考核。被处以暂扣或吊销证书等行政处罚期未满的,不予重新考核。

(5)职业资格安全生产教育

建筑施工企业管理人员应当接受企业年度安全生产教育和主管部门组织的安全生产教育培训。

1)企业年度安全生产教育

①对建筑施工企业管理人员实施的企业年度安全生产教育培训,由管理人员所在企业按照年度实施。

建筑施工企业必须建立安全教育制度和安全教育责任制,设立安全教育机构、建立安全教育培训档案。

②企业年度安全生产教育培训的主要内容一般是国家、行业以及上级主管部门年度内或新近颁布的新法律法规、印发的规范性文件和新建立的安全生产制度,以及企业生产状况、措施和办法等。

③建筑施工企业属于高危生产经营企业,其管理人员的年度安全生产教育培训应当不少16学时。

2)安全生产继续教育培训

①证书有效期满前1年内,持证人应当参加安全生产继续教育培训,未参加或考核不合格,证书不予延期;

②安全生产继续教育培训应当采取自学与脱产集中学习相结合的方式,其中脱产集中学习应控制在16～48学时;

③安全生产继续教育培训通常由考核小组或省考核办组织实施,由考核小组组织实施时应当将教学计划、师资、教材等情况报省考核办公室备案;

④承担继续教育培训教学活动的机构,应当具有必备的教学资格和条件,相应的师资力量,保证教学质量。

⑤学习内容以近期国家省市出台的法律法规和安全生产技术标准为主,辅以当地产业发展、安全生产形势、典型案例分析和安全生产制度解析。

1.3 国务院对建筑安全生产的指导意见

1.3.1 国务院进一步加强安全生产工作的决定

安全生产关系人民群众的生命财产安全,关系改革发展和社会稳定大局。党中央、国务院高度重视安全生产工作,建国以来特别是改革开放以来,采取了一系列重大举措加强安全生产工作。颁布实施了《中华人民共和国安全生产法》(以下简称《安全生产法》)等法律法规,明确了安全生产责任;初步建立了安全生产监管体系,安全生产监督管理得到加强;对重点行业和领域集中开展了安全生产专项整治,生产经营秩序和安全生产条件有所改善,安全生产状况总体上趋于稳定好转。但是,目前全国的安全生产形势依然严峻,煤矿、道路交通运输、建筑等领域伤亡事故多发的状况尚未根本扭转;安全生产基础比较薄弱,保障体系和机制不健全;部分地方和生产经营单位安全意识不强,责任不落实,投入不足;安全生产监督管理机构、队伍建设以及监管工作亟待加强。为了进一步加强安全生产工作,尽快实现我国安全生产局面的根本好转,国务院2004年1月9日颁布《国务院关于进一步加强安全生产工作的决定》(国发〔2004〕2号)特作如下决定。

1.提高认识,明确指导思想和奋斗目标

(1)充分认识安全生产工作的重要性。搞好安全生产工作,切实保障人民群众的生命财产安全,体现了最广大人民群众的根本利益,反映了先进生产力的发展要求和先进文化的前进方向。做好安全生产工作是全面建设小康社会、统筹经济社会全面发展的重要内容,是实施可持续发展战略的组成部分,是政府履行社会管理和市场监管职能的基本任务,是企业生存发展的基本要求。我国目前尚处于社会主义初级阶段,要实现安全生产状况的根本好转,必须付出持续不懈的努力。各地区、各部门要把安全生产作为一项长期艰巨的任务,警钟长鸣,常抓不懈,从全面贯彻落实"三个代表"重要思想,维护人民群众生命财产安全的高度,充分认识加强安全生产工作的重要意义和现实紧迫性,动员全社会力量,齐抓共管,全力推进。

(2)指导思想。认真贯彻"三个代表"重要思想,适应全面建设小康社会的要求和完善社会主义市场经济体制的新形势,坚持"安全第一、预防为主"的基本方针,进一步强化政府对安全生产工作的领导,大力推进安全生产各项工作,落实生产经营单位安全生产主体责任,加强安全生产监督管理;大力推进安全生产监管体制、安全生产法制和执法队伍"三项建设",建立安全生产长效机制,实施科技兴安战略,积极采用先进的安全管理方法和安全生产技术,努力实现全国安全生产状况的根本好转。

(3)奋斗目标。到2007年,建立起较为完善的安全生产监管体系,全国安全生产状况稳定好转,矿山、危险化学品、建筑等重点行业和领域事故多发状况得到扭转,工矿企业事故死亡人数、煤矿百万吨死亡率、道路交通运输万车死亡率等指标均有一定幅度的下降。到2010年,初步形成规范完善的安全生产法治秩序,全国安全生产状况明显好转,重特大事故得到有效遏制,各类生产安全事故和死亡人数有较大幅度的下降。力争到2020年,我国安全生产状况实现根本性好转,亿元国内生产总值死亡率、10万人死亡率等指标达到或者接近世界中等发达国家水平。

2.完善政策,大力推进安全生产各项工作

(1)加强产业政策的引导。制定和完善产业政策,调整和优化产业结构。逐步淘汰技术落后、浪费资源和环境污染严重的工艺技术、装备及不具备安全生产条件的企业。通过兼并、联合、重组等措施,积极发展跨区域、跨行业经营的大公司、大集团和大型生产供应基地,提高有安全生产保障企业的生产能力。

(2)加大政府对安全生产的投入。加强安全生产基础设施建设和支撑体系建设,加大对企业安全生产技术改造的支持力度。运用长期建设国债和预算内基本建设投资,支持大中型国有煤炭企业的安全生产技术改造。各级地方人民政府要重视安全生产基础设施建设资金的投入,并积极支持企业安全技术改造,对国家安排的安全生产专项资金,地方政府要加强监督管理，确保专款专用，并安排配套资金予以保障。

(3)深化安全生产专项整治。坚持把矿山、道路和水上交通运输、危险化学品、民用爆破器材和烟花爆竹、人员密集场所消防安全等方面的安全生产专项整治，作为整顿和规范社会主义市场经济秩序的一项重要任务，持续不懈地抓下去。继续关闭取缔非法和不具备安全生产条件的小矿小厂、经营网点，遏制低水平重复建设。开展公路货车超限超载治理，保障道路交通运输安全。把安全生产专项整治与依法落实生产经营单位安全生产保障制度、加强日常监督管理以及建立安全生产长效机制结合起来，确保整治工作取得实效。

(4)健全完善安全生产法制。对《安全生产法》确立的各项法律制度，要抓紧制定配套法规规章。认真做好各项安全生产技术规范、标准的制定修订工作。各地区要结合本地实际，制定和完善《安全生产法》配套实施办法和措施。加大安全生产法律法规的学习宣传和贯彻力度，普及安全生产法律知识，增强全民安全生产法制观念。

(5)建立生产安全应急救援体系。加快全国生产安全应急救援体系建设，尽快建立国家生产安全应急救援指挥中心，充分利用现有的应急救援资源，建设具有快速反应能力的专业化救援队伍，提高救援装备水平，增强生产安全事故的抢险救援能力。加强区域性生产安全应急救援基地建设。搞好重大危险源的普查登记，加强国家、省(区、市)、市(地)、县(市)四级重大危险源监控工作，建立应急救援预案和生产安全预警机制。

(6)加强安全生产科研和技术开发。加强安全生产科学学科建设，积极发展安全生产普通高等教育，培养和造就更多的安全生产科技和管理人才。加大科技投入力度，充分利用高等院校、科研机构、社会团体等安全生产科研资源，加强安全生产基础研究和应用研究。建立国家安全生产信息管理系统，提高安全生产信息统计的准确性、科学性和权威性。积极开展安全生产领域的国际交流与合作，加快先进的生产安全技术引进、消化、吸收和自主创新步伐。

3.强化管理，落实生产经营单位安全生产主体责任

(1)依法加强和改进生产经营单位安全管理。强化生产经营单位安全生产主体地位，进一步明确安全生产责任，全面落实安全保障的各项法律法规。生产经营单位要根据《安全生产法》等有关法律规定，设置安全生产管理机构或者配备专职(或兼职)安全生产管理人员。保证安全生产的必要投入，积极采用安全性能可靠的新技术、新工艺、新设备和新材料，不断改善安全生产条件。改进生产经营单位安全管理，积极采用职业安全健康管理体系认证、风险评估、安全评价等方法，落实各项安全防范措施，提高安全生产管理水平。

(2)开展安全质量标准化活动。制定和颁布重点行业、领域安全生产技术规范和安全生产质量工作标准，在全国所有工矿、商贸、交通运输、建筑施工等企业普遍开展安全质量标准化活动。企业生产流程的各环节、各岗位要建立严格的安全生产质量责任制。生产经营活动和行为，必须符合安全生产有关法律法规和安全生产技术规范的要求，做到规范化和标准化。

(3)搞好安全生产技术培训。加强安全生产培训工作，整合培训资源，完善培训网络，加大培训力度，提高培训质量。生产经营单位必须对所有从业人员进行必要的安全生产技术培训，其主要负责人及有关经营管理人员、重要工种人员必须按照有关法律、法规的

规定，接受规范的安全生产培训，经考试合格，持证上岗。完善注册安全工程师考试、任职、考核制度。

(4)建立企业提取安全费用制度。为保证安全生产所需资金投入，形成企业安全生产投入的长效机制，借鉴煤矿提取安全费用的经验，在条件成熟后，逐步建立对高危行业生产企业提取安全费用制度。企业安全费用的提取，要根据地区和行业的特点，分别确定提取标准，由企业自行提取，专户储存，专项用于安全生产。

(5)依法加大生产经营单位对伤亡事故的经济赔偿。生产经营单位必须认真执行工伤保险制度，依法参加工伤保险，及时为从业人员缴纳保险费。同时，依据《安全生产法》等有关法律法规，向受到生产安全事故伤害的员工或家属支付赔偿金。进一步提高企业生产安全事故伤亡赔偿标准，建立企业负责人自觉保障安全投入，努力减少事故的机制。

4. 完善制度，加强安全生产监督管理

(1)加强地方各级安全生产监管机构和执法队伍建设。县级以上各级地方人民政府要依照《安全生产法》的规定，建立健全安全生产监管机构，充实必要的人员，加强安全生产监管队伍建设，提高安全生产监管工作的权威，切实履行安全生产监管职能。完善煤矿安全生产监察体制，进一步加强煤矿安全生产监察队伍建设和监察执法工作。

(2)建立安全生产控制指标体系。要制订全国安全生产中长期发展规划，明确年度安全生产控制指标，建立全国和分省(区、市)的控制指标体系，对安全生产情况实行定量控制和考核。从 2004 年起，国家向各省(区、市)人民政府下达年度安全生产各项控制指标，并进行跟踪检查和监督考核。对各省(区、市)安全生产控制指标完成情况，国家安全生产监督管理部门将通过新闻发布会、政府公告、简报等形式，每季度公布一次。

(3)建立安全生产行政许可制度。把安全生产纳入国家行政许可的范围，在各行业的行政许可制度中，把安全生产作为一项重要内容，从源头上制止不具备安全生产条件的企业进入市场。开办企业必须具备法律规定的安全生产条件，依法向政府有关部门申请、办理安全生产许可证，持证生产经营。新建、改建、扩建项目的安全设施必须与主体工程同时设计、同时施工、同时投入生产和使用(简称“三同时”)，对未通过“三同时”审查的建设项目，有关部门不予办理行政许可手续，企业不准开工投产。

(4)建立企业安全生产风险抵押金制度。为强化生产经营单位的安全生产责任，各地区可结合实际，依法对矿山、道路交通运输、建筑施工、危险化学品、烟花爆竹等领域从事生产经营活动的企业，收取一定数额的安全生产风险抵押金，企业生产经营期间发生生产安全事故的，转作事故抢险救灾和善后处理所需资金。具体办法由国家安全生产监督管理部门会同财政部研究制定。

(5)强化安全生产监管监察行政执法。各级安全生产监管监察机构要增强执法意识，做到严格、公正、文明执法。依法对生产经营单位安全生产情况进行监督检查，指导督促生产经营单位建立健全安全生产责任制，落实各项防范措施。组织开展好企业安全评估，搞好分类指导和重点监管。对严重忽视安全生产的企业及其负责人或业主，要依法加大行政执法和经济处罚的力度。认真查处各类事故，坚持事故原因未查清不放过、责任人员未处理不放过、整改措施未落实不放过、有关人员未受到教育不放过的“四不放过”原则，不仅要追究事故直接责任人的责任，同时要追究有关负责人的领导责任。

(6)加强对小企业的安全生产监管。小企业是安全生产管理的薄弱环节,各地要高度重视小企业的安全生产工作,切实加强监督管理。从组织领导、工作机制和安全投入等方面入手,逐步探索出一套行之有效的监管办法。坚持寓监督管理于服务之中,积极为小企业提供安全技术、人才、政策咨询等方面的服务,加强检查指导,督促帮助小企业搞好安全生产。要重视解决小煤矿安全生产投入问题,对乡镇及个体煤矿,要严格监督其按照有关规定提取安全费用。

5.加强领导,形成齐抓共管的合力

(1)认真落实各级领导安全生产责任。地方各级人民政府要建立健全领导干部安全生产责任制,把安全生产作为干部政绩考核的重要内容,逐级抓好落实。特别要加强县乡两级领导干部安全生产责任制的落实。加强对地方领导干部的安全知识培训和安全生产监管人员的执法业务培训。国家组织对市(地)、县(市)两级政府分管安全生产工作的领导干部进行培训;各省(区、市)要对县级以上安全生产监管部门负责人,分期分批进行执法能力培训。依法严肃查处事故责任,对存在失职、渎职行为,或对事故发生负有领导责任的地方政府、企业领导人,要依照有关法律法规严格追究责任。严厉惩治安全生产领域的腐败现象和黑恶势力。

(2)构建全社会齐抓共管的安全生产工作格局。地方各级人民政府每季度至少召开一次安全生产例会,分析、部署、督促和检查本地区的安全生产工作;大力支持并帮助解决安全生产监管部门在行政执法中遇到的困难和问题。各级安全生产委员会及其办公室要积极发挥综合协调作用。安全生产综合监管及其他负有安全生产监督管理职责的部门要在政府的统一领导下,依照有关法律法规的规定,各负其责,密切配合,切实履行安全监管职能。各级工会、共青团组织要围绕安全生产,发挥各自优势,开展群众性安全生产活动。充分发挥各类协会、学会、中心等中介机构和社团组织的作用,构建信息、法律、技术装备、宣传教育、培训和应急救援等安全生产支撑体系。强化社会监督、群众监督和新闻媒体监督,丰富全国“安全生产月”、“安全生产万里行”等活动内容,努力构建“政府统一领导、部门依法监管、企业全面负责、群众参与监督、全社会广泛支持”的安全生产工作格局。

(3)做好宣传教育和舆论引导工作。把安全生产宣传教育纳入宣传思想工作的总体布局,坚持正确的舆论导向,大力宣传党和国家安全生产方针政策、法律法规和加强安全生产工作的重大举措,宣传安全生产工作的先进典型和经验;对严重忽视安全生产、导致重特大事故发生的典型事例要予以曝光。在大中专院校和中小学开设安全知识课程,提高青少年在道路交通、消防、城市燃气等方面的识灾和防灾能力。通过广泛深入的宣传教育,不断增强群众依法自我安全保护的意识。

各地区、各部门和各单位要加强调查研究,注意发现安全生产工作中出现的新情况,研究新问题,推进安全生产理论、监管体制和机制、监管方式和手段、安全科技、安全文化等方面的创新,不断增强安全生产工作的针对性和实效性,努力开创我国安全生产工作的新局面,为完善社会主义市场经济体制,实现党的十六大提出的全面建设小康社会的宏伟目标创造安全稳定的环境。

1.3.2 国务院关于进一步加强企业安全生产工作的通知

近年来,全国生产安全事故逐年下降,安全生产状况总体稳定、趋于好转,但形势依然十分严峻，事故总量仍然很大，非法违法生产现象严重，重特大事故多发频发，给人民群众生命财产安全造成重大损失，暴露出一些企业重生产轻安全、安全管理薄弱、主体责任不落实，一些地方和部门安全监管不到位等突出问题。为进一步加强安全生产工作，全面提高企业安全生产水平，国务院2010年7月19日颁布《国务院关于进一步加强企业安全生产工作的通知》(国发〔2010〕23号)就有关事项规定如下：

1. 总体要求

(1)工作要求。深入贯彻落实科学发展观，坚持以人为本，牢固树立安全发展的理念，切实转变经济发展方式，调整产业结构，提高经济发展的质量和效益，把经济发展建立在安全生产有可靠保障的基础上；坚持"安全第一、预防为主、综合治理"的方针，全面加强企业安全管理，健全规章制度，完善安全标准，提高企业技术水平，夯实安全生产基础；坚持依法依规生产经营，切实加强安全监管，强化企业安全生产主体责任落实和责任追究，促进我国安全生产形势实现根本好转。

(2)主要任务。以煤矿、非煤矿山、交通运输、建筑施工、危险化学品、烟花爆竹、民用爆炸物品、冶金等行业(领域)为重点，全面加强企业安全生产工作。要通过更加严格的目标考核和责任追究，采取更加有效的管理手段和政策措施，集中整治非法违法生产行为，坚决遏制重特大事故发生；要尽快建成完善的国家安全生产应急救援体系，在高危行业强制推行一批安全适用的技术装备和防护设施，最大程度减少事故造成的损失；要建立更加完善的技术标准体系，促进企业安全生产技术装备全面达到国家和行业标准，实现我国安全生产技术水平的提高；要进一步调整产业结构，积极推进重点行业的企业重组和矿产资源开发整合，彻底淘汰安全性能低下、危及安全生产的落后产能；以更加有力的政策引导，形成安全生产长效机制。

2. 严格企业安全管理

(1)进一步规范企业生产经营行为。企业要健全完善严格的安全生产规章制度，坚持不安全不生产。加强对生产现场监督检查，严格查处违章指挥、违规作业、违反劳动纪律的"三违"行为。凡超能力、超强度、超定员组织生产的，要责令停产停工整顿，并对企业和企业主要负责人依法给予规定上限的经济处罚。对以整合、技改名义违规组织生产，以及规定期限内未实施改造或故意拖延工期的矿井，由地方政府依法予以关闭。要加强对境外中资企业安全生产工作的指导和管理，严格落实境内投资主体和派出企业的安全生产监督责任。

(2)及时排查治理安全隐患。企业要经常性开展安全隐患排查，并切实做到整改措施、责任、资金、时限和预案"五到位"。建立以安全生产专业人员为主导的隐患整改效果评价制度，确保整改到位。对隐患整改不力造成事故的，要依法追究企业和企业相关负责人的责任。对停产整改逾期未完成的不得复产。

(3)强化生产过程管理的领导责任。企业主要负责人和领导班子成员要轮流现场带班。煤矿、非煤矿山要有矿领导带班并与工人同时下井、同时升井，对无企业负责人带班下井或该带班而未带班的，对有关责任人按擅离职守处理，同时给予规定上限的经济处罚。发生事故而没有领导现场带班的，对企业给予规定上限的经济处罚，并依法从重追究企业主要负责人的责任。

(4)强化职工安全培训。企业主要负责人和安全生产管理人员、特殊工种人员一律严格考核,按国家有关规定持职业资格证书上岗;职工必须全部经过培训合格后上岗。企业用工要严格依照劳动合同法与职工签订劳动合同。凡存在不经培训上岗、无证上岗的企业,依法停产整顿。没有对井下作业人员进行安全培训教育,或存在特种作业人员无证上岗的企业,情节严重的要依法予以关闭。

(5)全面开展安全达标。深入开展以岗位达标、专业达标和企业达标为内容的安全生产标准化建设,凡在规定时间内未实现达标的企业要依法暂扣其生产许可证、安全生产许可证,责令停产整顿;对整改逾期未达标的,地方政府要依法予以关闭。

3.建设坚实的技术保障体系

(1)加强企业生产技术管理。强化企业技术管理机构的安全职能,按规定配备安全技术人员,切实落实企业负责人安全生产技术管理负责制,强化企业主要技术负责人技术决策和指挥权。因安全生产技术问题不解决产生重大隐患的,要对企业主要负责人、主要技术负责人和有关人员给予处罚;发生事故的,依法追究责任。

(2)强制推行先进适用的技术装备。煤矿、非煤矿山要制定和实施生产技术装备标准,安装监测监控系统、井下人员定位系统、紧急避险系统、压风自救系统、供水施救系统和通信联络系统等技术装备,并于3年之内完成。逾期未安装的,依法暂扣安全生产许可证、生产许可证。运输危险化学品、烟花爆竹、民用爆炸物品的道路专用车辆,旅游包车和三类以上的班线客车要安装使用具有行驶记录功能的卫星定位装置,于2年之内全部完成;鼓励有条件的渔船安装防撞自动识别系统,在大型尾矿库安装全过程在线监控系统,大型起重机械要安装安全监控管理系统;积极推进信息化建设,努力提高企业安全防护水平。

(3)加快安全生产技术研发。企业在年度财务预算中必须确定必要的安全投入。国家鼓励企业开展安全科技研发,加快安全生产关键技术装备的换代升级。进一步落实《国家中长期科学和技术发展规划纲要(2006~2020年)》等,加大对高危行业安全技术、装备、工艺和产品研发的支持力度,引导高危行业提高机械化、自动化生产水平,合理确定生产一线用工。"十二五"期间要继续组织研发一批提升我国重点行业领域安全生产保障能力的关键技术和装备项目。

4.实施更加有力的监督管理

(1)进一步加大安全监管力度。强化安全生产监管部门对安全生产的综合监管,全面落实公安、交通、国土资源、建设、工商、质检等部门的安全生产监督管理及工业主管部门的安全生产指导职责,形成安全生产综合监管与行业监管指导相结合的工作机制,加强协作,形成合力。在各级政府统一领导下,严厉打击非法违法生产、经营、建设等影响安全生产的行为,安全生产综合监管和行业管理部门要会同司法机关联合执法,以强有力措施查处、取缔非法企业。对重大安全隐患治理实行逐级挂牌督办、公告制度,重大隐患治理由省级安全生产监管部门或行业主管部门挂牌督办,国家相关部门加强督促检查。对拒不执行监管监察指令的企业,要依法依规从重处罚。进一步加强监管力量建设,提高监管人员专业素质和技术装备水平,强化基层站点监管能力,加强对企业安全生产的现场监管和技术指导。

(2)强化企业安全生产属地管理。安全生产监管监察部门、负有安全生产监管职责的有关部门和行业管理部门要按职责分工,对当地企业包括中央、省属企业实行严格的安全生产监督检查和管理,组织对企业安全生产状况进行安全标准化分级考核评价,评价结果向社会公开,并向银行业、证券业、保险业、担保业等主管部门通报,作为企业信用评级的重要参考依据。

(3)加强建设项目安全管理。强化项目安全设施核准审批,加强建设项目的日常安全监管,严格落实审批、监管的责任。企业新建、改建、扩建工程项目的安全设施,要包括安全监控设施和防瓦斯等有害气体、防尘、排水、防火、防爆等设施,并与主体工程同时设计、同时施工、同时投入生产和使用。安全设施与建设项目主体工程未做到同时设计的一律不予审批,未做到同时施工的责令立即停止施工,未同时投入使用的不得颁发安全生产许可证,并视情节追究有关单位负责人的责任。严格落实建设、设计、施工、监理、监管等各方安全责任。对项目建设生产经营单位存在违法分包、转包等行为的,立即依法停工停产整顿,并追究项目业主、承包方等各方责任。

(4)加强社会监督和舆论监督。要充分发挥工会、共青团、妇联组织的作用,依法维护和落实企业职工对安全生产的参与权与监督权,鼓励职工监督举报各类安全隐患,对举报者予以奖励。有关部门和地方要进一步畅通安全生产的社会监督渠道,设立举报箱,公布举报电话,接受人民群众的公开监督。要发挥新闻媒体的舆论监督,对舆论反映的客观问题要深查原因,切实整改。

5.建设更加高效的应急救援体系

(1)加快国家安全生产应急救援基地建设。按行业类型和区域分布,依托大型企业,在中央预算内基建投资支持下,先期抓紧建设 7 个国家矿山应急救援队,配备性能可靠、机动性强的装备和设备,保障必要的运行维护费用。推进公路交通、铁路运输、水上搜救、船舶溢油、油气田、危险化学品等行业(领域)国家救援基地和队伍建设。鼓励和支持各地区、各部门、各行业依托大型企业和专业救援力量,加强服务周边的区域性应急救援能力建设。

(2)建立完善企业安全生产预警机制。企业要建立完善安全生产动态监控及预警预报体系,每月进行一次安全生产风险分析。发现事故征兆要立即发布预警信息,落实防范和应急处置措施。对重大危险源和重大隐患要报当地安全生产监管监察部门、负有安全生产监管职责的有关部门和行业管理部门备案。涉及国家秘密的,按有关规定执行。

(3)完善企业应急预案。企业应急预案要与当地政府应急预案保持衔接,并定期进行演练。赋予企业生产现场带班人员、班组长和调度人员在遇到险情时第一时间下达停产撤人命令的直接决策权和指挥权。因撤离不及时导致人身伤亡事故的,要从重追究相关人员的法律责任。

6.严格行业安全准入

(1)加快完善安全生产技术标准。各行业管理部门和负有安全生产监管职责的有关部门要根据行业技术进步和产业升级的要求,加快制定修订生产、安全技术标准,制定和实施高危行业从业人员资格标准。对实施许可证管理制度的危险性作业要制定落实专项安全技术作业规程和岗位安全操作规程。

(2)严格安全生产准入前置条件。把符合安全生产标准作为高危行业企业准入的前置条件,实行严格的安全标准核准制度。矿山建设项目和用于生产、储存危险物品的建设项目,应当分别按照国家有关规定进行安全条件论证和安全评价,严把安全生产准入关。凡不符合安全生产条件违规建设的,要立即停止建设,情节严重的由本级人民政府或主管部门实施关闭取缔。降低标准造成隐患的,要追究相关人员和负责人的责任。

(3)发挥安全生产专业服务机构的作用。依托科研院所,结合事业单位改制,推动安全生产评价、技术支持、安全培训、技术改造等服务性机构的规范发展。制定完善安全生产专业服务机构管理办法,保证专业服务机构从业行为的专业性、独立性和客观性。专业服务机构对相关评价、鉴定结论承担法律责任,对违法违规、弄虚作假的,要依法依规从严追究相关人员和机构的法律责任,并降低或取消相关资质。

7.加强政策引导

(1)制定促进安全技术装备发展的产业政策。要鼓励和引导企业研发、采用先进适用的安全技术和产品,鼓励安全生产适用技术和新装备、新工艺、新标准的推广应用。把安全检测监控、安全避险、安全保护、个人防护、灾害监控、特种安全设施及应急救援等安全生产专用设备的研发制造,作为安全产业加以培育,纳入国家振兴装备制造业的政策支持范畴。大力发展安全装备融资租赁业务,促进高危行业企业加快提升安全装备水平。

(2)加大安全专项投入。切实做好尾矿库治理、扶持煤矿安全技改建设、瓦斯防治和小煤矿整顿关闭等各类中央资金的安排使用,落实地方和企业配套资金。加强对高危行业企业安全生产费用提取和使用管理的监督检查,进一步完善高危行业企业安全生产费用财务管理制度,研究提高安全生产费用提取下限标准,适当扩大适用范围。依法加强道路交通事故社会救助基金制度建设,加快建立完善水上搜救奖励与补偿机制。高危行业企业探索实行全员安全风险抵押金制度。完善落实工伤保险制度,积极稳妥推行安全生产责任保险制度。

(3)提高工伤事故死亡职工一次性赔偿标准。从 2011 年 1 月 1 日起,依照《工伤保险条例》的规定,对因生产安全事故造成的职工死亡,其一次性工亡补助金标准调整为按全国上一年度城镇居民人均可支配收入的 20 倍计算,发放给工亡职工近亲属。同时,依法确保工亡职工一次性丧葬补助金、供养亲属抚恤金的发放。

(4)鼓励扩大专业技术和技能人才培养。进一步落实完善校企合作办学、对口单招、订单式培养等政策,鼓励高等院校、职业学校逐年扩大采矿、机电、地质、通风、安全等相关专业人才的招生培养规模,加快培养高危行业专业人才和生产一线急需技能型人才。

8.更加注重经济发展方式转变

(1)制定落实安全生产规划。各地区、各有关部门要把安全生产纳入经济社会发展的总体布局,在制定国家、地区发展规划时,要同步明确安全生产目标和专项规划。企业要把安全生产工作的各项要求落实在企业发展和日常工作之中,在制定企业发展规划和年度生产经营计划中要突出安全生产,确保安全投入和各项安全措施到位。

(2)强制淘汰落后技术产品。不符合有关安全标准、安全性能低下、职业危害严重、危及安全生产的落后技术、工艺和装备要列入国家产业结构调整指导目录,予以强制性淘汰。各省级人民政府也要制订本地区相应的目录和措施,支持有效消除重大安全隐患的技术改造和搬迁项目，遏制安全水平低、保障能力差的项目建设和延续。对存在落后技术装备、构成重大安全隐患的企业，要予以公布，责令限期整改，逾期未整改的依法予以关闭。

(3)加快产业重组步伐。要充分发挥产业政策导向和市场机制的作用，加大对相关高危行业企业重组力度，进一步整合或淘汰浪费资源、安全保障低的落后产能，提高安全基础保障能力。

9.实行更加严格的考核和责任追究

(1)严格落实安全目标考核。对各地区、各有关部门和企业完成年度生产安全事故控制指标情况进行严格考核，并建立激励约束机制。加大重特大事故的考核权重，发生特别重大生产安全事故的，要根据情节轻重，追究地市级分管领导或主要领导的责任；后果特别严重、影响特别恶劣的，要按规定追究省部级相关领导的责任。加强安全生产基础工作考核，加快推进安全生产长效机制建设，坚决遏制重特大事故的发生。

(2)加大对事故企业负责人的责任追究力度。企业发生重大生产安全责任事故，追究事故企业主要负责人责任；触犯法律的，依法追究事故企业主要负责人或企业实际控制人的法律责任。发生特别重大事故，除追究企业主要负责人和实际控制人责任外，还要追究上级企业主要负责人的责任；触犯法律的，依法追究企业主要负责人、企业实际控制人和上级企业负责人的法律责任。对重大、特别重大生产安全责任事故负有主要责任的企业，其主要负责人终身不得担任本行业企业的矿长(厂长、经理)。对非法违法生产造成人员伤亡的，以及瞒报事故、事故后逃逸等情节特别恶劣的，要依法从重处罚。

(3)加大对事故企业的处罚力度。对于发生重大、特别重大生产安全责任事故或一年内发生2次以上较大生产安全责任事故并负主要责任的企业，以及存在重大隐患整改不力的企业，由省级及以上安全监管监察部门会同有关行业主管部门向社会公告，并向投资、国土资源、建设、银行、证券等主管部门通报，一年内严格限制新增的项目核准、用地审批、证券融资等，并作为银行贷款等的重要参考依据。

(4)对打击非法生产不力的地方实行严格的责任追究。在所辖区域对群众举报、上级督办、日常检查发现的非法生产企业(单位)没有采取有效措施予以查处，致使非法生产企业(单位)存在的，对县(市、区)、乡(镇)人民政府主要领导以及相关责任人，根据情节轻重，给予降级、撤职或者开除的行政处分，涉嫌犯罪的，依法追究刑事责任。国家另有规定的，从其规定。

(5)建立事故查处督办制度。依法严格事故查处，对事故查处实行地方各级安全生产委员会层层挂牌督办，重大事故查处实行国务院安全生产委员会挂牌督办。事故查处结案后，要及时予以公告，接受社会监督。

各地区、各部门和各有关单位要做好对加强企业安全生产工作的组织实施，制订部署本地区本行业贯彻落实本通知要求的具体措施，加强监督检查和指导，及时研究、协调解决贯彻实施中出现的突出问题。国务院安全生产委员会办公室和国务院有关部门要加强工作督查，及时掌握各地区、各部门和本行业(领域)工作进展情况，确保各项规定、措施执行落实到位。省级人民政府和国务院有关部门要将加强企业安全生产工作情况及时报送国务院安全生产委员会办公室。

1.3.3 国务院关于坚持科学发展安全发展促进安全生产形势持续稳定好转的意见

安全生产事关人民群众生命财产安全，事关改革开放、经济发展和社会稳定大局，事关党和政府形象和声誉。为深入贯彻落实科学发展观，实现安全发展，促进全国安全生产形势持续稳定好转，国务院 2011 年 11 月 26 颁布《国务院关于坚持科学发展安全发展促进安全生产形势持续稳定好转的意见》(国发〔2011〕40 号提出以下意见：

1. 充分认识坚持科学发展安全发展的重大意义

(1)坚持科学发展安全发展是对安全生产实践经验的科学总结。多年来，各地区、各部门、各单位深入贯彻落实科学发展观，按照党中央、国务院的决策部署，大力推进安全发展，全国安全生产工作取得了积极进展和明显成效。“十一五”期间，事故总量和重特大事故大幅度下降，全国各类事故死亡人数年均减少约 1 万人，反映安全生产状况的各项指标显著改善，安全生产形势持续稳定好转。实践表明，坚持科学发展安全发展，是对新时期安全生产客观规律的科学认识和准确把握，是保障人民群众生命财产安全的必然选择。

(2)坚持科学发展安全发展是解决安全生产问题的根本途径。我国正处于工业化、城镇化快速发展进程中，处于生产安全事故易发多发的高峰期，安全基础仍然比较薄弱，重特大事故尚未得到有效遏制，非法违法生产经营建设行为屡禁不止，安全责任不落实、防范和监督管理不到位等问题在一些地方和企业还比较突出。安全生产工作既要解决长期积累的深层次、结构性和区域性问题，又要应对不断出现的新情况、新问题，根本出路在于坚持科学发展安全发展。要把这一重要思想和理念落实到生产经营建设的每一个环节，使之成为衡量各行业领域、各生产经营单位安全生产工作的基本标准，自觉做到不安全不生产，实现安全与发展的有机统一。

(3)坚持科学发展安全发展是经济发展社会进步的必然要求。随着经济发展和社会进步，全社会对安全生产的期待不断提高，广大从业人员“体面劳动”意识不断增强，对加强安全监管监察、改善作业环境、保障职业安全健康权益等方面的要求越来越高。这就要求各地区、各部门、各单位必须始终把安全生产摆在经济社会发展重中之重的位置，自觉坚持科学发展安全发展，把安全真正作为发展的前提和基础，使经济社会发展切实建立在安全保障能力不断增强、劳动者生命安全和身体健康得到切实保障的基础之上，确保人民群众平安幸福地享有经济发展和社会进步的成果。

2. 指导思想和基本原则

(1)指导思想。坚持以邓小平理论和“三个代表”重要思想为指导，深入贯彻落实科学发展观，牢固树立以人为本、安全发展的理念，始终把保障人民群众生命财产安全放在首位，大力实施安全发展战略，紧紧围绕科学发展主题和加快转变经济发展方式主线，自觉坚持“安全第一、预防为主、综合治理”方针，坚持速度、质量、效益与安全的有机统一，以强化和落实企业主体责任为重点，以事故预防为主攻方向，以规范生产为保障，以科技进步为支撑，认真落实安全生产各项措施，标本兼治、综合治理，有效防范和坚决遏制重特大事故，促进安全生产与经济社会同步协调发展。

(2)基本原则。——统筹兼顾，协调发展。正确处理安全生产与经济社会发展、与速度质量效益的关系，坚持把安全生产放在首要位置，促进区域、行业领域的科学、安全、可持续发展。——依法治安，综合治理。健全完善安全生产法律法规、制度标准体系，严格安全生产执法，严厉打击非法违法行为，综合运用法律、行政、经济等手段，推动安全生产工作规范、有序、高效开展。——突出预防，落实责任。加大安全投入，严格安全准入，深化隐患排查治理，筑牢安全生产基础，全面落实企业安全生产主体责任、政府及部门监管责任和属地管理责任。——依靠科技，创新管理。加快安全科技研发应用，加强专业技术人才队伍和高素质的职工队伍培养，创新安全管理体制机制和方式方法，不断提升安全保障能力和安全管理水平。

3.进一步加强安全生产法制建设

(1)健全完善安全生产法律制度体系。加快推进安全生产法等相关法律法规的修订制定工作。适应经济社会快速发展的新要求，制定高速铁路、高速公路、大型桥梁隧道、超高层建筑、城市轨道交通和地下管网等建设、运行、管理方面的安全法规规章。根据技术进步和产业升级需要，抓紧修订完善国家和行业安全技术标准，尽快健全覆盖各行业领域的安全生产标准体系。进一步建立完善安全生产激励约束、督促检查、行政问责、区域联动等制度，形成规范有力的制度保障体系。

(2)加大安全生产普法执法力度。加强安全生产法制教育，普及安全生产法律知识，提高全民安全法制意识，增强依法生产经营建设的自觉性。加强安全生产日常执法、重点执法和跟踪执法，强化相关部门及与司法机关的联合执法，确保执法实效。继续依法严厉打击各类非法违法生产经营建设行为，切实落实停产整顿、关闭取缔、严格问责的惩治措施。强化地方人民政府特别是县乡级人民政府责任，对打击非法生产不力的，要严肃追究责任。

(3)依法严肃查处各类事故。严格按照“科学严谨、依法依规、实事求是、注重实效”的原则，认真调查处理每一起事故，查明原因，依法严肃追究事故单位和有关责任人的责任，严厉查处事故背后的腐败行为，及时向社会公布调查进展和处理结果。认真落实事故查处分级挂牌督办、跟踪督办、警示通报、诫勉约谈和现场分析制度，深刻吸取事故教训，查找安全漏洞，完善相关管理措施，切实改进安全生产工作。

4.全面落实安全生产责任

(1)认真落实企业安全生产主体责任。企业必须严格遵守和执行安全生产法律法规、规章制度与技术标准，依法依规加强安全生产，加大安全投入，健全安全管理机构，加强班组安全建设，保持安全设备设施完好有效。企业主要负责人、实际控制人要切实承担安全生产第一责任人的责任，带头执行现场带班制度，加强现场安全管理。强化企业技术负责人技术决策和指挥权，注重发挥注册安全工程师对企业安全状况诊断、评估、整改方面的作用。企业主要负责人、安全管理人员、特种作业人员一律经严格考核、持证上岗。企业用工要严格依照劳动合同法与职工签订劳动合同，职工必须全部经培训合格后上岗。

(2)强化地方人民政府安全监管责任。地方各级人民政府要健全完善安全生产责任制，把安全生产作为衡量地方经济发展、社会管理、文明建设成效的重要指标，切实履行属地管理职责，对辖区内各类企业包括中央、省属企业实施严格的安全生产监督检查和管理。严格落实地方行政首长安全生产第一责任人的责任，建立健全政府领导班子成员安全生产"一岗双责"制度。省、市、县级政府主要负责人要定期研究部署安全生产工作,组织解决安全生产重点难点问题。

(3)切实履行部门安全生产管理和监督职责。健全完善安全生产综合监管与行业监管相结合的工作机制,强化安全生产监管部门对安全生产的综合监管,全面落实行业主管部门的专业监管、行业管理和指导职责。相关部门、境内投资主体和派出企业要切实加强对境外中资企业安全生产工作的指导和管理。要不断探索创新与经济运行、社会管理相适应的安全监管模式,建立健全与企业信誉、项目核准、用地审批、证券融资、银行贷款等方面相挂钩的安全生产约束机制。

5.着力强化安全生产基础

(1)严格安全生产准入条件。要认真执行安全生产许可制度和产业政策,严格技术和安全质量标准,严把行业安全准入关。强化建设项目安全核准,把安全生产条件作为高危行业建设项目审批的前置条件,未通过安全评估的不准立项;未经批准擅自开工建设的,要依法取缔。严格执行建设项目安全设施"三同时"(同时设计、同时施工、同时投产和使用)制度。制定和实施高危行业从业人员资格标准。加强对安全生产专业服务机构管理,实行严格的资格认证制度,确保其评价、检测结果的专业性和客观性。

(2)加强安全生产风险监控管理。充分运用科技和信息手段,建立健全安全生产隐患排查治理体系,强化监测监控、预报预警,及时发现和消除安全隐患。企业要定期进行安全风险评估分析,重大隐患要及时报安全监管监察和行业主管部门备案。各级政府要对重大隐患实行挂牌督办,确保监控、整改、防范等措施落实到位。各地区要建立重大危险源管理档案,实施动态全程监控。

(3)推进安全生产标准化建设。在工矿商贸和交通运输行业领域普遍开展岗位达标、专业达标和企业达标建设,对在规定期限内未实现达标的企业,要依据有关规定暂扣其生产许可证、安全生产许可证,责令停产整顿;对整改逾期仍未达标的,要依法予以关闭。加强安全标准化分级考核评价,将评价结果向银行、证券、保险、担保等主管部门通报,作为企业信用评级的重要参考依据。

(4)加强职业病危害防治工作。要严格执行职业病防治法,认真实施国家职业病防治规划,深入落实职业危害防护设施"三同时"制度,切实抓好煤(矽)尘、热害、高毒物质等职业危害防范治理。对可能产生职业病危害的建设项目,必须进行严格的职业病危害预评价,未提交预评价报告或预评价报告未经审核同意的,一律不得批准建设;对职业病危害防控措施不到位的企业,要依法责令其整改,情节严重的要依法予以关闭。切实做好职业病诊断、鉴定和治疗,保障职工安全健康权益。

6.深化重点行业领域安全专项整治

(1)深入推进煤矿瓦斯防治和整合技改。加快建设"通风可靠、抽采达标、监控有效、管理到位"的瓦斯综合治理工作体系,完善落实瓦斯抽采利用扶持政策,推进瓦斯防治技术创新。严格控制高瓦斯和煤与瓦斯突出矿井建设项目审批。建立完善煤矿瓦斯防治能力评估制度,对不具备防治能力的高瓦斯和煤与瓦斯突出矿井,要严格按规定停产整改、重组或依法关闭。继续运用中央预算内投资扶持煤矿安全技术改造,支持煤矿整顿关闭和兼并重组。加强对整合技改煤矿的安全管理,加快推进煤矿井下安全避险系统建设和小煤矿机械化改造。

(2)加大交通运输安全综合治理力度。加强道路长途客运安全管理,修订完善长途客运车辆安全技术标准,逐步淘汰安全性能差的运营车型。强化交通运输企业安全主体责任,禁止客运车辆挂靠运营,禁止非法改装车辆从事旅客运输。严格长途客运、危险品车辆驾驶人资格准入,研究建立长途客车驾驶人强制休息制度,持续严厉整治超载、超限、超速、酒后驾驶、高速公路违规停车等违法行为。加强道路运输车辆动态监管,严格按规定强制安装具有行驶记录功能的卫星定位装置并实行联网联控。提高道路建设质量,完善安全防护设施,加强桥梁、隧道、码头安全隐患排查治理。加强高速铁路和城市轨道交通建设运营安全管理。继续强化民航、农村和山区交通、水上交通的安全监管,特别要抓紧完善校车安全法规和标准,依法强化校车安全监管。

(3)严格危险化学品安全管理。全面开展危险化学品安全管理现状普查评估,建立危险化学品安全管理信息系统。科学规划化工园区,优化化工企业布局,严格控制城镇涉及危险化学品的建设项目。各地区要积极研究制定鼓励支持政策,加快城区高风险危险化学品生产、储存企业搬迁。地方各级人民政府要组织开展地下危险化学品输送管道设施安全整治,加强和规范城镇地面开挖作业管理。继续推进化工装置自动控制系统改造。切实加强烟花爆竹和民用爆炸物品的安全监管,深入开展"三超一改"(超范围、超定员、超药量和擅自改变工房用途)和礼花弹等高危产品专项治理。

(4)深化非煤矿山安全整治。进一步完善矿产资源开发整合常态化管理机制,制定实施非煤矿山主要矿种最小开采规模和最低服务年限标准。研究制定充填开采标准和规定。积极推行尾矿库一次性筑坝、在线监测技术,搞好尾矿综合利用。全面加强矿井安全避险系统建设,组织实施非煤矿山采空区监测监控等科技示范工程。加强陆地和海洋石油天然气勘探开采的安全管理,重点防范井喷失控、硫化氢中毒、海上溢油等事故。

(5)加强建筑施工安全生产管理。按照"谁发证、谁审批、谁负责"的原则,进一步落实建筑工程招投标、资质审批、施工许可、现场作业等各环节安全监管责任。强化建筑工程参建各方企业安全生产主体责任。严密排查治理起重机、吊罐、脚手架等设施设备安全隐患。建立建筑工程安全生产信息系统,健全施工企业和从业人员安全信用体系,完善失信惩戒制度。建立完善铁路、公路、水利、核电等重点工程项目安全风险评估制度。严厉打击超越资质范围承揽工程、违法分包转包工程等不法行为。

(6)加强消防、冶金等其他行业领域的安全监管。地方各级人民政府要把消防规划纳入当地城乡规划,切实加强公共消防设施建设。大力实施社会消防安全"防火墙"工程,落实建设项目消防安全设计审核、验收和备案抽查制度,严禁使用不符合消防安全要求的装修装饰材料和建筑外保温材料。严格落实人员密集场所、大型集会活动等安全责任制,严防拥挤踩踏事故。加强冶金、有色等其他工贸行业企业安全专项治理,严格执行压力容器、电梯、游乐设施等特种设备安全管理制度,加强电力、农机和渔船安全管理。

7. 大力加强安全保障能力建设

(1)持续加大安全生产投入。探索建立中央、地方、企业和社会共同承担的安全生产长效投入机制,加大对贫困地区和高危行业领域倾斜。完善有利于安全生产的财政、税收、信贷政策,强化政府投资对安全生产投入的引导和带动作用。企业在年度财务预算中必须确定必要的安全投入，提足用好安全生产费用。完善落实工伤保险制度，积极稳妥推行安全生产责任保险制度，发挥保险机制的预防和促进作用。

(2)充分发挥科技支撑作用。整合安全科技优势资源，建立完善以企业为主体、以市场为导向、产学研用相结合的安全技术创新体系。加快推进安全生产关键技术及装备的研发，在事故预防预警、防治控制、抢险处置等方面尽快推出一批具有自主知识产权的科技成果。积极推广应用安全性能可靠、先进适用的新技术、新工艺、新设备和新材料。企业必须加快国家规定的各项安全系统和装备建设，提高生产安全防护水平。加强安全生产信息化建设，建立健全信息科技支撑服务体系。

(3)加强产业政策引导。加大高危行业企业重组力度，进一步整合浪费资源、安全保障低的落后产能，加快淘汰不符合安全标准、职业危害严重、危及安全生产的落后技术、工艺和装备。地方各级人民政府要制定相关政策，遏制安全水平低、保障能力差的项目的建设和延续。对存在落后技术设备、构成重大安全隐患的企业，要予以公布，责令其限期整改，逾期未整改的依法予以关闭。把安全产业纳入国家重点支持的战略产业，积极发展安全装备融资租赁业务，促进企业加快提升安全装备水平。

(4)加强安全人才和监管监察队伍建设。加强安全科学与工程学科建设，办好安全工程类高等教育和职业教育，重点培养中高级安全工程与管理人才。鼓励高等院校、职业学校进一步落实完善校企合作办学、对口单招、订单式培养等政策，加快培养高危行业专业人才和生产一线急需技能型人才。加快建设专业化的安全监管监察队伍，建立以岗位职责为基础的能力评价体系，加强在岗人员业务培训。进一步充实基层监管力量，改善监管监察装备和条件，创新安全监管监察机制，切实做到严格、公正、廉洁、文明执法。

8.建设更加高效的应急救援体系

(1)加强应急救援队伍和基地建设。抓紧7个国家级、14个区域性矿山应急救援基地建设，加快推进重点行业领域的专业应急救援队伍建设。县级以上地方人民政府要结合实际，整合应急资源，依托大型企业、公安消防等救援力量，加强本地区应急救援队伍建设。建立紧急医学救援体系，提升事故医疗救治能力。建立救援队伍社会化服务补偿机制，鼓励和引导社会力量参与应急救援。

(2)完善应急救援机制和基础条件。健全省、市、县及中央企业安全生产应急管理体系，加快建设应急平台，完善应急救援协调联动机制。建立健全自然灾害预报预警联合处置机制，加强安监、气象、地震、海洋等部门的协调配合，严防自然灾害引发事故灾难。建立完善企业安全生产动态监控及预警预报体系。加强应急救援装备建设，强化应急物资和紧急运输能力储备，提高应急处置效率。

(3)加强预案管理和应急演练。建立健全安全生产应急预案体系，加强动态修订完善。落实省、市、县三级安全生产预案报备制度，加强企业预案与政府相关应急预案的衔接。定期开展应急预案演练，切实提高事故救援实战能力。企业生产现场带班人员、班组长和调度人员在遇到险情时，要按照预案规定，立即组织停产撤人。

9.积极推进安全文化建设

(1)加强安全知识普及和技能培训。加强安全教育基地建设，充分利用电视、互联网、报纸、广播等多种形式和手段普及安全常识，增强全社会科学发展、安全发展的思想意识。

在中小学广泛普及安全基础教育，加强防灾避险演练。全面开展安全生产、应急避险和职业健康知识进企业、进学校、进乡村、进社区、进家庭活动，努力提升全民安全素质。大力开展企业全员安全培训，重点强化高危行业和中小企业一线员工安全培训。完善农民工向产业工人转化过程中的安全教育培训机制。建立完善安全技术人员继续教育制度。大型企业要建立健全职业教育和培训机构。加强地方政府安全生产分管领导干部的安全培训，提高安全管理水平。

(2)推动安全文化发展繁荣。充分利用社会资源和市场机制，培育发展安全文化产业，打造安全文化精品，促进安全文化市场繁荣。加强安全公益宣传，大力倡导"关注安全、关爱生命"的安全文化。建设安全文化主题公园、主题街道和安全社区，创建若干安全文化示范企业和安全发展示范城市。推进安全文化理论和建设手段创新，构建自我约束、持续改进的长效机制，不断提高安全文化建设水平，切实发挥其对安全生产工作的引领和推动作用。

10.切实加强组织领导和监督

(1)健全完善安全生产工作格局。各地区要进一步健全完善政府统一领导、部门依法监管、企业全面负责、群众参与监督、全社会广泛支持的安全生产工作格局，形成各方面齐抓共管的合力。要切实加强安全生产工作的组织领导，充分发挥各级政府安全生产委员会及其办公室的指导协调作用，落实各成员单位工作责任。县级以上人民政府要依法健全完善安全生产、职业健康监管体系，安全生产任务较重的乡镇要加强安全监管力量建设，确保事有人做、责有人负。

(2)加强安全生产绩效考核。把安全生产考核控制指标纳入经济社会发展考核评价指标体系，加大各级领导干部政绩业绩考核中安全生产的权重和考核力度。把安全生产工作纳入社会主义精神文明和党风廉政建设、社会管理综合治理体系之中。制定完善安全生产奖惩制度，对成效显著的单位和个人要以适当形式予以表扬和奖励，对违法违规、失职渎职的，依法严格追究责任。

(3)发挥社会公众的参与监督作用。推进安全生产政务公开，健全行政许可网上申请、受理、审批制度。落实安全生产新闻发布制度和救援工作报道机制，完善隐患、事故举报奖励制度，加强社会监督、舆论监督和群众监督。支持各级工会、共青团、妇联等群众组织动员广大职工开展群众性安全生产监督和隐患排查，落实职工岗位安全责任，推进群防群治。

1.3.4 国务院关于加强和改进消防工作的意见

"十一五"以来，各地区、各有关部门认真贯彻国家有关加强消防工作的部署和要求，坚持预防为主、防消结合，全面落实各项消防安全措施，抗御火灾的整体能力不断提升，火灾形势总体平稳，为服务经济社会发展、保障人民生命财产安全作出了重要贡献。但是，随着我国经济社会的快速发展，致灾因素明显增多，火灾发生几率和防控难度相应增大，一些地区、部门和单位消防安全责任不落实、工作不到位，公共消防安全基础建设同经济社会发展不相适应，消防安全保障能力同人民群众的安全需求不相适应，公众消防安全意识同现代社会管理要求不相适应，消防工作形势依然严峻，总体上仍处于火灾易发、多发期。为进一步加强和改进消防工作,国务院2011年12月30日颁布《国务院关于加强和改进消防工作的意见》(国发〔2011〕46号)现提出以下意见:

1. 指导思想、基本原则和主要目标

(1)指导思想。以邓小平理论和"三个代表"重要思想为指导,深入贯彻落实科学发展观,认真贯彻《中华人民共和国消防法》等法律法规,坚持政府统一领导、部门依法监管、单位全面负责、公民积极参与,加强和创新消防安全管理,落实责任,强化预防,整治隐患,夯实基础,进一步提升火灾防控和灭火应急救援能力,不断提高公共消防安全水平,有效预防火灾和减少火灾危害,为经济社会发展、人民安居乐业创造良好的消防安全环境。

(2)基本原则。坚持政府主导,不断完善社会化消防工作格局;坚持改革创新,努力完善消防安全管理体制机制;坚持综合治理,着力夯实城乡消防安全基础;坚持科技支撑,大力提升防火和灭火应急救援能力;坚持以人为本,切实保障人民群众生命财产安全。

(3)主要目标。到2015年,消防工作与经济社会发展基本适应,消防法律法规进一步健全,社会化消防工作格局基本形成,公共消防设施和消防装备建设基本达标,覆盖城乡的灭火应急救援力量体系逐步完善,公民消防安全素质普遍增强,全社会抗御火灾能力明显提升,重特大尤其是群死群伤火灾事故得到有效遏制。

2. 切实强化火灾预防

(1)加强消防安全源头管控。制定城乡规划要充分考虑消防安全需要,留足消防安全间距,确保消防车通道等符合标准。建立建设工程消防设计、施工质量和消防审核验收终身负责制,建设、设计、施工、监理单位及执业人员和公安消防部门要严格遵守消防法律法规,严禁擅自降低消防安全标准。行政审批部门对涉及消防安全的事项要严格依法审批,凡不符合法定审批条件的,规划、建设、房地产管理部门不得核发建设工程相关许可证照,安全监管部门不得核发相关安全生产许可证照,教育、民政、人力资源社会保障、卫生、文化、文物、人防等部门不得批准开办学校、幼儿园、托儿所、社会福利机构、人力资源市场、医院、博物馆和公共娱乐场所等。对不符合消防安全条件的宾馆、景区,在限期改正、消除隐患之前,旅游部门不得评定为星级宾馆、A级景区。对生产、经营假冒伪劣消防产品的,质检部门要依法取消其相关产品市场准入资格,工商部门要依照消防法和产品质量法吊销其营业执照;对使用不合格消防产品的,公安消防部门要依法查处。

(2)强化火灾隐患排查整治。要建立常态化火灾隐患排查整治机制,组织开展人员密集场所、易燃易爆单位、城乡结合部、城市老街区、集生产储存居住为一体的"三合一"场所、"城中村"、"棚户区"、出租屋、连片村寨等薄弱环节的消防安全治理,对存在影响公共消防安全的区域性火灾隐患的,当地政府要制定并组织实施整治工作规划,及时督促消除火灾隐患;对存在严重威胁公共消防安全隐患的单位和场所,要督促采取改造、搬迁、停产、停用等措施加以整改。要严格落实重大火灾隐患立案销案、专家论证、挂牌督办和公告制度,当地人民政府接到报请挂牌督办、停产停业整改报告后,要在7日内作出决定,并督促整改。要建立完善火灾隐患举报、投诉制度,及时查处受理的火灾隐患。

(3)严格火灾高危单位消防安全管理。对容易造成群死群伤火灾的人员密集场所、易燃易爆单位和高层、地下公共建筑等高危单位,要实施更加严格的消防安全监管,督促其按要求配备急救和防护用品,落实人防、物防、技防措施,提高自防自救能力。要建立火灾高危单位消防安全评估制度，由具有资质的机构定期开展评估，评估结果向社会公开，作为单位信用评级的重要参考依据。火灾高危单位应当参加火灾公众责任保险。省级人民政府要制定火灾高危单位消防安全管理规定，明确界定范围、消防安全标准和监管措施。

(4)严格建筑工地、建筑材料消防安全管理。要依法加强对建设工程施工现场的消防安全检查，督促施工单位落实用火用电等消防安全措施，公共建筑在营业、使用期间不得进行外保温材料施工作业，居住建筑进行节能改造作业期间应撤离居住人员，并设消防安全巡逻人员，严格分离用火用焊作业与保温施工作业，严禁在施工建筑内安排人员住宿。新建、改建、扩建工程的外保温材料一律不得使用易燃材料，严格限制使用可燃材料。住房城乡建设部要会同有关部门，抓紧修订相关标准规范，加快研发和推广具有良好防火性能的新型建筑保温材料，采取严格的管理措施和有效的技术措施，提高建筑外保温材料系统的防火性能，减少火灾隐患。建筑室内装饰装修材料必须符合国家、行业标准和消防安全要求。相关部门要尽快研究提高建筑材料性能，建立淘汰机制，将部分易燃、有毒及职业危害严重的建筑材料纳入淘汰范围。

(5)加强消防宣传教育培训。要认真落实《全民消防安全宣传教育纲要(2011～2015)》，多形式、多渠道开展以“全民消防、生命至上”为主题的消防宣传教育，不断深化消防宣传进学校、进社区、进企业、进农村、进家庭工作，大力普及消防安全知识。注意加强对老人、妇女和儿童的消防安全教育。要重视发挥继续教育作用，将消防法律法规和消防知识纳入党政领导干部及公务员培训、职业培训、科普和普法教育、义务教育内容。报刊、广播、电视、网络等新闻媒体要积极开展消防安全宣传，安排专门时段、版块刊播消防公益广告。中小学要在相关课程中落实好消防教育，每年开展不少于1次的全员应急疏散演练。居(村)委会和物业服务企业每年至少组织居民开展1次灭火应急疏散演练。充分依托公安消防专业院校加强人才培养。国家鼓励高等学校开设与消防工程、消防管理相关的专业和课程，支持社会力量开展消防培训，积极培养社会消防专业人才。要加强对单位消防安全责任人、消防安全管理人、消防控制室操作人员和消防设计、施工、监理人员及保安、电(气)焊工、消防技术服务机构从业人员的消防安全培训。

3.着力夯实消防工作基础

(1)完善消防法律法规体系。要及时制定消防法实施条例，完善消防产品质量监督和市场准入制度、社会消防技术服务、建设工程消防监督审核和消防监督检查等方面的消防法规和技术标准规范。有立法权的地方要针对本地消防安全突出问题，及时制定、完善地方性法规、地方政府规章和技术标准。直辖市、省会市、副省级市和其他大城市要从建设工程防火设计、公共消防设施建设、隐患排查整治、灭火救援等方面制定并执行更加严格的消防安全标准。

(2)强化消防科学技术支撑。要继续将消防科学技术研究纳入科技发展规划和科研计划，积极推动消防科学技术创新，不断提高利用科学技术抗御火灾的水平。要研究落实相关政策措施，鼓励和支持先进技术装备的研发和推广应用。要加强火灾科学与消防工程、灾害防控基础理论研究，加快消防科研成果转化应用。要加强高层、地下建筑和轨道交通等防火、灭火救援技术与装备的研发，鼓励自主创新和引进消化吸收国际先进技术，推广应用消防新产品、新技术、新材料，加快推进消防救援装备向通用化、系列化、标准化方向发展。要加强消防信息化建设和应用，不断提高消防工作信息化水平。

(3)加强公共消防设施建设。要科学编制和严格落实城乡消防规划，对没有消防规划内容的城乡规划不得批准实施。要合理布设生产、储存易燃易爆危险品的单位和场所，确保城乡消防安全布局符合要求，消防站、消防供水、消防通信、消防车通道等公共消防设施建设要与城乡基础设施建设同步发展，确保符合国家标准。负责公共消防设施维护管理的部门和单位要加强公共消防设施维护保养，保证其能够正常使用。商业步行街、集贸市场等公共场所和住宅区要保证消防车通道畅通。任何单位和个人不得埋压、圈占、损坏公共消防设施，不得挪用、挤占公共消防设施建设用地。

(4)大力发展多种形式消防队伍。要逐步加强现役消防力量建设，加强消防业务技术骨干力量建设。要按照国家有关规定，大力发展政府专职消防队、企业事业单位专职消防队和志愿消防队。多种形式消防队伍要配备必要的装备器材，开展相应的业务训练，不断提升战斗力。继续探索发展和规范消防执法辅助队伍。要确保非现役消防员工资待遇与当地经济社会发展和所从事的高危险职业相适应，将非现役消防员按规定纳入当地社会保险体系；对因公伤亡的非现役消防员，要按照国家有关规定落实各项工伤保险待遇，参照有关规定评功、评烈。省级人民政府要制定专职消防队伍管理办法，明确建队范围、建设标准、用工性质、车辆管理、经费保障和优惠政策。

(5)规范消防技术服务机构及从业人员管理。要制定消防技术服务机构管理规定，严格消防技术服务机构资质、资格审批，规范发展消防设施检测、维护保养和消防安全评估、咨询、监测等消防技术服务机构，督促消防技术服务机构规范服务行为，不断提升服务质量和水平。消防技术服务机构及从业人员违法违规、弄虚作假的要依法依规追究责任，并降低或取消相关资质、资格。要加强消防行业特有工种职业技能鉴定工作，完善消防从业人员职业资格制度，探索建立行政许可类消防专业人员职业资格制度，推进社会消防从业人员职业化建设。

(6)提升灭火应急救援能力。县级以上地方人民政府要依托公安消防队伍及其他优势专业应急救援队伍加强综合性应急救援队伍建设，建立健全灭火应急救援指挥平台和社会联动机制，完善灭火应急救援预案，强化灭火应急救援演练，提高应急处置水平。公安消防部门要加强对高层建筑、石油化工等特殊火灾扑救和地震等灾害应急救援的技战术研究和应用，强化各级指战员专业训练，加强执勤备战，不断提高快速反应、攻坚作战能力。要加强消防训练基地和消防特勤力量建设，优化消防装备结构，配齐灭火应急救援常规装备和特种装备，探索使用直升机进行应急救援。要加强灭火应急救援装备和物资储备，建立平战结合、遂行保障的战勤保障体系。

4. 全面落实消防安全责任

(1)全面落实消防安全主体责任。机关、团体、企业事业单位法定代表人是本单位消防安全第一责任人。各单位要依法履行职责，保障必要的消防投入，切实提高检查消除火灾隐患、组织扑救初起火灾、组织人员疏散逃生和消防宣传教育培训的能力。要建立消防安全自我评估机制，消防安全重点单位每季度、其他单位每半年自行或委托有资质的机构对本单位进行一次消防安全检查评估，做到安全自查、隐患自除、责任自负。要建立建筑消防设施日常维护保养制度，每年至少进行一次全面检测，确保消防设施完好有效。要严格落实消防控制室管理和应急程序规定，消防控制室操作人员必须持证上岗。

(2)依法履行管理和监督职责。坚持谁主管、谁负责，各部门、各单位在各自职责范围内依法做好消防工作。建设、商务、文化、教育、卫生、民政、文物等部门要切实加强建筑工地、宾馆、饭店、商场、市场、学校、医院、公共娱乐场所、社会福利机构、烈士纪念设施、旅游景区(点)、博物馆、文物保护单位等消防安全管理，建立健全消防安全制度，严格落实各项消防安全措施。安全监管、工商、质检、交通运输、铁路、公安等部门要加强危险化学品和烟花爆竹、压力容器的安全监管，依法严厉打击违法违规生产、运输、经营、燃放烟花爆竹的行为。环境保护等部门要加强核电厂消防安全检查，落实火灾防控措施。

公安机关及其消防部门要严格履行职责，每半年对消防安全形势进行分析研判和综合评估，及时报告当地政府，采取针对性措施解决突出问题。要加大执法力度，依法查处消防违法行为，对严重危及公众生命安全的要依法从严查处；公安派出所和社区(农村)警务室要加强日常消防监督检查，开展消防安全宣传，及时督促整改火灾隐患。

(3)切实加强组织领导。地方各级人民政府全面负责本地区消防工作，政府主要负责人为第一责任人，分管负责人为主要责任人，其他负责人要认真落实消防安全“一岗双责”制度。要将消防工作纳入经济社会发展总体规划，纳入政府目标责任、社会管理综合治理内容，严格督查考评。要加大消防投入，保障消防事业发展所需经费。中央和省级财政对贫困地区消防事业发展给予一定的支持。市、县两级人民政府要组织制定并实施城乡消防规划，切实加强公共消防设施、消防力量、消防装备建设，整治消除火灾隐患。乡镇人民政府和街道办事处要建立消防安全组织，明确专人负责消防工作，推行消防安全网格化管理，加强消防安全基础建设，全面提升农村和社区消防工作水平。地方各级人民政府要建立健全消防工作协调机制，定期研究解决重大消防安全问题，扎实推进社会消防安全“防火墙”工程，认真组织开展火灾事故调查和统计工作。对热心消防公益事业、主动报告火警和扑救火灾的单位和个人，要给予奖励。各省、自治区、直辖市人民政府每年要将本地区消防工作情况向国务院作出专题报告。

(4)严格考核和责任追究。要建立健全消防工作考核评价体系，对各地区、各部门、各单位年度消防工作完成情况进行严格考核，并建立责任追究机制。地方各级人民政府和有关部门不依法履行职责，在涉及消防安全行政审批、公共消防设施建设、重大火灾隐患整改、消防力量发展等方面工作不力、失职渎职的，要依法依纪追究有关人员的责任，涉嫌犯罪的，移送司法机关处理。公安机关及其消防部门工作人员滥用职权、玩忽职守、徇私舞弊、以权谋私的，要依法依纪严肃处理。各单位因消防安全责任不落实、火灾防控措施不到位，发生人员伤亡火灾事故的，要依法依纪追究有关人员的责任；发生重大火灾事故的，要依法依纪追究单位负责人、实际控制人、上级单位主要负责人和当地政府及有关部门负责人的责任；发生特别重大火灾事故的，要根据情节轻重，追究地市级分管领导或主要领导的责任；后果特别严重、影响特别恶劣的，要按照规定追究省部级相关领导的责任。

1.4 住房与城乡建设部对建筑安全生产的要求

1.4.1 关于贯彻落实《国务院关于进一步加强企业安全生产工作的通知》的实施意见

为贯彻落实《国务院关于进一步加强企业安全生产工作的通知》(国发〔2010〕23号,以下简称《通知》)精神,严格落实企业安全生产责任,全面提高建筑施工安全管理水平,住房与城建设部2010年10月13日颁布(关于贯彻落实《国务院关于进一步加强企业安全生产工作的通知》(建质〔2010〕164号)的实施意见)提出以下实施意见:

1. 充分认识《通知》的重要意义

《通知》是继2004年《国务院关于进一步加强安全生产工作的决定》之后的又一重要文件,充分体现了党中央、国务院对安全生产工作的高度重视。《通知》进一步明确了现阶段安全生产工作的总体要求和目标任务,提出了新形势下加强安全生产工作的一系列政策措施,是指导全国安全生产工作的纲领性文件。各地住房城乡建设部门要充分认识《通知》的重要意义,从深入贯彻落实科学发展观,加快推进经济发展方式转变的高度,进一步增强做好安全生产工作的紧迫感、责任感和使命感。要根据建筑施工特点和实际情况,坚定不移抓好各项政策措施的贯彻落实,努力推动全国建筑安全生产形势的持续稳定好转。

2. 严格落实企业安全生产责任

(1)规范企业生产经营行为。企业是安全生产的主体,要健全和完善严格的安全生产制度,坚持不安全不生产。施工企业要设立独立的安全生产管理机构,配备足够的专职安全生产管理人员,取得安全生产许可证后方可从事建筑施工活动。建设单位要依法履行安全责任,不得压缩工程项目的合理工期、合理造价,及时支付安全生产费用。监理企业要熟练掌握建筑安全生产方面的法律法规和标准规范,严格实施施工现场的安全监理。

(2)强化施工过程管理的领导责任。企业要加强工程项目施工过程的日常安全管理。工程项目要有施工企业负责人或项目负责人、监理企业负责人或项目监理负责人在现场带班,并与工人同时上班、同时下班。对无负责人带班或该带班而未带班的,对有关负责人按擅离职守处理,同时给予规定上限的经济处罚。发生事故而没有负责人现场带班的,对企业给予规定上限的经济处罚,并依法从重追究企业主要负责人的责任。

(3)认真排查治理施工安全隐患。企业要经常性开展安全隐患排查,切实做到整改措施、责任、资金、时限和预案"五到位"。要对在建工程项目涉及的深基坑、高大模板、脚手架、建筑起重机械设备等施工部位和环节进行重点检查和治理,并及时消除隐患。对重大隐患,企业负责人要现场监督整改,确保隐患消除后再继续施工。省级住房城乡建设部门要对重大隐患治理实行挂牌督办,住房城乡建设部将加强督促检查。对不执行政府及有关部门下达的安全隐患整改通知,不认真进行隐患整改以及对隐患整改不力造成事故的,要依法从重追究企业和相关负责人的责任。

(4)加强安全生产教育培训。企业主要负责人、项目负责人、专职安全生产管理人员必须参加安全生产教育培训，按有关规定取得安全生产考核合格证书。工程项目的特种作业人员，必须经安全教育培训，取得特种作业人员考核合格证书后方可上岗。要加强对施工现场一线操作人员尤其是农民工的安全教育培训，使其掌握安全操作基本技能和安全防护救护知识。对新入场和进入新岗位的作业人员，必须进行安全培训教育，没有经过培训的不得上岗。企业每年要对所有人员至少进行一次安全教育培训。对存在无证上岗、不经培训上岗等问题的企业，要依法进行处罚。

(5)推进建筑施工安全标准化。企业要深入开展以施工现场安全防护标准化为主要内容的建筑施工安全标准化活动，提高施工安全管理的精细化、规范化程度。要健全建筑施工安全标准化的各项内容和制度，从工程项目涉及的脚手架、模板工程、施工用电和建筑起重机械设备等主要环节入手，作出详细的规定和要求，并细化和量化相应的检查标准。对建筑施工安全标准化不达标，不具备安全生产条件的企业，要依法暂扣其安全生产许可证。

3.加强安全生产保障体系建设

(1)完善安全技术保障体系。企业要加强安全生产技术管理，强化技术管理机构的安全职能，按规定配备安全技术人员。要确保必要的安全研发经费投入，推动安全生产科技水平不断提高。要积极推进信息化建设，充分应用高科技手段，工程项目的起重机械设备等重点部位要安装安全监控管理系统。要强制推行先进适用的安全技术装备，逐步淘汰人工挖孔桩等落后的生产技术、工艺和设备。因安全技术问题不解决产生重大隐患的，要对企业主要负责人、主要技术负责人和有关人员给予处罚，发生事故的，依法追究责任。

(2)完善安全预警应急机制。企业要建立完善安全生产动态监控及预警预报体系，对所属工程项目定期进行安全隐患和风险的排查分析。要加强对深基坑等危险性较大的分部分项工程的监测，并增加安全隐患和风险排查分析的频次。发现事故征兆要立即发布预警信息，落实防范和应急处置措施。对工程建设中的重大危险源和重大隐患，要及时采取措施，并报工程所在地的住房城乡建设部门进行备案。企业要制定完善的应急救援预案，有专门机构和人员负责，配备必要的应急救援器材和设备，并定期组织演练，提高应急救援能力。企业应急预案要与当地政府应急预案相衔接。鼓励有条件的企业，加强专业救援力量的建设。

(3)加大安全生产专项投入。企业要加强对安全生产费用的管理，确保安全生产费用足额投入。工程项目的建设单位要严格按照有关规定，提供安全生产费用，不得扣减。施工企业必须将安全生产费用全部用于安全生产方面，不得挪作他用。要加强对建筑企业安全生产费用提取和使用管理的监督检查，确保安全生产费用的落实。

4.加大安全生产监督管理力度

(1)严厉打击违法违规行为。要严厉查处不办理施工许可、质量安全监督等法定建设手续，擅自从事施工活动的行为。严厉查处建筑施工企业无施工资质证书、无安全生产许可证，企业“三类”人员(企业主要负责人、项目负责人、专职安全生产管理人员)无安全生产考核合格证书、特种作业人员无操作资格证书进行施工活动的行为。严厉查处拒不执行政府有关部门下达的停工整改通知的行为。对违法违规造成人员伤亡的，以及有瞒报事故、事故逃逸等恶劣情节的，要依法从重处罚。对打击违法违规行为不力的地方，要严肃追究有关领导的责任。

(2)加强建筑市场监督管理。要认真整顿规范建筑市场秩序,认真落实质量安全事故“一票否决制”,将工程质量安全作为建筑市场资质资格动态监管的重要内容。强化建筑市场准入管理,在企业资质审批、工程招投标、项目施工许可等环节上严格把关,将安全生产条件作为一项重要的审核指标,确保只有真正符合条件的企业才能进入市场。加大市场清出力度,对企业落实安全责任情况进行监督检查,不符合安全生产条件的企业要坚决取消市场准入资格。对在建筑施工活动中随意降低安全生产条件,工程项目建设中存在违法分包、转包等违法违规行为的,要依法责令停业整顿,并依法追究项目建设方、承包方等各方责任。

(3)严肃查处生产安全事故。要依法严格事故查处,按照“四不放过”的原则,严肃追究事故责任者的责任。除依法追究刑事、党纪、政纪责任外,还要依法加大对事故责任企业的资质和责任人员的执业资格的处罚力度。对事故责任企业,该吊销资质证书的吊销资质证书,该降低资质等级的降低资质等级,该暂扣吊销安全生产许可证的暂扣吊销安全生产许可证,该责令停业整顿的责令停业整顿,该罚款的罚款。对事故责任人员,该吊销执业资格证书的吊销执业资格证书,该责令停止执业的责令停止执业,该吊销岗位证书的吊销岗位证书,该罚款的罚款。要建立生产安全事故查处督办制度,重大事故查处由住房城乡建设部负责督办,较大及以下事故查处由省级住房城乡建设部门负责督办。事故查处情况要在媒体上予以公告,接受社会监督。对发生较大及以上事故的企业及其负责人,由住房城乡建设部向社会公告;发生其他事故的企业及其负责人由省级住房城乡建设部门向社会公告,进行通报批评。对重大、特别重大生产安全事故负有主要责任的企业,其主要负责人终身不得担任本行业企业负责人。

(4)加强社会和舆论监督。充分发挥新闻媒体作用,大力宣传建筑安全生产法律法规和方针政策,以及安全生产工作的先进经验和典型。对忽视建筑安全生产,导致事故发生的企业和人员,要予以曝光。要依法维护和落实企业职工对安全生产的参与权与监督权,鼓励职工监督举报各类安全隐患,对举报者予以奖励。要进一步畅通社会监督渠道,设立举报箱、公开举报电话,接受人民群众的公开监督。要加大对安全生产的宣传教育,形成全社会共同重视建筑安全生产的局面。

5.注重安全生产长效机制建设

(1)完善安全生产法规体系。住房城乡建设部将制定修订《建筑施工企业主要负责人、项目负责人及专职安全生产管理人员管理规定》等部门规章及规范性文件,制定颁布《建筑施工企业安全生产管理规范》等标准规范。各地住房城乡建设部门要结合本地实际,制定和完善地方建筑安全生产法规及标准规范,及时修改与有关法律法规不相符的内容。

(2)加强建筑安全科技研究。安全生产科技进步是提高建筑安全生产水平的有效途径,要不断推进安全生产科技进步。要加强科研和技术开发工作,组织高等院校、科研机构、生产企业、社会团体等安全生产科研资源,共同推动建筑安全生产科技进步。要注重政府引导与市场导向相结合,研究建立安全生产激励机制,鼓励企业加大安全生产科技投入。要结合安全生产实际,推广安全适用、先进可靠的生产工艺和技术装备,限制和强制淘汰落后的生产技术、工艺和设备。

(3)加强安全监管队伍建设。建立健全建筑安全生产监督管理机构，根据建设工程规模不断扩大的实际情况，配备满足工作需要的人员，并有效解决工作经费来源。加强对建筑安全监督执法人员的安全生产法律法规和业务能力的教育培训，建立完善考核持证上岗制度，切实提高监督执法人员的服务意识和依法监督的行政管理水平。

各地住房城乡建设部门要按照《通知》精神和本实施意见的要求，结合本地实际，制定具体的实施办法，并认真组织实施。

1.4.2 关于贯彻落实《国务院关于坚持科学发展安全发展促进安全生产形势持续稳定好转的意见》的通知

为贯彻落实《国务院关于坚持科学发展安全发展促进安全生产形势持续稳定好转的意见》(国发〔2011〕40 号，以下简称《意见》)精神，进一步提高建筑安全生产管理水平，住房和城乡建设部 2012 年 1 月 19 日颁发(关于贯彻落实《国务院关于坚持科学发展安全发展促进安全生产形势持续稳定好转的意见》的通知)(建质〔2012〕6 号)现就有关事项通知如下：

1. 充分认识坚持科学发展安全发展的重要意义

安全生产事关人民群众生命财产安全，事关改革开放、经济发展和社会稳定大局，事关党和政府形象。多年来，各级住房城乡建设部门深入贯彻落实科学发展观，按照党中央、国务院决策部署，不断加大监管力度，建筑安全生产工作取得显著成绩。“十一五”期间，房屋市政工程生产安全事故总量逐年下降，较大事故得到有效控制。但当前，我国正处于快速发展阶段，建筑施工规模大，生产安全事故仍然易发多发。坚持科学发展安全发展是对安全生产实践经验的科学总结，是解决安全生产问题的根本途径，是经济发展社会进步的必然要求。各级住房城乡建设部门要认清形势，充分认识坚持科学发展安全发展的重要意义，进一步增强自觉性和坚定性，努力推进建筑安全生产各项工作，促进建筑安全生产形势持续稳定好转。

2. 不断完善坚持科学发展安全发展的政策措施

(1)加强安全生产法制建设。积极贯彻落实建筑安全生产法律法规和技术标准，重点推动《房屋市政工程生产安全和质量事故查处督办暂行办法》、《建筑施工企业负责人及项目负责人施工现场带班暂行办法》、《建筑安全生产重大隐患挂牌督办暂行办法》等三项制度的有效实施。适应新形势需要，制定修订法律法规和技术标准，加快制定《城市轨道交通工程安全质量管理条例》，修订完善《建筑施工企业主要负责人、项目负责人及专职安全生产管理人员管理规定》，颁布实施《建筑施工安全统一技术规范》等。深入研究城市轨道交通工程工期造价内在规律，制定保障合理工期造价的相关规定。

(2)全面落实安全生产责任。要督促建筑施工企业建立健全安全生产管理制度，健全安全生产管理机构，配备专职安全生产管理人员，加大安全生产资金投入，提高安全生产管理水平。加强对工程项目施工现场的安全管理，加大安全隐患排查治理力度，确保安全施工。深入推进以施工现场安全防护标准化为主要内容的建筑安全生产标准化建设，提高建筑施工安全管理的标准化、规范化程度。要督促企业主要负责人对安全生产工作全面负责，带头严格执行现场带班制度。各级住房城乡建设部门要切实履行安全监管职责，以保障性安居工程、城市轨道交通工程为重点，加强层级督查和现场检查，突出检查工程建设涉及的深基坑、高大模板、脚手架、建筑起重机械设备等关键部位和环节。建立健全激励约束机制，定期通报生产安全事故情况，对工作不力的地区和企业实行督办约谈制度。

(3)严厉查处违法违规行为。各级住房城乡建设部门要认真贯彻执行相关法律法规，依法严厉查处工程招投标环节中的围标、串标、虚假招标行为，严厉打击转包、违法分包行为；肢解发包、恶意压价、压缩合理工期的行为；企业无资质证书或超越资质证书范围承接工程、从业人员无资格证书从事施工活动的行为；不按强制性标准勘察设计、施工以及偷工减料、以次充好的行为；不执行施工许可、质量安全监督等法定建设手续的行为。要公开违法违规企业和人员的不良行为信息，引导工程建设单位选用信誉好、能力强、安全生产状况好的企业，促进建筑市场健康发展。

(4)严肃认真查处安全事故。认真做好事故查处工作，严格执行事故查处督办制度，住房城乡建设部负责督办较大及以上生产安全事故，省级住房城乡建设部门负责督办一般生产安全事故。各级住房城乡建设部门要按照有关规定，及时了解核实及报送事故情况。加强与有关部门的沟通协调，组织或参与事故调查处理工作，提出事故处理意见或建议。依法严肃追究事故责任企业和人员的责任，加大对企业资质和从业人员执业资格的处罚力度。对事故责任企业，依法给予罚款、停业整顿、降低资质等级或吊销资质证书、暂扣或吊销安全生产许可证等行政处罚。对事故责任人员，依法给予罚款、停止执业、吊销注册证书、吊销岗位证书等行政处罚。建立事故分析与通报制度，认真研究事故特点，积极探索事故防范措施。要将事故责任企业和责任人员在媒体上曝光，并公布事故查处情况，接受社会监督。

(5)严肃认真开展监督检查。建筑安全监督检查要做到“四个结合”。一是全面检查与重点检查相结合，既要加强全面监督检查，又要加强对重点项目、重点环节、安全形势不好的重点地区的监督检查。二是自查与抽查相结合，既要督促企业加强自身检查，又要组织力量对工程项目及工地进行抽查。三是经常性检查与集中专项性检查相结合，既要组织经常性监督检查，又要组织加强对突出问题、专项问题进行集中专项性监督检查。四是明查与暗查相结合，既要组织公开的监督检查，又要在不通知情况下进行暗查暗访。在监督检查过程中，要在认真仔细上下功夫，真正发现违法违规行为和生产安全隐患。要严肃认真查处发现的违法违规行为，并切实督促企业落实整改生产安全隐患。

(6)加强安全隐患排查治理。要督促建筑施工企业建立健全安全隐患排查治理工作制度，并落实到每个工程项目。定期组织安全生产管理人员、工程技术人员和其他相关人员排查工程项目的安全隐患，特别是对技术难度较大、危险性较大的分部分项工程要进行重点排查。对排查出的工程项目安全隐患，要及时实施治理消除。充分运用科技和信息化手段，加强对安全隐患的监测监控和预报预警。要督促工程建设单位积极协调勘察、设计、施工、监理、监测等单位，并在资金、人员等方面积极配合做好安全隐患排查治理工作。各级住房城乡建设部门要严格执行生产安全重大隐患治理挂牌督办制度，及时督促建筑施工企业对重大隐患进行治理消除，对不认真整改导致生产安全事故发生的，要依法从重追究企业和相关人员的责任。

(7)注重安全生产教育培训。要加强对建筑施工企业主要负责人、项目负责人、专职安全生产管理人员以及建筑施工特种作业人员的安全教育培训,使其熟练掌握工作岗位安全技能,提高建筑施工现场安全管理水平。要加强对施工现场作业人员尤其是农民工的安全教育培训,普及安全生产常识,增强安全生产意识,并掌握基本安全技能和防护救护知识。各级住房城乡建设部门要积极引导和督促建筑施工企业建立健全培训管理制度,加大培训费用投入,开展全员安全教育培训。要利用各类社会资源,充分发挥职业院校和社会化培训机构作用,建立政府部门、行业协会、施工企业多层次培训体系,加大安全教育培训力度。

(8)加强安全监管队伍建设。要建立健全建筑安全生产监督管理机构,根据地区工程建设规模不断扩大的实际情况,配备满足工作需要的安全监管人员。稳定建筑安全监管队伍,不断充实基层监管力量,保障工作经费来源,努力改善工作条件。提高建筑安全监管队伍的专业化水平,加强对监督执法人员依法行政及业务能力的教育培训。建立完善培训考核和持证上岗制度,切实提高建筑安全监管人员的业务素质、服务意识和依法监管水平。创新建筑安全监管方式,充分运用信息化手段,提高建筑安全监管效能,并做到严格、公正、廉洁、文明执法。

(9)发挥社会舆论监督作用。要充分发挥新闻媒体的积极作用,大力宣传建筑安全生产法律法规和方针政策,以及建筑安全生产工作的先进经验和典型。依法维护和落实建筑企业员工对安全生产工作的参与权和监督权,鼓励员工监督举报各类建筑安全隐患,并对举报者予以奖励。进一步畅通社会监督渠道,设立举报箱、公开举报电话,接受人民群众对建筑安全生产工作的公开监督。大力倡导"关注安全、关爱生命"的安全文化,营造全社会共同重视建筑安全生产的良好氛围。积极认真对待有关工程质量安全的新闻报道,及时对新闻报道有关情况进行调查核实,情况属实的要严肃查处有关责任单位和责任人,并公开查处结果;情况有出入的要实事求是地说明情况,让社会公众及舆论全面地知晓情况。

3. 切实加强坚持科学发展安全发展的组织落实

各级住房城乡建设部门要把学习宣传贯彻《意见》,作为当前和今后一段时期建筑安全生产工作的首要任务,切实加强领导,认真组织实施。认真研究和积极宣传《意见》精神,全面把握《意见》基本原则和丰富内涵,增强贯彻落实《意见》的自觉性。紧密联系实际,结合本地区建筑安全生产工作的情况及特点,抓紧制定贯彻落实《意见》的具体工作措施。各级住房城乡建设部门要进一步增强主动性和前瞻性,统筹安排好建筑安全生产各方面工作,更好地推动建筑行业的科学发展安全发展,促进建筑安全生产形势的持续稳定好转。

1.4.3 住房城乡建设系统贯彻落实国务院关于坚持科学发展安全发展促进安全生产形势持续稳定好转意见有关重点工作分工实施意见

为了贯彻落实《国务院办公厅印发贯彻落实国务院关于坚持科学发展安全发展促进安全生产形势持续稳定好转意见重点工作分工方案的通知》(国办函〔2012〕63 号),住房和城乡建设部办公厅2012年4月18日颁布《住房城乡建设系统贯彻落实国务院关于坚持科学发展安全发展促进安全生产形势持续稳定好转意见有关重点工作分工实施意见》(建办质函〔2012〕233号),进一步加强住房城乡建设系统安全生产管理工作,结合住房城乡建设系统实际,制定本实施意见。

1.加强安全管理法规标准建设

(1)健全完善安全生产法规。研究起草《建设工程抗御地震灾害管理条例》(草案),完善《超限高层建筑工程抗震设防管理规定》,强化超高层建筑等抗灾管理。研究制订《城市轨道交通工程安全质量管理条例》,根据前期征求意见做好修改论证工作。开展城市地下管线管理立法研究,调研国内外城市地下管线管理立法情况,研究起草《城市地下管线管理条例》。配合国务院法制办加快制订《城镇排水与污水处理条例》。抓紧完成《房屋建筑和市政基础设施工程施工图设计文件审查管理办法》、《建筑施工企业主要负责人、项目负责人和专职安全生产管理人员安全管理规定》等部门规章修订或制订工作。

(2)完善工程安全标准体系。抓紧开展《建筑施工安全技术统一规范》、《建筑施工脚手架安全技术统一标准》、《建设工程施工现场供用电安全规范》和《城市轨道交通安全控制技术规范》等标准的制订或修订工作。

2.加强建筑施工安全生产监管

(1)着力强化企业安全生产主体责任。各地住房城乡建设主管部门要督促建筑施工企业严格遵守和执行安全生产法律法规、规章制度和技术标准,依法依规加强安全生产,加大安全投入,严格按照有关规定提取和使用安全生产费用。督促建筑施工企业负责人和项目负责人带头执行现场带班制度,加强现场安全管理。

(2)着力抓好重点领域施工安全监管。各地住房城乡建设主管部门要加大对保障性安居工程、城市轨道交通工程的监管力度,有效配置监管资源,加强监督检查,严肃查处和曝光违法违规行为。重点开展深基坑、高大模板、脚手架、建筑起重机械设备等关键部位环节安全隐患专项排查治理和督查,切实整改生产安全隐患。督促建筑施工企业建立健全安全隐患排查治理工作制度,充分运用信息化手段加强对安全隐患的监测监控、动态管理和预报预警。进一步推动房屋市政工程生产安全和质量事故查处督办、建筑安全生产重大隐患挂牌督办等制度的有效实施,严肃查处事故责任单位和人员。

(3)着力落实资质审批和施工许可环节安全监管职责。加强企业资质申报与安全生产状况联动,对申报资质企业生产安全事故情况进行严格核查,对发生安全事故的企业的资质申请暂停审批;对负有安全生产责任的企业的资质申请不予批准,并依法作出处罚。各地住房城乡建设主管部门要严格执行《建筑工程施工许可管理办法》,严格审查工程建设项目安全生产措施是否满足要求。

(4)着力打击建筑市场违法违规行为。各地住房城乡建设主管部门要严格执行《关于进一步加强建筑市场监管工作的意见》、《规范住房城乡建设部工程建设行政处罚裁量权实施办法》和《住房城乡建设部工程建设行政处罚裁量基准》,严厉打击转包、违法分包、无资质证书或超越资质证书范围承接工程、从业人员无资格证书从事施工活动等行为。

3.加强城市道路桥梁安全管理

(1)提升城市道路桥梁安全保障能力。各地住房城乡建设主管部门要认真贯彻落实

《城市道路管理条例》、《城市桥梁检测和养护维修管理办法》相关要求，督促指导城市道路桥梁管理单位建立健全应急管理和保障机制，加强检测和养护维修管理，建立安全隐患排查治理制度，提升应急管理和安全保障能力。加强城市桥梁信息系统建设，尽快建立完善桥梁档案资料和基础信息，确保做到一桥一档，抓紧建立桥梁信息系统，实现桥梁信息数据的动态更新和管理。

(2)加大对破坏城市道路桥梁行为的惩处力度。各地住房城乡建设主管部门要认真落实监管职责，加强对城市道路桥梁安全状况的监督检查，重点查处未经批准、擅自占用、挖掘城市道路，超重、超高、超长车辆擅自过路过桥，在城市桥梁擅自架设管线等违法违规行为。

4.加强建筑节能改造消防安全管理

(1)加强外墙保温材料和施工现场监管。各地住房城乡建设主管部门要严格执行《关于贯彻落实〈国务院关于加强和改进消防工作的意见〉的通知》和《民用建筑外墙保温系统及外墙装饰防火暂行规定》，严厉查处使用不合格材料、不按规定做防火构造以及不按规定施工等行为。

(2)不断提升外墙保温材料及系统的技术水平。积极组织和支持科研和企事业单位研发防火、隔热等性能良好、均衡的外墙保温材料及系统，特别是燃烧时无有害气体产生、发烟量低的外墙保温材料，及时修订完善相关标准规范。组织推广应用具备条件的材料和技术，组织做好相关管理和技术、施工人员的教育培训工作。

5.加强危化企业规划管理工作

(1)指导危化企业选址布局。各地规划主管部门要指导规划编制单位做好城市各类功能区的科学布局，通过规划审批等措施指导危化企业避开城市上风口、河流上游及水源地保护范围，与城市其他功能用地特别是人流密集地区保持必要的隔离距离，尽量减少危险化学品污染和危害。

(2)加强危险化学品生产、储存企业规划许可监管。各地规划主管部门要配合当地安全监管部门严格执行《关于危险化学品生产企业申请安全生产许可证时提交规划行政许可证明的通知》，在发放危险化学品生产、储存项目规划许可前应征求安全监管部门的意见。

6.加强应急救援体系建设

各地住房城乡建设主管部门要健全建筑工程，城市供水、供气、市政桥梁等安全事故应急预案体系，指导有关企业应急预案做好与政府相关应急预案的衔接，完善与相关部门、单位的应急救援协调联动机制。要督促企业定期组织开展应急预案演练，加强应急预案培训，提高企业现场带班人员、作业人员的应急意识和能力，遇到险情时，要按照预案规定，立即执行停产撤人等应对措施。着力加强城市轨道交通、超高层建筑等工程应急救援体系建设，鼓励和引导有关施工企业参与应急抢险，有条件的地区应依托大型施工企业建立专业应急救援队伍，保障应急资金投入，完善应急物资设备储备机制。

7.加强安全监管工作组织领导

各地住房城乡建设主管部门要在当地政府统一领导下，完善部门依法监管、企业全面负责、群众参与监督、全社会广泛支持、各方齐抓共管的工作体系，为切实履行安全生产监管职责创造有利格局。要根据国务院重点分工方案和本意见要求，结合本地实际制定实施步骤和具体要求，加强与有关部门的协调沟通，建立密切协作机制，配合有关牵头部门做好相关工作。要研究建立安全生产绩效考核和奖惩机制，对安全生产工作突出、长期未发生事故或事故持续下降的地方和企业予以表扬和奖励，激励有关地方和企业进一步落实安全生产责任，加大安全生产投入。

1.5 山东省政府关于建筑安全生产的措施

1.5.1 山东省政府关于贯彻落实国发〔2010〕23号文件进一步加强企业安全生产工作的意见

为贯彻落实国务院第118次常务会议精神和《国务院关于进一步加强企业安全生产工作的通知》(国发〔2010〕23号)，全面提高企业安全生产水平，山东省政府2010年8月6号颁布《山东省政府关于贯彻落实国发〔2010〕23号文件进一步加强企业安全生产工作的意见》(鲁政发〔2010〕77号)提出以下意见：

1. 总体要求

(1)工作要求。深入贯彻落实科学发展观，坚持以人为本，牢固树立安全发展理念，切实转变经济发展方式，调整产业结构，提高经济发展的质量和效益，把经济发展建立在安全生产有可靠保障的基础上；深入贯彻《中共山东省委山东省人民政府关于进一步加强安全生产工作的意见》(鲁发〔2008〕17号)，完善党委领导、政府监管下的安全生产工作格局，促进企业主体责任落实；坚持"安全第一、预防为主、综合治理"的方针，全面加强企业安全管理，健全规章制度，完善安全标准，提高企业技术水平，夯实安全生产基础；坚持依法依规生产经营，切实加强安全监管，强化企业安全生产主体责任落实和责任追究，保障企业安全发展。

(2)主要任务。以煤矿、非煤矿山、交通运输、建筑施工、危险化学品、烟花爆竹、民用爆炸物品、冶金有色、建材、机械、轻工、纺织、商贸市场等行业(领域)为重点，全面加强企业安全生产工作。要通过更加严格的目标考核和责任追究，采取更加有效的管理手段和政策措施，集中整治非法违法生产行为，坚决遏制重特大事故发生；在高危行业强制推行安全适用的技术装备和防护设施，进一步完善安全生产应急救援体系，最大程度减少事故造成的损失；要建立更加完善的技术标准体系，促进企业安全生产技术装备全面达到国家和行业标准；要进一步调整产业结构，积极推进重点行业的企业重组和矿产资源开发整合，彻底淘汰安全性能低下、危及安全生产的落后产能；以更加有力的政策引导，形成安全生产长效机制。

(3)工作目标。企业安全生产水平明显提升，生产安全事故起数和死亡人数持续下降，遏制较大事故，坚决防止重特大事故，实现全省安全生产形势根本好转。

2. 严格企业管理，强化企业安全生产主体责任

(1)严格执行企业安全生产风险分析和预警制度。坚持预防为主，企业要建立完善安

全生产动态监控及预警预报体系，每月进行一次安全生产风险分析。发现事故征兆要立即发布预警信息，落实防范和应急处置措施。对重大危险源和重大隐患要报当地安全生产监管监察部门、负有安全生产监管职责的有关部门和行业管理部门备案。

(2)严格执行各项安全生产规章制度。企业要健全完善并严格执行各项安全生产规章制度，规范生产经营行为，坚持不安全不生产。要加强劳动组织管理和现场安全管理，严格查处违章指挥、违规作业、违反劳动纪律的“三违”行为。凡超能力、超强度、超定员组织生产的，要责令停产停工整顿，并对企业和企业主要负责人依法给予规定上限的经济处罚。

(3)严格执行“打非治违”制度。要督促企业严格遵守各项安全生产法律法规，对于非法违法生产经营建设行为，要严厉打击，形成严格规范的安全生产法治秩序。对非法违法行为必须做到“五个一律”：对以整合、技改名义违规组织生产，以及规定期限内未实施改造或故意拖延工期的矿井，地方政府要一律予以关闭；对非法生产经营建设和经停产整顿仍未达到要求的，一律关闭取缔；对非法违法生产经营建设的有关单位和责任人，一律按规定上限予以经济处罚；对存在违法生产经营建设行为的单位，一律责令停产整顿，并严格落实监管措施；对触犯法律的有关单位和人员，一律依法严格追究法律责任。

(4)严格执行企业隐患排查治理制度。企业是隐患排查治理主体，要开展经常性的隐患排查治理，并切实做到整改措施、责任、资金、时限和预案“五到位”。建立以安全生产专业人员为主导的隐患整改效果评价制度，确保整改到位。对隐患整改不力造成事故的，要依法追究企业和企业相关负责人的责任。对停产整改逾期未完成的不得复产。

(5)严格执行领导干部轮流现场带班制度。企业主要负责人和领导班子成员要轮流现场带班。煤矿、非煤矿山要有矿领导带班并与工人同时下井、同时升井，对无企业负责人带班下井或该带班而未带班的，对有关责任人按擅离职守处理，同时给予规定上限的经济处罚。发生事故而没有领导现场带班的，对企业给予规定上限的经济处罚，并依法从重追究企业主要负责人的责任。

1.5.2 山东省人民政府关于贯彻国发〔2011〕46号文件进一步加强和改进消防工作的意见

为认真贯彻落实《国务院关于加强和改进消防工作的意见》(国发〔2011〕46号)精神，进一步推动我省消防工作与经济社会协调发展，保障人民群众生命财产安全，维护社会和谐稳定，结合我省实际，山东省人民政府2012年4月28日颁布《山东省人民政府关于贯彻国发〔2011〕46号文件进一步加强和改进消防工作的意见》(鲁政发〔2012〕18号)提出如下意见：

1. 加强组织领导，落实工作责任

(1)强化政府领导责任。各级政府要加强对消防工作的领导，主要负责人是本行政区域消防安全第一责任人，对消防安全工作负领导责任；分管负责人负直接领导责任，其他负责人负责分管领域的消防安全工作。要将消防工作纳入国民经济和社会发展总体规划及平安建设体系统一部署，将公共消防设施和装备建设、社会消防力量发展、火灾隐患整改等纳入政府任期工作目标和社会管理综合治理内容，加强督办，严格考评。要健全消防工作联席会议制度或消防安全委员会工作制度，定期研究解决重大消防安全问题。

(2)落实部门监管责任。各级监管部门要建立健全部门信息沟通和联合执法机制，对涉及消防安全的事项严格依法审批，凡不符合法定审批条件的，主管规划、建设、房地产管理的部门不得核发建设工程相关许可证照，安监部门不得核发相关安全生产许可证照，工商部门不得核发营业执照，教育、民政、人力资源社会保障、卫生、文化(文物)、人防等部门(单位)不得批准开办学校、幼儿园、托儿所、社会福利机构、人力资源服务机构、医院、博物馆和公共娱乐场所等。对不符合消防安全条件的宾馆、景区，旅游部门不得评定为星级宾馆、A级景区。对生产、销售和使用假冒伪劣消防产品的，质监、工商和公安部门要按照职责分工依法组织查处。各部门、各单位要建立健全消防安全制度，在各自职责范围内依法做好消防工作，严格落实各项消防安全措施。公安机关及其消防机构要严格履行职责，定期组织火灾风险评估，研判消防安全形势，及时将消防安全专项治理、重大火灾隐患认定等情况报告当地政府并通报相关部门；公安派出所和社区(农村)警务室要加强对辖区“九小场所”和村庄、住宅区的消防监督检查，开展消防安全宣传，及时督促整改火灾隐患。

(3)强化单位主体责任。机关、团体、企事业单位的法定代表人、主要负责人是本单位消防安全第一责任人。各单位要依法履行职责，保障必要的消防投入，按要求配置消防设施器材，积极开展以“组织制度规范化、标准悬挂统一化、设施器材标识化、重点部位警示化、培训演练经常化、检查巡查常态化”为核心的消防安全标准化建设，切实提高检查消除火灾隐患、组织扑救初起火灾、组织人员疏散逃生和消防宣传教育培训的能力。消防安全重点单位每季度、其他单位每半年要自行或委托有资质的机构对本单位进行一次消防安全检查评估。设有自动消防系统的单位应当委托具备相应资质的维修保养、检测机构，每年对自动消防系统至少进行一次全面检测和维修保养，确保消防设施完好有效。设有消防控制室的单位要严格落实消防控制室管理和应急程序规定，消防控制室操作人员必须持证上岗。

2.加强火灾预防工作，落实消防管理措施

(1)加强消防宣传教育培训。各地要认真落实《全民消防安全宣传教育纲要(2011～2015)》，全面开展以“全民消防、生命至上”为主题的消防宣传教育，以及家庭、社区、学校、农村、人员密集场所和单位消防安全宣传教育行动，不断深化消防宣传进学校、进社区、进企业、进农村、进家庭工作。报刊、广播、电视、网络等新闻媒体和相关通信业务经营企业要积极开展消防安全宣传，安排专门时段、版块定期刊播、发送消防公益广告和消防常识提示。积极开展消防志愿服务活动，建立消防安全教育社会实践基地，鼓励、支持企事业单位、团体和个人参与消防宣传教育、消防公益捐赠等公益活动。

实施“全员培训”工程，各级行政学院要将消防安全知识纳入领导干部和国家公务员培训内容；教育部门要将消防教育纳入教学计划、教师培训和义务教育、素质教育内容，各类学校每年应开展1次以上的全员应急疏散演练；人力资源社会保障部门要将消防知识纳入外来务工人员和失业人员的培训内容；各类技工院校、就业训练中心、驾校等培训机构要把消防安全技能纳入职业培训、考核的重要内容；居(村)委会和物业服务企业每年至少组织居民开展1次灭火应急疏散演练。加强对单位消防安全责任人、消防安全管理人、消防控制室操作人员和消防设计、施工、监理人员及保安、电(气)焊工、消防技术服务机构从业人员的消防安全培训,严格落实特种人员持证上岗制度。

(2)狠抓火灾隐患排查整治。要建立常态化火灾隐患排查整治机制,组织开展人员密集场所、易燃易爆单位、城乡结合部、城市老街区、集生产储存居住为一体的"三合一"场所、"城中村"、"棚户区"、出租屋等薄弱环节的消防安全治理,及时消除火灾隐患;对存在严重威胁公共消防安全隐患的单位和场所,要督促采取改造、搬迁、停产、停用等措施进行整改。严格落实重大火灾隐患挂牌督办和公告制度,当地人民政府对依法报请挂牌督办、停产停业整改的重大火灾隐患,要在接报后 7 日内作出决定,并组织相关部门督促整改。各地要建立完善火灾隐患举报、投诉奖励制度,及时查处受理的火灾隐患。

(3)推行社会单位消防安全分级分类管理。推动社会单位委托有资质的社会消防技术服务机构对单位消防安全状况进行综合评估,根据评估结果对单位进行分级分类,评估结果向社会公开,并作为单位信用评级的重要参考依据。推行重点区域重点监控制度,将火灾隐患突出、火灾事故多发的县(市、区)分别列为省、市两级消防安全重点区域实施重点监控,由省、市两级公安消防机构定期进行现场指导,督促整改火灾隐患。积极鼓励社会单位投保火灾公众责任保险,容易造成群死群伤火灾的人员密集场所、易燃易爆单位和高层、地下公共建筑等高危单位应当参加火灾公众责任保险。

(4)严格建设工程消防安全管理。建立建设工程消防设计、施工质量和消防审核验收终身负责制,建设、设计、施工、监理单位及执业人员和公安消防机构要严格遵守消防法律法规,严禁擅自降低消防安全标准。要加大对设计单位的监管,凡违反国家工程建设强制性消防技术标准要求进行设计的,除按消防法律法规依法予以处罚外,住房城乡建设主管部门不予批准其资质升级、增项或资质延续申请,并向社会通报。依法加强对建设工程施工现场的消防安全检查,督促施工单位落实用火用电等消防安全措施,动火施工必须经单位消防安全管理人书面批准,设置防火分隔、安排专人现场监管并配备消防设施、器材。既有建筑进行扩建、改建施工时,必须划分施工区和非施工区,并严格落实防火分隔措施,施工区不得营业、使用和居住。居住建筑进行节能改造作业期间应撤离居住人员,并设消防安全巡逻人员,严格分离用火用焊作业与保温施工作业,严禁在施工建筑内安排人员住宿。新建、改建、扩建工程的外保温材料一律不得使用易燃材料,严格限制使用可燃材料。加快研发具有良好防火性能的新型建筑保温材料,推广使用建筑节能与结构一体化技术。建筑室内装饰装修材料和建筑安装使用的消防设施和器材必须符合国家、行业标准和消防安全要求。

3. 加强基层基础建设,夯实火灾防控根基

(1)加强消防法制体系建设。尽快修订《山东省建筑装饰装修工程消防安全管理办法》,加强对室内外装饰装修工程的消防安全监管。制定《山东省公共消防设施管理办法》、《山东省高层建筑消防安全管理办法》和《山东省火灾高危单位消防安全管理规定》,加强公共消防设施建设和管理,提高高层建筑火灾防控能力,明确界定火灾高危单位范围、消防安全标准和监管措施。济南、青岛和淄博市要针对本地消防安全突出问题,及时制定、完善地方性消防法规或规章,从建设工程防火设计、公共消防设施建设、隐患排查整治、灭火救援等方面执行更加严格的消防安全标准。

(2)加强公共消防设施建设。各地要科学编制城乡消防规划,对没有消防规划内容的城乡规划不得批准实施。要认真组织并督促相关部门在各自职责范围内严格落实城乡消防安全布局、公共消防设施建设规划,按照《城市消防站建设标准》和灭火救援工作需要,建设消防站、消火栓等公共消防设施,推动消防工作与经济社会协调发展。对公共消防设施不能满足灭火应急救援需要的,要及时增建、改建、配置或者进行技术改造。负责公共消防设施维护管理的部门和单位要落实维护资金和养护责任,保证其正常使用。商业步行街、集贸市场等公共场所和住宅区要保证消防车通道畅通。任何单位和个人不得埋压、圈占、损坏公共消防设施,不得挪用、挤占公共消防设施建设用地。

(3)加强农村社区消防工作。乡镇人民政府、街道办事处要明确相关机构或专人负责消防工作,并建立健全消防工作协调机制,定期研究部署消防工作。要推行消防安全网格化管理,以街道、村庄和社区为基本单位逐级划分消防监管网格,明确各网格的监管责任人、监管职责和任务,对网格中的社会单位和下级网格消防安全状况进行全面监管,督导工作落实。公安、民政、农业等部门要加强配合,指导农村社区进一步开展消防标准化建设,配备专(兼)职消防管理人员,发展专职或志愿消防队伍,充分发挥治安联防、巡防和保安队伍在防火巡查、消防宣传、扑救初起火灾等方面的作用,积极开展群防群治,切实增强防御火灾能力。

(4)推广应用消防科技新成果。加强消防科研技术攻关,鼓励消防技术服务机构、高等院校等联合进行科技攻关。督促高层住宅、老年公寓、寄宿制学校、幼儿园、福利院、小型人员密集场所等特殊场所设置独立式火灾探测报警器。积极推广应用消防电子巡查系统、局部应用自动喷水灭火系统、安全控制与报警逃生门锁等技术和不燃、难燃节能装饰装修材料,推动火灾防控新技术新成果的转化应用,有效提升各类场所防范火灾事故的技术水平。积极拓展社会消防信息化服务,加快消防监督管理、社会公众消防服务等信息系统的应用,推广城市消防安全远程监控系统建设。充分发挥行业协会的作用和生产、科研、技术服务机构的技术优势,积极借鉴吸收国外先进技术,鼓励消防行业新产品、新技术的研发和转化应用。

(5)推进社会消防技术服务。加强对消防技术服务机构的监督管理,公安消防部门要依法对消防设施检测和维修保养、电气防火技术检测等消防技术服务机构进行从业资质、机构资质审批和年度执业情况审查。探索试行社会技术服务机构从事建设工程消防设计施工图审查,逐步实现技术审查与行政审批分离的监督工作机制。进一步培育并规范发展消防安全评估、咨询、监测等消防技术服务机构,督促消防技术服务机构规范服务行为,不断提升服务质量和水平。公安、人力资源社会保障等部门要加强协调,进一步完善消防从业人员职业资格证书制度,深入推进消防行业特有职业(工种)职业技能鉴定工作,推进社会消防从业人员职业化建设。

4.加强队伍装备建设,提升灭火救援能力

(1)推进多种形式消防队伍建设。大力发展政府专职消防队、企事业单位专职消防队和志愿消防队。城市消防站人员总数达不到30人的,应通过招聘政府专职消防员予以补齐。乡镇人民政府应当根据需要单独或与邻近乡镇、有关单位联合建立专职消防队、志愿消防队,专职消防员应不少于15人。凡符合《消防法》应建立专职消防队条件的大型企事业单位，必须建立规模适当的专职消防队。村民委员会、居民委员会及消防安全重点单位应根据实际需要建立志愿消防队，开展群众性自防自救工作。

(2)加强消防装备物资建设。各级政府应定期组织开展消防装备建设评估论证，不断提高消防装备建设水平，建立平战结合、遂行保障的战勤保障体系。根据灭火救援任务实际需要，强化城市主战消防车、多功能抢险救援消防车、重型泡沫消防车、举高消防车、火场远程供水系统和消防员防护装备配备。沿海城市和有关大型企业应着眼满足港口、海域、水上灭火救援工作需要，建设水上消防站，配备消防艇等专用救援装备。省级财政要对贫困地区消防事业给予一定的支持，实现消防装备建设与经济社会同步发展。

(3)加强消防应急救援能力建设。各市、县人民政府要依托公安消防队伍加强综合性应急救援队伍建设，依托公安消防队伍和其他应急资源建立区域性危险化学品、公路交通、铁路运输、水上搜救、地下救援和地震救援等专业应急救援队伍，依托乡镇消防力量建立基层应急救援队伍，并积极发展消防应急救援志愿者队伍，建立健全灭火应急救援指挥平台和社会联动机制，完善灭火应急救援预案，强化灭火应急救援演练，提高应急处置水平。公安消防部门要加强对高层建筑、石油化工等特殊火灾扑救和地震等灾害应急救援的技战术研究和应用，强化各级指战员专业训练，不断提高快速反应、攻坚作战能力。

5.加强长效机制建设，落实各项保障措施

(1)完善经费保障机制。各级政府要着眼消防事业和消防部队建设发展需要，加大对消防工作的投入，建立健全与经济社会发展水平相适应的消防经费保障机制，全力支持消防事业持续发展。

(2)建立定期通报机制。各级公安机关每半年要将本地区消防工作情况向本级人民政府作出专题报告；各地每年要将本地区消防工作情况向上级人民政府作出专题报告，上级人民政府根据情况应适时进行检查督导。相关部门要建立行政执法通报制度，对消防安全条件不符合要求的单位，消防部门要通过书面方式通报相关部门，相关部门要依法做出相应的处罚。各地要通过公告、新闻发布会等方式，定期向社会通报本地的重大火灾隐患、消防专项检查情况和消防技术服务机构执业情况等，维护公众知情权。

(3)完善考评问责机制。各级政府要将消防工作纳入议事日程，逐级签订消防工作目标责任书，建立健全消防工作考核评价体系，严格年度消防工作考核。进一步加大问责力度，对不依法履行消防工作职责或在重大火灾隐患整改、公共消防设施建设和涉及消防安全行政审批等方面工作不力、失职渎职的，要依法依纪追究有关人员的责任；涉嫌犯罪的，移送司法机关处理。公安机关及其消防部门工作人员滥用职权、玩忽职守、徇私舞弊、以权谋私的，要依法依纪严肃处理。各单位因消防安全责任不落实、火灾防控措施不到位，发生人员伤亡火灾事故的，要依法依纪追究有关人员的责任；发生重大火灾事故的，要依法依纪追究单位负责人、实际控制人、上级单位主要负责人和当地政府及有关部门负责人的责任；发生特别重大火灾事故的，要根据情节轻重，追究市(厅)级分管领导或主要领导的责任。

1.6 安全生产“十二五”规划

1.6.1 国务院安全生产“十二五”规划

安全生产事关人民群众生命财产安全，事关改革发展稳定大局，事关党和政府形象和声誉。为贯彻落实党中央、国务院关于加强安全生产工作的决策部署，根据《中华人民共和国国民经济和社会发展第十二个五年规划纲要》和《国务院关于进一步加强企业安全生产工作的通知》(国发〔2010〕23号)精神，国务院制定了安全生产“十二五”规划规划。国务院办公厅2011年10月1日印发的《安全生产“十二五”规划》(国办发〔2011〕47号)(以下简称《规划》)已经国务院同意，现印发给你们，请认真贯彻执行。各地区、各部门要把安全生产目标、任务、措施和重点工程等纳入本地区、本行业和领域“十二五”发展规划，抓紧制定具体实施方案和行动计划，做到责任到位、措施到位、投资到位、监管到位。负有安全生产监管监察职责的各有关部门要按照职责分工，加强《规划》实施工作的组织指导和协调。要高度重视投资质量和效益，保证《规划》执行的严肃性和合理性。要加强《规划》实施的管理、评估和考核，强化督促检查，确保安全生产“十二五”规划目标的实现。

1. 现状与形势

(1)“十一五”期间安全生产工作取得积极进展和明显成效

党中央、国务院高度重视安全生产，确立了安全发展理念和“安全第一、预防为主、综合治理”的方针，采取一系列重大举措加强安全生产工作。各地区、各部门把安全生产与经济社会发展各项工作同步规划、同步部署、同步推进，深入落实安全生产责任和措施，持续强化安全管理和监督，严厉打击非法违法生产经营和建设行为，积极推动重点行业领域安全专项整治，集中开展“隐患治理年”、“安全生产年”活动，大力推进安全生产执法、治理和宣传教育行动(以下称“三项行动”)，切实加强安全生产法制体制机制、安全保障能力和安全监管监察队伍建设(以下称“三项建设”)，全国安全生产工作取得积极进展，以提高安全保障能力为核心的基础建设不断加强，以强化监督管理为关键的协作联动机制进一步健全，以安全生产法为基础的安全生产法律法规体系不断完善，以“关爱生命、关注安全”为主旨的安全文化建设不断深入。五年来，全国煤矿瓦斯治理和整顿关闭攻坚战取得明显成效，瓦斯抽采量、利用量分别增长3倍和5倍，小煤矿由18 145处降至9 042处，实现了小煤矿数量压减至1万处以内的目标；安全执法行动深入开展，共关闭取缔不具备安全生产条件的金属非金属矿山2.1万处、烟花爆竹厂(点)1.6万处，以及非法建设项目1.1万处，有效规范了安全生产秩序；稳步推进事故隐患排查治理，各级安全监管监察部门查处生产经营单位一般隐患1 277.4万项、重大隐患11.6万项，对27.6万处重大危险源采取了安全监控措施；非煤矿山、交通运输、消防(火灾)、建筑施工、危险化学品、烟花爆竹、特种设备、民用爆炸物品、冶金等重点行业领域安全状况明显改善，全国安全生产形势保持了总体稳定、持续好转的发展态势。与“十五”末期的2005年相比，2010年全国各类事故起数、死亡人数分别下降49.4%和37.4%，重特大事故起数、死亡人数分别下降36.6%

和52.8%。全国事故死亡人数由2005年的12.7万人,降至2008年的10万人以下、2009年的9万人以下,2010年又进一步降至8万人以下。"十一五"规划任务全面完成,目标如期实现。

(2)"十二五"时期安全生产进入关键时期和攻坚阶段

"十二五"时期,是全面建设小康社会的重要战略机遇期,是深化改革、扩大开放、加快转变经济发展方式的攻坚阶段,也是实现安全生产状况根本好转的关键时期。安全生产工作既要解决长期积累的深层次、结构性和区域性问题,又要积极应对新情况、新挑战,任务十分艰巨。

一是安全生产形势依然严峻。我国仍处于生产安全事故易发多发的特殊时期,事故总量仍然较大,2010年发生各类事故36.3万起、死亡7.9万人。重特大事故尚未得到有效遏制,"十一五"期间年均发生重特大事故86起,且呈波动起伏态势。非法违法生产经营建设行为仍然屡禁不止。尘肺病等职业病、职业中毒事件仍时有发生。

二是安全生产基础依然薄弱。部分高危行业产业布局和结构不尽合理,经济增长方式相对粗放。经济社会发展对交通、能源、原材料等需求居高不下,安全保障面临严峻考验。轨道交通、隧道、超高层建筑、城市地下管网施工、运行、管理等方面的安全问题凸显。一些地方、部门和单位安全责任和措施落实不到位,安全投入不足,制度和管理还存在不少漏洞。部分企业工艺技术落后,设备老化陈旧,安全管理水平低下。

三是安全生产监管监察及应急救援能力亟待提升。各级安全生产监管部门和煤矿安全监察机构基础设施建设滞后,技术支撑能力不足,部分执法人员专业化水平不高,传统监管监察方式和手段难以适应工作需要。现有应急救援基地布局不尽合理,救援力量仍较薄弱,应对重特大事故灾难的大型及特种装备较为缺乏。部分重大事故致灾机理和安全生产共性、关键性技术研究有待进一步突破。

四是保障广大人民群众安全健康权益面临繁重任务。一方面,部分社会公众安全素质不够高,自觉遵守安全生产法律法规意识和自我安全防护能力还有待进一步强化。另一方面,随着经济发展和社会进步,全社会对安全生产的期望不断提高,广大从业人员"体面劳动"观念不断增强,对加强安全监管、改善作业环境、保障职业安全健康权益等方面的要求越来越高。

2.指导思想、基本原则和规划目标

(1)指导思想

以邓小平理论和"三个代表"重要思想为指导,深入贯彻落实科学发展观,围绕科学发展的主题和加快转变经济发展方式的主线,牢固树立以人为本、安全发展的理念,坚持"安全第一、预防为主、综合治理"的方针,深化安全生产"三项行动"、"三项建设",以强化企业安全生产主体责任为重点,以事故预防为主攻方向,以规范生产为重要保障,以科技进步为重要支撑,加强基础建设,加强责任落实,加强依法监管,全面推进安全生产各项工作,继续降低事故总量和伤亡人数,减少职业危害,有效防范和遏制重特大事故,促进安全生产状况持续稳定好转,为经济社会全面、协调、可持续发展提供重要保障。

(2)基本原则

统筹兼顾,协调发展。正确处理安全生产与经济发展、安全生产与速度质量效益的关系，坚持把安全生产放在首要位置，纳入社会管理创新的重要内容，实现区域、行业（领域）的科学、安全、可持续发展。

强化法治，综合治理。完善安全生产法律法规和标准规范体系，严格安全生产执法，强化制度约束，把安全生产工作纳入依法、规范、有序、高效开展的轨道，真正做到依法准入、依法生产、依法监管。

突出预防，落实责任。坚持关口前移、重心下移，夯实筑牢安全生产基层基础防线，从源头上防范和遏制事故。全面落实企业主体责任，强化政府及部门监管责任和属地管理责任，加强全员、全方位、全过程的精细化管理，坚决守住安全生产这条红线。

依靠科技，创新机制。坚持科技兴安，充分发挥科技支撑和引领作用，加快安全科技研发与成果应用，建立企业、政府、社会多元投入机制，加强安全监管监察能力建设，创新监管监察方式，提升安全保障能力。

(3)规划目标。

到 2015 年，企业安全保障能力和政府安全监管能力明显提升，各行业（领域）安全生产状况全面改善，安全监管监察体系更加完善，各类事故死亡总人数下降 10%以上，工矿商贸企业事故死亡人数下降 12.5%以上，较大和重大事故起数下降 15%以上，特别重大事故起数下降 50%以上，职业危害申报率达 80%以上，《国家职业病防治规划（2009—2015 年）》设定的职业安全健康目标全面实现，全国安全生产保持持续稳定好转态势，为到 2020 年实现安全生产状况根本好转奠定坚实基础。

专栏 1　部分安全生产规划指标
1. 亿元国内生产总值生产安全事故死亡率下降 36%以上。 2. 工矿商贸就业人员 10 万人生产安全事故死亡率下降 26%以上。 3. 煤矿百万吨死亡率下降 28%以上。 4. 道路交通万车死亡率下降 32%以上。 5. 特种设备万台死亡率下降 35%以上。 6. 火灾 10 万人口死亡率控制在 0.17 以内。 7. 水上交通百万吨吞吐量死亡率下降 23%以上。 8. 铁路交通 10 亿吨千米死亡率下降 25%以上。 9. 民航运输亿客千米死亡率控制在 0.009 以内。

3. 主要任务

(1)完善安全保障体系，提高企业本质安全水平和事故防范能力

煤矿：开展全面、系统、彻底的安全隐患排查治理，防范瓦斯、水害、火灾等重特大事故。完善煤矿安全生产责任体系，强化生产过程管理领导责任。深化煤矿瓦斯综合治理，推进先抽后采、抽采达标，严格落实综合防突措施，完善瓦斯综合治理工作体系。健全灾害监控、预测预警与防治技术体系，狠抓矿井水害、火灾、冲击地压等事故防控技术措施落实。对资源整合矿区实施水文、工程地质补充勘探。治理煤矿火灾隐患。提高矿用产品、设备安全性能。

将煤矿技术人员配备列入安全准入基本条件，严格煤炭建设、生产领域的企业准入标

准。推进煤矿企业安全质量标准化和本质安全型矿井建设,推广应用煤矿井下监测监控系统、人员定位系统、紧急避险系统、压风自救系统、供水施救系统和通信联络系统(以下称安全避险“六大系统”),强化安全班组建设等安全基础管理。推动煤矿企业兼并重组和小煤矿整顿关闭,构建安全、高效的煤炭产业体系。完善煤矿采气权与采矿权协调、小煤矿严格准入与有序退出等机制。小型煤矿采煤、掘进装载机械化程度到 2015 年底分别达到 55%和 80%以上。加强煤矿地质勘探报告审查。严格控制新(改、扩)建煤与瓦斯突出矿井建设,“十二五”期间停止核准新建 30 万吨/年以下的高瓦斯矿井、45 万吨/年以下的煤与瓦斯突出矿井项目。

专栏 2　防范煤矿事故重点地区
瓦斯治理重点地区:山西、河南、贵州、黑龙江、重庆、四川、湖南。 水害治理重点地区:河北、河南、山西、山东、四川、湖南。 新建技改整合重组监管重点地区:河南、新疆、内蒙古、陕西、甘肃、山西。

道路交通:制定道路交通安全战略规划。深入推进客运车辆特别是长途客运车辆安全隐患专项整治,从严整治超载、超限、超速、非法载客和酒后、疲劳驾驶等违法违规行为。严格客运线路安全审批和监管,完善道路运输从业人员资格培训和管理制度。开展运输企业交通安全评估。完善客货运输车辆安全配置标准。建立完善车辆生产管理信用体系,加强车辆产品准入、生产一致性管理和监督,提高车辆产品质量和安全性能。改善道路交通通行条件,加强事故多发路段和公路危险路段综合治理。推进高速公路全程监控系统等智能交通管理系统建设。建立农村客运服务和安全管理体系。在公路省际交界处、市际主要交界处建立固定式交通安全服务站。

专栏 3　防范道路交通事故重点地区
重特大事故控制重点地区:云南、贵州、四川、湖南、广西、西藏、新疆。 事故总量控制重点地区:广东、浙江、江苏、山东、四川。

非煤矿山:制定非煤矿山主要矿种最小开采规模和最低服务年限标准。合理布局非煤矿山采矿权,严格落实非煤矿山建设项目安全核准制度。落实矿产资源开发整合常态化管理措施,到 2015 年,非煤矿山数量比 2010 年下降 10%以上。实施地下矿山、露天矿山、高陡边坡、尾矿库、排土场等专项整治,重点防范透水、中毒窒息、坍塌和尾矿库溃坝等事故。建设金属非金属矿山井下安全避险“六大系统”。完善石油天然气开采防井喷、防硫化氢中毒、防爆炸着火及海洋石油生产设施防台风、防风暴潮等防范措施。推动露天矿山采用机械铲装、机械二次破碎等技术装备,“三高”(高压、高含硫、高危)油气田采用硫化氢气体防护监测技术装备,三等及以上尾矿库和部分位于敏感地区尾矿库安装在线监测系统。

专栏4 防范非煤矿山事故重点地区和领域
事故控制与资源整合重点地区：云南、河南、湖南、贵州、广西、辽宁。 重点监管矿种：铁矿、有色金属矿、煤系矿山、“三高”油气田。

危险化学品：推动制定与实施化工行业安全发展规划。开展城市化工产业布局调查，加强城市危险化学品生产、储存企业和化学品输运管线等易燃易爆设施隐患排查治理。推动新建危险化学品生产企业进入化工园区，规范化工园区安全监管，实行化工园区区域定量风险评价制度。推动城区内安全防护距离不达标的危险化学品生产及储存企业搬迁。强化危险化学品生产过程安全管理，对涉及危险化工工艺的生产装置建立自动控制系统及独立的紧急停车系统。强化重点监管的危险工艺、危险产品和重大危险源的监管和监控，严格危险化学品安全使用许可。健全区域危险化学品道路运输安全联控机制。加快建设集仓储、配送、物流、销售和商品展示为一体的危险化学品交易市场，推动大中型城市内的危险化学品经营企业进场交易。

专栏5 防范危险化学品事故重点地区和领域
事故控制重点地区：江苏、浙江、山东、广东、天津、上海、辽宁。 事故控制重点领域：城区内化学品输送管线、油气站等易燃易爆设施；大型化学品储存设施；大型石化生产装置；国家重要油、气储运设施。

烟花爆竹：推进烟花爆竹生产工厂化、标准化、机械化、科技化和集约化建设。严格安全生产准入条件，到2015年，烟花爆竹生产企业数量比2010年减少20%以上。加强烟花爆竹生产、经营、运输、燃放等各环节安全管理和监督，深化“三超一改”（超范围、超定员、超药量和擅自改变工房用途）等违规生产经营行为专项治理，推进礼花弹等高危产品专项整治，建立烟花爆竹流向管理信息系统。

建筑施工：加强工程招投标、资质审批、施工许可、现场作业等环节安全监管，淘汰不符合安全生产条件的建筑企业和施工工艺、技术及装备。落实建设工程参建各方安全生产主体责任。重点排查治理起重机、吊罐、脚手架和桥梁等设施设备存在的安全隐患。建立建筑工程安全生产信息动态数据库，健全建筑施工企业和从业人员安全生产信用体系，完善失信惩戒制度。以铁路、公路、水利、核电等重点工程及桥梁、隧道等危险性较大项目为重点，建立完善设计、施工阶段安全风险评估制度。

民用爆炸物品：优化民用爆炸物品产品结构和生产布局，规范生产和流通领域爆炸危险源的管理，合理控制企业及生产点数量，减少危险作业场所操作人员。推广应用先进适用工艺技术，淘汰落后生产设备和工艺，主要产品的主要工序实现连续化、自动化和信息化。

特种设备：严格市场准入，落实使用单位安全责任，保证安全投入和安全管理制度、机构、人员到位。实施起重机械、危险化学品承压设备等特种设备事故隐患整治，建立重大隐患治理与重点设备动态监控机制。推动应用物联网技术，实现对电梯、起重机械、客运索道、大型游乐设施故障的实时监测，推广应用大型起重机械安全监控系统。

工贸行业：实施冶金、有色、建材、机械、轻工、纺织、烟草和商贸等工贸行业事故隐患专项治理，重点开展工业煤气系统使用、高温液态金属生产和工贸行业交叉作业、检修作业、受限空间作业等隐患排查整治。实施自动报警与安全联锁专项改造，提高自动化程度。加强对企业煤气输送、储存、使用等危险区域连续监测监控。

电力：完善处置电网大面积停电应急体系，提高电力系统应对突发事件能力。加强电力调度监督与管理，加强厂网之间协调配合。扎实开展电力安全生产风险管理和标准化建设，加强新能源发电监督管理，确保电力系统安全稳定运行和电力可靠供应。加强核电运营安全监管，落实安全防范措施。对已投入运行 20 年以上的水电站全面开展隐患排查，加强水电站大坝补强加固和设备更新改造。

消防（火灾）：推进构筑社会消防安全“防火墙”工程。推动消防规划纳入当地城乡规划，加强消防站、消防供水、消防通信、消防车通道等公共消防设施建设。落实新（改、扩）建工程消防安全设计审核、消防验收或备案抽查制度。实施消防安全专项治理行动，整治易燃易爆单位、人员密集和“三合一”场所（企业员工宿舍与生产作业、物资存放的场所相通连）、高层建筑、地下空间火灾隐患。完善相关消防技术标准，严禁违规使用易燃、可燃建筑外墙保温材料。根据国家标准配备应急救援车辆、器材和消防员个人防护装备。

铁路交通：加强高速铁路运营安全监管和设备质量控制，强化高速铁路安全防护设施和防灾监测系统建设。深入开展高速铁路运输安全隐患治理，重点对线路、车辆、信号、供电设备以及制度和管理等进行全方位排查。强化高新技术条件下铁路运输安全风险管控。严厉打击危害高速铁路运输安全的非法违法行为。到 2015 年，危险性较大的铁路与公路平交道口全部得到改造。开展路外安全宣传教育入户活动。严格铁路施工安全管理，整治铁路行车设备事故隐患，强化现场作业控制，深化铁路货运安全专项整治。

水上交通：加强水路交通安全监管基础设施和港口保安设施建设。开展重点水域、船舶和时段以及重要基础设施安全综合治理。推进现有港口、码头的安全现状评价。强化运输船舶和码头、桥梁建设及通航水域采砂等水上水下施工作业的安全监管。推进内河主要干线航道、重要航运枢纽、主要港口及地区性重要港口监测系统建设。完善船舶自动识别、船舶远程跟踪与识别、长江干线水上 110 指挥联动等系统，加快内河船岸通信、监控系统建设。实施渡改桥工程。加强内河海事与搜救一体化建设。严厉查处农用船、自用船、渔船非法载客等行为。

民航运输：实施民航航空安全方案，推进航空安全绩效管理。建立空勤人员、空中交通管制员体检鉴定体系和健康风险管理体系。建立航空安保威胁评估机制。研究实行航空货运管制代理人制度。整体规划适航审定能力建设方案。建立航空安保岗位资格认证机制与培训体系。加强飞行、机务、空管、签派等人员的专业技能教育培训。建设航空安全实验基地，提高航空运行、适航维修、航空保安和事故调查分析等实验验证能力。

农业机械：完善农业机械安全监督管理体系，加强安全监理设施和装备建设，加大安全投入，保障安全监理工作需要。强化拖拉机、联合收割机注册登记、牌证核发和年度检验。推广应用移动式农机安全技术检测和农机驾驶人考试装备。加快建立农机市场准入、强制淘汰报废和回收管理制度，推进对危及人身财产安全的农业机械进行免费实地安全检验。创建 500 个以上“平安农机示范县”。探索开展农机政策性保险，鼓励支持农机安全互助组织有序发展。

渔业船舶:推进重点水域渔船和渔港监控系统建设。强化渔船、渔港安全基础设施管理,加强渔业航标、渔港监控设备等建设。推进渔船自动识别系统建设,加强渔船通信终端设备配备。推进渔船标准化建设,鼓励渔民更新改造老旧渔船,实行渔业船舶、船用产品、专用设备报废制度。加强渔业船员培训基地建设。实施渔船安全救生设备补助项目,推广应用气胀式救生筏等装备,实现沿海中型以上渔船救生设备应配尽配。

职业健康:开展作业场所职业危害普查。加强职业危害因素监测检测。建立完善职业健康特殊工种准入、许可、培训等制度。建立重点行业(领域)职业健康检测基础数据库。开展粉尘、高毒物质危害严重行业(领域)专项治理。到2015年,新(改、扩)建项目职业卫生"三同时"(同时设计、同时施工、同时投产和使用)审查率达到65%以上,用人单位职业危害申报率达到80%以上,工作场所职业危害因素监测率达到70%以上,粉尘、高毒物品等主要危害因素监测合格率达到80%以上,工作场所职业危害告知率和警示标识设置率达到90%以上,重大急性职业危害事件基本得到控制,接触职业危害作业人员职业健康体检率达到60%以上。强化职业危害防护用品监管和劳动者职业健康监护,严肃查处职业危害案件。

同时,全面加强旅游、水利工程等各行业(领域)安全生产工作,及时排查整治安全隐患,全面加强人员密集场所、大型群众性活动的安全管理,严防各类事故发生。

(2)完善政府安全监管和社会监督体系,提高监察执法和群防群治能力

健全安全生产监管监察体制。完善安全生产综合监管与行业管理部门专业监管相结合的工作机制。健全国家监察、地方监管、企业负责的煤矿安全工作体系。完善煤矿安全监察机构布局。落实地方各级人民政府安全生产行政首长负责制和领导班子成员安全生产"一岗双责"制度。强化基层安全监管机构建设,建立健全基层安全监管体系。积极推动经济技术开发区、工业园区、大型矿产资源基地建立完善安全监管体系。研究建立与道路里程、机动车增长同步的警力配备增加机制。

建设专业化安全监管监察队伍。完善安全监管监察执法人员培训、执法资格、考核等制度,建立以岗位职责为基础的能力评价体系。严格新增执法人员专业背景和选拔条件。建立完善安全监管监察实训体系,开展安全监管监察执法人员全员培训。到2015年,各级安全监管监察执法人员执法资格培训及持证上岗率达到100%,专题业务培训覆盖率达到100%。

改善安全监管监察执法工作条件。推进安全监管部门和煤矿安全监察机构工作条件标准化建设。到2015年,东部省、市、县三级安全监管部门工作条件建设100%达到标准配置,中西部100%达到基本配置,省级和区域煤矿安全监察机构达标率达到100%。改善一线交通警察执勤条件,将高速公路交通安全管理设施及执勤配套设施建设纳入高速公路建设体系。加强农机安全管理机构基础设施及装备建设。

推进安全生产监管监察信息化建设。建成覆盖各级安全监管、煤矿安全监察和安全生产应急管理机构的信息网络与基础数据库。加强特种设备安全监管信息网络和交通运输安全生产信息系统建设。加快建设航空安全信息分析中心,建立民航安全信息综合分析系统。完善农机安全生产监管信息系统。推进海洋渔业安全通信网、渔船自动识别与

安全监控系统建设。

创新安全监管监察方式。健全完善重大隐患治理逐级挂牌督办、公告、整改评估制度。推进高危行业企业重大危险源安全监控系统建设,完善重大危险源动态监管及监控预警机制。实施中小企业安全生产技术援助与服务示范工程。强化安全生产属地监管,建立分类分级监管监察机制。把符合安全生产标准作为高危行业企业准入的前置条件,实行严格的安全标准核准制度。推进建立非矿用产品安全标志管理制度。完善高危行业从业人员职业资格制度。健全工伤保险浮动费率确定机制。完善安全生产非法违法企业"黑名单"制度。建立与企业信誉、项目核准、用地审批、证券融资、银行贷款等方面挂钩的安全生产约束机制。

依法加强社会舆论监督。发挥工会、共青团、妇联等人民团体的监督作用,依法维护和落实企业职工安全生产知情权、参与权与监督权。拓宽和畅通安全生产社会监督渠道,设立举报信箱,统一和规范"12350"安全生产举报投诉电话,实行安全生产信息公开。发挥新闻媒体舆论监督作用,强化舆论反映热点问题跟踪调查。鼓励单位和个人举报安全隐患和各种非法违法生产经营建设行为,完善有效举报奖励制度。

(3)完善安全科技支撑体系,提高技术装备的安全保障能力

加强安全生产科学技术研究。实施科技兴安、促安、保安工程。健全安全科技政策和投入机制。整合安全科技优势资源,建立完善以企业为主体、以市场为导向、政产学研用相结合的安全技术创新体系。开展重大事故风险防控和应急救援科技攻关,实施科技示范工程,力争在重大事故致灾机理和关键技术与装备研究方面取得突破。

专栏6　安全科技产学研重点领域

安全基础理论研究:典型工业事故灾难、交通事故防治基础理论;安全生产应急管理基础理论;危险化学品安全生产理论;安全生产经济政策。

技术及装备研发:煤矿重大事故预测预警与防治;非煤矿山典型灾害预测与控制;化工园区定量风险评价与管控一体化;烟花爆竹自动化制装药生产线;特种设备无损检测与监测;高危职业危害预防;安全生产物联网;事故快速抢险及应急处置;个体防护及事故调查与分析;新型交通管理设施与交通安全设施。

安全管理科学研究:安全生产法规政策体系运行反馈系统;安全生产监管监察、企业安全生产管理模式与决策运行系统等。

强化安全专业人才队伍建设。加强职业安全健康专业人才和专家队伍建设。实施卓越安全工程师教育培养计划。完善注册安全工程师职业资格制度,建立完善注册安全工程师使用管理配套政策。发展安全生产职业技术教育,进一步落实校企合作办学、对口单招、订单式培养等政策,加快培养高危行业专业人才和生产一线技能型人才。

完善安全生产技术支撑体系。完善国家级安全生产监管监察技术支撑机构,搭建科技研发、安全评价、检测检验、职业危害检测与评价、安全培训、安全标志申办与咨询服务等的技术支撑平台。推进省级安全监管部门和煤矿安全监察机构安全技术研究、应急救援指挥、调度统计信息、考试考核、危险化学品登记、宣传教育、执法检测等监管监察技术支撑与业务保障机构工作条件标准化建设。到2015年,东部省级安全监管技术支撑和业

务保障机构工作条件建设100%达到标准配置，中西部100%达到基本配置；省级煤矿安全监察机构达标率达到100%；安全生产新产品、新技术、新材料、新工艺和关键技术准入测试分析能力达到90%以上。

推广应用先进适用工艺技术与装备。完善安全生产科技成果评估、鉴定、筛选和推广机制，发布先进适用的安全生产工艺、技术和装备推广目录。完善安全生产共性、公益性技术转化平台，建立完善国家、地方和企业等多层次安全科技基础条件共享与科研成果转化推广机制。定期将不符合安全标准、安全性能低下、职业危害严重、危及安全生产的工艺、技术和装备列入国家产业结构调整指导目录。

促进安全产业发展。制定实施安全产业发展规划。重点发展检测监控、安全避险、安全防护、灾害监控及应急救援等技术研发和装备制造，将其纳入国家鼓励发展政策支持范围，促进安全生产、防灾减灾、应急救援等专用技术、产品和服务水平提升，推进同类装备通用化、标准化、系列化。合理发展工程项目风险管理、安全评估认证等咨询服务业。到2015年，建成若干国家安全产业示范园区。

推动安全生产专业服务机构规范发展。完善安全生产专业服务机构管理办法，建立分类监管与技术服务质量综合评估制度。规范和整顿技术服务市场秩序，健全专业服务机构诚信体系。发展注册安全工程师事务所，规范专业服务机构从业行为，推动安全评价、检测检验、培训咨询、安全标志管理等专业机构规范发展。

(4)完善法律法规和政策标准体系，提高依法依规安全生产能力

健全安全生产法律制度。加快推动《中华人民共和国安全生产法》等相关法律法规的制定和修订。建立法规、规章运行评估机制和定期清理制度。制定安全设施“三同时”、淘汰落后工艺设备、从业人员资格准入、重大危险源安全管理、危险化学品安全管理、职业危害防控、应急管理等方面以及与法律、法规相配套的规章制度。推动地方加强安全生产立法，根据本地区安全生产形势和特点，研究制定亟需的地方性法规和规章。

完善安全生产技术标准。制定实施安全生产标准中长期规划。提高和完善行业准入条件中的安全生产要求。完善公众参与、专家论证和政府审定发布相结合的标准制定机制。建立健全标准适时修订、定期清理和跟踪评价制度。鼓励工业相对集中的地区先行制定地方性安全技术标准。鼓励大型企业和高新技术集成度大的行业，根据科技进步和经济发展，率先制定企业新产品、新材料、新工艺安全技术标准。

规范企业生产经营行为。全面推动企业安全生产标准化工作，实现岗位达标、专业达标和企业达标。加强企业班组安全建设。强化对境外中资企业的安全生产工作指导与管理，严格落实境内投资主体和派出企业安全生产监督责任。建立完善企业安全生产累进奖励制度。严格执行企业主要负责人和领导班子成员轮流现场带班制度。

提高安全生产执法效力。建立严格执法与指导服务、现场执法与网络监控、全面检查与重点监管相结合的安全生产专项执法和联合执法机制。推行安全监管监察执法政务公开。完善行政执法评议考核和群众投诉举报制度。健全安全生产“一票否决”和事故查处分级挂牌督办制度。强化事故技术原因调查分析，及时向社会公布事故调查处理结果。落实安全生产属地管理责任，建立完善“覆盖全面、监管到位、监督有力”的政府监管和社会监督体系。

(5)完善应急救援体系,提高事故救援和应急处置能力

推进应急管理体制机制建设。健全省、市、重点县及中央企业安全生产应急管理体系。完善生产安全事故应急救援协调联动工作机制。建立健全自然灾害预报预警联合处置机制,严防自然灾害引发事故灾难。建立各地区安全生产应急预警机制,及时发布地区安全生产预警信息。

加快应急救援队伍建设。加快矿山、公路交通、铁路运输、水上搜救、紧急医学救援、船舶溢油及油气田、危险化学品、特种设备等行业(领域)国家、区域救援基地和队伍建设。鼓励支持化工企业和矿产资源聚集区开展安全生产应急救援队伍一体化示范建设。依托公安消防队伍建立县级政府综合性应急救援队伍。加强紧急运输能力储备。建立救援队伍社会化服务补偿机制,鼓励和引导各类社会力量参与应急救援。

完善应急救援基础条件。强化应急救援实训演练。建立完善企业安全生产动态监控及预警预报体系。完善企业与政府应急预案衔接机制,建立省、市、县三级安全生产预案报备制度。推进安全生产应急平台体系建设,到 2015 年,国家、省、市及高危行业中央企业应急平台建设完成率达到 100%,重点县达到 80%以上。

(6)完善宣传教育培训体系,提高从业人员安全素质和社会公众自救互救能力

提高从业人员安全素质。建立国家安全生产教育培训考试中心,以及中央企业安全教育培训考试站。推行安全生产"教考分离"和安全技术人员继续教育制度。强化高危行业和中小企业一线操作人员安全培训。完善农民工向产业工人转化过程的安全教育培训机制。高危行业企业主要负责人、安全生产管理人员和特种作业人员持证上岗率达到 100%。将安全生产纳入领导干部素质教育范畴。实施地方政府安全生产分管领导干部安全培训工程。

提升全民安全防范意识。将安全防范知识纳入国民教育范畴。创建安全文化示范企业。开展安全生产、应急避险和职业健康知识进企业、进学校、进乡村、进家庭活动,实施"安全生产月"、"安全生产万里行"、"文明交通行动计划"、"消防 119"、"安康杯"知识竞赛等安全生产宣传教育活动。培育发展安全文化产业,打造安全文艺精品工程,促进安全文化市场繁荣。

构建安全发展社会环境。开展安全促进活动,建设安全文化主题公园和主题街道。加强安全社区建设,提升社区安全保障能力和服务水平。推进"平安畅通县市"、"平安农机示范县"、"平安渔业示范县"、"文明渔港"、"平安村镇"、"平安校园"等建设,创建若干安全发展示范城市,倡导以人为本、关注安全、关爱生命的安全文化。

4. 重点工程

(1)企业安全生产标准化达标工程

开展企业安全生产标准化创建工作。到 2011 年,煤矿企业全部达到安全标准化三级以上;到 2013 年,非煤矿山、危险化学品、烟花爆竹以及冶金、有色、建材、机械、轻工、纺织、烟草和商贸 8 个工贸行业规模以上企业全部达到安全标准化三级以上;到 2015 年,交通运输、建筑施工等行业(领域)及冶金等 8 个工贸行业规模以下企业全部实现安全标准化达标。

(2)煤矿安全生产水平提升工程

开展煤矿瓦斯综合治理示范工程和煤层气地面开发利用示范工程建设，在瓦斯灾害严重矿区建成一批理念先进、技术领先、治理达标、管理到位的煤矿瓦斯治理示范矿井，开展矿井通风和瓦斯抽采利用系统更新改造。实施煤矿开采、供电、井下运输、排水、提升等系统安全技术及防灭火工程技术改造。开展煤矿水文地质和老空区普查，实施矿井水害治理工程。推进煤矿机械化和兼并重组小煤矿安全改造工程建设。完成煤矿井下安全避险“六大系统”工程建设。

(3)道路交通安全生命保障工程

实施客货运输车辆运行安全保障工程，强制推动重点客货运输车辆全面安装具有卫星定位功能的行驶记录仪，推广使用货运车辆限载、限速等装置。实施公路安全保障工程，完善道路标志标线，增设道路安全防护设施。实施农村交通安全管理与服务体系建设工程，建立健全农村地区交通安全管理网络。实施国家主干高速公路网交通安全管控工程，建立完善全程联网监控、交通违法行为监测查处和机动车查缉布控等系统。建设国家、省两级高速公路联网监控平台及气象预警系统、交通事故自动检测系统和交通引导系统。

(4)非煤矿山及危险化学品等隐患治理与监控工程

推进高危行业企业建设完善重大危险源安全监控系统。实施非煤矿山尾矿库、大型采空区、露天采场边坡、排土场、水害及高含硫油气田、报废油气生产设施等事故隐患综合治理。建设金属非金属矿山井下安全避险“六大系统”。加快实施城区内安全距离不达标的危险化学品生产、储存企业搬迁工程。开展城市燃气与化学品输送管网隐患治理。建设化工园区安全监管和危险化学品交易市场示范工程。建设重点危险化学品道路运输全程监控系统。开展建设工程起重机械事故隐患专项整治。

(5)职业危害防治工程

开展全国性职业危害状况普查。建立全国职业危害数据库和国家职业危害因素检测分析实验室与技术支撑平台。以防治矿工尘肺、矽肺、石棉肺为重点，实施粉尘危害综合治理工程。以防治高毒物质与重金属职业危害为重点，实施苯、甲醛等高毒物质和铅、镉等重金属重大职业危害隐患防范治理工程。建立健全职业危害防治技术支撑体系，建设一批尘肺病治疗康复中心。

(6)监管监察能力建设工程

完善省、市、县三级安全监管部门基础设施，补充配备现场监管执法装备。完善现有煤矿安全监察机构工作条件，改造煤矿安全监察机构基础设施，更新补充煤矿执法监察装备。加强水上交通安全监管和港口保安设施建设。实施安全生产监管监察信息化工程。建设若干国家安全生产监管监察执法人员综合实训基地。实施航空安全体系建设工程。建立民爆行业、特种设备、航空安全监管和农业机械等安全生产信息系统。

完善国家监管监察技术支撑体系，建设矿用新装备、新材料安全性分析和煤矿职业危害防治实验室。完善事故鉴定分析技术支撑平台；建设非煤矿山、职业危害、危险化学品、热防护和公共安全等国家安全科技研发与实验基地。实施重大危险源普查和安全监控。完善省级安全监管部门和煤矿安全监察机构直属技术支撑与业务保障单位工作条件。

(7)安全科技研发与技术推广工程

实施安全生产典型关键技术和安全产业园区示范工程。开发深部矿井热害和瓦斯防治、顶板维护、水灾预防、通信传感等关键设备。研究开发非煤矿山动力性灾害监测及预防控制、尾矿库在线监测、高含硫气田井喷事故监测预警、深海石油开采远程监控、化工园区安全规划布局优化等技术装备以及大型起重机械安全监控管理系统。60马力以上机动渔船全部安装防碰撞设备。到2012年，运输危险化学品、烟花爆竹、民用爆炸物品道路专用车辆，旅游包车和三类以上班线客车全部安装使用具有行驶记录功能的卫星定位装置。

(8)应急救援体系建设工程

建设7个国家矿山应急救援队、14个区域矿山应急救援队和1个实训演练基地。建设公路交通、铁路运输、水上搜救、紧急医学救援、船舶溢油等行业(领域)国家救援基地和队伍。依托大型企业和专业救援力量，建设服务周边的区域性应急救援队伍。建设一批国家危险化学品应急救援队和区域危险化学品、油气田应急救援队。建设矿山、矿山医学救护、危险化学品等救援骨干队伍和国家矿山医学救护基地。建设一批区域性国家公路应急保障中心。实施中央企业安全生产保障及应急救援能力工程。

(9)安全教育培训及安全社区和安全文化建设工程

建设完善一批煤矿安全警示教育基地。建设一批安全综合教育培训、特种设备实训、交通安全宣传教育、职业健康教育和安全文化示范基地。实施企业工程技术人员和班组安全培训工程。推进安全社区建设，实施安全促进项目示范工程，建设地区安全社区支持中心和一批国家安全示范社区。建设完善若干安全发展示范城市。

5.规划实施与评估

(1)加强规划实施与考核

各地区、各有关部门要按照职责分工，制定具体实施方案，逐级分解落实规划主要任务、政策措施和目标指标，加快启动规划重点工程，积极推动本规划实施，并推动和引导生产经营单位全面落实安全生产主体责任，确保规划主要任务和目标如期完成。要健全完善有利于加强安全生产、推动安全发展的控制考核指标体系、绩效评价体系，实施严格细致的监督检查。本规划确定的各项约束性指标，要纳入各地区、各有关部门经济社会发展综合评价和绩效考核范畴。

(2)加强政策支持保障

完善有利于安全生产的财政、税收、信贷政策，健全安全生产投入保障机制，强化政府投资对安全生产投入的引导和带动作用。加大国家安全生产监管监察技术支撑体系和中西部安全生产监管监察能力建设投入。各级人民政府要继续加强对尾矿库治理、煤矿安全技改、小煤矿机械化改造、瓦斯防治和小煤矿整顿关闭等的支持，引导企业加大安全投入。鼓励银行对安全生产基础设施和技术改造项目给予贷款支持。健全完善企业安全生产费用提取和使用监督机制，适当扩大安全生产费用使用范围，提高安全生产费用提取下限标准。推动高危行业企业风险抵押金与安全生产责任保险制度相衔接。推进安全生产监管监察经济处罚收入管理制度以及煤矿重大隐患和违法行为举报奖励制度建设。落实煤层气开发利用税收优惠政策，适时调整和完善安全生产专用设备企业所得税优惠目录，支持引导矿山安全避险“六大系统”建设。建立健全涉及公众安全的特种设备第三者强制责任险制度。建立非煤矿山闭坑和尾矿库闭库安全保证金制度。规范和统一道路交通安全管理经费投入渠道，实行道路交通社会救助基金制度。实行农机定期免费检验制度，将农机安全检验、牌证发放等属于公共财政保障范围的工作经费纳入财政预算，鼓励有条件的地方对农机安全保险和渔业保险进行保费补贴。

(3)加强规划实施评估

国务院有关部门要加强对规划实施情况的动态监测，定期形成规划实施进展情况分析报告。在规划实施中期阶段开展全面评估，经中期评估确定需要对规划进行调整时，由规划编制部门提出调整方案，报规划发布部门批准。规划编制部门要对规划最终实施总体情况进行评估并向社会公布。

(4)加强相关规划衔接

国务院有关部门要按照本规划的要求，组织编制安全生产专项规划，分解细化和扩充完善规划任务。规划实施的责任主体要对本规划确定的重点工程编制工程专项规划，提出建设目标、建设内容、进度安排，以及国家、地方和企业分别承担的资金筹措方案。加强国家、地区经济和社会发展年度计划及部门年度工作计划与本规划的衔接。各地区要做好区域安全生产规划与国家安全生产规划目标指标和重点工程的衔接，并针对本地区安全生产实际，确定规划主要任务和保障措施。

1.6.2 山东省“十二五”安全生产规划

为贯彻落实党中央、国务院和省委、省政府关于加强安全生产工作的决策部署，根据《国务院办公厅关于印发安全生产“十二五”规划的通知》(国办发〔2011〕47 号)和《山东省国民经济和社会发展第十二个五年规划纲要》精神，山东省政府 2012 年 1 月 19 日制定并颁布《山东省“十二五”安全生产规划》(鲁政办发〔2012〕6 号)以下简称《规划》，已经省政府同意。各地、各部门要把安全生产目标、任务、措施和重点工程等纳入本地区、本行业和领域“十二五”发展规划，抓紧制定具体实施方案，做到责任到位、措施到位、投资到位、监管到位。负有安全生产监管监察职责的各有关部门要按照职责分工，加强对《规划》实施工作的组织指导和协调。要加强对《规划》实施工作的管理、评估和考核，强化督促检查，确保“十二五”安全生产规划目标实现，2012 年 1 月 20 日印发给你们，请认真贯彻执行。

1. 发展现状和面临的形势

(1)“十一五”安全生产取得积极进展和明显成效

“十一五”期间，省委、省政府高度重视安全生产，坚持“安全第一、预防为主、综合治理”的方针，着力构建党委领导、政府监管、行业管理、企业负责、社会监督的安全生产工作格局，采取一系列重大举措加强安全生产工作。各地、各部门深入落实安全生产责任和措施，不断强化安全管理和监督，严厉打击非法违法生产经营和建设行为，积极开展重点行业领域安全专项整治，努力营造“关爱生命、关注安全”的社会氛围，大力加强安全生产法制体制机制、安全保障能力和安全监管监察队伍建设，深入开展安全生产执法、治理和宣传教育行动，全省安全生产工作取得积极进展，安全生产基层基础得到不断加强，安全生产法规标准体系日益完善，安全生产监管执法队伍和保障能力建设进一步加强，应急救援体系建设长足发展，政府主导的安全投入不断加大，企业本质安全水平明显提升，安全文化建设和安全生产宣传教育成果明显，全民安全素质明显提高。5 年来，全省年产 9 万吨以下小煤矿全部关闭，压减非煤矿山 3 000 个，非煤矿山企业数量由 8 233 家下降到 4 472 家，提请关闭不具备安全生产条件企业 400 余家，关闭尾矿库 77 座，道路和水上交通、渔业、消防、建筑、危险化学品、烟花爆竹、特种设备、航空和铁路等重点行业领域安全状况明显改善，全省安全生产形势持续稳定好转。与“十五”末的 2005 年相比，2010 年全省各类生产安全事故起数、死亡人数分别下降 56.8%和 40.4%，较大以上事故得到有效遏制，“十一五”规划的目标任务如期完成。

(2)“十二五”安全生产进入关键时期

“十二五”时期是我省实施经济文化强省战略的关键时期，也是深化改革开放、加快转变经济发展方式的攻坚时期。全省安全生产工作既要妥善解决长期积累的深层次、结构性和区域性问题，又要积极应对新情况、新挑战。

一是安全生产形势依然严峻。我省事故总量仍然很大，2010 年全省共发生各类生产安全事故 19 427 起，死亡 4 702 人。较大以上事故时有发生，2010 年全省共发生一次死亡 3 人以上事故 50 起。非法违法生产经营建设行为仍然屡禁不止。职业危害严重，尘肺病、职业中毒等职业病发病率居高不下。

二是安全生产基础依然薄弱。生产经营企业，特别是民营和中小企业的安全生产设备装备水平和安全生产管理水平发展还不平衡。企业从业人员整体安全素质不高，专业安全管理和技术人才缺乏、安全投入不足、安全科技发展滞后等问题依然突出。非煤矿山、建筑、危险化学品和烟花爆竹等危险性较大的行业领域产业布局和结构不合理，劳动力密集和安全保障水平低的小矿小厂大量存在。

三是安全生产监管及应急救援保障能力亟待提升。基层安全监管执法力量依然薄弱，监管执法机构基础设施建设滞后，安全监管技术支撑能力建设不能满足安全生产发展需要。监管执法人员专业水平有待提升。行政管制、人盯死守的传统监管方式和手段影响安全监管效能的提高。安全生产应急救援体制和机制尚不够健全，应急救援基地、专业救援设备设施、救援物资保障等基础条件还不完备，应对复杂突发事故灾害的救援处置能力不足。

四是保障广大人民群众安全健康权益面临新的考验。随着经济发展和社会文明进步，社会各界对安全生产的关注度不断增加，广大人民群众对自身安全健康权益的保护意识不断增强，对安全监管效能、事故灾害防治处置能力、改善作业环境等方面的要求越来越高，安全生产工作面临新的考验。

2. 指导思想和规划目标

(1)指导思想

以邓小平理论和“三个代表”重要思想为指导，深入贯彻落实科学发展观，牢固树立以人为本、安全发展理念，坚持“安全第一、预防为主、综合治理”方针，把减少伤亡事故和职业危害作为保障民生的出发点和落脚点，加强安全生产基层基础建设，提升事故预防和救援能力，加强安全生产综合监管长效机制建设，强化政府和企业责任落实，深化依法监管，加快安全科技进步，提升企业本质安全水平，改善作业场所环境条件，促进安全生产状况根本好转。

(2)规划目标

到2015年，事故风险防控水平和公众安全素质进一步提升，重点行业领域安全生产状况全面改善，安全生产监管执法能力、技术支撑能力和事故应急救援能力显著增强，事故总量进一步下降，重特大事故得到有效遏制，职业危害得到有效治理，亿元地区生产总值生产安全事故死亡率比2010年下降36%以上，工矿商贸10万就业人员生产安全事故死亡率比2010年下降26.5%以上，煤矿百万吨死亡率控制在0.3以下，道路交通万车死亡率比2010年下降32.5%以上，各类事故死亡人数比2010年下降10.5%以上，较大以上事故起数比2010年下降15%以上。

3. 主要任务

(1)加强安全生产法制体系建设

1)完善安全生产法规标准体系。加强与国家制定和修订法律法规的衔接，制订《山东省生产安全事故报告和调查处理办法》等安全生产法规。完善安全生产地方标准体系，到2015年建立起与国家标准、行业标准互补，涵盖安全生产重点行业领域，满足我省安全生产需要，具有山东特色的地方标准体系。推动企业制定落实危险性作业专项安全技术规程和岗位安全操作规程。

2)提高安全生产监管执法效力。完善安全生产执法计划机制。建立部门执法信息沟通制度，完善安全生产联合执法机制。建立执法与指导、现场执法与网络监控、全面检查与重点监管相结合的安全监管机制。推进安全监管执法政务公开，及时发布安全生产政策法规和标准、项目审批、监管执法、安全检查、案件处理等政务信息。建立执法效果跟踪反馈评估制度，实施执法标准化建设，提升安全监管执法水平。健全安全生产行政执法责任制度，落实"分级负责、属地监管"的安全生产综合监管职责，建立完善"覆盖全面、监管到位、监督有力"的政府监管和社会监督体系。

(2)加强安全生产基础建设

1)全面推进企业安全生产标准化达标创建工作。规范企业生产经营行为，全面开展岗位达标、专业达标和企业达标活动。到2011年，煤矿企业全部达到安全标准化三级以上；到2013年，非煤矿山、危险化学品、烟花爆竹以及冶金、有色、建材、机械、轻工、纺织、烟草和商贸8个工贸行业规模以上企业全部达到安全标准化三级以上；到2015年，交通运输、建筑施工等行业领域及冶金等8个工贸行业规模以下企业全部实现安全标准化达标。

2)加强重大危险源监控和安全隐患排查治理长效机制建设。健全完善重大危险源辨识、登记、评估、报告备案、监控整改、应急救援、警示公告等监督管理机制和重大安全隐患逐级挂牌督办、公告、整改评估机制，建立以专业技术机构和专业人员为主导的安全隐患整改效果评价制度，进一步完善政府督导、专业力量排查、企业整改、社会监督的安全隐患排查治理长效机制。

3)加强企业从业人员安全教育培训

督导企业落实安全教育培训责任。强化厂矿、车间、班组三级教育培训，突出安全操作规程、技术以及应对突发事件能力的培训，所有职工必须经过培训合格后上岗。加强企业安全培训规范化建设，推动企业安全培训全员建档和企业安全培训师资培养。鼓励企业自主办学和校企合作办学，通过对口单招、订单式培养等方式，大力培训安全专业技术人才。完善安全培训机构培训质量控制体系，开展安全培训机构标准化达标创建活动，实施安全生产培训质量控制标准化规范，加强特种作业人员培训机构实际操作设施设备的配备和特种作业人员实际操作技能培训。积极推进法定安全培训考核标准化和信息化建设，强化企业主要负责人、安全生产管理人员、特种作业人员考核，实施“一人一档”联网管理，建设全省安全培训计算机联网考试信息平台，建立安全培训质量考核与效果评价机制。加快安全培训和考核大纲、培训教材和考核题库建设，健全完善安全培训考核体系。

4)促进安全生产产业加快发展。加强政府引导，将安全生产装备和劳动防护用品产业纳入我省振兴装备制造业的政策扶持范畴，完善落实各项财税优惠政策，重点支持安全生产检测监控、安全避险、安全防护、特种安全设施、应急救援以及安全生产模拟仿真设施设备的科研开发。鼓励安全生产产业规模化、集约化经营，支持具有传统产业优势、产业集中度高、科研基础扎实、区域优势的地区发展成为劳动防护用品和安全装备产业基地。培育一批具有较强科研开发能力，市场竞争力强，拥有自主知识产权和知名品牌的安全生产装备和劳动防护用品生产企业。制定和完善生产标准和企业装备标准，加强安全装备配备使用的教育培训，推进安全生产装备培训基地建设。

(3)加强重点行业领域综合治理

1)道路交通。积极推进公路营运客车、危险物品运输车、半挂牵引车卫星定位系统、行驶记录仪的安装应用，加快省市运输企业卫星定位系统监管平台建设。加强道路交通基础设施建设，完善交通安全配套设施，统一规范道路隔离设施设置标准，已经建成的一级及其他双向四车道以上公路事故易发路段、双向六车道以上城市道路，要在3年内全面设置中间物理隔离设施。新建改建一级公路，中央隔离设施同步建设。提高道路交通管理信息化建设水平，2012年年底前，实现设区市城市道路交通智能化管理。加强对公路网主要节点、省际和市际交界处、事故多发路段以及主要公路全程监控网络建设。探索建立以科技装备、信息通讯为支撑的现代高速公路管理模式，推进高速公路超速抓拍、卡口拦截等系统的建设。严格落实道路运输经营者安全生产主体责任，加强重点车辆及驾驶人的源头管理，严格车辆综合性能检测，加大淘汰老旧车辆力度。进一步完善道路交通应急救援联动机制。

2)煤矿。提高矿井装备水平，积极推广应用综采、高效综掘设备。推进数字矿山建设，加快形成生产过程自动化、管理信息流程化，建设完善煤矿安全监测监控、无线通讯、人员定位和考勤、安全语音广播、泵房远程监控集控、矿井压风自救、供水施救和通信联络等系统。加快紧急避险系统建设，2012年年底完成煤矿垂深超800米立井应急电源安设工作。2012年6月底前，全省煤与瓦斯突出矿井，中央企业和省属煤矿中高瓦斯、开采容易自燃煤层矿井，完成井下紧急避险系统建设完善工作。2012年年底前，全省存在高瓦斯区和瓦斯涌出异常区低瓦斯矿井，煤尘具有强爆炸性矿井，水文地质类型复杂或受水害威胁严重矿井以及市县属煤矿中高瓦斯、开采容易自燃煤层矿井，完成井下紧急避险系统建设完善工作。2013年6月底前，其他所有煤矿要完成井下紧急避险系统建设完善工作。严格实行从业人员准入资格制度，完善以总工程师为核心的技术管理体系，各类煤矿工程技术人员占企业生产定员总数不少于5%。

3)非煤矿山。重点推进地下矿山监测监控、人员定位和应急通讯三大系统建设，扩大安全避险硐室、压风自救和供水施救三大系统建设的矿山数量。实施尾矿库、大型采空区、露天采场边坡及排土场、水害、通风、高含硫油气井等安全隐患治理，进行危害性分级、安全稳定性评价和监控治理。强制淘汰落后工艺、技术及装备，大力推广安全先进适用的工艺技术及装备。严格从业人员准入资格，提高企业主要负责人、安全管理人员准入条件。推进地下矿山通风、机电、地质等专业技术人员的配备。

4)危险化学品。在中小型化工企业实施化工企业基本安全管理制度规范，在大型化工企业推广应用风险管理、危险与可操作性分析等先进的安全管理技术。加大安全技术改造，督促企业采用先进实用、压力等级低、反应条件温和、安全性高、运行周期长的工艺、技术和装备，淘汰落后工艺、技术和装备。实施化工园区区域性安全评价制度，严格安全准入、一体化管理、安全容量控制，实现化工园区安全合理布局。引导企业向化工园区或化工集中区域搬迁，2012年，基本实现周边安全距离不足的危险化学品生产企业入园；2015年，液氯、液氨、液化石油气、剧毒化学品等企业全部进入化工园区。加强对危险化学品使用和经营的监管，制定危险化学品经营集中交易市场安全生产监督管理规定和技术规程，推进集仓储、配送、物流、交易和商品展示为一体的危险化学品交易市场建设。

5)烟花爆竹。对烟花爆竹生产经营企业安全生产基础条件和安全防护设施进行提升，推进机械化生产。到2015年，90%以上生产企业的混药、造粒、装药、插引、结编等工序实现机械化、半机械化生产，混药、造粒、装药等直接涉药工序实现人药、人机隔离。加强烟花爆竹产品和主要原材料流向登记管理。加强政府领导下的部门协调配合，落实县乡政府和村民委员会责任，继续实行举报奖励制度，严厉打击非法生产经营行为。

6)消防。完善消防法规和政策体系，健全基层消防工作组织体系。加快社会消防安全“防火墙”工程和城乡火灾防控基础建设，加强人员密集场所、高层建筑和地下工程消防安全监管，全面实施社会单位消防安全“四个能力”建设达标创建。2011年，人员密集场所基本达标；2012年，所有消防安全重点单位全部达标。加快城乡公共消防基础设施和消防装备建设，推进政府专职消防队伍建设。加强消防应急救援力量体系建设，形成覆盖全省17市的消防特勤力量网络。加强灭火、侦检、搜寻、救生等专业器材配备。建立省级应急救援训练基地，构建全民消防安全教育培训体系，积极开展消防学历教育和职业教育，强化各系统、各行业的消防安全培训，推进消防职业技能鉴定工作。对社会单位消防安全管理体系进行评估，建立对投保方、借贷方火灾风险评估机制。

7)水上交通。建设完成VTS(船舶交通管理系统)、AIS(船舶自动识别系统)、CCTV(闭路监视系统)和卫星遥感监视等多种手段相结合的布局完善的沿海现代化水域监控系统，实现港口、航道和重要水道全面覆盖。基本建成大中小型巡逻船艇、飞机和执法车辆齐全，结构合理，功能全面的立体化巡航及快速反应力量，实现辖区水域巡航能力全覆盖。

8)铁路运输。加强安全基础建设，优化站段管理结构和车间、班组设置，全面提升主要行车工种队伍素质。深化长效机制建设，突出专业管理，完善规章制度，强化现场控制，实现安全管理常态化、规范化。进一步建立健全安全生产责任制，建立与地方政府及安监、公安等部门的联运机制。全面提升主要行车设备质量，加强固定、移动设备养护维修，完善检修工艺质量标准。建立完善高速铁路安全标准体系和高速铁路安全监控手段，提升高速铁路防灾系统及应急处置能力。加强工程建设项目管理，确保工程质量。开展防洪、营业线施工、道口及路外、货运和火灾等安全专项整治，确保铁路运输安全。

9)民航运输。实施国家航空安全纲要和安全管理体系。加快导航、航行新技术应用。开展安全绩效管理工作。建立完善空勤人员和空中交通管制员体检鉴定体系和健康风险管理体系。加强飞行、机务、空管、签派、机场、危险品运输等专业技术人员专业技能和规章标准的教育培训。细化航空器应急救援工作程序,开展应急演练,配合做好跨省民航应急处置相关工作。

10)渔业船舶。建立政府领导定期登船检查制度。建设平安渔业示范县、渔业安全双基和应急救援示范点。健全省、市、县、乡、村五级渔业船舶安全管理体系,渔业船舶数量20艘以上的乡和5艘以上的村,可配备专兼职渔业安全管理员。强化渔船编队生产,提高自救互救能力。完善以CDMA(码分多址无线电通信系统)、AIS(船舶自动识别系统)和卫星网络为主体的渔业船舶安全监控系统建设。二级以上渔港安装视频监控系统,一级以上渔港配备消防船。推进渔业船舶标准化建设。实施木制渔业船舶玻璃钢化、大型渔业船舶冷冻化改造。构建渔业船舶政策性保险体系,增强渔民互助保障和抵御风险的能力。

11)特种设备。开展危险化学品压力容器专项整治,重点对承装易燃、易爆、有毒等介质的压力容器开展隐患排查;加大气瓶充装、电梯维保、起重机械的专项整治力度。做好汛期等重要时期特种设备安全管理。在全省工业气瓶充装、电梯维保、CNG(压缩天然气)加气站等领域加快推广射频识别技术运用。

12)工贸行业。深入开展冶金、机械、轻工、建材、有色、纺织、烟草和商贸等工商贸行业事故隐患排查专项整治,重点对煤气系统、高温液态金属、交叉作用、受限空间作业等进行隐患排查治理。推广使用安全联锁技术,重点在煤气危险区域安装固定探头,实现及时监控监测,提高自动报警能力。在建材、陶瓷、玻璃、机械、冶金、轻工等行业淘汰工艺落后、安全技术水平低的煤气发生炉。严格查处和纠正违章指挥、违章作业、违反劳动纪律现象,坚决禁止超能力、超强度、超定员生产行为。

13)农业机械。完善农机安全生产有关规章制度,加强法律法规的宣传贯彻和农机安全生产知识的教育培训,进一步排除农机行业安全隐患,提高农机挂牌率、持证率、年检率。保障农业机械安全投入。强化农机安全监理检测,加快拖拉机检测线及考试系统、事故应急处理装备建设,推进拖拉机照明灯、转向灯、刹车灯、反光贴的推广应用,加强拖拉机、联合收割机、卷帘机等农业设施装备安全监管,大力推广先进适用、安全可靠、节能环保的农业机械,逐步建立农机报废更新制度,淘汰残旧和安全隐患严重的机械。加强农机手安全培训和农机质量跟踪调查,继续开展共建扶持"平安农机"示范县和农机安全"十县百乡千村万户"示范创建活动。

14)继续广泛开展文明工地创建活动,推进安全质量标准化。强化安全生产教育培训考核,加强施工单位主要负责人、项目负责人、专职安全生产管理人员和建筑施工特种作业人员考核。强化安全生产监督检查,深入开展安全专项整治,严厉打击非法违法建设行为,严格项目分包管理。加大建筑施工安全技术工艺、施工设施设备、材料的科技研发投入,大力推广应用建筑外墙防火阻燃保温材料。开展安全防护用具综合整治,严厉打击假冒伪劣防护用品。理顺建筑施工安全监管体系,加强建筑施工安全监管队伍建设和考核。进一步加强全省建筑安全生产信息网络管理平台等安全生产保障体系建设。

15)民用爆炸物品。逐步优化民用爆破产业结构,鼓励民用爆破企业做大做强。改善产品结构，发展安全清洁、节能低耗、性能优良的民用爆破新产品，改造传统生产方式和管理模式。利用现代信息技术，建立民用爆破行业生产经营动态信息平台，实现民用爆破物品从生产企业下线直到销售企业出库的全程动态流向监控，全面完成生产线视频监控系统建设。

16)职业健康。建立作业场所职业危害普查与申报系统，加强职业危害因素监测，建立完善职业健康特殊工种准入、职业危害严重领域职业健康许可、职业健康培训、企业职业健康管理员等制度。建立重点行业领域职业健康检测基础数据库，对粉尘、高毒物质危害严重的行业实施专项治理。到2015年，新建、扩建、改建建设项目和技术改造、技术引进项目职业卫生“三同时”(同时设计、同时施工、同时投产和使用)审查率达到70%以上，用人单位职业危害申报率达到85%以上，工作场所职业危害因素监测率达到75%以上，粉尘、高毒物品等主要危害因素监测合格率达到80%以上，工作场所职业危害告知率和警示标识设置率达到90%以上，重大急性职业危害事件得到基本控制，接触职业危害作业人员职业健康体检率达到65%以上。强化职业健康监督检查，加强职业危害防护用品监督管理和劳动者职业健康监护监管。严厉打击危害职业健康的违法违规行为。督促企业优先采用有利于职业健康的新技术、新工艺和新材料，改善作业场所环境。

(4)完善安全科技支撑体系

1)完善安全科技管理体系。强化安全生产监督管理部门在组织、指导安全科技进步工作中的作用。健全安全科技政策和投入机制。整合安全科技优势资源，建立完善以企业为主体、以市场为导向、政产学研用相结合的安全技术创新体系，提升安全生产事故防范能力。完善安全生产科技成果评估、鉴定、筛选和推广机制。建立企业为主体、产学研结合的技术创新体系。

2)加强安全生产科学研究。大力推进安全生产中长期科技发展规划的实施，积极开展重大事故风险防控和应急救援科技攻关，实施安全生产科技示范工程。加强安全科技基础建设，建立完善研发、检测检验与物证分析、技术推广与服务、法规标准、信息共享、智力支持等安全科技基础平台。加强安全科技成果推广应用，建立先进适用安全工艺技术和装备发布制度，推进科技成果推广应用示范工程建设。

3)推动安全生产专业技术中介服务机构规范发展。加强安全生产专业技术中介服务机构规范化、标准化建设，不断完善安全评价、安全生产检测检验、职业健康技术服务和安全培训等监管体系，引导帮助安全生产专业技术中介服务机构提高服务质量，规范和整顿技术服务市场秩序，建立专业中介服务机构诚信体系。培育建立注册安全工程师事务所，推进中小企业安全生产技术援助与服务体系建设。

4)加强安全生产专家队伍建设。建立完善全省安全生产专家库，加强安全生产专家统一管理，搭建全省专家资源调度平台，建立安全生产专家工作委员会，进一步完善安全生产专家聘用、培训、考核机制。

5)加快安全生产信息化建设。推进国家“金安”工程在我省应用。加强数字化矿山、化工企业危险工艺自动化控制以及重点行业领域信息化检测监控系统建设。加快各主要行业安全生产监管监控信息系统和面向社会公众的政务信息公开、行政审批等信息服务系统建设。加强各安全生产监管信息系统之间的信息共享。

(5)提高安全监管监察保障能力

1)健全安全生产监管监察体制。进一步理顺综合监管和专业监管的关系,落实各级安全监管部门的综合监管责任和各有关部门的专业监管责任。加强基层安全监管、应急救援以及职业卫生监管体系建设。推进经济开发区、工业园区等建立完善安全监管体系。进一步理顺监管执法职责。

2)强化监管监察人员素质建设。建立完善安全监管监察人员选拔、培养、执法资格、考核等制度。以岗位职责为基础,分级分类建立安全监管执法人员岗位能力评价体系。全面加强安全监管执法人员业务技能培训,通过岗位培训、集中脱产培训、委托院校培训、实训等方式,提升监管执法人员履职能力。到2015年,各级安全生产监管执法人员执法资格培训及持证上岗率达到100%,业务培训覆盖率达到100%。

3)改善安全监管执法工作条件。推进安全监管部门工作条件标准化建设。到2015年,省、市、县三级安全监管部门工作条件建设全部达到标准配置要求,省级各类技术支撑机构工作条件达到基本配置标准。

(6)加强应急救援体系建设

1)健全完善应急管理体制机制。健全省、市、县及企业安全生产应急管理体系。加强安全生产应急管理法制和工作机制建设,完善应急管理制度和生产安全事故应急救援协调联动工作机制,建立健全自然灾害预报预警联合处置机制。建立各地区安全生产应急预警机制,及时发布地区安全生产预警信息。

2)加快应急救援队伍建设。加快以省安全生产应急救援队伍和市、县(市、区)骨干救援队伍为主要力量的安全生产应急救援力量建设。到2015年,形成布局合理,救援范围覆盖全省,功能完善,由专业队伍、辅助队伍、志愿者队伍构成的省、市、县、企业四级安全生产应急救援队伍。建立救援队伍社会性服务补偿机制,没有建立专业救援队伍的高危行业企业要与有资质的专业救援队伍签订协议,鼓励和引导各类社会力量参与应急救援。加强救援队伍管理和保障工作机制建设,提高区域间骨干救援队伍的组织、协调和跨区域联合作战能力。

3)加强应急管理和救援能力建设。建立省、市、县三级安全生产预案报备制度,加强预案编制、评估和演练。建立完善企业安全生产动态监管及预警预报体系。完善全省安全生产应急平台信息共享和指挥调度功能。加强应急救援科研能力、检测检验能力和人才培养能力建设。加快应急救援关键装备的配备,建立应急物资储备和紧急配送体系。

(7)加强安全文化建设

1)加强安全生产基础教育。将安全防范知识纳入国民教育范畴,建立完善学校专业教育、职业教育、企业教育和社会化教育相结合的安全知识教育培训体系。在学龄前和九年制义务教育阶段普及安全知识教育,将职业健康与生产安全教育作为职业技术教育培训的重要内容,加强逃生自救技能训练,提高全民安全素质。

2)创建安全发展社会环境。发挥媒体的宣传和监督作用,加强安全生产宣传和舆论监督,广泛营造全社会"关爱生命、关注安全"的氛围。开展安全诚信企业创建活动,积极推进企业安全文化和安全社区建设,到2015年争取国家级安全文化企业达到20家,省级安全文化企业保持在100家左右,国家级安全社区达到200个,省示范社区达到300家。

推进"平安畅通县区"、"平安渔业示范县"、"平安农机示范县"、"平安乡镇"、"平安校园"、"安全班组"等建设。

4. 重点工程

(1)监管监察能力建设工程。完善省、市、县三级安全监管部门基础设施,补充配备现场监管执法装备。推进安全生产科学研究、生产安全事故分析、职业安全检测、危险化学品登记管理、安全标准化评估认证、建设项目安全设施"三同时"(同时设计、同时施工、同时投产和使用)安全评估、安全教育培训考核等技术和专业支撑体系建设。

(2)应急救援能力保障工程。依托省安委会有关单位,市、县(市、区)和生产经营单位预测预警信息等资源,建立各类生产安全事故预警信息综合发布系统。依托应急指挥平台,建立安全生产应急救援指挥调度系统。加强全省安全生产应急救援基础设施设备建设,建立省级安全生产应急救援基地和安全生产应急物资储备库。

(3)安全监管信息化工程。推进物联网技术在安全监管领域的应用,以地理信息系统、卫星定位系统、射频识别等技术为基础,建设危险化学品生产、储存、运输智能监控一体化系统和烟花爆竹流向管理系统。实施交通港口运输安全监管系统、道路交通事故预警系统、海事部门专用监管信息系统、建筑施工作业场所远程实时监管系统、特种设备安全动态监管系统等项目建设。

(4)非煤矿山专项治理工程。加强非煤矿山重大事故隐患排查治理,重点实施地下矿山大型采空区事故隐患治理工程、水害隐患治理工程、通风隐患治理工程、露天采场边坡及排土场事故隐患治理工程、尾矿库事故隐患排查治理工程、高含硫油气井安全隐患治理工程。三等及以上尾矿库全部实现在线监测,在露天矿山推广应用高陡边坡稳定性监测监控系统。实施地下矿山避险系统建设工程,建设完善监测监控系统、人员定位系统、紧急避险系统、压风自救系统、供水施救系统、通信联络系统。

(5)危险化学品专项治理工程。实施化工生产装置及储存设施自动化改造工程,到2015年,涉及危险化工工艺的生产装置设施全部建立有效、可靠的自动控制系统或安全仪表系统。实施危险化学品输送管道排查治理工程,对危险化学品输送管道,特别是穿越公共区域危险化学品输送管道开展排查摸底,完善管道标志和警示标识,建立长期档案,明确管理责任,加强巡线监管。实施大型储罐区安全体系建设工程,健全安全运行和管理制度,完善罐区消防、电气、防雷、防静电设施和火灾自动报警、电视监控系统,建立高效应急响应和快速灭火系统,在涉及多家企业(单位)的危险化学品大型储罐区建立起统一的安全生产管理和应急保障系统。

(6)工商贸企业安全保障工程。在水泥行业建设纯低温余热发电安全监控系统,在炉窑(玻璃熔窑和陶瓷企业煤气发生炉)建设安全监控系统,在冶金企业煤气危险区域安装固定式一氧化碳监测报警装置,煤气管道使用防漏气装置,推动桥式起重机准确定位装置、起重机吊钩上下限位安全保护装置和压力机滑块防坠落装置在相关企业的安装应用。

5. 保障措施

(1)深化安全生产责任落实。进一步强化企业安全生产主体责任和企业法人代表、主要负责人的责任。督导企业严格落实企业领导干部现场带班制度,强化生产现场安全管理,完善企业安全管理机构,加强基层班组安全建设、安全技术更新改造和安全隐患治理,加大对事故企业负责人的责任追究和处罚力度，严厉打击非法违法生产行为。完善“党委领导、政府监管、行业管理、企业负责、社会监督”的安全生产工作格局，形成齐抓共管的工作机制。严格落实行政一把手负总责、班子成员“一岗双责”的安全生产领导责任制，层层签订安全生产目标责任书，进一步明确安全生产目标、责任和要求。充分发挥各级安委会综合协调作用，全面落实行业主管部门的安全生产监管责任和各级政府安全责任，加大安全生产工作的考核奖惩力度。

(2)完善安全生产政策保障。完善有利于安全生产的产业、财政、税收、信贷政策。把安全生产纳入民生工程，把安全生产监管监察能力建设纳入各级政府公共财政支出的优先保障领域，增强各级财政的引导性投入。鼓励和引导企业研发、采用先进适用的安全技术和产品，鼓励安全生产适用技术和新装备、新工艺、新标准的推广应用。加强道路交通事故社会救助基金制度建设，加快建立完善水上搜救奖励与补偿机制。加大安全科技投入，支持安全生产基础性、公益性和关键技术的科研开发。健全完善企业安全生产费用提取和使用监督机制，提高安全生产费用提取下限标准，规范使用范围。在高危行业领域企业推行全员安全风险抵押金制度和安全生产责任保险制度，积极稳妥推进高危行业企业安全风险抵押金与安全生产责任保险的衔接。鼓励高等院校、职业学校逐年扩大采矿、机电、地质、通风、安全等相关专业人才的招生培养规模，加快培养高危行业专业人才和生产一线急需技能型人才。发挥产业政策导向和市场机制作用，加大对高危行业企业重组力度。支持有效消除重大安全隐患的技术改造和搬迁项目，限制安全水平低、保障能力差的项目建设。

(3)加强社会舆论监督。调动和发挥工会、共青团、妇联等组织的监督作用，依法保障企业职工对安全生产的知情权、参与权与监督权，维护职工安全健康合法权益。健全安全生产信息公开和发布制度，发挥新闻媒体安全生产宣传监督作用，加强安全生产重点工作的宣传报道，对安全生产违法行为予以曝光。完善社会监督机制，拓宽和畅通安全生产社会监督渠道，广泛接受社会监督。完善群众举报受理及奖励制度，加大对举报事项的查处力度。

(4)加强规划实施、评估和考核。各级政府要将规划实施与经济社会发展各项工作同步部署、同步推进，统筹安全生产与经济和社会的协调发展，将安全生产目标纳入经济社会发展综合评价和绩效考核体系。要对规划确定的目标、任务以及重点工程进行细化分解，明确责任主体。要建立完善规划实施情况监测评估制度，加强跟踪分析，及时编制规划实施进展情况分析评估报告。

第2章　安全生产法律体系

2.1　工程建设法律基础

2.1.1　工程建设法的概念和调整范围

工程建设法是法律体系的重要组成部分，它直接体现国家组织、管理、协调城市建设、乡村建设、工程建设、建筑业、房地产业、市政公用事业等各项建设活动的方针、政策和基本原则。

工程建设法是调整国家管理机关、企业、事业单位、经济组织、社会团体，以及公民在工程建设活动中所发生的社会关系的法律、规范的总称。工程建设法的调整范围主要体现在三个方面：一是工程建设活动中的行政管理关系，即国家及其授权的建设行政主管部门对工程建设单位、勘察设计单位、施工单位及其有关单位的组织、监督、协调等职能活动，一方面是指导、协调与服务；同时负责检查、监督、控制与调节。这种关系的处理必须依据有关的建设法规，必须纳入调整的范围；二是工程建设活动中的协作经济关系，即从事工程建设活动的平等主体之间平等自愿、等价有偿发生的往来、协作关系，如发包人与承包人通过协商达成一致签订的工程建设合同等，必须纳入建设行政主管部门制定有关招标、投标法规调整的范围；三是从事工程建设活动的主体内部民事关系，即从事建设活动中产生的国家、单位法人、公民之间的民事权利、义务关系。主要包括建设活动中发生的有关自然人的损害、侵权、赔偿关系，如建设领域从业人员订立劳动合同、规范劳动纪律等；房产交易中买卖、租赁、产权关系；土地征用、房屋拆迁导致的的拆迁安置关系等。建设活动主体内部民事关系既涉及国家社会利益，又关系着个人的权益和自由，必须按照民法和建设法规中的民事法律规范予以调整。

2.1.2　工程建设法的法律地位和基本原则

1. 工程建设法的法律地位

社会主义国家的法，是作为一个整体而存在的，构成这个整体的是各个不同的法的部门，各个法的部门又分成更小的分支，各个法的部门和分支由不同层次的法律、法规所组成。这些法的部门和分支部门与不同层次的法律、法规，组成一个以宪法为统帅，以部门法为主体，相互区别和联系，内容和谐一致，完整统一的法律规范的有机整体，这就是我国的社会主义法律体系。建设法规的法律地位体现在：

(1)建设法规的法律性质

建设法规属于综合性法律部门,其主要部分为行政法。建设法规调整的最基本最主要的对象是建设行政管理关系,其特征完全符合行政法律关系的特征;其内容是建设行政管理的内容;其调整方式是行政监督、检查、行政命令、行政处罚等行政手段。因此,建设法规就其主要的法律规范的性质来说,属于行政法的范围,是行政法部门的分支部门,具体可称作建设行政法律部门。

当然,把建设法规作为行政法部门的分支,称作建设行政法律部门只具有相对的意义,与其他部门法,如经济法、民法并不是截然分开的。建设法规也调整部分经济关系和民事关系,部分建设法规也具有经济法或民事法律规范的性质。因为,一则它们不占有主要地位;二则这两种法律关系调整的方式也包括行政手段,所以,从整体上讲,建设法规属于行政法范围。

(2)建设法规与其他法律部门的关系

要确定建设法规在社会主义法律体系中的位置,还必须弄清建设法规与其他法律部门的关系,弄清它们之间的联系与区别。

与宪法的关系。宪法是国家的根本大法,它的调整对象是我国最基本的社会关系,并且宪法还规定其他部门法的基本指导原则,从而为其他部门法提供法律基础。宪法所确认的法律规范属于对全局性、根本性问题作出的一般规范,对所有具体法律规范起统帅作用。但宪法的原则性规定,必须通过具体法律规范使之具体化,才能付诸实施。建设法规属于具体法律规范,它既以宪法的有关规定为依据,又将国家对建设活动的组织管理方面的原则规定具体化,是宪法的实施法的组成部分。

与刑法的关系。刑法规定什么是犯罪,对罪犯适用什么刑罚。刑法调整和保护的社会关系非常广泛,几乎涉及社会关系的各个方面。凡行为人出于故意或过失,损害国家和社会利益,造成严重后果构成犯罪的,都需由刑法来调整。刑法也是其他各部门法律规范得以实现的保障。它规定的制裁是所有法中最严厉的。建设行政法规所调整的社会关系也包括在刑法调整范围之内,所区别的是调整手段不同。刑法用刑罚来调整,建设法规用行政和经济手段来调整。但建设行政法规以刑法为自己的坚强后盾,在许多建设法规文件中都规定违反建设法规情节和后果严重构成犯罪的,由司法机关依据刑法追究刑事责任。在刑法中也有部分条款,直接规定对关于建设活动或建设行政管理活动中违法犯罪的处罚。

与行政法关系。建设法规主要属于行政法,是行政法分支部门。另外,行政法中还有许多分支部门,如土地管理法、环境保护法、劳动法、工商行政管理法等。建设法规与它们按照行政管理部门的职责划分,处于同等的行政部门法的平等地位。

与经济法和民法关系。建设法规有部分法律规范具有经济法和民法性质,它们分别属于经济法和民法。

2.工程建设法基本原则

工程建设活动通常具有周期长、涉及面广、人员流动性大、技术要求高等特点,因此在建设活动的整个过程中,必须贯彻以下基本原则,才能保证建设活动的顺利进行:

(1)工程建设活动应确保工程建设质量与安全原则

工程建设质量与安全是整个工程建设活动的核心,是关系到人民生命、财产安全的重大问题。工程建设质量是指国家规定和合同约定的对工程建设的适用、安全、经济、美观等一系列指标的要求。工程建设活动确保工程建设质量就是确保工程建设符合有关适用、安全、经济、美观等各项指标的要求。工程建设的安全是指工程建设对人身的安全和财产的安全。确保工程建设的安全就是确保工程建设不能引起人身伤亡和财产损失。

(2)工程建设活动应当符合国家的工程建设安全标准原则

国家的建设安全标准是指国家标准和行业标准。国家标准是指由国务院行政主管部门制定的在全国范围内适用的统一的技术要求。行业标准是指由国务院有关行政主管部门制定并报国务院标准化行政主管部门备案的,没有国家标准而又需要在全国范围内适用的统一技术要求。工程建设安全标准是对工程建设的设计、施工方法和安全所作的统一要求。工程建设活动符合工程建设安全标准对保证技术进步,提高工程建设质量与安全,发挥社会效益与经济效益,维护国家利益和人民利益具有重要作用。

(3)从事工程建设活动应当遵守法律、法规原则

社会主义市场经济是法制经济,工程建设活动应当依法行事。法律是全国人大及其常委会审议通过并发布,在全国有效的规范性文件;行政法规是国务院制定与发布,在全国有效的规范性文件;地方法规是由地方人大及其常委会制定与发布,在本区域有效的规范性文件。作为工程建设活动的参与者,从事工程建设勘察、设计的单位、个人,从事工程建设监理的单位、个人,从事工程建设施工的单位、个人,从事建设活动监督和管理的单位、个人,以及建设单位等,都必须遵守法律、法规的强制性规定。

(4)不得损害社会公共利益和他人的合法权益原则

社会公共利益是全体社会成员的整体利益,保护社会公共利益是法律的基本出发点,从事工程建设活动不得损害社会公共利益也是维护建设市场秩序的保障。

(5)合法权利受法律保护原则

宪法和法律保护每一个市场主体的合法权益不受侵犯,任何单位和个人都不得妨碍和阻挠依法进行的建设活动,这也是维护建设市场秩序的必然要求。

2.1.3 工程建设法的特征及作用

1.工程建设法的特征

工程建设法作为调整工程建设管理和协作所发生的社会关系的法律规范,除具备一般法律基本特征外,还具有不同于其他法律的特征。

(1)行政隶属性

这是工程建设法的主要特征,也是区别于其他法律的主要特征。这一特征决定了工程建设法必然要采用直接体现行政命令的调整方法,即以行政指令为主的方法调整工程建设法律关系。调整方式包括:

1)授权。国家通过工程建设法律规范,授予国家工程建设管理机关某种管理权限,或具体的权利,对工程建设进行监督管理。如规定设计文件的审批权限、工程建设质量监督、工程建设合同的鉴证等。

2)命令。国家通过工程建设法律规范赋予工程建设法律关系主体某种作为的义务。

如限期拆迁房屋,进行企业资质认定,领取开工许可证等。

3)禁止。国家通过工程建设法律规范赋予工程建设法律关系主体某种不作为的义务,即禁止主体某种行为。如严禁利用工程建设承发包索贿受贿,严禁无证设计、无证施工,严禁工程建设转包、肢解发包、挂靠等行为。

4)许可。国家通过工程建设法律规范,允许特别的主体在法律允许范围内有某种作为的权利。如房屋建筑工程施工总承包企业资质等级,特级企业可承担各类房屋建筑工程的施工;一级企业可承担40层以下、各类跨度的房屋建筑工程的施工;二级企业可承担30层以下、单跨跨度36 m以下的房屋建筑工程的施工;三级企业可承担14层以下、单跨跨度24 m以下的房屋建筑工程的施工。

5)免除。国家通过工程建设法律规范,对主体依法应履行的义务在特定情况下予以免除。如用炉渣、粉煤灰等废渣作为主要原料生产建筑材料的可享有减、免税的优惠等。

6)确认。国家通过工程建设法律规范,授权工程建设管理机关依法对争议的法律事实和法律关系进行认定,并确定其是否存在,是否有效。如各级工程建设质量监督站检查受监工程的勘察、设计、施工单位和建筑构件厂的资质等级和营业范围,监督勘察、设计、施工单位和建筑构件厂是否严格执行技术标准,并检查其工程(产品)质量等。

7)计划。国家通过工程建设法律规范,对工程建设进行计划调节。计划可分为两种:一种是指令性计划,一种是指导性计划。指令性计划具有法律约束力,具有强制性。当事必须严格执行,违反指令性计划的行为,要承担法律责任。指令性计划本身就是行政管理。指导性计划一般不具有约束力,是可以变动的,但是在条件可能的情况下也是应该遵守的。工程建设必须执行国家的固定资产投资计划。

8)撤销。国家通过工程建设法律规范,授予工程建设行政管理机关,运用行政权力对某些权利能力或法律资格予以撤销或消灭。如没有落实工程建设投资计划的项目必须停建、缓建。对无证设计、无证施工、转包和挂靠予以坚决取缔等。

(2)经济性

工程建设法是经济法的重要组成部分。经济性是工程建设法的又一重要特征。工程建设活动直接为社会创造财富,为国家增加积累。工程建设法的经济性既包括财产性,也包括其与生产、分配、交换、消费的联系性。如工程建设勘察设计、施工安装等都直接为社会创造财富,随着工程建设的发展,其在国民经济中的地位日益突出。邓小平同志早在1980年4月曾明确指出:建筑业是可以为国家增加积累的一个重要产业部门。许多国家把建筑业看作是国民经济的强大支柱之一,不是没有道理的。可见,作为调整建筑等行业的工程建设法的经济性是非常明显的。

(3)政策性

工程建设法律规范体现着国家的工程建设政策。它一方面是实现国家工程建设政策的工具,另一方面也把国家工程建设政策规范化。国家工程建设形势总是处于不断发展变化之中,工程建设法要随着工程建设政策的变化而变化,灵活而机敏地适应变化了的工程建设形势的客观需要。如国家人力、财力、物力紧张时,基建投资就要压缩,通过法律规范加以限制。国力储备充足时,就可以适当增加基建投资,同时,以法律规范予以扶植、鼓励。可见工程建设法的政策性比较强,相对比较灵活。

(4)技术性

技术性是工程建设法律规范一个十分重要的特征。工程建设的发展与人类的生存、进步息息相关。工程建设产品的质量与人民的生命财产紧紧连在一起。为保证工程建设产品的质量和人民生命财产的安全,大量的工程建设法规是以技术规范形式出现的,直接、具体、严密、系统,便于广大工程技术人员及管理机构遵守和执行。如各种设计规范、施工规范、验收规范、产品质量监测规范等。有些非技术规范的工程建设法律规范中也带有技术性的规定。如城市规划法就含有计量、质量、规划技术、规划编制内容等技术性规范。

2.工程建设法的作用

工程建设业是与社会进步、国家强盛、民族兴衰紧密相连的一个行业。它所从事的生产活动,不仅为人类自身的生存发展提供一个最基本的物质环境,而且反映各个历史时期的社会面貌,反映各个地区、各个民族科学技术、社会经济和文化艺术的综合发展水平。工程建设产品是人类精神文明发展史的一个重要标志。工程建设管理是自然科学与社会科学交叉的一个独立学科,它由工程技术、经济、管理、法律四条腿支撑。工程建设法律、法规是工程建设管理的依据。

在国民经济中,工程建设业是一个重要的物质生产部门,工程建设法的作用就是保护、巩固和发展社会主义的经济基础,最大限度地满足人们日益增长的物质和文化生活的需要,保障工程建设业健康有序的发展。

国家要发展,人类要生存,国家建设必不可少。工程建设业要最大限度地满足各行各业最基本的环境,为人们创造良好的工作环境、生活环境、教学研究环境和生产环境。为此,工程建设法通过各种法律规范规定工程建设业的基本任务、基本原则、基本方针,加强工程建设业的管理,充分发挥其效能,为国民经济各部门提供必需的物质基础,为国家增加积累,为社会创造财富,推动社会主义各项事业的发展,促进社会主义现代化建设。

2.2　工程建设法律关系

2.2.1　法律关系的概念和国内外法律体系

1.法律关系的概念

法律关系是指由法律规范调整一定社会关系而形成的权利与义务关系。一定的法律关系是以一定的法律规范为前提的,是一定法律规范调整一定社会关系的结果。

2.国内外法律体系

国际上不同国家的法律制度可以分为两大体系,案例法系和成文法系。

(1)案例法系

该法系以英国和美国为主,又称英美法系,源于英国。其主要特点如下:

①法律规定不仅仅是体现在法律条文和细则上。要了解法律的规定和规律,不仅要看法律条文,而且要综合以往典型案例的裁决。

②对于民事关系行为，合同是第一性的，是最高法律。因此合同条文的逻辑关系和法律责任的描述和推理要十分严禁，合同附件多，合同约定非常具体。合同条款之间的互相关联和互相制约多。

③由于案例在纠纷的解决中具有特殊作用，国家有时会颁布或取消某些典型的值得仿效的案例。律师和法官对过去案例的熟悉很重要。

④在裁决纠纷时更注重合同的文字表达。正是由于该特点，国际上比较完备和成熟的工程合同文本几乎都出自英国和美国，国际工程中典型的案例通常也都出自案例法系的国家。

(2)成文法系

该法系源于法国，又称大陆法系。法国、德国、中国、印度等以成文法系为主。其主要特点如下：

①国家对合同的签订和执行有具体的法律、法规和细则的明文的规定，在不违反这些规定的基础上合同双方再约定合同条件。如果有抵触，则以国家法律法规为准。

②由于法律规定比较细致，因此，合同条款比较短小。如果合同中存在漏洞、不完备，则以国家法律和细则为准

③合同纠纷的裁决以合同文字、国家成文的法律和细则为依据，也注重实事求是，合同目的和合情合理原则。

3. 我国的法律体系

我国的法律体系一般分为法律、行政法规、行业规章、地方性法规和地方规章、国际公约以及最高人民法院司法解释等

(1)法律是指由全国人民代表大会及其常委会审议通过并以国家主席令的形式颁布的法律。如《宪法》、《刑法》、《建筑法》、《城乡规划法》、《招标投标法》、《合同法》、《安全生产法》、《环境保护法》、《质量法》、《节约能源法》、《标准化法》、《土地管理法》、《城市房产管理法》、《政府采购法》、《劳动合同法》、《公司法》、《价格法》、《档案法》、《行政许可法》、《企业所得税法》、《消防法》、《物权法》、《电力法》、《公路法》、《水土保持法》等

(2)行政法规是指国务院依法制定并以国务院总理签发的形式颁布的法规。如《建设工程质量管理条例》、《建设工程勘察设计管理条例》、《建设工程安全生产管理条例》、《安全生产许可证条例》、《生产安全事故报告和调查处理条例》、《公共机构节能条例》、《民用建筑节能条例》、《建设项目环境保护条例》、《特种设备安全监察条例》、《城市道路管理条例》、《城市供水条例》、《城市绿化条例》、《标准化法实施条例》、《城市房屋拆迁管理条例》、《劳动合同法实施条例》、《注册建筑师条例》等。

(3)部门规章是指国务院各有关部门依法制定并以部长令的形式颁布的规章。如《建筑企业资质管理规定》、《工程监理企业资质管理规定》、《建设工程勘察设计资质管理规定》、《建筑市场诚信行为信息管理办法》、《工程造价咨询单位资质管理办法》、《建设工程质量检测管理办法》、《工程建设项目招标代理机构资格认定办法》、《建设工程项目管理试行办法》、《房屋建筑和市政基础设施工程施工图设计文件审查管理办法》、《工程建设项目施工招标投标办法》、《房屋建筑和市政基础设施工程施工招标投标管理办法》、《实施工程建设强制性标准监督规定》、《城市建设档案管理规定》、《建筑起重机械安全监督管理规

定》、《建设工程施工现场管理规定》、《建筑安全生产监督管理规定》、《建筑施工企业安全生产许可证管理规定》、《建设行政处罚程序暂行规定》、《房屋建筑和市政基础设施工程竣工验收备案管理暂行办法》、《水利工程建设项目验收管理规定》、《公路工程竣(交)工验收办法》、《》、《勘察设计工程师管理规定》、《注册建筑师条例实施细则》、《注册建造师管理规定》、《注册城市规划师执业资格制度暂行规定》、《注册监理工程师管理规定》、《注册造价工程师管理办法》、《注册房地产估价师》、《房地产经纪人及房地产经纪人协理》、《建筑施工特种作业人员管理规定》、《建筑施工企业安全生产管理机构设置及专职安全生产管理人员配备办法》等。

(4)地方性法规是指由省、自治区、直辖市人民代表大会及其常务委员会依法制定并颁布的法规。包括省会(自治区首府)城市、计划单列市和经国务院批准的较大城市人民代表大会及其常务委员会依法制定,报请省、自治区人民代表大会及其常务委员会批准的法规。

(5)地方规章是指由省、自治区、直辖市以及省会(自治区首府)城市、计划单列市和经国务院批准的较大城市人民政府依法制定并颁布的规章。

(6)最高人民法院司法解释是指根据法律规定,结合最高人民法院审判委员会的审判实际,就审理某一类案件适用法律或条文,制定的解释。

(7)国际公约是指在国际组织大会中会员国达成的共同遵守的决议或议定书。如1988年《建筑业安全卫生公约》、《联合国气候变化框架公约》、《生物多样公约》和《京都议定书》等。

2.2.2 工程建设法律关系的概念

1.工程建设法律关系是法律关系的一种,是指由工程建设法律规范所确认和调整的,在建设管理和建设协作过程中所产生的权利、义务关系。

工程建设法律关系是工程建设法律规范在社会主义市场经济活动中实施的结果,只有当社会组织按照工程建设法律规范进行建设活动,形成具体的权利和义务关系时才构成工程建设法律关系。

2.工程建设法律关系的特征

不同的法律关系有着不同的特征,构成其特征的条件是不同的法律关系的主体及其所依据的法律规范。建设业活动面广,内容繁杂,法律关系主体广泛,所依据的法律规范多样,由此决定工程建设法律关系具有如下特征:

(1)综合性

和工程建设法律规范相应,工程建设法律关系不是单一的,而是带有明显的综合性。工程建设法律规范是由工程建设行政法律、工程建设民事法律和工程建设技术法规构成的。这三种法律规范在调整工程建设活动中是相互作用、综合运用的。如国家建设主管部门行使组织、管理、监督的职权,依据工程建设程序、工程建设计划,组织、指导、协调、检查建设单位和勘察、设计、施工、安装等企业工程建设活动,就一定要导致某种法律关系的发生。这种法律关系是以指令服从、组织管理为特征的工程建设行政法律关系。与建设行政法律关系交叉相互作用的则是民事法律关系。这主要是建设单位和银行、勘察、设

计、施工、安装

等企业之间产生的权利义务关系。如资金借贷关系、工程承包关系、设备和材料承包供应关系等等。这些关系往往表现为平等、自愿、公平的合同关系。而建设单位与勘察、设计、施工、安装等企业完成工程建设任务的标准及评价依据是设计规范、施工规范和验收规范。可见,调整工程建设活动是建设行政法律、工程建设民事法律和工程建设技术法规的综合运用。由此而产生了工程建设法律关系。

(2)复杂性

工程建设法律关系是一种涉及面广、内容复杂的权利义务关系。工程建设活动,关系到国民经济和人民生活的方方面面。如建设单位要进行工程建设,则必须使自己的建设项目获得批准,列入国家计划,由此而产生了它与业务主管机关、计划批准机关的关系。建设计划被批准后,又需进行筹备资金、购置材料、招投标,进一步组织设计、施工、安装,以便将建设计划付诸实施,这样又产生建设单位与银行、物资供应部门、勘察、设计、施工、安装等企业的关系、项目管理关系等。这些关系中有纵向的关系,横向的关系,也有纵横交错的关系。

(3)协同性

工程建设行政法律关系决定、制约、影响着工程建设协作关系。工程建设活动的法律调整是以行政管理法律规范为主的,工程建设行政法规与工程建设民事法规保持着高度协调一致性,具有与其同步平行发展的特征。

3. 工程建设法律关系的构成要素

任何法律关系都是由法律关系主体、法律关系客体和法律关系内容三个要素构成,缺少其中一个要素就不能构成法律关系。由于三要素的内涵不同,则组成不同的法律关系,诸如民事法律关系、行政法律关系、劳动法律关系、经济法律关系等等。同样,变更其中一个要素就不再是原来的法律关系。

工程建设法律关系则是由工程建设法律关系主体、工程建设法律关系客体和工程建设法律关系内容构成的。

(1)工程建设法律关系主体

工程建设法律关系主体是指参加建设业活动,受工程建设法律规范调整,在法律上享有权利、承担义务的人。

1)自然人

自然人是基于出生而依法成为民事法律关系主体的人。在我国的民法通则中,公民与自然人在法律地位上是一样的。但实际上,自然人的范围要比公民的范围广。公民是指具有本国国籍,依法享有宪法和法律所赋予的权利和承担宪法和法律所规定的义务的人。在我国,公民是社会中具有我国国籍的一切成员,包括成年人、未成年人和儿童。自然人则既包括公民,又包括外国人和无国籍的人。各国的法律一般对自然人都没有条件限制。

自然人在工程建设活动中也可以成为工程建设法律关系的主体。如施工企业工作人员(建筑工人、专业技术人员、注册执业人员等)同企业签订劳动合同时,即成为工程建设法律关系主体。

2)法人

法人与自然人相对,法人是具有民事权利能力和民事行为能力,依法独立享有民事权利和承担民事义务的组织。法人的存在必须具备如下几个条件:依法成立;有必要的财产或者经费;有自己的名称、组织机构和场所;能够独立承担民事责任。

我国的民法通则依据法人是否具有营利性,把法人分为如下两大类、四种具体类型:

①企业法人

企业法人是指以从事生产、流通、科技等活动为内容,以获取利润和增加积累、创造社会财富为目的的营利性的社会经济组织。在我国的各类法人中,最基本的、最典型的、为数众多的、在社会经济生活中活动最频繁的,就是企业法人。从我国实际社会经济生活来看,企业法人有:国有企业法人、集体企业法人、私营企业法人、联营企业法人、中外合资企业法人、中外合作企业法人、外资企业法人、股份有限公司法人和有限责任公司法人等。工程建设活动中,企业法人的表现形式:勘察设计单位、城市规划编制单位、施工企业、房地产开发企业、非企业法人、机关法人(含国家权力机关、事业单位法人、社会团体法人)、其他组织。

这里的其他组织是指依法或者依据有关政策成立、有一定的组织机构和财产、但又不具备法人资格的各类组织。这些组织在我国社会的政治、经济、文化、教育、卫生等方面具有重要作用。赋予这些组织以合同主体的资格,有利于保护其合法权益,规范其外部行为,维护正常的社会经济秩序,促进我国各项事业的健康发展。

在现实生活中,这些组织也被称为非法人组织,包括非法人企业,如不具备法人资格的劳务承包企业、合伙企业、非法人私营企业、非法人集体企业、非法人外商投资企业、企业集团、个体工商户、农村承包经营户等;非法人机关、事业单位和社会团体,如附属性医院、学校等事业单位和一些不完全具备法人条件的协会、学会、研究会、俱乐部等社会团体。

(2)工程建设法律关系客体

工程建设法律关系客体是指参加工程建设法律关系的主体享有的权利和承担的义务所共同指向的事物。在通常情况下,建设主体都是为了某一客体,彼此才设立一定的权利、义务,从而产生工程建设法律关系,这里的权利、义务所指向的事物,便是工程建设法律关系的客体。

法学理论上,一般客体分为财、物、行为和非物质财富。工程建设法律关系客体也不外乎四类:

1)表现为财的客体

财一般指资金及各种有价证券。在工程建设法律关系中表现为财的客体主要是建设资金,如基本建设贷款合同的标的,即一定数量的货币。

2)表现为物的客体

法律意义上的物是指可为人们控制的并具有经济价值的生产资料和消费资料。在工程建设法律关系中表现为物的客体主要是建筑材料,如钢材、木材、水泥等,及其构成的建筑物,还有建筑机械等设备。某个具体基本建设项目即是工程建设法律关系中的客体。

3)表现为行为的客体

法律意义上的行为是指人的有意识的活动。在工程建设法律关系中,行为多表现为完成一定的工作,如勘察设计、施工安装、检查验收等活动。工程建设勘察设计合同的标的,即完成一定的勘察设计任务;工程建设施工合同的标的,即按期完成一定质量要求的施工行为。

4)表现为非物质财富的客体

法律意义上的非物质财富是指人们脑力劳动的成果或智力方面的创作,也称智力成果。在工程建设法律关系中,如果设计单位提供的具有创造性的设计图纸,该设计单位依法可以享有专有权,使用单位未经允许不能无偿使用。

2.2.3 工程建设法律关系的内容

工程建设法律关系的内容即建设权利和建设义务。工程建设法律关系的内容是建设主体的具体要求,决定着工程建设法律关系的性质,它是联结主体的纽带。

1.建设权利

建设权利是指工程建设法律关系主体在法定范围内,根据国家建设管理要求和自己企业活动的需要有权进行各种建设活动。权利主体可要求其他主体作出一定的行为或抑制一定行为,以实现自己的建设权利,因其他主体的行为而使建设权利不能实现时有权要求国家机关加以保护并予以制裁。

2.建设义务

建设义务是指工程建设法律关系主体必须按法律规定或约定承担应负的责任。建设义务和建设权利是相互对应的,相应主体应自觉履行建设义务,义务主体如果不履行或不适当履行,就要受到法律制裁。

2.2.4 工程建设法律关系的产生、变更和消灭

1.工程建设法律关系的产生、变更和消灭的概念

(1)工程建设法律关系的产生

工程建设法律关系的产生是指工程建设法律关系的主体之间形成了一定的权利和义务关系。某建设单位与施工单位签订了工程建设承包合同,主体双方产生了相应的权利和义务。此时,受工程建设法律规范调整的工程建设法律关系即告产生。

(2)工程建设法律关系的变更

工程建设法律关系的变更是指工程建设法律关系的三个要素发生变化。

1)主体变更。主体变更是指工程建设法律关系主体数目增多或减少,也可以是主体改变。在建设合同中,客体不变,相应权利义务也不变,此时主体改变也称为合同转让。

2)客体变更。客体变更是指工程建设法律关系中权利义务所指向的事物发生变化。客体变更可以是其范围变更,也可以是其性质变更。

工程建设法律关系主体与客体的变更,必然导致相应的权利和义务,即内容的变更。

(3)工程建设法律关系的消灭

工程建设法律关系的消灭是指工程建设法律关系主体之间的权利义务不复存在,彼此丧失了约束力。

1)自然消灭。工程建设法律关系自然消灭是指某类工程建设法律关系所规范的权利义务顺利得到履行,取得了各自的利益,从而使该法律关系达到完结。

2)协议消灭。工程建设法律关系协议消灭是指工程建设法律关系主体之间协商解除某类工程建设法律关系规范的权利义务,致使该法律关系归于消灭。

3)违约消灭。工程建设法律关系违约消灭是指工程建设法律关系主体一方违约,或发生不可抗力,致使某类工程建设法律关系规范的权利不能实现。

2.工程建设法律关系产生、变更和消灭的原因

工程建设法律关系并不是由工程建设法律规范本身产生的,工程建设法律规范并不直接产生法律关系。工程建设法律关系只有在一定的情况下才能产生,而这种法律关系的变更和消灭也由一定情况决定的。这种引起工程建设法律关系产生、变更和消灭的情况,即是人们通常称之为的法律事实。法律事实即是工程建设法律关系产生、变更和消灭的原因。

(1)法律事实

法律事实是指能够引起工程建设法律关系产生、变更和消灭的客观现象和事实。工程建设法律关系不会自然而然的产生,不是任何客观现象都可以作为法律事实,也不能仅凭工程建设法律规范规定,就可在当事人之间发生具体的工程建设法律关系。只有通过一定的法律事实,才能在当事人之间产生一定的法律关系,或者使原来的法律关系变更或消灭。不是任何事实都可成为工程建设法律事实,只有当工程建设法规把某种客观情况同一定的法律后果联系起来时,这种事实才被认为是工程建设法律事实,成为产生工程建设法律关系的原因,从而和法律后果形成因果关系。

(2)工程建设法律事实的分类

工程建设法律事实按是否包含当事人的意志分为两类。

1)事件。事件是指不以当事人意志为转移而产生的自然现象。

当工程建设法律规范规定把某种自然现象和建设权利义务关系联系在一起的时候,这种现象就成为法律事实的一种,即事件。这就是工程建设法律关系的产生、变更或消灭的原因之一。如洪水灾害导致工程施工延期,致使某建筑安装合同不能履行。事件产生大致有三种情况:

①自然事件。自然现象引起的,如地震、台风、水灾、火灾等自然灾害等。

②社会事件。社会现象引起的,如战争、暴乱、政府禁令等。

③意外事件。即突发事故,如失火、爆炸、触礁等。

2)行为。行为是指人的有意识的活动。包括积极的作为或消极的不作为,都能引起工程建设法律关系的产生、变更或消灭。行为通常表现为以下几种:

①民事法律行为。民事法律行为是指基于法律规定或有法律依据,受法律保护的行为。如根据设计任务书进行的初步设计的行为、依法签订工程建设承包合同的行为。

②违法行为。违法行为是指受法律禁止的侵犯其他主体的建设权利和建设义务的行为。如违反法律规定或因过错不履行工程建设合同;没有国家批准的建设、擅自动工建设等行为。

③行政行为。行政行为是指国家授权机关依法行使对建设业管理权而发生法律后果

的行为。如国家建设管理机关下达基本建设计划、监督执行工程项目建设程序的行为。

④立法行为。立法行为是指国家机关在法定权限内通过规定的程序，制定、修改、废止工程建设法律的活动。如国家制定、颁布工程建设法律、法规、条例等行为。

⑤司法行为。司法行为是指国家司法机关的法定职能活动。它包括各级检察机构所实施的法律监督，各级审判机构的审判、调解活动等。如人民法院对工陧建设纠纷案件作出判决的行为。

2.3 工程建设基本民事法律制度

1.法律制度的含义

法律制度有多种含义，从广义上讲，法律制度是指一个国家法律规范的总和；从狭义上讲，法律制度是指调整某一类特定关系，规范某一类特定行为的法律规范的总和。在本书中我们所要了解的是狭义的法律制度。

法律制度按照划分方式不同，可以作出不同的分类，但多数都以法律部门为依据来建立法律制度，如企业法律制度、民事法律制度、诉讼法律制度等等。在一个部门法中，还有许许多多不同的具体法律制度，如在宪法制度中包含有政党制度、议会制度、经济制度等；在诉讼法制度中有回避制度、两审终审制度等；在工程建设法律制度中有质量责任制度、安全生产制度、招标投标制度、许可证制度等等。

由于本书把工程建设管理作为重点，所以我们在此只阐述了工程建设所涉及的相关法律制度。本节中，我们重点要介绍与工程建设有关的基本民事法律制度。

2.法人制度

(1)法人概述

1)法人的概念

依照《中华人民共和国民法通则》(以下简称《民法通则》)第36条规定，“法人是具有民事权利能力和民事行为能力，依法独立享有民事权利和承担民事义务的组织”。

法人是与自然人相对应的一个法律概念，是指在法律上与自然人(或称公民)相对应的“人”。

(2)法人成立的条件

1)依法成立。这里要求，一是法人的设立目的和方式必须符合法律法规的具体规定和要求；二是设立法人必须经过有关国家机关的批准；三是设立法人必须经过主管机关的批准或核准登记。

2)有必要的财产或经费。这是法人进行民事活动的物质基础，它要求法人的财产或经费必须与法人的经营范围和设立目的相适应，否则不能被批准设立或核准登记。

3)有自己的名称、组织机构和经营场所。法人的名称或字号是法人之间相互区别的标志和法人进行民事活动时使用的名称；法人的组织机构是指对内管理法人事务、对外代表法人进行民事活动的常设机构或机关，包括法人的决策机构、执行机构和监督机构以及内部业务活动机构；法人的经营场所是法人进行业务活动的所在地。

4)能够独立承担民事责任。即法人能够以自己所拥有的财产或经费承担其在民事活动中的债务,以及法人在民事活动中给他人造成损失时的赔偿责任。

(3)法定代表人

法人的法定代表人是指能够代表法人行使民事权利、承担民事义务的主要负责人。法人作为一个组织是不能直接实施行为的,而必须通过法定代表人的行为,或其依照职权和法律要求而授权他人的行为才能完成。所以,法定代表人是法人实施行为的第一载体。在了解法定代表人时需要注意以下几个问题:

1)法定代表人不一定是法人的最高领导人

一方面,成为法定代表人往往要受到一定条件的限制,如法定代表人的户籍所在地应当与法人的注册地相一致;另一方面,法定代表人是代表法人实施行为的载体,其作用是对外代表本单位,与内部管理往往没有直接关系。所以,作为法定代表人首先要注意的是在代表法人实施有关民事法律行为时,必须贯彻法人的决策意志,不可一意孤行。

2)法定代表人享有的权利和承担的义务具有特殊性

由于法定代表人对外代表着法人整体,所以,他具有特殊的权利和义务范围。在权利方面,法定代表人享有授权代理权、诉讼权、签约权、指令职工实施法人权限之内行为的权利等;在义务方面,法定代表人相应地也要承担一些特殊的法律责任。

3)法定代表人的变更并非意味着法人的变更

尽管法人的行为都是通过法定代表人或其法定代理人实施的,但归根结底还应当是法人的行为。因此,法人更换法定代表人不影响法人所实施行为的法律效力。

3.代理制度

(1)代理的概念

代理是代理人在代理权限内,以被代理人的名义实施民事法律行为。被代理人对代理人的代理行为承担民事责任。由此可见,在代理关系中,通常涉及三个人,即被代理人、代理人和第三人。如某甲委托某乙去某丙处为自己购买机床一台,在这个代理关系中,某甲为被代理人,某乙为代理人,某丙为第三人。

(2)代理的种类

代理有委托代理、法定代理和指定代理三种形式。

1)委托代理

委托代理是指根据被代理人的委托而产生的代理。如公民委托律师代理诉讼即属于委托代理。

委托代理可采用口头形式委托,也可采用书面形式委托,如果法律明确规定必须采用书面形式委托的,必须采用书面形式,如代签工程建设合同就必须采用书面形式。

在实际生活中,委托代理应注意下列问题:

①被代理人应慎重选择代理人。因为代理活动要由代理人来实施,且实施结果要由被代理人承受,因此,如果代理人不能胜任工作,将会给被代理人带来不利的后果,甚至还会损害被代理人的利益。

②委托授权的范围要明确。由于委托代理是基于被代理人的委托授权而产生的,所以,被代理人的授权范围一定要明确。如果由于授权不明确而给第三人造成损失的,则被

代理人要向第三人承担责任,代理人承担连带责任。

③委托代理的事项必须合法。被代理人自己不能亲自进行违法活动,也不能委托他人进行违法活动;同时,代理人也不能接受此类的委托,否则,被代理人、代理人要承担连带责任。

2)法定代理

法定代理是基于法律的直接规定而产生的代理。如父母代理未成年人进行民事活动就是属于法定代理。法定代理是为了保护无行为能力的人或限制行为能力的人的合法权益而设立的一种代理形式,适用范围比较窄。

3)指定代理

指定代理是指根据主管机关或人民法院的指定而产生的代理。这种代理也主要是为无行为能力的人和限制行为能力的人而设立的。如人民法院指定一名律师作为离婚诉讼中丧失行为能力而又无其他法定代理人的一方当事人的代理人,就属于指定代理。

(3)代理人在代理活动中应注意的几个问题

1)代理人应在代理权限范围内进行代理活动

如果代理人没有代理权、超越代理权限范围或代理权终止后进行活动,即属于无权代理,倘若被代理人不予以追认的话,则由行为人承担法律责任。

2)代理人应亲自进行代理活动

代理关系中的委托授权,是基于对代理人的信任,委托代理就是建立在这种人身信任的基础上的,因此,代理人必须亲自进行代理活动,完成代理任务。

3)代理人应认真履行职责

代理人接受了委托,就有义务尽职尽责地完成代理工作。如果不履行或不认真履行代理职责而给被代理人造成损害的,代理人应承担赔偿责任。

4)不得滥用代理权

滥用代理权表现为:

①以被代理人的名义同自己实施法律行为。如果以被代理人的名义同自己订立合同,就属于此种情形。

②代理双方当事人实施同一个法律行为。例如,在同一诉讼中,律师既代理原告,又代理被告,这就很可能损害合同一方当事人的利益,因此,此种情形为法律所禁止。

③代理人与第三人恶意串通损害被代理人的利益。例如,代理人与第三人相互勾结,在订立合同时给第三人以种种优惠,而损害了被代理人的利益,对此,代理人、第三人要承担连带责任。

(4)代理权的终止

由于代理的种类不同,代理关系终止的原因也不尽相同。

1)委托代理的终止

①代理期限届满或代理事务完成。

②被代理人取消委托或代理人辞去委托。

③代理人死亡或丧失民事行为能力。

④作为被代理人或代理人的法人组织终止。

2)法定代理或指定代理的终止

①被代理人或代理人死亡。

②代理人丧失行为能力。

③被代理人取得或恢复民事行为能力。

④指定代理的人民法院或指定单位取消指定。

⑤由于其他原因引起的被代理人和代理人之间的监护关系消灭。

4. 诉讼时效制度

(1)时效的概念

时效是指一定事实状态在法律规定期间内的持续存在,从而产生与该事实状态相适应的法律效力。时效一般可分为取得时效和消灭时效。

关于时效,《中华人民共和国民法通则》作了专章规定。在我国只承认消灭时效制度,不承认取得时效制度。消灭时效就是我们所说的诉讼时效。

(2)诉讼时效

1)诉讼时效的概念

诉讼时效是指权利人在法定期间内,未向人民法院提起诉讼请求保护其权利时,法律规定消灭其胜诉权的制度。

2)诉讼时效的种类

①普通诉讼时效。我国《民法通则》第 135 条规定,向人民法院请求保护民事权利的诉讼时效为两年,法律另有规定的除外。由此可见,普通诉讼时效期间通常为 2 年。

②短期诉讼时效。我国《民法通则》第 136 条规定,下列诉讼时效期间为 1 年:

a. 身体受到伤害要求赔偿的;

b. 延付或拒付租金的;

c. 出售质量不合格的商品未声明的;

d. 寄存财物被丢失或损毁的。

③特殊诉讼时效。《民法通则》第 141 条规定,法律对诉讼时效另有规定的,依照法律规定。如《中华人民共和国合同法》第 129 条规定,因国际货物买卖合同和技术进出口争议提起诉讼或者申请仲裁的期限为 4 年。

④权利的最长保护期限。《民法通则》第 137 条规定,诉讼时效期间从知道或应当知道权利被侵害时起计算。但是,从权利被侵害之日起超过 20 年的,人民法院不予保护。这就是说,权利人不知道或不能知道权利已被侵害,自权利被侵害之日起经过 20 年的,其权利也失去法律的强制性保护。

(3)诉讼时效的起算

诉讼时效的起算,也即诉讼时效期间的开始,它是从权利人知道或应当知道其权利受到侵害之日起开始计算,即从权利人能行使请求权之日开始算起。但是,从权利被侵害之日起超过 20 年的,人民法院不予保护。

(4)诉讼时效的中止

诉讼时效的中止是指在时效进行中,因二定法定事由的出现,阻碍权利人提起诉讼,法律规定暂时终止诉讼时效期间的计算,待阻碍诉讼时效的法定事由消失后,诉讼时效继续进行,累计计算。我国《民法通则》第139条规定,在诉讼时效期间的最后6个月,因不可抗力或者其他障碍不能行使请求权的,诉讼时效中止。从中止诉讼时效的原因消除之日起,诉讼时效期间继续计算。

(5)诉讼时效的中断

诉讼时效的中断是指在时效进行中,因一定法定事由的发生,阻碍时效的进行,致使以前经过的诉讼时效期间统归无效,待中断事由消除后,其诉讼时效期间重新计算。我国《民法通则》第140条规定,诉讼时效因提起诉讼、当事人一方提出要求或者同意履行义务而中断。从中断时起,诉讼时效期间重新计算。

5.物权制度

(1)物权的概念

物权是民事主体依法对特定的物进行管领支配,享有利益并排除他人干涉的权利。

(2)物权的种类

传统民法规定的物权有所有权、地上权、永佃权、地役权、抵押权、质权和留置权。我国《民法通则》规定的使用权、经营权,也属于物权。物权可按如下划分:

1)根据物权的权利主体是否为财产的所有人划分

①自物权。又称所有权,是指权利人对自己的所有物享有的物权。

②他物权。是指在他人的所有物上设定的权利。

2)依据设立目的的不同划分

①用益物权。是指对他人所有物使用和收益的权利。外国民法规定的地上权、地役权、永佃权等,都是用益物权。我国《民法通则》规定的全民所有制企业经营权、国有土地使用权、采矿权等也属用益物权。

②担保物权。是指为了担保债的履行而在债务人或第三人特定的物或权利上所设定的权利。如抵押权、质权、留置权等都是担保物权。

3)按物权的客体是动产还是不动产划分

①动产物权。是指以能够移动的财产为客体的物权。如外国民法中规定的质权和我国《民法通则》中规定的留置权。

②不动产物权。是指以土地、房屋等不动产为客体的物权。如外国民法规定的地上权、永佃权、地役权和我国《民法通则》中规定的土地使用权。

(3)物权的保护方法

物权的保护方法有刑法、民法、行政法之分,这里仅介绍民法的保护方法。

1)请求确认物权

当物权归属不明或是发生争执时,当事人可以向法院提起诉讼,请求确认物权。请求确认物权包括请求确认所有权和请求确认他物权。

2)请求排除妨碍

当他人的行为非法妨碍物权人行使物权时,物权人可以请求妨碍人排除妨碍,也可请求法院责令妨碍人排除妨碍。排除妨碍的请求,所有人、用益物权人都可行使。

3)请求恢复原状

当物权的标的物因他人的侵权行为而遭受损坏时,如果能够修复,物权人可以请求侵权行为人加以修理以恢复物之原状。恢复原状的请求，所有人、合法使用人都可以行使。

4)请求返还原物

当所有人的财产被他人非法占有时，财产所有人或合法占有人，可以依照有关规定请求不法占有人返还原物，或请求法院责令不法占有人返还原物。

在请求返还原物时，应注意以下问题：

①只能向非法占有者要求返还。凡没有合法根据的占有都属于非法占有，不管主观上是否有过错，均可要求返还。

②原物必须存在。如原物不存在，则只能请求赔偿。

③如物权已被转让，则情况较为复杂。一般认为原则上要保护所有人的合法权益，也要顾及善意占有的第三人的正当利益。即以第三人在取得物权时有无过错，或是否有偿取得来确定。如果第三人在取得物权时并无过错，并支付了合理的价金，所有人则无法向第三人主张权利，只能向非法转让人要求赔偿。如第三人在取得物权时有过错，则所有人有权请求返还占有。如第三人是无偿取得物权，则不论第三人主观上是否有过错，均应返还物权。

5)请求损失赔偿

当他人侵害物权的行为造成物权人的经济损失时，物权人可以直接请求侵害人赔偿损失，也可请求法院责令侵害人赔偿损失。

6.债权制度

(1)债的概念

债是按照合同约定或依照法律规定，在当事人之间产生的特定的权利和义务关系。

(2)债与物权的区别

债与物权都是与财产有密切联系的法律关系，但它们却有着明显的不同。

1)债与物权的主体不同

债权的权利主体和义务主体都是特定的，是对人权；物权的权利主体是特定的，义务主体则为不特定的，是对世权。

2)债与物权的内容不同

债权的实现需要义务主体的积极行为的协助，是相对权；物权的实现则不需要他人的协助，是绝对权。

3)债与物权的客体不同

债权的客体可以是物、行为和智力成果；物权的客体则只能是物。

(3)债的发生根据

根据我国《民法通则》以及相关的法律规范的规定，能够引起债的发生的法律事实，即债的发生根据，主要有：

1)合同

合同是指民事主体之间关于设立、变更和终止民事关系的协议。合同是引起债权债务关系发生的最主要、最普遍的根据。

2)侵权行为

侵权行为是指行为人不法侵害他人的财产权或人身权的行为。因侵权行为而产生的债，在我国习惯上也称之为“致人损害之债”。

3)不当得利

不当得利是指没有法律或合同根据，有损于他人而取得的利益。它可能表现为得利人财产的增加，致使他人不应减少的财产减少了；也可能表现为得利人应支付的费用没有支付，致使他人应当增加的财产没有增加。不当得利一旦发生，不当得利人负有返还的义务。因而，这是一种债权债务关系。

4)无因管理

无因管理是指既未受人之托，也不负有法律规定的义务，而是自觉为他人管理事务的行为。无因管理行为一经发生，便会在管理人和其事务被管理人之间产生债权债务关系，其事务被管理者负有赔偿管理者在管理过程中所支付的合理的费用及直接损失的义务。

5)债的其他发生根据

债的发生根据除前述几种外，遗赠、扶养、发现埋藏物等，也是债的发生根据。

(4)债的消灭

债因一定的法律事实的出现而使既存的债权债务关系在客观上不复存在，叫做债的消灭。债因以下事实而消灭：

1)债因履行而消灭

债务人履行了债务，债权人的利益得到了实现，当事人间设立债的目的已达到，债的关系也就自然消灭了。

2)债因抵销而消灭

抵销是指同类已到履行期限的对等债务，因当事人相互抵充其债务而同时消灭。用抵销方法消灭债务应符合下列的条件：

①必须是对等债务；

②必须是同一种类的给付之债；

③同类的对等之债都已到履行期限。

3)债因提存而消灭

提存是指债权人无正当理由拒绝接受履行或其下落不明，或数人就同一债权主张权利，债权人一时无法确定，致使债务人一时难以履行债务，经公证机关证明或人民法院的裁决，债务人可以将履行的标的物提交有关部门保存的行为。

提存是债务履行的一种方式。如果超过法律规定的期限，债权人仍不领取提存标的物的，应收归国库所有。

4)债因混同而消灭

混同是指某一具体之债的债权人和债务人合为一体。如两个相互订有合同的企业合并，则产生混同的法律效果。

5)债因免除而消灭

免除是指债权人放弃债权，从而解除债务人所承担的义务。债务人的债务一经债权人解除，债的关系自行解除。

6)债因当事人死亡而解除

债因当事人死亡而解除仅指具有人身性质的合同之债，因为人身关系是不可继承和转让的，所以，凡属委托合同的受托人、出版合同的约稿人等死亡时，其所签订的合同也随之终止。

(5)债的担保

债的担保是指按照当事人的约定或依据法律的规定而产生的促使债务人履行债务，保障债权人的债权得以实现法律措施。担保分人的担保和物的担保，我国《民法通则》规定了保证金、抵押、定金、留置四种担保形式。

2.4　安全生产法律法规概述

2.4.1　安全生产法律法规的概念

安全生产法律法规是指调整在生产过程中产生的与劳动者或生产人员的安全与健康，以及生产资料和社会财富安全保障有关的各种社会关系的法律规范的总和。安全生产法律法规是国家法律体系中的重要组成部分。我们通常说的安全生产法律法规是有关安全生产的法律、行政法规、规章的总称。全国人大和国务院及有关部委、地方人大和政府颁布的有关安全生产、职业安全卫生、劳动保护等方面的法律、行政法规、地方性法规、决定、规定等，都属于安全生产法律法规范畴。

在实际工作中，安全技术标准和规范，作为安全生产技术性法规，也属于安全生产法律法规的范畴。

2.4.2　安全生产法律法规的作用

加强法制建设是安全生产工作的最基本条件之一。加强法制建设就是要通过制定法律、法规，来规范企业经营者与政府之间、劳动者与经营者之间、劳动者与劳动者之间、生产过程与自然界之间的关系；把国家保护劳动者的生命安全与健康，生产经营人员的生产利益与效益，以及保障社会资源和财产的方针、政策具体化、条文化，做到企业的生产经营行为和过程有法可依、有章可循。目前，我国的安全生产法律法规已初步形成一个以宪法为依据的，以《中华人民共和国安全生产法》为主体的，由有关法律、行政法规、地方性法规和有关行政规章、技术标准所组成的综合体系。安全生产法规的作用主要表现在以下几个方面：

(1)为保护劳动者的安全健康提供法律保障

我国的安全生产法律法规是以搞好安全生产，保障职工在生产中的安全、健康为前提的。它不仅从管理上规定了人们的安全行为规范，也从生产技术上、设备上规定实现安全生产和保障职工安全健康所需的物质条件。多年安全生产工作实践表明，切实维护劳动者安全健康的合法权益，单靠思想政治教育和行政管理不行，不仅要制订出各种保证安全生产的措施，而且要强制人人都必须遵守法律法规和规章，要用国家强制力来迫使人们按照科学办事，尊重自然规律、经济规律和生产规律，尊重群众，保证劳动者得到符合安全卫生要求的劳动条件。

(2)加强安全生产的法制化管理

安全生产法律法规是加强安全生产法制化管理的章程,很多重要的安全生产法律法规都明确规定了各个方面加强安全生产、安全生产管理的职责,推动了各级领导特别是企业领导对劳动保护工作的重视,把这项工作摆上领导和管理的议事日程。

(3)推动安全生产工作的发展,促进企业安全生产

安全生产法律法规反映了保护生产正常进行、保护劳动者安全健康所必须遵循的客观规律,对企业搞好安全生产工作提出了明确要求。同时,由于它具有法律约束力,要求人人都要遵守,这样,它对整个安全生产工作的开展具有用国家强制力推行的作用。

(4)进一步提高生产力,保证企业效益的实现和国家经济建设事业的顺利发展

安全生产是关系到企业和劳动者切身利益的大事,通过安全生产立法,使劳动者的安全健康有了保障,职工能够在符合安全健康要求的条件下从事劳动生产,这样必然会激发他们的劳动积极性和创造性,从而促使劳动生产率大大提高。同时,安全生产技术法规和标准的遵守和执行,必然提高生产过程的安全性,使生产的效率得到保障和提高,从而提高企业的生产效率和效益。

安全生产法律法规对生产的安全卫生条件提出与现代化建设相适应的强制性要求,这就迫使企业领导在生产经营决策上,以及在技术、装备上采取相应措施,以改善劳动条件、加强安全生产为出发点,加速技术改造的步伐,推动社会生产力的提高。

2.5　建筑安全生产法律法规概述

2.5.1　建筑安全生产法律法规的立法历程和意义

改革开放以来,建筑业持续快速发展,在国民经济中的地位和作用逐渐增强,已经成为我国的支柱产业之一。随着我国国民经济的快速发展,固定资产投资一直保持了较高的增长水平,工程建设规模逐年扩大,为建筑业带来了发展机遇。随着我国经济体制改革的不断深化,建筑业呈现出以下特点:建设生产经营单位的经济成分发生了变化;建设工程投资主体日趋多元化;建设工程的市场化程度大幅度提高;建筑施工企业的组织结构形式发生了变化;技术水平要求越来越高。

建筑业的发展,对安全技术、劳动力技能、安全意识和安全生产科学管理方面提出了新的安全控制要求。同时,建设工程安全生产管理存在以下问题:一是工程建设各方主体的安全责任不明确;二是建设工程安全生产的投入还不足;三是建设工程安全生产监督管理制度不健全;四是生产安全事故应急救援制度不健全。

建筑业的上述特点和存在的问题,致使建筑安全生产事故一直居高不下,在各产业系统中仅次于采矿业,居第二位,给人民的生命财产安全和国家造成重大损失。因此,社会各界要求规范建设工程安全生产的呼声逐年高涨。制定法律法规,在法律框架下,采取有效措施,加强安全生产管理,是提高建筑业生产安全水平、降低伤亡事故的发生率、实现安全生产的重要前提条件。20 世纪 90 年代初以来,国家逐步加大对建筑安全生产方面的立

法，陆续出台了有关建筑生产安全的法律、法规、规章和大量的规范性文件，建设工程参建各方主体的安全生产行为正逐步得以规范。

在《中华人民共和国安全生产法》（简称《安全生产法》）出台之前的一段时间内，《中华人民共和国建筑法》（简称《建筑法》）是规范我国建筑工程安全生产的惟一一部法律。早在 1984 年，原城乡建设环境保护部就着手研究和起草《建筑法》，后经多次修改，于 1994 年形成法律草案并报国务院。1996 年 8 月，国务院第 49 次常务会议讨论通过了《建筑法》（草案），1997 年 11 月 1 日由八届全国人大常委会第 28 次会议审议通过，并以中华人民共和国主席令第 91 号发布，1998 年 3 月 1 日起正式施行。《建筑法》的出台，为建筑业发展成为国民经济的支柱产业提供了重要的法律依据，也为推进和完善建筑活动的法制建设提供了重要的法律依据。《建筑法》共八章 85 条，其中第五章"建筑安全生产管理"就安全生产的方针、原则，安全技术措施，安全工作职责与分工，安全教育和事故报告等作出了明确的规定，为解决建筑活动中存在的安全生产问题提供了法律武器。

《安全生产法》于 2002 年 6 月 29 日经九届全国人大常委会第 28 次会议次审议通过。《安全生产法》是我国安全生产领域的综合性基本法，它的颁布实施是我国安全生产领域的一件大事，是我国安全生产监督与管理正式纳入法制化管理轨道的重要标志，是入世后依照国际惯例，以人为本、关爱生命、尊重人权、关注安全生产的具体体现，是我国为加强安全生产监督管理，防止和减少安全生产事故，保障人民群众生命财产安全所采取的一项具有战略意义、标本兼治的重大措施。

1996 年，原建设部起草了《建设工程安全生产管理条例》上报国务院。之后，建设部结合《建筑法》、《安全生产法》、《招标投标法》、《建设工程质量管理条例》等法律、法规作了相应修改，于 2003 年 1 月 21 日形成《建设工程安全生产管理条例》送审稿。2003 年 11 月 12 日国务院第 28 次常务会议讨论通过，于 2003 年 11 月 24 日以国务院令第 393 号予以公布，2004 年 2 月 1 日起正式施行。《建设工程安全生产管理条例》确立了有关建设工程安全生产监督管理的基本制度，明确了参与建设活动各方责任主体的安全责任，确保了参与各方责任主体安全生产利益及建筑工人安全与健康的合法权益，为维护建筑市场秩序、加强建设工程安全生产监督管理提供了重要的法律依据。

《建设工程安全生产管理条例》是我国第一部规范建设工程安全生产的行政法规。《建设工程安全生产管理条例》是在全面总结我国建设工程安全管理的实践经验，借鉴发达国家建设工程安全管理的成熟做法的基础上制定的，《建设工程安全生产管理条例》的颁布实施是工程建设领域贯彻落实《建筑法》和《安全生产法》的具体表现，标志着我国建设工程安全生产管理进入法制化、规范化发展的新时期。对建设活动各方主体的安全责任、政府监督管理、生产安全事故的应急救援和调查处理以及相应的法律责任作了明确规定，确立了一系列符合中国国情以及适应社会主义市场经济要求的建设工程安全管理制度。《建设工程安全生产管理条例》的颁布实施，对于规范和增强建设工程各方主体的安全行为和安全责任意识，强化和提高政府安全监管水平和依法行政能力，保障从业人员和广大人民群众的生命财产安全，具有十分深远的意义。

2.5.2　建筑安全生产法律法规调整的对象

建筑安全生产法律法规调整的对象是指由建筑安全生产法律法规调整的，在建筑活动中形成的以权利和义务为核心的各种关系。

(1)行政管理关系

建筑活动中的行政管理关系，主要是指发生在国家、国家建设行政主管部门同建设单位、设计单位、监理单位、施工单位以及其他有关单位之间的管理与被管理的关系。这种管理与被管理的建设行政法律关系主要有两种类型：一是规划、指导、协调与服务的行政管理关系；二是检查、监督、控制与调节的行政管理关系。

(2)经济协作关系

建筑活动中的经济协作关系是指建立在参与建筑活动的各方主体之间的一种平等、自愿、互利、互助的横向经济关系。在这种关系中，参与者的法律地位是平等的。建设、勘察设计、施工、工程监理等单位为了追求一定的经济利益，通过招标、投标程序，签订经济合同，明确参与者的权利和义务。这种关系的建立以经济合同的确立为标志。

(3)民事关系

建筑活动中的民事关系是指发生在建筑活动过程中各方参与主体之间、单位和从业人员之间的民事权利义务关系。主要包括：在建筑活动中发生的有关自然人损害、侵权、赔偿关系，从业人员的人身和经济确立保护关系等，既涉及国家社会利益，又关系着个人的权益。

上述三种关系必须按照宪法、民法等基本法在建筑安全生产法律法规中予以调整。

2.5.3 建筑安全生产法律法规的作用

在建筑活动中，各方参与主体和从业人员的行为必须遵循一定的准则，这种行为只有在法律规定的范围内进行，才能得到法律的承认与保护，保障行为人实现建筑活动的预期目的。建筑安全生产法律法规的作用主要体现在规范安全生产行为、保护合法行为和处罚违反建筑安全生产法律法规行为等三个方面。

2.6 建筑安全生产法律

在法律层面上，《中华人民共和国安全生产法》和《中华人民共和国建筑法》是构建建设工程安全生产法律法规的两大基础，此外还包括其他有关建设工程安全生产的法律。

2.6.1 《中华人民共和国安全生产法》

《中华人民共和国安全生产法》于2002年6月29日经第九届全国人民代表大会常务委员会第二十八次会议通过，2002年6月29日经中华人民共和国主席令第70号公布，自2002年11月1日起施行。它是我国第一部全面规范安全生产的专门法律，是我国安全生产的主体法，是各类生产经营单位及其从业人员实现安全生产所必须遵循的行为准则，是各级人民政府及其有关职能部门进行安全生产监督管理和行政执法的有力武器。《安全生产法》的主要内容有以下几方面：

(1)明确了安全生产三大目标，即保障人民生命安全、保护国家财产安全和促进社会经济发展。

(2)规定了保障安全生产的运行机制,即政府监管与指导、企业实施与保障、员工权益与自律、社会监督与参与和中介支持与服务。

(3)明确了现阶段安全生产监管体制,即国家安全生产综合监管与各级政府有关职能部门专项监管相结合的体制。

(4)确定了安全生产的七项基本法律制度,即安全生产监督管理制度、生产经营单位安全保障制度、从业人员安全生产权利义务制度、生产经营单位负责人安全责任制度、安全中介服务制度、安全生产责任追究制度以及事故应急救援和调查处理制度。

(5)明确了对安全生产负有责任的各方主体,包括以下四个负有责任的方面:政府责任方、生产经营单位责任方、从业人员责任方和中介机构责任方。

(6)指明了实现安全生产的三大对策体系,即事前预防对策体系、应急救援体系和事后处理对策系统。

(7)规定了生产经营单位负责人的六项安全生产责任,即建立健全安全生产责任制、组织制定安全生产规章制度和操作规程、保证安全生产投入、督促检查安全生产工作及时消除生产安全事故隐患、组织制定并实施生产安全事故应急救援预案和及时如实报告生产安全事故。

(8)明确了从业人员的权利和义务:

1)明确了从业人员的八种权利:知情权;建议权;批评权和检举、控告权;拒绝权;紧急避险权;要求赔偿的权利;获得劳动防护用品的权利;获得安全生产教育和培训的权利。

2)明确了从业人员的三项义务:自律遵规的义务、自觉学习安全生产知识的义务和危险报告义务。

(9)明确规定了安全生产的四种监督方式,即工会民主监督、社会舆论监督、公众举报监督和社区报告监督。

(10)明确了政府安全生产监督检查人员权力和义务:

1)明确了政府安全生产监督检查人员的三项权力:现场调查取证权、现场处理权和查封、扣押行政强制措施权。

2)明确了政府安全生产监督检查人员的五项义务:审查、验收不得收取费用;禁止要求被审查、验收的单位购买其指定产品;必须遵循忠于职守、坚持原则、秉公执法的执法原则;监督检查时须出示有效的监督执法证件;对检查单位的技术秘密、业务秘密尽到保密义务。

2.6.2 《中华人民共和国建筑法》

《中华人民共和国建筑法》是我国第一部规范建筑活动的部门法,对影响建筑工程质量和安全的各方面因素作了较为全面的规范,并规定了六项建筑安全生产的制度:

(1)安全生产责任制度。这一制度是“安全第一,预防为主”方针的具体体现,是建筑安全生产管理的基本制度。在建筑活动中,只有明确安全责任、分工负责,才能形成完整有效的安全管理体系,激发每个人的安全责任感,严格执行建筑工程安全的法律、法规和安全规程、技术规范,防患于未然,减少和杜绝建筑工程事故,为建筑工程的生产创造一个良好的环境。安全生产责任制的主要内容包括三个方面:一是从事建筑活动主体的负责人的安全生产责任制;二是从事建筑活动主体的职能机构或职能处室负责人及其工作人员的安全生产责任制;三是岗位人员的安全生产责任制。

(2)群防群治制度。群防群治制度是在建筑安全生产中,充分发挥广大干部职工的积极性,加强群众性监督检查工作,以预防和治理建筑生产中的伤亡事故。

(3)安全生产教育培训制度。安全生产教育培训制度是通过各种形式对广大建筑干部职工进行安全教育培训,以提高其安全生产意识和防护技能。安全生产,人人有责,只有通过对广大职工进行安全教育培训,才能使广大职工真正认识到安全生产的重要性、必要性,使广大职工掌握更多的安全生产知识,牢固树立安全第一的思想,自觉遵守各项安全生产的规章制度。

(4)安全生产检查制度。安全生产检查制度是上级管理部门或建筑施工企业,对安全生产状况进行定期或不定期检查的制度。通过检查可以发现问题,查出隐患,从而采取有效措施,堵塞漏洞,把事故消灭在萌芽状态,做到防患于未然,是"预防为主"的具体体现。通过检查,还可总结出好的经验加以推广,为进一步搞好安全工作打下基础。

(5)伤亡事故处理报告制度。施工中发生安全事故时,建筑企业应当采取紧急措施减少人员伤亡和事故损失,并按照国家有关规定及时向有关部门报告的制度。事故处理必须遵循一定的程序,做到"四不放过"(事故原因未查清不放过,防范措施不落实不放过,职工群众未受到教育不放过,事故责任人未受到处理不放过)。通过对事故的处理,可以总结出经验教训,为制定规程、规章提供第一手素材,指导今后的施工。

(6)安全责任追究制度。《建筑法》在法律责任中,规定建设单位、设计单位、施工单位、监理单位,由于没有履行职责造成人员伤亡和事故损失的,视情节给予相应处理;情节严重的,责令停业整顿,降低资质等级或吊销资质证书;构成犯罪的,依法追究刑事责任。

2.6.3 其他法律中有关建筑安全生产的主要内容

(1)《中华人民共和国环境保护法》

《中华人民共和国环境保护法》于 1989 年 12 月 26 日由第七届全国人民代表大会常务委员会第十一次会议通过,自 1989 年 12 月 26 日起施行。

该法第二十四条规定:产生环境污染和其他公害的单位,必须把环境保护工作纳入计划,建立环境保护责任制度;采取有效措施,防治在生产建设或者其他活动中产生的废气、废水、废渣、粉尘、放射性物质以及噪声、振动、电磁波辐射等对环境的污染和危害。

(2)《中华人民共和国环境噪声污染防治法》

《中华人民共和国环境噪声污染防治法》于 1996 年 10 月 29 日由第八届全国人民代表大会常务委员会第二十次会议通过,自 1997 年 3 月 1 日起施行。

该法第四章"建筑施工噪声污染防治"规定了施工单位的防治噪声污染的责任:

在城市市区范围内向周围生活环境排放建筑施工噪声的,应当符合国家规定的建筑施工场界环境噪声排放标准;在城市市区范围内,建筑施工过程中使用机械设备可能产生环境噪声污染的,施工单位必须在工程开工 15 日以前向工程所在地县级以上地方人民政府环境保护行政主管部门申报;在城市市区噪声敏感建筑物集中区域内,禁止夜间进行产生环境噪声污染的建筑施工作业，但抢修、抢险作业和因生产工艺上要求或者特殊需要必须连续作业的除外。因特殊需要必须连续作业时必须有县级以上人民政府或者其有关主管部门的证明，且须公告附近居民。

(3)《中华人民共和国固体废物污染环境防治法》

《中华人民共和国固体废物污染环境防治法》已由中华人民共和国第十届全国人民代表大会常务委员会第十三次会议于2004年12月29日修订通过，自2005年4月1日起施行。

该法规定：收集、贮存、运输、利用、处置固体废物的单位和个人，必须采取防扬散、防流失、防渗漏或者其他防止污染环境的措施；不得擅自倾倒、堆放、丢弃、遗撒固体废物。

工程施工单位应当及时清运工程施工过程中产生的固体废物，并按照环境卫生行政主管部门的规定进行利用或者处置。

(4)《中华人民共和国大气污染防治法》

《中华人民共和国大气污染防治法》于2000年4月29日由第九届全国人民代表大会常务委员会第十五次会议修订通过，自2000年9月1日起施行。

该法规定：在城市市区进行建设施工或者从事其他产生扬尘污染活动的单位，必须按照当地环境保护的规定，采取防治扬尘污染的措施。

(5)《中华人民共和国消防法》

《中华人民共和国消防法》于2008年10月28日由中华人民共和国第十一届全国人民代表大会常务委员会第五次会议修订通过，自2009年5月1日起施行。

该法从消防设计、审核、建筑构件和建筑材料的防火性能、消防设施的日常管理到工程建设各方主体应履行的消防责任和义务逐一进行了规范。该法规定：

1)建设工程的消防设计、施工必须符合国家工程建设消防技术标准。建设、设计、施工、工程监理等单位依法对建设工程的消防设计、施工质量负责。

依法应当经公安机关消防机构进行消防设计审核的建设工程，未经依法审核或者审核不合格的，负责审批该工程施工许可的部门不得给予施工许可，建设单位、施工单位不得施工；其他建设工程取得施工许可后经依法抽查不合格的，应当停止施工。

2)建筑构件和建筑材料的防火性能必须符合国家标准或行业标准。公共场所室内装修、装饰根据国家工程建筑消防技术标准的规定，应当使用不燃、难燃材料的，必须选用依照产品质量法的规定确定的检验机构检验合格的材料。

3)机关、团体、企业、事业等单位应当履行下列消防安全职责：

①落实消防安全责任制，制定本单位的消防安全制度、消防安全操作规程，制定灭火和应急疏散预案；

②按照国家标准、行业标准配置消防设施、器材，设置消防安全标志，并定期组织检验、维修，确保完好有效；

③对建筑消防设施每年至少进行一次全面检测，确保完好有效，检测记录应当完整准确，存档备查；

④保障疏散通道、安全出口、消防车通道畅通，保证防火防烟分区、防火间距符合消防技术标准；

⑤组织防火检查,及时消除火灾隐患;

⑥组织进行有针对性的消防演练;

⑦法律、法规规定的其他消防安全职责。

单位的主要负责人是本单位的消防安全责任人。

4)禁止在具有火灾、爆炸危险的场所吸烟、使用明火。因施工等特殊情况需要使用明火作业的,应当按照规定事先办理审批手续,采取相应的消防安全措施;作业人员应当遵守消防安全规定。

5)作业人员应当遵守消防安全规定,并采取相应的消防安全措施。进行电焊、气焊等具有火灾危险的作业的人员和自动消防系统的操作人员,必须持证上岗,并严格遵守消防安全操作规程。

6)同一建筑物由两个以上单位管理或者使用的,应当明确各方的消防安全责任,并确定责任人对共用的疏散通道、安全出口、建筑消防设施和消防车通道进行统一管理。

(6)《中华人民共和国防震减灾法》

《中华人民共和国防震减灾法》已由中华人民共和国第十一届全国人民代表大会常务委员会第六次会议于2008年12月27日修订通过,自2009年5月1日起施行。

为了防御和减轻地震灾害,保护人民生命和财产安全,促进经济社会的可持续发展,《中华人民共和国防震减灾法》从建设工程的抗震设防要求、责任制度、加固措施这三个方面做出了具体规定,该法规定:

1)新建、扩建、改建建设工程,应当达到抗震设防要求。

重大建设工程和可能发生严重次生灾害的建设工程,应当按照国务院有关规定进行地震安全性评价,并按照经审定的地震安全性评价报告所确定的抗震设防要求进行抗震设防。建设工程的地震安全性评价单位应当按照国家有关标准进行地震安全性评价,并对地震安全性评价报告的质量负责。

2)条建设单位对建设工程的抗震设计、施工的全过程负责。

设计单位应当按照抗震设防要求和工程建设强制性标准进行抗震设计,并对抗震设计的质量以及出具的施工图设计文件的准确性负责。

施工单位应当按照施工图设计文件和工程建设强制性标准进行施工,并对施工质量负责。

建设单位、施工单位应当选用符合施工图设计文件和国家有关标准规定的材料、构配件和设备。

工程监理单位应当按照施工图设计文件和工程建设强制性标准实施监理,并对施工质量承担监理责任。

3)已经建成的下列建设工程,未采取抗震设防措施或者抗震设防措施未达到抗震设防要求的,应当按照国家有关规定进行抗震性能鉴定,并采取必要的抗震加固措施:

①重大建设工程;

②可能发生严重次生灾害的建设工程;

③具有重大历史、科学、艺术价值或者重要纪念意义的建设工程;

④学校、医院等人员密集场所的建设工程;

⑤地震重点监视防御区内的建设工程。

(7)《中华人民共和国劳动法》

《中华人民共和国劳动法》于1994年7月5日由第八届全国人民代表大会常务委员会第8次会议通过,自1995年1月1日起施行。

该法对用人单位必须建立健全劳动安全卫生制度,严格执行国家劳动安全卫生规程和标准,对劳动者进行劳动安全卫生教育,提供符合国家规范的劳动安全卫生条件和必要的劳动防护用品,防止劳动过程中的事故,减少职业危害以及劳动者的权利和义务等方面进行了规范。该法规定:用人单位必须建立健全劳动安全卫生制度,严格执行国家劳动安全卫生规程和标准,对劳动者进行劳动安全卫生教育,防止劳动过程中的事故,减少职业危害;必须为劳动者提供符合国家规定的劳动安全卫生条件和必要的劳动防护用品,对从事有职业危害作业的劳动者应当定期进行健康检查。从事特种作业的劳动者必须经过专门培训并取得特种作业资格。劳动者在劳动过程中必须严格遵守安全操作规程。劳动者对用人单位管理人员违章指挥、强令冒险作业,有权拒绝执行;对危害生命安全和身体健康的行为,有权提出批评、检举和控告。

(8)《中华人民共和国劳动合同法》

《中华人民共和国劳动合同法》是第十届全国人民代表大会常务委员会第二十八次会议通过,自2008年1月1日起施行。《劳动合同法》从多个角度保护劳动者的人身和财产安全,为劳动者合法利益的保护提供更为具体的依据。该法规定:

1)劳动者拒绝用人单位管理人员违章指挥、强令冒险作业的,不视为违反劳动合同。

用人单位以暴力、威胁或者非法限制人身自由的手段强迫劳动者劳动的,或者用人单位违章指挥、强令冒险作业危及劳动者人身安全的,劳动者可以立即解除劳动合同,不需事先告知用人单位。

2)劳动者对危害生命安全和身体健康的劳动条件,有权对用人单位提出批评、检举和控告。

3)用人单位有下列情形之一的,劳动者可以解除劳动合同:

①未按照劳动合同约定提供劳动保护或者劳动条件的;

②未及时足额支付劳动报酬的;

③未依法为劳动者缴纳社会保险费的;

④用人单位的规章制度违反法律、法规的规定,损害劳动者权益的;

⑤因《劳动合同法》第二十六条第一款规定的情形致使劳动合同无效的;

⑥法律、行政法规规定劳动者可以解除劳动合同的其他情形。

(9)《中华人民共和国突发事件应对法》

《中华人民共和国突发事件应对法》已由中华人民共和国第十届全国人民代表大会常务委员会第二十九次会议于2007年8月30日通过,自2007年11月1日起施行。

为了预防和减少突发事件的发生,控制、减轻和消除突发事件引起的严重社会危害,规范突发事件应对活动,保护人民生命财产安全,维护国家安全、公共安全、环境安全和社会秩序,《突发事件应对法》对应对原则、管理制度和具体措施做出了规定。该法规定:

1)突发事件,是指突然发生,造成或者可能造成严重社会危害,需要采取应急处置措施予以应对的自然灾害、事故灾难、公共卫生事件和社会安全事件。按照社会危害程度、影响范围等因素，自然灾害、事故灾难、公共卫生事件分为特别重大、重大、较大和一般四级。法律、行政法规或者国务院另有规定的，从其规定。

2)突发事件应对工作实行预防为主、预防与应急相结合的原则。国家建立重大突发事件风险评估体系，对可能发生的突发事件进行综合性评估，减少重大突发事件的发生，最大限度地减轻重大突发事件的影响。

3)所有单位应当建立健全安全管理制度，定期检查本单位各项安全防范措施的落实情况，及时消除事故隐患；掌握并及时处理本单位存在的可能引发社会安全事件的问题，防止矛盾激化和事态扩大；对本单位可能发生的突发事件和采取安全防范措施的情况，应当按照规定及时向所在地人民政府或者人民政府有关部门报告。

4)矿山、建筑施工单位和易燃易爆物品、危险化学品、放射性物品等危险物品的生产、经营、储运、使用单位，应当制定具体应急预案，并对生产经营场所、有危险物品的建筑物、构筑物及周边环境开展隐患排查，及时采取措施消除隐患，防止发生突发事件。

(11)《中华人民共和国刑法》

《中华人民共和国刑法》于1979年7月1日由第五届全国人民代表大会第二次会议通过，2011年2月25日第十一届全国人民代表大会常委会第十九次会议修订，自公布之日起施行。

该法有关建筑安全生产的规定主要有：

第一百三十四条 工厂、矿山、林场、建筑企业或者其他企业、事业单位的职工，由于不服管理、违反规章制度，或者强令工人违章冒险作业，因而发生重大伤亡事故或者造成其他严重后果的，处三年以下有期徒刑或者拘役；情节特别恶劣的，处三年以上七年以下有期徒刑。

第一百三十五条 工厂、矿山、林场、建筑企业或者其他企业、事业单位的劳动安全设施不符合国家规定，经有关部门或者单位职工提出后，对事故隐患仍不采取措施，因而发生重大伤亡事故或者造成其他严重后果的，对直接责任人员，处三年以下有期徒刑或者拘役；情节特别恶劣的，处三年以上七年以下有期徒刑。

第一百三十六条 违反爆炸性、易燃性、放射性、毒害性、腐蚀性物品的管理规定，在生产、储存、运输、使用中发生重大事故，造成严重后果的，处三年以下有期徒刑或者拘役；后果特别严重的，处三年以上七年以下有期徒刑。

第一百三十七条 建设单位、设计单位、施工单位、工程监理单位违反国家规定，降低工程质量标准，造成重大安全事故的，对直接责任人员，处五年以下有期徒刑或者拘役，并处罚金；后果特别严重的，处五年以上十年以下有期徒刑，并处罚金。

第一百三十九条 违反消防管理法规，经消防监督机构通知采取改正措施而拒绝执行，造成严重后果的，对直接责任人员，处三年以下有期徒刑或者拘役；后果特别严重的，处三年以上七年以下有期徒刑。

第一百四十六条 生产不符合保障人身、财产安全的国家标准、行业标准的电器、压力容器、易燃易爆产品或者其他不符合保障人身、财产安全的国家标准、行业标准的产品，或者销售明知是以上不符合保障人身、财产安全的国家标准、行业标准的产品，造成严重后果的，处五年以下有期徒刑，并处销售金额百分之五十以上二倍以下罚金；后果特别严重的，处五年以上有期徒刑，并处销售金额百分之五十以上二倍以下罚金。

另外，根据1990年最高人民检察院发布的《人民检察院直接受理的侵犯公民民主权利、人身权利和渎职案件立案标准的规定》，对工厂、矿山、林场、建筑企业或者其他企业、事业单位的职工，以及群众合作经营组织或个体经营户的从业人员，由于不服从管理，违反规章制度，或者强令工人违章冒险作业，因而发生重大伤亡事故或者造成重大经济损失，具有下列行为之一的，应予立案：

1)致人死亡一人以上，或者致人重伤三人以上；

2)造成直接经济损失五万元以上的；

3)经济损失虽不足规定数额，但情节严重，使生产、工作受到重大损害的。

国家工作人员由于玩忽职守，致使公共财产、国家和人民利益遭受重大损失，具有下列行为之一的，应予立案：

1)由于玩忽职守，造成死亡一人以上，或者重伤三人以上的；

2)由于玩忽职守，造成直接经济损失五万元以上的；

3)玩忽职守造成经济损失虽不足规定数额，但情节恶劣，使工作、生产受到重大损害的；

4)由于玩忽职守，造成严重政治影响的。

2.7　建筑安全生产法规

在行政法规层面上，《建设工程安全生产管理条例》和《安全生产许可证条例》是建筑安全生产法规体系中主要的行政法规。

2.7.1　《建设工程安全生产管理条例》

《建设工程安全生产管理条例》是我国第一部有关建筑安全生产管理的行政法规，是《建筑法》、《安全生产法》等法律在建设领域的具体实施。该条例的主要内容有：

(1)明确了条例的立法目的

制定条例的目的是为了加强建设工程安全生产监督管理，保障人民群众生命和财产安全。

(2)明确了条例的调整范围

条例的调整范围是从事建设工程的新建、扩建、改建和拆除等有关活动和实施对建设工程安全生产监督管理活动的主体。

(3)明确了建设工程的安全生产管理方针

“安全第一、预防为主”是建设工程的安全生产管理方针。

(4)明确了建设工程安全生产责任主体

建设工程安全生产责任主体包括建设单位、勘察单位、设计单位、施工单位、工程监理单位以及设备材料供应单位、机械设备租赁单位、起重机械和整体提升脚手架、模板等自升式架设设施的安装、拆卸单位等与建设工程安全生产有关的单位。

(5)明确了建设工程安全生产各方责任主体的安全生产责任

其中,主要责任主体的安全生产责任有:

1)建设单位的安全生产责任:

①建设单位应当向施工单位提供施工现场及毗邻区域内供水、排水、供电、供气、供热、通信、广播电视等地下管线资料,气象和水文观测资料,相邻建筑物和构筑物、地下工程的有关资料,并保证资料的真实、准确、完整。

建设单位因建设工程需要,向有关部门或者单位查询前款规定的资料时,有关部门或者单位应当及时提供。

②建设单位不得对勘察、设计、施工、工程监理等单位提出不符合建设工程安全生产法律、法规和强制性标准规定的要求,不得压缩合同约定的工期。

③建设单位在编制工程概算时,应当确定建设工程安全作业环境及安全施工措施所需费用。

④建设单位不得明示或者暗示施工单位购买、租赁、使用不符合安全施工要求的安全防护用具、机械设备、施工机具及配件、消防设施和器材。

⑤建设单位在申请领取施工许可证时,应当提供建设工程有关安全施工措施的资料。

依法批准开工报告的建设工程,建设单位应当自开工报告批准之日起 15 日内,将保证安全施工的措施报送建设工程所在地的县级以上地方人民政府建设行政主管部门或者其他有关部门备案。

⑥建设单位应当将拆除工程发包给具有相应资质等级的施工单位。

建设单位应当在拆除工程施工 15 日前,将下列资料报送建设工程所在地的县级以上地方人民政府建设行政主管部门或者其他有关部门备案:

a. 施工单位资质等级证明;

b. 拟拆除建筑物、构筑物及可能危及毗邻建筑的说明;

c. 拆除施工组织方案;

d. 堆放、清除废弃物的措施。

2)工程监理单位的安全生产责任:

①审查施工组织设计中的安全技术措施或专项施工方案是否符合工程建设强制性标准;

②发现存在安全事故隐患时应当要求施工单位整改或暂停施工并报告建设单位;

③按照法律、法规和工程建设强制性标准实施监理;

④对建设工程安全生产承担监理责任。

3)施工单位的安全责任:

①施工单位从事建设工程的新建、扩建、改建和拆除等活动,应当具备国家规定的注册资本、专业技术人员、技术装备和安全生产等条件,依法取得相应等级的资质证书,并在其资质等级许可的范围内承揽工程。

②施工单位主要负责人依法对本单位的安全生产工作全面负责。施工单位应当建立健全安全生产责任制度和安全生产教育培训制度,制定安全生产规章制度和操作规程,保

证本单位安全生产条件所需资金的投入，对所承担的建设工程进行定期和专项安全检查，并做好安全检查记录。

③施工单位对列入建设工程概算的安全作业环境及安全施工措施所需费用，应当用于施工安全防护用具及设施的采购和更新、安全施工措施的落实、安全生产条件的改善，不得挪作他用。

④施工单位应当设立安全生产管理机构，配备专职安全生产管理人员。

专职安全生产管理人员负责对安全生产进行现场监督检查。发现安全事故隐患，应当及时向项目负责人和安全生产管理机构报告；对违章指挥、违章操作的，应当立即制止。

⑤建设工程实行施工总承包的，由总承包单位对施工现场的安全生产负总责。总承包单位应当自行完成建设工程主体结构的施工。

总承包单位依法将建设工程分包给其他单位的，分包合同中应当明确各自的安全生产方面的权利、义务。总承包单位和分包单位对分包工程的安全生产承担连带责任。

分包单位应当服从总承包单位的安全生产管理，分包单位不服从管理导致生产安全事故的，由分包单位承担主要责任。

⑥施工单位应当在施工组织设计中编制安全技术措施和施工现场临时用电方案，对下列达到一定规模的危险性较大的分部分项工程编制专项施工方案，并附具安全验算结果，经施工单位技术负责人、总监理工程师签字后实施，由专职安全生产管理人员进行现场监督：

a. 基坑支护与降水工程；

b. 土方开挖工程；

c. 模板工程；

d. 起重吊装工程；

e. 脚手架工程；

f. 拆除、爆破工程；

g. 国务院建设行政主管部门或者其他有关部门规定的其他危险性较大的工程。

⑦建设工程施工前，施工单位负责项目管理的技术人员应当对有关安全施工的技术要求向施工作业班组、作业人员作出详细说明，并由双方签字确认。

⑧施工单位应当在施工现场入口处、施工起重机械、临时用电设施、脚手架、出入通道口、楼梯口、电梯井口、孔洞口、桥梁口、隧道口、基坑边沿、爆破物及有害危险气体和液体存放处等危险部位，设置明显的安全警示标志。安全警示标志必须符合国家标准。

施工单位应当根据不同施工阶段和周围环境及季节、气候的变化，在施工现场采取相应的安全施工措施。施工现场暂时停止施工的，施工单位应当做好现场防护，所需费用由责任方承担，或者按照合同约定执行。

⑨施工单位对因建设工程施工可能造成损害的毗邻建筑物、构筑物和地下管线等，应当采取专项防护措施。

施工单位应当遵守有关环境保护法律、法规的规定，在施工现场采取措施，防止或者减少粉尘、废气、废水、固体废物、噪声、振动和施工照明对人和环境的危害和污染。

⑩作业人员应当遵守安全施工的强制性标准、规章制度和操作规程，正确使用安全防

护用具、机械设备等。

⑪施工单位采购、租赁的安全防护用具、机械设备、施工机具及配件，应当具有生产(制造)许可证、产品合格证，并在进入施工现场前进行查验。

施工现场的安全防护用具、机械设备、施工机具及配件必须由专人管理，定期进行检查、维修和保养，建立相应的资料档案，并按照国家有关规定及时报废。

⑫施工单位的主要负责人、项目负责人、专职安全生产管理人员应当经建设行政主管部门或者其他有关部门考核合格后方可任职。

施工单位应当对管理人员和作业人员每年至少进行一次安全生产教育培训，其教育培训情况记入个人工作档案。安全生产教育培训考核不合格的人员，不得上岗。

⑬施工单位在采用新技术、新工艺、新设备、新材料时，应当对作业人员进行相应的安全生产教育培训。

(6)对政府部门、企业及相关人员的建设工程安全生产和管理行为进行了全面规范，确立了 13 项主要制度

1)依法批准开工报告的建设工程和拆除工程备案制度。建设单位应当自开工报告批准之日起 15 日内，将保证安全施工的措施报送建设工程所在地的县级以上地方人民政府建设行政主管部门或者其他有关部门备案。建设单位应当在拆除工程施工 15 日前，将施工单位资质等级证明，拟拆除建筑物、构筑物及可能危及毗邻建筑的说明，拆除施工组织方案，以及堆放、清除废弃物的措施报送建设行政主管部门或其他有关部门备案。

2)“三类”人员考核任职制度。施工单位的主要负责人、项目负责人、专职安全生产管理人员应当经建设行政主管部门或者其他有关部门考核合格后方可任职。

3)特种作业人员持证上岗制度。垂直运输机械作业人员、起重机械安装拆卸工、爆破作业人员、起重信号工、登高架设作业人员等特种作业人员，必须按照国家有关规定经过专门的安全作业培训，并取得特种作业操作资格证书后，方可上岗作业。

4)施工起重机械使用登记制度。施工单位应当自施工起重机械和整体提升脚手架、模板等自升式架设设施验收合格之日起 30 日内，向建设行政主管部门或者其他有关部门登记。

5)政府安全监督检查制度。县级以上人民政府负有建设工程安全生产监督管理职责的部门在各自的职责范围内履行安全监督检查职责时，有权纠正施工中违反安全生产要求的行为，责令立即排除检查中发现的安全事故隐患，对重大隐患可以责令暂时停止施工。

建设行政主管部门或者其他有关部门可以将施工现场的安全监督检查委托给建设工程安全监督机构具体实施。

6)危及施工安全工艺、设备、材料淘汰制度。国家对严重危及施工安全的工艺、设备、材料实行淘汰制度。

7)生产安全事故报告制度。施工单位发生生产安全事故，要及时、如实向当地安全生产监督部门和建设行政管理部门报告。实行总承包的由总包单位负责上报。

8)企业安全生产责任制度。即按照“安全第一，预防为主”方针，将企业各级负责人、各职能机构及其工作人员和各岗位作业人员在安全生产方面应做的工作及应负的责任加

以明确规定的一种制度。通过制定安全生产责任制，建立一种分工明确、运行有效、责任落实，能够充分发挥作用的、长效的安全生产机制，把安全生产工作落到实处。

9)企业安全生产教育培训制度。施工单位应当建立健全安全生产教育培训制度，加强对职工安全生产的教育培训管理，从资金、人力、物力和时间等方面给予保障，确保安全教育培训质量和覆盖面。安全教育培训内容主要有：三级安全教育、岗位安全培训，年度安全教育培训，变换工种、变换工地的安全培训教育，采用新技术、新工艺、新设备、新材料的安全培训教育和经常性的安全教育培训。

10)专项施工方案审查与专家论证制度：

①专项施工方案审查制度。施工单位应当在施工组织设计中编制安全技术措施和施工现场临时用电方案，对达到一定规模的危险性较大的基坑支护与降水工程、土方开挖工程、模板工程、起重吊装工程、脚手架工程、拆除与爆破工程以及国务院建设行政主管部门或者其他有关部门规定的其他危险性较大的工程编制专项施工方案，并附具安全验算结果，经施工单位技术负责人、总监理工程师签字后实施，由专职安全生产管理人员进行现场监督执行。

②专家论证审查制度。施工单位应当对达到一定规模的危险性较大的深基坑、地下暗挖工程、高大模板工程编制专项施工方案，并组织专家进行论证、审查。

11)施工现场消防安全责任制度。施工单位应当在施工现场建立消防安全责任制度，确定消防安全责任人，制定用火、用电、使用易燃易爆材料等各项消防安全管理制度和操作规程，设置消防通道、消防水源，配备消防设施和灭火器材，并在施工现场入口处设置明显标志。

12)意外伤害保险制度。施工单位应当为施工现场从事危险作业的人员办理意外伤害保险，支付保险费用。实行施工总承包的，由总承包单位支付意外伤害保险费。

13)生产安全事故应急救援制度。施工单位应当制订本单位生产安全事故应急救援预案，建立应急救援组织或者配备应急救援人员，配备必要的应急救援器材、设备，并定期组织演练。

同时，条例对建设领域目前实施的市场准入制度中施工企业资质和施工许可制度，作了补充和完善。明确规定安全生产条件作为施工企业资质必要条件；明确在建设行政主管部门审核发放施工许可证时，对建设工程是否有安全施工措施进行审查，没有安全施工措施的，不得颁发施工许可证。

2.7.2 《安全生产许可证条例》

《安全生产许可证条例》(国务院令第397号)经2004年1月7日国务院第三十四次常务会议通过，于2004年1月13日公布施行。该条例确立了企业安全生产的准入制度，对矿山企业、建筑施工企业和危险化学品、烟花爆竹、民用爆破器材生产企业实行安全生产许可制度。企业取得安全生产许可证应当具备以下安全生产条件：

(1)建立健全安全生产责任制，制定完备的安全生产规章制度和操作规程；

(2)安全投入符合安全生产要求；

(3)设置安全生产管理机构，配备专职安全生产管理人员；

(4)主要负责人和安全生产管理人员经考核合格；

(5)特种作业人员经有关业务主管部门考核合格，取得特种作业操作资格证书；

(6)从业人员经安全生产教育和培训合格；

(7)依法参加工伤保险，为从业人员缴纳保险费；

(8)厂房、作业场所和安全设施、设备、工艺符合有关安全生产法律、法规、标准和规程的要求；

(9)有职业危害防治措施，并为从业人员配备符合国家标准或者行业标准的劳动防护用品；

(10)依法进行安全评价；

(11)有重大危险源检测、评估、监控措施和应急预案；

(12)有生产安全事故应急救援预案、应急救援组织或者应急救援人员，配备必要的应急救援器材、设备；

(13)法律、法规规定的其他条件。

2.7.3 《生产安全事故报告和调查处理条例》

1989 年 3 月 29 日国务院发布了《特别重大事故调查程序暂行规定》(国务院令第 34 号)，1991 年 2 月 22 日公布了《企业职工伤亡事故报告和处理规定》(国务院令第 75 号)，上述两条例对各类企业发生的各类职工伤亡事故从报告、调查到处理的各个程序进行了规范。住房与城乡建设部依据国家有关法规于 1989 年 9 月 30 日发布了《工程建设重大事故报告和调查程序规定》(住房与城乡建设部令第 3 号)，对工程建设重大事故的报告、现场保护和调查程序作了相应规定。2007 年 3 月 28 日国务院发布了《生产安全事故报告和调查处理条例》(国务院令第 493 号)，自 2007 年 6 月 1 日起施行，国务院第第 34 号、第 75 号令同时废止。住房与城乡建设部依据国务院第 493 号令，于 2007 年 11 月 9 日颁发了《关于进一步规范房屋建筑和市政工程生产安全事故报告和调查处理工作的若干意见》，明确了房屋建筑和市政工程生产安全事故报告和调查处理。

1.事故的等级

建筑生产安全事故的分级在过去与现在，亦即《生产安全事故报告和调查处理条例》有所不同。在条例颁布之前，“工程建设过程中，由于责任过失造成工程倒塌或报废、机械设备毁坏和安全设施失当造成人身伤亡或者重大经济损失的事故”，统称为重大事故，分为四个等级：一级重大事故，死亡 30 人以上，或者直接经济损失 300 万元以上；二级重大事故，死亡 10 人以上 29 人以下，或者直接经济损失 100 万元以上，不满 300 万元；三级重大事故，死亡 3 人以上 9 人以下，或者重伤 20 人以上，或者直接经济损失 30 万元以上，不满 100 万元；四级重大事故，死亡 2 人以下，或者重伤 3 人以上 19 人以下，或者直接经济损失 10 万元以上，不满 30 万元。

根据《生产安全事故报告和调查处理条例》，住房与城乡建设部在印发的《关于进一步规范房屋建筑和市政工程生产安全事故报告和调查处理工作的若干意见》中对建筑生产安全事故等级又重新进行了划分，根据生产安全事故造成的人员伤亡或者直接经济损失，也分为四个等级：

特别重大事故，是指造成30人以上死亡，或者100人以上重伤（包括急性工业中毒，下同），或者1亿元以上直接经济损失的事故；

重大事故，是指造成10人以上30人以下死亡，或者50人以上100人以下重伤，或者5 000万元以上1亿元以下直接经济损失的事故；

较大事故，是指造成3人以上10人以下死亡，或者10人以上50人以下重伤，或者1 000万元以上5 000万元以下直接经济损失的事故；

一般事故，是指造成3人以下死亡，或者10人以下重伤，或者1 000万元以下直接经济损失的事故。

2.事故报告

（1）事故报告的时限

1）施工单位报告的时限

事故发生后，事故现场有关人员应当立即向施工单位负责人报告；施工单位负责人接到报告后，应当于1小时内向事故发生地县级以上人民政府建设主管部门和有关部门报告。

情况紧急时，事故现场有关人员可以直接向事故发生地县级以上人民政府建设主管部门和有关部门报告。

实行施工总承包的建设工程，由总承包单位负责上报事故。

2）建设主管部门报告的时限

建设主管部门接到事故报告后，应当依照下列规定上报事故情况，并通知安全生产监督管理部门、公安机关、劳动保障行政主管部门、工会和人民检察院：

①较大事故、重大事故及特别重大事故逐级上报至国务院建设主管部门；

②一般事故逐级上报至省、自治区、直辖市人民政府建设主管部门；

③建设主管部门依照本条规定上报事故情况，应当同时报告本级人民政府。国务院建设主管部门接到重大事故和特别重大事故的报告后，应当立即报告国务院。

必要时，建设主管部门可以越级上报事故情况。

建设主管部门按照本规定逐级上报事故情况时，每级上报的时间不得超过2小时。

（2）事故报告的内容

建筑施工事故报告一般应当包括下列内容：

1）事故发生的时间、地点和工程项目、有关单位名称；

2）事故的简要经过；

3）事故已经造成或者可能造成的伤亡人数（包括下落不明的人数）和初步估计的直接经济损失；

4）事故的初步原因；

5）事故发生后采取的措施及事故控制情况；

6）事故报告单位或报告人员；

7）其他应当报告的情况。

8）事故报告应当及时、准确、完整，任何单位和个人对事故不得迟报、漏报、谎报或者瞒报。事故报告后出现新情况，以及事故发生之日起30日内伤亡人数发生变化的，应当及时补报。

(3)事故发生后采取的措施

事故发生单位负责人接到事故报告后，应当立即启动事故相应应急预案，或者采取有效措施，组织抢救，防止事故扩大，减少人员伤亡和财产损失。同时，还应当妥善保护事故现场以及相关证据，任何单位和个人不得破坏事故现场、毁灭相关证据。因抢救人员、防止事故扩大以及疏通交通等原因，需要移动事故现场物件的，应当做出标志，绘制现场简图并做出书面记录，妥善保存现场重要痕迹、物证，有条件的可以拍照或录相。

3.事故调查和处理

(1)事故调查组的组成

当前，生产安全事故由人民政府负责组织调查。按照有关人民政府的授权或委托，建设主管部门组织事故调查组对建筑施工生产安全事故进行调查。

特别重大事故由国务院或者国务院授权有关部门组织事故调查组进行调查。重大事故、较大事故、一般事故分别由事故发生地省级、设区的市级人民政府、县级人民政府负责调查。省级人民政府、设区的市级人民政府、县级人民政府可以直接组织事故调查组进行调查，也可以授权或者委托有关部门组织事故调查组进行调查。未造成人员伤亡的一般事故，县级人民政府也可以委托事故发生单位组织事故调查组进行调查。

根据事故的具体情况，事故调查组由有关人民政府、安全生产监督管理部门、负有安全生产监督管理职责的有关部门、监察机关、公安机关以及工会派人组成，并应当邀请人民检察院派人参加。事故调查组可以聘请有关专家参与调查。但事故调查组成员应当具有事故调查所需要的知识和专长，并与所调查的事故没有直接利害关系。事故调查组组长由负责事故调查的人民政府指定。事故调查组组长主持事故调查组的工作。

上级人民政府认为必要时，可以调查由下级人民政府负责调查的事故。自事故发生之日起30日内，因事故伤亡人数变化导致事故等级发生变化，应当由上级人民政府负责调查的，上级人民政府可以另行组织事故调查组进行调查。

特别重大事故以下等级事故，事故发生地与事故发生单位不在同一个县级以上行政区域的，由事故发生地人民政府负责调查，事故发生单位所在地人民政府应当派人参加。

(2)事故调查组的职责

对于建筑施工生产安全事故，事故调查组应当履行下列职责：

1)核实事故项目基本情况，包括项目履行法定建设程序情况、参与项目建设活动各方主体履行职责的情况；

2)查明事故发生的经过、原因、人员伤亡及直接经济损失，并依据国家有关法律法规和技术标准分析事故的直接原因和间接原因；

3)认定事故的性质，明确事故责任单位和责任人员在事故中的责任；

4)依照国家有关法律法规对事故的责任单位和责任人员提出处理建议；

5)总结事故教训，提出防范和整改措施；

6)提交事故调查报告。

事故调查组有权向有关单位和个人了解与事故有关的情况，并要求其提供相关文件、资料，有关单位和个人不得拒绝。事故发生单位的负责人和有关人员在事故调查期间不得擅离职守，并应当随时接受事故调查组的询问，如实提供有关情况。

事故调查中发现涉嫌犯罪的，事故调查组应当及时将有关材料或者其复印件移交司法机关处理。事故调查组成员在事故调查工作中应当诚信公正、恪尽职守，遵守事故调查组的纪律，保守事故调查的秘密。未经事故调查组组长允许，事故调查组成员不得擅自发布有关事故的信息。

事故调查中需要进行技术鉴定的，事故调查组应当委托具有国家规定资质的单位进行技术鉴定。必要时，事故调查组可以直接组织专家进行技术鉴定。

(3)事故调查报告

1)事故调查报告的内容

事故调查报告应当包括下列内容：

①事故发生单位概况；

②事故发生经过和事故救援情况；

③事故造成的人员伤亡和直接经济损失；

④事故发生的原因和事故性质；

⑤事故责任的认定以及对事故责任者的处理建议；

⑥事故防范和整改措施。

事故调查报告应当附具有关证据材料。事故调查组成员应当在事故调查报告上签名。

2)事故调查的期限

事故调查组应当自事故发生之日起60日内提交事故调查报告；特殊情况下，经负责事故调查的人民政府批准，提交事故调查报告的期限可以适当延长，但延长的期限最长不超过60日。事故调查中需要进行技术鉴定的，技术鉴定所需时间不计入事故调查期限。

事故调查报告报送负责事故调查的人民政府后，事故调查工作即告结束。事故调查的有关资料应当归档保存。

(4)事故处理

1)事故调查报告的批复

重大事故、较大事故、一般事故，负责事故调查的人民政府应当自收到事故调查报告之日起15日内做出批复；特别重大事故，30日内做出批复，特殊情况下，批复时间可以适当延长，但延长的时间最长不超过30日。

2)事故的处理

有关机关应当按照人民政府的批复，依照法律、行政法规规定的权限和程序，对事故发生单位和有关人员进行行政处罚，对负有事故责任的国家工作人员进行处分。

对发生的建筑施工生产安全事故，建设主管部门应当依据有关人民政府对事故的批复和有关法律法规的规定，对事故相关责任者实施行政处罚。处罚权限不属本级建设主管部门的，应当在收到事故调查报告批复后15个工作日内，将事故调查报告、结案批复、本级建设主管部门对有关责任者的处理建议等转送有权限的建设主管部门。

建设主管部门应当依照有关法律法规的规定，对因降低安全生产条件导致事故发生的施工单位给予暂扣或吊销安全生产许可证的处罚；对事故负有责任的相关单位给予罚款、停业整顿、降低资质等级或吊销资质证书的处罚。对事故发生负有责任的注册执业资格人员给予罚款、停止执业或吊销其注册执业资格证书的处罚。

事故发生单位应当按照负责事故调查的人民政府的批复，对本单位负有事故责任的人员进行处理。负有事故责任的人员涉嫌犯罪的，依法追究刑事责任。同时，事故发生单位应当认真吸取事故教训，落实防范和整改措施，防止事故再次发生。防范和整改措施的落实情况应当接受工会和职工的监督。

(5)事故的统计

建设主管部门除按上述规定上报生产安全事故外，还应当按照有关规定将一般及以上生产安全事故通过《建设系统安全事故和自然灾害快报系统》上报至国务院建设主管部门。对于经调查认定为非生产安全事故的，建设主管部门应在事故性质认定后10个工作日内将有关材料报上一级建设主管部门。

2.7.4 《国务院关于特大安全事故行政责任追究的规定》

《国务院关于特大安全事故行政责任追究的规定》于2001年4月21日由国务院令第302号公布，自公布之日起施行。

该规定对各级政府部门对特大安全事故的预防和处理职责作了相应规定，突出了对特大安全事故责任人的行政责任进行追究。主要内容如下：

(1)对各级政府部门预防特大安全事故的规定

1)地方各级人民政府应当每个季度至少召开一次防范特大安全事故工作会议，分析、布置、督促、检查本地区防范特大安全事故的工作。

2)市、县人民政府应当对本地区容易发生特大安全事故的单位、设施和场所安全事故的防范明确责任、采取措施，并组织有关部门对上述单位、设施和场所进行严格检查。发现特大安全事故隐患的，责令立即排除。

3)市、县人民政府必须制订本地区特大安全事故应急处理预案。

4)依法对涉及安全生产事项负责行政审批的政府部门或者机构，必须严格依照法律、法规和规章规定的安全条件和程序进行审查；不符合法律、法规和规章规定的安全条件的，不得批准。

(2)对各级政府部门处理特大安全事故的规定

1)地方各级人民政府及其有关部门应当依照有关法律、法规和规章的规定，采取行政措施，对本地区实施安全监督管理，保障本地区人民群众生命、财产安全，对本地区或者职责范围内防范特大安全事故的发生、特大安全事故发生后的迅速和妥善处理负责。

2)特大安全事故发生后，有关地方人民政府应当迅速组织救助，有关部门应当服从指挥、调度，参加或者配合救助，将事故损失降到最低限度。

3)特大安全事故发生后，省、自治区、直辖市人民政府应当按照国家有关规定迅速、如实发布事故消息。

4)特大安全事故发生后，按照国家有关规定组织调查组对事故进行调查，由调查组提出调查报告。调查报告应当包括依照本规定对有关责任人员追究行政责任或者其他法律责任的意见。省、自治区、直辖市人民政府应当自调查报告提交之日起30日内，对有关责任人员作出处理决定；必要时，国务院可以对特大安全事故的有关责任人员作出处理决定。

(3)各级政府部门负责人应承担的特大安全事故法律责任

1)发生特大安全事故，社会影响特别恶劣或者性质特别严重的，由国务院对负有领导责任的省长、自治区主席、直辖市市长和国务院有关部门正职负责人给予行政处分。

2)特大安全事故发生后，有关地方人民政府及其有关部门隐瞒不报、谎报或者拖延报告的，对政府主要领导人和政府部门正职负责人给予降级的行政处分。

3)市、县人民政府未履行或者未按照规定的职责和程序履行依照该规定应当履行的职责，本地区发生特大安全事故的，对政府主要领导人，根据情节轻重，给予降级或者撤职的行政处分；构成玩忽职守罪的，依法追究刑事责任。

4)负责行政审批的政府部门或者机构、负责安全监督管理的政府有关部门，未依照该规定履行职责，发生特大安全事故的，对部门或者机构的正职负责人，根据情节轻重，给予撤职或者开除公职的行政处分；构成玩忽职守罪或者其他罪的，依法追究刑事责任。

2.7.5 《特种设备安全监察条例》

《特种设备安全监察条例》于2003年2月19日经国务院第68次常务会议通过，2003年3月11日由国务院令第373号公布，根据2009年1月24日《国务院关于修改〈特种设备安全监察条例〉的决定》修订，自2009年5月1日起施行。

该条例对特种设备的生产、使用、检验检测和监督检查等方面作了相应规定。该条例第三条第3款作了特别规定："房屋建筑工地和市政工程工地用起重机械、场(厂)内专用机动车辆的安装、使用的监督管理，由建设行政主管部门依照有关法律、法规的规定执行。"

2.7.6 《工伤保险条例》

该条例由国务院令第375号公布，《国务院关于修改〈工伤保险条例〉的决定》已经2010年12月8日通过，自2011年1月1日起施行。

(1)工伤认定

职工有下列情形之一的，应当认定为工伤：

1)在工作时间和工作场所内，因工作原因受到事故伤害的；

2)工作时间前后在工作场所内，从事与工作有关的预备性或者收尾性工作受到事故伤害的；

3)在工作时间和工作场所内，因履行工作职责受到暴力等意外伤害的；

4)患职业病的；

5)因工外出期间，由于工作原因受到伤害或者发生事故下落不明的；

6)在上下班途中，受到非本人主要责任的交通事故或者城市轨道交通、客运轮渡、火车事故伤害的；

7)法律、行政法规规定应当认定为工伤的其他情形。

(2)工伤保险待遇

1)职工因工作遭受事故伤害或者患职业病进行治疗,享受工伤医疗待遇。

职工治疗工伤应当在签订服务协议的医疗机构就医,情况紧急时可以先到就近的医疗机构急救。

2)治疗工伤所需费用符合工伤保险诊疗项目目录、工伤保险药品目录、工伤保险住院服务标准的,从工伤保险基金支付。工伤保险诊疗项目目录、工伤保险药品目录、工伤保险住院服务标准,由国务院社会保险行政部门会同国务院卫生行政部门、食品药品监督管理部门等部门规定。

3)职工住院治疗工伤的伙食补助费,以及经医疗机构出具证明,报经办机构同意,工伤职工到统筹地区以外就医所需的交通、食宿费用从工伤保险基金支付,基金支付的具体标准由统筹地区人民政府规定。

4)工伤职工治疗非工伤引发的疾病,不享受工伤医疗待遇,按照基本医疗保险办法处理。

工伤职工到签订服务协议的医疗机构进行工伤康复的费用,符合规定的,从工伤保险基金支付。

2.7.7 《城市房屋拆迁管理条例》

该条例由国务院于 2001 年 6 月 6 日第 305 号通过,自 2001 年 11 月 1 日起施行。

拆迁范围确定后,拆迁范围内的单位和个人,不得进行下列活动:

(1)新建、扩建、改建房屋;

(2)改变房屋和土地用途;

(3)租赁房屋。

房屋拆迁管理部门应当就前款所列事项,书面通知有关部门暂停办理相关手续。暂停办理的书面通知应当载明暂停期限。暂停期限最长不得超过一年;拆迁人需要延长暂停期限的,必须经房屋拆迁管理部门批准,延长暂停期限不得超过一年。

2.8 建筑安全生产地方性法规

地方性建筑安全生产法规,在我省主要有《山东省建筑市场管理条例》和《山东省实施〈中华人民共和国大气污染防治法〉办法》。

2.8.1 《山东省建筑市场管理条例》

《山东省建筑市场管理条例》于 1996 年 10 月 14 日经山东省第八届人民代表大会常务委员会第 24 次会议通过,自 1996 年 12 月 1 日起施行。根据 2002 年 7 月 27 日山东省第九届人民代表大会常务委员会第三十次会议《关于修改〈山东省城镇国有土地使用权出让和转让办法〉等二十四件地方性法规的决定》进行第一次修正,根据 2004 年 7 月 30 日山东省第十届人民代表大会常务委员会第九次会议《关于修改〈山东省水路交通管理条例〉等十二件地方性法规的决定》进行第二次修正,根据 2010 年 9 月 29 日山东省第十一届人民代表大会常务委员会第十九次会议《关于修改〈山东省乡镇人民代表大会工作若干规定〉等20件地方性法规的决定》进行第三次修正。

该条例主要对从事建筑经营活动的单位资质管理、工程承发包管理、工程合同与造价管理、工程安全生产和质量管理等工程建设方面的问题进行了规范。有关安全生产方面的规定主要有：

(1)确立了安全生产的方针

建设工程安全生产管理应当坚持安全第一，预防为主的方针。

(2)对施工企业实行资格管理

建设工程施工单位应当按规定取得安全生产资格，遵守有关安全生产的法律、法规和施工现场安全技术规范、管理规程和规定，在施工现场采取维护安全、防范危险、预防火灾等措施，并对施工现场实行封闭管理。

(3)要求单位具备安全条件

建设单位应当为施工单位提供必要的安全作业环境和相关的地下管线资料。施工单位应当采取措施保证施工现场及地下管线的安全，其所需费用由建设单位负责。

(4)明确了作业人员的安全生产权利

施工单位及其作业人员在施工过程中，有权拒绝执行违章命令，有权对影响人身健康的作业程序和作业条件提出改进意见，有权获得必要的劳动安全防护用品，有权对危及生命安全和身体健康的行为提出批评、检举和控告。

(5)确立了生产安全事故报告制度

施工中发生事故时，施工单位应当及时采取减少人身伤亡和事故损失的措施，并按照国家有关规定及时向有关部门报告。

2.8.2 《山东省安全生产条例》

《山东省安全生产条例》于2006年3月30日由山东省第十届人民代表大会常务委员会第十九次会议通过，自2006年6月1日起实施。

为了加强安全生产监督管理，防止和减少生产安全事故，保障人民群众生命和财产安全，我省根据《中华人民共和国安全生产法》等有关法律、法规，结合自身实际，制定本条例。条例规定：

(1)从业人员的权利

从业人员应当增强自我保护意识，严格遵守安全生产法律、法规和本单位的安全生产规章制度以及操作规程，正确佩戴和使用劳动防护用品。

生产经营单位不得因从业人员对本单位安全生产工作提出批评、检举、控告或者拒绝违章指挥、强令超强度劳动、强令冒险作业而降低其工资、福利等待遇或者解除与其订立的劳动合同。

(2)生产经营单位防范危险、保障安全的措施

1)建立运行管理档案，对运行情况进行全程监控；

2)定期对设施、设备进行检测、检验；

3)定期检查重大危险源的安全状态；

4)制定专门的应急救援预案,定期组织应急救援演练。

生产经营单位应当至少每半年向安全生产监督管理部门和其他有关部门报告重大危险源监控措施的实施情况。

(3)安全的距离要求

新建、改建、扩建危险物品的生产、经营、储存场所和使用数量构成重大危险源的设施,必须与居民区、学校、集贸市场及其他公众聚集的建筑物保持国家规定的安全距离。对已建成的不符合安全距离要求的建筑物或者设施,由县级以上人民政府有关部门根据有关规定责令限期整改,需要拆除或者搬迁的,报本级人民政府批准后实施。

在重大危险源、高压输电线路和输油、输气管道等场所和设施的安全距离范围内,任何单位和个人不得新建建筑物、构筑物。

2.8.3 《山东省实施〈中华人民共和国大气污染防治法〉办法》

《山东省实施〈中华人民共和国大气污染防治法〉办法》于2001年4月6日经山东省九届人大常委会第二十次会议通过,自2001年6月1日起实施。该办法规定,在城市建成区内建设施工的,应当统筹设计、科学施工、合理限定工期,并遵守下列规定:

(1)施工工地周边应当设置高度1.8 m以上的围挡,不得高空抛撒建筑垃圾。对土堆、散料应当采取遮盖或者洒水措施。

(2)建筑垃圾应当及时清运,日产日清,装卸车不得凌空抛撒,车辆不得沾带泥土驶出施工工地。

(3)混凝土浇注量在100 m^3 以上的施工工地,应当使用预搅拌混凝土。采用现场搅拌的,必须采取防止扬尘污染措施。

(4)拆迁造成扬尘的,应当随拆随洒水。

(5)在道路上施工应当实行封闭式作业。施工弃土、废料必须及时清运。堆放施工弃土、散料的,应当采取洒水或者遮盖等措施防止扬尘污染。

2.9 建筑安全生产规章

有关安全生产的规章主要有《实施工程建设强制性标准监督规定》、《建筑工程施工许可管理办法》、《建施工企业安全生产许可证管理规定》、《山东省建筑安全生产管理规定》和《山东省实施〈城市市容和环境卫生管理条例〉办法》等。

2.9.1 《实施工程建设强制性标准监督规定》

《实施工程建设强制性标准监督规定》于2000年8月21日以原建设部令第81号发布,自2000年8月25日起施行。主要规定了各级建设行政主管部门对工程参建各方实施工程建设强制性标准条文情况实施监督管理,明确了各级建筑安全监督管理机构负责对工程建设施工阶段执行施工安全强制性标准的情况进行监督。强制性标准监督检查的内容包括:

(1)有关工程技术人员是否熟悉、掌握强制性标准；

(2)工程项目的规划、勘察、设计、施工、验收等是否符合强制性标准的规定；

(3)工程项目采用的材料、设备是否符合强制性标准的规定；

(4)工程项目的安全、质量是否符合强制性标准的规定；

(5)工程中采用的导则、指南、手册、计算机软件的内容是否符合强制性标准的规定。

2.9.2 《建筑工程施工许可管理办法》

《建筑工程施工许可管理办法》于2001年7月4日以原建设部令第91号发布，自发布之日起施行。

该办法规定建设单位在开工前应当依照规定向工程所在地的县级以上人民政府建设行政主管部门申请领取施工许可证。

该办法第四条规定：建设单位申请领取施工许可证时，其提交的证明文件应当有保证工程质量和安全的具体措施；施工企业编制的施工组织设计中有根据建筑工程特点制定的相应质量、安全技术措施；专业性较强的工程项目编制的专项质量、安全施工组织设计。并规定应当按照有关规定办理了工程质量、安全监督手续。

2.9.3 《建筑施工企业安全生产许可证管理规定》

《建筑施工企业安全生产许可证管理规定》于2004年6月29日以原建设部令第128号发布，自2004年7月5日起施行。

该规定明确了国家对建筑施工企业实行安全生产许可制度，建筑施工企业未取得安全生产许可证的，不得从事建筑施工活动。取得安全生产许可证应当具备的安全生产条件：

(1)建立健全安全生产责任制，制定完备的安全生产规章制度和操作规程；

(2)保证本单位安全生产条件所需资金的投入；

(3)设置安全生产管理机构，按照国家有关规定配备专职安全生产管理人员；

(4)主要负责人、项目负责人、专职安全生产管理人员经建设主管部门或者其他有关部门考核合格；

(5)特种作业人员经有关业务主管部门考核合格，取得特种作业操作资格证书；

(6)管理人员和作业人员每年至少进行一次安全生产教育培训并考核合格；

(7)依法参加工伤保险，依法为施工现场从事危险作业的人员办理意外伤害保险，为从业人员交纳保险费；

(8)施工现场的办公、生活区及作业场所和安全防护用具、机械设备、施工机具及配件符合有关安全生产法律、法规、标准和规程的要求；

(9)有职业危害防治措施，并为作业人员配备符合国家标准或者行业标准的安全防护用具和安全防护服装；

(10)有对危险性较大的分部分项工程及施工现场易发生重大事故的部位、环节的预防、监控措施和应急预案；

(11)有生产安全事故应急救援预案、应急救援组织或者应急救援人员，配备必要的应急救援器材、设备；

(12)法律、法规规定的其他条件。

2.9.4 《山东省建筑安全生产管理规定》

《山东省建筑安全生产管理规定》于2002年1月7日以省政府令第132号发布，自2002年2月1日起施行。2004年7月15日修订后的规定以省政府令第172号发布。

该规定是根据《建筑法》、《建设工程质量管理条例》和《山东省建筑市场管理条例》等法律法规，全面总结改革开放以来山东省建筑安全生产工作管理经验的基础上制定的，是山东省第一部专门针对建筑安全生产管理的政府规章。它的颁布实施，标志着山东省建筑安全生产管理工作初步走上了规范化、法制化轨道。其主要内容包括：

(1)明确了建筑安全生产的统一管理；

(2)明确了建筑工程参建单位的安全生产责任和义务；

(3)规范了市场主体的安全生产行为；

(4)明确了建设行政主管部门对建筑安全生产的监督责任；

(5)明确了建设行政主管部门和建筑工程参建单位的法律责任。

2.9.5 《山东省实施〈城市市容和环境卫生管理条例〉办法》

《山东省实施〈城市市容和环境卫生管理条例〉办法》于1995年5月2日由省政府以鲁政发〔1995〕49号文发布，1995年6月1日起施行。

该办法对建筑施工单位在城市市容和环境卫生管理方面提出以下要求：

(1)临街施工现场，必须设置明显标志并进行围挡；

(2)施工现场的材料和机具应当堆放整齐；

(3)施工建筑废渣必须及时清除，不得影响市容；

(4)施工废水须经沉淀后方能排入下水管道，严禁施工废水冒溢；

(5)停工场地应当及时整理并作必要的覆盖；

(6)竣工后，要及时清理和平整场地。

2.9.6 《山东省生产安全事故报告和调查处理办法》

《山东省生产安全事故报告和调查处理办法》经2011年5月17日山东省人民政府第100次常务会议通过，2011年6月22日山东省人民政府令第236号公布。该《办法》分总则、事故报告、事故调查、事故处理、责任追究、附则6章43条，自2011年8月1日起施行。

为了规范生产安全事故的报告和调查处理，落实生产安全事故责任追究制度，防止和减少生产安全事故，根据《中华人民共和国安全生产法》、《生产安全事故报告和调查处理条例》等法律、法规，结合本省实际，制定本办法。

(1)事故报告

事故报告应当包括下列内容：

1)事故发生单位的名称、地址、性质、产能等基本情况；

2)事故发生的时间、地点以及事故现场情况；

3)事故的简要经过；

4)事故已经造成或者可能造成的伤亡人数(包括下落不明的人数)和初步估计的直接经济损失；

5)已经采取的措施；

6)其他应当报告的情况。

事故快报的内容可以适当简化；具体情况暂时不清楚的，可以先报事故总体情况。

事故发生后，有关单位和个人应当严格按照规定报告，不得有下列行为：

1)超过规定时限报告事故；

2)漏报事故或者事故发生的时间、地点、类别、伤亡人数、直接经济损失等内容；

3)不如实报告事故发生的时间、地点、类别、伤亡人数、直接经济损失等内容；

4)故意隐瞒已经发生的事故。

自事故发生之日起 30 日内，事故造成的伤亡人数发生变化的，应当及时补报。道路交通事故、火灾事故自发生之日起 7 日内，事故造成的伤亡人数发生变化的，应当及时补报。

(2)事故调查

事故调查应当按照事故的等级分级组织。重大事故、较大事故、一般事故分别由省、设区的市、县(市、区)人民政府负责调查。县级以上人民政府可以直接组织事故调查组进行调查，也可以授权或者委托有关部门组织事故调查组进行调查。

重大事故、较大事故可以成立事故调查处理领导小组，由政府主要负责人或者分管负责人担任组长，有关部门主要负责人或者分管负责人参加。

经济技术开发区、高新技术开发区等经济功能区内发生的事故，由对该经济功能区有管辖权的县级以上人民政府负责组织事故调查。事故等级超过本级人民政府调查权限的，按照第一款规定组织事故调查。

事故发生地与事故发生单位不在同一个行政区域的，由事故发生地人民政府负责调查，事故发生单位所在地人民政府派人参加。

直接经济损失在 100 万元以下且未造成人员死亡或者重伤的一般事故，由县(市、区)人民政府委托事故发生单位自行组织事故调查组进行调查，事故发生单位应当将事故调查报告报其所在地县(市、区)人民政府安全生产监督管理部门备案。

(3)事故处理

重大事故、较大事故、一般事故的事故调查报告，由负责组织事故调查的人民政府依照有关规定履行相关程序后，于收到事故调查报告之日起 15 日内批复给下级有关人民政府、事故调查组的有关成员单位和事故发生单位。

有关机关应当按照批复意见，依法对事故发生单位及其有关人员进行行政处罚，对负有事故责任的国家工作人员进行处分，并监督有关整改措施的落实。对涉嫌犯罪的事故责任人员，移送司法机关依法处理。

2.9.7 《山东省高温天气劳动保护办法》

《山东省高温天气劳动保护办法》已于 2011 年 7 月 25 日省政府第 105 次常务会议通

过，现予公布，自公布之日起施行。

为了规范高温天气劳动保护工作，保障劳动者身体健康和生命安全，根据国家有关规定，结合本省实际，制定本办法。办法规定：

(1)高温天气是指县级以上气象主管机构所属气象台站发布的日最高气温达到 35℃以上的天气。

(2)用人单位应当建立健全防暑降温工作制度，落实相关措施，保障劳动者身体健康和生命安全。

(3)用人单位在下列高温天气期间，应当合理安排工作时间，减轻劳动强度，采取有效措施，保障劳动者身体健康和生命安全：

1)日最高气温达到 40℃以上，当日应当停止工作；

2)日最高气温达到 37℃以上至 40℃以下，全天户外露天作业时间不得超过 5 小时，11 时至 16 时应当暂停户外露天作业；

3)日最高气温达到 35℃以上至 37℃以下，用人单位应当采取换班轮休等方式，缩短连续作业时间，并且不得安排户外露天作业劳动者加班加点。

用人单位采取空调降温等措施，使工作场所温度低于 33℃的，以及因行业特点不能停工或者因生产、人身财产安全和公众利益需要紧急处理的，不适用前款规定。

(4)劳动者应当服从用人单位在高温天气期间合理调整作息时间或者工作岗位的安排。

(5)任何组织或者个人对违反本办法的行为有权向有关部门举报、投诉；新闻媒体对违反本办法的行为有权予以曝光。

2.9.8 《山东省气象灾害预警信号发布与传播办法》

《山东省气象灾害预警信号发布与传播办法》已于 2011 年 11 月 24 日省政府第 113 次常务会议通过，自 2012 年 2 月 1 日起施行。

为了规范气象灾害预警信号发布与传播，防御和减轻气象灾害，保护国家和人民生命财产安全，根据《中华人民共和国气象法》、《气象灾害防御条例》，制定本办法。办法规定：

(1)本办法所称气象灾害预警信号，是指气象主管机构所属的气象台站(以下简称气象台站)为防御和减轻气象灾害向社会公众发布的预警信息。

(2)气象灾害预警信号的级别依据气象灾害可能造成的危害程度、紧急程度和发展态势一般划分为四级：Ⅳ级(一般)、Ⅲ级(较重)、Ⅱ级(严重)、Ⅰ级(特别严重)，依次用蓝色、黄色、橙色和红色表示，同时以中英文标识。

(3)煤矿、非煤矿山、建筑施工、危险化学品、海上交通、渔业生产、野外作业等高危行业应当建立气象灾害预警信号传播责任制度，畅通气象灾害预警信号传播渠道，做好气象灾害防御工作。

2.9.9 《山东省扬尘污染防治管理办法》

《山东省扬尘污染防治管理办法》已 2 于 011 年 12 月 27 日省政府第 115 次常务会议通过，自 2012 年 3 月 1 日起施行。

为了防治扬尘污染，保护和改善大气环境质量，保障人体健康，根据《中华人民共和国大气污染防治法》等法律、法规，结合本省实际，制定本办法。办法规定：

(1)扬尘污染，是指在建设工程施工、建筑物拆除、道路保洁、物料运输与堆存、采石取土、养护绿化等活动产生的松散颗粒物质对大气环境和人体健康造成的不良影响。

(2)可能产生扬尘污染的单位，应当制定扬尘污染防治责任制度和防治措施，达到国家规定的标准。

建设单位与施工单位签订施工承发包合同，应当明确施工单位的扬尘污染防治责任，将扬尘污染防治费用列入工程预算。

(3)建设单位报批的建设项目环境影响评价文件应当包括扬尘污染防治内容。对可能产生扬尘污染、未取得环境影响评价审批文件的建设项目，该项目审批部门不得批准其建设，建设单位不得开工建设。

(4)建设项目监理单位应当将扬尘污染防治纳入工程监理细则，对发现的扬尘污染行为，应当要求施工单位立即改正，并及时报告建设单位及有关行政主管部门。

(5)工程施工单位应当建立扬尘污染防治责任制，采取遮盖、围挡、密闭、喷洒、冲洗、绿化等防尘措施，施工工地内车行道路应当采取硬化等降尘措施，裸露地面应当铺设礁渣、细石或者其他功能相当的材料，或者采取覆盖防尘布或者防尘网等措施，保持施工场所和周围环境的清洁。

进行管线和道路施工除符合前款规定外，还应当对回填的沟槽，采取洒水、覆盖等措施，防止扬尘污染。

禁止工程施工单位从高处向下倾倒或者抛洒各类散装物料和建筑垃圾。

2.9.10 《山东省建设工程造价管理办法》

《山东省建设工程造价管理办法》已于2012年4月28日省政府第123次常务会议通过，自2012年7月1日起施行。

为了加强建设工程造价管理，规范建设工程造价计价行为，合理确定工程造价，保证工程质量和安全，维护工程建设各方的合法权益，根据有关法律、法规，结合本省实际，制定本办法。办法规定：

(1)建设工程造价，是指工程建设项目从筹建到竣工交付使用所需各项费用。包括建筑安装工程费、设备购置费、工程建设其他费、预备费、建设期间贷款利息以及按照国家和省规定应当计入的其他费用。

(2)按照国家和省有关规定，计入工程造价的工程排污费、社会保障费、住房公积金、安全文明施工费等费用项目，必须按照规定标准计取，不得作为降低总价参与竞争的手段。

2.10　建筑安全生产规范性文件

从严格意义上讲，规范性文件不属于法的范畴，它是行政管理的一种具体体现形式。

因为立法有严格的程序，对一类社会关系或问题纳入法律管理需要一个过程，而规范性文件由于形式灵活，制定的程序简便，所以在行政管理实践中被大量采用。一般情况下，规范性文件是针对某个问题制定的，内容较单一，对所规范的问题有的在文件中明确了制裁措施，有的没有在文件中明确制裁措施。

有关建筑安全生产的规范性文件主要有《施工现场安全防护用具及机械设备使用监督管理规定》、《关于开展建筑施工用钢管、扣件专项整治的通知》、《关于开展起重机械安全专项整治的通知》和山东省质量技术监督局、建设厅《转发国家质检总局、建设部〈关于开展起重机械安全专项整治的通知〉的通知》等。

2.10.1 综合管理

(1)《国务院关于进一步加强安全生产工作的决定》

该决定由国务院于2004年1月9日国发〔2004〕2号文印发，强调了安全生产工作的重要性。

1)提高认识，明确指导思想和奋斗目标

①加强产业政策的引导；

②加大政府对安全生产的投入；

③深化安全生产专项整治。

2)完善政策，大力推进安全生产各项工作

①加强产业政策的引导；加大政府对安全生产的投入；

②深化安全生产专项整治；

③健全完善安全生产法制；

④建立生产安全应急救援体系；

⑤加强安全生产科研和技术开发。

3)强化管理，落实生产经营单位安全生产主体责任

①依法加强和改进生产经营单位安全管理；

②开展安全质量标准化活动；

③搞好安全生产技术培训；

④建立企业提取安全费用制度；

⑤依法加大生产经营单位对伤亡事故的经济赔偿。

4)完善制度，加强安全生产监督管理

①加强地方各级安全生产监管机构和执法队伍建设；

②建立安全生产控制指标体系；

③建立安全生产行政许可制度；

④建立企业安全生产风险抵押金制度；

⑤强化安全生产监管监察行政执法；

⑥加强对小企业的安全生产监管。

5)加强领导，形成齐抓共管的合力

①认真落实各级领导安全生产责任；

②构建全社会齐抓共管的安全生产工作格局。

(2)《国务院关于进一步加强企业安全生产工作的通知》

该通知由国务院于 2010 年 7 月 19 日国发〔2010〕23 号文印发，对安全生产共组提出了总体要求和具体措施。通知的主要内容有：

1)提出工作的总体要求。

2)严格企业安全管理。

3)建设坚实的技术保障体系。

4)实施更加有力的监督管理。

5)建设更加高效的应急救援体系。

6)严格行业安全准入。

7)加强政策引导。

8)更加注重经济发展方式转变。

9)实行更加严格的考核和责任追究。

(3)《国务院关于坚持科学发展安全发展促进安全生产形势持续稳定好转的意见》

该意见由 2011 年 11 月 26 日由国务院国发〔2011〕40 号文印发，就安全生产形势的稳定好转提出指导思想和建议：

1)充分认识坚持科学发展安全发展的重大意义。

2)指导思想和基本原则。

3)进一步加强安全生产法制建设。

4)全面落实安全生产责任：

①认真落实企业安全生产主体责任；

②强化地方人民政府安全监管责任；

③切实履行部门安全生产管理和监督职责。

5)着力强化安全生产基础：

①严格安全生产准入条件；

②加强安全生产风险监控管理；

③推进安全生产标准化建设；

④加强职业病危害防治工作。

6)深化重点行业领域安全专项整治：

①加强建筑施工安全生产管理；

②按照“谁发证、谁审批、谁负责”的原则，进一步落实建筑工程招投标、资质审批、施工许可、现场作业等各环节安全监管责任；

③强化建筑工程参建各方企业安全生产主体责任；

④严密排查治理起重机、吊罐、脚手架等设施设备安全隐患；

⑤建立建筑工程安全生产信息系统，健全施工企业和从业人员安全信用体系，完善失信惩戒制度；

⑥建立完善铁路、公路、水利、核电等重点工程项目安全风险评估制度；

⑦严厉打击超越资质范围承揽工程、违法分包转包工程等不法行为。

7)大力加强安全保障能力建设。

8)建设更加高效的应急救援体系。

9)积极推进安全文化建设。

10)切实加强组织领导和监督。

(4)《关于进一步加强安全生产工作的意见》

该意见由中共山东省委、山东省人民政府于2008年鲁发〔2008〕17号文发布。

为全面贯彻落实党的十七大精神,用科学发展观统领安全生产工作,坚持安全发展,强化安全生产管理和监督,有效遏制重特大安全事故,保持全省安全生产形势持续稳定好转,为经济社会发展创造良好环境,推动经济文化强省建设,现结合我省实际,就进一步加强安全生产工作提出意见。

1)用科学发展观统领安全生产工作,牢固树立安全发展理念。

2)坚持"安全第一、预防为主、综合治理"方针。

3)依法管理企业安全生产,严格落实企业主体责任。

4)完善安全生产监督管理体系,严格落实各级政府的监管责任。

5)进一步加强安全生产基层和基础工作。

6)严格市场准入,强化源头管理。

7)建立隐患排查治理长效机制。

8)深化重点领域专项整治,严防重特大事故发生。

9)进一步加强安全生产应急管理工作,提高突发事故灾难处置能力。

10)加强安全生产宣传教育工作,提高干部职工安全素质。

11)加强组织领导,建立完善安全生产考核评价体系。

(5)《关于进一步加强房屋建筑和市政工程质量安全管理的意见》

该意见由山东省人民政府办公厅于2011年12月5日鲁政办发〔2011〕74号文发布。

为进一步加强房屋建筑和市政工程质量安全管理工作,有效落实属地管理、行业监管和企业主体责任,切实维护人民群众生命财产安全,从大力规范建筑市场秩序、强化建设单位质量安全责任、严格实行总承包单位负总责制度、切实加强工程建设关键环节的管理、全面加强工程质量安全监管以及加快推进长效机制制度建设方面提出以下意见:

1)大力规范建筑市场秩序

①严格执行工程建设法定程序;

②进一步规范工程承发包行为;

③加强建设工程合同管理。

2)强化建设单位质量安全责任

①突出建设单位第一责任人的地位,建设单位是建设工程的组织者和管理者,是工程质量安全第一责任人。

②科学确定并严格执行合理工期,建设单位应当根据实际情况对工程充分评估、论证,依据国家建设工程工期定额,科学确定勘察、设计、施工每个阶段的合理工期,严禁边勘察、边设计、边施工。建设单位压缩建设工期的,必须通过工程建设专家的技术评审,并采取相应措施,增加技术措施费用,确保工程质量安全。

③确保工程建设合理费用，建设单位要合理确定工程造价，不得迫使施工单位低于成本价承包工程，杜绝因造价过低导致质量安全问题。质量安全措施费要列入工程造价，勘察设计、建设监理、招标代理等咨询服务费要严格执行国家标准。

④全面收集并及时移交工程档案，建设单位要建立健全工程档案管理制度，牵头组织收集可行性研究、立项、环境评估、安全评价、勘察、划、设计、施工、监理及招投标、质量安全监督、竣工验收等技术档案和文件资料，明确记录责任单位及责任人，并在工程竣工验收及备案后3个月内，将工程档案移交当地城建档案管理机构。

⑤认真组织工程竣工验收建设单位要严格按照规定程序和标准组织参建单位进行工程竣工验收，并及时办理竣工验收备案，住宅工程要全面实施分户验收制度，对竣工验收中发现的各类质量安全隐患，要督促责任单位彻底整改，否则不得通过验收。

3)严格实行总承包单位负总责制度

①依法实施工程分包。

②施工总承包单位对施工质量安全负总责。

4)切实加强工程建设关键环节的管理

①提高勘察设计服务水平。

②强化现场施工管理，施工单位要严格按照投标承诺派驻现场技术和管理人员，全面落实设计方案中提出的专项质量安全措施。

③充分发挥监理单位的过程控制作用，建设工程监理实行总监理工程师负责制，项目总监依法对工程质量安全承担监理责任。

④确保中介机构的工作质量，工程检测和施工图审查等中介服务机构应当依法开展服务，承担对应业务的工程质量安全责任。

⑤切实加强材料设备进场管理，各地要实施伪劣建材曝光退市制度，对生产和提供不合格及假冒伪劣建材的，禁止其产品在本地使用。

⑥严格现场带班值班管理，建设单位项目负责人、施工单位项目负责人和监理单位总监理工程师应当在施工现场值守带班，工程质量安全专职管理人员要现场盯守，节假日期间，建设、施工和监理等单位领导班子成员要带队对施工现场进行巡查。

5)全面加强工程质量安全监管

①依法规范各类园区工程质量安全管理；

②严格挂牌督办制度；

③努力提高监管水平；

④严肃事故查处。

6)加快推进长效机制制度建设

①完善教育培训制度；

②完善动态监管机制；

③健全激励约束机制；

④坚持科技兴安；

⑤加快诚信体系建设。

(6)关于印发山东省“十二五”安全生产规划的通知

为贯彻落实党中央、国务院和省委、省政府关于加强安全生产工作的决策部署，根据《国务院办公厅关于印发安全生产“十二五”规划的通知》(国办发〔2011〕47号)和《山东省国民经济和社会发展第十二个五年规划纲要》精神制定，由山东省人民政府办公厅与2012年1月19日鲁政办发〔2012〕6号文发布。从发展现状和面临的形势、指导思想和规划目标、主要任务、重点工程以及保障措施五个方面作出指示：

1)主要任务

①加强安全生产法制体系建设。完善安全生产法规标准体系；提高安全生产监管执法效力。

②加强安全生产基础建设。全面推进企业安全生产标准化达标创建工作；加强重大危险源监控和安全隐患排查治理长效机制建设；加强企业从业人员安全教育培训；督导企业落实安全教育培训责任；促进安全生产产业加快发展。

③加强重点行业领域综合治理。建筑施工严要格施工企业安全生产许可证制度，完善企业安全生产基础条件；继续广泛开展文明工地创建活动，推进安全质量标准化；强化安全生产教育培训考核，加强施工单位主要负责人、项目负责人、专职安全生产管理人员和建筑施工特种作业人员考核；强化安全生产监督检查，深入开展安全专项整治，严厉打击非法违法建设行为，严格项目分包管理；加大建筑施工安全技术工艺、施工设施设备、材料的科技研发投入，大力推广应用建筑外墙防火阻燃保温材料；开展安全防护用具综合整治，严厉打击假冒伪劣防护用品；理顺建筑施工安全监管体系，加强建筑施工安全监管队伍建设和考核；进一步加强全省建筑安全生产信息网络管理平台等安全生产保障体系建设。

④完善安全科技支撑体系。完善安全科技管理体系；加强安全生产科学研究；推动安全生产专业技术中介服务机构规范发展；加强安全生产专家队伍建设；加快安全生产信息化建设。

⑤提高安全监管监察保障能力。健全安全生产监管监察体制；强化监管监察人员素质建设；改善安全监管执法工作条件。

⑥加强应急救援体系建设。健全完善应急管理体制机制；加快应急救援队伍建设；加强应急管理和救援能力建设。

⑦加强安全文化建设。加强安全生产基础教育；创建安全发展社会环境。

2)保障措施

①深化安全生产责任落实。进一步强化企业安全生产主体责任和企业法人代表、主要负责人的责任。

②完善安全生产政策保障。

③加强社会舆论监督。

④加强规划实施、评估和考核。

(7)《关于印发落实生产经营单位安全生产主体责任暂行规定的通知》

该通知由山东省人民政府办公厅于2007年8月16日鲁政办发〔2007〕54号发布，自2007年8月16日执行。《落实生产经营单位安全生产主体责任暂行规定》从生产经营单位的安全生产主体责任、建立健全安全生产规章制度、安全生产管理机构设置和人员配备、安全生产教育培训、安全生产资金投入和物质保障、安全生产管理、生产安全事故报告和应急救援以及监督管理就个方面，对生产经营单位安全生产的主体责任作了详尽的规定。

(8)《关于建立建筑工程安全生产警示约谈制度的通知》

该通知由山东省建筑工程管理局于 2006 年 6 月 5 日鲁建管质安字〔2006〕17 号文发布。

为了贯彻国务院《建设工程安全生产管理条例》、省政府《山东建筑安全生产管理规定》(省长令 172 号)和建设部《建设工程安全生产监督管理导则》的有关规定，加强全省建筑工程安全生产监督管理，强化工程建设参建各方主体的安全生产意识，控制和减少安全生产事故，保障人民群众的生命财产安全，经研究，决定建立山东省建筑工程安全生产警示约谈制度，通知主要内容有：

1)按照省市县三级管理的原则，建立省、市、县(市、区)三级建筑工程安全生产警示约谈制度。

2)警示约谈的对象包括建设单位、勘查设计单位、施工单位、工程监理单位以及建筑机械设备安装、租赁、检验检测等与工程建设安全生产有关的责任单位的法人代表、项目经理、专职安全员、项目监理工程师等有关人员。

3)凡有下列行为之一的，由各市、县(市、区)建筑工程管理部门在 10 日内对有关安全生产责任单位相关人员进行警示约谈。

①发生四级及以上安全生产事故的；

②工程项目参建主体违反法律法规、安全生产技术标准，受到上级建筑工程主管部门行政处罚的；

③工程项目参建主体违反法律法规、安全生产技术标准，工程项目存有重大安全隐患，工程管理部门下达停工整改通知书或隐患整改通知书后拒不整改或未按期整改的；

④市、县(市、区)建筑工程管理部门规定的其他行为。

4)凡有下列行为之一的，由省建筑工程管理局在 15 日内对有关安全生产责任单位相关人员进行警示教育约谈。

①发生三级及以上生产安全事故的；

②一年内发生两起以上四级安全生产事故的；

③其他违法违规行为。

5)警示约谈主要内容：

①听取被约谈单位在事故发生(或收到整改通知书)后，采取的应急救援和整改措施情况的汇报，帮助分析事故(重大安全隐患)原因，确定整改方案，对责任单位进一步加强安全生产管理提出具体要求。

②听取被约谈单位承包工程项目所在地市、县(区、市)建筑工程管理部门对本地区建筑工程安全生产监管工作的汇报，帮助当地分析安全生产形势，对存在的问题提出整改要求，对进一步加强安全生产监管提出具体意见。

6)由约谈单位签发约谈通知书，被约谈单位承包工程项目所在地市、县(区、市)建筑工程管理部门负责送达。约谈通知书一式四联，加盖建筑工程管理部门印章，建设单位、施工企业、监理企业和建筑安全监督管理机构各一联。约谈时，约谈单位要派专人做记录，约谈负责人、被约谈人签字后存档备查。

7)有关责任单位要严格按照国家有关建设工程安全生产法律、法规和我省有关规定及行业标准进行全面整改，并在约谈后 10 日内以书面形式将事故(隐患)整改报告上报省、市、县建筑工程管理部门。

8)对无故不参加约谈或约谈无效的单位，要进行严肃处理。

(9)《关于进一步落实建设工程安全生产监理责任的意见》

该意见由山东省建设厅 2006 年 7 月 7 日鲁建建字〔2006〕17 号文发布，该意见对工程监理在建设工程安全生产中的责任范围、工程监理单位落实安全生产监理责任的主要工作、建设工程安全生产监理责任的界定、建设行政主管部门的监管职责四个方面提出意见：

1)工程监理在建设工程安全生产中的责任范围

工程监理单位和监理工程师应当按照法律、法规和工程强制性标准实施监理，并对工程建设过程中的安全生产承担以下监理责任：

①审查施工组织设计中的安全技术措施和专项施工方案是否符合工程建设强制性标准，发现工程建设不具备相应安全生产条件的，不得签发工程开工报审表。

②在监理实施过程中，发现存在安全事故隐患的，应当要求施工单位立即进行整改；情况严重的，应当要求施工单位暂时停止施工，并及时报告建设单位；施工单位拒不整改或者不停止施工的，应当及时向建设行政主管部门报告。

2)工程监理单位落实安全生产监理责任的主要工作

①企业管理方面

第一，应当建立安全生产管理体系，以保证建设工程安全生产监理责任的落实；

第二，应当加强监理从业人员的安全生产教育培训，总监理工程师和具体负责安全生产管理的监理人员应当具备相应的安全生产知识；

第三，应当要求项目监理机构编制包括安全生产管理内容的项目监理规划，对危险性较大的分部分项工程应当单独编制安全监理实施细则；

第四，应当建立安全生产监理资料管理制度，及时收集、整理、归档工程监理单位及监理人员在建设工程安全生产方面依法落实监理责任的有关资料，安全生产方面的主要监理资料应当由注册监理工程师签字。

②施工准备阶段

第一，审查工程建设是否严格履行了法定程序、遵循了法定制度。

第二，审查承建单位是否具备相应的资质资格，是否依法取得了安全生产许可证。

第三，审核施工单位编制的施工组织设计中的安全技术措施和危险性较大分部分项工程专向施工方案是否符合安全生产强制性标准。

第四，审查施工现场安全生产保证体系的组织机构，包括项目经理、工长、安全管理人员、特种作业人员配备的数量及安全资格培训持证上岗情况。

第五，审查施工现场安全生产责任制、安全管理规章制度和安全操作规程的制定情况。

第六，审查施工现场拟投入使用的大型机械、机具以及电器设备等检测检验、验收、备案手续，以及现场设置是否符合规范要求。

第七，审查施工现场应急救援预案制定和应急救援体系建立情况，以及针对重点部位和重点环节制定的工程建设危险源监控措施。

第八，审查施工总平面图是否合理，安全标志和临时设施的的设置以及施工现场场地、道路、排污、排水、防火措施是否符合有关安全技术标准规范和文明施工的要求。

对工程项目未依法履行建设程序、遵循法定制度以及施工单位不具备相应资质条件和安全生产许可证的，监理单位应当拒绝实施监理，指导督促建设单位改正，并向工程所在地建设行政主管部门报告；对施工单位提交的施工组织设计或专向施工方案不符合工程建设安全生产强制性标准的，监理单位不得批准施工单位开工，应当要求施工单位修改、完善，并将有关情况书面报告建设单位。

③施工实施阶段

第一，总监理工程师应当定期主持召开工地例会，并在例会上分析、通报安全生产情况。

第二，监理人员应当每天在监理日志中记录当天施工现场发现和处理的安全生产问题。

第三，监理月报应包含安全管理内容，对当月施工现场的安全生产监理责任落施情况作出评述。

第四，对基础工程土石方施工、高大模板支护、起重机械拆装以及起重吊装等易发生事故的危险源和安全生产薄弱环节，应当实行重点监控。

第五，复核施工机械、施工用电设备和各种设施的验收手续，并签署意见。

第六，发现存在安全事故隐患的，应当要求施工单位立即进行整改，并检查整改结果，签署复查意见；情况严重的，应当要求施工单位暂时停止施工，并及时报告建设单位；施工单位拒不整改或者不停止施工的，应当及时向建设行政主管部门报告。

第七，发生重大安全事故或突发性事件时，总监理工程师应当立即下达停工令，并积极配合有关部门、单位做好应急救援和现场保护以及调查处理工作。

3)建设工程安全生产监理责任的界定

监理单位的法定代表人对本单位所有监理项目的安全生产负监理责任；总监理工程师对所承担的具体工程项目的安全生产负监理责任；项目其他监理人员按照职责分工，对各自承担工作内容的安全生产负监理责任。

①未对施工组织设计中的安全技术措施或专项施工方案进行审查擅自允许施工单位开工，或者批准严重违反工程建设强制性标准的施工组织设计中的安全技术措施或专项施工方案的，工程监理单位应当承担《建设工程安全生产管理条例》第五十七条规定的法律责任。

施工组织设计中的安全技术措施或专项施工方案未经监理单位审查批准，施工单位擅自施工的，工程监理单位应当及时下达书面指令予以制止，并将情况及时书面报告建设单位；施工单位违背监理指令继续施工后发生安全事故的，由施工单位承担相应的法律责任。

②对发现的安全隐患没有及时下达书面指令要求施工单位整改或停止施工的，对拒不整改或停止施工的没有及时向有关主管报告报告的，工程监理单位应当承担《建设工程安全生产管理条例》第五十七条规定的法律责任。

已下达书面指令要求施工单位进行整改或停止施工，同时依法将情况及时报告了建设单位和有关主管部门，施工单位违背监理指令继续施工后发生安全事故的，由施工单位承担相应的法律责任。

③工程监理单位要求施工单位整改或停止施工，并已将有关情况报告建设单位，因建设单位要求施工单位继续施工，从而造成安全生产事故的，应当由建设单位和施工单位共同承担相应的法律责任。

4)建设行政主管部门的监管职责

①要进一步加强对建设工程安全生产的管理工作，积极指导工程监理单位严格依法落实在安全生产方面的监理责任；

②督促建设单位、勘察设计单位、施工单位及其他与工程建设安全生产有关的单位依法履行安全生产主体职责，支持和配合监理单位的安全生产工作；

③对工程监理单位报告的有关安全生产问题及时提出解决和处置措施；

④将工程监理单位落实安全生产监理责任情况纳入日常监督检查范围，对工程监理单位不依法落实安全生产监理责任的，列入不良行为记录；

⑤对发生建设工程安全生产事故的，要视工程监理单位在安全生产方面的责任落实情况，依法认定并追究有关单位责任，不得擅自扩大工程监理单位的责任范围；

⑥对在荣获鲁班奖、泰山杯、安全文明工地等荣誉的工程项目中，监理责任落实、安全生产保障有力的工程监理单位和监理人员，应当给予相应的荣誉和奖励。

(10)关于印发《山东省建筑施工企业及项目部领导施工现场值班带班管理规定》的通知

该通知由山东省建筑工程管理局2011年5月11日鲁建管发〔2011〕14号文发布。国务院于2011年7月22日质〔2011〕111号颁布《建筑施工企业负责人及项目负责人施工现场带班暂行办法》。

根据《国务院关于进一步加强企业安全生产工作的通知》(国发〔2010〕23号)、住房和城乡建设部有关规定，为认真落实建筑施工企业及项目部领导施工现场值班带班制度，进一步加强房屋建筑工程安全生产管理工作，制定《山东省建筑施工企业及项目部领导施工现场值班带班管理规定》，主要内容有：

1)施工现场带班原则

施工安全带班管理应遵循“全面兼顾，重点防范，带班在工地，解决在现场”的原则，将风险始终处于可控状态，确保施工安全。

2)施工现场带班责任制

建筑施工企业主要负责人对落实企业领导干部轮流值班带班全面负责。企业领导班子其他成员应当自觉履行值班责任。项目负责人是落实项目部领导施工现场带班制度的责任人。

3)建筑施工企业领导轮流值班的具体要求：

①建筑施工企业在节假日连续生产作业期间要建立健全领导轮流安全值班并定时巡查制度。节假日必须安排企业领导安全值班并定时巡查；

②安全值班领导在生产作业时间内不得离开工作岗位。如因有事离岗时，必须事先通知安排其他领导顶替班，顶替班领导未到位，不得离开工作岗位；

③建立安全轮流值班记录制度。值班领导应真实准确填写当天值班的情况，并按要求做好轮流值班记录的交接手续。安全值班领导的通讯方式要在各施工现场公布，以便及时了解生产安全情况；

④领导安全值班计划安排和值班情况要定期公示，接受群众监督，并建立安全值班档案。企业领导轮流值班计划安排，应报当地建筑安全监督机构备案。

4)值班带班职责

①建筑施工企业领导轮流安全值班职责

第一，安全值班领导是企业安全生产现场管理和事故处置的第一责任人，要认真做好当班安全生产的领导和指挥工作，全面深入了解企业安全生产状况，协调组织好安全生产工作。

第二，安全值班领导在当班期间，要全面掌握当班安全生产情况，认真组织对重点部位、关键环节、危险源点进行检查巡视，发现隐患及时消除，监督各项安全规章制度的落实。

第三，安全值班期间，发生生产安全事故或突发事件，应迅速组织应急救援，确保生产作业人员生命安全。

②项目部领导轮流带班职责

第一，轮流带班领导要把保证安全生产作为第一位的责任，全面掌握当班安全生产状况，加强对重点部位、关键环节、危险源点的检查，并指导现场人员安全作业。

第二，及时发现和组织消除事故隐患和险情，及时制止违章违规行为，严禁违章指挥。

第三，当现场出现重大安全隐患或遇到险情时，及时采取紧急处置措施，并立即下达停工令，组织涉险区域人员及时有序撤离到安全地带。

5)交班与记录管理

①项目部领导施工现场带班实行交接班制度。带班领导应当向接班的领导详细告知当前施工现场安全存在的问题、需要注意的事项等，并认真填写交接班记录。

②项目部应当建立项目部领导施工现场带班生产档案管理制度。项目部领导施工现场带班生产、值班交接班记录应由专人负责整理，并存档备查。

6)检查制度

①建筑施工企业应建立项目部领导带班检查制度。应明确检查人员、检查方式、检查内容、考核奖惩等。建筑施工企业领导要定期对项目部领导施工现场带班情况进行检查，每次检查结束后，应将检查的情况、发现的问题和隐患整改情况记录存档备查。

②各级建筑工程管理部门应当加强对施工企业领导值班和项目部领导施工现场带班制度落实情况进行检查，对于未建立相应制度或制度不落实的，应责令限期改正。对在整改期内仍没有整改的，按《建设工程安全生产管理条例》等法规对企业和企业负责人及项目经理给予规定上限的经济处罚；上述人员擅离职守的，给予规定上限的经济处罚；发生

安全事故的，依法从重追究单位和相关人员的责任。

2.10.2　财务与保险

(1)《关于做好建筑施工企业农民工参加工伤保险有关工作的通知》

该意见由劳动和社会保障部、建设部于 2006 年 12 月 6 日(劳社部发〔2006〕44 号)发布。

建筑业是农民工较为集中、工伤风险程度较高的行业。《国务院关于解决农民工问题的若干意见》(国发〔2006〕号，以下简称国务院 5 号文件)对农民工特别是建筑行业农民工参加工伤保险提出了明确要求，各地劳动保障部门和建设行政主管部门要深入贯彻落实，加快推进建筑施工企业农民工参加工伤保险工作。现就有关问题通知如下：

1)建筑施工企业要严格按照国务院《工伤保险条例》规定，及时为农民工办理参加工伤保险手续，并按时足额缴纳工伤保险费。同时，按照《建筑法》规定，为施工现场从事危险作业的农民工办理意外伤害保险。

2)建筑施工企业和农民工应当严格遵守有关安全生产和职业病防治的法律法规，执行安全卫生标准和规程，预防工伤事故的发生，避免和减少职业病的发生。

3)各地劳动保障部门要按照《工伤保险条例》、国务院 5 号文件和《关于农民工参加工伤保险有关问题的通知》(劳社部发〔2004〕18 号)、《关于实施农民工"平安计划"加快推进农民工参加工伤保险工作的通知》(劳社部发〔2006〕19 号)的要求，针对建筑施工企业跨地区施工、流动性大等特点，切实做好建筑施工企业参加工伤保险的组织实施工作。注册地与生产经营地不在同一统筹地区、未在注册地参加工伤保险的建筑施工企业，在生产经营地参保，鼓励各地探索适合建筑业农民工特点的参保方式；对上一年度工伤费用支出少、工伤发生率低的建筑施工企业，经商建设行政部门同意，在行业基准费率的基础上，按有关规定下浮费率档次执行；建筑施工企业农民工受到事故伤害或者患职业病后，按照有关规定依法进行工伤认定、劳动能力鉴定，享受工伤保险待遇；建筑施工企业办理了参加工伤保险手续后，社会保险经办机构要及时为企业出具工伤保险参保证明。

4)各地建设行政主管部门要加强对建筑施工企业的管理，落实国务院《安全生产许可证条例》和《建筑施工企业安全生产许可证管理规定》，在审核颁发安全生产许可证时，将参加工伤保险作为建筑施工企业取得安全生产许可证的必备条件之一。

5)劳动保障部门和建设行政主管部门要定期交流、通报建设施工企业参加工伤保险情况和相关收支情况，及时研究解决工作中出现的问题，加快推进建筑施工企业参加工伤保险。探索建立工伤预防机制，从工伤保险基金中提取一定比例的资金用于工伤预防工作，充分运用工伤保险浮动费率机制，促进建筑施工企业加强安全生产管理，切实保障农民工合法权益。

(2)《企业安全生产费用提取和使用管理办法》

该通知由财政部、安全监管总局与 2012 年 2 月 14 日财企〔2012〕16 号文印发。

为了建立企业安全生产投入长效机制，加强安全生产费用管理，保障企业安全生产资金投入，维护企业、职工以及社会公共利益，根据《中华人民共和国安全生产法》等有关法律法规和国务院有关决定，财政部、国家安全生产监督管理总局联合制定了《企业安全生

产费用提取和使用管理办法》

2.10.3 行政许可

(1)《建筑施工企业安全生产许可证动态监管暂行办法》

该办法由建设部于2008年6月30日建质〔2008〕121号发布。

1)施工许可证的颁发条件

建设主管部门在审核发放施工许可证时,应当对已经确定的建筑施工企业是否具有安全生产许可证以及安全生产许可证是否处于暂扣期内进行审查,对未取得安全生产许可证及安全生产许可证处于暂扣期内的,不得颁发施工许可证。

2)监理单位对安全生产的动态监督

工程监理单位应当查验承建工程的施工企业安全生产许可证和有关"三类人员"安全生产考核合格证书持证情况,发现其持证情况不符合规定的或施工现场降低安全生产条件的,应当要求其立即整改。施工企业拒不整改的,工程监理单位应当向建设单位报告。建设单位接到工程监理单位报告后,应当责令施工企业立即整改。

3)施工企业安全生产的动态执行及法律责任

①建筑施工企业应当加强对本企业和承建工程安全生产条件的日常动态检查,发现不符合法定安全生产条件的,应当立即进行整改,并做好自查和整改记录。

②建筑施工企业在"三类人员"配备、安全生产管理机构设置及其他法定安全生产条件发生变化以及因施工资质升级、增项而使得安全生产条件发生变化时,应当向安全生产许可证颁发管理机关(以下简称颁发管理机关)和当地建设主管部门报告。

③对企业降低安全生产条件的,颁发管理机关应当依法给予企业暂扣安全生产许可证的处罚;属情节特别严重的或者发生特别重大事故的,依法吊销安全生产许可证。

④建筑施工企业瞒报、谎报、迟报或漏报事故的,在本办法第十四条、第十五条处罚的基础上,再处延长暂扣期30日至60日的处罚。暂扣时限超过120日的,吊销安全生产许可证。

⑤建筑施工企业在安全生产许可证暂扣期内,拒不整改的,吊销其安全生产许可证。

⑥建筑施工企业安全生产许可证被暂扣期间,企业在全国范围内不得承揽新的工程项目。发生问题或事故的工程项目停工整改,经工程所在地有关建设主管部门核查合格后方可继续施工。

⑦建筑施工企业安全生产许可证被吊销后,自吊销决定作出之日起一年内不得重新申请安全生产许可证。

4)主管部门安全生产的动态监管及责任

①颁发管理机关应当建立建筑施工企业安全生产条件的动态监督检查制度,并将安全生产管理薄弱、事故频发的企业作为监督检查的重点。

颁发管理机关根据监管情况、群众举报投诉和企业安全生产条件变化报告,对相关建筑施工企业及其承建工程项目的安全生产条件进行核查,发现企业降低安全生产条件的,应当视其安全生产条件降低情况对其依法实施暂扣或吊销安全生产许可证的处罚。

②市、县级人民政府建设主管部门或其委托的建筑安全监督机构在日常安全生产监

督检查中，应当查验承建工程施工企业的安全生产许可证。发现企业降低施工现场安全生产条件的或存在事故隐患的，应立即提出整改要求；情节严重的，应责令工程项目停止施工并限期整改。

③颁发管理机关应建立建筑施工企业安全生产许可动态监管激励制度。对于安全生产工作成效显著、连续3年及以上未被暂扣安全生产许可证的企业，在评选各级各类安全生产先进集体和个人、文明工地、优质工程等时可以优先考虑，并可根据本地实际情况在监督管理时采取有关优惠政策措施。

④颁发管理机关应将建筑施工企业安全生产许可证审批、延期、暂扣、吊销情况，于做出有关行政决定之日起5个工作日内录入全国建筑施工企业安全生产许可证管理信息系统，并对录入信息的真实性和准确性负责。

(2)《山东省建筑施工企业安全生产许可证管理办法》

该办法由山东省建筑工程管理局于2011年鲁建管发〔2011〕16号文公布，自公布之日起实施。

未取得安全生产许可证的，不得参加建设工程投标和从事建设工程施工等活动。

1)许可证的申请和延期

①申请条件

建筑施工企业首次申请安全生产许可证，应当具备下列安全生产条件：

a. 建立、健全安全生产责任制，制定完备的安全生产规章制度和操作规程；

b. 保证本单位安全生产条件所需资金的投入；

c. 设置安全生产管理机构，按照国家有关规定配备专职安全生产管理人员；

d. 主要负责人、项目负责人、专职安全生产管理人(以下简称"三类人员")经省级以上建设(建筑)主管部门或者其他有关部门考核合格；

e. 特种作业人员经有关业务主管部门考核合格，取得特种作业操作资格证书；

f. 管理人员和作业人员每年至少进行一次安全生产教育培训并考核合格；

g. 依法参加工伤保险，依法为施工现场从事危险作业的人员办理意外伤害保险，为从业人员交纳保险费；

h. 施工现场的办公、生活区及作业场所和安全防护用具、机械设备、施工机具及配件符合有关安全生产法律、法规、标准和规程的要求；

i. 有职业危害防治措施，并为作业人员配备符合国家标准或者行业标准的安全防护用具和安全防护服装；

j. 有对危险性较大的分部分项工程及施工现场易发生重大事故的部位、环节的预防、监控措施和应急预案；

k. 有生产安全事故应急救援预案、应急救援组织或者应急救援人员，配备必要的应急救援器材、设备；

l. 法律、法规规定的其他条件。

②延期申请

安全生产许可证有效期满前三个月内两个月前，企业应当通过所在市建设(建筑)主管部门(省直有关部门)向省建筑工程管理局提出延期申请。根据安全生产许可证有效期内企业安全生产管理情况，安全生产许可证延期申请分为正常延期和延期重审。

已经取得安全生产许可证的建筑施工企业改制、合并、分立，应当自取得新的企业法人营业执照之日起10个工作日内交回原安全生产许可证，并重新按本办法申请建筑施工企业安全生产许可证。

2)许可证的受理和颁发

①对于隐瞒有关情况或者提供虚假材料申请安全生产许可证的，省建筑工程管理局不予受理，该企业一年之内不得再次申请安全生产许可证。

②省建筑工程管理局在受理申请资料后，组织专家对申请材料进行审查，自受理申请之日起31个工作日内作出颁发或者不予颁发安全生产许可证的决定。

③省建筑工程管理局作出准予颁发申请人安全生产许可证决定后，自决定之日起10个工作日内向申请人颁发、送达安全生产许可证；对作出不予颁发决定的，在10个工作日内书面通知申请人并说明理由，同时退回申请材料，申请人达到安全生产条件后可重新申报。

3)安全生产许可证证书

①建筑施工企业安全生产许可证采用国家安全生产监督管理局规定的统一样式。证书分为正本和副本，正本为悬挂式，副本为折页式，正、副本具有同等法律效力。

建筑施工企业安全生产许可证证书由住房城乡建设部统一印制，实行全国统一编码。

②经审批合格的建筑施工企业安全生产许可证加盖省建筑工程管理局公章有效，副本延期和变更栏内加盖省建筑工程管理局安全许可证管理专用章有效。

③建筑施工企业的名称、地址、法定代表人等内容发生变化的，应当自工商营业执照变更之日起10个工作日内通过《山东省建筑施工企业安全生产许可证审批管理系统》填报网上变更信息，填写《山东省建筑施工企业安全生产许可证变更申请表》，持申请报告、原安全生产许可证和变更后的工商营业执照副本、工商营业执照变更证明、资质证书副本等相关证明材料，通过各市建设(建筑)主管部门(省直有关部门)提出变更申请，经各市建设(建筑)主管部门(省直有关部门)审查，上报省建筑工程管理局。省建筑工程管理局在对申请人提交的相关文件、资料审查后，办理安全生产许可证变更手续。

④各市建设(建筑)主管部门(省直有关部门)对企业申请变更增补资料的原件进行审查，向省建筑工程管理局上报相关资料复印件。

⑤建筑施工企业破产、倒闭、撤销、歇业的，应当将安全生产许可证交回省建筑工程管理局予以注销。

4)监督管理

①建筑施工企业在“三类人员”配备、安全生产管理机构设置及其他法定安全生产条件发生变化以及因施工资质升级、增项而使得安全生产条件发生变化时，应当向省建筑工程管理局和当地建设(建筑)主管部门(省直有关部门)报告。

②市、县级建设(建筑)主管部门(省直有关部门)或其委托的建筑安全监督机构在日常安全生产监督检查中，应当查验承建工程施工企业的安全生产许可证。发现企业降低施工现场安全生产条件或存在事故隐患的，应立即提出整改要求；情节严重的，应责令工程项目停止施工并限期整改。

(3)关于印发《山东省建筑施工企业安全生产许可证动态考核办法》的通知

该办法由山东省建筑工程管理局于2011年鲁建管发〔2011〕17号文公布，自公布之日起实施。

各市建设(建筑)主管部门负责辖区内注册的建筑施工企业安全生产许可证动态考核工作。省交通运输厅、省水利厅、省煤炭工业局、省地矿局、省公安厅消防局、省冶金总公司、山东电力集团公司、山东黄河河务局等有关单位在各自的职责范围内，负责其所属行业建筑施工企业安全生产许可证动态考核工作。

1)考核标准

建筑施工企业安全生产许可证动态考核将《建筑施工企业安全生产许可证管理规定》中的11项安全生产条件进行分解，形成《山东省建筑施工企业安全生产许可证动态考核标准》。实行企业一般安全生产条件动态考核和施工现场安全生产条件动态双考核联动机制，考核结果分为合格、基本合格、不合格。分别对应绿、黄、红三色动态监管，绿色为最高级别，红色为最低级别。企业初始监管状态为绿色，上一年度考核不计入下一年度。

2)考核结果

①企业一般安全生产条件动态考核实行量化打分制，汇总分值作为企业一般安全生产条件动态考核的依据，存在问题作为企业安全生产条件不良行为予以记录。

②企业一般安全生产条件动态考核汇总分值85分(含)以上，定为合格，列入绿色监管。

企业一般安全生产条件动态考核汇总分值70分(含)至85分(不含)，定为基本合格，列入黄色监管。各市建设(建筑)主管部门(省直有关部门)应立即与该企业主要负责人进行约谈，限期整改，并至少抽查该企业30%以上施工现场。整改后经市建设(建筑)主管部门(省直有关部门)检查合格，解除黄色监管，转化为绿色监管。

企业一般安全生产条件动态考核汇总分值70分(不含)以下或定为基本合格后经整改仍达不到要求，定为不合格，列入红色监管。各市建设(建筑)主管部门(省直有关部门)应对企业所有施工现场进行检查，并按《山东省建筑施工企业安全生产许可证管理办法》(以下简称《许可证管理办法》)有关规定向省建管局提出安全生产许可证处罚建议。暂扣期间经所在市建设(建筑)主管部门(省直有关部门)对企业安全生产条件复查合格，暂扣期满解除红色监管，转化为绿色监管。暂扣期间拒不整改或者整改后仍达不到要求的，按《许可证管理办法》有关规定予以延长暂扣期直至吊销安全生产许可证。

3)主管部门对考核的监管

①各级建设(建筑)主管部门或其委托的建设工程安全生产监督机构，在日常监督过程中对企业施工现场的办公、生活区及作业场所和安全防护用具、机械设备、施工机具及配件是否符合有关安全生产法律、法规、标准和规程的要求进行检查，根据检查情况确定企业施工现场安全生产条件动态考核结果。

②各市建设(建筑)主管部门(省直有关部门)应根据《动态考核标准》，对本地各类企业进行动态抽查，督促企业不断改进、完善安全生产条件。各市(各部门)每年组织检查不少于一次，每次抽查企业总数不得低于本地(本部门)企业总数的20%，可根据实际情况到企业施工现场进行抽查。安全生产管理薄弱、存在安全生产行为不良记录，发生安全生产

事故的企业应作为监督检查的重点。

③各市建设(建筑)主管部门可直接组织抽查或由企业注册所在地县级建设(建筑)主管部门抽查。县级建设(建筑)主管部门应严格按照《动态考核标准》和相关法规规章进行抽查,并及时向市级建设(建筑)主管部门上报复核结果。

④建立建筑施工企业安全生产许可动态考核激励制度。对于安全生产工作成效显著、动态考核一直列入绿色监管的企业,在评选各级各类安全生产先进集体和个人、文明工地、优质工程等时予以优先考虑,各市建设(建筑)主管部门(省直有关部门)可根据本地、本部门实际情况在监督管理时采取有关优惠政策措施。

(4)《山东省建筑施工企业安全生产许可证管理实施细则(暂行)》

该实施细则由山东省建筑管理局于2004年11月10日以鲁建管发〔2004〕12号文印发。

该细则对我省建筑施工企业安全生产许可证管理作出如下规定:

1)建筑施工企业未取得安全生产许可证的,不得从事建设工程施工活动。

2)省建筑工程管理部门负责省内除中央管理以外的建筑施工企业安全生产许可证的颁发和管理,并接受国务院建设主管部门的指导和监督。

县级以上人民政府建设(建筑)行政主管部门负责本行政区域内建筑施工企业安全生产许可证的监督管理工作。

3)建筑施工企业从事建筑施工活动前,应当按照分级、属地管理的原则,向企业注册地省级以上建设(建筑)工程管理部门申请领取安全生产许可证。

中央管理的建筑施工企业(集团、总公司),向国务院建设行政主管部门申请领取安全生产许可证。

注册地在本省行政区域内的建筑施工企业,包括中央管理的建筑施工企业(集团公司、总公司)下属的建筑施工企业,向省建筑工程管理部门申请领取安全生产许可证。

4)建筑施工企业申请安全生产许可证,必须符合规定的安全生产条件。

5)安全生产许可证有效期为3年。建筑施工企业在安全生产许可证有效期内,严格遵守有关安全生产法律、法规和规章,未发生死亡事故的,安全生产许可证有效期期满时,经省建筑工程管理部门同意,不再审查,直接办理延期手续。除此以外,省建筑工程管理部门对其安全生产条件重新进行审查,审查合格的,办理延期手续。对申请延期的申请人审查合格或有效期满经省建筑工程管理部门同意不再审查直接办理延期手续的企业,省建筑工程管理部门收回原安全生产许可证,换发新的安全生产许可证。

6)各地建设(建筑)行政主管部门在向建设单位审核发放施工许可证时,应当对已经确定的建筑施工企业是否取得安全生产许可证进行审查,没有取得安全生产许可证的,不得颁发施工许可证。对于依法批准开工报告的建设工程,在建设单位报送建设工程所在地县级以上地方人民政府或者其他有关部门备案的安全施工措施资料中,应包括承接工程项目的建筑施工企业的安全生产许可证。

7)建筑施工企业取得安全生产许可证后,应当加强日常安全生产管理,不得降低安全生产条件,并接受当地建设(建筑)行政主管部门的监督检查。

8)省建筑工程管理部门或者其上级行政机关发现有下列情形之一的,可以撤销已经颁发的安全生产许可证：

①安全生产许可证颁发管理机关工作人员滥用职权、玩忽职守颁发安全生产许可证的；

②超越法定职权颁发安全生产许可证的；

③违反法定程序颁发安全生产许可证的；

④对不具备安全生产条件的建筑施工企业颁发安全生产许可证的。

2.10.4 事故调查处理

(1)《关于进一步规范房屋建筑和市政工程生产安全事故报告和调查处理工作的若干意见》

该意见由原建设部于2007年11月9日建质〔2007〕257号颁布。从事故等级划分、事故报告、事故调查、事故处理、事故统计等方面对房屋建筑和市政工程生产安全事故作出详细规定。

(2)《房屋市政工程生产安全和质量事故查处督办暂行办法》

该办法由建设部于2011年5月11日建质〔2011〕66号颁布。办法的主要内容有：

1)督办程序

房屋市政工程生产安全和质量较大及以上事故的查处督办，按照以下程序办理：

①较大及以上事故发生后，住房城乡建设部质量安全司提出督办建议，并报部领导审定同意后，以住房城乡建设部安委会或办公厅名义向省级住房城乡建设行政主管部门下达《房屋市政工程生产安全和质量较大及以上事故查处督办通知书》；

②在住房城乡建设部网站上公布较大及以上事故的查处督办信息，接受社会监督。

2)建设行政主管部门的督办职责

省级住房城乡建设行政主管部门接到《房屋市政工程生产安全和质量较大及以上事故查处督办通知书》后，应当依据有关规定，组织本部门及督促下级住房城乡建设行政主管部门按照要求做好下列事项：

①在地方人民政府的领导下，积极组织或参与事故的调查工作，提出意见；

②依据事故事实和有关法律法规，对违法违规企业给予吊销资质证书或降低资质等级、吊销或暂扣安全生产许可证、责令停业整顿、罚款等处罚，对违法违规人员给予吊销执业资格注册证书或责令停止执业、吊销或暂扣安全生产考核合格证书、罚款等处罚；

③对违法违规企业和人员处罚权限不在本级或本地的，向有处罚权限的住房城乡建设行政主管部门及时上报或转送事故事实材料，并提出处罚建议；

④其他相关的工作。

各级住房城乡建设行政主管部门不得对房屋市政工程生产安全和质量事故查处督办事项无故拖延、敷衍塞责，或者在解除督办过程中弄虚作假。

3)接受监督

各级住房城乡建设行政主管部门要将房屋市政工程生产安全和质量事故查处情况，及时予以公告，接受社会监督。

4)通报和约谈制度

房屋市政工程生产安全和质量事故查处工作实行通报和约谈制度，上级住房城乡建设行政主管部门对工作不力的下级住房城乡建设行政主管部门予以通报批评，并约谈部门的主要负责人。

2.10.5　机构与人员设置

(1)《建筑施工企业安全生产管理机构设置及专职安全生产管理人员配备办法》

该办法由建设部于2008年5月13日建质〔2008〕91号颁布。主要规定：

1)安全生产管理机构

①安全生产管理机构的设置。建筑施工企业应当依法设置安全生产管理机构，在企业主要负责人的领导下开展本企业的安全生产管理工作。

②安全生产管理机构的职责。建筑施工企业安全生产管理机构具有以下职责：

a.宣传和贯彻国家有关安全生产法律法规和标准；

b.编制并适时更新安全生产管理制度并监督实施；

c.组织或参与企业生产安全事故应急救援预案的编制及演练；

d.组织开展安全教育培训与交流；

e.协调配备项目专职安全生产管理人员；

f.制订企业安全生产检查计划并组织实施；

g.监督在建项目安全生产费用的使用；

h.参与危险性较大工程安全专项施工方案专家论证会；

i.通报在建项目违规违章查处情况；

j.组织开展安全生产评优评先表彰工作；

k.建立企业在建项目安全生产管理档案；

l.考核评价分包企业安全生产业绩及项目安全生产管理情况；

m.参加生产安全事故的调查和处理工作；

n.企业明确的其他安全生产管理职责。

2)安全生产管理人员

①专职安全生产管理人员的职责

a.负责施工现场安全生产日常检查并做好检查记录；

b.现场监督危险性较大工程安全专项施工方案实施情况；

c.对作业人员违规违章行为有权予以纠正或查处；

d.对施工现场存在的安全隐患有权责令立即整改；

e.对于发现的重大安全隐患，有权向企业安全生产管理机构报告；

f.依法报告生产安全事故情况。

②专职安全生产管理人员委派制度。建筑施工企业应当实行建设工程项目专职安全生产管理人员委派制度。建设工程项目的专职安全生产管理人员应当定期将项目安全生产管理情况报告企业安全生产管理机构。

③专职安全管理人员的配备条件。总承包单位配备项目专职安全生产管理人员应当满足下列要求：

a. 建筑工程、装修工程按照建筑面积配备：1 万平方米以下的工程不少于 1 人；1 万～5 万平方米的工程不少于 2 人；5 万平方米及以上的工程不少于 3 人，且按专业配备专职安全生产管理人员。

b. 土木工程、线路管道、设备安装工程按照工程合同价配备：5 000 万元以下的工程不少于 1 人；5 000 万～1 亿元的工程不少于 2 人；1 亿元及以上的工程不少于 3 人，且按专业配备专职安全生产管理人员。

c. 分包单位配备项目专职安全生产管理人员应当满足下列要求：专业承包单位应当配置至少 1 人，并根据所承担的分部分项工程的工程量和施工危险程度增加。

劳务分包单位施工人员在 50 人以下的，应当配备 1 名专职安全生产管理人员；50～200 人的，应当配备 2 名专职安全生产管理人员；200 人及以上的，应当配备 3 名及以上专职安全生产管理人员，并根据所承担的分部分项工程施工危险实际情况增加，不得少于工程施工人员总人数的 5‰。

采用新技术、新工艺、新材料或致害因素多、施工作业难度大的工程项目，项目专职安全生产管理人员的数量应当根据施工实际情况，在前述规定的配备标准上增加。

3)主管部门的监管

①安全生产许可证颁发管理机关颁发安全生产许可证时，应当审查建筑施工企业安全生产管理机构设置及其专职安全生产管理人员的配备情况。

②建设主管部门核发施工许可证或者核准开工报告时，应当审查该工程项目专职安全生产管理人员的配备情况。

③建设主管部门应当监督检查建筑施工企业安全生产管理机构及其专职安全生产管理人员履责情况。

(2)《山东省建筑施工企业项目负责人安全生产职责管理暂行办法》

该办法由山东省建筑工程管理局于 2004 年 6 月 21 日以鲁建管发〔2004〕10 号文印发，对我省项目负责人安全生产职责管理作出如下规定：

1)省建筑业主管部门负责全省项目负责人履行安全生产职责状况的监督管理工作；县以上建筑业主管部门负责本行政区域内项目负责人履行安全生产职责状况的监督管理工作。对项目负责人履行安全生产职责状况的具体考核工作委托建筑工程安全监督机构组织实施。

2)项目负责人是建设工程项目安全生产第一责任人。项目负责人应当具备相应的执业资格，按规定接受年度安全生产教育培训，并应经建筑业主管部门安全生产考核合格，取得国家统一格式的安全生产考核合格证书，方可任职。

3)项目负责人应认真履行以下安全生产职责：

①贯彻执行国家有关安全生产的方针、政策和法律、法规，严格执行安全生产技术标准、规范和规程；

②落实本单位安全生产责任制和安全生产规章制度；

③建立工程项目安全生产保证体系，配备与工程项目相适应的安全管理人员；

④保证安全防护和文明施工资金投入，为作业人员提供必要的个人劳动保护用具和符合安全、卫生标准的生产、生活环境；

⑤落实本单位安全生产检查制度，对违反安全技术标准、规范和操作规程的行为及时予以制止或纠正；

⑥落实本单位施工现场消防安全制度，确定消防责任人，按照规定配备消防器材、设施；

⑦落实本单位安全培训教育制度，组织岗前和班前安全生产教育；

⑧根据施工进度，落实本单位制定的和组织制定安全技术措施，按规定程序进行安全技术交底；

⑨使用符合要求的安全防护用具及机械设备，定期组织检查、维修、保养，保证安全防护设施有效，机械设备安全使用；

⑩根据工程特点，组织对施工现场易发生重大事故的部位、环节进行监控；

⑪按照本单位或总承包单位制定的施工现场生产安全事故应急救援预案，建立应急救援组织或者配备应急救援人员、器材、设备等，并组织演练；

⑫发生事故后，积极组织抢救人员，采取措施防止事故扩大，同时保护好事故现场，按照规定的程序及时如实报告，积极配合事故的调查处理；

⑬法律法规规定的其他安全生产职责。

4)对项目负责人安全生产职责履行状况实行年度考核制度，采取动态、量化、累计扣分方式。项目负责人安全生产职责考核结论分为合格、基本合格和不合格：

①累计扣分值不足20分的，年度考核为合格；

②累计扣分值满20分(含)不足40分的，年度考核为基本合格；

③累计扣分值满40分(含)的，年度考核为不合格。

5)建筑业主管部门及安全监督管理机构在实施安全监督管理工作中，发现项目负责人存有未履行安全生产职责行为应当作出记录，填写《扣分通知书》，由两名以上参加安全监督检查人员和项目负责人签字，并在《扣分卡》记录扣分值。

6)考核管理

①项目负责人连续三个年度考核结论为合格的，安全生产考核合格证书有效期满，可以不再参加建筑业主管部门组织的“建筑施工企业项目负责人安全生产考核”中的管理能力考核。

②项目负责人年度考核结论为基本合格的，应参加强化年度安全教育培训。连续两年考核结论为基本合格的，当年度考核结论为不合格。

③项目负责人未履行安全生产职责，考核结论为不合格的，吊销项目负责人安全生产考核合格证书；造成死亡事故的，5年内不予重新核发安全生产考核合格证书；情节严重的，终身不予核发。外埠注册的，由市建筑业主管部门责令建筑施工队伍撤换项目负责人，该项目负责人5年内不得在我省从事建设工程施工管理工作。

④累计扣分值达到不合格标准的，市建筑业主管部门应当及时报告省建筑业主管部门吊销项目负责人的安全生产考核合格证书。

2.10.6　安全培训与考核

(1)《关于加强全省企业职工培训工作的意见的通知》

该通知由山东省人民政府办公厅于2009年2月4日鲁政办发〔2009〕10号发布。

为提高我省企业职工队伍整体素质，建设新一代产业大军，推动经济社会又好又快发展，现就新形势下加强全省企业职工培训工作提出如下意见。

1)充分认识新形势下加强企业职工培训工作的重要意义

2)指导思想和目标

3)培训任务和内容

4)当前培训重点与要求

5)工作措施与政策

6)加强对职工培训工作的组织领导与管理

(2)关于印发《山东省建筑施工特种作业人员管理暂行办法》的通知

建设部于2008年4月18日建质〔2008〕75号文发布《建筑施工特种作业人员管理规定》，自2008年6月1日起实施。《山东省建筑施工特种作业人员管理暂行办法》由山东省建筑工程管理局于2008年7月21日鲁建管发〔2008〕12号文发布，自发布之日起施行。

为规范建筑施工特种作业人员培训、考核、发证、从业和监督管理工作，提高特种作业人员素质，防止和减少生产安全事故，根据《建设工程安全生产管理条例》、《建筑起重机械安全监督管理规定》和《建筑施工特种作业人员管理规定》等有关规定制定。主要规定：

特种作业人员必须经专门培训，由省建筑工程管理局考核合格，取得建筑施工特种作业操作资格证书(以下简称“操作资格证书”)，方可上岗从事相应作业。

1)培训

特种作业人员的培训内容包括安全技术理论和实际操作。

2)考核、发证

①特种作业人员的考核、发证审核程序包括：考核申请、受理、审查、考核、发证。

②申请条件。申请操作资格证书的人员，应当具备下列基本条件：

a. 年龄满18周岁，且符合相关工种规定的年龄要求；

b. 经二级乙等以上医院体检合格，无妨碍从事相应特种作业的疾病和生理缺陷；

c. 初中及以上学历；

d. 符合相应特种作业需要的其他条件。

③申请程序。市考核小组应当自收到申请人提交的申请材料之日起5个工作日内依法作出受理或者不予受理的决定。不予受理的，应当当场或书面通知申请人并说明理由。对于受理的申请，应当在考核前5个工作日内向申请人核发准考证。

市考核小组应当严格按照考核标准对申请人进行考核，并自考核结束之日起10个工作日内公布考核成绩。

对于考核不合格的，允许补考一次；补考仍不合格的，应当重新接受专门培训。对于考核合格的，市考核小组应当自公布考核成绩之日起15个工作日内向省考核办申请颁发操作资格证书。

经省考核办审核，对于符合条件准予颁发证书的，应在5个工作日内颁发操作资格证书；对于不予颁发证书的，应当书面说明理由。

3)从业

①特种作业人员的义务。特种作业人员应当履行下列义务：

a. 严格遵守有关安全生产法律、法规，遵守劳动纪律；

b. 严格按照安全操作规程进行作业；

c. 正确佩戴和使用安全防护用品；

d. 按规定参加年度安全教育培训和继续教育；

e. 发现事故隐患或者不安全因素立即向现场管理人员和有关负责人报告；

f. 作业时随身携带证件，并自觉接受用人单位的管理和建筑工程管理部门的监督检查；

g. 法律法规及有关规定明确的其他义务。

任何单位和个人不得非法涂改、倒卖、出租、出借或者以其他形式转让操作资格证书。

②任何单位和个人不得以任何理由非法扣押特种作业人员的操作资格证书。

4)延期复核

①操作资格证书有效期为两年。有效期满需要延期的，特种作业人员应当于期满前3个月内向原考核发证机关申请办理延期复核手续。延期复核合格的，证书有效期延期2年。

②复核内容。操作资格证书延期复核内容主要包括：身体状况、年度安全教育培训和继续教育情况、责任事故和违法违章情况等。

③特种作业人员在操作资格证书有效期内，有下列情形之一的，延期复核结果为不合格：

a. 超过相关工种规定年龄要求的；

b. 身体健康状况不再适应相应特种作业岗位的；

c. 对生产安全事故负有责任的；

d. 2年内违章操作记录达3次(含3次)以上的；

e. 未按规定参加年度安全教育培训或者继续教育的；

f. 考核发证机关规定的其他情形。

5)监督管理

①考核发证机关应当制定特种作业人员培训、考核、发证、延期复核等管理制度，建立特种作业人员管理档案。

县级以上建筑工程管理部门应当加强对特种作业人员从业活动的监督管理，查处违章行为并记录在档。

②有下列情形之一的，考核发证机关依据职权，应当撤销操作资格证书：

a. 考核发证机关工作人员违反规定程序核发操作资格证书的；

b. 考核发证机关工作人员对不具备申请资格或者不符合规定条件的申请人核发操作资格证书的；

c. 持证人弄虚作假骗取操作资格证书或者办理延期手续的；

d. 考核发证机关规定应当撤销的其他情形。

③有下列情形之一的，考核发证机关应当注销操作资格证书：

a. 按规定不予延期的；

b. 持证人逾期未申请办理延期复核手续的；

c. 持证人死亡或者不具有完全民事行为能力的；

d. 考核发证机关规定应当注销的其他情形。

(3)《建筑施工企业主要负责人、项目负责人和专职安全生产管理人员安全生产考核管理暂行规定》

该规定由原建设部于 2004 年 4 月 8 日以建质〔2004〕59 号文印发。明确规定：

1)建筑施工企业主要负责人、项目负责人和专职安全生产管理人员必须经建设行政主管部门或者其他有关部门安全生产考核，考核合格取得安全生产考核合格证书后，方可担任相应职务。

2)省、自治区、直辖市人民政府建设行政主管部门负责本行政区域内中央管理以外的建筑施工企业管理人员安全生产考核和发证工作。

3)建筑施工企业管理人员应当具备相应文化程度、专业技术职称和一定安全生产工作经历，并经企业年度安全生产教育培训合格后，方可参加建设行政主管部门组织的安全生产考核。

4)建筑施工企业管理人员安全生产考核内容包括安全生产知识和管理能力。

5)建筑施工企业管理人员在安全生产考核合格证书有效期内，严格遵守安全生产法律法规，认真履行安全生产职责，按规定接受企业年度安全生产教育培训，未发生死亡事故的，安全生产考核合格证书有效期届满时，经原安全生产考核合格证书发证机关同意，不再考核，安全生产考核合格证书有效期延期 3 年；有违反安全生产法律法规、未履行安全生产管理职责、不按规定接受企业年度安全生产教育培训、发生死亡事故，情节严重的，应当收回安全生产考核合格证书，并限期改正，重新考核。

(4)《关于建筑施工企业主要负责人、项目负责人和专职安全生产管理人员安全生产考核合格证书延期工作的指导意见》

该意见由原建设部 2007 年 8 月 3 日建质〔2007〕189 号文印发，为进一步加强和规范“三类人员”安全生产考核合格证书延期工作，提出以下指导意见：

1)“三类人员”在安全生产考核合格证书有效期内，有下列行为之一的，安全生产考核合格证书有效期届满时，应重新考核：

①对于企业主要负责人：

a. 所在企业发生过较大及以上等级生产安全责任事故或两起及以上一般生产安全责任事故的；

b. 所在企业存在违法违规行为，或本人未依法认真履行安全生产管理职责，被处罚或通报批评的；

c. 未按规定接受企业年度安全生产培训教育和建设行政主管部门继续教育的；

d. 未按规定提出延期申请的；

e. 颁发管理机关认为有必要重新考核的其他行为。

②对于项目负责人：

a. 承建的工程项目发生过一般及以上等级生产安全责任事故的；

b. 承建的工程项目存在违法违规行为，或本人未依法认真履行安全生产管理职责，被处罚或通报批评的；

c.未按规定接受企业年度安全生产培训教育和建设行政主管部门继续教育的；

d.未按规定提出延期申请的；

e.颁发管理机关认为有必要重新考核的其他行为。

③对于专职安全生产管理人员：

a.企业安全监督机构的专职安全生产管理人员，其所在企业发生过较大及以上等级生产安全责任事故或两起及以上一般生产安全责任事故的；施工现场的专职安全生产管理人员，其所在工程项目发生过一般及以上等级生产安全责任事故的；

b.所在企业或工程项目存在违法违规行为，或本人未依法履行安全生产管理职责，被处罚或通报批评的；

c.未按规定接受企业年度安全生产培训教育和建设行政主管部门继续教育的；

d.未按规定提出延期申请的；

e.颁发管理机关认为有必要重新考核的其他行为。

2)对于在安全生产考核合格证书有效期内严格遵守有关安全生产的法律、法规和规章，认真履行安全生产职责，并接受企业年度安全生产培训教育和建设行政主管部门继续教育的"三类人员"，颁发管理机关可不再重新考核，其证书有效期可延期3年。

3)逾期未办理延期申请且有效期满的，"三类人员"原证书自动失效。

4)各地区颁发管理机关在接到企业的延期申请后应在5个工作日内做出是否受理的决定。对于无需重新考核的，应当自受理安全生产考核合格证书延期申请之日起20个工作日内为其办理延期手续。颁发管理机关应在安全生产考核合格证书有效期一栏内填写新的有效期，加盖考核发证单位公章，并注明"经考核，同意延期三年"字样，其安全生产考核合格证书有效期延期3年。

对于需重新考核的"三类人员"，经颁发管理机关重新考核合格后，办理延期手续，并在其证书内注明"经重新考核，同意延期三年"字样。

(5)《山东省建筑业企业职工安全培训教育暂行办法》

《山东省建筑业企业职工安全培训教育暂行办法》由山东省建设委员会、山东省建筑工程管理局于1999年11月23日以鲁建管安监〔1999〕25号文印发。

该办法是根据建设部印发的《建筑业企业职工安全培训教育暂行规定》制定的，对我省建筑业企业职工安全培训教育主要作出如下规定：

1)建筑业企业职工安全培训教育实行同意计划、统一教材、统一命题、统一考试阅卷、统一发证的"五统一"管理，使职工的安全教育培训逐步走上规范化、标准化和制度化轨道。

2)建筑业企业职工必须按规定接受安全培训教育，坚持先培训后上岗，未经安全教育培训不得上岗作业的原则。

3)建筑施工企业的法人代表、分管经理、项目经理、安全部门负责人、安全员等管理人员必须完成规定内容、规定学时的教育培训，经考核合格取得省建筑工程管理部门颁发的岗位安全资格证书上岗。

4)建筑施工企业的特种作业人员，包括电工、焊工、架子工、爆破工、机械操作工、起重工、塔吊司机和物料提升机、施工升降机司机与指挥人员、安全技术资料员等必须完成规定内容、规定学时的教育培训，经考核合格取得省建筑工程管理部门颁发的岗位安全资格证书上岗。

5)建筑施工企业职工每年必须接受规定学时的年度安全教育。

6)建筑施工企业新进场的职工，必须接受公司、项目和班组三级安全教育培训，经考核合格，方能上岗作业。

(6)《山东省建筑施工企业管理人员安全生产考核实施暂行办法》

《山东省建筑施工企业管理人员安全生产考核实施暂行办法》由山东省建筑工程管理局于 2004 年 12 月 24 日以鲁建管发〔2004〕15 号文印发。该办法对我省建筑施工企业管理人员安全生产考核管理作出如下规定：

1)管理范围：在山东省行政区域内从事建筑工程施工活动的建筑施工企业管理人员以及实施对建筑施工企业管理人员安全生产考核管理，包括从事房屋建筑及其附属设施的建造和与其配套的线路、管道、设备的安装及装饰装修活动的施工总承包、专业承包和劳务分包企业。

2)建筑施工企业管理人员必须经建筑业主管部门安全生产考核，考核合格取得安全生产考核合格证书后，方可担任相应职务。

3)省建筑业主管部门负责全省建筑施工企业(中央管理的除外)管理人员安全生产考核管理、发证工作。

①省建管局成立“山东省建筑施工企业管理人员安全生产考核委员会”负责考核的具体工作。考核委员会下设考核办公室并在各市设立考核小组；

②省考核办设在省建筑施工安全监督站，负责考核、发证的日常工作；

③市考核小组设在各市建筑业主管部门，负责本行政区域内建筑施工企业管理人员安全生产考核受理、能力考核和安全生产知识考试的考务工作，并接受省考核委员会的领导和监督。

4)建筑施工企业管理人员安全生产考核的主要对象，是建筑施工企业(含独立法人子公司)的主要负责人、项目负责人和专职安全生产管理人员。

①建筑施工企业主要负责人，是指对本企业日常生产经营活动和安全生产工作全面负责、有生产经营决策权的人员，包括企业法定代表人、企业最高行政负责人、企业分管安全生产工作行政负责人和企业技术负责人等。

②建筑施工企业项目负责人，是指受企业法定代表人授权，负责建设工程项目管理的项目行政负责人。

③建筑施工企业专职安全生产管理人员，是指在企业专职从事安全生产管理工作的人员，包括企业安全生产管理机构的负责人及其工作人员和施工现场专职安全员。

5)建筑施工企业管理人员安全生产考核内容包括安全生产知识考试和安全管理能力考核。

①安全生产知识考试，主要为建设工程安全生产法律法规、安全生产知识和安全生产管理等内容。

②安全管理能力考核，考查安全生产实际工作能力、安全生产业绩等。

③建筑施工企业管理人员安全生产知识考试,采取全省统一试卷、闭卷考试的方式进行。

6)建筑施工企业管理人员应当具备以下条件方可报名参加安全生产知识考试：

①在建筑施工企业从事管理工作的在职人员；

②热爱本职工作,职业道德良好；

③经企业年度安全生产教育培训,并考核合格；

④具备相应学历、职称、阅历、执业资格等其他条件。

7)报名人所在建筑施工企业应当对报名人具备的条件、提交资料的真实性进行审查,并结合申请人的实际工作情况考核其管理能力,如实填写企业的审查意见。

8)安全生产知识考试合格的建筑施工企业管理人员,可持安全生产知识考核准考证、安全生产知识考试合格证明、《建筑施工企业管理人员安全生产考核合格证书申请表》,向企业工商注册所在地市考核小组申请安全生产考核合格证书。

9)对已经颁发建筑施工企安全管理人员安全生产考核合格证书,存在以下问题之一的,依法予以撤销：

①行政机关工作人员滥用职权、玩忽职守颁发的；

②超越法定职权颁发的；

③违反法定程序颁发的；

④发现申请人不具备申请条件的；

⑤依法可以撤销考核合格证书的其他情形。

7)建筑施工企业管理人员在安全生产考核合格证书有效期内,严格遵守安全生产法律法规,认真履行安全生产职责,安全生产业绩考核合格,安全生产考核合格证书有效期届满时,经原发证机关同意,不再考核,安全生产考核合格证书有效期延期3年。在证书有效期内有下列情况之一的,不予延期,必须重新考核：

①违反安全生产法律法规,未履行安全生产管理职责的；

②不按规定接受企业年度安全生产教育培训的；

③对发生的生产安全死亡事故负有主要责任的。

8)建筑施工企业管理人员有下列行为之一的,责令限期改正;逾期未改正的,吊销安全生产考核合格证书,重新进行考核：

①未履行安全生产职责的；

②不按规定接受企业年度安全生产教育培训的；

③企业年度安全生产教育培训考核不合格的；

④拒绝接受建筑业主管部门监督检查和整改要求的；

⑤有其他违反安全生产法律法规行为的。

9)建筑施工企业专职安全管理人员,未履行安全生产职责,对所管理的工程项目发生生产安全死亡事故负有主要责任的,应当吊销安全生产考核合格证书,5年内不予重新考核;情节严重的,终身不予考核。

山东省建筑工程管理局于2005年2月23日鲁建管质安字〔2005〕2号文发布《山东省建筑施工企业管理人员安全生产考核实施细则》该通知由,就山东省建筑施工企业管理人员的考核范围、考核机构、考试报名、考试范围与命题、考试成绩与考核合格证书的颁发、换发证书等方面做出了详细具体的规定。

2.10.7 安全技术管理

(1)《危险性较大的分部分项工程安全管理办法》

该办法由建设部于 2009 年 5 月 13 日建质〔2009〕87 号颁布。

为进一步规范和加强对危险性较大的分部分项工程安全管理,积极防范和遏制建筑施工生产安全事故的发生制定了具体办法。

危险性较大的分部分项工程是指建筑工程在施工过程中存在的、可能导致作业人员群死群伤或造成重大不良社会影响的分部分项工程。

危险性较大的分部分项工程安全专项施工方案(以下简称"专项方案"),是指施工单位在编制施工组织(总)设计的基础上,针对危险性较大的分部分项工程单独编制的安全技术措施文件。

1)建设单位的职责

建设单位在申请领取施工许可证或办理安全监督手续时,应当提供危险性较大的分部分项工程清单和安全管理措施。施工单位、监理单位应当建立危险性较大的分部分项工程安全管理制度。

2)施工单位的职责

施工单位应当在危险性较大的分部分项工程施工前编制专项方案;对于超过一定规模的危险性较大的分部分项工程,施工单位应当组织专家对专项方案进行论证。

3)监理单位的职责

①监理单位应当将危险性较大的分部分项工程列入监理规划和监理实施细则,应当针对工程特点、周边环境和施工工艺等,制定安全监理工作流程、方法和措施。

②监理单位应当对专项方案实施情况进行现场监理;对不按专项方案实施的,应当责令整改,施工单位拒不整改的,应当及时向建设单位报告;建设单位接到监理单位报告后,应当立即责令施工单位停工整改;施工单位仍不停工整改的,建设单位应当及时向住房城乡建设主管部门报告。

4)专项方案的编制

①编制主体

建筑工程实行施工总承包的,专项方案应当由施工总承包单位组织编制。其中,起重机械安装拆卸工程、深基坑工程、附着式升降脚手架等专业工程实行分包的,其专项方案可由专业承包单位组织编制。

②专项方案的内容

专项方案编制应当包括以下内容:

a. 工程概况:危险性较大的分部分项工程概况、施工平面布置、施工要求和技术保证条件。

b. 编制依据:相关法律、法规、规范性文件、标准、规范及图纸(国标图集)、施工组织设计等。

c. 施工计划：包括施工进度计划、材料与设备计划。

d. 施工工艺技术：技术参数、工艺流程、施工方法、检查验收等。

e. 施工安全保证措施：组织保障、技术措施、应急预案、监测监控等。

f. 劳动力计划：专职安全生产管理人员、特种作业人员等。

g. 计算书及相关图纸。

③专项方案的审核

专项方案应当由施工单位技术部门组织本单位施工技术、安全、质量等部门的专业技术人员进行审核。经审核合格的，由施工单位技术负责人签字。实行施工总承包的，专项方案应当由总承包单位技术负责人及相关专业承包单位技术负责人签字。

不需专家论证的专项方案，经施工单位审核合格后报监理单位，由项目总监理工程师审核签字。

超过一定规模的危险性较大的分部分项工程专项方案应当由施工单位组织召开专家论证会。实行施工总承包的，由施工总承包单位组织召开专家论证会。

5）专线方案的实施

①专项方案实施前，编制人员或项目技术负责人应当向现场管理人员和作业人员进行安全技术交底。

②施工单位应当指定专人对专项方案实施情况进行现场监督和按规定进行监测。发现不按照专项方案施工的，应当要求其立即整改；发现有危及人身安全紧急情况的，应当立即组织作业人员撤离危险区域。

施工单位技术负责人应当定期巡查专项方案实施情况。

③对于按规定需要验收的危险性较大的分部分项工程，施工单位、监理单位应当组织有关人员进行验收。验收合格的，经施工单位项目技术负责人及项目总监理工程师签字后，方可进入下一道工序。

(2)关于印发《山东省建筑工程安全专项施工方案编制审查与专家论证办法》的通知

该通知由山东省建筑工程管理局于2010年1月27日鲁建管发〔2010〕4号发布。

为了加强建筑施工安全技术管理，规范安全专项施工方案的编制、审查、论证、审批、实施和监督管理，防止生产安全事故的发生，依据《建设工程安全生产管理条例》和《危险性较大的分部分项工程安全管理办法》，结合本省实际制定《山东省建筑工程安全专项施工方案编制审查与专家论证办法》。

(3)《关于开展建筑施工安全质量标准化工作的指导意见》

为贯彻落实《国务院关于进一步加强安全生产工作的决定》(国发〔2004〕2号)，加强基层和基础工作，实现建筑施工安全的标准化、规范化，促使建筑施工企业建立起自我约束、持续改进的安全生产长效机制，推动我国建筑安全生产状况的根本好转，促进建筑业健康有序发展，现就开展建筑施工安全质量标准化工作提出以下指导意见：

1）指导思想和工作目标

2）工作要求

①提高认识，加强领导，积极开展建筑施工安全质量标准化工作

②采取有效措施，确保安全质量标准化工作取得实效

各地建设行政主管部门要抓紧制定符合本地区建筑安全生产实际情况的安全质量标准化实施办法，进一步细化工作目标，建立包括有关建设行政主管部门、协会、企业及相关媒体参加的工作指导小组，指导建筑施工企业及其施工现场开展安全质量标准化工作。要改进监管方式，从注重工程实体安全防护的检查，向加强对企业安全自保体系建立和运转情况的检查拓展和深化，促进企业不断查找管理缺陷，堵塞管理漏洞，形成"执行—检查—改进—提高"的封闭循环链，形成制度不断完善、工作不断细化、程序不断优化的持续改进机制，提高施工企业自我防范意识和防范能力，实现建筑施工安全规范化、标准化。

③建立激励机制，进一步提高施工企业开展安全质量标准化工作的积极性和主动性

④坚持"四个结合"，使安全质量标准化工作与安全生产各项工作同步实施、整体推进

(4)《山东省建筑施工现场安全技术资料管理规定》

该规定由山东省建设委员会、山东省建筑工程管理局于 1999 年 12 月 9 日以鲁建管安监〔1999〕28 号文印发。

该规定对我省建筑施工现场安全技术资料的内容文本格式和管理职责作出了规定。规定施工单位应当在施工管理过程中建立施工现场安全技术资料，施工现场安全技术资料主要包括"安全生产责任制，目标管理，施工组织设计，分部分项工程安全技术交底，安全检查，班前安全活动，特种作业人员持证上岗，工伤事故处理，安全标志，安全防护临时设施费与准用证管理，各类设备设施验收检测记录和文明施工"等 13 项内容。

2.10.8　设备设施管理

(1)关于印发《山东省建筑起重机械安全监督管理办法》的通知

该通知由山东省建筑工程管理局于 2009 年 6 月 3 日鲁建管发〔2009〕6 号文发布。建设部于 2008 年 1 月 8 日第 166 号令发布《建筑起重机械安全监督管理规定》，自 2008 年 6 月 1 日起施行。

为了加强建筑起重机械的安全监督管理，防范安全事故发生，保障人民群众生命财产安全，根据《建设工程安全生产管理条例》、《特种设备安全监察条例》和《建筑起重机械安全监督管理规定》，结合本省实际制定本《山东省建筑起重机械安全监督管理办法》

1)建筑起重机械的购置和出租

①购置要求

a. 产权单位购置的建筑起重机械，必须为依法取得国家特种设备制造许可证的合格产品。

对未实行制造许可的建筑起重机械产品，必须通过省级以上建筑工程管理部门组织的安全技术鉴定或备案后，方可购置。

b. 购置旧建筑起重机械时，除符合本办法第八条的规定外，还应有近两年设备完整运行记录和维修、改造等技术资料。

c. 有下列情形之一的建筑起重机械不得购置：

属国家明令淘汰或者禁止使用的；超过安全技术标准或者制造厂家规定的使用年限的；经检验达不到安全技术标准规定的；存在严重事故隐患无改造、维修价值的；达到国家规定出厂年限，未进行安全评估和经评估不宜继续使用的；违反国家规定擅自进行改造

的；没有完整安全技术档案的；没有齐全有效的安全装置的。

②出租要求

a. 出租单位应当依法取得工商行政管理部门核发的企业法人营业执照，并具有与企业生产经营活动规模相适应的场所。

b. 出租单位应当在签订的建筑起重机械出租合同中，明确租赁双方的安全责任，并出具建筑起重机械特种设备制造许可证、产品合格证、制造监督检验证明、备案证明和自检合格证明，提交安装使用说明书。

c. 产权单位应当按规定对建筑起重机械安全装置进行校验和标定。建筑起重机械安装前，产权单位应当对整机进行维护保养，对其安全性能进行检测；出租的，在签订租赁协议时，出租单位应当出具检测合格证明。

2）建筑起重机械的备案

建筑起重机械产权单位在建筑起重机械首次安装前，应当到本单位工商注册所在地县级以上建筑工程管理部门办理备案，并提供下列资料：

①建筑起重机械备案申请表；

②产权单位法人营业执照；

③企业岗位安全责任制、设备安全管理制度及事故应急救援预案；

④与起重机械有关的管理、检验、维护保养人员情况；

⑤企业生产经营场所证明材料；

⑥特种设备制造许可证、监督检验证明（未实行制造许可的，提供省级以上建筑工程管理部门组织的产品鉴定证明或备案证明）和产品设计文件、产品质量合格证明、安装及使用维修说明、有关型式试验合格证明等文件；

⑦购销合同或发票；

⑧其他应提供的资料。

达到国家和省规定使用期限的，应提供评估报告；出租的设备，应当出具检测合格证明；进口的设备，提供国家规定的相关文件。

予以报废的建筑起重机械，产权单位应当向原备案机关办理注销手续。

3）建筑起重机械的安装

①安装单位应当配备与所从事的安装工程规模相适应的土建、机械、电气工程技术人员和建筑起重机械安装拆卸工、建筑起重机械司机和建筑起重司索信号工等建筑施工特种作业人员，具备与所从事的安装工程规模相适应的检验手段与仪器设备。

严禁临时拼凑人员从事建筑起重机械安装活动。

②安装单位应当履行下列安全职责：

第一，根据安全技术标准及建筑起重机械性能要求编制建筑起重机械安装工程专项施工方案，按照规定的程序进行审核，并由本单位技术负责人审批；

第二，按照安全技术标准及安装使用说明书等检查建筑起重机械及现场施工条件；

第三，专业技术人员向作业人员进行安全施工技术交底，并由双方签字确认；

第四，将建筑起重机械安装工程专项施工方案，安装人员名单，安装、拆卸时间等材料报施工总承包单位和监理单位审核后，告知工程所在地县级以上建筑工程管理部门。

③安装单位应当按照建筑起重机械安装工程专项施工方案及安全操作规程组织安装作业。

安装单位的专业技术人员、专职安全生产管理人员应当进行现场监督，技术负责人应当定期巡查。

④建筑起重机械安装完毕后，安装单位应当按照安全技术标准及安装使用说明书的有关要求对建筑起重机械进行自检、调试和试运转。自检合格的，应当出具自检合格证明，并向使用单位进行安全使用说明。

⑤安装单位应当建立建筑起重机械安装工程档案。建筑起重机械安装工程档案应当包括以下资料：

安装合同及安全协议书；安装工程专项施工方案；安全施工技术交底资料；自检合格证明；安装工程验收资料；安装工程生产安全事故应急救援预案。

⑥建筑起重机械安装完毕后，使用单位应当组织产权、安装、监理等单位进行验收，或者委托具有相应资质的检验检测机构进行验收。建筑起重机械经验收合格后方可投入使用，未经验收或者验收不合格的不得使用。

实行施工总承包的，由施工总承包单位组织验收。列入特种设备目录的建筑起重机械在验收前应当经有相应资质的检验检测机构监督检验合格。

检验检测机构和检验检测人员对检验检测结果、鉴定结论依法承担法律责任。

4）建筑起重机械的使用

①使用单位应当自建筑起重机械安装验收合格之日起 30 日内，将建筑起重机械安装验收资料、建筑起重机械安全管理制度、特种作业人员名单等，向工程所在地县级以上建筑工程管理部门办理建筑起重机械使用登记。登记标志置于或者附着于该设备的显著位置。

②使用单位应当履行下列安全职责：

a. 根据不同施工阶段、周围环境以及季节、气候的变化，对建筑起重机械采取相应的安全防护措施；

b. 制定建筑起重机械生产安全事故应急救援预案；

c. 在建筑起重机械活动范围内设置明显的安全警示标志，对集中作业区做好安全防护；

d. 设置相应的设备管理机构或者配备专职的设备管理人员；

e. 指定专职设备管理人员、专职安全生产管理人员进行现场监督检查；

f. 建筑起重机械出现故障或者发生异常情况的，立即停止使用，消除故障和事故隐患后，方可重新投入使用。

③使用单位应当对在用的建筑起重机械及其安全装置、吊具、索具等进行经常性和定期的检查、校验、维护和保养，并做好记录。

建筑起重机械租赁合同对建筑起重机械的检查、校验、维护、保养另有约定的，从其约定。

④使用单位应当建立建筑起重机械使用安全技术档案，记录本次设备使用情况。

⑤施工总承包单位应当履行下列安全职责：

a. 向安装单位提供拟安装设备位置的基础施工资料，确保建筑起重机械进场安装、拆卸所需的施工条件；

b. 审核建筑起重机械的特种设备制造许可证、产品合格证、制造监督检验证明、备案证明等文件；

c. 审核安装单位、使用单位的资质证书、安全生产许可证和特种作业人员的特种作业操作资格证书；

d. 审核安装单位制定的建筑起重机械安装工程专项施工方案和生产安全事故应急救援预案；

e. 审核使用单位制定的建筑起重机械生产安全事故应急救援预案；

f. 指定专职安全生产管理人员监督检查建筑起重机械安装、拆卸、使用情况；

g. 施工现场有多台塔式起重机作业时，组织制定并实施防止塔式起重机相互碰撞的安全措施。

⑥监理单位应当履行下列安全职责：

a. 审核建筑起重机械特种设备制造许可证、产品合格证、制造监督检验证明、备案证明等文件；

b. 审核建筑起重机械安装单位、使用单位的资质证书、安全生产许可证和特种作业人员的特种作业操作资格证书；

c. 审核建筑起重机械安装工程专项施工方案；

d. 监督安装单位执行建筑起重机械安装工程专项施工方案情况；

f. 监督检查建筑起重机械的使用情况；

g. 发现存在生产安全事故隐患的，应当要求安装单位、使用单位限期整改；情况严重的，应当要求施工单位暂时停止施工，并及时报告建设单位；对安装单位、使用单位拒不整改或者不停止施工的，及时向建筑工程管理部门和建设单位报告。

⑦依法发包给两个及两个以上施工单位的工程，不同施工单位在同一施工现场使用多台塔式起重机作业时，建设单位应当协调组织制定防止塔式起重机相互碰撞的安全措施。

安装单位、使用单位拒不整改生产安全事故隐患的，建设单位接到监理单位报告后，应当责令安装单位、使用单位立即停工整改。

⑧建筑起重机械特种作业人员应当遵守建筑起重机械安全操作规程和安全管理制度，在作业中有权拒绝违章指挥和强令冒险作业，有权在发生危及人身安全的紧急情况时立即停止作业或者采取必要的应急措施后撤离危险区域。

建筑起重机械作业人员在作业过程中发现事故隐患或者其他不安全因素，应当立即向现场安全管理人员和负责人报告。

5)监督管理

①建筑工程管理部门履行安全监督检查职责时，有权采取下列措施：

a. 要求被检查的单位提供有关建筑起重机械的文件和资料；

b. 进入被检查单位和被检查单位的施工现场进行检查；

c. 对检查中发现的建筑起重机械生产安全事故隐患，责令立即排除；重大生产安全事故隐患排除前或者排除过程中无法保证安全的，责令从危险区域撤出作业人员或者暂时停止施工。

②负责办理备案或者登记的建筑工程管理部门应当建立本行政区域内的建筑起重机械档案，按照有关规定对建筑起重机械进行统一编号，并定期向社会公布建筑起重机械的安全状况。

(2)《建筑起重机械备案登记办法》

《建筑起重机械备案登记办法》由国务院于2008年4月18日建质〔2008〕76号文发布，自2008年6月1日起实施。

1)主管部门的职责

①县级以上地方人民政府建设主管部门可以使用计算机信息管理系统办理建筑起重机械备案登记，并建立数据库。

县级以上地方人民政府建设主管部门应当提供本行政区域内建筑起重机械备案登记查询服务。

县级以上地方人民政府建设主管部门应当对施工现场的建筑起重机械备案登记情况进行监督检查。

②省、自治区、直辖市人民政府建设主管部门应当在每年年底将本地区建筑起重机械备案登记情况汇总后上报国务院建设主管部门。

省级以上人民政府建设主管部门应当按照有关规定及时公布限制或禁止使用的建筑起重机械。

2)起重机械出租单位的备案登记

①建筑起重机械出租单位或者自购建筑起重机械使用单位(以下简称“产权单位”)在建筑起重机械首次出租或安装前，应当向本单位工商注册所在地县级以上地方人民政府建设主管部门(以下简称“设备备案机关”)办理备案。

②有下列情形之一的建筑起重机械，设备备案机关不予备案，并通知产权单位：

a. 属国家和地方明令淘汰或者禁止使用的；

b. 超过制造厂家或者安全技术标准规定的使用年限的；

c. 经检验达不到安全技术标准规定的。

③起重机械产权单位变更时，原产权单位应当持建筑起重机械备案证明到设备备案机关办理备案注销手续。设备备案机关应当收回其建筑起重机械备案证明。

原产权单位应当将建筑起重机械的安全技术档案移交给现产权单位。现产权单位应当按照本办法办理建筑起重机械备案手续。

④建筑起重机械属于本办法第八条情形之一的，产权单位应当及时采取解体等销毁措施予以报废，并向设备备案机关办理备案注销手续。

3)起重机械安装、拆卸单位的备案登记

①从事建筑起重机械安装、拆卸活动的单位(以下简称“安装单位”)办理建筑起重机械安装(拆卸)告知手续前，应当将以下资料报送施工总承包单位、监理单位审核：

a. 建筑起重机械备案证明；

b. 安装单位资质证书、安全生产许可证副本；

c. 安装单位特种作业人员证书；

d. 建筑起重机械安装(拆卸)工程专项施工方案；

e. 安装单位与使用单位签订的安装(拆卸)合同及安装单位与施工总承包单位签订的安全协议书；

f. 安装单位负责建筑起重机械安装(拆卸)工程专职安全生产管理人员、专业技术人员名单；

g. 建筑起重机械安装(拆卸)工程生产安全事故应急救援预案；

h. 辅助起重机械资料及其特种作业人员证书；

i. 施工总承包单位、监理单位要求的其他资料。

4)起重机械安装单位的备案登记

安装单位应当在建筑起重机械安装(拆卸)前2个工作日内通过书面形式、传真或者计算机信息系统告知工程所在地县级以上地方人民政府建设主管部门，同时按规定提交经施工总承包单位、监理单位审核合格的有关资

5)起重机械使用单位的备案登记

①建筑起重机械使用单位在建筑起重机械安装验收合格之日起30日内，向工程所在地县级以上地方人民政府建设主管部门(以下简称“使用登记机关”)办理使用登记。

②有下列情形之一的建筑起重机械，使用登记机关不予使用登记并有权责令使用单位立即停止使用或者拆除：

a. 属于本办法第八条情形之一的；

b. 未经检验检测或者经检验检测不合格的；

c. 未经安装验收或者经安装验收不合格的。

③使用登记机关应当在安装单位办理建筑起重机械拆卸告知手续时，注销建筑起重机械使用登记证明。

(3)《山东省建筑施工安全防护用具及机械设备登记备案管理实施细则》

该细则由山东省建筑工程管理局于2002年10月28日以鲁建管质安字〔2002〕25号文印发，对我省建筑施工安全防护用具及机械设备的登记备案作出如下规定：

1)凡列入登记备案管理范围的安全防护用具及机械设备进入我省建筑施工现场，均应登记备案并取得《山东省建设工业产品登记备案证明》。

2)实行登记备案的建筑施工安全防护用具及机械设备主要包括：

①建筑施工物料提升机、附着式脚手架、高处作业吊篮；

②安全帽、安全带、安全网、安全绳；

③施工现场临时供电配电箱、空气断路器、隔离开关、交流接触器、漏电保护器、五芯电缆等。

3)省建筑工程管理部门负责全省建筑施工安全防护用具及机械设备的登记备案管理工作，设区的市建筑工程管理部门负责本行政区域内建筑施工安全防护用具及机械设备登记备案的管理工作。具体工作由建筑工程管理部门所属的建筑安全监督机构负责实施。

(4)《建设工程高大模板支撑系统施工安全监督管理导则》

该导则由建设部于 2009 年 10 月 26 日建质〔2009〕254 号文发布。为进一步规范和加强对建设工程高大模板支撑系统施工安全的监督管理，积极预防和控制建筑生产安全事故做出了具体规定。

(5)《施工现场安全防护用具及机械设备使用监督管理规定》

该规定由原建设部、国家工商行政管理局和国家质量技术监督局联合于 1998 年 9 月 4 日以建〔1998〕164 号文印发，1998 年 10 月 1 日起施行。

1)明确了建筑施工现场安全防护用具及机械设管理范围

施工现场安全防护用具及机械设备包括在施工现场上使用的安全防护用品、安全防护设施、电气产品、架设机具和施工机械设备。

2)明确了各职能部门的管理职责

①各级建设行政主管部门负责对施工现场安全防护用具及施工机械设备的使用实施监督管理。

施工现场安全防护用具及机械设备使用的具体监督管理工作，可以委托所属的建筑安全监督管理机构负责实施。

建筑安全监督管理机构要对建筑施工企业或者施工现场使用的安全防护用具及机械设备，进行定期或者不定期的抽检，发现不合格产品或者技术指标和安全性能不能满足施工安全需要的产品，必须立即停止使用，并清除出施工现场。

②工商行政管理机关负责查处市场管理和商标管理中发现的经销掺假或假冒的安全防护用具及机械设备。

③质量技术监督机关负责查处生产和流通领域中安全防护用具及机械设备的质量违法行为。

④对于违反规定的生产、销售单位和建筑施工企业，由建设、工商行政管理、质量技术监督行政主管部门根据各自的职责，依法作出处罚。

3)明确了销售安全防护用具及机械设备的单位应提供的资料

①检测合格证明；

②产品的生产许可证(指实行生产许可证的产品)和出厂产品合格证；

③产品的有关技术标准、规范；

④产品的有关图纸及技术资料；

⑤产品的技术性能、安全防护装置的说明。

(6)《关于开展建筑施工用钢管、扣件专项整治的通知》

该通知由原建设部、国家质检总局和国家工商总局联合于 2003 年 9 月 18 日以建质电〔2003〕35 号文印发。

1)明确了各职能部门的管理职责

①建设行政主管部门主要负责查处施工企业违法违规采购和租用劣质钢管、扣件以及建筑施工工地使用劣质钢管、扣件的行为，对责任单位和责任人可根据有关法律法规给予资质、资格的处罚。

②质检部门主要负责建筑施工用钢管、扣件产品的质量监管工作，不断加大国家监督抽查和地方监督抽查力度，严厉查处生产假冒伪劣产品违法行为。加强扣件产品的生产

许可管理工作，依法严厉打击无证生产、生产不合格产品等违法活动。对生产假冒伪劣钢管、扣件的获证企业，吊销生产许可证。

③工商行政管理部门主要负责查处市场销售、出租劣质钢管、扣件违法行为，无照经营及不正当竞争行为等，对违法情节严重的生产、经销、租赁企业依法吊销营业执照。

2）对生产、租赁和使用提出了要求

①生产单位

a. 必须持有生产许可证，并按核准的经营范围从事生产销售活动；

b. 必须生产符合国家有关标准的产品，并对其质量负责；

c. 必须在产品上标明生产厂家和生产日期；

d. 钢管、扣件出厂时，应当附有产品质量合格证明。

②租赁单位

a. 必须取得工商行政管理部门颁发的营口业执照；

b. 必须购买有产品标识和产品质量合格证的钢管、扣件；

c. 应当与租用单位签订质量协议；

d. 租赁单位对其质量负责；

e. 对施工单位返还的产品应进行检测，并标明检测日期和产品的使用次数，合格产品按批次分类入库，不合格的应及时报废销毁。

③施工单位

a. 应当按国家标准规范搭建施工脚手架；

b. 必须购买、租用具备产品生产许可证、产品质量合格证明、检测证明产品标识的钢管、扣件；

c. 钢管、扣件使用前应按有关技术标准的规定，按批次进行抽样，送法定检测单位检测，经检测不合格的钢管、扣件一律不得使用；

d. 应当对工地拟使用的钢管、扣件进行清查，对没有生产许可证、产品质量合格证的劣质钢管、扣件一律清出施工现场，坚决不准使用；

e. 已搭设的脚手架要认真做好检测加固工作；

f. 施工结束拆除后，对钢管、扣件进行检测，不符合要求的严禁再次用于工程。

(7)《关于开展起重机械安全专项整治的通知》

该通知由国家质检总局、原建设部联合于2003年7月22日以国质检联〔2003〕170号文印发。

1）明确了各职能部门的管理职责

①质量技术监督部门负责起重机械的安全监察工作，其中对房屋建筑工地和市政工程用起重机械负责设计、制造单位许可、检验检测机构核准；

②建设行政主管部门负责房屋建筑工地和市政工程用起重机械安装、使用环节的监督管理工作，即起重机械安装资质审批、使用登记、操作人员的培训考核。

2）对建筑起重机械设备的生产、拆装和使用提出了要求

①起重机械生产单位必须有工业产品生产许可证或特种设备制造许可证，设备出厂时应当附有安全技术规范要求的设计文件、产品质量合格证明、安装及使用维修说明书等

文件；

②起重机械必须经有关专业安装资格的单位进行拆装；必须经过检验合格，方能投入使用；

③起重机械的操作、信号指挥等特种作业人员必须经过培训、考核合格，持证上岗；

④起重机械使用单位的负责人必须对本单位的起重机械安全负责，设置专人具体负责起重机械安全管理工作，配备专业人员对起重机械进行日常维护保养和检查；

⑤大型设备、构件吊装应当编制施工方案，并经报批认真组织实施；

⑥多单位承包工程，应当建立统一的安全责任体系、安全管理保证体系、组织指挥系统；

⑦施工现场应当制定防范事故措施和事故应急救援预案。

(8)山东省质量技术监督局、建设厅《转发国家质检总局、建设部〈关于开展起重机械安全专项整治的通知〉的通知》

该通知由山东省质量技术监督局、山东省建设厅联合于2003年7月22日以鲁质监发〔2003〕52号文印发。

1)明确了我省对建筑施工起重机械设备管理的职责分工

房屋建筑工地和市政工程工地用起重机械的安装单位资格认可、使用环节的设备安装、备案和检测检验、作业人员培训考核发证等工作，由建设行政部门监督管理；其他范围用起重机械的安装单位资格认可、使用环节安装告知、作业人员培训考核发证等工作由质监部门监督管理。

2)对起重机械制造、安装等单位的资格作出了规定

①未取得起重机械制造许可证的，不得从事起重机械的制造工作；

②未取得特种设备安装维修保养改造资格证书的，不得从事起重机械的改造活动；

③未取得起重机械设备工程专业承包企业资质的，不得从事起重机械的安装(拆装)工作。

3)对起重机械检验检测作出了规定

①起重机械检验检测机构，必须经国家质检总局核准，取得国家质检总局批准的相应资格，方可从事起重机械的检验检测；

②起重机械的检验检测应当按照国家质检总局印发的《施工升降机监督检验规程》的有关规定进行；

③检验检测机构应加强管理，规范行为，为受检单位提供可靠、便捷的检验检测服务；

④检测检验机构对房屋建筑施工现场和市政工地起重机械设备的检测检验，应当接受建设行政主管部门的监督管理。

2.10.9 标准化与专项治理

(1)《关于开展建筑施工安全质量标准化工作的指导意见》

该意见由原建设部与2005年12月22日建质〔2005〕232号发布，从指导思想和工作目标、工作要求两个方面提出指导意见：

1)提高认识，加强领导，积极开展建筑施工安全质量标准化工作

2)采取有效措施,确保安全质量标准化工作取得实效

3)建立激励机制,进一步提高施工企业开展安全质量标准化工作的积极性和主动性

4)坚持“四个结合”。使安全质量标准化工作与安全生产各项工作同步实施、整体推进

(2)《山东省建筑施工安全生产标准化工作实施方案》

为深入贯彻落实国务院安委会《关于深入开展企业安全生产标准化建设的指导意见》(安委〔2011〕4号)和住房城乡建设部《关于继续深入开展建筑安全生产标准化工作的通知》(建安办函〔2011〕14号),进一步推动我省建筑安全生产标准化工作深入持久开展,特制订本方案。

1)指导思想

2)参与范围

在山东省注册的三级及以上建筑施工(包括总承包和专业承包)企业以及辖区内所有规模以上房屋建筑工程施工现场必须开展建筑安全生产标准化工作。

3)工作目标

①建筑施工企业,按照《施工企业安全生产评价标准》(JGJ/T77—2010)进行评定,全部达到“基本合格”标准,到2015年全部达到“合格”标准。

②建筑施工现场,规模以上房屋建筑施工现场符合《建筑施工现场环境与卫生标准》(JGJ146),按照《建筑施工安全检查标准》(JGJ59)进行评定,全部达到“合格”标准。

4)实施方法

①健全组织,加强领导。

②统筹规划,分步实施。

③突出重点,全面推进。

④树立典型、示范引路。

⑤强化检查、全面推进。

5)工作要求

①提高认识,积极推动建筑施工安全标准化工作。

②采取措施,确保建筑安全标准化工作取得实效。

③综合协调,扎实推进建筑安全标准化各项工作。

(3)《房屋市政工程生产安全重大隐患排查治理挂牌督办暂行办法》

该办法由建设部于2011年10月8日建质〔2011〕158号文印发,自印发之日起施行。

1)房屋市政工程生产安全重大隐患排查治理责任制

建筑施工企业是房屋市政工程生产安全重大隐患排查治理的责任主体,应当建立健全重大隐患排查治理工作制度,并落实到每一个工程项目。企业及工程项目的主要负责人对重大隐患排查治理工作全面负责。

2)施工企业的排查治理责任

①建筑施工企业应当定期组织安全生产管理人员、工程技术人员和其他相关人员排查每一个工程项目的重大隐患,特别是对深基坑、高支模、地铁隧道等技术难度大、风险大的重要工程应重点定期排查。对排查出的重大隐患,应及时实施治理消除,并将相关情况

进行登记存档。

②建筑施工企业应及时将工程项目重大隐患排查治理的有关情况向建设单位报告。建设单位应积极协调勘察、设计、施工、监理、监测等单位,并在资金、人员等方面积极配合做好重大隐患排查治理工作。

③承建工程的建筑施工企业接到《房屋市政工程生产安全重大隐患治理挂牌督办通知书》后,应立即组织进行治理。确认重大隐患消除后,向工程所在地住房城乡建设主管部门报送治理报告,并提请解除督办。

3)生产安全重大隐患排查的监管

①监管主体

房屋市政工程生产安全重大隐患治理挂牌督办按照属地管理原则,由工程所在地住房城乡建设主管部门组织实施。省级住房城乡建设主管部门进行指导和监督。

②监管职责

住房城乡建设主管部门接到工程项目重大隐患举报,应立即组织核实,属实的由工程所在地住房城乡建设主管部门及时向承建工程的建筑施工企业下达《房屋市政工程生产安全重大隐患治理挂牌督办通知书》,并公开有关信息,接受社会监督。

③工程所在地住房城乡建设主管部门收到建筑施工企业提出的重大隐患解除督办申请后,应当立即进行现场审查。审查合格的,依照规定解除督办。审查不合格的,继续实施挂牌督办。

④省级住房城乡建设主管部门应定期总结本地区房屋市政工程生产安全重大隐患治理挂牌督办工作经验教训,并将相关情况报告住房和城乡建设部。

2.10.10 环境卫生与劳动保护

(1)绿色施工导则(节选)

该导则由原建设部于 2007 年 9 月 10 日建质〔2007〕223 号文发布,从绿色施工原则;绿色施工总体框架;绿色施工要点;发展绿色施工的新技术、新设备、新材料、新工艺以及绿色施工应用示范工程五个方面对环境作出具体要求。

(2)《关于进一步加强建筑工地食堂食品安全工作的意见》

该意见由国家食品药品监督管理局、建设部于 2010 年 4 月 30 日国食药监食〔2010〕172 号发布。

为认真贯彻落实《食品安全法》、《食品安全法实施条例》以及《国务院办公厅关于印发食品安全整顿工作方案的通知》(国办发〔2009〕8 号)、《国务院办公厅关于印发 2010 年食品安全整顿工作安排的通知》(国办发〔2010〕17 号)要求,进一步加强建筑工地食堂食品安全工作,确保广大建筑工人饮食安全,现提出如下意见:

1)充分认识加强建筑工地食堂食品安全工作的重要性

2)严格规范建筑工地食堂餐饮服务许可

3)切实加强建筑工地食堂日常监督管理

4)督促建筑施工企业认真落实主体责任

5)畅通投诉举报渠道

6)加强食品安全信息通报

7)严厉查处违法违规行为

(详见附录)

(3)建筑施工人员个人劳动保护用品使用管理暂行规定

本规定由原建设部于2007年11月5日建质〔2007〕255号文发布。主要规定：

凡从事建筑施工活动的企业和个人，劳动保护用品的采购、发放、使用、管理等必须遵守本规定。

劳动保护用品的发放和管理，坚持“谁用工，谁负责”的原则。施工作业人员所在企业(包括总承包企业、专业承包企业、劳务企业等，下同)必须按国家规定免费发放劳动保护用品，更换已损坏或已到使用期限的劳动保护用品，不得收取或变相收取任何费用。劳动保护用品必须以实物形式发放，不得以货币或其他物品替代。

1)企业的职责

①企业应建立完善劳动保护用品的采购、验收、保管、发放、使用、更换、报废等规章制度。同时应建立相应的管理台帐，管理台帐保存期限不得少于两年，以保证劳动保护用品的质量具有可追溯性。

②企业采购、个人使用的安全帽、安全带及其他劳动防护用品等，必须符合《安全帽》(GB2811)、《安全带》(GB6095)及其他劳动保护用品相关国家标准的要求。

企业、施工作业人员，不得采购和使用无安全标记或不符合国家相关标准要求的劳动保护用品。

③企业应当按照劳动保护用品采购管理制度的要求，明确企业内部有关部门、人员的采购管理职责。企业在一个地区组织施工的，可以集中统一采购；对企业工程项目分布在多个地区，集中统一采购有困难的，可由各地区或项目部集中采购。

④企业采购劳动保护用品时，应查验劳动保护用品生产厂家或供货商的生产、经营资格，验明商品合格证明和商品标识，以确保采购劳动保护用品的质量符合安全使用要求。

企业应当向劳动保护用品生产厂家或供货商索要法定检验机构出具的检验报告或由供货商签字盖章的检验报告复印件，不能提供检验报告或检验报告复印件的劳动保护用品不得采购。

⑤企业应加强对施工作业人员的教育培训，保证施工作业人员能正确使用劳动保护用品。

工程项目部应有教育培训的记录，有培训人员和被培训人员的签名和时间。

⑥企业应加强对施工作业人员劳动保护用品使用情况的检查，并对施工作业人员劳动保护用品的质量和正确使用负责。实行施工总承包的工程项目，施工总承包企业应加强对施工现场内所有施工作业人员劳动保护用品的监督检查。督促相关分包企业和人员正确使用劳动保护用品。

2)施工作业人员的权利

施工作业人员有接受安全教育培训的权利，有按照工作岗位规定使用合格的劳动保护用品的权利；有拒绝违章指挥、拒绝使用不合格劳动保护用品的权利。同时，也负有正确使用劳动保护用品的义务。

3)监理单位的监督

监理单位要加强对施工现场劳动保护用品的监督检查。发现有不使用、或使用不符合要求的劳动保护用品,应责令相关企业立即改正。对拒不改正的,应当向建设行政主管部门报告。

4)建设单位的义务

建设单位应当及时、足额向施工企业支付安全措施专项经费,并督促施工企业落实安全防护措施,使用符合相关国家产品质量要求的劳动保护用品。

5)建设行政主管部门的职责

①各级建设行政主管部门应当加强对施工现场劳动保护用品使用情况的监督管理。发现有不使用、或使用不符合要求的劳动保护用品的违法违规行为的,应当责令改正;对因不使用或使用不符合要求的劳动保护用品造成事故或伤害的,应当依据《建设工程安全生产管理条例》和《安全生产许可证条例》等法律法规,对有关责任方给予行政处罚。

②各级建设行政主管部门应将企业劳动保护用品的发放、管理情况列入建筑施工企业《安全生产许可证》条件的审查内容之一;施工现场劳动保护用品的质量情况作为认定企业是否降低安全生产条件的内容之一;施工作业人员是否正确使用劳动保护用品情况作为考核企业安全生产教育培训是否到位的依据之一。

③各地建设行政主管部门可建立合格劳动保护用品的信息公告制度,为企业购买合格的劳动保护用品提供信息服务。同时依法加大对采购、使用不合格劳动保护用品的处罚力度。

2.10.11 消防

(1)《国务院关于加强和改进消防工作的意见》

该意见由国务院于2011年12月30日国发〔2011〕46号文印发,强调消防对于安全生产的重要性和工作要求。意见的主要内容有:

1)指导思想、基本原则和主要目标

2)切实强化火灾预防

加强消防安全源头管控;建立建设工程消防设计、施工质量和消防审核验收终身负责制,建设、设计、施工、监理单位及执业人员和公安消防部门要严格遵守消防法律法规,严禁擅自降低消防安全标准;

严格建筑工地、建筑材料消防安全管理;要依法加强对建设工程施工现场的消防安全检查,督促施工单位落实用火用电等消防安全措施,公共建筑在营业、使用期间不得进行外保温材料施工作业,居住建筑进行节能改造作业期间应撤离居住人员,并设消防安全巡逻人员,严格分离用火用焊作业与保温施工作业,严禁在施工建筑内安排人员住宿;新建、改建、扩建工程的外保温材料一律不得使用易燃材料,严格限制使用可燃材料;建筑室内装饰装修材料必须符合国家、行业标准和消防安全要求。

3)着力夯实消防工作基础

4)全面落实消防安全责任

(2)关于贯彻国发〔2011〕46号文件进一步加强和改进消防工作的意见

该意见由山东省人民政府于2012年4月28日鲁政发〔2012〕18号文发布。

为认真贯彻落实《国务院关于加强和改进消防工作的意见》(国发〔2011〕46号)精神,进一步推动我省消防工作与经济社会协调发展,保障人民群众生命财产安全,维护社会和谐稳定,结合我省实际,现提出此意见。(详见附录)。

2.10.12　安全防护与文明施工

(1)《建筑工程安全防护、文明施工措施费用及使用管理规定》

该规定由原建设部于2005年6月7日建办〔2005〕89号文发布,自2005年9月1日起执行。

建设单位对建筑工程安全防护、文明施工措施有其他要求的,所发生费用一并计入安全防护、文明施工措施费。

建筑工程安全防护、文明施工措施费用是由《建筑安装工程费用项目早晨》(建标〔2003〕206号)中措施费所含的文明施工费、环境保护费、临时设施费、安全施工费组成。其中安全施工费由临边、洞口、交叉、高处作业安全防护费,危险性较大工程安全措施费及其他费用组成由各地建设行政主管部门结合本地区实际自行确定。

1)安全防护、文明施工措施费的确定

①建设单位、设计单位在编制工程概(预)算时,应当依据工程造价管理机构测定的相应费率,合理确定工程安全防护、文明施工措施费。

②依法进行工程招投标的项目,招标方或具有资质的中介机构编制招标文件时,应当按照有关规定并结合工程实际单独列出安全防护、文明施工措施项目清单。

投标方应当根据现行标准规范,结合工程特点、工期进度和作业环境要求,在施工组织设计文件中制定相应的安全防护、文明施工措施,并按照招标文件要求结合自身的施工技术水平、管理水平对工程安全防护、文明施工措施项目单独报价。投标方安全防护、文明施工措施的报价,不得低于预计工程所在地工程造价管理机构测定费率计算所需费用总额的90%。

③建设单位与施工单位应当在施工合同中明确安全防护、文明施工措施项目总费用,以及费用预付计划、支付计划、使用要求、调整方式等条款。

建设单位与施工单位在施工合同中对安全防护、文明施工措施费用预付、支付计划未作约定或约定不明的,合同工期在一年以内的,建设单位预付安全防护、文明施工措施费用不得低于该费用总额的50%;合同工期在一年以上的(含一年),预付安全防护、文明施工措施费用不得低于该费用总额的30%,其余费用应当按照施工进度支付。

实行工程总承包的,总承包单位依法将工程分包给其他单位的,总承包单位与分包单位应当在分包合同中明确安全防护、文明施工措施费用由总承包单位统一管理。安全防护、文明施工措施由分包单位实施的,由分包单位提出专项安全防护措施及施工方案,经总承包单位批准后及时支付所需费用。

2)监理单位对安全防护、文明施工措施费落实的监督

工程监理单位应当对施工单位落实安全防护、文明施工措施,对施工单位已经落实的安全防护、文明施工措施,总监理工程师或者造价工程师应当及时审查并签认所发生的费

用。监理单位发现施工单位未落实施工组织设计及专项施工方案中安全防护和文明施工措施的，有权责令其立即整改；对施工单位拒不整改或未按期限要求完成整改的，监理单位应当及时向建设单位和建设行政主管部门报告，必要时责令其暂停施工。

3)施工单位对安全防护、文明施工措施费的使用

施工单位应当确保安全防护、文明施工措施费专款专用，在财务管理中单独列出安全防护、文明施工措施费用清单备查。施工单位安全生产管理人员负责对建筑工程安全防护、文明施工措施的组织实施进行现场监督检查，并有权向建设行政主管部门反映情况。

工程总承包单位对建筑工程安全防护、文明施工措施费用的使用负总责。总承包单位应当按照本规定及合同约定及时向分包单位支付安全防护、文明施工措施费用。总承包单位不按本规定及合同约定支付费用，造成分包单位不能及时落实安全防护措施导致发生事故的，由总承包单位负主要责任。

4)建设行政主管部门的监管

①建设行政主管部门应当按照现行标准规范对施工现场安全防护、文明施工施落实情况进行监督检查，并对建设单位支付及施工单位使用安全防护、文明施工措施费用情况进行监督。

②建设单位未按规定支付安全防护、文明施工措施费用的，由县级以上建设行政主管部门依据《建设工程安全生产管理条例》第五十四条规定，责令限期整改；逾期未改正的，责令该工程停止施工。

(2)关于印发《关于进一步加强建筑施工现场综合管理的意见》的通知

该通知由山东省建筑工程管理局鲁建管发〔2006〕7号文发布。为搞好全省施工现场质量、安全和技术管理工作，提高工程项目的综合管理水平，制定了《关于进一步加强建筑施工现场综合管理的意见》。(《关于进一步加强建筑施工现场总和管理的意见》详见附录)

(2)《山东省建筑施工安全文明工地评选暂行办法》

该办法由山东省建设委员会、山东省建筑工程管理局于2000年3月6日以鲁建管安监〔2000〕8号文印发。

该办法对我省建筑施工安全文明工地的评选范围、申报条件、申报程序、评审办法作出了规定。主要内容如下：

1)山东省建筑施工安全文明工地(省级安全文明工地)是山东省建设委员会、山东省建筑工程管理局对山东省境内建筑施工安全生产、文明施工综合管理达到选进水平的工地授予的一种荣誉称号。

2)省级安全文明工地分为省级安全文明示范工地和优良工地两个级别。

3)省级安全文明工地评选由省建筑施工安全监督站组织实施，省建委、建管局审核公布。

4)省级安全文明工地的评审实行申报制，即由企业申报，市建筑业主管部门推荐，省安监站组织考核、评审。

5)省级安全文明工地的评选实行动态管理，评选后工程竣工验收不合格、发生安全生产技术资料不完整、发生重伤以上、直接经济损失在10万元以上、火灾等责任事故以及存

有不文明行为的，将撤销荣誉称号。

6)在我省建设工程招投标中，对获得“山东省建筑施工安全文明示范工地”荣誉称号的承包单位增加与获得工程质量“泰山杯”奖同等分值的荣誉分；对获得“山东省建筑施工安全文明优良工地”、“山东省建筑施工安全文明小区”荣誉称号的承包单位增加与获得工程质量“省优良工程”同等分值的荣誉分。

2003年4月28日省安监站印发的《关于认真开展创建建筑施工安全文明小区工作的通知》(鲁建安监〔2003〕6号)对创建省级建筑施工安全文明小区的评选作出了补充规定。

2.10.13 监督管理

(1)关于印发《建筑工程安全生产监督管理工作导则》的通知

《建筑工程安全生产监督管理工作导则》由原建设部于2005年10月13日建质〔2005〕184号发布。

为完善建筑工程安全生产管理制度，规范建筑工程安全生产监管行为，根据有关法律法规，借鉴部分地区经验，我部制定了《建筑工程安全生产监督管理工作导则》，现印发给你们，请结合实际执行。各地要注重总结监管经验，创新监管制度，改进监管方式，全面提高建筑工程安全生产监督管理工作水平。

(2)《落实政府及其有关部门安全生产监督管理责任的暂行规定》

该规定由山东省人民政府与2008年鲁政办发〔2008〕22号颁布，自颁布之日起实施。

为切实落实政府及其有关部门安全生产监督管理责任，加强安全生产监督管理，有效遏制重特大生产安全事故发生，保障人民群众生命财产安全，根据《中华人民共和国安全生产法》、《山东省安全生产条例》等法律、法规和有关规定，结合本省实际，制定本规定。(详见附录)

(3)《关于实行建筑工程安全报监制度的通知》

该通知由山东省建设委员会、山东省建筑工程管理局于1999年12月9日以鲁建管安监〔1999〕27号文印发。

该通知规定了我省建筑工程实行安全报监制度，由施工单位进行安全报监。

2004年7月15日山东省政府对《山东省建筑安全生产管理规定》进行了修订，规定建设单位在申请施工许可证时，应当提供建设工程有关安全施工措施的资料，安全报监由施工单位报监改为由建设单位报监。

2.10.14 安全评价

(1)《山东省建筑施工企业安全生产评价实施暂行办法》

《山东省建筑施工企业安全生产评价实施暂行办法》由山东省建筑工程管理局以鲁建管发〔2004〕16号文印发。

该办法对我省建筑施工企业安全生产评价的实施作出如下规定：

1)建筑施工企业应当建立安全生产评价制度，依据《施工企业安全生产评价标准》开展自我评价，确保达到规定的安全生产条件。

2)省建筑工程管理部门负责全省的建筑施工企业安全生产评价的指导、监督工作；县级以上建筑工程管理部门负责本行政区域内的建筑施工企业安全生产评价的管理工作。具体工作可由各级建筑工程管理部门所属的建筑施工安全监督管理机构负责。

3)建筑施工企业安全生产评价实行年度评价制度,采取企业自我评价和建筑工程管理部门检查复核的办法进行;建筑施工企业应当在年初,结合日常安全生产工作情况,依照标准对上年度的安全生产进行自我评价。

4)建筑施工企业自我评价后,应当将评价情况和结论报当地建筑工程管理部门申请复核,并提交相关资料:

①建筑施工企业安全生产评价复核申请表;

②企业安全生产许可证;

③企业法人营业执照;

④企业安全生产责任制以及安全生产资金保障、安全教育培训、安全检查、事故报告处理、事故应急救援预案等安全生产规章制度;

⑤企业安全生产管理机构设置及安全管理人员配备资料;

⑥企业主要负责人、项目经理和专职安全管理人员安全生产考核合格证书;

⑦企业特种作业人员岗位安全资格证书;

⑧企业生产安全事故调查处理及结案材料;

⑨工程项目安全生产达标情况;

⑩各类安全生产奖励和处罚证明资料;

⑪其他有关安全生产资料。

建筑施工企业应当对自我评价的结论和以上资料的真实性负责。

5)安全生产评价结论分为合格、基本合格和不合格三个等级;合格的,由建筑工程管理部门核发《山东省建筑施工企业安全生产评价合格通知书》。

6)建筑工程管理部门应当加强对建筑施工企业安全生产评价工作的监督管理,并将评价情况记录在企业的信用档案,纳入招投标、企业资质、安全生产许可证等建筑市场监督管理。

2.11 建筑业安全卫生公约

《建筑业安全卫生公约》也称《167号公约》,是建筑施工安全卫生的国际标准。现行有效的建筑业安全卫生公约是国际劳工组织大会于1988年6月1日在日内瓦举行的第75届会议上通过的,同年6月20日公布,于1991年1月11日生效。

为进一步完善我国有关建筑安全卫生的立法,建立健全建筑安全卫生保障体系,提高我国的建筑安全卫生水平,建设部于1996年开始申办在我国执行《167号公约》,于2001年10月27日由第九届全国人民代表大会第24次常务委员会通过,我国遂成为实施《167号公约》的第15个国家。

《167号公约》在实施的过程中,强调了政府、雇主、工人三结合的原则。对于任何一项标准、措施,在制定、实施和奖罚时都要由三方共同商议,以三方都能接受的原则而确定,三方共同执行。其主要内容如下：

(1)以雇主、企业、工人相结合的方式贯彻实施各项安全规定。雇主有保护工人安全健康的权利和义务。

(2)明确总、分包单位的安全生产责任；总包单位应起到协调及保证规定实施的作用。

(3)设计和计划单位在做设计和计划时应考虑建筑工人的安全和健康。

(4)工人应遵守并执行有关安全卫生的规定，并对违反安全和卫生的事项有发表建议的权利和义务。

第3章　建筑安全生产法律责任

3.1　建筑安全生产法律责任概述

3.1.1　设立建筑安全生产法律责任的必要性

法律责任是法律、法规和规章的重要组成部分，占有重要的地位。法律责任的规定是体现法律规范国家强制力的核心部分。如果在一个法律文件中缺乏法律责任的规定，法律所规定的权利和义务就形同虚设，建筑安全生产法律法规也不例外。在有关建筑安全生产法律、法规和规章中，根据其所调整的对象的性质、特点，正确、合理地规定法律责任，对保证建筑安全生产法律、法规和规章的有效实施，保障工程建设的顺利进行，乃至建筑业的健康稳定发展，都具有非常重大的现实意义。

3.1.2　违反建筑安全生产法律法规的责任形式

(1)行政责任

1)行政处罚

建筑安全生产法律责任的行政处罚最常见的形式有：

①警告；

②罚款；

③责令停产停业整顿；

④暂扣或吊销单位资质证书、许可证等有关证照；

⑤降低单位资质等级；

⑥暂扣或吊销个人执业资格证书；

⑦降低个人执业资格证书等级。

2)行政处分

建筑业企业和企业上级主管部门按照管理权限对有违反安全生产法律、法规和规章行为的管理人员和作业人员、造成重大生产安全事故的责任者所进行的一种行政制裁措施。

3)行政措施

行政措施指建设行政主管部门，或受其委托的执法单位依据安全生产法律、法规和规章的规定，对违法、违规的当事人实施除行政处罚外的其他行政手段，如责令改正、责令停止违法行为、责令补办手续等。

(2)追究刑事责任

对具有严重违反安全生产法律、法规的行为，造成重大生产安全事故及其他严重后果，触犯刑律的管理人员和作业人员，依法追究刑事责任。

(3)追究民事责任

违反安全生产法律、法规造成损失的，依法承担赔偿等民事责任。

3.2　建设单位的建筑安全生产法律责任

3.2.1　违反《中华人民共和国建筑法》的法律责任

建设单位违反《中华人民共和国建筑法》规定，要求建筑设计单位或者建筑施工企业违反建筑工程质量、安全标准，降低工程质量的，责令改正，可以处以罚款；构成犯罪的，依法追究刑事责任。

3.2.2　违反《建设工程安全生产管理条例》的法律责任

(1)建设单位未提供建设工程安全生产作业环境及安全施工措施所需费用的，责令限期改正；逾期未改正的，责令该建设工程停止施工。建设单位未将保证安全施工的措施或者拆除工程的有关资料报送有关部门备案的，责令限期改正，给予警告。

(2)建设单位有下列行为之一的，责令限期改正，处20万元以上50万元以下的罚款；造成重大安全事故，构成犯罪的，对直接责任人员，依照刑法有关规定追究刑事责任；造成损失的，依法承担赔偿责任：

1)对勘察、设计、施工、工程监理等单位提出不符合安全生产法律、法规和强制性标准规定的要求的；

2)要求施工单位压缩合同约定的工期的；

3)将拆除工程发包给不具有相应资质等级的施工单位的。

3.2.3　违反《实施工程建设强制性标准监督规定》的法律责任

建设单位有下列行为之一的，责令改正，并处以20万元以上50万元以下的罚款：

(1)明示或者暗示施工单位使用不合格的建筑材料、建筑构配件和设备的；

(2)明示或暗示设计单位或者施工单位违反工程建设强制性标准，降低工程质量的。

3.2.4　违反《山东省建筑安全生产管理规定》的法律责任

(1)建设单位未提供建设工程安全生产作业环境及安全施工措施所需费用的，责令限期改正；逾期未改正的，责令该建设工程停止施工。

(2)建设单位未将保证安全事故的措施或者拆除工程的有关资料送有关部门备案的，责令限期改正，给予警告。

(3)建设单位未按照工程建设标准定额确定建筑工程安全措施和施工现场临时设施

费用,并将其列入工程概算的,由建设行政主管部门责令改正,并依照有关法律法规的规定给予处罚。

3.2.5 违反《建筑起重机械安全监督管理规定》的法律责任

建设单位有下列行为之一的,由县级以上地方人民政府建设主管部门责令限期改正,予以警告,并处以 5 000 元以上 3 万元以下罚款;逾期未改的,责令停止施工:

(1)未按照规定协调组织制定防止多台塔式起重机相互碰撞的安全措施的

(2)接到监理单位报告后,未责令安装单位、使用单位立即停工整改的。

3.3 勘察、设计单位的建筑安全生产法律责任

3.3.1 违反《中华人民共和国建筑法》的法律责任

建筑设计单位不按照建筑工程质量、安全标准进行设计的,责令改正,处以罚款;造成工程质量事故的,责令停业整顿,降低资质等级或者吊销资质证书,没收违法所得,并处罚款;造成损失的,承担赔偿责任;构成犯罪的,依法追究刑事责任。

3.3.2 违反《建设工程安全生产管理条例》的法律责任

勘察单位、设计单位有下列行为之一的,责令限期改正,处 10 万元以上 30 万元以下的罚款;情节严重的,责令停业整顿,降低资质等级,直至吊销资质证书;造成重大安全事故,构成犯罪的,对直接责任人员,依照刑法有关规定追究刑事责任;造成损失的,依法承担赔偿责任:

(1)未按照法律、法规和工程建设强制性标准进行勘察、设计的;

(2)采用新结构、新材料、新工艺的建设工程和特殊结构的建设工程,设计单位未在设计中提出保障施工作业人员安全和预防生产安全事故的措施建议的。

3.3.3 违反《实施工程建设强制性标准监督规定》的法律责任

(1)勘察、设计单位违反工程建设强制性标准进行勘察、设计的,责令改正,并处以 10 万元以上 30 万元以下的罚款。

(2)勘察、设计单位违反工程建设强制性标准进行勘察、设计造成工程质量事故的,责令停业整顿,降低资质等;情节严重的,吊销资质证书;造成损失的,依法承担赔偿责任。

3.4 工程监理单位的建筑安全生产法律责任

3.4.1 违反《建设工程安全生产管理条例》的法律责任

工程监理单位有下列行为之一的,责令限期改正;逾期未改正的,责令停业整顿,并处

10万元以上30万元以下的罚款；情节严重的，降低资质等级，直至吊销资质证书；造成重大安全事故，构成犯罪的，对直接责任人员，依照刑法有关规定追究刑事责任；造成损失的，依法承担赔偿责任：

(1)未对施工组织设计中的安全技术措施或者专项施工方案进行审查的；

(2)发现安全事故隐患未及时要求施工单位整改或者暂时停止施工的；

(3)施工单位拒不整改或者不停止施工，未及时向有关主管部门报告的；

(4)未依照法律、法规和工程建设强制性标准实施监理的。

3.4.2　违反《实施工程建设强制性标准监督规定》的法律责任

工程监理单位违反强制性标准规定，将不合格的建设工程以及建筑材料、建筑构配件和设备按照合格签字的，责令改正，处50万元以上100万元以下的罚款，降低资质等级或者吊销资质证书；有违法所得的，予以没收；造成损失的，承担连带责任。

3.4.3　违反《建筑起重机械安全监督管理规定》的法律责任

监理单位未履行以下安全职责的：

(1)审核建筑起重机械特种设备制造许可证、产品合格证、制造监督检验证明、备案证明等文件；

(2)审核建筑起重机械安装单位、使用单位的资质证书、安全生产许可证和特种作业人员的特种作业操作资格证书；

(3)监督安装单位执行建筑起重机械安装、拆卸工程专项施工方案情况

(4)监督检查建筑起重机械的使用情况；

由县级以上地方人民政府建设主管部门责令限期改正，予以警告，并处以5 000元以上3万元以下罚款。

3.5　施工单位的建筑安全生产法律责任

3.5.1　违反《中华人民共和国安全生产法》的法律责任

(1)生产经营单位的决策机构、主要负责人，个人经营的投资人未依照本法规定保证安全生产所必需的资金投入，致使生产经营单位不具备安全生产条件的，责令限期改正，提供必需的资金；逾期未改正的，责令生产经营单位停产停业整顿。

有上述违法行为，导致发生生产安全事故，构成犯罪的，依照刑法有关规定追究刑事责任；尚不够刑事处罚的，对生产经营单位的主要负责人给予撤职处分，对个人经营的投资人处2万元以上20万元以下的罚款。

(2)生产经营单位的主要负责人未履行本法规定的安全生产管理职责的，责令限期改正；逾期未改正的，责令生产经营单位停产停业整顿。

生产经营单位的主要负责人有上述违法行为，导致发生生产安全事故，构成犯罪的，

依照刑法有关规定追究刑事责任；尚不够刑事处罚的，给予撤职处分或者处 2 万元以上 20 万元以下的罚款。

生产经营单位的主要负责人依照上述规定受刑事处罚或者撤职处分的，自刑罚执行完毕或者受处分之日起，5 年内不得担任任何生产经营单位的主要负责人。

(3)生产经营单位有下列行为之一的，责令限期改正；逾期未改正的，责令停产停业整顿，可以并处 2 万元以下的罚款：

1)未按照规定设立安全生产管理机构或者配备安全生产管理人员的；

2)危险物品的生产、经营、储存单位以及矿山、建筑施工单位的主要负责人和安全生产管理人员未按照规定经考核合格的；

3)未按照《安全生产法》第二十一条、第二十二条的规定对从业人员进行安全生产教育和培训，或者未按照本法第三十六条的规定如实告知从业人员有关的安全生产事项的；

4)特种作业人员未按照规定经专门的安全作业培训并取得特种作业操作资格证书，上岗作业的。

(4)生产经营单位有下列行为之一的，责令限期改正；逾期未改正的，责令停止建设或者停产停业整顿，可以并处 5 万元以下的罚款；造成严重后果，构成犯罪的，依照刑法有关规定追究刑事责任：

1)矿山建设项目或者用于生产、储存危险物品的建设项目的施工单位未按照批准的安全设施设计施工的；

2)未在有较大危险因素的生产经营场所和有关设施、设备上设置明显的安全警示标志的；

3)安全设备的安装、使用、检测、改造和报废不符合国家标准或者行业标准的；

4)未对安全设备进行经常性维护、保养和定期检测的；

5)未为从业人员提供符合国家标准或者行业标准的劳动防护用品的；

6)特种设备以及危险物品的容器、运输工具未经取得专业资质的机构检测、检验合格，取得安全使用证或者安全标志，投入使用的；

7)使用国家明令淘汰、禁止使用的危及生产安全的工艺、设备的。

(5)生产经营单位有下列行为之一的，责令限期改正；逾期未改正的，责令停产停业整顿，可以并处 2 万元以上 10 万元以下的罚款；造成严重后果，构成犯罪的，依照刑法有关规定追究刑事责任：

1)生产、经营、储存、使用危险物品，未建立专门安全管理制度、未采取可靠的安全措施或者不接受有关主管部门依法实施的监督管理的；

2)对重大危险源未登记建档，或者未进行评估、监控，或者未制订应急预案的；

3)进行爆破、吊装等危险作业，未安排专门管理人员进行现场安全管理的。

(6)生产经营单位将生产经营项目、场所、设备发包或者出租给不具备安全生产条件或者相应资质的单位或者个人的，责令限期改正，没收违法所得；违法所得 5 万元以上的，并处违法所得 1 倍以上 5 倍以下的罚款；没有违法所得或者违法所得不足 5 万元的，单处或者并处 1 万元以上 5 万元以下的罚款；导致发生生产安全事故给他人造成损害的，与承包方、承租方承担连带赔偿责任。

生产经营单位未与承包单位、承租单位签订专门的安全生产管理协议或者未在承包合同、租赁合同中明确各自的安全生产管理职责，或者未对承包单位、承租单位的安全生产统一协调、管理的，责令限期改正；逾期未改正的，责令停产停业整顿。

(7)两个以上生产经营单位在同一作业区域内进行可能危及对方安全生产的生产经营活动，未签订安全生产管理协议或者未指定专职安全生产管理人员进行安全检查与协调的，责令限期改正；逾期未改正的，责令停产停业。

(8)生产经营单位有下列行为之一的，责令限期改正；逾期未改正的，责令停产停业整顿；造成严重后果，构成犯罪的，依照刑法有关规定追究刑事责任：

1)生产、经营、储存、使用危险物品的车间、商店、仓库与员工宿舍在同一座建筑内，或者与员工宿舍的距离不符合安全要求的；

2)生产经营场所和员工宿舍未设有符合紧急疏散需要、标志明显、保持畅通的出口，或者封闭、堵塞生产经营场所或者员工宿舍出口的。

(9)生产经营单位与从业人员订立协议，免除或者减轻其对从业人员因生产安全事故伤亡依法应承担的责任的，该协议无效；对生产经营单位的主要负责人、个人经营的投资人处2万元以上10万元以下的罚款。

(10)生产经营单位的从业人员不服从管理，违反安全生产规章制度或者操作规程的，由生产经营单位给予批评教育，依照有关规章制度给予处分；造成重大事故，构成犯罪的，依照刑法有关规定追究刑事责任。

(11)生产经营单位主要负责人在本单位发生重大生产安全事故时，未立即组织抢救或者在事故调查处理期间擅离职守或者逃匿的，给予降职、撤职的处分，对逃匿的处15日以下拘留；构成犯罪的，依照刑法有关规定追究刑事责任。

生产经营单位主要负责人对生产安全事故隐瞒不报、谎报或者拖延不报的，依照上述规定处罚。

(12)生产经营单位不具备《安全生产法》和其他有关法律、行政法规和国家标准或者行业标准规定的安全生产条件，经停产停业整顿仍不具备安全生产条件的，予以关闭；有关部门应当依法吊销其有关证照。

(13)生产经营单位发生生产安全事故造成人员伤亡、他人财产损失的，应当依法承担赔偿责任；拒不承担或者其负责人逃匿的，由人民法院依法强制执行。

生产安全事故的责任人未依法承担赔偿责任，经人民法院依法采取执行措施后，仍不能对受害人给予足额赔偿的，应当继续履行赔偿义务；受害人发现责任人有其他财产的，可以随时请求人民法院执行。

3.5.2 违反《中华人民共和国建筑法》的法律责任

(1)建筑施工企业未取得施工许可证或者开工报告未经批准擅自施工的，责令改正，对不符合开工条件的责令停止施工，可以处以罚款。

(2)建筑施工企业转让、出借资质证书或者以其他方式允许他人以本企业的名义承揽工程的，责令改正，没收违法所得，并处罚款，可以责令停业整顿，降低资质等级；情节严重的，吊销资质证书。对因该项承揽工程不符合规定的质量标准造成的损失，建筑施工企业与使用本企业名义的单位或者个人承担连带赔偿责任。

(3)建筑施工企业在施工中偷工减料的,使用不合格的建筑材料、建筑构配件和设备的,或者有其他不按照工程设计图纸或者施工技术标准施工的行为的,责令改正,处以罚款;情节严重的,责令停业整顿,降低资质等级或者吊销资质证书;造成建筑工程质量不符合规定的质量标准的,负责返工、修理,并赔偿因此造成的损失;构成犯罪的,依法追究刑事责任。

(4)建筑施工企业违反《建筑法》规定,不履行保修义务或者拖延履行保修义务的,责令改正,可以处以罚款,并对在保修期内因屋顶、墙面渗漏、开裂等质量缺陷造成的损失,承担赔偿责任。

(5)建筑施工企业违反《建筑法》规定,对建筑安全事故隐患不采取措施予以消除的,责令改正,可以处以罚款;情节严重的,责令停业整顿,降低资质等级或者吊销资质证书;构成犯罪的,依法追究刑事责任。

建筑施工企业的管理人员违章指挥、强令职工冒险作业,因而发生重大伤亡事故或者造成其他严重后果的,依法追究刑事责任。

3.5.3 违反《建设工程安全生产管理条例》的法律责任

(1)施工单位有下列行为之一的,责令限期改正;逾期未改正的,责令停业整顿,依照《安全生产法》的有关规定处以罚款;造成重大安全事故,构成犯罪的,对直接责任人员,依照刑法有关规定追究刑事责任:

1)未设立安全生产管理机构、配备专职安全生产管理人员或者分部分项工程施工时无专职安全生产管理人员现场监督的;

2)施工单位的主要负责人、项目负责人、专职安全生产管理人员、作业人员或者特种作业人员,未经安全教育培训或者考核不合格即从事相关工作的;

3)未在施工现场的危险部位设置明显的安全警示标志,或者未按照国家有关规定在施工现场设置消防通道、消防水源、配备消防设施和灭火器材的;

4)未向作业人员提供安全防护用具和安全防护服装的;

5)未按照规定在施工起重机械和整体提升脚手架、模板等自升式架设设施验收合格后登记的;

6)使用国家明令淘汰、禁止使用的危及施工安全的工艺、设备、材料的。

(2)施工单位挪用列入建设工程概算的安全生产作业环境及安全施工措施所需费用的,责令限期改正,处挪用费用 20%以上 50%以下的罚款;造成损失的,依法承担赔偿责任。

(3)施工单位有下列行为之一的,责令限期改正;逾期未改正的,责令停业整顿,并处 5 万元以上 10 万元以下的罚款;造成重大安全事故,构成犯罪的,对直接责任人员,依照刑法有关规定追究刑事责任:

1)施工前未对有关安全施工的技术要求作出详细说明的;

2)未根据不同施工阶段和周围环境及季节、气候的变化,在施工现场采取相应的安全施工措施,或者在城市市区内的建设工程的施工现场未实行封闭围挡的;

3)在尚未竣工的建筑物内设置员工集体宿舍的;

4)施工现场临时搭建的建筑物不符合安全使用要求的;

5)未对因建设工程施工可能造成损害的毗邻建筑物、构筑物和地下管线等采取专项防护措施的。

施工单位有上述第4)、5)项行为,造成损失的,依法承担赔偿责任。

(4)施工单位有下列行为之一的,责令限期改正;逾期未改正的,责令停业整顿,并处10万元以上30万元以下的罚款;情节严重的,降低资质等级,直至吊销资质证书;造成重大安全事故,构成犯罪的,对直接责任人员,依照刑法有关规定追究刑事责任;造成损失的,依法承担赔偿责任:

1)安全防护用具、机械设备、施工机具及配件在进入施工现场前未经查验或者查验不合格即投入使用的;

2)使用未经验收或者验收不合格的施工起重机械和整体提升脚手架、模板等自升式架设设施的;

3)委托不具有相应资质的单位承担施工现场安装、拆卸施工起重机械和整体提升脚手架、模板等自升式架设设施的;

4)在施工组织设计中未编制安全技术措施、施工现场临时用电方案或者专项施工方案的;

(5)施工单位取得资质证书后,降低安全生产条件的,责令限期改正;经整改仍未达到与其资质等级相适应的安全生产条件的,责令停业整顿,降低其资质等级直至吊销资质证书。

3.5.4 违反《安全生产许可证条例》的法律责任

(1)未取得安全生产许可证擅自进行生产的,责令停止生产,没收违法所得,并处10万元以上50万元以下罚款;造成重大事故或者其他严重后果,构成犯罪的,依法追究刑事责任。

(2)安全生产许可证有效期满未办理延期手续,继续进行生产的,责令停止生产,限期补办延期手续,没收违法所得,并处5万元以上10万元以下罚款;逾期仍不办理延期手续,继续进行生产的,责令停止生产,没收违法所得,并处10万元以上50万元以下罚款;造成重大事故或者其他严重后果,构成犯罪的,依法追究刑事责任。

(3)转让安全生产许可证的,没收违法所得,处10万元以上50万元以上的罚款,并吊销其安全生产许可证;构成犯罪的,依法追究刑事责任;接受转让的,依照本条例第十九条的规定处罚。冒用安全生产许可证或者使用伪造的安全生产许可证的,依照本条例第十九条的规定处罚。

(4)《安全生产许可证条例》施行前已经进行生产的企业,应当自条例施行之日起1年内,依照本条例的规定向安全生产许可证颁发管理机关申请办理安全生产许可证;逾期不办理安全生产许可证,或者经审查不符合条例规定的安全生产条件,未取得安全生产许可证,继续进行生产的,依照本条例第十九条的规定处罚。

3.5.5 违反《山东省建筑市场管理条例》的法律责任

(1)施工单位有下列行为之一的，由建设行政主管部门责令其限期改正，给予警告，没收违法所得，并可处以1万元以上5万元以下的罚款；情节严重的，吊销其资质证书：

1)未申领资质证书而从事建设工程的总承包、勘察、设计、施工、建筑装修、建筑构配件生产经营以及建设监理、招标代理等活动的；

2)超越资质等级范围承包建设工程的；

3)伪造、涂改、出租、出借、转让资质证书的；

4)倒手转包或者层层分包建设工程的；

5)在施工中偷工减料或者使用未经检验以及经检验不合格的建筑材料、建筑构配件和设备的。

(2)施工单位有下列行为之一的，由建设行政主管部门或者有关行业行政主管部门按照职责分工，责令其限期改正，给予警告，并处以1万元以上5万元以下罚款；情节严重的，责令其停业整顿6个月至1年：

1)未按照规定采取维护安全、防范危险、预防火灾等措施的；

2)对应当采取防护措施的毗邻建筑物、构筑物和特殊作业环境，未采取防护措施的；

3)未按照建设工程设计图纸或者施工设计进行施工的；

4)在施工中发生责任事故以及发生责任事故未及时采取措施或者未按照规定如实报告事故情况的。

(2)施工单位违反规定，造成工程质量、安全事故及其他人身、财产损害的，应当依法承担民事责任；构成犯罪的，依法追究刑事责任。

3.5.6 违反《生产安全事故报告和调查处理条例》的法律责任

(1)事故发生单位及其有关人员有下列行为之一的，对事故发生单位处100万元以上500万元以下的罚款；对主要负责人、直接负责的主管人员和其他直接责任人员处上一年年收入60%至100%的罚款，构成犯罪的，依法追究刑事责任：

1)谎报或者瞒报事故的；

2)伪造或者故意破坏事故现场的；

3)转移、隐匿资金、财产，或者销毁有关证据、资料的；

4)拒绝接受调查或者拒绝提供有关情况和资料的；

5)在事故调查中作伪证或者指使他人作伪证的；

6)事故发生后逃匿的。

(2)当事故发生单位及其有关人员有下列行为之一的，对事故发生单位处100万元以上500万元以下的罚款；对主要负责人、直接负责的主管人员和其他直接责任人员处上一年年收入60%至100%的罚款；属于国家工作人员的，并依法给予处分；构成违反治安管理行为的，由公安机关依法给予治安管理处罚；构成犯罪的，依法追究刑事责任：

1)谎报或者瞒报事故的；

2)伪造或者故意破坏事故现场的；

3)转移、隐匿资金、财产,或者销毁有关证据、资料的;

4)拒绝接受调查或者拒绝提供有关情况和资料的;

5)在事故调查中作伪证或者指使他人作伪证的;

6)事故发生后逃匿的。

3.5.7 违反《建筑安全生产监督管理规定》的法律责任

县级以上人民政府建设行政主管部门对于有下列行为之一的施工单位,应当依据本规定和其他有关规定,分别给予警告、通报批评、责令限期改正、限期不准承包工程或者停产整顿、降低企业资质等级的处罚;构成犯罪的,由司法机关依法追究刑事责任:

(1)安全生产规章制度不落实或者违章指挥、违章作业的;

(2)不按照建筑安全生产技术标准施工或者构配件生产,存在着严重事故隐患或者发生伤亡事故的;

(3)不按照规定提取和使用安全技术措施费,安全技术措施不落实,连续发生伤亡事故的;

(4)连续发生同类伤亡事故或者伤亡事故连年超标,或者发生重大死亡事故的;

(5)对发生重大伤亡事故抢救不力,致使伤亡人数增多的;

(6)对于伤亡事故隐匿不报或者故意拖延不报的。

3.5.8 违反《建设工程施工现场管理规定》的法律责任

施工单位有下列行为之一的,由县级以上地方人民政府建设行政主管部门根据情节轻重,给予警告、通报批评、责令限期改正、责令停止施工整顿、吊销施工许可证,并可以处以罚款:

(1)未取得施工许可证而擅自开工的;

(2)施工现场的安全设施不符合规定或者管理不善的;

(3)施工现场的生活设施不符合卫生要求的;

(4)施工现场管理混乱,不符合保卫、场容等管理要求的;

(5)其他违反本规定的行为。

3.5.9 违反《实施工程建设强制性标准监督规定》的法律责任

施工单位违反工程建设强制性标准的,责令改正,处工程合同价款2%以上4%以下的罚款;情节严重的,责令停业整顿,降低资质等级或者吊销资质证书。

3.5.10 违反《建筑施工企业安全生产许可证管理规定》的法律责任

(1)取得安全生产许可证的建筑施工企业,发生重大安全事故的,暂扣安全生产许可证并限期整改。

(2)建筑施工企业不再具备安全生产条件的,暂扣安全生产许可证并限期整改;情节严重的,吊销安全生产许可证。

(3)建筑施工企业未取得安全生产许可证擅自从事建筑施工活动的,责令其在建项目停止施工,没收违法所得,并处10万元以上50万元以下的罚款;造成重大安全事故或者其他严重后果,构成犯罪的,依法追究刑事责任。

(4)安全生产许可证有效期满未办理延期手续,继续从事建筑施工活动的,责令其在建项目停止施工,限期补办延期手续,没收违法所得,并处5万元以上10万元以下的罚款;逾期仍不办理延期手续,继续从事建筑施工活动的,责令其在建项目停止施工,没收违法所得,并处10万元以上50万元以下的罚款;造成重大安全事故或者其他严重后果,构成犯罪的,依法追究刑事责任。

(5)建筑施工企业转让安全生产许可证的,没收违法所得,处10万元以上50万元以下的罚款,并吊销安全生产许可证;构成犯罪的,依法追究刑事责任;接受转让的,责令其在建项目停止施工,没收违法所得,并处10万元以上50万元以下的罚款;造成重大安全事故或者其他严重后果,构成犯罪的,依法追究刑事责任。

冒用安全生产许可证或者使用伪造的安全生产许可证的,责令其在建项目停止施工,没收违法所得,并处10万元以上50万元以下的罚款;造成重大安全事故或者其他严重后果,构成犯罪的,依法追究刑事责任。

(6)建筑施工企业隐瞒有关情况或者提供虚假材料申请安全生产许可证的,不予受理或者不予颁发安全生产许可证,并给予警告,一年内不得申请安全生产许可证。

建筑施工企业以欺骗、贿赂等不正当手段取得安全生产许可证的,撤销安全生产许可证,3年内不得再次申请安全生产许可证;构成犯罪的,依法追究刑事责任。

3.5.11 违反《山东省建筑安全生产管理规定》的法律责任

(1)施工单位对建筑安全事故隐患不采取措施予以消除的,由建设行政主管部门责令改正,可以处以3万元以下的罚款;情节严重的,由颁发资质证书的机关责令其停业整顿、降低资质等级或者吊销资质证书;构成犯罪的,依法追究刑事责任。

(2)施工单位在施工中发生建筑安全事故以及发生建筑安全事故未及时采取措施或者未按照规定如实报告事故情况的,由建设行政主管部门或者其他有关部门责令改正,给予警告,并处以1万元以上5万元以下的罚款;情节严重的,由颁发资质证书的机关责令其停业整顿。

(3)施工单位有下列行为之一的,由建设行政主管部门责令改正,并依照有关法律、法规的规定给予处罚:

1)未取得安全生产许可证的;

2)未按照规定配备相应的专职安全管理人员的;

3)将安全措施和施工现场临时设施费用挪作他用的;

4)未按照国家规定为施工现场的施工人员办理意外伤害保险的。

3.5.12 违反《山东省安全生产监督管理规定》的法律责任

生产经营单位违反本规定,发生安全生产事故并造成人员重伤或者死亡的,由安监部门根据情节轻重处以1万元以上3万元以下罚款。

3.5.13　违反《山东省安全生产条例》的法律责任

(1)生产经营单位有下列行为之一的，责令限期改正；逾期不改正的，责令停止建设或者停产停业整顿，并可处以2万元以上5万元以下的罚款：

1)建设项目安全设施未按规定进行设计审查、竣工验收，违法使用的；

2)不按规定为从业人员提供劳动防护用品或者以货币、其他物品替代的。

(2)生产经营单位有下列行为之一的，责令限期改正，可处以5 000元以上2万元以下的罚款，对其主要负责人处以1 000元以上1万元以下的罚款；逾期不改正的，责令停产停业整顿，并可处以2万元以上10万元以下的罚款，对其主要负责人处以1万元以上5万元以下的罚款：

1)未按规定提取和使用安全费用的；

2)未按规定进行安全评价的；

3)未按规定对重大危险源采取监控措施的；

4)生产区域、生活区域、储存区域未按规定保持安全距离的；

5)未按规定交纳安全生产风险抵押金的。

(3)生产经营单位有下列行为之一的，处以2万元以上10万元以下的罚款，对其主要负责人及其他责任人员处以1万元以上5万元以下的罚款：

1)对暂时封存或者查封的设施、设备、器材擅自启封或者使用的；

2)违章指挥或者强令职工冒险作业的。

(4)未经依法批准，从事矿山开采或者被责令停产停业期间，擅自从事生产经营的；或者未经依法批准，擅自生产、经营、储存危险物品的，责令停止违法行为或者予以关闭，没收违法所得，违法所得10万元以上的，并处违法所得一倍以上5倍以下的罚款，没有违法所得或者违法所得不足10万元的，单处或者并处2万元以上10万元以下的罚款；构成犯罪的，依法追究刑事责任。

(5)生产经营单位违反本条例规定，导致生产安全事故发生的，责令其限期改正或者停产停业整顿，并按照下列规定予以处罚：

1)发生重伤事故的，处以1万元以上5万元以下的罚款；

2)发生一般生产安全事故的，处以5万元以上20万元以下的罚款；

3)发生重大生产安全事故的，处以20万元以上50万元以下的罚款；

4)发生特大生产安全事故的，处以50万元以上150万元以下的罚款；

5)发生特别重大生产安全事故的，处以150万元以上300万元以下的罚款。

(6)生产经营单位不具备有关法律、法规和本条例规定的安全生产条件，经停产停业整顿仍不具备条件的，依法予以关闭；有关部门应当依法吊销其有关证照。

3.5.14　违反《建筑起重机械安全监督管理规定》的法律责任

施工总承包单位未履行《建筑起重机械安全监督管理规定》以下安全职责的

(1)向安装单位提供拟安装设备位置的基础施工资料，确保建筑起重机械进场安装、拆卸所需的施工条件；

(2)审核安装单位、使用单位的资质证书、安全生产许可证和特种作业人员的特种作业操作资格证书；

(3)审核安装单位制定的建筑起重机械安装、拆卸工程专项施工方案和生产安全事故应急救援预案；

(4)审核使用单位制定的建筑起重机械生产安全事故应急救援预案；

(5)施工现场有多台塔式起重机作业时，应当组织制定并实施防止塔式起重机相互碰撞的安全措施，由县级以上地方人民政府建设主管部门责令限期改正，予以警告，并处以5 000元以上3万元以下罚款。

3.5.15 违反其他法律、法规的相关安全生产法律责任

(1)违反《中华人民共和国环境保护法》，建设项目的防止污染设施没有建成或者没有达到国家规定的要求，投入生产或者使用的，由批准该建设项目的环境影响报告书的环境保护行政主管部门责令停止生产或者使用，可以并处罚款。

未经环境保护行政主管部门同意，擅自拆除或者闲置防治污染的设施，污染物排放超过规定的排放标准的，由环境保护行政主管部门责令重新安装使用，并处罚款。

(2)违反《中华人民共和国固体废物污染环境防治法》，建设项目需要配套建设的固体废物污染环境防治设施未建成、未经验收或者验收不合格，主体工程即投入生产或者使用的，由审批该建设项目环境影响评价文件的环境保护行政主管部门责令停止生产或者使用，可以并处10万元以下的罚款。

(3)违反《中华人民共和国大气污染防治法》，在城市市区进行建设施工或者从事其他产生扬尘污染的活动，未采取有效扬尘防治措施，致使大气环境受到污染的，限期改正，处2万元以下罚款；对逾期仍未达到当地环境保护规定要求的，可以责令其停工整顿。

前款规定的对因建设施工造成扬尘污染的处罚，由县级以上地方人民政府建设行政主管部门决定；对其他造成扬尘污染的处罚，由县级以上地方人民政府指定的有关主管部门决定。

(4)违反《中华人民共和国环境噪声污染防治法》的规定，建设项目中需要配套建设的环境噪声污染防治设施没有建成或者没有达到国家规定的要求，擅自投入生产或者使用的，由批准该建设项目的环境影响报告书的环境保护行政主管部门责令停止生产或者使用，可以并处罚款。

建筑施工单位在城市市区噪声敏感建筑物集中区域内，夜间进行禁止进行的产生环境噪声污染的建筑施工作业的，由工程所在地县级以上地方人民政府环境保护行政主管部门责令改正，可以并处罚款。

(5)违反《中华人民共和国劳动法》的规定，用人单位的劳动安全设施和劳动卫生条件不符合国家规定或者未向劳动者提供必要的劳动防护用品和劳动保护设施的，由劳动行政部门或者有关部门责令改正，可以处以罚款；情节严重的，提请县级以上人民政府决定责令停产整顿；对事故隐患不采取措施，致使发生重大事故，造成劳动者生命和财产损失的，对责任人员比照刑法的规定追究刑事责任。

用人单位强令劳动者违章冒险作业，发生重大伤亡事故，造成严重后果的，对责任人

员依法追究刑事责任。

(6)违反《中华人民共和国消防法》的规定，擅自降低消防技术标准施工、使用防火性能不符合国家标准或者行业标准的建筑构件和建筑材料或者不合格的装修、装饰材料施工的，责令限期改正；逾期不改正的，责令停止施工，可以并处罚款。单位有前款行为的，依照前款的规定处罚，并对其直接负责的主管人员和其他直接负责人员处警告或者罚款。

违反《中华人民共和国消防法》的规定，违法使用明火作业或者在具有火灾、爆炸危险的场所违反禁令，吸烟、使用明火的，处警告、罚款或者10日以下拘留。

违反《中华人民共和国消防法》的规定，有下列行为之一的，处警告或者罚款：

1)指使或者强令他人违反消防安全规定，冒险作业，尚未造成严重后果的；

2)埋压、圈占消火栓或者占用防火间距、堵塞消防通道的，或者损坏和擅自挪用、拆除、停用消防设施器材的；

3)有重大火灾隐患，经公安消防机构通知逾期不改正的。

单位有前款行为的，依照前款的规定处罚，并对其直接负责的主管人员和其他直接责任人员处警告或者罚款。有第2)项所列行为的，还应当责令其限期恢复原状或者赔偿损失；对逾期不恢复原状的，应当强制拆除或者清除，所需费用由违法行为人承担。

机关、团体、企业、事业单位违反《中华人民共和国消防法》的规定，未履行消防安全职责的，责令限期改正；逾期不改正的，并对其直接负责的主管人员和其他直接负责人员依法给予行政处分或者处警告。

(7)违反《山东省实施〈城市市容和环境卫生管理条例〉办法》，施工单位对临街工地未设置围挡，停工场地不及时整理并作出必要的覆盖或者竣工后不及时清理和平整场地，影响市容环境卫生的，由城市市容环境卫生行政主管部门或其委托单位责令其限期改正，给予警告，并处以500～1 000元的罚款。

(8)违反《山东省扬尘污染防治管理办法》，工程施工单位有下列情形之一的，由住房城乡建设或者当地政府指定的行政主管部门责令限期改正，处1 000元以上2万元以下罚款；逾期未改正的，可以责令其停工整顿：

1)未建立扬尘污染防治责任制的；

2)施工工地内裸露地面未铺设礁渣、细石或者其他功能相当的材料，或者未采取覆盖防尘布或者防尘网等措施的；

3)管线和道路施工未对回填的沟槽采取洒水、覆盖等措施的；

4)从高处向下倾倒或者抛洒各类散装物料和建筑垃圾的。

工程施工单位有下列情形之一的，由住房城乡建设、城市管理或者当地政府指定的行政主管部门根据职责分工依照有关法律、法规、规章予以处罚：

1)施工时未采取遮盖、围挡、密闭、喷洒、冲洗、绿化等防尘措施的；

2)运送砂石、渣土、垃圾等物料的车辆未采取蓬盖、密闭等有效防尘措施的；

3)未对施工工地车行道路采取硬化等降尘措施的。

(9)违反《工伤保险条例》的规定，用人单位依照本条例规定应当参加工伤保险而未参加的，由社会保险行政部门责令限期参加，补缴应当缴纳的工伤保险费，并自欠缴之日起，按日加收万分之五的滞纳金；逾期仍不缴纳的，处欠缴数额1倍以上3倍以下的罚款；

3.6 其他相关单位建筑安全生产法律责任

3.6.1 承担安全评价、认证、检测、检验工作机构的安全生产法律责任

(1)承担安全评价、认证、检测、检验工作的机构,违反《中华人民共和国安全生产法》,出具虚假证明,构成犯罪的,依照刑法有关规定追究刑事责任;尚不够刑事处罚的,没收违法所得,违法所得在5 000元以上的,并处违法所得2倍以上5倍以下的罚款,没有违法所得或者违法所得不足5 000元的,单处或者并处5 000元以上2万元以下的罚款,对其直接负责的主管人员和其他直接责任人员处5 000元以上5万元以下的罚款;给他人造成损害的,与生产经营单位承担连带赔偿责任。

对前款有违法行为的机构,撤销其相应资格。

(2)中介机构,违反《安全生产事故报告和调查处理条例》,为发生事故的单位提供虚假证明的,由有关部门依法暂扣或者吊销其有关证照及其相关人员的执业资格;构成犯罪的,依法追究刑事责任。

3.6.2 为建设工程提供机械设备和配件单位的安全生产法律责任

为建设工程提供机械设备和配件的单位,违反《建设工程安全生产管理条例》,未按照安全施工的要求配备齐全有效的保险、限位等安全设施和装置的,责令限期改正,处合同价款1倍以上3倍以下的罚款;造成损失的,依法承担赔偿责任。

3.6.3 机械设备和施工机具及配件出租单位的安全生产法律责任

(1)出租单位违反《建设工程安全生产管理条例》,出租未经安全性能检测或者经检测不合格的机械设备和施工机具及配件的,责令停业整顿,并处5万元以上10万元以下的罚款;造成损失的,依法承担赔偿责任。

(2)出租单位、自购建筑起重机械的使用单位违反《《建筑起重机械安全监督管理规定》,有下列行为之一的,由县级以上地方人民政府建设主管部门责令限期改正,予以警告,并处以5 000元以上1万元以下罚款:

①未按照规定办理备案的;

②未按照规定办理注销手续的;

③未按照规定建立建筑起重机械安全技术档案的。

3.6.4 施工起重机械和整体提升脚手架、模板等自升式架设设施安装、拆卸单位的安全生产法律责任

(1)施工起重机械和整体提升脚手架、模板等自升式架设设施安装、拆卸单位违反《建设工程安全生产管理条例》,有下列行为之一的,责令限期改正,处5元以上10万元以下的罚款;情节严重的,责令停业整顿,降低资质等级,直至吊销资质证书;造成损失的,依法承

担赔偿责任：

①未编制拆装方案、制定安全施工措施的；

②未有专业技术人员现场监督的；

③未出具自检合格证明或者出具虚假证明的；

④未向施工单位进行安全使用说明，办理移交手续的。

施工起重机械和整体提升脚手架、模板等自升式架设设施安装、拆卸单位有前款规定的第①、③项行为，经有关部门或者单位职工提出后，对事故隐患仍不采取措施，因而发生重大伤亡事故或者造成其他严重后果，构成犯罪的，对直接责任人员，依照刑法有关规定追究刑事责任。

(2)安装单位违反《建筑起重机械安全监督管理规定》，有下列行为之一的，由县级以上地方人民政府建设主管部门责令限期改正，予以警告，并处以 5 000 元以上 3 万元以下罚款：

①未履行《建筑起重机械安全监督管理规定》第十二条第(二)、(四)、(五)项安全职责的；

②未按照规定建立建筑起重机械安装、拆卸工程档案的；

③未按照建筑起重机械安装、拆卸工程专项施工方案及安全操作规程组织安装、拆卸作业的。

3.7 有关人员的建筑安全生产法律责任

3.7.1 施工单位主要负责人、项目负责人

(1)生产经营单位的决策机构、主要负责人，个人经营的投资人未按照《中华人民共和国安全生产法》的规定，保证安全生产所必需的资金投入，致使生产经营单位不具备安全生产条件的，责令限期改正，提供必需的资金；逾期未改正的，责令生产经营单位停产停业整顿。

有前款违法行为，导致发生生产安全事故，构成犯罪的，依照刑法有关规定追究刑事责任；尚不够刑事处罚的，对生产经营单位的主要负责人给予撤职处分，对个人经营的投资人处 2 万元以上 20 万元以下的罚款。

(2)生产经营单位的主要负责人未履行《中华人民共和国安全生产法》规定的安全生产管理职责的，责令限期改正；逾期未改正的，责令生产经营单位停产停业整顿。

生产经营单位的主要负责人有前款违法行为，导致发生生产安全事故，构成犯罪的，依照刑法有关规定追究刑事责任；尚不够刑事处罚的，给予撤职处分或者处 2 万元以上 20 万元以下的罚款。

生产经营单位的主要负责人依照前款规定受刑事处罚或者撤职处分的，自刑罚执行完毕或者受处分之日起，5 年内不得担任任何生产经营单位的主要负责人。

(3)违反《中华人民共和国安全生产法》的规定，生产经营单位与从业人员订立协议，

免除或者减轻其对从业人员因生产安全事故伤亡依法应承担的责任的，该协议无效；对生产经营单位的主要负责人、个人经营的投资人处2万元以上10万元以下的罚款。

(4)违反《中华人民共和国安全生产法》的规定，生产经营单位主要负责人在本单位发生重大安全事故时，不立即组织抢救或者在事故调查处理期间擅离职守或者逃匿的，给予降职、撤职处分，对逃匿的处15日以下拘留；构成犯罪的，依照刑法有关规定追究刑事责任。

生产经营单位主要负责人对生产安全事故隐瞒不报、谎报或者拖延不报的，依照前款规定处罚。

(5)违反《建设工程安全生产管理条例》的规定，施工单位的主要负责人、项目负责人未履行安全生产管理职责的，责令限期改正；逾期未改正的，责令施工单位停业整顿；造成重大安全事故、重大伤亡事故或者其他严重后果，构成犯罪的，依照刑法有关规定追究刑事责任。

施工单位的主要负责人、项目负责人有前款违法行为，尚不够刑事处罚的，处2万元以上20万元以下的罚款或者按照管理权限给予撤职处分；自刑罚执行完毕或者受处分之日起，5年内不得担任任何施工单位的主要负责人、项目负责人。

(6)违反《安全生产事故报告和调查处理条例》的规定，事故发生单位主要负责人未依法履行安全生产管理职责，导致事故发生的，依照下列规定处以罚款；属于国家工作人员的，并依法给予处分；构成犯罪的，依法追究刑事责任：

1)发生一般事故的，处上一年年收入30%的罚款；

2)发生较大事故的，处上一年年收入40%的罚款；

3)发生重大事故的，处上一年年收入60%的罚款；

4)发生特别重大事故的，处上一年年收入80%的罚款。

3.7.2 注册执业人员

违反《建设工程安全生产管理条例》的规定，注册执业人员未执行法律、法规和工程建设强制性标准的，责令停止执业3个月以上1年以下；情节严重的，吊销执业资格证书，5年内不予注册；造成重大安全事故的，终身不予注册；构成犯罪的，依照刑法有关规定追究刑事责任。

3.7.3 从业人员和作业人员

违反《中华人民共和国安全生产法》的规定，生产经营单位的从业人员不服从管理，违反安全生产规章制度操作规程的，由生产经营单位给予批评教育，依照有关规章制度给予处分；造成重大事故，构成犯罪的，依照刑法有关规定追究刑事责任。

违反《建设工程安全生产管理条例》的规定，作业人员不服管理、违反规章制度和操作规程冒险作业造成重大伤亡事故或者其他严重后果，构成犯罪的，依照刑法有关规定追究刑事责任。

3.8　建设行政主管部门及其工作人员相关安全生产法律责任

3.8.1 违反《中华人民共和国建筑法》的法律责任

(1)政府及其所属部门的工作人员违反本法规定，限定发包单位将招标发包的工程发包给指定的承包单位的，由上级机关责令改正；构成犯罪的，依法追究刑事责任。

(2)负责颁发建筑工程施工许可证的部门及其工作人员对不符合施工条件的建筑工程颁发施工许可证的，负责工程质量监督检查或者竣工验收的部门及其工作人员对不合格的建筑工程出具质量合格文件或者按合格工程验收的，由上级机关责令改正，对责任人员给予行政处分；构成犯罪的，依法追究刑事责任；造成损失的，由该部门承担相应的赔偿责任。

3.8.2　违反《中华人民共和国安全生产法》的法律责任

(1)负有安全生产监督管理职责的部门的工作人员，有下列行为之一的，给予降级或者撤职的行政处分；构成犯罪的，依照刑法有关规定追究刑事责任：

1)对不符合法定安全生产条件的涉及安全生产的事项予以批准或者验收通过的；

2)发现未依法取得批准、验收的单位擅自从事有关活动或者接到举报后不予取缔或者不依法予以处理的；

3)对已经依法取得批准的单位不履行监督管理职责，发现其不再具备安全生产条件而不撤销原批准或者发现安全生产违法行为不予查处的。

(2)负有安全生产监督管理职责的部门，要求被审查、验收的单位购买其指定的安全设备、器材或者其他产品的，在对安全生产事项的审查、验收中收取费用的，由其上级机关或者监察机关责令改正，责令退还收取的费用；情节严重的，对直接负责的主管人员和其他直接责任人员依法给予行政处分。

(3)有关地方人民政府、负有安全生产监督管理职责的部门，对生产安全事故隐瞒不报、谎报或者拖延不报的，对直接负责的主管人员和其他直接责任人员依法给予行政处分；构成犯罪的，依照刑法有关规定追究刑事责任。

3.8.3　违反《建设工程安全生产管理条例》的法律责任

县级以上人民政府建设行政主管部门或者其他有关行政管理部门的工作人员，有下列行为之一的，给予降级或者撤职的行政处分；构成犯罪的，依照刑法有关规定追究刑事责任：

(1)对不具备安全生产条件的施工单位颁发资质证书的；

(2)对没有安全施工措施的建设工程颁发施工许可证的；

(3)发现违法行为不予查处的；

(4)不依法履行监督管理职责的其他行为。

3.8.4 违反《安全生产许可证条例》的法律责任

安全生产许可证颁发管理机关工作人员有下列行为之一的，给予降级或者撤职的行政处分；构成犯罪的，依法追究刑事责任：

(1)向不符合本条例规定的安全生产条件的企业颁发安全生产许可证的；

(2)发现企业未依法取得安全生产许可证擅自从事生产活动，不依法处理的；

(3)发现取得安全生产许可证的企业不再具备本条例规定的安全生产条件，不依法处理的；

(4)接到对违反本条例规定行为的举报后，不及时处理的；

(5)在安全生产许可证颁发、管理和监督检查工作中，索取或者接受企业的财物，或者谋取其他利益的。

3.8.5 违反《生产安全事故报告和调查处理条例》的法律责任

(1)有关地方人民政府、安全生产监督管理部门和负有安全生产监督管理职责的有关部门有下列行为之一的，对直接负责的主管人员和其他直接责任人员依法给予处分；构成犯罪的，依法追究刑事责任：

1)不立即组织事故抢救的；

2)迟报、漏报、谎报或者瞒报事故的；

3)阻碍、干涉事故调查工作的；

4)在事故调查中作伪证或者指使他人作伪证的。

(2)有关地方人民政府或者有关部门故意拖延或者拒绝落实经批复的对事故责任人的处理意见的，由监察机关对有关责任人员依法给予处分。

(3)参与事故调查的人员在事故调查中有下列行为之一的，依法给予处分；构成犯罪的，依法追究刑事责任：

1)对事故调查工作不负责任，致使事故调查工作有重大疏漏的；

2)包庇、袒护负有事故责任的人员或者借机打击报复的。

3.8.6 违反《国务院关于特大安全事故行政责任追究的规定》的法律责任

(1)依法对涉及安全生产事项负责行政审批(包括批准、核准、许可、注册、认证、颁发证照、竣工验收等)的政府部门或者机构，必须严格依照法律、法规和规章规定的安全条件和程序进行审查；不符合法律、法规和规章规定的安全条件的，不得批准；不符合法律、法规和规章规定的安全条件，弄虚作假，骗取批准或者勾结串通行政审批工作人员取得批准的，负责行政审批的政府部门或者机构除必须立即撤销原批准外，应当对弄虚作假骗取批准或者勾结串通行政审批工作人员的当事人依法给予行政处罚；构成行贿罪或者其他罪的，依法追究刑事责任。

负责行政审批的政府部门或者机构违反前款规定，对不符合法律、法规和规章规定的安全条件予以批准的，对部门或者机构的正职负责人，根据情节轻重，给予降级、撤职直至开除公职的行政处分；与当事人勾结串通的，应当开除公职；构成受贿罪、玩忽职守罪或者其他罪的，依法追究刑事责任。

(2)依照《国务院关于特大安全事故行政责任追究的规定》的规定取得批准的单位和个人，负责行政审批的政府部门或者机构必须对其实施严格监督检查；发现其不再具备安全条件的，必须立即撤销原批准。

负责行政审批的政府部门或者机构违反前款规定，不对取得批准的单位和个人实施严格监督检查，或者发现其不再具备安全条件而不立即撤销原批准的，对部门或者机构的正职负责人，根据情节轻重，给予降级或者撤职的行政处分；构成受贿罪、玩忽职守罪或者其他罪的，依法追究刑事责任。

(3)对未依法取得批准，擅自从事有关活动的，负责行政审批的政府部门或者机构发现或者接到举报后，应当立即予以查封、取缔，并依法给予行政处罚；属于经营单位的，由工商行政管理部门依法吊销营业执照。

负责行政审批的政府部门或者机构违反前款规定，对发现或者举报的未依法取得批准而擅自从事有关活动的，不予查封、取缔，不依法给予行政处罚，工商行政管理部门不予吊销营业执照的，对部门或者机构的正职负责人，根据情节轻重，给予降级或者撤职的行政处分；构成受贿罪、玩忽职守罪或者其他罪的，依法追究刑事责任。

(4)负责行政审批的政府部门或者机构、负责安全监督管理的政府有关部门，未依照本规定履行职责，发生特大安全事故的，对部门或者机构的正职负责人，根据情节轻重，给予撤职或者开除公职的行政处分；构成玩忽职守罪或者其他罪的，依法追究刑事责任。

(5)特大安全事故发生后，有关县(市、区)、市(地、州)和省、自治区、直辖市人民政府及其有关部门应当按照国家规定的程序和时限立即上报，不得隐瞒不报、谎报或者拖延报告，并应当配合、协助事故调查，不得以任何方式阻碍、干涉事故调查。

特大安全事故发生后，有关地方人民政府及其有关部门违反前款规定的，对政府主要领导人和政府部门正职负责人给予降级的行政处分。

(6)地方人民政府或者政府部门阻挠、干涉对特大安全事故有关责任人员追究行政责任的，对该地方人民政府主要领导人或者政府部门正职负责人，根据情节轻重，给予降级或者撤职的行政处分。

3.8.7 违反《建筑施工企业安全生产许可证管理规定》的法律责任

建设主管部门工作人员有下列行为之一的，给予降级或者撤职的行政处分；构成犯罪的，依法追究刑事责任：

(1)向不符合安全生产条件的建筑施工企业颁发安全生产许可证的；

(2)发现建筑施工企业未依法取得安全生产许可证擅自从事建筑施工活动，不依法处理的；

(3)发现取得安全生产许可证的建筑施工企业不再具备安全生产条件，不依法处理的；

(4)接到对违反本规定行为的举报后，不及时处理的；

(5)在安全生产许可证颁发、管理和监督检查工作中，索取或者接受建筑施工企业的财物，或者谋取其他利益的。

由于建筑施工企业弄虚作假，造成前款第(1)项行为的，对建设主管部门工作人员不予处分。

3.8.8 违反《建筑起重机械安全监督管理规定》的法律责任

违反本规定，建设主管部门的工作人员有下列行为之一的，依法给予处分；构成犯罪的，依法追究刑事责任：

(1)发现违反本规定的违法行为不依法查处的；

(2)发现在用的建筑起重机械存在严重生产安全事故隐患不依法处理的

(3)不依法履行监督管理职责的其他行为。

3.8.9 违反《山东省建筑市场管理条例》的法律规定

(1)建设行政主管部门和建设工程质量监督机构工作人员违反本条例规定，玩忽职守、滥用职权、敲诈勒索、徇私舞弊、索贿受贿的，由其所在单位或者上级主管部门给予行政处分；构成犯罪的，依法追究刑事责任。违反《山东省安全生产条例》的法律责任

(2)各级人民政府及其有关部门有下列行为之一的，对直接负责的主管人员和其他直接责任人员依法给予行政处分；构成犯罪的，依法追究刑事责任：

1)对依法应当予以取缔或者关闭的生产经营单位，未予取缔或者关闭的；

2)未履行重特大生产安全事故隐患监督管理职责的；

3)未能有效组织救援致使人员伤亡或者财产损失扩大的；

4)对生产安全事故隐瞒不报、谎报或者拖延不报的；

5)阻挠、干涉事故调查处理或者责任追究的；

6)未依法履行审查、批准职责，造成严重后果的；

7)有其他滥用职权、玩忽职守、徇私舞弊行为的。

3.8.10 违反《山东省建筑安全生产管理规定》的法律责任

建设行政主管部门及其建筑安全监督管理机构的工作人员，在建筑安全监督管理工作中玩忽职守、滥用职权、徇私舞弊的，由其所在单位或者上级主管部门给予行政处分；构成犯罪的，依法追究刑事责任。

3.8.11 违反《山东省安全生产监督管理规定》的法律责任

(1)负责安全生产事项审批的部门或者机构、负责安全监督管理的有关部门，未按照法律、法规和《山东省安全生产监督管理规定》履行职责，致使发生重大安全事故的，根据情节轻重，对部门或者机构的正职负责人给予降级以上直至开除公职的行政处分；构成犯罪的，依法追究刑事责任。

(2)发生安全事故后，有关人民政府或政府部门隐瞒不报、谎报、拖延报告或者阻碍、干涉事故调查和处理，或者未按规定组织救助的，根据情节轻重，对政府主要领导人或者政府部门正职负责人给予记过以上行政处分；造成事故损失扩大的，给予记大过以上行政处分；构成犯罪的，依法追究刑事责任。

3.8.12　违反《山东省扬尘污染防治管理办法》的法律责任

政府及环境保护行政主管部门和其他有关部门工作人员在扬尘污染防治管理工作中滥用职权、玩忽职守、徇私舞弊的，依法给予处分；构成犯罪的，依法追究刑事责任。

3.8.13　违反《城市房屋拆迁管理条例》的法律责任

县级以上地方人民政府房屋拆迁管理部门违反本条例规定核发房屋拆迁许可证以及其他批准文件的，核发房屋拆迁许可证以及其他批准文件后不履行监督管理职责的，或者对违法行为不予查处的，对直接负责的主管人员和其他直接责任人员依法给予行政处分；情节严重，致使公共财产、国家和人民利益遭受重大损失，构成犯罪的，依法追究刑事责任。

第4章　建筑施工企业安全生产管理

安全管理是建筑施工企业管理的重要组成部分，包括对人的安全管理和对物的安全管理两个方面。其中，对人的安全管理占有特殊位置。在导致事故发生的原因中，人的不安全因素占有最高的比例，人既是伤亡事故的受害者，又是肇事者，控制人的不安全行为是防止事故发生的关键所在。因此，根据《安全生产法》和《建设工程安全生产管理条例》的规定，建筑施工企业应当建立健全以安全生产责任制度为核心的安全生产教育培训、安全检查等安全生产管理制度。

4.1　安全生产责任制度

4.1.1　安全生产责任制度的概念

安全生产责任制度是建筑施工企业最基本的安全生产管理制度，是按照“安全第一，预防为主，综合治理”的安全生产方针和“管生产必须管安全”的原则，将企业各级负责人、各职能机构及其工作人员和各岗位作业人员在安全生产方面应做的工作及应负的责任加以明确规定，在劳动生产过程中对安全生产层层负责的一种制度。安全生产责任制度是建筑施工企业所有安全规章制度的核心。

《安全生产法》第五条规定：“生产经营单位……应当建立健全安全生产责任制度……”《建设工程安全生产管理条例》第二十一条规定：“……施工单位应当建立健全安全生产责任制度……”因此，施工单位应当根据有关法律、法规的规定，结合本企业机构设置和人员组成情况，制定本企业的安全生产责任制度。通过制定安全生产责任制度，建立一种分工明确、奖罚分明、运行有效、责任落实，能够充分发挥作用的、长效的安全生产机制，把安全生产工作落到实处。

4.1.2　安全生产责任制度制定原则

施工单位制定安全生产责任制度应当遵循以下原则：

(1)合法性。必须符合国家有关法律、法规和政策、方针、相关文件的要求，并及时修订。

(2)全面性。明确每个部门和人员在安全生产方面的权利、责任和义务，做到安全工作层层有人负责。

(3)可操作性。要保证安全生产责任的落实，必须建立专门的考核机构，形成监督、检查和考核机制，保证安全生产责任制度得到真正落实。

4.1.3　安全生产责任制度主要内容

安全生产责任制度主要包括施工单位各级管理人员和作业人员的安全责任制度以及各职能部门的安全生产责任制度。各级管理人员和作业人员包括企业负责人、分管安全生产负责人、技术负责人、项目负责人和负责项目管理的其他人员、专职安全生产管理人员、施工班组长及各工种作业人员等。各职能部门包括施工单位的生产计划、技术、安全、设备、材料供应、劳动人事、财务、教育、卫生、保卫消防等部门和工会组织等。安全生产责任制度主要包括以下内容：

(1)部门和人员的安全生产职责；

(2)履行安全生产职责情况的检查程序与内容；

(3)安全生产职责的考核办法、程序与标准；

(4)奖惩措施与落实。

4.1.4　管理人员和作业人员的安全生产责任制度

(1)施工单位主要负责人

施工单位主要负责人依法对本单位的安全生产工作全面负责，其职责主要包括：

1)认真贯彻、执行国家有关建筑安全生产的方针、政策、法律、法规和标准，贯彻、执行省市有关建筑安全生产的法规、规章、标准、规范和规范性文件；

2)组织和督促本单位安全生产工作，建立健全本单位安全生产责任制度；

3)组织制定本单位安全生产规章制度和操作规程；

4)保证本单位安全生产所需资金的投入；

5)组织开展本单位的安全生产教育培训；

6)建立健全安全管理机构，配备专职安全管理人员，组织开展安全检查，及时消除生产安全事故隐患；

7)组织制订本单位生产安全事故应急救援预案，组织、指挥本单位事故应急救援工作；

8)发生事故后，积极组织抢救，采取措施防止事故扩大，同时保护好事故现场，并按照规定的程序及时如实报告，积极配合事故的调查处理。

(2)施工单位技术负责人

1)认真贯彻、执行国家有关建筑安全生产的方针、政策、法律、法规和标准，贯彻、执行省市有关建筑安全生产的法规、规章、标准、规范和规范性文件；

2)协助主要负责人做好并具体负责本单位的安全技术管理工作；

3)组织编制和审批施工组织设计和专业性较强的工程项目的安全施工方案；

4)负责对本单位使用的新材料、新技术、新设备、新工艺制定相应的安全技术措施和安全操作规程；

5)参与制定本单位的安全操作规程和生产安全事故应急救援预案；

6)参与生产安全事故和未遂事故的调查，从技术上分析事故原因，针对事故原因提出技术措施。

(3)项目负责人

施工单位的项目负责人是建设工程项目安全生产的第一责任人,其主要职责包括:

1)认真贯彻、执行国家有关建筑安全生产的方针、政策、法律、法规和标准,贯彻、执行省市有关建筑安全生产的法规、规章、标准、规范和规范性文件;

2)落实本单位安全生产责任制和安全生产规章制度;

3)建立工程项目安全生产保证体系,配备与工程项目相适应的安全管理人员;

4)保证安全防护和文明施工资金投入,为作业人员提供必要的个人劳动保护用具和符合安全、卫生标准的生产、生活环境;

5)落实本单位安全生产检查制度,对违反安全技术标准、规范和操作规程的行为及时予以制止或纠正;

6)落实本单位施工现场消防安全制度,确定消防责任人,按照规定配备消防器材、设施;

7)落实本单位安全教育培训制度,组织岗前和班前安全生产教育;

8)根据施工进度,落实本单位制定的和组织制定安全技术措施,按规定程序进行安全技术交底;

9)使用符合要求的安全防护用具及机械设备,定期组织检查、维修、保养,保证安全防护设施有效,机械设备安全使用;

10)根据工程特点,组织对施工现场易发生重大事故的部位和环节进行监控;

11)按照本单位或总承包单位制定的施工现场生产安全事故应急救援预案,建立应急救援组织或者配备应急救援人员、器材、设备等,并组织演练;

12)发生事故后,积极组织抢救人员,采取措施防止事故扩大,同时保护好事故现场,按照规定的程序及时如实报告,积极配合事故的调查处理。

(4)专职安全生产管理人员

专职安全生产管理人员负责对安全生产进行现场监督检查,其主要职责包括:

1)认真贯彻、执行国家有关建筑安全生产的方针、政策、法律、法规和标准和省市有关建筑安全生产的法规、规章、标准、规范和规范性文件;

2)监督专项安全施工方案和安全技术措施的执行,对施工现场安全生产进行监督检查;

3)发现生产安全事故隐患,及时向项目负责人和安全生产管理机构报告,并监督检查整改情况;

4)及时制止现场违章指挥、违章作业行为;

5)发生事故后,应积极参加抢救和救护,并按照规定的程序及时如实报告,积极配合事故的调查处理。

(5)施工班组长

1)认真贯彻、执行国家和省有关建筑安全生产方针、政策、法律、法规、规章、标准、规范和规范性文件;

2)具体负责本班组在施工过程中的安全管理工作;

3)组织本班组的班前安全活动；

4)严格执行各项安全生产规章制度和安全操作规程；

5)严格执行安全技术交底；

6)不违章指挥和冒险作业，严格制止班组成员违章作业，对违章指挥提出意见，并有权拒绝执行；

7)发生生产安全事故后，应积极参加抢救和救护，保护好事故现场，并按照规定的程序及时如实报告。

(6)作业人员

1)认真贯彻、执行国家和省市有关建筑安全生产的方针、政策、法律、法规、规章、标准、规范和规范性文件；

2)认真学习、掌握本岗位的安全操作技能，提高安全意识和自我保护能力；

3)积极参加本班组的班前安全活动；

4)严格遵守工程建设强制性标准，以及本单位的各项安全生产规章制度和安全操作规程；

5)正确使用安全防护用具、机械设备；

6)严格按照安全技术交底进行作业；

7)遵守劳动纪律，不违章作业，有权拒绝违章指挥；

8)发生生产安全事故后，保护好事故现场，并按照规定的程序及时如实报告。

4.1.5　职能部门的安全生产责任制度

按照各企业的机构设置，各职能部门应当履行以下职责：

(1)生产计划部门

1)严格按照安全生产和施工组织设计的要求组织生产；

2)在布置、检查生产的同时，布置、检查安全生产措施；

3)加强施工现场管理，建立安全生产、文明施工秩序，并进行监督检查。

(2)技术部门

1)认真贯彻、执行国家、行业和省市有关安全技术规程和标准；

2)制定本单位的安全技术标准和安全操作规程；

3)负责编制施工组织设计和专项安全施工方案；

4)编制安全技术措施并进行安全技术交底；

5)制定本单位使用的新材料、新技术、新设备、新工艺的安全技术措施和安全操作规程；

6)会同劳动人事、教育和安全管理等职能部门编制安全技术教育计划，进行安全技术教育；

7)参与生产安全事故和未遂事故的调查，从技术上分析事故原因，针对事故原因提出技术措施。

(3)安全管理部门

1)认真贯彻、执行国家和省市有关建筑安全生产的方针、政策、法律、法规、规章、标准、规范和规范性文件；

2)负责本单位和工程项目的安全生产、文明施工检查，监督检查安全事故隐患整改情况；

3)参加审查施工组织设计、专项安全施工方案和安全技术措施，并对贯彻执行情况进行监督检查；

4)掌握安全生产情况，调查研究生产过程中的不安全问题，提出改进意见，制定相应措施；

5)负责安全生产宣传教育工作，会同教育、劳动人事等有关职能部门对管理人员、作业人员进行安全技术和安全知识教育培训；

6)参与制定本单位的安全操作规程和生产安全事故应急救援预案；

7)制止违章指挥和违章作业行为，对违反安全生产规章制度和安全操作规程的行为依照本单位的规定实施处罚；

8)负责生产安全事故的统计报告工作，参与本单位生产安全事故的调查和处理。

(4)设备管理部门

1)负责本单位施工机械设备管理工作，参与制定设备管理的规章制度和施工机械设备的安全操作规程，并监督实施；

2)负责新购进和租赁施工机械设备的生产制造许可证、合格证和安全技术资料的审查工作；

3)监督管理施工机械设备的安全使用、维修、保养和改造工作，并参与定期检查和巡查；

4)负责施工机械设备的租赁、安装、验收以及淘汰、报废的管理工作；

5)参与施工组织设计和专项施工方案的编制和审批工作，并监督实施；

6)参与组织对施工机械设备操作人员的培训工作，并监督检查持证上岗情况；

7)参与施工机械设备事故的调查、处理工作，制定防范措施并督促落实。

(5)材料供应部门

1)负责采购安全生产所需安全防护用具、劳动防护用品和材料、设施；

2)购买的安全防护用具、劳动防护用品和材料等必须符合国家、行业标准要求。

(6)劳动人事部门

1)认真贯彻落实国家、行业有关安全生产、劳动保护的法律、法规和政策；

2)负责劳动防护用品和安全防护服装的发放工作；

3)会同教育、安全管理等职能部门对管理人员和作业人员进行安全教育培训；

4)对违反安全生产管理制度和劳动纪律的人员，提出处理建议和意见。

(7)财务部门

1)按照国家有关规定和实际需要，提供安全技术措施费用和劳动保护费用；

2)按照国家有关规定和实际需要，提供安全教育培训经费；

3)对安全生产所需费用的合理使用实施监督。

(8)教育部门

1)负责编制安全教育培训计划，制定安全生产考核标准；

2)组织实施安全教育培训；

3)组织培训考核；

4)建立安全教育培训档案。

(9)卫生部门

1)负责卫生防病宣传教育工作；

2)负责对从事砂尘、粉尘、有毒、有害和高温、高处作业人员以及特种作业人员进行健康检查，并制定预防职业病和改善卫生条件的措施；

3)发生安全事故后，对伤员采取抢救、治疗措施。

(10)保卫消防部门

1)认真贯彻、落实国家、行业有关消防保卫的法律、法规和规定；

2)参与制定消防安全管理制度并监督执行；

3)严格执行动火审批制度；

4)会同教育、安全管理等部门对管理人员和作业人员进行消防安全教育。

(11)工会组织

1)维护职工在安全、健康等方面的合法权益，积极反映职工对安全生产工作的意见和要求；

2)组织开展安全生产宣传教育；

3)参与生产安全事故的调查、处理和善后工作。

4.1.6　工程项目部安全生产责任制

(1)工程项目部应建立以项目负责人为第一责任人的安全生产责任制；

(2)工程项目部应建立健全各项安全生产管理制度，备有各工种安全技术操作规程；

(3)工程项目部应建立以项目负责人为组长，由技术、质量、安全、设备、施工、材料等管理人员参加的安全生产领导小组，按规定配备专职安全管理人员；

(4)对实行经济承包的工程项目，承包合同中应有安全生产考核指标；

(5)工程项目部应制定安全生产资金保障制度，编制安全资金使用计划，并按计划实施；

(6)工程项目部应制定以伤亡事故控制、现场安全达标、文明施工为主要内容的安全生产管理目标；

(7)应按照安全生产管理目标和项目管理人员对安全生产责任目标进行分解；

(8)应建立对安全生产责任制和责任目标的考核制度，并按考核制度进行考核。

4.1.7　总承包单位和分包单位的安全生产责任制度

(1)工程项目实行施工总承包的，由总承包单位对施工现场的安全生产负总责；

(2)总承包单位应当审查分包单位的安全生产条件与安全保证体系，对不具备安全生产条件的，不予发包；

(3)总承包单位应当和各分包单位签订分包合同，分包合同中应当明确各自的安全生产方面的责任、权利和义务，总承包单位和分包单位各自承担相应的安全生产责任，并对分包工程的安全生产承担连带责任；

(4)总承包单位负责编制整个工程项目的施工组织设计和安全技术措施，并向分包单位进行安全技术交底，分包单位应当服从总承包单位的安全生产管理，按照总承包单位编制的施工组织设计和施工总平面布置图进行施工；

(5)总承包单位应当组织专业承包单位、监理单位、起重机械设备出租单位，以及建设单位对危险性较大的分部分项工程进行验收，未验收的或者验收不合格的不得进行下一道工序的施工；

(6)分包单位应当执行总承包单位的安全生产规章制度，分包单位不服从总承包单位管理导致生产安全事故的，由分包单位承担主要责任；

(7)施工现场发生生产安全事故，由总承包单位负责统计上报。

4.1.8 安全生产责任制度考核

为了确保安全生产责任制度落到实处，施工单位应当制定安全生产责任考核办法并按考核办法予以实施。考核办法应包括下列内容：

(1)组织领导。施工单位和工程项目部应建立安全生产责任考核机构。

(2)考核范围。施工单位各级管理人员、工程项目管理人员和作业人员，以及施工单位各职能部门、分支机构和项目部。

(3)考核内容。各安全生产责任制度确定的安全生产目标、为实现安全生产目标所采取措施和安全生产业绩等情况。

(4)考核时间。施工单位应当在考核办法中规定考核的时间周期。考核周期可根据企业具体情况而定。

(5)考核办法。考核办法可采取百分制或扣分制。实行分级考核，施工单位各职能部门、分支机构、项目部和管理人员以及工程项目负责人由施工单位考核机构进行考核，项目部管理人员、作业人员由工程项目部考核机构进行考核。

(6)考核结果。考核结果可分为优秀、合格和不合格。

(7)奖惩措施。对考核优秀的，给予奖励；对考核不合格的，给予处罚。奖罚必须兑现。

4.2 安全目标管理

目标管理是企业在一定时期内，通过确定总目标、分解目标、落实措施、安排进度、具体实施、严格考核的自我控制，达到最终目的的一种管理方法。目标管理把以工作为中心和以人为中心的管理方法有机地结合起来，使人了解工作的目标，实行自我控制。在保证完成任务的前提下，人可以自主地、创造性地选择完成任务的方法，能够充分发挥人的积极性和创造性。目标管理具有先进性、科学性、实用性和有效性。

4.2.1 安全目标管理的概念和意义

安全目标管理是目标管理在安全方面的应用。它是指企业内部各个部门以至每位职工，从上到下围绕企业安全生产的总目标，层层开展各自的目标，确定行动方针，安排安全工作进度，制定、实施有效的组织措施，并对安全成果严格考核的一种管理制度。

安全目标管理依据行为科学的原理，以系统工程理论为指导，以科学方法为手段，围绕企业生产经营总目标和上级对安全生产的考核指标及要求，结合本企业中长期安全管理规划和近期安全管理状况，制定出一个时期(一般为一年)的安全工作目标，并为这个目标的实现而建立安全保证体系、制定一系列行之有效的保证措施。

实行安全目标管理，有利于激发职工在安全生产工作中的责任感，提高职工安全技术素质，促进科学安全管理方式的推行，充分体现了“安全生产，人人有责”的原则，使安全管理工作科学化、系统化、标准化和制度化，实现安全管理全面达标。

安全目标管理的要素包括目标确定、目标分解、目标实施、检查考核四部分。

目标管理也是建筑施工企业安全生产管理的重要手段。

4.2.2 安全管理目标确定

(1)确定安全管理目标的主要依据

1)国家的安全生产方针、政策和法律、法规的规定；

2)行业主管部门和地方政府的确定的安全生产管理目标和有关规定、要求；

3)企业的基本情况。包括技术装备、人员素质、管理体制和施工任务等；

4)企业的总体发展规划，中长期规划，近期的安全管理状况；

5)上年度伤亡事故情况及事故分析。

(2)安全管理目标的主要内容

施工单位安全管理目标的内容主要包括：

1)生产安全事故控制目标。施工单位可根据本单位生产经营目标和上级有关安全生产指标确定事故控制目标，包括确定死亡、重伤、轻伤事故的控制指标。

2)安全生产管理目标。施工单位应当根据年度在建工程项目情况，确定安全达标的具体目标。

3)文明施工管理目标。施工单位应当根据当地主管部门的工作部署，制定创建省级、市级安全文明工地的总体目标。

4)其他管理目标。如企业安全教育培训目标、行业主管部门要求达到的其他管理目标等。

(3)安全管理目标确定的原则

确定安全目标，要根据施工单位的实际情况科学分析，综合各方面的因素，做到重点突出、方向明确、目标措施对应、先进可行。目标确定应遵循以下原则：

1)重点性。确定目标要主次分明、重点突出、按职定责。安全管理目标要突出生产安全事故、安全达标等方面的指标。

2)先进性。目标的先进性即它的适用性和挑战性。确定的目标略高于实施者的能力和水平，使之经过努力可以完成。

3)可比性。尽量使目标的预期成果做到具体化、定量化。如负伤频率不能笼统的提出比上年有所下降，而应当具体提出降低的百分比。

4)综合性。制定目标既要保证上级下达指标的完成,又要兼顾企业各个环节、各个部门和每个职工之能力。

5)对应性。每个目标、每个环节要有针对性措施保证目标实现。

4.2.3 安全管理目标体系与分解

施工单位应当建立安全目标管理体系,将安全管理目标分解到各个部门、工程项目和人员。安全目标管理体系由目标体系和措施体系组成。

(1)目标体系

目标体系就是将安全目标网络化、细分化。目标体系是安全目标管理的核心,由总目标、分目标和子目标组成。安全总目标是施工单位所需要达到的目标,各部门和各项目部要根据自身的具体情况,为完成安全总目标提出部门、项目部的分目标、子目标。

目标分解要做到横向到边,纵向到底,纵横连锁,形成网络。横向到边就是把施工单位的安全总目标分解到各个职能部门、科室;纵向到底就是把安全总目标自上而下地一层一层分解,明确责任,使责任落实到人,形成个人保班组、班组保项目部、项目部保公司的多层管理安全目标连锁体系。

(2)措施体系

措施体系是安全目标实现的保证。措施体系就是安全措施(包括组织保证、技术保证和管理保证措施等)的具体化、系统化,是安全目标管理的关键。

根据目标层层分解的原则,保证措施也要层层落实,做到目标和保证措施相对应,使每个目标值都有具体保证措施。

4.2.4 安全管理目标实施

安全管理目标的实施是安全目标管理取得成效的关键环节。安全管理目标的实施就是执行者根据安全管理目标的要求、措施、手段和进度将安全管理目标进行落实,保证按照目标要求完成任务。安全管理目标的实施应做好以下几方面的工作:

(1)建立分级负责的安全责任制度。制定各个部门、人员的责任制度,明确各个部门、人员的权利和责任。

(2)建立安全保证体系。通过安全保证体系,形成网络,使各层次互相配合、互相促进,推进目标管理顺利开展。

(3)建立各级目标管理组织,加强对安全目标管理的组织领导工作。

(4)建立危险性较大的分部分项工程跟踪监控体系。发现事故隐患及时进行整改,保证施工安全。

4.2.5 安全管理目标检查考核

安全管理目标的检查考核是目标实施之后,通过检查对成果作出评价并进行奖惩,总结经验,为下一个目标管理循环做好准备。进行安全管理目标的检查考核应做好以下几个方面的工作:

(1)建立考核机构

施工单位和工程项目部应当建立安全目标管理考核机构。考核机构负责对施工单位各部门、项目部和有关人员进行检查考核。

(2)制定考核办法

施工单位制定安全目标管理检查考核办法应包括以下内容：

1)考核机构和人员组成；

2)被考核部门和人员；

3)考核内容；

4)考核时间；

5)考核方法和奖惩办法。

(3)实施检查考核的要求

1)检查考核应严格按考核办法进行，防止流于形式。

2)实行逐级考核制度。施工单位考核机构对各职能部门和项目负责人进行检查考核，项目部考核机构对项目部管理人员和施工班组进行考核。

3)根据考核结果实施奖惩。对考核优良的按考核办法给予奖励，对考核不合格的给予处罚。

4)做好考核总结工作。每次考核结束，被考核单位和部门要认真总结目标完成情况，并制定整改措施，认真落实整改。

4.3 施工组织设计

4.3.1 施工组织设计的概念

施工组织设计是以施工项目为对象编制的，用以指导其施工全过程各项施工活动的技术、经济、组织、协调和控制的综合性文件。

具体说来，施工组织设计是施工单位在施工前，按照国家和行业的法律、法规、标准等有关规定，从施工的全局出发，根据工程概况、施工工期、场地环境等条件，以及机械设备、施工机具和变配电设施的配备计划等方面的具体条件，拟定工程施工程序、施工流向、施工顺序、施工进度、施工方法、施工人员、技术措施(包括质量、安全)、材料供应，对运输道路、设备设施和水电能源等现场设施的布置和建设作出规划，以便对施工中的各种需要和变化，做好事前准备，使施工建立在科学合理的基础上，从而取得最好的经济效益和社会效益。

施工组织设计是组织工程施工的纲领性文件，是保证安全生产的基础。

4.3.2 施工组织设计分类

施工组织设计按编制对象一般分为施工组织总设计、单位工程施工组织设计和施工方案三类。

(1)施工组织总设计

施工组织总设计是以若干单位工程组成的群体工程或特大型项目为主要对象编制的施工组织设计，对整个项目的施工过程起统筹规划、重点控制的作用。施工组织总设计主要内容包括建设项目工程概况，总体施工部署，施工总进度计划，总体施工准备与主要资源配置计划，主要施工方法，施工总平面布置等。施工组织总设计是编制单位（项）工程施工组织设计的基础。

（2）单位工程施工组织设计

单位工程施工组织设计是以单位（子单位）工程为对象编制的施工组织设计，对单位（子单位）工程的施工过程起到指导和制约作用。单位工程施工组织设计是指导工程项目生产活动的综合性文件，也是编制施工方案的基础。

（3）施工方案

以分部（分项）工程或专项工程为主要对象编制的施工技术与组织方案，用以具体指导其施工过程。

4.3.3 施工组织设计编制原则和要求

编制施工组织设计应遵循下列原则和要求：

（1）认真贯彻国家、行业工程建设的法律、法规、标准、规范等；

（2）严格执行工程建设程序，坚持合理的施工程序、顺序和工艺；

（3）优先选用先进施工技术，充分利用施工机械设备，提高施工机械化、自动化程度，改善劳动条件，提高劳动生产率；

（4）认真编制各项实施计划，科学安排冬期和雨期施工，严格控制工程质量、安全、进度和成本，保证全年施工的均衡性和连续性；

（5）按照"安全第一，预防为主，综合治理"的方针，制定安全技术措施，防止生产安全事故的发生；

（6）按照国家、行业和地方的有关规定，制定文明施工措施；

（7）充分考虑对周边环境的影响，对施工现场毗邻的建筑物、构筑物以及施工现场内的各类地下管线制定保护措施；

（8）充分利用施工现场原有的设施作为临时设施，新建的临时设施应符合国家或行业标准，确保安全、卫生。

（9）进行平面布置时，充分考虑易燃易爆物品仓库、配电室、外电线路、起重机械的设置位置，按标准和规范的要求保持安全距离。

4.3.4 施工组织设计编制和审批

施工组织设计应由施工单位组织编制，可根据需要分阶段编制和审批；施工组织总设计应由总承包单位技术负责人审批；单位工程施工组织设计应由施工单位技术负责人或技术负责人授权的技术人员审批；施工方案应由项目技术负责人审批，重点、难点分部（分项）工程的专项施工方案应由施工单位技术部门组织相关专家评审，施工单位技术负责人批准。

由专业承包单位施工的分部（分项）工程或专项工程的施工方案，应由专业承包单位技术负责人或技术负责人授权的技术人员审批；有总承包单位时，应由总承包单位项目技术负责人核准备案。规模较大的分部(分项)工程和专项工程的施工方案应按单位工程施工组织设计进行编制和审批。

4.3.5　施工组织设计实施

(1)施工组织设计的修订

施工单位必须严格执行施工组织设计，不得擅自修改经过审批的施工组织设计。发生以下情况之一时，施工组织设计应及时进行修改或补充，并重新履行审批程序后实施。

1)工程设计有重大修改；

2)有关法律、法规、规范和标准实施、修订和废止；

3)主要施工方法有重大调整；

4)主要施工资源配置有重大调整；

5)施工环境有重大改变。

(2)施工组织设计的监督实施

施工单位的项目负责人应当组织项目管理人员认真落实施工组织设计。在施工组织设计的实施过程中，专职安全生产管理人员和工程监理单位的监理人员要进行现场监督，发现不按照施工组织设计进行施工的行为要予以制止；施工作业人员要严格按照安全技术交底进行施工，将安全技术措施落到实处；施工单位的施工技术、安全、设备等有关部门应当对施工组织设计的实施进行监督落实，保证各分部分项工程按照施工组织设计顺利进行。

4.4　安全专项施工方案

对于达到一定规模的危险性较大的分部分项工程，以及涉及新技术、新工艺、新设备、新材料的工程，因其复杂性和危险性，在施工过程中易发生人身伤亡事故，施工单位应当根据各分部分项工程的不同特点，有针对性地编制专项施工方案。住房城乡建设部于 2009 年 5 月印发《危险性较大的分部分项工程安全管理办法》，省建筑工程管理局于 2010 年 1 月修订并颁布《山东省建筑工程安全专项施工方案编制审查与专家论证办法》(鲁建管发字〔2010〕4 号)对专项施工方案的编制、审查及专家论证作了明确的规定。

4.4.1　安全专项施工方案的概念

建筑工程安全专项施工方案，是指建筑施工过程中，施工单位在编制施工组织(总)设计的基础上，对危险性较大的分部分项工程，依据有关工程建设标准、规范和规程，单独编制具有针对性的安全技术措施文件。建设单位在申请领取施工许可证或办理安全监督手续时，应当提供危险性较大的分部分项工程清单和安全技术措施文件。

施工单位、监理等工程建设安全生产责任主体应按照各自的职责建立健全建筑工程安全专项方案的编制、审查、论证和审批制度，保证方案的针对性、可行性和可靠性，并严格按照方案组织施工。

4.4.2 安全专项施工方案编制范围

下列危险性较大的分部分项工程以及临时用电设备在5台及以上或设备总容量在50 kW及以上的施工现场临时用电工程施工前，施工单位应编制安全专项施工方案。

(1)土石方开挖工程

1)开挖深度3 m或以上的基坑(沟、槽)的土方开挖工程；

2)地质条件和周围环境复杂的基坑(沟、槽)的土石方开挖工程；

3)凿岩、爆破工程。

(2)基坑支护工程

1)开挖深度3 m或以上的基坑(沟、槽)的土方开挖工程；

2)地质条件和周围环境复杂的基坑(沟、槽)的土石方开挖工程；

(3)基坑降水工程

1)需要采取人工降低水位，且开挖深度3 m及以上的基坑工程；

2)需要采取人工降低水位，且地质条件和周边环境复杂的基坑工程

(4)模板工程及支撑体系

1)工具式模板工程，包括滑模、爬模、大模板等；

2)混凝土模板支架工程；

①搭设高度5 m及以上的；

②搭设跨度10 m及以上的；

③施工总荷载10 kN/m^2 及以上的；

④集中线荷载15 kN/m及以上的；

⑤高度大于支撑水平投影宽度且相对独立无结构可连接的。

3)用于钢结构安装等满堂承重支撑系统工程。

(5)起重吊装工程

1)采用非常规起重设备、方法，且单件起吊重量在10 kN及以上的起重吊装工程；

2)采用起重机械设备进行安装的工程。

(6)脚手架工程

1)落地式钢管脚手架；

2)附着式升降脚手架；

3)悬挑式脚手架；

4)高处作业吊篮；

5)自制卸料平台、移动操作平台；

6)新型及异型脚手架。

(7)起重机械设备拆装工程

1)塔式起重机的安装、拆卸、顶升；

2)施工升降机的安装、拆卸；

3)物料提升机的安装、拆卸。

(8)拆除、爆破工程

1)建筑物、构筑物拆除工程；

2)采用爆破拆除的工程。

(9)其他危险性较大的工程

1)建筑幕墙的安装施工；

2)预应力结构张拉施工；

3)钢结构及网架工程施工；

4)索膜结构安装施工；

5)地下暗挖、隧道、顶管施工及水下作业工程；

6)水上桩基施工；

7)人工挖扩孔桩施工；

8)采用新技术、新工艺、新材料，新设备可能影响工程质量和施工安全，尚无技术标准的分部分项工程以及其他需要编制专项方案的工程。

4.4.3　专家论证的安全专项施工方案范围

下列超过一定规模的危险性较大的分部分项工程，应由工程技术人员组成的专家组对安全专项施工方案进行论证、审查。

(1)深基坑工程

1)开挖深度5 m及以上的深基坑(沟、槽)的土方开挖、支护、降水工程；

2)地质条件、周围环境或地下管线较复杂的基坑(沟、槽)的土方开挖、支护、降水工程；

3)可能影响毗邻建筑物、构筑物结构和使用安全的基坑(沟、槽)的开挖、支护及降水工程。

(2)模板工程及支撑体系

1)混凝土模板支撑体系；

①搭设高度8 m及以上的；

②搭设跨度18 m及以上，施工总荷载大于15 kN/m^2的；

③集中线荷载20 kN/m及以上的；

2)工具式模板工程，包括滑模、爬模、飞模工程。

3)承重支撑体系：用于钢结构安装等满堂支撑体系，承受单点集中荷载7 kN以上。

(3)脚手架工程

1)搭设高度50 m及以上的落地式脚手架；

2)悬挑高度20 m及以上的悬挑式脚手架；

3)提升高度150 m及以上附着升降脚手架。

(4)起重吊装工程

1)采用非常规起重设备、方法，且单件起吊重量在100 kN及以上的起重吊装工程；

2)2台及以上起重机抬吊作业工程；

3)跨度30 m以上的结构吊装工程。

(5)起重机械安装拆卸工程

1)起重量 300 kN 及以上的起重设备安装拆卸工程；

2)高度 200 m 及以上内爬起重设备的拆卸工程。

(6)拆除、爆破工程

1)采用爆破拆除的工程；

2)码头、桥梁、烟囱、水塔和高架等建筑物、构筑物的拆除工程；

3)拆除中容易引起有毒有害气(液)体或粉尘扩散、易燃易爆事故发生的特殊建筑物、构筑物的拆除工程；

4)可能影响行人、交通、电力设施、通讯设施或其他建筑物、构筑物安全的拆除工程；

5)文物保护建筑、优秀历史建筑或历史文化风景区控制范围的拆除工程。

(7)其他工程

1)施工高度 50 m 及以上的建筑幕墙安装工程；

2)跨度大于 36 m 及以上的钢结构安装工程；

3)跨度大于 60 m 及以上的网架和索膜结构安装工程；

4)开挖深度超过 16 m 的人工挖扩孔桩工程；

5)地下暗挖、隧道、顶管及水下作业工程；

6)采用新技术、新工艺、新材料，新设备可能影响工程质量和施工安全，尚无技术标准的分部分项工程，以及其他需要专家论证的工程。

4.4.4 安全专项施工方案编制与审批

(1)安全专项施工方案的编制

安全专项施工方案应由施工总承包单位组织编制，编制人员应具有本专业中级以上技术职称。其中，起重机械设备安装拆卸、深基坑、附着升降脚手架、建筑幕墙、钢结构等专业工程的安全专项施工方案应由专业承包企业负责编制。

一般情况下，起重机械设备安装拆卸、深基坑、附着升降脚手架等专业工程是由总承包单位或建设单位分包给专业承包单位施工的，专业承包单位对专业工程施工的工艺、技术比较熟悉，同时，专业承包单位也是该专业工程安全生产的直接责任者，为此规定，有关专业工程的安全专项施工方案应由专业承包企业负责编制。其他分包的专业工程安全专项方案，原则上也应当由专业承包单位负责编制。

安全专项施工方案的编制应由本人在安全专项施工方案上签名并注明技术职称。

安全专项施工方案应根据工程建设标准和勘察设计文件，并结合工程项目和分部分项工程的具体特点进行编制。除工程建设标准有明确规定外，安全专项施工方案主要应包括以下内容：

1)工程概况：危险性较大的分部分项工程概况、施工平面布置、施工要求和技术保证条件。

2)编制依据：所依据的法律、法规、规范性文件、标准、规范的目录或条文，以及施工组织(总)设计、勘察设计、图纸等技术文件名称。

3)施工计划：包括施工进度计划、材料与设备计划。

4)施工工艺:技术参数、工艺流程、施工方法、检查验收等。

5)施工安全保证措施:组织保障、技术措施、应急预案、监测监控等。

6)劳动力组织:专职安全生产管理人员、特种作业人员等。

7)计算书及相关图纸、图示。

(2)安全专项施工方案的审批

1)安全专项施工方案的审核

安全专项施工方案编制后,施工单位技术负责人应组织施工技术、设备、安全、质量等部门的专业技术人员进行审核。

在安全专项施工方案审核环节,一般应由法人单位的技术负责人负责组织有关人员进行审核,对于分支机构较多的大企业,也可由法人单位所属分支机构的技术负责人组织。审核人员中至少2人应具有本专业中级及中级以上技术职称,其中需专家论证的,审核人员中至少2人应具有本专业高级技术职称。

2)安全专项施工方案的审批

安全专项施工方案审核合格,施工单位技术负责人审批。由于审批是使专项施工方案成为有效可执行文件的最后一关,必须慎重,因此该处施工单位技术负责人应为法人单位的技术负责人,法人单位所属分支机构的技术负责人不具备审批资格。实行施工总承包的,还应报总承包单位技术负责人审批。

工程监理单位应组织本专业监理工程师对施工单位提报的安全专项施工方案进行审核,审核合格,报监理单位总监理工程师和建设单位审批。

3)安全专项施工方案的审核、审批人应当书面或以会议纪要形式提出审查意见,方案编制人应根据审查意见对方案进行修改完善。审核、审批人应由本人在安全专项施工方案审批表上签名并注明技术职称。

4.4.5 安全专项施工方案专家论证

(1)专家论证的组织

需要专家论证审查的工程,在安全专项施工方案审核通过后,施工单位应组织专家对方案进行论证审查,或者委托具有相应资格的勘察、设计、科研、大专院校和工程咨询等第三方组织专家进行论证审查。对于岩土、大型结构吊装和采用新技术、新工艺、新材料等工程,由于技术难度大、施工工艺复杂,理论计算要求高,一些技术力量比较薄弱的中小型企业虽具备相应地施工能力,但方案编制技术力量不足,因此,提倡由技术力量较强的第三方提供专家论证服务。

实行施工总承包的,由施工总承包单位组织专家论证。

安全专项施工方案论证审查专家组不得少于5人。其中,具有本专业或相关专业高级技术职称人员不得少于3人,方案编制单位和论证组织单位的人员不得超过半数。为了保证方案的论证质量,避免流于形式走过场,为此对方案编制单位和论证组织单位的参加人数进行了限制。本工程项目的建设、勘察设计、施工和工程监理等参建各方的人员不得作为专家组成员。

(2)专家组人员的条件

专家组人员应诚实守信、作风正派、学术严谨，从事本专业工作 15 年以上或具有丰富的专业经验，并具有高级技术职称或高级技师职业资格。

(3)论证审查方式

专家论证审查宜采用会审的方式，与会专家组人员不得少于 5 人。

(4)论证会参加人员

1)专家组成员；

2)方案编制人员；

3)建设单位项目负责人或技术负责人；

4)施工单位分管安全的负责人、技术负责人、项目负责人、项目技术负责人、项目专职安全生产管理人员；

5)监理单位项目总监理工程师及相关人员；

6)勘察、设计单位项目技术负责人及相关人员。

(5)论证内容

1)专项方案内容是否完整；

2)专项方案计算书和验算依据是否符合有关工程建设标准，采用新技术、新工艺、新材料，新设备的工程专项方案的数学模型是否准确；

3)专项方案是否可行，是否符合现场实际情况。

4)是否符合有关工程建设标准

(6)论证要求

进行论证审查形成一致意见后，提出书面论证审查报告。专家组成员本人应在论证审查报告上签字、注明技术职称，并对审查结论负责。其论证审查报告应作为安全专项施工方案的附件。

(7)审批程序

施工单位应按照专家组提出的论证审查报告对安全专项施工方案进行修改完善，经施工单位技术负责人、工程项目总监理工程师和建设单位签字后，方可实施。实行施工总承包的，还应经施工总承包单位技术负责人审核签字。

(8)方案修改

如果专家组认为专项施工方案需作重大修改的，方案编制单位应重新组织专家论证审查。

4.4.6　安全专项施工方案实施

(1)安全专项施工方案的修订

施工单位必须严格执行安全专项施工方案，不得擅自修改经过审批的安全专项施工方案。如因设计、结构等因素发生变化，确需修订的，应重新履行审核、审批程序；需经专家论证的专项施工方案，修订后应重新经专家论证。

(2)安全专项施工方案的交底

方案在实施前，应由方案编制人员或技术负责人向工程项目的施工、技术、安全管理人员和作业人员进行安全技术交底。

(3)安全专项施工方案的实施

1)施工作业人员应严格按照专项施工方案和安全技术交底进行施工。

2)在专项施工方案的实施过程中,施工单位或工程项目的施工、技术、安全、设备等有关部门应对专项施工方案的实施情况进行检查。

3)施工单位技术负责人应当定期巡查专项方案实施情况。

4)专职安全生产管理人员应对方案的实施情况进行现场监督,发现不按照专项施工方案施工的行为要予以制止,有危及人身安全紧急情况的,应立即组织作业人员撤离危险区域。

5)工程监理单位应将需编制专项方案的工程列入监理规划和监理实施细则,应针对工程特点、周边环境和施工工艺等制定详细具体的安全生产监理工作流程、方法和措施。

工程监理单位应对安全专项方案的实施情况进行重点监理,对需经专家论证的危险性较大的分部分项工程,监理单位应实施旁站监理。

对不按专项方案实施的,应及时要求施工单位改正;情况严重的,由总监理工程师签发工程暂停令,并报告建设单位;施工单位拒不整改或不停止施工的,要及时向当地建筑工程管理部门报告。

(4)安全专项施工方案的验收

施工单位应建立健全专项方案实施情况的验收制度。在方案实施过程中,对于按规定需要验收的危险性较大的分部分项工程,施工单位(或工程项目)、监理单位应当组织有关人员进行验收。验收合格的,经施工单位项目技术负责人及项目总监理工程师签字后,方可进入下一道工序。

需经专家论证的危险性较大的分部分项工程由项目部组织初步验收,然后由施工单位组织,并由施工单位技术负责人签字。实行工程施工总承包的,由总承包单位组织。

(5)危险性较大分部分项工程的公示

施工现场存在需编制安全专项施工方案的危险性较大分部分项工程的,应在施工现场醒目位置挂牌公示,公示内容应包括:危险性较大的工程的名称、部位、措施、施工期限、安全监控责任人和举报电话等。

4.5　安全技术措施和安全技术交底

安全技术措施是指针对建筑安全生产过程中已知的或潜在的危险因素,采取的消除或控制的技术性措施。安全技术措施是施工组织设计和专项施工方案的重要组成部分。

4.5.1　安全技术措施编制原则

安全技术措施的编制应当符合下列原则:

(1)规范性。应符合国家和行业技术标准、规范。

(2)针对性。应当从工程项目所处位置、施工环境条件、结构特点、施工工艺、设备机具配备以及安全生产目标等方面进行全面、充分的考虑,并结合本单位的技术条件和管理经验制定。对专业性较强的分部分项工程以及涉及新技术、新工艺、新设备、新材料的工程，施工单位应当单独编制安全技术措施。

(3)可操作性。应该便于作业人员了解掌握，确保技术措施能够得到有效落实。

4.5.2 安全技术措施主要内容

(1)进入施工现场安全方面的规定；

(2)地基基础与深基坑的安全防护；

(3)高处作业与立体交叉作业的安全防护；

(4)施工现场临时用电工程的设置和使用；

(5)施工机械设备和起重机械设备的安装、拆卸和使用；

(6)采用新技术、新工艺、新设备、新材料时的安全技术；

(7)预防台风、地震、洪水等自然灾害的措施；

(8)防冻、防滑、防寒、防中暑、防雷击等季节性施工措施；

(9)防火、防爆措施；

(10)易燃易爆物品仓库、配电室、外电线路、起重机械的平面布置和大模板、构件等物料堆放；

(11)对施工现场毗邻的建筑物、构筑物以及施工现场内的各类地下管线的保护；

(12)施工作业区与生活区的安全距离；

(13)施工现场临时设施(办公、生活设施)的设置和使用；

(14)施工作业人员个人安全防护措施。

4.5.3 安全技术交底

(1)安全技术交底的概念

安全技术交底是指将预防和控制安全事故发生及减少其危害的安全技术措施以及工程项目、分部分项工程概况向作业班组、作业人员作出说明。安全技术交底制度是施工单位有效预防违章指挥、违章作业和伤亡事故发生的一种有效措施。

(2)安全技术交底的程序和要求

施工中，技术人员将工程项目、分部分项工程概况以及安全技术措施要求向参加施工的各类人员进行安全技术交底，使全体作业人员明白工程施工特点及各施工阶段安全施工的要求，掌握各自岗位职责和安全操作方法。安全技术交底的主要要求：

1)施工单位负责项目管理的技术人员向施工班组长、作业人员进行交底。

2)交底必须具体、明确、针对性强。交底要依据施工组织设计和分部分项安全施工方案安全技术措施的内容，以及分部分项工程施工给作业人员带来的潜在危险因素，就作业要求和施工中应注意的安全事项有针对性地进行交底。

3)各工种的安全技术交底一般与分部分项安全技术交底同步进行。对施工工艺复杂、施工难度较大或作业条件危险的，应当单独进行各工种的安全技术交底。

4)交接底应当采用书面形式。

5)交接底双方在书面安全技术交底上签字确认。

(3)安全技术交底的主要内容

1)工程项目和分部分项工程的概况；

2)工程项目和分部分项工程的危险部位；

3)针对危险部位采取的具体防范措施；

4)作业中应注意的安全事项；

5)作业人员应遵守的安全操作规程和规范；

6)作业人员发现事故隐患后应采取的措施；

7)发生事故后应及时采取的避险和急救措施。

4.6　安全检查与施工现场带班

4.6.1　安全检查的概念

安全检查是指对生产过程及安全管理中存在的隐患、有害与危险因素、缺陷等进行查证，以确定隐患与危险因素、缺陷的存在状态，分析可能转化为事故的条件，制定整改措施，消除隐患与危险因素，确保安全生产的工作方法。

安全检查是安全生产管理工作的一项重要内容，是安全生产工作中发现不安全状况和不安全行为的有效措施，是消除事故隐患、落实整改措施、防止伤亡事故发生、改善劳动条件的重要手段。

4.6.2　安全检查制度

施工单位应当建立健全安全检查制度，其主要内容应当包括：

(1)安全管理目标的实现程度；

(2)安全生产职责的履行情况；

(3)各项安全生产管理制度的执行情况；

(4)施工现场管理行为和实物状况；

(5)生产安全事故、未遂事故和其他违规违法事件的报告调查、处理情况。

(6)安全生产法律法规、标准规范和其他要求的执行情况。

4.6.3　安全检查形式

(1)定期安全检查

定期检查一般是通过有计划、有目的、有组织的形式来实现的。检查周期可根据施工单位的具体情况确定。如施工单位可确定季查、分公司月查、施工现场周查、班组日查制度。定期检查面广、深度大，能解决一些普遍存在的问题。

(2)经常性安全检查

经常性检查是采取个别的、通过日常的巡视方式实现的。如施工班组班前、班后的岗位安全检查，各级安全员及安全值班人员日常巡回检查等，能够及时发现、及时消除隐患，保证施工正常进行。

(3)专项(业)安全检查

专项(业)安全检查是针对某个专项问题或在施工中存在的普遍性安全问题进行的单项或定向检查。如模板工程、施工起重机械、防尘、防毒及防火检查等。专项(业)检查具有较强的针对性和专业性要求，一般针对检查难度较大或者存在问题较多的部位或分部分项工程开展。通过检查，发现潜在问题，研究整改对策，及时消除隐患。

(4)季节性、节假日安全检查

季节性安全检查是针对气候特点(如冬季、夏季、雨期等)可能给安全施工带来危害而组织的安全检查。

节假日安全检查是在节假日(如元旦、春节、劳动节、国庆节)期间和节假日前后，针对职工纪律松懈、思想麻痹等进行的安全检查。

(5)综合性安全检查

综合性安全检查一般指主管部门或企业组织的对行业或下属单位进行的全面性综合性安全检查。

4.6.4 安全检查主要依据和内容

(1)安全检查的主要依据

当前安全检查主要依据《建筑施工安全检查标准》(JGJ59—2011)，以及与之相关的规范标准和法律法规。

(2)安全检查的主要内容

1)国家和省、市有关安全生产的法律、法规和规章的贯彻落实情况；

2)国家、行业和地方安全技术标准、规范、规程以及工程建设强制性标准的执行情况；

3)施工单位安全生产规章制度和安全操作规程的执行情况；

4)安全生产责任制、安全管理目标的建立和落实情况；

5)安全教育培训制度的落实情况；

6)安全检查制度的执行情况；

7)安全生产投入落实情况；

8)生产安全事故的统计上报、调查处理情况；

9)管理人员和特种作业人员持证上岗情况；

10)专项治理和专项检查情况；

11)意外伤害保险制度的落实情况；

12)生产安全事故应急预案的制订和演练情况；

13)安全生产达标和文明施工情况。

4.6.5 安全检查的程序

(1)确定检查对象、目的和任务；

(2)制定检查计划，确定检查内容、方法和步骤；

(3)组织检查人员(配备专业人员)，成立检查组织；

(4)进入被检查单位进行实地检查和必要的仪器测量；

(5)查阅有关安全生产的文件和资料并进行检查访谈；

(6)作出安全检查结论，根据检查情况指出事故隐患和存在问题，提出整改建议和意见；

(7)被检查单位按照“三定”(即定人、定时间、定措施)原则进行整改；

(8)被检查单位将整改情况报检查组织，检查组织进行复查；

(9)总结检查情况。

4.6.6　安全检查的一般要求

安全检查要讲科学、讲效果。随着安全管理的科学化、标准化、规范化，目前安全检查基本采用安全检查表和实测实量等手段，进行定性定量的安全评价。施工单位在进行安全检查时应注意以下几点：

(1)充分认识安全检查的重要性和必要性，使之成为规范化、标准化的检查活动；

(2)安全检查要明确检查目的、内容、标准、要求及方法；

(3)根据检查要求配备检查人员，明确检查负责人，抽调专业人员参加，并进行分工；

(4)检查中要对重点项目、关键部位进行重点检查；

(5)检查过程中，对违反安全技术标准、规范和操作规程的行为，检查人员要及时制止或者纠正；

(6)对检查结果要作认真、详细、具体的记录；

(7)对检查出的事故隐患和问题，除进行登记外，还应下发书面的隐患整改通知书；

(8)对检查出的事故隐患和问题，被检查单位应制订整改方案，按“三定”原则整改；

(9)负责整改的单位或人员在整改完成后，应填写安全隐患整改报告书，将隐患整改情况报检查单位，经复查验收合格，方可恢复生产；

(10)检查结束后，要对检查情况及问题进行认真、全面、系统的分析，定性定量进行安全评价，检查总结要真实、完整地反映检查情况。

4.6.7　安全检查评分表的主要内容和评分办法

建筑施工安全检查评分表是指《建筑施工安全检查标准》(JGJ59—2011)所规定的检查评分表，是建筑施工现场安全检查的主要格式化文件，被广泛应用。该标准于1988年由原建设部颁布，1999年进行了第一次修订，2011年进行了第二次修订，形成现行版本。现行版本主要包括总则、术语、检查评定项目、检查评分方法和检查评分等级五大部分。该标准是建筑安全标准化的主要组成部分，适用于房屋建筑工程现场安全生产的检查评定，评定分为优良、合格和不合格三个等级，当评定等级为不合格时，必须整改达到合格。

(1)检查表术语

1)保证项目：检查评定项目中，对施工人员生命、设备设施及环境安全起关键性作用的项目。按照规定保证项目必须全数检查。

2)一般项目：检查评定项目中，除保证项目以外的其他项目。

3)公示标牌：在施工现场的进出口处设置的工程概况牌、管理人员名单及监督电话牌、消防保卫牌、安全生产牌、文明施工牌及施工现场总平面图等。

4)临边:施工现场内无围护设施或围护设施高度低于 0.8 m 的楼层周边、楼梯侧边、平台或阳台边、屋面周边和沟、坑、槽、深基础周边等危及人身安全的边沿的简称。

(2)检查评定项目

《建筑施工安全检查标准》中将检查评分项目分为安全管理、文明施工、脚手架、基坑工程、模板支架、高处作业、施工用电、物料提升机与施工升降机、塔式起重机与起重吊装、施工机具等共 10 项,将检查表分为 19 项分项检查评分表和 1 张检查评分汇总表。

1)安全管理。安全管理检查评定保证项目应包括:安全生产责任制、施工组织设计及专项施工方案、安全技术交底、安全检查、安全教育、应急救援。一般项目应包括:分包单位安全管理、持证上岗、生产安全事故处理、安全标志。

2)文明施工。文明施工检查评定保证项目应包括:现场围挡、封闭管理、施工场地、材料管理、现场办公与住宿、现场防火。一般项目应包括:综合治理、公示标牌、生活设施、社区服务。

3)脚手架。脚手架检查评分表分为扣件式钢管脚手架、门式钢管脚手架、碗扣式钢管脚手架、承插型盘扣式钢管脚手架、满堂脚手架、悬挑式脚手架、附着式升降脚手架、高处作业吊篮等八种脚手架的安全检查评分表。

4)基坑工程。基坑工程安全检查评分表是对施工现场基坑支护工程的安全评价。检查评定保证项目包括施工方案、基坑支护、降排水、基坑开挖、坑边荷载、安全防护。一般项目应包括基坑监测、支撑拆除、作业环境和应急预案。

5)模板支架。模板支架安全检查评分表是对施工过程中模板支架工程的安全评价。检查评定保证项目包括施工方案、支架基础、支架构造、支架稳定、施工荷载、交底与验收。一般项目包括杆件连接、底座与托撑、构配件材质、支架拆除。

6)高处作业。高处作业检查评定项目应包括:安全帽、安全网、安全带、临边防护、洞口防护、通道口防护、攀登作业、悬空作业、移动式操作平台、悬挑式物料钢平台。

7)施工用电。施工用电检查评定的保证项目应包括:外电防护、接地与接零保护系统、配电线路、配电箱与开关箱。一般项目应包括:配电室与配电装置、现场照明、用电档案。

8)物料提升机与施工升降机。

物料提升机检查评定保证项目应包括:安全装置、防护设施、附墙架与缆风绳、钢丝绳、安拆、验收与使用。一般项目应包括:基础与导轨架、动力与传动、通信装置、卷扬机操作棚、避雷装置。

施工升降机检查评定保证项目应包括:安全装置、限位装置、防护设施、附墙架、钢丝绳、滑轮与对重、安拆、验收与使用。一般项目应包括:导轨架、基础、电气安全、通信装置。

9)塔式起重机与起重吊装。

塔式起重机检查评定保证项目应包括:载荷限制装置、行程限位装置、保护装置、吊钩、滑轮、卷筒与钢丝绳、多塔作业、安拆、验收与使用。一般项目应包括:附着、基础与轨道、结构设施、电气安全。

起重吊装检查评定保证项目应包括:施工方案、起重机械、钢丝绳与地锚、索具、作业环境、作业人员。一般项目应包括：起重吊装、高处作业、构件码放、警戒监护。

10)施工机具。施工机具检查评定项目应包括：平刨、圆盘锯、手持电动工具、钢筋机械、电焊机、搅拌机、气瓶、翻斗车、潜水泵、振捣器、桩工机械。

(3)检查评分表的分值和评分办法

1)在安全管理、文明施工、脚手架、基坑工程、模板支架、施工用电、物料提升机与施工升降机、塔式起重机、施工机具检查评分表中，设立了保证项目和一般项目，保证项目应是对施工人员生命、设备设施及环境安全起关键性作用的项目，是安全检查的重点和关键。

2)各分项检查评分表中，满分为100分。表中各检查项目得分应为按规定检查内容所得分数之和。每张表总得分应为该表内各检查项目实得分数之和。

3)在检查评分中，遇有多个脚手架、塔吊、龙门架与井字架等时，则该项得分应为各单项实得分数的算术平均值。

4)评分应采用扣减分值的方法，扣减分值总和不得超过该检查项目的应得分值。

5)在检查评分中，当保证项目中有一项不得分或保证项目小计得分不足40分时，此检查评分表不应得分。

6)汇总表满分为100分。各分项检查表在汇总表中所占的满分分值应分别为：安全管理10分，文明施工15分，脚手架10分，基坑工程10分，模板工程10分，高处作业10分，施工用电10分，物料提升机与施工升降机10分，塔式起重机与起重吊装10分，施工机具5分，在汇总表中各分项项目实得分数应按下式计算：

检查评分汇总表中各分项项目实得分值应按下式计算：

$$A_1=\frac{B\times C}{100}$$

式中，A_1——汇总表各分项项目实得分值；

B——汇总表中该项应得满分值；

C——该项检查评分表实得分值。

当评分遇有缺项时，分项检查评分表或检查评分汇总表的总得分值应按下式计算：

$$A_2=\frac{D}{E}\times 100$$

式中，A_2——遇有缺项时总得分值；

D——实查项目在该表的实得分值之和；

E——实查项目在该表的应得满分值之和。

(4)检查评分表的评分标准

建筑施工安全检查评分，应以汇总表的总得分及保证项目达标与否，作为对一个施工现场安全生产情况的评价依据，分为优良、合格、不合格三个等级。

1)优良。保证项目分值均应达到《建筑施工安全检查标准》规定得分标准，分项检查评分表无零分，汇总表得分值应为80分及其以上；

2)合格。分项检查评分表无零分，汇总表得分值应在80分以下，70分及以上；

3)不合格：

①当汇总表得分值不足70分时；

②当有一分项检查评分表得零分时。

(5)检查评分表分值的计算方法举例

1)汇总表中各项实得分计算:

按《安全管理检查评分表》打分实得分为86分,换算到汇总表中"安全管理"分项实得分为:

分项实得分=(10×86)÷100=8.60分

2)汇总表检查中遇有缺项时,汇总表总得分计算:

某施工现场未设置物料提升机与施工升降机,其他各分项汇总得分为84分,该施工现场实得分为:

汇总表实得满分为=100-10=90分

缺项的汇总表实得分=(84÷90)×100=93.34分

3)分项表中遇有缺项时,分表得分计算:

某施工现场临时用电无外电线路,《施工用电检查评分表》中其他各项实得分为64分,《施工用电检查评分表》实得分为:

施工用电分项表实得满分为=100-20=80分

缺项的分表实得分=64÷80×100=80.00分

4)当分表中保证项目不足40分时,分项表实得分计算:

某施工现场按《施工用电检查评分表》计算,保证项目实得分为38分,其他项目实得分为35分,该施工现场《施工用电检查评分表》实得分计算。

按照《建筑施工安全检查标准》检查评分表的评分标准规定,保证项目不足40分,该分项表得分为0分。

5)在各个分项表中,遇有多个项目时,分项实得分计算:

某施工现场的脚手架采用满堂脚手架、悬挑脚手架、附着式升降脚手架,满堂脚手架实得分为88分,悬挑脚手架得分为82分,附着式升降脚手架得分为91分,该施工现场脚手架分项表实得分分别为:

脚手架分项实得分=(88+82+91)÷3=87.00分

6)分项缺项2项及2项以上时,汇总表实得分的计算:

①检查某施工现场,物料提升机与施工升降机、塔式起重机与起重吊装缺项,其他分项相加换算后实得分为70分,则该施工现场汇总表实得分为:

汇总表实得满分为=100-10-10=80分

汇总表实得分=70÷80×100=87.50分

②某施工现场按照《建筑施工安全检查标准》评分,各分项折合得分如下:安全管理8.2分、文明施工13分、脚手架8分、基坑工程8.5分、模板工程8.2分、高处作业8.5分、施工用电8.8分、物料提升机与施工升降机8.3分、施工机具4.2分,塔式起重机与起重吊装缺项。该施工现场实得分为:

汇总表实得分=(8.2+13+8+8.5+8.2+8.5+8.8+8.3+4.2)÷(100-10)×100=84.11分

该工程有一个检查项目为缺项,没有分项检查评分表得0分,根据评分标准,该工程安全检查评定等级为"优良"。

4.7　安全生产教育培训

安全生产教育培训工作是实现安全生产的一项重要基础工作。只有通过对广大建筑职工进行安全教育培训，才能提高职工搞好安全生产的自觉性、积极性，增强安全意识，掌握安全知识，使安全技术规范、标准得到贯彻执行，安全规章制度得到有效落实。

高度重视并加强对建筑行业的安全生产和劳动保护工作，加强对职工的安全生产教育，始终是我国政府坚定不移的方针。

《劳动法》规定："用人单位必须……对劳动者进行劳动安全卫生教育，防止劳动过程中的事故，减少职业危害。"

《安全生产法》规定："生产经营单位应当对从业人员进行安全生产教育和培训，保证从业人员具备必要的安全生产知识，熟悉有关的安全生产规章制度和安全操作规程，掌握本岗位的安全操作技能。未经安全生产教育和培训合格的从业人员，不得上岗作业。"

《建筑法》规定："建筑施工企业应当建立健全劳动安全生产教育制度，加强对职工安全生产的教育；未经安全生产教育培训的人员，不得上岗作业。"

《建设工程安全生产管理条例》规定："施工单位应当建立健全安全生产责任制度和安全生产教育培训制度……"接受安全教育、组织安全培训是建筑业职工和施工企业的法定义务。

施工单位应当建立健全安全生产教育培训制度，明确教育培训的意义和目的、种类和对象、内容和要求，编制培训大纲，选定培训教材，确定培训学时、形式和方法，建立师资队伍，完善教学设备、教具，建立健全教育培训档案制度，加强教学、登记、考核管理。

4.7.1　安全生产教育培训的种类

(1)新工人"三级"安全教育培训；

(2)管理人员和作业人员的年度安全教育培训；

(3)作业人员转场、转岗和复岗安全教育培训；

(4)使用新技术、新工艺、新设备、新材料安全教育培训；

(5)季节性安全教育；

(6)节假日安全教育；

(7)其他形式的安全教育培训。

4.7.2　三级安全教育培训

建筑业企业职工三级安全教育培训，是指施工单位对新进场的工人进行的公司、项目(或工区、工程处、施工队)、班组三级安全教育培训。新进场的工人必须接受三级安全教育培训，并经考核合格后，方能上岗。

(1)三级安全教育培训的主要内容

1)公司级安全教育培训主要内容为了解国家有关安全生产方面的法律法规，熟悉企业规章制度以及建筑施工特点，通常包括以下内容：

①国家和地方有关安全生产方面的方针、政策及法律法规；

②建筑行业施工特点及施工安全生产的目的和重要意义；

③施工安全、职业健康和劳动保护的基本知识；

④建筑施工工人安全生产方面的权利和义务；

⑤本企业的施工生产特点及安全生产管理规章制度、劳动纪律；

⑥企业历史上发生的重大安全事故和应汲取的教训。

2)项目级安全教育培训主要内容为熟悉建筑施工安全技术标准、本项目规章制度和施工特点，对工程项目的危险源、重大危险源具有辨识能力和安全事故防范知识，通常包括以下内容：

①施工现场安全生产、文明施工规章制度和劳动纪律；

②工程概况、施工现场作业环境和施工安全特点；

③机械设备、电气安全及高处作业的安全基本知识；

④防火、防毒、防尘、防爆基本知识，安全防护设施的位置、性能和作用；

⑤安全帽、安全带等常用安全防护用品佩戴、使用的基本知识；

⑥危险源、重大危险源的辨识和安全防范措施；

⑦生产安全事故发生时自救、排险、抢救伤员、保护现场和及时报告等应急措施；

⑧紧急情况和重大事故应急预案；

⑨典型安全事故案例。

3)班组级安全教育培训的主要内容为掌握相应工种安全技术操作规程和安全保护用品使用方法，对危险性较大的部位和环节具有辨识能力和安全事故防范知识，通常包括以下内容：

①本班组劳动纪律和安全生产、文明施工要求；

②本班组作业环境、作业特点和危险源；

③本工种安全技术操作规程及基本安全知识；

④本工种涉及的机械设备、电气设备及施工机具的正确使用和安全防护要求；

⑤采用新技术、新工艺、新设备、新材料施工的安全生产知识；

⑥本工种职业健康要求及安全防护用品的主要功能、正确佩戴和使用方法；

⑦本班组施工过程中易发事故的自救、排险、抢救伤员、保护现场和及时报告等应急措施；

⑧本班组劳动力组织和班组安全活动情况；

⑨本工种典型安全事故案例。

(2)三级安全教育培训的实施

三级安全教育按照公司级安全教育、项目级安全教育、班组级安全教育依次进行。

1)公司级安全教育由安全教育机构组织实施。

2)项目级安全教育由工程项目部负责组织实施。实行施工总承包的，分包单位在进行项目级安全教育时，必须提前书面通知总承包单位，总承包单位必须派人参加，共同开展项目级安全教育。

3)班组级安全教育由班组负责组织实施,工程项目部对其进行指导和监督。

(3)三级安全教育的学时要求

新入场工人三级安全教育的总学时不得少于24学时。其中公司级安全教育不得少于8学时;项目级安全教育不得少于12学时;班组级安全教育不得少于4学时。

4.7.3　企业年度安全生产教育

所谓企业年度安全生产教育是指建筑施工企业按照年度对职工开展的安全生产教育培训活动。年度安全生产教育培训情况应记入个人工作档案,安全生产教育培训考核不合格的人员,不得上岗。

(1)年度安全教育培训的范围

施工单位应当对管理人员和作业人员每年至少进行一次安全生产教育培训,其中属于建筑施工企业"三类人员"和特种作业人员应将培训情况纳入安全生产职业资格管理。

(2)年度安全教育培训的时间

1)建筑施工企业"三类人员",即纳入安全生产职业资格考核的单位主要负责人、项目负责人和专职安全管理人员每年接受安全培训的时间不少于32学时;

2)特种作业人员每年接受安全培训的时间不少于24学时;

3)企业其他职工每年接受安全培训的时间不少于16学时。

(3)年度安全教育培训的培训内容

1)国家、行业新颁布的安全生产法律、法规、标准、规范;

2)地方新颁发的法规、规范性文件和地方标准、规范;

3)施工单位新制定的安全规章制度和操作规程

4)典型安全事件和事故案例分析;

5)巩固已学习的知识等。

4.7.4　转场、转岗和复岗安全教育培训

作业人员进入新的岗位或者新的施工现场前,应当接受安全生产教育培训。未经教育培训或者教育培训考核不合格的人员,不得上岗作业。

(1)转场安全教育培训

所谓"转场",是指作业人员进入新的施工现场。建设工程具有很强的单一性,地理位置、结构形式、气候条件、施工环境千差万别,施工现场的安全生产状况也是千差万别的。作业人员进入新的施工现场前,必须根据新的施工作业特点接受有针对性的安全生产教育,熟悉新的项目的安全生产规章制度,了解新的工程作业特点和安全生产应注意的事项,并经考核合格后方可上岗。

(2)转岗安全教育培训

所谓"转岗",是指作业人员进入新的岗位。建筑施工工序较多,多数情况下工序间的作业环境、设备的使用和操作工法均有较大差别,其他岗位的安全生产知识和经验不能满足新岗位的安全生产需要。因此,施工单位在作业人员进入新的岗位、从事新的工种作业前,必须根据新岗位的作业特点进行有针对性的安全生产教育培训,使作业人员熟悉新岗

位的安全操作规程和安全注意事项，掌握新岗位的安全操作技能，并经考核合格方可上岗。如果新的岗位属特殊工种，还必须按照国家有关规定经过专门的安全培训，取得特种作业操作资格证书后，方可上岗作业。

(3)复岗安全教育培训

所谓"复岗"，是指作业人员离开原作业岗位六个月以上，又回到原作业岗位。离开原作业岗位的原因可能是多方面的，教育内容应当具有针对性。

1)工伤后的复岗安全教育。首先要针对已发生的事故作全面分析，找出发生事故的主要原因，并指出预防对策，进而对复岗者进行安全意识教育，岗位安全操作技能教育及预防措施和安全对策教育等，引导其端正思想认识、吸取事故教训、提高操作技能。

2)休假后复岗安全教育。建筑施工现场施工状况异常复杂，高处作业、露天作业、交叉作业占80%以上，职工常因休假(节、婚、丧或产、病假等)而造成情绪波动、身体疲乏、精神分散、思想麻痹等状况，在复杂的施工环境中作业，很容易产生不安全行为，导致事故发生。因此，要针对不同的休假心理特点，结合复岗者的具体情况消除其思想上的余波，有的放矢地进行教育。

3)复岗后转场安全教育。建筑施工作业具有劳动对象的固定性和流动性，复岗后往往不在原施工现场作业，此时除按离岗原因进行有针对性的教育外，还应按转场要求进行安全教育。

4.7.5 新技术、新工艺、新设备、新材料安全教育培训

随着我国经济的迅速发展、科技的长足进步以及国外先进技术和设备的不断引进利用，越来越多的新技术、新工艺、新设备、新材料应用于工程建设中，这对于促进建设工程质量的提高，具有重要意义。另一方面，如果施工单位对所采用的新工艺、新技术、新材料或者使用的新设备的了解与掌握不够，对其安全技术性能掌握得不充分，或者没有采取有效的安全防护措施，不对作业人员进行专门的安全生产教育培训，作业人员仍然按照旧知识、旧方法作业，就可能导致重大隐患。因此，施工单位在采用的新工艺、新技术、新材料或者使用的新设备前必须对其进行充分的了解与研究，掌握其安全技术特性，有针对性地采取有效的安全防护措施，并对作业人员进行相应的安全生产教育培训。

采用新技术、新工艺、新设备、新材料的安全教育由施工单位技术部门和安全部门负责进行，其内容主要有：

(1)新技术、新工艺、新设备、新材料的特点、特性和使用方法；

(2)新技术、新工艺、新设备、新材料投产使用后可能导致的新的危害因素及其防护方法；

(3)新产品、新设备的安全防护装置的特点和使用；

(4)新技术、新工艺、新设备、新材料的安全管理制度及安全操作规程；

(5)采用新技术、新工艺、新设备、新材料应特别注意的事项。

4.7.6 季节性安全教育

季节性施工主要是指夏季与冬季施工。季节性安全教育是针对气候特点(如冬季、夏

季、雨期等)可能给施工安全带来危害而组织的安全教育。

(1)夏季施工安全教育

夏季高温、炎热、多雷雨,是触电、雷击、坍塌等事故的高发期。闷热的气候容易造成中暑,高温使得职工夜间休息不好,往往容易使作业人员产生乏力、精力不集中等情况,容易引发安全事故;夏季经常受到台风、暴雨等影响,容易发生大型施工机械、设施、设备倒塌以及施工区域,特别是基坑等的坍塌;多雨潮湿的环境,容易引发触电事故。因此,应当对职工加强夏季施工安全教育。

夏季施工安全教育的内容主要包括:

1)安全用电知识。常见触电事故发生的原理,预防触电事故发生的常识,触电事故的一般解救方法等。

2)预防雷击知识。雷击发生的原因,避雷装置的避雷原理,预防雷击的常识等。

3)防坍塌安全知识。包括基坑开挖安全,基坑支护安全知识等。

4)预防台风、暴风雨、泥石流等自然灾害的安全知识。

5)防暑降温知识。

(2)冬季施工安全教育

冬季气候干燥、寒冷且常常伴有大风,受北方寒流影响,作业面及道路结冰打滑,既影响生产的正常进行,又给安全带来隐患;同时,由于施工需要和办公、宿舍取暖,使用明火等原因,容易发生火灾和中毒事故;冬季人们衣着笨重、动作不灵敏,容易发生意外事故。因此,应当对职工加强冬季施工安全教育,

冬季施工安全教育的内容主要包括:

1)防冻、防滑知识。如施工作业面的防结冰、防滑安全作业知识等。

2)防火安全知识。施工现场常见火灾事故发生的原因分析,预防火灾事故的措施,消防器材的正确使用,扑救火灾的方法等。

3)安全用电知识。冬季用电取暖设备的安全使用知识等。

4)防中毒知识。固体、液态及挥发性强的气体等有毒有害物质的特性,中毒症状的识别,救护中毒人员的安全常识以及预防中毒的知识等。

4.7.9　节假日安全教育

节假日安全教育是节假日(如元旦、春节、劳动节、国庆节)期间和前后,为防止职工纪律松懈、思想麻痹而进行的安全教育。

节假日期间和前后,职工的思想和工作情绪不稳定,思想不集中,注意力分散,这给安全生产带来不利因素。加强对职工的安全教育,是非常必要的。根据山东省施工队伍的人员组成特点,麦收、秋收时间较长,一般施工队伍在此期间都为此放长假,因此在麦收、秋收前后,也应当对职工进行针对性的安全教育。教育的内容是:

(1)加强对管理人员和作业人员的思想教育,稳定职工工作情绪;

(2)加强劳动纪律和安全规章制度的教育;

(3)班组长要做好上岗前的安全教育,可以结合安全技术交底内容进行;

(4)对较易发生事故的薄弱环节,进行专门的安全教育。

4.7.10 其他形式的安全教育

进行安全教育,可根据施工单位和职工的具体情况,针对教育内容和教育对象,采取多种形式的经常性的安全教育活动。如举办安全活动日、安全知识竞赛活动、安全知识讲座,召开事故现场会,利用安全知识黑板报、宣传栏、安全宣传挂图、标语等。

4.8 安全生产管理机构与人员配备

根据近几年来发生的生产安全事故分析可以看出,在诸多的事故原因中,生产经营单位没有设置相应的安全生产管理机构和配备必要的安全生产管理人员,安全生产失控,是导致事故发生的一个重要原因。为此,《安全生产法》规定:“矿山、建筑施工单位和危险物品的生产、经营、储存单位应当设置安全生产管理机构或者配备专职安全生产管理人员。”《建设工程安全生产管理条例》明确规定:“施工单位应当设立安全生产管理机构,配备专职安全生产管理人员。”建筑施工企业应当按照《建设工程安全生产管理条例》的规定,设立安全生产管理机构,并依据国家有关规定,根据企业规模大小、承包工程性质等情况决定配置的专职安全管理人员数量、专业等。

4.8.1 安全生产管理机构设置

建筑施工企业应当依法设置安全生产管理机构。所谓安全生产管理机构是指施工企业设置的负责安全生产管理工作的独立职能部门。

建筑施工企业安全生产管理机构专职安全生产管理人员的配备应满足下列要求,并应根据企业经营规模、设备管理和生产需要予以增加:

1)建筑施工总承包资质序列企业:特级资质不少于 6 人;一级资质不少于 4 人;二级和二级以下资质企业不少于 3 人。

2)建筑施工专业承包资质序列企业:一级资质不少于 3 人;二级和二级以下资质企业不少于 2 人。

3)建筑施工劳务分包资质序列企业:不少于 2 人。

4)建筑施工企业的分公司、区域公司等较大的分支机构(以下简称分支机构)应依据实际生产情况配备不少于 2 人的专职安全生产管理人员。

4.8.2 安全生产管理机构的职责

建筑企业安全生产管理机构实行机构负责人负责制,在企业主要负责人的领导下开展工作。建筑施工企业安全生产管理机构负责人应当经建筑工程管理部门考核合格,取得建筑施工专职安全管理人员考核合格证书。

企业安全生产管理机构的具体职责如下:

1)宣传和贯彻国家有关安全生产法律法规和标准;

2)编制并适时更新安全生产管理制度并监督实施;

3)组织或参与企业生产安全事故应急救援预案的编制及演练；

4)组织开展安全教育培训与交流；

5)协调配备项目专职安全生产管理人员；

6)制订企业安全生产检查计划并组织实施；

7)监督在建项目安全生产费用的使用；

8)参与危险性较大工程安全专项施工方案专家论证会；

9)通报在建项目违规违章查处情况；

10)组织开展安全生产评优评先表彰工作；

11)建立企业在建项目安全生产管理档案；

12)考核评价分包企业安全生产业绩及项目安全生产管理情况；

13)参加生产安全事故的调查和处理工作；

14)企业明确的其他安全生产管理职责。

4.8.3　安全生产管理机构工作人员职责

专职安全生产管理人员是指经建筑工程管理部门安全生产考核合格，取得安全生产考核合格证书，并在建筑施工企业安全生产管理机构或企业承包施工的工程项目部从事安全生产管理工作的专职人员。

建筑施工企业安全生产管理机构专职安全生产管理人员在施工现场检查过程中具有以下职责：

(1)查阅在建项目安全生产有关资料、核实有关情况；

(2)检查危险性较大工程安全专项施工方案落实情况；

(3)监督项目专职安全生产管理人员履责情况；

(4)监督作业人员安全防护用品的配备及使用情况；

(5)对发现的安全生产违章违规行为或安全隐患，有权当场予以纠正或作出处理决定；

(6)对不符合安全生产条件的设施、设备、器材，有权当场作出查封的处理决定；

(7)对施工现场存在的重大安全隐患有权越级报告或直接向建设主管部门报告；

(8)企业明确的其他安全生产管理职责。

4.8.4　工程项目安全生产管理领导小组

建筑施工企业应当在建设工程项目组建安全生产领导小组，建设工程实行施工总承包的，安全生产领导小组由总承包企业、专业承包企业和劳务分包企业项目经理、技术负责人和专职安全生产管理人员组成，总承包单位项目负责人担任领导小组组长。

项目安全生产管理领导小组作为工程项目安全生产最高管理机构，主要履行以下职责：

(1)贯彻落实国家有关安全生产法律法规和标准；

(2)组织制定项目安全生产管理制度并监督实施；

(3)编制项目生产安全事故应急救援预案并组织演练；

(4)保证项目安全生产费用的有效使用；

(5)组织编制危险性较大工程安全专项施工方案；

(6)开展项目安全教育培训；

(7)组织实施项目安全检查和隐患排查；

(8)建立项目安全生产管理档案；

(9)及时、如实报告安全生产事故。

4.8.5 工程项目专职安全生产管理人员的配置

建筑施工企业应当实行建设工程项目专职安全生产管理人员委派制度。

(1)总承包单位配备项目专职安全生产管理人员应当满足下列要求：

1)建筑工程、装修工程按照建筑面积：

①1 万 m^2 及以下的工程至少 1 人；

②1 万～5 万 m^2 的工程至少 2 人；

③5 万平方米以上的工程至少 3 人，应当设置安全主管，按土建、机电设备等专业设置专职安全生产管理人员。

2)土木工程、线路管道、设备按照安装总造价：

①5 000 万元以下的工程至少 1 人；

②5 000 万～1 亿元的工程至少 2 人；

③1 亿元以上的工程至少 3 人，应当设置安全主管，按土建、机电设备等专业设置专职安全生产管理人员。

(2)专业承包单位应当配置至少 1 人，并根据所承担的分部分项工程的工程量和施工危险程度增加。

(3)劳务分包单位配备项目专职安全生产管理人员应当满足下列要求：

1)施工人员在 50 人以下的，应当配备 1 名专职安全生产管理人员；

2)50～200 人的，应当配备 2 名专职安全生产管理人员；

3)200 人及以上的，应当配备 3 名及以上专职安全生产管理人员，并根据所承担的分部分项工程施工危险实际情况增加，不得少于工程施工人员总人数的 5‰。

(4)工程项目采用新技术、新工艺、新材料或致害因素多、施工作业难度大的工程项目，施工现场专职安全生产管理人员的数量应当根据施工实际情况，在上述规定的配置标准上增配。

(5)施工作业班组应设置兼职安全巡查员，对本班组的作业场所进行安全监督检查。

4.8.6 项目专职安全生产管理人员的职责

项目专职安全生产管理人员应定期将工程项目的安全生产情况报告企业安全生产管理机构，并履行以下主要职责：

(1)负责施工现场安全生产日常检查并做好检查记录；

(2)现场监督危险性较大工程安全专项施工方案实施情况；

(3)对作业人员违规违章行为有权予以纠正或查处；

(4)对施工现场存在的安全隐患有权责令立即整改;

(5)将发现的重大安全隐患及时报告企业安全生产管理机构;

(6)依法报告生产安全事故情况。

4.9　安全生产职业资格考核

4.9.1　企业管理人员安全生产考核

(1)企业管理人员安全生产考核的目的和依据

施工单位的主要负责人依法对本单位的安全生产工作全面负责,项目负责人对建设工程项目的安全生产负责,专职安全生产管理人员负责安全生产的监督检查,这些都是施工企业安全生产的关键岗位,其安全生产方面的知识水平和管理能力,直接关系到本单位的安全生产管理工作水平。为此,国家有关法律、法规规定,从事建设工程施工活动的建筑施工企业管理人员必须经建设行政主管部门或者其他有关部门安全生产考核,取得安全生产考核合格证书后,方可担任相应职务。

《安全生产法》规定:"生产经营单位的主要负责人和安全生产管理人员必须具备与本单位所从事的生产经营活动相应的安全生产知识和管理能力。……建筑施工单位的主要负责人和安全生产管理人员,应当由有关主管部门对其安全生产知识和管理能力考核合格后方可任职。"

《建设工程安全生产管理条例》规定:"施工单位的主要负责人、项目负责人、专职安全生产管理人员应当经建设行政主管部门或者其他有关部门考核合格后方可任职。"

住房和城乡建设部印发的《建筑施工企业安全生产管理机构设置及专职安全生产管理人员配备办法》(建质〔2008〕91号)和山东省建筑工程管理局印发的《山东省建筑施工企业管理人员安全生产考核实施细则》(鲁建管质安字〔2005〕2号)中均对企业管理人员的考核对象、考核内容和考核方式等作了具体的规定。

(2)企业管理人员安全生产考核的对象

建筑施工企业管理人员安全生产考核的主要对象,是建筑施工企业(含独立法人子公司)的主要负责人、项目负责人和专职安全生产管理人员。

1)建筑施工企业主要负责人,是指对本企业日常生产经营活动和安全生产工作全面负责、有生产经营决策权的人员。包括企业法定代表人、企业最高行政负责人和企业分管安全生产工作行政负责人等。

2)建筑施工企业项目负责人,是指受企业法定代表人授权,负责建设工程项目管理的项目行政负责人。

3)建筑施工企业专职安全生产管理人员,是指在企业专职从事安全生产管理工作的人员,包括企业安全生产管理机构的负责人及其工作人员和施工现场专职安全员。

(3)企业管理人员安全生产考核管理的相关规定

1)考核管理机关

国务院建设行政主管部门负责全国建筑施工企业企业管理人员安全生产的考核工作，并负责中央管理的建筑施工企业企业管理人员安全生产考核和发证工作。

省、自治区、直辖市人民政府建设行政主管部门负责本行政区域内中央管理以外的建筑施工企业企业管理人员安全生产考核和发证工作。

2)申请条件

建筑施工企业企业管理人员应当具备相应文化程度、专业技术职称和一定安全生产工作经历，并经企业年度安全生产教育培训合格后，方可参加建设行政主管部门组织的安全生产考核。

3)考核内容

建筑施工企业企业管理人员安全生产考核内容包括安全生产知识考试和管理能力考核。

4)有效期

安全生产考核合格证书有效期为3年。有效期满需要延期的，应当于期满前3个月内向原发证机关申请办理延期手续。

5)监督管理

建设行政主管部门对建筑施工企业管理人员履行安全生产管理职责情况的监督检查，发现有违反安全生产法律、法规，未履行安全生产管理职责，不按规定接受年度安全生产教育培训，发生死亡事故，情节严重的，收回安全生产考核合格证书，并限期改正，重新考核。

(4)企业管理人员安全知识考试的主要内容

企业管理人员安全知识考试为安全生产法律法规，安全生产管理和安全技术等三个方面的知识，主要包括以下内容：

1)国家有关建筑安全生产的方针、政策、法律、法规、部门规章、标准及有关规范性文件；省有关建筑安全生产的法规、规章、标准及规范性文件；

2)建筑施工企业管理人员的安全生产职责；

3)建筑安全生产管理的基本制度：安全生产责任制度、安全教育培训制度、安全检查制度、安全资金保障制度、专项安全施工方案的审批和论证制度、消防安全制度、工伤保险制度、事故应急救援预案制度、安全事故统计上报制度、安全生产许可制度和安全评价制度等；

4)建筑施工企业安全生产管理基本理论、基本知识以及国内外建筑安全生产的发展历程、特点和管理经验；

5)企业安全生产责任制度和安全生产规章制度的内容及制定方法以及施工现场安全监督检查的基本知识、内容和方法；

6)重大和特大事故应急救援预案及救援实践；

7)安全事故报告、调查、处理；

8)建筑施工安全专业知识和施工安全技术；

9)典型事故案例分析。

(5)建筑施工企业主要负责人安全生产管理能力考核的主要内容

1)贯彻、执行国家有关建筑安全生产方针、政策、法律、法规和标准、规范以及省有关建筑安全生产的法规、规章、标准、规范和规范性文件情况;

2)组织和督促本单位的安全生产工作情况;

3)安全生产责任制建立和安全生产规章制度和操作规程制定、落实情况;

4)安全生产所需资金的投入情况;

5)组织安全生产教育培训情况;

6)组织开展安全检查,及时消除生产安全事故隐患情况;

7)生产安全事故应急救援预案制订和组织演练情况;

8)发生事故后,是否能够积极组织抢救,采取措施防止事故扩大,保护好事故现场,按照规定程序及时如实报告事故,积极配合事故的调查处理;

9)安全生产业绩。

(6)建筑施工企业项目负责人安全生产管理能力考核的主要内容

1)贯彻、执行国家有关建筑安全生产方针、政策、法律、法规和标准,以及省有关建筑安全生产的法规、规章、标准、规范和规范性文件情况;

2)组织和督促本工程项目安全生产工作以及落实本单位安全生产责任制度和安全生产规章制度情况;

3)建立工程项目安全生产保证体系,配备与工程项目相适应的安全管理人员情况;

4)保证安全防护和文明施工资金投入以及为作业人员提供必要的个人劳动保护用具和符合安全、卫生标准的生产、生活环境情况;

5)安全技术措施制定和安全技术交底情况;

6)落实本单位的安全教育培训制度以及组织岗前和班前安全生产教育情况;

7)开展安全检查情况;

8)落实本单位施工现场消防安全制度情况;

9)落实安全防护用具及机械设备安全管理制度情况;

10)建立应急救援组织或者配备应急救援人员、器材、设备等,并组织演练情况;

11)发生事故后,是否能够积极组织抢救,采取措施防止事故扩大,保护好事故现场,及时如实地向企业负责人报告事故,积极配合事故的调查处理;

12)安全生产业绩。

(7)建筑施工企业专职安全生产管理人员安全生产管理能力考核的主要内容

1)贯彻、执行国家有关建筑安全生产方针、政策、法律、法规和标准,以及省有关建筑安全生产的法规、规章、标准、规范和规范性文件情况。

2)企业安全生产管理机构负责人是否能够依据企业安全生产实际,适时修订企业安全生产规章制度,调配各级安全生产管理人员,监督、指导并评价企业各部门或分支机构的安全生产管理工作,配合有关部门进行事故的调查处理。

3)企业安全生产管理机构工作人员是否能够做好安全生产相关数据统计、安全防护和劳动保护用品配备及检查、施工现场安全督查等工作。

4)施工现场专职安全生产管理人员是否能够认真负责施工现场安全生产巡视督查,作好检查记录;发现现场存在安全隐患时,是否能够及时向企业安全生产管理机构和工程项目经理报告；对违章指挥、违章操作的是否能够立即制止。

5)事故发生后，是否能够积极参加抢救和救护，及时如实地报告，积极配合事故的调查处理。

6)安全生产业绩。

4.9.2 企业管理人员安全生产延期考核

根据《建筑施工企业主要负责人、项目负责人和专职安全生产管理人员安全生产考核管理暂行规定》(建质〔2007〕189 号)规定，建筑施工企业管理人员安全生产考核合格证书有效期为三年。建筑施工企业主要负责人、项目负责人和专职安全生产管理人员(“三类人员”)在安全生产考核合格证书有效期内，有下列行为之一的，安全生产考核合格证书有效期届满时，应重新考核：

(1)对于企业主要负责人：

1)所在企业发生过较大及以上等级生产安全责任事故或两起及以上一般生产安全责任事故的；

2)所在企业存在违法违规行为，或本人未依法认真履行安全生产管理职责，被处罚或通报批评的；

3)未按规定接受企业年度安全生产培训教育和建设行政主管部门继续教育的；

4)未按规定提出延期申请的；

5)颁发管理机关认为有必要重新考核的其他行为。

(2)对于项目负责人：

1)承建的工程项目发生过一般及以上等级生产安全责任事故的；

2)承建的工程项目存在违法违规行为，或本人未依法认真履行安全生产管理职责，被处罚或通报批评的；

3)未按规定接受企业年度安全生产培训教育和建设行政主管部门继续教育的；

4)未按规定提出延期申请的；

5)颁发管理机关认为有必要重新考核的其他行为。

(3)对于专职安全生产管理人员：

1)企业安全监督机构的专职安全生产管理人员，其所在企业发生过较大及以上等级生产安全责任事故或两起及以上一般生产安全责任事故的；施工现场的专职安全生产管理人员，其所在工程项目发生过一般及以上等级生产安全责任事故的；

2)所在企业或工程项目存在违法违规行为，或本人未依法履行安全生产管理职责，被处罚或通报批评的；

3)未按规定接受企业年度安全生产培训教育和建设行政主管部门继续教育的；

4)未按规定提出延期申请的；

5)颁发管理机关认为有必要重新考核的其他行为。

(4)对于在安全生产考核合格证书有效期内无上述行为，严格遵守有关安全生产的法律、法规和规章，认真履行安全生产职责，并接受企业年度安全生产培训教育和建设行政主管部门继续教育的“三类人员”，颁发管理机关可不再重新考核，其证书有效期可延期 3 年。

4.9.3　特种作业人员安全教育培训

建筑施工特种作业人员是指在建筑施工活动中，从事可能对本人、他人及周围设备设施的安全造成重大危害作业的人员。根据《安全生产法》、《建设工程安全生产管理条例》、《安全生产许可证条例》等法律法规的规定，建筑施工特种作业人员必须经建设主管部门考核合格，方可上岗从事相应作业。为了进一步规范建筑施工特种作业人员的管理，住房城乡建设部于 2008 年 4 月印发了《建筑施工特种作业人员管理规定》（建质〔2011〕75 号），对特种作人员的培训、考核、从业和监督管理作了明确的规定。

(1)建筑施工特种作业工种范围

建筑行业是高危行业，一般来讲，建筑施工特种作业包括电工作业、高处作业、起重机械设备作业、中小型机械操作、厂内机动车辆驾驶、土石方爆破作业、金属焊接切割作业，锅炉司炉作业等。其中，根据住房城乡建设部的规定，下列工种必须经省级建设主管部门考核合格，取得建筑施工特种作业人员操作资格证书，方可上岗从事相应作业：

1)建筑电工，是指在建筑工程施工现场从事临时用电电工作业的人员；

2)建筑架子工（普通脚手架），是指在建筑工程施工现场从事落地式、悬挑式脚手架、模板支架、外电防护架、卸料平台、洞口临边防护等登高架设、维护、拆除作业的人员；

3)建筑架子工（附着升降脚手架），是指在建筑工程施工现场从事附着式升降脚手架的安装、升降、维护和拆卸作业的人员；

4)建筑起重司索信号工，是指在建筑工程施工现场从事对起吊物体进行绑扎、挂钩等司索作业和起重指挥作业的人员；

5)建筑起重机械司机（塔式起重机），是指在建筑工程施工现场从事固定式、轨道式和内爬升式塔式起重机的驾驶操作的人员；

6)建筑起重机械司机（施工升降机），是指在建筑工程施工现场从事施工升降机的驾驶操作的人员；

7)建筑起重机械司机（物料提升机），是指在建筑工程施工现场从事物料提升机的驾驶操作的人员；

8)建筑起重机械安装拆卸工（塔式起重机），是指在建筑工程施工现场从事固定式、轨道式和内爬升式塔式起重机的安装、附着、顶升和拆卸作业的人员；

9)建筑起重机械安装拆卸工（施工升降机），是指在建筑工程施工现场从事施工升降机的安装和拆卸作业的人员；

10)建筑起重机械安装拆卸工（物料提升机），是指在建筑工程施工现场从事物料提升机的安装、加固和拆卸作业的人员；

11)高处作业吊篮安装拆卸工，是指在建筑工程施工现场从事高处作业吊篮的安装和拆卸作业的人员；

12)经省级以上人民政府建设主管部门认定的其他特种作业人员。

(2)建筑施工特种作业人员的条件

申请参加特种作业人员培训考核的人员应具备下列基本条件：

1)年龄满 18 周岁，且符合相关工种规定的年龄要求；

2)经二级乙等以上医院体检合格,无妨碍从事相应特种作业的疾病和生理缺陷;

3)初中及以上学历;

4)符合相应特种作业需要的其他条件。

特种作业人员申请条件、申请程序和工作时限等事项一般应在特种作业人员培训招生场所公布。

(3)建筑施工特种作业人员的培训

1)特种作业人员的培训内容

根据《安全生产法》和《安全生产许可证条例》的规定,特种作业人员必须按照国家有关规定经专门的安全作业培训。特种作业人员的培训内容包括安全技术理论和实际操作。其中,安全技术理论包括安全生产基本知识、专业基础知识和专业技术理论等内容。实际操作技能主要包括安全操作要领,常用工具的使用,主要材料、元配件、隐患的辨识,安全装置调试,故障排除,紧急情况处理等技能。培训教学采用全省统一的大纲和教材。

2)培训机构

从事特种作业人员培训的机构,由省、市建筑工程管理部门统一布点。培训机构除应当具备有关部门颁发的相应资质外,还应具备培训建筑施工特种作业人员的下列条件:

①与所从事培训工种相适应的安全技术理论、实际操作师资力量;

②有固定和相对集中的校舍、场地及实习操作场所;

③有与从事培训工种相适应的教学仪器、图书、资料以及实习操作仪器、设施、设备、器材、工具等;

④有健全的教学、实习管理制度。

(4)建筑施工特种作业人员的考核发证

建筑施工特种作业人员的考核发证工作,由省、市建筑工程管理部门负责组织实施,一般包括申请、受理、审查、考核、发证等程序。

1)考核申请

通常情况下,在培训合格后由培训机构集中向考核机关提出考核申请。培训机构除向考核机关提交培训合格人员名单外,还应提供申请人下列个人资料:

①建筑施工特种作业操作资格证书考核申请表;

②身份证(原件和复印件);

③由二级乙等以上医院出具的体检合格证明。

2)考核受理

考核机构应当自收到申请人提交的申请材料之日起5个工作日内依法作出受理或者不予受理的决定。不予受理的,应当当场或书面通知申请人并说明理由。对于受理的申请,考核发证机关应当及时向申请人核发准考证。

3)考核内容

特种作业人员的考核内容包括安全技术理论考试和实际操作技能考核。安全技术理论考试,一般采取闭卷考试的方式;实际操作技能考核,一般采取现场模拟操作和口试方式。对于考核不合格的,允许补考一次;补考仍不合格的,应当重新接受专门培训。

4)证书颁发

对于考核合格的，由市建筑工程管理部门向省建筑工程管理部门申请核发证书。经省建筑工程管理部门审核符合条件的，由省建筑工程管理部门统一颁发操作资格证书，并定期公布证书核发情况。操作资格证书采用国务院建设行政主管部门规定的统一样式，全省统一编号。

(5)证书延期复核

1)有效期。特种作业人员操作资格证书有效期为两年。有效期满需要延期的，应当于期满前3个月内向原考核发证机关申请办理延期复核手续。延期复核合格的，资格证书有效期延期2年。

2)延期复核内容。特种作业人员操作资格证书延期复核的内容主要包括身体状况、年度安全教育培训和继续教育情况、责任事故和违法违章情况等。有下列情形之一的，不予延期：

①超过相关工种规定年龄要求的；

②身体健康状况不再适应相应特种作业岗位的；

③对发生的事故负有直接责任的；

④有严重违法违章作业行为，2年内违章操作记录达3次(含3次)以上的；

⑤未按规定参加年度安全教育培训或者继续教育的；

⑥考核发证机关规定的其他情形。

3)延期复核材料。特种作业人员申请延期复核，应当提交下列材料：

①特种作业人员申请延期复核申请表；

②身份证(原件和复印件)；

③由二级乙等以上医院出具的体检合格证明；

④年度安全教育培训证明和继续教育证明；

⑤用人单位出具的特种作业人员管理档案记录；

⑥考核发证机关规定提交的其他资料。

(6)证书管理

任何单位和个人不得非法涂改、倒卖、出租、出借或者以其他形式转让操作资格证书。

1)证书的补发。操作资格证书遗失、损毁的，持证人应当在公共媒体上声明作废，并在1个月内持声明作废材料向原考核发证机关申请办理补证手续。

2)证书的撤销。有下列情形之一的，考核发证机关依据职权撤销操作资格证书：

①考核发证机关工作人员违反规定程序核发操作资格证书的；

②考核发证机关工作人员对不具备申请资格或者不符合规定条件的申请人核发操作资格证书的；

③持证人弄虚作假骗取操作资格证书或者办理延期手续的；

④考核发证机关规定应当撤销的其他情形。

3)证书的注销。有下列情形之一的，考核发证机关依据职权注销操作资格证书：

①按规定不予延期的；

②持证人逾期未申请办理延期复核手续的；

③持证人死亡或者不具有完全民事行为能力的；

④考核发证机关规定应当注销的其他情形。

4)证书的吊销。有下列情形之一的,考核发证机关依据职权吊销操作资格证书:

①持证人违章作业造成生产安全事故或者其他严重后果的;

②持证人发现事故隐患或者其他不安全因素未立即报告而造成严重后果的。

违反上述规定造成生产安全事故的,持证人3年内不得再次申请操作资格证书;造成较大事故的,终身不得申请操作资格证书。

(7)用人单位的职责

由于特种作业人员所从事的工作一般都潜在危险性较大,一旦发生事故不仅会给特种作业人员自身的生命安全造成危害,而且也容易给其他从业人员以致人民群众的生命和财产安全造成威胁。在建筑施工领域大部分事故与特种作业有关,用人单位加强特种作业人员的管理,对减少事故的发生至关重要。在特种作业人员管理方面,用人单位应当履行下列职责:

1)依法雇用持有效操作资格证书的人员从事相应特种作业;

2)与雇用的特种作业人员依法签订劳动合同;

3)制定并落实本单位特种作业安全操作规程和有关安全管理制度;

4)书面告知特种作业人员违章操作的危害;

5)按规定向特种作业人员提供齐全、合格的安全防护用品和安全作业条件;

6)按规定组织特种作业人员参加年度安全教育培训和继续教育,每年培训时间不少于24学时;

7)建立本单位特种作业人员管理档案;

8)查处特种作业人员违章行为并记录在档;

9)不得因从业人员对本单位安全生产工作提出批评、检举、控告或者拒绝违章指挥、强令冒险作业而降低其工资、福利等待遇或者解除与其订立的劳动合同;

10)对于首次取得操作资格证书的人员,应当在其正式上岗前安排不少于3个月的实习作业;

11)特种作业人员变动工作单位,不得以任何理由非法扣押其操作资格证书;

12)法律法规及有关规定明确的其他职责。

(8)特种作业人员的权利和义务

1)特种作业人员的权利

①有权拒绝违章指挥和强令冒险作业;

②发生危及人身安全的紧急情况时,有权立即停止作业或者撤离危险区域;

③有权了解其作业场所和工作岗位存在的危险因素、防范措施及事故应急措施,有权对本单位的安全生产工作提出建议;

④有权对本单位安全生产工作中存在的问题提出批评、检举、控告;

⑤因生产安全事故受到损害的,除依法享有工伤社会保险外,依照有关民事法律尚有获得赔偿的权利的,有权向本单位提出赔偿要求。

2)特种作业人员的义务

①严格遵守有关安全生产法律、法规,遵守劳动纪律;

②严格按照安全操作规程进行作业；

③正确佩戴和使用安全防护用品；

④按规定对作业工具和设备进行维护保养；

⑤按规定参加年度安全教育培训和继续教育；

⑥发现事故隐患或者不安全因素立即向现场管理人员和有关负责人报告；

⑦作业时随身携带证件，并自觉接受用人单位的管理和建筑工程管理部门的监督检查；

⑧法律法规及有关规定明确的其他义务。

4.10 施工机械设备管理与使用

4.10.1 常用施工机械设备种类

根据《施工现场机械设备检查技术规程》(JGJ160—2008)施工机械设备主要包括土方及筑路机械，桩工机械，起重机械与垂直运输机械，混凝土机械，焊接机械，钢筋加工机械，木工机械及其他机械，装修机械，掘进机械，以及其他施工机械设备。

施工机械设备是施工现场的重要设备，随着工程规模的扩大和施工工艺的提高，其在建筑施工中的地位越来越突出，其产品质量和安全性能如何，直接关系到施工安全生产。但是，目前施工现场使用的施工机械设备的产品质量和使用情况不容乐观，有的保险和限位等安全装置不齐全或失灵，有的机械设备年久失修，有的在安装、使用过程中违章指挥、违章操作，致使施工机械设备存在严重的安全隐患，甚至造成重、特大事故。因此，加强施工机械设备的租赁、使用、备案管理，对控制和减少机械设备事故，保护作业人员的人身安全，提高企业经济效益，具有重要的意义。

4.10.2 施工机械设备购置和租赁管理

由于施工现场使用的机械设备和施工机具的安全性能直接影响着作业人员的人身安全，机械设备和施工机具的产品质量对其使用寿命有着直接的关系。《建设工程安全生产管理条例》第三十四条规定："施工单位采购、租赁的安全防护用具、机械设备、施工机具及配件，应当具有生产(制造)许可证、产品合格证，并在进入施工现场前进行查验。"因此，施工单位应当建立机械设备购置、租赁管理制度，由专人负责施工机械设备的购置和租赁。

(1)严格审查生产制造许可证、产品合格证

机械设备和施工机具是否符合国家、行业安全技术标准、规范的要求，其生产厂家是否经过国家有关部门许可或认证，对施工单位能否保证安全生产、杜绝和减少安全事故的发生，有着密切的关系。施工单位在购置、租赁机械设备前，应当首先了解哪些产品是属于实行生产制造许可证或国家强制性认证的产品，按照国家有关规定施工现场使用的塔式起重机、施工升降机等起重机械是属于实行生产制造许可证的产品。施工单位在采购、租赁上述产品时，应当查验其生产制造许可证、产品合格证、检验合格报告、产品使用说明

书。对于不实行国家生产制造许可证或强制性认证的产品，施工单位应当查验其产品合格证、产品使用说明书和安装维修等技术资料。经查验，不符合国家或行业安全技术标准、规范的产品，不得采购、租赁和使用，以确保施工安全。

(2)审验施工机械设备和施工机具的检测合格证明

施工单位在租赁施工机械设备和施工机具时，应当与租赁单位签订租赁协议，并且审验租赁单位提供的施工机械设备和施工机具的检测合格证明，以及安装、维修等技术资料。

(3)禁止购置和租赁的施工机械设备和施工机具

1)国家明令淘汰的机械设备；

2)存在严重事故隐患的；

3)超过安全技术标准规定使用年限的；

4)检测不合格的；

5)未提供生产制造许可证、产品合格证等技术资料和检测合格证明的。

4.10.3 建筑起重机械产权备案

(1)产权备案的概念

建筑起重机械产权备案是指建筑起重机械出租单位或者自购建筑起重机械使用单位，统称产权单位，在建筑起重机械首次出租或安装前，向本单位工商注册所在地县级以上地方人民政府建设主管部门办理备案手续。

(2)产权备案的范围

建筑起重机械产权备案的范围包括建筑施工现场使用的塔式起重机、施工升降机、物料提升机和高处作业吊篮等机械设备。

(3)产权备案应提供的资料

1)产权单位法人营业执照副本；

2)特种设备制造许可证；

3)产品合格证；

4)制造监督检验证明；

5)建筑起重机械设备购销合同、发票或相应有效凭证；

6)设备备案机关规定的其他资料。

(4)不予产权备案的范围

下列起重机械应当予以淘汰、报废，不予备案：

1)属国家明令淘汰或者禁止使用的；

2)超过安全技术标准或者制造厂家规定的使用年限的；

3)经检验达不到安全技术标准规定的；

4)存在严重事故隐患无改造、维修价值的；

5)在住房城乡建设部颁布的《住房城乡建设部关于发布建设事业“十一五”推广应用和限制禁止使用技术(第一批)的公告》(住房城乡建设部公告第659号)中禁止使用的机械设备。主要包括：

①自制简易吊篮，包括用扣件和钢管搭设的吊篮、不经设计计算就制作出的吊篮、无可靠的安全防护和限位保险装置的吊篮。

②QT60/80塔机，20世纪70～80年代生产的动臂式塔机，安全装置不齐全，安全性能差。

③井架简易塔式起重机，塔身结构由杆件用螺栓连接，受力不明确，非标准节形式，起重臂无风标效应；安全性能差，安全装置不齐全，稳定性差。我省使用的井架简易塔式起重机已全部淘汰报废。

④QTG20、QTG25、TG30等型号的塔式起重机，自行安装的固定式塔式起重机，由于无顶升套架及机构，无高处安装作业平台，安装拆卸工况差，安全无保证。

⑤自制简易的或用摩擦式卷扬机驱动的钢丝绳式物料提升机，卷扬机制动装置由手工控制，无法进行上、下限位和速度的自动控制；无安全装置或安全装置无效、安全隐患大、技术落后、不符合现行的标准要求。我省使用的此类型的物料提升机已全部淘汰报废。

4.10.4　机械设备安装与拆卸管理

施工起重机械和整体提升脚手架的安装、拆卸是特殊专业施工，或者自身具有高度的危险性，或者安装质量将对本作业和其他相关分部分项的施工安全具有较大的影响，发生事故易造成群死群伤。为此，《建设工程安全生产管理条例》第十七条规定："在施工现场安装、拆卸施工起重机械和整体提升脚手架、模板等自升式架设设施，必须由具有相应资质的单位承担。安装、拆卸施工起重机械和整体提升脚手架、模板等自升式架设设施，应当编制拆装方案、制定安全施工措施，并由专业技术人员现场监督。施工起重机械和整体提升脚手架、模板等自升式架设设施安装完毕后，安装单位应当自检，出具自检合格证明，并向施工单位进行安全使用说明，办理验收手续并签字。"

(1)施工单位使用的施工起重机械和整体提升脚手架，其安装、拆卸单位，必须具有相应的资质

根据《建筑业企业资质管理规定》(建设部令第87号)的规定，从事起重设备安装、整体提升脚手架等施工的专业队伍应当按照其拥有的注册资本金、净资产、专业技术人员、技术装备和已完成的建筑工程业绩的资质条件申请资质，经审查合格，取得相应资质等级的证书后，方可在其资质等级许可的范围内从事安装、拆卸活动。按照《建筑业企业资质等级标准》的规定：

1)起重设备安装工程专业承包资质分为一级、二级、三级3个等级标准。一级企业可承担各类起重设备的安装与拆卸；二级企业可承担单项合同额不超过企业注册资本金5倍的1 000 kN·m及以下塔吊等起重设备、120 t及以下起重机或龙门吊的安装与拆卸；三级企业可承担单项合同额不超过企业注册资本金5倍的800 kN·m及以下塔吊等起重设备、60 t及以下起重机或龙门吊的安装与拆卸。

2)整体提升脚手架专业承包资质分为一级、二级2个等级标准。一级企业可承担各类整体提升脚手架的设计、制作、安装、施工；二级企业可承担80 m及以下整体提升脚手架的设计、制作、安装、施工。

施工单位在需要安装、拆卸起重设备和整体提升脚手架时，必须审验安装单位的专业承包资质，严格按其承包工程范围进行分包安装、拆卸工程，并与安装拆卸单位签订安装拆卸合同。

(2)施工起重机械和整体提升脚手架安装、拆卸的验收

施工起重机械和整体提升脚手架安装完毕后，安装单位应当进行自检，并出具自检合格证明。自检合格后，以书面形式将有关安全性能和使用过程中应注意的安全事项施工单位作出说明。安装单位和施工单位应当按照国家有关标准、规程所规定的检验项目进行共同验收，作好验收记录，并严格履行双方交接验收签字手续。

4.10.5 机械设备使用前验收

(1)施工单位在使用施工起重机械和整体提升脚手架前，应当组织有关单位进行验收。

1)施工起重机械和整体提升脚手架在使用前，施工单位应当组织产权(生产、租赁)单位、安装单位的安全、设备管理人员和其他技术人员参加的验收。参与验收单位应当按照国家、行业的安全技术标准、规范、检验规则等规定的检验项目进行验收。验收内容一般包括：结构主体的安全性能、安装质量、各类安全设施和安全保护装置(包括限位、限速器、限制器、防坠防倾斜装置等)、电器控制系统、液压系统、架体防护等。同时，应查验检验检测报告，施工起重机械应有相应资质的检验检测机构出具的检验报告，整体提升脚手架应有安装单位出具的自检报告。验收过程中应作记录，验收记录应当真实、准确。验收完毕后参加验收各方应签署验收结论意见。

2)当施工单位不具备检验检测的条件时，可以委托具有相应资质的检验检测机构对施工起重机械和整体提升脚手架、模板等自升式架设设施进行验收。在验收前，施工单位应当同检验检测机构签订验收合同(协议)，确定验收项目、验收质量以及双方各自承担的责任和义务等。验收完毕后，检验检测机构应当将验收记录、验收结论、出具的验收报告等技术资料交施工单位。

3)施工现场使用的整体提升脚手架不属于国家强制性检验的设备和设施，在国务院建设行政主管部门未作出规定前，可由施工单位组织有关单位进行验收，并作记录，履行签字手续。验收合格后，方可投入使用。

(2)使用承租的机械设备和施工机具及配件的，由施工总承包单位、分包单位、出租单位和安装单位共同进行验收。

机械设备和施工机具等的安装质量、使用操作情况等直接影响着机械设备和施工机具的正常运转和安全使用。实践中，机械设备和施工机具的管理往往出现脱节现象。如租赁单位只负责租赁，不负责使用；安装单位只负责安装，不负责使用等，这就导致对机械设备和施工机具的产品质量、技术状态和安装质量失控，在使用过程中极易造成安全事故。因此，机械设备和施工机具及配件的验收应由施工总承包单位、分包单位、出租单位和安装单位共同验收，各自承担相关责任，共同对验收结果负责，以保证机械设备和施工机具的正常运转和安全使用。

(3)施工起重机械和整体提升脚手架、模板等自升式架设设施的使用达到国家规定的

检验检测期限的，必须经具有专业资质的检验检测机构检测。经检测不合格的，不得继续使用。

(4)《特种设备安全监察条例》规定的施工起重机械，在验收前应当经有相应资质的检验检测机构监督检验合格。

塔式起重机、施工升降机和物料提升机等施工起重机械均在施工现场进行安装、使用，施工现场环境复杂、交叉作业多，危险性大。如何安装、使用起重机械对施工现场内作业人员和施工现场周边的建筑物、居民的安全有着直接影响。实践中，由于产品本身质量不合格、安全保护装置未按国家规定配置以及安装、使用过程中违章指挥、违章作业等原因而发生的安全事故屡见不鲜。因此，施工起重机械在验收前应当经有相应资质的检验检测机构监督检验合格。监督检验不合格的，施工单位不得进行验收。

《特种设备安全监察条例》规定：房屋建筑工地和市政工程工地用起重机械的安装、使用的监督管理，由建设行政主管部门负责。因此，建设行政主管部门应当按照《特种设备安全监察条例》的规定，对进入施工现场对施工起重机械进行检验检测的检验检测机构的行为、检验结果和鉴定结论进行监督抽查，并将监督抽查结果向社会公布。

4.10.6　中小型机械和施工机具的安装和验收

施工现场的中小型机械和施工机具主要包括混凝土搅拌机、卷扬机、打桩机械、电焊机和钢筋切断机、钢筋弯曲机等钢筋机械以及平刨、圆盘锯等木工机械。根据《建筑施工安全检查标准》规定，施工单位在安装完毕后，应当对中小型机械和施工机具进行验收，安装和验收应当注意以下几点：

(1)根据施工方案确定安装位置，保证安全距离；

(2)安装完毕或进入施工现场后，按照有关标准进行试运转；

(3)检查各传动机构的防护装置及安全保护装置；

(4)按照有关规程和使用说明书的要求进行逐项验收；

(5)验收合格，作好验收记录，存入设备档案。

4.10.7　施工机械设备使用管理

施工现场机械设备、施工机具处于露天作业，移动频繁，工况差，易造成安全事故。施工现场机械设备、施工机具的使用管理对安全生产十分重要。《建设工程安全生产管理条例》第三十四条规定："施工现场的安全防护用具、机械设备、施工机具及配件必须由专人管理，定期进行检查、维修和保养，建立相应的资料档案，并按照国家有关规定及时报废。"施工单位应当采取措施加强对机械设备和施工机具的使用管理。

(1)设置专人对施工机械设备和施工机具进行管理

施工现场使用的机械设备、施工机具及配件必须设专人管理。专职管理人员应当履行以下职责：负责机械设备、施工机具及配件的日常管理工作；参与机械设备和施工机具生产制造许可证、产品合格证、检验合格报告等资料的审验；参与安装验收、检验工作；检查机械设备、施工机具的使用情况；监督检查操作人员遵守规章制度和操作规程情况；负责机械设备、施工机具的维修保养工作；负责施工机械设备和施工机具的登记、建档工作。

操作人员应体检合格，无妨碍作业的疾病和生理缺陷。并应经过专业培训、考核合格取得建设行政主管部门颁发的操作证或公安部门颁发的机动车驾驶执照后，方可持证上岗。学员应在专人指导下进行工作。

(2)建立施工起重机械和整体提升脚手架登记制度

施工单位应当自施工起重机械和整体提升脚手架，模板等自升式架设设施验收合格之日起30日内，向建设行政主管部门或者其他有关部门登记。建设行政主管部门对施工单位的申请登记资料进行审核合格后，发放登记标志。施工单位应当按照规定将登记标志置于或者附着于该设备(设施)的显著位置。

(3)建立施工机械设备、施工机具及配件的定期检查和维修、保养制度

检查制度的主要内容包括检查周期、检查项目、检查人员、检查标准等；维修保养主要是指对用具、设备、机具进行清洁、紧固、润滑、调整、防腐、故障修理、修换易损件等，使之保持完好状态。建立机械设备、施工机具及配件的定期检查和维修、保养制度，是机械设备、施工机具及配件减少磨损、提高使用寿命、提高完好率的主要措施，对减少和控制由此造成的安全事故具有重要意义。

(4)建立施工机械设备、施工机具及配件的淘汰报废制度

国家对严重危及生产安全的工艺、设备、材料实行淘汰制度。任何施工单位不得使用国家明令淘汰、禁止使用的危及生产安全的工艺、设备、材料。

施工单位应当建立施工机械设备、施工机具及配件的淘汰报废制度，对不能保证安全使用的、不符合国家标准要求的以及国家明令淘汰的机械设备、施工机具进行强制性淘汰报废。起重机械设备在淘汰报废后，应当到建设行政主管部门办理注销手续。属于下列情况之一的施工机械设备，施工机具及配件，必须予以淘汰报废：

1)国家明令淘汰、规定不准再使用的；

2)存在严重事故隐患无改造、维修价值的；

3)超过安全技术标准规定使用年限的；

4)磨损严重、基础部件已损坏，再进行维修不能达到使用安全要求的。

(5)建立施工机械设备和施工机具的资料管理档案

管理档案应当包括以下内容：生产制造许可证、产品合格证、产品使用说明书、监督检验证明等文件；安装验收资料；运行故障、维修保养记录和技术改造资料；检查检验记录；运转台班和事故记录等。另外，对机械设备和施工机具的配件，施工单位应当建立购置台账，应包括生产厂家、产品名称、规格型号和数量等内容。

4.11 安全防护用具

4.11.1 安全防护用具分类

安全防护用具是指在施工作业过程中能够对作业人员的人身起保护作用，使作业人员免遭或减轻各种人身伤害或职业危害的用品。根据《建筑施工作业劳动防护用品配备

及使用标准》(JGJ184—2009)施工现场使用的安全防护用具主要包括：

(1)头部防护类：安全帽、工作帽；

(2)眼、面部防护类：护目镜、防护罩；

(3)听觉、耳部防护类：耳塞、耳罩、防噪声帽等；

(4)手部防护类：防腐蚀、防化学品手套，绝缘手套，搬运手套，防火防烫手套等；

(5)足部防护类：绝缘鞋、防滑鞋、防油鞋、防静电鞋、保护足趾安全鞋等；

(6)呼吸器官防护类：防尘口罩、防毒面罩等；

(7)防护服类：防火服、防烫服、防静电服、防酸碱服等；

(8)防坠落类：安全带、安全绳等；

(9)防雨、防寒服装及专用标志服装，一般工作服装。

另外，配电箱、开关箱、漏电保护器、防护栏杆、安全通道、脚手架等也属于安全防护用具。

4.11.2　安全防护用具管理

劳动防护用品的配备，应按照“谁用工，谁负责”的原则，由用人单位为作业人员按照作业工种配备。建筑施工企业采购、租赁的安全防护用具，应当具有生产(制造)许可证、产品合格证，并在进入施工现场前进行查验。建筑施工企业不得采购和使用无厂家名称、无产品合格证、无安全标志的劳动防护用品。施工现场的安全防护用具，必须由专人管理，定期进行检查、维修和保养，建立相应的资料档案，并按照国家有关规定及时报废。施工单位应当建立包括购置、租赁、装拆、验收、检测、使用、保养、维修、改造和报废等内容的安全防护用具管理制度。

(1)安全防护用具的购置、验收与登记

施工单位在购置安全帽、安全带、安全网等安全防护用品以及漏电保护器等电气元件前，应当按照国家有关规定查验其生产许可证或强制性认证证明和产品合格证等资料。对于不实行生产许可证或强制性认证的其他产品，施工单位应当查验其产品合格证。经查验，不符合国家或行业安全技术标准的产品，不得购置。对购入的安全防护用具，施工单位应当组织有关技术人员按照国家有关技术和安全标准进行验收，验收合格的进行分类登记入库。

施工单位在设置防护栏杆、防护门等临边、洞口防护设施，以及搭设用于安全防护的脚手架时，要严格按照国家和行业标准、规范进行设置和搭设，并进行验收。

(2)安全防护用具的检查、维修和报废

对安全网、安全帽、安全带等防护用品以及配电箱、开关箱和漏电保护器等电气产品要定期进行检验，发现不合格产品及时进行更换。

对防护栏杆、防护门等临边、洞口防护设施和用具，以及钢管、扣件等料具要定期进行检查，对磨损或损坏严重，达不到安全要求的，及时进行维修或报废；对不符合国家和行业安全技术标准、规范的，要重新进行设置和搭设。

劳动防护用品的使用年限应按照国家现行相关标准执行。劳动防护用品达到使用年限或报废标准的应由建筑施工企业统一收回报废，并应为作业人员配备新的劳动防护用品。劳动防护用品有定期检测要求的应按照其产品的检测周期进行检测。

(3)安全防护用具的使用

安全防护用具是保护作业人员在施工过程中的安全与健康的一种防御性装备和设施。不同的安全防护用具有其特定的佩戴和使用规则、方法,只有正确佩戴和使用,方能真正起到防护作用。

1)作业人员应当熟悉、掌握安全帽、安全带及防护镜、焊接面罩、防滑鞋、绝缘鞋、绝缘手套等其他个人安全防护用品的构造、功能,掌握正确使用的有关知识,在作业过程中按照规则和要求正确佩戴和使用;

2)施工单位除为作业人员提供符合国家标准或者行业标准的安全防护用具外,还必须采取切实有效的措施,监督、教育作业人员按照使用规则佩戴、使用安全防护用品;

3)作业人员因作业需要临时拆除或变动安全防护设施时,必须经施工负责人同意,并采取相应的可靠措施,作业后应立即恢复。

4.12 安全生产费用管理

4.12.1 施工企业安全生产费用提取标准

建设工程施工企业以建筑安装工程造价为计提依据。各建设工程类别安全费用提取标准如下:

(1)矿山工程为2.5%;

(2)房屋建筑工程、水利水电工程、电力工程、铁路工程、城市轨道交通工程为2.0%;

(3)市政公用工程、冶炼工程、机电安装工程、化工石油工程、港口与航道工程、公路工程、通信工程为1.5%。

建设工程施工企业提取的安全费用列入工程造价,在竞标时,不得删减,列入标外管理。国家对基本建设投资概算另有规定的,从其规定;总包单位应当将安全费用按比例直接支付分包单位并监督使用,分包单位不再重复提取。

4.12.2 施工企业安全生产费用的使用

建设工程施工企业安全费用应当按照以下范围使用:

(1)完善、改造和维护安全防护设施设备支出(不含“三同时”要求初期投入的安全设施),包括施工现场临时用电系统、洞口、临边、机械设备、高处作业防护、交叉作业防护、防火、防爆、防尘、防毒、防雷、防台风、防地质灾害、地下工程有害气体监测、通风、临时安全防护等设施设备支出;

(2)配备、维护、保养应急救援器材、设备支出和应急演练支出;

(3)开展重大危险源和事故隐患评估、监控和整改支出;

(4)安全生产检查、评价(不包括新建、改建、扩建项目安全评价)、咨询和标准化建设支出;

(5)配备和更新现场作业人员安全防护用品支出；

(6)安全生产宣传、教育、培训支出；

(7)安全生产适用的新技术、新标准、新工艺、新装备的推广应用支出；

(8)安全设施及特种设备检测检验支出；

(9)其他与安全生产直接相关的支出。

4.12.3　施工企业安全生产费用监督管理

(1)企业应当建立健全内部安全费用管理制度，明确安全费用提取和使用的程序、职责及权限，按规定提取和使用安全费用。

(2)企业应当加强安全费用管理，编制年度安全费用提取和使用计划，纳入企业财务预算。企业年度安全费用使用计划和上一年安全费用的提取、使用情况按照管理权限报同级财政部门、安全生产监督管理部门、煤矿安全监察机构和行业主管部门备案。

(3)企业安全费用的会计处理，应当符合国家统一的会计制度的规定。

(4)企业提取的安全费用属于企业自提自用资金，其他单位和部门不得采取收取、代管等形式对其进行集中管理和使用，国家法律、法规另有规定的除外。

(5)各级财政部门、安全生产监督管理部门、煤矿安全监察机构和有关行业主管部门依法对企业安全费用提取、使用和管理进行监督检查。

(6)企业未按本办法提取和使用安全费用的，安全生产监督管理部门、煤矿安全监察机构和行业主管部门会同财政部门责令其限期改正，并依照相关法律法规进行处理、处罚。

建设工程施工总承包单位未向分包单位支付必要的安全费用以及承包单位挪用安全费用的，由建设、交通运输、铁路、水利、安全生产监督管理、煤矿安全监察等主管部门依照相关法规、规章进行处理、处罚。

(7)各省级财政部门、安全生产监督管理部门、煤矿安全监察机构可以结合本地区实际情况，制定具体实施办法，并报财政部、国家安全生产监督管理总局备案。

4.12.4　安全技术措施资金投入

(1)建设单位在编制工程概算时，应当确定建设工程安全作业环境及安全施工措施所需费用。建设单位应当按照有关法律、法规的规定，保证安全生产资金的投入。

(2)对于有特殊安全防护要求的工程，建设单位和施工单位应当根据工程实际需要，在合同中约定安全措施所需费用。施工单位在动力设备、输电线路、地下管道、密封防震车间、易燃易爆地段以及临街交通要道附近施工时，施工开始前应向监理工程师提出安全防护措施，经监理工程师认可后实施，防护措施费用由建设单位承担。实施爆破作业，在放射、毒害性环境中施工(含储存、运输、使用)及使用毒害性、腐蚀性物品施工时，施工单位应在施工前以书面形式通知监理工程师，并提出相应的安全防护措施，经监理工程师认可后实施，由建设单位承担安全防护措施费用。

(3)施工单位应当保证本单位的安全生产投入。施工单位应当制定安全生产投入的计划和措施，企业负责人和工程项目负责人应当采取措施确保安全投入的有效落实，保证工程项目实施过程用于安全生产的人力、财力、物力到位，满足安全生产和文明施工需要。

(4)对列入建设工程概算的安全作业环境及安全施工措施所需费用，应当用于施工安全防护用具及设施的采购和更新、安全施工措施的落实和安全生产条件的改善，不得挪作他用。

4.13 建筑安全生产标准化

4.13.1 指导思想

以科学发展观为统领，坚持“安全发展”理念和“科技兴安”战略，全面贯彻“安全第一、预防为主、综合治理”的方针，以对建筑企业和施工现场的综合评价为基本手段，深入持久开展安全生产标准化建设，大力推进建筑安全生产法律法规和技术标准的贯彻落实，促使主管部门落实监管职责，施工企业落实主体责任，提高施工现场安全生产水平，防范生产安全事故发生，促进建筑施工安全生产形势持续稳定好转。

4.13.2 参与范围

在山东省注册的三级及以上建筑施工(包括总承包和专业承包)企业以及辖区内所有规模以上房屋建筑工程施工现场必须开展建筑安全生产标准化工作。

4.13.3 工作目标

通过深入持久开展建筑安全生产标准化工作，推动全省建筑施工企业全面贯彻落实安全生产法规制度和技术标准，实现市场行为规范化、安全管理程序化、场容场貌秩序化，不断加大安全生产科技装备投入，提高建筑施工现场安全防护水平，确保全省建筑施工安全生产形势持续稳定。

(1)建筑施工企业，按照《施工企业安全生产评价标准》(JGJ/T77—2010)进行评定，全部达到“基本合格”标准，到2015年全部达到“合格”标准。

1)特、一级建筑施工总承包企业达到“合格”标准的，2012年应达到85%、2013年达到95%、2014年达到100%；

2)二级建筑施工总承包企业和一级建筑施工专业承包企业达到“合格”标准的，2012年应达到75%、2013年达到85%、2014年达到95%、2015年达到100%；

3)三级建筑施工总承包企业和二级建筑施工专业承包企业达到“合格”标准的，2012年应达到60%、2013年达到80%、2014年达到90%、2015年达到100%；

4)其他建筑施工企业达到“合格”标准的，2012年应达到50%、2013年达到70%、2014年达到90%、2015年达到100%。

(2)建筑施工现场，规模以上房屋建筑施工现场符合《建筑施工现场环境与卫生标准》(JGJ146)，按照《建筑施工安全检查标准》(JGJ59)进行评定，全部达到“合格”标准。

1)特级建筑施工总承包企业施工现场的“优良”率，2012年应达到85%、2013年达到

95%、2014年达到100%；

2)一级建筑施工总承包企业施工现场的“优良”率，2012年应达到75%、2013年达到85%、2014年达到95%、2015年达到100%；

3)二级、三级建筑施工总承包企业及其他各类专业承包企业施工现场的“优良”率，2012年应达到65%、2013年达到75%、2014年达到85%、2015年达到95%。

4.13.4 实施方法

坚持“统筹规划、分步实施、突出重点、全面推进”和“属地管理、分级负责”的原则，通过结合工作、典型推动、制度规范，促进企业不断查找缺陷、堵塞漏洞，形成制度不断完善、工作不断细化、程序不断优化的持续改进机制，确保建筑安全生产标准化工作取得实效。

(1)健全组织，加强领导。省建筑工程管理局成立山东省建筑安全生产标准化工作领导小组，领导小组办公室设在省建筑施工安全监督站，具体负责全省建筑施工安全标准化工作的组织实施。各市建筑工程管理部门应根据具体情况，建立相应的组织机构，加强工作指导，组织施工企业开展建筑安全生产标准化工作。

(2)统筹规划，分步实施。各市要结合本地区建筑安全生产标准化工作开展以来的实践情况，制定本地区深入开展建筑安全生产标准化工作实施方案，进一步明确开展建筑安全生产标准化工作的要求、目标、任务和考核办法，按照“差别化管理”的原则，先易后难、先点后面，先从特级企业、一级企业和中心城区工程入手逐渐展开。

(3)突出重点，全面推进。要继续健全完善以《施工企业安全生产评价标准》(JGJ/T77—2010)和《建筑施工安全检查标准》(JGJ59—99)及有关规定为核心的考评体系，科学评定建筑施工企业和工程项目安全生产标准化工作，推动企业全面贯彻落实安全生产法规制度和安全技术标准，按照各市颁布的《建筑施工安全防护设施标准图集》，推进施工现场安全防护标准化、规范化、工具化建设，按照《建筑施工现场环境与卫生标准》(JGJ146—2004)，打造卫生环保型建筑施工现场。

(4)树立典型、示范引路。继续在全省开展以安全生产标准化为核心的创建“安全生产文明工地”暨“安全生产标准化示范工地”活动，按年度进行表彰并在招投标中增加信誉分，成绩优异的推荐为国家级“AAA级安全文明标准化诚信工地”；每两年开展一次“安全生产管理十佳企业”评选活动，树立一批安全生产标准化示范工程和示范企业，充分发挥典型示范引路的作用，提高施工企业开展安全标准化工作的积极性。

(5)强化检查、全面推进。各级建筑工程管理部门、建筑施工安全监督机构要按照“属地管理”的原则，结合日常监督管理工作，强化对建筑施工企业和施工现场的安全生产监督检查，采取量化考核的方式开展对建筑施工企业和施工现场的综合评价工作。对所辖区域内的施工现场要按照“网格化”管理模式，分片包干进行定期检查和不定期巡查，对在本地注册的建筑施工企业每年进行一次考评。从2011年起省建筑工程管理局将组织人员对各地开展建筑施工安全标准化工作的情况进行检查验收。

4.13.5 工作要求

(1)提高认识，积极推动建筑施工安全标准化工作。建筑安全生产标准化是加强建筑安全生产管理的一项基础性、长期性工作，是新形势下安全生产工作方式方法的创新和发展。2005年以来，各市根据住房城乡建设部印发的《关于开展建筑施工安全质量标准化工作的指导意见》的要求，扎实推进了建筑安全质量标准化工作，使我省建筑安全生产形势持续平稳运行。当前，各市要从落实科学发展观的高度出发，进一步增强做好这项工作的使命感、责任感和紧迫感，坚决克服厌战情绪和麻痹松懈思想，要坚持不懈、持之以恒，稳步实施、扎实推进，不断巩固和扩大安全标准化工作成果。

(2)采取措施，确保建筑安全标准化工作取得实效。各市要认真研究制定建筑施工安全标准化工作的具体措施，按照"一岗双责"和"层级管理"的原则，建立健全安全标准化工作责任制，层层分解目标，层层贯彻标准，层层落实责任，层层检查考核，狠抓工作落实，确保工作目标的实现。同时要不断总结经验，创新工作方法，完善工作机制，营造浓厚氛围，努力形成比、学、赶、超的工作局面。要大力表彰和鼓励安全标准化工作成绩突出的施工企业和施工现场，带动本地区安全标准化工作的全面开展。对于建筑安全生产标准化工作开展不力的地区、企业和工程项目要予以通报批评，通过完善奖惩机制，促进各地建筑工程管理部门、施工企业和工程项目进一步提高开展建筑安全生产标准化工作的积极性和主动性。

(3)综合协调，扎实推进建筑安全标准化各项工作。在开展建筑安全生产标准化工作中要做到"六个结合"，即与深入开展执法行动相结合，依法严厉打击建筑施工非法违法建设行为；与安全专项整治相结合，深化建筑安全隐患排查治理；与推进落实企业安全生产主体责任相结合，强化安全生产基层和基础建设；与促进提高安全生产保障能力相结合，着力提高先进安全技术装备和现代信息化水平；与加强职业安全健康工作相结合，改善从业人员的作业环境和条件；与完善安全生产应急救援体系相结合，加快救援基地和相关专业队伍标准化建设，切实提高实战救援能力。

4.14 生产安全事故统计报告与调查处理

在施工生产过程中，造成人员死亡、伤害、职业病、财产损失或其他损失的意外事件，称为生产安全事故。职工在劳动过程中发生的人身伤害、急性中毒事故，称为伤亡事故。

4.14.1 事故分类

(1)按伤害程度分类

依据《企业职工伤亡事故分类标准》(GB6441—1986)的规定，根据事故给受伤害者带来的伤害程度及其劳动能力丧失的程度可将事故分为轻伤、重伤和死亡三种类型。

1)轻伤事故：指损失工作日低于105日的失能伤害的事故。

2)重伤事故：指造成职工肢体残缺或视觉、听觉等器官受到严重损伤，一般能导致人体功能障碍长期存在的，或损失工作日等于和超过105日(小于6 000日)，劳动力有重大损失的失能伤害事故。

3)死亡事故：指事故发生后当即死亡(含急性中毒死亡)或负伤后在30天内死亡的事

故。死亡的损失工作日为6 000日。

(2)按事故类别分类

依据《企业职工伤亡事故分类标准》(GB6441—1986),按事故类别即按致害原因进行的分类如下:

1)物体打击:指失控物体的惯性力造成的人身伤害事故。

2)车辆伤害:指本企业机动车辆引起的机械伤害事故。

3)机械伤害:指机械设备或工具引起的绞、碾、碰、割、戳、切等伤害,但不包括车辆、起重设备引起的伤害。

4)起重伤害:指从事各种起重作业时发生的机械伤害事故,但不包括上下驾驶室时发生的坠落伤害和起重设备引起的触电以及检修时制动失灵引起的伤害。

5)触电:由于电流流经人体导致的生理伤害。

6)淹溺:由于水大量经口、鼻进入肺内,导致呼吸道阻塞,发生急性缺氧而窒息死亡的事故。它适用于船舶、排筏、设施在航行、停泊、作业时发生的落水事故。

7)灼烫:指强酸、强碱溅到身体上引起的灼伤,或因火焰引起的烧伤,高温物体引起的烫伤,放射线引起的皮肤损伤等事故;不包括电烧伤及火灾事故引起的烧伤。

8)火灾:指造成人身伤亡的企业火灾事故。不适用于非企业原因造成的、属消防部门统计的火灾事故。

9)高处坠落:指由于危险重力势能差引起的伤害事故。适用于脚手架、平台、陡壁施工等场合发生的坠落事故,也适用于由地面踏空失足坠入洞、沟、升降口、漏斗等引起的伤害事故。

10)坍塌:指建筑物、构筑物、堆置物等倒塌以及土石塌方引起的事故。不适用于矿山冒顶片帮事故及因爆炸、爆破引起的坍塌事故。

11)冒顶片帮:指矿井工作面、巷道侧壁由于支护不当、压力过大造成的坍塌(片帮)以及顶板垮落(冒顶)事故。适用于从事矿山、地下开采、掘进及其他坑道作业时发生的坍塌事故。

12)透水:指从事矿山、地下开采或其他坑道作业时,意外水源带来的伤亡事故。不适用于地面水害事故。

13)放炮:指由于放炮作业引起的伤亡事故。

14)瓦斯爆炸:指可燃性气体瓦斯、煤尘与空气混合形成的达到燃烧极限的混合物接触火源时引起的化学性爆炸事故。

15)火药爆炸:指火药与炸药在生产、运输、贮藏过程中发生的爆炸事故。

16)锅炉爆炸:指锅炉发生的物理性爆炸事故。适用于使用工作压力大于70 kPa、以水为介质的蒸汽锅炉,但不适用于铁路机车、船舶上的锅炉以及列车电站和船舶电站的锅炉。

17)受压容器爆炸:指压力容器破裂引起的气体爆炸(物理性爆炸)以及容器内盛装的可燃性液化气在容器破裂后立即蒸发,与周围的空气混合形成爆炸性气体混合物遇到火源时产生的化学爆炸。

18)其他爆炸:可燃性气体煤气、乙炔等与空气混合形成的爆炸;可燃蒸气与空气混合形成的爆炸性气体混合物引起的爆炸；可燃性粉尘以及可燃性纤维与空气混合形成的爆炸性气体混合物引起的爆炸；间接形成的可燃气体与空气相混合，或者可燃蒸气与空气相混合遇火源而爆炸的事故；炉膛爆炸、钢水包、亚麻粉尘的爆炸等亦属“其他爆炸”。

19)中毒和窒息：指人接触有毒物质或呼吸有毒气体引起的人体急性中毒事故，或在通风不良的作业场所，由于缺氧有时会发生突然晕倒甚至窒息死亡的事故。

20)其他伤害：指上述范围之外的伤害事故，如扭伤、跌伤、冻伤、野兽咬伤等等。

(3)建筑业的多发事故类别

通过对近年来山东省建筑业的事故统计资料分析，事故主要发生在高处坠落、物体打击、触电、机械伤害和坍塌这五个事故类别。

1)高处坠落，占事故总数的45%～55%。主要发生在以下作业地点：屋面、阳台、楼板等临边；预留洞口、电梯井口等洞口；脚手架、模板；塔机、物料提升机等起重机械的安装、拆卸作业。

2)物体打击，占事故总数的12%～15%。主要发生在同一垂直作业面的交叉作业中、通道口处上方坠落物体的打击。

3)触电，占总数的10%～12%。事故发生的原因主要包括以下方面：对外电线路缺乏保护；未执行三级配电两级保护，未安装漏电保护器或失灵，未按规定进行接地或接零；机械、设备漏电；线缆破皮、老化；照明未使用安全电压等。

4)机械伤害，占事故总数的10%左右。主要指起重机械或机具、钢筋加工、混凝土搅拌、木材加工等机械设备对操作者或相关人员的伤害。

5)坍塌。随着高层和超高层建筑的大量增加，基础工程越来越大。同时，随着旧城改造的实施，拆除工程逐年增多，坍塌事故成为建筑业的第五大类事故，目前约占事故总数的5%～8%。

4.14.2　事故等级

建筑生产安全事故的分级在过去与现在，亦即《生产安全事故报告和调查处理条例》有所不同。在条例颁布之前，“工程建设过程中，由于责任过失造成工程倒塌或报废、机械设备毁坏和安全设施失当造成人身伤亡或者重大经济损失的事故”，统称为重大事故，分为四个等级：一级重大事故，死亡30人以上，或者直接经济损失300万元以上；二级重大事故，死亡10人以上29人以下，或者直接经济损失100万元以上，不满300万元；三级重大事故，死亡3人以上9人以下，或者重伤20人以上，或者直接经济损失30万元以上，不满100万元；四级重大事故，死亡2人以下，或者重伤3人以上19人以下，或者直接经济损失10万元以上，不满30万元。

根据《生产安全事故报告和调查处理条例》(2007年)，住房城乡建设部在印发的《关于进一步规范房屋建筑和市政工程生产安全事故报告和调查处理工作的若干意见》中对建筑生产安全事故等级又重新进行了划分，根据生产安全事故造成的人员伤亡或者直接经济损失，也分为四个等级：

特别重大事故，是指造成30人以上死亡，或者100人以上重伤(包括急性工业中毒，下同)，或者1亿元以上直接经济损失的事故；

重大事故，是指造成10人以上30人以下死亡，或者50人以上100人以下重伤，或者5 000万元以上1亿元以下直接经济损失的事故；

较大事故，是指造成3人以上10人以下死亡，或者10人以上50人以下重伤，或者1 000万元以上5 000万元以下直接经济损失的事故；

一般事故，是指造成3人以下死亡，或者10人以下重伤，或者1 000万元以下直接经济损失的事故。

4.14.3 事故报告

(1)事故报告时限

1)施工单位报告时限

事故发生后，事故现场有关人员应当立即向施工单位负责人报告；施工单位负责人接到报告后，应当于1小时内向事故发生地县级以上人民政府建设主管部门和有关部门报告。

情况紧急时，事故现场有关人员可以直接向事故发生地县级以上人民政府建设主管部门和有关部门报告。

实行施工总承包的建设工程，由总承包单位负责上报事故。

2)建设主管部门报告时限

建设主管部门接到事故报告后，应当依照下列规定上报事故情况，并通知安全生产监督管理部门、公安机关、劳动保障行政主管部门、工会和人民检察院：

①较大事故、重大事故及特别重大事故逐级上报至国务院建设主管部门；

②一般事故逐级上报至省、自治区、直辖市人民政府建设主管部门；

③建设主管部门依照本条规定上报事故情况，应当同时报告本级人民政府。国务院建设主管部门接到重大事故和特别重大事故的报告后，应当立即报告国务院。

必要时，建设主管部门可以越级上报事故情况。

建设主管部门按照本规定逐级上报事故情况时，每级上报的时间不得超过2小时。

(2)事故报告内容

建筑施工事故报告一般应当包括下列内容：

1)事故发生的时间、地点和工程项目、有关单位名称；

2)事故的简要经过；

3)事故已经造成或者可能造成的伤亡人数(包括下落不明的人数)和初步估计的直接经济损失；

4)事故的初步原因；

5)事故发生后采取的措施及事故控制情况；

6)事故报告单位或报告人员；

7)其他应当报告的情况。

事故报告应当及时、准确、完整，任何单位和个人对事故不得迟报、漏报、谎报或者瞒报。事故报告后出现新情况，以及事故发生之日起30日内伤亡人数发生变化的，应当及时补报。

(3)事故发生后采取的措施

事故发生单位负责人接到事故报告后,应当立即启动事故相应应急预案,或者采取有效措施,组织抢救,防止事故扩大,减少人员伤亡和财产损失。同时,还应当妥善保护事故现场以及相关证据,任何单位和个人不得破坏事故现场、毁灭相关证据。因抢救人员、防止事故扩大以及疏通交通等原因,需要移动事故现场物件的,应当做出标志,绘制现场简图并做出书面记录,妥善保存现场重要痕迹、物证,有条件的可以拍照或录相。

4.14.4 事故调查和处理

(1)事故调查组的组成

当前,生产安全事故由人民政府负责组织调查。按照有关人民政府的授权或委托,建设主管部门组织事故调查组对建筑施工生产安全事故进行调查。

特别重大事故由国务院或者国务院授权有关部门组织事故调查组进行调查。重大事故、较大事故、一般事故分别由事故发生地省级、设区的市级人民政府、县级人民政府负责调查。省级人民政府、设区的市级人民政府、县级人民政府可以直接组织事故调查组进行调查,也可以授权或者委托有关部门组织事故调查组进行调查。未造成人员伤亡的一般事故,县级人民政府也可以委托事故发生单位组织事故调查组进行调查。

根据事故的具体情况,事故调查组由有关人民政府、安全生产监督管理部门、负有安全生产监督管理职责的有关部门、监察机关、公安机关以及工会派人组成,并应当邀请人民检察院派人参加。事故调查组可以聘请有关专家参与调查。但事故调查组成员应当具有事故调查所需要的知识和专长,并与所调查的事故没有直接利害关系。事故调查组组长由负责事故调查的人民政府指定。事故调查组组长主持事故调查组的工作。

上级人民政府认为必要时,可以调查由下级人民政府负责调查的事故。自事故发生之日起 30 日内,因事故伤亡人数变化导致事故等级发生变化,应当由上级人民政府负责调查的,上级人民政府可以另行组织事故调查组进行调查。

特别重大事故以下等级事故,事故发生地与事故发生单位不在同一个县级以上行政区域的,由事故发生地人民政府负责调查,事故发生单位所在地人民政府应当派人参加。

(2)事故调查组的职责

对于建筑施工生产安全事故,事故调查组应当履行下列职责:

1)核实事故项目基本情况,包括项目履行法定建设程序情况、参与项目建设活动各方主体履行职责的情况;

2)查明事故发生的经过、原因、人员伤亡及直接经济损失,并依据国家有关法律法规和技术标准分析事故的直接原因和间接原因;

3)认定事故的性质,明确事故责任单位和责任人员在事故中的责任;

4)依照国家有关法律法规对事故的责任单位和责任人员提出处理建议;

5)总结事故教训,提出防范和整改措施;

6)提交事故调查报告。

事故调查组有权向有关单位和个人了解与事故有关的情况,并要求其提供相关文件、资料,有关单位和个人不得拒绝。事故发生单位的负责人和有关人员在事故调查期间不得擅离职守,并应当随时接受事故调查组的询问,如实提供有关情况。

事故调查中发现涉嫌犯罪的,事故调查组应当及时将有关材料或者其复印件移交司法机关处理。事故调查组成员在事故调查工作中应当诚信公正、恪尽职守,遵守事故调查组的纪律,保守事故调查的秘密。未经事故调查组组长允许,事故调查组成员不得擅自发布有关事故的信息。

事故调查中需要进行技术鉴定的,事故调查组应当委托具有国家规定资质的单位进行技术鉴定。必要时,事故调查组可以直接组织专家进行技术鉴定。

(3)事故调查报告

1)事故调查报告的内容

事故调查报告应当包括下列内容:

①事故发生单位概况;

②事故发生经过和事故救援情况;

③事故造成的人员伤亡和直接经济损失;

④事故发生的原因和事故性质;

⑤事故责任的认定以及对事故责任者的处理建议;

⑥事故防范和整改措施。

事故调查报告应当附具有关证据材料。事故调查组成员应当在事故调查报告上签名。

2)事故调查的期限

事故调查组应当自事故发生之日起 60 日内提交事故调查报告;特殊情况下,经负责事故调查的人民政府批准,提交事故调查报告的期限可以适当延长,但延长的期限最长不超过 60 日。事故调查中需要进行技术鉴定的,技术鉴定所需时间不计入事故调查期限。

事故调查报告报送负责事故调查的人民政府后,事故调查工作即告结束。事故调查的有关资料应当归档保存。

(4)事故处理

1)事故调查报告的批复

重大事故、较大事故、一般事故,负责事故调查的人民政府应当自收到事故调查报告之日起 15 日内做出批复;特别重大事故,30 日内做出批复,特殊情况下,批复时间可以适当延长,但延长的时间最长不超过 30 日。

2)事故处理

有关机关应当按照人民政府的批复,依照法律、行政法规规定的权限和程序,对事故发生单位和有关人员进行行政处罚,对负有事故责任的国家工作人员进行处分。

对发生的建筑施工生产安全事故,建设主管部门应当依据有关人民政府对事故的批复和有关法律法规的规定,对事故相关责任者实施行政处罚。处罚权限不属本级建设主管部门的,应当在收到事故调查报告批复后 15 个工作日内,将事故调查报告、结案批复、本级建设主管部门对有关责任者的处理建议等转送有权限的建设主管部门。

建设主管部门应当依照有关法律法规的规定,对因降低安全生产条件导致事故发生的施工单位给予暂扣或吊销安全生产许可证的处罚;对事故负有责任的相关单位给予罚款、停业整顿、降低资质等级或吊销资质证书的处罚。对事故发生负有责任的注册执业资格人员给予罚款、停止执业或吊销其注册执业资格证书的处罚。

事故发生单位应当按照负责事故调查的人民政府的批复，对本单位负有事故责任的人员进行处理。负有事故责任的人员涉嫌犯罪的，依法追究刑事责任。同时，事故发生单位应当认真吸取事故教训，落实防范和整改措施，防止事故再次发生。防范和整改措施的落实情况应当接受工会和职工的监督。

3)事故统计

建设主管部门除按上述规定上报生产安全事故外，还应当按照有关规定将一般及以上生产安全事故通过《建设系统安全事故和自然灾害快报系统》上报至国务院建设主管部门。对于经调查认定为非生产安全事故的，建设主管部门应在事故性质认定后 10 个工作日内将有关材料报上一级建设主管部门。

4.14.5 法律责任

(1)事故发生单位和责任人的法律责任

1)事故发生单位对事故发生负有责任的，由有关部门依法暂扣或者吊销其有关证照；对事故发生单位负有事故责任的有关人员，依法暂停或者撤销其与安全生产有关的执业资格、岗位证书；事故发生单位主要负责人受到刑事处罚或者撤职处分的，自刑罚执行完毕或者受处分之日起，5 年内不得担任任何生产经营单位的主要负责人。

2)当事故发生单位及其有关人员有下列行为之一的，对事故发生单位处 100 万元以上 500 万元以下的罚款；对主要负责人、直接负责的主管人员和其他直接责任人员处上一年年收入 60%～100%的罚款；属于国家工作人员的，并依法给予处分；构成违反治安管理行为的，由公安机关依法给予治安管理处罚；构成犯罪的，依法追究刑事责任：

①谎报或者瞒报事故的；

②伪造或者故意破坏事故现场的；

③转移、隐匿资金、财产，或者销毁有关证据、资料的；

④拒绝接受调查或者拒绝提供有关情况和资料的；

⑤在事故调查中作伪证或者指使他人作伪证的；

⑥事故发生后逃匿的。

3)事故发生单位主要负责人未依法履行安全生产管理职责，导致事故发生的，依照下列规定处以罚款；属于国家工作人员的，并依法给予处分；构成犯罪的，依法追究刑事责任：

①发生一般事故的，处上一年年收入 30%的罚款；

②发生较大事故的，处上一年年收入 40%的罚款；

③发生重大事故的，处上一年年收入 60%的罚款；

④发生特别重大事故的，处上一年年收入 80%的罚款。

(2)地方人民政府和负有安全生产监管职责部门的法律责任

有关地方人民政府、安全生产监督管理部门和负有安全生产监督管理职责的有关部门有下列行为之一的，对直接负责的主管人员和其他直接责任人员依法给予处分；构成犯罪的，依法追究刑事责任：

1)不立即组织事故抢救的；

2)迟报、漏报、谎报或者瞒报事故的；

3)阻碍、干涉事故调查工作的；

4)在事故调查中作伪证或者指使他人作伪证的。

如有关地方人民政府或者有关部门故意拖延或者拒绝落实经批复的对事故责任人的处理意见的，由监察机关对有关责任人员依法给予处分。

(3)中介机构及相关人员的法律责任

为发生事故的单位提供虚假证明的中介机构，由有关部门依法暂扣或者吊销其有关证照及其相关人员的执业资格；构成犯罪的，依法追究刑事责任。

(4)参与事故调查人员的法律责任

参与事故调查的人员在事故调查中有下列行为之一的，依法给予处分；构成犯罪的，依法追究刑事责任：

1)对事故调查工作不负责任，致使事故调查工作有重大疏漏的；

2)包庇、袒护负有事故责任的人员或者借机打击报复的。

4.15　生产安全事故应急救援预案

4.15.1　生产安全事故应急救援预案的概念

应急救援指在发生事故时，采取的消除、减少事故危害和防止事故恶化，最大限度降低事故损失的措施。应急预案是针对可能发生的事故，为迅速、有序地开展应急行动而预先制定的行动方案。应急救援是在应急响应过程中，为消除、减少事故危害，防止事故扩大或恶化，最大限度地降低事故造成的损失或危害而采取的救援措施或行动。应急救援预案是指事先制订的关于生产安全事故发生时进行紧急救援的组织、程序、措施、责任以及协调等方面的方案和计划。

由于工程建设不可能完全杜绝生产安全事故的发生，为了减少安全事故的人员伤亡和财产损失，施工单位应当按照国家有关法律、法规的规定，制订本单位生产安全事故应急救援预案，建立应急救援组织或者配备应急救援人员，配备必要的应急救援器材、设备，并定期组织演练。

同时，根据建设工程施工的特点、范围，对施工现场易发生重大事故的部位、环节进行监控，制订施工现场生产安全事故应急救援预案。实行施工总承包的，由总承包单位统一组织编制建设工程生产安全事故应急救援预案，工程总承包单位和分包单位按照应急救援预案，各自建立应急救援组织或者配备应急救援人员，配备救援器材、设备，并定期组织演练。

4.15.2　制订应急救援预案的原则

施工单位制订应急救援预案时，应当遵循以下原则：

(1)重点突出,针对性强

应结合本单位安全方面的实际情况,分析可能导致发生事故的原因,有针对性地制订预案。

(2)统一指挥、责任明确

预案实施的负责人以及施工单位各有关部门和人员如何分工、配合、协调,应在应急救援预案中加以明确。

(3)程序简明,步骤明确

应急救援预案操作程序要简明,步骤要明确,具有可操作性,保证发生事故时,能及时启动、有序实施。

4.15.3 应急救援预案的主要内容

(1)编制准备

编制应急预案应做好以下准备工作:

1)全面分析本单位危险因素、可能发生的事故类型及事故的危害程度;

2)排查事故隐患的种类、数量和分布情况,并在隐患治理的基础上,预测可能发生的事故类型及其危害程度;

3)确定事故危险源,进行风险评估;

4)针对事故危险源和存在的问题,确定相应的防范措施;

5)客观评价本单位应急能力;

6)充分借鉴国内外同行业事故教训及应急工作经验。

(2)目的和适用范围

制订应急救援预案的目的和适用范围。

(3)组织机构及其职责

明确应急救援组织机构、参加部门、负责人和人员及其职责、作用和联系方式。

(4)危害辨识与风险评价

确定可能发生的事故类型、地点,影响范围及可能影响的人数。

(5)通告程序和报警系统

通告程序和报警系统包括确定报警系统及程序,报警方式,通信联络方式,向公众报警的标准、方式、信号等。

(6)应急设备与设施

明确可用于应急救援的设施和维护保养制度,明确有关部门可利用的应急设备和危险监测设备。

(7)求援程序

明确应急反应人员向外求援的方式,包括与消防机构(119电话)、医院、急救中心(120电话)的联系方式。

(8)保护措施程序

保护事故现场的方式方法,明确可授权发布疏散作业人员及施工现场周边居民指令的机构及负责人,明确疏散人员的接收中心或避难场所。

(9)事故后的恢复程序

明确决定终止应急、恢复正常秩序的负责人,宣布应急取消和恢复正常状态的程序。

(10)培训与演练

培训与演练包括定期培训、演练计划及定期检查制度,对应急人员进行培训,并确保合格者上岗。

(11)应急预案的维护

更新和修订应急预案的方法,根据演练、检测结果完善应急预案。

4.15.4 应急救援组织与器材

为真正将应急救援预案落到实处,使应急救援预案真正能够发挥作用,施工单位应当按照有关规定,建立应急救援组织,配备必要的应急救援器材、设备。

(1)应急救援组织与应急救援人员配备

施工单位应当根据企业和工程项目的具体情况,建立应急救援组织或配备应急救援人员。对施工规模较大、施工人员多的施工单位,应当建立应急救援组织;对一些施工规模较小、从业人员较少的施工单位,可以配备兼职人员担任应急救援人员,来保证应急救援方案的实施。应急救援人员应经过培训和必要的演练,使其了解建筑业事故的特点,熟悉本单位安全生产情况,掌握应急救援器材、设备的性能、使用方法以及救援、救护的方法、技能。

施工现场应当配备专职或兼职急救员。急救员应经考核合格,取得省建筑工程管理部门颁发的《施工现场急救员岗位证书》。

(2)应急救援器材、设备的配备

施工单位和工程项目部应当根据生产经营活动的性质和规模、工程项目的特点,有针对性地配备应急救援器材、设备。如:灭火器、消防桶等消防器材;担架、急救药品(氧气袋、抢救药品、消毒、解毒药品等)等医疗急救器材;电话、移动电话、对讲机等通讯器材;应急灯、手电筒等照明器材;可以随时调用的汽车吊、挖掘机、推土机等机械设备等。

4.15.5 应急救援的演练

定期组织演练是指施工单位为了保证发生生产安全事故时能按救援预案有针对性地实施救援而进行的实战演习。

(1)演练的目的

通过演练,一是检验预案的实用性、可用性、可靠性;二是检验救援人员是否明确自己的职责和应急行动程序,以及反应队伍的协同反应水平和实战能力;三是提高人们避免事故、防止事故、抵抗事故的能力,提高对事故的警惕性;四是取得经验以改进应急救援预案。

(2)演练的方式

根据演练的目的,演练可采用室内演练(组织指挥演练)和现场演练,也可进行单项演练、多项演练和综合演练。应急救援演练应定期举行,其间隔时间根据实际情况而定。

(3)演练的注意事项

1)做好应急救援演练的前期准备工作。要制定演练计划,组织好参加演练的各类人员,备齐应急救援器材、设备。

2)严格按照应急救援预案实施救援。救援人员要各负其责,相互配合。救助人员要严格执行安全操作规程,正确使用救援设备和器材。

3)救援人员要注意自我保护。在救助行动前,要设置安全设施,配齐防护用具,加强自我保护,确保抢救过程中的人身安全和财产安全。

4)及时进行总结。每一次演练后,应核对预案是否被全面执行,如发现不足和缺陷,应及时对事故应急救援预案进行补充、调整和改进,以确保一旦发生事故,能够按照预案的要求,有条不紊地开展事故应急救援工作。

4.15.6 施工现场带班

根据住房和城乡建设部《建筑施工企业负责人及项目负责人施工现场带班暂行办法》(建质〔2011〕111 号),及山东省建筑工程管理局《山东省建筑施工企业及项目部领导施工现场值班带班管理规定》(鲁建管发〔2011〕14 号)的规定,建筑施工企业应当建立企业负责人及项目负责人施工现场带班制度,并严格考核。

(1)建筑施工企业负责人,是指企业的法定代表人、总经理、主管质量安全和生产工作的副总经理、总工程师和副总工程师。项目负责人,是指工程项目的项目经理。

(2)施工安全带班管理应遵循"全面兼顾,重点防范,带班在工地,解决在现场"的原则,将风险始终处于可控状态,确保施工安全。

(3)施工现场带班包括企业负责人带班检查和项目负责人带班生产。

企业负责人带班检查是指由建筑施工企业负责人带队实施对工程项目质量安全生产状况及项目负责人带班生产情况的检查。

项目负责人带班生产是指项目负责人在施工现场组织协调工程项目的质量安全生产活动。

(4)建筑施工企业法定代表人是落实企业负责人及项目负责人施工现场带班制度的第一责任人,对落实带班制度全面负责。

(5)建筑施工企业负责人要定期带班检查,每月检查时间不少于其工作日的 25%。建筑施工企业负责人带班检查时,应认真做好检查记录,并分别在企业和工程项目存档备查。

(6)工程项目进行超过一定规模的危险性较大的分部分项工程施工时,建筑施工企业负责人应到施工现场进行带班检查。对于有分公司(非独立法人)的企业集团,集团负责人因故不能到现场的,可书面委托工程所在地的分公司负责人对施工现场进行带班检查。

(7)工程项目出现险情或发现重大隐患时,建筑施工企业负责人应到施工现场带班检查,督促工程项目进行整改,及时消除险情和隐患。

(8)项目负责人是工程项目质量安全管理的第一责任人,应对工程项目落实带班制度负责。项目负责人在同一时期只能承担一个工程项目的管理工作。

(9)项目负责人每月带班生产时间不得少于本月施工时间的 80%。因其他事务需离开施工现场时,应向工程项目的建设单位请假,经批准后方可离开。离开期间应委托项目相关负责人负责其外出时的日常工作。

(10)各级住房城乡建设主管部门应加强对建筑施工企业负责人及项目负责人施工现场带班制度的落实情况的检查。对未执行带班制度的企业和人员，按有关规定处理；发生质量安全事故的，要给予企业规定上限的经济处罚，并依法从重追究企业法定代表人及相关人员的责任。

4.16　作业人员安全生产方面的权利和义务

《中华人民共和国安全生产法》(简称《安全生产法》)规定："生产经营单位的从业人员有依法获得安全生产保障的权利，并应当依法履行安全生产方面的义务。"施工单位的作业人员既是安全生产保护的对象，又是实现安全生产的基本要素。为了实现安全生产，防止和减少生产安全事故，必须保障施工单位的作业人员依法享有获得安全保障的权利，同时，作业人员必须履行安全生产方面的义务。

4.16.1　作业人员的权利

施工单位的作业人员在安全生产方面享有以下权利：

(1)获得安全防护用具和安全防护服装的权利

获得安全防护用具和安全防护服装，是作业人员的一项基本权利；向作业人员提供安全防护用具和安全防护服装，是施工单位的一项法定义务。施工单位应当安排专项经费，专门用于配备安全防护用具和安全防护服装，不得挪作他用。施工单位购置的安全防护用具和安全防护服装必须符合国家标准或者行业标准。

这里所说的安全防护用具是指在施工作业过程中能够对作业人员的人身起保护作用，使作业人员免遭或减轻各种人身伤害或职业危害的用品。作业人员使用的安全防护用具主要包括安全帽、安全带、安全绳及特种作业使用的防护镜、焊接面罩等个人安全防护用品。安全防护服装主要包括工作服、防滑鞋、绝缘鞋、绝缘手套等。

(2)了解施工现场和工作岗位存在的危险因素、防范措施及事故应急措施的权利

《安全生产法》规定："生产经营单位的从业人员有权了解其作业场所和工作岗位存在的危险因素、防范措施及事故应急措施……"由于建筑活动的特点，施工现场和工作岗位存在危险因素是必然的。作业人员了解施工现场和工作岗位存在的危险因素，如易燃易爆、有毒有害等危险物品及其可能对人体造成的伤害，高处作业、机械设备运转等存在的危险因素等，对于其提高防范意识，避免事故发生是十分必要的。

各种危险因素的防范措施，是指为了防止、避免危险因素对作业人员人身安全造成危害而应当采取的技术上、操作上、管理上的措施。事故应急措施是指施工单位根据本单位实际情况，针对可能发生的事故的类别、性质、特点和范围制定的事故发生时应当采取的组织、技术措施和其他应急措施。作业人员有权了解这些防范措施和应急措施，这不仅是从业人员的权利，也是有效预防事故的发生和将事故损失降低到最小程度的需要，同时是从业人员实现自我保护的有效途径。

（3）有权了解危险岗位的操作规程和违章操作的危害

施工单位应书面告知作业人员危险岗位的操作规程和违章操作的危害，不得隐瞒、省略，更不能欺骗作业人员，这既是施工单位的法定义务，也是法律赋予作业人员的知情权。这有利于提高作业人员的安全生产意识和事故防范能力，减少事故发生，降低事故损失。

（4）对安全生产工作中存在的问题提出批评、检举和控告的权利

对施工现场的作业条件、作业程序和作业方式中存在的安全问题提出建议、批评、检举和控告，是法律赋予施工单位作业人员的权利。

作业人员直接从事施工作业，对本岗位、本工程项目的作业条件、作业程序和作业方式中存在的安全问题有最直接的感受，能够提出一些切中要害的、符合实际的合理化建议和批评意见，有利于施工单位和工程项目不断改进安全生产工作，减少工作当中的失误。对安全生产工作中存在的问题，如施工单位和工程项目违反安全生产法律、法规、规章等行为，向建设行政主管部门、负有安全生产监督管理职责的部门，直至监察机关、地方人民政府等进行检举、控告，有利于有关部门及时了解、掌握施工单位安全生产工作中存在的问题，采取措施，制止和查处施工单位违反安全生产法律、法规的行为，防止生产安全事故的发生。对作业人员的检举、控告，建设行政主管部门和其他有关部门应当查清事实，认真处理，不得压制和打击报复。

（5）有权拒绝违章指挥和强令冒险作业

拒绝违章指挥和强令冒险作业，是法律赋予作业人员的权利。

违章指挥是指施工单位有关人员违反国家关于安全生产的法律、法规和有关安全规程、规章制度的规定，对作业人员具体的生产活动进行指挥、干预；强令冒险作业是指施工单位有关人员明知开始或者继续作业会有重大危险的情况下，仍然强迫作业人员进行作业的行为。违章指挥、强令冒险作业，侵犯了作业人员的合法权益，是严重的违法行为，也是直接导致安全事故的重要原因。现实中，许多安全事故的发生都与违章指挥、强令冒险作业有关。因此，规定作业人员有权拒绝违章指挥和强令冒险作业，对于维护正常的生产秩序，有效防止安全事故发生，保护作业人员自身的人身安全，具有十分重要的意义。

（6）在施工中发生危及人身安全的紧急情况时，有权立即停止作业或者在采取必要的应急措施后撤离危险区域

在施工中发生危及人身安全的紧急情况时，作业人员可以立即停止作业或者在采取必要的应急措施后撤离危险区域，是法律赋予作业人员的权利。

建筑活动具有不可预测的风险，作业人员在施工过程中有可能会突然遇到直接危及人身安全的紧急情况，此时，如果不停止作业或者撤离作业场所，就会造成重大的人身伤亡事故。因此，赋予作业人员在上述紧急情况下可以停止作业以及撤离作业场所的权利，这对于保证作业人员的人身安全是十分重要的。

（7）获得工伤保险的权利

建筑工程多为露天作业，高空与交叉作业多、作业环境复杂，作业场所和工作岗位存在着许多危险因素，安全事故是难以完全避免的。为了维护建筑业从业人员的合法权益，《建筑法》规定："建筑施工企业必须为职工办理工伤保险，支付保险费。"对施工单位的从业人员，不论是固定工，还是合同工；不论是正式工，还是农民工；无论是作业人员，还是管

理人员，施工单位都要为其办理工伤保险并支付保险费。实行施工总承包的，由总承包单位支付保险费。

4.16.2　作业人员的义务

施工单位的作业人员在享有安全生产保障的权利的同时，必须履行相应的安全生产方面的义务。主要包括以下几方面：

(1)遵守有关安全生产的法律、法规和规章的义务

施工单位的作业人员在施工过程中，应当遵守有关安全生产的法律、法规和规章。这些安全生产的法律、法规和和规章是总结安全生产的经验教训，根据科学规律和法定程序制定的，是实现安全生产的基本要求和保证，严格遵守是每一个作业人员的法律义务。

(2)遵守安全施工的强制性标准和本单位的规章制度和操作规程的义务

施工单位的作业人员在施工过程中，应当遵守建筑施工安全技术规范标准和本单位的安全生产规章制度和操作规程。

工程建设强制性标准是保证建设工程结构安全和施工安全的最基本要求，违反强制性标准，必然会给建设工程带来重大结构安全隐患和施工安全隐患。施工单位的安全生产规章制度和安全操作规程是针对本单位的实际情况制定的，对保护作业人员的安全施工和作业具有很强的针对性和可操作性。

施工现场的作业人员是建筑活动的具体承担者之一，其是否严格遵守工程建设强制性标准、安全生产规章制度和安全操作规程，直接决定着施工过程能否安全。作业人员应当自觉遵守和执行工程建设强制性标准、安全生产规章制度和安全操作规程，这是其在安全生产方面的一项基本义务。

(3)正确使用安全防护用具、机械设备的义务

1)作业人员应当正确使用安全防护用具

安全防护用具是保护作业人员在劳动过程中的安全与健康的一种装备，是施工单位为保护作业人员在施工过程中的安全和健康而提供给作业人员使用的安全保护用品和用具。不同的安全防护用具有其特定的佩戴和使用规则、方法，只有正确佩戴和使用，方能真正起到防护作用。因此，作业人员应当熟悉、掌握安全防护用具的构造、功能，掌握正确使用的有关知识，在作业过程中按照规则和要求正确佩戴和使用安全防护用具。

2)作业人员应当正确使用机械设备

建筑施工现场各类机械设备数量较多、种类繁杂、自动化程度较低，设计制造上本质安全程度不足，存在大量不安全因素。同时，由于建筑业的从业人员素质普遍偏低，对机械设备的性能掌握不够，在使用机械设备时，往往由于操作不当，引发安全事故发生。因此，作业人员应当熟悉和了解所使用的机械设备的构造和性能，掌握安全操作规程、安全操作知识和技能，防止机械伤害事故地发生。

(4)接受安全生产教育培训，掌握所从事工作所具备的安全生产知识的义务

《安全生产法》规定："从业人员应当接受安全生产教育和培训，掌握本职工作所需的安全生产知识，提高安全生产技能，增强事故预防和应急处理能力。"施工单位的作业人员进入新的岗位或者新的施工现场前，应当接受安全生产教育培训。未经教育培训或者教

育培训考核不合格的人员，不得上岗作业。

建筑活动的复杂性和多样性决定了安全生产知识和安全生产技能的复杂性和多样性。要保障安全生产，作业人员必须具备安全生产知识、技能以及事故预防和应急处理能力。要达到这个目的，必须通过必要的安全生产教育培训。施工单位应当按照国家的有关规定对作业人员进行安全生产教育培训，使作业人员掌握安全生产知识，提高安全生产技能，增强事故预防及应急处理能力，这是施工单位的安全生产责任之一。

第5章　施工现场管理与文明施工

文明施工是现代建筑企业管理理念，是现代化施工的一个重要标志。现代施工安全管理包括安全作业、文明施工和环境保护三部分。这三部分各成体系、各有侧重，但又相互联系、相互影响、相互作用，不能割裂，必须共建。按照现代企业管理理念，在施工生产过程中不但要确保生产安全，而且要围绕着“以人为本”，改善施工现场作业的环境，丰富职工的文化生活，树立社会主义精神文明的风貌，充分展示企业文化建设成绩，展现企业形象与管理水平。安全生产、文明施工是建筑施工企业管理中的一个重要环节，只有安全生产、文明施工不断规范化、科学化，才能确保安全生产，使企业获得最佳的经济效益。

5.1　施工现场的平面布置与划分

施工现场的平面布置是施工组织设计的重要组成部分，必须科学合理地规划、绘制施工现场平面布置图(图5.1)。在施工实施阶段按照施工总平面图的要求，设置场地道路，组织现场临时用电和排水，搭建临时建筑和临时设施，堆放物料，安置机械设备，做好施工现场防治大气污染、水污染、噪声污染等工作。

5.1.1　施工总平面图编制的依据

(1)工程所在地区的原始资料，包括建设、勘察、设计以及规划等单位提供的有关资料；

(2)原有建筑物和拟建建筑工程的位置和尺寸；

(3)施工方案、施工进度和资源需要计划；

(4)全部施工设施建造方案；

(5)建设单位可提供的房屋和其他设施；

(6)施工现场相关规范、规程。

5.1.2　施工平面布置原则

(1)满足施工要求，场内道路畅通，运输方便，各种材料能按计划分期分批进场，充分利用场地；

(2)材料、构配件堆放位置尽量靠近使用地点，减少二次搬运；

(3)现场布置紧凑，减少施工用地；

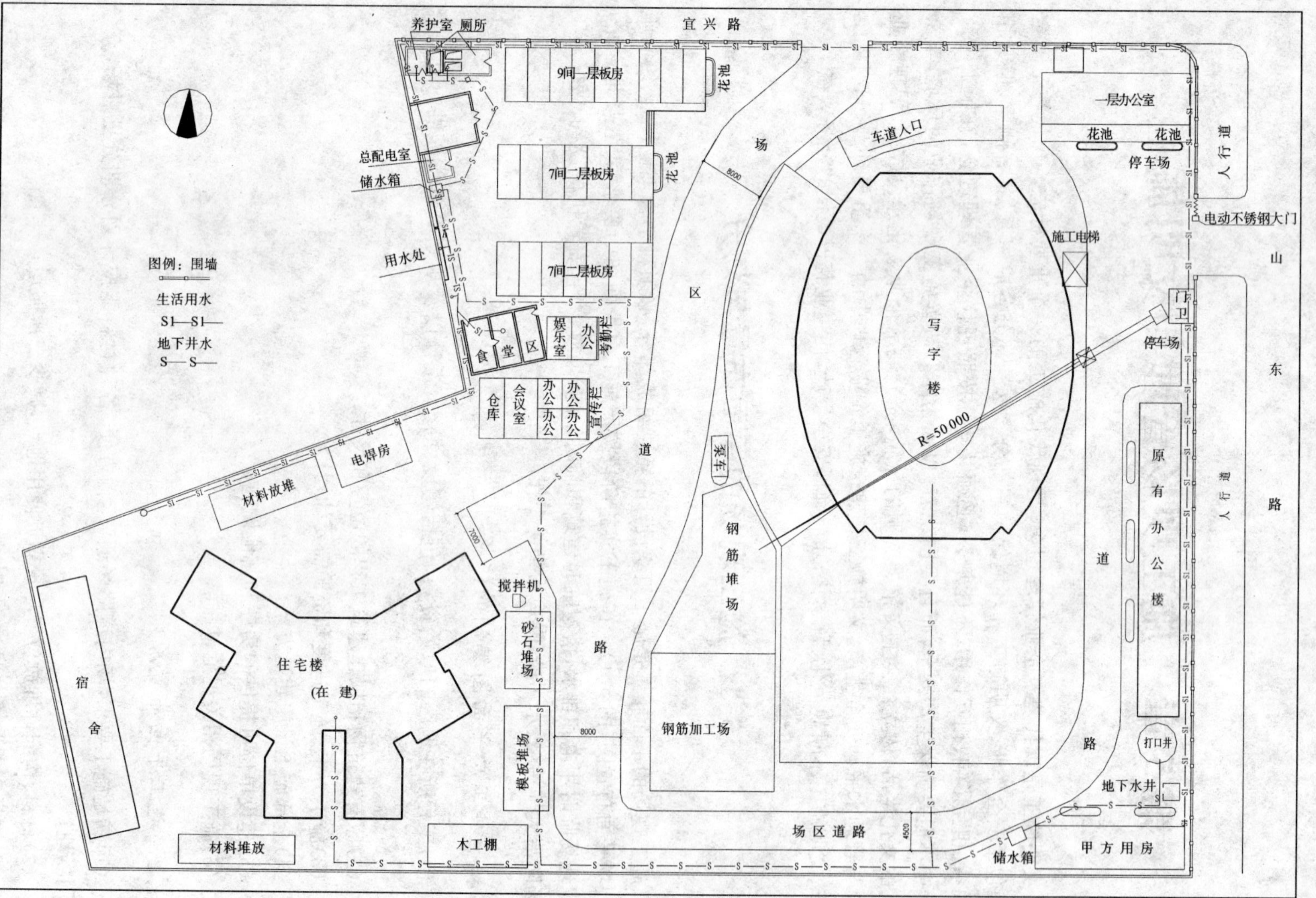

图5.1 某建筑施工现场平面布置图

(4)在保证施工顺利进行的条件下,尽可能减少临时设施搭设,尽可能利用施工现场附近的原有建筑物作为施工临时设施;

(5)临时设施和临时建筑的布置,应便于施工人员生产和生活,办公用房靠近施工现场,娱乐室、淋浴室、食堂等应在生活区范围之内;

(6)平面布置应符合安全、消防、环境保护等要求。

5.1.3 施工总平面图标识内容

(1)拟建建筑的位置,平面轮廓;

(2)施工用机械设备的位置;

(3)塔式起重机轨道、运输路线及回转半径;

(4)施工运输道路、临时供水、排水管线、消防设施;

(5)临时供电线路及变配电设施位置;

(6)施工临时设施位置;

(7)物料堆放位置;

(8)绿化区域位置;

(9)围墙与入口位置。

5.1.4 施工现场功能区域划分

施工现场按照功能可划分为施工作业区、辅助作业区、材料堆放区和办公区、生活区等区域。施工现场的办公区、生活区应当与施工作业区分开设置,且应采取相应的隔离措施,并应设置导向、警示、定位、宣传的标示。办公区和生活区宜位于建筑物的坠落半径和塔吊等机械作业半径之外,并与用电线路之间保持安全距离。办公区、生活区和施工作业区之间设置防护措施,进行明显的划分隔离,以免人员误入危险区域(图 5.2)。如因条件限制,办公区、生活区设置在在建建筑物坠落半径之内时,必须采取可靠的防砸措施。功能区规划设置时还应考虑交通、水电、消防和卫生、环保等因素。

图 5.2 施工现场生活区、办公区与作业区设置明显隔离设施

这里的生活区是指工程建设作业人员集中居住、生活的场所,包括施工现场以内和施工现场以外独立设置的生活区。施工现场以外独立设置的生活区是指施工现场内无条件建立生活区,在施工现场以外搭设的用于作业人员居住生活的临时用房或者集中居住的生活基地。

5.2 场地与道路

5.2.1 场地

施工现场的场地应当清除障碍物,适当硬化,使施工场地平整坚实,无坑洼和凹凸不平,雨季不积水,大风天不扬尘。有条件的可以做混凝土地面,无条件的可以采用石屑、焦渣、砂头等方式硬化。道路、设备放置地点、料场、办公生活设施门前等必须硬化。

施工现场应具有良好的排水系统,设置排水沟及沉淀池,现场废水不得直接排入市政污水管网和河流;现场存放的油料、化学溶剂等应设有专门的库房,地面应进行防渗漏处理。

地面应当经常洒水,对粉尘源进行覆盖遮挡。为了美化环境和防止扬尘,暖季应适当绿化。

5.2.2 道路

(1)施工现场的道路应畅通,尽可能设置循环干道,满足运输。

(2)主干道应当做好硬化处理,平整坚实,且有排水措施,硬化材料可以采用混凝土、预制块或用石屑、焦渣、砂头等压实整平,保证不沉陷,不扬尘,有效防止泥土带入市政道路。

(3)道路中间应起拱,两侧设排水设施,主干道宽度不宜小于 3.5 m,载重汽车转弯半径不宜小于 15 m,如因条件限制,应当采取相应措施。

(4)道路的布置要与现场的材料、构件仓库(料场)、吊车位置相协调、配合。

(5)施工现场主要道路应尽可能利用永久性道路,或先建好永久性道路的路基,在土建工程结束之前再铺路面。

(6)施工现场内应设置临时消防车道,临时消防车道与在建工程、临时用房、可燃材料堆场及其加工场的距离不宜小于 5 m,且不宜大于 40 m;施工现场周边道路满足消防车通行及灭火救援要求时,施工现场内可不设置临时消防车道。

5.3 封闭管理

施工现场的作业条件差,不安全因素多,在作业过程中既容易伤害作业人员,也容易伤害现场以外的人员。因此,必须在施工现场周围设置围挡,实施封闭式管理。

对施工现场实行封闭围挡,包含两个方面的内容:一是对施工现场实行封闭式管理,在施工现场设置大门,现场周围设置围墙、围档,将施工现场与外界隔离,无关人员不能随意进入，既解决了“扰民”和“民扰”两个问题，也起到保护环境、美化市容和文明施工的作用；二是对在建的建筑物、构筑物使用密目式安全网封闭，既保护作业人员的安全，防止坠物伤人和高处坠落，消除施工过程中的不安全因素，防止将不安全因素扩散到场外，又能减少扬尘外泄。本部分主要介绍施工现场实行封闭式管理。

5.3.1　围挡

(1)施工现场围挡应沿工地四周连续设置，不得留有缺口，并根据地质、气象、围挡材料等进行设计与计算，确保围挡的稳定性、安全性。

(2)围挡的用材应坚固、稳定、整洁、美观，宜选用砌体、彩钢板等硬质材料，不得使用彩色编织布、竹笆或安全网等易变形材料(图 4.3 为某工地设置的彩钢板围挡)。市区主要路段的工地应设置高度不小于 2.5 m 的封闭围挡；一般路段的工地应设置高度不小于 1.8 m 的封闭围挡。

图 5.3　彩钢板围挡

(3)在软土地基上、深基坑影响范围内、城市主干道、流动人员较密集地区及高度超过 2 m 的围挡应选用彩钢板。

(4)彩钢板围挡的高度不宜超过 2.5 m；当高度超过 1.5 m 时，宜设置斜撑，斜撑与水平地面的夹角宜为 45°；立柱的间距不宜大于 3.6 m，且应采取抗风措施。

(5)禁止在围挡内侧堆放泥土、沙石等散状材料以及架管、模板等，严禁将围挡做挡土墙使用。

(6)小区内多个工程之间可以用软质材料围挡，但在集中施工小区最外围，应当设置硬质围挡。

(7)在学校、市场、主要人行道等行人较密集的地区宜选用彩板围挡，不宜使用砖墙围挡。

(8)雨后、大风后以及春天融冰时节应当检查围挡的稳定性，发现问题及时处理。

5.3.2　大门

(1)施工现场应当有固定的出入口，出入口处应设置大门(图 5.4)；

图 5.4 某施工现场大门

(2)施工现场的大门应牢固美观,两侧应当设置门垛并与围挡连续,大门上方应标有企业名称或企业标志;

(3)出入口处应当设值班室(图 5.5),配置专职值班(门卫)人员,制定门卫管理制度,执行交接班记录制度;

图 5.5 带有电子提示功能的施工现场门卫值班室

(4)施工现场的施工人员应当佩带工作卡;工作卡应当整齐统一,注明佩带者姓名、职务、工作岗位,宜有照片。

5.4 临时设施

这里所称临时设施主要指施工期间临时搭建、租赁的为建设工程施工服务的各种非永久性建筑物。临时设施必须合理选址,正确用材,确保满足使用功能和安全、卫生、环保、消防等要求。

5.4.1 临时设施的种类

施工现场的临时设施较多,按照使用功能可分为:

(1)办公设施,包括办公室、会议室、资料室、门卫值班室;

(2)生活设施,包括宿舍、食堂、厕所、淋浴室、阅览室、娱乐室、卫生保健室;

(3)生产设施,包括材料仓库、防护棚、加工棚(如混凝土搅拌、砂浆搅拌、木材加工、钢筋加工、金属加工和机械维修厂站)、操作棚;

(4)辅助设施,包括道路、现场排水设施、围墙、大门、供水处、吸烟处。

5.4.2 临时设施的设计

施工现场搭建的生活设施,办公设施,两层以上、大跨度及其他临时房屋建筑物应当进行结构计算,绘制简单施工图纸并经审批方可搭建。临时建筑物设计应符合《建筑结构可靠度设计统一标准》(GB50068—2001),《建筑结构荷载规范》(GB50009—2001,2006版),《工程结构可靠性设计统一标准》(GB 50153—2008),《施工现场临时建筑物技术规范》(JGJ/T188—2009)的规定。

临时建筑的结构安全等级不应低于三级;结构重要性系数不应小于0.9。临时建筑的抗震设防类别应为丁类。临时建筑物使用年限 n 定为5年。临时办公用房、宿舍、食堂、厕所等建筑物结构重要性系数 $\gamma_0=1.0$,工地非危险品仓库等建筑物结构重要性系数 $\gamma_0=0.9$,工地危险品仓库按相关规定设计。临时建筑结构设计应满足抗震、抗风要求,并应进行地基和基础承载力计算。

5.4.3 临时设施的选址

办公生活临时设施的选址,首先应考虑与作业区相隔离,保持安全距离;其次是位置的周边环境必须具有安全性,例如不得设置在高压线下,也不得设置在沟边、崖边、河流边、强风口处、高墙下以及滑坡、泥石流等灾害地质带上和山洪可能冲击到的区域。

安全距离是指在施工坠落半径和高压线放电距离之外。如因条件限制,办公区和生活区设置在坠落半径区域内,必须有防护措施。

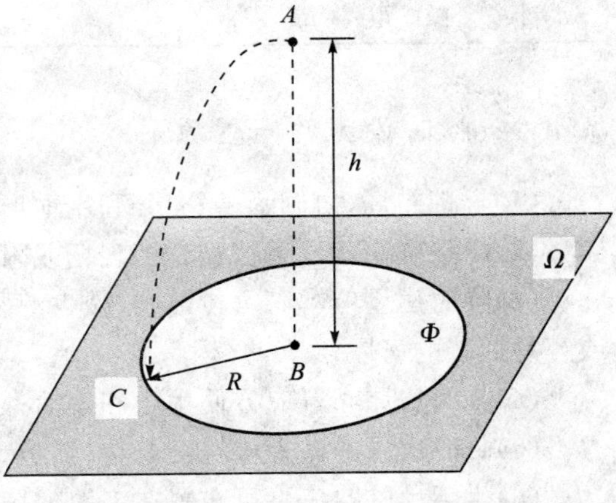

防止坠物的安全距离,可用坠落半径表示,其大小与抛物的相对高度及初速度有关。物体坠落示意图如图5.6所示。抛物高度以 h 表示,可能坠落范围半径以 R 表示,根据《高处作业分级》(GB/T3608—2008),不同抛物高度的可能坠落范围半径分别为:

A——抛物点 B——抛物点在坠落平面垂直投影点
C——物体坠落点 Ω——物体坠落平面
Φ——物体坠落范围 h——物体坠落高度
R——落物半径

图5.6 物体坠落示意图

(1)当 h 为 2～5 m 时，R 为 3 m；

(2)当 $h>5$ m 且 $\leqslant 15$ m 时，R 为 4 m；

(3)当 $h>15$ m 且 $\leqslant 30$ m 时，R 为 5 m；

(4)当 $h>30$ m 时，R 为 6 m。

防止高压线放电的安全距离，可用垂直于输电线的投影距离即距电线最短距离表示，其大小与输电电压和输电线是否裸露有关，如图 5.7。

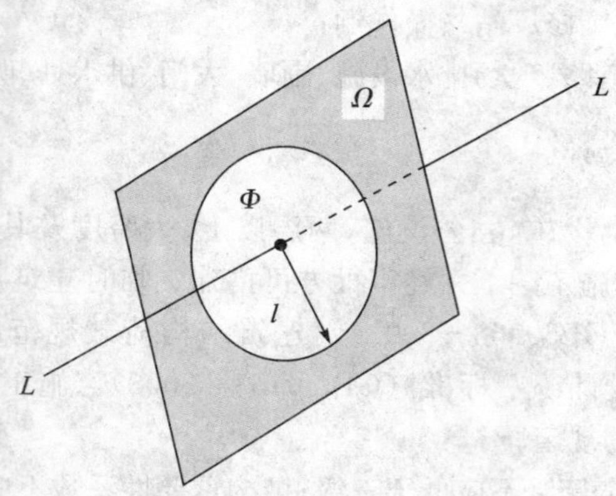

L—L—输电线　Ω—垂直于输电线 L—L 的平面　Φ—放电范围　l—放电距离

图 5.7　输电线放电范围示意图

输电线为裸线时各级电压的安全距离可参照表 5.1 执行。

表 5.1　输电线为裸线时的最小安全距离

外电线路电压(kV)	<1	1～10	35～110	154～220	330～500
最小安全操作距离(m)	4	6	8	10	15

5.4.4　临时设施的布置原则

(1)合理布局，协调紧凑，充分利用地形，节约用地；

(2)尽量利用建设单位在施工现场或附近能提供的现有房屋和设施；

(3)临时房屋应本着厉行节约、减少浪费的精神，充分利用当地材料，尽量采用活动式或容易拆装的房屋；

(4)临时房屋布置应方便生产和生活；

(5)临时房屋的布置应符合安全、消防和卫生、环保要求；

(6)生活性临时房屋可布置在工地现场以外，生产性临时设施应按照生产的需要在工地选择适当的位置，行政管理的办公室等应靠近工地，或是在工地现场出入口；

(7)生活性临时房屋设在工地现场以内时，一般应布置在现场的四周或集中于一侧；

(8)生产性临时设施，如混凝土搅拌站、钢筋加工场、木材加工场等，应全面分析比较确定位置。

5.4.5　临时房屋的结构类型

(1)活动式临时房屋,如钢骨架活动房屋、彩钢板房;

(2)固定式临时房屋,主要为砖木结构、砖石结构和砖混结构;临时房屋应优先选用钢骨架彩板房,生活、办公设施不得选用菱苦土板房。

5.5　临时设施的搭设与使用管理

5.5.1　办公室

施工现场应设置办公室,办公室内布局应合理,文件资料宜归类存放,并应保持室内清洁卫生。

5.5.2　职工宿舍

(1)宿舍应当选择在通风、干燥的位置,防止雨水、污水流入;

(2)不得在尚未竣工建筑物内设置员工集体宿舍;

(3)宿舍必须设置可开启式窗户,设置外开门;

(4)宿舍内应保证有必要的生活空间,室内净高不得小于 2.5 m,通道宽度不得小于 0.9 m,每间宿舍居住人员不应超过 16 人,人均使用面积不宜小于 2.5 m^2;

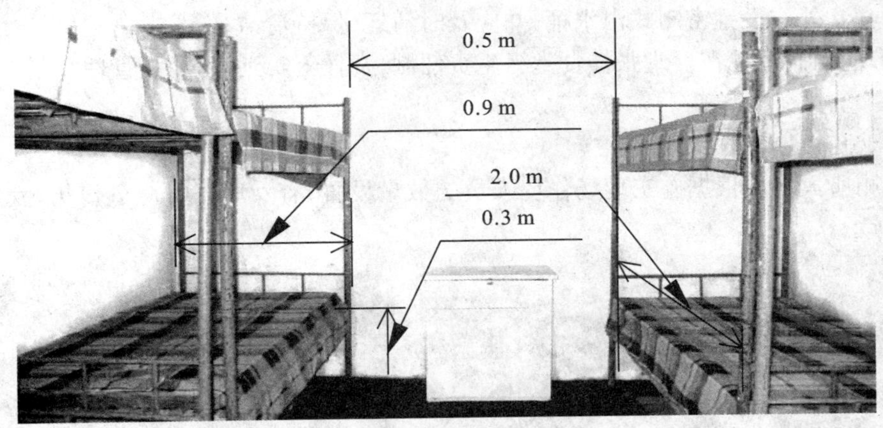

图 5.8　施工现场职工宿舍

(5)宿舍内应当设置 2 m×0.9 m 规格的单层或双层单人床,床铺不得超过 2 层,床铺应高于地面 0.3 m,床铺间距不得小于 0.5 m(如图 5.8),严禁使用通铺;

(6)宿舍内应设置生活用品柜、鞋柜或鞋架,有条件的宿舍宜设置生活用品储藏室;宿舍内严禁存放施工材料、施工机具和其他杂物;

(7)宿舍周围应当搞好环境卫生,应设置垃圾桶,生活区内应为作业人员提供晾晒衣物的场地,房屋外应道路平整、硬化,晚间有良好的照明;

(8)寒冷地区冬季宿舍应有保暖措施、防煤气中毒措施,火炉应当统一设置、管理;炎热季节应有消暑和防蚊虫叮咬措施;

(9)应当制定宿舍管理制度,轮流负责卫生和使用管理,或安排专人管理。

5.5.3 食堂

(1)食堂应当选择在通风、干燥、清洁、平整的位置,防止雨水、污水流入,应当保持环境卫生,距离厕所、垃圾站(场)、有毒有害场所等污染源不宜小于 15 m,且不应设在污染源的下风侧,装修材料必须符合环保、消防要求;

(2)食堂应设置独立的制作间、储藏间和燃气罐存放间;

(3)食堂应配备必要的排风设施和冷藏设施;安装纱门纱窗,室内不得有蚊蝇;

(4)食堂的燃气罐应单独设置存放间,存放间应通风良好并严禁存放其他物品;

(5)食堂制作间灶台及其周边应贴瓷砖,瓷砖的高度不宜小于 1.5 m;地面应做硬化和防滑处理,按规定设置污水排放设施;

(6)食堂制作间的刀、盆、案板等炊具必须生熟分开,食品必须有遮盖,遮盖物品应有正反面标识;炊具宜存放在封闭的橱柜内;

(7)食堂内应有存放各种佐料和副食的密闭器皿,并应有标识,粮食存放台距墙和地面应不小于 0.2 m;

(8)食堂门下方应设不低于 0.5 m 的防鼠挡板;挡鼠板应包白铁皮,阻止老鼠啃咬;挡鼠板宜分两部分设置,一部分高 0.2 m,固定设置,一部分高 0.3 m,活动设置,白天可取下,晚间和食堂暂停使用时应装上;

(9)食堂外应设置密闭式泔水桶,并应及时清运,保持清洁;

(10)应当制定并在食堂张挂食堂卫生责任制,责任落实到人,加强管理。

5.5.4 厕所

(1)厕所大小应根据施工现场作业人员的数量设置,有女职工时应分设男、女厕所,如图 5.9 所示;

图 5.9 施工现场厕所

(2)高层建筑施工超过 8 层以后,每隔 4 层宜设置临时便溺设施;

(3)施工现场应设置水冲式或移动式厕所,厕所地面应硬化,墙面应当为白色,纱窗、纱门齐全。

(4)蹲坑间宜设置隔板,隔板高度不宜低于 0.9 m,人与蹲位比例为 1∶(25～50),男厕每 50 人、女厕每 25 人设 1 个蹲便器;

(5)厕所应设专人负责,定时进行清扫、冲刷、消毒,防止蚊蝇孳生,化粪池应及时清掏。

5.5.5　防护棚

施工现场的防护棚较多,如加工棚、机械操作棚、通道防护棚(图 5.10)等。

大型防护棚可用砖混、砖木结构,应当进行结构计算,保证结构安全。小型防护棚一般可用钢管、扣件、脚手架材料搭设,并应当严格按照《建筑施工扣件式钢管脚手架安全技术规范》(JGJ130—2011)要求搭设。

防护棚顶应当满足承重、防雨要求。在施工坠落半径之内的,棚顶应当具有抗砸能力。可采用多层结构。最上层材料强度应能承受 10 kPa 的均布静荷载,也可采用 50 mm 厚木板架设或采用两层竹笆,上下竹笆层间距应不小于 600 mm。

图 5.10　通道防护棚

5.5.6　仓库

(1)仓库的面积应根据在建工程的实际情况和施工阶段的需要通过计算确定;

(2)水泥仓库应当选择地势较高、排水方便、靠近搅拌机或搅拌站的地方;

(3)易燃易爆品仓库的布置应当符合防火、防爆安全距离要求;

(4)仓库内工具、器件、物品应分类集中放置,设置标牌,标明规格、型号;

(5)易燃、易爆和剧毒物品不得与其他物品混放,并建立严格的进出库制度,由专人管理。

5.6　施工现场的卫生与防疫

5.6.1　卫生保健

(1)施工现场应设置医疗保健室,配备保健医药箱、常用药及绷带、止血带、颈托、担架等急救器材;小型工程可以用办公用房兼做医疗保健室。

(2)施工现场应当配备兼职或专职急救人员,处理伤员和负责职工保健,施工现场急救员应经培训,考核合格持证上岗。

(3)工程项目部应组织有关人员定期检查食堂、宿舍等卫生情况。

(4)施工现场应利用黑板报、宣传栏等形式向职工介绍卫生防疫的知识和方法,针对季节性流行病、传染病等做好对职工卫生防病的宣传教育工作。

(5)当施工现场人员发生法定传染病、食物中毒、急性职业中毒时,必须在 2 h 内向事故发生地建设行政主管部门和卫生防疫部门报告,并应积极配合调查处理。

(6)现场施工人员患有法定的传染病或病源携带者时,应及时进行隔离,并由卫生防疫部门进行处置。

(7)办公区和生活区应设专职或兼职保洁员,负责卫生清扫和保洁,应有灭鼠、蚊、蝇、蟑螂等措施,并定期投放和喷洒药物。

(8)施工单位在下列高温天气期间,应当合理安排工作时间,减轻劳动强度,采取有效措施,保障劳动者身体健康和生命安全:

1)日最高气温达到 40℃以上,当日应当停止工作;

2)日最高气温达到 37℃以上至 40℃以下,全天户外露天作业时间不得超过 5 小时,11 时至 16 时应当暂停户外露天作业;

3)日最高气温达到 35℃以上至 37℃以下,用人单位应当采取换班轮休等方式,缩短连续作业时间,并且不得安排户外露天作业劳动者加班加点。

5.6.2 食堂卫生

(1)食堂必须有卫生许可证、餐饮服务许可证(图 5.11),施工企业要制定食堂卫生制度,认真落实《食品安全法》及其实施条例的具体要求。

(2)建筑施工企业是建筑工地食堂食品安全的责任主体。建筑工地应当建立健全以项目负责人为第一责任人的食品安全责任制,建筑工地食堂要配备专职或者兼职食品安全管理人员,明确相关人员的责任,建立相应的考核奖惩制度,确保食品安全责任落实到位。

图 5.11　施工现场食堂悬挂的卫生许可证与卫生制度

建筑工地食堂要依据食品安全事故处理的有关规定,制定食品安全事故应急预案,提高防控食品安全事故能力和水平；发生食品安全事故时，要迅速采取措施控制事态的发展并及时报告，积极做好相关处置工作，防止事故危害的扩大。

(3)食堂从业人员必须持有身体健康证上岗，上岗应穿戴洁净的工作服、工作帽和口罩，并应保持个人卫生。

(4)炊具、餐具和饮水器皿必须及时清洗消毒。

(5)加强食品、原料的进货管理，做好进货登记，严禁购买无照、无证商贩经营的食品和原料，施工现场的食堂严禁出售变质食品。

5.7　六牌两图与两栏一报

施工现场的进出口处应有整齐明显的“六牌两图”，在办公区、生活区设置“两栏一报”。

5.7.1　六牌两图

(1)六牌：工程概况牌、管理人员名单及监督电话牌、安全生产牌、入场须知牌、文明施工牌、消防保卫牌(图5.12)。

图5.12　施工现场文明施工“六牌”

(2)两图：施工现场总平面图、建筑工程立面(或效果)图。

施工现场可根据情况增加其他牌图，如工程效果图等。

(3)工程概况牌一般应写明工程名称、面积、层数、建设单位、勘察单位、设计单位、施工单位、监理单位、开竣工日期、项目经理以及联系电话、安全及质量监督机构名称等。其他五牌具体内容没有作具体规定，可结合本地区、本企业及本工程特点设置。

(4)标牌是施工现场重要标志的一项内容，所以不但内容应有针对性，同时标牌制作、挂设也应规范整齐、美观，字体工整。

5.7.2 两栏一报

施工现场应该设置“两栏一报”，即读报栏、宣传栏和黑板报。图 5.13 为施工现场宣传栏。

为进一步对职工做好安全宣传工作，施工现场在明显处应悬挂、张贴必要的安全生产文明施工内容的标语。

图 5.13 施工现场宣传栏

5.8 安全标志的设置

施工现场应当根据工程特点及施工阶段，有针对性地设置、悬挂安全标志。

5.8.1 安全标志的定义与分类

根据《安全标志及其使用导则》(GB2894—2008)规定，安全标志是用于表达特定信息的标志，由图形符号、安全色、几何图形（边框）或文字组成。包括提醒人们注意的各种标牌、文字、符号以及灯光等，以此表达特定的安全信息。其目的是引起人们对不安全因素的注意，防止发生事故。安全标志主要包括安全色和安全标志牌等。

(1)安全色

根据《安全色》(GB2893—2001)规定，安全色是表达安全信息含义的颜色，安全色分为红、黄、蓝、绿四种颜色，分别表示禁止、警告、指令和提示。

(2)安全标志

安全标志分禁止标志、警告标志、指令标志和提示标志。建筑施工现场设置、悬挂的安全标志较多，建筑施工现场常用的安全标志见表 5.2。

表 5.2　建筑施工现场常用的安全标志

序号	安全标志内容	序号	安全标志内容	序号	安全标志内容
	一、禁止标志	18	当心中毒		三、指令标志
1	禁止合闸	19	当心落物	37	必须穿防护服
2	禁止靠近	20	当心伤手	38	必须防护鞋
3	禁止跨越	21	当心塌方	39	必须戴安全帽
4	禁止抛物	22	当心扎脚	40	必须戴防尘口罩
5	禁止入内	23	当心坠落	41	必须戴防毒面具
6	禁止停留	24	当心烫伤	42	必须戴防护帽
7	禁止通行	25	当心冒顶	43	必须戴防护手套
8	禁止吸烟	26	当心碰头	44	必须戴防护镜
9	禁止乘人	27	当心绊倒	45	必须加锁
10	禁止触摸	28	当心车辆	46	必须系安全带
11	禁止穿带钉鞋	29	当心触电	47	必须用防护装置
12	禁止戴手套	30	当心吊物	48	必须持证上岗
13	禁止带火种	31	当心滑跌	49	必须走上方通道
14	禁止放易燃物	32	当心火灾		四、提示标志
15	禁止明火作业	33	当心机械伤人	50	安全出口
16	禁止用水灭火	34	当心坑洞	51	安全通道
	二、警告标志	35	有电危险		
17	当心电缆	36	注意安全		

安全标志的图形、尺寸、颜色、文字说明和制作材料等，均应符合国家标准规定。一般来说，安全标志应当明显，便于作业人员识别。如果是灯光标志，要求明亮显眼；如果是文字图形标志，则要求明确易懂。

1)禁止标志

禁止标志的含义是不准或制止人们某种行为。

几何图形为白底黑色图案加带斜杆的红色圆环，并在正下方用文字补充说明禁止的行为模式。图 5.14 为施工现场经常见到的禁止乘人、禁止攀登的禁止标志。

2)警告标志

警告标志的含义是警告人们当心、小心、注意。

几何图形为黄底黑色图案加三角形黑边，并在正下方用文字补充说明当心的行为模式。图 5.15 为施工现场经常见到的当心机械伤人、当心吊物的警告标志。

图 5.14　禁止攀登、禁止乘人标志

图 5.15　当心机械伤人、当心吊物警告标志

3)指令标志

指令标志的含义是必须遵守有关规定。

几何图形为圆形,以蓝底白线条的圆形图案加文字说明。图 5.16 为施工现场经常见到的必须系安全带、必须戴安全帽的指令标志。

图 5.16　须系安全带、必须戴安全帽指令标志

4)提示标志

提示标志的含义是提示人们按指定要求去做。

图形以长方形、绿底(防火为红底)白线条加文字说明,如“安全通道”、“太平门”、“灭火器”、“火警电话”等。

5.8.2　安全标志布置总平面图

施工单位应当根据工程项目的规模、施工现场的环境、工程结构形式以及设备、机具的位置等情况,确定危险部位,有针对性地设置安全标志。施工现场应绘制安全标志布置总平面图,根据不同阶段的施工特点,组织人员有针对性地进行设置、悬挂和增减。安全标志布置总平面图,是重要的安全工作内业资料之一,当使用一张图不能完全表明时可以分层表明或分层绘制。安全标志布置总平面图应由绘制人员签名,项目负责人审批。

5.8.3　安全标志的设置与悬挂

施工现场施工机械、机具数量与种类较多,并且高处与交叉作业多、临时设施多,不安全因素多、作业环境复杂,属于危险因素较大的作业场所,容易造成人身伤亡事故。按照规定,施工现场应当根据工程特点及施工阶段,有针对性地在施工现场的危险部位和有关设备、设施上设置安全警示标志,提醒、警示进入施工现场的管理人员、作业人员和有关人员,时刻认识到所处环境的危险性,随时保持清醒和警惕,避免事故发生。

(1)安全标志的设置位置与方式

1)高度

安全标志牌的设置高度应与人眼的高度一致,“禁止烟火”、“当心坠物”等环境标志牌下边缘距离地面高度不能小于 2 m;“禁止乘人”、“当心伤手”、“禁止合闸”等局部信息标志牌的设置高度应视具体情况确定。

2)角度

标志牌的平面与视线夹角应接近 90°角,观察者位于最大观察距离时,最小夹角不少于 75°。

观察者与标志牌的视觉关系如图 5.17 所示。

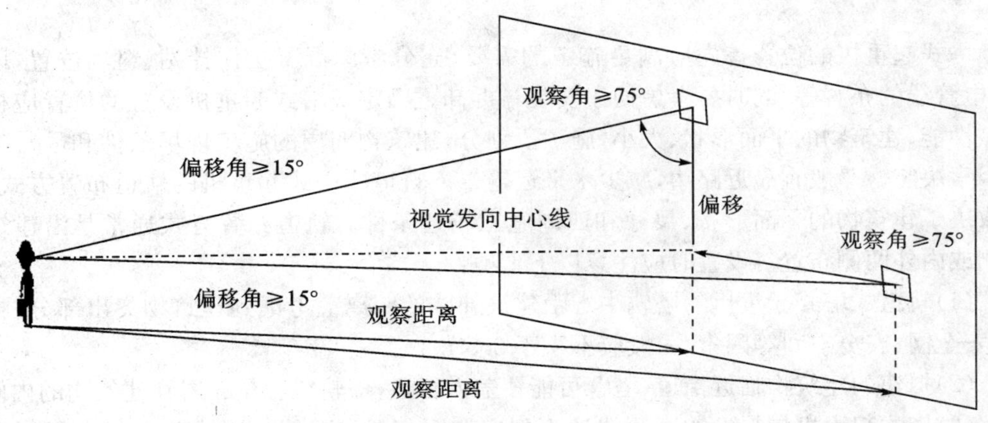

图 5.17　观察者与标志牌的视觉关系

3)位置

标志牌应设在与安全有关的醒目和明亮地方,并使大家看见后,有足够的时间来注意它所表示的内容。环境信息标志宜设在有关场所的入口处和醒目处;局部信息标志应设在所涉及的相应危险地点或设备(部件)附近的醒目处。标志牌一般不宜设置在可移动的物体上,以免这些物体位置移动后,看不见安全标志。标志牌前不得放置妨碍认读的障碍物。

4)顺序

必须同时设置不同类型多个标志牌时,应当按照警告、禁止、指令、提示的顺序,先左后右、先上后下地排列设置。

5)固定

建筑施工现场设置的安全标志牌的固定方式主要为附着式、悬挂式两种。在其他场所也可采用柱式。悬挂式和附着式的固定应稳固不倾斜,柱式的标志牌和支架应牢固地联接在一起。

(2)危险部位安全标志的设置

根据国家有关规定,施工现场入口处、施工起重机械、临时用电设施、脚手架、出入通道口、楼梯口、电梯井口、孔洞口、桥梁口、隧道口、基坑边沿、爆破物及有害危险气体和液体存放处等属于危险部位,应当设置明显的安全标志。安全标志的类型、数量应当根据危险部位的性质，设置相应的安全警示标志。如在爆破物及有害危险气体和液体存放处设置“禁止烟火”、“禁止吸烟”等禁止标志；在施工机具旁设置“当心触电”、“当心伤手”等警告标志，在施工现场入口处设置“必须戴安全帽”等指令标志；在通道口处设置“安全通道”等指示标志；在施工现场的沟、坎、深基坑等处，夜间要设红灯示警。

(3)安全标志登记

安全标志设置后应当进行统计记录，并填写施工现场安全标志登记表。

5.9　塔式起重机的设置

塔式起重机的位置首先应满足施工的需要，充分考虑混凝土搅拌站、料场位置，以及水、电管线的布置等，同时要考虑便于安装与拆卸。固定式塔式起重机设置的位置应根据机械性能，建筑物的平面形状、大小，施工段划分，建筑物四周的施工现场条件和吊装工艺等因素决定。一般宜靠近路边，减少水平运输量。轨道式塔式起重机的轨道布置方式，主要取决于建筑物的平面形状、尺寸和四周施工场地条件。轨道布置方式通常是沿建筑物一侧或内外两侧布置。设置时应注意以下事项：

(1)轨道式塔式起重机的塔轨中心距建筑外墙的距离应考虑到建筑物突出部分、脚手架、安全网、安全空间等因素，一般应不小于3.5 m。

(2)拟建的建筑物临近街道，塔臂可能覆盖人行道，塔轨应尽量布置在建筑物的内侧。

(3)塔式起重机与临近的高压线达不到安全距离时，应搭设防护架，并且应限制旋转的角度，以防止塔式起重机作业时造成事故。

(4)在一个现场内同时布置多台塔式起重机时，应有必要的防碰撞措施，保持两机之间的最小安全距离，保证交叉作业的安全：

1)两台或两台以上塔机在相互靠近的区域上或在同一轨道上作业时，应保持两机之间的最小距离。

移动式塔机：垂直方向，处于高位起重机的最低位置的部件(如吊钩，包括吊物)与低位起重机中处于最高位置部件之间的垂直距离不得小于5 m。

固定式塔机：水平方向，应保证处于低位的起重机的臂架端部与高位起重机塔身之间至少有2 m的距离；垂直方向，处于高位起重机的最低位置的部件(如吊钩，包括吊物)与低位起重机中处于最高位置部件之间的垂直距离不得小于2 m。

2)当因条件限制，不能满足安全距离要求时，应同时采取相应的组织、技术措施防止碰撞。

(5)轨道式塔式起重机轨道基础与固定式塔式起重机基础必须符合产品说明书的技术要求，基础应设置排水措施，防止积水。

(6)塔式起重机布置时应考虑安装与拆除所需要的场地。

(7)施工现场应留出塔式起重机进出场道路。

5.10　搅拌站的设置

(1)搅拌站应有后上料场地,应当综合考虑沙石堆场、水泥库的设置位置,既要相互靠近,又要便于材料的运输和装卸。

(2)搅拌站应当尽可能设置在垂直运输机械附近,在塔式起重机吊运半径内,尽可能减少混凝土、砂浆水平运输距离:

1)采用塔式起重机吊运时,应当留有起吊空间,使吊斗能方便地从出料口直接挂钩起吊和放下;

2)采用小车、翻斗车运输时,应当设置在道路旁,以方便运输。

(3)搅拌站场地四周应当设置沉淀池、排水沟:

1)避免清洗机械时,造成场地积水;

2)沉淀后循环使用,节约用水;

3)避免将未沉淀的污水直接排入城市排水设施或河流。

(4)搅拌站应挂设搅拌安全操作规程和相应的安全标志、混凝土配合比牌。

(5)搅拌站应当搭设操作棚,采取防止扬尘措施,冬季施工还应考虑保温、供热等。

5.11　材料的堆放

5.11.1　一般要求

(1)建筑材料的堆放应当根据用量大小、使用时间长短、供应与运输情况确定,用量大、使用时间长、供应运输方便的,应当分期分批进场,以减少堆场和仓库面积;

(2)施工现场各种工具、构件、材料的堆放必须按照总平面图规定的位置放置;

(3)位置应选择适当,便于运输和装卸,尽量减少二次搬运;

(4)地势较高、坚实、平坦,回填土应分层夯实,要有排水措施,符合安全、防火的要求;

(5)应当按照品种、规格分类堆放,并设明显标牌,标明名称、规格和产地等;

(6)各种材料物品必须堆放整齐。

5.11.2　主要材料半成品的堆放

(1)大型工具,应当一头见齐,如图5.18所示;

(2)钢筋应当堆放整齐,用方木垫起,不宜放在潮湿和暴露在外受雨水冲淋;

(3)砖应丁码成方垛,不得超高,距沟槽坑边不小于0.5 m,防止坍塌;

(4)砂应堆成方,石子应当按不同粒径规格分别堆放成方;

(5)各种模板应当按规格分类堆放整齐,地面应平整坚实,叠放高度一般不宜超过2

m;大模板存放应放在经专门设计的存架上,应当采用两块大模板面对面存放,当存放在施工楼层上时,应当满足自稳角度并有可靠的防倾倒措施;

图 5.18　施工现场物料堆放

(6)混凝土构件堆放场地应坚实、平整,按规格、型号分类堆放,垫木位置要正确,多层构件的垫木要上下对齐,垛位不准超高;混凝土墙板宜设插放架,插放架要焊接或绑扎牢固,防止倒塌。

5.12　场地清理

(1)作业区及建筑物楼层内,要做到工完场地清,拆模时应当随拆随运走,不能马上运走的应码放整齐;

(2)各楼层清理的垃圾应当及时运走,不得长期堆放在楼层内;

(3)施工现场的垃圾应分类集中堆放,并标出名称、品种;

(4)垃圾应当用器具装载清运,严禁高处抛撒。

5.13　现场消防

施工现场火灾隐患较多,是消防的重点场所。施工现场堆放的各种建筑材料、设备的仓库或堆场,办公室、宿舍、食堂、更衣室等临时设施,临时变电所(配电箱)、乙炔发生器间、油漆间、木工间、电工间、易燃易爆危险物品仓库等都是重点消防部位。

5.13.1　施工单位的消防职责

(1)施工现场的消防安全管理由施工单位负责。实行施工总承包的,由总承包单位负责。分包单位应向总承包单位负责,并应服从总承包单位的管理,同时应承担国家法律、法规规定的消防责任和义务。施工单位根据现场条件建立健全消防安全责任制度,明确消防安全要求、消防安全管理程序、消防安全责任人、消防安全培训要求等,并在项目内部逐级落实岗位防火责任制度等。

(2)在施工现场制定用火用电制度、易燃易爆危险物品管理制度、消防安全检查制度、消防设施维护保养制度、消防值班制度、职工消防教育培训制度等消防安全管理制度;制定用火用电,使用电焊、气焊、易燃易爆材料等岗位的消防安全操作规程。

(3)组织制订施工现场消防安全保卫方案及处置措施,研究和落实火灾隐患的整改措施,组织消防安全宣传教育和检查。

(4)根据建筑工程的规模和火灾危险性,配备专职或兼职消防人员,负责日常的消防安全检查工作,协助消防安全负责人做好施工现场的消防安全工作。

(5)电工、电焊工、气焊工、易燃易爆危险物品仓库保管员等应按照有关规定接受包括消防安全等内容的安全培训。

(6)建筑工程施工前,施工单位应当将下列资料存档备查:

1)施工现场平面图,并标明各临时建筑物的使用性质;

2)易燃易爆危险物品存放地点及品种、数量清单;

3)施工人员数量和住宿情况清单;

4)施工进度计划;

5)防火安全管理组织体系和各项制度;

6)消防器材和其他灭火设施的配置清单;

7)其他需要存档的资料。

(7)施工现场发生火灾时,应当拨打119电话向公安消防机构报警,并迅速组织疏散人员,扑救火灾,还应根据公安消防机构的要求,为抢救人员、扑救火灾提供便利条件。

5.13.2　施工现场防火

(1)施工现场的平面布局应当以在建工程为中心,明确划分用火作业区、材料堆放区、仓库区及临时生活办公区、废品集中站等区域,设置的距离应符合下列要求:

1)锅炉房、厨房及其他固定用火作业区宜设置在在建工程可燃材料堆场或仓库25 m之外;

2)氧气、乙炔气瓶,油漆稀料等易燃易爆危险物品仓库宜设置在施工区、生活办公区25 m之外。

(2)固定动火作业场应布置在可燃材料堆场及其加工场、易燃易爆危险品库房等全年最小频率风向的上风侧;宜布置在临时办公用房、宿舍、可燃材料库房、在建工程等全年最小频率风向的上风侧。

(3)易燃易爆危险品库房与在建工程的防火间距不应小于15 m,可燃材料堆场及其加工场、固定动火作业场与在建工程的防火间距不应小于10 m,其他临时用房、临时设施与在建工程的防火间距不应小于6 m。施工现场主要临时用房、临时设施的防火间距不应小于表4.3的规定。

表 5.3　施工现场主要临时临时用房、临时设施的防火间距(m)

名称间距	办公用房、宿舍	发电机房、变配电房	可燃材料库房	厨房操作间、锅炉房	可燃材料堆场及其加工场	固定动火作业场	易燃易爆危险品库房
办公用房、宿舍	4	4	5	5	7	7	10
发电机房、变配电房	4	4	5	5	7	7	10
可燃材料库房	5	5	5	5	7	7	10
厨房操作间、锅炉房	5	5	5	5	7	7	10
可燃材料堆场及其加工场	7	7	7	7	7	10	10
固定动火作业场	7	7	7	7	10	10	10
易燃易爆危险品库房	10	10	10	10	10	12	12

注:(1)临时用房、临时设施的防火间距应按临时用房外墙外边线或堆场、作业场、作业棚边线间的最小距离计算,如临时用房外墙有突出可燃构件时,应从其突出可燃构件的外缘算起。

(2)两栋临时用房相邻较高一面的外墙为防火墙时,防火间距不限。

(3)本表未规定的,可按同等火灾危险性的临时用房、临时设施的防火间距确定。

(4)施工现场应当设有消防通道,保证临警时消防车能够停靠施救。

(5)在建工程的地下室、半地下室禁止用作施工和其他人员的住宿场所。

(6)施工现场宿舍、办公用房的防火设计应符合下列规定:

1)建筑构件的燃烧性能等级应为 A 级。当采用金属夹芯板材时,其芯材的燃烧性能等级应为 A 级;

2)建筑层数不应超过 3 层,每层建筑面积不应大于 300 m^2;临时宿舍的房间建筑面积不应大于 30 m^2 的,其他房间的建筑面积不宜大于 100 m^2;每个房门至疏散楼梯的距离不得超过 25 m^2;

3)层数为 3 层或每层建筑面积大于 200 m^2 时,应设置不少于 2 部疏散楼梯,房间疏散门至疏散楼梯的最大距离不应大于 25 m;

4)单面布置用房时,疏散走道的净宽度不应小于 1.0 m;双面布置用房时,疏散走道的净宽度不应小于 1.5 m;

5)疏散楼梯的净宽度不应小于疏散走道的净宽度;

6)宿舍房间的建筑面积不应大于 30 m^2,其他房间的建筑面积不宜大于 100 m^2;

7)房间内任一点至最近疏散门的距离不应大于 15 m,房门的净宽度不应小于 0.8 m,房间建筑面积超过 50 m^2 时,房门的净宽度不应小于 1.2 m;

8)隔墙应从楼地面基层隔断至顶板基层底面。

9)高压架空线下禁止搭建临时建筑物和堆放易燃、可燃物品;

10)临时建筑物的防火间距不得小于 5 m。成组布置的临时建筑物,每组不得超过 10 幢,组与组的防火间距不得小于 8 m;

(7)施工现场动力与照明电源线应当分开设置,并配备相应的保险装置,严禁乱接乱拉电气线路；临时宿舍内禁止使用功率大于200 W的照明、取暖和电加热设备。

(8)施工工地应当选择安全地点集中设置厨房，落实专人管理明火、燃气、燃油。

(9)既有建筑进行扩建、改建施工时，必须明确划分施工区和非施工区。施工区不得营业、使用和居住；非施工区继续营业、使用和居住时必须满足以下消防规定：

1)施工区和非施工区之间应采用不开设门、窗、洞口的耐火极限不低于3.0 h的不燃烧体隔墙进行防火分隔。

2)非施工区内的消防设施应完好和有效，疏散通道应保持畅通，并应落实日常值班及消防安全管理制度。

3)施工区的消防安全应配有专人值守，发生火情应能立即处置。

4)施工单位应向居住和使用者进行消防宣传教育，告知建筑消防设施、疏散通道的位置及使用方法，同时应组织疏散演练。

5)外脚手架搭设不应影响安全疏散、消防车正常通行及灭火救援操作，外脚手架搭设长度不应超过该建筑物外立面周长的1/2。

(10)临时消防设施应与在建工程的施工同步设置。房屋建筑工程中，临时消防设施的设置与在建工程主体结构施工进度的差距不应超过3层。

(11)施工现场的消火栓泵应采用专用消防配电线路。专用消防配电线路应自施工现场总配电箱的总断路器上端接入，且应保持不间断供电。

(12)临时用房建筑面积之和大于1 000 m^2 或在建工程单体体积大于10 000 m^3 时，应设置临时室外消防给水系统。当施工现场处于市政消火栓150 m保护范围内且市政消火栓的数量满足室外消防用水量要求时，可不设置临时室外消防给水系统。

5.13.3 动火管理

(1)动火审批：

1)施工现场应当按照动用明火的范围、时间和危险程度建立相应的审批制度，根据动火级别不同办理动火审批手续，取得动火证；

2)动火证必须注明动火地点、动火时间、动火人、现场监护人、批准人和防火措施；

3)作业人员动用明火前，应当清除明火点周围的可燃物品，落实监护人员和监护措施，并配置必要的灭火器具。

(2)存在下列情况之一的，禁止动用明火作业：

1)现场操作工没有操作证的；

2)在动用明火审批的范围内而未履行审批手续的；

3)现场操作工不了解动用明火作业现场周围情况的；

4)用可燃材料做保温、冷却、隔音、隔热的部位，在火星能飞溅到的地方未采取有效安全措施的；

5)作业现场附近堆有易燃易爆危险物品，未做彻底清理或者未采取有效安全措施的；

6)作业现场有可燃气体、易燃流体蒸气与空气混合形成爆炸性混合物的；

7)交叉施工作业中，动用明火危及其他施工设备和人员安全的；

8)散落的火星危及毗连或邻近建(构)筑物安全的；

9)有压力或密闭的管道、容器,现场操作工不了解焊件内部是否安全的;

10)按有关规定禁止动用明火的。

(3)高层建筑的主体结构内动用明火进行焊割作业前,应当将供水系统安装至明火作业层,并确保正常取水。

(4)电(气)焊、切割的作业点应当远离易燃易爆危险物品及可燃物品;焊割点周围和下方应当落实防火措施,并指定专人现场监护。

(5)施工现场宜设置吸烟室,禁止随处吸烟,烟蒂应当丢入有水的烟缸内。

(6)禁止在施工现场熬炼沥青。

5.13.4 易燃易爆物品管理

(1)乙炔发生器和氧气瓶的存放距离不得小于 2 m,使用时两者的距离不得小于 5 m;

(2)使用有机溶剂等材料以及有可燃气体产生的施工现场,应当通风良好;自然通风条件不好的施工现场,应当安装机械通风设备后方能施工;

(3)可燃材料及易燃易爆危险品应按计划限量进场。进场后,可燃材料宜存放于库房内,如露天存放时,应分类成垛堆放,垛高不应超过 2 m,单垛体积不应超过 50 m^3,垛与垛之间的最小间距不应小于 2 m,且采用不燃或难燃材料覆盖;易燃易爆危险品应分类专库储存,库房内通风良好,并设置严禁明火标志。

(4)室内使用油漆及其有机溶剂、乙二胺、冷底子油或其他可燃、易燃易爆危险品的物资作业时,应保持良好通风,作业场所严禁明火,并应避免产生静电。

(5)使用易燃易爆气体或液体数量较多的施工现场,应当选择施工作业区以外的安全合适地点设置易燃易爆危险物品仓库;

(6)施工中产生的刨花、木屑以及油毡、木料等易燃、可燃物品应当每天清理,禁止在施工现场焚烧;

(7)施工剩余的油漆、稀料应当集中存放在安全地点。

5.13.5 消防器具的设置与管理

(1)施工现场应当配备必要的灭火器具,灭火器具应当设置在醒目和便于取用的地方:

1)临时搭建的建筑物区域内应按规定配备消防器材,见表 5.4。

表 5.4 灭火器最低配置标准

项目	固体物质火灾		液体或可熔化固体物质火灾、气体火灾	
	单县灭火器最小灭火级别	单位灭火级别最大保护面积 m^2/A	单县灭火器最小灭火级别	单位灭火级别最大保护面积 m^2/A
易燃易爆危险品存放及使用场所	3A	50	89B	0.5
固定动火作业场	3A	50	89B	0.5

（续表）

项目	固体物质火灾		液体或可熔化固体物质火灾、气体火灾	
	单县灭火器最小灭火级别	单位灭火级别最大保护面积 m^2/A	单县灭火器最小灭火级别	单位灭火级别最大保护面积 m^2/A
临时动火作业点	2A	50	55B	0.5
可燃材料存放、加工及使用场所	2A	75	55B	1.0
厨房操作间、锅炉房	2A	75	55B	1.0
自备发电机房	2A	75	55B	1.0
变、配电房	2A	75	55B	1.0
办公用房、宿舍	1A	100	—	—

2)按照施工现场的不同作业条件、作业区域，在木工作业区、电气设备集中区、变配电室、食堂等配置消防设施和灭火器材，其位置、数量以及种类等均应符合有关消防规定。

(2)消防水源应设置在合理的部位，水源数量与间隔距离应当符合消防规定要求，并有足够的消防用水，能够满足灭火的需要。

(3)当建筑施工高度超过 30 m 时，应设置高压水泵，每层设有消防水源接口配备有足够的消防水源和自救的用水量；当消防水源不能满足灭火需要时，应当增设临地消防水箱。

(4)各类消防设施、器材应定期进行检验、维修，确保完好、有效。

(5)施工作业人员应当了解消防设施和消防器材的性能，并熟练掌握其使用方法。

(6)在施工现场入口处要设置明显的消防安全标志和火灾报警标志，在施工现场内的安全通道口设置消防安全疏散标志，在重点防火部位设置消防防火标志。

5.14　治安综合治理与社区服务

5.14.1　治安综合治理

(1)施工现场应建立治安保卫制度，确定责任分工并分解到人；

(2)施工现场应在生活区内设置工人业余学习和娱乐场所；

(3)治安保卫工作不但是直接影响施工现场的安全与否的重要工作，而且是社会安定所必需，应该措施得力、效果明显。

5.14.2　社区服务

施工现场应当建立不扰民措施，避免扬尘、噪音、烟气、光等扰民引起纠纷，影响施工。要有责任人管理和检查不扰民措施的落实，定期与周围社区定期联系，听取意见，对合理意见应当及时采纳处理。工作应当有记录。

5.15 环境保护

施工单位应当遵照有关环境保护的法律、法规，做好施工现场的环境保护工作。

(1)防治大气污染

1)施工场地宜采取措施硬化，其中主要道路、料场、生活办公区域必须进行硬化处理，土方应集中堆放；集中堆放的土方和裸露的场地应采取覆盖、固化或绿化等措施；

2)使用密目式安全网对在建建筑物、构筑物进行封闭，防止施工过程扬尘；

3)拆除旧有建筑物时，应采用隔离、洒水等措施防止扬尘，并应在规定期限内将废弃物清理完毕；

4)不得在施工现场熔融沥青，严禁在施工现场焚烧含有有毒、有害化学成分的装饰废料、油毡、油漆、垃圾等各类废弃物；

5)从事土方、渣土和施工垃圾运输应采用密闭式运输车辆或采取覆盖措施；

6)施工现场出入口处应采取保证车辆清洁的措施；

7)施工现场应根据风力和大气湿度的具体情况，进行土方回填、转运作业；

8)水泥和其他易飞扬的细颗粒建筑材料应密闭存放，砂石等散料应采取覆盖措施；

9)施工现场混凝土搅拌场所应采取封闭、降尘措施；

10)建筑物内施工垃圾的清运，应采用专用封闭式容器吊运或传送，严禁凌空抛撒；

11)施工现场应设置密闭式垃圾站，施工垃圾、生活垃圾应分类存放，并及时清运出场；

12)城区、旅游景点、疗养区、重点文物保护地及人口密集区的施工现场应使用清洁能源；

13)施工现场的机械设备、车辆的尾气排放应符合国家环保排放标准要求。

(2)防治水污染

1)施工现场应设置排水沟及沉淀池，现场废水不得直接排入市政污水管网和河流；

2)现场存放的油料、化学溶剂等应设有专门的库房，地面应进行防渗漏处理；

3)食堂应设置隔油池，并应及时清理；

4)厕所的化粪池应进行抗渗处理；

5)食堂、盥洗室、淋浴间的下水管线应设置隔离网，并应与市政污水管线连接，保证排水通畅。

(3)防治施工噪声污染

1)施工现场应对产生噪声和振动的施工机械、机具的使用，采取消声、吸声、隔声等措施控制和降低噪声，并对施工现场的噪声值进行监测和记录；

2)施工现场的强噪声设备宜设置在远离居民区的一侧；

3)对因生产工艺要求或其他特殊需要，确需在22时至次日6时期间进行强噪声施工的，施工前建设单位和施工单位应向有关部门提出申请，经批准后方可进行夜间施工，并公告附近居民；

4)夜间运输材料的车辆进入施工现场,严禁鸣笛,装卸材料应做到轻拿轻放;

5)根据《建筑施工场界噪声限值》(GB12523—2011),城市建筑施工期间施工现场产生的噪音,不得超出表5.5所列噪音限值。另外,在高考、中考、公务员考试等考试期间,施工现场的噪声要符合国家和地方的相关管理规定。

表5.5　施工现场不同施工阶段作业噪声限值(等效声级 Leq(dB(A)))

施工阶段	主要噪声源	噪声限值	
		昼间	夜间
土石方	推土机、挖掘机、装载机等	75	55
打桩	各种打桩机	85	禁止施工
结构	混凝土搅拌机、振捣棒、电锯等	70	55
装修	吊车、升降机等	65	55

注:(1)表中所列噪声值是指与敏感区域相应的建筑施工场地边界线处的限值;

(2)如有几个施工阶段同时进行,以高噪声阶段的限值为准;

(3)建筑施工现场边界线处的等效声级测量应当按照《建筑施工场界噪声测量方法》(GB 12524—2011)确定的方法进行。

(4)防治施工光线污染

夜间施工严格按照建设行政主管部门和有关部门的规定执行,对施工照明器具的种类、灯光亮度加以严格控制,特别是在城市市区居民居住区内,减少施工照明对城市居民的危害。

(5)防治施工固体废弃物污染

施工车辆运输沙石、土方、渣土和建筑垃圾,采取密封、覆盖措施,避免泄露、遗撒,并按指定地点倾卸,防止固体废物污染环境。

5.16　安全文明工地评选

为了认真贯彻"安全第一,预防为主,综合治理"的方针,彻底改变施工现场"脏、乱、差"的面貌,树立社会主义市场经济的新风貌,做到物质文明与精神文明双丰收,山东省自1996起在全省开展了创建安全文明工地活动。

5.16.1　安全文明工地类别

建筑施工安全文明工地分为国家级、省级、市级和县级四个层次,分别由建设部和省、市、县建筑业主管部门管理与表彰。

省级安全文明工地分为山东省建筑施工安全文明示范工地、山东省建筑施工安全文明优良工地和山东省建筑施工安全文明小区。

5.16.2　安全文明工地政策

省级安全文明工地的申报评选工作采取施工企业自愿,逐级筛选,省建筑安全与设备管理协会会员单位优先申报的原则，在各地建筑安全监督管理机构按分配名额考核评选的基础上，向省建筑施工安全监督站申报。

根据有关规定，在山东省建设工程招投标中，对获得“山东省建筑施工安全文明示范工地”荣誉称号的承包单位增加与获得工程质量“泰山杯”奖同等分值的荣誉分；对获得“山东省建筑施工安全文明优良工地”、“山东省建筑施工安全文明小区”荣誉称号的承包单位增加与获得工程质量“省优良工程”同等分值的荣誉分。

5.16.3 省级安全文明工地的申报

(1)申报条件

1)凡申报的在建工程项目，其总包及分包企业必须已取得安全生产许可证，项目经理、现场安全员已取得安全考核合格证书，特种作业人员已取得特种作业操作资格证；

2)凡申报的工程必须是在我省符合法定建设程序的施工工地，并按《建筑法》规定办理了工伤保险；

3)在施工全过程中未发生施工安全事故(包括未遂事故)，未发生社会影响恶劣的安全文明施工投诉和不稳定事件。

4)施工现场使用的建筑安全防护用具及机械设备必须是省建设行政主管部门登记备案产品；

5)施工现场及工程形象进度应满足《建筑施工安全检查标准》分项考核条件的要求；

6)严格执行安全生产文明施工的法律、法规、标准和规章相关要求。

7)工程量符合以下规定：

示范工地：房屋建筑工程建筑面积应在 8 000 m^2 以上，安装工程、装饰装修工程造价在 1 500 万元以上；

优良工地：房屋建筑工程建筑面积应在 5 000 m^2 以上，安装工程、装饰装修工程造价在 600 万元以上；

安全文明施工小区：应以开发建设的城市居民小区为主，本期开工工程总建筑面积 80 000 m^2 以上，且不少于 6 个单位工程。

(2)申报资料

1)山东省建筑施工安全文明优良工地(小区)申报表。

2)建筑业企业安全资格证书复印件。

3)企业创建安全文明工地方案和措施。

4)建筑施工安全报监书复印件。

5)总承包或分包合同书复印件(取协议书和专用条款部分)。

6)工伤保险复印件。

7)安全防护、文明施工措施费拨付计划及凭证。

8)建筑起重机械检测报告。

9)市建筑安全监督管理机构推荐检查评分资料(按单位工程装订成册)。

另外示范工地、安全文明小区还应提交：数码相片(含电子文档)：图片包括工程立面、场地全貌、大门、围挡，“七版两图”，办公室内、外，饮水处，脚手架内平网、施工层脚手板铺设、脚手架拉结点、马道、通道，机具作业棚、仓库，配电箱设置，生活区全貌、宿舍内外，食堂内外、餐厅，娱乐室内景、淋浴室内景、厕所内景等。

5.16.4　复查验收与评定标准

(1)复查验收内容

安全文明工地的复查验收以考核《建筑施工安全检查标准》(JGJ59—2011)规定的安全管理、文明施工、脚手架、基坑工程、模板支架、高处作业、施工用电、物料提升机与施工升降机、塔式起重机与起重吊装、施工机具等共19项内容为主，同时考核工程项目部安全生产责任制建立与落实情况、规章制度的建立健全和执行情况、安全生产管理机构建立及力量配备和职责履行情况、安全事故应急救援预案编制演练情况、事故报告、调查、处理和行政责任追究规定执行情况、安全防护用具及机械设备使用情况、起重机械设备拆装等专业与劳务承包队伍资质认证情况、工程监理单位履行安全生产职责情况以及行业主管部门有关安全生产规章制度的执行情况等。

(2)检查程序

复查验收小组一般由从全省各地抽调建筑施工安全生产专家组成，复查验收的工作程序一般为：

1)听取受检工程项目部安全生产文明施工工作汇报(附书面)；

2)查看受检企业提供的安全生产技术资料；

3)按《建筑施工安全检查标准》确定的项目和标准检查施工现场；

4)对施工现场存有的严重安全隐患和不规范行为进行记录；

5)对受检企业经理、项目经理以及施工现场有关人员进行提问，检查其对施工安全知识的熟知和掌握情况；

6)检查组向受检项目现场反馈检查情况：工程项目部的汇报一般应包括工程项目详细情况、创建文明工地主要措施、主要经验等，也可以介绍一下企业的情况与特点。

(3)评定标准

优良工地：综合得分≥80分，其他符合有关规定；

示范工地：综合得分≥90分，其他符合有关规定；

施工小区：平均综合得分≥80分，且不少于10%的单体工程(且不少于1个)综合得分≥90分，单体最低得分不少于75分，其他符合有关规定。

复查验收后，工程竣工验收质量不合格、被有关部门通报批评或群众举报存有不文明行为并经查实的、发生四级以上安全生产事故的，取消文明工地资格。

第 6 章　建筑工程安全生产技术

（本章标题序号、图表序号以及公式序号均自成体系，以方便使用）

6.1　工程建设强制性标准监督规定

《实施工程建设强制性标准监督规定》（建设部令第 81 号）已于 2000 年 8 月 21 日经第 27 次部常务会议通过，自发布之日起施行。

第一条　为加强工程建设强制性标准实施的监督工作，保证建设工程质量，保障人民的生命、财产安全，维护社会公共利益，根据《中华人民共和国标准化法》、《中华人民共和国标准化法实施条例》和《建设工程质量管理条例》，制定本规定。

第二条　在中华人民共和国境内从事新建、扩建、改建等工程建设活动，必须执行工程建设强制性标准。

第三条　本规定所称工程建设强制性标准是指直接涉及工程质量、安全、卫生及环境保护等方面的工程建设标准强制性条文。

国家工程建设标准强制性条文由国务院建设行政主管部门会同国务院有关行政主管部门确定。

第四条　国务院建设行政主管部门负责全国实施工程建设强制性标准的监督管理工作。

国务院有关行政主管部门按照国务院的职能分工负责实施工程建设强制性标准的监督管理工作。

县级以上地方人民政府建设行政主管部门负责本行政区域内实施工程建设强制性标准的监督管理工作。

第五条　工程建设中拟采用的新技术、新工艺、新材料，不符合现行强制性标准规定的，应当由拟采用单位提请建设单位组织专题技术论证，报批准标准的建设行政主管部门或者国务院有关主管部门审定。

工程建设中采用国际标准或者国外标准，现行强制性标准未作规定的，建设单位应当向国务院建设行政主管部门或者国务院有关行政主管部门备案。

第六条　建设项目规划审查机构应当对工程建设规划阶段执行强制性标准的情况实施监督。

施工图设计文件审查单位应当对工程建设勘察、设计阶段执行强制性标准的情况实施监督。

建筑安全监督管理机构应当对工程建设施工阶段执行施工安全强制性标准的情况实施监督。

工程质量监督机构应当对工程建设施工、监理、验收等阶段执行强制性标准的情况实施监督。

第七条　建设项目规划审查机关、施工图设计文件审查单位、建筑安全监督管理机构、工程质量监督机构的技术人员必须熟悉、掌握工程建设强制性标准。

第八条　工程建设标准批准部门应当定期对建设项目规划审查机关、施工图设计文件审查单位、建筑安全监督管理机构、工程质量监督机构实施强制性标准的监督进行检查，对监督不力的单位和个人，给予通报批评，建议有关部门处理。

第九条　工程建设标准批准部门应当对工程项目执行强制性标准情况进行监督检查。监督检查可以采取重点检查、抽查和专项检查的方式。

第十条　强制性标准监督检查的内容包括：

(一)有关工程技术人员是否熟悉、掌握强制性标准；

(二)工程项目的规划、勘察、设计、施工、验收等是否符合强制性标准的规定；

(三)工程项目采用的材料、设备是否符合强制性标准的规定；

(四)工程项目的安全、质量是否符合强制性标准的规定；

(五)工程中采用的导则、指南、手册、计算机软件的内容是否符合强制性标准的规定。

第十一条　工程建设标准批准部门应当将强制性标准监督检查结果在一定范围内公告。

第十二条　工程建设强制性标准的解释由工程建设标准批准部门负责。

有关标准具体技术内容的解释，工程建设标准批准部门可以委托该标准的编制管理单位负责。

第十三条　工程技术人员应当参加有关工程建设强制性标准的培训，并可以计入继续教育学时。

第十四条　建设行政主管部门或者有关行政主管部门在处理重大工程事故时，应当有工程建设标准方面的专家参加；工程事故报告应当包括是否符合工程建设强制性标准的意见。

第十五条　任何单位和个人对违反工程建设强制性标准的行为有权向建设行政主管部门或者有关部门检举、控告、投诉。

第十六条　建设单位有下列行为之一的，责令改正，并处以20万元以上50万元以下的罚款：

(一)明示或者暗示施工单位使用不合格的建筑材料、建筑构配件和设备的；

(二)明示或者暗示设计单位或者施工单位违反工程建设强制性标准，降低工程质量的。

第十七条　勘察、设计单位违反工程建设强制性标准进行勘察、设计的，责令改正，并处以10万元以上30万元以下的罚款。

有前款行为，造成工程质量事故的，责令停业整顿，降低资质等级；情节严重的，吊销资质证书；造成损失的，依法承担赔偿责任。

第十八条 施工单位违反工程建设强制性标准的，责令改正，处工程合同价款2%以上4%以下的罚款；造成建设工程质量不符合规定的质量标准的，负责返工、修理，并赔偿因此造成的损失；情节严重的，责令停业整顿，降低资质等级或者吊销资质证书。

第十九条 工程监理单位违反强制性标准规定，将不合格的建设工程以及建筑材料、建筑构配件和设备按照合格签字的，责令改正，处50万元以上100万元以下的罚款，降低资质等级或者吊销资质证书；有违法所得的，予以没收；造成损失的，承担连带赔偿责任。

第二十条 违反工程建设强制性标准造成工程质量、安全隐患或者工程事故的，按照《建设工程质量管理条例》有关规定，对事故责任单位和责任人进行处罚。

第二十一条 有关责令停业整顿、降低资质等级和吊销资质证书的行政处罚，由颁发资质证书的机关决定；其他行政处罚，由建设行政主管部门或者有关部门依照法定职权决定。

第二十二条 建设行政主管部门和有关行政主管部门工作人员，玩忽职守、滥用职权、徇私舞弊的，给予行政处分；构成犯罪的，依法追究刑事责任。

第二十三条 本规定由国务院建设行政主管部门负责解释。

第二十四条 本规定自发布之日起施行。

6.2 施工企业安全生产评价标准

中华人民共和国住房和城乡建设部已于2010年5月18日颁布的《施工企业安全生产评价标准》(JGJ/T 77—2010)，自2011年11月日起实施，原行业标准《施工企业安全生产评价标准》(JGJ/T 77—2003)同时作废。

6.2.1 施工企业安全生产评价标准

6.2.1.1 总则

1.0.1 为促进施工企业安全生产，确保其具备必要的安全生产条件和能力，制定本标准。

1.0.2 本标准适用于对施工企业进行安全生产条件和能力的评价。

1.0.3 施工企业安全生产评价，除应执行本标准的规定外，尚应符合国家现行有关标准的规定。

6.2.1.2 术语

2.0.1 施工企业 construction company：从事土木工程、建筑工程、线路管道和设备安装工程、装修工程的企业。

2.0.2 安全生产 work safety：为预防生产过程中发生事故而采取的各种措施和活动。

2.0.3 安全生产条件 condition of work safety：满足安全生产所需要的各种因素及其组合。

2.0.4 核验 verify：根据建设行政主管部门、安全监督机构或其他相关机构日常的监督、检查记录等资料，对施工现场安全生产管理常态进行复核、追溯。

2.0.5 危险源 hazard：可能导致死亡、伤害、职业病、财产损失、工作环境破坏或这些情况组合的根源或状态。

6.2.1.3 评价内容

6.2.1.3.1 安全生产管理评价

3.1.1 施工企业安全生产条件应按安全生产管理、安全技术管理、设备和设施管理、企业市场行为和施工现场安全管理等5项内容进行考核，并应按本标准附录A中的内容具体实施考核评价。

3.1.2 每项考核内容应以评分表的形式和量化的方式，根据其评定项目的量化评分标准及其重要程度进行评定。

3.1.3 安全生产管理评价应为对企业安全管理制度建立和落实情况的考核，其内容应包括安全生产责任制度、安全文明资金保障制度、安全教育培训制度、安全检查及隐患排查制度、生产安全事故报告处理制度、安全生产应急救援制度等6个评定项目。

3.1.4 施工企业安全生产责任制度的考核评价应符合下列要求：

1.未建立以企业法人为核心分级负责的各部门及各类人员的安全生产责任制，则该评定项目不应得分；

2.未建立各部门、各级人员安全生产责任落实情况考核的制度及未对落实情况进行检查的，则该评定项目不应得分；

3.未实行安全生产的目标管理、制定年度安全生产目标计划、落实责任和责任人及未落实考核的，则该评定项目不应得分；

4.对责任制和目标管理等的内容和实施，应根据具体情况评定折减分数。

3.1.5 施工企业安全文明资金保障制度的考核评价应符合下列要求：

1.制度未建立且每年未对与本企业施工规模相适应的资金进行预算和决算，未专款专用，则该评定项目不应得分；

2.未明确安全生产、文明施工资金使用、监督及考核的责任部门或责任人，应根据具体情况评定折减分数。

3.1.6 施工企业安全教育培训制度的考核评价应符合下列要求：

1.未建立制度且每年未组织对企业主要负责人、项目经理、安全专职人员及其他管理人员的继续教育的，则该评定项目不应得分；

2.企业年度安全教育计划的编制，职工培训教育的档案管理，各类人员的安全教育，应根据具体情况评定折减分数。

3.1.7 施工企业安全检查及隐患排查制度的考核评价应符合下列要求：

1.未建立制度且未对所属的施工现场、后方场站、基地等组织定期和不定期安全检查的，则该评定项目不应得分；

2.隐患的整改、排查及治理，应根据具体情况评定折减分数。

3.1.8 施工企业生产安全事故报告处理制度的考核评价应符合下列要求：

1.未建立制度且未及时、如实上报施工生产中发生伤亡事故的，则该评定项目不应得分；

2. 对已发生的和未遂事故，未按照“四不放过”原则进行处理的，则该评定项目不应得分；

3. 未建立生产安全事故发生及处理情况事故档案的，则该评定项目不应得分。

3.1.9 施工企业安全生产应急救援制度的考核评价应符合下列要求：

1. 未建立制度且未按照本企业经营范围，并结合本企业的施工特点，制定易发、多发事故部位、工序、分部、分项工程的应急救援预案，未对各项应急预案组织实施演练的，则该评定项目不应得分；

2. 应急救援预案的组织、机构、人员和物资的落实，应根据具体情况评定折减分数。

6.2.1.3.2 安全技术管理评价

3.2.1 安全技术管理评价应为对企业安全技术管理工作的考核，其内容应包括法规、标准和操作规程配置，施工组织设计，专项施工方案（措施），安全技术交底，危险源控制等5个评定项目。

3.2.2 施工企业法规、标准和操作规程配置及实施情况的考核评价应符合下列要求：

1. 未配置与企业生产经营内容相适应的、现行的有关安全生产方面的法规、标准，以及各工种安全技术操作规程，并未及时组织学习和贯彻的，则该评定项目不应得分；

2. 配置不齐全，应根据具体情况评定折减分数。

3.2.3 施工企业施工组织设计编制和实施情况的考核评价应符合下列要求：

1. 未建立施工组织设计编制、审核、批准制度的，则该评定项目不应得分；

2. 安全技术措施的针对性及审核、审批程序的实施情况等，应根据具体情况评定折减分数。

3.2.4 施工企业专项施工方案（措施）编制和实施情况的考核评价应符合下列要求：

1. 未建立对危险性较大的分部、分项工程专项施工方案编制、审核、批准制度的，则该评定项目不应得分；

2. 制度的执行，应根据具体情况评定折减分数。

3.2.5 施工企业安全技术交底制定和实施情况的考核评价应符合下列要求：

1. 未制定安全技术交底规定的，则该评定项目不应得分；

2. 安全技术交底资料的内容、编制方法及交底程序的执行，应根据具体情况评定折减分数。

3.2.6 施工企业危险源控制制度的建立和实施情况的考核评价应符合下列要求：

1. 未根据本企业的施工特点，建立危险源监管制度的，则该评定项目不应得分；

2. 危险源公示、告知及相应的应急预案编制和实施，应根据具体情况评定折减分数。

6.2.1.3.3 设备和设施管理评价

3.3.1 设备和设施管理评价应为对企业设备和设施安全管理工作的考核，其内容应包括设备安全管理、设施和防护用品、安全标志、安全检查测试工具等4个评定项目。

3.3.2 施工企业设备安全管理制度的建立和实施情况的考核评价应符合下列要求：

1. 未建立机械、设备（包括应急救援器材）采购、租赁、安装、拆除、验收、检测、使用、检查、保养、维修、改造和报废制度的，则该评定项目不应得分；

2. 设备的管理台账、技术档案、人员配备及制度落实，应根据具体情况评定折减分数。

3.3.3　施工企业设施和防护用品制度的建立及实施情况的考核评价应符合下列要求：

1. 未建立安全设施及个人劳保用品的发放、使用管理制度的，则该评定项目不应得分；

2. 安全设施及个人劳保用品管理的实施及监管，应根据具体情况评定折减分数。

3.3.4　施工企业安全标志管理规定的制定和实施情况的考核评价应符合下列要求：

1. 未制定施工现场安全警示、警告标识、标志使用管理规定的，则该评定项目不应得分；

2. 管理规定的实施、监督和指导，应根据具体情况评定折减分数。

3.3.5　施工企业安全检查测试工具配备制度的建立和实施情况的考核评价应符合下列要求：

1. 未建立安全检查检验仪器、仪表及工具配备制度的，则该评定项目不应得分；

2. 配备及使用，应根据具体情况评定折减分数。

6.2.1.3.4　企业市场行为评价

3.4.1　企业市场行为评价应为对企业安全管理市场行为的考核，其内容包括安全生产许可证、安全生产文明施工、安全质量标准化达标、资质机构与人员管理制度等4个评定项目。

3.4.2　施工企业安全生产许可证许可状况的考核评价应符合下列要求：

1. 未取得安全生产许可证而承接施工任务的、在安全生产许可证暂扣期间承接工程的、企业承发包工程项目的规模和施工范围与本企业资质不相符的，则该评定项目不应得分；

2. 企业主要负责人、项目负责人和专职安全管理人员的配备和考核，应根据具体情况评定折减分数。

3.4.3　施工企业安全生产文明施工动态管理行为的考核评价应符合下列要求：

1. 企业资质因安全生产、文明施工受到降级处罚的，则该评定项目不应得分；

2. 其他不良行为，视其影响程度、处理结果等，应根据具体情况评定折减分数。

3.4.4　施工企业安全质量标准化达标情况的考核评价应符合下列要求：

1. 本企业所属的施工现场安全质量标准化年度达标合格率低于国家或地方规定的，则该评定项目不应得分；

2. 安全质量标准化年度达标优良率低于国家或地方规定的，应根据具体情况评定折减分数。

3.4.5　施工企业资质、机构与人员管理制度的建立和人员配备情况的考核评价应符合下列要求：

1. 未建立安全生产管理组织体系、未制定人员资格管理制度、未按规定设置专职安全管理机构、未配备足够的安全生产专管人员的，则该评定项目不应得分；

2. 实行分包的，总承包单位未制定对分包单位资质和人员资格管理制度并监督落实的，则该评定项目不应得分。

6.2.1.3.5　施工现场安全管理评价

3.5.1　施工现场安全管理评价应为对企业所属施工现场安全状况的考核，其内容应包括施工现场安全达标、安全文明资金保障、资质和资格管理、生产安全事故控制、设备设施工艺选用、保险等6个评定项目。

3.5.2　施工现场安全达标考核，企业应对所属的施工现场按现行规范标准进行检查，有一个工地未达到合格标准的，则该评定项目不应得分。

3.5.3　施工现场安全文明资金保障，应对企业按规定落实其所属施工现场安全生产、文明施工资金的情况进行考核，有一个施工现场未将施工现场安全生产、文明施工所需资金编制计划并实施、未做到专款专用的，则该评定项目不应得分。

3.5.4　施工现场分包资质和资格管理规定的制定以及施工现场控制情况的考核评价应符合下列要求：

1.未制定对分包单位安全生产许可证、资质、资格管理及施工现场控制的要求和规定，且在总包与分包合同中未明确参建各方的安全生产责任，分包单位承接的施工任务不符合其所具有的安全资质，作业人员不符合相应的安全资格，未按规定配备项目经理、专职或兼职安全生产管理人员的，则该评定项目不应得分；

2.对分包单位的监督管理，应根据具体情况评定折减分数。

3.5.5　施工现场生产安全事故控制的隐患防治、应急预案的编制和实施情况的考核评价应符合下列要求：

1.未针对施工现场实际情况制定事故应急救援预案的，则该评定项目不应得分；

2.对现场常见、多发或重大隐患的排查及防治措施的实施，应急救援组织和救援物资的落实，应根据具体情况评定折减分数。

3.5.6　施工现场设备、设施、工艺管理的考核评价应符合下列要求：

1.使用国家明令淘汰的设备或工艺，则该评定项目不应得分；

2.使用不符合国家现行标准的且存在严重安全隐患的设施，则该评定项目不应得分；

3.使用超过使用年限或存在严重隐患的机械、设备、设施、工艺的，则该评定项目不应得分；

4.对其余机械、设备、设施以及安全标识的使用情况，应根据具体情况评定折减分数；

5.对职业病的防治，应根据具体情况评定折减分数。

3.5.7　施工现场保险办理情况的考核评价应符合下列要求：

1.未按规定办理意外伤害保险的，则该评定项目不应得分；

2.意外伤害保险的办理实施，应根据具体情况评定折减分数。

6.2.1.4　评价方法

4.0.1　施工企业每年度应至少进行一次自我考核评价。发生下列情况之一时，企业应再进行复核评价：

1.适用法律、法规发生变化时；

2.企业组织机构和体制发生重大变化后；

3.发生生产安全事故后；

4.其他影响安全生产管理的重大变化。

4.0.2　施工企业考核自评应由企业负责人组织，各相关管理部门均应参与。

4.0.3　评价人员应具备企业安全管理及相关专业能力，每次评价不应少于3人。

4.0.4　对施工企业安全生产条件的量化评价应符合下列要求：

1.当施工企业无施工现场时，应采用本标准附录A中表A-1至表A-4进行评价；

2.当施工企业有施工现场时，应采用本标准附录A中表A-1至表A-5进行评价；

3.施工企业的安全生产情况应依据自评价之月起前12个月以来的情况，施工现场应依据自开工日起至评价时的安全管理情况；

4.施工现场评价结论，应取抽查及核验的施工现场评价结果的平均值，且其中不得有一个施工现场评价结果为不合格。

4.0.5　抽查及核验企业在建施工现场，应符合下列要求：

1.抽查在建工程实体数量，对特级资质企业不应少于8个施工现场；对一级资质企业不应少于5个施工现场；对一级资质以下企业不应小于3个施工现场；企业在建工程实体少于上述规定数量的，则应全数检查；

2.核验企业所属其他在建施工现场安全管理状况，核验总数不应少于企业在建工程项目总数的50%。

4.0.6　抽查发生因工死亡事故的企业在建施工现场，应按事故等级或情节轻重程度，在本标准第4.0.5条规定的基础上分别增加2～4个在建工程项目；应增加核验企业在建工程项目总数的10%～30%。

4.0.7　对评价时无在建工程项目的企业，应在企业有在建工程项目时，再次进行跟踪评价。

4.0.8　安全生产条件和能力评分应符合下列要求：

1.施工企业安全生产评价应按评定项目、评分标准和评分方法进行，并应符合本标准附录A的规定，满分分值均应为100分；

2.在评价施工企业安全生产条件能力时，应采用加权法计算，权重系数应符合表4.0.8的规定，并应按本标准附录B进行评价。

表4.0.8　权重系数

评价内容			权重系数
无施工项目	①	安全生产管理	0.3
	②	安全技术管理	0.2
	③	设备和设施管理	0.2
	④	企业市场行为	0.3
有施工项目	①②③④加权值		0.6
	⑤	施工现场安全管理	0.4

4.0.9　各评分表的评分应符合下列要求：

1.评分表的实得分数应为各评定项目实得分数之和；

2.评分表中的各个评定项目应采用扣减分数的方法，扣减分数总和不得超过该项目的应得分数；

3. 项目遇有缺项的，其评分的实得分应为可评分项目的实得分之和与可评分项目的应得分之和比值的百分数。

6.2.1.5 评价等级

5.0.1 施工企业安全生产考核评定应分为合格、基本合格、不合格三个等级，并宜符合下列要求：

1. 对有在建工程的企业，安全生产考核评定宜分为合格、不合格2个等级；

2. 对无在建工程的企业，安全生产考核评定宜分为基本合格、不合格2个等级。

5.0.2 考核评价等级划分应按表5.0.2核定。

表5.0.2 施工企业安全生产考核评价等级划分

考核评价等级	考核内容		
	各项评分表中的实得分为零的项目数(个)	各评分表实得分数(分)	汇总分数(分)
合格	0	≥70 且其中不得有一个施工现场评定结果为不合格	≥75
基本合格	0	≥70	≥75
不合格	出现不满足基本合格条件的任意一项时		

附录A 施工企业安全生产评价表

表A-1 安全生产管理评分表

序号	评定项目	评分标准	评分方法	应得分	扣减分	实得分
1	安全生产责任制度	企业未建立安全生产责任制度，扣20分，各部门、各级(岗位)安全生产责任制度不健全，扣10～15分； 企业未建立安全生产责任制考核制度，扣10分，各部门、各级对各自安全生产责任制未执行，每起扣2分； 企业未按考核制度组织检查并考核的，扣10分，考核不全面扣5～10分； 企业未建立、完善安全生产管理目标，扣10分，未对管理目标实施考核的，扣5～10分； 企业未建立安全生产考核、奖惩制度扣10分，未实施考核和奖惩的，扣5～10分	查企业有关制度文本；抽查企业各部门、所属单位有关责任人对安全生产责任制的知晓情况，查确认记录，查企业考核记录。 查企业文件，查企业对下属单位各级管理目标设置及考核情况记录；查企业安全生产奖惩制度文本和考核、奖惩记录	20		

(续表)

序号	评定项目	评分标准	评分方法	应得分	扣减分	实得分
2	安全文明资金保障制度	企业未建立安全生产、文明施工资金保障制度扣20分; 制度无针对性和具体措施的,扣10～15分; 未按规定对安全生产、文明施工措施费的落实情况进行考核,扣10～15分	查企业制度文本、财务资金预算及使用记录	20		
3	安全教育培训制度	企业未按规定建立安全培训教育制度,扣15分; 制度未明确企业主要负责人,项目经理,安全专职人员及其他管理人员,特种作业人员,待岗、转岗、换岗职工,新进单位从业人员安全培训教育要求的,扣5～10分; 企业未编制年度安全培训教育计划,扣5～10分,企业未按年度计划实施的,扣5～10分	查企业制度文本、企业培训计划文本和教育的实施记录、企业年度培训教育记录和管理人员的相关证书	15		
4	安全检查及隐患排查制度	企业未建立安全检查及隐患排查制度,扣15分,制度不全面、不完善的,扣5～10分; 未按规定组织检查的,扣15分,检查不全面、不及时的扣5～10分; 对检查出的隐患未采取定人、定时、定措施进行整改的,每起扣3分,无整改复查记录的,每起扣3分; 对多发或重大隐患未排查或未采取有效治理措施的,扣3～15分	查企业制度文本、企业检查记录、企业对隐患整改消项、处置情况记录、隐患排查统计表	15		
5	生产安全事故报告处理制度	企业未建立生产安全事故报告处理制度,扣15分; 未按规定及时上报事故的,每起扣15分; 未建立事故档案扣5分; 未按规定实施对事故的处理及落实“四不放过”原则的,扣10～15分	查企业制度文本;查企业事故上报及结案情况记录	15		
6	安全生产应急救援制度	未制定事故应急救援预案制度的,扣15分; 事故应急救援预案无针对性的,扣5～10分; 未按规定制定演练制度并实施的,扣5分; 未按预案建立应急救援组织或落实救援人员和救援物资的,扣5分	查企业应急预案的编制、应急队伍建立情况以相关演练记录、物资配备情况	15		
分项评分				100		

评分员:　　　　　　　　　　　　　　　　　　　　年　　月　　日

表 A-2 安全技术管理评分表

序号	评定项目	评分标准	评分方法	应得分	扣减分	实得分
1	法规标准和操作规程配置	企业未配备与生产经营内容相适应的现行有关安全生产方面的法律、法规、标准、规范和规程的，扣10分，配备不齐全，扣3～10分； 企业未配备各工种安全技术操作规程，扣10分，配备不齐全的，缺一个工种扣1分； 企业未组织学习和贯彻实施安全生产方面的法律、法规、标准、规范和规程，扣3～5分	查企业现有的法律、法规、标准、操作规程的文本及贯彻实施记录	10		
2	施工组织设计	企业无施工组织设计编制、审核、批准制度的，扣15分； 施工组织设计中未明确安全技术措施的扣10分； 未按程序进行审核、批准的，每起扣3分	查企业技术管理制度，抽查企业备份的施工组织设计	15		
3	专项施工方案（措施）	未建立对危险性较大的分部、分项工程编写、审核、批准专项施工方案制度的，扣25分； 未实施或按程序审核、批准的，每起扣3分； 未按规定明确本单位需进行专家论证的危险性较大的分部、分项工程名录（清单）的，每起扣3分	查企业相关规定、实施记录和专项施工方案备份资料	25		
4	安全技术交底	企业未制定安全技术交底规定的，扣25分； 未有效落实各级安全技术交底，扣5～10分； 交底无书面记录，未履行签字手续，每起扣1～3分	查企业相关规定、企业实施记录	25		
5	危险源控制	企业未建立危险源监管制度，扣25分； 制度不齐全、不完善的，扣5～10分； 未根据生产经营特点明确危险源的，扣5～10分； 未针对识别评价出的重大危险源制定管理方案或相应措施，扣5～10分； 企业未建立危险源公示、告知制度的，扣8～10分	查企业规定及相关记录	25		
分项评分				100		

评分员：　　　　　　　　　　　　　　　　　　　　　　　　年　　月　　日

表 A-3　设备和设施管理评分表

序号	评定项目	评分标准	评分方法	应得分	扣减分	实得分
1	设备安全管理	未制定设备(包括应急救援器材)采购、租赁、安装(拆除)、验收、检测、使用、检查、保养、维修、改造和报废制度,扣 30 分; 制度不齐全、不完善的,扣 10～15 分; 设备的相关证书不齐全或未建立台账的,扣 3～5 分; 未按规定建立技术档案或档案资料不齐全的,每起扣 2 分; 未配备设备管理的专(兼)职人员的,扣 10 分	查企业设备安全管理制度,查企业设备清单和管理档案	30		
2	设施和防护用品	未制定安全物资供应单位及施工人员个人安全防护用品管理制度的,扣 30 分; 未按制度执行的,每起扣 2 分; 未建立施工现场临时设施(包括临时建、构筑物、活动板房)的采购、租赁、搭设与拆除、验收、检查、使用的相关管理规定的,扣 30 分; 未按管理规定实施或实施有缺陷的,每项扣 2 分	查企业相关规定及实施记录	30		
3	安全标志	未制定施工现场安全警示、警告标识、标志使用管理规定的,扣 20 分; 未定期检查实施情况的,每项扣 5 分	查企业相关规定及实施记录	20		
4	安全检查测试工具	企业未制定施工场所安全检查、检验仪器、工具配备制度的,扣 20 分; 企业未建立安全检查、检验仪器、工具配备清单的,扣 5～15 分	查企业相关记录	20		
分项评分				100		

评分员：　　　　　　　　　　　　　　　　　　　　年　　月　　日

表 A-4　企业市场行为评分表

序号	评定项目	评分标准	评分方法	应得分	扣减分	实得分
1	安全生产许可证	企业未取得安全生产许可证而承接施工任务的，扣 20 分； 企业在安全生产许可证暂扣期间继续承接施工任务的，扣 20 分； 企业资质与承发包生产经营行为不相符，扣 20 分； 企业主要负责人、项目负责人、专职安全管理人员持有的安全生产合格证书不符合规定要求的，每起扣 10 分	查安全生产许可证及各类人员相关证书	20		
2	安全生产文明施工	企业资质受到降级处罚，扣 30 分； 企业受到暂扣安全生产许可证的处罚，每起扣 5～30 分； 企业受当地建设行政主管部门通报处分，每起扣 5 分； 企业受当地建设行政主管部门经济处罚，每起扣 5～10 分； 企业受到省级及以上通报批评每次扣 10 分，受到地市级通报批评每次扣 5 分	查各级行政主管部门管理信息资料，各类有效证明材料	30		
3	安全质量标准化达标	安全质量标准化达标优良率低于规定的，每 5%扣 10 分； 安全质量标准化年度达标合格率低于规定要求的，扣 20 分	查企业相应管理资料	20		
4	资质、机构与人员管理	企业未建立安全生产管理组织体系（包括机构和人员等）、人员资格管理制度的，扣 30 分； 企业未按规定设置专职安全管理机构的，扣 30 分，未按规定配足安全生产专管人员的，扣 30 分； 实行总、分包的企业未制定对分包单位资质和人员资格管理制度的，扣 30 分，未按制度执行的，扣 30 分	查企业制度文本和机构、人员配备证明文件，查人员资格管理记录及相关证件，查总、分包单位的管理资料	30		
分项评分				100		

评分员：　　　　　　　　　　　　　　　　　　　　　　年　　月　　日

表 A-5　施工现场安全管理评分表

序号	评定项目	评分标准	评分方法	应得分	扣减分	实得分
1	施工现场安全达标	按《建筑施工安全检查标准》JGJ 59 及相关现行标准规范进行检查不合格的,每 1 个工地扣 30 分	查现场及相关记录	30		
2	安全文明资金保障	未按规定落实安全防护、文明施工措施费,发现一个工地扣 15 分	查现场及相关记录	15		
3	资质和资格管理	未制定对分包单位安全生产许可证、资质、资格管理及施工现场控制的要求和规定,扣 15 分,管理记录不全扣 5～15 分; 合同未明确参建各方安全责任,扣 15 分; 分包单位承接的项目不符合相应的安全资质管理要求,或作业人员不符合相应的安全资格管理要求扣 15 分; 未按规定配备项目经理、专职或兼职安全生产管理人员(包括分包单位),扣 15 分	查对管理记录、证书,抽查合同及相应管理资料	15		
4	生产安全事故控制	对多发或重大隐患未排查或未采取有效措施的,扣 3～15 分; 未制定事故应急救援预案的,扣 15 分,事故应急救援预案无针对性的,扣 5～10 分; 未按规定实施演练的,扣 5 分; 未按预案建立应急救援组织或落实救援人员和救援物资的,扣 5～15 分	查检查记录及隐患排查统计表,应急预案的编制及应急队伍建立情况以及相关演练记录、物资配备情况	15		
5	设备设施工艺选用	现场使用国家明令淘汰的设备或工艺的,扣 15 分; 现场使用不符合标准的、且存在严重安全隐患的设施,扣 15 分; 现场使用的机械、设备、设施、工艺超过使用年限或存在严重隐患的,扣 15 分; 现场使用不合格的钢管、扣件的,每起扣 1～2 分; 现场安全警示、警告标志使用不符合标准的扣 5～10 分; 现场职业危害防治措施没有针对性扣 1～5 分	查现场及相关记录	15		

（续表）

序号	评定项目	评分标准	评分方法	应得分	扣减分	实得分
6	保险	未按规定办理意外伤害保险的，扣10分； 意外伤害保险办理率不足100%，每低2%扣1分	查现场及相关记录	10		
分项评分				100		

评分员：　　　　　　　　　　　　　　　　　　　　　　　　　　年　　月　　日

附录B　施工企业安全生产评价汇总表

评价类型：□市场准入 □发生事故 □不良业绩 □资质评价 □日常管理 □年终评价 □其他

企业名称：__________________　经济类型：______________

资质等级：__________________　上年度施工产值：________　在册人数：________

评价内容			评价结果				
			零分项（个）	应得分数（分）	实得分数（分）	权重系数	加权分数（分）
无施工项目	表A-1	安全生产管理				0.3	
	表A-2	安全技术管理				0.2	
	表A-3	设备和设施管理				0.2	
	表A-4	企业市场行为				0.3	
	汇总分数①＝表A-1～表A-4加权值					0.6	
有施工项目	表A-5	施工现场安全管理				0.4	
	汇总分数②＝汇总分数①×0.6＋表A-5×0.4						

评价意见：			
评价负责人（签名）		评价人员（签名）	
企业负责人（签名）		企业签章	年　　月　　日

6.2.2 《施工企业安全生产评价标准》(JGJ/T 77—2010)条文说明

6.2.2.1　总则

1.0.1　本标准依据《中华人民共和国安全生产法》、《中华人民共和国建筑法》、《建设工程安全生产管理条例》、《安全生产许可证条例》等有关法律、法规的要求制定。

1.0.2　本标准适用于企业对其自身管理条件和能力的自我评价，或者其他方对企业的安全生产条件和能力的评价。

6.2.2.3　评价内容

6.2.2.3.1　安全生产管理评价

3.1.1　说明了本标准的评价内容。

3.1.2　明确考核评价工作以评分表形式进行。

3.1.3　明确了施工企业安全生产管理的6个评定项目内容。

3.1.4　安全生产责任是搞好安全工作的最基本保证，没有责任就无法实施保障安全生产的法律、法规，就会造成违章冒险作业，伤亡事故自然无法控制。在《中华人民共和国安全生产法》、《中华人民共和国建筑法》、《安全生产许可证条例》、《建设工程安全生产管理条例》等法律、法规中，都有关于建立安全管理责任制度的严格要求。

3.1.5　为落实施工企业安全工作的物质保证，本条明确了企业安全生产、文明施工资金的安排、使用和管理要求。

3.1.6　加强企业安全教育培训，是增强全员安全意识，提高安全防范技能的有效途径。本条明确了施工企业安全培训教育工作的对象、内容和日常管理要求。

3.1.7　施工企业的安全检查和隐患排查，是企业发现、消除安全隐患，总结经验，控制事故的有效手段。本条明确了企业安全检查和隐患排查的相关要求。

3.1.8　施工企业对发生的事故及时做好“四不放过”，有助于企业吸取事故教训，总结经验，改善企业安全施工条件，提升安全管理水平。本条明确了企业生产安全事故的报告、处理要求。

3.1.9　施工企业建立事故应急救援预案，在发生事故时，有利于企业减少事故损失、降低不良影响，同时也是提高企业员工安全防范技能，提升企业安全管理水平的有效途径之一。本条明确了企业生产安全事故应急救援预案编制和实施的各项要求。

6.2.2.3.2　安全技术管理评价

3.2.1　明确了施工企业安全技术管理的5个评定项目内容。

3.2.2　安全法规、标准和操作规程的配备是施工企业实施安全生产管理工作的前提。本条明确了企业对安全法规、标准和操作规程等配备的要求。

3.2.3　施工组织设计是施工企业项目施工的指导性文件，本条明确了施工企业施工组织设计编制以及管理的要求。

3.2.4　专项施工方案是针对危险性较大的分部、分项工程编制的指导性文件，本条明确了施工企业专项施工方案编制以及管理的要求。

3.2.5　安全技术交底是针对性较强的分部、分项工程施工安全的作业指导书。本条明确了对施工企业安全技术交底的制定和实施情况的考核要求。

3.2.6 加强对施工危险源的监管和公示、告知，是切实消除安全隐患，杜绝工伤事故发生的有效手段。本条明确了对施工企业危险源控制制度的建立和实施情况的考核要求。

6.2.2.3.3 设备和设施管理评价

3.3.1 明确了施工企业设备和设施管理的4个评定项目内容。

3.3.2 规范施工企业设备管理，能有效控制施工现场设备方面的安全隐患，本条明确了施工企业对设备管理制度编制和实施的要求。

3.3.3 施工企业安全设施和个人防护用品的合理配置，可以最大限度保护施工现场作业人员，防止工伤事故的发生，减轻事故造成的损失。本条明确了施工企业设施和防护用品管理制度的编制和实施的要求。

3.3.4 安全标志的正确使用，可以引导施工现场作业人员采取正确、安全的生产行为。本条明确了施工企业安全标志管理规定的制定和实施的要求。

3.3.5 安全检查测试工具是施工企业安全检查所必需的工具。

本条明确了施工企业安全检查测试工具配备制度的建立和实施的要求。

6.2.2.3.4 企业市场行为评价

3.4.1 明确了施工企业市场行为的4个评定项目内容。

3.4.2 企业应规范其市场经营行为，只有在具备安全生产许可、符合企业资质和管理能力的前提下，承接生产经营任务。本条明确了对施工企业许可状况考核的要求。

3.4.3 抓好企业安全生产、文明施工工作，是消除企业安全隐患，控制工伤事故发生的有效措施，为保证企业安全管理工作持续受控，要加强对安全生产、文明施工的考核，促进该项工作的长效管理。本条明确了对企业安全生产、文明施工动态管理行为考核的要求。

3.4.4 安全质量标准化是促进施工企业安全生产责任落实、规范企业安全管理的重要手段。本条明确了对施工企业安全质量标准化达标情况考核的要求。

3.4.5 施工企业应根据企业规模建立自身安全管理组织体系，本条明确了对施工企业安全管理机构及人员配备情况进行考核的要求。

6.2.2.3.5 施工现场安全管理评价

3.5.1 明确了施工现场安全管理的6个评定项目内容。

3.5.2 施工现场是容易发生事故的场所，现场如不能按照标准来做，就必然存在安全隐患，随时有发生事故的危险，所以企业的每个施工现场必须按照规范标准要求，达到合格，这是保障企业不发生事故的一项根本措施。

3.5.3 保障施工现场安全生产、文明施工所需资金，是抓好现场安全管理工作的物质保证。本条明确了对施工现场安全生产、文明施工资金的落实和使用情况的考核要求。

3.5.4 抓好施工现场分包单位的资质、资格审核，督促其配备符合其承接施工任务所需的安全管理人员，是落实总包项目安全管理工作的前提。本条明确了对施工现场分包资质资格管理规定的制定和现场实施情况的考核要求。

3.5.5 施工现场加强安全检查和隐患排查，发现、消除安全隐患，制定应急救援预案,是控制事故的有效手段。本条明确了对施工现场隐患防治和应急预案编制、实施情况的考核要求。

3.5.6 企业发生伤亡事故的重要原因之一是施工现场使用了存在严重隐患的机械、设备、设施、工艺等,这些产品不禁止、不消除,安全隐患便始终存在,随时有发生安全事故的危险。因此,在《中华人民共和国安全生产法》、《安全生产许可证条例》等法律、法规中也强调杜绝、淘汰存在严重隐患的机械、设备、设施、工艺等。

3.5.7 按规定办理保险,是重视施工作业人员生命安全的一项重要举措,也是构建和谐社会的切实组成部分。本条明确了对施工现场保险办理情况的考核要求。

6.2.2.4 评价方法

4.0.1 明确了施工企业每年至少一次的自我考核评价的频次以及进行复核评价的前提条件。

4.0.4 对本条第1款、第4款说明如下:

1.可能存在新成立的企业暂时无施工项目的情况,《施工现场安全管理评分表》表A-5作为缺项处理,使本标准的适用性更强。

4.用《施工现场安全管理评分表》评分时,会涉及多个施工现场,评分方法为评分人员各自按工地打分,然后取平均值,且其中不得有评分不合格的施工现场。

4.0.5 对本条各款说明如下:

1.规定了评价时应抽查施工现场的数量。

2.对企业的评价应客观、全面。企业所属施工现场的日常情况是企业安全管理情况的最真实反映,应通过对企业所属一定数量工地的常态管理情况来辅助评价。可依据当地建设行政主管部门的日常监管记录、企业自查记录、相关证书等资料进行检验式抽查。

4.0.6 事故也有一定的偶然性,故抽查项目数考虑有一定的自由度。

4.0.7 对暂时无在建工程项目的企业,评价结论还是不能全面反映真实状况,针对这种缺陷,评价应分两次进行,即第一次评价作为初评,当企业有在建工程后,再次评价,可作为最终结论。

对仅有初评结论的企业,各地建设行政主管部门可制定相应的管理措施。

4.0.8 对各评分表引入了权数概念,是参照了国际先进的安全管理理念,同时结合了对企业、政府监督管理机构的调研,表A-1、表A-4分别占0.3的权数,是为强调企业制度建设、规范企业的市场行为的重要性。

结合表A-5《施工现场安全管理评分表》评分时,表A-1~表A-4加权汇总值所占权数为0.6,而表A-5权数为0.4,提高了施工现场评分的权重,突出施工现场管理的重要性,施工现场安全评价结果很大程度上决定了施工企业安全生产整体评价结果,这样更符合施工企业的生产特点。

4.0.9 本条第3款是针对评定项目中出现缺项的情况而定的,如对无工程项目的新建企业进行评分时,表A-4中的"3"项目即为缺项。

6.2.2.5 评价等级

5.0.1 规定了本标准的评价等级分为合格、基本合格和不合格三个等级。被评价企业暂时无施工现场,则评价结论最高等级为基本合格,即对无在建工程的企业设定标识,以便于跟踪管理。

5.0.2 依据施工企业安全生产评价各评分表的评分量化结果，在经过汇总后，评价等级划分的原则是：合格和基本合格的一项共同标准为各评分表中无实得分数为零的评定项目，因为评分表中的条款均是企业满足安全生产条件的基本条件，必须做到，所以本标准不设置优良等级。

同时规定加权汇总后实得分数保证数值及各评分表的实得分数保证数值，这样既保证了单项评分实得分数数值，又限制了各评定项目之间的得分差距，以确保各评定项目均能保持一定水准。

附录A 施工企业安全生产评价表

表A-1《安全生产管理评分表》主要是对施工企业的安全基础管理工作进行评价。根据《中华人民共和国安全生产法》提出的安全生产保障、安全生产监督管理、事故的应急救援和调查处理要求，在本评分表中分为安全生产责任制度、安全文明资金保障制度、安全教育培训制度、安全检查及隐患排查制度、生产安全事故报告处理制度、安全生产应急救援制度6个评定项目。

企业应建立以上各项基本管理制度，并针对各企业的实际情况进一步充实。安全检查制度中新增隐患排查制度，是要求在检查、落实整改的前提下，再对各类检查发现的隐患首先进行分类：是一般隐患还是重大隐患，“一般隐患”是指危害或整改难度小，检查发现后能够立即整改排除的隐患；“重大隐患”是指危害或整改难度大，应当全部或局部停止施工作业，并经过一定时间整改和治理方能排除的隐患。其次定期进行汇总统计，以查明哪些是多发或重大隐患需要进行治理（从人、机、料、法、环等环节采取综合措施）。

表A-2《安全技术管理评分表》主要为法规、标准和操作规程配置，施工组织设计，专项施工方案（措施），安全技术交底，危险源控制4个评定项目。

企业可通过购置、自行编制等方式配备齐全现行的、与企业经营活动相关的法规、标准和操作规程，并组织好对应的学习、贯彻工作。制定施工组织设计、针对危险性较大的分部、分项工程的专项方案（措施）的编制、审核、审批制度以及安全技术交底制度。

各施工企业应结合原建设部《危险性较大工程安全专项施工方案编制及专家论证审查办法》要求，根据承包工程的类型、特征、规模及自身管理水平等情况，明确本企业所属工程危险性较大的分部、分项工程范围，预先掌握施工信息，建立、完善监管制度，包括信息收集、专项方案编制审批权限、专家论证程序、现场监控管理要求等。按照《中华人民共和国安全生产法》中关于从业人员的权利和义务的规定，施工企业应对本企业施工现场的危险源进行公示。

表A-3《设备和设施管理评分表》主要为设备安全管理、设施和防护用品、安全标志、安全检查测试工具4个评定项目。

企业应对本单位各类设备（包括各类特种设备、大型设备，如龙门架或井字架、各类塔式起重机、履带起重机、汽车（轮胎式）起重机、施工升降机、土方工程机械、桩机工程机械等）的采购、租赁、安装（拆除）、验收、检测、使用、检查、保养、维修、改造和报废等管理工作进行控制。

对企业的安全设施所需材料(如:搭设脚手架所需钢管、扣件、脚手板等)、及个人防护用品(如:安全帽、安全网等)的供应单位,企业应对其资质以及生产经历、信誉、生产能力等方面有具体的控制要求。对现场临时设施(包括临时建、构筑物,活动板房)的采购、租赁、搭拆、验收、检查、使用加强管理控制,为施工人员提供一个安全、良好的工作、生活环境。施工企业应建立、健全个人安全防护用品的采购、验收、保管发放、使用、更换、报废等管理制度,为施工人员配备必需的安全防护用品。

企业对施工现场危险源和防护设施的警示标识按照国家标准安全色、安全标志规定设置。

企业应建立日常安全检查工作等所需的检查测试工具的配备、管理制度,建立对应的设备维护、检测清单。

表 A-4《企业市场行为评分表》分为安全生产许可证,安全生产文明施工,安全质量标准化达标,资质、机构与人员管理 4 个评定项目。

本表主要是规范施工企业的市场行为,评价企业对安全生产许可证的管理和保持。通过对企业、企业当地主管部门日常对企业安全文明施工工作的管理业绩以及安全质量标准化工作的开展进行评价,鼓励企业对安全生产、文明施工、安全质量标准化工作的长效管理。为切实加强企业安全管理工作,按照《中华人民共和国安全生产法》等法规要求,企业应建立安全生产管理组织体系,即各项安全管理内容都应有相应的职能机构和岗位落实,而不是仅限于安全管理机构和人员,应建立横向到边、纵向到底的管理网络,负责企业的日常安全生产工作的开展。对实行总、分包的企业,企业应对分包单位的资质以及生产经历、信誉、人员等方面有具体的控制要求。

表 A-5《施工现场安全管理评分表》分为施工现场安全达标,安全文明资金保障,资质和资格管理,生产安全事故控制,设备、设施、工艺选用,保险 6 个评定项目。

施工企业因其生产特点,安全管理工作应立足于对施工现场的管理,从以上 6 个方面加强管理,既符合《中华人民共和国安全生产法》、《中华人民共和国建筑法》、《安全生产许可证条例》、《建设工程安全生产管理条例》等法律、法规的要求,又能为施工现场的从业人员创造一个健康、安全的生产和生活环境。

附录 B　施工企业安全生产评价汇总表

《施工企业安全生产评价汇总表》采用本标准表 A-1～表 A-5 五张评分表,通过对施工企业安全生产的评价,汇总分值判定企业安全生产评价等级。

6.3　施工企业安全生产管理规范

根据住房和城乡建设部《关于发布国家标准〈施工企业安全生产管理规范〉的公告》(第 1126 号),《施工企业安全生产管理规范》(GB50656—2011)自 2012 年 4 月 1 日起实施。其中第 3.0.9、5.0.3、10.0.6、12.0.3(6)、15.0.4 条(款)为强制性条文。

本规范共分 16 章,主要内容是建筑施工企业安全管理要求,包括总则、术语、基本规定、安全目标、安全生产管理组织和责任体系、安全生产管理制度、安全生产教育培训、安全生产资金管理、施工设施、设备和临时建(构)筑物的安全管理、安全技术管理、分包安全生产管理、施工现场安全管理、事故应急救援、事故统计报告、安全检查和改进、安全考核和奖惩等。

6.3.1 施工企业安全生产管理规范

6.3.1.1 总则

1.0.1 为规范建筑施工企业安全生产管理,提高施工企业安全管理的水平,预防和减少建筑施工生产安全事故的发生,制定本规范。

1.0.2 本规范适用于施工企业安全生产管理的监督检查工作。

1.0.3 施工企业的安全生产管理体系应根据企业安全生产管理目标、施工生产特点和规模建立完善,并应有效运行。

1.0.4 施工企业安全生产管理,除应符合本规范外,尚应符合国家现行有关法规和标准的规定。

6.3.1.2 术语

2.0.1 施工企业 construction company:指从事土木工程、建筑工程、线路管道和设备安装工程及装修工程的新建、扩建、改建和拆除等有关活动的企业。

2.0.2 施工企业主要负责人 principal of construction company:指对施工企业日常生产经营活动和安全生产工作全面负责、具有生产经营决策权的人员,包括施工企业法定代表人、正副职领导。

2.0.3 各管理层 all tiers of management:指施工企业组织管理体系中,包括总部、分支机构、工程项目部等在内的具有不同管理职责与权限的管理层面。

2.0.4 工作环境 working condition:施工作业场所内的场地、道路、工况、水文、地质、气候等客观条件。

2.0.5 危险源 hazard:可能导致职业伤害或疾病、财产损失、工作环境破坏或这些情况组合的根源或状态。

2.0.6 隐患 hidden peril:未被事先识别或未采取必要的风险控制措施,可能直接或间接导致事故的危险源。

2.0.7 风险 risk:某种特定危险情况发生的可能性和后果的结合。

2.0.8 危险性较大的分部分项工程 divisional work & sub-divisional work with higher risks:在施工过程中存在的、可能导致作业人员群死群伤、重大财产损失或造成重大不良社会影响的分部分项工程。

2.0.9 相关方 related parties:与施工企业安全生产管理有关或受其影响的个人和团体,包括政府管理部门、建设单位、勘察设计单位、中介机构、分(包)方、供应商,以及其从业人员等。

6.3.1.3 基本规定

3.0.1 施工企业必须依法取得安全生产许可证,并应在资质等级许可的范围内承揽工程。

3.0.2　施工企业应根据施工生产特点和规模，并以安全生产责任制为核心，建立健全安全生产管理制度。

3.0.3　施工企业主要负责人应依法对本单位的安全生产工作全面负责，其中法定代表人应为企业安全生产第一责任人，其他负责人应对分管范围内的安全生产负责。

施工企业其他人员应对岗位职责范围内的安全生产负责。

3.0.4　施工企业应设立独立的安全生产管理机构，并应按规定配备专职安全生产管理人员。

3.0.5　建筑施工企业各管理层应对从业人员开展针对性的安全生产教育培训。

3.0.6　施工企业应依法确保安全生产所需资金的投入并有效使用。

3.0.7　施工企业必须配备满足安全生产需要的法律法规、各类安全技术标准和操作规程。

3.0.8　施工企业应依法为从业人员提供合格的劳动保护用品，办理相关保险，进行健康检查。

3.0.9　施工企业严禁使用国家明令淘汰的安全技术、工艺、设备、设施和材料。

3.0.10　施工企业宜通过信息化技术，辅助安全生产管理。

3.0.11　施工企业应按本规范要求，定期对安全生产管理状况进行分析评估，并实施改进。

6.3.1.4　安全管理目标

4.0.1　建筑施工企业应依据企业的总体发展规划，制定企业年度及中长期安全管理目标。

4.0.2　安全管理目标应包括生产安全事故控制指标、安全生产及文明施工管理目标。

4.0.3　安全管理目标应分解到各管理层及相关职能部门和岗位，并应定期进行考核。

4.0.4　施工企业各管理层及相关职能部门和岗位应根据分解的安全管理目标，配置相应的资源，并应有效管理。

6.3.1.5　安全生产组织与责任体系

5.0.1　施工企业必须建立安全生产组织体系，明确企业安全生产的决策、管理、实施的机构或岗位。

5.0.2　施工企业安全生产组织体系应包括各管理层的主要负责人，各相关职能部门及专职安全生产管理机构，相关岗位及专兼职安全管理人员。

5.0.3　施工企业应建立和健全与企业安全生产组织相对应的安全生产责任体系，并应明确各管理层、职能部门、岗位的安全生产责任。

5.0.4　施工企业安全生产责任体系应符合下列要求：

1.企业主要负责人应领导企业安全管理工作，组织制定企业中长期安全管理目标和制度，审议、决策重大安全事项。

2.各管理层主要负责人应明确并组织落实本管理层各职能部门和岗位的安全生产职责，实现本管理层的安全管理目标。

3.各管理层的职能部门及岗位应承担职能范围内与安全生产相关的职责，互相配合，实现相关安全管理目标，应包括下列主要职责：

1)技术管理部门(或岗位)负责安全生产的技术保障和改进；

2)施工管理部门(或岗位)负责生产计划、布置、实施的安全管理；

3)材料管理部门(或岗位)负责安全生产物资及劳动防护用品的安全管理；

4)动力设备管理部门(或岗位)负责施工临时用电及机具设备的安全管理；

5)专职安全生产管理机构(或岗位)负责安全管理的检查、处理；

6)其他管理部门(或岗位)分别负责人员配备、资金、教育培训、卫生防疫、消防等安全管理。

5.0.5　施工企业应依据职责落实各管理层、职能部门、岗位的安全生产责任。

5.0.6　施工企业各管理层、职能部门、岗位的安全生产责任应形成责任书，并经责任部门或责任人确认。责任书的内容应包括安全生产职责、目标、考核奖惩标准等。

6.3.1.6　安全生产管理制度

6.0.1　施工企业应依据法律法规，结合企业的安全管理目标、生产经营规模、管理体制建立安全生产管理制度。

6.0.2　施工企业安全生产管理制度应包括安全生产教育培训、安全费用管理、施工设施、设备及劳动防护用品的安全管理、安全生产技术管理、分包(供)方安全生产管理、施工现场安全管理、应急救援管理、生产安全事故管理、安全检查和改进、安全考核和奖惩等制度。

6.0.3　施工企业的各项安全生产管理制度应规定工作内容、职责与权限、工作程序及标准。

6.0.4　施工企业安全生产管理制度，应随有关法律法规以及企业生产经营、管理体制的变化，适时更新、修订完善。

6.0.5　施工企业各项安全生产管理活动必须依据企业安全生产管理制度开展。

6.3.1.7　安全生产教育培训

7.0.1　施工企业安全生产教育培训应贯穿于生产经营的全过程，教育培训应包括计划编制、组织实施和人员持证审核等工作内容。

7.0.2　施工企业安全生产教育培训计划应依据类型、对象、内容、时间安排、形式等需求进行编制。

7.0.3　安全教育和培训的类型应包括各类上岗证书的初审、复审培训，三级教育(企业、项目、班组)、岗前教育、日常教育、年度继续教育。

7.0.4　安全教育培训的对象应包括企业各管理层的负责人、管理人员、特殊工种作业以及新上岗、待岗复工、转岗、换岗的作业人员。

7.0.5　施工企业的从业人员上岗应符合下列要求：

1.企业主要负责人、项目负责人和专职安全生产管理人员必须经安全生产知识和管理能力考核合格，依法取得安全生产考核合格证书；

2.企业的各类管理人员必须具备与岗位相适应的安全生产知识和管理能力，依法取得必要的岗位资格证书；

3.特种作业人员必须经安全技术理论和操作技能考核合格，依法取得建筑施工特种作业人员操作资格证书。

7.0.6　施工企业新上岗操作工人必须进行岗前教育培训，教育培训应包括以下内容：

1.安全生产法律法规和规章制度；

2.安全操作规程；

3.针对性的安全防范措施；

4.违章指挥、违章作业、违反劳动纪律产生的后果；

5.预防、减少安全风险以及紧急情况下应急救援的基本知识、方法和措施。

7.0.7　施工企业应结合季节施工要求及安全生产形势对从业人员进行日常安全生产教育培训。

7.0.8　施工企业每年应按规定对所有从业人员进行安全生产继续教育，教育培训应包括以下内容：

1.新颁布的安全生产法律法规、安全技术标准规范和规范性文件；

2.先进的安全生产技术和管理经验；

3.典型事故案例分析。

7.0.9　施工企业应定期对从业人员持证上岗情况进行审核、检查，并应及时统计、汇总从业人员的安全教育培训和资格认定等相关记录。

6.3.1.8　安全生产费用管理

8.0.1　安全生产费用管理应包括资金的提取、申请、审核审批、支付、使用、统计、分析、审计检查等工作内容。

8.0.2　施工企业应按规定提取安全生产所需的费用。安全生产费用应包括安全技术措施、安全教育培训、劳动保护、应急准备等，以及必要的安全评价、监测、检测、论证所需费用。

8.0.3　施工企业各管理层应根据安全生产管理的需要，编制安全生产费用使用计划，明确费用使用的项目、类别、额度、实施单位及责任者、完成期限等内容，并应经审核批准后执行。

8.0.4　施工企业各管理层相关负责人必须在其管辖范围内，按专款专用、及时足额的要求，组织实施安全生产费用使用计划。

8.0.5　施工企业各管理层应建立安全生产费用分类使用台帐，应定期统计，并报上一级管理层。

8.0.6　施工企业各管理层应定期对下一级管理层的安全生产费用使用计划的实施情况进行监督审查和考核。

8.0.7　施工企业各管理层应对安全生产费用的使用情况进行年度汇总分析，并应及时调整安全生产费用的比例。

6.3.1.9　施工设施、设备和劳动防护用品安全管理

9.0.1　施工企业施工设施、设备和劳动防护用品的安全管理应包括购置、租赁、装拆、验收、检测、使用、保养、维修、改造和报废等内容。

9.0.2　施工企业应根据安全管理目标，生产经营特点、规模、环境等，配备符合安全生产要求的施工设施、设备、劳动防护用品及相关的安全检测器具。

9.0.3　生产经营活动内容可能包含机械设备的施工企业，应按规定设置相应的设备管理机构或者配备专职的人员进行设备管理。

9.0.4　施工企业应建立并保存施工设施、设备、劳动防护用品及相关的安全检测器具安全管理档案，并应记录下列内容：

1.来源、类型、数量、技术性能、使用年限等静态管理信息，以及目前使用地点、使用状态、使用责任人、检测、日常维修保养等动态管理信息；

2.采购、租赁、改造、报废计划及实施情况。

9.0.5　施工企业应定期分析施工设施、设备、劳动防护用品及相关的安全检测器具的安全状态，采取必要的改进措施。

9.0.6　施工企业应自行设计或优先选用标准化、定型化、工具化的安全防护设施。

6.3.1.10　安全技术管理

10.0.1　施工企业安全技术管理应包括对安全生产技术措施的制订、实施、改进等管理。

10.0.2　施工企业各管理层的技术负责人应对管理范围的安全技术管理负责。

10.0.3　施工企业应定期进行技术分析，改造、淘汰落后的施工工艺、技术和设备，应推行先进、适用的工艺、技术和装备，并应完善安全生产作业条件。

10.0.4　施工企业应依据工程规模、类别、难易程度等明确施工组织设计、专项施工方案(措施)的编制、审核和审批的内容、权限、程序及时限。

10.0.5　施工企业应根据施工组织设计、专项施工方案(措施)的审核、审批权限，组织相关职能部门审核，技术负责人审批。审核、审批应有明确意见并签名盖章。编制、审批应在施工前完成。

10.0.6　施工企业应根据施工组织设计、专项安全施工方案(措施)编制和审批权限的设置，分级进行安全技术交底，编制人员应参与安全技术交底、验收和检查。

10.0.7　施工企业可结合生产实际制定企业内部安全技术标准和图集。

6.3.1.11　分包方安全生产管理

11.0.1　分包方安全生产管理应包括分包单位以及供应商的选择、施工过程管理、评价等工作内容。

11.0.2　施工企业应依据安全生产管理责任和目标，明确对分包(供)单位和人员的选择和清退标准、合同约定和履约控制等的管理要求。

11.0.3　施工企业对分包单位的安全生产管理应符合下列要求：

1.选择合法格的分包(供)单位；

2.与分包(供)单位签订安全协议，明确安全责任和义务；

3.对分包单位施工过程的安全生产实施检查和考核；

4.及时清退不符合安全生产要求的分包(供)单位；

5.分包工程竣工后对分包(供)单位安全生产能力进行再评价。

11.0.4　施工企业对分包(供)单位检查和考核，应包括下列内容：

1.分包单位安全生产管理机构的设置、人员配备及资格情况；

2.分包(供)单位违约、违章情况；

3.分包单位安全生产绩效。

11.0.5　施工企业可建立合格分包(供)方名录,并定期审核、更新。

6.3.1.12　施工现场安全管理

12.0.1　施工企业应加强工程项目施工过程的日常安全管理,工程项目部应接受企业各管理层职能部门和岗位的安全生产管理。

12.0.2　施工企业的工程项目部应接受建设行政主管部门及其他相关部门的监督检查,对发现的问题应按要求落实整改。

12.0.3　施工企业的工程项目部应根据企业安全生产管理制度,实施施工现场安全生产管理,应包括下列内容:

1.制定项目安全管理目标,建立安全生产责任体系,明确岗位安全生产管理职责,实施责任考核;

2.配置满足安全生产、文明施工要求的费用、从业人员、设施、设备和劳动防护用品及相关的检测器具;

3.编制安全技术措施、方案、应急预案;

4.落实施工过程的安全生产措施,组织安全检查,整改安全隐患;

5.组织施工现场场容场貌、作业环境和生活设施安全文明达标;

6.确定消防安全责任人,制定用火、用电、使用易燃易爆材料等各项消防安全管理制度和操作规程,设置消防通道、消防水源,配备消防设施和灭火器材,并在施工现场入口处设置明显标志;

7.组织事故应急救援抢险;

8.对施工安全生产管理活动进行必要的记录,保存应有的资料。

12.0.4　工程项目部应建立健全安全生产责任体系,安全生产责任体系应符合下列要求:

1.项目经理应为工程项目安全生产第一责任人,应负责分解落实安全生责任,实施考核奖惩,实现项目安全管理目标;

2.工程项目总承包单位、专业承包和劳务分包单位的项目经理、技术负责人和专职安全生产管理人员应组成安全管理组织,并应协调、管理现场安全生产;项目经理应按规定到岗带班指挥生产;

3.总承包单位、专业承包和劳务分包单位应按规定配备项目专职安全生产管理人员,负责施工现场各自管理范围内的安全生产日常管理;

4.工程项目部其他管理人员应承担本岗位管理范围内的安全生产职责;

5.分包单位应服从总包单位管理,并应落实总包项目部的安全生产要求;

6.施工作业班组应在作业过程中执行安全生产要求;

7.作业人员应严格遵守安全操作规程,并应做到不伤害自已、不伤害他人和不被他人伤害。

12.0.5　项目专职安全生产管理人员应按规定到岗,并履行以下主要的安全生产职责：

1.对项目安全生产管理情况应实施巡查，阻止和处理违章指挥、违章作业和违反劳动纪律等现象，并应作好记录；

2.对危险性较大的分部分项工程应依据方案实施监督并作好记录；

3.应建立项目安全生产管理档案，并应定期向企业报告项目安全生产情况。

12.0.6　工程项目施工前，应组织编制施工组织设计、专项施工方案(措施)，内容应包括工程概况、编制依据、施工计划、施工工艺、施工安全技术措施、检查验收内容及标准、计算书及附图等，并应按规定进行审批、论证、交底、验收、检查。

12.0.7　工程项目部应定期及时上报现场安全生产信息；施工企业应全面掌握企业所属工程项目的安全生产状况，并应作为隐患治理、考核奖惩的依据。

6.3.1.13　应急救援管理

13.0.1　施工企业的应急救援管理应包括建立组织机构，应急预案编制、审批、演练、评价、完善和应急救援响应工作程序及记录等内容。

13.0.2　施工企业应建立应急救援组织机构，组织救援队伍，同时应定期进行演练调整等日常管理。

13.0.3　施工企业应建立应急物资保障体系，应明确应急备和器材配备、储存的场所和数量，并应定期对应急设备和器材进行检查、维护、保养。

13.0.4　施工企业应根据施工管理和环境特征，组织各管理层制订应急救援预案，应包括下列内容：

1.紧急情况、事故类型及特征分析；

2.应急救援组织机构与人员及职责分工、联系方式；

3.应急救援设备和器材的调用程序；

4.与企业内部相关职能部门和外部政府、消防、抢险、医疗等相关单位与部门的信息报告、联系方法；

5.抢险急救的组织、现场保护、人员撤离及疏散等活动的具体安排。

13.0.5　施工企业各管理层应对全体从业人员进行应急救援预案的培训和交底；接到相关报告后，应及时启动预案。

13.0.6　施工企业应根据应急救援预案，定期组织专项应急演练；应针对演练、实战的结果，对应急预案的适宜性和可作性组织评价，必要时应进行修改和完善。

6.3.1.14　生产安全事故管理

14.0.1　施工企业生产安全事故管理应包括报告、调查、处理、记录、统计、分析改进等工作内容。

14.0.2　生产安全事故发生后，施工企业应按规定及时上报，实行施工总承包时，应由总承包企业负责上报。情况紧急时，可越级上报。

14.0.3　生产安全事故报告应包括下列内容：

1.事故的时间、地点和相关单位名称；

2.事故的简要经过；

3.事故已经造成或者可能造成的伤亡人数(包括失踪、下落不明的人数)和初步估计的直接经济损失；

4.事故的初步原因；

5.事故发生后采取的措施及事故控制情况；

6.事故报告单位或报告人员。

14.0.4　生产安全事故报告后出现新情况时，应及时补报。

14.0.5　生产安全事故调查和处理应做到事故原因不查清楚不放过、事故责任者和从业人员未受到教育不放过、事故责任者未受到处理不放过、没有采取防范事故再发生的措施不放过。

14.0.6　施工企业应建立生产安全事故档案，事故档案应包括下列资料：

1.依据生产安全事故报告要素形成的企业职工伤亡事故统计汇总表；

2.生产安全事故报告；

3.事故调查情况报告、对事故责任者的处理决定、伤残鉴定、政府的事故处理批复资料及相关影像资料；

4.其他有关的资料。

6.3.1.15　安全检查和改进

15.0.1　施工企业安全检查和改进管理应包括安全检查的内容、形式、类型、标准、方法、频次，整改、复查，以及安全生产管理评价与持续改进等工作内容。

15.0.2　施工企业安全检查应包括下列内容：

1.安全管理目标的实现程度；

2.安全生产职责的履行情况；

3.各项安全生产管理制度的执行情况；

4.施工现场管理行为和实物状况；

5.生产安全事故、未遂事故和其他违规违法事件的报告、调查、处理情况；

6.安全生产法律法规、标准规范和其他要求的执行情况。

15.0.3　施工企业安全检查的形式应包括各管理层的自查、互查以及对下级管理层的抽查等；安全检查的类型应包括日常巡查、专项检查、季节性检查、定期检查、不定期抽查等，并应符合下列要求：

1.工程项目部每天应结合施工动态，实行安全巡查；

2.总承包工程项目部应组织各分包单位每周进行安全检查；

3.施工企业每月应对工程项目施工现场安全生产情况至少进行一次检查，并针对检查中发现的倾向性问题、安全生产状况较差的工程项目，组织专项检查；

4.施工企业应针对承建工程所在地区的气候与环境特点，组织季节性的安全检查。

15.0.4　施工企业安全检查应配备必要的检查、测试器具，对存在的问题和隐患，应定人、定时间、定措施组织整改，并应跟踪复查直至整改完毕。

15.0.5　施工企业对安全检查中发现的问题，宜按隐患类别分类记录，定期统计，并应分析确定多发和重大隐患类别，制定实施治理措施。

15.0.6　施工企业应定期对安全生产管理的适宜性、符合性和有效性进行评估，应确定改进措施，并对其有效性进行跟踪验证和评价。发生下列情况时，企业应及时进行安全生产管理评估：

1.适用法律法规发生变化；

2.企业组织机构和体制发生重大变化；

3.发生生产安全事故；

4.其他影响安全生产管理的重大变化。

15.0.7　施工企业应建立并保存安全检查和改进活动的资料与记录。

6.3.1.16　安全考核和奖惩

16.0.1　施工企业安全考核和奖惩管理应包括确定对象、制订内容及标准、实施奖惩等内容。

16.0.2　安全考核的对象应包括施工企业各管理层的主要负责人、相关职能部门及岗位和工程项目的参建人员。

16.0.3　施工企业各管理层的主要负责人应组织对本管理层各职能部门、下级管理层的安全生产责任进行考核和奖惩。

16.0.4　安全考核应包括下列内容：

1.安全目标实现程度；

2.安全职责履行情况；

3.安全行为；

4.安全业绩。

16.0.5　施工企业应针对生产经营规模和管理状况，明确安全考核的周期，并应及时兑现奖惩。

6.3.2　施工企业安全生产管理规范条文说明

6.3.2.1　总则

1.0.1　本规范制定的目的是促进施工企业安全管理的标准化、规范化和科学化。本规范是对施工企业安全管理行为提出的基本要求；是施工企业安全生产管理的行为规范；是使施工企业安全生产和文明施工符合法律、法规要求的基本保证。

本规范以强制和引导相结合的原则，在提出安全生产管理基本要求的基础上，鼓励企业实施安全生产管理创新。

1.0.2　施工企业贯彻本规范，建立、运行和不断完善安全生产管理体系。包括企业在内的各方可依据本规范对施工企业的安全生产管理进行监督检查、动态管理。

境外施工企业在我国境内承包工程时也应按本规范执行。

6.3.2.3　基本规定

3.0.3　对于其他负责人，除负责各自管理范围内的生产经营管理职责外，还应负责其范围内的安全生产管理，确保管理范围内的安全生产管理体系正常运行和安全业绩的持续改进，坚持做到职责分明，有岗有责，上岗守责。安全生产责任体系由纵向与横向展开。

3.0.4　住房和城乡建设部《关于印发〈建筑施工企业安全生产管理机构设置及专职安全生产管理人员配备办法〉的通知》(建质〔2008〕91号)规定，建筑施工企业安全生产管理机构专职安全生产管理人员的配备要求如下：

1. 总承包资质序列企业：特级资质不少于6人；一级资质不少于4人；二级和二级以下资质企业不少于3人；

2. 专业承包资质序列企业：一级资质不少于3人；二级和二级以下资质企业不少于2人；

3. 劳务分包资质序列企业：不少于2人；

4. 企业的分公司、区域公司等较大的分支机构（以下简称分支机构）应依据实际生产情况配备不少于2人的专职安全生产管理人员。

3.0.5　不具备安全生产教育培训条件的企业，可委托具有相应资质的安全培训机构对从业人员进行安全培训。

3.0.6　财政部、国家安全生产监督管理总局《关于印发〈高危行业企业安全生产费用财务管理暂行办法〉的通知》（财企〔2006〕478号）规定，施工企业以建筑安装工程造价为计提依据，各工程类别安全费用提取标准如下：

1. 房屋建筑工程、矿山工程为2.0%；

2. 电力工程、水利水电工程、铁路工程为1.5%；

3. 市政公用工程、冶炼工程、机电安装工程、化工石油工程、港口与航道工程、公路工程、通信工程为1.0%。

施工企业提取的安全费用列入工程造价，在竞标时，不得删减。国家对基本建设投资概算另有规定的，从其规定。

总包单位应当将安全费用按比例直接支付分包单位，分包单位不再重复提取。

3.0.8　《中华人民共和国建筑法》和《工伤保险条例》（国务院令第375号）规定，施工企业要及时为农民工办理参加工伤保险手续，为施工现场从事危险作业的农民工办理意外伤害保险，并按时足额缴纳保险费。

3.0.9　本条为强制性条文，必须严格执行。住房和城乡建设部和各级建设行政主管部门会根据实际情况，定期公布淘汰的技术、工艺、设备、设施和材料名录，国家明令淘汰的技术、工艺、设备、设施和材料，必定存在缺陷和隐患，容易引发生产安全事故，必须严禁使用，企业更应建立完善技术、工艺、设备、设施、材料的淘汰与改造、更新制度。

6.3.2.4　安全管理目标

4.0.1　安全管理目标应易于考核，制定时应综合考虑以下因素：

1. 政府部门的相关要求。

2. 企业的安全生产管理现状。

3. 企业的生产经营规模及特点。

4. 企业的技术、工艺和设施设备。

4.0.2　生产安全事故控制目标应为事故负伤频率及各类生产安全事故发生率控制指标。

安全生产以及文明施工管理目标应为企业安全生产标准化管理及文明施工基础工作要求的组合。

6.3.2.5　安全生产组织与责任体系

5.0.1 由于安全生产在施工企业处于特殊的重要地位，安全与生产矛盾处理难度大，各管理层安全生产的第一责任人应为本管理层具有决策控制权的负责人，只有这样才能把安全与生产从组织领导上统一起来，使安全生产管理体系得以有效运行。

5.0.3 本条为强制性条文，必须严格执行。施工企业各管理层与职能部门、岗位的安全生产管理责任明确了，施工企业安全生产管理才能符合“纵向到底、横向到边、合理分工，互相衔接”的原则，方可实现安全生产体系化管理。

5.0.4 本条第3款除专职安全机构独立设置外，根据企业管理组织体系，一个职能部门可能承担单项或多项的责任，也可能一项责任由多个职能部门承担。职能部门（或岗位）的具体职责应与责任对应，例如：

1.企业安全生产工作的第一责任人（对本企业安全生产负全面领导责任）的安全生产职责：

1)贯彻执行国家和地方有关安全生产的方针政策和法规、规范；

2)掌握本企业安全生产动态，定期研究安全工作；

3)组织制定安全工作目标、规划实施计划；

4)组织制定和完善各项安全生产规章制度及奖惩办法；

5)建立、健全安全生产责任制，并领导、组织考核工作；

6)建立、健全安全生产管理体系，保证安全生产投入；

7)督促、检查安全生产工作，及时消除生产安全事故隐患；

8)组织制定并实施生产安全事故应急救援预案；

9)及时、如实报告生产安全事故；在事故调查组的指导下，领导、组织有关部门或人员，配合事故调查处理工作，监督防范措施的制定和落实，预防事故重复发生。

2.企业主管安全生产负责人的安全生产职责：

1)组织落实安全生产责任制和安全生产管理制度，对安全生产工作负直接领导责任；

2)组织实施安全工作规划及实施计划，实现安全目标；

3)领导、组织安全生产宣传教育工作；

4)确定安全生产考核指标；

5)领导、组织安全生产检查；

6)领导、组织对分包(供)方的安全生产主体资格考核与审查；

7)认真听取、采纳安全生产的合理化建议，保证安全生产管理体系的正常运转；

8)发生生产安全事故，组织实施生产安全事故应急救援。

3.企业技术负责人的安全生产职责：

1)贯彻执行国家和上级的安全生产方针、政策，在本企业施工安全生产中负技术领导责任；

2)审批施工组织设计和专项施工方案时，审查其安全技术措施，并作出决定性意见；

3)领导开展安全技术攻关活动，并组织技术鉴定和验收；

4)新材料、新技术、新工艺、新设备使用前，组织审查其使用和实施过程中的安全性，组织编制或审定相应的操作规程；

5)参加生产安全事故的调查和分析，从技术上分析事故原因，制定整改防范措施。

4. 企业总会计师的安全生产职责：

1)组织落实本企业财务工作的安全生产责任制，认真执行安全生产奖惩规定；

2)组织编制年度财务计划的同时，编制安全生产费用投入计划，保证经费到位和合理开支；

3)监督、检查安全生产费用的使用情况。

5. 企业其他负责人应当按照分工抓好主管范围内的安全生产工作，对主管范围内的安全生产工作负领导责任。

6. 工程管理部门的安全生产职责：

1)协调配置安全生产所需的各项资源；

2)科学组织均衡生产，保证生产任务与安全管理协调一致。

7. 技术管理部门的安全生产职责：

1)贯彻执行国家和上级有关安全技术及安全操作规程规定；

2)组织编制、审查专项安全施工方并抽查实施情况；

3)新技术、新材料、新工艺使用前，制定相应的安全技术措施和安全操作规程；

4)分析伤亡事故和重大事故、未遂事故中技术原因，从技术上提出防范措施。

8. 机械动力管理部门的安全生产职责：

1)负责本企业机械动力设备的安全管理，监督检查；

2)对相关特种作业人员定期培训、考核；

3)参与组织编制机械设备施工组织设计，参与机械设备施工方案的会审；

4)分析事故涉及设备原因，提出防范措施。

9. 劳务管理的安全生产职责：

1)审查劳务分包人员资格；

2)从用工方面分析事故原因，提出防范措施。

10. 物资管理部门的安全生产职责：确保购置(租赁)的各类安全物资、劳动保护用品符合国家或有关行业的技术标准、规范的要求。

11. 人力资源部门的安全生产职责：审查安全管理人员资格，足额配备安全管理人员，开发、培养安全管理力量。

12. 财务管理部门的安全生产职责：

1)及时提取安全技术措施经费、劳动保护经费及其他安全生产所需经费，保证专款专用；

2)协助专职安全管理部门办理安全奖罚款手续。

13. 保卫消防部门的安全生产职责：

1)贯彻执行有关消防保卫的法规、规定；

2)参与火灾事故的调查，提出处理意见。

14. 行政卫生部门安全生产职责：监测有毒有害作业场所的尘毒浓度，做好职业病预防工作。

15. 工会组织的安全生产职责：

1)依法组织职工参加本企业安全生产工作的民主管理和民主监督；

2)对侵害职工在安全生产方面的合法权益的问题进行调查,代表职工与企业进行交涉;

3)参加对生产安全事故调查处理,向有关部门提出处理意见。

6.3.2.6　安全生产管理制度

6.0.1　《建设工程安全生产管理条例》(国务院令第393号)规定,施工企业应建立必要的安全生产管理制度。另外,依据企业的安全管理目标、生产经营规模和特征,企业可另行制定相关的安全生产管理制度来辅助管理,如:定期安全分析会制度,定期安全预警制度,安全信息公布制度等。

6.0.3　本条明确安全生产管理制度的内容:

1.本管理制度的具体工作的内容;

2.本管理制度的主要责任人或部门以及配合的岗位或部门的职责与权限;

3.策划、实施、记录、改进的具体工作过程及工作质量要求。

6.3.2.7　安全生产教育培训

7.0.5　本条第3款从特殊工种作业人员的技术和责任方面体现其特殊性,在预防高处坠落、机械伤害、脚手架和模板坍塌、触电、火灾、物体打击等类型多发性事故因素很重要。提倡培养和吸收职业学校或中专技校的相应专业、责任心强的毕业生加入特殊工种作业人员行列,特种工种作业人员技术等级应同工程难易程度和技术复杂性相适应。

7.0.8　根据住房和城乡建设部相关文件规定,施工企业从业人员每年应接受一次专门的安全培训,其中企业法定代表人、生产经营负责人、项目经理不少于30学时,专职安全管理人员不少于40学时,其他管理人员和技术人员不少于20学时,特殊工种作业人员不少于20学时;其他从业人员不少于15学时,待岗复工、转岗、换岗人员重新上岗前不少于20学时,新进场工人三级安全教育培训(公司、项目、班组)分别不少于15学时、15学时、20学时。

6.3.2.8　安全生产费用管理

8.0.2　依据财政部、国家安全生产监督管理总局《关于印发〈高危行业企业安全生产费用财务管理暂行办法〉的通知》(财企〔2006〕478号),安全生产费用主要可用于:

1.完善、改造和维护安全防护设备、设施支出;

2.配备必要的应急救援器材、设备和现场作业人员安全防护物品支出;

3.安全生产检查与评价支出;

4.重大危险源、重大事故隐患的评估、整改、监控支出;

5.安全教育培训及进行应急救援演练支出;

6.其他与安全生产直接相关的支出;

原建设部《建筑工程安全防护、文明措施费用及使用管理办法》(〔2005〕89号)也有相关规定。

8.0.2　依据财政部、国家安全生产监督管理总局《关于印发〈高危行业企业安全生产费用财务管理暂行办法〉的通知》(财企〔2006〕478号),安全生产费用主要可用于:

1.完善、改造和维护安全防护设备、设施支出。

2.配备必要的应急救援器材、设备和现场作业人员安全防护物品支出。

3.安全生产检查与评价支出。

4.重大危险源、重大事故隐患的评估、整改、监控支出。

5.安全教育培训及进行应急救援演练支出。

6.其他与安全生产直接相关的支出。

8.0.3　安全生产资金使用计划,应经财务、安全部门等相关职能部门审核批准后执行。

8.0.5～8.0.7　施工企业可指定各管理层的财务、审计、安全部门和工会组织等机构,定期对安全生产资金使用计划的实施情况进行监督审查、汇总分析。

6.3.2.9　施工设施、设备和劳动防护用品安全管理

9.0.1　施工设施、设备是指用于施工现场生产所需的各类安全防护设施、临时构(建)筑物、临时用电、消防器材等物料及施工机械、检测设备等;包括用于力矩、厚度、尺度、接地电阻、绝缘电阻、噪声、性能等检测的工具和仪器;劳动防护用品包括安全帽、安全带、安全网、绝缘手套、绝缘鞋、防护面罩、救生衣、反光背心等。

9.0.5　对企业使用面广,频次高、问题多发或曾发生事故的设施、设备等制订相应的安全管理对策措施。

6.3.2.10　安全技术管理

10.0.4

1.根据住房和城乡建设部《危险性较大的分部分项工程安全管理办法》(建质〔2009〕87号)的规定应编制专项施工方案的危险性较大工程包括:

1)基坑支护、降水工程:开挖深度超过3 m(含3 m)或虽未超过3 m但地质条件和周边环境复杂的基坑(槽)支护、降水工程。

2)土方开挖工程:开挖深度超过3 m(含3 m)的基坑(槽)的土方开挖工程。

3)模板工程及支撑体系:

各类工具式模板工程:包括大模板、滑模、爬模、飞模等工程。

混凝土模板支撑工程:搭设高度5 m及以上;搭设跨度10 m及以上;施工总荷载10 kN/m^{2}及以上;集中线荷载15 kN/m及以上;高度大于支撑水平投影宽度且相对独立无联系构件的混凝土模板支撑工程。

承重支撑体系:用于钢结构安装等满堂支撑体系。

4)起重吊装及安装拆卸工程:采用非常规起重设备、方法,且单件起吊重量在10 kN及以上的起重吊装工程采用起重机械安装的工程;起重机械设备自身的安装、拆卸工程。

5)脚手架工程:搭设高度24 m及以上的落地式钢管脚手架工程;附着式整体和分片提升脚手架工程;悬挑式脚手架工程;吊篮脚手架工程;自制卸料平台、移动操作平台工程;新型及异型脚手架工程。

6)拆除、爆破工程:建筑物、构筑物拆除工程;采用爆破拆除的工程。

7)其他:建筑幕墙安装工程;钢结构、网架和索膜结构安装工程;人工挖扩孔桩工程;地下暗挖、顶管及水下作业工程;预应力工程;采用新技术、新工艺、新材料、新设备及尚无相关技术标准的特殊工程。

2.根据建质〔2009〕87号的规定,专项施工方案应组织专家论证的超过一定规模的危

险性较大分部分项工程包括：

1)深基坑工程：开挖深度超过 5 m(含 5 m)的基坑(槽)土方的开挖支护、降水工程；开挖深度虽未超过 5 m，但地质条件、周围环境和地下管线复杂，或影响毗邻建(构)筑物安全的基坑(槽)土方的开挖支护、降水工程。

2)模板工程及支撑体系：

工具式模板工程：包括滑模、爬模、飞模工程。

混凝土模板支撑工程：支撑高度 8 m 及以上；搭设跨度 18 m 及以上；施工总荷载 15 kN/m^2 及以上；集中线荷载 20 kN/m 及以上。

承重支撑体系：用于钢结构安装等满堂支撑体系，承受单点集中荷载 700 kg 以上。

3)起重吊装及安装拆卸工程：采用非常规起重设备、方法，且单件起吊重量在 100 kN 及以上的起重吊装工程；起重量 300 kN 及以上的起重设备安装工程；高度 200 m 及以上内爬起重设备的拆除工程。

4)脚手架工程：搭设高度 50 m 及以上落地式钢管脚手架工程；提升高度 150 m 及以上附着式整体和分片提升脚手架工程；架体高度 20 m 及以上悬挑脚手架工程。

5)拆除、爆破工程：采用爆破拆除的工程；码头、桥梁、高架、烟囱、水塔或拆除中容易引起有毒有害气(液)体或粉尘扩散、易燃易爆事故发生的特殊建(构)筑物的拆除工程；可能影响行人、交通、电力设施、通讯设施或其他建(构)筑物安全的拆除工程；文物保护建筑、优秀历史建筑或历史文化风貌区控制范围的拆除工程。

6)其他：施工高度 50 m 及以上的建筑幕墙安装工程；跨度大于 36 m 及以上的钢结构安装工程；跨度大于 60 m 及以上的网架和索膜结构安装工程；开挖深度超过 16 m 的人工挖孔桩工程；地下暗挖工程、顶管工程、水下作业工程；采用新技术、新工艺、新材料、新设备尚无相关技术标准的危险性工程。

3. 专项施工方案编制内容应包括工程概况、编制依据、施工计划、施工工艺、安全技术措施、检查验收标准、计算书及附图等，并符合以下规定：

1)建筑施工企业应根据工程规模、施工难度等要素，明确各管理层方案编制、审核、审批的权限。

2)专业分包工程，应先由专业承包单位编制，专业承包单位技术负责人审批后报总包单位审核备案。

3)经过审批或论证的方案，不准随意变更修改。确因客观原因需修改时，应按原审核、审批的分工与程序办理。

10.0.6　本条为强制性条文，必须严格执行。分级安全技术交底的形式有：

1. 危险性较大的工程开工前，新工艺、新技术、新设备应用前，企业的技术负责人，向施工管理人员进行安全技术方案交底，安全管理机构参与。

2. 分部分项工程、关键工序实施前，项目技术负责人、方案编制人应会同安全员、项目施工员向参加施工的施工管理人员进行方案实施安全交底。

3. 各条线管理岗位人员对新进场的工人应实施作业人员工种交底，安全员参与督促。

4. 作业班组应对作业人员进行班前安全操作规程交底。

6.3.2.11　分包方安全生产管理

11.0.1 通过分包来完成施工任务是施工企业经营管理的重要方式，分包过程是整个施工过程的重要组成部分，无论是劳务分包、专业工程分包，还是机械设备的租赁或安装拆除分包，为了防止资质低劣的分包单位和从业人员进入施工现场，对分包过程必须从源头抓起，进行全过程控制，即施工企业需要从分包单位的资格评价和选择、分包合同的条款约定和履约过程控制、结果再评价三个环节进行控制。

6.3.2.12 施工现场安全管理

12.0.3 本条第6款为强制性条款，必须严格执行。事故应急救援抢险是减少事故损失，阻止事故态势进一步扩大的必要措施，是安全生产的底线。因此其组织形式的针对性和可行行必须作为项目管理的一项重要内容。

12.0.4 本条第3款是参考住房和城乡建设部《关于印发〈建筑施工企业安全生产管理机构设置及专职安全生产管理人员配备办法〉的通知》规定，施工项目部配备专职安全管理人员的数量为：

1.总承包单位配备项目专职安全生产管理人员要求：

1)建筑工程、装修工程按照建筑面积配备：1万 m^2 及以下的工程不少于1人；1万～5万 m^2 的工程不少于2人；5万 m^2 以上的工程不少于3人，应当按专业配备专职安全生产管理人员。

2)土木工程、线路管道、设备安装工程按照工程合同价配备：5 000万元以下的工程不少于1人；5 000万～1亿元的工程不少于2人；1亿元以上的工程不少于3人，应当按专业配备专职安全生产管理人员。

2.分包单位配备项目专职安全生产管理人员要求：

1)专业承包单位应当配置至少1人，并根据所承担的分部分项工程的工程量和施工危险程度增配。

2)劳务分包单位施工人员在50人以下的，应当配备1名专职安全生产管理人员；50～200人的，应当配备2名专职安全生产管理人员；200人以上的，应当配备3名以上专职安全生产管理人员，并根据所承担的分部分项工程施工危险实际情况增加，不得少于工程施工人员总人数的5‰。

3.采用新技术、新工艺、新材料或致害因素多、施工作业难度大的工程项目，项目专职安全生产管理人员的数量应当根据施工实际情况，再适当增加。

6.3.2.13 应急救援管理

13.0.4 应急救援预案是实施应急措施和行动的方案，应具体说明：

1.潜在的事故和紧急情况；

2.应急期间的负责人和起特定作用人员（如消防员、急救人员等）的职责、权限和义务；

3.必要应急设备、物资、器材的配置和使用方法，如装置布置图、危险原材料、工作指示和联络电话等；

4.应急期间应急设备、物资、器材的维护和定期检测的要求，以保持其持续的适用性；

5.有关人员（包括处在应急场所外部人员）在应急期间所采取的保护现场、组织抢救等措施的详细要求；

6. 人员疏散方案；

7. 企业与外部应急服务机构、立法部门、社区和公众等沟通；

8. 至关重要的记录和相应设备的保护。

13.0.5 管理能力、环境特征和风险程度（如：气象的预警等级）不同，防范、应急的程度也不同，施工企业应根据不同的程度分级制订应急救援预案。接到报告后，启动相应等级的应急预案，这样更具操作性。

13.0.6 施工企业内部各管理层，项目部总承包单位和分包单位应按应急救援预案，各自建立应急救援组织，配备人员和应急设备、物资、器材。

6.3.2.14 生产安全事故管理

14.0.2 根据相关规定，事故发生后，事故现场有关人员应立即如实向本企业负责人报告；企业负责人应按规定应在 1 h 内如实向事故发生地县级以上人民政府建设主管部门和有关部门报告。

情况紧急时，事故现场有关人员可以直接向事故发生地县级以上人民政府建设主管部门和有关部门报告。

6.3.2.15 安全检查和改进

15.0.1 安全检查是指对安全管理体系活动和结果的符合性和有效性进行的常规监测活动，施工企业通过安全检查掌握安全生产管理活动运行的动态，发现并纠正安全生产管理活动或结果的偏差，并为确定和采取纠正措施或预防措施提供信息。

15.0.4 本条为强制性条文，必须严格执行。隐患的识别除了主观判断外，运用仪器能更容易客观、定量的识别隐患，为整改提供更直观的依据。整改有肘涉及多个人，多个班组，所以应有组织地开展，及时整改，方可杜绝生产安全事故。

15.0.5 治理措施指技术和管理手段，即对事故、未遂事故和安全检查结果的综合、分类、统计和分析，确定今后需防止或减少潜在事故或不合格的发生，并针对可能导致其发生的原因所采取的措施，目的是防止同类问题的再发生。

6.3.2.16 安全考核和奖惩

16.0.1～16.0.5 落实安全生产责任制需要配套建立激励和约束相结合的保证机制，安全考核和奖惩就是一种行之有效的措施。安全考核和奖惩工作，特别是安全生产问责制，应贯穿到企业生产经营的全过程。安全奖励包括物质与精神两个方面，安全惩罚包括经济、行政多种形式。

6.4 建设工程施工现场消防安全技术规范

根据住房和城乡建设部《关于发布国家标准〈建设工程施工现场消防安全技术规范〉的公告》（第 1042 号），《建设工程施工现场消防安全技术规范》（GB50720—2011）自 2011 年 8 月 1 日起实施。其中，第 3.2.1、4.2.1(1)、4.2.2(1)、4.3.3、5.1.4、5.3.5、5.3.6、5.3.9、6.2.1、6.2.3、6.3.1(3、5、9)、6.3.3(1)条（款）为强制性条文。

6.4.1 建设工程施工现场消防安全技术规范

6.4.1.1 总则

1.0.1 为预防建设工程施工现场火灾,减少火灾危害,保护人身和财产安全,制定本规范。

1.0.2 本规范适用于新建、改建和扩建等各类建设工程施工现场的防火。

1.0.3 建设工程施工现场的防火,必须遵循国家有关方针、政策,针对不同施工现场的火灾特点,立足自防自救,采取可靠防火措施,做到安全可靠、经济合理、方便适用。

1.0.4 建设工程施工现场的防火,除应符合本规范的规定外,尚应符合国家现行有关标准的规定。

6.4.1.2 术语

2.0.1 临时用房 Temporary construction:在施工现场建造的,为建设工程施工服务的各种非永久性建筑物,包括办公用房、宿舍、厨房操作间、食堂、锅炉房、发电机房、变配电房、库房等。

2.0.2 临时设施 Temporary facility:在施工现场建造的,为建设工程施工服务的各种非永久性设施,包括围墙、大门、临时道路、材料堆场及其加工场、固定动火作业场、作业棚、机具棚、贮水池及临时给排水、供电、供热管线等。

2.0.3 临时消防设施 Temporary fire control facility:设置在建设工程施工现场,用于扑救施工现场火灾、引导施工人员安全疏散等各类消防设施。包括灭火器、临时消防给水系统、消防应急照明、疏散指示标识、临时疏散通道等。

2.0.4 临时疏散通道 Temporary evacuation route:施工现场发生火灾或意外事件时,供人员安全撤离危险区域并到达安全地点或安全地带所经的路径。

2.0.5 临时消防救援场地 Temporary fire fighting and rescue site:施工现场中供人员和设备实施灭火救援作业的场地。

6.4.1.3 总平面布局

6.4.1.3.1 一般规定

3.1.1 临时用房、临时设施的布置应满足现场防火、灭火及人员安全疏散的要求。

3.1.2 下列临时用房和临时设施应纳入施工现场总平面布局:

1.施工现场的出入口、围墙、围挡;

2.场内临时道路;

3.给水管网或管路和配电线路敷设或架设的走向、高度;

4.施工现场办公用房、宿舍、发电机房、配电房、可燃材料库房、易燃易爆危险品库房、可燃材料堆场及其加工场、固定动火作业场等;

5.临时消防车道、消防救援场地和消防水源。

3.1.3 施工现场出入口的设置应满足消防车通行的要求,并宜布置在不同方向,其数量不宜少于2个。当确有困难只能设置1个出入口时,应在施工现场内设置满足消防车通行的环形道路。

3.1.4 施工现场临时办公、生活、生产、物料存贮等功能区宜相对独立布置,防火间距应符合本规范第 3.2.1 条及第 3.2.2 条要求。

3.1.5　固定动火作业场应布置在可燃材料堆场及其加工场、易燃易爆危险品库房等全年最小频率风向的上风侧；宜布置在临时办公用房、宿舍、可燃材料库房、在建工程等全年最小频率风向的上风侧。

3.1.6　易燃易爆危险品库房应远离明火作业区、人员密集区和建筑物相对集中区。

3.1.7　可燃材料堆场及其加工场、易燃易爆危险品库房不应布置在架空电力线下。

6.4.1.3.2　防火间距

3.2.1　易燃易爆危险品库房与在建工程的防火间距不应小于 15 m，可燃材料堆场及其加工场、固定动火作业场与在建工程的防火间距不应小于 10 m，其他临时用房、临时设施与在建工程的防火间距不应小于 6 m。

3.2.2　施工现场主要临时用房、临时设施的防火间距不应小于表 3.2.2 的规定，当办公用房、宿舍成组布置时，其防火间距可适当减小，但应符合以下要求：

1. 每组临时用房的栋数不应超过 10 栋，组与组之间的防火间距不应小于 8 m；

2. 组内临时用房之间的防火间距不应小于 3.5 m；当建筑构件燃烧性能等级为 A 级时，其防火间距可减少到 3 m。

表 3.2.2　施工现场主要临时临时用房、临时设施的防火间距(m)

名称间距	办公用房、宿舍	发电机房、变配电房	可燃材料库房	厨房操作间、锅炉房	可燃材料堆场及其加工场	固定动火作业场	易燃易爆危险品库房
办公用房、宿舍	4	4	5	5	7	7	10
发电机房、变配电房	4	4	5	5	7	7	10
可燃材料库房	5	5	5	5	7	7	10
厨房操作间、锅炉房	5	5	5	5	7	7	10
可燃材料堆场及其加工场	7	7	7	7	7	10	10
固定动火作业场	7	7	7	7	10	10	10
易燃易爆危险品库房	10	10	10	10	10	12	12

注：(1)临时用房、临时设施的防火间距应按临时用房外墙外边线或堆场、作业场、作业棚边线间的最小距离计算，如临时用房外墙有突出可燃构件时，应从其突出可燃构件的外缘算起。

(2)两栋临时用房相邻较高一面的外墙为防火墙时，防火间距不限。

(3)本表未规定的，可按同等火灾危险性的临时用房、临时设施的防火间距确定。

6.4.1.3.3　消防车道

3.3.1　施工现场内应设置临时消防车道，临时消防车道与在建工程、临时用房、可燃材料堆场及其加工场的距离，不宜小于 5 m，且不宜大于 40 m；施工现场周边道路满足消防车通行及灭火救援要求时，施工现场内可不设置临时消防车道。

3.3.2 临时消防车道的设置应符合下列规定：

1.临时消防车道宜为环形，如设置环形车道确有困难，应在消防车道尽端设置尺寸不小于12 m×12 m的回车场；

2.临时消防车道的净宽度和净空高度均不应小于4 m；

3.临时消防车道的右侧应设置消防车行进路线指示标识；

4.临时消防车道路基、路面及其下部设施应能承受消防车通行压力及工作荷载。

3.3.3 下列建筑应设置环形临时消防车道，设置环形临时消防车道确有困难时，除应按本规范3.3.2条的要求设置回车场外，尚应按本规范第3.3.4条的要求设置临时消防救援场地：

1.建筑高度大于24 m的在建工程；

2.建筑工程单体占地面积大于3 000 m^2的在建工程；

3.超过10栋，且为成组布置的临时用房。

3.3.4 临时消防救援场地的设置应符合下列要求：

1.临时消防救援场地应在在建工程装饰装修阶段设置；

2.临时消防救援场地应设置在成组布置的临时用房场地的长边一侧及在建工程的长边一侧；

3.场地宽度应满足消防车正常操作要求且不应小于6 m，与在建工程外脚手架的净距不宜小于2 m，且不宜超过6 m。

6.4.1.4 建筑防火

6.4.1.4.1 一般规定

4.1.1 临时用房和在建工程应采取可靠的防火分隔和安全疏散等防火技术措施。

4.1.2 临时用房的防火设计应根据其使用性质及火灾危险性等情况进行确定。

4.1.3 在建工程防火设计应根据施工性质、建筑高度、建筑规模及结构特点等情况进行确定。

6.4.1.4.2 临时用房防火

4.2.1 宿舍、办公用房的防火设计应符合下列规定：

1.建筑构件的燃烧性能等级应为A级。当采用金属夹芯板材时，其芯材的燃烧性能等级应为A级；

2.建筑层数不应超过3层，每层建筑面积不应大于300 m^2；

3.层数为3层或每层建筑面积大于200 m^2时，应设置不少于2部疏散楼梯，房间疏散门至疏散楼梯的最大距离不应大于25 m；

4.单面布置用房时，疏散走道的净宽度不应小于1.0米；双面布置用房时，疏散走道的净宽度不应小于1.5 m；

5.疏散楼梯的净宽度不应小于疏散走道的净宽度；

6.宿舍房间的建筑面积不应大于30 m^2，其他房间的建筑面积不宜大于100 m^2；

7.房间内任一点至最近疏散门的距离不应大于15 m，房门的净宽度不应小于0.8 m，房间建筑面积超过50 m^2 时，房门的净宽度不应小于1.2 m；

8.隔墙应从楼地面基层隔断至顶板基层底面。

4.2.2　发电机房、变配电房、厨房操作间、锅炉房、可燃材料库房及易燃易爆危险品库房的防火设计应符合下列规定：

1. 建筑构件的燃烧性能等级应为A级；

2. 层数应为1层，建筑面积不应大于200 m^2；

3. 可燃材料库房单个房间的建筑面积不应超过30 m^2，易燃易爆危险品库房单个房间的建筑面积不应超过20 m^2；

4. 房间内任一点至最近疏散门的距离不应大于10 m，房门的净宽度不应小于0.8 m。

4.2.3　其他防火设计应符合下列规定：

1. 宿舍、办公用房不应与厨房操作间、锅炉房、变配电房等组合建造；

2. 会议室、文化娱乐室等人员密集的房间应设置在临时用房的第一层，其疏散门应向疏散方向开启。

6.4.1.4.3　在建工程防火

4.3.1　在建工程作业场所的临时疏散通道应采用不燃、难燃材料建造并与在建工程结构施工同步设置，也可利用在建工程施工完毕的水平结构、楼梯。

4.3.2　在建工程作业场所临时疏散通道的设置应符合下列规定：

1. 耐火极限不应低于0.5 h；

2. 设置在地面上的临时疏散通道，其净宽度不应小于1.5 m；利用在建工程施工完毕的水平结构、楼梯作临时疏散通道，其净宽度不应小于1.0 m；用于疏散的爬梯及设置在脚手架上的临时疏散通道，其净宽度不应小于0.6 m；

3. 临时疏散通道为坡道时，且坡度大于25°时，应修建楼梯或台阶踏步或设置防滑条；

4. 临时疏散通道不宜采用爬梯，确需采用爬梯时，应有可靠固定措施；

5. 临时疏散通道的侧面如为临空面，必须沿临空面设置高度不小于1.2 m的防护栏杆；

6. 临时疏散通道设置在脚手架上时，脚手架应采用不燃材料搭设；

7. 临时疏散通道应设置明显的疏散指示标识；

8. 临时疏散通道应设置照明设施。

4.3.3　既有建筑进行扩建、改建施工时，必须明确划分施工区和非施工区。施工区不得营业、使用和居住；非施工区继续营业、使用和居住时，应符合下列要求：

1. 施工区和非施工区之间应采用不开设门、窗、洞口的耐火极限不低于3.0 h的不燃烧体隔墙进行防火分隔；

2. 非施工区内的消防设施应完好和有效，疏散通道应保持畅通，并应落实日常值班及消防安全管理制度；

3. 施工区的消防安全应配有专人值守，发生火情应能立即处置；

4. 施工单位应向居住和使用者进行消防宣传教育、告知建筑消防设施、疏散通道的位置及使用方法，同时应组织进行疏散演练；

5. 外脚手架搭设不应影响安全疏散、消防车正常通行及灭火救援操作；外脚手架搭设长度不应超过该建筑物外立面周长的1/2。

4.3.4　外脚手架、支模架的架体宜采用不燃或难燃材料搭设，其中，下列工程的外脚手架、支模架的架体应采用不燃材料搭设：

1.高层建筑；

2.既有建筑改造工程。

4.3.5　下列安全防护网应采用阻燃型安全防护网：

1.高层建筑外脚手架的安全防护网；

2.既有建筑外墙改造时，其外脚手架的安全防护网；

3.临时疏散通道的安全防护网。

4.3.6　作业场所应设置明显的疏散指示标志，其指示方向应指向最近的临时疏散通道入口。

4.3.7　作业层的醒目位置应设置安全疏散示意图。

6.4.1.5　临时消防设施

6.4.1.5.1　一般规定

5.1.1　施工现场应设置灭火器、临时消防给水系统和临时消防应急照明等临时消防设施。

5.1.2　临时消防设施应与在建工程的施工同步设置。房屋建筑工程中，临时消防设施的设置与在建工程主体结构施工进度的差距不应超过3层。

5.1.3　施工现场在建工程可利用已具备使用条件的永久性消防设施作为临时消防设施。当永久性消防设施无法满足使用要求时，应增设临时消防设施，并应符合本规范第5.2～5.4节的有关规定。

5.1.4　施工现场的消火栓泵应采用专用消防配电线路。专用消防配电线路应自施工现场总配电箱的总断路器上端接入，且应保持不间断供电。

5.1.5　地下工程的施工作业场所宜配备防毒面具。

5.1.6　临时消防给水系统的贮水池、消火栓泵、室内消防竖管及水泵接合器等，应设有醒目标识。

6.4.1.5.2　灭火器

5.2.1　在建工程及临时用房的下列场所应配置灭火器：

1.易燃易爆危险品存放及使用场所；

2.动火作业场所；

3.可燃材料存放、加工及使用场所；

4.厨房操作间、锅炉房、发电机房、变配电房、设备用房、办公用房、宿舍等临时用房；

5.其他具有火灾危险的场所。

5.2.2　施工现场灭火器配置应符合下列规定：

1.灭火器的类型应与配备场所可能发生的火灾类型相匹配；

2.灭火器的最低配置标准应符合表5.2.2-1的规定。

表 5.2.2-1　灭火器最低配置标准

项目	固体物质火灾		液体或可熔化固体物质火灾、气体火灾	
	单县灭火器最小灭火级别	单位灭火级别最大保护面积 m^2/A	单县灭火器最小灭火级别	单位灭火级别最大保护面积 m^2/A
易燃易爆危险品存放及使用场所	3A	50	89B	0.5
固定动火作业场	3A	50	89B	0.5
临时动火作业点	2A	50	55B	0.5
可燃材料存放、加工及使用场所	2A	75	55B	1.0
厨房操作间、锅炉房	2A	75	55B	1.0
自备发电机房	2A	75	55B	1.0
变、配电房	2A	75	55B	1.0
办公用房、宿舍	1A	100	—	—

3. 灭火器的配置数量应按照《建筑灭火器配置设计规范》(GB50140)经计算确定，且每个场所的灭火器数量不应少于 2 具。

4. 灭火器的最大保护距离应符合表 5.2.2-2 的规定。

表 5.2.2-2　灭火器的最大保护距离(m)

灭火器配置场所	固体物质火灾	液体或可熔化固体物质火灾、气体类火灾
易燃易爆危险品存放及使用场所	15	9
固定动火作业场	15	9
临时动火作业点	10	6
可燃材料存放、加工及使用场所	20	12
厨房操作间、锅炉房	20	12
发电机房、变配电房	20	12
办公用房、宿舍等	25	—

6.4.1.5.3　临时消防给水系统

5.3.1　施工现场或其附近应设置稳定、可靠的水源，并应能满足施工现场临时消防用水的需要。

消防水源可采用市政给水管网或天然水源。当采用天然水源时，应采取措施确保冰冻季节、枯水期最低水位时顺利取水，并满足临时消防用水量的要求。

5.3.2　临时消防用水量应为临时室外消防用水量与临时室内消防用水量之和。

5.3.3　临时室外消防用水量应按临时用房和在建工程的临时室外消防用水量的较大者确定，施工现场火灾次数可按同时发生 1 次确定。

5.3.4　临时用房建筑面积之和大于1 000 m^2或在建工程单体体积大于10 000 m^3时，应设置临时室外消防给水系统。当施工现场处于市政消火栓150 m保护范围内且市政消火栓的数量满足室外消防用水量要求时，可不设置临时室外消防给水系统。

5.3.5　临时用房的临时室外消防用水量不应小于表5.3.5的规定：

表5.3.5　临时用房的临时室外消防用水量

临时用房的建筑面积之和	火灾延续时间(h)	消火栓用水量(L/s)	每支水枪最小流量(L/s)
1 000 m^2＜面积≤5 000 m^2	1	10	5
面积＞5 000 m^2		15	5

5.3.6　在建工程的临时室外消防用水量不应小于表5.3.6的规定：

表5.3.6　在建工程的临时室外消防用水量

在建工程(单体)体积	火灾延续时间(h)	消火栓用水量(L/s)	每支水枪最小流量(L/s)
10 000 m^3＜体积≤30 000 m^3	1	15	5
体积＞30 000 m^3	2	20	5

5.3.7　施工现场临时室外消防给水系统的设置应符合下列要求：

1.给水管网宜布置成环状；

2.临时室外消防给水干管的管径应依据施工现场临时消防用水量和干管内水流计算速度进行计算确定，且不应小于DN100；

3.室外消火栓应沿在建工程、临时用房及可燃材料堆场及其加工场均匀布置，距在建工程、临时用房及可燃材料堆场及其加工场的外边线不应小于5 m；

4.消火栓的间距不应大于120 m；

5.消火栓的最大保护半径不应大于150 m。

5.3.8　建筑高度大于24 m或单体体积超过30 000 m^3的在建工程，应设置临时室内消防给水系统。

5.3.9　在建工程的临时室内消防用水量不应小于表5.3.9的规定：

表5.3.9　在建工程的临时室内消防用水量

建筑高度、在建工程体积(单体)	火灾延续时间(h)	消火栓用水量(L/s)	每支水枪最小流量(L/s)
24 m＜建筑高度≤50 m 或30 000 m^3＜体积≤50 000 m^3	1	10	5
建筑高度＞50 m 或体积＞50 000 m^3	1	15	5

5.3.10　在建工程室内临时消防竖管的设置应符合下列要求：

1.消防竖管的设置位置应便于消防人员操作，其数量不应少于2根，当结构封顶时，应将消防竖管设置成环状；

2. 消防竖管的管径应根据在建工程临时消防用水量、竖管内水流计算速度进行计算确定，且不应小于 DN100。

5.3.11　设置室内消防给水系统的在建工程，应设消防水泵接合器。消防水泵接合器应设置在室外便于消防车取水的部位，与室外消火栓或消防水池取水口的距离宜为 15～40 m。

5.3.12　设置临时室内消防给水系统的在建工程，各结构层均应设置室内消火栓接口及消防软管接口，并应符合下列要求：

1. 消火栓接口及软管接口应设置在位置明显且易于操作的部位；

2. 消火栓接口的前端应设置截止阀；

3. 消火栓接口或软管接口的间距，多层建筑不大于 50 m，高层建筑不大于 30 m。

5.3.13　在建工程结构施工完毕的每层楼梯处，应设置消防水枪、水带及软管，且每个设置点不少于 2 套。

5.3.14　高度超过 100 m 的在建工程，应在适当楼层增设临时中转水池及加压水泵。中转水池的有效容积不应少于 10 m^3，上下两个中转水池的高差不宜超过 100 m。

5.3.15　临时消防给水系统的给水压力应满足消防水枪充实水柱长度不小于 10 m 的要求；给水压力不能满足要求时，应设置消火栓泵，消火栓泵不应少于 2 台，且应互为备用；消火栓泵宜设置自动启动装置。

5.3.16　当外部消防水源不能满足施工现场的临时消防用水量要求时，应在施工现场设置临时贮水池。临时贮水池宜设置在便于消防车取水的部位，其有效容积不应小于施工现场火灾延续时间内一次灭火的全部消防用水量。

5.3.17　施工现场临时消防给水系统应与施工现场生产、生活给水系统合并设置，但应设置将生产、生活用水转为消防用水的应急阀门。应急阀门不应超过 2 个，且应设置在易于操作的场所，并设置明显标识。

5.3.18　严寒和寒冷地区的现场临时消防给水系统，应采取防冻措施。

6.4.1.5.4　应急照明

5.4.1　施工现场的下列场所应配备临时应急照明。

1. 自备发电机房及变、配电房；

2. 水泵房；

3. 无天然采光的作业场所及疏散通道；

4. 高度超过 100 m 的在建工程的室内疏散通道；

5. 发生火灾时仍需坚持工作的其他场所。

5.4.2　作业场所应急照明的照度不应低于正常工作所需照度的 90%，疏散通道的照度值不应小于 0.5 lx。

5.4.3　临时消防应急照明灯具宜选用自备电源的应急照明灯具，自备电源的连续供电时间不应小于 60 min。

6.4.1.6　防火管理

6.4.1.6.1　一般规定

6.1.1　施工现场的消防安全管理由施工单位负责。

实行施工总承包的，由总承包单位负责。分包单位应向总承包单位负责，并应服从总承包单位的管理，同时应承担国家法律、法规规定的消防责任和义务。

6.1.2　监理单位应对施工现场的消防安全管理实施监理。

6.1.3　施工单位应根据建设项目规模、现场消防安全管理的重点，在施工现场建立消防安全管理组织机构及义务消防组织，并应确定消防安全负责人和消防安全管理人，同时应落实相关人员的消防安全管理责任。

6.1.4　施工单位应针对施工现场可能导致火灾发生的施工作业及其他活动，制订消防安全管理制度。消防安全管理制度应包括下列主要内容：

1. 消防安全教育与培训制度；

2. 可燃及易燃易爆危险品管理制度；

3. 用火、用电、用气管理制度；

4. 消防安全检查制度；

5. 应急预案演练制度。

6.1.5　施工单位应编制施工现场防火技术方案，并应根据现场情况变化及时对其修改、完善。防火技术方案应包括下列主要内容：

1. 施工现场重大火灾危险源辨识；

2. 施工现场防火技术措施；

3. 临时消防设施、临时疏散设施配备；

4. 临时消防设施和消防警示标识布置图。

6.1.6　施工单位应编制施工现场灭火及应急疏散预案。灭火及应急疏散预案应包括下列主要内容：

1. 应急灭火处置机构及各级人员应急处置职责；

2. 报警、接警处置的程序和通讯联络的方式；

3. 扑救初起火灾的程序和措施；

4. 应急疏散及救援的程序和措施。

6.1.7　施工人员进场前，施工现场的消防安全管理人员应向施工人员进行消防安全教育和培训。防火安全教育和培训应包括下列内容：

1. 施工现场消防安全管理制度、防火技术方案、灭火及应急疏散预案的主要内容；

2. 施工现场临时消防设施的性能及使用、维护方法；

3. 扑灭初起火灾及自救逃生的知识和技能；

4. 报火警、接警的程序和方法。

6.1.8　施工作业前，施工现场的施工管理人员应向作业人员进行消防安全技术交底。消防安全技术交底应包括下列主要内容：

1. 施工过程中可能发生火灾的部位或环节；

2. 施工过程应采取的防火措施及应配备的临时消防设施；

3. 初起火灾的扑救方法及注意事项；

4. 逃生方法及路线。

6.1.9　施工过程中，施工现场的消防安全负责人应定期组织消防安全管理人员对施工现场的消防安全进行检查。消防安全检查应包括下列主要内容：

1. 可燃物及易燃易爆危险品的管理是否落实；

2. 动火作业的防火措施是否落实；

3. 用火、用电、用气是否存在违章操作，电、气焊及保温防水施工是否执行操作规程；

4. 临时消防设施是否完好有效；

5. 临时消防车道及临时疏散设施是否畅通。

6.1.10　施工单位应依据灭火及应急疏散预案，定期开展灭火及应急疏散的演练。

6.1.11　施工单位应做好并保存施工现场消防安全管理的相关文件和记录，建立现场消防安全管理档案。

6.4.1.6.2　可燃物及易燃易爆危险品管理

6.2.1　用于在建工程的保温、防水、装饰及防腐等材料的燃烧性能等级，应符合设计要求。

6.2.2　可燃材料及易燃易爆危险品应按计划限量进场。进场后，可燃材料宜存放于库房内，如露天存放时，应分类成垛堆放，垛高不应超过 2 m，单垛体积不应超过 50 m^3，垛与垛之间的最小间距不应小于 2 m，且采用不燃或难燃材料覆盖；易燃易爆危险品应分类专库储存，库房内通风良好，并设置严禁明火标志。

6.2.3　室内使用油漆及其有机溶剂、乙二胺、冷底子油或其他可燃、易燃易爆危险品的物资作业时，应保持良好通风，作业场所严禁明火，并应避免产生静电。

6.2.4　施工产生的可燃、易燃建筑垃圾或余料，应及时清理。

6.4.1.6.3　用火、用电、用气管理

6.3.1　施工现场用火，应符合下列要求：

1. 动火作业应办理动火许可证；动火许可证的签发人收到动火申请后，应前往现场查验并确认动火作业的防火措施落实后，方可签发动火许可证。

2. 动火操作人员应具有相应资格；

3. 焊接、切割、烘烤或加热等动火作业前，应对作业现场的可燃物进行清理；作业现场及其附近无法移走的可燃物，应采用不燃材料对其覆盖或隔离；

4. 施工作业安排时，宜将动火作业安排在使用可燃建筑材料的施工作业前进行。确需在使用可燃建筑材料的施工作业之后进行动火作业，应采取可靠防火措施；

5. 裸露的可燃材料上严禁直接进行动火作业；

6. 焊接、切割、烘烤或加热等动火作业，应配备灭火器材，并设动火监护人进行现场监护，每个动火作业点均应设置一个监护人；

7. 五级（含五级）以上风力时，应停止焊接、切割等室外动火作业，否则应采取可靠的挡风措施；

8. 动火作业后，应对现场进行检查，确认无火灾危险后，动火操作人员方可离开；

9. 具有火灾、爆炸危险的场所严禁明火；

10. 施工现场不应采用明火取暖；

11. 厨房操作间炉灶使用完毕后，应将炉火熄灭，排油烟机及油烟管道应定期清理油垢。

6.3.2　施工现场用电，应符合下列要求：

1.施工现场供用电设施的设计、施工、运行、维护应符合现行国家标准《建设工程施工现场供用电安全规范》GB50194的要求；

2.电气线路应具有相应的绝缘强度和机械强度，严禁使用绝缘老化或失去绝缘性能的电气线路，严禁在电气线路上悬挂物品。破损、烧焦的插座、插头应及时更换；

3.电气设备与可燃、易燃易爆和腐蚀性物品应保持一定的安全距离；

4.有爆炸和火灾危险的场所，按危险场所等级选用相应的电气设备；

5.配电屏上每个电气回路应设置漏电保护器、过载保护器，距配电屏2 m范围内不应堆放可燃物，5 m范围内不应设置可能产生较多易燃、易爆气体、粉尘的作业区；

6.可燃材料库房不应使用高热灯具，易燃易爆危险品库房内应使用防爆灯具；

7.普通灯具与易燃物距离不宜小于300 mm；聚光灯、碘钨灯等高热灯具与易燃物距离不宜小于500 mm。

8.电气设备不应超负荷运行或带故障使用；

9.禁止私自改装现场供用电设施；

10.应定期对电气设备和线路的运行及维护情况进行检查。

6.3.3　施工现场用气，应符合下列要求：

1.储装气体的罐瓶及其附件应合格、完好和有效；严禁使用减压器及其他附件缺损的氧气瓶，严禁使用乙炔专用减压器、回火防止器及其他附件缺损的乙炔瓶；

2.气瓶运输、存放、使用时，应符合下列规定：

1)气瓶应保持直立状态，并采取防倾倒措施，乙炔瓶严禁横躺卧放；

2)严禁碰撞、敲打、抛掷、滚动气瓶；

3)气瓶应远离火源，距火源距离不应小于10 m，并应采取避免高温和防止暴晒的措施；

4)燃气储装瓶罐应设置防静电装置；

3.气瓶应分类储存，库房内通风良好；空瓶和实瓶同库存放时，应分开放置，两者间距不应小于1.5 m；

4.气瓶使用时，应符合下列规定：

1)使用前，应检查气瓶及气瓶附件的完好性，检查连接气路的气密性，并采取避免气体泄漏的措施，严禁使用已老化的橡皮气管；

2)氧气瓶与乙炔瓶的工作间距不应小于5 m，气瓶与明火作业点的距离不应小于10 m；

3)冬季使用气瓶，如气瓶的瓶阀、减压器等发生冻结，严禁用火烘烤或用铁器敲击瓶阀，禁止猛拧减压器的调节螺丝；

4)氧气瓶内剩余气体的压力不应小于0.1 MPa；

5)气瓶用后，应及时归库。

6.4.1.6.4　其他施工管理

6.4.1　施工现场的重点防火部位或区域，应设置防火警示标识。

6.4.2　施工单位应做好施工现场临时消防设施的日常维护工作，对已失效、损坏或丢失的消防设施,应及时更换、修复或补充。

6.4.3 临时消防车道、临时疏散通道、安全出口应保持畅通,不得遮挡、挪动疏散指示标识,不得挪用消防设施。

6.4.4 施工期间,不应拆除临时消防设施及临时疏散设施。

6.4.5 施工现场严禁吸烟。

6.4.2 建设工程施工现场消防安全技术规范条文说明

6.4.2.1 总则

1.0.1 随着我国城镇建设规模的扩大和城镇化进程的加速,建设工程施工现场的火灾数量呈增多趋势,火灾危害呈增大的趋势。因此,为预防建设工程施工现场火灾,减少火灾危害,保护人身和财产安全,制订本规范。

1.0.2 本规范适用于新建、改建和扩建等各类建设工程的施工现场防火,包括土木工程、建筑工程、设备安装工程、装饰装修工程和既有建筑改造等施工现场,但不适用于线路管道工程、拆除工程、布展工程、临时工程等施工现场。

1.0.3 《中华人民共和国消防法》规定了消防工作的方针是“预防为主、防消结合”。“防”和“消”是不可分割的整体,两者相辅相成,互为补充。建设工程施工现场一般具有以下特点,因而火灾风险多,危害大:

1.施工临时员工多,流动性强,素质参差不齐;

2.施工现场临建设施多,防火标准低;

3.施工现场易燃、可燃材料多;

4.动火作业多、露天作业多、立体交叉作业多、违章作业多;

5.现场管理及施工过程受外部环境影响大。

调查发现,施工现场火灾主要因用火、用电、用气不慎和初起火灾扑灭不及时所导致。

针对建设工程施工现场的特点及发生火灾的主要原因,施工现场的防火,应针对“用火用电、用气和扑灭初起火灾”等关键环节,遵循“以人为本、因地制宜、立足自救”的原则,制订并采取“安全可靠、经济适用、方便有效”的防火措施。

施工现场发生火灾时,应以“扑灭初期火灾和保护人身安全”为主要任务。当人身和财产安全均受到威胁时,应以保护人身安全为首要任务。

6.4.2.2 术语

2.0.1、2.0.2 施工现场的临时用房及临时设施常被合并简称为临建设施。有时,也将“在施工现场建造的,为建设工程施工服务的各类办公、生活、生产用非永久性建筑物、构筑物、设施”统称为临时设施,即临时设施包含临时用房。但为了本规范相关内容表述方便、所表达的意思明确,特将“临时用房、临时设施”分别定义。

2.0.3 施工现场的临时消防设施仅指设置在建设工程施工现场,用于扑救施工现场初起火灾的设施和设备。常见的为手提式及推车式灭火器、临时消防给水系统、消防应急照明、疏散指示标识等。

2.0.4 由于施工现场环境复杂、不安全因素多、疏散条件差,凡是能用于或满足人员安全撤离危险区域,到达安全地点或安全地带的路径、设施均可视为临时疏散通道。

6.4.2.3　总平面布局

6.4.2.3.1　一般规定

3.1.1　防火、灭火及人员安全疏散是施工现场防火工作的主要内容，施工现场临时用房、临时设施的布置满足现场防火、灭火及人员安全疏散的要求是施工现场防火工作的基本条件。

施工现场临时用房、临时设施的布置常受现场客观条件（如气象、地形地貌及水文地质、地上地下管线及周边建构筑物、场地大小及其“三通一平”、现场周边道路及消防设施等具体情况）的制约，而不同施工现场的客观条件又千差万别。因此，现场的总平面布局，应综合考虑在建工程及现场情况，因地制宜，按照“临时用房及临时设施占地面积少、场内材料及构件二次运输少、施工生产及生活相互干扰少、临时用房及设施建造费用少，并满足施工、防火、节能、环保、安全、保卫、文明施工等需求”的基本原则进行。

燃烧应具备三个基本条件：可燃物、助燃物、火源。

施工现场存有大量的易燃、可燃材料，如：竹（木）模板及架料，B2、B3级装饰、保温、防水材料，树脂类防腐材料，油漆及其稀释剂，焊接或气割用的氢气、乙炔等。这些物质的存在，使施工现场具备了燃烧产生的一个必备条件——可燃物。

施工现场动火作业多，如：焊接、气割、金属切割、生活用火等，使施工现场具备了燃烧产生的另一个必备条件——火源。

控制可燃物、隔绝助燃物以及消除着火源是防火工作的基本措施。

明确施工现场平面布局的主要内容，确定施工现场出入口的设置及现场办公、生活、生产、物料存贮区域的布置原则，规范可燃物、易燃易爆危险品存放场所及动火作业场所的布置要求，针对施工现场的火源和可燃、易燃物实施重点管控，是落实现场防火工作基本措施的具体表现。

3.1.2　在建工程及现场办公用房、宿舍、发电机房、配电房、可燃材料存放库房、可燃材料堆场及其加工场、固定动火作业场、易燃易爆危险品存放库房是施工现场防火的重点，给水及供配电线路和消防车道、临时消防救援场地、消防水源是现场灭火的基本条件，现场出入口和场内临时道路是人员安全疏散的基本设施。

因此，施工现场总平面布局应明确与现场防火、灭火及人员疏散密切相关的临建设施的具体位置，以满足现场防火、灭火及人员疏散的要求。

3.1.3　本条规定明确了施工现场设置出入口的基本原则和要求，当施工现场划分为不同的区域时，不同区域的出入口设置也要符合本条规定。

3.1.4　“施工现场临时办公、生活、生产、物料存贮等功能区宜相对独立布置”是对施工现场总平面布局的原则性要求。

3.1.5　本条对固定动火作业场的布置进行了规定。固定动火作业场属于散发火花的场所，布置时需要考虑风向以及火花对于可燃及易燃易爆物品集中区域的影响。

3.1.7　本条对可燃材料堆场及其加工场、易燃易爆物品存放库房的布置位置进行了规定。既要考虑架空电力线对于可燃材料堆场及其加工场、易燃易爆危险品库房的影响，也要考虑可燃材料堆场及其加工场、易燃易爆危险品库房失火对于架空电力线的影响。

6.4.2.3.2　防火间距

3.2.1　本条规定明确了不同临时用房、临时设施与在建工程的最小防火间距。临时用房与临时设施与在建工程的防火间距采用 6 m，主要是考虑临时用房层数不高、面积不大，故采用了《建筑设计防火规范》多层民用建筑之间的防火间距的数值。同时，由于可燃材料堆场及其加工厂、固定动火作业场易燃易爆危险品库房的火灾危险性较高，故提高了要求。本条为强制性条文。

3.2.2　本条规定明确了不同临时用房、临时设施之间的最小防火间距。

各省、市发布实施了建设工程施工现场消防安全管理的相关规定或地方标准，但对施工现场主要临时用房、临时设施间最小防火间距的规定存在较大差异。

2010 年上半年，编制组对我国东北、华北、西北、华东、华中、华南、西南七个区域共 112 个施工现场主要临时用房、临时设施布置及其最小防火间距进行了调研，调研结果表明：

1. 不同施工现场的主要临时用房、临时设施间的最小防火间距离散性较大；

2. 受施工现场条件制约，施工现场主要临时用房、临时设施间的防火间距符合当地地方标准的仅为 52.9%。

为此，编制组参照公安部《建筑工地防火基本措施》，并综合考虑不同地区经济发展的不平衡及不同建设项目现场客观条件的差异，确定以不少于 75%的调研对象能够达到或满足的防火间距作为本标准主要临时用房、临时设施间的最小防火间距。

相邻两栋临时用房成行布置时，其最小防火间距是指相邻两山墙外边线间的最小距离。相邻两栋临时用房成列布置时，其最小防火间距是指相邻两纵墙外边线间的最小距离。

按照本条规定，施工现场如需搭设多栋临时办公用房、宿舍时，办公用房之间、宿舍之间、办公用房与宿舍之间应保持不小于 4 m 的防火间距。当办公用房或宿舍的栋数较多，可成组布置，此时，相邻两组临时用房彼此间应保持不小于 8 m 的防火间距，组内临时用房相互间的防火间距可适当减小。

按照本条规定，如施工现场的发电机房和变配电房分开设置，发电机房与变配电房之间应保持不小于 4 m 的防火间距。如发电机房与变配电房合建在同一临时用房内，两者之间应采用不燃材料进行防火分隔。如施工现场需设置两个或多个配电房（如同一建设项目，由多家施工总承包单位承包，各总承包单位均需设置一个配电房时），相邻两个配电房之间应保持不小于 4 m 的防火间距。

6.4.2.3.3　消防车道

3.3.1　规定了施工现场设置临时消防车道的基本要求。临时消防车道与在建工程、临时用房、可燃材料堆场及其加工场的距离不宜小于 5 m 且不宜大于 40 m，主要是考虑灭火救援的安全以及供水的可靠。

3.3.2　本条依据消防车顺利通行和正常工作的要求制定。当无法设置环形临时消防车道的时候，应设置回车场。

3.3.3　本条基于建筑高度大于 24 m 或单体工程占地面积大于 3 000 m^2 的在建工程及栋数超过 10 栋，且为成组布置的临时用房的火灾扑救需求制定。

3.3.4　本条规定明确了临时消防救援场地的设置要求。

许多位于城区，特别是城区繁华地段的建设工程，体量大、施工场地十分狭小，尤其是在基础工程、地下工程及建筑裙楼的结构施工阶段，因受场地限制而无法设置临时消防车道，也难以设置临时消防救援场地。基于此类实际情况，施工现场的临时消防车道或临时消防救援场地最迟应在基础工程、地下结构工程的土方回填完毕后，在建工程装饰装修工程施工前形成。因为在建工程装饰装修阶段，现场存放的可燃建筑材料多、立体交叉作业多、动火作业多，火灾事故主要发生在此阶段，且危害较大。

6.4.2.4　建筑防火

6.4.2.4.1　一般规定

4.1.1　在临时用房内部，即相邻两房间之间设置防火分隔，有利于延迟火灾蔓延，为临时用房使用人员赢得宝贵的疏散时间。在施工现场的动火作业区(点)与可燃物、易燃易爆危险品存放及使用场所之间设置临时防火分隔，以减少火灾发生。施工现场的临时用房、作业场所是施工现场人员密集的场所，应设置安全疏散通道。

4.1.2　本条规定确定了临时用房防火设计的基本原则和要求。

4.1.3　本条确定了在建工程防火设计的基本原则及要求。

6.4.2.4.2　临时用房防火

4.2.1　由于施工现场临时用房火灾频发，为保护人员生命安全，故要求施工现场宿舍和办公室的建筑构件燃烧性能应为A级。材料的燃烧性能等级应由具有相应资质等级的检测机构按照现行国家标准《建筑材料及制品燃烧性能分级》GB8624检测确定。

近年来施工工地临时用房采用金属夹芯板(俗称彩钢板)的情况比较普遍，此类材料在很多工地已发生火灾，造成了严重人员伤亡。因此，要确保此类材料的芯材的燃烧性能达到A级。

依据相关文件规定，本规范提出的A级材料对应现行国家标准《建筑材料及制品燃烧性能分级》GB8624—2006中的A1、A2级。本条款第一款为强制性条款。

4.2.2　发电机房、变配电房、厨房操作间、锅炉房、可燃材料和易燃易爆危险品库房，是施工现场火灾危险性较大的临时用房，因而对其进行较为严格的规定。本条款第一款为强制性条款。

可燃材料、易燃易爆物品存放库房应分别布置在不同的临时用房内，每栋临时用房的面积均不应超过200 m^2，且应采用不燃材料将其分隔成若干间库房。

采用不燃材料将存放可燃材料或易燃易爆危险品的临时用房分隔成相对独立的房间，有利于火灾风险的控制。施工现场某种易燃易爆物品如油漆，如需用量大，可分别存放于多间库房内。

4.2.3　施工现场的临时用房较多，且其布置受现场条件制约多，不同使用功能的临时用房可按以下规定组合建造。组合建造时，两种不同使用功能的临时用房之间应采用不燃材料进行防火分隔，其防火设计等级应以防火设计等级要求较高的临时用房为准。

1. 现场办公用房、宿舍不应组合建造。如现场办公用房与宿舍的规模不大，两者的建筑面积之和不超过300 m^2，可组合建造；

2. 发电机房、变配电房可组合建造；

3. 厨房操作间、锅炉房可组合建造；

4.会议室宜与办公用房可组合建造；

5.文化娱乐室、培训室与办公用房或宿舍可组合建造；

6.餐厅与办公用房或宿舍可组合建造；

7.餐厅与厨房操作间可组合建造。

施工现场人员较为密集的房间包括会议室、文化娱乐室、培训室、餐厅等，其房间门应朝疏散方向开启，以便于人员紧急疏散。

6.4.2.4.3　在建工程防火

4.3.1　在建工程火灾常发生在作业场所，因此，在建工程疏散通道应与在建工程结构施工保持同步，并与作业场所相连通，以满足人员疏散需要。同时基于经济、安全的考虑，疏散通道应尽可能利用在建工程结构已完的水平结构、建筑楼梯。

4.3.2　本条规定是为满足人员迅速、有序、安全撤离火场及避免疏散过程中发生人员拥挤、踩踏、疏散通道垮塌等次生灾害的要求而制定。疏散通道应具备与疏散要求相匹配的通行能力、承载能力和耐火性能。疏散通道如搭设在脚手架上，脚手架作为疏散通道的支撑结构，其承载力和耐火性能应满足相关要求。进行脚手架刚度、强度、稳定性验算时，应考虑人员疏散荷载。脚手架的耐火性能不应低于疏散通道。

4.3.3　本条明确了建筑在居住、营业、使用期间不应进行改建、扩建及改造施工。确需在居住、营业、使用期间进行改建、扩建及改造施工时，应采取的防火措施。条文的具体要求都是从火灾教训中总结得出的。

作出这些规定是考虑到施工现场引发火灾的危险因素较多，在居住、营业、使用期间进行改建、扩建及改造施工时则具有更大的火灾风险，一旦发生火灾，容易造成群死群伤。因此，必须采取多种防火技术和管理措施，严防火灾发生。施工中还应结合具体工程及施工情况，采取切实有效的防范措施。本条为强制性条文。

4.3.4　外脚手架既是在建工程的外防护架，也是施工人员的外操作架。支模架既是混凝土模板的支撑架体，也是施工人员操作平台的支撑架体，为保护施工人员免受火灾伤害，制订本条规定。

4.3.5　阻燃安全网是指续燃、阴燃时间均不大于 4 s 的安全网，安全网质量应符合国家标准《安全网》(GB5725)的要求，阻燃安全网的检测见现行国家标准《纺织品燃烧性能试验垂直法》GB/T5455。

本条规定是基于以下原因而制订：

1.动火作业产生的火焰、火花、火星引燃可燃安全网，并导致火灾事故的情形时有发生；

2.外脚手架的安全防护立网将整个在建工程包裹或封闭其中，可燃安全网一旦燃烧，火势蔓延迅速，难以控制，并可能蔓延至室内，且高层建筑作业人员逃生路径长，逃生难度相对较大；

3.既有建筑外立面改造时，既有建筑一般难以停止使用，室内可燃物品多、人多并有一定比例逃生能力相对较弱的人群，外脚手架安全网的燃烧极可能蔓延至室内，危害特别大；

4.临时疏散通道是施工人员应急疏散的安全设施，临时疏散通道的安全防护网一旦燃烧，施工人员将会走投无路，安全设施成为不安全的设施。

4.3.6　此条规定是为了让作业人员在紧急、慌乱时刻迅速找到疏散通道，便于人员有序疏散而制定。

4.3.7　在建工程施工期间，一般通视条件较差，因此要求在作业层的醒目位置设置安全疏散示意图。

6.4.2.5　临时消防设施

6.4.2.5.1　一般规定

5.1.1　灭火器、临时消防给水系统和应急照明是施工现场常用且最为有效临时消防设施。

5.1.2　施工现场临时消防设施的设置应与在建工程施工保持同步。

对于房屋建筑工程，新近施工的楼层，因混凝土强度等原因，模板及支模架不能及时拆除，临时消防设施的设置难以及时跟进，与主体结构工程施工进度的存在3层左右的差距。

5.1.3　基于经济和务实考虑，应合理利用已具备使用条件的在建工程永久性消防设施兼作施工现场的临时消防设施。

5.1.4　火灾发生时，为避免施工现场消火栓泵因电力中断而无法运行，导致消防用水难以保证，故作此规定。本条为强制性条文。

6.4.2.5.2　灭火器

5.2.1　本条规定了施工现场应配置灭火器的区域或场所。

5.2.2　《建筑灭火器配置设计规范》GB50140难以明确规范施工现场灭火器的配置，因此编制组根据施工现场不同场所发生火灾的几率及其危害的大小，并参照《建筑灭火器配置设计规范》GB50140制定本条规定。

施工现场的某些场所，既可能发生固体火灾，也可能发生液体或气体或电气火灾，在选配灭火器时，应选用能扑灭多类火灾的灭火器。

6.4.2.5.3　临时消防给水系统

5.3.1　消防水源是设置临时消防给水系统的基本条件，本条对消防水源作出了基本要求。

5.3.2　本条对施工现场的临时消防用水量进行了规定。临时消防用水量应包含临时室外消防用水量和临时室内消防用水量的总合，消防水源应满足临时消防用水量的要求。

5.3.3　本条对施工现场临时室外消防用水量进行了规定。

5.3.4　本条规定明确了施工现场设置室外临时消防给水系统的条件。由于临时用房单体一般不大，室外消防给水系统可满足消防要求，一般不考虑设置室内消防给水系统。

5.3.5、5.3.6　这两条为强制性条文，分别确定了临时用房、在建工程临时室外消防用水量的计取标准。

临时用房及在建工程临时消防用水量的计取标准是在借鉴了建筑行业施工现场临时消防用水经验取值，并参考了《建筑设计防火规范》GB50016相关规定的基础上确定的。

调查发现，临时用房火灾常发生在生活区。因此，施工现场未布置临时生活用房时，也可不考虑临时用房的消防用水量。

施工现场发生火灾，最根本的原因是初期火灾未及时扑灭。而初期火灾未及时扑灭主要由于现场人员不作为或初期火灾发生地点的附近既无灭火器，又无水。事实上，初期火灾扑灭的需水量并不大，施工现场防火首先应保证有水，其次是保证水量。因此，在确定临时消防用水量的计取标准时，以借鉴建筑行业施工现场临时消防用水经验取值为主。

5.3.7　本条明确了室外消防给水系统设置的基本要求。

在建工程、临时用房、可燃材料堆场及其加工场及其加工场是施工现场的重点防火区域，室外消防栓的布置应以现场重点防火区域位于其保护范围为基本原则。

5.3.8　本条明确了在建工程设置室内临时消防给水系统的条件。

5.3.9　本条规定确定了在建工程临时室内消防用水量计取标准。

5.3.10　本条规定明确了室内临时消防竖管设置的基本要求。

消防竖管是在建工程室内消防给水的干管，消防竖管在检修或接长时，应按先后顺序依次进行，确保有一根消防竖管正常工作。当建筑封顶时，应将两条消防竖管连接成环。

当单层建筑面积较大时，水平管网也应设置成环状。

5.3.11　本条明确了消防水泵结合器设置的基本要求。

5.3.12　本条明确了室内消火栓快速接口及消防软管设置的基本要求。结合施工现场特点，每个室内消火栓处只设接口，不设水带、水枪，是综合考虑初起火灾的扑救及管理性和经济性要求而给出的规定。

5.3.13　本条明确了消防水带、水枪及软管的配置要求。消防水带、水枪及软管，设置在结构施工完毕的楼梯处，一方面可以满足初起火灾的扑救要求，另一方面可以减少消防水带和水枪的配置，便于维护和管理。

5.3.14　消防水源的给水压力一般不能满足在建高层建筑的灭火要求，需要二次或多次加压。为实现在建高层建筑的临时消防给水，可在其底层或首层设置贮水池并配备加压水泵。对于建筑高度超过 100 m 的在建工程，还需在楼层上增设楼层中转水池和加压水泵，进行分段加压，分段给水。

楼层中转水池的有效容积不少于 10 m^3，在该水池无补水的最不利情况下，其水量可满足两支(进水口径 50 mm，喷嘴口径 19 mm)水枪同时工作不少于 15 min。

“上下两个楼层中转水池的高差不宜超过 100 m”的规定是综合以下两方面的考虑而确定的：

1. 上下两个楼层中转水池的高差越大，对水泵扬程、给水管的材质及接头质量等方面的要求越高；

2. 上下两个楼层中转水池的高差过小，则需增多楼层中转水池及加压水泵的数量，经济不合理，且设施越多、系统风险也越多。

5.3.15　室外临时消防给水系统的给水压力满足消防水枪充实水柱长度不小于 10 m，可满足施工现场临时用房及在建工程外围 10 m 以下部位或区域的火灾扑救。

室内临时消防给水系统的给水压力满足消防水枪充实水柱长度不小于 10 m，可基本满足在建工程上部 3 层(室内消防给水系统的设置一般较在建工程主体结构施工滞后 3

层，尚未安装室内临时消防给水系统）所发生火灾的扑救。

对于建筑高度超过 10 m，不足 24 m，且体积不足 30 000 m^3 的在建工程，按本规范要求，可不设置室内临时消防给水系统。在此情况下，应通过加压水泵，增大室外临时给水系统的给水压力，以满足在建工程火灾扑救的要求。

5.3.16 本条规定明确了施工现场设置临时贮水池的前提和贮水池的最小容积。

5.3.17 本条规定明确了现场临时消防给水系统与现场生产、生活给水系统合并设置的具体做法及相关要求，在满足现场临时消防用水的基础上兼顾了施工成本控制的需求。

6.4.2.5.4 应急照明

5.4.1、5.4.2 这两条规定了施工现场配备临时应急照明的场所及应急照明设置的基本要求。

6.4.2.6 防火管理

6.4.2.6.1 一般规定

6.1.1～6.1.2 此两条依据《中华人民共和国建筑法》、《中华人民共和国消防法》、《建设工程安全生产管理条例》及公安部《机关、团体、企业、事业单位消防安全管理规定》（第 61 号令）制订，主要明确建设工程施工单位、监理单位的消防责任。

施工现场一般有多个参与施工的单位，总承包单位对施工现场防火实施统一管理，对施工现场总平面布局、现场防火、临时消防设施、防火管理等进行总体规划、统筹安排，避免各自为政、管理缺失、责任不明等情形发生，确保施工现场防火管理落到实处。

6.1.3 施工单位在施工现场建立消防安全管理组织机构及义务消防组织，确定消防安全负责人和消防安全管理人员，落实相关人员的消防安全管理责任，是施工单位做好施工现场消防安全工作的基础。

义务消防组织是施工单位在施工现场临时建立的业余性、群众性，以自防、自救为目的的消防组织，其人员应由现场施工管理人员和作业人员组成。

6.1.4、6.1.5 我国的消防工作方针是“预防为主、防消结合”。这两条规定是按照“预防为主”的要求而制订。

防火管理制度重点从管理方面实现施工现场的“火灾预防”。本规范第 6.1.4 条明确了施工现场五项主要防火管理制度。此外，施工单位尚应根据现场实际情况和需要制订其他防火管理制度，如临时消防设施管理制度、防火工作考评及奖惩制度等。

防火技术方案重点从技术方面实现施工现场的“火灾预防”，即通过技术措施实现防火目的。施工现场防火技术方案，是施工单位依据本规范的规定，结合施工现场和各分部分项工程施工的实际情况编制的，用以具体安排并指导施工人员消除或控制火灾危险源、扑灭初起火灾，避免或减少火灾发生和危害的技术文件。施工现场防火技术方案应作为施工组织设计的一部分，也可单独编制。

防火管理制度、防火技术方案应针对施工现场的重大火灾危险源、可能导致火灾发生的施工作业及其他活动进行编制，以便做到“有的放矢”。

施工现场防火技术措施是指施工人员在具有火灾危险的场所进行施工作业或实施具有火灾危险的工序时，在“人、机、料、环、法”等方面应采取的防火技术措施。

施工现场临时消防设施及疏散设施是施工现场“火灾预防”的弥补，是现场火灾扑救和人员安全疏散的主要依靠。因此，防火技术方案中“临时消防设施、疏散设施配备”应具体明确以下相关内容：

1.明确配置灭火器的场所、选配灭火器的类型和数量及最小灭火级别；

2.确定消防水源，临时消防给水管网的管径、敷设线路、给水工作压力及消防水池、水泵、消火栓等设施的位置、规格、数量等；

3.明确设置应急照明的场所、应急照明灯具的类型、数量、安装位置等；

4.在建工程永久性消防设施临时投入使用的安排及说明；

5.明确安全疏散的线路(位置)、疏散设施搭设的方法及要求等。

6.1.6　本条规定明确了施工现场灭火及应急疏散预案编制的主要内容。

6.1.7　消防安全教育与培训应侧重于普遍提高施工人员的防火安全意识和扑灭初起火灾、自我防护的能力。防火安全教育、培训的对象为全体施工人员。

6.1.8　消防安全技术交底的对象为在具有火灾危险场所作业的人员或实施具有火灾危险工序的人员。交底应针对具有火灾危险的具体作业场所或工序，向作业人员传授如何预防火灾、扑灭初起火灾、自救逃生等方面的知识、技能。

消防安全技术交底是安全技术交底的一部分，可与安全技术交底一并进行，也可单独进行。

6.1.9　本条规定明确了现场消防安全检查的责任人及主要内容。

在不同施工阶段或时段，现场现场消防安全检查应有所侧重，检查内容可依据当时当地的气候条件、社会环境和生产任务适当调整。如工程开工前，施工单位应对现场消防管理制度的制订、防火技术方案、现场灭火及应急疏散预案的编制、消防安全教育与培训、消防设施的设置与配备情况进行检查；施工过程中，施工单位按本条规定每月组织一次检查。此外，施工单位应在每年“五一”、“十一”、“春节”、“冬季”等节日或季节或风干物燥的特殊时段到来之际，根据实际情况组织相应的专项检查或季节性检查。

6.1.10　施工现场灭火及应急疏散预案演练，每半年应进行一次，每年不得少于一次。

6.1.11　施工现场防火安全管理档案包括以下文件和记录：

1.施工单位组建施工现场防火安全管理机构及聘任现场防火管理人员的文件；

2.施工现场消防安全管理制度及其审批记录；

3.施工现场防火技术方案及其审批记录；

4.施工现场灭火及应急疏散预案及审批记录；

5.施工现场消防安全教育和培训记录；

6.施工现场消防安全技术交底记录；

7.施工现场消防设备、设施、器材验收记录；

8.施工现场消防设备、设施、器材台帐及更换、增减记录；

9.施工现场灭火和应急疏散演练记录；

10.施工现场防火安全检查记录(含防火巡查记录、定期检查记录、专项检查记录、季节性检查记录、防火安全问题或隐患整改通知单、问题或隐患整改回复单、问题或隐患整改复查记录)；

11.施工现场火灾事故记录及火灾事故调查、处理报告；

12.施工现场防火工作考评和奖惩记录。

6.4.2.6.2　可燃物及易燃易爆物管理

6.2.1　在建工程所用保温、防水、装饰、防火、防腐材料的燃烧性能等级、耐火极限符合设计要求，既是建设工程施工质量验收标准的要求，也是减少施工现场火灾风险的基本条件。本条为强制性条文。

6.2.2　控制并减少施工现场易燃易爆物的存量，规范可燃及易燃易爆物的存放管理，是预防火灾发生的主要措施。

6.2.3　油漆由油脂、树脂、颜料、催干剂、增塑剂和各种溶剂组成，除无机颜料外，绝大部分是可燃物。油漆的有机溶剂(又称稀料、稀释剂)由易燃液体如溶剂油、苯类、酮类、酯类、醇类等组成。油漆调配和喷刷过程中，会大量挥发出易燃气体，当易燃气体与空气混合达到5%的浓度时，会因动火作业火星、静电火花引起爆炸和火灾事故。乙二胺是一种挥发性很强的化学物质，常用作树脂类防腐蚀材料的固化剂，乙二胺挥发产生的易燃气体在空气中达到一定浓度时，遇明火有爆炸危险。冷底子油是由的沥青和汽油或柴油配制而成的，挥发性强，闪点低，在配制运输或施工时，遇明火既有起火或爆炸的危险。因此，室内使用油漆及其有机溶剂、乙二胺、冷底子油或其他可能产生可燃气体的物资，应保持室内良好通风，严禁动火作业、吸烟及其他可能产生静电的施工操作。本条为强制性条文。

6.4.2.6.3　用火、用电、用气管理

6.3.1　施工现场动火作业多，用(动)火管理缺失和动火作业不慎引燃可燃、易燃建筑材料，是导致火灾事故发生的主要原因。为此，本条对施工现场动火审批、常见的动火作业、生活用火及用火各环节的防火管理做出相应规定。

动火作业是指在施工现场进行明火、爆破、焊接、气割或采用酒精炉、煤油炉、喷灯、砂轮、电钻等工具进行可能产生火焰、火花和赤热表面的临时性作业。

施工现场动火作业前，应由动火作业人提出动火作业申请。动火作业申请至少应包含动火作业的人员、内容、部位或场所、时间、作业环境及灭火救援措施等内容。

施工现场具有火灾、爆炸危险的场所是指存放和使用易燃易爆物品的场所。

冬季风大物燥，施工现场采用明火取暖极易引起火灾，因此，予以禁止。

本条第1款、第5款、第9款为强制性条款。

6.3.2　本条针对施工现场发生供用电火灾的主要原因制订。施工现场发生供用电火灾的主要原因有以下几类：

1.因电气线路短路、过载、接触电阻过大、漏电等原因，致使电气线路在极短时间内产生很大热量或电火花、电弧，引燃导线绝缘层和周围的可燃物，造成火灾。

2.现场长时间使用高热灯具，且高热灯具距可燃、易燃物距离过小或室内散热条件太差，烤燃附近可燃、易燃物，造成火灾。

施工现场的供用电设施是指现场发电、变电、输电、配电、用电的设备、电器、线路及相应的保护装置。“施工现场供用电设施的设计、施工、运行、维护符合现行国家标准《建设

工程施工现场供用电安全规范》GB50194 的要求”是防止和减少施工现场供用电火灾的根本手段。

“电气线路的绝缘强度和机械强度不符要求、使用绝缘老化或失去绝缘性能的电气线路、电气线路长期处于腐蚀或高温环境、电气设备超负荷运行或带故障使用、私自改装现场供用电设施等”是导致线路短路、过载、接触电阻过大、漏电的主要根源，应予以禁止。

选用节能型灯具，减少电能转化成热能的损耗，既可节约用电，又可减少火灾发生。施工现场常用照明灯具主要有白炽灯、荧光灯、碘钨灯、镝灯(聚光灯)。100 W 白炽灯，其灯泡表面温度可达 170℃～216℃，1 000 W 碘钨灯的石英玻璃管外表面温度可达 500℃～800℃。碘钨灯不仅能在短时间内烤燃接触灯管外壁的可燃物，而且其高温热辐射，还能将距灯管一定距离的可燃物烤燃。因此，本条对可燃、易燃易爆物品存放库房所使用照明灯具及照明灯具与可燃、易燃易爆物品的距离作出相应规定。

现场供用电设施的改装应经具有相应资质的电气工程师批准，并由具有相应资质的电工实施。

对现场电气设备运行及维护情况的检查，每月应进行一次。

6.3.3　本条规定主要针对施工现场用气常见的违规行为而制定。本条第 1 款为强制性条款。

施工现场常用气体有瓶装氧气、乙炔、液化气等，贮装气体的气瓶及其附件不合格和违规贮装、运输、存储、使用气体是导致火灾、爆炸的主要原因。

乙炔瓶禁止横躺卧放，是为了防止丙酮流出引起燃烧爆炸。

氧气瓶内剩余压力不应小于 0.1 MPa，是为了防止乙炔倒灌引起爆炸。

6.4.2.6.4　其他施工管理

6.4.1　施工现场的重点防火部位主要指施工现场的临时发电机房、变配电房、易燃易爆危险品存放库房和使用场所、可燃材料堆场及其加工场、宿舍等场所。

6.4.2　施工现场的临时消防设施受外部环境、交叉作业影响，易失效或损坏或丢失，故作此规定。

6.4.3　施工现场尤其是在建工程作业场所，人员相对较多、安全疏散条件差，逃生难度大，保持安全疏散通道、安全出口的畅通及疏散指示的正确至关重要。

6.5　建筑施工安全检查标准

根据住房和城乡建设部《关于发布行业标准〈建筑施工安全检查标准〉的公告》(第 1204 号)，《建筑施工安全检查标准》(JGJ59—2011)自 2012 年 7 月 1 日起实施。其中第 4.0.1、5.0.3 条为强制性条文。原行业标准《建筑施工安全检查标准》JGJ59—99 同时废止。

本标准的主要技术内容是：(1)总则；(2)术语；(3)检查评定项目；(4)检查评分方法；(5)检查评定等级。

本标准修订的主要技术内容是：(1)增设“术语”章节；(2)增设“检查评定项目”章节；(3)将原“检查分类及评分方法”一章调整为“检查评分方法”和“检查评定等级”两个章节，

并对评定等级的划分标准进行了调整；(4)将原“检查评分表”一章调整为附录；(5)将“建筑施工安全检查评分汇总表”中的项目名称及分值进行了调整；(6)删除“挂脚手架检查评分表”、“吊篮脚手架检查评分表”；(7)将“‘三宝’、‘四口’防护检查评分表”改为“高处作业检查评分表”，并新增移动式操作平台和悬挑式钢平台的检查内容；(8)新增“碗扣式钢管脚手架检查评分表”、“承插型盘扣式钢管脚手架检查评分表”、“满堂脚手架检查评分表”、“高处作业吊篮检查评分表”；(9)依据现行法规和标准对检查评分表的内容进行了调整。

6.5.1　建筑施工安全检查标准

6.5.1.1　总则

1.0.1　为科学评价建筑施工现场安全生产，预防生产安全事故的发生，保障施工人员的安全和健康，促进文明施工的管理水平，实现安全检查工作的标准化，制定本标准。

1.0.2　本标准适用于房屋建筑工程施工现场安全生产的检查评定。

1.0.3　建筑施工安全检查除应符合本标准外，尚应符合国家现行有关标准的规定。

6.5.1.2　术语

2.0.1　保证项目 Assuring items：检查评定项目中，对施工人员生命、设备设施及环境安全起关键性作用的项目。

2.0.2　一般项目 General items：检查评定项目中，除保证项目以外的其他项目。

2.0.3　公示标牌 Public signs：在施工现场的进出口处设置的工程概况牌、管理人员名单及监督电话牌、消防保卫牌、安全生产牌、文明施工牌及施工现场总平面图等。

2.0.4　临边 Temporary edges：施工现场内无围护设施或围护设施高度低于 0.8 m 的楼层周边、楼梯侧边、平台或阳台边、屋面周边和沟、坑、槽、深基础周边等危及人身安全的边沿的简称。

6.5.1.3　检查评定项目

6.5.1.3.1　安全管理

3.1.1　安全管理检查评定应符合国家现行有关安全生产的法律、法规、标准的规定。

3.1.2　安全管理检查评定保证项目应包括：安全生产责任制、施工组织设计及专项施工方案、安全技术交底、安全检查、安全教育、应急救援。一般项目应包括：分包单位安全管理、持证上岗、生产安全事故处理、安全标志。

3.1.3　安全管理保证项目的检查评定应符合下列规定：

1. 安全生产责任制

1)工程项目部应建立以项目经理为第一责任人的各级管理人员安全生产责任制；

2)安全生产责任制应经责任人签字确认；

3)工程项目部应有各工种安全技术操作规程；

4)工程项目部应按规定配备专职安全员；

5)对实行经济承包的工程项目，承包合同中应有安全生产考核指标；

6)工程项目部应制定安全生产资金保障制度；

7)按安全生产资金保障制度，应编制安全资金使用计划，并应按计划实施；

8)工程项目部应制定以伤亡事故控制、现场安全达标、文明施工为主要内容的安全生产管理目标；

9)按安全生产管理目标和项目管理人员的安全生产责任制，应进行安全生产责任目标分解；

10)应建立对安全生产责任制和责任目标的考核制度；

11)按考核制度，应对项目管理人员定期进行考核。

2.施工组织设计及专项施工方案

1)工程项目部在施工前应编制施工组织设计，施工组织设计应针对工程特点、施工工艺制定安全技术措施；

2)危险性较大的分部分项工程应按规定编制安全专项施工方案，专项施工方案应有针对性，并按有关规定进行设计计算；

3)超过一定规模危险性较大的分部分项工程，施工单位应组织专家对专项施工方案进行论证；

4)施工组织设计、安全专项施工方案，应由有关部门审核，施工单位技术负责人、监理单位项目总监批准；

5)工程项目部应按施工组织设计、专项施工方案组织实施。

3.安全技术交底

1)施工负责人在分派生产任务时，应对相关管理人员、施工作业人员进行书面安全技术交底；

2)安全技术交底应按施工工序、施工部位、施工栋号分部分项进行；

3)安全技术交底应结合施工作业场所状况、特点、工序，对危险因素、施工方案、规范标准、操作规程和应急措施进行交底；

4)安全技术交底应由交底人、被交底人、专职安全员进行签字确认。

4.安全检查

1)工程项目部应建立安全检查制度；

2)安全检查应由项目负责人组织，专职安全员及相关专业人员参加，定期进行并填写检查记录；

3)对检查中发现的事故隐患应下达隐患整改通知单，定人、定时间、定措施进行整改。重大事故隐患整改后，应由相关部门组织复查。

5.安全教育

1)工程项目部应建立安全教育培训制度；

2)当施工人员入场时，工程项目部应组织进行以国家安全法律法规、企业安全制度、施工现场安全管理规定及各工种安全技术操作规程为主要内容的三级安全教育培训和考核；

3)当施工人员变换工种或采用新技术、新工艺、新设备、新材料施工时，应进行安全教育培训；

4)施工管理人员、专职安全员每年度应进行安全教育培训和考核。

6.应急救援

1)工程项目部应针对工程特点，进行重大危险源的辨识。应制定防触电、防坍塌、防高处坠落、防起重及机械伤害、防火灾、防物体打击等主要内容的专项应急救援预案，并对施工现场易发生重大安全事故的部位、环节进行监控；

2)施工现场应建立应急救援组织，培训、配备应急救援人员，定期组织员工进行应急救援演练；

3)按应急救援预案要求，应配备应急救援器材和设备。

3.1.4　安全管理一般项目的检查评定应符合下列规定：

1.分包单位安全管理

1)总包单位应对承揽分包工程的分包单位进行资质、安全生产许可证和相关人员安全生产资格的审查；

2)当总包单位与分包单位签订分包合同时，应签订安全生产协议书，明确双方的安全责任；

3)分包单位应按规定建立安全机构，配备专职安全员。

2.持证上岗

1)从事建筑施工的项目经理、专职安全员和特种作业人员，必须经行业主管部门培训考核合格，取得相应资格证书，方可上岗作业；

2)项目经理、专职安全员和特种作业人员应持证上岗。

3.生产安全事故处理

1)当施工现场发生生产安全事故时，施工单位应按规定及时报告；

2)施工单位应按规定对生产安全事故进行调查分析，制定防范措施；

3)应依法为施工作业人员办理保险。

4.安全标志

1)施工现场入口处及主要施工区域、危险部位应设置相应的安全警示标志牌；

2)施工现场应绘制安全标志布置图；

3)应根据工程部位和现场设施的变化，调整安全标志牌设置；

4)施工现场应设置重大危险源公示牌。

6.5.1.3.2　文明施工

3.2.1　文明施工检查评定应符合国家现行标准《建设工程施工现场消防安全技术规范》GB50720和《建筑施工现场环境与卫生标准》JGJ146、《施工现场临时建筑物技术规范》JGJ/T188的规定。

3.2.2　文明施工检查评定保证项目应包括：现场围挡、封闭管理、施工场地、材料管理、现场办公与住宿、现场防火。一般项目应包括：综合治理、公示标牌、生活设施、社区服务。

3.2.3　文明施工保证项目的检查评定应符合下列规定：

1.现场围挡

1)市区主要路段的工地应设置高度不小于2.5 m的封闭围挡；

2)一般路段的工地应设置高度不小于1.8 m的封闭围挡；

3)围挡应坚固、稳定、整洁、美观。

2.封闭管理

1)施工现场进出口应设置大门,并应设置门卫值班室;

2)应建立门卫职守管理制度,并应配备门卫职守人员;

3)施工人员进入施工现场应佩戴工作卡;

4)施工现场出入口应标有企业名称或标识,并应设置车辆冲洗设施。

3.施工场地

1)施工现场的主要道路及材料加工区地面应进行硬化处理;

2)施工现场道路应畅通,路面应平整坚实;

3)施工现场应有防止扬尘措施;

4)施工现场应设置排水设施,且排水通畅无积水;

5)施工现场应有防止泥浆、污水、废水污染环境的措施;

6)施工现场应设置专门的吸烟处,严禁随意吸烟;

7)温暖季节应有绿化布置。

4.材料管理

1)建筑材料、构件、料具应按总平面布局进行码放;

2)材料应码放整齐,并应标明名称、规格等;

3)施工现场材料码放应采取防火、防锈蚀、防雨等措施;

4)建筑物内施工垃圾的清运,应采用器具或管道运输,严禁随意抛掷;

5)易燃易爆物品应分类储藏在专用库房内,并应制定防火措施。

5.现场办公与住宿

1)施工作业、材料存放区与办公、生活区应划分清晰,并应采取相应的隔离措施;

2)在施工程、伙房、库房不得兼做宿舍;

3)宿舍、办公用房的防火等级应符合规范要求;

4)宿舍应设置可开启式窗户,床铺不得超过2层,通道宽度不应小于0.9 m;

5)宿舍内住宿人员人均面积不应小于2.5 m^2,且不得超过16人;

6)冬季宿舍内应有采暖和防一氧化碳中毒措施;

7)夏季宿舍内应有防暑降温和防蚊蝇措施;

8)生活用品应摆放整齐,环境卫生应良好。

6.现场防火

1)施工现场应建立消防安全管理制度、制定消防措施;

2)施工现场临时用房和作业场所的防火设计应符合规范要求;

3)施工现场应设置消防通道、消防水源,并应符合规范要求;

4)施工现场灭火器材应保证可靠有效,布局配置应符合规范要求;

5)明火作业应履行动火审批手续,配备动火监护人员。

3.2.4 文明施工一般项目的检查评定应符合下列规定:

1.综合治理

1)生活区内应设置供作业人员学习和娱乐的场所;

2)施工现场应建立治安保卫制度、责任分解落实到人;

3)施工现场应制定治安防范措施。

2.公示标牌

1)大门口处应设置公示标牌，主要内容应包括：工程概况牌、消防保卫牌、安全生产牌、文明施工牌、管理人员名单及监督电话牌、施工现场总平面图；

2)标牌应规范、整齐、统一；

3)施工现场应有安全标语；

4)应有宣传栏、读报栏、黑板报。

3.生活设施

1)应建立卫生责任制度并落实到人；

2)食堂与厕所、垃圾站、有毒有害场所等污染源的距离应符合规范要求；

3)食堂必须有卫生许可证，炊事人员必须持身体健康证上岗；

4)食堂使用的燃气罐应单独设置存放间，存放间应通风良好，并严禁存放其他物品；

5)食堂的卫生环境应良好，且应配备必要的排风、冷藏、消毒、防鼠、防蚊蝇等设施；

6)厕所内的设施数量和布局应符合规范要求；

7)厕所必须符合卫生要求；

8)必须保证现场人员卫生饮水；

9)应设置淋浴室，且能满足现场人员需求；

10)生活垃圾应装入密闭式容器内，并应及时清理。

4.社区服务

1)夜间施工前，必须经批准后方可进行施工；

2)施工现场严禁焚烧各类废弃物；

3)施工现场应制定防粉尘、防噪音、防光污染等措施；

4)应制定施工不扰民措施。

6.5.1.3.3　扣件式钢管脚手架

3.3.1　扣件式钢管脚手架检查评定应符合现行行业标准《建筑施工扣件式钢管脚手架安全技术规范》JGJ130 的规定。

3.3.2　扣件式钢管脚手架检查评定保证项目应包括：施工方案、立杆基础、架体与建筑结构拉结、杆件间距与剪刀撑、脚手板与防护栏杆、交底与验收。一般项目应包括：横向水平杆设置、杆件连接、层间防护、构配件材质、通道。

3.3.3　扣件式钢管脚手架保证项目的检查评定应符合下列规定：

1.施工方案

1)架体搭设应编制专项施工方案，结构设计应进行计算，并按规定进行审核、审批；

2)当架体搭设超过规范允许高度时，应组织专家对专项施工方案进行论证。

2.立杆基础

1)立杆基础应按方案要求平整、夯实，并应采取排水措施，立杆底部设置的垫板、底座应符合规范要求；

2)架体应在距立杆底端高度不大于 200 mm 处设置纵、横向扫地杆，并应用直角扣件固定在立杆上，横向扫地杆应设置在纵向扫地杆的下方。

3.架体与建筑结构拉结

1)架体与建筑结构拉结应符合规范要求；

2)连墙件应从架体底层第一步纵向水平杆处开始设置，当该处设置有困难时应采取其他可靠措施固定；

3)对搭设高度超过 24 m 的双排脚手架，应采用刚性连墙件与建筑结构可靠拉结。

4. 杆件间距与剪刀撑

1)架体立杆、纵向水平杆、横向水平杆间距应符合设计和规范要求；

2)纵向剪刀撑及横向斜撑的设置应符合规范要求；

3)剪刀撑杆件的接长、剪刀撑斜杆与架体杆件的固定应符合规范要求。

5. 脚手板与防护栏杆

1)脚手板材质、规格应符合规范要求，铺板应严密、牢靠；

2)架体外侧应采用密目式安全网封闭，网间连接应严密；

3)作业层应按规范要求设置防护栏杆；

4)作业层外侧应设置高度不小于 180 mm 的挡脚板。

6. 交底与验收

1)架体搭设前应进行安全技术交底，并应有文字记录；

2)当架体分段搭设、分段使用时，应进行分段验收；

3)搭设完毕应办理验收手续，验收应有量化内容并经责任人签字确认。

3.3.4　扣件式钢管脚手架一般项目的检查评定应符合下列规定：

1. 横向水平杆设置

1)横向水平杆应设置在纵向水平杆与立杆相交的主节点处，两端应与纵向水平杆固定；

2)作业层应按铺设脚手板的需要增加设置横向水平杆；

3)单排脚手架横向水平杆插入墙内不应小于 180 mm。

2. 杆件连接

1)纵向水平杆杆件宜采用对接，若采用搭接，其搭接长度不应小于 1 m，且固定应符合规范要求；

2)立杆除顶层顶步外，不得采用搭接；

3)扣件紧固力矩不应小于 40 N·m，且不应大于 65 N·m。

3. 层间防护

1)作业层脚手板下应采用安全平网兜底，以下每隔 10 m 应采用安全平网封闭；

2)作业层里排架体与建筑物之间应采用脚手板或安全平网封闭。

4. 构配件材质

1)钢管直径、壁厚、材质应符合规范要求；

2)钢管弯曲、变形、锈蚀应在规范允许范围内；

3)扣件应进行复试且技术性能符合规范要求。

5. 通道

1)架体应设置供人员上下的专用通道；

2)专用通道的设置应符合规范要求。

6.5.1.3.4　门式钢管脚手架

3.4.1　门式钢管脚手架检查评定应符合现行行业标准《建筑施工门式钢管脚手架安全技术规范》JGJ128 的规定。

3.4.2　门式钢管脚手架检查评定保证项目应包括：施工方案、架体基础、架体稳定、杆件锁臂、脚手板、交底与验收。一般项目应包括：架体防护、构配件材质、荷载、通道。

3.4.3　门式钢管脚手架保证项目的检查评定应符合下列规定：

1.施工方案

1)架体搭设应编制专项施工方案，结构设计应进行计算，并按规定进行审核、审批；

2)当架体搭设超过规范允许高度时，应组织专家对专项施工方案进行论证。

2.架体基础

1)立杆基础应按方案要求平整、夯实，并应采取排水措施；

2)架体底部应设置垫板和立杆底座，并应符合规范要求；

3)架体扫地杆设置应符合规范要求。

3.架体稳定

1)架体与建筑物结构拉结应符合规范要求；

2)架体剪刀撑斜杆与地面夹角应在45°～60°之间，应采用旋转扣件与立杆固定，剪刀撑设置应符合规范要求；

3)门架立杆的垂直偏差应符合规范要求；

4)交叉支撑的设置应符合规范要求。

4.杆件锁臂

1)架体杆件、锁臂应按规范要求进行组装；

2)应按规范要求设置纵向水平加固杆；

3)架体使用的扣件规格应与连接杆件相匹配。

5.脚手板

1)脚手板材质、规格应符合规范要求；

2)脚手板应铺设严密、平整、牢固；

3)挂扣式钢脚手板的挂扣必须完全挂扣在水平杆上，挂钩应处于锁住状态。

6.交底与验收

1)架体搭设前应进行安全技术交底，并应有文字记录；

2)当架体分段搭设、分段使用时，应进行分段验收；

3)搭设完毕应办理验收手续，验收应有量化内容并经责任人签字确认。

3.4.4　门式钢管脚手架一般项目的检查评定应符合下列规定：

1.架体防护

1)作业层应按规范要求设置防护栏杆；

2)作业层外侧应设置高度不小于180 mm的挡脚板；

3)架体外侧应采用密目式安全网进行封闭，网间连接应严密；

4)架体作业层脚手板下应采用安全平网兜底，以下每隔10 m应采用安全平网封闭。

2.构配件材质

1)门架不应有严重的弯曲、锈蚀和开焊；

2)门架及构配件的规格、型号、材质应符合规范要求。

3.荷载

1)架体上的施工荷载应符合设计和规范要求；

2)施工均布荷载、集中荷载应在设计允许范围内。

4.通道

1)架体应设置供人员上下的专用通道；

2)专用通道的设置应符合规范要求。

6.5.1.3.5　碗扣式钢管脚手架

3.5.1　碗扣式钢管脚手架检查评定应符合现行行业标准《建筑施工碗扣式钢管脚手架安全技术规范》JGJ166的规定。

3.5.2　碗扣式钢管脚手架检查评定保证项目应包括：施工方案、架体基础、架体稳定、杆件锁件、脚手板、交底与验收。一般项目应包括：架体防护、构配件材质、荷载、通道。

3.5.3　碗扣式钢管脚手架保证项目的检查评定应符合下列规定：

1.施工方案

1)架体搭设应编制专项施工方案，结构设计应进行计算，并按规定进行审核、审批；

2)当架体搭设超过规范允许高度时，应组织专家对专项施工方案进行论证。

2.架体基础

1)立杆基础应按方案要求平整、夯实，并应采取排水措施，立杆底部设置的垫板和底座应符合规范要求；

2)架体纵横向扫地杆距立杆底端高度不应大于350 mm。

3.架体稳定

1)架体与建筑结构拉结应符合规范要求，并应从架体底层第一步纵向水平杆处开始设置连墙件，当该处设置有困难时应采取其他可靠措施固定；

2)架体拉结点应牢固可靠；

3)连墙件应采用刚性杆件；

4)架体竖向应沿高度方向连续设置专用斜杆或八字撑；

5)专用斜杆两端应固定在纵横向水平杆的碗扣节点处；

6)专用斜杆或八字型斜撑的设置角度应符合规范要求。

4.杆件锁件

1)架体立杆间距、水平杆步距应符合设计和规范要求；

2)应按专项施工方案设计的步距在立杆连接碗扣节点处设置纵、横向水平杆；

3)当架体搭设高度超过24 m时，顶部24 m以下的连墙件层应设置水平斜杆，并应符合规范要求；

4)架体组装及碗扣紧固应符合规范要求。

5.脚手板

1)脚手板材质、规格应符合规范要求；

2)脚手板应铺设严密、平整、牢固；

3)挂扣式钢脚手板的挂扣必须完全挂扣在水平杆上,挂钩应处于锁住状态。

6.交底与验收

1)架体搭设前应进行安全技术交底,并应有文字记录;

2)架体分段搭设、分段使用时,应进行分段验收;

3)搭设完毕应办理验收手续,验收应有量化内容并经责任人签字确认。

3.5.4　碗扣式钢管脚手架一般项目的检查评定应符合下列规定:

1.架体防护

1)架体外侧应采用密目式安全网进行封闭,网间连接应严密;

2)作业层应按规范要求设置防护栏杆;

3)作业层外侧应设置高度不小于 180 mm 的挡脚板;

4)作业层脚手板下应采用安全平网兜底,以下每隔 10 m 应采用安全平网封闭。

2.构配件材质

1)架体构配件的规格、型号、材质应符合规范要求;

2)钢管不应有严重的弯曲、变形、锈蚀。

3.荷载

1)架体上的施工荷载应符合设计和规范要求;

2)施工均布荷载、集中荷载应在设计允许范围内。

4.通道

1)架体应设置供人员上下的专用通道;

2)专用通道的设置应符合规范要求。

6.5.1.3.6　承插型盘扣式钢管脚手架

3.6.1　承插型盘扣式钢管脚手架检查评定应符合现行行业标准《建筑施工承插型盘扣式钢管支架安全技术规范》JGJ231 的规定。

3.6.2　承插型盘扣式钢管脚手架检查评定保证项目包括:施工方案、架体基础、架体稳定、杆件设置、脚手板、交底与验收。一般项目包括:架体防护、杆件连接、构配件材质、通道。

3.6.3　承插型盘扣式钢管脚手架保证项目的检查评定应符合下列规定:

1.施工方案

1)架体搭设应编制专项施工方案,结构设计应进行计算;

2)专项施工方案应按规定进行审核、审批。

2.架体基础

1)立杆基础应按方案要求平整、夯实,并应采取排水措施;

2)土层地基上立杆底部必须设置垫板和可调底座,并应符合规范要求;

3)架体纵、横向扫地杆设置应符合规范要求。

3.架体稳定

1)架体与建筑结构拉结应符合规范要求,并应从架体底层第一步水平杆处开始设置连墙件,当该处设置有困难时应采取其他可靠措施固定;

2)架体拉结点应牢固可靠;

3)连墙件应采用刚性杆件;

4)架体竖向斜杆、剪刀撑的设置应符合规范要求;

5)竖向斜杆的两端应固定在纵、横向水平杆与立杆汇交的盘扣节点处;

6)斜杆及剪刀撑应沿脚手架高度连续设置,角度应符合规范要求。

4.杆件设置

1)架体立杆间距、水平杆步距应符合设计和规范要求;

2)应按专项施工方案设计的步距在立杆连接插盘处设置纵、横向水平杆;

3)当双排脚手架的水平杆层未设挂扣式钢脚手板时,应按规范要求设置水平斜杆。

5.脚手板

1)脚手板材质、规格应符合规范要求;

2)脚手板应铺设严密、平整、牢固;

3)挂扣式钢脚手板的挂扣必须完全挂扣在水平杆上,挂钩应处于锁住状态。

6.交底与验收

1)架体搭设前应进行安全技术交底,并应有文字记录;

2)架体分段搭设、分段使用时,应进行分段验收;

3)搭设完毕应办理验收手续,验收应有量化内容并经责任人签字确认。

3.6.4　承插型盘扣式钢管脚手架一般项目的检查评定应符合下列规定:

1.架体防护

1)架体外侧应采用密目式安全网进行封闭,网间连接应严密;

2)作业层应按规范要求设置防护栏杆;

3)作业层外侧应设置高度不小于180 mm的挡脚板;

4)作业层脚手板下应采用安全平网兜底,以下每隔10 m应采用安全平网封闭。

2.杆件连接

1)立杆的接长位置应符合规范要求;

2)剪刀撑的接长应符合规范要求。

3.构配件材质

1)架体构配件的规格、型号、材质应符合规范要求;

2)钢管不应有严重的弯曲、变形、锈蚀。

4.通道

1)架体应设置供人员上下的专用通道;

2)专用通道的设置应符合规范要求。

6.5.1.3.7　满堂脚手架

3.7.1　满堂脚手架检查评定应符合现行行业标准《建筑施工扣件式钢管脚手架安全技术规范》JGJ130、《建筑施工门式钢管脚手架安全技术规范》JGJ128、《建筑施工碗扣式钢管脚手架安全技术规范》JGJ166和《建筑施工承插型盘扣式钢管支架安全技术规范》JGJ231的规定。

3.7.2　满堂脚手架检查评定保证项目应包括:施工方案、架体基础、架体稳定、杆件锁件、脚手板、交底与验收。一般项目应包括:架体防护、构配件材质、荷载、通道。

3.7.3 满堂脚手架保证项目的检查评定应符合下列规定：

1.施工方案

1)架体搭设应编制专项施工方案，结构设计应进行计算；

2)专项施工方案应按规定进行审核、审批。

2.架体基础

1)架体基础应按方案要求平整、夯实，并应采取排水措施；

2)架体底部应按规范要求设置垫板和底座，垫板规格应符合规范要求；

3)架体扫地杆设置应符合规范要求。

3.架体稳定

1)架体四周与中部应按规范要求设置竖向剪刀撑或专用斜杆；

2)架体应按规范要求设置水平剪刀撑或水平斜杆；

3)当架体高宽比大于规范规定时应按规范要求与建筑结构拉结或采取增加架体宽度、设置钢丝绳张拉固定等稳定措施。

4.杆件锁件

1)架体立杆件间距，水平杆步距应符合设计和规范要求；

2)杆件的接长应符合规范要求；

3)架体搭设应牢固，杆件节点应按规范要求进行紧固。

5.脚手板

1)作业层脚手板应满铺，铺稳、铺牢；

2)脚手板的材质、规格应符合规范要求；

3)挂扣式钢脚手板的挂扣应完全挂扣在水平杆上，挂钩处应处于锁住状态。

6.交底与验收

1)架体搭设前应进行安全技术交底，并应有文字记录；

2)架体分段搭设、分段使用时，应进行分段验收；

3)搭设完毕应办理验收手续，验收应有量化内容并经责任人签字确认。

3.7.4 满堂脚手架一般项目的检查评定应符合下列规定：

1.架体防护

1)作业层应按规范要求设置防护栏杆；

2)作业层外侧应设置高度不小于180 mm的挡脚板；

3)作业层脚手板下应采用安全平网兜底，以下每隔10 m应采用安全平网封闭。

2.构配件材质

1)架体构配件的规格、型号、材质应符合规范要求；

2)杆件的弯曲、变形和锈蚀应在规范允许范围内。

3.荷载

1)架体上的施工荷载应符合设计和规范要求；

2)施工均布荷载、集中荷载应在设计允许范围内。

4.通道

1)架体应设置供人员上下的专用通道；

2)专用通道的设置应符合规范要求。

6.5.1.3.8　悬挑式脚手架

3.8.1　悬挑式脚手架检查评定应符合现行行业标准《建筑施工扣件式钢管脚手架安全技术规范》JGJ130、《建筑施工门式钢管脚手架安全技术规范》JGJ128、《建筑施工碗扣式钢管脚手架安全技术规范》JGJ166 和《建筑施工承插型盘扣式钢管支架安全技术规范》JGJ231 的规定。

3.8.2　悬挑式脚手架检查评定保证项目应包括:施工方案、悬挑钢梁、架体稳定、脚手板、荷载、交底与验收。一般项目应包括:杆件间距、架体防护、层间防护、构配件材质。

3.8.3　悬挑式脚手架保证项目的检查评定应符合下列规定:

1.施工方案

1)架体搭设应编制专项施工方案,结构设计应进行计算;

2)架体搭设超过规范允许高度,专项施工方案应按规定组织专家论证;

3)专项施工方案应按规定进行审核、审批。

2.悬挑钢梁

1)钢梁截面尺寸应经设计计算确定,且截面型式应符合设计和规范要求;

2)钢梁锚固端长度不应小于悬挑长度的 1.25 倍;

3)钢梁锚固处结构强度、锚固措施应符合设计和规范要求;

4)钢梁外端应设置钢丝绳或钢拉杆与上层建筑结构拉结;

5)钢梁间距应按悬挑架体立杆纵距设置。

3.架体稳定

1)立杆底部应与钢梁连接柱固定;

2)承插式立杆接长应采用螺栓或销钉固定;

3)纵横向扫地杆的设置应符合规范要求;

4)剪刀撑应沿悬挑架体高度连续设置,角度应为 45°～60°;

5)架体应按规定设置横向斜撑;

6)架体应采用刚性连墙件与建筑结构拉结,设置的位置、数量应符合设计和规范要求。

4.脚手板

1)脚手板材质、规格应符合规范要求;

2)脚手板铺设应严密、牢固,探出横向水平杆长度不应大于 150 mm。

5.荷载

架体上施工荷载应均匀,并不应超过设计和规范要求。

6.交底与验收

1)架体搭设前应进行安全技术交底,并应有文字记录;

2)架体分段搭设、分段使用时,应进行分段验收;

3)搭设完毕应办理验收手续,验收应有量化内容并经责任人签字确认。

3.8.4　悬挑式脚手架一般项目的检查评定应符合下列规定:

1.杆件间距

1)立杆纵、横向间距、纵向水平杆步距应符合设计和规范要求；

2)作业层应按脚手板铺设的需要增加横向水平杆。

2.架体防护

1)作业层应按规范要求设置防护栏杆；

2)作业层外侧应设置高度不小于180 mm的挡脚板；

3)架体外侧应采用密目式安全网封闭,网间连接应严密。

3.层间防护

1)架体作业层脚手板下应采用安全平网兜底,以下每隔10 m应采用安全平网封闭；

2)作业层里排架体与建筑物之间应采用脚手板或安全平网封闭；

3)架体底层沿建筑结构边缘在悬挑钢梁与悬挑钢梁之间应采取措施封闭；

4)架体底层应进行封闭。

4.构配件材质

1)型钢、钢管、构配件规格材质应符合规范要求；

2)型钢、钢管弯曲、变形、锈蚀应在规范允许范围内。

6.5.1.3.9　附着式升降脚手架

3.9.1　附着式升降脚手架检查评定应符合现行行业标准《建筑施工工具式脚手架安全技术规范》JGJ202的规定。

3.9.2　附着式升降脚手架检查评定保证项目包括:施工方案、安全装置、架体构造、附着支座、架体安装、架体升降。一般项目包括:检查验收、脚手板、架体防护、安全作业。

3.9.3　附着式升降脚手架保证项目的检查评定应符合下列规定：

1.施工方案

1)附着式升降脚手架搭设作业应编制专项施工方案,结构设计应进行计算；

2)专项施工方案应按规定进行审核、审批；

3)脚手架提升超过规定允许高度,应组织专家对专项施工方案进行论证。

2.安全装置

1)附着式升降脚手架应安装防坠落装置,技术性能应符合规范要求；

2)防坠落装置与升降设备应分别独立固定在建筑结构上；

3)防坠落装置应设置在竖向主框架处,与建筑结构附着；

4)附着式升降脚手架应安装防倾覆装置,技术性能应符合规范要求；

5)升降和使用工况时,最上和最下两个防倾装置之间最小间距应符合规范要求；

6)附着式升降脚手架应安装同步控制装置,并应符合规范要求。

3.架体构造

1)架体高度不应大于5倍楼层高度,宽度不应大于1.2 m；

2)直线布置的架体支承跨度不应大于7 m,折线、曲线布置的架体支撑点处的架体外侧距离不应大于5.4 m；

3)架体水平悬挑长度不应大于2 m,且不应大于跨度的1/2；

4)架体悬臂高度不应大于架体高度的2/5,且不应大于6 m；

5)架体高度与支承跨度的乘积不应大于110 m^2。

4. 附着支座

1)附着支座数量、间距应符合规范要求；

2)使用工况应将竖向主框架与附着支座固定；

3)升降工况应将防倾、导向装置设置在附着支座上；

4)附着支座与建筑结构连接固定方式应符合规范要求。

5. 架体安装

1)主框架和水平支承桁架的节点应采用焊接或螺栓连接，各杆件的轴线应汇交于节点；

2)内外两片水平支承桁架的上弦和下弦之间应设置水平支撑杆件，各节点应采用焊接或螺栓连接；

3)架体立杆底端应设在水平桁架上弦杆的节点处；

4)竖向主框架组装高度应与架体高度相等；

5)剪刀撑应沿架体高度连续设置，并应将竖向主框架、水平支承桁架和架体构架连成一体，剪刀撑斜杆水平夹角应为45°～60°。

6. 架体升降

1)两跨以上架体同时升降应采用电动或液压动力装置，不得采用手动装置；

2)升降工况附着支座处建筑结构混凝土强度应符合设计和规范要求；

3)升降工况架体上不得有施工荷载，严禁人员在架体上停留。

3.9.4　附着式升降脚手架一般项目的检查评定应符合下列规定：

1. 检查验收

1)动力装置、主要结构配件进场应按规定进行验收；

2)架体分区段安装、分区段使用时，应进行分区段验收；

3)架体安装完毕应按规定进行整体验收，验收应有量化内容并经责任人签字确认；

4)架体每次升、降前应按规定进行检查，并应填写检查记录。

2. 脚手板

1)脚手板应铺设严密、平整、牢固；

2)作业层里排架体与建筑物之间应采用脚手板或安全平网封闭；

3)脚手板材质、规格应符合规范要求。

3. 架体防护

1)架体外侧应采用密目式安全网封闭，网间连接应严密；

2)作业层应按规范要求设置防护栏杆；

3)作业层外侧应设置高度不小于180 mm的挡脚板。

4. 安全作业

1)操作前应对有关技术人员和作业人员进行安全技术交底，并应有文字记录；

2)作业人员应经培训并定岗作业；

3)安装拆除单位资质应符合要求，特种作业人员应持证上岗；

4)架体安装、升降、拆除时应设置安全警戒区，并应设置专人监护；

5)荷载分布应均匀，荷载最大值应在规范允许范围内。

6.5.1.3.10　高处作业吊篮

3.10.1　高处作业吊篮检查评定应符合现行行业标准《建筑施工工具式脚手架安全技术规范》JGJ202的规定。

3.10.2　高处作业吊篮检查评定保证项目应包括：施工方案、安全装置、悬挂机构、钢丝绳、安装作业、升降作业。一般项目应包括：交底与验收、安全防护、吊篮稳定、荷载。

3.10.3　高处作业吊篮保证项目的检查评定应符合下列规定：

1.施工方案

1)吊篮安装作业应编制专项施工方案，吊篮支架支撑处的结构承载力应经过验算；

2)专项施工方案应按规定进行审核、审批。

2.安全装置

1)吊篮应安装防坠安全锁，并应灵敏有效；

2)防坠安全锁不应超过标定期限；

3)吊篮应设置为作业人员挂设安全带专用的安全绳和安全锁扣，安全绳应固定在建筑物可靠位置上，不得与吊篮上的任何部位连接；

4)吊篮应安装上限位装置，并应保证限位装置灵敏可靠。

3.悬挂机构

1)悬挂机构前支架不得支撑在女儿墙及建筑物外挑檐边缘等非承重结构上；

2)悬挂机构前梁外伸长度应符合产品说明书规定；

3)前支架应与支撑面垂直，且脚轮不应受力；

4)上支架应固定在前支架调节杆与悬挑梁连接的节点处；

5)严禁使用破损的配重块或其他替代物；

6)配重块应固定可靠，重量应符合设计规定。

4.钢丝绳

1)钢丝绳不应存断丝、断股、松股、锈蚀、硬弯及油污和附着物；

2)安全钢丝绳应单独设置，型号规格应与工作钢丝绳一致；

3)吊篮运行时安全钢丝绳应张紧悬垂；

4)电焊作业时应对钢丝绳采取保护措施。

5.安装作业

1)吊篮平台的组装长度应符合产品说明书和规范要求；

2)吊篮的构配件应为同一厂家的产品。

6 升降作业

1)必须由经过培训合格的人员操作吊篮升降；

2)吊篮内的作业人员不应超过2人；

3)吊篮内作业人员应将安全带用安全锁扣正确挂置在独立设置的专用安全绳上；

4)作业人员应从地面进出吊篮。

3.10.4　高处作业吊篮一般项目的检查评定应符合下列规定：

1.交底与验收

1)吊篮安装完毕，应按规范要求进行验收，验收表应由责任人签字确认；

2)班前、班后应按规定对吊篮进行检查;

3)吊篮安装、使用前对作业人员进行安全技术交底,并应有文字记录。

2. 安全防护

1)吊篮平台周边的防护栏杆、挡脚板的设置应符合规范要求;

2)上下立体交叉作业时吊篮应设置顶部防护板。

3. 吊篮稳定

1)吊篮作业时应采取防止摆动的措施;

2)吊篮与作业面距离应在规定要求范围内。

4. 荷载

1)吊篮施工荷载应符合设计要求;

2)吊篮施工荷载应均匀分布。

6.5.1.3.11　基坑工程

3.11.1　基坑工程安全检查评定应符合现行国家标准《建筑基坑工程监测技术规范》GB50497 及现行行业标准《建筑基坑支护技术规程》JGJ120 和《建筑施工土石方工程安全技术规范》JGJ180 的规定。

3.11.2　基坑工程检查评定保证项目应包括:施工方案、基坑支护、降排水、基坑开挖、坑边荷载、安全防护。一般项目应包括:基坑监测、支撑拆除、作业环境、应急预案。

3.11.3　基坑工程保证项目的检查评定应符合下列规定:

1. 施工方案

1)基坑工程施工应编制专项施工方案,开挖深度超过 3 m 或虽未超过 3 m 但地质条件和周边环境复杂的基坑土方开挖、支护、降水工程,应单独编制专项施工方案;

2)专项施工方案应按规定进行审核、审批;

3)开挖深度超过 5 m 的基坑土方开挖、支护、降水工程或开挖深度虽未超过 5 m 但地质条件、周围环境复杂的基坑土方开挖、支护、降水工程专项施工方案,应组织

专家进行论证;

4)当基坑周边环境或施工条件发生变化时,专项施工方案应重新进行审核、审批。

2. 基坑支护

1)人工开挖的狭窄基槽,开挖深度较大并存在边坡塌方危险时,应采取支护措施;

2)地质条件良好、土质均匀且无地下水的自然放坡的坡率应符合规范要求;

3)基坑支护结构应符合设计要求;

4)基坑支护结构水平位移应在设计允许范围内。

3. 降排水

1)当基坑开挖深度范围内有地下水时,应采取有效的降排水措施;

2)基坑边沿周围地面应设排水沟;放坡开挖时,应对坡顶、坡面、坡脚采取降排水措施;

3)基坑底四周应按专项施工方案设排水沟和集水井,并应及时排除积水。

4. 基坑开挖

1)基坑支护结构必须在达到设计要求的强度后,方可开挖下层土方,严禁提前开挖和

超挖；

2)基坑开挖应按设计和施工方案的要求，分层、分段、均衡开挖；

3)基坑开挖应采取措施防止碰撞支护结构、工程桩或扰动基底原状土土层；

4)当采用机械在软土场地作业时，应采取铺设渣土或砂石等硬化措施。

5. 坑边荷载

1)基坑边堆置土、料具等荷载应在基坑支护设计允许范围内；

2)施工机械与基坑边沿的安全距离应符合设计要求。

6. 安全防护

1)开挖深度超过 2 m 及以上的基坑周边必须安装防护栏杆，防护栏杆的安装应符合规范要求；

2)基坑内应设置供施工人员上下的专用梯道。梯道应设置扶手栏杆，梯道的宽度不应小于 1 m，梯道搭设应符合规范要求；

3)降水井口应设置防护盖板或围栏，并应设置明显的警示标志。

3.11.4　基坑工程一般项目的检查评定应符合下列规定：

1. 基坑监测

1)基坑开挖前应编制监测方案，并应明确监测项目、监测报警值、监测方法和监测点的布置、监测周期等内容；

2)监测的时间间隔应根据施工进度确定。当监测结果变化速率较大时，应加密观测次数；

3)基坑开挖监测工程中，应根据设计要求提交阶段性监测报告。

2. 支撑拆除

1)基坑支撑结构的拆除方式、拆除顺序应符合专项施工方案的要求；

2)当采用机械拆除时，施工荷载应小于支撑结构承载能力；

3)人工拆除时，应按规定设置防护设施；

4)当采用爆破拆除、静力破碎等拆除方式时，必须符合国家现行相关规范的要求。

3. 作业环境

1)基坑内土方机械、施工人员的安全距离应符合规范要求；

2)上下垂直作业应按规定采取有效的防护措施；

3)在电力、通信、燃气、上下水等管线 2 m 范围内挖土时，应采取安全保护措施，并应设专人监护；

4)施工作业区域应采光良好，当光线较弱时应设置有足够照度的光源。

4. 应急预案

1)基坑工程应按规范要求结合工程施工过程中可能出现的支护变形、漏水等影响基坑工程安全的不利因素制定应急预案；

2)应急组织机构应健全，应急的物资、材料、工具、机具等品种、规格、数量应满足应急的需要，并应符合应急预案的要求。

6.5.1.3.12　模板支架

3.12.1　模板支架安全检查评定应符合现行行业标准《建筑施工模板安全技术规范》

JGJ162、《建筑施工扣件式钢管脚手架安全技术规范》JGJ130、《建筑施工门式钢管脚手架安全技术规范》JGJ128、《建筑施工碗扣式钢管脚手架安全技术规范》JGJ166 和《建筑施工承插型盘扣式钢管支架安全技术规范》JGJ231 的规定。

3.12.2 模板支架检查评定保证项目应包括：施工方案、支架基础、支架构造、支架稳定、施工荷载、交底与验收。一般项目应包括：杆件连接、底座与托撑、构配件材质、支架拆除。

3.12.3 模板支架保证项目的检查评定应符合下列规定：

1.施工方案

1)模板支架搭设应编制专项施工方案，结构设计应进行计算，并应按规定进行审核、审批；

2)模板支架搭设高度 8 m 及以上；跨度 18 m 及以上，施工总荷载 15 kN/m^2 及以上；集中线荷载 20 kN/m 及以上的专项施工方案应按规定组织专家论证。

2.支架基础

1)基础应坚实、平整，承载力应符合设计要求，并应能承受支架上部全部荷载；

2)底部应按规范要求设置底座、垫板，垫板规格应符合规范要求；

3)支架底部纵、横向扫地杆的设置应符合规范要求；

4)基础应设排水设施，并应排水畅通；

5)当支架设在楼面结构上时，应对楼面结构强度进行验算，必要时应对楼面结构采取加固措施。

3.支架构造

1)立杆间距应符合设计和规范要求；

2)水平杆步距应符合设计和规范要求，水平杆应按规范要求连续设置；

3)竖向、水平剪刀撑或专用斜杆、水平斜杆的设置应符合规范要求。

4.支架稳定

1)当支架高宽比大于规定值时，应按规定设置连墙杆或采用增加架体宽度的加强措施；

2)立杆伸出顶层水平杆中心线至支撑点的长度应符合规范要求；

3)浇筑混凝土时应对架体基础沉降、架体变形进行监控，基础沉降、架体变形应在规定允许范围内。

5.施工荷载

1)施工均布荷载、集中荷载应在设计允许范围内；

2)当浇筑混凝土时，应对混凝土堆积高度进行控制。

6.交底与验收

1)支架搭设、拆除前应进行交底，并应有交底记录；

2)支架搭设完毕，应按规定组织验收，验收应有量化内容并经责任人签字确认。

3.12.4 模板支架一般项目的检查评定应符合下列规定：

1.杆件连接

1)立杆应采用对接、套接或承插式连接方式，并应符合规范要求；

2)水平杆的连接应符合规范要求；

3)当剪刀撑斜杆采用搭接时，搭接长度不应小于1 m；

4)杆件各连接点的紧固应符合规范要求。

2. 底座与托撑

1)可调底座、托撑螺杆直径应与立杆内径匹配，配合间隙应符合规范要求；

2)螺杆旋入螺母内长度不应少于5倍的螺距。

3. 构配件材质

1)钢管壁厚应符合规范要求；

2)构配件规格、型号、材质应符合规范要求；

3)杆件弯曲、变形、锈蚀量应在规范允许范围内。

4. 支架拆除

1)支架拆除前结构的混凝土强度应达到设计要求；

2)支架拆除前应设置警戒区，并应设专人监护。

6.5.1.3.13　高处作业

3.13.1　高处作业检查评定应符合现行国家标准《安全网》GB5725、《安全帽》GB2118、《安全带》GB6095和现行行业标准《建筑施工高处作业安全技术规范》JGJ80的规定。

3.13.2　高处作业检查评定项目应包括：安全帽、安全网、安全带、临边防护、洞口防护、通道口防护、攀登作业、悬空作业、移动式操作平台、悬挑式物料钢平台。

3.13.3　高处作业的检查评定应符合下列规定：

1. 安全帽

1)进入施工现场的人员必须正确佩戴安全帽；

2)安全帽的质量应符合规范要求。

2. 安全网

1)在建工程外脚手架的外侧应采用密目式安全网进行封闭；

2)安全网的质量应符合规范要求。

3. 安全带

1)高处作业人员应按规定系挂安全带；

2)安全带的系挂应符合规范要求；

3)安全带的质量应符合规范要求。

4. 临边防护

1)作业面边沿应设置连续的临边防护设施；

2)临边防护设施的构造、强度应符合规范要求；

3)临边防护设施宜定型化、工具式，杆件的规格及连接固定方式应符合规范要求。

5. 洞口防护

1)在建工程的预留洞口、楼梯口、电梯井口等孔洞应采取防护措施；

2)防护措施、设施应符合规范要求；

3)防护设施宜定型化、工具式；

4)电梯井内每隔二层且不大于 10 m 应设置安全平网防护。

6.通道口防护

1)通道口防护应严密、牢固；

2)防护棚两侧应采取封闭措施；

3)防护棚宽度应大于通道口宽度，长度应符合规范要求；

4)当建筑物高度超过 24 m 时，通道口防护顶棚应采用双层防护；

5)防护棚的材质应符合规范要求。

7.攀登作业

1)梯脚底部应坚实，不得垫高使用；

2)折梯使用时上部夹角宜为 35°～45°，并应设有可靠的拉撑装置；

3)梯子的材质和制作质量应符合规范要求。

8.悬空作业

1)悬空作业处应设置防护栏杆或采取其他可靠的安全措施；

2)悬空作业所使用的索具、吊具等应经验收，合格后方可使用；

3)悬空作业人员应系挂安全带、佩戴工具袋。

9.移动式操作平台

1)操作平台应按规定进行设计计算；

2)移动式操作平台轮子与平台连接应牢固、可靠，立柱底端距地面高度不得大于 80 mm；

3)操作平台应按设计和规范要求进行组装，铺板应严密；

4)操作平台四周应按规范要求设置防护栏杆，并应设置登高扶梯；

5)操作平台的材质应符合规范要求。

10.悬挑式物料钢平台

1)悬挑式物料钢平台的制作、安装应编制专项施工方案，并应进行设计计算；

2)悬挑式物料钢平台的下部支撑系统或上部拉结点，应设置在建筑结构上；

3)斜拉杆或钢丝绳应按规范要求在平台两侧各设置前后两道；

4)钢平台两侧必须安装固定的防护栏杆，并应在平台明显处设置荷载限定标牌；

5)钢平台台面、钢平台与建筑结构间铺板应严密、牢固。

6.5.1.3.14　施工用电

3.14.1　施工用电检查评定应符合国家现行标准《建设工程施工现场供用电安全规范》GB50194 和《施工现场临时用电安全技术规范》JGJ46 的规定。

3.14.2　施工用电检查评定的保证项目应包括：外电防护、接地与接零保护系统、配电线路、配电箱与开关箱。一般项目应包括：配电室与配电装置、现场照明、用电档案。

3.14.3　施工用电保证项目的检查评定应符合下列规定：

1.外电防护

1)外电线路与在建工程及脚手架、起重机械、场内机动车道的安全距离应符合规范要求；

2)当安全距离不符合规范要求时，必须采取绝缘隔离防护措施，并应悬挂明显的警示标志；

3)防护设施与外电线路的安全距离应符合规范要求，并应坚固、稳定；

4)外电架空线路正下方不得进行施工、建造临时设施或堆放材料物品。

2. 接地与接零保护系统

1)施工现场专用的电源中性点直接接地的低压配电系统应采用 TN-S 接零保护系统；

2)施工现场配电系统不得同时采用两种保护系统；

3)保护零线应由工作接地线、总配电箱电源侧零线或总漏电保护器电源零线处引出，电气设备的金属外壳必须与保护零线连接；

4)保护零线应单独敷设，线路上严禁装设开关或熔断器，严禁通过工作电流；

5)保护零线应采用绝缘导线，规格和颜色标记应符合规范要求；

6)TN 系统的保护零线应在总配电箱处、配电系统的中间处和末端处做重复接地；

7)接地装置的接地线应采用 2 根及以上导体，在不同点与接地体做电气连接。接地体应采用角钢、钢管或光面圆钢；

8)工作接地电阻不得大于 4 Ω，重复接地电阻不得大于 10 Ω；

9)施工现场起重机、物料提升机、施工升降机、脚手架应按规范要求采取防雷措施，防雷装置的冲击接地电阻值不得大于 30 Ω；

10)做防雷接地机械上的电气设备，保护零线必须同时做重复接地。

3. 配电线路

1)线路及接头应保证机械强度和绝缘强度；

2)线路应设短路、过载保护，导线截面应满足线路负荷电流；

3)线路的设施、材料及相序排列、档距、与邻近线路或固定物的距离应符合规范要求；

4)电缆应采用架空或埋地敷设并应符合规范要求，严禁沿地面明设或沿脚手架、树木等敷设；

5)电缆中必须包含全部工作芯线和用作保护零线的芯线，并应按规定接用；

6)室内非埋地明敷主干线距地面高度不得小于 2.5 m。

4. 配电箱与开关箱

1)施工现场配电系统应采用三级配电、二级漏电保护系统，用电设备必须有各自专用的开关箱；

2)箱体结构、箱内电器设置及使用应符合规范要求；

3)配电箱必须分设工作零线端子板和保护零线端子板，保护零线、工作零线必须通过各自的端子板连接；

4)总配电箱与开关箱应安装漏电保护器，漏电保护器参数应匹配并灵敏可靠；

5)箱体应设置系统接线图和分路标记，并应有门、锁及防雨措施；

6)箱体安装位置、高度及周边通道应符合规范要求；

7)分配箱与开关箱间的距离不应超过 30 m，开关箱与用电设备间的距离不应超过 3 m。

3.14.4　施工用电一般项目的检查评定应符合下列规定：

1. 配电室与配电装置

1)配电室的建筑耐火等级不应低于三级,配电室应配置适用于电气火灾的灭火器材;

2)配电室、配电装置的布设应符合规范要求;

3)配电装置中的仪表、电器元件设置应符合规范要求;

4)备用发电机组应与外电线路进行联锁;

5)配电室应采取防止风雨和小动物侵入的措施;

6)配电室应设置警示标志、工地供电平面图和系统图。

2.现场照明

1)照明用电应与动力用电分设;

2)特殊场所和手持照明灯应采用安全电压供电;

3)照明变压器应采用双绕组安全隔离变压器;

4)灯具金属外壳应接保护零线;

5)灯具与地面、易燃物间的距离应符合规范要求;

6)照明线路和安全电压线路的架设应符合规范要求;

7)施工现场应按规范要求配备应急照明。

3.用电档案

1)总包单位与分包单位应签订临时用电管理协议,明确各方相关责任;

2)施工现场应制定专项用电施工组织设计、外电防护专项方案;

3)专项用电施工组织设计、外电防护专项方案应履行审批程序,实施后应由相关部门组织验收;

4)用电各项记录应按规定填写,记录应真实有效;

5)用电档案资料应齐全,并应设专人管理。

6.5.1.3.15　物料提升机

3.15.1　物料提升机检查评定应符合现行行业标准《龙门架及井架物料提升机安全技术规范》JGJ88 的规定。

3.15.2　物料提升机检查评定保证项目应包括:安全装置、防护设施、附墙架与缆风绳、钢丝绳、安拆、验收与使用。一般项目应包括:基础与导轨架、动力与传动、通信装置、卷扬机操作棚、避雷装置。

3.15.3　物料提升机保证项目的检查评定应符合下列规定:

1.安全装置

1)应安装起重量限制器、防坠安全器,并应灵敏可靠;

2)安全停层装置应符合规范要求,并应定型化;

3)应安装上行程限位并灵敏可靠,安全越程不应小于 3 m;

4)安装高度超过 30 m 的物料提升机应安装渐进式防坠安全器及自动停层、语音影像信号监控装置。

2.防护设施

1)应在地面进料口安装防护围栏和防护棚,防护围栏、防护棚的安装高度和强度应符合规范要求;

2)停层平台两侧应设置防护栏杆、挡脚板,平台脚手板应铺满、铺平;

3)平台门、吊笼门安装高度、强度应符合规范要求，并应定型化。

3.附墙架与缆风绳

1)附墙架结构、材质、间距应符合产品说明书要求；

2)附墙架应与建筑结构可靠连接；

3)缆风绳设置的数量、位置、角度应符合规范要求，并应与地锚可靠连接；

4)安装高度超过 30 m 的物料提升机必须使用附墙架；

5)地锚设置应符合规范要求。

4.钢丝绳

1)钢丝绳磨损、断丝、变形、锈蚀量应在规范允许范围内；

2)钢丝绳夹设置应符合规范要求；

3)当吊笼处于最低位置时，卷筒上钢丝绳严禁少于 3 圈；

4)钢丝绳应设置过路保护措施。

5.安拆、验收与使用

1)安装、拆卸单位应具有起重设备安装工程专业承包资质和安全生产许可证；

2)安装、拆卸作业应制定专项施工方案，并应按规定进行审核、审批；

3)安装完毕应履行验收程序，验收表格应由责任人签字确认；

4)安装、拆卸作业人员及司机应持证上岗；

5)物料提升机作业前应按规定进行例行检查，并应填写检查记录；

6)实行多班作业、应按规定填写交接班记录。

3.15.4　物料提升机一般项目的检查评定应符合下列规定：

1.基础与导轨架

1)基础的承载力和平整度应符合规范要求；

2)基础周边应设置排水设施；

3)导轨架垂直度偏差不应大于导轨架高度 0.15%；

4)井架停层平台通道处的结构应采取加强措施。

2.动力与传动

1)卷扬机曳引机应安装牢固，当卷扬机卷筒与导轨底部导向轮的距离小于 20 倍卷筒宽度时，应设置排绳器；

2)钢丝绳应在卷筒上排列整齐；

3)滑轮与导轨架、吊笼应采用刚性连接，并应与钢丝绳相匹配；

4)卷筒、滑轮应设置防止钢丝绳脱出装置；

5)当曳引钢丝绳为 2 根及以上时，应设置曳引力平衡装置。

3.通信装置

1)应按规范要求设置通信装置；

2)通信装置应具有语音和影像显示功能。

4.卷扬机操作棚

1)应按规范要求设置卷扬机操作棚；

2)卷扬机操作棚强度、操作空间应符合规范要求。

5.避雷装置

1)当物料提升机未在其他防雷保护范围内时,应设置避雷装置;

2)避雷装置设置应符合现行行业标准《施工现场临时用电安全技术规范》JGJ46 的规定。

6.5.1.3.16　施工升降机

3.16.1　施工升降机检查评定应符合国家现行标准《施工升降机安全规程》GB 10055 和《建筑施工升降机安装、使用、拆卸安全技术规程》JGJ 215 的规定。

3.16.2　施工升降机检查评定保证项目应包括:安全装置、限位装置、防护设施、附墙架、钢丝绳、滑轮与对重、安拆、验收与使用。一般项目应包括:导轨架、基础、电气安全、通信装置。

3.16.3　施工升降机保证项目的检查评定应符合下列规定:

1.安全装置

1)应安装起重量限制器,并应灵敏可靠;

2)应安装渐进式防坠安全器并应灵敏可靠,应在有效的标定期内使用;

3)对重钢丝绳应安装防松绳装置,并应灵敏可靠;

4)吊笼的控制装置应安装非自动复位型的急停开关,任何时候均可切断控制电路停止吊笼运行;

5)底架应安装吊笼和对重缓冲器,缓冲器应符合规范要求;

6)SC 型施工升降机应安装一对以上安全钩。

2.限位装置

1)应安装非自动复位型极限开关并应灵敏可靠;

2)应安装自动复位型上、下限位开关并应灵敏可靠,上、下限位开关安装位置应符合规范要求;

3)上极限开关与上限位开关之间的安全越程不应小于 0.15 m;

4)极限开关、限位开关应设置独立的触发元件;

5)吊笼门应安装机电联锁装置并应灵敏可靠;

6)吊笼顶窗应安装电气安全开关并应灵敏可靠。

3.防护设施

1)吊笼和对重升降通道周围应安装地面防护围栏,防护围栏的安装高度、强度应符合规范要求,围栏门应安装机电联锁装置并应灵敏可靠;

2)地面出入通道防护棚的搭设应符合规范要求;

3)停层平台两侧应设置防护栏杆、挡脚板,平台脚手板应铺满、铺平;

4)层门安装高度、强度应符合规范要求,并应定型化。

4.附墙架

1)附墙架应采用配套标准产品,当附墙架不能满足施工现场要求时,应对附墙架另行设计,附墙架的设计应满足构件刚度、强度、稳定性等要求,制作应满足设计要求;

2)附墙架与建筑结构连接方式、角度应符合产品说明书要求;

3)附墙架间距、最高附着点以上导轨架的自由高度应符合产品说明书要求。

5. 钢丝绳、滑轮与对重

1)对重钢丝绳绳数不得少于2根且应相互独立；

2)钢丝绳磨损、变形、锈蚀应在规范允许范围内；

3)钢丝绳的规格、固定应符合产品说明书及规范要求；

4)滑轮应安装钢丝绳防脱装置并应符合规范要求；

5)对重重量、固定应符合产品说明书要求；

6)对重除导向轮、滑靴外应设有防脱轨保护装置。

6. 安拆、验收与使用

1)安装、拆卸单位应具有起重设备安装工程专业承包资质和安全生产许可证；

2)安装、拆卸应制定专项施工方案，并经过审核、审批；

3)安装完毕应履行验收程序，验收表格应由责任人签字确认；

4)安装、拆卸作业人员及司机应持证上岗；

5)施工升降机作业前应按规定进行例行检查，并应填写检查记录；

6)实行多班作业，应按规定填写交接班记录。

3.16.4　施工升降机一般项目的检查评定应符合下列规定：

1. 导轨架

1)导轨架垂直度应符合规范要求；

2)标准节的质量应符合产品说明书及规范要求；

3)对重导轨应符合规范要求；

4)标准节连接螺栓使用应符合产品说明书及规范要求。

2. 基础

1)基础制作、验收应符合说明书及规范要求；

2)基础设置在地下室顶板或楼面结构上，应对其支承结构进行承载力验算；

3)基础应设有排水设施。

3. 电气安全

1)施工升降机与架空线路的安全距离和防护措施应符合规范要求；

2)电缆导向架设置应符合说明书及规范要求；

3)施工升降机在其他避雷装置保护范围外应设置避雷装置，并应符合规范要求。

4. 通信装置

通信装置应安装楼层信号联络装置，并应清晰有效。

6.5.1.3.17　塔式起重机

3.17.1　塔式起重机检查评定应符合国家现行标准《塔式起重机安全规程》GB 5144和《建筑施工塔式起重机安装、使用、拆卸安全技术规程》JGJ196的规定。

3.17.2　塔式起重机检查评定保证项目应包括：载荷限制装置、行程限位装置、保护装置、吊钩、滑轮、卷筒与钢丝绳、多塔作业、安拆、验收与使用。一般项目应包括：附着、基础与轨道、结构设施、电气安全。

3.17.3　塔式起重机保证项目的检查评定应符合下列规定：

1. 载荷限制装置

1)应安装起重量限制器并应灵敏可靠。当起重量大于相应档位的额定值并小于该额定值的110%时,应切断上升方向上的电源,但机构可作下降方向的运动;

2)应安装起重力矩限制器并应灵敏可靠。当起重力矩大于相应工况下的额定值并小于该额定值的110%应切断上升和幅度增大方向的电源,但机构可作下降和减小幅度方向的运动。

2.行程限位装置

1)应安装起升高度限位器,起升高度限位器的安全越程应符合规范要求,并应灵敏可靠;

2)小车变幅的塔式起重机应安装小车行程开关,动臂变幅的塔式起重机应安装臂架幅度限制开关,并应灵敏可靠;

3)回转部分不设集电器的塔式起重机应安装回转限位器,并应灵敏可靠;

4)行走式塔式起重机应安装行走限位器,并应灵敏可靠。

3.保护装置

1)小车变幅的塔式起重机应安装断绳保护及断轴保护装置,并应符合规范要求;

2)行走及小车变幅的轨道行程末端应安装缓冲器及止挡装置,并应符合规范要求;

3)起重臂根部绞点高度大于50 m的塔式起重机应安装风速仪,并应灵敏可靠;

4)当塔式起重机顶部高度大于30 m且高于周围建筑物时,应安装障碍指示灯。

4.吊钩、滑轮、卷筒与钢丝绳

1)吊钩应安装钢丝绳防脱钩装置并应完整可靠,吊钩的磨损、变形应在规定允许范围内;

2)滑轮、卷筒应安装钢丝绳防脱装置并应完整可靠,滑轮、卷筒的磨损应在规定允许范围内;

3)钢丝绳的磨损、变形、锈蚀应在规定允许范围内,钢丝绳的规格、固定、缠绕应符合说明书及规范要求。

5.多塔作业

1)多塔作业应制定专项施工方案并经过审批;

2)任意两台塔式起重机之间的最小架设距离应符合规范要求。

6.安拆、验收与使用

1)安装、拆卸单位应具有起重设备安装工程专业承包资质和安全生产许可证;

2)安装、拆卸应制定专项施工方案,并经过审核、审批;

3)安装完毕应履行验收程序,验收表格应由责任人签字确认;

4)安装、拆卸作业人员及司机、指挥应持证上岗;

5)塔式起重机作业前应按规定进行例行检查,并应填写检查记录;

6)实行多班作业、应按规定填写交接班记录。

3.17.4　塔式起重机一般项目的检查评定应符合下列规定:

1.附着

1)当塔式起重机高度超过产品说明书规定时,应安装附着装置,附着装置安装应符合产品说明书及规范要求;

2)当附着装置的水平距离不能满足产品说明书要求时,应进行设计计算和审批;

3)安装内爬式塔式起重机的建筑承载结构应进行受力计算;

4)附着前和附着后塔身垂直度应符合规范要求。

2.基础与轨道

1)塔式起重机基础应按产品说明书及有关规定进行设计、检测和验收;

2)基础应设置排水措施;

3)路基箱或枕木铺设应符合产品说明书及规范要求;

4)轨道铺设应符合产品说明书及规范要求。

3.结构设施

1)主要结构件的变形、锈蚀应在规范允许范围内;

2)平台、走道、梯子、护栏的设置应符合规范要求;

3)高强螺栓、销轴、紧固件的紧固、连接应符合规范要求,高强螺栓应使用力矩扳手或专用工具紧固。

4.电气安全

1)塔式起重机应采用TN-S接零保护系统供电;

2)塔式起重机与架空线路的安全距离和防护措施应符合规范要求;

3)塔式起重机应安装避雷接地装置,并应符合规范要求;

4)电缆的使用及固定应符合规范要求。

6.5.1.3.18　起重吊装

3.18.1　起重吊装检查评定应符合现行国家标准《起重机械安全规程》GB6067的规定。

3.18.2　起重吊装检查评定保证项目应包括:施工方案、起重机械、钢丝绳与地锚、索具、作业环境、作业人员。一般项目应包括:起重吊装、高处作业、构件码放、警戒监护。

3.18.3　起重吊装保证项目的检查评定应符合下列规定:

1.施工方案

1)起重吊装作业应编制专项施工方案,并按规定进行审核、审批;

2)超规模的起重吊装作业,应组织专家对专项施工方案进行论证。

2.起重机械

1)起重机械应按规定安装荷载限制器及行程限位装置;

2)荷载限制器、行程限位装置应灵敏可靠;

3)起重拔杆组装应符合设计要求;

4)起重拔杆组装后应进行验收,并应由责任人签字确认。

3.钢丝绳与地锚

1)钢丝绳磨损、断丝、变形、锈蚀应在规范允许范围内;

2)钢丝绳规格应符合起重机产品说明书要求;

3)吊钩、卷筒、滑轮磨损应在规范允许范围内;

4)吊钩、卷筒、滑轮应安装钢丝绳防脱装置;

5)起重拔杆的缆风绳、地锚设置应符合设计要求。

4. 索具

1)当采用编结连接时,编结长度不应小于15倍的绳径,且不应小于300 mm;

2)当采用绳夹连接时,绳夹规格应与钢丝绳相匹配,绳夹数量、间距应符合规范要求;

3)索具安全系数应符合规范要求;

4)吊索规格应互相匹配,机械性能应符合设计要求。

5. 作业环境

1)起重机行走、作业处地面承载能力应符合产品说明书要求;

2)起重机与架空线路安全距离应符合规范要求。

6. 作业人员

1)起重机司机应持证上岗,操作证应与操作机型相符;

2)起重机作业应设专职信号指挥和司索人员,一人不得同时兼顾信号指挥和司索作业;

3)作业前应按规定进行技术交底,并应有交底记录。

3.18.4　起重吊装一般项目的检查评定应符合下列规定

1. 起重吊装

1)当多台起重机同时起吊一个构件时,单台起重机所承受的荷载应符合专项施工方案要求;

2)吊索系挂点应符合专项施工方案要求;

3)起重机作业时,任何人不应停留在起重臂下方,被吊物不应从人的正上方通过;

4)起重机不应采用吊具载运人员;

5)当吊运易散落物件时,应使用专用吊笼。

2. 高处作业

1)应按规定设置高处作业平台;

2)平台强度、护栏高度应符合规范要求;

3)爬梯的强度、构造应符合规范要求;

4)应设置可靠的安全带悬挂点,并应高挂低用。

3. 构件码放

1)构件码放荷载应在作业面承载能力允许范围内;

2)构件码放高度应在规定允许范围内;

3)大型构件码放应有保证稳定的措施。

4. 警戒监护

1)应按规定设置作业警戒区;

2)警戒区应设专人监护。

6.5.1.3.19　施工机具

3.19.1　施工机具检查评定应符合现行行业标准《建筑机械使用安全技术规程》JGJ33和《施工现场机械设备检查技术规程》JGJ160的规定。

3.19.2　施工机具检查评定项目应包括:平刨、圆盘锯、手持电动工具、钢筋机械、电焊机、搅拌机、气瓶、翻斗车、潜水泵、振捣器、桩工机械。

3.19.3　施工机具的检查评定应符合下列规定：

1.平刨

1)平刨安装完毕应按规定履行验收程序，并应经责任人签字确认；

2)平刨应设置护手及防护罩等安全装置；

3)保护零线应单独设置，并应安装漏电保护装置；

4)平刨应按规定设置作业棚，并应具有防雨、防晒等功能；

5)不得使用同台电机驱动多种刃具、钻具的多功能木工机具。

2.圆盘锯

1)圆盘锯安装完毕应按规定履行验收程序，并应经责任人签字确认；

2)圆盘锯应设置防护罩、分料器、防护挡板等安全装置；

3)保护零线应单独设置，并应安装漏电保护装置；

4)圆盘锯应按规定设置作业棚，并应具有防雨、防晒等功能；

5)不得使用同台电机驱动多种刃具、钻具的多功能木工机具。

3.手持电动工具

1)Ⅰ类手持电动工具应单独设置保护零线，并应安装漏电保护装置；

2)使用Ⅰ类手持电动工具应按规定穿戴绝缘手套、绝缘鞋；

3)手持电动工具的电源线应保持出厂状态，不得接长使用。

4.钢筋机械

1)钢筋机械安装完毕应按规定履行验收程序，并应经责任人签字确认；

2)保护零线应单独设置，并应安装漏电保护装置；

3)钢筋加工区应搭设作业棚，并应具有防雨、防晒等功能；

4)对焊机作业应设置防火花飞溅的隔热设施；

5)钢筋冷拉作业应按规定设置防护栏；

6)机械传动部位应设置防护罩。

5.电焊机：

1)电焊机安装完毕应按规定履行验收程序，并应经责任人签字确认；

2)保护零线应单独设置，并应安装漏电保护装置；

3)电焊机应设置二次空载降压保护装置；

4)电焊机一次线长度不得超过5 m，并应穿管保护；

5)二次线应采用防水橡皮护套铜芯软电缆；

6)电焊机应设置防雨罩，接线柱应设置防护罩。

6.搅拌机

1)搅拌机安装完毕应按规定履行验收程序，并应经责任人签字确认；

2)保护零线应单独设置，并应安装漏电保护装置；

3)离合器、制动器应灵敏有效，料斗钢丝绳的磨损、锈蚀、变形量应在规定允许范围内；

4)料斗应设置安全挂钩或止挡装置，传动部位应设置防护罩；

5)搅拌机应按规定设置作业棚，并应具有防雨、防晒等功能。

7. 气瓶

1)气瓶使用时必须安装减压器,乙炔瓶应安装回火防止器,并应灵敏可靠;

2)气瓶间安全距离不应小于 5 m,与明火安全全距离不应小于 10 m;

3)气瓶应设置防震圈、防护帽,并应按规定存放。

8. 翻斗车

1)翻斗车制动、转向装置应灵敏可靠;

2)司机应经专门培训,持证上岗,行车时车斗内不得载人。

9. 潜水泵

1)保护零线应单独设置,并应安装漏电保护装置;

2)负荷线应采用专用防水橡皮电缆,不得有接头。

10. 振捣器

1)振捣器作业时应使用移动配电箱、电缆线长度不应超过 30 m;

2)保护零线应单独设置,并应安装漏电保护装置;

3)操作人员应按规定穿戴绝缘手套、绝缘鞋。

11. 桩工机械:

1)桩工机械安装完毕应按规定履行验收程序,并应经责任人签字确认;

2)作业前应编制专项方案,并应对作业人员进行安全技术交底;

3)桩工机械应按规定安装安全装置,并应灵敏可靠;

4)机械作业区域地面承载力应符合机械说明书要求;

5)机械与输电线路安全距离应符合现行行业标准《施工现场临时用电安全技术规范》JGJ46 的规定。

6.5.1.4　检查评分方法

4.0.1　建筑施工安全检查评定中,保证项目应全数检查。

4.0.2　建筑施工安全检查评定应符合本标准第 3 章中各检查评定项目的有关规定,并应按本标准附录 A、B 的评分表进行评分。检查评分表应分为安全管理、文明施工、脚手架、基坑工程、模板支架、高处作业、施工用电、物料提升机与施工升降机、塔式起重机与起重吊装、施工机具分项检查评分表和检查评分汇总表。

4.0.3　各评分表的评分应符合下列规定:

1. 分项检查评分表和检查评分汇总表的满分分值均应为 100 分,评分表的实得分值应为各检查项目所得分值之和;

2. 评分应采用扣减分值的方法,扣减分值总和不得超过该检查项目的应得分值;

3. 当按分项检查评分表评分时,保证项目中有一项未得分或保证项目小计得分不足 40 分,此分项检查评分表不应得分;

4. 检查评分汇总表中各分项项目实得分值应按下式计算:

$$A_1 = \frac{B \times C}{100} \tag{4.0.3-1}$$

式中,A_1——汇总表各分项项目实得分值;

B——汇总表中该项应得满分值;

C——该项检查评分表实得分值。

5. 当评分遇有缺项时，分项检查评分表或检查评分汇总表的总得分值应按下式计算：

$$A_2 = \frac{D}{E} \times 100 \qquad (4.0.3\text{-}2)$$

式中，A_2——遇有缺项时总得分值；

D——实查项目在该表的实得分值之和；

E——实查项目在该表的应得满分值之和。

6. 脚手架、物料提升机与施工升降机、塔式起重机与起重吊装项目的实得分值，应为所对应专业的分项检查评分表实得分值的算术平均值。

6.5.1.5　检查评定等级

5.0.1　应按汇总表的总得分和分项检查评分表的得分，对建筑施工安全检查评定划分为优良、合格、不合格三个等级。

5.0.2　建筑施工安全检查评定的等级划分应符合下列规定：

1. 优良：

分项检查评分表无零分，汇总表得分值应在 80 分及以上。

2. 合格：

分项检查评分表无零分，汇总表得分值应在 80 分以下，70 分及以上。

3. 不合格：

1)当汇总表得分值不足 70 分时；

2)当有一分项检查评分表得零分时。

5.0.3　当建筑施工安全检查评定的等级为不合格时，必须限期整改达到合格。

附录A 建筑施工安全检查评分汇总表

表A 建筑施工安全检查评分汇总表

企业名称：　　　　资质等级：　　　　年　　月　　日

<table>
<tr><td rowspan="2">单位工程（施工现场）名称</td><td rowspan="2">建筑面积（m^2）</td><td rowspan="2">结构类型</td><td rowspan="2">总计得分（满分分值100分）</td><td colspan="10">项目名称及分值</td></tr>
<tr><td>安全管理（满分10分）</td><td>文明施工（满分15分）</td><td>脚手架（满分10分）</td><td>基坑工程（满分10分）</td><td>模板支架（满分10分）</td><td>高处作业（满分10分）</td><td>施工用电（满分10分）</td><td>物料提升机与施工升降机（满分10分）</td><td>塔式起重机与起重吊装（满分10分）</td><td>施工机具（满分5分）</td></tr>
<tr><td></td><td></td><td></td><td></td><td></td><td></td><td></td><td></td><td></td><td></td><td></td><td></td><td></td><td></td></tr>
<tr><td colspan="14">评语：</td></tr>
<tr><td>检查单位</td><td colspan="3"></td><td>负责人</td><td></td><td>受检项目</td><td colspan="2"></td><td>项目经理</td><td colspan="4"></td></tr>
</table>

附录B 建筑施工安全分项检查评分表

表B.1 安全管理检查评分表

序号	检查项目		扣分标准	应得分数	扣减分数	实得分数
1	保证项目	安全生产责任制	未建立安全生产责任制,扣10分 安全生产责任制未经责任人签字确认,扣3分 未配备各工种安全技术操作规程,扣2~10分 未按规定配备专职安全员,扣2~10分 工程项目部承包合同中未明确安全生产考核指标,扣5分 未制定安全生产资金保障制度,扣5分 未编制安全资金使用计划或未按计划实施,扣2~5分 未制定伤亡控制、安全达标、文明施工等管理目标,扣5分 未进行安全责任目标分解,扣5分 未建立对安全生产责任制和责任目标的考核制度,扣5分 未按考核制度对管理人员定期考核,扣2~5分	10		
2		施工组织设计及专项施工方案	施工组织设计中未制定安全技术措施,扣10分 危险性较大的分部分项工程未编制安全专项施工方案,扣10分 未按规定对超过一定规模危险性较大的分部分项工程专项施工方案进行专家论证,扣10分 施工组织设计、专项施工方案未经审批,扣10分 安全技术措施、专项施工方案无针对性或缺少设计计算,扣2~8分 未按施工组织设计、专项施工方案组织实施,扣2~10分	10		
3		安全技术交底	未进行书面安全技术交底,扣10分 未按分部分项进行交底,扣5分 交底内容不全面或针对性不强,扣2~5分 交底未履行签字手续,扣4分	10		
4		安全检查	未建立安全检查制度,扣10分 未有安全检查记录,扣5分 事故隐患的整改未做到定人、定时间、定措施,扣2~6分 对重大事故隐患整改通知书所列项目未按期整改和复查,扣5~10分	10		

（续表）

序号	检查项目		扣分标准	应得分数	扣减分数	实得分数
5	保证项目	安全教育	未建立安全教育培训制度，扣10分 施工人员入场未进行三级安全教育培训和考核，扣5分 未明确具体安全教育培训内容，扣2～8分 变换工种或采用新技术、新工艺、新设备、新材料施工时未进行安全教育，扣5分 施工管理人员、专职安全员未按规定进行年度教育培训和考核，每人扣2分	10		
6		应急预案	未制定安全生产应急救援预案，扣10分 未建立应急救援组织或未按规定配备救援人员，扣2～6分 未定期进行应急救援演练，扣5分 未配置应急救援器材和设备，扣5分	10		
		小计		60		
7	一般项目	分包单位安全管理	分包单位资质、资格、分包手续不全或失效，扣10分 未签订安全生产协议书，扣5分 分包合同、安全生产协议书，签字盖章手续不全，扣2～6分 分包单位未按规定建立安全机构或未配备专职安全员，扣2～6分	10		
8		持证上岗	未经培训从事施工、安全管理和特种作业，每人扣5分 项目经理、专职安全员和特种作业人员未持证上岗，每人扣2分	10		
9		生产安全事故处理	生产安全事故未按规定报告，扣10分 生产安全事故未按规定进行调查分析、制定防范措施，扣10分 未依法为施工作业人员办理保险，扣5分	10		
10		安全标志	主要施工区域、危险部位未按规定悬挂安全标志，扣2～6分 未绘制现场安全标志布置图，扣3分 未按部位和现场设施的变化调整安全标志设置，扣2～6分 未设置重大危险源公示牌，扣5分	10		
		小计		40		
检查项目合计				100		

表B.2　文明施工检查评分表

序号	检查项目		扣分标准	应得分数	扣减分数	实得分数
1	保证项目	现场围挡	市区主要路段的工地未设置封闭围挡或围挡高度小于2.5 m，扣5～10分 一般路段的工地未设置封闭围挡或围挡高度小于1.8 m，扣5～10分 围挡未达到坚固、稳定、整洁、美观，扣5～10分	10		
2		封闭管理	施工现场进出口未设置大门，扣10分 未设置门卫室扣5分 未建立门卫值守管理制度或未配备门卫值守人员，扣2～6分 施工人员进入施工现场未佩戴工作卡，扣2分 施工现场出入口未标有企业名称或标识，扣2分 未设置车辆冲洗设施扣3分	10		
3		施工场地	施工现场主要道路及材料加工区地面未进行硬化处理，扣5分 施工现场道路不畅通、路面不平整坚实，扣5分 施工现场未采取防尘措施，扣5分 施工现场未设置排水设施或排水不通畅、有积水，扣5分 未采取防止泥浆、污水、废水污染环境措施，扣2～10分 未设置吸烟处、随意吸烟，扣5分 温暖季节未进行绿化布置，扣3分	10		
4		材料管理	建筑材料、构件、料具未按总平面布局码放，扣4分 材料码放不整齐、未标明名称、规格，扣2分 施工现场材料存放未采取防火、防锈蚀、防雨措施，扣3～10分 建筑物内施工垃圾的清运未使用器具或管道运输，扣5分 易燃易爆物品未分类储藏在专用库房、未采取防火措施，扣5～10分	10		
5		现场办公与住宿	施工作业区、材料存放区与办公、生活区未采取隔离措施，扣6分 宿舍、办公用房防火等级不符合有关消防安全技术规范要求，扣10分 在施工程、伙房、库房兼做住宿，扣10分 宿舍未设置可开启式窗户，扣4分 宿舍未设置床铺、床铺超过2层或通道宽度小于0.9 m，扣2～6分 宿舍人均面积或人员数量不符合规范要求，扣5分 冬季宿舍内未采取采暖和防一氧化碳中毒措施，扣5分 夏季宿舍内未采取防暑降温和防蚊蝇措施，扣5分 生活用品摆放混乱、环境卫生不符合要求，扣3分	10		

（续表）

<table>
<tr><th>序号</th><th colspan="2">检查项目</th><th>扣分标准</th><th>应得分数</th><th>扣减分数</th><th>实得分数</th></tr>
<tr><td>6</td><td rowspan="2">保证项目</td><td>现场防火</td><td>施工现场未制定消防安全管理制度、消防措施，扣 10 分
施工现场的临时用房和作业场所的防火设计不符合规范要求，扣 10 分
施工现场消防通道、消防水源的设置不符合规范要求，扣 5～10 分
施工现场灭火器材布局、配置不合理或灭火器材失效，扣 5 分
未办理动火审批手续或未指定动火监护人员，扣 5～10 分</td><td>10</td><td></td><td></td></tr>
<tr><td></td><td>小计</td><td></td><td>60</td><td></td><td></td></tr>
<tr><td>7</td><td rowspan="5">一般项目</td><td>综合治理</td><td>生活区未设置供作业人员学习和娱乐场所，扣 2 分
施工现场未建立治安保卫制度或责任未分解到人，扣 3～5 分
施工现场未制定治安防范措施，扣 5 分</td><td>10</td><td></td><td></td></tr>
<tr><td>8</td><td>公示标牌</td><td>大门口处设置的公示标牌内容不齐全，扣 2～8 分
标牌不规范、不整齐，扣 3 分
未设置安全标语，扣 3 分
未设置宣传栏、读报栏、黑板报，扣 2～4 分</td><td>10</td><td></td><td></td></tr>
<tr><td>9</td><td>生活设施</td><td>未建立卫生责任制度，扣 5 分
食堂与厕所、垃圾站、有毒有害场所的距离不符合规范要求，扣 2～6 分
食堂未办理卫生许可证或未办理炊事人员健康证，扣 5 分
食堂使用的燃气罐未单独设置存放间或存放间通风条件不良，扣 2～4 分
食堂未配备排风、冷藏、消毒、防鼠、防蚊蝇等设施，扣 4 分
厕所内的设施数量和布局不符合规范要求，扣 2～6 分
厕所卫生未达到规定要求，扣 4 分
不能保证现场人员卫生饮水，扣 5 分
未设置淋浴室或淋浴室不能满足现场人员需求，扣 4 分
生活垃圾未装容器或未及时清理，扣 3～5 分</td><td>10</td><td></td><td></td></tr>
<tr><td>10</td><td>社区服务</td><td>夜间未经许可施工，扣 8 分
施工现场焚烧各类废弃物，扣 8 分
施工现场未制定防粉尘、防噪音、防光污染等措施，扣 5 分
未制定施工不扰民措施，扣 5 分</td><td>10</td><td></td><td></td></tr>
<tr><td></td><td>小计</td><td></td><td>40</td><td></td><td></td></tr>
<tr><td colspan="3">检查项目合计</td><td></td><td>100</td><td></td><td></td></tr>
</table>

表 B.3 扣件式钢管脚手架检查评分表

序号	检查项目		扣分标准	应得分数	扣减分数	实得分数
1	保证项目	施工方案	架体搭设未编制专项施工方案或未按规定审核、审批,扣10分 架体结构设计未进行设计计算,扣10分 架体搭设超过规范允许高度,专项施工方案未按规定组织专家论证,扣10分	10		
2		立杆基础	立杆基础不平、不实、不符合专项施工方案要求,扣5～10分 立杆底部缺少底座、垫板或垫板的规格不符合规范要求,每处扣2～5分 未按规范要求设置纵、横向扫地杆,扣5～10分 扫地杆的设置和固定不符合规范要求,扣5分 未采取排水措施,扣8分	10		
3		架体与建筑结构拉结	架体与建筑结构拉结方式或间距不符合规范要求,每处扣2分 架体底层第一步纵向水平杆处未按规定设置连墙件或未采用其他可靠措施固定,每处扣2分 搭设高度超过24 m的双排脚手架,未采用刚性连墙件与建筑结构可靠连接,扣10分	10		
4		杆件间距与剪刀撑	立杆、纵向水平杆、横向水平杆间距超过设计或规范要求,每处扣2分 未按规定设置纵向剪刀撑或横向斜撑,每处扣5分 剪刀撑未沿脚手架高度连续设置或角度不符合规范要求,扣5分 剪刀撑斜杆的接长或剪刀撑斜杆与架体杆件固定不符合规范要求,每处扣2分	10		
5		脚手板与防护栏杆	脚手板未满铺或铺设不牢、不稳,扣5～10分 脚手板规格或材质不符合规范要求,扣5～10分 每有一处探头板,扣2分 架体外侧未设置密目式安全网封闭或网间连接不严,扣5～10分 作业层防护栏杆不符合规范要求,扣5分 作业层未设置高度不小于180 mm的挡脚板,扣3分	10		
6		交底与验收	架体搭设前未进行交底或交底未有文字记录,扣5～10分 架体分段搭设、分段使用未进行分段验收,扣5分 架体搭设完毕未办理验收手续,扣10分 验收内容未进行量化,或未经责任人签字确认,扣5分	10		
		小计		60		

（续表）

序号	检查项目		扣分标准	应得分数	扣减分数	实得分数
7	一般项目	横向水平杆设置	未在立杆与纵向水平杆交点处设置横向水平杆，每处扣2分 未按脚手板铺设的需要增加设置横向水平杆，每处扣2分 双排脚手架横向水平杆只固定一端，每处扣2分 单排脚手架横向水平杆插入墙内小于180 mm，每处扣2分	10		
8		杆件搭接	纵向水平杆搭接长度小于1 m或固定不符合要求，每处扣2分 立杆除顶层顶步外采用搭接，每处扣4分 扣件紧固力矩小于40 N·m或大于65 N·m，每处扣2分	10		
9		层间防护	作业层脚手板下未采用安全平网兜底或作业层以下每隔10 m未采用安全平网封闭，扣5分 作业层与建筑物之间未按规定进行封闭，扣5分	10		
10		脚手架材质	钢管直径、壁厚、材质不符合要求，扣5～10分 钢管弯曲、变形、锈蚀严重，扣10分 扣件未进行复试或技术性能不符合标准，扣5分	5		
11		通道	未设置人员上下专用通道扣5分 通道设置不符合要求扣1～3分	5		
		小计		40		
检查项目合计				100		

表B.4　门式钢管脚手架检查评分表

序号	检查项目		扣分标准	应得分数	扣减分数	实得分数
1	保证项目	施工方案	未编制专项施工方案或未进行设计计算，扣10分 专项施工方案未按规定审核、审批，扣10分 架体搭设超过规范允许高度，专项施工方案未组织专家论证，扣10分	10		
2		架体基础	架体基础不平、不实，不符合专项施工方案要求，扣5～10分 架体底部未设置垫板或垫板的规格不符合要求，扣2～5分 架体底部未按规范要求设置底座，每处扣2分 架体底部未按规范要求设置扫地杆，扣5分 未采取排水措施，扣8分	10		

（续表）

序号	检查项目		扣分标准	应得分数	扣减分数	实得分数
3	保证项目	架体稳定	架体与建筑物结构拉结方式或间距不符合规范要求，每处扣2分 未按规范要求设置剪刀撑，扣10分 门架立杆垂直偏差超过规范要求，扣5分 交叉支撑的设置不符合规范要求，每处扣2分	10		
4		杆件锁臂	未按规定组装或漏装杆件、锁臂，扣2～6分 未按规范要求设置纵向水平加固杆，扣10分 扣件与连接的杆件参数不匹配，每处扣2分	10		
5		脚手板	脚手板未满铺或铺设不牢、不稳，扣5～10分 脚手板规格或材质不符合要求，扣5～10分 采用挂扣式钢脚手板时挂钩未挂扣在横向水平杆上或挂钩未处于锁住状态，每处扣2分	10		
6		交底与验收	脚手架搭设前未进行交底或交底未有文字记录，扣5～10分 脚手架分段搭设、分段使用未办理分段验收，扣6分 架体搭设完毕未办理验收手续，扣10分 验收内容未进行量化，或未经责任人签字确认，扣5分	10		
		小计		60		
7	一般项目	架体防护	作业层防护栏杆不符合规范要求，扣5分 作业层未设置高度不小于180 mm的挡脚板，扣3分 脚手架外侧未设置密目式安全网封闭或网间连接不严，扣5～10分 作业层脚手板下未采用安全平网兜底或作业层以下每隔10 m未采用安全平网封闭，扣5分	10		
8		构配件材质	杆件变形、锈蚀严重，扣10分 门架局部开焊，扣10分 构配件的规格、型号、材质或产品质量不符合规范要求，扣5～10分	10		
9		荷载	施工荷载超过设计规定，扣10分 荷载堆放不均匀，每处扣5分	10		
10		通道	未设置人员上下专用通道，扣10分 通道设置不符合要求，扣5分	10		
		小计		40		
检查项目合计				100		

表 B.5　碗扣式钢管脚手架检查评分表

序号	检查项目		扣分标准	应得分数	扣减分数	实得分数
1	保证项目	施工方案	未编制专项施工方案或未进行设计计算，扣 10 分 专项施工方案未按规定审核、审批，扣 10 分 架体搭设超过规范允许高度，专项施工方案未组织专家论证，扣 10 分	10		
2		架体基础	基础不平、不实，不符合专项施工方案要求，扣 5～10 分 架体底部未设置垫板或垫板的规格不符合要求，扣 2～5 分 架体底部未按规范要求设置底座，每处扣 2 分 架体底部未按规范要求设置扫地杆，扣 5 分 未采取排水措施，扣 8 分	10		
3		架体稳定	架体与建筑结构未按规范要求拉结，每处扣 2 分 架体底层第一步水平杆处未按规范要求设置连墙件或未采用其他可靠措施固定，每处扣 2 分 连墙件未采用刚性杆件，扣 10 分 未按规范要求设置竖向专用斜杆或八字形斜撑，扣 5 分 竖向专用斜杆两端未固定在纵、横向水平杆与立杆汇交的碗扣节点处，每处扣 2 分 竖向专用斜杆或八字形斜撑未沿脚手架高度连续设置或角度不符合要求，扣 5 分	10		
4		杆件锁件	立杆间距、水平杆步距超过设计或规范要求，每处扣 2 分 未按专项施工方案设计的步距在立杆连接碗扣节点处设置纵、横向水平杆，每处扣 2 分 架体搭设高度超过 24 m 时，顶部 24 m 以下的连墙件层未按规定设置水平斜杆，扣 10 分 架体组装不牢或上碗扣紧固不符合要求，每处扣 2 分	10		
5		脚手板	脚手板未满铺或铺设不牢、不稳，扣 5～10 分 脚手板规格或材质不符合要求，扣 5～10 分 采用挂扣式钢脚手板时挂钩未挂扣在横向水平杆上或挂钩未处于锁住状态，每处扣 2 分	10		
6		交底与验收	架体搭设前未进行交底或交底未有文字记录，扣 5～10 分 架体分段搭设、分段使用未进行分段验收，扣 5 分 架体搭设完毕未办理验收手续，扣 10 分 验收内容未进行量化，或未经责任人签字确认，扣 5 分	10		
		小计		60		

（续表）

序号	检查项目		扣分标准	应得分数	扣减分数	实得分数
7	一般项目	架体防护	架体外侧未采用密目式安全网封闭或网间连接不严，扣5～10分 作业层防护栏杆不符合规范要求，扣5分 作业层外侧未设置高度不小于180 mm的挡脚板，扣3分 作业层脚手板下未采用安全平网兜底或作业层以下每隔10 m未采用安全平网封闭，扣5分	10		
8		构配件材质	杆件弯曲、变形、锈蚀严重，扣10分 钢管、构配件的规格、型号、材质或产品质量不符合规范要求，扣5～10分	10		
9		荷载	施工荷载超过设计规定，扣10分 荷载堆放不均匀，每处扣5分	10		
10		通道	未设置人员上下专用通道，扣10分 通道设置不符合要求，扣5分	10		
		小计		40		
检查项目合计				100		

表B.6　承插型盘扣式钢管支架检查评分表

序号	检查项目		扣分标准	应得分数	扣减分数	实得分数
1	保证项目	施工方案	未编制专项施工方案或未进行设计计算，扣10分 专项施工方案未按规定审核、审批，扣10分	10		
2		架体基础	架体基础不平、不实、不符合专项施工方案要求，扣5～10分 架体立杆底部缺少垫板或垫板的规格不符合规范要求，每处扣2分 架体立杆底部未按要求设置底座，每处扣2分 未按规范要求设置纵、横向扫地杆，扣5～10分 未采取排水措施，扣8分	10		
3		架体稳定	架体与建筑结构未按规范要求拉结，每处扣2分 架体底层第一步水平杆处未按规范要求设置连墙件或未采用其他可靠措施固定，每处扣2分 连墙件未采用刚性杆件，扣10分 未按规范要求设置竖向斜杆或剪刀撑，扣5分 竖向斜杆两端未固定在纵、横向水平杆与立杆汇交的盘扣节点处，每处扣2分 斜杆或剪刀撑未沿脚手架高度连续设置或角度不符合45°～60°的要求，扣5分	10		

(续表)

<table>
<tr><th>序号</th><th colspan="2">检查项目</th><th>扣分标准</th><th>应得分数</th><th>扣减分数</th><th>实得分数</th></tr>
<tr><td>4</td><td rowspan="4">保证项目</td><td>杆件设置</td><td>架体立杆间距、水平杆步距超过设计或规范要求,每处扣2分
未按专项施工方案设计的步距在立杆连接盘处设置纵、横向水平杆,每处扣2分
双排脚手架的每步水平杆层,当无挂扣钢脚手板时未按规范要求设置水平斜杆,扣5~10分</td><td>10</td><td></td><td></td></tr>
<tr><td>5</td><td>脚手板</td><td>脚手板不满铺或铺设不牢、不稳,扣5~10分
脚手板规格或材质不符合要求,扣5~10分
采用挂扣式钢脚手板时挂钩未挂扣在水平杆上或挂钩未处于锁住状态,每处扣2分</td><td>10</td><td></td><td></td></tr>
<tr><td>6</td><td>交底与验收</td><td>脚手架搭设前未进行交底或交底未有文字记录,扣5~10分
脚手架分段搭设、分段使用未进行分段验收,扣5分
架体搭设完毕未办理验收手续,扣10分
验收内容未进行量化,或未经责任人签字确认,扣5分</td><td>10</td><td></td><td></td></tr>
<tr><td></td><td>小计</td><td></td><td>60</td><td></td><td></td></tr>
<tr><td>7</td><td rowspan="5">一般项目</td><td>架体防护</td><td>架体外侧未采用密目式安全网封闭或网间连接不严,扣5~10分
作业层防护栏杆不符合规范要求,扣5分
作业层外侧未设置高度不小于180 mm的挡脚板,扣3分
作业层脚手板下未采用安全平网兜底或作业层以下每隔10 m未采用安全平网封闭,扣5分</td><td>10</td><td></td><td></td></tr>
<tr><td>8</td><td>杆件连接</td><td>立杆竖向接长位置不符合要求,每处扣2分
剪刀撑的斜杆接长不符合要求,扣8分</td><td>10</td><td></td><td></td></tr>
<tr><td>9</td><td>构配件材质</td><td>钢管、构配件的规格、型号、材质或产品质量不符合规范要求,扣5分
钢管弯曲、变形、锈蚀严重,扣10分</td><td>10</td><td></td><td></td></tr>
<tr><td>10</td><td>通道</td><td>未设置人员上下专用通道,扣10分
通道设置不符合要求,扣5分</td><td>10</td><td></td><td></td></tr>
<tr><td></td><td>小计</td><td></td><td>40</td><td></td><td></td></tr>
<tr><td colspan="3">检查项目合计</td><td></td><td>100</td><td></td><td></td></tr>
</table>

表 B.7 满堂脚手架检查评分表

序号	检查项目		扣分标准	应得分数	扣减分数	实得分数
1	保证项目	施工方案	未编制专项施工方案或未进行设计计算,扣10分 专项施工方案未按规定审核、审批,扣10分	10		
2		架体基础	架体基础不平、不实、不符合专项施工方案要求,扣5~10分 架体底部未设置垫板或垫板的规格不符合规范要求,每处扣2~5分 架体底部未按规范要求设置底座,每处扣2分 架体底部未按规范要求设置扫地杆,扣5分 未采取排水措施,扣8分	10		
3		架体稳定	架体四周与中间未按规范要求设置竖向剪刀撑或专用斜杆,扣10分 未按规范要求设置水平剪刀撑或专用水平斜杆,扣10分 架体高宽比超过规范要求时未采取与结构拉结或其他可靠的稳定措施,扣10分	10		
4		杆件锁件	架体立杆间距、水平杆步距超过设计和规范要求每处扣2分 杆件接长不符合要求,每处扣2分 架体搭设不牢或杆件结点紧固不符合要求,每处扣2分	10		
5		脚手板	脚手板不满铺或铺设不牢、不稳,扣5~10分 脚手板规格或材质不符合要求,扣5~10分 采用挂扣式钢脚手板时挂钩未挂扣在水平杆上或挂钩未处于锁住状态,每处扣2分	10		
6		交底与验收	架体搭设前未进行交底或交底未有文字记录,扣5~10分 架体分段搭设、分段使用未进行分段验收,扣5分 架体搭设完毕未办理验收手续,扣10分 验收内容未进行量化,或未经责任人签字确认,扣5分	10		
		小计		60		
7	一般项目	架体防护	作业层防护栏杆不符合规范要求,扣5分 作业层外侧未设置高度不小于180 mm挡脚板,扣3分 作业层脚手板下未采用安全平网兜底或作业层以下每隔10 m未采用安全平网封闭,扣5分	10		
8		构配件材质	钢管、构配件的规格、型号、材质或产品质量不符合规范要求,扣5~10分 杆件弯曲、变形、锈蚀严重,扣10分	10		

（续表）

序号	检查项目		扣分标准	应得分数	扣减分数	实得分数
9	一般项目	荷载	架体的施工荷载超过设计和规范要求，扣10分 荷载堆放不均匀，每处扣5分	10		
10		通道	未设置人员上下专用通道，扣10分 通道设置不符合要求，扣5分	10		
		小计		40		
检查项目合计				100		

表 B.8　悬挑式脚手架检查评分表

序号	检查项目		扣分标准	应得分数	扣减分数	实得分数
1	保证项目	施工方案	未编制专项施工方案或未进行设计计算，扣10分 专项施工方案未按规定审核、审批，扣10分 架体搭设超过规范允许高度，专项施工方案未按规定组织专家论证，扣10分	10		
2		悬挑钢梁	钢梁截面高度未按设计确定或截面型式不符合设计和规范要求，扣10分 钢梁固定段长度小于悬挑段长度的1.25倍，扣5分 钢梁外端未设置钢丝绳或钢拉杆与上一层建筑结构拉结，每处扣2分 钢梁与建筑结构锚固措施不符合设计和规范要求，每处扣5分 钢梁间距未按悬挑架体立杆纵距设置，扣5分	10		
3		架体稳定	立杆底部与悬挑钢梁连接处未采取可靠固定措施，每处扣2分 承插式立杆接长未采取螺栓或销钉固定，每处扣2分 纵横向扫地杆的设置不符合规范要求，扣5～10分 未在架体外侧设置连续式剪刀撑，扣10分 未按规定设置横向斜撑，扣5分 架体未按规定与建筑结构拉结，每处扣5分	10		
4		脚手板	脚手板规格、材质不符合要求，扣5～10分 脚手板未满铺或铺设不严、不牢、不稳，扣5～10分 每处探头板，扣2分	10		
5		荷载	脚手架施工荷载超过设计规定，扣10分 施工荷载堆放不均匀，每处扣5分	10		

（续表）

序号	检查项目		扣分标准	应得分数	扣减分数	实得分数
6	保证项目	交底与验收	架体搭设前未进行交底或交底未有文字记录，扣5～10分 架体分段搭设、分段使用未进行分段验收，扣6分 架体搭设完毕未办理验收手续，扣10分 验收内容未进行量化，或未经责任人签字确认，扣5分	10		
		小计		60		
7	一般项目	杆件间距	立杆间距超、纵向水平杆步距过设计或规范要求，每处扣2分 未在立杆与纵向水平杆交点处设置横向水平杆，每处扣2分 未按脚手板铺设的需要增加设置横向水平杆，每处扣2分	10		
8		架体防护	作业层防护栏杆不符合规范要求，扣5分 作业层架体外侧未设置高度不小于180 mm的挡脚板，扣3分 架体外侧未采用密目式安全网封闭或网间不严，扣5～10分	10		
9		层间防护	作业层脚手板下未采用安全平网兜底或作业层以下每隔10 m未采用安全平网封闭，扣5分 作业层与建筑物之间未进行封闭，扣5分 架体底层沿建筑结构边缘，悬挑钢梁与悬挑钢梁之间未采取封闭措施或封闭不严，扣2～8分 架体底层未进行封闭或封闭不严，扣10分	10		
10		构配件材质	型钢、钢管、构配件规格及材质不符合规范要求，扣5～10分 型钢、钢管、构配件弯曲、变形、锈蚀严重，扣10分	10		
		小计		40		
检查项目合计				100		

表B.9　附着式升降脚手架检查评分表

序号	检查项目		扣分标准	应得分数	扣减分数	实得分数
1	保证项目	施工方案	未编制专项施工方案或未进行设计计算，扣10分 专项施工方案未按规定审核、审批，扣10分 脚手架提升超过规定允许高度，专项施工方案未按规定组织专家论证，扣10分	10		

(续表)

序号	检查项目		扣分标准	应得分数	扣减分数	实得分数
2	保证项目	安全装置	未采用防坠落装置或技术性能不符合规范要求,扣10分 防坠落装置与升降设备未分别独立固定在建筑结构上,扣10分 防坠落装置未设置在竖向主框架处并与建筑结构附着,扣10分 未安装防倾覆装置或防倾覆装置不符合规范要求,扣5～10分 升降或使用工况,最上和最下两个防倾装置之间的最小间距不符合规范要求,扣10分 未安装同步控制装置或技术性能不符合规范要求,扣10分	10		
3		架体构造	架体高度大于5倍楼层高,扣10分 架体宽度大于1.2 m,扣5分 直线布置的架体支承跨度大于7 m或折线、曲线布置的架体支撑跨度的架体外侧距离大于5.4 m,扣5分 架体的水平悬挑长度大于2 m或大于跨度1/2,扣10分 架体悬臂高度大于架体高度2/5或大于6 m,扣10分 架体全高与支撑跨度的乘积大于110 m^2,扣10分	10		
4		附着支座	未按竖向主框架所覆盖的每个楼层设置一道附着支座,扣10分 使用工况未将竖向主框架与附着支座固定,扣10分 升降工况未将防倾、导向装置设置在附着支座上,扣10分 附着支座与建筑结构连接固定方式不符合规范要求,扣10分	10		
5		架体安装	主框架及水平支承桁架的节点未采用焊接、螺栓连接或各杆件轴线未交汇于节点,扣10分 水平支承桁架的上弦及下弦之间设置的水平支撑杆件未采用焊接或螺栓连接,扣5分 架体立杆底端未设置在水平支承桁架上弦杆件节点处,扣10分 竖向主框架组装高度低于架体高度,扣5分 架体外立面设置的连续式剪刀撑未将竖向主框架、水平支承桁架和架体构架连成一体,扣8分	10		
6		架体升降	两跨及以上架体升降采用手动升降设备,扣10分 升降工况附着支座与建筑结构连接处混凝土强度未达到设计和规范要求,扣10分 升降工况架体上有施工荷载或有人员停留,扣10分	10		
		小计		60		

（续表）

序号	检查项目		扣分标准	应得分数	扣减分数	实得分数
1	一般项目	检查验收	主要构配件进场未进行验收，扣6分 分区段安装、分区段使用未进行分区段验收，扣8分 架体搭设完毕未办理验收手续，扣10分 验收内容未进行量化，或未经责任人签字确认，扣5分 架体提升前未有检查记录，扣6分 架体提升后、使用前未履行验收手续或资料不全，扣2～8分	10		
2		脚手板	脚手板未满铺或铺设不严、不牢，扣3～5分 作业层与建筑结构之间空隙封闭不严，扣3～5分 脚手板规格、材质不符合要求，扣5～10分	10		
3		架体防护	脚手架外侧未采用密目式安全网封闭或网间连接不严，扣5～10分 作业层防护栏杆不符合规范要求，扣5分 作业层未设置高度不小于180 mm的挡脚板，扣3分	10		
4		安全作业	操作前未向有关技术人员和作业人员进行安全技术交底或交底未有文字记录，扣5～10分 作业人员未经培训或未定岗定责，扣5～10分 安装拆除单位资质不符合要求或特种作业人员未持证上岗，扣5～10分 安装、升降、拆除时未设置安全警戒区及专人监护，扣10分 荷载不均匀或超载，扣5～10分	10		
		小计		40		
检查项目合计				100		

表B.10 高处作业吊篮检查评分表

序号	检查项目		扣分标准	应得分数	扣减分数	实得分数
1	保证项目	施工方案	未编制专项施工方案或未对吊篮支架支撑处结构的承载力进行验算，扣10分 专项施工方案未按规定审核、审批，扣10分	10		
2		安全装置	未安装防坠安全锁或安全锁失灵，扣10分 防坠安全锁超过标定期限仍在使用，扣10分 未设置挂设安全带专用安全绳及安全锁扣或安全绳未固定在建筑物可靠位置，扣10分 吊篮未安装上限位装置或限位装置失灵，扣10分	10		

(续表)

序号	检查项目		扣分标准	应得分数	扣减分数	实得分数
3	保证项目	悬挂机构	悬挂机构前支架支撑在建筑物女儿墙上或挑檐边缘,扣10分 前梁外伸长度不符合产品产品说明书规定,扣10分 前支架与支撑面不垂直或脚轮受力,扣10分 上支架未固定在前支架调节杆与悬挑梁连接的节点处,扣5分 使用破损的配重块或采用其他替代物,扣10分 配重块未固定或重量不符合设计规定,扣10分	10		
4		钢丝绳	钢丝绳有断丝、松股、硬弯、锈蚀或有油污附着物,扣10分 安全钢丝绳规格、型号与工作钢丝绳不相同或未独立悬挂,扣10分 安全钢丝绳不悬垂,扣10分 电焊作业时未对钢丝绳采取保护措施,扣5~10分	10		
5		安装作业	吊篮平台组装长度不符合产品说明书和规范要求,扣10分 吊篮组装的构配件不是同一生产厂家的产品,扣5~10分	10		
6		升降作业	操作升降人员未经培训合格,扣10分 吊篮内作业人员数量超过2人,扣10分 吊篮内作业人员未将安全带用安全锁扣挂置在独立设置的专用安全绳上,扣10分 作业人员未从地面进出吊篮,扣5分	10		
		小计		60		
7	一般项目	交底与验收	未履行验收程序,验收表未经责任人签字确认,扣5~10分 验收内容未进行量化,扣5分 每天班前班后未进行检查,扣5分 吊篮安装使用前未进行交底或交底未留有文字记录,扣5~10分	10		
8		安全防护	吊篮平台周边的防护栏杆或挡脚板的设置不符合规范要求,扣5~10分 多层或立体交叉作业未设置防护顶板,扣8分	10		
9		吊篮稳定	吊篮作业未采取防摆动措施,扣5分 吊篮钢丝绳不垂直或吊篮距建筑物空隙过大,扣5分	10		
10		荷载	施工荷载超过设计规定,扣10分 荷载堆放不均匀,扣5分	10		
		小计		40		
检查项目各计				100		

表 B.11　基坑工程检查评分表

序号	检查项目		扣分标准	应得分数	扣减分数	实得分数
1	保证项目	施工方案	基坑工程未编制专项施工方案,扣10分 专项施工方案未按规定审核、审批,扣10分 超过一定规模条件的基坑工程专项施工方案未按规定组织专家论证,扣10分 基坑周边环境或施工条件发生变化,专项施工方案未重新进行审核、审批,扣10分	10		
2		基坑支护	人工开挖的狭窄基槽,开挖深度较大或存在边坡塌方危险未采取支护措施,扣10分 自然放坡的坡率不符合专项施工方案和规范要求,扣10分 基坑支护结构不符合设计要求,扣10分 支护结构水平位移达到设计报警值未采取有效控制措施,扣10分	10		
3		排降水	基坑开挖深度范围内有地下水未采取有效的降排水措施,扣10分 基坑边沿周围地面未设排水沟或排水沟设置不符合规范要求,扣5分 放坡开挖对坡顶、坡面、坡脚未采取降排水措施,扣5～10分 基坑底四周未设排水沟和集水井或排除积水不及时,扣5～8分	10		
4		基坑开挖	支护结构未达到设计要求的强度提前开挖下层土方,扣10分 未按设计和施工方案的要求分层、分段开挖或开挖不均衡,扣10分 基坑开挖过程中未采取防止碰撞支护结构或工程桩的有效措施,扣10分 机械在软土场地作业,未采取铺设渣土、砂石等硬化措施,扣10分	10		
5		坑边荷载	基坑边堆置土、料具等荷载超过基坑支护设计允许要求,扣10分 施工机械与基坑边沿的安全距离不符合设计要求,扣10分	10		
6		安全防护	开挖深度2 m及以上的基坑周边未按规范要求设置防护栏杆或栏杆设置不符合规范要求,扣5～10分 基坑内未设置供施工人员上下的专用梯道或梯道设置不符合规范要求,扣5～10分 降水井口未设置防护盖板或围栏,扣10分	10		
		小计		60		

（续表）

序号	检查项目		扣分标准	应得分数	扣减分数	实得分数
7	一般项目	基坑监测	未按要求进行基坑工程监测，扣10分 基坑监测项目不符合设计和规范要求，扣5～10分 监测的时间间隔不符合监测方案要求或监测结果变化速率较大未加密观测次数，扣5～8分 未按设计要求提交监测报告或监测报告内容不完整，扣5～8分	10		
8		支撑拆除	基坑支撑结构的拆除方式、拆除顺序不符合专项施工方案要求，扣5～10分 机械拆除作业时，施工荷载大于支撑结构承载能力，扣10分 人工拆除作业时，未按规定设置防护设施，扣8分 采用非常规拆除方式不符合国家现行相关规范要求，扣10分	10		
9		作业环境	基坑内土方机械、施工人员的安全距离不符合规范要求，扣10分 上下垂直作业未采取防护措施，扣5分 在各种管线范围内挖土作业未设专人监护，扣5分 作业区光线不良扣5分	10		
10		应急预案	未按要求编制基坑工程应急预案或应急预案内容不完整，扣5～10分 应急组织机构不健全或应急物资、材料、工具机具储备不符合应急预案要求，扣2～6分	10		
		小计		40		
检查项目合计				100		

表B.12　模板支架检查评分表

序号	检查项目		扣分标准	应得分数	扣减分数	实得分数
1	保证项目	施工方案	未按编制专项施工方案或结构设计未经计算，扣10分 专项施工方案未经审核、审批，扣10分 超规模模板支架专项施工方案未按规定组织专家论证，扣10分	15		

（续表）

序号	检查项目		扣分标准	应得分数	扣减分数	实得分数
2	保证项目	支架基础	基础不坚实平整、承载力不符合专项施工方案要求，扣5～10分 支架底部未设置垫板或垫板的规格不符合规范要求，扣5～10分 支架底部未按规范要求设置底座，每处扣2分 未按规范要求设置扫地杆，扣5分 未设置排水设施，扣5分 支架设在楼面结构上时，未对楼面结构的承载力进行验算或楼面结构下方未采取加固措施，扣10分	10		
3	保证项目	支架构造	立杆纵、横间距大于设计和规范要求，每处扣2分 水平杆步距大于设计和规范要求，每处扣2分 水平杆未连续设置，扣5分 未按规范要求设置竖向剪刀撑或专用斜杆，扣10分 未按规范要求设置水平剪刀撑或专用水平斜杆，扣10分 剪刀撑或水平斜杆设置不符合规范要求，扣5分			
4	保证项目	支架稳定	支架高宽比超过规范要求未采取与建筑结构刚性连结或增加架体宽度等措施，扣10分 立杆伸出顶层水平杆的长度超过规范要求，每处扣2分 浇筑混凝土未对支架的基础沉降、架体变形采取监测措施，扣8分	15		
5	保证项目	施工荷载	荷载堆放不均匀，每处扣5分 施工荷载超过设计规定，扣10分 浇筑混凝土未对混凝土堆积高度进行控制，扣8分	10		
6	保证项目	交底与验收	支架搭设、拆除前未进行交底或无文字记录，扣5～10分 架体搭设完毕未办理验收手续，扣10分 验收内容未进行量化，或未经责任人签字确认，扣5分	10		
	保证项目	小计		60		
7	一般项目	杆件连接	立杆连接未采用对接、套接或承插式接长，每处扣3分 水平杆连接不符合规范要求，每处扣3分 剪刀撑斜杆接长不符合规范要求，每处扣3分 杆件各连接点的紧固不符合规范要求，每处扣2分	10		
8	一般项目	底座与托撑	螺杆直径与立杆内径不匹配，每处扣3分 螺杆旋入螺母内的长度或外伸长度不符合规范要求，每处扣3分	10		

(续表)

序号	检查项目		扣分标准	应得分数	扣减分数	实得分数
9	一般项目	构配件材质	钢管、构配件的规格、型号、材质不符合规范要求,扣5~10分 杆件弯曲、变形、锈蚀严重,扣10分	10		
10		支架拆除	支架拆除前未确认混凝土强度达到设要求,扣10分 未按规定设置警戒区或未设置专人监护,扣5~10分	10		
		小计		40		
检查项目合计				100		

表B.13　高处作业检查评分表

序号	检查项目	扣分标准	应得分数	扣减分数	实得分数
1	安全帽	施工现场人员未戴安全帽,每人扣5分 未按标准佩戴安全帽,每人扣2分 安全帽质量不符合现行国家相关标准的要求,扣5	10		
2	安全网	在建工程外脚手架架体外侧未采用密目式安全网封闭或网间连接不严,扣2~10分 安全网质量不符合现行国家相关标准的要求,扣10分	10		
3	安全带	高处作业人员未按规定系挂安全带,每人扣5分 安全带系挂不符合要求,每人扣5分 安全带质量不符合现行国家相关标准的要求,扣10分	10		
4	临边防护	工作面边沿无临边防护,扣10分 临边防护设施的构造、强度不符合规范要求,扣5分 防护设施未形成定型化、工具式,扣3分	10		
5	洞口防护	在建工程的孔、洞未采取防护措施,每处扣5分 防护措施、设施不符合要求或不严密,每处扣3分 防护设施未形成用定型化、工具式,扣3分 电梯井内未按每隔两层且不大于10 m设置安全平网,扣5分	10		
6	通道口防护	未搭设防护棚或防护不严、不牢固,扣5~10分 防护棚两侧未进行封闭,扣4分 防护棚宽度小于通道口宽度,扣4分 防护棚长度不符合要求,扣4分 建筑物高度超过24 m,防护棚顶未采用双层防护,扣4分 防护棚的材质不符合规范要求,扣5分	10		

(续表)

序号	检查项目	扣分标准	应得分数	扣减分数	实得分数
7	攀登作业	移动式梯子的梯脚底部垫高使用,扣3分 折梯未使用可靠拉撑装置,扣5分 梯子的材质或制作质量不符合规范要求,扣10分	5		
8	悬空作业	悬空作业处未设置防护栏杆或其他可靠的安全设施,扣5~10分 悬空作业所用的索具、吊具等未经验收,扣5分 悬空作业人员未系挂安全带或佩带工具袋,扣2~10分	5		
9	移动式操作平台	操作平台未按规定进行设计计算,扣8分 移动式操作平台,轮子与平台的连接不牢固可靠或立柱底端距离地面超过80 mm,扣5分 操作平台的组装不符合设计和规范要求,扣10分 平台台面铺板不严,扣5分 操作平台四周未按规定设置防护栏杆或未设置登高扶梯,扣10分 操作平台的材质不符合规范要求,扣10分	10		
10	悬挑式物料钢平台	未编制专项施工方案或未经设计计算,扣10分 悬挑式钢平台的下部支撑系统或上部拉结点,未设置在建筑结构上,扣10分 斜拉杆或钢丝绳未按要求在平台两侧各设置两道,扣10分 钢平台未按要求设置固定的防护栏杆或挡脚板,扣3~10分 钢平台台面铺板不严或钢平台与建筑结构之间铺板不严,扣5分 未在平台明显处设置荷载限定标牌,扣5分	10		
检查项目合计			100		

表 B.14 施工用电检查评分表

序号	检查项目		扣分标准	应得分数	扣减分数	实得分数
1	保证项目	外电防护	外电线路与在建工程及脚手架、起重机械、场内机动车道之间的安全距离不符合规范要求且未采取防护措施,扣10分 防护设施未设置明显的警示标志,扣5分 防护设施与外电线路的安全距离及搭设方式不符合规范要求,扣5~10分 在外电架空线路正下方施工、建造临时设施或堆放材料物品,扣10分	10		

（续表）

序号	检查项目		扣分标准	应得分数	扣减分数	实得分数
2	保证项目	接地与接零保护系统	施工现场专用的电源中性点直接接地的低压配电系统未采用TN-S接零保护系统，扣20分 配电系统未采用同一保护系统，扣20分 保护零线引出位置不符合规范要求，扣5～10分 电气设备未接保护零线，每处扣2分 保护零线装设开关、熔断器或通过工作电流，扣20分 保护零线材质、规格及颜色标记不符合规范要求，每处扣2分 工作接地与重复接地的设置、安装及接地装置的材料不符合规范要求，扣10～20分 工作接地电阻大于4 Ω，重复接地电阻大于10 Ω，扣20分 施工现场起重机、物料提升机、施工升降机、脚手架防雷措施不符合规范要求，扣5～10分 做防雷接地机械上的电气设备，保护零线未做重复接地，扣10分	20		
3		配电线路	线路及接头不能保证机械强度和绝缘强度，扣5～10分 线路未设短路、过载保护，扣5～10分 线路截面不能满足负荷电流，每处扣2分 线路的设施、材料及相序排列、档距、与邻近线路或固定物的距离不符合规范要求，扣5～10分 电缆沿地面明设或沿脚手架、树木等敷设或敷设不符合规范要求，扣5～10分 未使用符合规范要求的电缆线路，扣10分 室内非埋地明敷主干线距地面高度小于2.5 m，每处扣2分	10		
4		配电箱与开关箱	配电系统未采用三级配电、二级漏电保护系统，扣10～20分 用电设备未有各自专用的开关箱，每处扣2分 箱体结构、箱内电器设置不符合规范要求，扣10～20分 配电箱零线端子板的设置、连接不符合规范要求，扣5～10分 漏电保护器参数不匹配或仪表检测不灵敏，每处扣2分 配电箱与开关箱电器损坏或进出线混乱，每处扣2分 箱体未设置系统接线图和分路标记，每处扣2分 箱体未设门、锁，未采取防雨措施，每处扣2分 箱体安装位置、高度及周边通道不符合规范要求，每处扣2分 分配电箱与开关箱、开关箱与用电设备的距离不符合规范要求，每处扣2分	20		
		小计		60		

（续表）

序号	检查项目		扣分标准	应得分数	扣减分数	实得分数
5	一般项目	配电室与配电装置	配电室建筑耐火等级未达到三级，扣15分 未配置适用于电气火灾的灭火器材，扣3分 配电室、配电装置布设不符合规范要求，扣5～10分 配电装置中的仪表、电器元件设置不符合规范要求或仪表、电器元件损坏，扣5～10分 备用发电机组未与外电线路进行联锁，扣15分 配电室未采取防雨雪和小动物侵入的措施，扣10分 配电室未设警示标志、工地供电平面图和系统图，扣3～5分	15		
6		现场照明	照明用电与动力用电混用，每处扣2分 特殊场所未使用36 V及以下安全电压，扣15分 手持照明灯未使用36 V以下电源供电，扣10分 照明变压器未使用双绕组安全隔离变压器，扣15分 灯具金属外壳未接保护零线，每处扣2分 灯具与地面、易燃物之间小于安全距离，每处扣2分 照明线路和安全电压线路的架设不符合规范要求，扣10分 施工现场未按规范要求配备应急照明，每处扣2分	15		
7		用电档案	总包单位与分包单位未订立临时用电管理协议，扣10分 未制定专项用电施工组织设计、外电防护专项方案或设计、方案缺乏针对性，扣5～10分 专项用电施工组织设计、外电防护专项方案未履行审批程序，实施后相关部门未组织验收，扣5～10分 接地电阻、绝缘电阻和漏电保护器检测记录未填写或填写不真实，扣3分 安全技术交底、设备设施验收记录未填写或填写不真实，扣3分 定期巡视检查、隐患整改记录未填写或填写不真，实扣3分 档案资料不齐全、未设专人管理，扣3分	10		
		小计		40		
检查项目合计				100		

表 B.15　物料提升机检查评分表

序号	检查项目		扣分标准	应得分数	扣减分数	实得分数
1	保证项目	安全装置	未安装起重量限制器、防坠安全器,扣 15 分 起重量限制器、防坠安全器不灵敏,扣 15 分 安全停层装置不符合规范要求或未达到定型化,扣 5～10 分 未安装上行程限位,扣 15 分 上行程限位不灵敏、安全越程不符合规范要求,扣 10 分 物料提升机安装高度超过 30 m,未安装渐进式防坠安全器、自动停层、语音及影像信号监控装置,每项扣 5 分	15		
2		防护设施	未设置防护围栏或设置不符合规范要求,扣 5～15 分 未设置进料口防护棚或设置不符合规范要求,扣 5～15 分 停层平台两侧未设置防护栏杆、挡脚板,每处扣 5 分 停层平台脚手板铺设不严、不牢,每处扣 2 分 未安装平台门或平台门不起作用,扣 5～15 分 平台门未达到定型化,每处扣 2 分 吊笼门不符合规范要求,扣 10 分	15		
3		附墙架与缆风绳	附墙架结构、材质、间距不符合产品说明书要求,扣 10 分 附墙架未与建筑结构可靠连接,扣 10 分 缆风绳设置数量、位置不符合规范要求,扣 5 分 缆风绳未使用钢丝绳或未与地锚连接,扣 10 分 钢丝绳直径小于 8 mm 或角度不符合 45°～60°要求,扣 5～10 分 安装高度超过 30 m 的物料提升机使用缆风绳,扣 10 分 地锚设置不符合规范要求,每处扣 5 分	10		
4		钢丝绳	钢丝绳磨损、变形、锈蚀达到报废标准,扣 10 分 钢丝绳绳夹设置不符合规范要求,每处扣 2 分 吊笼处于最低位置,卷筒上钢丝绳少于 3 圈,扣 10 分 未设置钢丝绳过路保护措施或钢丝绳拖地,扣 5 分	10		
5		安拆、验收与使用	安装、拆卸单位未取得专业承包资质和安全生产许可证,扣 10 分 未制定专项施工方案或未经审核、审批,扣 10 分 未履行验收程序或验收表未经责任人签字,扣 5～10 分 安装、拆除人员及司机未持证上岗,扣 10 分 物料提升机作业前未按规定进行例行检查或未填写检查记录,扣 4 分 实行多班作业未按规定填写交接班记录,扣 3 分	10		
		小计		60		

（续表）

序号	检查项目		扣分标准	应得分数	扣减分数	实得分数
6	一般项目	基础与导轨架	基础的承载力、平整度不符合规范要求，扣5～10分 基础周边未设排水设施，扣5分 导轨架垂直度偏差大于导轨架高度0.15%，扣5分 井架停层平台通道处的结构未采取加强措施，扣8分	10		
7		动力与传动	卷扬机、曳引机安装不牢固，扣10分 卷筒与导轨架底部导向轮的距离小于20倍卷筒宽度未设置排绳器，扣5分 钢丝绳在卷筒上排列不整齐，扣5分 滑轮与导轨架、吊笼未采用刚性连接，扣10分 滑轮与钢丝绳不匹配，扣10分 卷筒、滑轮未设置防止钢丝绳脱出装置，扣5分 曳引钢丝绳为2根及以上时，未设置曳引力平衡装置，扣5分	10		
8		通信装置	未按规范要求设置通信装置，扣5分 通信装置信号显示不清晰，扣3分	5		
9		卷扬机操作棚	未设置卷扬机操作棚，扣10分 操作棚搭设不符合规范要求，扣5～10	10		
10		避雷装置	物料提升机在其他防雷保护范围以外未设置避雷装置，扣5分 避雷装置不符合规范要求，扣3分	5		
		小计		40		
检查项目合计				100		

表B.16 施工升降机检查评分表

序号	检查项目		扣分标准	应得分数	扣减分数	实得分数
1	保证项目	安全装置	未安装起重量限制器或起重量限制器不灵敏，扣10分 未安装渐进式防坠安全器或防坠安全器不灵敏，扣10分 防坠安全器超过有效标定期限，扣10分 对重钢丝绳未安装防松绳装置或防松绳装置不灵敏，扣5分 未安装急停开关或急停开关不符合规范要求，扣5分 未安装吊笼和对重缓冲器或缓冲器不符合规范要求，扣5分 SC型施工升降机未安装安全钩，扣10分	10		

(续表)

序号	检查项目		扣分标准	应得分数	扣减分数	实得分数
2	保证项目	限位装置	未安装极限开关或极限开关不灵敏,扣10分 未安装上限位开关或上限位开关不灵敏,扣10分 未安装下限位开关或下限位开关不灵敏,扣5分 极限开关与上限位开关安全越程不符合规范要求,扣5分 极限开关与上、下限位开关共用一个触发元件,扣5分 未安装吊笼门机电连锁装置或不灵敏,扣10分 未安装吊笼顶窗电气安全开关或不灵敏,扣5分	10		
3		防护设施	未设置地面防护围栏或设置不符合规范要求,扣5~10分 未安装地面防护围栏门联锁保护装置或联锁保护装置不灵敏,扣5~8分 未设置出入口防护棚或设置不符合规范要求,扣5~10分 停层平台搭设不符合规范要求,扣5~8分 未安装层门或层门不起作用,扣5~10分 层门不符合规范要求、未达到定型化,每处扣2分	10		
4		附墙架	附墙架采用非配套标准产品未进行设计计算,扣10分 附墙架与建筑结构连接方式、角度不符合产品说明书要求,扣5~10分 附墙架间距、最高附着点以上导轨架的自由高度超过产品说明书要求,扣10分	10		
5		钢丝绳、滑轮与对重	对重钢丝绳绳数少于2根或未相对独立,扣5分 钢丝绳磨损、变形、锈蚀达到报废标准,扣10分 钢丝绳的规格、固定不符合产品说明书及规范要求,扣10分 滑轮未安装钢丝绳防脱装置或不符合规范要求,扣4分 对重重量、固定不符合产品说明书及规范要求,扣10分 对重未安装防脱轨保护装置,扣5分	10		
6		安拆、验收与使用	安装、拆卸单位未取得专业承包资质和安全生产许可证,扣10分 未编制安装、拆卸专项方案或专项方案未经审核、审批,扣10分 未履行验收程序或验收表未经责任人签字,扣5~10分 安装、拆除人员及司机未持证上岗,扣10分 施工升降机作业前未按规定进行例行检查,未填写检查记录,扣4分 实行多班作业未按规定填写交接班记录,扣3分	10		
		小计		60		

（续表）

序号	检查项目		扣分标准	应得分数	扣减分数	实得分数
7	一般项目	导轨架	导轨架垂直度不符合规范要求，扣10分 标准节质量不符合产品说明书及规范要求，扣10分 对重导轨不符合规范要求，扣5分 标准节连接螺栓使用不符合产品说明书及规范要求，扣5～8分	10		
8		基础	基础制作、验收不符合产品说明书及规范要求，扣5～10分 基础设置在地下室顶板或楼面结构上，未对其支承结构进行承载力验算，扣10分 基础未设置排水设施，扣4分	10		
9		电气安全	施工升降机与架空线路小于安全距离未采取防护措施，扣10分 防护措施不符合规范要求，扣5分 未设置电缆导向架或设置不符合规范要求，扣5分 施工升降机在防雷保护范围以外未设置避雷装置，扣10分 避雷装置不符合规范要求，扣5分	10		
10		通信装置	未安装楼层信号联络装置，扣10分 楼层联络信号不清晰，扣5分	10		
		小计		40		
检查项目合计				100		

表 B.17 塔式起重机检查评分表

序号	检查项目		扣分标准	应得分数	扣减分数	实得分数
1	保证项目	载荷限制装置	未安装起重量限制器或不灵敏，扣10分 未安装力矩限制器或不灵敏，扣10分	10		
2		行程限位装置	未安装起升高度限位器或不灵敏，扣10分 起升高度限位器的安全越程不符合规范要求，扣6分 未安装幅度限位器或不灵敏，扣10分 回转不设集电器的塔式起重机未安装回转限位器或不灵敏，扣6分 行走式塔式起重机未安装行走限位器或不灵敏，扣10分	10		

（续表）

序号	检查项目		扣分标准	应得分数	扣减分数	实得分数
3	保证项目	保护装置	小车变幅的塔式起重机未安装断绳保护及断轴保护装置，扣8分 行走及小车变幅的轨道行程末端未安装缓冲器及止挡装置或不符合规范要求，扣4～8分 起重臂根部绞点高度大于50 m的塔式起重机未安装风速仪或不灵敏，扣4分 塔式起重机顶部高度大于30 m且高于周围建筑物未安装障碍指示灯，扣4分	10		
4		吊钩、滑轮、卷筒与钢丝绳	吊钩未安装钢丝绳防脱钩装置或不符合规范要求，扣10分 吊钩磨损、变形达到报废标准，扣10分 滑轮、卷筒未安装钢丝绳防脱装置或不符合规范要求，扣4分 滑轮及卷筒磨损达到报废标准，扣10分 钢丝绳磨损、变形、锈蚀达到报废标准，扣10分 钢丝绳的规格、固定、缠绕不符合产品说明书及规范要求，扣5～10分	10		
5		多塔作业	多塔作业未制定专项施工方案或施工方案未经审批，扣10分 任意两台塔式起重机之间的最小架设距离不符合规范要求，扣10分	10		
6		安拆、验收与使用	安装、拆卸单位未取得专业承包资质和安全生产许可证，扣10分 未制定安装、拆卸专项方案，扣10分 方案未经审核、审批，扣10分 未履行验收程序或验收表未经责任人签字，扣5～10分 安装、拆除人员及司机、指挥未持证上岗，扣10分 塔式起重机作业前未按规定进行例行检查，未填写检查记录，扣4分 实行多班作业未按规定填写交接班记录，扣3分	10		
		小计		60		
7	一般项目	附着	塔式起重机高度超过规定未安装附着装置，扣10分 附着装置水平距离不满足产品说明书要求未进行设计计算和审批，扣8分 安装内爬式塔式起重机的建筑承载结构未进行承载力验算，扣8分 附着装置安装不符合产品说明书及规范要求，扣5～10分 附着前和附着后塔身垂直度不符合规范要求，扣10分	10		

（续表）

序号	检查项目		扣分标准	应得分数	扣减分数	实得分数
8	一般项目	基础与轨道	塔式起重机基础未按产品说明书及有关规定设计、检测、验收，扣5～10分 基础未设置排水措施，扣4分 路基箱或枕木铺设不符合产品说明书及规范要求，扣6分 轨道铺设不符合产品说明书及规范要求，扣6分	10		
9		结构设施	主要结构件的变形、锈蚀不符合规范要求，扣10分 平台、走道、梯子、护栏的设置不符合规范要求，扣4～8分 高强螺栓、销轴、紧固件的紧固、连接不符合规范要求，扣5～10分	10		
10		电气安全	未采用TN-S接零保护系统供电，扣10分 塔式起重机与架空线路安全距离不符合规范要求，未采取防护措施，扣10分 防护措施不符合规范要求，扣5分 未安装避雷接地装置，扣10分 避雷接地装置不符合规范要求，扣5分 电缆使用及固定不符合规范要求，扣5分	10		
		小计		40		
检查项目合计				100		

表B.18　起重吊装检查评分表

序号	检查项目		扣分标准	应得分数	扣减分数	实得分数
1	保证项目	施工方案	未编制专项施工方案或专项施工方案未经审核、审批，扣10分 超规模的起重吊装专项施工方案未按规定组织专家论证，扣10分	10		
2		起重机械	未安装荷载限制装置或不灵敏，扣10分 未安装行程限位装置或不灵敏，扣10分 起重拔杆组装不符合设计要求，扣10分 起重拔杆组装后未履行验收程序或验收表无责任人签字，扣5～10分	10		

（续表）

序号	检查项目		扣分标准	应得分数	扣减分数	实得分数
3	保证项目	钢丝绳与地锚	钢丝绳磨损、断丝、变形、锈蚀达到报废标准，扣10分 钢丝绳规格不符合起重机产品说明书要求，扣10分 吊钩、卷筒、滑轮磨损达到报废标准扣10分 吊钩、卷筒、滑轮未安装钢丝绳防脱装置，扣5～10分 起重拔杆的缆风绳、地锚设置不符合设计要求，扣8分	10		
4		索具	索具采用编结连接时，编结部分的长度不符合规范要求，扣10分 索具采用绳夹连接时，绳夹的规格、数量及绳夹间距不符合规范要求，扣5～10分 索具安全系数不符合规范要求，扣10分 吊索规格不匹配或机械性能不符合设计要求，扣5～10分	10		
5		作业环境	起重机行走作业处地面承载能力不符合产品说明书要求或未采用有效加固措施，扣10分 起重机与架空线路安全距离不符合规范要求，扣10	10		
6		作业人员	起重机司机无证操作或操作证与操作机型不符，扣5～10分 未设置专职信号指挥和司索人员，扣10分 作业前未按规定进行安全技术交底或交底未形成文字记录，扣5～10分	10		
		小计		60		
7	一般项目	起重吊装	多台起重机同时起吊一个构件时，单台起重机所承受的荷载不符合专项施工方案要求，扣10分 吊索系挂点不符合专项施工方案要求，扣5分 起重机作业时起重臂下有人停留或吊运重物从人的正上方通过，扣10分 起重机吊具载运人员，扣10分 吊运易散落物件不使用吊笼，扣6分	10		
8		高处作业	未按规定设置高处作业平台，扣10分 高处作业平台设置不符合规范要求，扣5～10分 未按规定设置爬梯或爬梯的强度、构造不符合规范要求，扣5～8分 未按规定设置安全带悬挂点，扣8分	10		
9		构件码放	构件码放荷载超过作业面承载能力，扣10分 构件码放高度超过规定要求，扣4分 大型构件码放无稳定措施，扣8分	10		

（续表）

序号	检查项目		扣分标准	应得分数	扣减分数	实得分数
10	一般项目	警戒监护	未按规定设置作业警戒区，扣10分 警戒区未设专人监护，扣5分	10		
		小计		40		
检查项目合计				100		

表B.19　施工机具检查评分表

序号	检查项目	扣分标准	应得分数	扣减分数	实得分数
1	平刨	平刨安装后未履行验收程序，扣5分 未设置护手安全装置，扣5分 传动部位未设置防护罩，扣5分 未做保护接零或未设置漏电保护器，扣10分 未设置安全作业棚，扣6分 使用多功能木工机具，扣10分	10		
2	圆盘锯	圆盘锯安装后未履行验收程序，扣5分 未设置锯盘护罩、分料器、防护挡板安全装置和传动部位未设置防护罩，每处扣3分 未做保护接零或未设置漏电保护器，扣10分 未设置安全作业棚，扣6分 使用多功能木工机具，扣10分	10		
3	手持电动工具	Ⅰ类手持电动工具未采取保护接零或未设置漏电保护器，扣8分 使用Ⅰ类手持电动工具不按规定穿戴绝缘用品，扣6分 手持电动工具随意接长电源线，扣4分	8		
4	钢筋机械	机械安装后未履行验收程序，扣5分 未做保护接零或未设置漏电保护器，扣10分 钢筋加工区未设置作业棚、钢筋对焊作业区未采取防止火花飞溅措施或冷拉作业区未设置防护栏板，每处扣5分 传动部位未设置防护罩，扣5分	10		
5	电焊机	电焊机安装后未履行验收程序，扣5分 未做保护接零或未设置漏电保护器，扣10分 未设置二次空载降压保护器，扣10分 一次线长度超过规定或未进行穿管保护，扣3分 二次线未采用防水橡皮护套铜芯软电缆，扣10分 二次线长度超过规定或绝缘层老化，扣3分 电焊机未设置防雨罩或接线柱未设置防护罩，扣5分	10		

（续表）

序号	检查项目	扣分标准	应得分数	扣减分数	实得分数
6	搅拌机	搅拌机安装后未履行验收程序，扣 5 分 未做保护接零或未设置漏电保护器，扣 10 分 离合器、制动器、钢丝绳达不到规定要求，每项扣 5 分 上料斗未设置安全挂钩或止挡装置，扣 5 分 传动部位未设置防护罩，扣 4 分 未设置安全作业棚，扣 6 分	10		
7	气瓶	气瓶未安装减压器，扣 8 分 乙炔瓶未安装回火防止器，扣 8 分 气瓶间距小于 5 米或与明火距离小于 10 米未采取隔离措施，扣 8 分 气瓶未设置防震圈和防护帽，扣 2 分 气瓶存放不符合要求，扣 4 分	8		
8	翻斗车	翻斗车制动、转向装置不灵敏，扣 5 分 驾驶员无证操作，扣 8 分 行车载人或违章行车，扣 8 分	8		
9	潜水泵	未做保护接零或未设置漏电保护器，扣 6 分 负荷线未使用专用防水橡皮电缆，扣 6 分 负荷线有接头，扣 3 分	6		
10	振捣器	未做保护接零或未设置漏电保护器，扣 8 分 未使用移动式配电箱，扣 4 分 电缆线长度超过 30 m，扣 4 分 操作人员未穿戴绝缘防护用品，扣 8 分	8		
11	桩工机械	机械安装后未履行验收程序，扣 10 分 作业前未编制专项施工方案或未按规定进行安全技术交底，扣 10 分 安全装置不齐全或不灵敏，扣 10 分 机械作业区域地面承载力不符合规定要求或未采取有效硬化措施，扣 12 分 机械与输电线路安全距离不符合规范要求，扣 12 分	12		
检查项目合计			100		

6.5.2　建筑施工安全检查标准条文说明

6.5.2.1　总则

1.0.1　本标准编制的目的。

1.0.2　本标准适用于建筑施工企业或其他方对房屋建筑施工现场的安全检查评定。

1.0.3　建筑施工安全检查除应符合本标准规定外，针对施工现场的实际情况尚应符合国家现行有关标准中的要求。

6.5.2.3　检查评定项目

6.5.2.3.1　安全管理

3.1.3　对安全管理保证项目说明如下：

1.安全生产责任制

安全生产责任制主要是指工程项目部各级管理人员，包括：项目经理、工长、安全员、生产、技术、机械、器材、后勤、分包单位负责人等管理人员，均应建立安全责任制。根据《建筑施工安全检查标准》和项目制定的安全管理目标，进行责任目标分解。建立考核制度，定期(每月)考核。

工程的主要施工工种，包括：砌筑、抹灰、混凝土、木工、电工、钢筋、机械、起重司索、信号指挥、脚手架、水暖、油漆、塔吊、电梯、电气焊等工种均应制定安全技术操作规程，并在相对固定的作业区域悬挂。

工程项目部专职安全人员的配备应按住建部的规定，1万m^2以下工程1人；1万～5万m^2的工程不少于2人；5万m^2以上的工程不少于3人。

制定安全生产资金保障制度，就是要确保购置、制作各种安全防护设施、设备、工具、材料及文明施工设施和工程抢险等需要的资金，做到专款专用。同时还应提前编制计划并严格按计划实施，保证安全生产资金的投入。

2.施工组织设计与专项施工方案

施工组织设计中的安全技术措施应包括安全生产管理措施。需编制专项安全施工方案及专家论证的分部分项工程范围，应按住建部《危险性较大的分部分项工程安全管理办法》执行。

危险性较大的分部分项工程专项方案，经专家论证后提出修改完善意见的，施工单位应按论证报告进行修改，并经施工单位技术负责人、项目总监理工程师、建设单位项目负责人签字后，方可组织实施。专项方案经论证后需做重大修改的，应重新组织专家进行论证。

3.安全技术交底

安全技术交底主要包括三个方面：一是按工程部位分部分项进行交底；二是对施工作业相对固定，与工程施工部位没有直接关系的工种，如起重机械、钢筋加工等，应单独进行交底；三是对工程项目的各级管理人员，应进行以安全施工方案为主要内容的交底。

4.安全检查

安全检查应包括定期安全检查和季节性安全检查。定期安全检查以每周一次为宜。季节性安全检查，应在雨季、冬季之前和雨季、冬季施工中分别进行。对重大事故隐患的整改复查，应按照谁检查谁复查的原则进行。

5. 安全教育

施工人员入场安全教育应按照先培训后上岗的原则进行，培训教育应进行试卷考核。施工人员变换工种或采用新技术、新工艺、新设备、新材料施工时，必须进行安全教育培训，保证施工人员熟悉作业环境，掌握相应的安全知识技能。现场应填写三级安全教育台帐记录和安全教育人员考核登记表。施工管理人员、专职安全员每年应进行一次安全培训考核。

6. 应急救援

重大危险源的辩识应根据工程特点和施工工艺，对施工中可能造成重大人身伤害的危险因素、危险部位、危险作业列为重大危险源并进行公示，以此为基础编制应急救援预案和控制措施。项目应定期组织综合或专项的应急救援演练。对难以进行现场演练的预案，可按演练程序和内容采取室内桌牌式模拟演练。

按照工程的不同情况和应急救援预案要求，应配备相应的应急救援器材，包括：急救箱、氧气袋、担架、应急照明灯具、消防器材、通讯器材、机械、设备、材料、工具、车辆、备用电源等。

3.1.4　对安全管理一般项目说明如下：

1. 分包单位安全管理

分包单位安全员的配备应按住建部的规定，专业分包至少1人；劳务分包的工程50人以下的至少1人；50～200人的至少2人；200人以上的至少3人。分包单位应根据每天工作任务的不同特点，对施工作业人员进行班前安全交底。

2. 持证上岗

项目经理、安全员、特种作业人员应进行登记造册，资格证书复印留查，并按规定年限进行延期审核。

3. 生产安全事故处理

工程项目发生的各种安全事故应进行登记报告，并按规定进行调查、处理、制定预防措施，建立事故档案。重伤以上事故，按国家有关调查处理规定进行登记建档。

4. 安全标志

施工现场安全标志的设置应根据工程部位进行调整。主要包括：基础施工、主体施工、装修施工三个阶段。对夜间施工或人员经常通行的危险区域、设施，应安装灯光示警标志。按照危险源辩识的情况，施工现场应设置重大危险源公示牌。

6.5.2.3.2　文明施工

3.2.3　对文明施工保证项目说明如下：

1. 现场围挡

工地必须沿四周连续设置封闭围挡，围挡材料应选用砌体、金属板材等硬性材料，并做到坚固、稳定、整洁和美观。

2. 封闭管理

现场进出口应设置大门、门卫室、企业名称或标识、车辆冲洗设施等，并严格执行门卫制度，持工作卡进出现场。

3. 施工场地

现场主要道路必须采用混凝土、碎石或其他硬质材料进行硬化处理，做到畅通、平整，其宽度应能满足施工及消防等要求。对现场易产生扬尘污染的路面、裸露地面及存放的土方等，应采取合理、严密的防尘措施。

4. 材料管理

应根据施工现场实际面积及安全消防要求，合理布置材料的存放位置，并码放整齐。现场存放的材料(如：钢筋、水泥等)，为了达到质量和环境保护的要求，应有防雨水浸泡、防锈蚀和防止扬尘等措施。建筑物内施工垃圾的清运，为防止造成人员伤亡和环境污染，必须要采用合理容器或管道运输，严禁凌空抛掷。现场易燃易爆物品必须严格管理，在使用和储藏过程中，必须有防暴晒、防火等保护措施，并应间距合理、分类存放。

5. 现场办公与住宿

为了保证住宿人员的人身安全，在施工程、伙房、库房严禁兼做员工的宿舍。施工现场应做到作业区、材料区与办公区、生活区进行明显的划分，并应有隔离措施；如因现场狭小，不能达到安全距离的要求，必须对办公区、生活区采取可靠的防护措施。宿舍内严禁使用通铺，床铺不应超过2层，为了达到安全和消防的要求，宿舍内应有必要的生活空间，居住人员不得超过16人，通道宽度不应小于0.9 m，人均使用面积不应小于2.5 m^2。

6. 现场防火

现场临时用房和设施，包括：办公用房、宿舍、厨房操作间、食堂、锅炉房、库房、变配电房、围挡、大门、材料堆场及其加工场、固定动火作业场、作业棚、机具棚等设施，在防火设计上，必须达到有关消防安全技术规范的要求。现场木料、保温材料、安全网等易燃材料必须实行入库、合理存放，并配备相应、有效、足够的消防器材。为了保证现场防火安全，动火作业前必须履行动火审批程序，经监护和主管人员确认、同意，消防设施到位后，方可施工。

对文明施工一般项目说明如下：

1. 公示标牌

施工现场的进口处应有明显的公示标牌，如果认为内容还应增加，可结合本地区、本企业及本工程特点进行要求。

2. 生活设施

食堂与厕所、垃圾站等污染及有毒有害场所的间距必须大于15 m，并应设置在上述场所的上风侧(地区主导风向)。食堂必须经相关部门审批，颁发卫生许可证和炊事人员的身体健康证。食堂使用的煤气罐应进行单独存放，不能与其他物品混放，且存放间有良好的通风条件。食堂应设专人进行管理和消毒，门扇下方设防鼠挡板，操作间设清洗池、消毒池、隔油池、排风、防蚊蝇等设施，储藏间应配有冰柜等冷藏设施，防止食物变质。厕所的蹲位和小便槽应满足现场人员数量的需求，高层建筑或作业面积大的场地应设置临时性厕所，并由专人及时进行清理。现场的淋浴室应能满足作业人员的需求，淋浴室与人员的比例宜大于1∶20。现场应针对生活垃圾建立卫生责任制，使用合理、密封的容器，指定专人负责生活垃圾的清运工作。

3. 社区服务

为了保护环境，施工现场严禁焚烧各类废弃物(包括：生活垃圾、废旧的建筑材料等)，应进行及时的清运。施工活动泛指施工、拆除、清理、运输及装卸等动态作业活动，在动态作业活动中，应有防粉尘、防噪音和防光污染等措施。

6.5.2.3.3　扣件式钢管脚手架

3.3.3　对扣件式钢管脚手架保证项目说明如下：

1.施工方案

搭设高度超过规范要求的脚手架应编制专项施工方案，基础、连墙件应经设计计算，专项施工方案经审批后实施；搭设高度超过 50 m 的架体，必须采取加强措施，专项施工方案必须经专家论证。

2.立杆基础

基础土层、排水设施、扫地杆设置对脚手架基础稳定性有着重要影响；脚手架基础应采取防止积水浸泡的措施，减少或消除在搭设和使用过程中由于地基不均匀沉降导致的架体变形。

3.架体与建筑结构拉结

脚手架拉结形式、拉结部位对架体整体刚度有重要影响；脚手架与建筑物进行拉结可以防止因风荷载而发生的架体倾翻事故，减小立杆的计算长度，提高承载能力，保证脚手架的整体稳定性；连墙杆应靠近节点位置从架体底部第一步横向水平杆开始设置。

4.杆件间距与剪刀撑

纵向水平杆设在立杆内侧，可以减少横向水平杆跨度，接长立杆和安装剪刀撑时比较方便，对高处作业更为安全。

5.脚手板与防护栏杆

架体使用的脚手板宽度、厚度以及木材类型应符合规范要求，通过限定脚手板的对接和搭接尺寸，控制探头板长度，以防止脚手板倾翻或滑脱。

6.交底与验收

脚手架在搭设前，施工负责人应按照方案结合现场作业条件进行细致的安全技术交底；脚手架搭设完毕或分段搭设完毕，应由施工负责人组织有关人员进行检查验收，验收内容应包括用数据衡量合格与否的项目，确认符合要求后，才可投入使用或进入下一阶段作业。

3.3.4　对扣件式钢管脚手架一般项目说明如下：横向水平杆设置横向水平杆应紧靠立杆用十字扣件与纵向水平杆扣牢；主要作用是承受脚手板传来的荷载，增强脚手架横向刚度，约束双排脚手架里外两侧立杆的侧向变形，缩小立杆长细比，提高立杆的承载能力。

6.5.2.3.4　门式钢管脚手架

3.4.3　对门式钢管脚手架保证项目说明如下：

1.施工方案

搭设高度超过规范要求的脚手架应编制专项施工方案，基础、连墙件应经设计计算，专项施工方案经审批后实施；搭设超过规范允许高度的架体，必须采取加强措施，所以专项方案必须经专家论证。

2.架体基础

基础土层、排水设施、扫地杆设置对脚手架基础稳定性有着重要影响;脚手架基础应采取防止积水浸泡的措施,减少或消除在搭设和使用过程中由于地基不均匀沉降导致的架体变形。

3.架体稳定

连墙件、剪刀撑、加固杆件、立杆偏差对架体整体刚度有着重要影响;连墙件的设置应按规范要求间距从底层第一步架开始,随脚手架搭设同步进行不得漏设;剪刀撑、加固杆件位置应准确,角度应合理,连接应可靠,并连续设置形成闭合圈,以提高架体的纵向刚度。

4.杆件锁臂

门架杆件与配件的规格应配套统一,并应符合标准,杆件、构配件尺寸误差在允许的范围之内;搭设时各种组合情况下,门架与配件均能处于良好的连接、锁紧状态。

5.脚手板

当使用与门架配套的挂扣式脚手板时,应有防止脚手板松动或脱落的措施。

6.交底与验收

脚手架在搭设前,施工负责人应按照方案结合现场作业条件进行细致的安全技术交底;脚手架搭设完毕或分段搭设完毕,应由施工负责人组织有关人员进行检查验收,验收内容应包括用数据衡量合格与否的项目,确认符合要求后,才可投入使用或进入下一阶段作业。

3.4.4　对门式钢管脚手架一般项目说明如下:

1.架体防护

作业层的防护栏杆、挡脚板、安全网应按规范要求正确设置,以防止作业人员坠落和作业面上的物料滚落。

6.5.2.3.5　碗扣式钢管脚手架

3.5.3　对碗扣式钢管脚手架保证项目说明如下:

1.施工方案

搭设高度超过规范要求的脚手架应编制专项施工方案,基础、连墙件应经设计计算,专项施工方案经审批后实施;搭设超过规范允许高度的架体,必须采取加强措施,所以专项方案必须经专家论证。

2.架体基础

基础土层、排水设施、扫地杆设置对脚手架基础稳定性有着重要影响;脚手架基础应采取防止积水浸泡的措施,减少或消除在搭设和使用过程中由于地基不均匀沉降导致的架体变形。

3.架体稳定

连墙件、斜杆、八字撑对架体整体刚度有着重要影响;当采用旋转扣件作斜杆连接时应尽量靠近有横杆、立杆的碗扣节点,斜杆采用八字型布置的目的是为了避免钢管重叠,斜杆角度应与横杆、立杆对角线角度一致。

4.杆件锁件

杆件间距、碗扣紧固、水平斜杆对架体稳定性有着重要影响；当架体高度超过 24 m 时，在连墙件标高处应增加水平斜杆，使纵横杆与斜杆形成水平桁架，使无连墙立杆构成支撑点，以保证立杆承载力及稳定性。

5. 脚手板

使用的工具式钢脚手板必须有挂钩，并带有自锁装置与廊道横杆锁紧，防止松动脱落。

6. 交底与验收

脚手架在搭设前，施工负责人应按照方案结合现场作业条件进行细致的安全技术交底；

脚手架搭设完毕或分段搭设完毕，应由施工负责人组织有关人员进行检查验收，验收内容应包括用数据衡量合格与否的项目，确认符合要求后，才可投入使用或进入下一阶段作业。

3.5.4　对碗扣式钢管脚手架一般项目说明如下：

架体防护作业层的防护栏杆、挡脚板、安全网应按规范要求正确设置，以防止作业人员坠落和作业面上的物料滚落。

6.5.2.3.6　承插型盘扣式钢管脚手架

3.6.3　对承插型盘扣式钢管脚手架保证项目说明如下：

1. 施工方案

搭设高度超过规范要求的脚手架应编制专项施工方案，基础、连墙件应经设计计算，专项施工方案经审批后实施；搭设超过规范允许高度的架体，必须采取加强措施，所以专项方案必须经专家论证。

2. 架体基础

基础土层、排水设施、扫地杆设置对脚手架基础稳定性有着重要影响；脚手架基础应采取防止积水浸泡的措施，减少或消除在搭设和使用过程中由于地基不均匀沉降导致的架体变形。

3. 架体稳定

拉结点、剪刀撑、竖向斜杆的设置对脚手架整体稳定有着重要影响；当脚手架下部暂时不能设置连墙件时，宜外扩搭设多排脚手架并设置斜杆形成外侧斜面状附加梯形架，以保证架体稳定。

4. 杆件设置

承插型盘扣式钢管脚手架各杆件、构配件应按规范要求设置；盘扣插销外表面应与水平杆和斜杆端扣接内表面吻合，使用不小于 0.5 kg 锤子击紧插销，保证插销尾部外露不小于 15 mm；作业面无挂扣钢脚手板时，应设置水平斜杆以保证平面刚度。

5. 脚手板

使用的挂扣式钢脚手板时必须有挂钩，并带有自锁装置，防止松动脱落。

6. 交底与验收

脚手架在搭设前，施工负责人应按照方案结合现场作业条件进行细致的安全技术交底；脚手架搭设完毕或分段搭设完毕，应由施工负责人组织有关人员进行检查验收，验收内容应包括用数据衡量合格与否的项目，确认符合要求后，才可投入使用或进入下一阶段作业。

3.6.4　对承插型盘扣式钢管脚手架一般项目说明如下：

1.架体防护

作业层的防护栏杆、挡脚板、安全网应按规范要求正确设置，以防止作业人员坠落和作业面上的物料滚落。

2.杆件连接

当搭设悬挑式脚手架时，由于同一步架体立杆的接头部位全部位于同一水平面内，为增强架体刚度，立杆的接长部位必须采用专用的螺栓配件进行固定。

6.5.2.3.7　满堂脚手架

3.7.3　对满堂脚手架保证项目说明如下：

1.施工方案

搭设、拆除满堂式脚手架应编制专项施工方案，方案经审批后实施；搭设超过规范允许高度的满堂脚手架，必须采取加强措施，所以专项方案必须经专家论证。

2.架体基础

基础土层、排水设施、扫地杆设置对脚手架基础稳定性有着重要影响；脚手架基础应采取防止积水浸泡的措施，减少或消除在搭设和使用过程中由于地基不均匀沉降导致的架体变形。

3.架体稳定

架体中剪刀撑、斜杆、连墙件等加强杆件的设置对整体刚度有着重要影响；增加竖向、水平剪刀撑，可增加架体刚度，提高脚手架承载力，在竖向剪刀撑顶部交点平面设置一道水平连续剪刀撑，可使架体结构稳固；增加连墙件也可以提高架体承载力；在有空间部位，也可超出顶部加载区域投影范围向外延伸布置2～3跨，以提高架体高宽比，达到提升架体强度的目的。

4.杆件锁件

满堂式脚手架的搭设应符合施工方案及相关规范的要求，各杆件的连接节点应紧固应可靠，保证架体的有效传力。

5.脚手板

使用的挂扣式钢脚手板必须有挂钩，并带有自锁装置，防止松动脱落。

6.交底与验收

脚手架在搭设前，施工负责人应按照方案结合现场作业条件进行细致的安全技术交底；脚手架搭设完毕或分段搭设完毕，应由施工负责人组织有关人员进行检查验收，验收内容应包括用数据衡量合格与否的项目，确认符合要求后，才可投入使用或进入下一阶段作业。

3.7.4　对满堂脚手架一般项目说明如下：

架体防护作业层的防护栏杆、挡脚板、安全网应按规范要求正确设置，以防止作业人员坠落和作业面上的物料滚落。

6.5.2.3.8　悬挑式脚手架

3.8.3　对悬挑式脚手架保证项目说明如下：

1.施工方案

搭设、拆除悬挑式脚手架应编制专项施工方案，悬挑钢梁、连墙件应经设计计算，专项施工方案经审批后实施；搭设高度超过规范要求的悬挑架体，必须采取加强措施，所以专项方案必须经专家论证。

2.悬挑钢梁

悬挑钢梁的选型计算、锚固长度、设置间距、斜拉措施等对悬挑架体稳定有着重要影响；型钢悬挑梁宜采用双轴对称截面的型钢，现场多使用工字钢；悬挑钢梁前端应采用吊拉卸荷，结构预埋吊环应使用 HPB235 级钢筋制作，但钢丝绳、钢拉杆卸荷不参与悬挑钢梁受力计算。

3.架体稳定

立杆在悬挑钢梁上的定位点可采取竖直焊接长 0.2 m、直径 25～30 mm 的钢筋或短管等方式；在架体内侧及两端设置横向斜杆并与主体结构加强连接；连墙件偏离主节点的距离不能超过 300 mm，目的在于增强对架体横向变形的约束能力。

4.脚手板

架体使用的脚手板宽度、厚度以及木材类型应符合规范要求，通过限定脚手板的对接和搭接尺寸，控制探头板长度，以防止脚手板倾翻或滑脱。

5.荷载

架体上的荷载应均匀布置，均布荷载、集中荷载应在设计允许范围内。

6.交底与验收

脚手架在搭设前，施工负责人应按照方案结合现场作业条件进行细致的安全技术交底；脚手架搭设完毕或分段搭设完毕，应由施工负责人组织有关人员进行检查验收，验收内容应包括用数据衡量合格与否的项目，确认符合要求后，才可投入使用或进入下一阶段作业。

3.8.4　对悬挑式脚手架一般项目说明如下：

架体防护作业层的防护栏杆、挡脚板、安全网应按规范要求正确设置，以防止作业人员坠落和作业面上的物料滚落。

6.5.2.3.9　附着式升降脚手架

3.9.3　对附着式升降脚手架保证项目说明如下：

1.施工方案

搭设、拆除附着式升降脚手架应编制专项施工方案，竖向主框架、水平支撑桁架、附着支撑结构应经设计计算，专项施工方案经审批后实施；提升高度超过规定要求的附着架体，必须采取相应强化措施，所以专项方案必须经专家论证。

2.安全装置

在使用、升降工况下必须配置可靠的防倾覆、防坠落和同步升降控制等安全防护装置；防倾覆装置必须有可靠的刚度和足够的强度，其导向件应通过螺栓连接固定在附墙支座上，不能前后左右移动；为了保证防坠落装置的高度可靠性，因此必须使用机械式的全自动装置，严禁使用手动装置；同步控制装置是用来控制多个升降设备在同时升降时，出现不同步的状态的设施，防止升降设备因荷载不均衡而造成超载事故。

3. 架体构造

附着式升降手架架体的整体性能要求较高，既要符合不倾斜、不坠落的安全要求，又要满足施工作业的需要；架体高度主要考虑了3层未拆模的层高和顶部1.8 m防护栏杆的高度，以满足底层模板拆除作业时的外防护要求；限制支撑跨度是为了有效控制升降动力设备提升力的超载现象；安装附着式升降脚手架时，应同时控制高度和跨度，确保控制荷载和安全使用。

4. 附着支座

附着支座是承受架体所有荷载并将其传递给建筑结构的构件，应于竖向主框架所覆盖的每一楼层处设置一道支座；使用工况时主要是保证主框架的荷载能直接有效的传递各附墙支座；附墙支座还应具有防倾覆和升降导向功能；附墙支座与建筑物连接，要考虑受拉端的螺母止退要求。

5. 架体安装

强调附着式升降脚手架的安装质量对后期的使用安全特别重要。

6. 架体升降

升降操作是附着式脚手架使用安全的关键环节；仅当采用单跨式架体提升时，允许采用手动升降设备。

3.9.4　对附着式升降脚手架一般项目说明如下：

检查验收附着式提升脚手架在组装前，施工负责人应按规范要求对各种构配件及动力装置、安全装置进行验收；组装搭设完毕或分段搭设完毕，应由施工负责人组织有关人员进行检查验收，验收内容应包括用数据衡量合格与否的项目，确认符合要求后，才可投入使用或进入下一阶段作业。

6.5.2.3.10　高处作业吊篮

3.10.3　对高处作业吊篮保证项目说明如下：

1. 施工方案

安装、拆除高处作业吊篮应编制专项施工方案，吊篮的支撑悬挂机构应经设计计算，专项施工方案经审批后实施。

2. 安全装置

安全装置包括防坠安全锁、安全绳、上限位装置；安全锁扣的配件应完整、齐全，规格和标识应清晰可辨；安全绳不得有松散、断股、打结现象，与建筑物固定位置应牢靠；安装上限位装置是为了防止吊篮在上升过程出现冒顶现象。

3. 悬挂机构

悬挂机构应按规范要求正确安装；女儿墙或建筑物挑檐边承受不了吊篮的荷载，因此不能作为悬挂机构的支撑点；悬挂机构的安装是吊篮的重点环节，应在专业人员的带领、指导下进行，以保证安装正确；悬挂机构上的脚轮是方便吊篮做平行位移而设置的，其本身承载能力有限，如吊篮荷载传递到脚轮就会产生集中荷载易对建筑物产生局部破坏。

4. 钢丝绳

钢丝绳的型号、规格应符合规范要求；在吊篮内施焊前，应提前采用石棉布将电焊火花进溅范围进行遮挡，防止烧毁钢丝绳，同时防止发生触电事故。

5.安装作业

安装前对提升机的检验以及吊篮构配件规格的统一对吊篮组装后安全使用有着重要影响。

6.升降作业考虑吊篮作业面小，出现坠落事故时尽量减少人员伤亡，将上人数量控制在2人以内。

3.10.4 对高处作业吊篮一般项目说明如下：

1.安全防护

安全防护安装防护棚的目的是为了防止高处坠物对吊篮内作业人员的伤害。

2.荷载

禁止吊篮作为垂直运输设备，是因为吊篮运送物料易超载，造成吊篮翻转或坠落事故。

6.5.2.3.11 基坑工程

3.11.3 对基坑工程保证项目说明如下：

1.施工方案

在基坑支护土方作业施工前，应编制专项施工方案，并按有关程序进行审批后实施。危险性较大的基坑工程应编制安全专项方案，施工单位技术、质量、安全等专业部门进行审核，施工单位技术负责人签字，超过一定规模的必须经专家论证。

2.基坑支护

人工开挖的狭窄基槽，深度较大或土质条件较差，可能存在边坡塌方危险时，必须采取支护措施，支护结构应有足够的稳定性。

基坑支护结构必须经设计计算确定，支护结构产生的变形应在设计允许范围内。变形达到预警值时，应立即采取有效的控制措施。

3.降排水

在基坑施工过程中，必须设置有效的降排水措施以确保正常施工，深基坑边界上部必须设有排水沟，以防止雨水进入基坑，深基坑降水施工应分层降水，随时观测支护外观测井水位，防止临近建筑物等变形。

4.基坑开挖

基坑开挖必须按专项施工方案进行，并应遵循分层、分段、均衡挖土，保证土体受力均衡和稳定。

机械在软土场地作业应采用铺设砂石、铺垫钢板等硬化措施，防止机械发生倾覆事故。

5.坑边荷载

基坑边沿堆置土、料具等荷载应在基坑支护设计允许范围内，施工机械与基坑边沿应保持安全距离，防止基坑支护结构超载。

6.安全防护

基坑开挖深度达到2 m及以上时，按高处作业安全技术规范要求，应在其边沿设置防护栏杆并设置专用梯道，防护栏杆及专用梯道的强度应符合规范要求，确保作业人员安全。

6.5.2.3.12　模板支架

3.12.3　对模板支架保证项目说明如下：

1.施工方案

模板支架搭设、拆除前应编制专项施工方案，对支架结构进行设计计算，并按程序进行审核、审批。

按照住房和城乡建设部建质〔2009〕38号文件要求，模板支架搭设高度8 m及以上；跨度18 m及以上，施工荷载15 kN/m^2及以上；集中线荷载20 kN/m及以上的专项施工方案必须经专家论证。

2.支架基础

支架基础承载力必须符合设计要求，应能承受支架上部全部荷载，必要时应进行夯实处理，并应设置排水沟、槽等设施。支架底部应设置底座和垫板，垫板长度不小于2倍立杆纵距，宽度不小于200 mm，厚度不小于50 mm。支架在楼面结构上应对楼面结构强度进行验算，必要时应对楼面结构采取加固措施。

3.支架构造

采用对接连接，立杆伸出顶层水平杆中心线至支撑点的长度：碗扣式支架不应大于700 mm；承插型盘扣式支架不应大于680 mm；扣件式支架不应大于500 mm。

支架高宽比大于2时，为保证支架的稳定，必须按规定设置连墙件或采用其他加强构造的措施。

连墙件应采用刚性构件，同时应能承受拉、压荷载。连墙件的强度、间距应符合设计要求。

4.支架稳定

立杆间距、水平杆步距应符合设计要求，竖向、水平剪刀撑或专用斜杆、水平斜杆的设置应符合规范要求。

5.施工荷载

支架上部荷载应均匀布置，均布荷载、集中荷载应在设计允许范围内。

6.交底与验收

支架搭设前，应按专项施工方案及有关规定，对施工人员进行安全技术交底，交底应有文字记录。

支架搭设完毕，应组织相关人员对支架搭设质量进行全面验收，验收应有量化内容及文字记录，并应有责任人签字确认。

6.5.2.3.13　高处作业

3.13.3　对高处作业检查项目说明如下：

1.安全帽

安全帽是防冲击的主要防护用品，每顶安全帽上都应有制造厂名称、商标、型号、许可证号、检验部门批量验证及工厂检验合格证；佩戴安全帽时必须系紧下颚帽带，防止安全帽掉落。

2.安全网

应重点检查安全网的材质及使用情况；每张安全网出厂前，必须有国家制定的监督检验部门批量验证和工厂检验合格证。

3. 安全带

安全带用于防止人体坠落发生，从事高处作业人员必须按规定正确佩戴使用；安全带的带体上缝有永久字样的商标、合格证和检验证，合格证上注有产品名称、生产年月、拉力试验、冲击试验、制造厂名、检验员姓名等信息。

4. 临边防护

临边防护栏杆应定型化、工具化、连续性；护栏的任何部位应能承受任何方向的 1 000 N 的外力。

5. 洞口防护

洞口的防护设施应定型化、工具化、严密性；不能出现作业人员随意找材料盖在预留洞口上的临时做法，防止发生坠落事故；楼梯口、电梯井口应设防护栏杆，井内每隔两层（不大于 10 m）设置一道安全平网或其他形式的水平防护，并不得留有杂物。

6. 通道口防护

通道口防护应具有严密性、牢固性的特点；为防止在进出施工区域的通道处发生物体打击事故，在出入口的物体坠落半径内搭设防砸棚，顶部采用 50 mm 木脚手板紧密铺设，两侧沿架体封闭密目式安全网；建筑物高度大于 24 m 或使用竹笆脚手板等低强度材料时，应采用双层防护棚，以提高防砸能力。

7. 攀登作业

使用梯子进行高处作业前，必须保证地面坚实平整，不得使用其他材料对梯脚进行加高处理。

8. 悬空作业

悬空作业应保证使用索具、吊具、料具等设备的合格可靠；悬空作业部位应有牢靠的立足点，并视具体环境配备相应的防护栏杆、防护网等安全措施。

9. 移动式操作平台

移动式操作平台应按方案设计要求进行组装使用，作业面的四周必须按临边作业要有设置防护栏杆，并应布置登高扶梯。

10. 悬挑式钢平台

悬挑式钢平台应按照方案设计要求进行组装使用，其结构应稳固，严禁将悬挑钢平台放置在外防护架体上；平台边缘必须按临边作业要有设置防护栏杆，及挡脚板，防止出现物料滚落伤人事故。

6.5.2.3.14　施工用电

3.14.3　对施工用电保证项目说明如下：

1. 外电防护

施工现场所遇到的外电线路一般为 10 kV 以上或 220/380 V 的架空线路。因为防护措施不当，造成重大人身伤亡和巨额财产损失的事故屡有发生，所以做好外电线路的防护是确保用电安全的重要保证。外电线路与在建工程（含脚手架）、高大施工设备、场内机动车道必须满足规定的安全距离。对达不到安全距离的架空线路，要采取符合规范要求的绝缘隔离防护措施或者与有关部门协商对线路采取停电、迁移等方式，确保用电安全。外电防护架体材料应选用木、竹等绝缘材料，不宜采用钢管等金属材料搭设。

目前场地狭窄的施工现场越来越多，许多工地经常在外电架空线路下方搭建宿舍、作业棚、材料区等违章设施，对电力运行安全和人身安全构成严重威胁，因此对施工现场架空线路下方区域的安全检查也是极为关键的环节。

2. 接地与接零保护系统

施工现场配电系统的保护方式正确与否是保证用电安全的基础。按照现行行业标准《施工现场临时用电安全技术规范》JGJ46（以下简称《临电规范》）的规定，施工现场专用的电源中性点直接接地的220/380 V三相四线制低压电力系统必须采用TN-S接零保护系统，同时规定同一配电系统不允许采用两种保护系统。保护零线、工作接地、重复接地以及防雷接地在《临电规范》中都明确了具体的做法和要求，这些都是安全检查的重点。

3. 配电线路

施工现场内所有线路必须严格按照规范的要求进行架设和埋设。由于施工的特殊性，供电线路、设施经常由于各种原因而改动，但工地往往忽视线路的安装质量，其安全性大大降低，极易诱发触电事故。因此，对施工现场配电线路的种类、规格和安装必须严格检查。

4. 配电箱与开关箱

施工现场的配电箱是电源与用电设备之间的中枢环节，而开关箱是配电系统的末端，是用电设备的直接控制装置，它们的设置和使用直接影响施工现场的用电安全，因此必须严格执行《临电规范》中"三级配电，二级漏电保护"和"一机、一闸、一漏、一箱"的规定，并且在设计、施工、验收和使用阶段，都要作为检查监督的重点。

近些年，很多省市在执行规范过程中，研发使用了符合规范要求的标准化电闸箱，对降低施工现场触电事故几率起到了积极的作用。施工现场应该坚决杜绝各类私自制造、改造的违规电闸箱，大力推广使用国家认证的标准化电闸箱，逐步实现施工用电的本质安全。

3.14.4　对施工用电一般项目说明如下：

1. 配电室与配电装置

随着大型施工设备的增加，施工现场用电负荷不断增长，对电气设备的管理提出了更高的要求。在工地，以往简单设置一个总配电箱逐步为配电室、配电柜替代。在施工用电上有必要制定相应的规定措施，进一步加强对配电室及配电装置的监督管理，保证供电源头的安全。

2. 现场照明

目前很多工程都要进行夜间施工和地下施工，对施工照明的要求更加严格。因此施工现场必须提供科学合理的照明，根据不同场所设置一般照明、局部照明、混合照明和应急照明，保证施工的照明符合规范要求。在设计和施工阶段，要严格执行规范的规定，做到动力和照明用电分设，对特殊场所和手持照明采用符合要求的安全电压供电。尤其是安全电压的线路和电器装置，必须按照规范进行安架设装，不得随意降低作业标准。

3. 用电档案

用电档案是施工现场用电管理的基础资料，每项资料都非常重要。工地要设专人负责资料的整理归档。总包分包安全协议、施工用电组织设计、外电防护专项方案、安全技术交底、安全检测记录等资料的内容都要符合有关规定，保证真实有效。

6.5.2.3.15　物料提升机

3.15.3　对物料提升机保证项目说明如下：

1.安全装置

安全装置主要有起重量限制器、防坠安全器、上限位开关等。起重量限制器：当荷载达到额定起重量的90%时，限制器应发出警示信号；当荷载达到额定起重量的110%时，限制器应切断上升主电路电源，使吊笼制停。防坠安全器：吊笼可采用瞬时动作式防坠安全器当吊笼提升钢丝绳意外断绳时，防坠安全器应制停带有额定起重量的吊笼，且不应造成结构破坏。上限位开关：当吊笼上升至限定位置时，触发限位开关，吊笼被制停，此时，上部越程不应小于3 m。

2.防护设施

安全防护设施主要有防护围栏、防护棚、停层平台、平台门等。

防护围栏高度不应小于1.8 m，围栏立面可采用网板结构、强度应符合规范要求。

防护棚长度不应小于3 m，宽度应大于吊笼宽度，顶部可采用厚度不小于50 mm的木板搭设。

停层平台应能承受3 kN/m^{2}的荷载，其搭设应符合规范要求。

4.钢丝绳

钢丝绳的维修、检验和报废应符合现行国家标准《起重机钢丝绳保养、维护、安装、检验和报废》GB/T5972的规定。

钢丝绳固定采用绳夹时，绳夹规格应与钢丝绳匹配，数量不少于3个，绳夹夹座应安放在长绳一侧。

吊笼处于最低位置时，卷筒上钢丝绳必须保证不少于3圈，本条款依照行业标准《龙门架及井架物料提升机安全技术规程》JGJ88规定。

5.安拆、验收与使用物料提升机属建筑起重机械，依据《建设工程安全生产管理条例》、《特种设备安全监察条例》规定，其安装、拆除单位应具有相应的资质。安装、拆除等作业人员必须经专门培训，取得特种作业资格，持证上岗。

安装、拆除作业前应依据相关规定及施工实际编制安全施工专项方案，并应经单位技术负责人审批后实施。

物料提升机安装完毕，应由工程负责人组织安装、使用、租赁、监理单位对安装质量进行验收，验收必须有文字记录，并有责任人签字确认。

6.5.2.3.16　施工升降机

3.16.3　对施工升降机保证项目说明如下：

1.安全装置

施工升降机都有规定的额定载重量，为了限制施工升降机超载使用，施工升降机应安装超载保护装置，该装置应对吊笼内载荷、吊笼顶部载荷均有效。超载保护装置应在荷载达到额定载重量的90%时，发出明确报警信号，载荷达到额定载重量的110%前终止吊笼启动。

施工升降机每个吊笼上应安装渐进式防坠安全器，不允许采用瞬时安全器。根据现行行业标准规定：防坠安全器只能在有效的标定期限内使用，有效标定期限不应超过1年。防坠安全器无论使用与否，在有效检验期满后都必须重新进行检验标定。施工升降机防坠安全器的寿命为5年。

施工升降机对重钢丝绳组的一端应设张力均衡装置，并装有由相对伸长量控制的非自动复位型的防松绳开关。当其中一条钢丝绳出现相对伸长量超过允许值或断绳时，该开关将切断控制电路，制动器动作。

齿轮齿条式施工升降机吊笼应安装一对以上安全钩，防止吊笼脱离导轨架或防坠安全器输出端齿轮脱离齿条。

2. 限位装置

施工升降机每个吊笼均应安装上、下限位开关和极限开关。上、下限位开关可用自动复位型，切断的是控制回路。极限开关不允许使用自动复位型，切断的是主电路电源。

极限开关与上、下限位开关不应使用同一触发元件，防止触发元件失效致使极限开关与上、下限位开关同时失效。

3. 防护设施

吊笼和对重升降通道周围应安装地面防护围栏。地面防护围栏高度不应低于1.8 m，强度应符合规范要求。围栏登机门应装有机械锁止装置和电气安全开关，使吊笼只有位于底部规定位置时围栏登机门才能开启，且在开门后吊笼不能起动。

各停层平台应设置层门，层门安装和开启不得突出到吊笼的升降通道上。层门密闭性和强度应符合规范要求。

4. 附墙架

当附墙架不能满足施工现场要求时，应对附墙架另行设计，严禁随意代替。

5. 钢丝绳、滑轮与对重

钢丝绳的维修、检验和报废应符合现行国家标准《起重机钢丝绳保养、维护、安装、检验和报废》GB/T5972的规定。

钢丝绳式人货两用施工升降机的对重钢丝绳不得少于2根，且相互独立。每根钢丝绳的安全系数不应小于12，直径不应小于9 mm。

对重两端应有滑靴或滚轮导向，并设有防脱轨保护装置。若对重使用填充物，应采取措施防止其窜动，并标明重量。对重应按有关规定涂成警告色。

6. 安拆、验收与使用

施工升降机安装作业前，安装单位应编制施工升降机安装、拆除工程专项施工方案，由安装单位技术负责人批准后报送施工总承包单位或使用单位、监理单位审核后，告知工程所在地县级以上建设行政主管部门。验收应符合规范要求，严禁使用未经验收或验收不合格的施工升降机。

3.16.4　对施工升降机一般项目说明如下：

1. 导轨架垂直安装的施工升降机的导轨架垂直度偏差和倾斜式或曲线式导轨架正面垂直度偏差应符合表1规定；

表 1 施工升降机安装垂直度偏差

导轨架架设高度 h(m)	$h \leqslant 70$	$70 < h \leqslant 100$	$100 < h \leqslant 150$	$150 < h \leqslant 200$	$h > 200$
垂直度偏差(mm)	不大于导轨架架设高度的 1‰	≤70	≤90	≤110	≤130

对重导轨接头应平直,阶差不大于 0.5 mm,严禁使用柔性物体作为对重导轨。

标准节连接螺栓使用应符合说明书及规范要求,安装时应螺杆在下、螺母在上,一旦螺母脱落后,容易及时发现安全隐患。

2. 基础

施工升降机基础应能承受最不利工作条件下的全部载荷,基础周围应有排水设施。

3. 电气安全

施工升降机与架空线路的安全距离是指施工升降机最外侧边缘与架空线路边线的最小距离,见表 2。当安全距离小于表 2 规定时必须按规定采取有效的防护措施。

表 2 施工升降机与架空线路边线的安全距离

外电线路电压(kV)	<1	1~10	35~110	220	330~500
安全距离(m)	4	6	8	10	15

6.5.2.3.17 塔式起重机

3.17.3 对塔式起重机保证项目说明如下:

1. 载荷限制装置

塔式起重机应安装起重力矩限制器。力矩限制器控制定码变幅的触电或控制定幅变码的触点应分别设置,且能分别调整;对小车变幅的塔式起重机,其最大变幅速度超过 40 m/min,在小车向外运行,且起重力矩达到额定值的 80%时,变幅速度应自动转换为不大于 40 m/min。

2. 行程限位装置

回转部分不设集电器的塔式起重机应安装回转限位器,防止电缆绞损。回转限位正反两个方向动作时,臂架旋转角度应不大于±540°。

3. 保护装置

对小车变幅的塔式起重机应设置双向小车变幅断绳保护装置,保证在小车前后牵引钢丝绳断绳时小车在起重臂上不移动;断轴保护装置必须保证即使车轮失效,小车也不能脱离起重臂。

对轨道运行的塔式起重机,每个运行方向应设置限位装置,其中包括限位开关、缓冲器和终端止挡装置。限位开关应保证开关动作后塔式起重机停车时其端部距缓冲器最小距离大于 1 m。

4. 吊钩、滑轮、卷筒与钢丝绳

吊钩、滑轮、卷筒与钢丝绳滑轮、起升和动臂变幅塔式起重机的卷筒均应设有钢丝绳防脱装置,该装置表面与滑轮或卷筒侧板外缘的间隙不应超过钢丝绳的 20%,装置可能与钢丝绳接触的表面不应有棱角。钢丝绳的维修、检验和报废应符合现行国家标准《起重机钢丝绳保养、维护、安装、检验和报废》GB/T5972 的规定。

5. 多塔作业

任意两台塔式起重机之间的最小架设距离应符合以下规定：(1)低位塔式起重机的起重臂端部与另一台塔式起重机的塔身之间的距离不得小于 2 m；(2)高位塔式起重机的最低位置的部件(或吊钩升至最高点或平衡重的最低部位)与低位塔式起重机中处于最高位置部件之间的垂直距离不得小于 2 m。

两台相邻塔式起重机的安全距离如果控制不当，很可能会造成重大安全事故。当相邻工地发生多台塔式起重机交错作业时，应在协调相互作业关系的基础上，编制各自的专项使用方案，确保任意两台塔式起重机不发生触碰。

6. 安拆、验收与使用

塔式起重机安装作业前，安装单位应编制塔式起重机安装、拆除工程专项施工方案，由安装单位技术负责人批准后报送施工总承包单位或使用单位、监理单位审核后，告知工程所在地县级以上建设行政主管部门。

验收程序应符合规范要求，严禁使用未经验收或验收不合格的塔式起重机。

3.17.4　对塔式起重机一般项目说明如下：

1. 附着

塔式起重机附着的布置不符合说明书规定时，应对附着进行设计计算，并经过审批程序，以确保安全。设计计算要适应现场实际条件，还要确保安全。附着前、后塔身垂直度应符合规范要求，在空载、风速不大于 3 m/s 状态下：(1)独立状态塔身(或附着状态下最高附着点以上塔身)对支承面的垂直度≤4‰；(2)附着状态下最高附着点以下塔身对支承面的垂直度≤2‰。

2. 基础与轨道

塔式起重机说明书提供的设计基础如不能满足现场地基承载力要求时，应进行塔式起重机基础变更设计，并履行审批、检测、验收手续后方可实施。

3. 结构设施

连接件被代用后，会失去固有的链接作用，可能会造成结构松脱、散架，发生安全事故，所以实际使用中严禁连接件代用。高强螺栓只有在扭力达到规定值时才能确保不松脱。

4. 电气安全

塔式起重机与架空线路的安全距离是指塔式起重机的任何部位与架空线路边线的最小距离，见表 1。当安全距离小于表 1 规定时必须按规定采取有效的防护措施。

表 1　塔式起重机与架空线路边线的安全距离

安全距离(m)	电压(kV)				
	<1	1～15	20～40	60～110	220
沿垂直方向	1.5	3.0	4.0	5.0	6.0
沿水平方向	1.0	1.5	2.0	4.0	6.0

为避免雷击，塔式起重机的主体结构、电机机座和所有电气设备的金属外壳、导线的金属保护管均应可靠接地，其接地电阻应不大于 4 Ω。采取多处重复接地时，其接地电阻应不大于 10 Ω。接地装置的选择和安装应符合有关规范要求

6.5.2.3.18 起重吊装

3.18.3 对起重吊装保证项目说明如下：

1.施工方案

起重吊装作业前应结合施工实际，编制专项施工方案，并应给单位技术负责人进行审核。

采用起重拔杆等非常规起重设备且单件起重量超过 100 kN 时，专项施工方案应经专家论证。

2.起重机械

荷载限制器：当荷载达到额定起重量的 95％时，限制器宜发出警报；当荷载达到额定起重量的 100％～110％时，限制器应切断起升动力主电路。行程限位装置：当吊钩、起重小车、起重臂等运行至限定位置时，触发限位开关制停。安全越程应符合现行国家标准《起重机械安全规程》GB6067 的规定。起重拔杆按设计要求组装后，应按程序及设计要求进行验收，验收合格应有文字记录，并有责任人签字确认。

3.钢丝绳与滑轮

钢丝绳的维护、检验和报废应符合设计国家标准《起重机钢丝绳保养、维护、安装、检验和报废》GB/T5972 的规定。

4.索具

索具采用编结或绳夹连接时，连接紧固方式应符合现行国家标准《起重机械安全规程》GB6067 的规定。

5.作业环境

起重机作业现场地面承载能力应符合起重机说明书规定，当现场地面承载能力不满足规定时，可采用铺设路基箱等方式提高承载力。起重机与架空线路的安全距离应符合国家现行标准《起重机安全规程》GB6067 的规定。

6.作业人员

起重吊装作业单位应具有相应资质、作业人员必须经专门培训，取得特种作业资格，持证上岗。作业前，应按规定对所有作业人员进行安全技术交底，并应有交底记录。

3.18.4 对起重吊装一般项目说明如下：

2.高处作业

高处作业必须按规定设置作业平台，作业平台防护栏杆不应少于两道，其高度和强度应符合规范要求。攀登用爬梯的构造、强度应符合规范要求。

安全带应悬挂在牢固的结构或专用固定构件上，并应高挂低用。

6.5.2.3.19 施工机具

3.19.3 对施工机具检查项目说明如下：

1.平刨

平刨的安全装置主要有护手和防护罩，安全护手装置应能在操作人员刨料发生意外时，不会造成手部伤害事故。

明露的转动轴、轮及皮带等部位应安装防护罩，防止人身伤害事故。

不得使用同台电机驱动多种刃具、钻具的多功能木工机具，由于该机具运转时，多种刃具、钻具同时旋转，极易造成人身伤害事故。

2. 圆盘锯

圆盘锯的安全装置主要有分料器、防护挡板、防护罩等，分料器应能具有避免木料夹锯的功能。防护档板应能具有防止木料以外倒退的功能。

3. 手持电动工具

Ⅰ类手持电动工具为金属外壳、按规定必须做保护接零，同时安装漏电保护器，使用人员应穿戴绝缘手套和绝缘鞋。

手持电动工具的软电缆不允许接长使用，必要时应使用移动配电箱。

4. 钢筋机械

钢筋加工区应按规定搭设作业棚，作业棚应具有防雨、防晒功能，并应达到标准化。

对焊机作业区应设置防止火花飞溅的档板等隔离设施，冷拉作业应设置防护栏，将冷拉区与操作区隔离。

5. 电焊机

电焊机除应用保护接零、安装漏电保护器外，还应设置二次空载降压保护装置，防止触电事故发生。

电焊机一次线长度不应超过 3 m，并应穿管保护，二次线必须使用防水橡皮护套铜芯电缆，严禁使用其他导线代替。

6. 搅拌机

搅拌机离合器、制动器运转时不能有异响，离合制动灵敏可靠。料斗钢丝绳的磨损、锈蚀、变形量应在规定允许范围内。

料斗应设置安全挂钩或止档，在维修或运输过程中必须用安全挂钩或止档将料斗固定牢固。

7. 气瓶

气瓶的减压器是气瓶重要安全装置之一，安装前应严格进行检查，确保灵敏可靠。

作业时，气瓶间安全距离不应小于 5 m，与明火安全距离不应小于 10 m，不能满足安全距离要求时，应采取可靠的隔离防护措施。

8. 翻斗车

翻斗车行驶前应检查制动器及转向装置确保灵敏可靠，驾驶人员应经专门培训，持证上岗。为保证行驶安全，车斗内严禁载人。

9. 潜水泵

水泵的外壳必须做保护接零，开关箱中应安装动作电流不大于 15 mA 动作时间小于 0.1 s 的漏电保护器，负荷线应采用专用防水橡皮软线，不得有接头。

10. 振捣器

振捣器作业时应使用移动式配电箱，电缆线长度不应超过 30 m，其外壳应做保护接零，并应安装动作电流不大于 15 mA 动作时间小于 0.1 s 的漏电保护器，作业人员必须穿戴绝缘手套、绝缘鞋。

11. 桩工机械

桩工机械安装完毕应按规定进行验收，并应经责任人签字确认，作业前应依据现场实际，编制专项施工方案，并对作业人员进行安全技术交底。桩工机械应按规定安装行程限位等安全装置，确保齐全有效。作业区地面承载力应符合说明书要求，必要时应采取措施提高承载力。机械与输电线路安全距离必须符合规范要求。

6.5.2.4　检查评分方法

4.0.1　保证项目是各级各部门在安全检查监督中必须严格检查的项目，对查出的隐患必须按照“三定”原则立即落实整改。

4.0.2　在建筑施工安全检查评定时，应依照本标准第 3 章中各检查评定项目的有关规定进行检查，并按本标准附录 A、B 的评分表进行评分。分项检查评分表共分为十项十九张表格，其中的脚手架项目对应扣件式钢管脚手架、门式钢管脚手架、碗扣式钢管脚手架、承插型盘扣式钢管脚手架、满堂脚手架、悬挑式脚手架、附着式升降脚手架、高处作业吊篮八张分项检查评分表；物料提升机与施工升降机项目对应物料提升机、施工升降机二张分项检查评分表；塔式起重机与起重吊装项目对应塔式起重机、起重吊装二张分项检查评分表。

4.0.3　本条规定了各评分表的评分原则和方法。重点强调了在分项检查评分表评分时，保证项目出现零分或保证项目实得分值不足 40 分时，此分项检查评分表不得分，突出了对重大安全隐患“一票否决”的原则。

6.5.2.5　检查评定等级

5.0.1～5.0.2　规定了检查评定等级分为优良、合格、不合格三个等级，并明确了等级之间的划分标准。基于目前施工现场的安全生产状况，为切实提高施工现场对安全工作的认识，有效防止重大生产安全事故的发生，在等级划分上实行了更加严格的标准。

5.0.3　建筑施工现场经过检查评定确定为不合格，说明在工地的安全管理上存在着重大安全隐患，这些隐患如果不及时整改，可能诱发重大事故，直接威胁员工和企业的生命、财产等安全。因此，本条列为强条就是要求评定为不合格的工地必须立即限期整改，达到合格标准后方可继续施工。

6.6　建筑施工扣件式钢管脚手架安全技术规范

住房和城乡建设已于 2011 年 1 月 28 日以第 902 号公告颁布《建筑施工扣件式钢管脚手架安全技术规范》(JGJ 130—2011)自 2011 年 12 月 1 日起实施。其中，第 3.4.3、6.2.3、6.3.3、6.3.5、6.4.4、6.6.3、6.6.5、7.4.2、7.4.5、8.1.4、9.0.1、9.0.4、9.0.5、9.0.7、9.0.13、9.0.14 条为强制性条文，必须严格执行。原行业标准《建筑施工扣件式钢管脚手架安全技术规范》JGJ 130—2001 同时废止。

本规范的主要技术内容是总则、术语和符号、构配件、荷载、设计计算、构造要求、施工、检查与验、收安全管理。

本规范修订的主要技术内容是：荷载分类及计算；满堂脚手架、满堂支撑架、型钢悬挑脚手架、地基承载力的设计；构造要求；施工；检查与验收；安全管理。

6.6.1 建筑施工扣件式钢管脚手架安全技术规范

6.6.1.1 总则

1.0.1 为在扣件式钢管脚手架设计与施工中贯彻执行国家安全生产的方针政策，确保施工人员安全，做到技术先进、经济合理、安全适用，制定本规范。

1.0.2 本规范适用于房屋建筑工程和市政工程等施工用落地式单、双排扣件式钢管脚手架、满堂扣件式钢管脚手架、型钢悬挑扣件式钢管脚手架、满堂扣件式钢管支撑架的设计、施工及验收。

1.0.3 扣件式钢管脚手架施工前，应按本规范的规定对其结构构件与立杆地基承载力进行设计计算，并应编制专项施工方案。

1.0.4 扣件式钢管脚手架的设计、施工及验收，除应符合本规范的规定外，尚应符合国家现行有关标准的规定。

6.6.1.2 术语和符号

6.6.1.2.1 术语

2.1.1 扣件式钢管脚手架 steel tubular scaffold with couplers：为建筑施工而搭设的、承受荷载的由扣件和钢管等构成的脚手架与支撑架，包含本规范各类脚手架与支撑架，统称脚手架。

2.1.2 支撑架 formwork support：为钢结构安装或浇筑混凝土构件等搭设的承力支架。

2.1.3 单排扣件式钢管脚手架 single pole steel tubular scaffold with couplers：只有一排立杆，横向水平杆的一端搁置固定在墙体上的脚手架，简称单排架。

2.1.4 双排扣件式钢管脚手架 double pole steel tubular scaffold with couplers：由内外两排立杆和水平杆等构成的脚手架，简称双排架。

2.1.5 满堂扣件式钢管脚手架 fastener steel tube full hall scaffold：在纵、横方向，由不少于三排立杆并与水平杆、水平剪刀撑、竖向剪刀撑、扣件等构成的脚手架。该架体顶部作业层施工荷载通过水平杆传递给立杆，顶部立杆呈偏心受压状态，简称满堂脚手架。

2.1.6 满堂扣件式钢管支撑架 fastener steel tube full hall formwork support：在纵、横方向，由不少于三排立杆并与水平杆、水平剪刀撑、竖向剪刀撑、扣件等构成的承力支架。该架体顶部的钢结构安装等（同类工程）施工荷载通过可调托撑轴心传力给立杆，顶部立杆呈轴心受压状态，简称满堂支撑架。

2.1.7 开口型脚手架 open scaffold：沿建筑周边非交圈设置的脚手架为开口型脚手架；其中呈直线型的脚手架为一字型脚手架。

2.1.8 封圈型脚手架 loop scaffold：沿建筑周边交圈设置的脚手架。

2.1.9 扣件 coupler：采用螺栓紧固的扣接连接件为扣件；包括直角扣件、旋转扣件、对接扣件。

2.1.10 防滑扣件 skid resistant coupler：根据抗滑要求增设的非连接用途扣件。

2.1.11 底座 base plate：设于立杆底部的垫座；包括固定底座、可调底座。

2.1.12 可调托撑 adjustable forkhead：插入立杆钢管顶部，可调节高度的顶撑。

2.1.13 水平杆 horizontal tube：脚手架中的水平杆件。沿脚手架纵向设置的水平杆为纵向水平杆；沿脚手架横向设置的水平杆为横向水平杆。

2.1.14 扫地杆 bottom reinforcing tube：贴近楼地面设置，连接立杆根部的纵、横向水平杆件；包括纵向扫地杆、横向扫地杆。

2.1.15 连墙件 tie member：将脚手架架体与建筑主体结构连接，能够传递拉力和压力的构件。

2.1.16 连墙件间距 spacing of tie member：脚手架相邻连墙件之间的距离，包括连墙件竖距、连墙件横距。

2.1.17 横向斜撑 diagonal brace：与双排脚手架内、外立杆或水平杆斜交呈之字形的斜杆。

2.1.18 剪刀撑 diagonal bracing：在脚手架竖向或水平向成对设置的交叉斜杆。

2.1.19 抛撑 Cross bracing：用于脚手架侧面支撑，与脚手架外侧面斜交的杆件。

2.1.20 脚手架高度 scaffold height：自立杆底座下皮至架顶栏杆上皮之间的垂直距离。

2.1.21 脚手架长度 scaffold length：脚手架纵向两端立杆外皮间的水平距离。

2.1.22 脚手架宽度 scaffold width：脚手架横向两端立杆外皮之间的水平距离，单排脚手架为外立杆外皮至墙面的距离。

2.1.23 步距 lift height：上下水平杆轴线间的距离。

2.1.24 立杆纵(跨)距 longitudinal spacing of upright tube：脚手架纵向相邻立杆之间的轴线距离。

2.1.25 立杆横距 transverse spacing of upright tube：脚手架横向相邻立杆之间的轴线距离，单排脚手架为外立杆轴线至墙面的距离。

2.1.26 主节点 main node：立杆、纵向水平杆、横向水平杆三杆紧靠的扣接点。

6.6.1.2.2 符号

2.2.1 荷载和荷载效应

g_k——立杆承受的每米结构自重标准值；

M_{Gk}——脚手板自重产生的弯矩标准值；

M_{Qk}——施工荷载产生的弯矩标准值；

M_{Wk}——风荷载产生的弯矩标准值；

N_{G1k}——脚手架立杆承受的结构自重产生的轴向力标准值；

N_{G2k}——脚手架构配件自重产生的轴向力标准值；

$\sum N_{Gk}$——永久荷载对立杆产生的轴向力标准值总和；

$\sum N_{Qk}$——可变荷载对立杆产生的轴向力标准值总和；

N_k——上部结构传至基础顶面的立杆轴向力标准值；

P_k——立杆基础底面处的平均压力标准值；

ω_k——风荷载标准值；

ω_o——基本风压值；

M——弯矩设计值；

M_W——风荷载产生的弯矩设计值；

N——轴向力设计值；

N_l——连墙件轴向力设计值；

$N_{l\omega}$——风荷载产生的连墙件轴向力设计值；

R——纵向或横向水平杆传给立杆的竖向作用力设计值；

υ——挠度；

σ——弯曲正应力。

2.2.2　材料性能和抗力

E——钢材的弹性模量；

f——钢材的抗拉、抗压、抗弯强度设计值；

f_g——地基承载力特征值；

R_c——扣件抗滑承载力设计值；

$[\upsilon]$——容许挠度；

$[\lambda]$——容许长细比。

2.2.3　几何参数

A——钢管或构件的截面面积，基础底面面积；

A_n——挡风面积；

A_w——迎风面积；

$[H]$——脚手架允许搭设高度；

h——步距；

i——截面回转半径；

l——长度，跨度，搭接长度；

l_a——立杆纵距；

l_b——立杆横距；

l_o——立杆计算长度，纵、横向水平杆计算跨度；

s——杆件间距；

t——杆件壁厚。

W——截面模量；

λ——长细比；

Φ——杆件直径。

2.2.4　计算系数

k——立杆计算长度附加系数；

μ——考虑脚手架整体稳定因素的单杆计算长度系数；

μ_s——脚手架风荷载体型系数；

μ_{stw}——按桁架确定的脚手架结构的风荷载体型系数;

μ_z——风压高度变化系数;

φ——轴心受压构件的稳定系数,挡风系数。

6.6.1.3　构配件

6.6.1.3.1　钢管

3.1.1　脚手架钢管应采用现行国家标准《直缝电焊钢管》GB/T13793 或《低压流体输送用焊接钢管》GB/T3091 中规定的 Q235 普通钢管;钢管的钢材质量应符合现行国家标准《碳素结构钢》GB/T700 中 Q235 级钢的规定。

3.1.2　脚手架钢管宜采用 Φ48.3×3.6 钢管。每根钢管的最大质量不应大于 25.8 kg。

6.6.1.3.2　扣件

3.2.1　扣件应采用可锻铸铁或铸钢制作,其质量和性能应符合现行国家标准《钢管脚手架扣件》GB15831 的规定。采用其他材料制作的扣件,应经试验证明其质量符合该标准的规定后方可使用。

3.2.2　扣件在螺栓拧紧扭力矩达到 65 N·m 时,不得发生破坏。

3.3.1　脚手板可采用钢、木、竹材料制作,单块脚手板的质量不宜大于 30 kg。

3.3.2　冲压钢脚手板的材质应符合现行国家标准《碳素结构钢》GB/T700 中 Q235 级钢的规定。

3.3.3　木脚手板材质应符合现行国家标准《木结构设计规范》GB50005 中Ⅱa 级材质的规定。脚手板厚度不应小于 50 mm,两端宜各设置直径不小于 4 mm 的镀锌钢丝箍两道。

3.3.4　竹脚手板宜采用由毛竹或楠竹制作的竹串片板、竹笆板;竹串片脚手板应符合现行行业标准《建筑施工木脚手架安全技术规范》JGJ 164 的相关规定。

6.6.1.3.4　可调托撑

3.4.1　可调托撑螺杆外径不得小于 36 mm,直径与螺距应符合现行国家标准《梯型螺纹》GB/T 5796.2 和 GB/T 5796.3 的规定。

3.4.2　可调托撑的螺杆与支托板焊接应牢固,焊缝高度不得小于 6 mm;可调托撑螺杆与螺母旋合长度不得少于 5 扣,螺母厚度不得小于 30 mm。

3.4.3　可调托撑抗压承载力设计值不应小于 40 kN,支托板厚不应小于 5 mm。

6.6.1.3.5　悬挑脚手架用型钢

3.5.1　悬挑脚手架用型钢的材质应符合现行国家标准《碳素结构钢》GB/T700 或《低合金高强度结构钢》GB/T1591 的规定。

3.5.2　用于固定型钢悬挑梁的 U 型钢筋拉环或锚固螺栓材质应符合现行国家标准《钢筋混凝土用钢第 1 部分:热轧光圆钢筋》GB1499.1 中 HPB235 级钢筋的规定。

6.6.1.4　荷载

6.6.1.4.1　荷载分类

4.1.1　作用于脚手架的荷载可分为永久荷载(恒荷载)与可变荷载(活荷载)。

4.1.2　脚手架永久荷载应包含下列内容:

1. 单排架、双排架与满堂脚手架：

1)架体结构自重：包括立杆、纵向水平杆、横向水平杆、剪刀撑、扣件等的自重；

2)构、配件自重：包括脚手板、栏杆、挡脚板、安全网等防护设施的自重。

2. 满堂支撑架：

1)架体结构自重：包括立杆、纵向水平杆、横向水平杆、剪刀撑、可调托撑、扣件等的自重；

2)构、配件及可调托撑上主梁、次梁、支撑板等的自重。

4.1.3　脚手架可变荷载应包含下列内容：

1. 单排架、双排架与满堂脚手架：

1)施工荷载：包括作业层上的人员、器具和材料等的自重；

2)风荷载。

2. 满堂支撑架：

1)作业层上的人员、设备等的自重；

2)结构构件、施工材料等的自重；

3)风荷载。

4.1.4　用于混凝土结构施工的支撑架上的永久荷载与可变荷载，应符合现行行业标准《建筑施工模板安全技术规范》JGJ 162 的规定。

6.6.1.4.2　荷载标准值

4.2.1　永久荷载标准值的取值应符合下列规定：

1. 单、双排脚手架立杆承受的每米结构自重标准值，可按本规范附录 A 表 A.0.1 采用；满堂脚手架立杆承受的每米结构自重标准值，宜按本规范附录 A 表 A.0.2 采用；满堂支撑架立杆承受的每米结构自重标准值，宜按本规范附录 A 表 A.0.3 采用。

2. 冲压钢脚手板、木脚手板、竹串片脚手板与竹芭脚手板自重标准值，宜按表 4.2.1-1 取用。

表 4.2.1-1　脚手板自重标准值

类别	标准值(kN/m²)
冲压钢脚手板	0.30
竹串片脚手板	0.35
木脚手板	0.35
竹芭脚手板	0.10

3. 栏杆与挡脚板自重标准值，宜按表 4.2.1-2 采用。

表 4.2.1-2　栏杆、挡脚板自重标准值

类别	标准值(kN/m²)
栏杆、冲压钢脚手板挡板	0.16
栏杆、竹串片脚手板挡板	0.17
栏杆、木脚手板挡板	0.17

4. 脚手架上吊挂的安全设施(安全网)的自重标准值应按实际情况采用，密目式安全立网自重标准值不应低于 0.01 kN/m²。

5. 支撑架上可调托撑上主梁、次梁、支撑板等自重应按实际计算。对于下列情况可按表 4.2.1-3 采用：

1)普通木质主梁(含 Φ48.3×3.6 双钢管)、次梁，木支撑板；

2)型钢次梁自重不超过 10 号工字钢自重，型钢主梁自重不超过 H100×100×6×8 型钢自重，支撑板自重不超过木脚手板自重。

表 4.2.1-3　主梁、次梁及支撑板自重标准值(kN/m²)

类别	立杆间距(m)	
	>0.75×0.75	≤0.75×0.75
木质主梁(含 Φ48.3×3.6 双钢管)、次梁，木支撑板	0.6	0.85
型钢主梁、次梁，木支撑板	1.0	1.2

4.2.2　单、双排与满堂脚手架作业层上的施工荷载标准值应根据实际情况确定，且不应低于表 4.2.2 的规定。

表 4.2.2　施工均布荷载标准值

类别	标准值(kN/m²)
装修脚手架	2.0
混凝土、砌筑结构脚手架	3.0
轻型钢结构及空间网格结构脚手架	2.0
普通钢结构脚手架	3.0

注：斜道上的施工均布荷载标准值不应低于 2.0 kN/m²。

4.2.3　当在双排脚手架上同时有 2 个及以上操作层作业时，在同一个跨距内各操作层的施工均布荷载标准值总和不得超过 5.0 kN/m²。

4.2.4　满堂支撑架上荷载标准值取值应符合下列规定：

1. 永久荷载与可变荷载(不含风荷载)标准值总和不大于 4.2 kN/m² 时，施工均布荷载标准值应按本规范表 4.2.2 采用；

2. 永久荷载与可变荷载(不含风荷载)标准值总和大于 4.2 kN/m² 时，应符合下列要求：

1)作业层上的人员及设备荷载标准值取 1.0 kN/m²；大型设备、结构构件等可变荷载按实际计算；

2)用于混凝土结构施工时，作业层上荷载标准值的取值应符合现行行业标准《建筑施工模板安全技术规范》JGJ 162 的规定。

4.2.5　作用于脚手架上的水平风荷载标准值，应按下式计算：

$$\omega_k = \mu_z \cdot \mu_s \cdot \omega_o \tag{4.2.5}$$

式中，ω_k——风荷载标准值（kN/m^2）；

μ_z——风压高度变化系数，应按现行国家标准《建筑结构荷载规范》GB50009 规定采用；

μ_s——脚手架风荷载体型系数，应按本规范表 4.2.6 的规定采用；

ω_o——基本风压值（kN/m^2），应按国家标准《建筑结构荷载规范》GB50009—2001 附表 D.4 的规定采用，取重现期 $n=10$ 对应的风压值。

4.2.6　脚手架的风荷载体型系数，应按表 4.2.6 的规定采用。

表 4.2.6　脚手架的风荷载体型系数 μ_s

背靠建筑物的状况		全封闭墙	敞开、框架和开洞墙
脚手架状况	全封闭、半封闭	1.0φ	1.3φ
	敞开	μ_{stw}	

注：(1) μ_{stw} 值可将脚手架视为桁架，按国家标准《建筑结构荷载规范》GB50009—2001 表 7.3.1 第 32 项和第 36 项的规定计算；

(2) φ 为挡风系数，$\varphi=1.2A_n/A_w$，其中：A_n 为挡风面积；A_w 为迎风面积。敞开式脚手架的 φ 值可按本规范附录 A 表 A.0.5 采用。

4.2.7　密目式安全立网全封闭脚手架挡风系数 φ 不宜小于 0.8。

6.6.1.4.3　荷载效应组合

4.3.1　设计脚手架的承重构件时，应根据使用过程中可能出现的荷载取其最不利组合进行计算，荷载效应组合宜按表 4.3.1 采用。

表 4.3.1　荷载效应组合

计算项目	荷载效应组合
纵向、横向水平杆强度与变形	永久荷载＋施工荷载
脚手架立杆地基承载力 型钢悬挑梁的强度、稳定与变形	①永久荷载＋施工荷载
	②永久荷载＋0.9（施工荷载＋风荷载）
立杆稳定	①永久荷载＋可变荷载（不含风荷载）
	②永久荷载＋0.9（可不荷载＋风荷载）
连墙件强度与稳定	单排架，风荷载＋2.0 kN 双排架，风荷载＋3.0 kN

4.3.2　满堂支撑架用于混凝土结构施工时，荷载组合与荷载设计值应符合现行行业标准《建筑施工模板安全技术规范》JGJ162 的规定。

6.6.1.5　设计计算

6.6.1.5.1　基本设计规定

5.1.1　脚手架的承载能力应按概率极限状态设计法的要求，采用分项系数设计表达式进行设计。可只进行下列设计计算：

1.纵向、横向水平杆等受弯构件的强度和连接扣件的抗滑承载力计算；

2.立杆的稳定性计算；

3.连墙件的强度、稳定性和连接强度的计算：

4.立杆地基承载力计算。

5.1.2　计算构件的强度、稳定性与连接强度时，应采用荷载效应基本组合的设计值。永久荷载分项系数应取1.2，可变荷载分项系数应取1.4。

5.1.3　脚手架中的受弯构件，尚应根据正常使用极限状态的要求验算变形。验算构件变形时，应采用荷载效应的标准组合的设计值，各类荷载分项系数均应取1.0。

5.1.4　当纵向或横向水平杆的轴线对立杆轴线的偏心距不大于55 mm时，立杆稳定性计算中可不考虑此偏心距的影响。

5.1.5　当采用本规范第6.1.1条规定的构造尺寸，其相应杆件可不再进行设计计算。但连墙件、立杆地基承载力等仍应根据实际荷载进行设计计算。

5.1.6　钢材的强度设计值与弹性模量应按表5.1.6采用。

表5.1.6　钢材的强度设计值与弹性模量(N/mm²)

Q235钢抗拉、抗压和抗弯强度设计值 f	205
弹性模量 E	2.06×10^5

5.1.7　扣件、底座、可调托撑的承载力设计值应按表5.1.7采用。

表5.1.7　扣件、底座、可调托撑的承载力设计值

项目	承载力设计值(kN)
对接扣件(抗滑)	3.20
直角扣件、旋转扣件(抗滑)	8.00
底座(抗压)、可调托撑(抗压)	40.00

5.1.8　受弯构件的挠度不应超过表5.1.8中规定的容许值。

表5.1.8　受弯构件的容许挠度

构件类别	容许挠度[υ]
脚手板，脚手架纵向、横向水平杆	l/150与10 mm
脚手架悬挑受弯杆件	l/400
型钢悬挑脚手架悬挑钢梁	l/250

注：l为受弯构件的跨度，对悬挑杆件为其悬伸长度的2倍。

5.1.9　受压、受拉构件的长细比不应超过表5.1.9中规定的容许值。

表 5.1.9 受压、受拉构件的容许长细比

构件类别		容许长细比[λ]
立杆	双排架 满堂支撑架	210
	单排架	230
	满堂脚手架	250
横向斜掌、剪刀撑中的压杆		250
拉杆		350

6.6.1.5.2 单、双排脚手架计算

5.2.1 纵向、横向水平杆的抗弯强度应按下式计算：

$$\sigma=\frac{M}{W}\leqslant f \tag{5.2.1}$$

式中，σ——弯曲正应力；

M——弯矩设计值（N·mm），应按本规范第 5.2.2 条的规定计算；

W——截面模量（mm^3），应按本规范附录 B 表 B.0.1 采用；

f——钢材的抗弯强度设计值（N/mm^2），应按本规范表 5.1.6 采用。

5.2.2 纵向、横向水平杆弯矩设计值，应按下式计算：

$$M=1.2M_{Gk}+1.4\sum M_{Qk} \tag{5.2.2}$$

式中，M_{Gk}——脚手板自重产生的弯矩标准值（kN·m）；

M_{Qk}——施工荷载产生的弯矩标准值（kN·m）。

5.2.3 纵向、横向水平杆的挠度应符合下式规定：

$$\upsilon\leqslant[\upsilon] \tag{5.2.3}$$

式中，υ——挠度（mm）；

$[\upsilon]$——容许挠度，应按本规范表 5.1.8 采用。

5.2.4 计算纵向、横向水平杆的内力与挠度时，纵向水平杆宜按三跨连续梁计算，计算跨度取立杆纵距 l_a；横向水平杆宜按简支梁计算，计算跨度 l_0 可按图（5.2.4）采用。

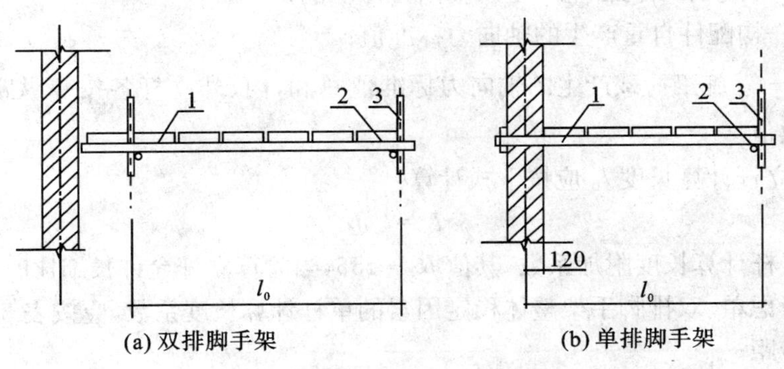

1—横向水平杆；2—纵向水平杆；3—立杆

图 5.2.4 横向水平杆计算跨度

5.2.5　纵向或横向水平杆与立杆连接时，其扣件的抗滑承载力应符合下式规定：

$$R \leqslant R_C \qquad (5.2.5)$$

式中，R——纵向或横向水平杆传给立杆的竖向作用力设计值；

R_C——扣件抗滑承载力设计值，应按本规范表5.1.7采用。

5.2.6　立杆的稳定性应符合下列公式要求：

不组合风荷载时：

$$\frac{N}{\varphi A} \leqslant f \qquad (5.2.6\text{-}1)$$

组合风荷载时：

$$\frac{N}{\varphi A} + \frac{M_W}{W} \leqslant f \qquad (5.2.6\text{-}2)$$

式中，N——计算立杆段的轴向力设计值（N），应按本规范式（5.2.7-1）、（5.2.7-2）计算；

φ——轴心受压构件的稳定系数，应根据长细比λ由本规范附录A表A.0.6取值；

$$\lambda \frac{l_o}{i}$$

式中，λ——长细比，

l_o——计算长度（mm），应按本规范第5.2.8条的规定计算；

i——截面回转半径（mm），可按本规范附录B表B.0.1采用；

A——立杆的截面面积（mm^2），可按本规范附录B表B.0.1采用；

M_W——计算立杆段由风荷载设计值产生的弯矩（N·mm），可按本规范式（5.2.9）计算；

f——钢材的抗压强度设计值（N/mm^2），应按本规范表5.1.6采用。

5.2.7　计算立杆段的轴向力设计值N，应按下列公式计算：

不组合风荷载时：

$$N = 1.2(N_{G1k} + N_{G2k}) + 1.4\sum N_{Qk} \qquad (5.2.7\text{-}1)$$

组合风荷载时：

$$N = 1.2(N_{G1k} + N_{G2k}) + 0.9 \times 1.4\sum N_{Qk} \qquad (5.2.7\text{-}2)$$

式中，N_{G1k}——脚手架结构自重产生的轴向力标准值；

N_{G2k}——构配件自重产生的轴向力标准值；

$\sum N_{Qk}$——施工荷载产生的轴向力标准值总和，内、外立杆各按一纵距内施工荷载总和的1/2取值。

5.2.8　立杆计算长度l_o应按下式计算：

$$l_o = k\mu h \qquad (5.2.8)$$

式中，k——立杆计算长度附加系数，其值取1.155，当验算立杆允许长细比时，取$k=1$；

μ——考虑单、双排脚手架整体稳定因素的单杆计算长度系数，应按表5.2.8采用；

h——步距。

表 5.2.8　单、双排脚手架立杆的计算长度系数 μ

类别	立杆横距(m)	连墙件布置	
		二步三跨	三步三跨
双排架	1.05	1.50	1.70
	1.30	1.55	1.75
	1.55	1.60	1.80
单排架	≤1.50	1.80	2.00

5.2.9　由风荷载产生的立杆段弯矩设计值 Mw,可按下式计算:

$$M_w = 0.9 \times 1.4 M_{wk} = \frac{0.9 \times 1.4 w_k l_a h^2}{10} \tag{5.2.9}$$

式中,M_{wk}——风荷载产生的弯矩标准值(kN·m);

w_k——风荷载标准值(kN/m^2),应按本规范式(4.2.5)计算;

l_a——立杆纵距(m)。

5.2.10　单、双排脚手架立杆稳定性计算部位的确定应符合下列规定:

1. 当脚手架采用相同的步距、立杆纵距、立杆横距和连墙件间距时,应计算底层立杆段;

2. 当脚手架的步距、立杆纵距、立杆横距和连墙件间距有变化时,除计算底层立杆段外,还必须对出现最大步距或最大立杆纵距、立杆横距、连墙件间距等部位的立杆段进行验算。

5.2.11　单、双排脚手架允许搭设高度$[H]$应按下列公式计算,并应取较小值。

不组合风荷载时:

$$[H] = \frac{\varphi A f - (1.2 N_{G2k} + 1.4 \sum N_{Qk})}{1.2 g_k} \tag{5.2.11-1}$$

组合风荷载时:

$$[H] = \frac{\varphi A f - \left[1.2 N_{G2k} + 0.9 \times 1.4 \left(\sum N_{Qk} + \frac{M_{wk}}{W} \varphi A\right)\right]}{1.2 g_k} \tag{5.2.11-2}$$

式中,$[H]$——脚手架允许搭设高度(m);

g_k——立杆承受的每米结构自重标准值(kN/m),可按本规范附录 A 表 A.0.1 采用。

5.2.12　连墙件杆件的强度及稳定应满足下列公式的要求:

强度:

$$\sigma = \frac{N_1}{A_c} \leq 0.85 f \tag{5.2.12-1}$$

稳定:

$$\frac{N_1}{\varphi A} \leq 0.85 f \tag{5.2.12-2}$$

$$N_l = N_{lw} + N_o \tag{5.2.12-3}$$

式中,σ——连墙件应力值(N/mm^2);

A_c——连墙件的净截面面积(mm^2);

A——连墙件的毛截面面积(mm^2)；

N_l——连墙件轴向力设计值(N)；

N_{lw}——风荷载产生的连墙件轴向力设计值，应按本规范第 5.2.13 条的规定计算；

N_o——连墙件约束脚手架平面外变形所产生的轴向力。单排架取 2 kN，双排架取 3 kN；

φ——连墙件的稳定系数，应根据连墙件长细比按本规范附录 A 表 A.0.6 取值；

f——连墙件钢材的强度设计值(N/mm^2)，应按本规范表 5.1.6 采用。

5.2.13　由风荷载产生的连墙件的轴向力设计值，应按下式计算：

$$N_{lw}=1.4\cdot w_k\cdot A_w \quad (5.2.13)$$

式中，A_w——单个连墙件所覆盖的脚手架外侧面的迎风面积。

5.2.14　连墙件与脚手架、连墙件与建筑结构连接的连接强度应按下式计算：

$$N_l\leqslant N_V \quad (5.2.14)$$

式中，N_V——连墙件与脚手架、连墙件与建筑结构连接的抗拉(压)承载力设计值，应根据相应规范规定计算。

5.2.15　当采用钢管扣件做连墙件时，扣件抗滑承载力的验算，应满足下式要求：

$$N_l\leqslant R_c \quad (5.2.15)$$

式中，R_c——扣件抗滑承载力设计值，一个直角扣件应取 8.0 kN。

6.6.1.5.3　满堂脚手架计算

5.3.1　立杆的稳定性应按本规范式(5.2.6-1)、(5.2.6-2)计算。由风荷载产生的立杆段弯矩设计值 M_W，可按本规范公式(5.2.9)计算。

5.3.2　计算立杆段的轴向力设计值 N，应按本规范公式(5.2.7-1)、(5.2.7-2)计算。施工荷载产生的轴向力标准值总和 $\sum N_{Qk}$，可按所选取计算部位立杆负荷面积计算。

5.3.3　立杆稳定性计算部位的确定应符合下列规定：

1. 当满堂脚手架采用相同的步距、立杆纵距、立杆横距时，应计算底层立杆段；

2. 当架体的步距、立杆纵距、立杆横距有变化时，除计算底层立杆段外，还必须对出现最大步距、最大立杆纵距、立杆横距等部位的立杆段进行验算；

3. 当架体上有集中荷载作用时，尚应计算集中荷载作用范围内受力最大的立杆段。

5.3.4　满堂脚手架立杆的计算长度应按下式计算：

$$l_o=k\mu h \quad (5.3.4)$$

式中，k——满堂脚手架立杆计算长度附加系数，应按表 5.3.4 采用；

h——步距；

μ——考虑满堂脚手整体稳定因素的单杆计算长度系数，应按本规范附录 C 表 C-1 采用。

表 5.3.4 满堂脚手架计算长度附加系数

高度 H(m)	$H \leqslant 20$	$20 < H \leqslant 30$	$30 < H \leqslant 36$
k	1.155	1.191	1.204

注:当验算立杆允许长细比时,取 $k=1$

5.3.5 满堂脚手架纵、横水平杆计算应符合本规范第 5.2.1 条~5.2.5 条的规定。

5.3.6 当满堂脚手架立杆间距不大于 1.5 m×1.5 m,架体四周及中间与建筑物结构进行刚性连接,并且刚性连接点的水平间距不大于 4.5 m,竖向间距不大于 3.6 m 时,可按本规范第 5.2.6~5.2.10 条双排脚手架的规定进行计算。

6.6.1.5.4 满堂支撑架计算

5.4.1 满堂支撑架顶部施工层荷载应通过可调托撑传递给立杆。

5.4.2 满堂支撑架根据剪刀撑的设置不同分为普通型构造与加强型构造,其构造设置应符合本规范第 6.9.3 条的规定,两种类型满堂支撑架立杆的计算长度应符合本规范第 5.4.6 条的规定。

5.4.3 立杆的稳定性应按本规范式(5.2.6-1)、(5.2.6-2)计算。由风荷载设计值产生的立杆段弯矩 M_W,可按本规范式(5.2.9)计算。

5.4.4 计算立杆段的轴向力设计值 N,应按下列公式计算:

不组合风荷载时:

$$N = 1.2\sum N_{Gk} + 1.4\sum N_{Qk} \tag{5.4.4-1}$$

组合风荷载时:

$$N = 1.2\sum N_{Gk} + 0.9 \times 1.4\sum N_{Qk} \tag{5.4.4-2}$$

式中,$\sum N_{Gk}$——永久荷载对立杆产生的轴向力标准值总和(kN);

$\sum N_{Qk}$——可变荷载对立杆产生的轴向力标准值总和(kN)。

5.4.5 立杆稳定性计算部位的确定应符合下列规定:

1.当满堂支撑架采用相同的步距、立杆纵距、立杆横距时,应计算底层与顶层立杆段;

2.符合本规范第 5.3.3 条第二款、第三款的规定。

5.4.6 满堂支撑架立杆的计算长度应按下式计算,取整体稳定计算结果最不利值:

顶部立杆段:

$$l_o = k\mu_1(h+2a) \tag{5.4.6-1}$$

非顶部立杆段:

$$l_o = k\mu_2 h \tag{5.4.6-2}$$

式中,k——满堂支撑架计算长度附加系数,应按表 5.4.6 采用;

h——步距;

a——立杆伸出顶层水平杆中心线至支撑点的长度;应不大于 0.5 m,当 0.2 m$<a<$0.5 m 时,承载力可按线性插入值。

μ_1、μ_2——考虑满堂支撑架整体稳定因素的单杆计算长度系数,普通型构造应按本规范附录 C 表 C-2、C-4 采用;加强型构造应按本规范附录 C 表 C-3、C-5 采用。

表 5.4.6　满堂支撑架计算长度附加系数取值

高度 H(m)	$H \leqslant 8$	$8 < H \leqslant 10$	$10 < H \leqslant 20$	$20 < H \leqslant 30$
k	1.155	1.185	1.217	1.291

注：当验算立杆允许长细比时，取 $k=1$。

5.4.7　当满堂支撑架小于 4 跨时，宜设置连墙件将架体与建筑结构刚性连接。当架体未设置连墙件与建筑结构刚性连接，立杆计算长度系数 μ 按本规范附录 C 表 C-2～表 C-5 采用时，应符合下列规定：

1. 支撑架高度不应超过一个建筑楼层高度，且不应超过 5.2 m；

2. 架体上永久荷载与可变荷载(不含风荷载)总和标准值不应大于 7.5 kN/m^2；

3. 架体上永久荷载与可变荷载(不含风荷载)总和的均布线荷载标准值不应大于 7 kN/m。

6.6.1.5.5　脚手架地基承载力计算

5.5.1　立杆基础底面的平均压力应满足下式的要求：

$$P_k = \frac{N_k}{A} \leqslant f_g \qquad (5.5.1)$$

式中，P_k——立杆基础底面处的平均压力标准值(kPa)；

N_k——上部结构传至立杆基础顶面的轴向力标准值(kN)；

A——基础底面面积(m^2)；

f_g——地基承载力特征值(kPa)，应按本规范第 5.5.2 条规定采用。

5.5.2　地基承载力特征值的取值应符合下列规定：

1. 当为天然地基时，应按地质勘察报告选用；当为回填土地基时，应对地质勘察报告提供的回填土地基承载力特征值乘以折减系数 0.4；

2. 由载荷试验或工程经验确定。

5.5.3　对搭设在楼面等建筑结构上的脚手架，应对支撑架体的建筑结构进行承载力验算，当不能满足承载力要求时应采取可靠的加固措施。

6.6.1.5.6　型钢悬挑脚手架计算

5.6.1　当采用型钢悬挑梁做为脚手架的支承结构时，应进行下列设计计算：

1. 型钢悬挑梁的抗弯强度、整体稳定性和挠度；

2. 型钢悬挑梁锚固件及其锚固连接的强度；

3. 型钢悬挑梁下建筑结构的承载能力验算。

5.6.2　悬挑脚手架作用于型钢悬挑梁上立杆的轴向力设计值，应根据悬挑脚手架分段搭设高度按本规范式(5.2.7-1)、(5.2.7-2)分别计算，并应取其较大者。

5.6.3　型钢悬挑梁的抗弯强度应按下式计算：

$$\sigma = \frac{M_{max}}{W_n} \leqslant f \qquad (5.6.3)$$

式中，σ——型钢悬挑梁应力值；

M_{max}——型钢悬挑梁计算截面最大弯矩设计值；

W_n——型钢悬挑梁净截面模量；

f——钢材的抗弯强度设计值。

5.6.4　型钢悬挑梁的整体稳定性应按下式验算：

$$\frac{M_{max}}{\varphi_b W} \leqslant f \tag{5.6.4}$$

式中，b——型钢悬挑梁的整体稳定性系数，应按现行国家标准《钢结构设计规范》GB50017的规定采用；

W——型钢悬挑梁毛截面模量。

5.6.5　型钢悬挑梁的挠度(图5.6.5)应符合下式规定：

$$v \leqslant [v] \tag{5.6.5}$$

式中，$[v]$——型钢悬挑梁挠度允许值，应按本规范表5.1.8取值；

v——型钢悬挑梁最大挠度。

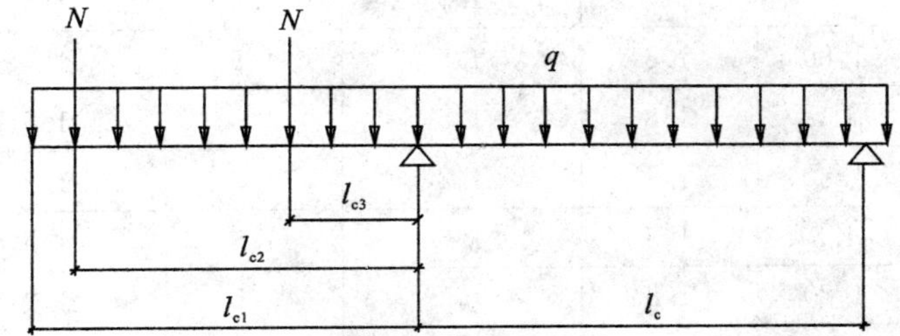

N—悬挑脚手架立杆的轴向力设计值；l_c—型钢悬挑梁锚固点中心至建筑楼层板边支承点的距离；l_{c1}—型钢悬挑梁悬挑端面至建筑结构楼层板边支承点的距离；l_{c2}—脚手架外立杆至建筑结构楼层板边支承点的距离；l_{c3}—脚手架内杆至建筑结构楼层板边支承点的距离；q—型钢梁自重线荷载标准值。

图5.6.5　悬挑脚手架型钢悬挑梁计算示意图

5.6.6　将型钢悬挑梁锚固在主体结构上的U型钢筋拉环或螺栓的强度应按下式计算：

$$\sigma = \frac{N_m}{A_l} \leqslant f_l \tag{5.6.6}$$

式中，σ——U型钢筋拉环或螺栓应力值；

N_m——型钢悬挑梁锚固段压点U型钢筋拉环或螺栓拉力设计值(N)；

A_l——U型钢筋拉环净截面面积或螺栓的有效截面面积(mm^2)，一个钢筋拉环或一对螺栓按两个截面计算；

f_l——U型钢筋拉环或螺栓抗拉强度设计值，应按现行国家标准《混凝土结构设计规范》GB50010的规定取 $f_l = 50\ N/mm^2$。

5.6.7　当型钢悬挑梁锚固段压点处采用2个(对)及以上U型钢筋拉环或螺栓锚固连接时，其钢筋拉环或螺栓的承载能力应乘以0.85的折减系数。

5.6.8　当型钢悬挑梁与建筑结构锚固的压点处楼板未设置上层受力钢筋时，应经计算在楼板内配置用于承受型钢梁锚固作用引起负弯矩的受力钢筋。

5.6.9　对型钢悬挑梁下建筑结构的混凝土梁(板)应按现行国家标准《混凝土结构设计规范》GB50010的规定进行混凝土局部抗压承载力、结构承载力验算，

当不满足要求时，应采取可靠的加固措施。

5.6.10　悬挑脚手架的纵向水平杆、横向水平杆、立杆、连墙件计算应符合本规范第5.2节的规定。

6.6.1.6　构造要求

6.6.1.6.1　常用单、双排脚手架设计尺寸

6.1.1　常用密目式安全网全封闭单、双排脚手架结构的设计尺寸，可按表.1.1-1、表6.1.1-2采用。

表6.1.1-1　常用密目式安全立网全封闭式双排脚手架的设计尺寸(m)

连墙件设置	立杆横距 l_b	步距 h	下列荷载时的立杆纵距 l_a(m)				脚手架允许搭设高度[H]
			2＋0.35(kN/m²)	2＋2＋2×0.35(kN/m²)	3＋0.35(kN/m²)	3＋2＋2×0.35(kN/m²)	
二步三跨	1.05	1.5	2.0	1.5	1.5	1.5	50
		1.80	1.8	1.5	1.5	1.5	32
	1.30	1.5	1.8	1.5	1.5	1.5	50
		1.80	1.8	1.2	1.5	1.2	30
	1.55	1.5	1.8	1.5	1.5	1.5	38
		1.80	1.8	1.2	1.5	1.2	22
三步三跨	1.05	1.5	2.0	1.5	1.5	1.5	43
		1.80	1.8	1.2	1.5	1.2	24
	1.30	1.5	1.8	1.5	1.5	1.2	30
		1.80	1.8	1.2	1.5	1.2	17

注:(1)表中所示2＋2＋2×0.35(kN/m²包括下列荷载:2＋2(kN/m²)为二层装修作业层施工荷载标准值;2×0.35(kN/m²二层作业层脚手板自重荷载标准值。

(2)作业层横向水平杆间距,应按不大于 $l_a/2$ 设置。

(3)地面粗糙度为B类,基本风压 W_o＝0.4 kN/m²。

表6.1.1-2　常用密目式安全立网全封闭式单排脚手架的设计尺寸(m)

连墙件设置	立杆横距 l_b	步距 h	下列荷载时的立杆纵距 l_a(m)		脚手架允许搭设高度[H]
			2＋0.35(kN/m²)	3＋0.35(kN/m²)	
二步三跨	1.20	1.5	2.0	1.8	24
		1.80	1.5	1.2	24
	1.40	1.5	1.8	1.5	24
		1.80	1.5	1.2	24
三步三跨	1.20	1.5	2.0	1.8	24
		1.80	1.2	1.2	24
	1.40	1.5	1.8	1.5	24
		1.80	1.2	1.2	24

注:同表6.1.1-1。

6.1.2　单排脚手架搭设高度不应超过 24 m；双排脚手架搭设高度不宜超过 50 m，高度超过 50 m 的双排脚手架，应采用分段搭设等措施。

6.6.1.6.2　脚手架纵向水平杆、横向水平杆、脚手板

6.2.1　纵向水平杆的构造应符合下列规定：

1.纵向水平杆应设置在立杆内侧，单根杆长度不应小于 3 跨；

2.纵向水平杆接长应采用对接扣件连接或搭接，并应符合下列规定：

1)两根相邻纵向水平杆的接头不应设置在同步或同跨内；不同步或不同跨两个相邻接头在水平方向错开的距离不应小于 500 mm；各接头中心至最近主节点的距离不应大于纵距的 1/3(图 6.2.1-1)。

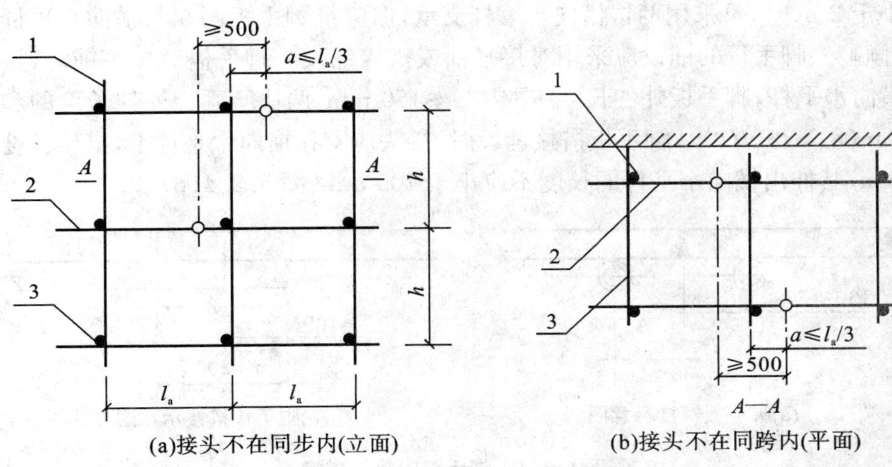

(a)接头不在同步内(立面)　　(b)接头不在同跨内(平面)

1—立杆；2—纵向水平杆；3—横向水平杆

图 6.2.1-1　纵向水平杆对接接头布置

2)搭接长度不应小于 1 m，应等间距设置 3 个旋转扣件固定；端部扣件盖板边缘至搭接纵向水平杆杆端的距离不应小于 100 mm。

3.当使用冲压钢脚手板、木脚手板、竹串片脚手板时，纵向水平杆应作为横向水平杆的支座，用直角扣件固定在立杆上；当使用竹笆脚手板时，纵向水平杆应采用直角扣件固定在横向水平杆上，并应等间距设置，间距不应大于 400 mm(图 6.2.1-2)。

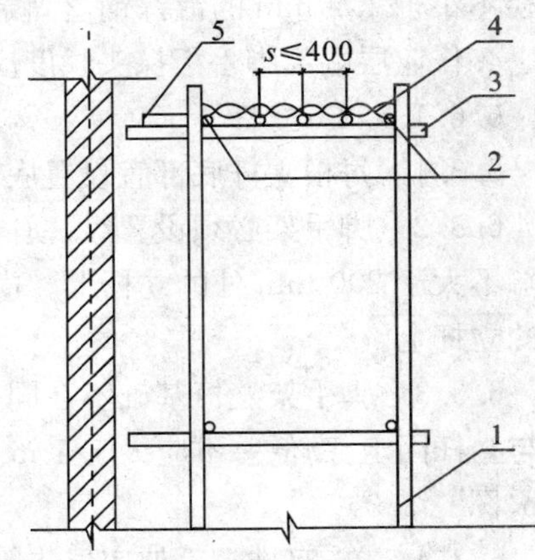

1—立杆；2—纵向水平杆；3—横向水平杆；4—竹笆脚手板；5—其他脚手板

图 6.2.1-2　铺竹笆脚手板时纵向水平杆的构造

6.2.2　横向水平杆的构造应符合下列规定：

1.作业层上非主节点处的横向水平杆，宜根据支承脚手板的需要等间距设置，最大间距不应大于纵距的 1/2；

2.当使用冲压钢脚手板、木脚手板、竹串片脚手板时，双排脚手架的横向水平杆两端均应采用直角扣件固定在纵向水平杆上；单排脚手

架的横向水平杆的一端应用直角扣件固定在纵向水平杆上，另一端应插入墙内，插入长度不应小于 180 mm；

3. 当使用竹笆脚手板时，双排脚手架的横向水平杆的两端，应用直角扣件固定在立杆上；单排脚手架的横向水平杆的一端，应用直角扣件固定在立杆上，另一端插入墙内，插入长度不应小于 180 mm。

6.2.3　主节点处必须设置一根横向水平杆，用直角扣件扣接且严禁拆除。

6.2.4　脚手板的设置应符合下列规定：

1. 作业层脚手板应铺满、铺稳、铺实；

2. 冲压钢脚手板、木脚手板、竹串片脚手板等，应设置在三根横向水平杆上。当脚手板长度小于 2 m 时，可采用两根横向水平杆支承，但应将脚手板两端与横向水平杆可靠固定，严防倾翻。脚手板的铺设应采用对接平铺或搭接铺设。脚手板对接平铺时，接头处应设两根横向水平杆，脚手板外伸长度应取 130～150 mm，两块脚手板外伸长度的和不应大于 300 mm(图 6.2.4(a))；脚手板搭接铺设时，接头应支在横向水平杆上，搭接长度不应小于 200 mm，其伸出横向水平杆的长度不应小于 100 mm(图 6.2.4(b))。

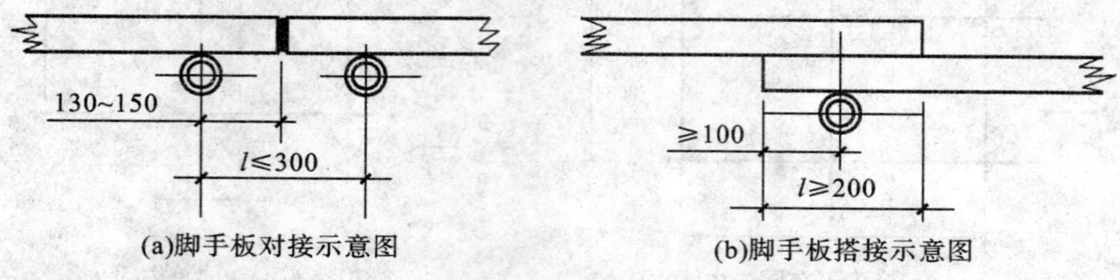

(a)脚手板对接示意图　　(b)脚手板搭接示意图

图 6.2.4　脚手架对接与搭接

3. 竹笆脚手板应按其主竹筋垂直于纵向水平杆方向铺设，且应对接平铺，四个角应用直径不小于 1.2 mm 的镀锌钢丝固定在纵向水平杆上。

4. 作业层端部脚手板探头长度应取 150 mm，其板的两端均应固定于支承杆件上。

6.6.1.6.3　立杆

6.3.1　每根立杆底部宜设置底座或垫板。

6.3.2　脚手架必须设置纵、横向扫地杆。纵向扫地杆应采用直角扣件固定在距钢管底端不大于 200 mm 处的立杆上。横向扫地杆应采用直角扣件固定在紧靠纵向扫地杆下方的立杆上。

6.3.3　脚手架立杆基础不在同一高度上时，必须将高处的纵向扫地杆向低处延长两跨与立杆固定，高低差不应大于 1 m。靠边坡上方的立杆轴线到边坡的距离不应小于 500 mm(图 6.3.3)。

6.3.4　单、双排脚手架底层步距均不应大于 2 m。

6.3.5　单排、双排与满堂脚手架立杆接长除顶层顶步外，其余各层各步接头必须采用对接扣件连接。

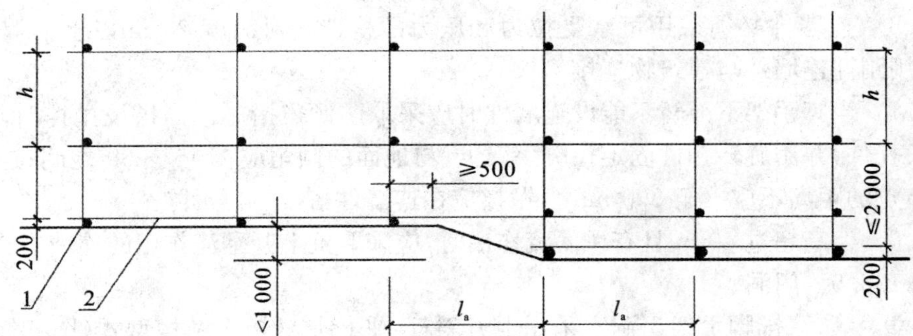

1—横向扫地杆;2—纵向扫地杆

图 6.3.3 纵、横向扫地杆构造

6.3.6 脚手架立杆的对接、搭接应符合下列规定:

1. 当立杆采用对接接长时,立杆的对接扣件应交错布置,两根相邻立杆的接头不应设置在同步内,同步内隔一根立杆的两个相隔接头在高度方向错开的距离不宜小于 500 mm;各接头中心至主节点的距离不宜大于步距的 1/3;

2. 当立杆采用搭接接长时,搭接长度不应小于 1 m,并应采用不少于 2 个旋转扣件固定。端部扣件盖板的边缘至杆端距离不应小于 100 mm。

6.3.7 脚手架立杆顶端栏杆宜高出女儿墙上端 1 m,宜高出檐口上端 1.5 m。

6.6.1.6.4 连墙件

6.4.1 脚手架连墙件设置的位置、数量应按专项施工方案确定。

6.4.2 脚手架连墙件数量的设置除应满足本规范的计算要求外,还应符合表 6.4.2 的规定。

表 6.4.2 连墙件布置最大间距

搭设方法	高度(m)	竖向间距(h)	水平间距(l_a)	每根连墙件覆盖面积(m^2)
双排落地	≤50	$3h$	$3l_a$	≤40
双排悬挑	>50	$2h$	$3l_a$	≤27
单排	≤24	$3h$	$3l_a$	≤40

注:h——步距;l_a——纵距。

6.4.3 连墙件的布置应符合下列规定:

1. 应靠近主节点设置,偏离主节点的距离不应大于 300 mm;

2. 应从底层第一步纵向水平杆处开始设置,当该处设置有困难时,应采用其他可靠措施固定;

3. 应优先采用菱形布置,或采用方形、矩形布置。

6.4.4 开口型脚手架的两端必须设置连墙件,连墙件的垂直间距不应大于建筑物的层高,并且不应大于 4 m。

6.4.5 连墙件中的连墙杆应呈水平设置,当不能水平设置时,应向脚手架一端下斜连接。

6.4.6　连墙件必须采用可承受拉力和压力的构造。对高度 24 m 以上的双排脚手架，应采用刚性连墙件与建筑物连接。

6.4.7　当脚手架下部暂不能设连墙件时应采取防倾覆措施。当搭设抛撑时，抛撑应采用通长杆件，并用旋转扣件固定在脚手架上，与地面的倾角应在 45°～60°之间；连接点中心至主节点的距离不应大于 300 mm。抛撑应在连墙件搭设后再拆除。

6.4.8　架高超过 40 m 且有风涡流作用时，应采取抗上升翻流作用的连墙措施。

6.6.1.6.5　门洞

6.5.1　单、双排脚手架门洞宜采用上升斜杆、平行弦杆桁架结构型式(图 6.5.1)，斜杆与地面的倾角 a 应在 45°～60°之间。门洞桁架的型式宜按下列要求确定：

1. 当步距(h)小于纵距(l_a)时，应采用 A 型；

2. 当步距(h)大于纵距(l_a)时，应采用 B 型，并应符合下列规定：

1)h=1.8 m 时，纵距不应大于 1.5 m；

2)h=2.0 m 时，纵距不应大于 1.2 m。

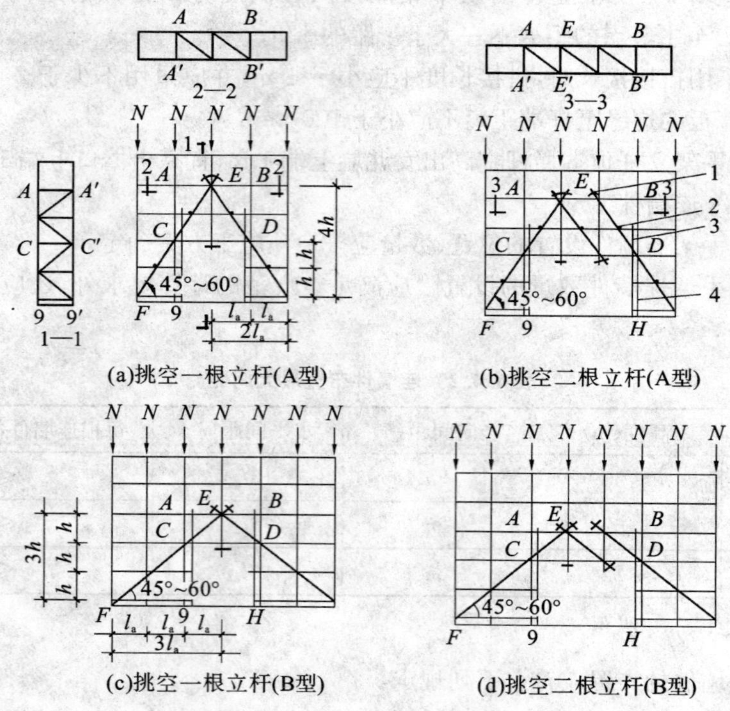

图 6.5.1　门洞处上升斜杆、平行弦杆桁架

6.5.2　单、双排脚手架门洞桁架的构造应符合下列规定：

1. 单排脚手架门洞处，应在平面桁架(图 6.5.1 中 $ABCD$)的每一节间设置一根斜腹杆；双排脚手架门洞处的空间桁架，除下弦平面外，应在其余 5 个平面内的图示节间设置一根斜腹杆(图 6.5.1 中 1—1、2—2、3—3 剖面)。

2. 斜腹杆宜采用旋转扣件固定在与之相交的横向水平杆的伸出端上，旋转扣件中心线至主节点的距离不宜大于 150 mm。当斜腹杆在 1 跨内跨越 2 个步距(图 6.5.1A 型)时,宜在相交的纵向水平杆处,增设一根横向水平杆,将斜腹杆固定在其伸出端上。

3. 斜腹杆宜采用通长杆件,当必须接长使用时,宜采用对接扣件连接,也可采用搭接,搭接构造应符合本规范第 6.3.6 条第二款的规定。

6.5.3　单排脚手架过窗洞时应增设立杆或增设一根纵向水平杆(图 6.5.3)。

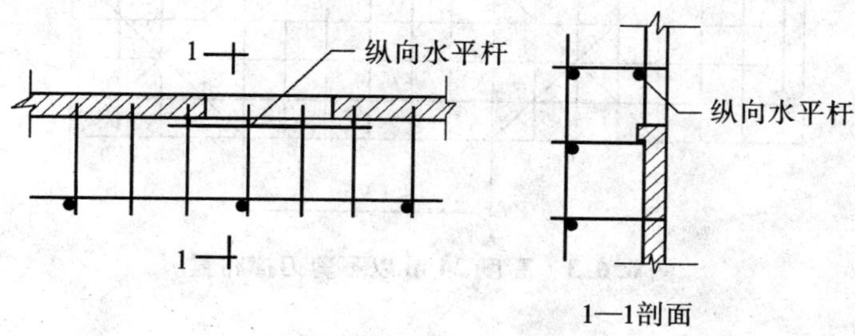

图 6.5.3　单排脚手架过窗洞构造

6.5.4　门洞桁架下的两侧立杆应为双管立杆,副立杆高度应高于门洞口 1～2 步。

6.5.5　门洞桁架中伸出上下弦杆的杆件端头,均应增设一个防滑扣件(图 6.5.1),该扣件宜紧靠主节点处的扣件。

6.6.1.6.6　剪刀撑与横向斜撑

6.6.1　双排脚手架应设置剪刀撑与横向斜撑,单排脚手架应设置剪刀撑。

6.6.2　单、双排脚手架剪刀撑的设置应符合下列规定:

1. 每道剪刀撑跨越立杆的根数应按表 6.6.2 的规定确定。每道剪刀撑宽度不应小于 4 跨,且不应小于 6 m,斜杆与地面的倾角应在 45°～60°之间;

表 6.6.2　剪刀撑跨越立杆的最多根数

剪刀撑杆与地面的夹角 α	45°	50°	60°
剪刀撑跨越立杆的最多根数 n	7	6	5

2. 剪刀撑斜杆的接长应采用搭接或对接,搭接应符合本规范第 6.3.6 条第二款的规定;

3. 剪刀撑斜杆应用旋转扣件固定在与之相交的横向水平杆的伸出端或立杆上,旋转扣件中心线至主节点的距离不应大于 150 mm。

6.6.3　高度在 24 m 及以上的双排脚手架应在外侧全立面连续设置剪刀撑;高度在 24 m 以下的单、双排脚手架,均必须在外侧两端、转角及中间间隔不超过 15 m 的立面上,各设置一道剪刀撑,并应由底至顶连续设置(图 6.6.3)。

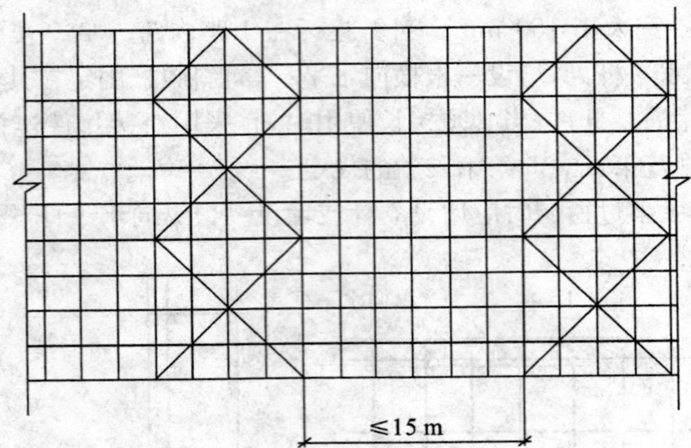

图 6.6.3　高度 24 m 以下剪刀撑布置

6.6.4　双排脚手架横向斜撑的设置应符合下列规定：

1. 横向斜撑应在同一节间，由底至顶层呈之字型连续布置，斜撑的固定应符合本规范第 6.5.2 条第 2 款的规定；

2. 高度在 24 m 以下的封闭型双排脚手架可不设横向斜撑，高度在 24 m 以上的封闭型脚手架，除拐角应设置横向斜撑外，中间应每隔 6 跨距设置一道。

6.6.5　开口型双排脚手架的两端均必须设置横向斜撑。

6.6.1.6.7　斜道

6.7.1　人行并兼作材料运输的斜道的型式宜按下列要求确定：

1. 高度不大于 6 m 的脚手架，宜采用一字型斜道；

2. 高度大于 6 m 的脚手架，宜采用之字型斜道。

6.7.2　斜道的构造应符合下列规定：

1. 斜道应附着外脚手架或建筑物设置；

2. 运料斜道宽度不应小于 1.5 m，坡度不应大于 1∶6；人行斜道宽度不应小于 1 m，坡度不应大于 1∶3；

3. 拐弯处应设置平台，其宽度不应小于斜道宽度；

4. 斜道两侧及平台外围均应设置栏杆及挡脚板。栏杆高度应为 1.2 m，挡脚板高度不应小于 180 mm。

5. 运料斜道两端、平台外围和端部均应按本规范第 6.4.1～6.4.6 条的规定设置连墙件；每两步应加设水平斜杆；应按本规范第 6.6.2～6.6.5 条的规定设置剪刀撑和横向斜撑。

6.7.3　斜道脚手板构造应符合下列规定：

1. 脚手板横铺时，应在横向水平杆下增设纵向支托杆，纵向支托杆间距不应大于 500 mm；

2. 脚手板顺铺时，接头应采用搭接，下面的板头应压住上面的板头，板头的凸棱处应采用三角木填顺；

3. 人行斜道和运料斜道的脚手板上应每隔 250～300 mm 设置一根防滑木条，木条厚度应为20～30 mm。

6.6.1.6.8 满堂脚手架

6.8.1 常用敞开式满堂脚手架结构的设计尺寸，可按表6.8.1采用。

表6.8.1 常用敞开式满堂脚手架结构的设计尺寸

序号	步距（m）	立杆间距（m）	支架高宽比不大于	下列施工荷载时最大允许高度（m）	
				2（kN/m²）	3（kN/m²）
1	1.7～1.8	1.2×1.2	2	17	9
2		1.0×1.0	2	30	24
3		0.9×0.9	2	36	36
4	1.5	1.3×1.3	2	18	9
5		1.2×1.2	2	23	16
6		1.0×1.0	2	36	31
7		0.9×0.9	2	36	36
8	1.2	1.3×1.3	2	20	13
9		1.2×1.2	2	24	19
10		1.0×1.0	2	36	32
11		0.9×0.9	2	36	36
12	0.9	1.0×1.0	2	36	33
13		0.9×0.9	2	36	36

注：(1)最少跨数应符合本规范附录C表C-1规定；(2)脚手板自重标准值取0.35 kN/m²；(3)地面粗糙度为B类，基本风压W_o=0.35 kN/m²；(4)立杆间距不小于1.2 m×1.2 m，施工荷载标准值不小于3 kN/m²时，立杆上应增设防滑扣件，防滑扣件应安装牢固，且顶紧立杆与水平杆连接的扣件。

6.8.2 满堂脚手架搭设高度不宜超过36 m；满堂脚手架施工层不得超过1层。

6.8.3 满堂脚手架立杆的构造应符合本规范第6.3.1～6.3.3条的规定；立杆接长接头必须采用对接扣件连接。立杆对接扣件布置应符合本规范第6.3.6条第一款的规定。水平杆的连接应符合本规范第6.2.1条第二款的有关规定，水平杆长度不宜小于3跨。

6.8.4 满堂脚手架应在架体外侧四周及内部纵、横向每6～8 m由底至顶设置连续竖向剪刀撑。当架体搭设高度在8 m以下时，应在架顶部设置连续水平剪刀撑；当架体搭设高度在8 m及以上时，应在架体底部、顶部及竖向间隔不超过8 m分别设置连续水平剪刀撑。水平剪刀撑宜在竖向剪刀撑斜杆相交平面设置。剪刀撑宽度应为6～8 m。

6.8.5 剪刀撑应用旋转扣件固定在与之相交的水平杆或立杆上，旋转扣件中心线至主节点的距离不宜大于150 mm。

6.8.6 满堂脚手架的高宽比不宜大于3，当高宽比大于2时，应在架体的外侧四周和内部水平间隔6～9 m，竖向间隔4～6 m设置连墙件与建筑结构拉结，当无法设置连墙件时，应采取设置钢丝绳张拉固定等措施。

6.8.7 最少跨数为2、3跨的满堂脚手架，宜按本规范6.4节的规定设置连墙件。

6.8.8 当满堂脚手架局部承受集中荷载时，应按实际荷载计算并应局部加固。

6.8.9 满堂脚手架应设爬梯，爬梯踏步间距不得大于300 mm。

6.8.10 满堂脚手架操作层支撑脚手板的水平杆间距不应大于1/2跨距；脚手板的铺设应符合本规范第6.2.4条的规定。

6.6.1.6.9 满堂支撑架

6.9.1 满堂支撑架立杆步距与立杆间距不宜超过本规范附录C中表C-2～C-5规定的上限值，立杆伸出顶层水平杆中心线至支撑点的长度 a 不应超过0.5 m。满堂支撑架搭设高度不宜超过30 m。

6.9.2 满堂支撑架立杆、水平杆的构造要求应符合本规范第6.8.3条的规定。

6.9.3 满堂支撑架应根据架体的类型设置剪刀撑，并应符合下列规定：

1.普通型：

1)在架体外侧周边及内部纵、横向每5～8 m，应由底至顶设置连续竖向剪刀撑，剪刀撑宽度应为5～8 m(图6.9.3-1)。

2)在竖向剪刀撑顶部交点平面应设置连续水平剪刀撑。当支撑高度超过8 m，或施工总荷载大于15 kN/m²，或集中线荷载大于20 kN/m的支撑架，扫地杆的设置层应设置水平剪刀撑。水平剪刀撑至架体底平面距离与水平剪刀撑间距不宜超过8 m(图6.9.3-1)。

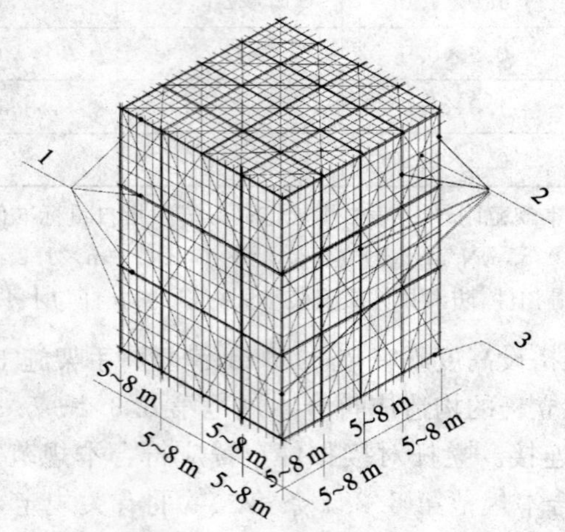

1—水平剪刀撑；2—竖向剪刀撑；3—扫地杆设置层

图6.9.3-1 普通型水平、竖向剪刀撑布置图

2.加强型：

1)当立杆纵、横间距为0.9 m×0.9 m～1.2 m×1.2 m时，在架体外侧周边及内部纵、横向每4跨(且不大于5 m)，应由底至顶设置连续竖向剪刀撑，剪刀撑宽度应为4跨。

2)当立杆纵、横间距为0.6 m×0.6 m～0.9 m×0.9 m(含0.6 m×0.6 m，0.9 m×0.9 m)时，在架体外侧周边及内部纵、横向每5跨(且不小于3 m)，应由底至顶设置连续竖向剪刀撑，剪刀撑宽度应为5跨。

3)当立杆纵、横间距为0.4 m×0.4 m～0.6 m×0.6 m(含0.4 m×0.4 m)时，在架体

外侧周边及内部纵、横向每3～3.2 m应由底至顶设置连续竖向剪刀撑，剪刀撑宽度应为3～3.2 m。

4)在竖向剪刀撑顶部交点平面应设置水平剪刀撑，扫地杆的设置层水平剪刀撑的设置应符合6.9.3条第一款第二项的规定，水平剪刀撑至架体底平面距离与水平剪刀撑间距不宜超过6 m，剪刀撑宽度应为3～5 m(图6.9.3-2)。

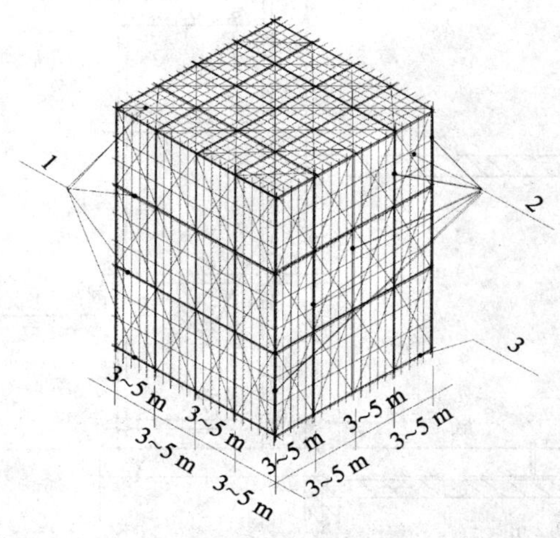

1—水平剪刀撑；2—竖向剪刀撑；3—扫地杆设置层

图6.9.3-2　加强型水平、竖向剪刀撑构造布置图

6.9.4　竖向剪刀撑斜杆与地面的倾角应为45°～60°，水平剪刀撑与支架纵(或横)向夹角应为45°～60°，剪刀撑斜杆的接长应符合本规范第6.3.6条的规定。

6.9.5　剪刀撑的固定应符合本规范第6.8.5条的规定。

6.9.6　满堂支撑架的可调底座、可调托撑螺杆伸出长度不宜超过300 mm，插入立杆内的长度不得小于150 mm。

6.9.7　当满堂支撑架高宽比不满足本规范附录C中表C-2～C-5规定(高宽比大于2或2.5)时，满堂支撑架应在支架的四周和中部与结构柱进行刚性连接，连墙件水平间距应为6～9 m，竖向间距应为2～3 m。在无结构柱部位应采取预埋钢管等措施与建筑结构进行刚性连接，在有空间部位，满堂支撑架宜超出顶部加载区投影范围向外延伸布置2～3跨。支撑架高宽比不应大于3。

6.6.1.6.10　型钢悬挑脚手架

6.10.1　一次悬挑脚手架高度不宜超过20 m。

6.10.2　型钢悬挑梁宜采用双轴对称截面的型钢。悬挑钢梁型号及锚固件应按设计确定，钢梁截面高度不应小于160 mm。悬挑梁尾端应在两处及以上固定于钢筋混凝土梁板结构上。锚固型钢悬挑梁的U型钢筋拉环或锚固螺栓直径不宜小于16 mm(图6.10.2)。

6.10.3　用于锚固的U型钢筋拉环或螺栓应采用冷弯成型。U型钢筋拉环、锚固螺栓与型钢间隙应用钢楔或硬木楔楔紧。

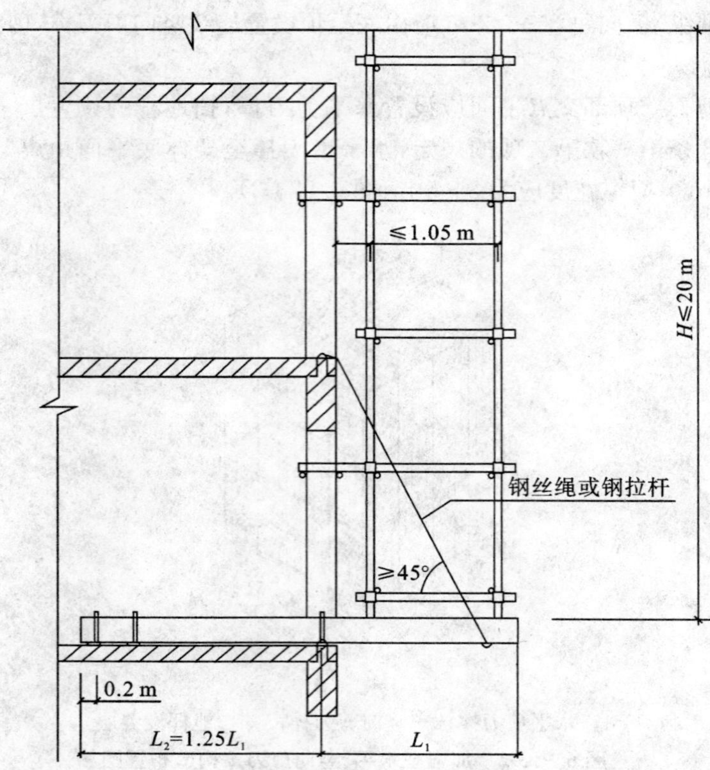

图 6.10.2　型钢悬挑脚手架构造

6.10.4　每个型钢悬挑梁外端宜设置钢丝绳或钢拉杆与上一层建筑结构斜拉结。钢丝绳、钢拉杆不参与悬挑钢梁受力计算；钢丝绳与建筑结构拉结的吊环应使用HPB235级钢筋，其直径不宜小于20 mm，吊环预埋锚固长度应符合现行国家标准《混凝土结构设计规范》GB50010中钢筋锚固的规定(图6.10.2)。

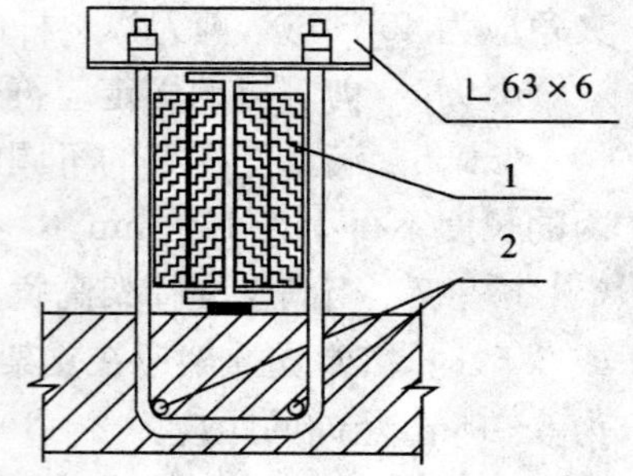

1—木楔侧向楔紧；2—两根1.5 m长直径18 mmHRB335钢筋

图 6.10.5-1　悬挑钢梁U型螺栓固定构造

6.10.5　悬挑钢梁悬挑长度应按设计确定，固定段长度不应小于悬挑段长度的1.25倍。型钢悬挑梁固定端应采用2个(对)及以上U型钢筋拉环或锚固螺栓与建筑结构梁板固定，U型钢筋拉环或锚固螺栓应预埋至混凝土梁、板底层钢筋位置，并应与混凝土梁、板底层钢筋焊接或绑扎牢固，其锚固长度应符合现行国家标准《混凝土结构设计规范》GB50010中钢筋锚固的规定(图6.10.5-1、6.10.5-2、6.10.5-3)。

6.10.6　当型钢悬挑梁与建筑结构采用螺栓钢压板连接固定时，钢压板尺寸不应小于100 mm×10 mm(宽×厚)；当采用螺栓角钢压板连接时，角钢的规格不应小于63 mm×63 mm×6 mm。

6.10.7　型钢悬挑梁悬挑端应设置能使脚手架立杆与钢梁可靠固定的定位点，定位点离悬挑梁端部不应小于100 mm。

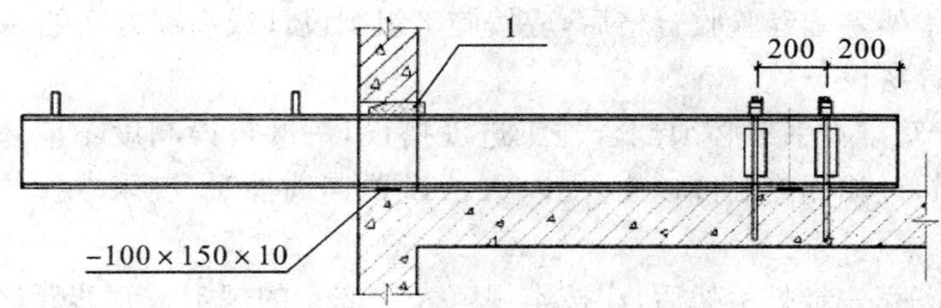

1—木楔楔紧

图 6.10.5-2 悬挑钢梁穿墙构造

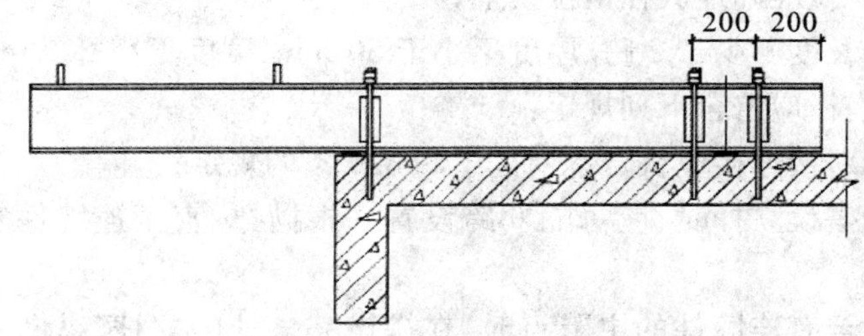

图 6.10.5-3 悬挑钢梁楼面构造

6.10.8 锚固位置设置在楼板上时，楼板的厚度不宜小于 120 mm。如果楼板的厚度小于 120 mm 应采取加固措施。

6.10.9 悬挑梁间距应按悬挑架架体立杆纵距设置，每一纵距设置一根。

6.10.10 悬挑架的外立面剪刀撑应自下而上连续设置。剪刀撑设置应符合本规范第 6.6.2、6.6.5 条的规定。

6.10.11 连墙件设置应符合本规范第 6.4 节的规定。

6.10.12 锚固型钢的主体结构混凝土强度等级不得低于 C20。

6.6.1.7 施工

6.6.1.7.1 施工准备

7.1.1 脚手架搭设前，应按专项施工方案向施工人员进行交底。

7.1.2 应按本规范的规定和脚手架专项施工方案要求对钢管、扣件、脚手板、可调托撑等进行检查验收，不合格产品不得使用。

7.1.3 经检验合格的构配件应按品种、规格分类，堆放整齐、平稳，堆放场地不得有积水。

7.1.5 应清除搭设场地杂物，平整搭设场地，并应使排水畅通。

6.6.1.7.2 地基与基础

7.2.1 脚手架地基与基础的施工，应根据脚手架所受荷载、搭设高度、搭设场地土质情况与现行国家标准《建筑地基基础工程施工质量验收规范》GB 50202 的有关规定进行。

7.2.2 压实填土地基应符合现行国家标准《建筑地基基础设计规范》GB50007 的相关规定；灰土地基应符合现行国家标准《建筑地基基础工程施工质量验收规范》GB50202 的相关规定。

7.2.3 立杆垫板或底座底面标高宜高于自然地坪 50～100 mm。

7.2.4 脚手架基础经验收合格后，应按施工组织设计或专项方案的要求放线定位。

6.6.1.7.3 搭设

7.3.1 单、双排脚手架必须配合施工进度搭设，一次搭设高度不应超过相邻连墙件以上两步；如果超过相邻连墙件以上两步，无法设置连墙件时，应采取撑拉固定等措施与建筑结构拉结。

7.3.2 每搭完一步脚手架后，应按本规范表 8.2.4 的规定校正步距、纵距、横距及立杆的垂直度。

7.3.3 底座安放应符合下列规定：

1. 底座、垫板均应准确地放在定位线上；

2. 垫板应采用长度不少于 2 跨、厚度不小于 50 mm、宽度不小 200 mm 的木垫板。

7.3.4 立杆搭设应符合下列规定：

1. 相邻立杆的对接连接应符合本规范第 6.3.6 条的规定；

2. 脚手架开始搭设立杆时，应每隔 6 跨设置一根抛撑，直至连墙件安装稳定后，方可根据情况拆除；

3. 当架体搭设至有连墙件的主节点时，在搭设完该处的立杆、纵向水平杆、横向水平杆后，应立即设置连墙件。

7.3.5 脚手架纵向水平杆的搭设应符合下列规定：

1. 脚手架纵向水平杆应随立杆按步搭设，并应采用直角扣件与立杆固定；

2. 纵向水平杆的搭设应符合本规范第 6.2.1 条的规定；

3. 在封闭型脚手架的同一步中，纵向水平杆应四周交圈设置，并应用直角扣件与内外角部立杆固定。

7.3.6 脚手架横向水平杆搭设应符合下列规定：

1. 搭设横向水平杆应符合本规范第 6.2.2 条的规定；

2. 双排脚手架横向水平杆的靠墙一端至墙装饰面的距离不应大于 100 mm；

3. 单排脚手架的横向水平杆不应设置在下列部位：

1)设计上不允许留脚手眼的部位；

2)过梁上与过梁两端成 600 角的三角形范围内及过梁净跨度 1/2 的高度范围内；

3)宽度小于 1 m 的窗间墙；

4)梁或梁垫下及其两侧各 500 mm 的范围内；

5)砖砌体的门窗洞口两侧 200 mm 和转角处 450 mm 的范围内，其他砌体的门窗洞口两侧 300 mm 和转角处 600 mm 的范围内；

6)墙体厚度小于或等于 180 mm；

7)独立或附墙砖柱，空斗砖墙、加气块墙等轻质墙体；

8)砌筑砂浆强度等级小于或等于 M2.5 的砖墙。

7.3.7 脚手架纵向、横向扫地杆搭设应符合本规范第 6.3.2、6.3.3 条的规定。

7.3.8 脚手架连墙件安装应符合下列规定：

1. 连墙件的安装应随脚手架搭设同步进行，不得滞后安装；

2. 当单、双排脚手架施工操作层高出相邻连墙件以上二步时，应采取确保脚手架稳定的临时拉结措施，直到上一层连墙件安装完毕后再根据情况拆除。

7.3.9　脚手架剪刀撑与单、双排脚手架横向斜撑应随立杆、纵向和横向水平杆等同步搭设，不得滞后安装。

7.3.10　脚手架门洞搭设应符合本规范第 6.5 节的规定。

7.3.11　扣件安装应符合下列规定：

1. 扣件规格应与钢管外径相同；

2. 螺栓拧紧扭力矩不应小于 40 N·m，且不应大于 65 N·m；

3. 在主节点处固定横向水平杆、纵向水平杆、剪刀撑、横向斜撑等用的直角扣件、旋转扣件的中心点的相互距离不应大于 150 mm；

4. 对接扣件开口应朝上或朝内；

5. 各杆件端头伸出扣件盖板边缘的长度不应小于 100 mm。

7.3.12　作业层、斜道的栏杆和挡脚板的搭设应符合下列规定(图 7.3.12)：

1. 栏杆和挡脚板均应搭设在外立杆的内侧；

2. 上栏杆上皮高度应为 1.2 m；

3. 挡脚板高度不应小于 180 mm；

4. 中栏杆应居中设置。

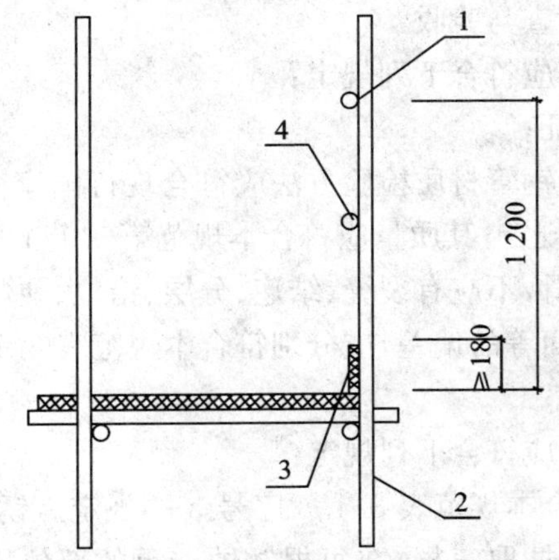

1—上栏杆；2—外立杆；3—挡脚板；4—中栏杆

图 7.3.12　栏杆与挡脚板构造

7.3.13　脚手板的铺设应符合下列规定：

1. 脚手板应铺满、铺稳，离墙面的距离不应大于 150 mm；

2. 采用对接或搭接时均应符合本规范第 6.2.3 条的规定；脚手板探头应用直径 3.2 mm 的镀锌钢丝固定在支承杆件上；

3. 在拐角、斜道平台口处的脚手板，应用镀锌钢丝固定在横向水平杆上，防止滑动。

6.6.1.7.4　拆除

7.4.1　脚手架拆除应按专项方案施工，拆除前应做好下列准备工作：

1. 应全面检查脚手架的扣件连接、连墙件、支撑体系等是否符合构造要求；

2. 应根据检查结果补充完善脚手架专项方案中的拆除顺序和措施，经审批后方可实施；

3.拆除前应对施工人员进行交底；

4.应清除脚手架上杂物及地面障碍物。

7.4.2　单、双排脚手架拆除作业必须由上而下逐层进行，严禁上下同时作业；连墙件必须随脚手架逐层拆除，严禁先将连墙件整层或数层拆除后再拆脚手架；分段拆除高差大于两步时，应增设连墙件加固。

7.4.3　当脚手架拆至下部最后一根长立杆的高度(约 6.5 m)时，应先在适当位置搭设临时抛撑加固后，再拆除连墙件。当单、双排脚手架采取分段、分立面拆除时，对不拆除的脚手架两端，应先按本规范第 6.4.4 条、6.6.4 条、6.6.5 条的有关规定设置连墙件和横向斜撑加固。

7.4.4　架体拆除作业应设专人指挥，当有多人同时操作时，应明确分工、统一行动，且应具有足够的操作面。

7.4.5　卸料时各构配件严禁抛掷至地面；

7.4.6　运至地面的构配件应按本规范的规定及时检查、整修与保养，并应按品种、规格分别存放。

6.6.1.8　检查与验收

6.6.1.8.1　构配件检查与验收

8.1.1　新钢管的检查应符合下列规定：

1.应有产品质量合格证；

2.应有质量检验报告，钢管材质检验方法应符合现行国家标准《金属材料室温拉伸试验方法》GB/T 228 的有关规定，其质量应符合本规范第 3.1.1 条的规定；

3.钢管表面应平直光滑，不应有裂缝、结疤、分层、错位、硬弯、毛刺、压痕和深的划道；

4.钢管外径、壁厚、端面等的偏差，应分别符合本规范表 8.1.8 的规定；

5.钢管应涂有防锈漆。

8.1.2　旧钢管的检查应符合下列规定：

1.表面锈蚀深度应符合本规范表 8.1.8 序号 3 的规定。锈蚀检查应每年一次。检查时，应在锈蚀严重的钢管中抽取三根，在每根锈蚀严重的部位横向截断取样检查，当锈蚀深度超过规定值时不得使用；

2.钢管弯曲变形应符合本规范表 8.1.8 序号 4 的规定。

8.1.3　扣件验收应符合下列规定：

1.扣件应有生产许可证、法定检测单位的测试报告和产品质量合格证。当对扣件质量有怀疑时，应按现行国家标准《钢管脚手架扣件》GB 15831 的规定抽样检测；

2.新、旧扣件均应进行防锈处理；

3.扣件的技术要求应符合现行国家标准《钢管脚手架扣件》GB 15831 的相关规定。

8.1.4　扣件进入施工现场应检查产品合格证，并应进行抽样复试，技术性能应符合现行国家标准《钢管脚手架扣件》GB 15831 的规定。扣件在使用前应逐个挑选，有裂缝、变形、螺栓出现滑丝的严禁使用。

8.1.5　脚手板的检查应符合下列规定：

1. 冲压钢脚手板

1)新脚手板应有产品质量合格证；

2)尺寸偏差应符合本规范表 8.1.8 序号 5 的规定，且不得有裂纹、开焊与硬弯；

3)新、旧脚手板均应涂防锈漆；

4)应有防滑措施。

2. 木脚手板、竹脚手板

1)木脚手板质量应符合本规范第 3.3.3 条的规定，宽度、厚度允许偏差应符合国家标准《木结构工程施工质量验收规范》GB 50206—2002 第 4.3.1 条表 4.3.1 第一项的规定。不得使用扭曲变形、劈裂、腐朽的脚手板；

2)竹笆脚手板、竹串片脚手板的材料应符合本规范第 3.3.4 条的规定。

8.1.6　悬挑脚手架用型钢的质量应符合本规范第 3.5.1 条的规定，并应符合现行国家标准《钢结构工程施工质量验收规范》GB 50205 的有关规定。

8.1.7　可调托撑的检查应符合下列规定：

1. 应有产品质量合格证，其质量应符合本规范第 3.4 节的规定；

2. 应有质量检验报告，可调托撑抗压承载力应符合本规范第 5.1.7 条的规定；

3. 可调托撑支托板厚不应小于 5 毫米，变形不应大于 1 mm；

4. 严禁使用有裂缝的支托板、螺母。

8.1.8　构配件允许偏差应符合表 8.1.8 的规定。

表 8.1.8　构配件允许偏差

序号	项目	允许偏差 Δ(mm)	示意图	检查工具
1	焊接钢管尺寸(mm) 外径 48.3 壁厚 3.6	±0.5 ±0.36	—	游标卡尺
2	钢管两端面切斜偏差	1.70	2°	塞尺，拐角尺
3	钢管外表面锈蚀深度	≤0.5	Δ	游标卡尺

（续表）

序号	项目	允许偏差 Δ(mm)	示意图	检查工具
4	钢管弯曲 a. 各种杆件钢管的端部弯曲 $l \leqslant 1.5$ m	≤5		钢板尺
	b. 立杆钢管弯曲 3 m<l≤4 m 4 m<l≤6.5 m	≤12 ≤20		
	c. 水平杆、斜杆的钢管弯曲 $l \leqslant 6.5$ m	≤30		
5	冲压钢脚手板 a. 板面挠曲 $l \leqslant 4$ m l>4 m	≤12 ≤16	—	钢板尺
	b. 板面扭曲 （任一角翘起）	≤5	—	
6	可调托撑支托板变形	1.0		钢板尺、塞尺

6.6.1.8.2　脚手架检查与验收

8.2.1　脚手架及其地基基础应在下列阶段进行检查与验收：

1. 基础完工后及脚手架搭设前；

2. 作业层上施加荷载前；

3. 每搭设完 6～8 m 高度后；

4. 达到设计高度后；

5. 遇有六级强风及以上风或大雨后，冻结地区解冻后；

6. 停用超过一个月。

8.2.2　应根据下列技术文件进行脚手架检查、验收：

1. 本规范第 8.2.3～8.2.5 条的规定；

2. 专项施工方案及变更文件；

3. 技术交底文件。

4. 构配件质量检查表（附录 D，表 D）

8.2.3　脚手架使用中，应定期检查下列要求内容：

1. 杆件的设置和连接，连墙件、支撑、门洞桁架等的构造应符合本规范和专项施工方案的要求；

2. 地基应无积水，底座应无松动，立杆应无悬空；

3. 扣件螺栓应无松动；

4. 高度在 24 m 以上的双排、满堂脚手架，其立杆的沉降与垂直度的偏差应符合本规范表 8.2.4 项次 1、2 的规定；高度在 20 m 以上的满堂支撑架，其立杆的沉降与垂直度的偏差应符合本规范表 8.2.4 项次 1、3 的规定；

5. 安全防护措施应符合本规范要求；

6. 应无超载使用。

8.2.4　脚手架搭设的技术要求、允许偏差与检验方法，应符合表 8.2.4 的规定。

表 8.2.4　脚手架搭设的技术要求、允许偏差与检验方法

<table>
<tr><th>项次</th><th colspan="2">项目</th><th>技术要求</th><th>容许偏差Δ(mm)</th><th>示意图</th><th>检查方法与工具</th></tr>
<tr><td rowspan="5">1</td><td rowspan="5">地基基础</td><td>表面</td><td>坚实平整</td><td rowspan="3">—</td><td rowspan="5">—</td><td rowspan="5">观察</td></tr>
<tr><td>排水</td><td>不积水</td></tr>
<tr><td>垫板</td><td>不晃动</td></tr>
<tr><td rowspan="2">底座</td><td>不滑动</td><td rowspan="2">−10</td></tr>
<tr><td>不沉降</td></tr>
<tr><td rowspan="11">2</td><td rowspan="11">单、双排与满堂脚手架立杆垂直度</td><td>最后验收立杆垂直度20～50 m</td><td>—</td><td>±100</td><td>Δ　Δ　H_{max}</td><td rowspan="11">用经纬仪或吊线和卷尺</td></tr>
<tr><td colspan="4">下列脚手架允许偏差(mm)</td></tr>
<tr><td rowspan="2">搭设中检查偏差的高度(m)</td><td colspan="3">总高度(m)</td></tr>
<tr><td>50 m</td><td>40 m</td><td>20 m</td></tr>
<tr><td>H=2</td><td>±7</td><td>±7</td><td>±7</td></tr>
<tr><td>H=10</td><td>±20</td><td>±25</td><td>±50</td></tr>
<tr><td>H=20</td><td>±40</td><td>±50</td><td>±100</td></tr>
<tr><td>H=30</td><td>±60</td><td>±75</td><td></td></tr>
<tr><td>H=40</td><td>±80</td><td>±100</td><td></td></tr>
<tr><td>H=50</td><td>±100</td><td></td><td></td></tr>
<tr><td colspan="4">中间档次用插入法</td></tr>
</table>

(续表)

项次	项目		技术要求	容许偏差Δ(mm)	示意图	检查方法与工具
3	满堂支撑架立杆垂直度	最后验收垂直度30 m	—	±90	—	用经纬仪或吊线和卷尺
		下列满堂支撑架允许水平偏差(mm)				
		搭设中检查偏差的高度(m)		总高度(m) 30 m		
		$H=2$ $H=10$ $H=20$ $H=30$		±7 ±30 ±60 ±90		
		中间档次用插入法				
4	单双排、满堂脚手架间距	步距 纵距 横距	— —	±20 ±50 ±20	—	钢板尺
5	满堂支撑架间距	步距 立杆间距	— —	±20 ±30	—	钢板尺
6	纵向水平杆高差	一根杆的两端	—	±20	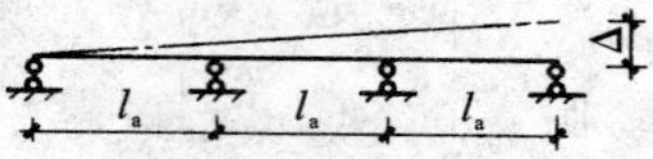	水平仪或水平尺
		同跨内两根纵向水平杆高差	—	±10	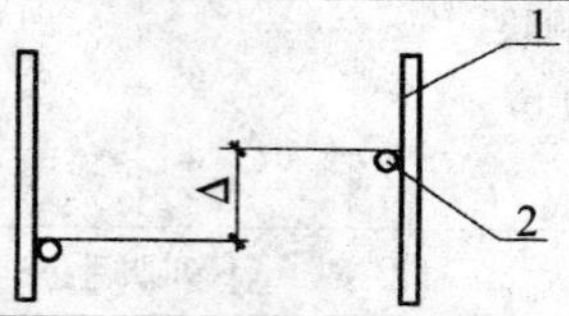	
7	剪刀撑斜杆与地面的倾角		45°～60°		—	钢板尺
8	脚手板外伸长度	对接	$a=130$～150 mm $l\leqslant300$ mm	—	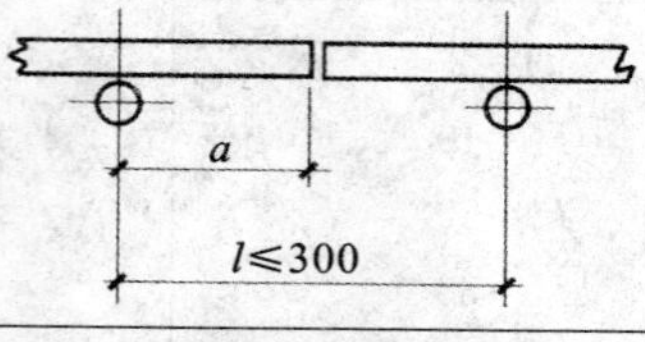	卷尺
		搭接	$a\geqslant100$ mm $l\geqslant200$ mm	—	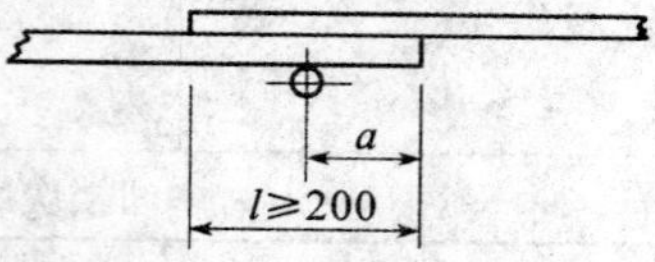	卷尺

（续表）

项次	项目		技术要求	容许偏差Δ(mm)	示意图	检查方法与工具
10	扣件安装	主节点处各扣件中心点相互距离	$a \leqslant 150$ mm	—	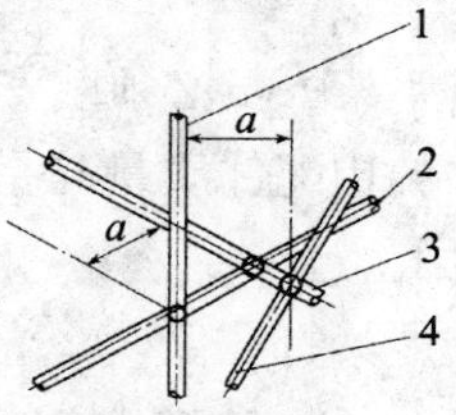	钢板尺
		同步立杆上两个相隔对接扣件的高差	$a \geqslant 500$ mm	—	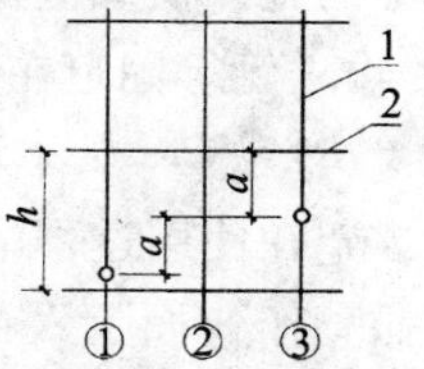	钢卷尺
		立杆上的对接扣件至主节点的距离	$a \leqslant h/3$	—		
		纵向水平杆上的对接扣件距主节点的距离	$a \leqslant l_a/3$	—	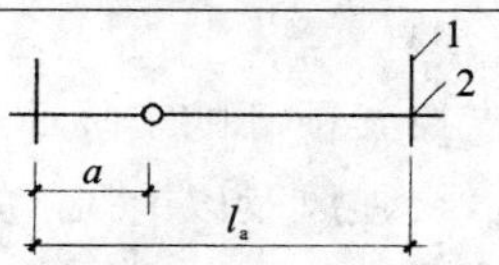	
		扣件螺栓拧紧扭力矩	40～65 N·m	—	—	扭力扳手

注：图中1—立杆；2—纵向水平杆；3—横向水平杆；4—剪刀撑。

8.2.5　安装后的扣件螺栓拧紧扭力矩应采用扭力板手检查，抽样方法应按随机分布原则进行。抽样检查数目与质量判定标准，应按表8.2.5的规定确定。不合格的应重新拧紧至合格。

表8.2.5　扣件拧紧抽样检查数目及质量判定标准

项次	检查项目	安装扣件数量（个）	抽检数量（个）	允许的不合格数
1	连接立杆与纵（横）向水平杆或剪刀撑的扣件；接长立杆、与纵向水平杆或剪刀撑的扣件	51～90	5	0
		91～150	8	1
		151～280	13	1
		281～500	20	2
		501～1 200	32	3
		1 201～3 200	50	5
2	连接横向水平杆与纵向水平杆的扣件（非主接点处）	51～90	5	1
		91～150	8	2
		151～280	13	3
		281～500	20	5
		501～1 200	32	7
		1 201～3 200	50	10

6.6.1.9　安全管理

9.0.1　扣件式钢管脚手架安装与拆除人员必须是经考核合格的专业架子工。架子工应持证上岗。

9.0.2　搭拆脚手架人员必须戴安全帽、系安全带、穿防滑鞋。

9.0.3　脚手架的构配件质量与搭设质量，应按本规范第 8 章的规定进行检查验收，并应确认合格后使用。

9.0.4　钢管上严禁打孔。

9.0.5　作业层上的施工荷载应符合设计要求，不得超载。不得将模板支架、缆风绳、泵送混凝土和砂浆的输送管等固定在架体上；严禁悬挂起重设备，严禁拆除或移动架体上安全防护设施。

9.0.6　满堂支撑架在使用过程中，应设有专人监护施工，当出现异常情况时，应立即停止施工，并应迅速撤离作业面上人员。应在采取确保安全的措施后，查明原因、做出判断和处理。

9.0.7　满堂支撑架顶部的实际荷载不得超过设计规定。

9.0.8　当有六级强风及以上风、浓雾、雨或雪天气时应停止脚手架搭设与拆除作业。雨、雪后上架作业应有防滑措施，并应扫除积雪。

9.0.9　夜间不宜进行脚手架搭设与拆除作业。

9.0.10　脚手架的安全检查与维护，应按本规范第 8.2 节的规定进行。

9.0.11　脚手板应铺设牢靠、严实，并应用安全网双层兜底。施工层以下每隔 10 m 应用安全网封闭。

9.0.12　单、双排脚手架、悬挑式脚手架沿架体外围应用密目式安全网全封闭，密目式安全网宜设置在脚手架外立杆的内侧，并应与架体绑扎牢固。

9.0.13　在脚手架使用期间，严禁拆除下列杆件：

1. 主节点处的纵、横向水平杆，纵、横向扫地杆；

2. 连墙件。

9.0.14　当在脚手架使用过程中开挖脚手架基础下的设备基础或管沟时，必须对脚手架采取加固措施。

9.0.15　满堂脚手架与满堂支撑架在安装过程中，应采取防倾覆的临时固定措施。

9.0.16　临街搭设脚手架时，外侧应有防止坠物伤人的防护措施。

9.0.17　在脚手架上进行电、气焊作业时，应有防火措施和专人看守。

9.0.18　工地临时用电线路的架设及脚手架接地、避雷措施等，应按现行行业标准《施工现场临时用电安全技术规范》JGJ 46 的有关规定执行。

9.0.19　搭拆脚手架时，地面应设围栏和警戒标志，并应派专人看守，严禁非操作人员入内。

附录 A　计算用表

A.0.1　单、双排脚手架立杆承受的每米结构自重标准值，可按表 A.0.1 的规定取用。

表 A.0.1　单、双排脚手架立杆承受的每米结构自重标准值 gk(kN/m)

步距 h(m)	脚手架类型	纵距(m)				
		1.2	1.5	1.8	2.0	2.1
1.20	单排	0.1642	0.1793	0.1945	0.2046	0.2097
	双排	0.1538	0.1667	0.1796	0.1882	0.1925
1.35	单排	0.1530	0.1670	0.1809	0.1903	0.1949
	双排	0.1426	0.1543	0.1660	0.1739	0.1778
1.50	单排	0.1440	0.1570	0.1701	0.1788	0.1831
	双排	0.1336	0.1444	0.1552	0.1624	0.1660
1.80	单排	0.1305	0.1422	0.1538	0.1615	0.1654
	双排	0.1202	0.1295	0.1389	0.1451	0.1482
2.00	单排	0.1238	0.1347	0.1456	0.1529	0.1565
	双排	0.1134	0.1221	0.1307	0.1365	0.1394

注:Φ48.3×3.6钢管,扣件自重按本规范附录A表A.0.4采用。表内中间值可按线性插入计算。

A.0.2　满堂脚手架立杆承受的每米结构自重标准值,宜按表A.0.2取用。

表 A.0.2 满堂脚手架立杆承受的每米结构自重标准值 gk(kN/m)

步距 h (m)	横距 l_b (m)	纵距 l_a(m)						
		0.6	0.9	1.0	1.2	1.3	1.35	1.5
0.6	0.4	0.1820	0.2086	0.2176	0.2353	0.2443	0.2487	0.2620
	0.6	0.2002	0.2273	0.2362	0.2543	0.2633	0.2678	0.2813
0.90	0.6	0.1563	0.1759	0.1825	0.1955	0.2020	0.2053	0.2151
	0.9	0.1762	0.1961	0.2027	0.2160	0.2226	0.2260	0.2359
	1.0	0.1828	0.2028	0.2095	0.2226	0.2295	0.2328	0.2429
	1.2	0.1960	0.2162	0.2230	0.2365	0.2432	0.2466	0.2567
1.05	0.9	0.1615	0.1792	0.1851	0.1970	0.2029	0.2059	0.2148
1.20	0.6	0.1344	0.1503	0.1556	0.1662	0.1715	0.1742	0.1821
	0.9	0.1505	0.1666	0.1719	0.1827	0.1882	0.1908	0.1988
	1.0	0.1558	0.1720	0.1775	0.1883	0.1937	0.1964	0.2045
	1.2	0.1665	0.1829	0.1883	0.1993	0.2048	0.2075	0.2156
	1.3	0.1719	0.1883	0.1939	0.2049	0.2103	0.2130	0.2213
1.35	0.9	0.1419	0.1568	0.1617	0.1717	0.1766	0.1791	0.1865

（续表）

步距 h (m)	横距 l_b (m)	纵距 l_a(m)						
		0.6	0.9	1.0	1.2	1.3	1.35	1.5
1.50	0.9	0.135 0	0.148 9	0.153 5	0.162 8	0.167 4	0.169 7	0.1766
	1.0	0.139 6	0.153 6	0.158 3	0.167 5	0.172 1	0.174 5	0.181 5
	1.2	0.148 8	0.162 9	0.167 6	0.177 0	0.181 7	0.184 0	0.191 1
	1.3	0.153 5	0.167 6	0.172 3	0.181 7	0.186 4	0.188 7	0.195 8
1.6	0.9	0.131 2	0.144 5	0.148 9	0.157 8	0.162 2	0.164 5	0.171 1
	1.0	0.135 6	0.148 9	0.153 4	0.162 3	0.166 8	0.169 0	0.175 7
	1.2	0.144 5	0.158 0	0.162 4	0.171 4	0.175 9	0.178 2	0.184 9
1.80	0.9	0.124 8	0.137 1	0.141 3	0.149 5	0.153 6	0.155 6	0.161 8
	1.0	0.128 8	0.141 3	0.145 4	0.153 7	0.157 9	0.159 9	0.166 1
	1.2	0.137 1	0.149 6	0.153 8	0.162 1	0.166 3	0.168 3	0.174 7

注：同表 A.0.1 注

A.0.3　满堂支撑架立杆承受的每米结构自重标准值，宜按表 A.0.3 取用。

表 A.0.3　满堂支撑架立杆承受的每米结构自重标准值 gk(kN/m)

步距 h (m)	横距 l_b (m)	纵距 l_a(m)							
		0.4	0.6	0.75	0.9	1.0	1.2	1.35	1.5
0.60	0.4	0.169 1	0.187 5	0.201 2	0.214 9	0.224 1	0.242 4	0.256 2	0.2699
	0.6	0.187 7	0.206 2	0.220 1	0.234 1	0.243 3	0.261 9	0.275 8	0.289 7
	0.75	0.201 6	0.220 3	0.234 4	0.248 4	0.257 7	0.276 5	0.290 5	0.304 5
	0.9	0.215 5	0.234 4	0.248 6	0.262 7	0.272 2	0.291 0	0.305 2	0.319 4
	1.0	0.224 8	0.243 8	0.258 0	0.272 3	0.281 8	0.300 8	0.315 0	0.329 2
	1.2	0.243 4	0.262 6	0.277 0	0.291 4	0.301 0	0.320 2	0.334 6	0.349 0
0.75	0.6	0.163 6	0.179 1	0.190 7	0.202 4	0.210 1	0.225 6	0.237 2	0.248 8
0.90	0.4	0.134 1	0.147 4	0.157 4	0.167 4	0.174 0	0.187 4	0.197 3	0.207 3
	0.6	0.147 6	0.161 0	0.171 1	0.181 2	0.188 0	0.201 4	0.211 5	0.221 6
	0.75	0.157 7	0.171 2	0.181 4	0.191 6	0.198 4	0.212 0	0.222 1	0.232 3
	0.9	0.167 8	0.181 5	0.191 7	0.202 0	0.208 8	0.222 5	0.232 8	0.243 0
	1.0	0.174 5	0.188 3	0.198 6	0.208 9	0.215 8	0.229 5	0.239 8	0.250 2
	1.2	0.188 0	0.201 9	0.212 3	0.222 7	0.229 7	0.243 6	0.254 0	0.264 4
1.05	0.9	0.154 1	0.166 3	0.175 5	0.184 6	0.190 7	0.202 9	0.212 1	0.221 2

（续表）

步距 h (m)	横距 l_b (m)	纵距 l_a(m)							
		0.4	0.6	0.75	0.9	1.0	1.2	1.35	1.5
1.20	0.4	0.116 6	0.127 4	0.135 5	0.143 6	0.149 0	0.159 8	0.167 9	0.176 0
	0.6	0.127 5	0.138 4	0.146 6	0.154 8	0.160 3	0.171 2	0.179 4	0.187 6
	0.75	0.135 7	0.146 7	0.155 0	0.163 2	0.168 7	0.179 7	0.188 0	0.196 2
	0.9	0.143 9	0.155 0	0.163 3	0.171 6	0.177 1	0.188 2	0.196 5	0.204 8
	1.0	0.149 4	0.160 5	0.168 9	0.177 2	0.182 8	0.193 9	0.202 3	0.210 6
	1.2	0.160 3	0.171 5	0.180 0	0.188 4	0.194 0	0.205 3	0.213 7	0.222 1
1.35	0.9	0.135 9	0.146 2	0.153 8	0.161 5	0.166 6	0.176 8	0.184 5	0.192 1
1.50	0.4	0.106 1	0.115 4	0.122 4	0.129 3	0.134 0	0.143 3	0.150 3	0.157 2
	0.6	0.115 5	0.124 9	0.131 9	0.139 0	0.143 6	0.153 0	0.160 1	0.167 1
	0.75	0.122 5	0.132 0	0.139 1	0.146 2	0.150 9	0.160 4	0.167 4	0.1745
	0.9	0.129 6	0.139 1	0.146 2	0.153 4	0.158 1	0.167 7	0.174 8	0.181 9
	1.0	0.134 3	0.143 8	0.151 0	0.158 2	0.163 0	0.172 5	0.179 7	0.186 9
	1.2	0.143 7	0.153 3	0.160 6	0.167 8	0.172 6	0.182 3	0.189 5	0.196 8
	1.35	0.150 7	0.160 4	0.167 7	0.175 0	0.179 9	0.189 6	0.196 9	0.204 2
1.80	0.4	0.099 1	0.107 4	0.113 6	0.119 8	0.124 0	0.132 3	0.138 5	0.144 7
	0.6	0.107 5	0.115 8	0.122 1	0.128 4	0.132 6	0.140 9	0.147 2	0.153 5
	0.75	0.113 7	0.122 2	0.128 5	0.134 8	0.139 0	0.147 5	0.153 8	0.160 1
	0.9	0.120 0	0.128 5	0.134 9	0.141 2	0.145 5	0.154 0	0.160 3	0.166 7
	1.0	0.124 2	0.132 7	0.139 1	0.145 5	0.149 8	0.158 3	0.164 7	0.171 1
	1.2	0.132 6	0.141 2	0.147 6	0.154 1	0.158 4	0.167 0	0.173 4	0.179 9
	1.35	0.138 9	0.147 5	0.154 0	0.160 5	0.164 8	0.173 5	0.180 0	0.186 4
	1.5	0.145 2	0.153 9	0.160 4	0.166 9	0.171 3	0.180 0	0.186 5	0.193 0

注：同表A.0.1注

A.0.4　常用构配件与材料、人员的自重，可按表A.0.4取用。

表A.0.4　常用构配件与材料、人员的自重

名称	单位	自重	备注
扣件：直角扣件 旋转扣件 对接扣件	N/个	13.2 14.6 18.4	—
人	N	800～850	—
灰浆车、砖车	kN/辆	2.04～2.50	—

（续表）

名称	单位	自重	备注
普通砖 240 mm×115 mm×53 mm	kN/m³	18～19	684 块/m³，湿
灰砂砖	kN/m³	18	砂：石灰＝92：8
瓷面砖 150 mm×150 mm×8 mm	kN/m³	17.8	555 6 块/m³
陶瓷锦砖（马赛克）δ＝5 mm	kN/m³	0.12	—
石灰砂浆、混合砂浆	kN/m³	17	—
水泥砂浆	kN/m³	20	—
素混凝土	kN/m³	22～24	—
加气混凝土	kN/块	5.5～7.5	—
泡沫混凝土	kN/m³	4～6	—

A.0.5 敞开式单排、双排、满堂脚手架与满堂支撑架的挡风系数 φ 值，可按表 A.0.5 取用。

表 A.0.5 敞开式单排、双排、满堂脚手架与满堂支撑架的挡风系数 φ 值

步距（m）	纵距（m）										
	0.4	0.6	0.75	0.9	1.0	1.2	1.3	1.35	1.5	1.8	2.0
0.6	0.260	0.212	0.193	0.180	0.173	0.164	0.160	0.158	0.154	0.148	0.144
0.75	0.241	0.192	0.173	0.161	0.154	0.144	0.141	0.139	0.135	0.128	0.125
0.90	0.228	0.180	0.161	0.148	0.141	0.132	0.128	0.126	0.122	0.115	0.112
1.05	0.219	0.171	0.151	0.138	0.132	0.122	0.119	0.117	0.113	0.106	0.103
1.20	0.212	0.164	0.144	0.132	0.125	0.115	0.112	0.110	0.106	0.099	0.096
1.35	0.207	0.158	0.139	0.126	0.120	0.110	0.106	0.105	0.100	0.094	0.091
1.50	0.202	0.154	0.135	0.122	0.115	0.106	0.102	0.100	0.096	0.090	0.086
1.6	0.200	0.152	0.132	0.119	0.113	0.103	0.100	0.098	0.094	0.087	0.084
1.80	0.195 9	0.148	0.128	0.115	0.109	0.099	0.096	0.094	0.090	0.083	0.080
2.0	0.192 7	0.144	0.125	0.112	0.106	0.096	0.092	0.091	0.086	0.080	0.077

注：1. Φ48.3×3.6 钢管。

A.0.6 轴心受压构件的稳定系数 φ（Q235 钢）应符合表 A.0.6 的规定。

A.0.6 轴心受压构件的稳定系数 φ（Q235 钢）

A	0	1	2	3	4	5	6	7	8	9
0	1.000	0.997	0.995	0.992	0.989	0.987	0.984	0.981	0.979	0.976
10	0.974	0.971	0.968	0.966	0.963	0.960	0.958	0.955	0.952	0.949

（续表）

A	0	1	2	3	4	5	6	7	8	9
20	0.947	0.944	0.941	0.938	0.936	0.933	0.930	0.927	0.924	0.921
30	0.918	0.915	0.912	0.909	0.906	0.903	0.899	0.896	0.893	0.880
40	0.886	0.882	0.879	0.875	0.872	0.868	0.864	0.861	0.858	0.855
50	0.852	0.849	0.846	0.843	0.839	0.836	0.832	0.829	0.825	0.822
60	0.818	0.814	0.810	0.806	0.802	0.797	0.793	0.789	0.784	0.779
70	0.775	0.770	0.765	0.760	0.755	0.750	0.744	0.739	0.733	0.728
80	0.722	0.716	0.710	0.704	0.698	0.692	0.686	0.680	0.673	0.667
90	0.661	0.654	0.648	0.641	0.634	0.626	0.618	0.611	0.603	0.595
100	0.588	0.580	0.573	0.566	0.558	0.551	0.544	0.537	0.530	0.523
110	0.516	0.509	0.502	0.496	0.489	0.483	0.476	0.470	0.464	0.458
120	0.452	0.446	0.440	0.434	0.428	0.423	0.417	0.412	0.406	0.401
130	0.396	0.391	0.386	0.381	0.376	0.371	0.367	0.362	0.357	0.353
140	0.349	0.344	0.340	0.336	0.332	0.328	0.324	0.320	0.316	0.312
150	0.308	0.305	0.301	0.298	0.294	0.291	0.287	0.284	0.281	0.277
160	0.274	0.271	0.268	0.265	0.262	0.259	0.256	0.253	0.251	0.248
170	0.245	0.243	0.240	0.237	0.235	0.232	0.230	0.227	0.225	0.223
180	0.220	0.218	0.216	0.214	0.211	0.209	0.207	0.205	0.203	0.201
190	0.199	0.197	0.195	0.193	0.191	0.189	0.188	0.186	0.184	0.182
200	0.180	0.179	0.177	0.175	0.174	0.172	0.171	0.169	0.167	0.166
210	0.164	0.163	0.161	0.160	0.159	0.157	0.156	0.154	0.153	0.152
220	0.150	0.149	0.148	0.146	0.145	0.144	0.143	0.141	0.140	0.139
230	0.138	0.137	0.136	0.135	0.133	0.132	0.131	0.130	0.129	0.128
240	0.127	0.126	0.125	0.124	0.123	0.122	0.121	0.120	0.119	0.118
250	0.117	—	—	—	—	—	—	—	—	—

注：当 $\lambda>250$ 时，$\varphi=\frac{7\,320}{\lambda^2}$

附录B　钢管截面几何特性

B.0.1　脚手架钢管截面几何特性应符合表B.0.1的规定。

表 B.0.1　钢管截面几何特性

外径 Φ,d	壁厚 t	截面积 A	惯性矩 I	截面模量 w	回转半径 i	每米长质量
(mm)		(cm^2)	(cm^4)	(cm^3)	(cm)	(kg/m)
48.3	3.6	5.06	12.71	5.26	1.59	3.97

附录C　满堂脚手架与满堂支撑架立杆计算长度系数 μ

表 C-1　满堂脚手架立杆计算长度系数

步距(m)	立杆间距(m)			
	1.3×1.3	1.2×1.2	1.0×1.0	0.9×0.9
	高宽比不大于 2	高宽比不大于 2	高宽比不大于 2	高宽比不大于 2
	最少跨数 4	最少跨数 4	最少跨数 4	最少跨数 5
1.8	—	2.176	2.079	2.017
1.5	2.569	2.505	2.377	2.335
1.2	3.011	2.971	2.825	2.758
0.9	—	—	3.571	3.482

注:(1)步距两级之间计算长度系数按线性插入值;

(2)立杆间距两级之间,纵向间距与横向间距不同时,计算长度系数按较大间距对应的计算长度系数取值。立杆间距两级之间值,计算长度系数取两级对应的较大的 μ 值。要求高宽比相同。

(3)高宽比超过表中规定时,应按本规范 6.8.6 条执行。

表 C-2　满堂支撑架(剪刀撑设置普通型)立杆计算长度系数 μ_1

步距(m)	立杆间距(m)											
	1.2×1.2		1.0×1.0		0.9×0.9		0.75×0.75		0.6×0.6		0.4×0.4	
	高宽比不大于 2		高宽比不大于 2		高宽比不大于 2		高宽比不大于 2		高宽比不大于 2.5		高宽比不大于 2.5	
	最少跨数 4		最少跨数 4		最少跨数 5		最少跨数 5		最少跨数 5		最少跨数 8	
	a=0.5 (m)	a=0.2 (m)	a=0.5 (m)	a=0.2 (m)	a=0.5 (m)	a=0.2 (m)	a=0.5 (m)	a=0.2 (m)	a=0.5 (m)	a=0.2 (m)	a=0.5 (m)	a=0.2 (m)
1.8	—	—	1.165	1.432	1.131	1.388	—	—	—	—	—	—
1.5	1.298	1.649	1.241	1.574	1.215	1.540	—	—	—	—	—	—
1.2	1.403	1.869	1.352	1.799	1.301	1.719	1.257	1.669	—	—	—	—
0.9	—	—	1.532	2.153	1.473	2.066	1.422	2.005	1.599	2.251	—	—
0.6	—	—	—	—	1.699	2.622	1.629	2.526	1.839	2.846	1.839	2.846

注:(1)同表 C-11、2、注。

(2)立杆间距 0.9×0.6 m 计算长度系数,同立杆间距 0.75×0.75 m 计算长度系数,高宽比不变,最小宽度 4.2 m。

(3)高宽比超过表中规定时,应按本规范 6.9.7 条执行。

表 C-3　满堂支撑架(剪刀撑设置加强型)立杆计算长度系数 μ_1

步距(m)	立杆间距(m)											
	1.2×1.2		1.0×1.0		0.9×0.9		0.75×0.75		0.6×0.6		0.4×0.4	
	高宽比不大于2		高宽比不大于2		高宽比不大于2		高宽比不大于2		高宽比不大于2.5		高宽比不大于2.5	
	最少跨数4		最少跨数4		最少跨数5		最少跨数5		最少跨数5		最少跨数8	
	a=0.5(m)	a=0.2(m)	a=0.5(m)	a=0.2(m)	a=0.5(m)	a=0.2(m)	a=0.5(m)	a=0.2(m)	a=0.5(m)	a=0.2(m)	a=0.5(m)	a=0.2(m)
1.8	1.099	1.355	1.059	1.305	1.031	1.269	—	—	—	—	—	—
1.5	1.174	1.494	1.123	1.427	1.091	1.386	—	—	—	—	—	—
1.2	1.269	1.685	1.233	1.636	1.204	1.596	1.168	1.546	—	—	—	—
0.9	—	—	1.377	1.940	1.352	1.903	1.285	1.806	1.294	1.818	—	—
0.6	—	—	—	—	1.556	2.395	1.477	2.284	1.497	2.300	1.497	2.300

注:同表 C-2 注。

表 C-4　满堂支撑架(剪刀撑设置普通型)立杆计算长度系数 μ_2

步距	立杆间距(m)					
	1.2×1.2	1.0×1.0	0.9×0.9	0.75×0.75	0.6×0.6	0.4×0.4
	高宽比不大于2	高宽比不大于2	高宽比不大于2	高宽比不大于2	高宽比不大于2.5	高宽比不大于2.5
	最少跨数4	最少跨数4	最少跨数5	最少跨数5	最少跨数5	最少跨数8
1.8	—	1.750	1.697	—	—	—
1.5	2.089	1.993	1.951	—	—	—
1.2	2.492	2.399	2.292	2.225	—	—
0.9	—	3.109	2.985	2.896	3.251	—
0.6	—	—	4.371	4.211	4.744	4.744

注:同表 C-2 注。

表 C-5　满堂支撑架(剪刀撑设置加强型)立杆计算长度系数 μ_2

步距	立杆间距(m)					
	1.2×1.2	1.0×1.0	0.9×0.9	0.75×0.75	0.6×0.6	0.4×0.4
	高宽比不大于2	高宽比不大于2	高宽比不大于2	高宽比不大于2	高宽比不大于2.5	高宽比不大于2.5
	最少跨数4	最少跨数4	最少跨数5	最少跨数5	最少跨数5	最少跨数8
1.8	1.656	1.595	1.551	—	—	—
1.5	1.893	1.808	1.755	—	—	—
1.2	2.247	2.181	2.128	2.062	—	—
0.9	—	2.802	2.749	2.608	2.626	—
0.6	—	—	3.991	3.806	3.833	3.833

注:同表 C-2 注。

附录D　构配件质量检查表

表D　构配件质量检查表

项目	要求	抽检数量	检查方法
钢管	应有产品质量合格证、质量检验报告	750根为一批，每批抽取1根	检查资料
	钢管表面应平直光滑，不应有裂缝、结疤、分层、错位、硬弯、毛刺、压痕、深的划道及严重锈蚀等缺陷，严禁打孔；钢管使用前必须涂刷防锈漆	全数	目测
钢管外径及壁厚	外径48.3 mm，允许偏差±0.5 mm； 壁厚3.6 mm，允许偏差±0.36，最小壁厚3.24 mm	3%	游标卡尺测量
扣件	应有生产许可证、质量检测报告、产品质量合格证、复试报告	《钢管脚手架扣件》规定	检查资料
	不允许有裂缝、变形、螺栓滑丝；扣件与钢管接触部位不应有氧化皮；活动部位应能灵活转动，旋转扣件两旋转面间隙应小于1 mm；扣件表面应进行防锈处理	全数	目测
扣件螺栓拧紧扭力矩	扣件螺栓拧紧扭力矩值不应小于40 N·m，且不应大于66 N·m	按8.2.5条	扭力扳手
可调托撑	可调托撑抗压承载力设计值不应小于40 kN，应有产品质量合格证、质量检验报告	3‰	检查资料
	可调托撑螺杆外径不得小于36 mm，可调托撑螺杆与螺母旋合长度不得少于5扣，螺母厚度不小于30 mm，插入立杆内的长度不得小于150 mm。支托板厚不小于5 mm，变形不大于1 mm。螺杆与支托板焊接要牢固，焊缝高度不小于6 mm	3%	游标卡尺、钢板尺测量
脚手板	新冲压钢脚手板应有产品质量合格证		检查资料
	冲压钢脚手板板面挠曲≤12 mm（l≤4 m）或≤16 mm（l>4 m）；板面扭曲≤5 mm（任一角翘起）	3%	钢板尺
	不得有裂纹、开焊与硬弯；新、旧脚手板均应涂防锈漆	全数	目测
	木脚手板材质应符合现行国家标准《木结构设计规范》GB50005中Ⅱa级材质的规定。扭曲变形、劈裂、腐朽的脚手板不得使用	全数	目测
	木脚手板的宽度不宜小于200 mm，厚度不应小于50 mm；板厚允许偏差－2 mm	3%	钢板尺
	竹脚手板宜采用由毛竹或楠竹制作的竹串片板、竹笆板	全数	目测
	竹串片脚手板宜采用螺栓将并列的竹片串连而成，螺栓直径宜为3～10 mm，螺栓间距宜为500～600 mm，螺栓离板端宜为200～250 mm，板宽2 000 mm、2 500 mm、3 000 mm	3%	钢板尺

6.6.2 建筑施工扣件式钢管脚手架安全技术规范条文说明

6.6.2.1 总则

1.0.1 本条是扣件式钢管脚手架设计、施工时必须遵循的原则。

1.0.2 本条明确指出本规范适用范围，与原规范相比，增加了满堂脚手架与满堂支撑架、型钢悬挑脚手架等内容。通过大量真型满堂脚手架与满堂支撑架支架整体稳定试验，对满堂脚手架与满堂支撑架部分增加较多内容。

1.0.3 这是针对目前施工现场脚手架设计与施工中存在的问题而作的规定，旨在确保脚手架工程做到经济合理、安全可靠，最大限度地防止伤亡事故的发生。应当注意，施工、监理审核方案时，对专项方案的设计计算内容必须认真审核。设计计算条件与脚手架实际工况条件应相符。

1.0.4 关于引用标准的说明：

我国扣件式钢管脚手架使用的钢管绝大部分是焊接钢管，属冷弯薄壁型钢材，其材料设计强度 f 值与轴心受压构件的稳定系数 φ 值，应引用现行国家标准《冷弯薄壁型钢结构技术规范》GB 50018。在其他情况采用热轧无缝钢管时，则应引用现行国家标准《钢结构设计规范》GB50017。

6.6.2.2 术语和符号

6.6.2.2.1 术语

本节术语所述脚手架各杆件的位置，示于图1。

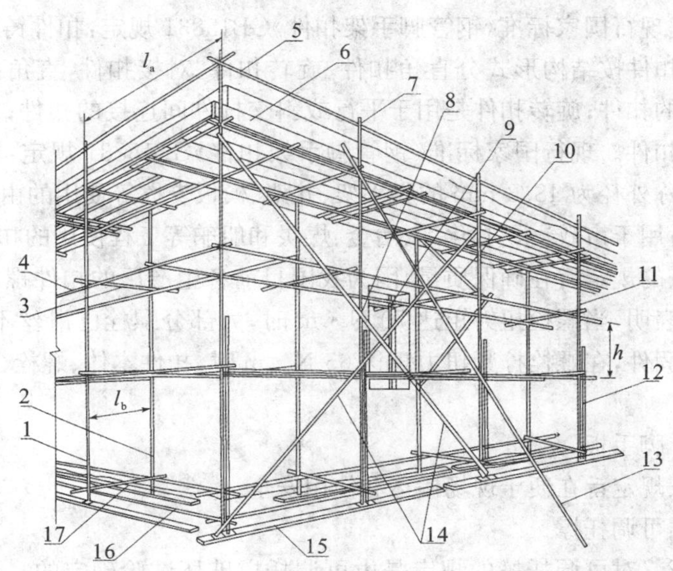

1—外立杆；2—内立杆；3—横向水平杆；4—纵向水平杆；5—安全防护栏；6—挡脚板；7—直角扣件；8—旋转扣件；9—连墙件；10—横向斜撑；11—主立杆；12—副立杆；13—抛撑；14—剪刀撑；15—垫板；16—纵向扫地杆；17—横向扫地杆

图1 双排扣件式钢管脚手架各杆件位置

6.6.2.2.2　符号

本规范的符号采用现行国家标准《工程结构设计基本术语和通用符号》GBJ 132 的规定。

6.6.2.2.3　构配件

6.2.2.3.1　钢管

3.1.1　本条规定的说明：

1.试验表明，脚手架的承载能力由稳定条件控制，失稳时的临界应力一般低于 100 N/mm^2，采用高强度钢材不能充分发挥其强度，采用现行国家标准《碳素结构钢》中 Q235A 级钢比较经济合理；

2.经几十年工程实践证明，采用电焊钢管能满足使用要求，成本比无缝钢管低。为此，在德国、英国的同类标准中也均采用。

3.1.2　本条规定的说明：

1.根据现行规范《低压流体输送用焊接钢管》GB/T3091—2008 第 4.1.1 条、4.1.2 条，《直缝电焊钢管》GB/T13793—2008 第 5.1.1 条、5.1.2 条，《焊接钢管尺寸及单位长度重量》GB/T21835—2008 第 4 节规定：钢管宜采用 Φ48.3×3.6 的规格。欧洲标准 EN12811-1:2003 也规定，脚手架用管，公称外径为 48.3 mm。

2.限制钢管的长度与重量是为确保施工安全，运输方便，一般情况下，单、双排脚手架横向水平杆最大长度不超过 2.2 m，其他杆最大长度不超过 6.5 m。

6.6.2.3.2　扣件

3.2.1　根据现行国家标准《钢管脚手架扣件》GB15831 规定：扣件铸件的材料采用可锻铸铁或铸钢。扣件按结构形式分直角扣件、旋转扣件、对接扣件，直角扣件是用于垂直交叉杆件间连接的扣件；旋转扣件是用于平行或斜交杆件间连接的扣件；对接扣件是用于杆件对接连接的扣件。现行国家标准《钢管脚手架扣件》GB15831 规定：本标准适用于建筑工程中钢管公称外径为 48.3 mm 的脚手架、井架、模板支撑等使用的由可锻铸铁或铸钢制造的扣件，也适用于市政、水利、化工、冶金、煤炭和船舶等工程使用的扣件。

3.2.2　本条的规定旨在确保质量，因为我国目前各生产厂的扣件螺栓所采用的材质差异较大。检查表明，当螺栓扭力矩达 70 N·m 时，大部分螺栓已滑丝不能使用。螺栓、垫圈为扣件的紧固件，在螺栓拧紧扭力矩达 65 N·m 时，扣件本体、螺栓、垫圈均不得发生破坏。

6.6.2.3.3　脚手板

3.3.1　本条规定旨在便于现场搬运和使用安全。

6.6.2.3.4　可调托撑

3.4.1、3.4.2　对可调托撑的规定是由可调托撑破坏试验确定的。可调托撑是满堂支撑架直接传递荷载的主要构件，大量可调托撑试验证明：可调托撑支托板截面尺寸、支托板弯曲变形程度、螺杆与支托板焊接质量、螺杆外径等影响可调托撑的临界荷载，最终影响满堂支撑架临界荷载。可调托撑抗压性能试验(图 2)：

以匀速加荷。当 F 为 50 kN 时，可调托撑不得破坏。下面为试验简图(图 2)

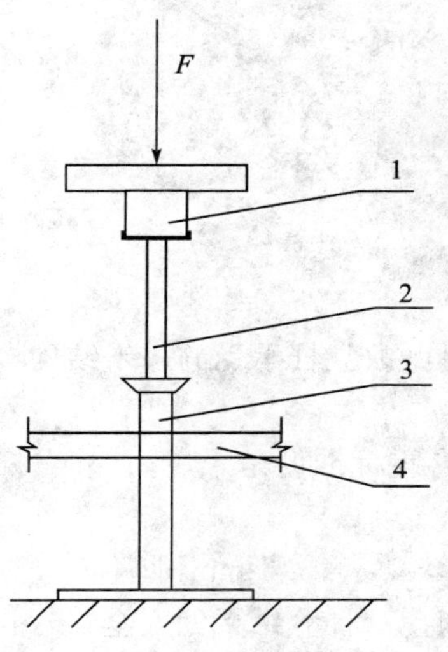

1—主梁；2—可调托撑；
3—钢管制底座；4.钢管

图2　可调托撑试验简图

1—支托板厚度不小于t=5 mm；2—支托板侧翼高h；
3—支托板侧翼外皮距离a；4.支托板长b

图3　可调托撑构造图

3.4.3　可调托撑抗压性能试验结论，支托板厚度 t 为 5.0 mm，破坏荷载不小于 50 kN，50 kN 除以系数 1.25 为 40 kN。定为可调托撑抗压承载力设计值，保证可调托撑不发生破坏。

6.6.2.4　荷载

6.6.2.4.1　荷载分类

4.1.1　本条采用的永久荷载（恒荷载）和可变荷载（活荷载）分类是根据现行国家标准《建筑结构荷载规范》GB50009 确定的。在进行脚手架设计时，应根据施工要求，在脚手架专项方案中明确规定构配件的设置数量，且在施工过程中不能随意增加。脚手板粘积的建筑砂浆等引起的增重是不利于安全的因素，已在脚手架的设计安全度中统一考虑。

4.1.2　对于满堂支撑架的构、配件自重包括可调托撑上主梁、次梁、主次梁上支撑板等自重，根据施工荷载情况，主梁、次梁有木质的，也有型钢的，支撑板有木质的或钢材的。在钢结构安装过程中，如果存在大型钢构件，就要通过承载力较大的分配梁将荷载传递到满堂支撑架上，所以这类构、配件自重应按实际计算。

4.1.3　用于钢结构安装的满堂支撑架顶部施工层可能有大型钢构件，产生的施工荷载较大，应根据实际情况确定；在施工中，由于施工行为产生的偶然增大的荷载效应，也应根据实际情况考虑确定。

6.6.2.4.2　荷载标准值

4.2.1　对脚手架恒荷载的取值，说明如下：

1.对附录 A 表 A.0.1 的说明

立杆承受的每米结构自重标准值的计算条件如下：

1)构配件取值：

每个扣件自重是按抽样 408 个的平均值加两倍标准差求得：

直角扣件:按每个主节点处二个,每个自重:13.2 N/个;

旋转扣件:按剪刀撑每个扣接点一个,每个自重:14.6 N/个;

对接扣件:按每 6.5 m 长的钢管一个,每个自重:18.4 N/个;

横向水平杆每个主节点一根,取 2.2 m 长;

钢管尺寸:Φ48.3×3.6 mm,每米自重:39.7 N/m。

2)计算图形见图 4。

由于单排脚手架立杆的构造与双排的外立杆相同,故立杆承受的每米结构自重标准值可按双排的外立杆等值采用。

为简化计算,双排脚手架立杆承受的每米结构自重标准值是采用内、外立杆的平均值。

由钢管外径或壁厚偏差引起钢管截面尺寸小于 Φ48.3×3.6 mm,脚手架立杆承受的每米结构自重标准值,也可按附录 A 表 A.0.1 取值计算,计算结果偏安全,步距、纵距中间值可按线性插入计算。

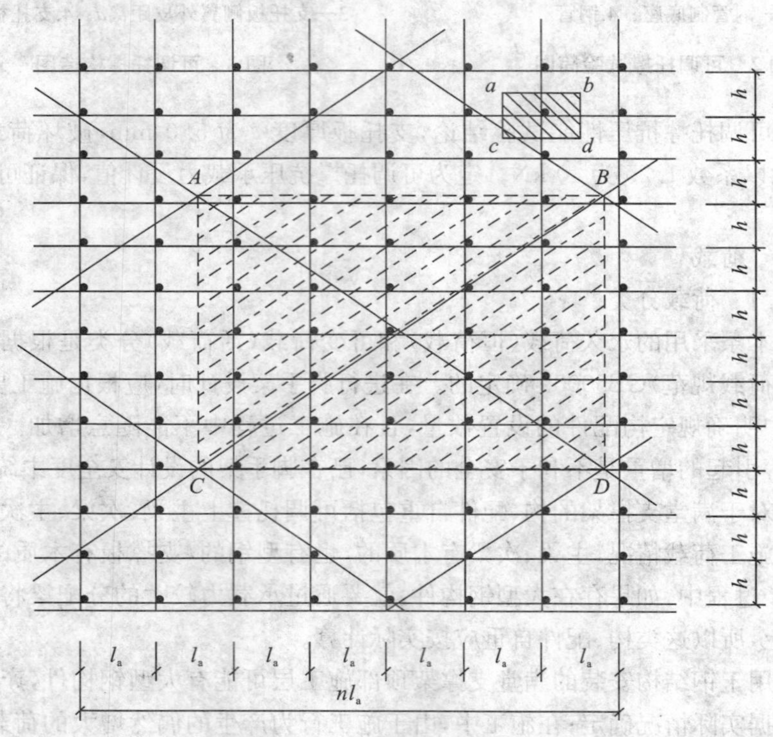

图 4　立杆承受的每米结构自重标准值计算图

2. 对附录 A 表 A.0.2、A.0.3 的说明(计算图形见图 5)

按第六章满堂脚手架与满堂支撑架纵向剪刀撑、水平剪刀撑设置要求计算,一个计算单元(一个纵距、一个横距)计入纵向剪刀撑、水平剪刀撑。

有由钢管外径或壁厚偏差引起的钢管截面尺寸小于 Φ48.3×3.6 mm,脚手架立杆承受的每米结构自重标准值,也可按附录 A 表 A.0.2、A.0.3 取值计算,计算结果偏安全,步距、纵距、横距中间值可按线性插入计算。

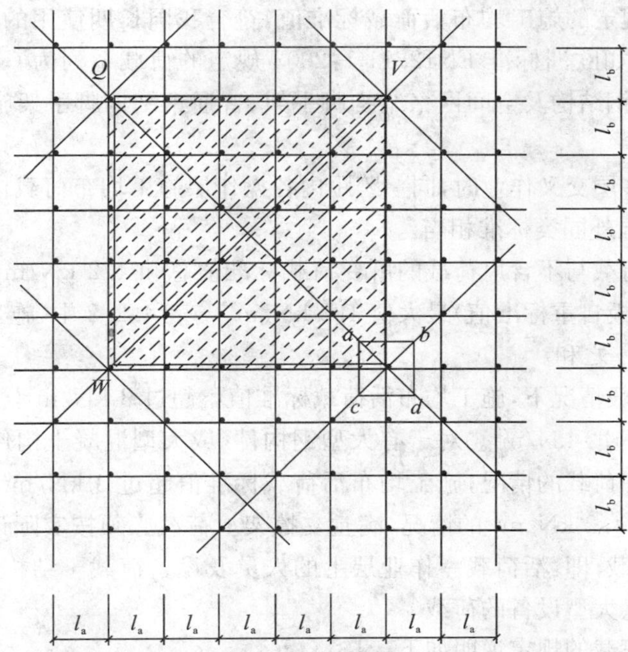

图5　立杆承受的每米结构自重标准值计算图(平面图)

3. 对表 4.2.1-1 的说明

脚手板的自重，按分别抽样 12～50 块的平均值加两倍标准差求得。增加竹笆脚手板自重标准值。

4. 对表 4.2.1-2 的说明

根据本规范 7.3.12 条栏杆与挡脚板构造图，每米栏杆含两根短管，直角扣件按 2 个计，挡脚板挡板高按 0.18 m 计。

栏杆、挡脚板自重标准值：

栏杆、冲压钢脚手板挡板 0.3×0.18＋0.039 7×1×2＋0.013 2×2＝0.159 8 kN/m＝0.16 kN/m。

栏杆、竹串片脚手板挡板 0.35×0.18＋0.039 7×1×2＋0.013 2×2＝0.168 8 kN/m＝0.17 kN/m。

栏杆、木脚手板挡板 0.35×0.18＋0.039 7×1×2＋0.013 2×2＝0.168 8 kN/m＝0.17 kN/m。

如果每米栏杆与挡脚板与以上计算条件不同，按实际计算。

5. 对表 4.2.1-3 的说明

根据工程实际，考虑最不利荷载情况下的主梁、次梁及支撑板的实际布置进行计算；木质主梁根据立杆间距不同按截面 100 mm×100 mm～160 mm×160 mm 考虑，木质次梁按截面 50 mm×100 mm～100 mm×100 mm 考虑，间距按 200 mm 计。支撑板按木脚手板荷载计。分别按不同立杆间距计算取较大值。型钢主梁按 H100×100×6×8 考虑、型钢次梁按 10 号工字钢考虑。木脚手板自重标准值取 0.35 kN/m^2。型钢主梁、次梁及支撑板自重，超过以上值时，按实际计算。如大型钢构件的分配梁。

4.2.2　本条规定的施工均布活荷载标准值，符合我国长期使用的实际情况，也与国外同类标准吻合。如欧洲标准 EN12811-1:2003 规定的荷载系列为 0.75、1.5、2.0、3.0 kN/m^2。增加轻型钢结构及空间网格结构脚手架、普通钢结构脚手架施工均布活荷载标准值。

4.2.3　当有多层交叉作业时，同一跨距内各操作层施工均布荷载标准值总和不得超过 5.0 kN/m^2，与国外同类标准相当。

4.2.4　永久荷载与不含风荷载的可变荷载标准值总和 4.2 kN/m^2，为表 4.2.1-3 中(主梁、次梁及支撑板自重标准值)最大值 1.2 kN/m^2 与表 4.2.2 中(施工均布活荷载标准值)最大值 3 kN/m^2 之和。

钢结构施工一般情况下，施工均布活荷载标准值不超过 3 kN/m^2，恒载与施工活荷载标准值之和不大于 4.2 kN/m^2。对于有大型钢构件(或大型混凝土构件)、大型设备的荷载，或产生较大集中荷载的情况，施工均布活荷载标准值超过 3 kN/m^2，恒载与施工活荷载标准值之和大于 4.2 kN/m^2 的情况，满堂支撑架上荷载必须按实际计算。本条是对满堂支撑架给出的荷载，即：活荷载＝作业层上的人员及设备荷载＋结构构件(含大型钢构件、混凝土构件等)、大型设备的荷载。

4.2.5　对风荷载的规定说明如下：

1.现行国家标准《建筑结构荷载规范》GB50009 规定的风荷载标准值中，还应乘以风振系数 β_z，以考虑风压脉动对高层结构的影响。考虑到脚手架附着在主体结构上，故取 $\beta_z=1.0$；

2.脚手架使用期较短，一般为 2～5 年，遇到强劲风的概率相对要小得多；所以基本风压 W_0 值，按《建筑结构荷载规范》GB50009 的规定采用，取重现期 $n=10$ 年对应的风压。取消基本风压 W_0 值乘以 0.7 修正系数。

4.2.6　脚手架的风荷载体型系数 μ_s 主要按照现行国家标准《建筑结构荷载规范》GB50009 的规定。

对附录 A 表 A.0.5 的说明：

敞开式单排、双排、满堂扣件式钢管脚手架与支撑架的挡风系数是由下式计算确定：

$$\varphi=\frac{1.2A_n}{l_a \cdot h}$$

式中，1.2——节点面积增大系数；

A_n——一步一纵距(跨)内钢管的总挡风面积 $A_n=(l_a+h+0.325l_ah)d$；

l_a——立杆纵距(m)；

h——步距(m)；

0.325——脚手架立面每平米内剪刀撑的平均长度；

d——钢管外径(m)。

4.2.7　密目式安全立网全封闭脚手架挡风系数 φ 可取不小于 0.8，是根据密目式安全立网网目密度不小于 2 000 目/100 cm^2 计算而得。现行行业标准《建筑施工碗扣式钢管脚手架安全技术规范》JGJ166—2008 第 4.3.2 条第 1 款规定：密目式安全立网挡风系数可取 0.8。

6.6.2.4.3 荷载效应组合

4.3.1 表 4.3.1 中可变荷载组合系数原规范为 0.85，现根据《建筑结构荷载规范》GB50009—2001(2006 年版)第 3.2.4 条第 1 款的规定改为 0.9。主要原因如下：

脚手架立杆稳定性计算部位一般取底层，立杆自重产生的轴压应力虽脚手架增高而增大，较高的单、双脚手架立杆的稳定性由永久荷载(主要是脚手架自重)效应控制，根据《建筑结构荷载规范》GB50009—2001(2006 年版)第 3.2.4 条第 2 款的规定，由永久荷载效应控制的组合：

$$S = \gamma_G S_{Gk} + \sum \gamma_{Qi} \psi_{Ci} S_{Qik}$$

永久荷载的分项系数应取 1.35。为简化计算，基本组合采用由可变荷载效应控制的组合：

$$S = \gamma_G S_{Gk} + 0.9 \sum \gamma_{Qi} S_{Qik}$$

永久荷载的分项系数应取 1.2，但原规范的考虑脚手架工作条件的结构抗力调整系数值不变(1.333)，可变荷载组合系数由 0.85 改为 0.9 后与原规范比偏安全。

本条明确规定了脚手架的荷载效应组合，但未考虑偶然荷载，这是由于在本规范第 9 章中，已规定不容许撞击力等作用于架体，故本条不考虑爆炸力、撞击力等偶然荷载。

4.3.2 支撑架用于混凝土结构施工时，荷载组合与荷载设计值应符合现行行业标准《建筑施工模板安全技术规范》JGJ162 的规定。对于高大、重载荷及大跨度支撑架稳定计算时，施工人员及施工设备荷载、混凝土施工时产生的荷载(水平支撑板为 2 kN/m^2)按最不利考虑(考虑同时参与组合)。

6.6.2.5 设计计算

6.6.2.5.1 基本设计规定

6.1.1～5.1.3 这几条所规定的设计方法，均与现行国家标准《冷弯薄壁型钢结构技术规范》GB50018、《钢结构设计规范》GB50017 一致。荷载分项系数根据《建筑结构荷载规范》GB50009 规定采用。脚手架与一般结构相比，其工作条件具有以下特点：

1. 所受荷载变异性较大；

2. 扣件连接节点属于半刚性，且节点刚性大小与扣件质量、安装质量有关，节点性能存在较大变异；

3. 脚手架结构、构件存在初始缺陷，如杆件的初弯曲、锈蚀，搭设尺寸误差、受荷偏心等均较大；

4. 与墙的连接点，对脚手架的约束性变异较大。到目前为止，对以上问题的研究缺乏系统积累和统计资料，不具备独立进行概率分析的条件，故对结构抗力乘以小于 1 的调整系数$\frac{1}{r_R}$其值系通过与以往采用的安全系数进行校准确定。因此，本规范采用的设计方法在实质上是属于半概率、半经验的。脚手架满足本规范规定的构造要求是设计计算的基本条件。

5.1.4 用扣件连接的钢管脚手架，其纵向或横向水平杆的轴线与立杆轴线在主节点上并不汇交在一点。当纵向或横向水平杆传荷载至立杆时，存在偏心距 53 mm(图 6)。在一般情况下，此偏心产生的附加弯曲应力不大，为了简化计算，予以忽略。国外同类标准

(如英、日、法等国)对此项偏心的影响也做了相同处理。由于忽略偏心而带来的不安全因素,本规范已在有关的调整系数中加以考虑(见5.2.6~5.2.9条说明)。

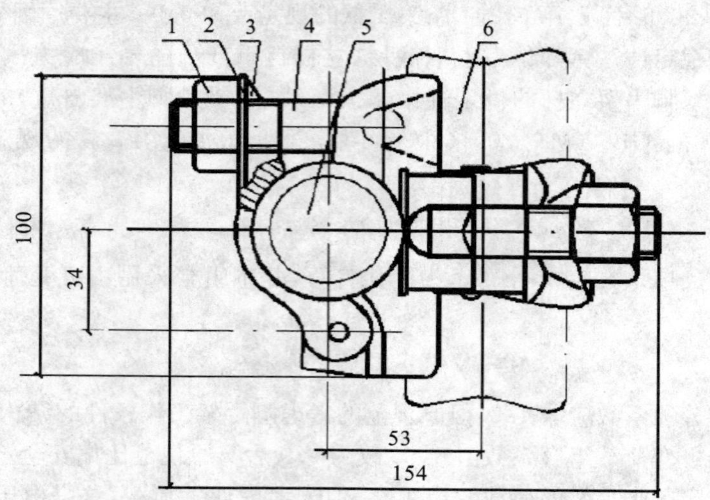

1—螺母;2—垫圈;3—盖板;4—螺栓;5—纵向水平杆;6—立杆

图6 直角扣件

5.1.6 关于钢材设计强度取值的说明

本规范按《冷弯薄壁型钢结构技术规范》的规定,对Q235A级钢的抗拉、抗压、抗弯强度设计值 f 值为:205 N/mm^2。这是对一般结构进行可靠分析确定的。

5.1.7 表5.1.7给出的扣件抗滑承载力设计值,是根据现行国家标准《钢管脚手架扣件》GB15831规定的标准值除以抗力分项系数1.25得到的。

5.1.8 表5.1.8的容许挠度是根据现行国家标准《冷弯薄壁型钢结构技术规范》GB 50018及《钢结构设计规范》GB 50017的规定确定的。

5.1.9 立杆长细比参考国外标准,根据国内长期脚手架搭设经验与脚手架试验确定。根据国内工程实践经验与满堂脚手架整体稳定试验结果,满堂脚手架压杆容许长细比[λ]=250。满堂支撑架压杆容许长细比,按脚手架双排受压杆容许长细比取值(210),这也符合整体稳定试验结果。

6.6.2.5.2 单、双排脚手架计算

5.2.1~5.2.4 对受弯构件计算规定的说明:

1. 关于计算跨度取值,纵向水平杆取立杆纵距,横向水平杆取立杆横距,便于计算也偏于安全;

2. 内力计算不考虑扣件的弹性嵌固作用,将扣件在节点处抗转动约束的有利作用作为安全储备。这是因为,影响扣件抗转动约束的因素比较复杂,如扣件螺栓拧紧扭力矩大小、杆件的线刚度等。根据目前所做的一些实验结果,提出作为计算定量的数据尚有困难;

3. 纵向、横向水平杆自重与脚手板自重相比甚小,可忽略不计;

4. 为保证安全可靠,纵、横向水平杆的内力(弯矩、支座反力)应按不利荷载组合计算。

有关纵、横向水平杆在不利荷载组合下的内力计算方法可在建筑结构静力计算手册中直接查到；

5.一般情况下，横向水平杆外伸长度不超过300 mm，符合我国施工工地的实际情况；一些工程要求外伸长度延长，需另进行设计计算，并应采取加固措施后使用。在脚手架专项方案中也应考虑此内容。

图5.2.4的横向水平杆计算跨度，适用于施工荷载由纵向水平杆传至立杆的情况，当施工荷载由横向水平杆传至立杆时，作用在横向水平杆上的是纵向水平杆传下的集中荷载，应注意按实际情况计算。此图只说明横向水平杆计算跨度的确定方法。在第5.2.1条中未列抗剪强度计算，是因为钢管抗剪强度不起控制作用。如Φ48.3×3.6的Q235A级钢管，其抗剪承载力为：

$$[V]=\frac{Af_{v}}{K_1}=\frac{506\ \mathrm{mm}^2\times 120\ \mathrm{N/mm}^2}{2.0}=30.36\ \mathrm{kN}$$

上式中 K_1 为截面形状系数。一般横向、纵向水平杆上的荷载由一只扣件传递，一只扣件的抗滑承载力设计值只有8.0 kN，远小于$[V]$，故只要满足扣件的抗滑力计算条件，杆件抗剪力也肯定满足。

5.2.5　脚手板荷载和施工荷载是由横向水平杆（南方作法）或纵向水平杆（北方作法）通过扣件传给立杆。当所传递的荷载超过扣件的抗滑承载能力时，扣件将沿立杆下滑，为此必须计算扣件的抗滑承载力。立杆扣件所承受的最大荷载，应按其荷载传递方式经计算（或查建筑结构静力计算手册）确定。

5.2.6～5.2.9　考虑到扣件式钢管脚手架是受人为操作因素影响很大的一种临时结构，设计计算一般由施工现场工程技术人员进行，故所给脚手架整体稳定性的计算方法力求简单、正确、可靠。应该指出，第5.2.6条规定的立杆稳定性计算公式，虽然在表达形式上是对单根立杆的稳定计算，但实质上是对脚手架结构的整体稳定计算。因为公式5.2.8中的 μ 值是根据脚手架的整体稳定试验结果确定的。现就有关问题说明如下：

1.脚手架的整体稳定

脚手架有两种可能的失稳形式：整体失稳和局部失稳。整体失稳破坏时，脚手架呈现出内、外立杆与横向水平杆组成的横向框架，沿垂直主体结构方向大波鼓曲现象，波长均大于步距，并与连墙件的竖向间距有关。整体失稳破坏始于

无连墙件的、横向刚度较差或初弯曲较大的横向框架（图7）。一般情况下，整体失稳是脚手架的主要破坏形式。

局部失稳破坏时，立杆在步距之间发生小波鼓曲，波长与步距相近，内、外立杆变形方向可能一致，也可能不一致。

当脚手架以相等步距、纵距搭设，连墙件设置均匀时，在均布施工荷载作用下，立杆局部稳定的临界荷载高于整体稳定的临界荷载，脚手架破坏形式为整体失稳。当脚手架以不等步距、纵距搭设，或连墙件设置不均匀，或立杆负荷不均匀时，两种形式的失稳破坏均有可能。

由于整体失稳是脚手架的主要破坏形式，故本条只规定了对整体稳定按公式（5.2.6-1）、（5.2.6-2）计算。为了防止局部立杆段失稳，本规范除在第6.3.4条中将底层步距限制

在2 m以下外，尚在本规范第5.2.10条中规定对可能出现的薄弱的立杆段进行稳定性计算。

2.关于脚手架立杆稳定性按轴心受压计算(5.2.6-1、2)的说明 1)稳定性计算公式中的计算长度系数 μ 值，是反映脚手架各杆件对立杆的约束作用。

本规范规定的 μ 值，采用了中国建筑科学研究院建筑机械化研究分院1964～1965年和1986～1988年、哈尔滨工业大学土木工程学院于1988～1989年分别进行的原型脚手架整体稳定性试验所取得的科研成果，其 μ 值在1.5～2.0之间。它综合了影响脚手架整体失稳的各种因素，当然也包含了立杆偏心受荷(初偏心 e =53 mm，图6)的实际工况。这表明按轴心受压计算是可靠的、简便的。

2)关于施工荷载的偏心作用。施工荷载一般是偏心地作用于脚手架上，作业层下面邻近的内、外排立杆所分担的施工荷载并不相同，而远离作业层的内、外排立杆则因连墙件的支承作用，使分担的施工荷载趋于均匀。由于在一般情况下，脚手架结构自重产生的最大轴向力与由不均匀分配施工荷载产生的最大轴向力不会同时相遇，因此公式(5.2.6-1)、(5.2.6-2)的轴向力N值计算可以忽略施工荷载的偏心作用，内、外立杆可按施工荷载平均分配计算。试验与理论计算表明，将3.0 kN/m² 的施工荷载分别按偏心与不偏心布置在脚手架上，得到的两种情况的临界荷载相差在5.6%以下，说明上述简化是可行的。

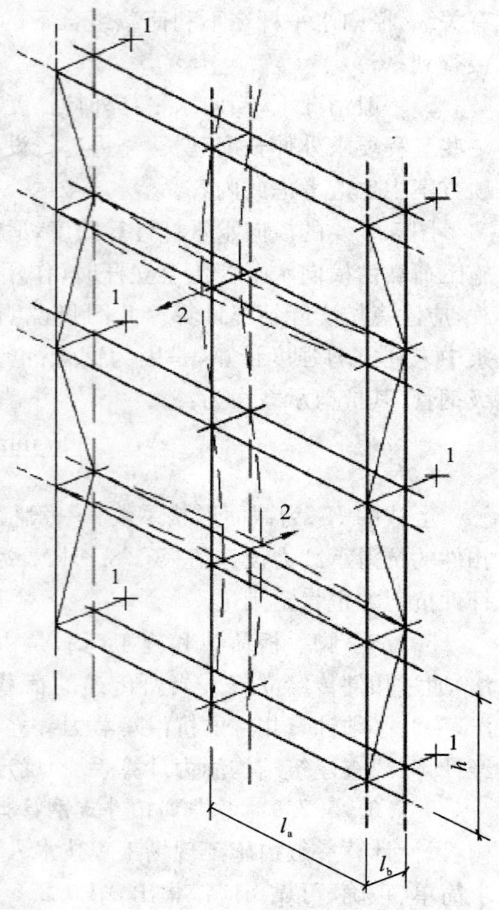

1—连墙件；2—失稳方向

图7 双排脚手架的整体稳定失稳

3.脚手架立杆计算长度附加系数 k 的确定

本规范采用《建筑结构可靠度设计统一标准》GB 50068规定的“概率极限状态设计法”，而结构安全度按以往容许应力法中采用的经验安全系数 K 校准。K 值为：强度 $K_1 \geqslant 1.5$，稳定 $K_2 \geqslant 2.0$。考虑脚手架工作条件的结构抗力调整系数值，可按承载能力极限状态设计表达式推导求得：

1)对受弯构件：

不组合风荷载

$$1.2S_{Gk}+1.4S_{Qk} \leqslant \frac{f_k W}{0.9\gamma_m \gamma'_R}=\frac{fW}{0.9\gamma'_R}$$

组合风荷载

$$1.2S_{Gk}+1.4\times 0.9(S_{Qk}+S_{Wk}) \leqslant \frac{f_k W}{0.9\gamma_m \gamma'_{Rw}}=\frac{fW}{0.9\gamma'_{Rw}}$$

2)对轴心受压构件：

不组合风荷载

$$1.2S_{Gk}+1.4S_{Qk}\leqslant\frac{\varphi f_{k}A}{0.9\gamma_{m}\gamma'_{R}}=\frac{\varphi fA}{0.9\gamma'_{R}}$$

组合风荷载

$$1.2S_{Gk}+1.4\times0.9(S_{Qk}+S_{Wk})\leqslant\frac{\varphi f_{k}A}{0.9\gamma_{m}\gamma'_{Rw}}=\frac{\varphi fA}{0.9\gamma'_{Rw}}$$

上列式中：S_{Gk}、S_{Qk}为永久荷载与可变荷载的标准值分别产生的内力和。对受弯构件内力为弯矩、剪力，对轴心受压构件为轴力；S_{Wk}为风荷载标准值产生的内力；f为钢材强度设计值；f_{k}为钢材强度的标准值；W为杆件的截面模量；φ为轴心受压杆的稳定系数；A为杆件的截面面积；0.9，1.2，1.4，0.9分别为结构重要性系数，恒荷载分项系数，活荷载分项系数，荷载效应组合系数；γ_{m}为材料强度分项系数，钢材为1.165；γ'_{R}和γ'_{Rw}分别为不组合和组合风荷载时的结构抗力调整系数。

根据使新老规范安全度水平相同的原则，并假设新老规范(按单一安全系数法计算安全度进行校核的)采用的荷载和材料强度标准值相同，结构抗力调整系数可按下列公式计算：

1)对受弯构件

不组合风荷载

$$\gamma'_{R}=\frac{1.5}{0.9\times1.2\times1.165}\times\frac{S_{Gk}+S_{Qk}}{S_{Gk}+\frac{1.4}{1.2}S_{Qk}}=1.19\frac{1+\eta}{1+1.17\eta}$$

组合风荷载

$$\gamma'_{Rw}=\frac{1.5}{0.9\times1.2\times1.165}\times\frac{S_{Gk}+0.9(S_{Qk}+S_{Wk})}{S_{Gk}+(S_{Qk}+S_{Wk})\frac{0.9\times1.4}{1.2}}=1.19\frac{1+0.9(\eta+\xi)}{1+1.05(\eta+\xi)}$$

2)对轴心受压杆件

不组合风荷载

$$\gamma'_{R}=\frac{2.0}{0.9\times1.2\times1.165}\times\frac{S_{Gk}+S_{Qk}}{S_{Gk}+\frac{1.4}{1.2}S_{Qk}}=1.59\frac{1+\eta}{1+1.17\eta}$$

组合风荷载

$$\gamma'_{Rw}=\frac{2.0}{0.9\times1.2\times1.165}\times\frac{S_{Gk}+0.9(S_{Qk}+S_{Wk})}{S_{Gk}+(S_{Qk}+S_{Wk})\frac{0.9\times1.4}{1.2}}=1.59\frac{1+0.9(\eta+\xi)}{1+1.05(\eta+\xi)}$$

上列式中：

$$\eta=\frac{S_{Qk}}{S_{Gk}}$$

$$\xi=\frac{S_{Wk}}{S_{Gk}}$$

对于受弯构件，$0.9\gamma'_{R}$及$0.9\gamma'_{Rw}$可近似取1.00；对受压杆件，$0.9\gamma'_{R}$及$0.9\gamma'_{Rw}$可近似取1.333，然后将此系数的作用转化为立杆计算长度附加系数$k=1.155$予以考虑。长

细比计算时 k 取 1.0，k 是提高脚手架安全度的一个换算系数，与长细比验算无关。本规范(5.2.8)、(5.3.4)、(5.4.6-1)、(5.4.6-2)式中的 k 都是如此。应当注意，使用公式(5.2.6-1，5.2.6-2)时，钢管外径、壁厚变化时，钢管截面特性有关数据按实际调整。施工现场出现2步2跨连墙布置，计算长度系数 μ 可参考2步3跨取值，计算结果偏安全。

5.2.11　对本条规定说明如下：

公式(5.2.11-1，5.2.11-2)是根据公式(5.2.6-1，5.2.6-2)推导求得。

5.2.12～5.2.15　国内外发生的单、双排脚手架倒塌事故，几乎都是由于连墙件设置不足或连墙件被拆掉而未及时补救引起的。为此，本规范把连墙件计算作为脚手架计算的重要部分。式(5.2.12-1)、(5.2.12-2)是将连墙件简化为轴心受力构件进行计算的表达式，由于实际上连墙件可能偏心受力，故在公式右端对强度设计值乘以 0.85 的折减系数，以考虑这一不利因素。关于公式(5.2.12-3)中 N_0 的取值，说明如下：

为起到对脚手架发生横向整体失稳的约束作用，连墙件应能承受脚手架平面外变形所产生的连墙件轴向力。此外，连墙件还要承受施工荷载偏心作用产生的水平力。

根据《钢结构设计规范》GB 50017—2003 第 5.1.7 条，考虑我国长期工程上使用经验，连墙件约束脚手架平面外变形所产生的轴向力(kN)。由原规范规定的单排架 3 kN 改为 2 kN，双排架取 5 kN 改为 3 kN。

采用扣件连接时，一个直角扣件连接承载力计算不满足要求，可采用双扣件连接的连墙件。当采用焊接或螺栓连接的连墙件时，应按《冷弯薄壁型钢结构技术规范》GB50018 规定计算；还应注意，连墙件与混凝土中的预埋件连接时，预埋件尚应按《混凝土结构设计规范》GB50010 的规定计算。

每个连墙件的覆盖面积内脚手架外侧面的迎风面积(A_w)为连墙件水平间距×连墙件竖向间距。

6.6.2.5.3　满堂脚手架计算

5.3.1～5.3.4 考虑工地现场实际工况条件，规范所给满堂脚手架整体稳定性的计算方法力求简单、正确、可靠。同单、双排脚手架立杆稳定计算一样，满堂脚手架的立杆稳定性计算公式，虽然在表达形式上是对单根立杆的稳定计算，但实质上是对脚手架结构的整体稳定计算。因为公式 5.3.4 中的 μ 值(附录 C 表 C-1)是根据满堂脚手架的整体稳定试验结果确定的。脚手架有单排、双排、满堂脚手架(3 排以上)，按立杆轴心受力与偏心受力划分为，满堂脚手架与满堂支撑架。本节所提的满堂脚手架是指荷载通过水平杆传入立杆，立杆偏心受力情况。满堂支撑架是指顶部荷载是通过轴心传力构件(可调托撑)传递给立杆的，立杆轴心受力情况。

现就有关问题说明如下：

1.满堂脚手架的整体稳定

满堂脚手架有两种可能的失稳形式：整体失稳和局部失稳。

整体失稳破坏时，满堂脚手架呈现出纵横立杆与纵横水平杆组成的空间框架，沿刚度较弱方向大波鼓曲现象。一般情况下，整体失稳是满堂脚手架的主要破坏形式。由于整体失稳是满堂脚手架主要破坏形式，故本条规定了对整体稳定按公式(5.2.6-1)、(5.2.6-2)计算。为了防止局部立杆段失稳，本规范除对步距限制外，尚在本规范第 5.3.3 条中规定对可能出现的薄弱的立杆段进行稳定性计算。

2. 关于满堂脚手架整体稳定性计算公式中的计算长度系数 μ 的说明影响满堂脚手架整体稳定因素主要有竖向剪刀撑、水平剪刀撑、水平约束(连墙件)、支架高度、高宽比、立杆间距、步距、扣件紧固扭矩等。

满堂脚手架整体稳定试验结论，以上各因素对临界荷载的影响都不同，所以，必须给出不同工况条件下的满堂脚手架临界荷载(或不同工况条件下的计算长度系数 μ 值)，才能保证施工现场安全搭设满堂脚手架。才能满足施工现场的需要。

通过对满堂脚手架整体稳定实验与理论分析，同时与满堂支撑架整体稳定实验对比分析，采用实验确定的节点刚性(半刚性)，建立了满堂脚手架及满堂支撑架有限元计算模型；进行大量有限元分析计算，找出了满堂脚手架与满堂支撑架的临界荷载差异，得出满堂脚手架各类不同工况情况下临界荷载，结合工程实际，给出工程常用搭设满堂脚手架结构的临界荷载，进而根据临界荷载确定：考虑满堂脚手架整体稳定因素的单杆计算长度系数 μ(附录 C)。试验支架搭设是按施工现场条件搭设，并考虑可能出现的最不利情况，规范给出的 μ 值，能综合反应了影响满堂脚手架整体失稳的各种因素。

3. 满堂脚手架立杆计算长度附加系数 k 的确定

见条文说明 5.2.6～5.2.9 条第三款关于“脚手架立杆计算长度附加系数 k”解释。根据满堂脚手架与满堂支撑架整体稳定试验分析，随着满堂脚手架与满堂支撑架高度增加，支架临界荷载下降。

满堂脚手架高度大于 20 m 时，考虑高度影响满堂脚手架，给出立杆计算长度附系数表 5.3.4。可保证安全系数不小于 2.0。

4. 满堂脚手架扣件节点半刚性论证见 5.4 节条文说明。

5. 满堂脚手架高宽比＝计算架高÷计算架宽，计算架高：立杆垫板下皮至顶部脚手板下水平杆上皮垂直距离。计算架宽：脚手架横向两侧立杆轴线水平距离。

5.3.5　满堂脚手架纵、横水平杆与双排脚手架纵向水平杆受力基本相同。

5.3.6　满堂脚手架连墙件布置能基本满足双排脚手架连墙件的布置要求，可按双排脚手架要求设计计算。建筑物形状为“凹”形，在“凹”形内搭设外墙施工脚手架会出现 2 跨或 3 跨的满堂脚手架。这类脚手架可以按双排架布置连墙件。

6.6.2.5.4　满堂支撑架计算

5.4.1～5.4.6　考虑工地现场实际工况条件，规范所给满堂支撑架整体稳定性的计算方法力求简单、正确、可靠。同单、双排脚手架立杆稳定计算一样，满堂支撑架的立杆稳定性计算公式，虽然在表达形式上是对单根立杆的稳定计算，但实质上是对满堂支撑架结构的整体稳定计算。

因为公式 5.4.6-1、5.4.6-2 中的 μ_1、μ_2 值(附录 C 表 C-2～C-5)是根据脚手架的整体稳定试验结果确定的。本节所提满堂支撑架是指顶部荷载是通过轴心传力构件(可调托撑)传递给立杆的，立杆轴心受力情况；可用于钢结构工程施工安装、混凝土结构施工及其他同类工程施工的承重支架。

现就有关问题说明如下：

1. 满堂支撑架的整体稳定

满堂支撑架有两种可能的失稳形式：整体失稳和局部失稳。

整体失稳破坏时，满堂支撑架呈现出纵横立杆与纵横水平杆组成的空间框架，沿刚度较弱方向大波鼓曲现象，无剪刀撑的支架，支架达到临界荷载时，整架大波鼓曲。有剪刀撑的支架，支架达到临界荷载时，以上下竖向剪刀撑交点（或剪刀撑与水平杆有较多交点）水平面为分界面，上部大波鼓曲（图 8），下部变形小于上部变形。所以波长均与剪刀撑设置、水平约束间距有关；

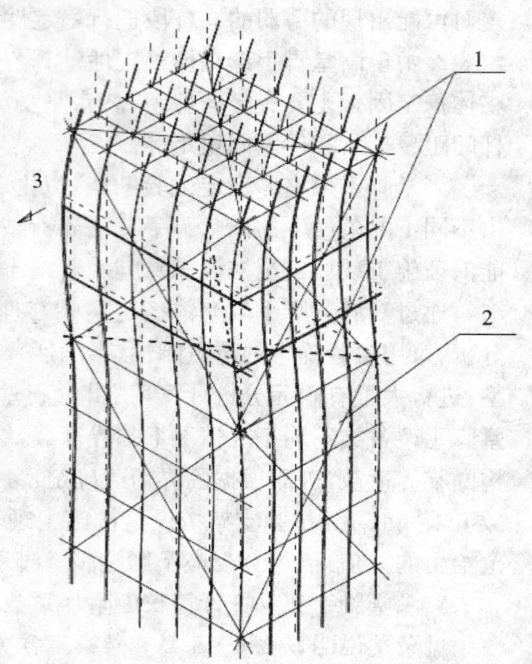

1. 水平剪刀撑；2. 竖向剪刀撑；3. 失稳方向

图 8　满堂支撑架整体失稳

一般情况下，整体失稳是满堂支撑架的主要破坏形式。

局部失稳破坏时，立杆在步距之间发生小波鼓曲，波长与步距相近，变形方向与支架整体变形可能一致，也可能不一致。

当满堂支撑架以相等步距、立杆间距搭设，在均布荷载作用下，立杆局部稳定的临界荷载高于整体稳定的临界荷载，满堂支撑架破坏形式为整体失稳。当满堂支撑架以不等步距、立杆横距搭设，或立杆负荷不均匀时，两种形式的失稳破坏均有可能。

由于整体失稳是满堂脚支撑架的主要破坏形式，故本条规定了对整体稳定按公式(5.2.6-1)、(5.2.6-2)计算。为了防止局部立杆段失稳，本规范除对步距限制外，尚在本规范第 5.4.5 条中规定对可能出现的薄弱的立杆段进行稳定性计算。

2. 关于满堂支撑架整体稳定性计算公式中的计算长度系数 μ 的说明

影响满堂支撑架整体稳定因素主要有竖向剪刀撑、水平剪刀撑、水平约束（连墙件）、支架高度、高宽比、立杆间距、步距、扣件紧固扭矩、立杆上传力构件、立杆伸出顶层水平杆中心线长度(a)等。

满堂支撑架整体稳定试验结论，以上各因素对临界荷载的影响都不同，所以，必须给出不同工况条件下的支架临界荷载（或不同工况条件下的计算长度系数 μ 值），才能保证施工现场安全搭设满堂支撑架。才能满足施工现场的需要。

2008 年由中国建筑科学研究院主持负责，江苏南通二建集团有限公司参加及大力支援，天津大学参加，并在天津大学土木工程检测中心完成了 15 项真型满堂扣件式钢管脚手架与满堂支撑架（高支撑）试验。13 项满堂支撑架主要传力构件“可调托撑”破坏试验，多组扣件节点半刚性试验，得出了满堂支撑架在不同工况下的临界荷载。

通过对满堂支撑架整体稳定实验与理论分析，采用实验确定的节点刚性（半刚性），建立了满堂扣件式钢管支撑架的有限元计算模型；进行大量有限元分析计算，得出各类不同工况情况下临界荷载，结合工程实际，给出工程常用搭设满堂支撑架结构的临界荷载，进而根据临界荷载确定：考虑满堂支撑架整体稳定因素的单杆计算长度系数 μ_1、μ_2。试验支架搭设是按施工现场条件搭设，并考虑可能出现的最不利情况，规范给出的 μ_1、μ_2 值，能综合反应了影响满堂支撑架整体失稳的各种因素。实验证明剪刀撑设置不同，临界荷载不同，所以给出普通型与加强型构造的满堂支撑架。

3. 满堂支撑架立杆计算长度附加系数 k 的确定

见条文说明 5.2.6～5.2.9 条第三款关于"脚手架立杆计算长度附加系数 k"解释。

根据满堂支撑架整体稳定试验分析，随着满堂支撑架高度增加，支撑体系临界荷载下降，参考国内外同类标准，引入高度调整系数调降强度设计值，给出满堂支撑架计算长度附系数取值表 5.4.6。可保证安全系数不小于 2.0。

4. 满堂脚手架与满堂支撑架扣件节点半刚性论证

扣件节点属半刚性，但半刚性到什么程度，半刚性节点满堂脚手架和满堂支撑架承载力与纯刚性满堂脚手架和满堂支撑架承载力差多少？要准确回答这个问题，必须通过真型满堂脚手架与满堂支撑架实验与理论分析。

直角扣件转动刚度试验与有限元分析，得出如下结论：

1)通过无量纲化后的 $M^* - \theta^*$ 关系曲线分区判断梁柱连接节点刚度性质的方法。试验中得到的直角扣件的弯矩—转角曲线，处于半刚性节点的区域之中，说明直角扣件属于半刚性连接。

2)扣件的拧紧程度对扣件转动刚度有很大影响。拧紧程度高，承载能力加强，而且在相同力矩作用下，转角位移相对较小，即刚性越大。

3)扣件的拧紧力矩为 40 N·m，50 N·m 时，直角扣件节点与刚性节点刚度比值为 21.86%、33.21%真型试验中直角扣件刚度试验：在 7 组整体满堂脚手架与满堂支撑架的真型试验中，对直角扣件的半刚性进行了测量，取多次测量结果的平均值，得到直角扣件的刚度为刚性节点刚度的 20.43%。

半刚性节点整体模型与刚性节点整体模型的比较分析：

按照所作的 15 个真形试验的搭设参数，在有限元软件中，分别建立了半刚性节点整体模型及刚性节点整体模型，得出两种模型的承载力。由于直角扣件的半刚性，其承载能力比刚性节点的整体模型承载力降低很多，在不同工况条件下，满堂脚手架与满堂支撑架刚性节点整体模型的承载力为相应半刚性节点整体模型承载力的 1.35 倍以上。15 个整架实验方案的理论计算结果与实验值相比最大误差为 8.05%。

所以，扣件式满堂脚手架与满堂支撑架不能盲目使用刚性节点整体模型(刚性节点支架)临界荷载推论所得参数。

5. 满堂支撑架高宽比 = 计算架高 ÷ 计算架宽，计算架高：立杆垫板下皮至顶部可调托撑支托板下皮垂直距离。计算架宽：满堂支撑架横向两侧立杆轴线水平距离。

6. 公式(5.4.4-1)、(5.4.4-2) $\sum N_{GK}$ 包括满堂支撑架结构自重、构配件及可调拖撑上主梁、次梁、支撑板自重等；$\sum N_{QK}$ 包括作业层上的人员及设备荷载、结构构件、施工材料自重等。可按每一个纵距、横距为计算单元。

7. 公式(5.4.6-1)，用于顶部、支撑架自重较小时的计算，整体稳定计算结果可能最不利，公式(5.4.6-2)用于底部、或最大步距部位计算，支撑架自重荷载较大时，计算结果可能最不利。

5.4.7　满堂支撑架整体稳定试验证明，在一定条件下，宽度方向跨数减小，影响支架临界荷载。所以要求对于小于4跨的满堂支撑架要求设置了连墙件(设置连墙可提高承载力)，如果不设置连墙件就应该对支撑架进行荷载、高度限制，保证支撑架整体稳定。

施工现场，少于4跨的支撑架多用于受荷较小部位。高度控制可有效减小支架高宽比，荷载限制可保证支架稳定。

永久荷载与可变荷载(不含风荷载)总和标准值7.5 kN/m^2，相当于150 mm厚的混凝土楼板。计算如下：

楼板模板自重标准值为0.3 kN/m^2，钢筋自重标准值，每立方混凝土1.1 kN，混凝土自重标准值24 kN/m^3；施工人员及施工设备荷载标准值为1.5 kN/m^2。振捣混凝土时产生的荷载标准值2.0 kN/m^2，忽略支架自重。

永久荷载与可变荷载(不含风荷载)总和标准值：0.3＋1.5＋2＋25.1×0.15＝7.6 kN/m^2

均布线荷载大于7 kN/m相当于400×500(高)的混凝土梁。计算如下：

钢筋自重标准值，每立方混凝土1.5 kN，混凝土自重标准值24 kN/m^3；

均布线荷载标准值为：0.3(2×0.5＋0.4)＋0.4(2＋1.5)＋25.5×0.4×0.5＝6.92 kN/m

6.6.2.5.5　立杆地基承载力计算

5.5.1　公式(5.5.1)是根据现行国家标准《建筑地基基础设计规范》GB 50007给出的。计算P_k、N_k时使用荷载标准值。

脚手架系临时结构，故本条只规定对立杆进行地基承载力计算，不必进行地基变形验算。考虑到地基不均匀沉降将危及脚手架安全，因此，在第8.2.3条中规定了对脚手架沉降进行经常检测。

5.5.2　由于立杆基础(底座、垫板)通常置于地表面，地基承载力容易受外界因素的影响而下降，故立杆的地基计算应与永久建筑的地基计算有所不同。为此，对立杆地基计算作了一些特殊的规定，即采用调整系数对地基承载力予以折减，以保证脚手架安全。

有条件可由载荷试验确定地基承载力，也可根据勘察报告及工程实践经验确定。

6.6.2.5.6　型钢悬挑脚手架计算

5.6.1　悬挑脚手架的悬挑支撑结构有多种形式，本规范只规定了施工现场常用的以型钢梁做为悬挑支撑结构的型钢悬挑梁及其锚固的设计计算。

5.6.2　型钢悬挑梁上脚手架轴向力设计值计算方法与一般落地式脚手架计算方法相同。

5.6.3～5.6.5　考虑到型钢悬挑梁在楼层边梁(板)上搁置的实际情况，根据工程实践经验总结，本规范确定出悬挑钢梁的计算方法。

说明：悬挑钢梁挠度允许值可按$2l/250$确定，l为悬挑长度。是根据《钢结构设计规范》GB50017—2003第3.5.1条及附录A结构变形规定，考虑以下条件确定的：

1. 型钢悬挑架为临时结构；

2. 每纵距悬挑梁前端采用钢丝绳吊拉卸荷；钢丝绳不参与计算。

3. 受弯构件的跨度对悬臂梁为悬伸长度的两倍。

4. 经过大量计算，计算结果符合实际。

5.6.6、5.7.7　型钢悬挑梁固定段与楼板连接的压点处是指对楼板产生上拔力的锚固点处。采用U型钢筋拉环或螺栓连接固定时，考虑到多个钢筋拉环（或多对螺栓）受力不均的影响，对其承载力乘以0.85的系数进行折减。

5.6.8　用于型钢悬挑梁锚固的U型钢筋或螺栓，对建筑结构混凝土楼板有一个上拔力，在上拔力作用下，楼板产生负弯矩，此负弯矩可能会使未配置负弯矩筋的楼板上部开裂。因此，本规范提出经计算并在楼板上表面配置受力钢筋。

5.6.9　在施工时，应按《混凝土结构设计规范》GB 50010的规定对型钢梁下混凝土结构进行局部抗压承载力、抗弯承载力验算。由于混凝土养护龄期不足等原因，在计算时，要注意取结构混凝土的实际强度值进行验算。

6.6.2.6　构造要求

6.6.2.6.1　常用单、双排脚手架设计尺寸

6.1.1　对表6.1.1-1、6.1.1-2的说明：

1. 横距、步距是参考我国长期使用的经验值；

2. 横距（横向水平杆跨度）、纵距（纵向水平杆跨度）是根据一层作业层上的施工荷载按本规范第5.2.1～5.2.5条的公式计算，取计算结果中能满足强度、挠度、抗滑三项要求的最小跨度值，偏于安全；

3. 脚手架设计高度是根据公式（5.2.11-2）计算，密目式安全立网全封闭式双排脚手架挡风系数取$\varphi=0.8\sim0.9$，采用计算结果中的最小高度值，偏于安全。

4. 地面粗糙度为B类，指田野、乡村、丛林、丘陵以及房屋比较稀疏的乡镇和城市郊区；地面粗糙度C类（指有密集建筑群的城市市区），D类（指有密集建筑群且房屋较高的城市市区）地区，可参考B类地区的计算值使用。取重现期为10年（$n=10$）对应的风压$W_o=0.4\ kN/m^2$。全国大部分城市已包括。地面粗糙度为A类，基本风压大于0.4 kN/m^2的地区，脚手架允许搭设高度必须另计算。

6.1.2　规定脚手架高度不宜超过50 m的依据：

1. 根据国内几十年的实践经验及对国内脚手架的调查，立杆采用单管的落地脚手架一般在50 m以下。当需要的搭设高度大于50 m时，一般都比较慎重地采用了加强措施，如采用双管立杆、分段卸荷、分段搭设等方法。国内在脚手架的分段搭设、分段卸荷方面已经积累了许多可靠、行之有效的方法和经验。

2. 从经济方面考虑。搭设高度超过50 m时，钢管、扣件的周转使用率降低，脚手架的地基基础处理费用也会增加。

3. 参考国外的经验。美国、日本、德国等也限制落地脚手架的搭设高度：如美国为50 m，德国为60 m，日本为45 m等。高度超过50 m的脚手架，采用双管立杆（或双管高取架高的2/3）搭设或分段卸荷等有效措施，应根据现场实际工况条件，进行专门设计及论证。双管立杆变截面处主立杆上部单根立杆的稳定性，可按本规范公式5.2.6-1或5.2.6-2进行计算。双管底部也应进行稳定性计算。

6.6.2.6.2　纵向水平杆、横向水平杆、脚手板

6.2.1　对搭接长度的规定与立杆相同，但中间比立杆多一个旋转扣件，以防止上面搭接杆在竖向荷载作用下产生过大的变形；对于铺设竹笆脚手板的纵向水平杆设置规定，是根据现场使用情况提出的。纵向水平杆设在立杆内侧，可以减小横向水平杆跨度，接长立杆和安装剪刀撑时比较方便，对高处作业更为安全。

6.2.3　本条规定在主节点处严禁拆除横向水平杆，这是因为，它是构成脚手架空间框架必不可少的杆件。现场调查表明，该杆挪动他用的现象十分普遍，致使立杆的计算长度成倍增大，承载能力下降。这正是造成脚手架安全事故的重要原因之一。

6.2.4　本条规定脚手板的对接和搭接尺寸，旨在限制探头板长度，以防脚手板倾翻或滑脱。

6.2.6.2.6.3　立杆

6.3.1　当脚手架搭设在永久性建筑结构混凝土基面时，立杆下底座或垫板可根据情况不设置。

6.3.2　本条规定设置扫地杆，是吸收了我国和英、日、德等国的经验。

6.3.3　脚手架地基存在高差时，纵向扫地杆、立杆搭设要求，按要求搭设，保证脚手架基础稳固。

6.3.5　单排、双排与满堂脚手架立杆采用对接接长，传力明确，没有偏心，可提高承载能力。

试验表明：一个对接扣件的承载能力比搭接的承载能力大 2.14 倍。

6.6.2.6.4　连墙件

6.4.1　设置连墙件，不仅是为防止脚手架在风荷和其他水平力作用下产生倾覆，更重要的是它对立杆起中间支座的作用。试验证明：增大其竖向间距（或跨度）使立杆的承载能力大幅度下降。这表明连墙件的设置对保证脚手架的稳定性至关重要。为此，在英、日、德等国的同类标准中也有严格的规定。

6.4.2　对表 6.4.2 的说明：

表中规定的尺寸与连墙件按 2 步 3 跨、3 步 3 跨设置，均是适应于本规范表 5.2.8 立杆计算长度系数的应用条件，可在计算立杆稳定性时取用。

6.4.3　对连墙件设置位置规定的说明：

1. 限制连墙件偏离主节点的最大距离 300 mm，是参考英国标准的规定。只有连墙件在主节点附近方能有效地阻止脚手架发生横向弯曲失稳或倾覆，若远离主节点设置连墙件，因立杆的抗弯刚度较差，将会由于立杆产生局部弯曲，减弱甚至起不到约束脚手架横向变形的作用。调研中发现，许多连墙件设置在立杆步距的 1/2 附近，这对脚手架稳定是极为不利的。必须予以纠正。

2. 由于第一步立柱所承受的轴向力最大，是保证脚手架稳定性的控制杆件。在该处设连墙件，也就是增设了一个支座，这是从构造上保证脚手架立杆局部稳定性的重要措施之一。

6.4.4　若开口型脚手架两端不与主体结构相连，就相当于自由边界而成为薄弱环节。将其两端与主体结构加强连接，再加上横向斜撑的作用，可对这类脚手架提供较强的

整体刚度。

6.4.5～6.4.8 这几条规定是总结了国内一些成熟的经验，并吸收了国外标准中的规定。连墙件在使用过程中，既受拉力也受压力，所以，必须采用可承受拉力和压力的构造。并要求连墙杆节点之间距离不能任意长，容许长细比按150控制。

6.6.2.6.5 门洞

6.5.1 对门洞型式与选型条件的说明：

我国脚手架过门洞处的结构形式，以采用落地式斜杆支撑1～2根架空立杆为主，英、法等国则用门式桥架(图9)。

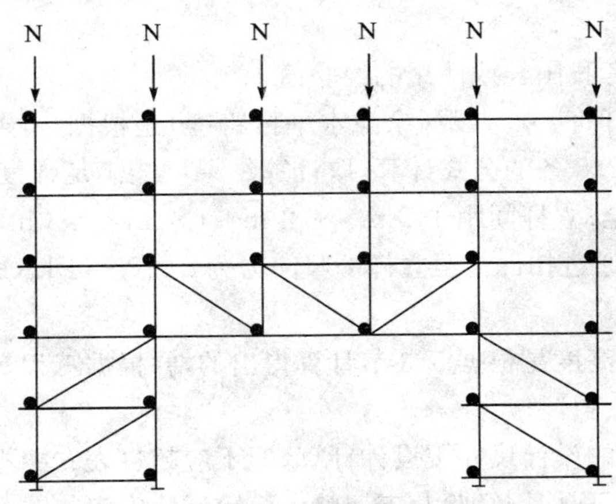

图9 英、法等国过门洞的结构形式

考虑到我国搭设门洞的习惯，并能增大门洞空间的使用面积和有一个较为简便、统一的验算方法，特列出图6.5.1供选择。门洞采用图6.5.1所示落地式支撑，能减少两侧边立杆的荷载，并可将图中的矩形平面ABCD作为上升式斜杆的平行弦杆桁架计算。

6.5.5 本条规定是为防止杆件从扣件中滑脱，以保证门洞桁架安全可靠。

6.6.2.6.6 剪刀撑与横向斜撑

6.6.1～6.6.2 这两条规定是在总结我国经验的基础上，参考了英、美、德等国脚手架标准的规定提出的。这些规定，对提高我国现有扣件式钢管脚手架支撑体系的构造标准，对加强脚手架整体稳定、防止安全事故的发生将起重要的作用。具体说明如下：

对纵向剪刀撑作用大小的分析表明：若连接立杆太少，则纵向支撑刚度较差，故对剪刀撑跨越立杆的根数作了规定。

由于纵向剪刀撑斜杆较长，如不固定在与之相交的立杆或横向水平杆伸出端上，将会由于刚度不足先失去稳定。为此在设计时，应注意计算纵向剪刀撑斜杆的长细比，使其不超过本规范表5.1.9的规定。

6.6.3 根据实验和理论分析，脚手架的纵向刚度远比横向刚度强的多，一般不会发生纵向整体失稳破坏。设置了纵向剪刀撑后，可以加强脚手架结构整体刚度和空间工作，以保证脚手架的稳定。也是国内工程实践经验的总结。

6.6.4 设置横向斜撑可以提高脚手架的横向刚度，并能显著提高脚手架的稳定承载力。

6.6.5　开口型脚手架两端是薄弱环节。将其两端设置横向斜撑，并与主体结构加强连接，可对这类脚手架提供较强的整体刚度。静力模拟试验表明：对于一字型脚手架，两端有横向斜撑（之字形），外侧有剪刀撑时，脚手架的承载能力可比不设的提高约20%。

6.6.2.6.7　斜道

6.7.1～6.7.3　这三条对斜道构造的规定，主要是总结国内工程的实践经验制定的。注意人行斜道严禁搭设在临近高压线一侧。

6.6.2.6.8　满堂脚手架

6.8.1　本条所提的满堂脚手架是指荷载通过水平杆传入立杆，立杆偏心受力情况。

对表6.8.1的说明：

1.横距、步距是参考我国长期使用的经验值；

2.横距（横向水平杆跨度）、纵距（纵向水平杆跨度）是根据一层作业层上的施工荷载按本规范第5.2.1～5.2.5条的公式计算，取计算结果中能满足强度、挠度、抗滑三项要求的最小跨度值，偏于安全；立杆间距1.2 m×1.2 m～1.3 m×1.3 m，施工荷载标准值不小于3 kN/m^2 时，水平杆通过扣件传至立杆的竖向力为8 kN～11 kN之间，所以立杆上应增设防滑扣件。

3.满堂脚手架设计高度是根据5.3节计算得出的，并根据工程实际适当调整。

4.计算条件不同另行计算。

5.满堂脚手架结构的设计尺寸按设计计算，但不应超过表6中规定值。

6.8.2　根据我国工程使用经验及支架整体稳定试验确定。

6.8.4　根据脚手架试验，增加竖向、水平剪刀撑，可增加架体刚度，提高脚手架承载力。在竖向剪刀撑顶部交点平面设置一道水平连续剪刀撑，可使架体结构稳固。当剪刀撑连续布置时，剪刀撑宽度，为剪刀撑相邻斜杆的水平距离。

6.8.6　试验证明，满堂脚手架增加连墙件可提高承载力，所以在有条件与结构连接时，应使脚手架与建筑结构进行刚性连接。附录C表C-1的高宽比是试验所得高宽比，也是计算长度系数使用条件，不满足附录C表C-1规定的高宽比时，应设置连墙件。在无结构柱部位采取预埋钢管等措施与建筑结构进行刚性连接；在有空间部位，也可超出顶部加载区投影范围向外延伸布置2～3跨。采取以上措施后，高宽比提高，但高宽比不宜大于3。

6.8.8　局部承受集中荷载，根据实际荷载可按附录C表C-1计算，局部调整满堂脚手架构造尺寸，进行局部加固。

6.8.9、6.8.10　根据我国工程使用经验确定。

6.6.2.6.9　满堂支撑架

6.9.1　满堂支撑架步距不宜超过1.8 m，立杆间距不宜超过1.2×1.2 m。

6.9.3～6.9.5　满堂支撑架整体稳定试验证明，增加竖向、水平剪刀撑，可增加架体刚度，提高脚手架承载力。在竖向剪刀撑顶部交点平面设置一道水平连续剪刀撑，可使架体结构稳固。设置剪刀撑比不设置临界荷载提高26%～64%（不同工况），剪刀撑不同设置，临界荷载发生变化，所以根据剪刀撑的不同设置给出不同的承载力，给出满堂支撑架不同的立杆计算长度系数（附录C）。

施工现场满堂支撑架，经常不设剪刀撑或只是支架外围设置竖向剪刀撑，这种结构不合理，所以要求满堂支撑架在纵、横向间隔一定距离设置竖向剪刀撑，在竖向剪刀撑顶部交点平面、扫地杆的设置层设置水平剪刀撑，保证支架结构稳定。

普通型剪刀撑设置，剪刀撑的纵、横向间距较大，施工搭设相对简单，剪刀撑主要为支架的构造保证措施。

加强型剪刀撑设置，与满堂支撑架整体稳定试验剪刀撑设置设置基本相同，按附录C中表C-3、C-5计算支架稳定。竖向剪刀撑间距4～5跨，为3～5 m，立杆间距在0.4×0.4 m～0.6×0.6 m之间(含0.4×0.4)，竖向剪刀撑间3～3.2 m，0.4×8跨＝3.2 m，0.5×6跨＝3 m，均满足要求。

6.9.7 满堂支撑架，可用于大型场馆屋顶有集中荷载的钢结构安装支撑体系与其他同类工程支撑体系，大型场馆中部无法设置连墙件，为保证支架稳定或边部支架稳定，要求边部支架设置连墙件，在有空间部位，满堂支撑架宜超出顶部加载区投影范围向外延伸布置2～3跨。

试验表明，在支架5跨×5跨内，设置两处水平约束，支架临界荷载提高10%以上。所以，有条件设置连墙件时，一定要设置连墙件。在支架受力较大的情况下更要设置连墙件。

大梁高度超过1.2 m(或相同荷载)或混凝土板厚尺寸超过0.5 m(或相同荷载)或满堂支撑架横向高宽比不符合附录C中表(C-2～C-5)的规定，连墙件设置要严格控制。这样可提高支撑架承载力，保证支撑架稳定。如果无现成结构柱，设置连墙件，可采取预埋钢管等措施。

附录C的高宽比是试验所得高宽比，也是计算长度系数使用条件，不满要求应设置连墙件。采取连墙等措施后，高宽比可适当增大，但高宽比不宜大于3。《建筑施工模板安全技术规范》JGJ 162—2008第6.2.4条第6款规定的内容：当支架立柱高度超过5 m时，应在立柱周围外侧和中间有结构柱的部位，按水平间距6～9 m、竖向间距2～3 m与建筑结构设置一个固结点。

6.6.2.6.10 型钢悬挑脚手架

6.10.2～6.10.5 双轴对称截面型钢宜使用工字钢，工字钢结构性能可靠，双轴对称截面，受力稳定性好，较其他型钢选购、设计、施工方便。悬挑钢梁前端应采用吊拉卸荷，吊拉卸荷的吊拉构件有刚性的，也有柔性的，如果使用钢丝绳，其直径不应小于14 mm，使用预埋吊环其直径不宜小于20 mm(或计算确定)，预埋吊环应使用HPB235级钢筋制作。钢丝绳卡不得少于3个。悬挑钢梁悬挑长度一般情况下不超过2 m能满足施工需要，但在工程结构局部有可能满足不了使用要求，局部悬挑长度不宜超过3 m。大悬挑另行专门设计及论证。在建筑结构角部，钢梁宜扇形布置；如果结构角部钢筋较多不能留洞，可采用设置预埋件焊接型钢三角架等措施。悬挑钢梁支承点应设置在结构梁上，不得设置在外伸阳台上或悬挑板上，否则应采取加固措施。

6.10.7 定位点可采用竖直焊接长0.2 m、直径25～30 mm的钢筋或短管等方式。

6.10.10、6.10.11 悬挑架设置连墙件与外立面设置剪刀撑，是保证悬挑架整体稳定的条件。

6.6.2.7　施工

6.6.2.7.1　施工准备

7.1.1　本条规定是为了明确岗位责任制，促进脚手架的设计及其专项方案在具体施工实施过程中得到认真严肃的贯彻。单位工程负责人交底时，应注意方案中设计计算使用条件与工程实际工况条件是否相符的问题。监理工程师检查交底记录时，对以上问题的检应是重点检查之一。

7.1.2　这条规定是为了加强现场管理，杜绝不合格产品进入现场，否则在脚手架工程中会造成隐患和事故。对钢管、扣件、可调托撑可通过检测手段来保证产品合格，即：在进入施工现场后第一次使用前，由施工总承包单位负责，对钢管、扣件、可调托撑进行复试。

6.6.2.7.2　地基与基础

7.2.1～7.2.4　本节明确规定了脚手架地基标高及其基础施工的依据和标准，是保证脚手架工程质量的重要环节。压实填土地基、灰土地基是脚手架常用的地基，应按《建筑地基基础工程施工质量验收规范》要求施工，应符合工程的地质勘察报告中要求。

6.6.2.7.3　搭设

7.3.1　为保证脚手架搭设中的稳定性，本条规定了一次搭设高度的限值。

7.3.2　规定脚手架搭设中允许偏差检查的时间，有利于防止累计误差超过允许偏差，难以纠正。

7.3.3　本条规定的技术要求有利于脚手架立杆受力和沉降均匀。对于其他材料用于脚手架基础，应是不低于木垫板承载力，不低于木垫板长度、宽度。

7.3.4～7.3.11　这8条规定是根据本规范第6章有关构造要求提出的具体操作规定，说明如下：

1.在第7.3.6条3款中规定搭设单排脚手架横向水平杆的位置，是根据现行国家标准《砌体工程施工质量验收规范》GB 50203的规定。根据《砌筑砂浆配合比设计规程》(GJG98)的规定，砌筑砂浆的最低强度等级为M2.5。

2.在7.3.11条2款中规定扣件螺栓的拧紧扭力矩采用40～65 N·m，是根据《钢管脚手架扣件》(GB15831)的规定确定的。

7.3.13　原规范7.3.12条规定，脚手板的铺设自顶层作业层的脚手板往下计，宜每隔12 m满铺一层脚手板，考虑到原规定既增加防护设施投入，又增加脚手架荷载。故此次修订将此条取消，并在本规范第9.0.11条中规定，脚手板下应用安全网双层兜底。施工层以下每隔10 m用安全网封闭。

6.6.2.7.4　拆除

7.4.1　本条规定了拆除脚手架前必须完成的准备工作和具备的技术文件。

7.4.2　本条明确规定了脚手架的拆除顺序及其技术要求，有利于拆除中保证脚手架的整体稳定性。

7.4.5　为了防止伤人，避免发生安全事故，同时还可以增加构配件使用寿命。

6.6.2.8　检查与验收

6.6.2.8.1　构配件检查与验收

8.1.1　对新钢管允许偏差值的说明：

对表8.1.8序号1说明，现行国家标准《低压流体输送用焊接钢管》GB/T 3091、《直缝电焊钢管》GB/T 13793规定：Φ48.3×3.6 mm的钢管，管体外径允许偏差±0.5 mm。壁厚允许偏差±10%(壁厚)，即：±3.6×10%＝±0.36 mm；所以，外径允许范围为47.8～48.8 mm；壁厚允许范围为3.24～3.96 mm；目前市场上Φ48×3.5(或3.24～3.5)在允许偏差范围内。

8.1.2　对旧钢管的检查项目与允许偏差值的说明：

1.使用旧钢管(已使用过的或长期放置已锈蚀的钢管)时主要应检查有无严重鳞皮锈。检查锈蚀深度时，应先除去锈皮再量深度；

2.表8.1.8中序号3的规定，锈蚀深度不得大于壁厚负偏差的一半。

现行国家标准《钢结构工程施工质量验收规范》GB 50205—2001第4.2.5条第1款规定："当钢材的表面有锈蚀、麻点或划痕等缺陷时，其深度不得大于该钢材厚度负允许偏差值的1/2"。

3.表8.1.8序号4中规定的根据：

1)各种钢管的端部弯曲在1.5 m长范围内限制允许偏差Δ≤5 mm，以限制初始弯曲对立杆受力影响及纵向水平杆的水平程度；

2)立杆钢管弯曲(初始弯曲)的允许偏差值Δ是考虑我国建筑施工企业施工现场的管理水平，按3/1 000确定的，以限制初始弯曲过大，影响立杆承载能力；

3)水平杆、斜杆为非受压杆件，故放宽允许偏差值Δ，按4.5/1 000考虑，以6.5 m计，Δ≤30 mm。

8.1.4　由于目前建筑市场扣件合格率较低，要求每个工程在使用扣件前，进行复试，以保证使用合格产品。扣件有裂缝、变形的，螺栓滑丝的严重影响扣件承载力，最终导致影响脚手架整体稳定。

8.1.7　可调托撑的规定是根据我国长期使用经验，满堂支撑架整体稳定试验、可调托撑破坏试验确定的。试验表明：支托板、螺母有裂缝临界荷载下降，支托板厚如果小于5 mm，可调托撑承载力不满足要求。钢管采用Φ48.3×3.6，壁厚3.6 mm允许偏差±0.36，最小壁厚3.24 mm。钢管内径48.3－2×3.24＝41.82 mm，可调托撑螺杆外径与立杆钢管内壁之间的间隙(平均值)为(41.82－36)÷2＝2.91 mm，满足要求。

目前，在施工现场，存在着支托板变形较大仍然使用的现象，造成主梁向支托板传力不均匀，影响可调托撑承载力。

6.6.2.8.2　脚手架检查与验收

8.2.1　明确脚手架与满堂支撑架其地基基础进行检查与验收的阶段。

8.2.2　为提高施工企业管理水平，防患于未然，明确责任，提出了脚手架工程检查验收时应具备的文件。

8.2.3　明确脚手架使用中，应定期检查的项目。也可随时抽查其规定项目。

8.2.4　对表8.2.4的说明：

1.关于立杆垂直度的允许偏差

立杆安装垂直度允许偏差值的规定，关系到脚手架的安全与承载能力的发挥。从国内实测数据分析可知，所规定的允许偏差值是代表国内大多城市中许多建筑企业搭设质量的平均先进水平的。满堂支撑架立杆垂直度的允许偏差为立杆高度的千分之三。

2.关于间距的允许偏差

根据现场实测调查，一般均可作到。

3.关于纵向水平杆高差的允许偏差

纵向水平杆水平度的允许偏差值关系到结构的承载力（立杆的计算长度）、施工安全等。

8.2.5 本条明确地规定了扣件螺栓扭力矩抽样检查数目与质量判定标准，有利于保证脚手架安全。

6.6.2.9 安全管理

9.0.1 保证专业架子工搭设脚手架，是避免脚手架安全事故发生的措施之一。

9.0.4 保证钢管截面不被削弱。

9.0.5 本条的规定旨在防止脚手架因超载而影响安全施工。条文中规定的内容是通过调研，对工地实际存在的问题提出的。

9.0.6 保证施工安全的重要措施。

9.0.7 支撑架实际荷载超过设计规定，就存在安全隐患，甚至导致安全事故发生。

9.0.8 大于六级风停止高处作业的规定是按照现行行业标准《建筑施工高处作业安全技术规范》JGJ 80 的规定。

9.0.12 扣件式钢管脚手架应使用阻燃的密目式安全网，避免在脚手架上电焊施工引起火灾。

9.0.13 施工期间，拆除脚手架主节点处的纵向水平杆、横向水平杆、纵向水平杆、横向扫地杆中任何根杆件，都会造成脚手架承载力下降。严重时会导致事故。拆除连墙件也是如此。

9.0.14 如果在脚手架基础下开挖管沟，会影响脚手架整体稳定。室外管沟过脚手架基础必须在脚手架专项方案体现，必须有安全措施。

9.0.15 满堂脚手架与满堂支撑架在安装过程中，必须设置防倾覆的临时固定设施，如斜撑、揽风绳、连墙件等。抗倾覆稳定计算应保证，支架抗倾覆力矩≥支架倾覆力矩。

6.7 建筑施工现场塔式起重机安装拆卸安全技术规程

省住房和城乡建设厅已于 2010 年 6 月 22 日以鲁建标字〔2010〕13 号颁布《建筑施工现场塔式起重机安装拆卸安全技术规程》(DBJ 14—065—2010)自 2010 年 8 月 1 日起施行

本规程共有 11 章及附录，内容包括：1.总则；2.术语；3.基本规定；4.安装拆卸前的准备；5.基本架设高度的安装与拆卸；6.自升式塔式起重机加节、降节；7.附着

装置的安装与拆卸；8.内爬式塔式起重机的安装、升降与拆卸；9.轨道式塔式起重机的安装；10.安全装置；塔式起重机整机调试与验收。附录 A、B、C 均为本规程的资料性附录。

本规程中3.0.2、3.0.10、4.2.1、5.3.3、6.1.4、7.2.1、10.1.2共7条和3.0.12.1、3.0.12.3、3.0.12.4、3.0.12.5、3.0.12.6、3.0.12.7、3.0.12.8、4.4.1.5、5.3.4.4共9款为强制性条文，必须严格执行。

6.7.1　建筑施工现场塔式起重机安装拆卸安全技术规程

6.7.1.1　总则

1.0.1　为了规范建筑施工现场塔式起重机(以下简称塔机)安装与拆卸的安全管理和操作程序，确保施工安全和安装质量，制定本技术规程。

1.0.2　本规程适用于本省行政区域内房屋建筑工程和市政工程施工现场使用的上回转固定式塔机、内爬式塔机和上回转轨道式塔机，不适用于轮胎式、汽车式、履带式塔机和下回转快装式塔机。

1.0.3　本规程包含建筑施工现场塔机安装与拆卸的技术、管理要求和主要操作程序。

1.0.4　建筑施工现场塔机安装与拆卸除应执行本规程外，尚应符合现行国家及行业有关标准的规定。

6.7.1.2　术语

2.0.1　混凝土基础 concrete foundation：用于安装固定式塔机底架或支脚的钢筋混凝土基础。

2.0.2　轨道式基础 tracks on concrete strips or on wooden sleepers：用于安装轨道式塔机行走台车的基础及轨道。

2.0.3　基本架设高度 basic erection height：塔机安装到顶升前的最小安装高度，塔机最高点到基础或轨道顶面的距离。

2.0.4　底架 chassis：介于塔身与基础之间的结构件。

2.0.5　基础节 base section：与塔机底架连接的塔身结构件。

2.0.6　下支承座 slewing ring support：与回转支承的座圈、塔身相连接的结构件。

2.0.7　上支承座 slewing platform：与回转支承动圈相连接的结构件。

2.0.8　过渡节 interim mast section：介于上支座与塔顶之间的结构件。

2.0.9　塔顶 cat head：也称塔帽，用于悬挂起重臂和平衡臂拉杆的结构件。

6.7.1.3　基本规定

3.0.1　塔机必须是经国家特种设备安全监督管理部门许可的生产单位生产的产品，应具有产品合格证、制造监督检验证明，并在建设主管部门办理产权备案手续。国外制造的塔机应具有产品合格证、中文说明书和国家规定的其他资料。

3.0.2　从事塔机安装、拆卸活动的单位应当依法取得建设主管部门颁发的起重设备安装工程专业承包资质和建筑施工企业安全生产许可证，并在其资质许可范围内承揽工程。

从事塔机安装、拆卸的操作人员必须经过专业培训，并经建设主管部门考核合格，取得建筑施工特种作业人员操作资格证书。

3.0.3　塔机使用单位和安装单位应当签订安装、拆卸合同，合同中应当明确双方的安全生产责任；实行施工总承包的，施工总承包单位应当与安装单位签订建筑起重机械安装工程安全协议书。

3.0.4 在塔机安装、拆卸作业前，安装单位应当根据塔机安装使用说明书（以下简称塔机说明书）和工程现场条件组织编制塔机安装、拆卸工程安全专项施工方案（以下简称专项方案）和生产安全事故应急救援预案。专项方案应按照规定的程序进行审核、审批。

3.0.5 塔机的基础、轨道和附着的构筑物必须满足塔机说明书的规定，否则应采取相应措施。

3.0.6 塔机安装、拆卸应在白天进行。特殊情况下需在夜间作业时，现场应具备足够亮度的照明，并制定相应方案。

3.0.7 遇有雨雪、大雾、雷电等影响安全作业的恶劣气候，严禁安装、拆卸塔机。塔机安装、拆卸作业时，塔机最大安装高度处的风。

3.0.8 塔机尾部与建筑物及建筑物外围施工设施之间的距离不得小于0.6 m。

3.0.9 严禁塔机越过无防护设施的外电架空线路作业，塔机的任何部位或被吊物边缘与输电线的安全距离，应符合表3.0.9的规定。如果条件限制不能保证表3.0.9的安全距离，应采取相应安今防护措施后方可安装架设。

表3.0.9 塔机与输电线的安全距离

电压(kV)	<1	1～10	20～35	60～110	220	330	500
沿垂直方向(m)	1.5	3.0	4.0	5.0	6.0	7.0	8.5
沿水平方向(m)	1.5	2.0	3.5	4.0	6.0	7.0	8.5

3.0.10 当多台塔机在同一施工现场安装时，应编制专项方案，并采取防碰撞的安全措施。任意两台塔机之间的最小架设距离应符合下列规定：

1.低位塔机的起重臂端部与另一台塔机的塔身之间的距离不得小于2 m；

2.高位塔机的最低位置的部件（吊钩升至最高点或平衡重的最低部位）与低位塔机中处于最高位置部件之间的垂直距离不得小于2 m。

3.0.11 塔机的安装选址应充分考虑周边障碍物对塔机操作和塔机运行对周边的影响，基础应避开地下设施，无法避开时，应对地下设施采取保护措施。

当塔机在飞机场和航线附近安装使用时，应向相关部门通报并获得许可。

当塔机在强磁场区域安装使用时，应采取保护措施以防止塔机运行切割磁力线产生电动势而对人员造成伤害，并应确认磁场不会对塔机控制系统造成影响。

3.0.12 有下列情况的塔机不得安装：

1.属国家明令淘汰或者禁止使用的；

2.超过安全技术标准或者制造厂家规定的使用年限的；

3.经检验达不到安全技术标准规定的；

4.没有完整安全技术档案的；

5.达到国家规定出厂年限，未进行安全评估和经评估不宜继续使用的；

6.存在严重事故隐患无改造、维修价值的；

7. 违反国家规定擅自进行改造的；

8. 没有齐全有效的安全保护装置的；

9. 租赁的设备，出租单位未提供安全性能检测合格证明的。

3.0.13　在塔机安装时，安装单位应按照本规程及塔机说明书的有关要求进行自检、调试和试运转。

安装完毕后，自检合格的，应按照本规程附录A填写自检报告，并向使用单位进行安全使用说明。

3.0.14　塔机安装完毕自检合格后，使用单位应当组织产权、安装、监理等单位进行验收，并按照本规程附录B填写塔机验收表。买行施工总承包的，由施工总承包单位组织验收。

3.0.15　严禁在塔身、塔顶、起重臂上安装或悬挂标语牌、广告牌等挡风物，在其他部位安装时，不得影响塔机的安全性能。

6.7.1.4　安装拆卸前的准备

6.7.1.4.1　技术准备

4.1.1　专项方案的编制

1. 方案编制人员资格

专项施工方案应当由具有建筑机械或相近专业中级以上技术职称的人员编制。

2. 方案编制的依据

1)塔机说明书；

2)国家、行业、地方有关塔机安全使用的法律法规、规章规定和技术标准等；

3)安装拆卸现场的实际情况。

3. 安装方案的内容

1)工程概况；

2)塔机的规格型号及主要技术参数；

3)安装现场环境条件及塔机安装位置平面图、立面图；

4)地基、附着建筑物(构筑物)情况，基础和附着节点详图；

5)安装、顶升、附着的程序、方法和难点；

6)主要安装部件的重量和吊点位置；

7)安装辅助设备的型号、性能及布置位置；

8)吊索具和专用工具的配备；

9)必要的计算资料；

10)安全装置的调试；

11)作业人员组织和职责；

12)重大危险源和安全技术措施；

13)应急措施。

4. 拆卸方案的内容

1)工程概况；

2)拆卸现场环境条件及塔机位置的平面和立面图；

3)附着建筑物(构筑物)情况,附着节点详图;

4)拆卸程序、方法和难点;

5)拆卸部件的重量和吊点位置;

6)拆卸辅助设备的型号、性能及布置位置;

7)吊索具和专用工具的配备;

8)作业人员组织和职责;

9)重大危险源和安全技术措施;

10)应急措施。

4.1.2　专项方案的审批

安装拆卸方案由安装拆卸单位技术负责人和工程监理单位总监理工程师审批,实行总承包的还应报总承包单位审批。

特殊基础施工方案由工程施工总承包单位技术负责人和工程监理单位总监理工程师审批。

起重量达到 3×10^4 kg 和安装高度达到 200 m 塔机的安装拆卸以及内爬式塔机的拆卸专项方案应按规定进行专家论证。

4.1.3　塔机安装和拆除作业前,安装单位技术人员应根据专项方案分别向安装和拆卸作业人员进行安全技术交底。交底人、塔机安装负责人和作业人员应签字确认。专职安全员应监督整个交底过程。安全技术交底应包括以下内容:

1.塔机的性能参数;

2.安装、附着或拆卸的程序、方法和难点;

3.各部件的连接形式、连接件尺寸及要求;

4.安装或拆卸部件的重量、重心和吊点位置;

5.使用的辅助设备、机具的性能及操作要求;

6.作业中安全操作要求和应急措施。

4.1.4　安装单位应当在塔机安装和拆卸前按照有关规定告知工程所在地县级以上建设主管部门。

4.1.5　施工总承包单位应履行以下职责:

1.向安装单位提供拟安装设备位置的地质勘察报告、基础施工方案、施工技术交底以及地基隐蔽工程验收记录、钢筋隐蔽工程验收记录、混凝土试验报告等塔机基础验收资料;安装或附着时,不能提供混凝土试验报告的,应提供混凝土强度回弹记录。

2.审核特种设备制造许可证、产品合格证、制造监督检验证明、产权备案证书等文件。

3.审核安装单位的资质证书、安全生产许可证和特种作业人员操作资格证书。

4.审核塔机安装、拆卸专项方案和生产安全事故应急救援预案。

5.指定专职安全生产管理人员监督检查塔机安装、拆卸情况。

4.1.6　监理单位应履行以下职责:

1.审核特种设备制造许可证、产品合格证、制造监督检验证明、产权备案证书等文件。

2.审核安装单位资质证书、安全生产许可证和特种作业人员操作资格证书。

3.审核塔机安装、拆卸专项方案和生产安全事故应急救援预案,并监督方案执行情况。

4. 发现存在生产安全事故隐患的，应要求限期整改；情况严重的，应当要求暂时停止施工，并及时报告建设单位；对拒不整改或者不停止施工的，及时向建设单位和建筑工程管理部门报告。

6.7.1.4.2　人员组织

4.2.1　在安装、拆卸塔机的作业现场，安装单位应配备下列人员：

1. 安装负责人；

2. 专业技术人员；

3. 专职安全生产管理人员；

4. 建筑起重机械安装拆卸工、起重司索信号工和塔机司机等特种作业操作人员。

4.2.2　安装负责人的条件与职责

1. 安装负责人的条件

安装负责人应当由安装单位指派，全面负责塔机安装、拆卸现场的组织管理工作，对安装单位的法定代表人负责。

安装负责人应当取得建造师资格和安全生产考核合格证书，或者具备以下条件：

1)经建设主管部门考核合格，取得建筑施工特种作业人员操作资格证书；

2)具有5年以上塔机安装拆卸工作经验；

3)具有与塔机安装工程相适应的技术水平与管理能力。

2. 安装负责人的职责

1)负责施工现场所有安装作业人员和相关辅助起重设备操作人员的组织和管理；

2)组织安排作业人员接受安全技术交底；

3)安装拆卸前，组织对塔机、辅助设备和场地施工条件进行检查；

4)保证塔机安装拆卸工作按照专项方案实施；

5)监督安装拆卸作业人员严格遵守安全操作规程；

6)检查并保证安装人员配备必要的工具和个人安全防护用品：

7)在场地条件、气候、障碍物或其他原因不能保证安全时，做出终止作业决定；

8)参与塔机安装拆卸方案的审核。

4.2.3　进入现场的安装拆卸作业人员应佩备必要的防护用品，高处作业人员应系好安全带，穿上防滑鞋。

4.2.4　安装拆卸作业中，应分工明确，并由安装负责人统一指挥。当指挥信号传递困难时，应采用对讲机等有效措施进行指挥。

6.7.1.4.3　机具及场地准备

4.3.1　用于塔机安装拆卸作业的辅助起重设备应满足起升高度、起升幅度、最大起重量的要求并安全可靠。

4.3.2　吊装作业用的钢丝绳、卸扣等吊具、索具的安全系数不得小于6。

4.3.3　应按照专项方案要求配齐相应的设备、工具、安全防护用品和指挥联络器具。

4.3.4　检测仪器应在检定有效期内。

4.3.5　在安装拆卸作业现场应划定警戒区域，设置警戒线。非作业人员不得进入警戒区，任何人不得在悬吊物下停留。

6.7.1.4.4　安装和拆卸前的检查

4.4.1　安装前的检查

1.对特种设备制造许可证、产品合格证、制造监督检验证明、产权备案证书及租赁单位相关资料等文件进行核查。对租赁的塔机，还应核查出租单位提供的安全性能检测合格证明。

2.对照塔机零部件清单，核对零部件及安全装置是否齐全。发现零部件、安全装置有缺损的，应告知设备产权单位补齐、更换。严禁擅自用其他代用件及代用材料。

3.对结构件进行检查，发现结构件有可见裂纹、严重锈蚀、整体或局部塑性变形，连接销轴(孔)有严重磨损变形以及焊缝开焊、裂纹的，不得安装。

4.对塔机的起升、回转、变幅、顶升机构、电气系统等进行检查，查看是否做过转场保养，液压油、齿轮油、润滑油是否加注到位，安全装置、配电箱、电线、电缆是否完好，达不到安全使用要求的，不得安装。

5.对钢丝绳、钢丝绳夹、锲套、连接件、紧固件、滑轮等部件进行检查，对有缺陷、塑性变形或损坏的部件不得安装上机。

4.4.2　拆卸前的检查

1.检查塔顶、过渡节、起重臂、平衡臂、顶升套架、顶升横梁、标准节及顶升支承块(爬爪)等主要受力构件是否有塑性变形、焊缝开焊、裂纹。

2.以大于标准节重量1.5倍的吊重在相应额定幅度内做起升、变幅、回转载荷试验，检查各机构工作是否正常，制动器是否灵敏可靠。

3.检查液压顶升系统工作是否正常，主要承力零件是否存在缺陷和损坏。

4.检查中发现上述问题，应告知产权单位，采取相应措施。否则，不得拆卸。

6.7.1.4.5　基础

4.5.1　塔机的基础必须能承受工作状态和非工作状态的最大载荷，且满足塔机抗倾翻稳定性的要求。

4.5.2　塔机基础的设计要求

1.塔机的基础必须按塔机说明书的要求设置。

2.地基承载力应当根据地质勘察报告确认。

3.地基承载力达不到塔机说明书要求时，应另行设计基础，并符合JGJ/T187的规定。

4.对预制拼装式基础，应进行预制块拼装连接强度、基础连接变形对塔机底架的影响等内容的计算并经塔机生产制造单位(以下简称塔机生产单位)认可。

4.5.3　塔机整体式钢筋混凝土基础施工

1.基坑开挖应避开给排水、燃气管道及电缆等隐蔽工程，距边坡或建筑物基础应当保持一定距离，保证不发生塌方或倾斜。

2.基础顶面标高不宜超出现场自然地面。

3.混凝土必须留存试块，试验应达到塔机说明书中要求的强度。

4.当地基承载能力不满足设计要求时，应进行加固处理。

5.地脚螺栓的材质和埋入深度应符合塔机说明书的要求。

4.5.4　桩基础、组合式基础等的施工应符合JGJ/T 187的规定。

4.5.5　基础的预埋件应附合塔机说明书的要求，不得在预埋件上进行电气焊作业。

4.5.6　塔机安装前，安装单位应核实塔机使用单位或施工总承包单位提供的地质勘察报告、基础施工方案、施工技术交底以及隐蔽工程验收记录、钢筋隐蔽工程验收记录、混凝土试验报告等塔机基础验收资料，并确认基础及地基承载力、预埋件等是否符合塔机说明书和专项方案的要求。

4.5.7　基础周围应置有效的排水设施。

6.7.1.4.6　接地与防雷

4.6.1　塔机应采用TN-S接零保护系统供电，供电线路的工作零线应与塔机的接地线严格分开。塔机的金属结构、轨道、电气设备的金属外壳、金属线管、安全照明的变压器低压侧一端等均应做保护接零（与PE线连接）。塔机供电系统的保护零线（PE线）还应做重复接地，重复接地电阻不大于10 Ω。

4.6.2　接地装置

1.接地装置一般由接地线和接地体组成。

2.接地装置的接地线应采用2根及以上导体，在不同的点与接地体做电气连接。不得采用铝导体做接地线。

3.塔机的接地一般可采用自然接地体，包括建筑物基础的钢筋网、自来水管道等。若采用人工接地体时，接地体宜采用角钢、钢管或光面圆钢等钢质材料，不得采用螺纹钢，导体截面应满足热稳定、均压和机械强度要求，且不应小于表4.6.3所列规格。

表4.6.3　钢质材料接地体(线)的最小规格

种类	规格	地上	地下
圆钢	直径(mm)	8	10
扁钢	截面(mm^2)	100	100
	厚度(mm)	4	4
角钢	厚度(mm)	2.5	4
钢管	壁厚(mm)	2.5	3.5

4.接地体的敷设

1)接地体顶面埋设深度应符合塔机说明书的规定，若塔机说明书没有明确的规定，其深度不应小于0.6 m。若采用角钢及钢管接地装置应垂直配置。除接地体外，接地体引出线的垂直部分和接地体焊接部位应做防腐处理；在做防腐处理前，表面必须除锈并去掉残留的焊渣。

2)采用两根及以上垂直接地体时，其间距不宜小于其长度的2倍，垂直接地体之间应做电气连接。

3)做防雷接地的电气设备，所连接的PE线必须同时做重复接地，同一台机械电气设备的重复接地和机械的防雷接地可共用同一接地体，但接地电阻应符合重复接地电阻值的要求。

4.6.3　接地体(线)的连接

1.接地体的连接应采用焊接,焊接必须牢固无虚焊。

2.接地体的焊接应采用搭接焊,其搭接长度必须符合下列规定:

1)扁钢为其宽度的2倍(且至少3个棱边焊接);

2)圆钢为其直径的6倍;

3)圆钢与扁钢连接时,其长度为圆钢直径的6倍。

4.6.4 防雷

1.当塔机处在相邻建筑物、构筑物等设施的防雷接闪器保护范围以外时,应按规定做防雷保护。防雷装置的冲击接地电阻值不应大于30 Ω。

2.塔机可不另设避雷针。塔机的防雷引下线可利用塔机的金属结构体,但应保证电气连接。

6.7.1.4.7 平衡重及压重

4.7.1 平衡重及压重应按塔机说明书的规定制作,不得采用砂石等散装材料装箱的形式。

4.7.2 混凝土平衡重及压重块应按设计布置钢筋,混凝土标号不低于设计要求。

4.7.3 混凝土平衡重及压重块的外廓棱边宜采用角钢包边,钢筋的保护层厚度不小于25 mm。

4.7.4 平衡重及压重的实际重量与塔机说明书中所规定的重量允差为±2%。对于可变换臂长的塔机,其平衡重的重量与安装应按照塔机说明书的规定,与设定的臂长相对应。

4.7.5 应保证塔机在工作和非工作状态时,平衡重及压重在其规定位置上不位移、不脱落,平衡重块不得相互撞击。

6.7.1.5 基本架设高度的安装与拆卸

6.7.1.5.1 基本架设高度的安装

5.1.1 水平臂塔机基本架设高度的安装程序,应符合塔机说明书的要求。有塔顶塔机的安装,一般可参照以下程序进行:

1.安装并校正底架;

2.安装基础节及基本架设高度所包含的塔身标准节;

3.安装顶升套架和顶升机构;

4.安装下支座、回转支承、上支座(包括回转机构);

5.安装过渡节、司机室和塔顶;

6.安装平衡臂(包括起升机构)和平衡臂拉杆;

7.对于要求在安装起重臂前先安装平衡重块的塔机,应按照塔机说明书要求的数量和位置安装平衡重块;

8.接通电气系统的电缆线与控制线,安装起重臂(包括变幅机构)和起重臂拉杆;

9.安装剩余平衡重块;

10.安装起升机构和变幅机构的绳索系统。

5.1.2 动臂式塔机基本架设高度的安装程序,应符合塔机说明书的要求,一般可参照以下程序进行:

1.安装并校正底架。

2. 安装基础节及基本架设高度所包含的塔身标准节。

3. 安装顶升套架和顶升机构。

4. 安装下支座、回转支承、上支座(包括回转机构)。

5. 在上支座上安装司机室。

6. 安装平衡臂(包括起升机构、变幅机构),将平衡臂与上支座进行连接。

7. 在平衡臂上安装塔顶(人字架),将人字架的前、后撑杆与平衡臂用销轴可靠连接,在塔顶(人字架)上安装防止起重臂向后倾翻的安全装置。

8. 平衡重的安装数量应符合塔机说明书的规定。

9. 将起重臂及变幅动滑轮组组装好,安装起重臂:

1)先将起重臂臂根铰点与回转平台用销轴可靠连接;

2)然后将起重臂头部抬起,使其轴线与水平夹角达到塔机说明书规定的角度;

3)最后将塔顶顶部与起重臂之间的拉索(绷绳)可靠连接。

10. 按照塔机说明书的规定安装平衡重。

11. 安装变幅机构的绳索系统。

12. 安装起升机构的绳索系统。

6.7.1.5.2 基本架设高度的拆卸

5.2.1 拆卸的程序应符合塔机说明书的要求。

5.2.2 基本架设高度的拆卸作业按照与安装作业相反的顺序进行,即后装的先拆、先装的后拆。

5.2.3 在拆卸过程中应注意避让建筑物等,拆卸部件堆放位置应安全可靠。

6.7.1.5.3 基本架设高度的安装与拆卸要求

5.3.1 塔机的安装、拆卸应采用辅助起重设备进行。

5.3.2 安装后,底架上平面水平度允差不得大于1/1 000,塔身轴心线侧向垂直度允差不得大于4/1 000。垂直度误差超差时,可以通过调节底架顶面的水平度来达到规定要求。

5.3.3 安装时,各部件之间的连接件和防松、防退元件(如销轴、螺钉、轴端挡板、开口销、钢丝绳夹、钢丝绳用楔形接头等)必须安装齐全并连接可靠。开口销尾部必须按规定分开弯折,不得以小代大,也不得用其他物品代替。

5.3.4 高强度螺栓连接

1. 螺栓、螺母应使用原塔机生产单位或有资质的制造厂家的产品,并符合塔机说明书的技术要求;塔身标准节、回转支承等连接用高强度螺栓还应具有楔荷载合格证明。

2. 安装前,应清除连接表面存有的灰尘、油漆、油迹和锈蚀等并对螺栓、螺母进行检查,对存有损伤、裂纹、变形、滑牙、缺牙、锈蚀等缺陷的,禁止使用。

3. 螺栓螺母应具有可靠的防松措施;采用双螺母防松时,两个螺母应相同;对用于槽钢、工字钢的连接,必须使用相应的斜垫圈。

4. 高强度螺栓的紧固,应使用力矩扳手或专用扳手,预紧力矩应符合塔机说明书的规定。

5. 应定期检查予紧力矩,在塔机安装工作100 h后,应全部检查拧紧,以后塔机每工作

500 h 均应检查拧紧一次，如发生螺栓、螺母螺纹部分有损伤，应立即更换螺栓、螺母。

6. 螺栓、螺母重复使用应符合 GB/T 5031 的规定。

7. 拆卸后的螺栓、螺母应妥善保管。

5.3.5　吊装各部件时，应按照制造厂提供的塔机说明书要求，根据各构件、部件的轮廓尺寸及重量，按照推荐的构件、部件的吊点及吊挂方法吊装。

5.3.6　吊装平衡臂、起重臂前，应检查其连接销轴、安装定位板等是否连接牢固、可靠。应将安装在其上的部件可靠紧固，在臂架的两端设置溜索，并按塔机说明书提供的数据设置两处吊点。吊装时，被吊装部件应处于水平状态。

5.3.7　安装和拆卸过程中，为使塔身承受最小的不平衡力矩，平衡重块的安装和拆卸程序应符合塔机说明书的规定。

5.3.8　安装起重臂拉杆时，应利用起升机构拉动滑轮组，将拉杆上端拉至塔顶耳板处，安装人员必须站在塔顶平台上完成起重臂拉杆的安装，严禁安装人员站在起重臂上对接拉杆。

5.3.9　起重臂与水平面的倾角应符合塔机说明书要求，不得随意调整。当水平起重臂双拉杆受力不均匀时，可通过改变塔顶顶部调节板的长度进行调整。

5.3.10　拆卸起重臂、平衡臂与过渡节连接的销轴前，必须用钢丝绳将两臂根部牢固绑扎在过渡节上，以防止连接销轴拆除后臂架可能向外移动引起的冲击。

6.7.1.6　自升式塔式起重机加节、降节

6.7.1.6.1　加节、降节前的准备工作

6.1.1　塔机的顶升套架应有可靠的导向装置。

6.1.2　检查、调试并确认顶升机构工作正确、可靠，保证顶升套架能按规定的程序上升、下降、可靠停止。顶升机构空载运行，升降过程中应平稳，无爬行、振动现象。

采用液压顶升的塔机，液压油和液压系统工作压力应符合产品说明书的要求，安全溢流阀的调整压力不得大于系统额定工作压力的 110%，平衡阀或液压锁与顶升液压油缸之间的连接不得用软管连接，不得有任何泄漏；采用非液压顶升的塔机，顶升机构应工作正常，主要承力零件应无任何缺陷和损坏。

6.1.3　检查顶升套架换步支承装置，确保运动灵活，承重可靠。

6.1.4　塔机下支座与顶升套架应可靠连接，顶升装置应具有可靠的防脱功能。

6.1.5　标准节应为原制造厂或其委托的有资质的单位生产的相同规格的合格产品。

6.1.6　顶升加节前应预先放松塔机供电电缆，降节时应适时收紧电缆。

6.1.7　顶升机构必须专人操作。

6.1.8　塔机停用 6 个月以上，需要加节的，作业前除按照本规程 6.1.2、6.1.3、6.1.4 条检查外，还应重点对塔机的基础、金属结构、连接情况、电气系统、附着装置、塔身垂直度，以及待安装的标准节、连接件等进行检查，符合规定的方可作业，检查应按附录 A 中序号 2～4、8、9、11～13、20、29、38～42、44、45、55、72、85、108～110、118、120～133 规定的内容进行。

加节后，应按照本规程 3.0.13 条和 3.0.14 条的规定填写自检报告和验收表。

6.7.1.6.2　加节、降节

6.2.1 加节、降节应符合塔机说明书的程序。

6.2.2 顶升机构在承载时,应保证塔机被顶升部分处于最佳平衡状态。

1.顶升加节前,应先将待加标准节置于顶升套架引进装置上的规定位置,载重小车(含配平用重物)移至塔机说明书规定的幅度(动臂变幅塔机,严格按照制造厂提供的塔机说明书的要求,将起重臂调至规定幅度并起吊相应的载荷),确认起重臂对正顶升套架的加节方向,松开下支承座底部与塔身标准节连接部位(以下简称"对接部位")四角的连接装置。

2.启动顶升机构进行顶升,将顶升套架向上顶起10～30 mm后停止,检查"对接部位"分开后其四角的上、下主弦杆在起重臂、平衡臂方位前后是否对正、套架滚轮或滑块与塔身主弦杆的间隙是否均匀。否则,应通过移动载重小车(动臂变幅塔机通过调整起重臂幅度)微调,使塔机被顶升部分处于最佳平衡状态。

6.2.3 塔机被顶升部分处于最佳平衡状态后,操纵顶升机构,使塔机上部顶起至预定位置,将引进装置上的待加标准节引入套架内,并分别与下支座和塔身连接。

需换步顶升的,塔机被顶升部分重量由顶升机构承受转换为套架支承装置承受,或由套架支承装置承受转换为顶升机构承受时,一对支承装置应按塔机说明书规定的程序同时承载,严禁单件承载。

6.2.4 在"对接部位"四角未可靠连接前,严禁吊运物品和回转起重臂。

1.一次顶升过程完成后,再次顶升加节前,应保证"对接部位"四角可靠连接,才能将待加标准节置于顶升套架引进装置上的规定位置。

2.加节、降节期间,起重臂必须始终保持对正加节方向,不得回转。回转锁定装置必须可靠。

6.2.5 降节时,应确保顶升下横梁两端支承部位与塔身下一标准节顶升支承块可靠定位且能防止脱出,并参照6.2.2条使塔机被顶升部分处于最佳平衡状态。

6.2.6 在加节、降节过程中,应随时观察套架与塔身轨道有无卡阻现象,主电缆是否被夹拉、挤伤等。若出现异常情况,应立即停止升降,排除故障确认无误后方可继续升降。

6.2.7 在加节、降节过程中,严禁任何一个套架导向轮出现脱轨现象。

6.2.8 在加节、降节过程中,若因特殊情况需中断升降作业,必须回缩顶升液压油缸,将塔机下支座底部与塔身最上标准节可靠连接。

6.2.9 加节、降节作业完成后,应切断顶升机构的电源。

6.2.10 若塔身标准节之间采用高强螺栓连接,在顶升加节完成后,必须按照规定的预紧力矩复拧全部螺栓。紧固螺栓时,应使塔机处于空载状态(载重小车位于最小幅度、吊钩位于最大起升高度),平衡臂位于塔身待拧螺栓一侧。

6.7.1.7 附着装置的安装与拆卸

6.7.1.7.1 附着装置的安装

7.1.1 塔机安装高度超过独立高度时,必须按塔机说明书的要求安装附着装置。

7.1.2 附着装置的安装位置、垂直间距、塔身与附着点的水平距离及自由端高度应符合塔机说明书的规定。

7.1.3 塔身与附着点的水平距离及附着杆的布置角度不能满足塔机说明书的规定

时，其附着装置应由原塔机生产单位或其认可的具有相应制造许可证的单位设计制作，严禁擅自制作。

7.1.4　附着框架应靠近标准节中间节点的位置安装。若塔机设计要求附着框架必须附着在特殊设计的附着节上，应严格按照塔机说明书要求设置。

7.1.5　附着装置宜采用图 7.1.5 所示的布置形式，特殊情况，须经原塔机生产单位确认。

7.1.6　对塔身在附着框架相联处设有辅助加强装置的，必须安装齐全、牢固。

7.1.7　安装附着装置前，宜搭设作业平台；搭设时应按照相关安全规程操作。

7.1.8　同一道附着装置的附着框及各支承杆应处于同一水平面内。

7.1.9　支承杆与附着框、附着点连接件之间必须按照塔机说明书的要求可靠连接，严禁采用焊接连接替代。

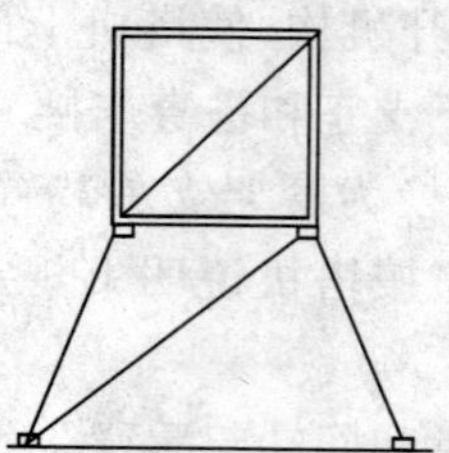
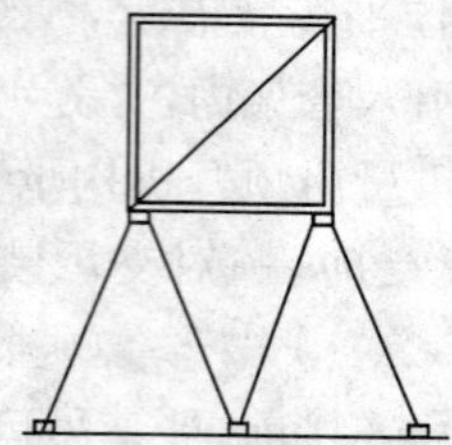
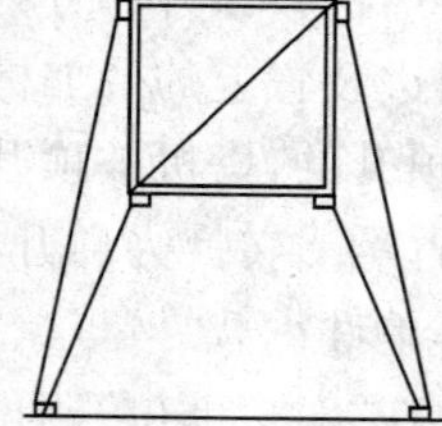

图 7.1.5　附着装置的基本布置形式

7.1.10　建筑物或构筑物附着点处的承载力以及附着连接件与建筑物或构筑物之间的连接强度必须符合塔机说明书的规定。附着前，应复核总承包单位提供的混凝土试验报告或混凝土强度回弹记录。

7.1.11　安装附着装置时，应先在同一高度平面内安装附着框和附着连接件，待调整起重臂的方位和变幅小车在起重臂上的位置，使塔身处于最佳平衡状态后再安装支承杆。

7.1.12　附着装置安装后，最高附着点以下塔身轴心线的侧向垂直度允差不得大于 2/1 000，最高附着点以上塔身悬臂段轴心线侧向垂直度允差不得大于 4/1 000。

7.1.13　使用过程中需要加节附着的，应按照本规程第 6.1.8 条的规定进行自检和验收。

6.7.1.7.2　附着装置的拆卸

7.2.1　拆卸附着装置前，应降低塔机高度，使待拆附着装置之上塔身悬臂高度最小时，方可拆卸该道附着装置。

7.2.2　附着装置的拆卸应当严格按照从上至下的顺序依次进行。

7.2.3　拆卸附着装置前，宜搭设作业平台；搭设时应按照相关安全规程操作。

7.2.4　附着装置的拆卸步骤：

1. 调整起重臂的方位和变幅小车在起重臂上的位置，使塔身处于最佳平衡状态。

2. 按支承杆、附着框、附着连接件的顺序依次拆卸各部件，每拆一个部件，都必须先将其固定在塔身或作业平台上，再拆去销轴、螺栓等连接件。

6.7.1.8　内爬式塔式起重机的安装、爬升与拆卸

6.7.1..8.1 内爬式塔机的安装

8.1.1 内爬式塔机安装前的准备应符合本规程第 4 章的相关规定。

8.1.2 内爬式塔机基本架设高度的安装应符合本规程第 5 章的相关规定。顶升机构和顶升平衡的要求按本规程第 6 章执行。内爬塔机的顶升机构应严格按照塔机说明书的规定配套,不得擅自使用自升式塔机的顶升机构代替。

8.1.3 最上一个内爬环梁以上塔身悬臂段高度应符合塔机说明书的规定。与内爬环梁接触的塔身节应符合塔机说明书的规定,不得随意调换。

8.1.4 内爬式塔机爬升完成后,塔身轴心线的侧向垂直度允差不得大于 4/1 000。

6.7.1.8.2 内爬式塔机的爬升

8.2.1 塔机在爬升过程中,液压顶升油缸无论侧置或中置,均应以油缸支承点为矩心,通过调整,使塔机处于最佳平衡状态。

8.2.2 塔机在爬升过程中,回转锁定装置应当处于锁定状态,严禁起重臂转动。

8.2.3 内爬环梁应与建筑物内爬通道的安装尺寸相匹配,并符合塔机说明书的规定。

8.2.4 内爬环梁的间距应符合塔机说明书的规定,一般不得小于三个楼层高度。

8.2.5 安装内爬环梁部位的主体结构强度,必须根据塔机说明书提供的载荷进行计算,达到塔机说明书的要求后,方能进行爬升作业。

8.2.6 内爬环梁在竖直方向必须可靠定位,其框架周边与主体结构必须可靠固定。

8.2.7 在爬升过程中,当爬升重量由顶升油缸承受转换为换步支承装置承受,或由换步支承装置承受转换为顶升油缸承受时,一对支承装置应按塔机说明书规定的程序同时承载,严禁单件承载。

8.2.8 在爬升过程中,内爬环梁的内导向装置与塔身主弦杆的径向间隙应控制在 2～4 mm。爬升完毕进入工作状态前,必须用顶紧装置将塔身与内爬环梁锁紧固定。

6.7.1.8.3 内爬式塔机的拆卸

8.3.1 内爬式塔机拆卸前宜先下降塔身,使塔机臂架尽可能接近建筑物顶面。

8.3.2 利用辅助起重设备将高于建筑物顶面的部件逐一拆卸,其拆卸操作应符合本规程 5.3.6～5.3.10 条的规定。

8.3.3 建筑物顶面上架设的辅助起重设备必须具有足够的稳定性。若该设备对建筑物顶面的载荷超过其承载能力,必须采取措施分散载荷。

8.3.4 使用辅助起重设备吊运塔机部件时,应进行试吊,确认绑扎和制动可靠无误后方可往建筑物以外吊运,吊运时宜在部件两端设置溜绳。

6.7.1.9 轨道式塔式起重机的安装

6.7.1.9.1 轨道式塔机的安装要求

9.1.1 轨道式塔机安装前的技术准备、人员组织等应符合本规程第 4 章的相关规定,其中轨道和基础应符合本章规定。

9.1.2 塔机行走机构应采用符合设计要求的原制造厂生产的产品,并应设有即使在某一支承轮失效时也能防止塔机倾翻的装置,其制动器应能使塔机平缓制停。

9.1.3 塔机基本架设高度的安装应符合本规程第 5 章的相关规定,加节、降节应符合本规程第 6 章的相关规定。

6.7.1.9.2　轨道和基础

9.2.1　塔机轨道采用的钢轨型号必须符合塔机生产单位塔机说明书的要求。轨道不得焊接使用。

9.2.2　轨道基础必须能承受塔机工作状态和非工作状态的最大载荷，其基础的地基承载力、轨道的铺设及基础的施工必须符合塔机生产单位塔机说明书的要求。

9.2.3　碎石基础应符合下列要求：

1. 当塔机轨道敷设在地下建筑物(如暗沟、防空洞等)的上面时，应采取加固措施。

2. 敷设碎石前的路面应按设计要求压实，碎石基础应整平捣实，轨枕之间应填满碎石。

3. 路基两侧或中间应设排水沟，保证路基无积水。

9.2.4　塔机轨道敷设应符合下列要求：

1. 轨道应通过垫块与轨枕可靠地连接，每间隔 6 m 应设一个轨距拉杆；钢轨接头处应有轨枕支承，不得悬空；在使用过程中轨道不应移动。

2. 轨距允差不大于公称值的 1/1 000，其绝对值不大于 6 mm。

3. 钢轨接头间隙不大于 4 mm，与另一侧钢轨接头的错开距离不小于 1.5 m，接头处两轨顶高度差不大于 2 mm。

4. 塔机安装后，轨道顶面纵、横方向上的水平度应不大于 3/1 000。在轨道全程中，轨道顶面任意两点的高度差应小于 100 mm。

5. 轨道行程两端的轨顶高度宜不低于其余部位中最高点的轨顶高度。

9.2.5　轨道基础两端应各设置一组接地装置，中间每 30 m 时应加设一组；钢轨的接头处应做电气连接，两条轨道端部应做环形电气连接；接地装置应当符合本规程第 4.6 节的规定。

9.2.6　轨道两端应安装限位装置。

9.2.7　基础和轨道铺好后，安装单位应进行自检并进行验收合格后，方可安装塔机行走机构。

6.7.1.9.3　轨道式塔机安装后要求

9.3.1　轨道式塔机安装后，塔身轴心线的侧向垂直度允差不得大于 4/1 000。

9.3.2　塔机应安装夹轨器，使其在非工作状态不能在轨道上移动。对先用于行走作业，后自升附着的轨道式塔机，在不行走的使用过程中必须使夹轨器处于工作状态。

9.3.3　塔机的台车架上应安装排除障碍的清轨板，清轨板与轨道之间的间隙不应大于 5 mm。

9.3.4　塔机的电缆卷筒应具有张紧装置，电缆收放速度应与塔机行走速度同步。

9.3.5　电缆在卷筒上的连接应牢固，以保护电气接点不被拉曳。

9.3.6　轨道上(内)不得存放物料，整个轨道范围宜采用围挡封闭以防止未经许可人员进入。

6.7.1.10　安全装置

6.7.1.10.1　一般规定

10.1.1　安全装置的种类和数量应符合塔机说明书的规定。

10.1.2 塔机安全装置必须安装齐全，并按照规定程序调试合格。

6.7.1.10.2 安全装置的功能及精度

10.2.1 起重力矩限制器

1.当起重力矩大于相应幅度下的额定值并小于额定值的110%时，应停止起升和增大幅度的动作，但可作下降和减小幅度的运动。

2.力矩限制器控制定码变幅的触点和控制定幅变码的触点应分别设置，且能分别调整。

3.对最大变幅速度超过40 m/min的小车变幅塔机，在小车向外运行，且起重力矩达到额定值的80%时，变幅速度应自动转换为不大于40 m/min的速度运行。

10.2.2 起重量限制器

1.当吊重超过最大额定起重量并小于最大额定起重量的110%时，应停止提升方向的运行，但允许起升机构有下降方向的运行。

2.具有多档变速的起升机构，限制器应对各档位具有防止超载的作用。

10.2.3 起升高度限位器

1.对小4—变幅的塔机，吊钩装置顶部升至小车架下端的最小距离为800 mm处时，应能立即停止起升运动，但允许有下降运动。

2.对动臂变幅的塔机，当吊钩装置顶部升至起重臂下端的最小距离为800 mm处时，应能立即停止起升运动；其中，对没有变幅重物平移功能的动臂变幅的塔机，还应同时切断外变幅控制回路电源，但应有下降和内变幅运动。

3.当松绳可能造成卷筒乱绳或反卷时，应设置下限位器，在吊钩不能再下降或卷筒上钢丝绳只剩3圈时应能立即停止下降运动。

10.2.4 幅度限位器

1.对小4—变幅的塔机，应设置小车行程限位开关和终端缓冲装置。限位开关动作后应保证小车停车时其端部距缓冲装置最小距离为200 mm。

2.对动臂变幅的塔机，应设置幅度限位开关，在臂架到达相应的极限位置前开关动作，停止臂架再往极限方向变幅。

对动臂变幅的塔机，应设置臂架极限位置机械限制装置，该装置应能有效防止臂架向后倾翻。

对动臂变幅的塔机，应装设幅度指示器，该指示器能正确指示吊具所在的幅度。

10.2.5 回转限位器

对回转处不设集电器供电的塔机，应设置正反两个方向回转限位开关，开关动作时臂架旋转角度应不大于±540°。

10.2.6 行走限位器

对轨道运行塔机，每个运行方向应设置限位装置，其中应包括限位开关、缓冲器和终端止挡。应保证开关动作后塔机停车时其端部距缓冲器最小距离为1 000 mm，缓冲器距终端止挡最小距离为1 000 mm，此时电缆还应有足够的富余长度。

10.2.7 小车变幅断绳保护装置

对小车变幅塔机应设置双向小车变幅断绳保护装置。

10.2.8 小车防坠落装置

对小车变幅塔机应设置小车防坠落装置，即使车轮失效小车也不得脱离臂架坠落。

10.2.9 抗风防滑装置

对轨道运行的塔机，应设置夹轨器等抗风防滑装置，使塔机在非工作状态下不能在轨道上移动。

10.2.10 钢丝绳防脱装置

滑轮、起升卷筒及动臂变幅卷筒均应设有钢丝绳防脱装置，该装置表面与滑轮或卷筒侧板外缘间的间隙不应超过钢丝绳直径的20%，可能与钢丝绳接触的表面不应有棱角。

10.2.11 顶升装置防脱功能

自升式塔机应具有可靠的防止在正常加节、降节作业时，顶升装置从塔身支承中或油缸端头从其连接结构中自行脱出的功能。

10.2.12 报警及记录装置

1.报警装置

塔机应装有报警装置。在塔机达到额定起重力矩或额定起重量的90%以上时，该装置应能向司机发出断续的声光报警；达到额定起重力矩或额定起重量的100%以上时，应能发出连续清晰的声光报警，且只有降低到额定值100%以内时报警才能停止。

2.记录装置

塔机应安装有显示记录装置。该装置应以图形或字符方式向司机显示塔机当前主要工作参数和塔机额定能力参数，显示精度误差不大于实际值的±5%；记录至少应存储最近 1.6×10^4 个工作循环及对应的时间点。

10.2.13 风速仪

对臂根铰点高度超过50 m的塔机，应配备风速仪，当风速大于工作或安装允许风速时，应能发出停止作业的警报。

6.7.1.11 塔式起重机整机调试与验收

6.7.1.11.1 检查与调试工况

塔机安装完毕后或停用6个月以上，复工前的检查与调试，应在风速不超过8.3 m/s，无雨雪、无雾的天气下进行。首先应分别对各机构进行检查与调试，然后进行空载检查与调试，一切正常后再进行载荷性能试验。

6.7.1.11.2 检查与调试

11.2.1 基础检查

1.塔机所处位置及环境应符合本规程3.0.8～3.0.11条的规定。

2.基础及轨道按本规程4.5、9.2节的规定检查。

11.2.2 塔身侧向垂直度的检测

1.空载，风速不大于3 m/s状态下，独立状态塔身(或附着状态下最高附着点以上塔身)轴心线的侧向垂直度允差不得大于4/1 000，最高附着点以下塔身轴心线的垂直度允差不得大于2/1 000。

2.塔身侧向垂直度检测方法见附录C.1。

11.2.3 塔机电气系统

1.电源与总开关箱的安装应符合JGJ 46《施工现场临时用电安全技术规范》的规定，

电源应采用TN-S接零保护系统，电路总开关应能方便地切断整机电源。

2.电路对地绝缘电阻不应小于0.5 MΩ。

3.电气系统的自动保护装置(短路保护、过流保护、漏电保护及缺相保护等)应齐全，功能可靠。

4.照明灯、各报警或信号指示灯安装齐全有效。塔顶高度大于30 m且高于周围建筑物的塔机，应在塔顶和前后臂架端部安装红色障碍指示灯，该灯的供电不应受停机的影响。

5.电缆电线的敷设应正确，固定牢固，接线端子连接可靠。

6.电气控制与操纵系统应接线正确，接地可靠，操纵手柄、手轮、按钮和踏板灵活轻便。

7.塔机按规定配备风速仪，且功能可靠。

11.2.4 起升机构

1.电机应工作正常，减速箱应无异响，起升、下降运行、变速平稳，制动灵敏、可靠。

2.起升钢丝绳不得有扭转现象，在卷筒上应排列整齐，倍率变换应方便、可靠。

11.2.5 回转机构

1.工作状态下，应保证回转机构启动、制动平稳、可靠。

2.装有回转锁定装置的回转机构，在锁定时，应能有效地锁定回转机构；非工作状态下，回转机构应能使塔机在风力作用下随风自由转动。

11.2.6 变幅机构

1.变幅应运行平稳，制动可靠，变速平稳。

2.变幅限位开关安装位置应符合塔机说明书的要求，动作可靠。

3.小车变幅塔机，变幅小车双向的断绳保护装置应安装正确，有效可靠。

4.小车变幅塔机，防坠落装置有效可靠，即使车轮失效小车也不得脱离臂架坠落。

11.2.7 行走机构

1.行走机构应保证起动、制动平稳、可靠。

2.在未装配塔身及压重时，任意一个车轮与轨道的支承点对其他车轮与轨道的支撑点组成的平面的偏移不得超过轴距公称值的1/1 000。

6.7.1.11.3 整机试运转

11.3.1 空载试验

塔机各部件与安全装置检查与调试正常后，方可进行整机空载试验。塔机空载状态下，先分别进行升降、变幅、回转操作，然后按塔机说明书允许的复合动作进行联动试验操作，检查检测：

1.操作系统、控制系统、联锁装置动作是否准确、灵活；

2.各行程限位装置动作的可靠性；

3.塔机起升高度、工作幅度等性能参数是否符合要求；

4.各机构中各部位是否有渗漏现象；

5.各机构运动的平稳性，是否有爬行、振颤、冲击、过热、异常噪声现象。

11.3.2 额定载荷试验

塔机空载试验正常后，方可进行额定载荷试验。试验应按照本规程附录C.2的规定进行，检查检测：

1. 塔机各机构工作是否正常；

2. 各机构的运动速度是否符合要求；

3. 机构及司机室的噪声是否符合要求。

11.3.3　额定起重量超载10%动载试验

塔机额定载荷试验正常后，方可进行超载10%动载试验。根据塔机说明书要求，按照本规程附录C.3的规定进行组合动作试验，检查检测：

1. 各机构运转的灵活性和制动器的可靠性；

2. 力矩限制器、起重量限制器精度是否符合要求；

3. 卸载后，机构及结构各部件有无松动和破坏等异常现象。

6.7.1.11.4　无线遥控塔机的检查与试验

11.4.1　塔机不应取消驾驶室手控操纵装置而只装无线遥控装置。

11.4.2　塔机的遥控装置检查与试验必须在驾驶室手控操纵装置试验完毕后再进行。

11.4.3　遥控装置的检查与试验按本规程11.3节的规定执行。

11.4.4　应在施工现场进行最大遥控距离的测定。

11.4.5　遥控装置应具备在失控时使塔机自行停止工作的功能。

11.4.6　塔机说明书中有特殊试验要求的，应遵照执行。

6.7.1.11.5　整机验收

11.5.1　塔机安装完成后，安装单位应按照附录A的要求完成全部自检项目。

11.5.2　安装单位自检合格后，按照本规程3.0.14条的规定进行验收。

附录A　塔式起重机安装过程自检报告

塔式起重机安装过程自检报告

工程名称：

塔机型号：

使用单位：

自检日期：

安装单位：(章)

注意事项及填写说明

1. 本检验记录适用于塔式起重机安装单位组织的企业内部自检。

2. 本检验记录应用钢笔或签字笔等填写，字迹应工整，填写数据准确，内容齐全。

3. 按照“检查内容和检查要求”的项目进行检查并记录：在“检查结果”栏与该条款相对应的方框内简述记录；对于项目内部分条款为无此项的，在“检查结果”栏与该条款相对应的方框内划“/”，项目内全部条款为无此项的在整栏内划“/”。

4. 对于需要填写数据的项目必须如实填写数据。

5. 检验记录中注有“*”的项目为关键项目，其他为一般项目。

表 A.1　安装单位自检合格证明表

<table>
<tr><td>塔机型号</td><td colspan="3"></td><td>设备编号</td><td></td></tr>
<tr><td>生产制造单位</td><td colspan="3"></td><td>出厂日期</td><td></td></tr>
<tr><td>产权单位</td><td colspan="3"></td><td>安装单位</td><td></td></tr>
<tr><td>工程名称</td><td colspan="3"></td><td>安装日期</td><td></td></tr>
<tr><td>工程地址</td><td colspan="3"></td><td>安装高度</td><td></td></tr>
<tr><td rowspan="3">自检结果</td><td>关键项目数</td><td></td><td>一般项目数</td><td></td><td rowspan="2">检查项目按照安装过程自检表 A.2 确定</td></tr>
<tr><td>不合格项数</td><td></td><td>不合格项数</td><td></td></tr>
<tr><td colspan="5">结论：

检查人员：　　　　　　专业技术人员：
安装负责人：　　　　　安装单位(章)：</td></tr>
<tr><td>备注</td><td colspan="5"></td></tr>
</table>

表 A.2　塔机安装过程自检记录表

<table>
<tr><th>项目</th><th>序号</th><th>检查内容</th><th colspan="8">检查要求</th><th>检查结果</th><th>单项判定</th></tr>
<tr><td rowspan="6">技术资料</td><td>1</td><td>塔机相关证明资料</td><td colspan="8">制造许可证、产品合格证、制造监督检验证明、产权备案证书应齐全、有效</td><td></td><td></td></tr>
<tr><td rowspan="2">2</td><td rowspan="2">单位及人员相关资质证明*</td><td colspan="8">安装单位的专业承包资质、安全生产许可证及特种作业操作资格证书应齐全、有效</td><td></td><td rowspan="2"></td></tr>
<tr><td colspan="8">辅助起重设备操作人员操作资格证书应齐全、有效</td><td></td></tr>
<tr><td>3</td><td>专项方案*</td><td colspan="8">专项方案应内容齐全，编制、审核、论证、审批程度有效</td><td></td><td></td></tr>
<tr><td>4</td><td>安全交底记录*</td><td colspan="8">应齐全有效</td><td></td><td></td></tr>
<tr><td>5</td><td>塔机基础隐蔽工程验收记录和混凝土试块强度报告*</td><td colspan="8">应齐全有效</td><td></td><td></td></tr>
<tr><td rowspan="9">标识与环境</td><td>6</td><td>备案标识和产品铭牌*</td><td colspan="8">产权备案标识和产品铭牌应齐全</td><td></td><td></td></tr>
<tr><td>7</td><td>标志</td><td colspan="8">吊钩滑轮组侧板，回转尾部和平衡重、外伸支腿和夹轨器应有黄黑相间的危险部位标志，扫轨板、轨道端部止挡应有红色标志</td><td></td><td></td></tr>
<tr><td rowspan="3">8</td><td rowspan="3">塔机与周围环境关系*</td><td colspan="8">塔机尾部与建筑物及施工设施之间的距离不得小于 0.6 m</td><td></td><td rowspan="3"></td></tr>
<tr><td colspan="8">两台塔机水平与垂直方向距离不得小于 2 m</td><td></td></tr>
<tr><td colspan="8">周围其他障碍物对塔机的影响应符合本规程第 3.0.11 条的规定</td><td></td></tr>
<tr><td rowspan="3">9</td><td rowspan="3">塔机与输电线的距离*</td><td>电压（kV）</td><td><1</td><td>1～10</td><td>20～35</td><td>60～110</td><td>220</td><td>330</td><td>500</td><td rowspan="3"></td><td rowspan="3"></td></tr>
<tr><td>沿垂直方向</td><td>1.5</td><td>3.0</td><td>4.0</td><td>5.0</td><td>6.0</td><td>7.0</td><td>8.5</td></tr>
<tr><td>沿水平方向</td><td>1.5</td><td>2.0</td><td>3.5</td><td>4.0</td><td>6.0</td><td>7.0</td><td>8.5</td></tr>
<tr><td rowspan="4">机具及场地人员准备</td><td>10</td><td>辅助起重设备</td><td colspan="8">应满足起升高度、起升幅度、最大起重量的要求并安全可靠</td><td></td><td></td></tr>
<tr><td>11</td><td>吊具、索具</td><td colspan="8">吊装作业用的钢丝绳、卸扣等吊具、索具的安全系数不应小于 6</td><td></td><td></td></tr>
<tr><td>12</td><td>安装现场人员配备</td><td colspan="8">在安装、拆卸塔机的作业现场，安装单位应配备安装负责人、专业技术人员、专职安全生产管理人员、安装操作人员</td><td></td><td></td></tr>
<tr><td>13</td><td>机具与防护用品</td><td colspan="8">应按照专项方案要求配齐相应的设备、工具、安全防护用品和指挥联络器具</td><td></td><td></td></tr>
</table>

（续表）

项目	序号	检查内容	检查要求	检查结果	单项判定
固定式基础	14	基础的设计	基础必须按塔机说明书的要求设置，并符合 JGJ/T 187 的规定		
	15	基础的重新设计*	地基承载力达不到塔机说明书要求的，塔机使用单位应会同产权单位，委托塔机生产单位重新设计基础		
	16	预制拼装式基础*	对预制拼装式基础，应进行预制块拼装连接强度、基础连接变形对塔机底架的影响等内容的计算并经塔机生产制造单位认可		
	17	基础的位置*	基础坑开挖应避开给排水、燃气管道及电缆等隐蔽工程		
			塔机基础边缘距边坡或建筑物基础开挖边缘的距离应保证不发生倾斜或塌方		
	18	基础埋深	基础顶面标高不宜超出现场自然地面		
	19	基础预埋件*	基础的预埋件应由原制造厂家或者其委托的具有相应资质的厂家按照原设计图制作，不得在预埋件上进行电气焊作业		
			地脚螺栓的材质和埋入深度应符合塔机说明书的要求		
	20	排水设施	基础周围应设置有效的排水设施		
轨道基础	21	钢轨	钢轨型号必须符合塔机说明书的要求。轨道不应焊接使用		
	22	轨道辅设及基础施工	轨道基础的地基承载力、轨道的铺设及基础的施工必须符合制造厂提供的塔机说明书要求		
	23	钢轨连接及轨距拉杆设置	轨道应通过垫块与轨枕可靠地连接，每间隔 6 m 应设一个轨距拉杆；钢轨接头处应有轨枕支承，不应悬空；在使用过程中轨道不应移动		
	24	轨距误差	轨距允差应≤公称值 1/1 000，其绝对值不应大于 6 mm		
	25	钢轨接头位置及误差	钢轨接头间隙应≤4 mm，与另一侧钢轨接头的错开距离应≥1.5 m，接头处两轨顶高度差应≤2 mm		
轨道基础	26	轨道水平度*	塔机安装后，轨道顶面纵、横方向上的水平度应≤3/1 000；在轨道全过程中，轨道顶面任意两点的高度差应<100 mm；轨道行程两端的轨顶高度宜不低于其余部位中最高点的轨顶高度		
	27	轨道防护	轨道上（内）不得存放物料		
	28	基础排水设施	排水沟等设施应畅通，路基无积水		

（续表）

项目	序号	检查内容	检查要求	检查结果	单项判定
接地与防雷	29	电气系统接零保护	塔机应采用 TN-S 接零保护系统供电，供电线路的工作零线应与塔机的接地线严格分开		
			塔机的金属结构、轨道、电气设备的金属外壳、金属线管、安全照明的变压器低压侧一端等均应做保护接零（与 PE 线连接）		
			塔机供电系统的保护零线（PE 线）还应做重复接地，重复接地电阻不应大于 10 Ω		
	30	接地装置	接地装置的接地线应采用 2 根及以上导体，在不同的点与接地体做电气连接。不得采用铝导体做接地线		
			接地体宜采用角钢、钢管或光面圆钢等钢质材料，不得采用螺纹钢，导体截面应满足热稳定、均压和机械强度要求，且不应小于本规程第 4.6.3 条的要求		
轨道基础	31	接地体的敷设	接地体顶面埋设深度应符合塔机说明书的规定，且深度不应小于 0.6 m；采用两根及以上垂直接地体时，其间距不宜小于其长度的 2 倍，垂直接地体之间应做电气连接		
			接地体引出线的垂直部分和接地体焊接部位应做防腐处理		
	32	接地体的连接	接地体的焊接应采用搭接焊，其搭接长度必须符合下列规定： a）扁钢为其宽度的 2 倍（且至少 3 个棱边焊接） b）圆钢为其直径的 6 倍 c）圆钢与扁钢连接时，其长度为圆钢直径的 6 倍		
	33	轨道基础接地	轨道基础两端应各设置一组接地装置，轨道长度每超过 30 m 时应加设一组接地装置；钢轨的接头处应做电气连接，两条轨道端部应做环形电气连接		
	34	防雷	防雷装置的冲击接地电阻值不应大于 30 Ω		
平衡重及压重	35	平衡重及压重的制作*	平衡重及压重的制作应符合塔机说明书的规定，其重量允差为±2%		
	36	平衡重的安装*	对于可变换臂长的塔机，其平衡重的重量与安装应按照塔机说明书的规定		
	37	平衡重及压重的固定	平衡重及压重应在其规定位置上不位移、不脱落，平衡重块不得相互撞击		

（续表）

项目	序号	检查内容	检查要求	检查结果	单项判定
零部件检查	38	塔机零部件核对	对照零部件清单，核对结构件、工作机构、安全装置应齐全		
			未经原制造厂同意，严禁擅自用其他代用件及代用材料		
	39	钢丝绳及其连接*	钢丝绳达到报废材料不得使用，报废标准见本附录表A.7		
			钢丝绳夹、锲套、连接紧固件等有缺陷或损坏的，不得安装		
金属结构	40	主要结构件*	结构件应无可见裂纹、严重锈蚀、整体或局部变形，焊缝应无开焊和可见裂纹，连接销轴（孔）应无严重磨损变形		
	41	高强螺栓*	高强螺栓连接副应使用原制造厂提供的产品		
			应无任何损伤、变形、滑牙、缺牙、锈蚀现象		
			规格和预紧力矩应符合塔机说明书要求		
			应采用双螺母防松，两个螺母应相同；对用于槽钢、工字钢的连接，必须使用相应的斜垫圈		
	42	连接销轴*	销轴应符合出厂要求，连接和防松应可靠		
			开口销尾部必须按规定分开弯折，不得以小代大，也不得用其他物品代替		
	43	过道、平台、栏杆、踏板	应牢靠、无缺损，无严重锈蚀，栏杆高度≥1 m		

6.7.2　建筑施工现场塔式起重机安装拆卸安全技术规程条文说明

6.7.2.1　总则

1.0.1～1.0.2　近年来，我国在塔机的设计计算手段、结构有限元分析、生产加工工艺、配套工作机构的性能等方面均有长足的进步，但塔机事故时有发生，安装拆卸过程更是塔机管理的薄弱环节。为了遏制塔机事故，建设部早在20世纪90年代就颁发了建建〔1995〕749号《关于加强塔式起重机等施工机械拆装管理的通知》、建建〔1997〕86号《关于印发塔式起重机拆装管理暂行规定的通知》等文件，2008年又颁布了建设部第166号部长令《建筑起重机械安全监督管理规定》（以下简称建设部166号令），与此同时，国家和行业颁布修订了塔机技术条件、安全规程等标准，对建筑施工现场塔机的管理做出了规定。针对国家及行业有关标准的要求，编制人员认真分析了塔机安装拆卸过程中存在的一些问题，总结了其中的薄弱环节和经验教训，编写了本规程。

本规程对上回转固定式塔机、内爬式塔机和轨道式塔机的安装与拆卸提出了主要的技术要求。下回转自行架设快装式塔机等其他型式的塔机，由于其形式和架设方法种类较多且又有较大不同，故未列入本规程。

6.7.2.3　基本规定

3.0.1　根据国家和有关部门的规定，塔机的生产必须获得国家特种设备制造许可。根据建设部第166号令第五条：出租单位在建筑起重机械首次出租前，自购建筑起重机械的使用单位在建筑起重机械首次安装前，应当持建筑起重机械特种设备制造许可证、产品合格证和制造监督检验证明到本单位工商注册所在地县级以上建筑施工现场塔式起重机安装拆卸安全技术规程地方人民政府建设主管部门办理备案。

3.0.2　根据建设部166号令第十条：从事建筑起重机械安装、拆卸活动的单位(以下简称安装单位)应当依法取得建设主管部门颁发的相应资质和建筑施工企业安全生产许可证，并在其资质许可范围内承揽建筑起重机械安装、拆卸工程。第二十五条：建筑起重机械安装拆卸工、起重信号工、起重司机、司索工等特种作业人员应当经建设主管部门考核合格，并取得特种作业操作资格证书后，方可上岗作业。

3.0.3　根据建设部166号令第十一条：建筑起重机械使用单位和安装单位应当在签订的建筑起重机械安装、拆卸合同中明确双方的安全生产责任。

3.0.4　即使是同一规格的塔机，由于其设计方案不同，其结构形式和安装方法也有很大差别，同时，每个工程的施工现场条件也不尽相同，因此，塔机的安装与拆卸工作，应参照具体机型的塔机说明书和施工现场的条件制定安装拆卸专项方案。

3.0.7　根据JG/T 100—1999的要求。

3.0.8、3.0.10　根据GB 5144第10.5条的要求的要求。

3.0.9　根据JGJ 46—2005第4.1.4条要求，严于GB 5144的要求。

3.0.11　根据GB/T 5031第10.2.3.1条。

3.0.12　根据国务院令第393号《建筑工程安全生产管理条例》(以下简称国务院393号令)第十六条，以及建设部166号令第七条。其中第3款是指塔机经过维修改造、出现事故、存在质量问题以及遇到自然灾害后检验不合格。第7款是指塔机是国家实施制造许可的特种设备，其维修改造企业应取得行政许可。

3.0.13　根据建设部166号令第十四条。

3.0.14　根据建设部166号令第十六条。

3.0.15　原则上不允许在安装好的塔机金属结构上安装或悬挂标语牌、广告牌等挡风物件，否则将造成塔机结构承受设计以外的风载荷以至发生危险。除非原设计允许，比如在塔机平衡臂尾部设置的起平衡起重臂风载荷作用的广告牌。

6.7.2.4　安装拆卸前的准备

4.1.1　专项方案的编制

3.此处所指难点，一般是指施工现场存在的特殊问题，例如，场地受限制，造成安装、拆卸存在特殊困难；或者与输电线路的距离不符合要求，需要采取措施等情况。

4.1.2　根据建设部166号令第十二条。

4.2.1　按照国务院393号令、建设部166号令等有关规定，安装单位在塔机安装拆卸的作业现场必须配备所要求人员。

4.3.2　根据 GB 6067 第 2.2.2 条的规定。

4.4.1　安装前的检查，主要是指在安装之前，对塔机结构件、工作机构、钢丝绳等零部件进行检查，一是保证安装过程的安全，再是一些检查工作在塔机安装完成后不易进行，需要提前完成，如钢丝绳报废的检查。检查结果应记入自检过程记录。根据 GB 5144 第 10.1.2 条要求，需要对结构件和高强螺栓进行检查。

4.4.2　拆卸前的检查，主要为保证拆卸过程塔机结构件和工作机构的正常。

4.5.2　各个地区的地基承载能力不一定满足塔机基础的设计要求，这时必须会同塔机原生产设计单位重新设计基础或者对地基进行加固处理。

4.5.3　塔机整体式钢筋混凝土基础施工

2. 考虑塔机基础承受上部传递的扭矩，参照 JGJ/T 187 第 5.1.3 条的规定。

3. 根据 JGJ/T 187 第 5.2.2 条，基础的混凝土强度等级不应低于 C25，基础下的垫层混凝土强度等级不应低于 C10，混凝土垫层厚度不宜小于 100 mm。现行国家行业标准 JGJ 33—2001 第 4.4.2 条规定塔机基础的混凝土强度不低于 C35，但该规程该条规定的依据：现行国家标准 GB 5144 第 10,6 条并未规定混凝土的最低强度等级。考虑塔机的使用实际特点，故此条规定比 GB 50010—2002 规定的最低混凝土强度等级提高了一级。

4.5.4　在施工现场，塔机原设计的基础形式可能不满足要求，桩基础、组合式基础等塔机基础的设计、施工应符合 JGJ/T 187 的规定。

4.6.1　根据 GB/T 5031 第 5.5.2.3 条、GB 5144 第 8.1.3 条要求及 JGJ 46—2005 第 5 章要求。当建筑施工现场无法采用 TN-S 接零保护系统时，塔机的金属结构、轨道、所有电气设备的金属外壳、金属线管、安全照明的变压器低压倒等均应可靠接地，接地电阻不大于 4Q。

4.6.2　根据 GB 50169 第 3.2.6 款的要求。

4.6.4　根据 JGJ 46 第 5.4.4 条：塔式起重机可不另设接闪器。

4.7　考虑到运输成本，用户不采用制造厂配套的平衡重，压重而自行制作时，应符合制造厂提供的设计图纸要求。

6.7.2.5　基本架设高度的安装与拆卸

5.3.3　各部件之间的连接件和防松、防退元件必须安装齐全并连接可靠，以往为此发生的事故所占比例较高。

5.3.4　高强度螺栓连接

1. 根据 GB/T 5031 第 5.3.2.2 条要求，塔身标准节、回转支承等类似受力连接用高强度螺栓应提供楔荷载合格证明。

2. 此处连接表面是指螺栓螺纹部分及被连接件的表面。

4. 根据 GB 5144 第 4.2.2.4 条要求。

6. 根据 GB/T 5031 第 10.3.9.2 条要求，高强度摩擦型螺栓副的重复使用应符合 JG/T 5057.40 的规定。回转支承螺栓只要一拆卸即应更换并按制造商用户手册中的要求紧固，除非制造商用户手册中另有规定；另外，为安全起见，回转支承螺栓使用一定年限即使没有拆卸也必须更换。

5.3.9　如果在塔顶和起重臂拉杆上端无滑轮组，在对接塔机起重臂拉杆时，需要在起重臂吊装时，安装人员上到起重臂上扛抬、对接起重臂拉杆，安全隐患很大。

5.3.10　有些塔机设计有可以调整水平起重臂双拉杆受力不均匀的装置，可通过改变塔帽顶部调节板的长度进行调整，否则，不允许调整。

6.7.2.6　自升式塔式起重机加节、降节

6.1.1　根据 GB/T 5031 第 5.2.1.5 条要求。

6.1.4　GB 5144 第 6.10 条要求：自升式塔机应具有防止塔身在正常加节、降节作业时，顶升横梁从塔身支承中自行脱出的功能。

6.2.1　大部分塔机采用的顶升原理基本一致，但顶升装置的具体结构型式和操作方式因设计不同而有差异，任何情况下均应注意制造厂塔机说明书中的说明。

6.2.2　此处松开是指将连接装置如高强螺栓拆除，安装人员在对接部位观察项升部分的平衡情况，高强螺栓随时可以恢复紧固；达到平衡后，才能进行顶升作业。

6.7.2.7　附着装置的安装与拆卸

7.1.3　由于目前高层建筑迅速增多，而且外立面变化较大，塔机的附着往往无法按照原设计方案进行，需要对附着架及塔身重新设计计算。由于需要了解塔机的总体载荷，并且需要解算超静定建筑施工现场塔式起重机安装拆卸安全技术规程结构，一般人员难以胜任，必须由塔机原生产制造单位进行特殊附着的设计计算。

7.1.4　经过计算分析，附着架在标准节或者附着节上的位置对塔身的应力影响非常大，所以附着框架应按照塔机说明书的要求附着在标准节的中间节点处，如果原设计有附着节，必须附着在附着节上。

7.2.1　应降低塔机高度，使待拆附着装置之上塔身悬臂高度最小时，方可拆卸该道附着装置，否则会造成塔身悬臂端过长，产生安全隐患。

6.7.2.8　内爬式塔式起重机的安装、升降与拆卸

8.1.2　内爬式塔机一般需要顶升 10 个标准节的高度，顶升载荷要大于外附着自升式，所以内爬式塔机的液压顶升机构必须严格按照内爬式顶升设计要求选用。

6.7.2.8.2　内爬式塔机升降的特殊要求

因为内爬塔机一般用于高层建筑，内爬通道非常可能随着建筑物的不同有所变化，内爬式塔机内爬环梁与建筑物内爬通道的配合必须经过认真设计，必须详细计算其作用在建筑物内爬通道的载荷，提供给建筑主体设计单位计算，保证安全。内爬式塔机的附着间距一般不得小于三个楼层，以减小其作用在建筑物内爬通道的载荷。

6.7.2.8.3　内爬式塔机的拆卸

因为内爬塔机一般用于高层建筑，拆卸时辅助起重设备一般临时安装在建筑物顶部，必须保证其安装使用的稳定性及其作用在建筑物上的载荷对于建筑物是安全的。

9 轨道式塔式起重机的安装

9.1.2　根据 GB/T 5031 第 5.4.1.6.3 条要求。

9.2.3　根据 GB 5144 第 10.7 条要求。

9.2.5　根据 GB 5144 第 10.8 条要求及 JGJ 46—2005 第 9.2 条要求。

9.3.6　根据 GB/T 5031 第 10.2.2.3 条要求。

6.7.2.10　安全装置

10.1.2　塔机安全装置要安装齐全，还应按照规定程序调试合格。

10.2.3　起升高度限位器

2.对没有变幅重物平移功能的动臂变幅的塔机，高度限制器起作用后，如果继续向外变幅，则会造成吊钩顶撞起重臂，因此，还应同时切断外变幅控制回路电源。

10.2.12　报警及记录装置

2.目前超载和违章作业导致塔机事故的比例较高，施工单位为赶工期，普遍超载作业；降低了塔机的使用寿命，甚至出现事故。采用塔机工作状态显示记录系统（俗称黑匣子）能使塔机用户消除侥幸心理、增强责任感，杜绝超载和违章作业。

6.7.2.11　塔式起重机整机调试与验收

11.2.3　电气系统

根据GB 5144第8章要求及JGJ 46—2005第9.2条要求。

11.3　根据GB/T 5031第6.2条性能试验的要求。

6.8　施工现场临时用电安全技术规范

根据中华人民共和国建设部公告（第322号），《施工现场临时用电安全技术规范》（JGJ 46—2005）为行业标准，自2005年7月1日起实施。其中，第1.0.3、3.1.4、3.1.5、3.3.4、5.1.1、5.1.2、5.1.10、5.3.2、5.4.7、6.1.6、6.1.8、6.2.3、6.2.7、7.2.1、7.2.3、8.1.3、8.1.11、8.2.15、8.3.4、9.7.3、10.2.2、10.2.5、10.3.11条为强制性条文，必须严格执行。

6.8.1　施工现场临时用电安全技术规范

6.8.1.1　总则

1.0.1　为贯彻国家安全生产的法律和法规，保障施工现场用电安全，防止触电和电气火灾事故发生，促进建设事件发展，制定本规范。

1.0.2　本规范运用于新建、改建和扩建的工业与民用建筑和市政基础设施施工现场临时用电工程中的电源中性点直接接地的220/380 V三相四线制低压电力系统的设计、安装、使用、维修和拆除。

1.0.3　建筑施工现场临时用电工程专用的电源中性点直接接地的220/380 V三相四线制低压电力系统，必须符合下列规定：

1.采用三级配电系统；

2.采用TN-S接零保护系统；

3.采用二级漏电保护系统。

1.0.4　施工现场临时用电，除应执行本规范的规定外，尚应符合国家现行有关强制性标准的规定。

6.8.1.2　术语、代号

5.8.1.2.1　术语

2.1.1 低压 low voltage:交流额定电压在 1 kV 及以下的电压。

2.1.2 高压 high oltage:交流额定电压在 1 kV 以上的电压。

2.1.3 外电线路 external circuit:施工现场临时用电工程配电线路以外的电力线路。

2.1.4 有静电的施工现场 construction site with electrostatlc field:存在因摩擦、挤压、感应和接地不良等而产生对人体和环境有害静电的施工现场。

2.1.5 强电磁波源 soure of powerful electromopetic wave:辐射波能够在施工现场机械设备上感应产生有害对地电压的电磁辐射体。

2.1.6 接地 gound connection:设备的一部分为形成导电通路与大地的连接。

2.1.7 工作接地 working gound connection:为了电路或设备达到运行要求的接地,如变压器低压中性点和发电机中性点的接地。

2.1.8 重复接地 iterative gound connection:设备接地线上一处或多处通过接地装置与大地再次连接的接地。

2.1.9 接地体 earth lead:埋入地中并直接与大地接触的金属导体。

2.1.10 人工接地体 manual grounding:人工埋入地中的接地体。

2.1.11 自然接地体 natural grounding:施工前已埋入地中,对兼作接地体用的各种构件,如钢筋混凝土基础的钢筋结构、金属井管、金属管道(非燃气)等。

2.1.12 接地线 grounding:连接设备金属结构和接地体的金属导体(包括连接螺栓)。

2.1.13 接地装置 grounding device:接地体和接地线的总和。

2.1.14 接地电阻 ground resistance:接地装置的对地电阻。它是接地线电阻、接地体电阻、接地体与土壤之间的接触电阻和土壤中的散流电阻之和。

接地电阻可以通过计算或测量得到它的近似值,其值等于接地装置对地电压与通过接地装置流入地中电流之比。

2.1.15 频接地电阻 power frequency ground resistance:按通过接地装置流入地中工频电流求得的接地电阻。

2.1.16 冲击接地电阻 shock ground resistance:按通过接地装置流入地中冲击电流(模拟雷电流)求得的接地电阻。

2.1.17 电气连接 electric contact:导体与导体之间直接提供电气通路的连接(接触电阻近于零)。

2.1.18 带电部分 live-part:正常使用时要被通电的导体或可导电部分,它包括中性导体(中性线),不包括保护导体(保护零线或保护线),按惯例也不包括工作零线与保护零线合一的导线(导体)。

2.1.19 外露可导电部分 exposed conductlve part:电气设备的能触及的可导电部分。它在正常情况下不带电,但在故障情况下可能带电。

2.1.20 触电(电击)electric shock:电流流经人体或动物体,使其产生病理生理效应。

2.1.21 直接接触 direct contact:人体、牲畜与带电部分的接触。

2.1.22 间接接触 indirect contact:人体、牲畜与故障情况下变为带电体的外露可导电部分的接触。

2.1.23 配电箱 distribution box：一种专门用作分配电力的配电装置，包括总配电箱和分配电箱，如无特指，总配电箱、分配电箱合称配电箱。

2.1.24 开关箱 distribution box：末级配电装置的通称，亦可兼作用电设备的控制装置。

2.1.25 隔离变压器 isolating transformer：指输入绕组与输出绕组在电气上彼此隔离的变压器，用以避免偶然同时触及带电体（或因绝缘损坏而可能带电的金属部件）和大地所带来的危险。

2.1.26 安全隔离变压器 safety isolating transformer：为安全特低电压电路提供电源的隔离变压器。它的输入绕组与输出绕组在电气上至少由相当于双重绝缘或加强绝缘的绝缘隔离开来。它是专门为配电电路、工具或其他设备提供安全特低电压而设计的。

6.8.1.2.2 代号

2.2.1 DK——电源隔离开关；

2.2.2 H——照明器；

2.2.3 L_1、L_2、L_3——三相电路的三相相线；

2.2.4 M——电动机；

2.2.5 N——中性点，中性线，工作零线；

2.2.6 NPE——具有中性和保护线两种功能的接地线，又称保护中性线；

2.2.7 PE——保护零线，保护线；

2.2.8 RCD——漏电保护器，漏电断路器；

2.2.9 M——变压器；

2.2.10 TN——电源中性点直接接地时电气设备外露可导电部分通过零线接地的接零保护系统；

2.2.11 TN-C——工作零线与保护零线合一设置的接零保护系统；

2.2.12 TN-C-S——工作零线与保护零线前一部分合一，后一部分分开设置的接零保护系统；

2.2.13 TN-S——工作零线与保护零线分开设置的接零保护系统；

2.2.14 TT——电源中性点直接接地，电气设备外露可导电部分直接接地的接地保护系统，其中电气设备的接地点独立于电源中性点接地点；

2.2.15 W——电焊机。

6.8.1.3 临时用电管理

6.8.1.3.1 临时用电组织设计

3.1.1 施工现场临时用电设备在5台及以上或设备总容量在50 kW及以上者，应编制用电组织设计。

3.1.2 施工现场临时用电组织设计应包括下列内容：

1. 现场勘测。

2. 确定电源进线、变电所或配电室、配电装置、用电设备位置及线路走向。

3. 进行负荷计算。

4. 选择变压器。

5. 设计配电系统:1)设计配电线路,选择导线或电缆;2)设计配电装置,选择电器;3)设计接地装置;4)绘制临时用电工程图纸,主要包括用电工程总平面图、配电装置布置图、配电系统接线图、接地装置设计图。

6. 设计防雷装置。

7. 确定防护措施。

8. 制定安全用电措施和电气防火措施。

3.1.3 临时用电工程图纸应单独绘制,临时用电工程应按图施工。

3.1.4 临时用电组织设计及变更时,必须履行"编制、审核、批准"程序,由电气工程技术人员组织编制,经相关部门审核及具有法人资格企业的技术负责人批准后实施。变更用电组织设计时应补充有关图纸资料。

3.1.5 临时用电工程必须经编制、审核、批准部门和使用单位共同验收,合格后方可投入使用。

3.1.6 施工现场临时用电设备在5台以下和设备总容量在50 kW以下者,应制定安全用电和电气防火措施,并应符合本规范第3.1.4、3.1.5的规定。

5.8.1.3.2 电工及用电人员

3.2.1 电工必须经过按国家现行标准考核合格后,持证上岗工作;其他用电人员必须通过相关安全教育培训和技术交底,考核合格后方可上岗工作。

3.2.2 安装、巡检、维修或拆除临时用电设备和线路,必须由电工完成,并应有人监护。电工等级应同工程的难易程度和技术复杂性相适应。

3.2.3 各类用电人员应掌握安全用电基本知识和所用设备的性能,并应符合下列规定:

1. 使用电气设备前必须按规定穿戴和配备好相应的劳动防护用品,并应检查电气装置和保护设施,严禁设备带"缺陷"运车转;

2. 保管和维护所用设备,发现问题及时报告解决;

3. 暂时停用设备的开关箱必须分断电源隔离开关,并应关门上锁;

4. 移动电气设备时,必须经电工切断电源并做妥善处理后进行。

6.8.1.3.3 安全技术档案

3.3.1 施工现场临时用电必须建立安全技术档案,并应包括下列内容:

1. 用电组织设计的全部资料;

2. 修改用电组织设计的资料;

3. 用电技术交底资料;

4. 用电工程检查验收表;

5. 电气设备的试、检验凭单和调试记录;

6. 接地电阻、绝缘电阻和漏电保护器漏电动作参数测定记录表;

7. 定期检(复)查表;

8. 电工安装、巡检、维修、拆除工作记录。

3.3.2 安全技术档案应由主管该现场的电气技术人员负责建立与管理。其中"电工安装、巡检、维修、拆除工作记录"可指定电工代管,每周由项目经理审核认可,并应在临时用电工程拆除后统一归档。

3.3.3　临时用电工程应定期检查。定期检查时，应复查接地电阻值和绝缘电阻值。

3.3.4　临时用电工程定期检查应按分部、分项工程进行，对安全隐患必须及时处理，并应履行复查验收手续。

6.8.1.4　外电线路及电气设备防护

6.8.1.4.1　外电线路防护

4.1.1　在建工程不得在外电架空线路正下方施工、搭设作业棚、建造生活设施或堆放构件、架具、材料及其他杂物等。

4.1.2　在建工程(含脚手架)的周边与外电架空线路的边线之间的最小安全操作距离应符合表4.1.2规定。

表4.1.2　在建工程(含脚手架)的周边与架空线路的边线之间的最小安全操作距离

外电线路电压等级(kV)	<1	1～10	35～110	220	330～550
最小安全操作距离(m)	4.0	6.0	8.0	10	15

注:上、下脚手架的斜道不宜设在有外电线路的一侧。

4.1.3　施工现场的机动车道与外电架空线路交叉时，架空线路的最低点与路面的最小垂直距离应符合表4.1.3规定。

表4.1.3　施工现场的机动车道与架空线路交叉时的最小垂直距离

外电线路电压等级(kV)	<1	1～10	35
最小垂直距离(m)	6.0	7.0	7.0

起重机严禁越过无防护设施的外电架空线路作业。在外电架空线路附近吊装时，起重机的任何部位或被吊物边缘在最大偏斜时与架空线路边线的最小安全距离应符合表4.1.4规定。

表4.1.4　起重机与架空线路边线的最小安全距离

电压(kV) 安全距离(m)	<1	10	35	110	220	330	500
沿垂直方向	1.5	3.0	4.0	5.0	6.0	7.0	8.5
沿水平方向	1.5	2.0	3.5	4.0	6.0	7.0	8.5

4.1.5　施工现场开挖沟槽边缘与外电埋地电缆沟槽边缘之间的距离不得小于0.5 m。

4.1.6　当达不到本规范第4.1.2～4.1.4条中的规定时，必须采取绝缘隔离防护措施，并应悬挂醒目的警告标志。

架设防护设施时，必须经有关部门批准，采用线路暂时停电或其他可靠的安全技术措施，并应有电气工程技术人员和专职安全人员监护。

防护设施与外电线路之间的安全距离不应小于表4.1.6所列数值。

防护设施应坚固、稳定，且对外电线路的隔离防护应达到 IP30 级。

表 4.1.6　防护设施与外电线路之间的最小安全距离

外电线路电压等级(kV)	≤10	35	110	220	330	500
最小安全距离(m)	1.7	2.0	2.5	4.0	5.0	6.0

4.1.7　当本规范第 4.1.6 条规定的防护措施无法实现时，必须与有关部门协商，采取停电、迁移外电线路或改变工程位置等措施，未采取上述措施的严禁施工。

4.1.8　在外电架空线路附近开挖沟槽时，必须会同有关部门采取加固措施，防止外电架空线路电杆倾斜、悬倒。

6.8.1.4.2　电气设备防护

4.2.1　电气设备现场周围不得存放易燃易爆物、污源和腐蚀介质，否则应予清除或做防护处置，其防护等级必须与环境条件相适应；

4.2.2　电气设备设置场所应能避免物体打击和机械损伤，会则应做防护处置。

6.8.1.5　接地与防雷

6.8.1.5.1　一般规定

5.1.1　在施工现场专用变压器的供电的 TN-S 接零保护系统中，电气设备的金属外壳必须与保护零线连接。保护零线应由工作接地线、配电室(总配电箱)电源侧零线或总漏电保护器电源侧零线处引出(图 5.1.1)。

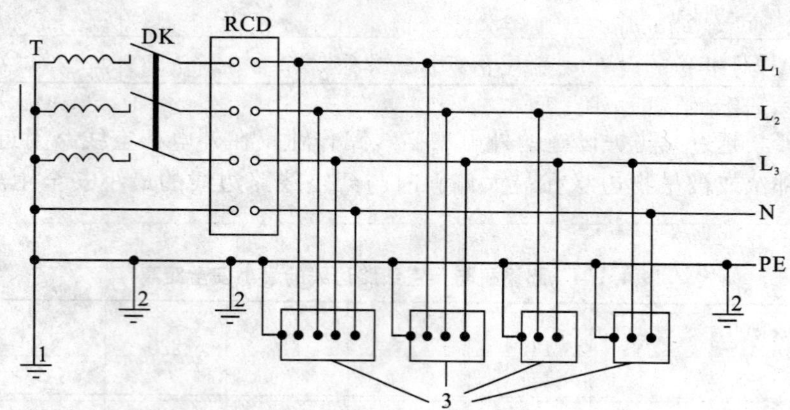

1—工作接地；2—PE 线重复接地；3—电气设备金属外壳(正常不带电的外露可导电部分)；
L_1、L_2、L_3—相线；N—工作零西安；PE—保护零线；DK—总电源隔离开关；
RCD—总漏电保护器(兼有短路、过载、漏电保护功能的漏电断路器)；T—变压器

图 5.1.1　专用变压器供电时 TN-S 接零保护系统示意

5.1.2　施工现场与外电线路共用同一供电系统时，电气设备的接地、接零保护应与原系统保持一致。不得一部分设备做保护接零，另一部分设备做保护接地。

采用 TN 系统做保护接零时，工作零线(N 线)必须通过总漏电保护器，保护零线(PE 线)必须由电源进线零线重复接地处或总漏电保护器电源侧零线处，引出形成局部 TN-S 接零保护系统(图 5.1.2)。

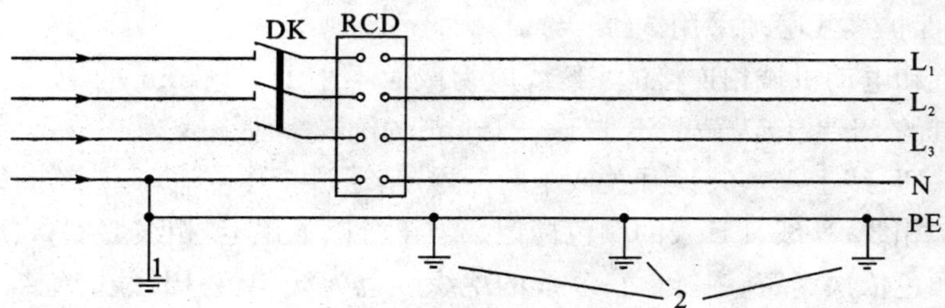

1—NPE 线重复接地；2—PE 线重复接地；L_1、L_2、L_3—相线；N—工作零西安；PE—保护零线；
DK—总电源隔离开关；RCD—总漏电保护器(兼有短路、过载、漏电保护功能的漏电断路器)

图 5.1.2　三相四线供电时局部 TNS 接零保护系统保护零线引出示意

5.1.3　在 TN 接零保护系统中，通过总漏电保护器的工作零线与保护零线之间不得再做电气连接。

5.1.4　在 TN 接零保护系统中，PE 零线应单独敷设。重复接地线必须与 PE 线相连接，严禁与 N 线相连接。

5.1.5　使用一次侧由 50 V 以上电压的接零保护系统供电，二次侧为 50 V 及以下电压的安全隔离变压器时，二次侧不得接地，并应将二次线路用绝缘管保护或采用橡皮护套软线。

当采用普通隔离变压器时，其二次侧一端应接地，且变压器正常不带电的外露可导电部分应与一次回路保护零线相连接。

以上变压器尚应采取防直接接触带电体的保护措施。

5.1.6　施工现场的临时用电电力系统严禁利用大地做相线或零线。

5.1.7　接地装置的设置应考虑土壤干燥或冻结等季节变化的影响，并应符合表5.1.7 的规定，接地电阻值在四季中均应符合本规范第 5.3 节的要求。但防雷装置的冲击接地电阻值只考虑在雷雨季节中土壤干燥状态的影响。

表 5.1.7　接地装置的季节系数 ψ 值

埋深(m)	水平接地体	长 2～3 m 的垂直接地体
0.5	1.4～1.8	1.2～1.4
0.8～1.0	1.25～1.45	1.15～1.3
2.5～3.0	1.0～1.1	1.0～1.1

注：大地比较干燥时，取表中较小值；比较潮湿时，取表中较大值。

5.1.8　干线所用材质与相线、工作零线(N 线)相同时，其最小截面应符合表 5.1.8 的规定；

表 5.1.8　PE 线截面与相线截面的关系

相先芯线截面 S(mm^2)	PE 线最小截面(mm^2)
$S\leqslant16$	5
$16<S\leqslant35$	16
$S>35$	$S/2$

5.1.9 保护零线必须采用绝缘导线。

配电装置和电动机械相连接的PE线应为截面不小于2.5 mm^2的绝缘多股铜线。手持式电动工具的PE线应为截面不小于1.5 mm^2的绝缘多股铜线。

5.1.10 PE线上严禁装设开关或熔断器,严禁通过工作电流,且严禁断线。

5.1.11 相线、N线、PE线的颜色标记必须符合以下规定:相线L_1(A)、L_2(B)、L_1(C)相序的绝缘颜色依次为黄、绿、红色;N线的绝缘颜色为淡蓝色;PE线的绝缘颜色为绿/黄双色。任何情况下上述颜色标记严禁混用和互相代用。

5.8.1.5.2 保护接零

5.2.1 在TN系统中,下列电气设备不带电的外露可导电部分应做保护接零:

1.电机、变压器、电器、照明器具、手持式电动工具的金属外壳;

2.电气设备传动装置的金属部件;

3.配电柜与控制柜的金属框架;

4.配电装置的金属箱体、框架及靠近带电部分的金属围栏和金属门;

5.电力线路的金属保护管、敷线的钢索、起重机的底座和轨道、滑升模板金属操作平台等;

6.安装在电力线路杆(塔)上的开关、电容器等电气装置的金属外壳及支架。

5.2.2 城防、人防、隧道等潮湿或条件特别恶劣施上现场的电气设备必须采用保护接零。

5.2.3 在TN系统中,下列电气设备不带电的外露可导电部分,可不做保护接零:

1.在木质、沥青等不良导电地坪的干燥房间内,交流电压380 V及以下的电气装置金属外壳(当维修人员可能同时触及电气设备金属外壳和接地金属物件时除外);

2.安装在用电柜、控制柜金属框架和配电箱的金属箱体上,且与其可靠电气连接的电气测量仪表。电流互感器、电器的金属外壳。

6.8.1.5.3 接地与接地电阻

5.3.1 单台容量超过100 kV·A或使用同一接地装置并联运行且总容量超过100 kV·A的电力变压器或发电机的工作接地电阻值不得大于4 Ω。

单一容量不超过100 kV·A或使用同一接地装置并联运行且总容是不超过100 kV·A的电力变压器或发电机的工作接地电阻值不得大于10 Ω。

在土壤电阻率大于1 000 Ω·m的地区,当达到上述接地电阻值有困难时,工作接地电阻值可提高到30 Ω。

5.3.2 TN系统中的保护零线除必须在配电室或总配电箱处做重复接地外,还必须在配电系统的中间处和末端处做重复接地。

在TN系统中,保护零线每一处重复接地装置的接地电阻值不应大于10 Ω。在工作接地电阻值允许达到10 Ω的电力系统中,所有重复接地的等效电阻值不应大于10 Ω。

5.3.3 在TN系统中,严禁将单独敷设的工作零线再做重复接地。

5.3.4 每一接地装置的接地线应采用2根及以上导体,在不同点与接地体做电气连接。

不得采用铝导体做接地体或地下接地线。垂直接地体宜采用角钢、钢管或光面圆钢,不得采用螺纹钢。

接地可利用自然接地体，但应保证其电气连接和热稳定。

5.3.5　移动式发电机供电的用电设备，其金属外壳或底座应与发电机电源的接地装置有可靠的电气连接。

5.3.6　移动式发电机系统接地应符合电力变压器系统接地的要求。下列情况时不另做保护接零：

1. 移动式发电机和用电设备固定在同一金属支架上，且不供给其他设备用电时；

2. 不超过二台的用电设备由专用的移动式发电机供电，供、用电设备间距不超过 50 m，且供、用电设备的金属外壳之间有可靠的电气连接时。

5.3.7　在有静电的施工现场内，对集聚在机械设备上的静电应采取接地泄漏份施。每组专设的静电接地体的接地电阻值不应大于 100 Ω，高土壤电阻率地区不应大于 1 000 Ω。

6.8.1.5.4　防雷

5.4.1　在土壤电阻率低于 200 Ω·m 区域的电杆可不另设防雷接地装置，但在配电室的架空进线或出线处应将绝缘子铁脚与配电室的接地装置相连接。

5.4.2　施工现场内的起重机、井字架、龙门架等机械设备，以及钢脚手架和正在施工的在建工程等的金属结构，当在相邻建筑物、构筑物等设施的防雷装置接闪器的保护范围以外时，应按表 5.4.2 规定安装防雷装置。表 5.4.2 中地区年均雷暴日(d)应按本规范附录 A 执行。

当最高机械设备上避雷针(接闪器)的保护范围能覆盖其他设备，且又最后退出现场，则其他设备可不设防雷装置。

确定防雷装置接闪器的保护范围可采用本规范附录 B 的滚球法。

表 5.4.2　施工现场内机械设备及高架设施需安装防雷装置的规定

地区年平均雷暴日(d)	机械设备高度(m)
≤15	≥50
>5，<40	≥32
≥40，<90	≥20
≥90 及雷害特别严重地区	≥12

5.4.3　机械设备或设施的防雷引下线可利用该设备或设施的金属结构体，但应保证电气连接。

5.4.4　机械设备上的避雷针(接闪器)长度应为 1～2 m。塔式起重机可不另设避雷针(接闪器)。

5.4.5　安装避雷针(接闪器)的机械设备，所有固定的动力、控制、照明、信号及通信线路，宜采用钢管敷设，钢管与该机械设备的金属结构体应做电气连接。

5.4.6　施工现场内所有防雷装置的冲击接地电阻值不得大于 30 Ω。

5.4.7　做防雷接地机械上的电气设备，所连接的 PE 线必须同时做重复接地，同一台机械电气设备的重复接地和机械的防雷接地可共用同一接地体，但接地电阻应符合重复接地电阻值的要求。

6.8.1.6　配电室及自备电源

6.8.1.6.1　配电室

6.1.1　配电室应靠近电源，并应设在灰尘少、潮气少、振动小、无腐蚀介质、无易燃易爆物及道路畅通的地方。

6.1.2　成列的配电柜和控制柜两端应与重复接地线及保护零线做电气连接。

6.1.3　配电室和控制室应能自然通风，并应采取防止雨雪侵入和动物进入的措施。

6.1.4　配电室布置应符合下列要求：

1. 配电柜正面的操作通道宽度，单列布置或双列背对背布置不小于 1.5 m，双列面对面布置不小于 2 m；

2. 配电柜后面的维护通道宽度，单列布置或双列面对面布置不小于 0.8 m，双列背对背布置不小于 1.5 m，个别地点有建筑物结构凸出的地方，则此点通道宽度可减少 0.2 m；

3. 配电柜侧面的维护通道宽度不小于 1 m；

4. 配电室的顶棚与地面的距离不低于 3 m；

5. 配电室内设置值班或检修室时，该室边缘处配电柜的水平距离大于 1 m，并采取屏障隔离；

6. 配电室内的裸母线与地向垂直距离小于 2.5 m 时，采用遮栏隔离，遮栏下通道的高度不小于 1.9 m；

7. 配电室围栏上端与其正上方带电部分的净距不小于 0.075 m；

8. 配电装置的上端距顶棚不小于 0.5 m；

9. 配电室内的母线涂刷有色油漆，以标志相序；以柜正面方向为基准，其涂色符合表 6.1.4 规定；

10. 配电室的建筑物和构筑物的耐火等级不低于 3 级，室内配置砂箱和可用于扑灭电气火灾的灭火器；

表 6.1.4　母线涂色

相别	颜色	垂直排列	水平排列	引下排列
L_1(A)	黄	上	后	左
L_2(B)	绿	中	中	中
L_3(C)	红	下	前	右
N	淡蓝	—	—	—

11. 配电室的门向外开，并配锁；

12. 配电室的照明分别设置正常照明和事故照明。

6.1.5　配电柜应装设电度表，并应装设电流、电压表。电流表与计费电度表不得共用一组电流互感器。

6.1.6　配电柜应装设电源隔离开关及短路、过载、漏电保护电器。电源隔离开关分断时应有明显可见分断点。

6.1.7 配电柜应编号,并应有用途标记。

6.1.8 配电柜或配电线路停电维修时,应挂接地线,并应悬挂“禁止合闸、有人工作”停电标志牌。停送电必须由专人负责。

6.1.9 配电定应保持整洁,不得堆放任何妨碍操作、维修的杂物。

6.8.1.6.2 230/400 V 自备发电机组

6.2.1 发电机组及其控制、配电、修理室等可分开设置;在保证电气安全距离和满足防火要求情况下可合并设置。

6.2.2 发电机组的排烟管道必须伸出室外。发电机组及其控制、配电室内必须配置可用于扑火电气火灾的灭火器,严禁存放贮油桶。

6.2.3 发电机组电源必须与外电线路电源连锁,严禁并列运行。

6.2.4 发电机组应采用电源中性点直接接地的三相四线制供电系统和独立设置TN-S接零保护系统,其工作接地电阻值应符合本规范第5.3.1条要求。

6.2.5 发电机控制得屏宜装设下列仪表:

1.交流电压表;

2.交流电流表;

3.有功功率表;

4.电度表;

5.功率因数表;

6.频率表;

7.直流电流表。

6.2.6 发电机供电系统应设置电源隔离开关及短路、过载、漏电保护电器。电源隔离开关分断时应有明显可见分断点。

6.2.7 发电机组并列运行时,必须装设同期装置,并在机组同步运行后再向负载供电。

6.8.1.7 配电线路

6.8.1.7.1 架空线路

7.1.1 架空线必须采用绝缘导线。

7.1.2 架空线必须架设在专用电杆上,严禁架设在树木、脚手架及其他设施上。

7.1.3 架空线导线截面的选择应符合下列要求:

1.导线中的计算负荷电流不大于其长期连续负荷允许载流量。

2.线路末端电压偏移不大于其额定电压的5%。

3.三相四线制线路的N线和PE线截面不小于相线截面的50%,单相线路的零线截面与相线截面相同。

4.按机械强度要求,绝缘铜线截面不小于10 mm^2,绝缘铝线截面不小于16 mm^2。

5.在跨越铁路、公路、河流、电力线路档距内,绝缘铜线截面不小于16 mm^2,绝缘铝线截面不小于25 mm^2。

7.1.4 架空线在一个档距内,每层导线的接头数不得超过该层导线条数的50%,且一条导线应只有一个接头。

在跨越铁路、公路、河流、电力线路档距内,架空线不得有接头。

7.1.5　架车线路相序排列应符合下列规定:

1.动力、照明线在同一横担上架设时,导线相序排列是:面向负荷从左侧起依次为 L_1、N、L_2、L_3、PE;

2.动力、照明线在二层横担上分别架设时,导线相序排列是:上层横担面向负荷从左侧起依次为 L_1、L_2、L_3;下层横担面向负荷从左侧起依次为 L_1(L_2、L_3)、N、PE。

7.1.6　架空线路的档距不得大于 35 m。

7.1.7　架空线路的线间距不得小于 0.3 m,靠近电杆的两导线的间距不得小于 0.5 m。

7.1.8　架空线路横担间的最小垂直距离不得小于表 7.1.8-1 所列数值;横担宜采用角钢或方木,低压铁横担角钢应按表 7.1.8-2 选用,方木横担截面应按 80 mm×80 mm 选用;横担长度应按表 7.1.8-3 选用。

表 7.1.8-1　横担间的最小垂直距离(m)

排列方式	直线杆	分支或转角杆
高压与低压	1.2	1.0
低压与低压	0.6	0.3

表 7.1.8-2　低压铁横担角钢选用表

导线截面(mm^2)	直线杆	分支或转角杆	
		二线及三线	四线及以上
16 25 35 50	∟50×5	2×∟50×5	2×∟63×5
70 95 120	∟63×5	2×∟63×5	2×∟70×6

7.1.8-3　横担长度选用

横杆长度(m)		
二线	三线、四线	五线
0.7	1.5	1.8

7.1.9　架空线路与邻近线路或固定物的距离应符合表 7.1.9 的规定。

表 7.1.9 架空线路与邻近线路或固定物的距离

<table>
<tr><td>项目</td><td colspan="7">距离类别</td></tr>
<tr><td rowspan="2">最小净空距离(m)</td><td colspan="2">架空线路的过引线、接下线与邻线</td><td colspan="2">架空线与架空线电杆外缘</td><td colspan="3">架空线与摆动最大时树梢</td></tr>
<tr><td colspan="2">0.13</td><td colspan="2">0.05</td><td colspan="3">0.50</td></tr>
<tr><td rowspan="3">最小垂直距离(m)</td><td rowspan="2">架空线同杆架设下方的通信、广播线路</td><td colspan="3">架空线最大弧垂与地面</td><td rowspan="2">架空线最大弧垂与暂设工程顶端</td><td colspan="2">架空线与邻近电力线路交叉</td></tr>
<tr><td>施工现场</td><td>机动车道</td><td>铁路轨道</td><td>1 kV 以下</td><td>1～10 kV</td></tr>
<tr><td>1.0</td><td>4.0</td><td>6.0</td><td>7.5</td><td>2.5</td><td>1.2</td><td>2.5</td></tr>
<tr><td rowspan="2">最小水平距离(m)</td><td colspan="2">架空线电杆与路基边缘</td><td colspan="2">架上线电针与铁路轨道边缘</td><td colspan="3">架空线边线与建筑物凸出部分</td></tr>
<tr><td colspan="2">1.0</td><td colspan="2">杆高(m)+3.0</td><td colspan="3">1.0</td></tr>
</table>

7.1.10 架字线路宜采用钢筋混凝土杆或木杆。钢筋混凝土杆不得有露筋、宽度大于 0.4 mm 的裂纹和扭曲;木杆不得腐朽,其梢径不应小于 140 mm。

7.1.11 电杆埋设深度宜为杆长的 1/10 加 0.6 m,回填土应分层夯实。在松软土质处宜加大埋入深度或采用卡盘等加固。

7.1.12 直线杆和 15°以下的转角杆,可采用单横担单绝缘子,但跨越机动车道时应采用单横担双绝缘子;15°到 45°的转角杆应采用双横担双绝缘子;45°以上的转角杆,应采用十字横担。

7.1.13 架空线路绝缘子应按下列原则选择:

1. 直线杆采用针式绝缘子;

2. 耐张杆采用蝶式绝缘子。

7.1.14 电杆的拉线宜采用不少于 3 根 D4.0 mm 的镀锌钢丝。拉线与电杆的夹角应在 30°～45°之间。拉线埋设深度不得小于 1 m。电杆拉线如从导线之间穿过,应在高于地面 2.5 m 处装设拉线绝缘子。

7.1.15 因受地形环境限制不能装设拉线时,可采用撑杆代替拉线,撑杆埋设深度不得小于 0.8 m,其底部应垫底盘或石块。撑杆与电杆的夹角宜为 30°。

7.1.16 接户线在档距内不得有接头,进线处离地高度不得小于 2.5 m。接户线最小截面应符合表 7.1.16-1 规定。接户线线间及与邻近线路问的距离应符合表 7.1.16-2 的要求。

表 7.1.16-1 接户线的最小截面

接户线架设方式	接户线长度(m)	接户线截面(mm^2)	
		铜线	铝线
架空或沿墙敷设	10～25	6.0	10.
	≤10	4.0	6.0

表 7.1.16-2　接户线线间及与邻近线路间的距离

接户线架设方式	接户线档距(m)	接户线线间距离(mm)
架空敷设	≤25	150
	>25	200
沿墙敷设	≤6	100
	>6	150
架空接户线与广播电话线交叉时的距离(mm)		接户线在上部，600 接户线在下部，300
架空或沿墙敷设的接户线零线和相线交叉时的距离(mm)		100

7.1.17　架空线路必须有短路保护。

采用熔断器做短路保护时，其熔体额定电流不应大于明敷绝缘导线长期连续负荷允许载流量的1.5倍。

采用断路器做短路保护时，其瞬动过流脱扣器脱扣电流整定值应小于线路末端单相短路电流。

7.1.18　架空线路必须有过载保护。

采用熔断器或断路器做过载保护时，绝缘导线长期连续负荷允许载流量不应小于熔断器熔体额定电流或断路器长延时过流脱扣器脱扣电流整定值的1.25倍。

6.8.1.7.2　电缆线路

7.2.1　电缆中必须包含全部工作芯线和用作保护零线或保护线的芯线。需要三相四线制配电的电缆线路必须采用五芯电缆。

五芯电缆必须包含淡蓝、绿/黄二种颜色绝缘芯线。淡蓝色芯线必须用作N线；绿/黄双色芯线必须用作PE线，严禁混用。

7.2.2　电缆截面的选择应符合本规范第7.1.3条1、2、3款的规定；根据其长期连续负荷允许载流是和允许电压偏移确定。

7.2.3　电缆线路应采用埋地或架空敷设，严禁沿地面明设，并应避免机械损伤和介质腐蚀。埋地电缆路径应设方位标志。

7.2.4　电缆类型应根据敷设方式、环境条件选择。埋地敷设宜选用铠装电缆；当选用无铠装电缆时，应能防水、防腐。架空敷设宜选用无铠装电缆。

7.2.5　电缆直接埋地敷设的深度不应小于0.7 m，并应在电缆紧邻上、下、左、右侧均匀敷设不小于50 mm厚的细砂，然后覆盖砖或混凝土板等硬质保护层。

7.2.6　埋地电缆在穿越建筑物、构筑物、道路、易受机械损伤、介质腐蚀场所及引出地面从2.0 m高到地下0.2 m处，必须加设防护套管，防护套管内径不应小于电缆外径的1.5倍。

7.2.7　埋地电缆与附近外电电缆和管沟的平行间距不得小于2 m，交叉间距不得小1 m。

7.2.8　埋地电缆的接头应设在地面上的接线盒内，接线盒应能防水、防尘、防机械损伤，并应远离易燃、易爆、易腐蚀场所。

7.2.9 架空电缆应沿电杆、支架或墙壁敷设，并采用绝缘子固定，绑扎线必须采用绝缘线，固定点间距应保证电缆能承受自重所带来的荷载，敷设高度应符合本规范第7.1节架空线路敷设高度的要求，但沿墙壁敷设时最大弧垂距地不得小于2.0 m。

架空电缆严禁沿脚手架、树木或其他设施敷设。

7.2.10 在建工程内的电缆线路必须采用电缆埋地引入，严禁穿越脚手架引入。电缆垂直敷设应充分利用在建工程的竖井、垂直孔洞等，并宜靠近用电负荷中心，固定点每楼层不得少于一处。电缆水平敷设宜沿墙或门口刚性固定，最大弧垂距地不得小于2.0 m。

装饰装修工程或其他特殊阶段，应补充编制单项施工用电方案。电源线可沿墙角、地面敷设，但应采取防机械损伤和电火措施。

7.2.11 电缆线路必须有短路保护和过载保护，短路保护和过载保护电器与电缆的选配应符合本规范第7.1.17条和7.1.18条要求。

6.8.1.7.3 室内配线

7.3.1 室内配线必须采用绝缘导线或电缆。

7.3.2 室内配线应根据配线类型采用瓷瓶、瓷（塑料）夹、嵌绝缘槽、穿管或钢索敷设。

潮湿场所或埋地非电缆配线必须穿管敷设，管口和管接头应密封；当采用金属管敷设时，金属管必须做等电位连接，且必须与PE线相连接。

7.3.3 室内非埋地明敷主干线距地面高度不得小于2.5 m。

7.3.4 架空进户线的室外端应采用绝缘子固定，过墙处应穿管保护，距地面高度不得小于2.5 m，并应采取防雨措施。

7.3.5 室内配线所用导线或电缆的截面应根据用电设备或线路的计算负荷确定，但铜线截面不应小于1.5 mm^2，铝线截面不应小于2.5 mm^2。

7.3.6 钢索配线的吊架间距不宜大于12 m。采用瓷夹固定导线时，导线间距不应小于35 mm，瓷夹间距不应大于800 mm；采用瓷瓶固定导线时，导线间距不应小于100 mm，瓷瓶间距不应大于1.5 m；采用护套绝缘导线或电缆时，可直接敷设于钢索上。

7.3.7 室内配线必须有短路保护和过载保护，短路保护和过载保护电器V与绝缘导线、电缆的选配应符合本规范第7.1.17条和7.1.18条要求。对穿管敷设的绝缘导线线路，其短路保护熔断器的熔体额定电流不应大于穿管绝缘导线长期连续负荷允许载流量的2.5倍。

6.8.1.8 配电箱及开关箱

6.8.1.8.1 配电箱及开关箱的设置

8.1.1 配电系统应设置配电柜或总配电箱、分配电箱、开关箱，实行三级配电。

配电系统宜使三相负荷平衡。220 V或380 V单相用电设备宜接入220/380 V三相四线系统；当单相照明线路电流大于30 A时，宜采用220/380 V三相四线制供电。

室内配电柜的设置应符合本规范第6.1节的规定，

8.1.2 总配电箱以下可设若干分配电箱；分配电箱以下可设若干开关箱。

总配电箱应设在靠近电源的区域，分配电箱应设在用电设备或负荷相对集中的区域，分配电箱与开关箱的距离不得超过 30 m，开关箱与其控制的固定式用电设备的水平距离不宜超过 3 m。

8.1.3　每台用电设备必须有各自专用的开关箱，严禁用同一个开关箱直接控制 2 台及 2 台以上用电设备(含插座)。

8.1.4　动力配电箱与照明配电箱宜分别设置。当合并设置为同一配电箱时，动力和照明应分路配电；动力开关箱与照明开关箱必须分设。

8.1.5　配电箱、开关箱应装设在干燥、通风及常温场所，不得装设在有严重损伤作用的瓦斯、烟气、潮气及其他有害介质中，亦不得装设在易受外来固体物撞击、强烈振动、液体浸溅及热源烘烤场所。否则，应予清除或做防护处理。

8.1.6　配电箱、开关箱周围应有足够 2 人同时工作的空间和通道，不得堆放任何妨碍操作、维修的物品，不得有灌木、杂草。

8.1.7　配电箱、开关箱应采用冷轧钢板或阻燃绝缘材料制作，钢板厚度应为 1.2～2.0 mm，其中开关箱箱体钢板厚度不得小于 1.2 mm，配电箱箱体钢板厚度不得小于 1.5 mm，箱体表面应做防腐处理。

8.1.8　配电箱、开关箱应装设端正、牢固。固定式配电箱、开关箱的中心点与地面的垂直距离应为 1.4～1.6 m。移动式配电箱、开关箱应装设在坚固、稳定的支架上。其中心点与地面的垂直距离宜为 0.8～1.6 m。

8.1.9　配电箱、开关箱内的电器(含插座)应先安装在金属或非木质阻燃绝缘电器安装板上，然后方可整体紧固在配电箱。开关箱箱体内，

金属电器安装板与金属箱体应做电气连接。

8.1.10　配电箱、开关箱内的电器(含插座)应按其规定位置紧固在电器安装板上，不得歪斜和松动。

8.1.11　配电箱的电器安装板上必须分设 N 线端子板和 PE 线端子板。N 线端子板必须与金属电器安装板绝缘；PE 线端子板必须与金属电器安装板做电气连接。

进出线中的 N 线必须通过 N 线端子板连接；PE 线必须通过 PE 线端子板连接。

8.1.12　配电箱、开关箱内的连接线必须采用钢芯绝缘导线。导线绝缘的颜色标志应按本规范第 5.1.11 条要求配置并排列整齐；导线分支接头不得采用螺栓压接，应采用焊接并做绝缘包扎，不得有外露带电部分。

8.1.13　配电箱、开关箱的金属箱体、金属电器安装报板以及电器正常不带电的金属底座、外壳等必须通过 PE 线端子板与 PE 线做电气连接，金属箱门与金属箱体必须通过采用编织软铜线做电气连接。

8.1.14　配电箱、开关箱的箱体尺寸应与箱内电器的数量和尺寸相适应，箱内电器安装板板面电器安装尺寸可按照表 8.1.14 确定。

8.1.15　配电箱、开关箱中导线的进线口和出线口应设在箱体的下底面。

表 8.1.14 配电箱、开关箱内电器安装尺寸选择值

间距名称	最小净距(mm)
并列电气(含单极熔断器)间	30
电器进出线瓷管(塑胶管)孔与电器边沿间	15 A,30;20～30 A,50;60 A 以上,80
上、下排电器进出线瓷管(塑胶管)孔间	25
电器进、出线瓷管(塑胶管)孔至板边	40
电器至板边	40

8.1.16 配电箱、开关箱的进、出线口应配置固定线卡,进出线应加绝缘护套并成束卡固在箱体上,不得与箱体直接接触。移动式配电箱、开关箱的进、出线应采用橡皮护套绝缘电缆,不得有接头。

8.1.17 配电箱、开关箱外形结构应能防雨、防尘。

6.8.1.8.2 电器装置的选择

8.2.1 配电箱、开关箱内的电器必须可靠、完好,严禁使用破损、不合格的电器。

8.2.2 总配电箱的电器应具备电源隔离,正常接通与分断电路,以及短路、过载、漏电保护功能。电器设置应符合下列原则:

1. 当总路设置总漏电保护器时,还应装设总隔离开关、分路隔离开关以及总断路器、分路断路器或总熔断器、分路熔断器。当所设总漏电保护器是同时具备短路、过载、漏电保护功能的漏电断路器时,可不设总断路器或总熔断器。

2. 当各分路设置分路漏电保护器时,还应装设总隔离开关、分路隔离开关以及总断路器、分路断路器或总熔断器、分路熔断器。当分路所设漏电保护器是同时具备短路、过载、漏电保护功能的漏电断路器时,可不设分路断路器或分路熔断器。

3. 隔离开关应设置于电源进线端,应采用分断时具有可见分断点,并能同时断开电源所有极的隔离电器。如采用分断时具有可见分断点的断路器,可不另设隔离开关;

4. 熔断器应选用具有可靠灭弧分断功能的产品。

5. 总开关电器的额定值、动作整定值应与分路开关电器的额定值、动作整定值相适应。

8.2.3 总配电箱应装设电压表、总电流表、电度表及其他需要的仪表。专用电能计量仪表的装设应符合当地供用电管理部门的要求。

装设电流互感器时,其二次回路必须与保护零线有一个连接点,且严禁断开电路。

8.2.4 分配电箱位装设总隔离开关、分路隔离开关以及总断路器、分路断路器或总熔断器、分路熔断器。其设置和选择应符合本规范第 8.2.2 条要求。

8.2.5 开关箱必须装设隔离开关、断路器或熔断器,以及漏电保护器。当漏电保护器是同时具有短路、过载、漏电保护功能的漏电断路器时,可不装设断路器或熔断器。隔离开关应采用分断时具有可见分断点,能同时断开电源所有极的隔离电器,并应设置于电源进线端。当断路器是具有可见分断点时,可不另设隔离开关。

8.2.6 开关箱中的隔离开关只可直接控制照明电路和容量不大于 3.0 kW 的动力电

路应采用断路器控制，操作频繁时还应附设接触器或其他启动控制装置。

8.2.7 开关箱中各种开关电器的额定值和动作整定值应与其控制用电设备的额定值和特性相适应。通用电动机开关箱中电器的规格可按本规范附录C选配。

8.2.8 漏电保护器时装设在总配电箱、开关箱靠近负荷的一侧，且不得用于启动电气设备的操作。

8.2.9 漏电保护器的选择应符合现行国家标准《剩余电流动作保护器的一般要求》GB6829和《漏电保护器安装和运行的要求》GB 13955的规定。

8.2.10 开关箱中漏电保护器的额定漏电动作电流不应大于30 mA，额定漏电动作时间不应大于0.1 s。

使用于潮湿或有腐蚀介质场所的漏电保护器应采用防溅型产品，其额定漏电动作电流不应大于15 mA，额定漏电动作时间不应大于0.1 s。

8.2.11 总配电箱中漏电保护器的额定漏电动作电流应大于30 mA，额定漏电动作时间应大于0.1 s，但其额定漏电动作电流与额定漏电动作时间的乘积不应大于30 mA·s。

8.2.12 总配电箱和开关箱中漏电保护器的极数和线数必须与其负荷侧负荷的相数和线数一致。

8.2.13 配电箱、开关箱中的漏电保护器宜选用无辅助电源型(电磁式)产品，或选用辅助电源故障时能自动断开的辅助电源型(电子式)产品。当选用辅助电源故障时不能自动断开的辅助电源型(电子式)产品时，应同时设置缺相保护。

8.2.14 漏电保护器应按产品说明书安装、使用。对搁置已久重新使用或连续使用的漏电保护器应逐月检测其特性，发现问题应及时修理或更换。

漏电保护器的正确使用接线方法应按图8.2.14选用。

8.2.15 配电箱、开关箱的电源进线端严禁采用插头和插座做活动连接。

6.8.1.8.3 使用与维护

8.3.1 配电箱、开关箱应有名称、用途、分路标记及系统接线图。

8.3.2 配电箱、开关箱箱门应配锁，并应由专人负责。

8.3.3 配电箱、开关箱应定期检查、维修。检查、维修人员必须是专业电工；检查、维修时必须按规定穿、戴绝缘鞋。手套，必须使用电工绝缘工具，并应做检查、维修工作记录。

8.3.4 对配电箱、开关箱进行定期维修、检查时，必须将其前一级相应的电源隔离开关分闸断电，并悬挂“禁止合闸、有人工作”停电标志牌，严禁带电作业。

8.3.5 配电箱、外关箱必须按照下列顺序操作：

1.送电操作顺序为：总配电箱→分配电箱→开关箱；

2.停电操作顺序为：开关箱→分配电箱→总配电箱。

但出现电气故障的紧急情况可除外。

8.3.6 施工现场停止作业1小时以上时，应将动力开关箱断电上锁。

8.3.7 开关箱的操作人员必须符合本规范第3.2.3条规定。

8.3.8 配电精、开关箱内不得放置任何杂物，并应保持整洁。

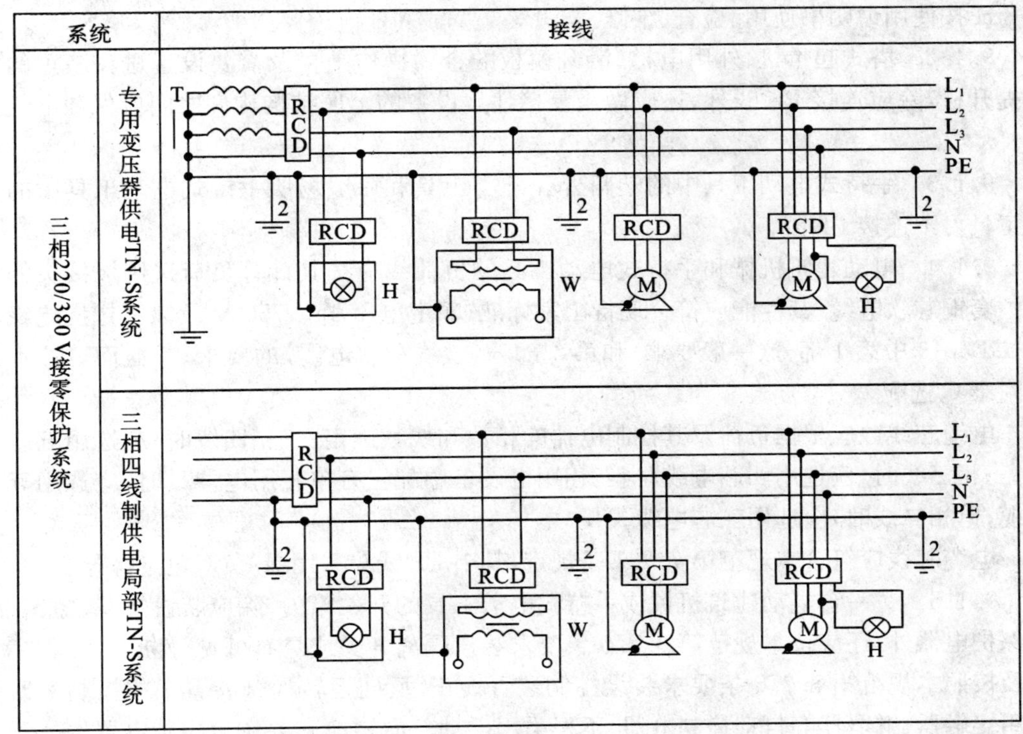

L_1、L_2、L_3—相线；N—工作零线；PE—保护零线、保护线；1—工作接地；2—重复接地；T—变压器；RCD—漏电保护器；H—照明器；W—电焊机；M—电动机

图 8.2.14　漏电保护器使用接线方法示意

8.3.9　配电箱、开关箱内不得随意拉接其他用电设备。

8.3.10　配电箱、开关箱内的电器配置和接线严禁随意改动。

熔断器的熔体更换时，严禁采用不符合原规格的熔体代替。漏电保护器每天使用前应启动漏电试验按钮试跳一次，试跳不正常时严禁继续使用。

8.3.11　配电箱、开关箱的进线和出线严禁承受外力，严禁与金属尖锐断口、强腐蚀介质和易燃易爆物接触。

6.8.1.9　电动建筑机械和手持式电动工具

6.8.1.9.1　一般规定

9.1.1　施工现场中电动建筑机械和手持式电动工具的选购、使用、检查和维修应遵守下列规定：

1.选购的电动建筑机械、手持式电动工具及其用电安全装置符合相应的国家现行有关强制性标准的规定，且具有产品合格证和使用说明书；

2.建立和执行专人专机负责制，并定期检查和维修保养；

3.接地符合本规范第5.1.1条和5.1.2条要求，运行时产生振动的设备的金属基座、外壳与PE线的连接点不少于2处；

4.漏电保护符合本规范第8.2.5条、第8.2.8～8.2.10条及8.2.12条和8.2.13条要求；

5. 按使用说明书使用、检查、维修。

9.1.2 塔式起重机、外用电梯、滑升模板的金属操作平台及需要设置避雷装置的物料提升机，除应连接 PE 线外，还应做重复接地。设备的金属结构构件之间应保证电气连接。

9.1.3 手持式电动工具中的塑料外壳Ⅱ类工具和一般场所手持式电动工具中的Ⅲ类工具可不连接 PE 线。

9.1.4 电动建筑机械和手持式电动工具的负荷线应按其计算负荷选用无接头的橡皮护套铜芯软电缆，其性能应符合现行国家标准《额定电压 450/750 V 及以下橡皮绝缘电缆》GB5013 中第 1 部分（一般要求）和第 4 部分（软线和软电缆）的要求；其截面可按本规范附录 C 选配。

电缆芯线数应根据负荷及其控制电器的相数和线数确定：三相四线时，应选用五芯电缆；三相三线时，应选用四芯电缆；当三相用电设备中配置有单相用电器具时，应选用五芯电缆；单相二线时，应选用三芯电缆。

电缆芯线应符合本规范第 7.2.1 条规定，其中 PE 线应采用绿/黄双色绝缘导线。

9.1.5 每一台电动建筑机械或手持式电动工具的开关箱内，除应装设过载、短路、漏电保护电器外，还应按本规范第 8.2.5 条要求装设隔离开关或具有可见分断点的断路器，以及按照本规范第 8.2.6 条要求装设控制装置。正、反向运转控制装置中的控制电器应采用接触器、继电器等自动控制电器，不得采用手动双向转换开关作为控制电器。电器规格可按本规范附录 C 选配。

6.8.1.9.2 起重机械

9.2.1 塔式起重机的电气设备应符合现行国家标准《塔式起重机安全规程》GB5144 中的要求。

9.2.2 塔式起重机应按本规范第 5.4.7 条要求做重复接地和防雷接地。轨道式塔式起重机接地装置的设置应符合下列要求：

1. 轨道两端各设一组接地装置；

2. 轨道的接头处作电气连接，两条轨道端部做环形电气连接；

3. 较长轨道每隔不大于 30 m 加一组接地装置。

9.2.3 塔式起重机与外电线路的安全距离应符合本规范第 4.1.4 条要求。

9.2.4 轨道式塔式起重机的电缆不得拖地行走。

9.2.5 需要夜间工作的塔式起重机，应设置正对工作面的投光灯。

9.2.6 塔身高于 30 m 的塔式起重机，应在塔顶和臂架端部设红色信号灯。

9.2.7 在强电磁波源附近工作的塔式起重机，操作人员应戴绝缘手套和穿绝缘鞋，并应在吊钩与机体间采取绝缘隔离措施，或在吊钩吊装地面物体时，在吊钩上挂接临时接地装置。

9.2.8 外用电梯梯笼内、外均应安装紧急停止开关。

9.2.9 外用电梯和物料提升机的上、下极限位置应设置限位开关。

9.2.10 外用电梯和物料提升机在每日工作前必须对行程开关、限位开关、紧急停止开关、驱动机构和制动器等进行空载检查，正常后方可使用。检查时必须有防坠落措施。

6.8.1.9.3　桩工机械

9.3.1　潜水式钻孔机电机的密封件能应符合现行国家标准《外壳防护等级(IP 代码)》GB4208 中的 IP68 级的规定。

9.3.2　潜水电机的负荷线应采用防水橡皮护套铜心软电缆，长度不应小于 1.5 m，且不得承受外力。

9.3.3　潜水式钻孔机开关箱中的漏电保护器必须符合本规范第 8.2.10 条对潮湿场所选用漏电保护器的要求。

5.8.1.9.4　夯土机械

9.4.1　夯土机械开关箱中的漏电保护器必须符合本规范第 8.2.10 条对潮湿场所选用漏电保护器的要求。

9.4.2　夯土机械 PE 线的连接点个得少于 2 处。

9.4.3　夯土机械的负荷线应采用耐气候型橡皮护套铜芯软电缆。

9.4.4　使用夯土机械必须按规定穿戴绝缘用品，使用过程应有专人调整电缆，电缆长度不应大于 50 m。电缆严禁缠绕、扭结和被夯土机械跨越。

9.4.5　多台夯土机械并列工作时，其间距不得小于 5 m；前后工作时，其间距不得小于 10 m。

9.4.6　夯土机械的操作扶手必须绝缘。

6.8.1.9.5　焊接机械

9.5.1　电焊机械应放置在防雨、干燥和通风良好的地方。焊接现场不得有易燃、易爆物品。

9.5.2　交流弧焊机变压器的一次侧电源线长度不应大于 5 m，其电源进线处必须设置防护罩。发电机式直流电焊机的换向器应经常检查和维护，应消除可能产生的异常电火花。

9.5.3　电焊机械开关箱中的漏电保护器必须符合本规范第 8.2.10 条的要求。交流电焊机械应配装防二次侧触电保护器。

9.5.4　电焊机械的二次线应采用防水橡皮护套铜芯软电缆，电缆长度不应大于 30 m，不得采用金属构件或结构钢筋代替二次线的地线，

9.5.5　使用电焊机械焊接时必须穿戴防护用品。严禁露天冒雨从事电焊作业。

6.8.1.9.6　手持式电动工具

9.6.1　空气湿度小于 75%的一般场所可选用Ⅰ类或Ⅱ类手持式电动工具，其金属外壳与 PE 线的连接点不得少于 2 处；除塑料外壳Ⅱ类工具外，相关开关箱中漏电保护器的额定漏电动作电流不应大于 15 mA，额定漏电动作时间不应大于 0.1 s，其负荷线插头应具备专用的保护触头。所用插座和插头在结构上应保持一致，避免导电触头和保护触头混用。

9.6.2　在潮湿场所或金属构架上操作时，必须选用Ⅱ类或由安全隔离变压器供电的Ⅲ类手持式电动工具。金属外壳Ⅱ类手持式电动工具使用时，必须符合本规范第 9.6.1 条要求；其开关箱和控制箱应设置在作业场所外面。在潮湿场所或金属构架上严禁使用Ⅰ类手持式电动工具。

9.6.3 狭窄场所必须选用由安全隔离变压器供电的Ⅲ类手持式电动工具，其开关箱和安全隔离变压器均应设置在狭窄场所外面，并连接 PE 线。漏电保护器的选择应符合本规范第 8.2.10 条使用于潮湿或有腐蚀介质场所漏电保护器的要求。操作过程中，应有人在外面监护。

9.6.4 手持式电动工具的负荷线应采用耐气候型的橡皮护套铜芯软电缆，并不得有接头。

9.6.5 手持式电动工具的外壳、手柄、插头、开关、负荷线等必须完好无损，使用前必须做绝缘检查和空载检查，在绝缘合格、空载运转正常后方可使用；绝缘电阻不应小于表 9.6.5 规定的数值。

表 9.6.5 手持式电动工具绝缘电阻限值

测量部位	绝缘电阻(MΩ)		
	Ⅰ类	Ⅱ类	Ⅲ类
带电零件与外壳之间	2	7	1

注：绝缘电阻用 500 V 兆欧表测量。

9.6.6 使用手持式电动工具时，必须按规定穿、戴绝缘防护用品。

6.8.1.9.7 其他电动建筑机械

9.7.1 混凝土搅拌机、插入式振动器、平板振动器、地面抹光机、水磨石机、钢筋加工机械、木工机械、盾构机械、水泵等设备的漏电保护应符合本规范第 8.2.10 条要求。

9.7.2 混凝土搅拌机、插入式振动器、平板振动器、地面抹光机、水磨石机、钢筋加工机械、木工机械、盾构机械的负荷线必须采用耐气候型橡皮护套铜芯软电缆，并不得有任何破损和接头。

水泵的负荷线必须采用防水橡皮护套铜芯软电缆，严禁有任何破损和接头，并不得承受任何外力。

盾构机械的负荷线必须固定牢固，距地高度不得小于 2.5 m。

9.7.3 对混凝土搅拌机、钢筋加工机械、木工机械、盾构机械等设备进行清理、检查、维修时，必须首先将其开关箱分闸断电，呈现可见电源分断点，并关门上锁。

6.8.1.10 照明

6.8.1.10.1 一般规定

10.1.1 在坑、洞、井内作业、夜间施工或厂房、道路、仓库、办公室、食堂、宿舍、料具堆放场及自然采光差等场所，应设一般照明、局部照明或混合照明。

在一个工作场所内，不得只设局部照明。

停电后，操作人员需及时撤离的施工现场，必须装设自备电源的应急照明。

10.1.2 现场照明应采用高光效、长寿命的照明光源。对需大面积照明的场所，应采用高压汞灯、高压钠灯或混光用的卤钨灯等。

10.1.3 照明器的选择必须按下列环境条件确定：

1. 正常湿度一般场所，选用开启式照明器；

2. 潮湿或特别潮湿场所，选用密闭型防水照明器或配有防水灯头的开启式照明器；

3. 含有大量尘埃但无爆炸和火灾危险的场所，选用防尘型照明器；

4. 有爆炸和火灾危险的场所，按危险场所等级选用防爆型照明器；

5. 存在较强振动的场所，选用防振型照明器；

6. 有酸碱等强腐蚀介质场所，选用耐酸碱型照明器。

10.1.4　照明器具和器材的质量应符合国家现行有关强制性标准的规定，不得使用绝缘老化或破损的器具和器材。

10.1.5　无自然采光的地下大空间施工场所，应编制单项照明用电方案。

6.8.1.10.2　照明供电

10.2.1　一般场所宜选用额定电压为 220 V 的照明器。

10.2.2　下列特殊场所应使用安全特低电压照明器：

1. 隧道、人防工程、高温、有导电灰尘、比较潮湿或灯具离地面高度低于 2.5 m 等场所的照明，电源电压不应大于 36 V；

2. 潮湿和易触及带电体场所的照明，电源电压不得大于 24 V；

3. 特别潮湿场所、导电良好的地面、锅炉或金属容器内的照明，电源电压不得大于 12 V。

10.2.3　使用行灯应符合下列要求：

1. 电源电压不大于 36 V；

2. 灯体与手柄应坚固、绝缘良好并耐热耐潮湿；

3. 灯头与灯体结合牢固，灯头无开关；

4. 灯泡外部有金属保护网；

5. 金属网、反光罩、悬吊挂钩固定在灯具的绝缘部位上。

10.2.4　远离电源的小面积工作场地、道路照明、警卫照明或额定电压为 12～36 V 照明的场所，其电压允许偏移值为额定电压值的－10%～5%；其余场所电压允许偏移值为额定电压值的±5%。

10.2.5　照明变压器必须使用双绕组型安全隔离变压器，严禁使用自耦变压器。

10.2.6　照明系统宜使三相负荷平衡，其中每一单相回路上，灯具和插座数量不宜超过 25 个，负荷电流不宜超过 15 A。

10.2.7　携带式变压器的一次侧电源线应采用橡皮护套或塑料护套铜芯软电缆，中间不得有接头，长度不宜超过 3 m，其中绿/黄双色线只可作 PE 线使用，电源插销应有保护触头。

10.2.8　工作零线截面应按下列规定选择：

1. 单相二线及二相二线线路中，零线截面与相线截面相同；

2. 三相四线制线路中，当照明器为白炽灯时，零线截面不小于相线截面的 50%；当照明器为气体放电灯时，零线截面按最大负载相的电流选择；

3. 在逐相切断的三相照明电路中，零线截面与最大负载相相线截面相同。

10.2.9　室内、室外照明线路的敷设应符合本规范第 7 章要求。

6.8.1.10.3　照明装置

10.3.1　照明灯具的金属外壳必须与 PE 线相连接，照明开关箱内必须装设隔离开关、短路与过载保护电器和漏电保护器，并应符合本规范第8.2.5条和第8.2.6条的规定。

10.3.2 室外220 V灯具距地面不得低于3 m，室内220 V灯具距地不得低于2.5 m。

普通灯具与易燃物距离不宜小于300 mm；聚光灯、碘钨灯等高热灯具与易燃物距离不宜小于500 mm，且不得直接照射易燃物。达不到规定安全距离时，应采取隔热措施。

10.3.3 路灯的每个灯具应单独装设熔断器保护。灯头线应做防水弯。

10.3.4 荧光灯管应采用管座固定或用吊链悬挂。荧光灯的镇流器不得安装在易燃的结构物上。

10.3.5 碘钨灯及钠、铊、铟等金属卤化物灯具的安装高度宜在3 m以上，灯线应固定在接线柱上，不得靠近灯具表面。

10.3.6 投光灯的底座应安装牢固，应按需要的光轴方向将枢轴拧紧固定

10.3.7 螺口灯头及其接线应符合下列要求：

1.灯头的绝缘外壳无损伤、无漏电；

2.相线接在与中心触头相连的一端，零线接在与螺纹口相连的一端。

10.3.8 灯具内的接线必须牢固，灯具外的接线必须做可靠的防水绝缘包扎。

10.3.9 暂设工程的照明灯具宜采用拉线开关控制，开关安装位皆宜符合下列要求：

1.拉线开关距地面高度为2～3 m，与出入口的水平距离为0.15～0.2 m，拉线的出口向下；

2.其他开关距地面高度为1.3 m，与出入口的水平距离为0.15～0.2 m。

10.3.10 灯具的相线必须经开关控制，不得将相线直接引入灯具。

10.3.11 对夜间影响飞机或车辆通行的在建工程及机械设备，必须设置醒目的红色信号灯，其电源应设在施工现场总电源开关的前侧，并应设置外电线路停止供电时的应急自备电源。

附录A 全国年平均雷暴日数(节选)

表A 山东省主要城市年平均雷暴日数(d/a)

序号	地名		雷暴日数(d/a)
15	山东省		
		济南市	26.3
		青岛市	23.1
		淄博市	31.5
		枣庄市	32.7
		东营市	32.2
		潍坊市	28.4
		烟台市	23.2
		济宁市	29.1
		日照市	29.1

附录B　滚球法

B.0.1　按照滚球法,单支避雷针(按闪器)的保护范围应按下列方法确定:

1.当避雷针;高度(h)小于或等于滚球半径($h_{r)}$时(图B.0.1-1),避雷针在被保护物高度的XX'平面上的保护半径和在地面上的保护半径可按下列公式确定:

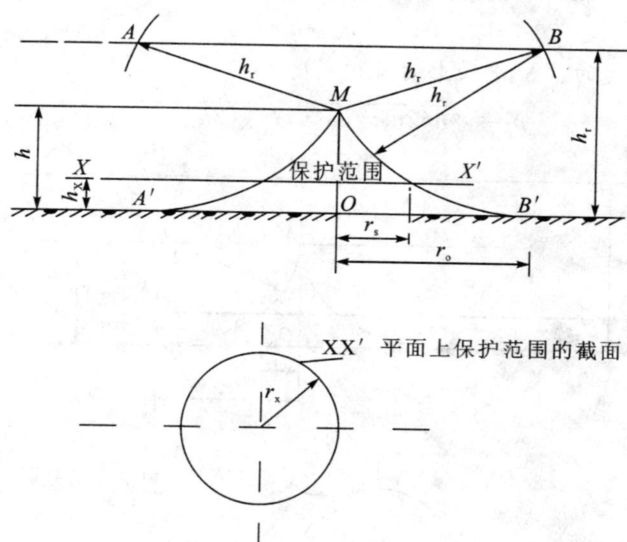

图B.0.1-1　单支避雷针的保护范围($h\leqslant h_r$)

$$r_x=\sqrt{h(2h_r-h)}-\sqrt{h_X(2h_r-h_X)} \qquad (B.0.1\text{-}1)$$

$$r_o=\sqrt{h(2h_r-h)} \qquad (B.0.1\text{-}2)$$

式中,h——避雷计高度(m)

h_x——被保护物高度(m);

r_X——在被保护物高度的XX′平面上的保护半径(m);

r_o——在地面上的保护半径(m);

h_r——滚球半径(m)。

在现行国家标准《建筑物防雷设计规范》(GB50057)中,对于一、二、三类防雷建筑物的滚球半径分别确定为30 m、45 m、60 m;对一般施工现场,在年平均雷暴日大于15 d/a的地区,高度在15 m及以上的高耸建构筑物和高大建筑机械;或在年平均雷暴日小于或等于15 d/a的地区,高度在20 m及以上的高耸建构筑物和高大建筑机械,可参照第三类防雷建筑物。

2.当避雷针高度(h)大于滚球半径(h_r)时(图B.0.1-2),避雷针在被保护物高度的XX'平面上的保护半径和在地面上的保护半径(按下列公式确定:

$$r_X=h_r-\sqrt{h_X(2h_r-h_X)} \qquad (B.0.1\text{-}3))$$

$$r_0=h_r \qquad (B.0.1\text{-}4)$$

B.0.2 按照滚球法，单根避雷线（接闪器）的保护范围应按下列方法确定：

当避雷线的高度大于或等于2倍滚球半径时，无保护范围；当避雷线的高度小于2倍滚球半径时（图B.0.2），滚球半径的2圆弧线（柱面）与地面之间的空间即是保护范围。

当 $h_r<h<2h_r$ 时，保护范围最高点的高度 h_o 可按下式计算：

$$h_0=2h_r-h \tag{B.0.2-1}$$

当 $h\leqslant h_r$ 时，保护范用最高点的高度即为h：

$$h_o=h \tag{B.0.2-2}$$

避雷线在 h_X 高度的 XX' 平面上的保护宽度bx可按下式计算：

$$b_x=\sqrt{h(2h_r-h)}-\sqrt{h_X(2h_r-h_X)} \tag{B.0.2-3}$$

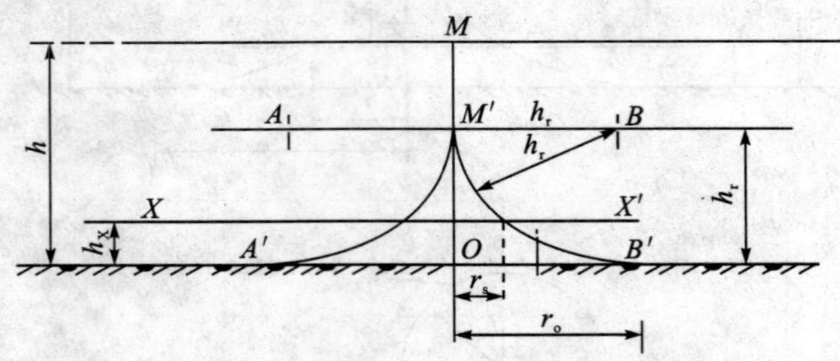

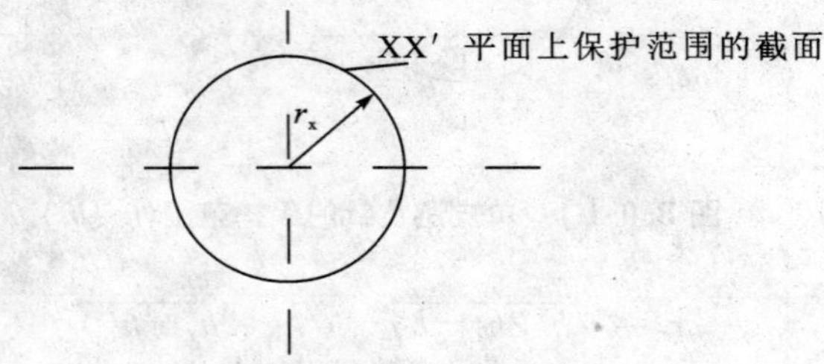

图B.0.1-2 单支避雷针的保护范围（$h>h_r$）

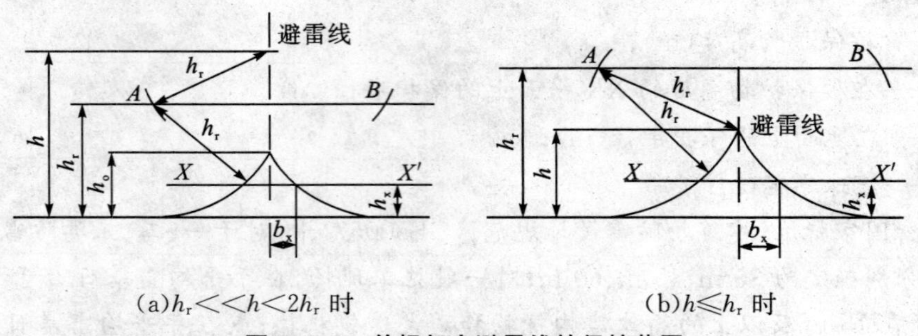

(a) $h_r<<h<2h_r$ 时　　(b) $h\leqslant h_r$ 时

图B.0.2 单根架空避雷线的保护范围

避雷线两端的保护范围按单支避雷针的方法确定。

多支避雷针和多根避雷线的保护范围可按现行国家标准《建筑物防雷设雷规范》GB 50057规定执行。

附录C 电动机负荷线和电器选配

表C 电动机负荷线和电器选配(一)

电动机				熔断器				启动器		接触器			漏电保护器		负荷线 mm^2	
型号	功率	额定电流	启动电流	RL1	RM10	RT10	RC1A	QC20	MSJB	B	CJX	LC1-D	DZ15L	DZ20L	通用橡套软电缆主芯截面	铁芯绝缘线铜线界面
Y		A	A	熔断器规格 A				额定电流 A		额定电流 A			脱扣器额定电流 A		环境 35℃	环境 30℃
1	2	3	4	5	6	7	8	9	10	11	12	13	14	15	16	17
801-4	0.55	1.6	10	15/4	15/6	20/6	10/4	16	8.5	8.5	9	9	6	16	2.5	1.5
801-2	0.75	1.8	13	15/5			10/6									
802-4		2.0	14													
90S-6		2.3	14													
802-2	1.1	2.5	18	15/6		20/10										
90S-4		2.7	18													
90L-6		3.2	19	15/10												
90S-2	1.5	3.4	24		15/10	20/15	10/10									
90L-4		3.7	24													
100L-6		4.0	24													
90L-2	2.2	4.8	33	15/15	15/15											
100L1-4		5.0	35	60/20												
112M-6		5.6	34			20/20										
132S-8		5.8	32	15/15												
100L-2	3.0	6.4	45	60/20	60/20	20/20	15/15						10			
100L2-4		6.8	48			30/25										
132S-6		7.2	47													
132M-8		7.7	43													
112M-2	4.0	8.2	57	60/30	60/25		30/20						16			
112M-4		8.8	62													
132M1-6		9.4	61													
160M1-8		9.9	59													
132S1-2	5.5	11	78	60/35	60/35	30/30	30/25	16	11.5	11.5 (B12)	12	12	16	16	2.5	1.5
132S-4		12	81													
132M2-6		13	82													
160M2-8		13	80													

表C　电动机负荷线和电器选配(二)

电动机				熔断器				启动器		接触器			漏电保护器		负荷线 mm²	
型号	功率	额定电流	启动电流	RL1	RM10	RT10	RC1A	QC20	MSJB	B	CJX	LC1-D	DZ15L	DZ20L	通用橡套软电缆主芯截面	铁芯绝缘线铜线界面
Y		A	A	熔断器规格 A				额定电流 A		额定电流 A			脱扣器额定电流 A		环境 35℃	环境 30℃
1	2	3	4	5	6	7	8	9	10	11	12	13	14	15	16	17
132S2-2	7.5	15	105	60/50	60/45	60/40	60/40	16	15.5	15 (B16)	16	16	20	20	2.5	1.5
132M-4		15	108													
160M-6		17	111													
100L-8		18	97	60/40												
160M1-2	11	22	153	100/80	60/45	60/50	60/50	32	22	15 (B16)	22 (CJ * 1)25 (CJ * 2)	25	25	32	4.0	
160M-4		23	158													
160M-6		25	160										32			
180L-8		25	151													
160L2-2	15	29	206		100/80	60/60	60/60		30	15 (B16)	32 (CJ * 1)	32			6.0	2.5
160L-4		30	212													
180L-6		32	205										40	40		4.0
200L-8		34	205													
160L-2	18.5	36	249			100/80	100/80	63	37	15(B16)		40			10.0	
180M-4		36	251													
200L1-6		38	245										50	50		
225S-8		41	248													
180M-2	22	42	295	100/100			100/100		45	15 (B16)		50				6.0
180L-4		43	298													
200L2-6		45	290													
225M-8		48	286													
220L1-2	30	57	398	200/125	200/125	100/100	200/120		65	65 (B65)		63	63	63	16.0	10.0
200L-4		57	398													
225M-6		60	387													
250M-8		63	378													
2202L-2	37	70	489	200/150	200/160		200/150	80	85	85 (B85)		80	80	80	16	10
225S-4		70	489													
250M-6		72	468													
280S-8		79	472													

表C　电动机负荷线和电器选配(三)

电动机				熔断器				启动器		接触器			漏电保护器		负荷线 mm²	
型号	功率	额定电流	启动电流	RL1	RM10	RT10	RC1A	QC20	MSJB	B	CJX	LC1-D	DZ15L	DZ20L	通用橡套软电缆主芯截面	铁芯绝缘线铜线界面
Y		A	A	熔断器规格 A				额定电流 A		额定电流 A			脱扣器额定电流 A		环境 35℃	环境 30℃
1	2	3	4	5	6	7	8	9	10	11	12	13	14	15	16	17
225M-2		84	587													
225M-4		84	589							85 (B85)						
280S-6	45	85	555	200/200	200/160		200/200		85			95	100	100	25	
280M-8		93	559													16
315M-10		98	637		200/200											
250M-2		103	719							105 (B105)						
250M-4		103	718													
280M-6	55	105	682						105		115 (CJ * 4)			125	35	
315S-8		109	709													25
315M2-10		120	780													
280S-2		140	981							170 (B170)						
280S-4		140	978													
315S-6	75	142	923		350/225				170		185 (CJ * 2)			160	50	35
315M1-8		148	962													
315M3-10		160	1 040		350/260									180	70	

注:1. 熔体的额定电流是按电动机轻载启动计算的;

2. 接触器的约额定发热电流均大于其额定工作电流,因而表中所接触器均有一定承受过载能力;

3. MSJB、MSBB 系列磁力启动器采用 B 系列接触器和 T 系列热继电器,表中所列数据为启动器额定(工作)电流,均小于其配套接触器的约(额)定发热电流,因而表中所选接触器均有一定承受过载能力。类似地,QC20 系列磁力启动器也有一定承受过载能力;

4. 漏电保护器的脱口器额定电流系指其长延时动作电流整定值。

5. 负荷线选配按空气中明敷设条件考虑,其中电缆为三芯及以上电缆。

6.8.2　施工现场临时用电安全技术规范条文说明

6.8.2.1　总则

1.0.3　本条综合规定了在本规范适用范围内的用电系统中所完整体现的三项基本安全技术原则。它们是建造施工现场用电工程的主要安全技术依据；也是保障用电安全，防止触电和电气火灾事故的主要技术措施。

6.8.2.3　临时用电管理

6.8.2.3.1　临时用电组织设计

3.1.1　触电及电气火灾事故的机率与用电设备数量、种类、分布和计算负荷大小有关，对于用电设备数量较多(5台及以上)、用电设备总容量较大(50 kW及以上)的施工现场，为规范临时用电工程、加强用电管理、实现安全用电，本条依照施工现场临时用电实际，按照现行行业标准《电力建设安全工作规程(变电所部分)》DL 5009.3，规定做好用电组织设计，用以指导建造用电工程，保障用电安全可靠。

3.1.2　本条确定了临时用电组织设计的内容，包含应当完成的工作，具有普遍适用性。其中，负荷计算的依据是用电设备的容量、类别、分组、运行规律等，可采用需要系数法；绘制配电装置布置图只是针对配电室装设成列配电柜的规定；安全用电措施和电气防火措施均包含技术和管理两个方面的措施。

3.1.3　临时用电组织设计是一个单独的专业技术文件，为保障其对临时用电工程和施工现场用电安全的指导作用，其相关图纸需要单独绘制，不允许与其他专业施工组织设计混在一起。

3.1.4、3.1.5　为加强管理，明确职责，这2条按照现行国家标准《用电安全导则》GB/T 13869和现行行业标准《电力建设安全工作规程(变电所部分)》DL 5009.3，结合施工现场用电实际，规定用电组织设计及其变更的编制、审核、批准程序。其中，临时用电组织设计的相关审核部门是指相关安全、技术、设备、施工、材料、监理等部门。

3.1.6　对符合规定的较小规模施工现场，可不编制用电组织设计，但仍要求编制安全用电措施和电气防火措施，并且与临时用电组织设计一样，严格履行相同的编制、审核、批准程序。

6.8.2.3.2　电工及用电人员

3.2.1　本条是根据现行国家标准《用电安全导则》GB/T 13869的规定，禁止非电工人员从事电工工作。

3.2.2　本条根据现行国家标准《用电安全导则》GB/T 13869的规定，结合施工现场作业特点，对各类用电人员的用电工作技能、防护技能，以及教育、培训、技术交底等工作作出明确规定。本条中的用电人员是指直接操作用电设备进行施工作业的人员。

3.2.3　本条明确规定电工和用电人员在经过教育培训后持证上岗。电气设备是指发电、变电、输电、配电或用电的任何设施或产品，诸如电机、变压器、电器、电气测量仪表、保护电器、布线系统和电气用具等，也泛指上述设备及其机械连载体或机械结构体，如各种电动机械、电动工具、灯具、电焊机等。其中，电动机、电焊机、灯具、电动机械、电动工具等将电能转化为其他形式非电能量的电气设备又称为用电设备。

5.8.2.3.3　安全技术档案

3.3.1　本条规定的8项安全技术档案中,电气设备的试、检验凭单和调试记录应由设备生产者提供,或由专业维修者提供。

3.3.3、3.3.4　这2条是关于施工现场临时用电工程检查制度及其执行程序的规定。其执行周期最长可为:施工现场每月一次;基层公司每季一次。

6.8.2.4　外电线路及电气设备防护

6.8.2.4.1　外电线路防护

4.1.1　本条是根据现行国家标准《电击防护装置和设备的通用部分》GB/T 17054以及国际电工委员会标准《电击防护装置和设备的通用部分》IEC 1140:1992关于电气隔离防护原则,对施工现场施工人员可能发生直接接触触电的特殊隔离防护规定。

4.1.2　本条规定是按照现行国家标准《建筑物的电气装置电击防护》GB 14821.1关于直接接触防护的原则及现行国家标准《66 kV及以下架空电力线路设计规范》GB 50061和现行行业标准《电业安全工作规程》DL 409规定,结合施工现场在建工程搭设外脚手架及施工人员作业等因素,为防止人体直接或通过金属器材间接接触或接近外电架空线路,作出的最小安全操作距离规定。本条规定较现行行业标准《电业安全工作规程(电力线路部分)》要求偏高,一方面为了保障施工作业安全;另一方面,当不满足规定要求时,为搭设防护设施提供空间。

4.1.3　本条是按照现行国家标准《66 kV及以下架空电力线路设计规范》GB 50061,考虑到施工现场车辆运输物料等因素而作出的防止人体直接或间接接近外电架空线路的最小安全距离规定。

4.1.4　本条是按照现行国家标准《塔式起重机安全规程》GB 5144和现行行业标准《电力建设安全工作规程(架空电力线路部分)》DL 5009.2,考虑到起重机吊装作业被吊物摆幅等因素而作出的防止起重机(包括吊臂、吊绳)及其吊装物接近外电架空线路和吊装落物损伤外电架空线路的规定。

4.1.6　本条防护设施符合现行国家标准《建筑物的电气装置电击防护》GB 14821.1以及等效采用的国际电工委员会标准《建筑物的电气装置 安全防护 电击防护》IEC 364-4-41(1992)直接接触防护措施中用遮栏、外护物防护和用阻挡物防护的规定。防护设施宜采用木、竹或其他绝缘材料搭设,不宜采用钢管等金属材料搭设。防护设施的警告标志必须昼、夜均醒目可见。防护设施与外电线路之间的最小安全距离为按照现行行业标准《电力建设安全工作规程(架空电力线路部分)》DL 5009.2关于高处作业与带电体的最小安全距离所作的规定。防护设施坚固、稳定是指所架设的防护设施能承受施工过程中人体、工具、器材落物的意外撞击,而保持其防护功能。IP31级的规定是指防护设施的缝隙,能防止声2.5 mm固体异物穿越。

4.1.7　本条指明达不到第4.1.6条防护要求时的进一步措施,强调在无任何措施的情况下不允许强行施工。

6.8.2.4.2　电气设备防护

4.2.1　本条符合现行国家标准《用电安全导则》GB/T 13869、《爆炸和火灾危险环境电力装置设计规范》GB 50058和《外壳防护等级(IP代码)》GB 4208的规定,并适应施工现场作业环境条件。对易燃易爆物的防护，所规定的防护处置和防护等级是指电气设备的防护结构和措施与危险类别和区域范围相适应；对污源及腐蚀介质的防护，所规定的防护处置和防护等级是指在原已存在污源和腐蚀介质的环境中，电气设备应具备与环境条件相适应的防护结构或措施。

4.2.2 本条是针对施工现场电气设备露天设置及各工种交叉作业实际，为防止电气设备因机械损伤而引发电气事故所作的规定。

6.8.2.5 接地与防雷

6.8.2.5.1 一般规定

5.1.1、5.1.2 这2条按照现行国家标准《系统接地的型式及安全技术要求》GB 14050，结合施工现场实际，规定了适合于施工现场临时用电工程系统接地的基本型式，强调采用TN-S接零保护系统，禁止采用TN-C系统，明确规定TN-S系统的形成方式和方法，防止TN与TT系统混用的潜在危害。中性点是指三相电源作Y连接时的公共连接端。中性线是指由中性点引出的导线。工作零线是指中性点接地时，由中性点引出，并作为电源线的导线，工作时提供电流通路。保护零线是指中性点接地时，由中性点或中性线引出，不作为电源线，仅用作连接电气设备外露可导电部分的导线，工作时仅提供漏电电流通路。

5.1.3 本条是保证TN-S系统不被改变的补充规定，符合现行国家标准《系统接地的型式及安全技术要求》GB 14050。

5.1.4 本条符合现行国家标准《系统接地的型式及安全技术要求》GB 14050规定。

5.1.5 本条符合现行国家标准《隔离变压器和安全隔离变压器技术要求》GB 13028，该标准系等效采用国际电工委员会标准《隔离变压器和安全隔离变压器要求》IEC 742(1983)，以及符合现行国家标准《系统接地的型式及安全技术要求》GB 14050的规定。

5.1.6 本条符合现行国家标准《用电安全导则》GB/T 13869规定。相线是由三相电源（发电机或变压器）的三个独立电源端引出的三条电源线（用L1、L2、L3或A、B、C表示），又称端线，俗称火线。

5.1.7 本条是按照现行行业标准《民用建筑电气设计规范》JGJ/T 16，并且保证接地电阻在一年四季中均能符合要求的规定。在表5.1.7中，凡埋深大于2.5 m的接地体都称为“深埋接地体”。

5.1.8、5.1.9 这2条符合现行国家标准《系统接地的型式及安全技术要求》GB 14050、《建筑物电气装置第5部分：电气设备的选择和安装第54章：接地装置和保护导体》GB 16895.3（即国际电工委员会标准IEC 364-5-54：1980）和现行行业标准《民用建筑电气设计规范》JGJ/T 16的规定。

5.1.10 本条符合现行国家标准《系统接地的型式及安全技术要求》GB 14050、《10 kV及以下变电所设计规范》GB 50053和现行国家标准《导体的颜色或数字标识》GB 7947（即国际电工委员会标准IEC 446.1989），以及现行国家标准《建筑电气工程施工质量验收规范》GB 50303规定。

6.8.2.5.2 保护接零

5.2.1 本条符合现行国家标准《系统接地的型式及安全技术要求》GB 14050及《电气

装置安装工程 接地装置施工及验收规范》GB 50169 关于电气设备接零保护的规定。

5.2.2　本条符合现行国家标准《电击防护 装置和设备的通用部分》GB 17045(即国际电工委员会标准 IEC 446.1992)和现行国家标准《建筑物的电气装置 电击防护》GB 14821.1 及该标准等效采用的国际电工委员会标准《建筑物电气装置 安全防护电击防护》IEC 364-4-41 1992 规定。

5.2.3　本条符合现行国家标准《电气装置安装工程 接地装置施工及验收规范》GB 50169 规定。

6.8.2.5.3　接地与接地电阻

5.3.1　本条符合现行行业标准《民用建筑电气设计规范》JGJ/T16 规定。

5.3.2　本条是根据现行国家标准《系统接地的型式及安全技术要求》C. B14050 规定的原则，对 TN 系统保护零线接地要求作出的规定。其中对 TN 系统保护零线重复接地、接地电阻值的规定是考虑到一旦 PE 线在某处断线，而其后的电气设备相导体与保护导体(或设备外露可导电部分)又发生短路或漏电时，降低保护导体对地电压并保证系统所设的保护电器可在规定时间内切断电源，符合下列二式关系：

$$Z_s \cdot I_a \leqslant U_o$$

$$Z_s \cdot I_{\Delta n} \leqslant U_o$$

式中，Z_s——故障回路的阻抗(Ω)；

I_a——短路保护电器的短路整定电流(A)；

$I_{\Delta n}$——漏电保护器的额定漏电动作电流(A)；

U_o——故障回路电源电压(V)。

5.3.3　本条是保证 TN-S 系统不被改变的又一补充规定。

5.3.4　本条依据现行国家标准《建筑物电气装置第 5 部分：电气设备的选择和安装 第 54 章：接地配置和保护导体》GB 16895.3(即国际电工委员会标准 IEC 364-5-54：1980)要求，按照现行行业标准《民用建筑电气设计规范》JGJ/T 16 而作的规定。其中，用作人工接地体材料的最小规格尺寸为：角钢板厚不小于 4 mm，钢管壁厚不小于 3.5 mm，圆钢直径不小于 4 mm；不得采用螺纹钢的规定主要是因其难于与土壤紧密接触、接地电阻不稳定之故。

5.3.5、5.3.6　这 2 条是按照现行行业标准《民用建筑电气设计规范》JGJ/T 16，考虑到发电机主要是作为外电线路停止供电时的接续供电电源使用的规定。

5.3.7　本条符合现行国家标准《防止静电事故通用导则》GB 12158 关于静电防护措施的规定。

6.8.2.5.4　防雷

5.4.1　本条符合现行行业标准《民用建筑电气设计规范》JGJ/T 16 关于不设避雷器防雷装置时，为防止雷电波沿架空线侵入配电装置的规定。

5.4.2～5.4.5　这 4 条按照现行国家标准《建筑物防雷设计规范》GB 50057 和《塔式起重机安全规程》GB 5144，结合全国各地年平均雷暴日数分布规律和施工现场机械设备高度，综合规定施工现场防直击雷装置的设置和要求。相邻建筑物、构筑物等设施的防雷装置接闪器的保护范围是指按滚球法确定的保护范围。

所谓滚球法是指选择一个其半径 hr，由防雷类别确定的一个可以滚动的球体，沿需要防直击雷的部位滚动，当球体只触及接闪器（包括被利用作为接闪器的金属物），或只触及接闪器和地面（包括与大地接触并能承受雷击的金属物），而不触及需要保护的部位时，则该未被触及部分就得到接闪器的保护。单支避雷针（接闪器）的保护范围如图 B. 0. 1 和 B. 0. 2所示，保护范围分别是圆弧曲线 MA′、MB′与地面之间和圆弧曲线 M′A′、M′B′与地面之间的一个对称锥体。

机械设备的动力、控制、照明、信号及通信线路采用钢管敷设，并与设备金属结构体做电气连接是基于通过屏蔽和等电位连接防止雷电侧击的危害。

5.4.6　本条符合现行国家标准《建筑物防雷设计规范》GB 50057 确定防雷冲击接地电阻值的一般要求。

5.4.7　本条符合现行国家标准《建筑物防雷设计规范》GB 50057 规定的原则，其中综合接地电阻值满足现行国家标准《塔式起重机安全规程》GB 5144 关于起重机接地电阻不大于 4 Ω 的要求。

6.8.2.6　配电室及自备电源

6.8.2.6.1　配电室

6.1.1　本条符合现行国家标准《低压配电设计规范》GB 50054 的规定。

6.1.2　本条符合现行国家标准《10 kV 及以下变电所设计规范》GB 50053 的规定。

6.1.3　本条符合现行国家标准《10 kV 及以下变电所设计规范》GB 50053 对配电室建筑的要求。

6.1.4　本条符合现行国家标准《10 kV 及以下变电所设计规范》GB 50053 和《低压配电设计规范》GB 50054 的规定。

6.1.5　本条是按照现行国家标准《电力装置的电测量仪表装置设计规范》GBJ 63 的规定。

6.1.6　本条是按照现行国家标准《低压配电设计规范》GB 50054，结合施工现场对电源线路实施可靠控制和保护，以及设置漏电保护系统之规定。

6.1.7～6.1.9　这 3 条是为保障施工现场用电工程使用、停电维修，以及停、送电操作过程安全、可靠而作的技术性管理规定。

5.8.2.6.2　230/400 V 自备发电机组

6.2.1～6.2.3　这 3 条符合现行行业标准《民用建筑电气设计规范》JGJ/T 16 的规定。

6.2.4　本条规定与第 5.1.1 条相适应。

6.2.5　本条符合现行国家标准《电力装置的电测量仪表装置设计规范》GBJ 63 的规定。

6.2.6　本条符合现行行业标准《民用建筑电气设计规范》JGJ/T 16 的一般要求，补充强调适应施工用电工程电源隔离和短路、过载、漏电保护的需要。

6.2.7　本条符合现行国家标准《建设工程施工现场供用电安全规范》GB 50194 关于并列发电机设置同期装置和发电机并列运行条件的要求。

6.8.2.7　配电线路

6.8.2.7.1 架空线路

7.1.1 本条符合现行国家标准《66 kV 及以下架空电力线路设计规范》GB 50061 的规定。

7.1.2 本条符合现行国家标准《66 kV 及以下架空电力线路设计规范》GB 50061 和《建设工程施工现场供用电安全规范》GB 50194 的规定，结合施工现场实际，强调架空线路要设置专用电杆。

7.1.3 本条按现行国家标准《低压配电设计规范》GB 50054，结合施工现场用电工程的特点，对架空线路导线截面选择条件和截面最小限值作出了规定。

7.1.4 本条符合现行国家标准《66 kV 及以下架空电力线路设计规范》GB 50061 和《建设工程施工现场供用电安全规范》GB 50194 关于限制架空线路导线接头数的规定，目的是防止断线和断线引起的电杆倾倒、断线落地，以及电接触不良影响供电安全可靠性。

7.1.5 本条符合现行行业标准《民用建筑电气设计规范》JGJ/T 16 关于低压架空线相序排列的规定，考虑到 TN-S 系统的应用，补充了 PE 线架没位置的统一规定。

7.1.6～7.1.8 这 3 条符合现行国家标准《66 kV 及以下架空电力线路设计规范》GB 50061 的一般规定，结合施工现场临时用电工程特点，明确规定了架空线路横担材质和尺寸限值。

7.1.9 本条符合现行国家标准《66 kV 及以下架空电力线路设计规范》GB 50061 的一般规定，考虑到施工现场环境条件较差，个别项略高于该规范要求。

7.1.10、7.1.11 这 2 条符合现行国家标准《建设工程施工现场供用电安全规范》GB 50194 的规定。

7.1.12 本条符合现行行业标准《民用建筑电气设计规范》JGJ/T 16 的规定。

7.1.13 本条符合现行国家标准《66 kV 及以下架空电力线路设计规范》GB 50061 的规定。

7.1.14、7.1.15 这 2 条符合现行国家标准《建设工程施工现场供用电安全规范》GB 50194 和现行行业标准《民用建筑电气设计规范》JGJ/T 16 的规定。

7.1.16 本条符合现行行业标准《民用建筑电气设计规范》JGJ/T 16 相关规定，考虑到施工现场强电、弱电线路同杆架设实际，补充规定了架空接户线与广播、电话线交叉敷设的间距。

7.1.17、7.1.18 这 2 条符合现行国家标准《低压配电设计规范》GB 50054 和现行行业标准《民用建筑电气设计规范》JGJ/T 16 原则规定，对被保护配电线路略增加安全裕度。

6.8.2.7.2 电缆线路

7.2.1 本条符合现行国家标准《电力工程电缆设计规范》GB 50217 及现行国家标准《额定电压 450/750 V 及以下聚氯乙烯绝缘电缆 第一部分：一般要求》GB 5023.1（即国际电工委员会标准 IEC 227-1：1993Amendment No.1 1995）和现行国家标准《额定电压 450/750 V 及以下橡皮绝缘电缆 第一部分：一般要求》GB 5013.1（即国际电工委员会标准 IEC 245-1：1994）关于电缆芯线的规定。

7.2.2～7.2.4 这 3 条符合现行国家标准《电力工程电缆设计规范》GB 50217 的规定。

7.2.5～7.2.8　这 4 条符合现行国家标准《电力工程电缆设计规范》GB 50217 和现行行业标准《民用建筑电气设计规范》JGJ/T 16 的规定。其中，埋地电缆与附近外电电缆及管沟间距要求略高是考虑其敷设安全性。另外，适应施工现场实际需要，便于对电缆接头进行检查、维护，强调电缆接头设于地上专用接线盒内。

7.2.9、7.2.10　这 2 条是按照现行国家标准《电力工程电缆设计规范》GB50217、《低压配电设计规范》GB50054、《建设工程施工现场供用电安全规范》GB50194，以及现行行业标准《民用建筑电气设计规范》JGJ/T16，适应施工现场实际条件并保护电缆线路安全、可靠运行的规定。其中，架空电缆严禁沿脚手架敷设，严禁穿越脚手架的规定，是为了防止电缆因机械损伤而导致脚手架带电。装饰装修阶段电源线沿墙角地面敷设的防机械损伤和电火措施是指采用穿阻燃绝缘管或线槽等遮护的方法。

6.8.2.7.3　室内配线

7.3.1～7.3.3　这 3 条符合现行国家标准《低压配电设计规范》GB 50054 和现行行业标准《民用建筑电气设计规范》JGJ/T 16 的规定。这里所说的“室内”是指施工现场所有办公、生产、生活等暂设设施内部。

7.3.4、7.3.5　这 2 条符合现行行业标准《民用建筑电气设计规范》JGJ/T16 规定，其中对绝缘导线最小截面的要求略高。

7.3.6　本条是按照现行行业标准《民用建筑电气设计规范》JGJ/T 16 的规定，其中对采用瓷瓶固定导线时的要求略有提高，同时增加对采用瓷夹固定导线时的要求。

6.8.2.8　配电箱及开关箱

6.8.2.8.1　配电箱及开关箱的设置

8.1.1～8.1.4　为综合适应施工现场用电设备分区布置和用电特点，提高用电安全、可靠性，这 4 条依据现行国家标准《供配电系统设计规范》GB 50052 明确规定了施工现场用电工程三级配电原则，开关箱“一机、一闸、一漏、一箱”制原则和动力、照明配电分设原则。规定三相负荷平衡的要求主要是为了降低三相低压配电系统的不对称度和电压偏差，保证用电的电能质量。

8.1.5、8.1.6　这 2 条按照现行国家标准《用电安全导则》GB/T 13869 和《建设工程施工现场供用电安全规范》GB 50194，结合施工现场施工作业状况，为保障配电箱、开关箱运用的安全可靠性，对其装设位置的周围环境条件作出相关限制性规定。

8.1.7　本条规定配电箱、开关箱的统一箱体材料标准，包含禁止使用木板配电箱和木板开关箱。

8.1.8　本条按照现行国家标准《建设工程施工现场供用电安全规范》GB 50194 和《低压配电设计规范》GB 50054 有关规定。

考虑到便于操作维修，防止地面杂物、溅水危害，适应施工现场作业环境，对配电箱、开关箱的装设高度作出规定。

8.1.9～8.1.17　按照现行国家标准《用电安全导则》GB/T 13869、《建设工程施工现场供用电安全规范》GB 50194、《低压配电设计规范》GB 50054 相关规定，为适应施工现场露天作业环境条件和用电系统接零保护需要，这 9 条对配电箱、开关箱的箱体结构作出综合性规范化规定。其中，箱内电器安装尺寸是按照现行国家标准《低压系统内设备的绝缘

配合 第一部分：原理、要求和试验》GB/T16935.1（idt IEC664-1：1992）和《电气设备安全设计导则》GB 4064 关于电气间隙和爬电距离的要求，考虑到电器安装、维修、操作方便需要而作的规定。

6.8.2.8.2　电器装置的选择

8.2.1　本条符合现行国家标准《用电安全导则》GB/T 13869 的规定。

8.2.2　本条按照现行国家标准《低压配电设计规范》GB 50054 的一般规定，结合施工现场临时用电工程对电源隔离以及短路、过载、漏电保护功能的要求，对总配电箱的电器配置作出综合性规范化规定。其中，用作隔离开关的隔离电器可采用刀形开关、隔离插头，也可采用分断时具有明显可见分断点的断路器如 DZ20 系列透明的塑料外壳式断路器，这种断路器具有透明的塑料外壳，可以看见分断点，这种断路器可以兼作隔离开关，不需要另设隔离开关。不可采用分断时无明显可见分断点的断路器兼作隔离开关。

8.2.3　本条符合现行国家标准《电力装置的电测量仪表装置设计规范》GBJ 63 和现行行业标准《民用建筑电气设计规范》JGJ/T16 规定，其中电流互感器二次回路严禁开路是为了防止运行时二次回路开路高压引起的触电危险。

8.2.4　本条符合现行国家标准《低压配电设计规范》GB 50054 规定，适应配电系统分支电源隔离、控制和短路、过载保护，以及操作、维修安全、方便的需要，包含在分配电箱中不要求设置漏电保护电器。

8.2.5～8.2.7　这 3 条符合现行国家标准《低压配电设计规范》GB 50054、《通用用电设备配电设计规范》GB 50055 及《漏电保护器安装和运行》GB 13955 要求，适应用电设备电源隔离和短路、过载、漏电保护需要。其中，用作隔离开关的隔离电器系指能同时断开电源所有极的、且分断时具有明显可见分断点的刀形开关、刀熔开关、断路器等电器，采用刀熔开关、分断时具有可见分断点的断路器等兼有过流保护功能的电器时，熔断器、断路器等过流保护电器可不再单独重复设置。

8.2.10～8.2.14　这 5 条符合现行国家标准《剩余电流动作保护器的一般要求》GB 6829、《漏电保护器安装和运行》GB 13955，以及《电流通过人体的效应 第一部分：常用部分》GB/T 13870.1 的规定。其中，8.2.11 条安全界限值 30 mA·s 的确定主要来源于现行国家标准《电流通过人体的效应 第一部分：常用部分》GB/T 13870.1 中图 1（15～100 Hz 正弦交流电的时间/电流效应区域的划分）。

8.2.15　本条是按照现行国家标准《用电安全导则》GB/T 13869，适应施工现场露天作业条件的规定。严禁电源进线采用插头和插座做活动连接主要是防止插头被触碰带电脱落时造成意外短路和人体直接接触触电危害。

6.8.2.8.3　使用与维护

8.3.1　本条按照现行国家标准《建设工程施工现场供用电安全规范》GB 50194 对配电箱、开关箱名称、用途、分路做出标记，主要是为了防止误操作。

8.3.2～8.3.4　这 3 条是按照现行国家标准《用电安全导则》GB/T 13869，考虑到施工现场实际环境条件，为保障配电箱、开关箱安全运行和维修安全所作的规定。其中，定期检查、维修周期不宜超过一个月。

8.3.5　本条符合电力系统通用停、送电安全操作规则，保障正常情况下总配电箱、分配箱始终处于空载操作状态。

8.3.6　本条是按照现行国家标准《用电安全导则》GB/T 13869 和《建设工程施工现场供用电安全规范》GB 50194，结合施工现场实际情况的规定。其中包含午休、下班或局部停工 1 小时以上时要将动力开关箱断电上锁，以防止设备被误启动。

8.3.7　本条是按照现行国家标准《建设工程施工现场供用电安全规范》GB 50194 对用电作业人员知识、技能的要求，结合施工现场实际情况的规定。

8.3.8、8.3.9　这 2 条是按照现行国家标准《用电安全导则》GB/T13869，为保障配电箱、开关箱安全可靠的运行，以及保障系统三级配电制和开关箱“一机、一闸、一漏、一箱”制不被破坏而作的规定。

8.3.10、8.3.11　这 2 条是按照现行国家标准《低压配电设计规范》GB 50054、《用电安全导则》GB/T 13869 和现行行业标准《电力建设安全工作规程》DL 5009.2，为保障配电箱、开关箱正常电器功能配置和保护配电箱、开关箱进、出线及其接头不被破坏的规定。

6.8.2.9　电动建筑机械和手持式电动工具

6.8.2.9.1　一般规定

9.1.1　本条是按照现行国家标准《用电安全导则》GB/T 13869，对施工现场露天作业条件下的电动建筑机械和手持式电动工具作出的共性安全技术规定。

9.1.2　本条按照现行国家标准《建设工程施工现场供用电安全规范》GB 50194，综合兼顾高大机械设备接零保护、防雷接地保护和 PE 线重复接地需要，作出设置综合接地的规定。

9.1.3　本条符合现行国家标准《手持式电动工具的安全 第一部分：一般要求》GB 3883.1(即国际电工委员会标准 IEC 745-1)关于Ⅱ、Ⅲ类工具防触电保护主要依靠双重绝缘(加强绝缘)和安全特低电压(SELV)供电的规定。

9.1.4　本条符合现行国家标准《电力工程电缆设计规范》GB 50217 规定，适应 TN-S 接零保护系统要求。三相用电设备中配置有单相用电器具，如指示灯即为单相用电器具。

9.1.5　本条符合现行国家标准《通用用电设备配电设计规范》GB 50055 规定。

6.8.2.9.2　起重机械

9.2.2　本条符合现行国家标准《电气装置安装工程 起重机电气装置施工及验收规范》GB 50256、《塔式起重机安全规程》GB 5144 和现行行业标准《电力建设安全工作规程》DL 5009 规定。

9.2.4　本条是按照现行国家标准《建设工程施工现场供用电安全规范》GB 50194 作出的规定。

9.2.5～9.2.7　这 3 条符合现行国家标准《塔式起重机安全规程》GB 5144 规定。其中在防电磁波感应方面的绝缘和接地措施主要是防人体触电。

9.2.8～9.2.12　外用电梯的安全运行，在电气方面主要依赖于完善的电气控制技术和机、电连锁装置，诸条文对此作出了相关规定。

6.8.2.9.3　桩工机械

9.3.1　本条符合现行国家标准《外壳防护等级(IP 代码)》GB 4208 规定，IP68 级防护为最高级防止固体异物进人(尘密)和防止进水(连续浸水)造成有害影响的防护，可适应潜水式钻孔机电机工作条件。

9.3.2　本条规定是指按现行国家标准(即国际电工委员会标准 IEC245—1:1994)《额定电压 450/750 V 及以下橡皮绝缘电缆第一部分:一般要求》GB 5013.1 附录 C 选电缆型号,以适应潜水电机工作环境条件。

9.3.3　本条规定适应潜水式钻孔机工作环境条件下对漏电保护的要求。

6.8.2.9.4　夯土机械

9.4.1　本条规定适应夯土机械可能工作于潮湿环境条件。

9.4.2　本条是适应夯土机械强烈振动工作状态,提高 PE 线与夯土机械金属外壳电气连接可靠性的规定。

9.4.3　同第 9.3.2 条条文说明。

9.4.4、9.4.5　夯土机械工作状态振动强烈,且电缆随之移动,易于发生漏电和砸伤、扭断电缆事故,本条规定目的是强化操作者的绝缘隔离和操作规则,防止意外触电。其中,电缆长度不应大于 50 m 的规定是指对夯土机械在其开关箱周围作业时,场地大小的限制。

6.8.2.9.5　焊接机械

9.5.1　本条符合现行国家标准《建设工程施工现场供用电安全规范》GB 50194 和现行行业标准《电力建设安全工作规程》DL 5009.2 规定,考虑到电焊火花可能点燃易燃、易爆物引发火灾,本规定包含清除焊接现场周围易燃、易爆物的要求。

9.5.2～9.5.5　这 4 条符合现行国家标准《通用用电设备配电设计规范》GB 50055 和《建设工程施工现场供用电安全规范》GB 50194 的规定。其中,交流电焊机械除应在开关箱内装设一次侧漏电保护器以外,还应在二次侧装设触电保护器,是为了防止电焊机二次空载电压可能对人体构成的触电伤害。当前施工现场

普遍使用 JZ 型弧焊机触电保护器,它可以兼做一次侧和二次侧的触电保护。

6.8.2.9.6　手持式电动工具

9.6.1～9.6.4　这 4 条符合现行国家标准(即国际电工委员会标准 IEC 745-1)《手持式电动工具的安全 第一部分:一般要求》GB 3883.1 及现行国家标准《手持式电动工具的管理、使用、检查和维修安全技术规程》GB 3787 和《用电安全导则》GB/T 13869 的相关规定。狭窄场所是指锅炉、金属容器、地沟、管道内等场所。

Ⅰ类工具的防触电保护不仅依靠基本绝缘,而且还包括一个保护接零或接地措施,使外露可导电部分在基本绝缘损坏时不能变成带电体。Ⅱ类工具的防触电保护不仅依靠基本绝缘,而且还包括附加的双重绝缘或加强绝缘,不提供保护接零或接地或不依赖设备条件,外壳具有“回”标志。Ⅱ类工具又分为绝缘材料外壳Ⅱ类工具和金属材料外壳Ⅱ类工具二种。Ⅲ类工具的防触电保护依靠安全特低电压供电,工具中不产生高于安全特低电压的电压。

6.8.2.9.7　其他电动建筑机械

9.7.1　本条符合现行行业标准《建筑机械使用安全技术规程》JGJ 33 的规定,并适应所列各电动机械在其相应工作环境下对漏电保护器设置的要求。

9.7.2　本条是按照现行国家标准《额定电压 450/750 V 及以下橡皮绝缘电缆 第 1 部

分:一般要求》GB 5013.1(即国际电工委员会标准 IEC 245-1:1994)规定,使所采用的电缆性能符合各电动机械工作环境条件的要求。

9.7.3　本条符合现行行业标准《建筑机械使用安全技术规程》JGJ 33 的要求。

6.8.2.10　照明

6.8.2.10.1　一般规定

10.1.1　本条符合现行国家标准《建筑照明设计标准》GB 50034 规定,并适合于施工现场照明设置的需要。

10.1.2　本条按照现行国家标准《建筑照明设计标准》CB 50034 规定,所选灯具适应施工中可靠性高,不需经常开闭以及节能的要求。

10.1.3　本条符合现行国家标准《建筑照明设计标准》GB 50034 和现行行业标准《城市道路照明设计标准》CJJ 45 规定。

10.1.4　本条符合现行国家标准《用电安全导则》GB/T 13869 中对一般电气装置使用前确认其完好性的要求。

10.1.5　本条规定的单项照明用电方案可按本章要求并结合现场实际编写。

6.8.2.10.2　照明供电

10.2.1　本条按照现行国家标准《建筑照明设计标准》GB 50034 的相关规定,对照施工现场各种照明场所环境条件特点,对各分类场所照明供电电压分别作出限制性规定。

10.2.2、10.2.3　本条按照现行国家标准《建筑照明设计标准》GB 50034,考虑到现场行灯作为局部照明的移动性和裸露性,为防止由于灯具缺陷而造成意外触电、电火等事故,而对其供电电压和灯具结构作出限制性规定。安全特低电压是指用安全隔离变压器与电力电源隔离的电路中,导体之间或任一导体与地之间交流有效值不超过 50 V 或直流脉动值不超过 50 V 的电压。直流脉动值 50 V 是暂定的。有特殊要求时,尤其是当允许直接与带电部分接触时,可以规定低于交流有效值 50 V 或直流脉动值 50 V 的最高电压限值。无论是满载还是空载此电压限值均不应超过。

10.2.4　本条符合现行国家标准《建筑照明设计标准》GB 50034 规定。

10.2.5　本条符合现行国家标准《建设工程施工现场供用电安全规范》GB 50194 关于行灯变压器的规定,同时强调禁止使用自耦变压器,因其一次绕组与二次绕组之间有电气联系,加之二次侧电压可调,容易使二次侧电压不稳,并且会因绕组故障将一次侧较高电压导人二次侧而烧毁灯具和引起触电。

10.2.6　本条符合现行国家标准《建筑照明设计标准》GB 50034 的规定。

10.2.7　本条是按照现行国家标准《用电安全导则》GB/T 13869 和《建设工程施工现场供用电安全规范》GB 50194 而综合作出的规定。其中变压器一次侧电源线长度不宜超过 3 m,主要是使其与开关箱靠近,便于操作和控制。

10.2.8　本条符合现行国家标准《建筑照明设计标准》GB 50034、《低压配电设计规范》GB 50054 和现行行业标准《民用建筑电气设计规范》JGJ/T16 有关规定。

6.8.2.10.3　照明装置

10.3.1　本条符合现行国家标准《用电安全导则》GB/T 13869 中规定的原则,并与本规范第 8 章规定的用电设备接零保护和漏电保护要求相适应。

10.3.2　本条关于室内、外灯具的安装高度和灯具与易燃物之间的安全距离的规定符合现行国家标准《建设工程施工现场供用电安全规范》GB 50194 和《建筑照明设计标准》GB 50034。

10.3.3　本条符合现行国家标准《建筑照明设计标准》GB 50034 和《建筑电气工程施工质量验收规范》GB 50303 规定。

10.3.4　本条是依据现行国家标准《建筑照明设计标准》GB 50034 作出的规定。由于与荧光灯配套的电磁式镇流器工作时有热能散发，本条规定主要是防止镇流器发热或短路烧毁时可能点燃易燃结构物。

10.3.5、10.3.6　这 2 条符合现行国家标准《电气装置安装工程电气照明装置施工及验收规范》GB 50259 规定。

10.3.7　本条符合现行国家标准《用电安全导则》GB/T 13869 和《电气装置安装工程电气照明装置施工及验收规范》GB 50259 的规定。

10.3.8、10.3.9　这 2 条是按照现行国家标准《电气装置安装工程 电气照明装置施工及验收规范》GB 50259，适应施工现场露天照明环境条件和暂设工程照明安全控制的规定。

10.3.10　本条符合现行国家标准《建设工程施工现场供用电安全规范》GB 50194 和现行行业标准《电力建设安全工作规程》DL 5009.2 的规定。

10.3.11　本条规定主要强调对于施工现场有碍外部安全的高大在建工程，建筑机械及开挖沟槽、基坑等，设置夜间警戒照明，而且要求从电源取用上保证警戒照明更加可靠。采用红色警戒信号灯则是依据现行国家标准《安全色》GB 2893 的规定。

6.9　施工升降机安全规程

《施工升降机安全规程》(GB 10055—2007)代替《施工升降机安全规则》(GB 10055—1996)，自 2009 年 12 月 1 日起实施。其中，第 3.2、8.2.8、9.2.1.9.3.6a 为推荐性的，其余为强制性的，必须严格执行。

6.9.1　范围

本标准规定了施工升降机在设计、制造、安装与使用等方面应遵守的安全技术要求。本标准适用于 GB/T 10054—2005 所定义的施工升降机(包括齿轮齿条式和钢丝绳式)。

6.9.2　规范性引用文件

下列文件中的条款通过本标准的引用而成为本标准的条款。凡是注日期的引用文件，其随后所有的修改单(不包括勘误的内容)或修订版均不适用于本标准，然而，鼓励根据本标准达成协议的各方研究是否可使用这些文件的最新版本。凡是不注日期的引用文件，其最新版本适用于本标准。

GB/T 5972 起重机械用钢丝绳检验和报废实用规范(GB/T 5972—1986，eqv ISO

4309：1981)；GB/T 8918 制绳用钢丝(GB/T 8918—1996，eqv ISO 2232：1990)；GB/T 10054—2005 施工升降机。

6.9.3 整机

3.1 施工升降机的工作条件应符合 GB/T 10054—2005 中 5.1.1～5.1.3 的要求。

3.2 施工升降机的设计计算应符合 GB/T 10054—2005 中 5.1.4 的有关规定。

3.3 施工升降机在最大独立高度时的抗倾翻力矩不应小于该工况最大倾翻力矩的 1.5 倍。

3.4 对垂直安装的齿轮齿条式施工升降机，导轨架轴心线对底座水平基准面的安装垂直度偏差应符合表 1 的规定。对倾斜式或曲线式导轨架的齿轮齿条式施工升降机，其导轨架正面的垂直度偏差应符合表 1 的规定。对钢丝绳式施工升降机，导轨架轴心线对底座水平基准面的安装垂直度偏差值不应大于导轨架高度的 1.5/1 000。

表 1

导轨架架设高度 h(m)	≤70	70<h≤100	100<h≤150	150<h≤200	h>200
垂直度偏差(mm)	不大于导轨架架设高度的 1/1 000	≤70	≤90	≤110	≤130

3.5 当一台施工升降机的标准节有不同的立管壁厚时，标准节应有标识，以防标准节安装不正确。

3.6 在进行安装、拆卸和维修操作的过程中，吊笼最大速度不应大于 0.7 m/s。

3.7 在进行安装、拆卸和维修时，若在吊笼顶部进行控制操作，则其他操作装置均不应起作用，但吊笼的安全装置仍起保护作用。

3.8 制造商应对施工升降机主要结构件的腐蚀、磨损极限作出规定，对于标准节立管应明确其腐蚀和磨损程度与导轨架自由端高度、导轨架全高减少量的对应关系。当立管壁厚最大减少量为出厂厚度的 25%时，此标准节应予报废或按立管壁厚规格降级使用。

3.9 在操作位置上应标明控制元件的用途或动作方向。

3.10 在施工升降机底部(防护围栏)易于观察的位置固定标牌，标牌的内容应符合 GB/T 10054—2005 中 8.1.1、8.1.2 的要求。

3.11 附墙撑杆平面与附着面的法向夹角不应大于 80。

6.9.4 基础

6.9.4.1 基础的处理

4.1.1 施工升降机基础应能承受最不利工作条件下的全部载荷。

4.1.2 基础周围应有排水设施。

6.9.4.2 防护围栏

4.2.1 吊笼和对重升降通道周围应设置地面防护围栏。

4.2.2 地面防护围栏可采用实体板、冲孔板、焊接或编织网等制作。网孔的孔眼或开口应符合表2的规定。

表2　单位为毫米

与相近运动部件的间隙(a)	孔眼或开口的尺寸(b)
$a \leqslant 22$	$b \leqslant 10$
$22 < a \leqslant 50$	$b \leqslant 13$
$50 < a \leqslant 100$	$b \leqslant 25$

注:若孔眼或开口是长方形,则其宽度不应大于表内所列最大数值,其长度可大于表内最大数值。

4.2.3　地面防护围栏的任一2 500 mm^2的方形或圆形面积上,应能承受350 N的水平力而不产生永久变形。

4.2.4　地面防护围栏的高度不应低于1.8 m。对于钢丝绳式的货用施工升降机,其地面防护围栏的高度不应低于1.5 m。

4.2.5　围栏登机门应装有机械锁止装置和电气安全开关,使吊笼只有位于底部规定位置时,围栏登机门才能开启,且在门开启后吊笼不能起动。

钢丝绳式货用施工升降机,围栏登机门应装有电气安全开关,使吊笼只有在围栏登机门关好后才能起动。

4.2.6　当附件或操作箱位于施工升降机防护围栏内时,应另设置隔离区域,并安装锁紧门。

6.9.5　停层

6.9.5.1　一般要求

5.1.1　各停层处应设置层门。

5.1.2　层门不应突出到吊笼的升降通道上。

6.9.5.2　层门

5.2.1　层门应保证在关闭时人员不能进出。

5.2.2　对于全高度层门,除了门下部间隙不应大于50 mm外,各门周围的间隙或门各零件间的间隙应符合表2的规定。

5.2.3　层门可采用实体板、冲孔板、焊接或编织网等制作,网孔门的孔眼或开口应符合表2的规定,其承载性能应符合4.2.3的规定。

5.2.4　层门不得向吊笼运行通道一侧开启,实体板的层门上应在视线位置设观察窗,窗的面积不应小于25 000 mm^2。

5.2.5　层门的净宽度与吊笼进出口宽度之差不得大于120 mm。

5.2.6　全高度层门开启后的净高度不应小于2.0 m。在特殊情况下,当进入建筑物的入口高度小于2.0 m时,则允许降低层门框架高度,但净高度不应小于1.8 m。

5.2.7　高度降低的层门不应小于1.1 m。层门与正常工作的吊笼运动部件的安全距离不应小于0.85 m;如果施工升降机额定提升速度不大于0.7 m/s时,则此安全距离可为0.5 m。

5.2.8　高度降低的层门两侧应设置高度不小于1.1 m的护栏,护栏的中间高度应设

横杆，踢脚板高度不小于 100 mm。侧面护栏与吊笼的间距应为 100～200 mm，

5.2.9　水平滑动层门和垂直滑动层门应在相应的上下边或两侧设置导向装置，其运动应有挡块限位。

5.2.10　垂直滑动层门至少应有两套独立的悬挂支承系统。

5.2.11　层门的平衡重必须有导向装置，并且应有防止其滑出导轨的措施。门与平衡重的重量之差不应超过 5 kg，应有保护人的手指不被门压伤的措施。

5.2.12　正常工况下，关闭的吊笼门与层门间的水平距离不应大于 200 mm。

5.2.13　装载和卸载时，吊笼门框外缘与登机平台边缘之间的水平距离不应大于 50 mm。

5.2.14　人货两用施工升降机机械传动层门的开、关过程应由吊笼内乘员操作，不得受吊笼运动的直接控制。

5.2.15　层门应与吊笼电气或机械联锁。只有在吊笼底板离某一登机平台的垂直距离±0.25 m 以内时，该平台的层门方可打开。

5.2.16　对于机械传动的垂直滑动层门，采用手动开门，其所需力大于 500 N 时，可不加机械锁止装置。

5.2.17　层门锁止装置应安装牢固，紧固件应有防松装置。锁止装置和紧固件在锁止位置应能承受 1 kN 沿开门方向的力。

5.2.18　层门锁止装置及其附件的安装位置应设在人员不易碰触之处。层门锁止装置应加防护罩，且维修方便。

5.2.19　所有锁止元件的嵌入深度不应少于 7 mm。

6.9.6　吊笼

6.1　载人吊笼应封顶，且在吊笼底板与顶板之间应全高度有立面（含门）围护。立面的强度应符合 GB/T 10054—2005 中 5.2.3.4.3 的要求，网孔立面的孔眼或开口还应符合表 2 的规定。载人吊笼门框的净高度至少为 2.0 m，净宽度至少为 0.6 m。门应能完全遮蔽开口，其开启高度不应低于 1.8 m。

6.2　如果吊笼顶作为安装、拆卸、维修的平台或设有天窗，则顶板应抗滑且周围应设护栏。该护栏的高度不小于 1.1 m，护栏的中间高度应设横杆，踢脚板高度不小于 100 mm。护栏与顶板边缘的距离不应大于 100 mm。

6.3　若吊笼顶板用作安装、拆卸、维修或有紧急出口，则在任一 0.1 m×0.1 m 区域内应能承受不小于 1.5 kN 的力而无永久变形。

6.4　封闭式吊笼顶部应有紧急出口，并配有专用扶梯。出口面积不应小于 0.4 m×0.6 m，出口应装有向外开启的活板门，并设有电气安全开关，当门打开时，吊笼不能启动。

6.5　若在吊笼立面上设紧急逃离门，其尺寸应是：宽度不小于 0.4 m、高度不小于1.4 m，且应向吊笼内侧打开或是滑动型的门，并设有电气安全开关，当门打开时，吊笼不能启动。

6.6　货用施工升降机的吊笼也应设置顶棚，侧面围护高度不应小于 1.5 m。

6.7　吊笼不允许当作对重使用。

6.8　封闭式吊笼内应有永久性的电气照明，在外接电源断电时，应有应急照明。只要施工升降机在工作，吊笼内都应有照明，在控制装置处的照度不应小于50 lx。实体板的吊笼门上应设供采光和观察用的窗口，窗口面积不应小于25 000 mm^2。

6.9　吊笼的额定乘员数为额定载重量除以80 kg，舍尾取整。吊笼底板的人均占地面积不应小于0.18 m^2；当吊笼仅用于载人的场合时，人均占用面积不应大于0.25 m^2。

6.10　吊笼底板应能防滑、排水。其强度为：在0.1 m×0.1 m区域内能承受静载1.5 kN或额定载重量的25%（取两者中较大值，但最大取3 kN）而无永久变形。

6.11　吊笼结构应能满足GB/T 10054规定的全部载荷试验要求。

6.12　当吊笼翻板门兼作跳板用时，必须具有足够的强度和刚度。

6.13　吊笼门应装有机械锁止装置和电气安全开关，只有当门完全关闭后，吊笼才能启动。

6.14　应有防止吊笼驶出导轨的设施。该设施不仅在正常工作时起作用，在安装、拆卸、维修时也应起作用。

6.15　应有防止吊笼门导向滚轮失效的设施。

6.9.7　对重及其导轨

7.1　当施工升降机有一施工空间或通道在对重下方时，则应设有防止对重坠落的安全防护措施。

7.2　当对重使用填充物时，应采取措施防止其窜动。

7.3　对重应根据有关规定的要求涂成警告色。

7.4　采用卷扬机驱动的钢丝绳式施工升降机吊笼不应使用对重。

7.5　为了防止对重从导轨上脱出，除了对重导轮或滑靴外，还应设有防脱轨保护装置。

7.6　安装、加节时应留出对重在导轨架顶部越程余量，当吊笼的额定提升速度大于1.0 m/s时，对重越程不应小于2.0 m。

7.7　对重导轨可以是导轨架的一部分，柔性物体（如链条、钢丝绳）不能用作对重导轨。

6.9.8　钢丝绳、滑轮

6.9.8.1　钢丝绳

8.1.1　钢丝绳的选用应符合GB/T 8918的规定。钢丝绳的安装、维护、检验和报废应符合GB/T 5972的规定。

8.1.2　钢丝绳式人货两用施工升降机，提升吊笼的钢丝绳不得少于两根，且相互独立。每根钢丝绳的安全系数不应小于12，直径不应小于9 mm。

8.1.3　钢丝绳式货用施工升降机，当提升吊笼用一根钢丝绳时，其安全系数不应小于8。对额定载重量不大于320 kg的，钢丝绳直径不得小于6 mm。额定载重量大于320 kg的，钢丝绳直径不应小于8 mm。

8.1.4　齿轮齿条式人货两用施工升降机悬挂对重的钢丝绳不得少于两根，且相互独立。每根钢丝绳的安全系数不应小于6;直径不应小于9 mm。齿轮齿条式货用施工升降机悬挂对重的钢丝绳为单绳时,安全系数不应小于8。

8.1.5 防坠安全器上用钢丝绳的安全系数不应小于5,直径不应小于8 mm。

8.1.6 门悬挂装置的悬挂绳或链的安全系数不应小于6。

8.1.7 安装吊杆用提升钢丝绳的安全系数不应小于8,直径不应小于5 mm。

8.1.8 钢丝绳应尽量避免反向弯曲的结构布置。需要储存预留钢丝绳时,所用接头或附件不应对以后投入使用的钢丝绳截面产生损伤。

6.9.8.2 滑轮

8.2.1 钢丝绳式人货两用施工升降机的提升滑轮名义直径与钢丝绳直径之比不应小于30。

8.2.2 钢丝绳式货用施工升降机的提升滑轮名义直径与钢丝绳直径之比不应小于20。

8.2.3 吊笼对重用滑轮的名义直径与钢丝绳直径之比不得小于30。

8.2.4 平衡滑轮的名义直径不得小于0.6倍的提升滑轮名义直径。

8.2.5 安全器专用滑轮的名义直径与钢丝绳直径之比不应小于15。

8.2.6 门悬挂用滑轮的名义直径与钢丝绳直径之比不应小于15。

8.2.7 所有滑轮、滑轮组均应有钢丝绳防脱装置,该装置与滑轮外缘的间隙不应大于钢丝绳直径的20%,且不大于3 mm。

8.2.8 绳槽应为弧形,槽底半径R与钢丝绳半径r关系应为:$1.05r \leqslant R \leqslant 1.075r$,深度不少于1.5倍钢丝绳直径。

8.2.9 钢丝绳进出滑轮的允许偏角不得大于2.50。

6.9.9 传动系统

6.9.9.1 安全要求

9.1.1 传动系统的安装位置及安全防护应考虑到人身安全,其零部件应有防护措施。保护板上网孔及开口尺寸应符合表2的规定。

9.1.2 传动系统及其防护措施应便于维修检查,有关零部件应防止雨、雪、泥浆、灰尘等有害物质侵入。

6.9.9.2 齿轮齿条式传动系统

9.2.1 齿轮和齿条的设计计算和模数应符合GB/T 10054—2005中5.2.6.3.4、5.2.6.3.5和6.2.6.3.7的要求。

9.2.2 齿轮和齿条的啮合条件应符合GB/T 10054—2005中5.2.6.3.6和5.2.6.3.8的要求。

9.2.3 标准节上的齿条联接应牢固,相邻两齿条的对接处,沿齿高方向的阶差不应大于0.3 mm。

6.9.9.3 钢丝绳式传动系统

9.3.1 卷扬机传动仅用于钢丝绳式的、无对重的货用施工升降机和吊笼额定提升速度不大于0.63 m/s的人货两用施工升降机。

9.3.2　人货两用施工升降机采用卷筒驱动时钢丝绳只允许绕一层，若使用自动绕绳系统，允许绕两层；货用施工升降机采用卷筒驱动时，允许绕多层。

9.3.3　提升钢丝绳采用多层缠绕时，应有排绳措施。

9.3.4　当吊笼停止在最低位置时，留在卷筒上的钢丝绳不应小于三圈。

9.3.5　卷筒两侧边缘大于最外层钢丝绳的高度不应小于钢丝绳直径的两倍。

9.3.6　人货两用施工开降机的驱动卷筒应开槽，卷筒绳槽应符合下列要求：

a)绳槽轮廓应为大于1 200的弧形，槽底半径R与钢丝绳半径r的关系应为$1.05r \leqslant R \leqslant 1.075r$；

b)绳槽的深度不小于钢丝绳直径的1/3；

c)绳槽的节距应大于或等于1.15倍钢丝绳直径。

9.3.7　钢丝绳出绳偏角口：有排绳器时口≤40；自然排绳时口≤20

9.3.8　人货两用施工升降机的驱动卷筒节径与钢丝绳直径之比不应小于30。对于V形或底部切槽的钢丝绳曳引轮，其节径与钢丝绳直径之比不应小于31。

9.3.9　货用施工升降机的驱动卷筒节径、曳引轮节径与钢丝绳直径之比不应小于20。

9.3.10　人货两用施工升降机钢丝绳在驱动卷筒上的绳端应采用楔形装置固定，货用施工升降机钢丝绳在驱动卷筒上的绳端可采用压板固定。

9.3.11　卷筒或曳引轮应有钢丝绳防脱装置，该装置与卷筒或曳引轮外缘的间隙不应大于钢丝绳直径的20%，且不大于3 mm。

6.9.9.4　制动器

9.4.1　传动系统应设有常闭式制动器，其额定制动力矩对人货两用施工升降机不应低于作业时额定力矩的1.75倍；对于货用施工升降机不应低于作业时额定力矩的1.5倍。

9.4.2　制动器应能使装有1.25倍额定载重量、以额定提升速度运行的吊笼停止运行；也能使装有额定载重量而速度达到防坠安全器触发速度的吊笼停止运行。在任何情况下，吊笼的平均减速度都不应超过1 gn。

9.4.3　人货两用施工升降机制动器应具有手动松闸功能，并保证手动施加的作用力一旦撤除，制动器立即恢复动作。

9.4.4　不允许采用带式制动器。

9.4.5　当采用两套或两套以上的独立传动系统时，每套传动系统均应具备各自独立的制动器。

6.9.10　导向与缓冲装置

6.9.10.1　导向装置

10.1.1　导轨架应能承受施工升降机在额定载重量偏载的情况下，以额定提升速度上、下运行和制动时的载荷，以及在此情况下防坠安全器动作时的附加载荷。偏载量应符合GB/T 10054—2005中6.2.4.8.1的规定。

10.1.2　齿轮齿条式施工升降机在计算由于防坠安全器动作作用下导轨架和齿条的强度时，载荷冲击系数的取值如下：a)渐进式安全器为2.5；b)瞬时式安全器为5。

10.1.3　齿轮齿条式施工升降机吊笼与对重的导向应正确可靠，吊笼采用滚轮导向，对重采用滚轮或滑靴导向。

6.9.10.2　缓冲装置

10.2.1　人货两用或额定载重量 400 kg 以上的货用施工升降机，其底架上应设置吊笼和对重用的缓冲器。

10.2.2　当吊笼停在完全压缩的缓冲器上时，对重上面的越程余量不应小于 0.5 m。

10.2.3　在设计缓冲装置时，应假设吊笼装有额定载荷，并以安全器标定动作速度作用在缓冲器上，其平均加速度不应大于 1 gn，并且以 2.5 gn 以上的加速度作用时间不应大于 0.04 s。

6.9.11　安全装置

6.9.11.1　一般要求

11.1.1　吊笼应具有有效的装置使吊笼在导向装置失效时仍能保持在导轨上。

11.1.2　有对重的施工升降机，当对重质量大于吊笼质量时，应有双向防坠安全器或对重防坠安全装置。

11.1.3　防坠安全器在施工升降机的接高和拆卸过程中应仍起作用。

11.1.4　在非坠落试验的情况下，防坠安全器动作后，吊笼应不能运行。只有当故障排除，安全器复位后吊笼才能正常运行。

11.1.5　作用于一个以上导向杆或导向绳的安全器，工作时应同时起作用。

11.1.6　防坠安全器应防止由于外界物体侵入或因气候条件影响而不能正常工作。任何防坠安全器均不能影响施工升降机的正常运行。

11.1.7　防坠安全器试验时，吊笼不允许载人。

11.1.8　当吊笼装有两套或多套安全器时，都应采用渐进式安全器。

11.1.9　防坠安全器只能在有效的标定期限内使用，有效标定期限不应超过一年。

6.9.11.2　齿轮齿条式施工升降机

11.2.1　吊笼应设有防坠安全器和安全钩。防坠安全器应能保证当吊笼出现不正常超速运行时及时动作，将吊笼制停；安全钩应能防止吊笼脱离导轨架或防坠安全器输出端齿轮脱离齿条。

11.2.2　防坠安全器动作时，设在防坠安全器上的安全开关应将电动机电路断开，制动器制动。

11.2.3　防坠安全器的速度控制部分应具有有效的铅封或漆封。防坠安全器出厂后动作速度不得随意调整。

11.2.4　防坠安全器的动作速度及制动距离应符合 GB/T 10054—2005 中的5.2.1.9 的要求。

11.2.5　吊笼在额定载重量工况坠落时，防坠安全器动作后，施工升降机的结构、连接部分和吊笼底板应符合 GB/T 10054—2005 中 5.2.8.13 的要求。

11.2.6　应采用渐进式安全器，不允许采用瞬时式安全器。

6.9.11.3　钢丝绳式施工升降机

11.3.1 吊笼在额定载重量工况坠落时，防坠安全器动作后，吊笼底板应符合 GB/T 10054—2005 中 5.3.7.6 的要求。

11.3.2 防坠安全器钢丝绳的张紧力应为安全装置起作用所需力的两倍，但不应小于 300 N。

11.3.3 应装有停层防坠落装置，该装置应在吊笼达到工作面后人员进入吊笼之前起作用，使吊笼固定在导轨架上。

11.3.4 对于额定提升速度不超过 0.63 m/s 的施工升降机，可采用瞬时式安全器，否则应采用渐进式安全器。

11.3.5 对于人货两用施工升降机应采用速度触发型的防坠安全器。

11.3.6 卷扬机传动的施工升降机应设防松绳和断绳保护的安全装置。

6.9.11.4 安全开关

6.9.11.4.1 一般要求

11.4.1.1 施工升降机应设有限位开关、极限开关和防松绳开关。

11.4.1.2 行程限位开关均应由吊笼或相关零件的运动直接触发。

11.4.1.3 对于额定提升速度大于 0.7 m/s 的施工升降机，还应设有吊笼上下运行减速开关，该开关的安装位置应保证在吊笼触发上下行程开关之前动作，使高速运行的吊笼提前减速。

6.9.11.4.2 限位开关

11.4.2.1 施工升降机必须设置自动复位型的上、下行程限位开关。

11.4.2.2 上、下行程限位开关的安装位置，应符合 GB/T 10054—2005 中的 5.2.11.2.1、5.2.11.2.2 的要求。

6.9.11.4.3 极限开关

11.4.3.1 齿轮齿条式施工升降机和钢丝绳式人货两用施工升降机必须设置极限开关，吊笼越程超出限位开关后，极限开关须切断总电源使吊笼停车。极限开关为非自动复位型的，其动作后必须手动复位

才能使吊笼可重新启动。

11.4.3.2 极限开关不应与限位开关共用一个触发元件。

11.4.3.3 上、下极限开关的安装位置如下：

a)在正常工作状态下，上极限开关的安装位置应保证上极限开关与上限位开关之间的越程距离：①齿轮齿条式施工升降机为 0.15 m；②钢丝绳式施工升降机为 0.5 m。

b)在正常工作状态下，下极限开关的安装位置应保证吊笼碰到缓冲器之前，下极限开关首先动作。

6.9.11.4.4 防松绳开关

施工升降机的对重钢丝绳或提升钢丝绳的绳数不少于两条且相互独立时，在钢丝绳组的一端应设置张力均衡装置，并装有由相对伸长量控制的非自动复位型的防松绳开关。当其中一条钢丝绳出现的相对伸长量超过允许值或断绳时，该开关将切断控制电路，吊笼停车。

对采用单根提升钢丝绳或对重钢丝绳出现松绳时，防松绳开关立即切断控制电路，制

动器制动。

6.9.11.5 超载保护装置

施工升降机应装有超载保护装置，该装置应对吊笼内载荷、吊笼顶部载荷均有效。同时对齿轮齿条式施工升降机应满足 GB/T 10054—2005 中 5.2.9 的要求；对钢丝绳式施工升降机应满足 GB/T 10054—2005 中 5.3.8 的要求。

6.9.12 导轨架的附着

12.1 导轨架的高度超过最大独立高度时，应设有附着装置。

12.2 施工升降机运动部件与除登机平台以外的建筑物和固定施工设备之间的距离不应小于 0.2 m。

6.9.13 电气系统

13.1 施工升降机应有主电路各相绝缘的手动开关，该开关应设在便于操作之处。开关手柄应能单向切断主电路且在“断开”的位置上可以锁住。

13.2 电路电源中应装有保险丝或断路器。在施工升降机工作中应防止电缆和电线机械损坏，电缆在吊笼运行中应自由拖行不受阻碍。

13.3 电气设备应防止外界如雨、雪、泥浆、灰尘等造成的危害。防护等级对于便携式控制装置应为 IP65；控制盒和开关、控制器、电气元件应为 IP53；电动机应为 IP54。在需要排水的地方应设有排水孔。

13.4 施工升降机金属结构和电气设备的金属外壳均应接地，接地电阻不超过 4 Ω。

13.5 当接地出现故障时，主控制电路和其他控制电路中断路器应自动切断。

13.6 控制吊笼上、下运行的接触器应电气联锁。

13.7 吊笼顶用作安装、拆卸、维修的平台时，则应设有检修或拆装时的顶部控制装置。对多速施工升降机当在吊笼顶操作时，只允许吊笼以低速运行。控制装置应安装非自行复位的急停开关，任何时候均可切断电路停止吊笼的运行。

13.8 零线和接地线必须分开。接地线严禁作载流回路。

13.9 电气及电气元件(电子元器件部分除外)的对地绝缘电阻不应小于 0.5 MΩ，电气线路的对地绝缘电阻不应小于 1 MΩ。

13.10 电气线路安全触点的绝缘电压，当外壳保护等级在 IP5X 或以上时为 250 V；当外壳保护等级小于 IP5X 时为 500 V。

13.11 在多重触点的情况下，触点间的距离不得小于 2 mm。

13.12 融点及导体材料的磨损不应导致触点短路。

13.13 电路应设有相序和断相保护器及过载保护器。

13.14 任何电气设备都不应与电气安全装置并联，且内部或外部的感应电流都不应影响电气安全装置的正常工作。

13.15 交流或直流电机的主接触器的使用类别不应低于 AC-3 或 DC-3。

13.16 用作主接触器的继电器，对控制交流电磁铁的使用类别不应低于 AC-15；对控制直流电磁铁的使用类别不应低于 DC-13。它们的额定绝缘电压不应小于 250 V。

6.10 手持式电动工具的管理、使用、检查和维修安全技术规程

《手持式电动工具的管理、使用、检查和维修安全技术规程》(GB/T3787—2006)代替GB 3787—1993,自2006年6月1日起实施。本规程没有强制性条文。

6.10.1 范围

本标准规定了手持式电动工具(以下简称工具)的管理、使用、检查和维修的安全技术要求。

本标准适用于工具的管理、使用、检查和维修。

6.10.2 规范性引用文件

下列文件中的条款通过本标准的引用而成为本标准的条款。凡是注日期的引用文件,其随后所有的修改单(不包括勘误的内容)或修订版均不适用于本标准,然而,鼓励根据本标准达成协议的各方研究是否可使用这些文件的最新版本。凡是不注日期的引用文件,其最新版本适用于本标准。

GB/T 2900.28—1994 电工术语电动工具;GB 3883.1—2000 手持式电动工具的安全第一部分:通用要求。

6.10.3 管理

3.1 工具的管理必须包括:

a)检查工具是否具有国家强制认证标志、产品合格证和使用说明书;

b)监督、检查工具的使用和维修;

c)对工具的使用、保管、维修人员进行安全技术教育和培训;

d)工具必须存放在干燥、无有害气体或腐蚀性物质的场所;

e)使用单位(部门)必须建立工具使用、检查和维修的技术档案。

3.2 按照本标准和工具产品使用说明书的要求及实际使用条件,制定相应的安全操作规程。安全操作规程的内容至少应包括:

a)工具的允许使用范围;

b)工具的正确使用方法和操作程序;

c)工具使用前应着重检查的项目和部位,以及使用中可能出现的危险和相应的防护措施;

d)工具的存放和保养方法;

e)操作者注意事项。

6.10.4 使用

4.1 工具在使用前,操作者应认真阅读产品使用说明书和安全操作规程,详细了解

工具的性能和掌握正确使用的方法。使用时,操作者应采取必要的防护措施。

4.2 在一般作业场所,应使用Ⅱ类土具;若使用Ⅰ类工具时,还应在电气线路中采用额定剩余动作电流不大于 30 mA 的剩余电流动作保护器、隔离变压器等保护措施。

4.3 在潮湿作业场所或金属构架上等导电性能良好的作业场所,应使用Ⅱ类或Ⅲ类工具

4.4 在锅炉、金属容器、管道内等作业场所,应使用皿类工具或在电气线路中装设额定剩余动作电流不大于 30 mA 的剩余电流动作保护器的Ⅱ类工具。

Ⅲ类工具的安全隔离变压器,Ⅱ类工具的剩余电流动作保护器及Ⅱ,Ⅲ类工具的电源控制箱和电源藕合器等必须放在作业场所的外面。在狭窄作业场所操作时,应有人在外监护。

4.5 在湿热、雨雪等作业环境,应使用具有相应防护等级的工具。

4.6 工类工具电源线中的绿/黄双色线在任何情况下只能用作保护接地线((PE)。

4.7 工具的电源线不得任意接长或拆换。当电源离工具操作点距离较远而电源线长度不够时,应采用藕合器进行联接。

4.8 工具电源线上的插头不得任意拆除或调换。

4.9 工具的插头、插座应按规定正确接线,插头、插座中的保护接地极在任何情况下只能单独连接保护接地线(PE)。严禁在插头、插座内用导线直接将保护接地极与工作中性线连接起来。

4.10 工具的危险运动零、部件的防护装置(如防护罩、盖等)不得任意拆卸。

6.10.5 检查、维修

5.1 工具在发出或收回时,保管人员必须进行一次日常检查;在使用前,使用者必须进行日常检查。

5.2 工具的日常检查至少应包括以下项目:

a)是否有产品认证标志及定期检查合格标志;

b)外壳、手柄有否裂缝或破损;

c)保护接地线((PE)联接是否完好无损;

d)电源线是否完好无损;

e)电源插头是否完整无损;

f)电源开关动作是否正常、灵活,有无缺损、破裂;

g)机械防护装置是否完好;

h)工具转动部分是否转动灵活、轻快,无阻滞现象;

i)电气保护装置是否良好。

5.3 工具使用单位必须有专职人员进行定期检查

5.3.1 每年至少检查一次

5.3.2 在湿热和常有温度变化的地区或使用条件恶劣的地方还应相应缩短检查周期。

5.3.3 在梅雨季节前应及时进行检查。

5.3.4　工具的定期检查项目，除5.2的规定外，还必须测量工具的绝缘电阻。

绝缘电阻应不小于表1规定的数值

表1

测量部位	绝缘电阻(MΩ)		
Ⅰ类工具	Ⅱ类工具	Ⅲ类工具	
带电零件与外壳之间	2	7	1

绝缘电阻应使用500 V兆欧表测量。

5.3.5 经定期检查合格的工具，应在工具的适当部位，粘贴检查“合格”标识。“合格”标识应鲜明、清晰、正确并至少应包括：

a)工具编号；

b)检查单位名称或标记；

c)检查人员姓名或标记；

d)有效日期

5.4 长期搁置不用的工具，在使用前必须测量绝缘电阻。如果绝缘电阻小于表1规定的数值，必须进行干燥处理，经检查合格、粘贴“合格”标志后，方可使用。

5.5 工具如有绝缘损坏，电源线护套破裂、保护接地线(PE)脱落、插头插座裂开或有损于安全的机械损伤等故障时，应立即进行修理。在未修复前，不得继续使用。

5.6 工具的维修必须由原生产单位认可的维修单位进行。

5.7 使用单位和维修部门不得任意改变工具的原设计参数，不得采用低于原用材料性能的代用材料和与原有规格不符的零部件。

5.8 在维修时，工具内的绝缘衬垫、套管不得任意拆除或漏装，工具的电源线不得任意调换。

5.9 工具的电气绝缘部分经修理后，除应符合4.6,4.7,4.8,4.9,5.3.4的要求外，还必须按表2的要求进行介电强度试验。

表2

试验电压的施加部位	试验电压/V		
	Ⅰ类工具	Ⅱ类工具	Ⅲ类工具
带电零件与外壳之间： ——仅由基本绝缘与带电零件隔离 ——由加强绝缘与带电零件隔离	 1 250 3 750	 — 3 750	 500 —

波形为实际正弦波，频率50 Hz的试验电压施加1 min，不出现绝缘击穿或闪络。

试验变压器应设计成：在输出电压调到适当的试验电压值后，在输出端短路时，输出电流至少为200 mA。

5.10　工具经维修、检查和试验合格后，应在适当部位粘贴“合格”标志；对不能修复或修复后仍达不到应有的安全技术要求的工具必须办理报废手续并采取隔离措施。

附录A
（资料性附录）
工具的分类

工具按电击保护方式分为：

A.1　Ⅰ工类工具

工具在防止触电的保护方面不仅依靠基本绝缘，而且它还包含一个附加的安全预防措施，其方法是将可触及的可导电的零件与已安装的固定线路中的保护（接地）导线连接起来，以这样的方法来使可触及的可导电的零件在基本绝缘损坏的事故中不成为带电体

A.2　Ⅱ类工具

工具在防止触电的保护方面不仅依靠基本绝缘，而且它还提供例如双重绝缘或加强绝缘的附加安全预防措施，没有保护接地或依赖安装条件的措施。

Ⅱ类工具分绝缘外壳Ⅱ类工具和金属外壳Ⅱ类工具。

Ⅱ类应在工具的明显部位标有Ⅱ类结构符号回。

A.3　Ⅲ类工具

工具在防止触电的保护方面依靠由安全特低电压供电和在工具内部不会产生比安全特低电压高的电压。

附录 B

（规范性附录）

工具安全检查记录表

<table>
<tr><td>单位名称</td><td colspan="2"></td><td>制造单位</td><td colspan="2"></td></tr>
<tr><td>工具名称</td><td colspan="2"></td><td>制造日期</td><td colspan="2">年 月 日</td></tr>
<tr><td>型号规格</td><td></td><td>出厂编号</td><td></td><td>工具编号</td><td></td></tr>
<tr><td>管理部门</td><td></td><td>工具类别</td><td>类</td><td>检查周期</td><td>月</td></tr>
</table>

<table>
<tr><td colspan="7">检查记录</td></tr>
<tr><td>序号</td><td>检查项目名称</td><td>检查要求</td><td>□-日常；
□-定期</td><td>□-日常；
□-定期</td><td>□-日常；
□-定期</td><td>□-日常；
□-定期</td></tr>
<tr><td>1</td><td>标志检查</td><td>有认证标志、产品合格证或检查合格标志</td><td></td><td></td><td></td><td></td></tr>
<tr><td>2</td><td>外壳、手柄检查</td><td>完好无损</td><td></td><td></td><td></td><td></td></tr>
<tr><td>3</td><td>电源线、保护接地线(PE)检查</td><td>完好无损</td><td></td><td></td><td></td><td></td></tr>
<tr><td>4</td><td>电源插头检查</td><td>完好无损、连接正确</td><td></td><td></td><td></td><td></td></tr>
<tr><td>5</td><td>电源开关检查</td><td>动作正常、灵活、轻快、无缺损破裂</td><td></td><td></td><td></td><td></td></tr>
<tr><td>6</td><td>机械防护装置检查</td><td>完好</td><td></td><td></td><td></td><td></td></tr>
<tr><td>7</td><td>工具转动部分</td><td>转动灵活、轻快，无阻滞现象</td><td></td><td></td><td></td><td></td></tr>
<tr><td>8</td><td>电气保护装置</td><td>良好</td><td></td><td></td><td></td><td></td></tr>
<tr><td>9</td><td>绝缘电阻测量*</td><td>≥MΩ</td><td></td><td></td><td></td><td></td></tr>
<tr><td colspan="3">检查结论</td><td></td><td></td><td></td><td></td></tr>
<tr><td colspan="3">检查责任人(签字)</td><td></td><td></td><td></td><td></td></tr>
<tr><td colspan="3">检查日期</td><td>月 日</td><td></td><td></td><td></td></tr>
<tr><td colspan="3">下次检查日期*</td><td></td><td></td><td></td><td></td></tr>
<tr><td colspan="7">注：带*项目，仅适用于定期检查。</td></tr>
</table>

6.11　龙门架及井架物料提升机安全技术规范

《龙门架及井架物料提升机安全技术规范》(JGJ 88—2010)为行业标准,,自2011年2月1日起实施。其中第5.1.5、5.1.7、6.1.1、6.1.2、8.3.2、9.1.1、11.0.2、11.0.3条为强制性条文,必须严格执行。原行业标准《龙门架及井架物料提升机安全技术规范》JGJ 88—92同时废止。

本规范的主要技术内容:1.总则;2.术语;3.基本规定;4.结构设计与制作;5.动力与传动装置;6.安全装甓与防护设施;7.电气;8.基础、附墙架、缆风绳与地锚;9.安装、拆除与验收;10.检验规则与试验方法;11.使用管理。

本规范修订的主要技术内容:1.规定物料提升机额定起重量不宜超过160 kN,安装高度不宜超过30 m。安装高度超过30 m的物料提升机增加限制条件;2.增加对曳引轮直径与钢丝绳直径的比值、钢丝绳在曳引轮上的包角及曳引力自动平衡装置的规定;3.增加对起重量限制器和防坠安全器的规定;4.对防护周栏、停层平台及平台门的强度、安装高度和安装位置提出具体的规定;5.附录中增加物料提升机安装验收表。

6.11.1　龙门架及井架物料提升机安全技术规范

6.11.1.1　总则

1.0.1　为使龙门架及井架物料提升机(以下简称物料提升机)的设计、制作、安装、拆除及使用符合安全技术要求,保证物料提升机安装、拆除、施工作业及人身安全,制定本规范。

1.0.2　本规范适用于建筑工程和市政工程所使用的以卷扬机或曳引机为动力、吊笼沿导轨垂直运行的物料提升机的设计、制作、安装、拆除及使用。不适用于电梯、矿井提升机及升降平台。

1.0.3　物料提升机的设计、制作、安装、拆除及使用,除应符合本规范外,尚应符合国家现行有关标准的规定。

6.11.1.2　术语

2.0.1　自升平台 self-lifting platform:用于导轨架标准节的安装,拆除,通过辅助设施可沿导轨架垂直升降的作业平台。

2.0.2　安全停层装置 safety anchoring device:吊笼停层时能可靠地承担吊笼自重及全部工作荷载的刚性机构。

2.0.3　附墙架 auxiliary support frame:按一定间距连接导轨架与建筑结构的刚性构件。

2.0.4　附墙架间距 auxiliary support space:相邻两道附墙架间的垂直距离。

2.0.5　自由端高度 free height:最末一道附墙架与导轨架顶端间的垂直距离。

2.0.6　缆风绳 cable wind rope:用于连接地锚固定导轨架的钢丝绳。

2.0.7　地锚 anchor block:用于固定缆风绳的地面锚固装置。

6.11.1.3　基本规定

3.0.1　物料提升机在下列条件下应能正常作业：

1.环境温度为－20℃～＋40℃；

2.导轨架顶部风速不大于 20 m/s；

3.电源电压值与额定电压值偏差为±5%.供电总功率不小于产品使用说明书的规定值。

3.0.2　物料提升机的可靠性指标应符合现行国家标准《施工升降机》GB/T 10054 的规定。

3.0.3　用于物料提升机的材料、钢丝绳及配套零部件产品应有出厂合格证。起重量限制器、防坠安全器应经型式检验合格。

3.0.4　传动系统应设常闭式制动器，其额定制动力矩不应低于作业时额定力矩的 1.5倍。不得采用带式制动器。

3.0.5　具有自升(降)功能的物料提升机应安装自升平台，并应符合下列规定：

1.兼做天梁的自升平台在物料提升机正常工作状态时，应与导轨架刚性连接；

2.自升平台的导向滚轮应有足够的刚度，并应有防止脱轨的防护装置；

3.自升平台的传动系统应具有自锁功能，并应有刚性的停靠装置；

4.平台四周应设置防护栏杆，上栏杆高度宜为 1.0～1.2 m，下栏杆高度宜为 0.5～0.6 m，在栏杆任一点作用 1 kN 的水平力时，不应产生永久变形；挡脚板高度不应小于 180 mm，且宜采用厚度不小于 1.5 mm 的冷轧钢板；

5.自升平台应安装渐进式防坠安全器。

3.0.6　当物料提升机采用对重时，对重应设置滑动导靴或滚轮导向装置，并应设有防脱轨保护装置。对重应标明质量并涂成警告色。吊笼不应作对重使用。

3.0.7　在各停层平台处，应设置显示楼层的标志。

3.0.8　物料提升机的制造商应具有特种设备制造许可资格。

3.0.9　制造商应在说明书中对物料提升机附墙架间距、自由端高度及缆风绳的设置作出明确规定。

3.0.10　物料提升机额定起重量不宜超过 160 kN；安装高度不宜超过 30 m。当安装高度超过 30 m 时，物料提升机除应具有起重量限制、防坠保护、停层及限位功能外，尚应符合下列规定：

1.吊笼应有自动停层功能，停屡后吊笼底板与停层平台的垂直高度偏差不应超过 30 mm；

2.防坠安全器应为渐进式；

3.应具有自升降安拆功能；

4.应具有语音及影像信号。

3.0.11　物料提升机的标志应齐全，其附属设备、备件及专用工具、技术文件均应与制造商的装箱单相符。

3.0.12　物料提升机应设置标牌，且应标明产品名称和型号、主要性能参数、出厂编号、制造商名称和产品制造日期。

6.11.1.4　结构设计与制作

6.11.1.4.1　结构设计

4.1.1　物料提升机的结构设计，应满足制作、运输、安装、使用等各种条件下的强度、刚度和稳定性要求，并应符合现行国家标准《起重机设计规范》GB/T 3811的规定。

4.1.2　结构设计时应考虑下列荷载：

1.常规荷载：包括由重力产生的荷载。由驱动机构、制动器的作用使物料提升机加(减)速运动产生的荷载及结构位移或变形引起的荷载；

2.偶然荷载：包括由工作状态的风、雪、冰、温度变化及运行偏斜引起的荷载；

3.特殊荷载：包括由物料提升机防坠安全器试验引起的冲击荷载。

4.1.3　荷载的计算应符合现行国家标准《起重机设计规范》GB/T 3811的规定。

4.1.4　物料提升机的整机工作级别应为现行国家标准《起重机设计规范》GB/T 3811规定的A4～A5。

4.1.5　物料提升机承重构件的截面尺寸应经计算确定，并应符舍下列规定：

1.钢管壁厚不应小于3.5 mm；

2.角钢截面不应小于50 mm×5 mm；

3.钢板厚度不应小于6 mm。

4.1.6　物料提升机承重构件除应满足强度要求，尚应符合下列规定：

1.物料提升机导轨架的长细比不应大于150，井架结构的长细比不应大于180；

2.附墙架的长细比不应大于180。

4.1.7　井架式物料提升机的架体，在各停层通道相连接的开口处应采取加强措施。

4.1.8　吊笼结构除应满足强度设计要求，尚应符合下列规定；

1.吊笼内净高度不应小于2 m，吊笼门及两侧立面应全高度封闭；底部挡脚板应符合本规范第3.0.5条的规定；

2.吊笼门及两侧立面宜采用网板结构，孔径应小于25 mm。吊笼门的开启高度不应低于1.8 m，其任意500 mm^2的面积上作用300 N的力，在边框任意一点作用1 kN的力时，不应产生永久变形；

3.吊笼顶部宜采用厚度不小于1.5 mm的冷轧钢板.并应设置钢骨架；在任意0.01 m^2面积上作用1.5 kN的力时，不应产生永久变形；

4.吊笼底板应有防滑、排永功能；其强度在承受125%额定荷载时，不应产生永久变形；底板宜采用厚度不小于50 mm的木板或不小于1.5 mm的钢板；

5.吊笼应采用滚动导靴；

6.吊笼的结构强度应满足坠落试验要求。

4.1.9　当标准节采用螺栓连接时，螺栓直径不应小于M12，强度等级不宜低于8.8级。

4.1.10　物料提升机自由端高度不宜大于6 m；附墙架间距不宜大于6 m。

4.1.11　物料提升机的导轨架不宜兼作导轨。

6.11.1.4.2　制作

4.2.1　制作前应按设计文件和图纸要求编制加工工艺，并应按工艺进行制作和检验。

4.2.2　承重构件应选用 Q235A，主要承重构件应选用 Q235B，并应符合现行国家标准《碳素结构钢》GB/T 700 的规定。

4.2.3　焊条、焊丝及焊剂的选用应与主体材料相适应。

4.2.4　焊缝应饱满、平整，不应有气孔、夹渣、咬边及未焊透等缺陷。

4.2.5　当物料提升机导轨架的底节采用钢管制作时，宜采用无缝钢管。

4.2.6　物料提升机的制作精度应满足设计要求，并应保证导轨架标准节的互换性。

6.11.1.5　动力与传动装置

6.11.1.5.1　卷扬机

5.1.1　卷扬机的设计及制作应符合现行国家标准《建筑卷扬机》GB/T 1955 的规定。

5.1.2　卷扬机的牵引力应满足物料提升机设计要求。

5.1.3　卷筒节径与钢丝绳直径的比值不应小于 30。

5.1.4　卷筒两端的凸缘至最外层钢丝绳的距离不应小于钢丝绳直径的两倍。

5.1.5　钢丝绳在卷筒上应整齐排列，端部应与卷筒压紧装置连接牢固。当吊笼处于最低位置时，卷筒上的钢丝绳不应少于 3 圈。

5.1.6　卷扬机应设置防止钢丝绳脱出卷筒的保护装置。该装置与卷筒外缘的间隙不应大于 3 mm，并应有足够的强度。

5.1.7　物料提升机严禁使用摩擦式卷扬机。

6.11.1.5.2　曳引机

5.2.1　曳引轮直径与钢丝绳直径的比值不应小于 40，包角不宜小于 1 500。

5.2.2　当曳引钢丝绳为 2 根及以上时，应设置曳引力自动平衡装置。

6.11.1.5.3　滑轮

5.3.1　滑轮直径与钢丝绳直径的比值不应小于 30。

5.3.2　滑轮应设置防钢丝绳脱出装置，并应符合本规范第 5.1.6 条的规定。

5.3.3　滑轮与吊笼或导轨架，应采用刚性连接。严禁采用钢丝绳等柔性连接或使用开口拉板式滑轮。

6.11.1.5.4　钢丝绳

5.4.1　钢丝绳的选带应符合现行国家标准《钢丝绳》GB/T 8918 的规定。钢丝绳的维护、检验和报废应符合现行国家标准《起重机用钢丝绳检验和报废实用规范》GB/T 5972 的规定。

5.4.2　自升平台钢丝绳直径不应小于 8 mm，安全系数不应小于 12。

5.4.3　提升吊笼钢丝绳直径不应小于 12 mm. 安全系数不应小于 8。

5.4.4　安装吊杆钢丝绳直径不应小于 6 mm，安全系数不应小于 8。

5.4.5　缆风绳直径不应小于 8 mm，安全系数不应小于 3.5。

5.4.6　当钢丝绳端部固定采用绳夹肘，绳夹规格应与绳径匹配，数量不应少于 3 个，间距不应小于绳径的 6 倍，绳夹夹座应安放在长绳一侧，不得正反交错设置。

6.11.1.6　安全装置与防护设施

6.11.1.6.1　安全装置

6.1.1　当荷载达到额定起重量的 90%时。起重量限制器应发出警示信号；当荷载达到额定起重量的 110%时，起重量限制器应切断上升主电路电源。

6.1.2　当吊笼提升钢丝绳断绳时，防坠安全器应制停带有额定超重量的吊笼，且不应造成结构掼坏。自升平台应采用渐进式防坠安全器。

6.1.3　安全停屡装置应为刚性机构，吊笼停层时，安全停层装置应能可靠承担吊笼自重、额定荷裁及运料人员等全部工作荷载。吊笼停层后底板与停层平台的垂直偏差不应大于 50 mm。

6.1.4　限位装置应符台下列规定：

1. 上限位开关：当吊笼上升至限定位置时，触发限位开关，吊笼被制停，上部越程距离不应小于 3 m；

2. 下限位开关：当吊笼下降至限定位置时，触发限位开关，吊笼被制停。

6.1.5　紧急断电开关应为非自动复位型，任何情况下均可切断主电路停止吊笼运行。紧急断电开关应设在便于司机操作的位置。

6.1.6　缓冲器应承受吊笼及对重下降时相应冲击荷载。

6.1.7　当司机对吊笼升降运行、停层平台观察视线不清时，必须设置通信装置，通信装置应同时具备语音和影像显示功能。

6.11.1.6.2　防护设施

6.2.1　防护围栏应符合下列规定：

1. 物料提升机地面进料口应设置防护围栏；围栏高度不应小于 1.8 m，围栏立面可采用网板结构，强度应符合本规范第 4.1.8 条的规定；

2. 进料口门的开启高度不应小于 1.8 m，强度应符合本规范第 4.1.8 条的规定；进料口门应装有电气安全开关，吊笼应在进料口门关闭后才能启动。

6.2.2　停层平台及平台门应符合下列规定：

1. 停层平台的搭设应符合现行行业标准《建筑施工扣件式钢管脚手架安全技术规范》JGJ 130 及其他相关标准的规定，并应能承受 3 kN/m^{2}的荷载；

2. 停层平台外边缘与吊笼门外缘的水平距离不宜大于 100 mm，与外脚手架外侧立杆(当无外脚手架时与建筑结构外墙)的水平距离不宜小于 1 m；

3. 停层平台两侧的防护栏杆、挡脚板应符合本规范第 3.0.5 条的规定；

4. 平台门应采用工具式、定型化，强度应符合本规范第 4.1.8 条的规定；

5. 平台门的高度不宜小于 1.8 m，宽度与吊笼门宽度差不应大于 200 mm，并应安装在台口外边缘处，与台口外边缘的水平距离不应大于 200 mm；

6. 平台门下边缘以上 180 mm 内应采用厚度不小于 1.5 mm 钢板封闭. 与台口上表面的垂直距离不宜大于 20 mm，

7. 平台门应向停层平台内侧开启，并应处于常闭状态。

6.2.3　进料口防护棚应设在提升机地面进料口上方，其长度不应小于 3 m，宽度应大于吊笼宽度。顶部强度应符合本规范第 4.1.8 条的规定，可采用厚度不小于 50 mm 的木板搭设。

6.2.4　卷扬机操作棚应采用定型化、装配式，且应具有防雨功能。操作棚应有足够的操作空间。顶部强度应符合本规范第 4.1.8 条的规定。

6.11.1.7　电气

7.0.1　选用的电气设备及元件，应符合物料提升机工作性能、工作环境等条件的要求。

7.0.2　物料提升机的总电源应设置短路保护及漏电保护装置，电动机的主回路应设置失压及过电流保护装置。

7.0.3　物料提升机电气设备的绝缘电阻值不应小于 0.5 MΩ，电气线路的绝缘电阻值不应小于 1 MΩ。

7.0.4　物料提升机防雷及接地应符合现行行业标准《施工现场临时用电安全技术规范》JGJ 46 的规定。

7.0.5　携带式控制开关应密封、绝缘，控制线路电压不应大于 36 V，其引线长度不宜大于 5 m。

7.0.6　工作照明开关应与主电源开关相互独立。当主电源被切断时，工作照明不应断电，并应有明显标志。

7.0.7　动力设备的控制开关严禁采用倒顺开关。

7.0.8　物料提升机电气设备的制作和组装，应符合国家现行标准《低压成套开关设备和控制设备》GB 7251 和《施工现场临时用电安全技术规范》JGJ 46 的规定。

6.11.1.8　基础、附墙架、缆风绳与地锚

6.11.1.8.1　基础

8.1.1　物料提升机的基础应能承受最不利工作条件下的全部荷载。30 m 及以上物料提升机的基础应进行设计计算。

8.1.2　对 30 m 以下物料提升机的基础。当设计无要求时，应符合下列规定：

1. 基础土层的承载力，不应小于 80 kPa；

2. 基础混凝土强度等级不应低于 C20，厚度不应小于 300 mm；

3. 基础表面应平整，水平度不应大于 10 mm；

4. 基础周边应有排水设施。

6.11.1.8.2　附墙架

8.2.1　当导轨架的安装高度超过设计的最大独立高度时，必须安装附墙架。

8.2.2　宜采用制造商提供的标准附墙架，当标准附墙架结构尺寸不能满足要求时，可经设计计算采用非标附墙架，并应符合下列规定：

1. 附墙架的材质应与导轨架相一致；

2. 附墙架与导轨架及建筑结构采用刚性连接，不得与脚手架连接；

3. 附墙架间距、自由端高度不应大于使用说明书的规定值；

4. 附墙架的结构形式，可按本规范附录 A 选用。

6.11.1.8.3　缆风绳

8.3.1　当物料提升机安装条件受到限制不能使用附墙架时，可采用缆风绳，缆风绳的设置应符合说明书的要求，并应符合下列规定：

1. 每一组四根缆风绳与导轨架的连接点应在同一水平高度，且应对称设置；缆风绳与

导轨架的连接处应采取防止钢丝绳受剪破坏的措施；

2.缆风绳宜设在导轨架的顶部；当中间设置缆风绳时，应采取增加导轨架刚度的措施；

3.缆风绳与水平面夹角宜在45°～60°之间，并应采用与缆风绳等强度的花篮螺栓与地锚连接。

8.3.2 当物料提升机安装高度大于或等于30 m时.不得使用缆风绳。

6.11.1.8.4 地锚

8.4.1 地锚应根据导轨架的安装高度及土质情况，经设计计算确定。

8.4.2 30 m以下物料提升机可采用桩式地锚。当采用钢管(48 mm×3.5 mm)或角钢(75 mm×6 mm)时，不应少于2根；应并排设置，间距不应小于0.5 m，打人深度不应小于1.7 m;顶部应设有防止缆风绳滑脱的装置。

6.11.1.9 安装、拆除与验收

6.11.1.9.1 安装、拆除

9.1.1 安装、拆除物料提升机的单位应具备下列条件：

1.安装、拆除单位应具有起重机械安拆资质及安全生产许可证：

2.安装、拆除作业人员必须经专门培训，取得特种作业资格证。

9.1.2 物料提升机安装、拆除前，应根据工程实际情况编制专项安装、拆除方案，且应经安装、拆除单位技术负责人审批后实施。

9.1.3 专项安装、拆除方案应具有针对性、可操作性，并应包括下列内容：

1.工程概况；

2.编制依据；

3.安装位置及示意图；

4.专业安装、拆除技术人员的分工及职责；

5.辅助安装、拆除起重设备的型号、性能、参数及位置；

6.安装，拆除的工艺程序和安全技术措施；

7.主要安全装置的调试及试验程序，

9.1.4 安装作业前的准备，应符合下列规定：

1.物料提升机安装前，安装负责人应依据专项安装方案对安装作业人员进行安全技术交底；

2.应确认物料提升机的结构、零部件和安全装置经出厂检验，并符合要求；

3.应确认物料提升机的基础已验收，并符合要求；

4.应确认辅助安装起重设备及工具经检验检测，并符合要求；

5.应明确作业警戒区，并设专人监护。

9.1.5 基础的位置应保证视线良好，物料提升机任意部位与建筑物或其他施工设备间的安全距离不应小于0.6 m;与外电线路的安全距离应符合现行行业标准《施工现场临时用电安全技术规范》JGJ 46的规定。

9.1.6 卷扬机(曳引机)的安装，应符合下列规定：

1.卷扬机安装位置宜远离危险作业区，且视线良好；操作棚应符合本规范第6.2.4条的规定；

2.卷扬机卷筒的轴线应与导轨架底部导向轮的中线垂直，垂直度偏差不宜大于20，其垂直距离不宜小于20倍卷筒宽度，当不能满足条件时，应设排绳器；

3.卷扬机（曳引机）宜采用地脚螺栓与基础固定牢固，当采用地锚固定时，卷扬机前端应设置固定止挡。

9.1.7 导轨架的安装程序应按专项方案要求执行。紧固件的紧固力矩应符合使用说明书要求。安装精度应符合下列规定：

1.导轨架的轴心线对水平基准面的垂直度偏差不应大于导轨架高度的0.15%。

2.标准节安装时导轨结合面对接应平直，错位形成的阶差应符合下列规定：

1)吊笼导轨不应大于1.5 mm；

2)对重导轨、防坠器导轨不应大干0.5 mm。

3 标准节截面内，两对角线长度偏差不应大于最大边长的0.3%。

9.1.8 钢丝绳宜设防护槽，槽内应设滚动托架，且应采用钢板网将槽口封盖。钢丝绳不得拖地或浸泡在水中。

9.1.9 拆除作业前，应对物料提升机的导轨架、附墙架等部位进行检查，确认无误后方能进行拆除作业。

9.1.10 拆除作业应先挂吊具、后拆除附墙架或缆风绳及地脚螺栓。拆除作业中，不得抛掷构件。

9.1.11 拆除作业宜在白天进行，夜间作业应有良好的照明。

6.11.1.9.2 验收

9.2.1 物料提升机安装完毕后，应由工程负责人组织安装单位、使用单位、租赁单位和监理单位等对物料提升机安装质量进行验收，并应按本规范附录B填写验收记录。

9.2.2 物料提升机验收合格后，应在导轨架明显处悬挂验收合格标志牌。

6.11.1.10 检验规则与试验方法

6.11.1.10.1 检验规则

10.1.1 检验应包括出厂检验、型式检验和使用过程检验，其检验项目及规则应符合现行国家标准《施工升降机》GB/T 10054 的规定.

10.1.2 物料提升机应逐台进行出厂检验，并应在检验合格后签发合格证。

10.1.3 物料提升机有下列情况之一时应进行型式检验：

1.新产品或老产品转厂生产；

2.产品在结构，材料、安全装置等方面有改变，产品性能有重大变化；

3.产品停产3年及以上，恢复生产；

4.国家质量技术监督机构按法规酸管提出要求时。

10.1.4 型式检验内容应包括结构应力、安全装置可靠性、荷载试验及坠落试验。

10.1.5 物料提升机有下列情况之一时，应进行使用过程检验：

1.正常工作状态下的物料提升机作业周期超过1年；

2.物料提升机闲置时间超过6个月；

3.经过大修、技术改进及新安装的物料提升机交付使用前；

4. 经过暴风、地震及机械事故，物料提升机结构的刚度、稳定性及安全装置的功能受到损害的。

10.1.6 使用过程检验内容应包括结构检验，额定荷载试验和安全装置可靠性试验等。

6.11.1.10.2 试验方法

10.2.1 试验前的准备应符合下列规定：

1. 试验前应编制试验方案，采取可靠措施，以保证试验及试验人员的安全；

2. 应对试验的物料提升机和场地环境进行全面检查，确认符合要求和具备试验条件。

10.2.2 试验条件应符合下列要求：

1. 架体的基础、附墙架、缆风绳和地锚等应符台本规范规定；

2. 环境温度宜为－20℃～40℃；

3. 地面风速不得大于 13 m/s；

4. 电压波动宜为±5％；

5. 荷载与标准值差宜为±3％。

10.2.3 空载试验应符合下列要求：

1. 在空载情况下物料提升机以工作速度进行上升、下降、变速、制动等动作，在全行程范围内，反复试验，不得少于 3 次；

2. 在进行试验的同时，应对各安全装置进行灵敏度试验；

3. 双吊笼提升机，应对各吊笼分别进行试验；

4. 空载试验过程中，应检查各机构，动作平稳、准确，不得有振颤、冲击等现象。

10.2.4 额定荷载试验应符合下列要求：

1. 吊笼内施加额定荷载，使其重心位于从吊笼的几何中心沿长度和宽度两个方向，各偏移全长的 1/6 的交点处；

2. 除按空载试验动作运行外，并应作吊笼的坠落试验；

3. 试验时，将吊笼上升 6～8 m 制停，进行模拟断绳试验。

10.2.5 超载试验应符合下列规定：

1. 取额定荷载的 125％(按 5％逐级加载)，荷载在吊笼内均匀布置，做上升、下降、变速、制动(不做坠落试验)等动作；

2. 动作应准确可靠，无异常现象。金属结构不得出现永久变形、可见裂纹、油漆脱落以及连接损坏、松动等现象。

6.11.1.11 使用管理

11.0.1 使用单位应建立设备档案，档案内容应包括下列项目：

1. 安装检测及验收记录；

2. 大修及更换主要零部件记录；

3. 设备安全事故记录；

4. 累计运转记录。

11.0.2 物料提升机必须由取得特种作业操作证的人员操作。

11.0.3 物料提升机严禁载人。

11.0.4　物料应在吊笼内均匀分布，不应过度偏载。

11.0.5　不得装载超出吊笼空间的超长物料，不得超载运行。

11.0.6　在任何情况下，不得使用限位开关代替控制开关运行。

11.0.7　物料提升机每班作业前司机应进行作业前检查，确认无误后方可作业。应检查确认下列内容：

1. 制动器可靠有效；

2. 限位器灵敏完好；

3. 停层装置动作可靠；

4. 钢丝绳磨损在允许范围内；

5. 吊笼及对重导向装置无异常；

6. 滑轮、卷筒防钢丝绳脱槽装置可靠有效；

7. 吊笼运行通道内无障碍物。

11.0.8　当发生防坠安全器制停吊笼的情况时，应查明制停原因，排除故障，并应检查吊笼、导轨架及钢丝绳，应确认无误并重新调整防坠安全器后运行。

11.0.9　物料提升机夜间施工应有足够照明，照明用电应符合现行行业标准《施工现场临时用电安全技术规范》JGJ 46 的规定。

11.0.10　物料提升机在大雨、大雾、风速 13 m/s 及以上大风等恶劣天气时，必须停止运行。

11.0.11　作业结束后，应将吊笼返回最底层停放，控制开关应扳至零位，并应切断电源，锁好开关箱。

附录A　附墙架构造图

A.0.1　型钢制作的附墙架与建筑结构的连接可预埋专用铁件，用螺栓连接（图 A.0.1）。

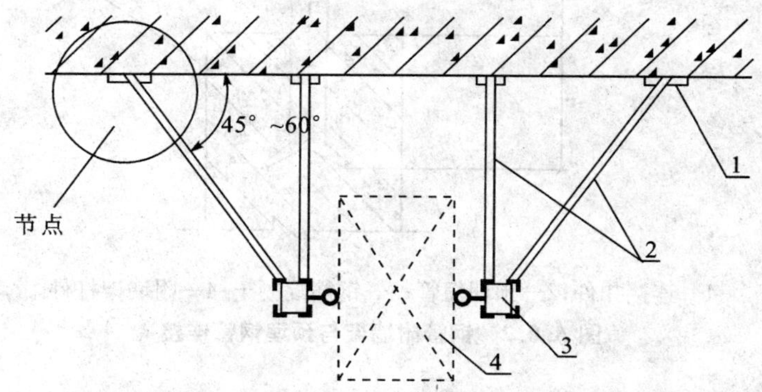

1—预埋铁件；2—附墙架；3—龙门架立柱；4—吊笼

图 A.0.1-1　型钢附墙架与埋件连接

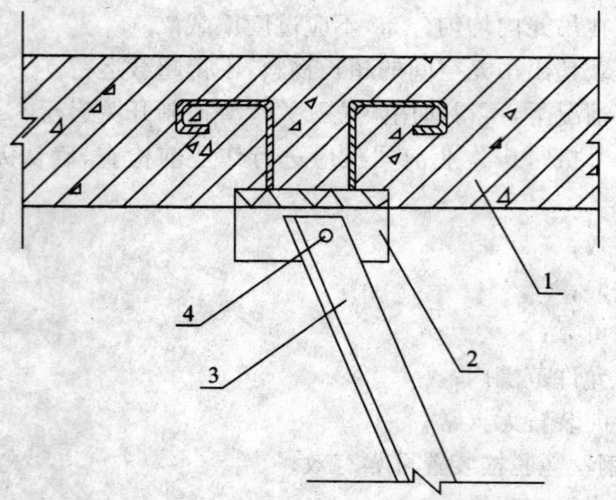

1—混凝土构件；2—预埋铁件；3—附墙架杆件；4—连接螺栓

图 A.0.1-2　节点详图

A.0.2　用钢管制作的附墙架与建筑结构连接，可预埋与附墙架规格相同的短管（图 A.0.2）用扣件连接。预埋短管悬臂长度 a 不得大于 200 mm，埋深长度 h 不得小于 300 mm。

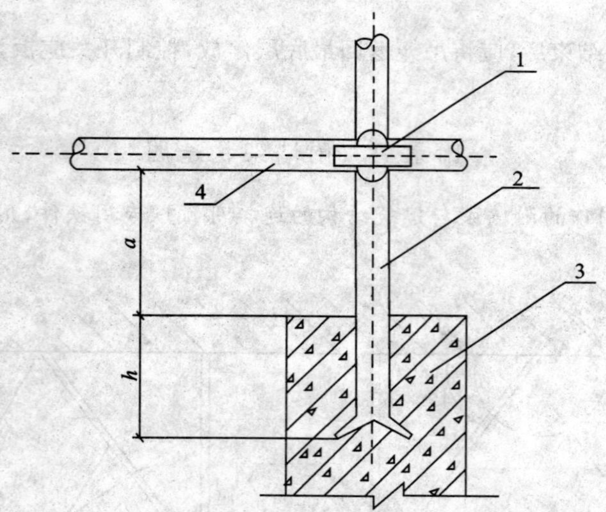

1—连接扣件；2—预埋短管；3—钢筋混凝土；4—附墙架杆件

图 A.0.2　钢管附墙架与预埋钢管连接

附录B　龙门架及井架物料提升机安装验收表

表B　龙门架及井架物料提升机安装验收表

<table>
<tr><td>工程名称</td><td></td><td>安装单位</td><td colspan="2"></td></tr>
<tr><td>施工单位</td><td></td><td>项目负责人</td><td colspan="2"></td></tr>
<tr><td>设备型号</td><td></td><td>设备编号</td><td colspan="2"></td></tr>
<tr><td>安装高度</td><td></td><td>附着形式</td><td colspan="2"></td></tr>
<tr><td>安装时间</td><td colspan="4"></td></tr>
<tr><td>验收项目</td><td colspan="2">验收内容及要求</td><td>实测结果</td><td>结论
（合格√，不合格×）</td></tr>
<tr><td rowspan="5">1. 基础</td><td colspan="2">1)基础承载力符合要求</td><td></td><td></td></tr>
<tr><td colspan="2">2)基础表面平整度符合说明书要求</td><td></td><td></td></tr>
<tr><td colspan="2">3)基础混凝土强度等级符合要求</td><td></td><td></td></tr>
<tr><td colspan="2">4)基础周边有排水设施</td><td></td><td></td></tr>
<tr><td colspan="2">5)与输电线路的水平距离符合要求</td><td></td><td></td></tr>
<tr><td rowspan="3">2. 导轨架</td><td colspan="2">1)各标准节无变形，无开焊及严重锈蚀</td><td></td><td></td></tr>
<tr><td colspan="2">2)各节点螺栓紧固力矩符合要求</td><td></td><td></td></tr>
<tr><td colspan="2">3)导轨架垂直度≤0.15%，导轨对接阶差≤1.5 mm</td><td></td><td></td></tr>
<tr><td rowspan="5">3. 动力系统</td><td colspan="2">1)卷扬机卷筒节径与钢丝绳直径的比值≥30</td><td></td><td></td></tr>
<tr><td colspan="2">2)吊笼处于最低位置时，卷筒上的钢丝绳不应少于3圈</td><td></td><td></td></tr>
<tr><td colspan="2">3)曳引轮直径与钢丝绳的包角≥150°</td><td></td><td></td></tr>
<tr><td colspan="2">4)卷扬机(曳引轮)固定牢固</td><td></td><td></td></tr>
<tr><td colspan="2">5)制动器、离合器工作可靠</td><td></td><td></td></tr>
<tr><td rowspan="5">4. 钢丝绳与滑轮</td><td colspan="2">1)钢丝绳安全系数符合设计要求</td><td></td><td></td></tr>
<tr><td colspan="2">2)钢丝绳断丝、磨损未达到报废标准</td><td></td><td></td></tr>
<tr><td colspan="2">3)钢丝绳及绳夹规格匹配，紧固有效</td><td></td><td></td></tr>
<tr><td colspan="2">4)滑轮直径与钢丝绳直径的比值≥30</td><td></td><td></td></tr>
<tr><td colspan="2">5)滑轮磨损未达到报废标准</td><td></td><td></td></tr>
<tr><td rowspan="2">5. 吊笼</td><td colspan="2">1)吊笼结构完好，无变形</td><td></td><td></td></tr>
<tr><td colspan="2">2)吊笼安全门开启灵活有效</td><td></td><td></td></tr>
<tr><td rowspan="3">6. 电气系统</td><td colspan="2">1)供电系统正常，电源电压380 V±5%</td><td></td><td></td></tr>
<tr><td colspan="2">2)电气设备绝缘电阻值≥0.5 MΩ，重复接地电阻值≤10 Ω</td><td></td><td></td></tr>
<tr><td colspan="2">3)短路保护、过电流保护和漏电保护齐全可靠</td><td></td><td></td></tr>
</table>

（续表）

验收项目	验收内容及要求	实测结果	结论（合格√，不合格×）
7. 附墙架	1)附墙架结构符合说明书的要求		
	2)自由端高度、附墙架间距≤6 m，且符合设计要求		
8. 缆风绳与地锚	1)缆风绳的设置组数及位置符合说明书要求		
	2)缆风绳与导轨架连接处有防剪切措施		
	3)缆风绳与地锚夹角在45°～60°之间		
	4)缆风绳与地锚用花篮螺栓连接		
9. 安全与防护装置	1)防坠安全器在标定期限内，且灵敏可靠		
	2)起重量限制器灵敏可靠，误差值不大于额定值的5%		
	3)安全停层装置灵敏有效		
	4)限位开关灵敏可靠，安全越程≥3 m		
	5)进料门口、停层平台门高度及强度符合要求，且达到工具化、标准化要求		
	6)停层平台及两侧防护栏杆搭设高度符合要求		
	7)进料口防护棚长度≥3 m，且强度符合要求		

验收结论：

验收负责人：　　　　验收日期：　　年　　月　　日

单位			
施工总承包单位		验收人	
安装单位		验收人	
使用单位		验收人	
租赁单位		验收人	
监理单位		验收人	

6.11.2　龙门架及井架物料提升机安全技术规范条文说明

6.11.2.1　总则

1.0.3　龙门架及井架物料提升机(简称物料提升机)属建筑施工超重机械,其设计,制作、安装、拆除及使用除应符合本规范外,尚应符合现行国家标准《施工升降机安全规程》GB10055,《起重机设计规范》GB/T 3811、《施工升降机》GB/T 10054 等相关标准的规定。

6.11.2.3　基本规定

3.0.3　起重量限制器、防坠安全器是保证物料提升机安全运行的重要安全装置。目前,有些物料提升机安装使用自制的非标安全装置,不能确保灵敏可靠。所以本条款规定起重量限制器、防坠安全器应为正式产品,并必须经型式检验合格。

3.0.5　自升平台兼作天梁时,在工作状态应采用螺栓与导轨架刚性连接,目的是增加导轨架的刚度和稳定性。

自升平台也是物料提升机安装、拆除作业人员的工作平台。按现行行业标准《建筑施工高处作业安全技术规范》JGJ 80 的规定,平台四周应设置防护栏杆及挡脚板。同时为确保作业人员安全,规定自升平台应安装渐进式防坠安全器。

3.0.8　本条款是依据国务院令第 373 号《特种设备安全监察条例》第二章第十四条规定;"锅炉、压力容器、起重机械等设施及其安全附件,安全保护装置的制造、安装、改造单位,应当经国务院特种设备安全监管部门许可,方可从事相应的活动。"

3.0.9　导轨架的设计强度决定了附墙架间距、自由端高度及缆风绳的设置。导轨架截面形状、几何尺寸不同则刚度不同,制造商应依据现行国家标准《起重机设计规范》GB/T 3811.经设计计算确定。本规范不宜对附墙架闯距、自由端高度及缆风绳设置作具体规定,制造商应在说明书中作出明确规定,

3.0.10　目前,国内各省市使用的物料提升机,在设计制作精度、传动方式及安装工艺程序方面相对比较简易,特别是停层装置多为手动连杆机掏,停层的准确度较差,不适于高架物料提升机。另外,安装工艺程序受物料提升机构造所限,仍存在人工安装作业的现象,作业安全度很低。同时额定超重量过大,会加大电动机功率及导轨架、吊笼等结构尺寸,不经济。本规范在考虑安全,经济的同时,规定物料提升机安全高度不宜超过 30 m;额定起重量不宜超过 160 kN,并对安装高度超过 30 m 的物料提升机提出了附加的技术条件。

6.11.2.4　结构设计与制作

6.11.2.4.1　结构设计

4.1.2　物料提升机结构设计时,按现行国家标准《起重机设计规范》GB/T 3811 规定,考虑常规荷载、偶然荷载及特殊荷载,对于导轨架、吊笼特别应考虑当采用瞬时式防坠器动作时所产生的冲击荷载。

4.1.4～4,1.6　本内容是依据现行国家标准《起重机设计规范》GB/T 3811 并结合调研制定的。

4.1.8　本条款是依据现行国家标准《施工升降机》GB/T 10054 相关规定制定的。

4.1.10　物料提升机的自由端高度、附墙架间距，取决于导轨架的设计强度。考虑既经济又安全的同时，结合施工现场实际，提出不宜超过 6 m。

4.1.11　轨架与导轨的作用不同。制作精度也不同。导轨架是承重构件，如兼作导轨，安装精度不易达到要求，同时会被磨损减薄，造成整体强度减弱，既不合理又不安全。

6.11.2.4.2　制作

4.2.5　龙门架底节采用无缝钢管既可防止冬季管内进水冻胀变形开裂，又可对架体起到增强作用。

6.11.2.5　动力与传动装置

6.11.2.5.1　卷扬机

5.1.4　本条款依照国家标准《施工升降机安全规程》GB 10055—2007 中第 9.3.5 条规定，目的是控制卷扬机合理的钢丝绳容量，防止钢丝绳脱出卷筒。

5.1.5　钢丝绳与卷筒的连接，一般采用压板紧固，该压紧装置的压紧力不能克服卷扬机的牵引力，所以必须借助钢丝绳在卷筒上的摩擦力。通过计算卷筒上留有 2 圈钢丝绳即可满足要求，规定不少于 3 圈更安全。

5.1.6　本条款依照国家标准《施工升降机安全规程》GB 10055—2007 中第 9.3.11 条规定，该保护装置应有足够的强度，确保安全可靠。

5.1.7　摩擦式卷扬机无反转功能，吊笼下降时无动力控制，下降速度易失控。同时对导轨架产生的冲击力较大，存在安全隐患，所以物料提升机严禁使用摩擦式卷扬机。

6.11.2.5.2　曳引机

5.2.1　钢丝绳在曳引轮上的包角小于 150°时由于摩擦力不足，容易产生打滑现象，造成曳引传动失效。

5.2.2　曳引钢丝绳为 2 根及以上时，由于安装等误差，造成钢丝绳受力不均，所以应设置曳引力自动平衡装置。

6.11.2.5.3　滑轮

5.3.3　物料提升机的滑轮等构造设计不应采用非标做法，滑轮与吊笼使用钢丝绳等柔性连接，由于相对位置不固定，容易加速钢丝绳及滑轮的磨损，采用开口拉板式滑轮，容易造成钢丝绳脱出，引发安全事故。

6.11.2.5.4　钢丝绳

5.4.6　国家标准《超重机设计规范》GB/T 3811—2008 中第 9.4.1.1.6 条规定，当钢丝绳直径≤19 mm 时，绳夹数量不应少于 3 个，绳夹夹座应安放在长绳一侧，并应保证连接强度不小于钢丝绳破断拉力的 85％。

6.11.2.6　安全装置与防护设施

6.11.2.6.1　安全装置

6.1.1　起重量限制器的功能：一是限制最大起重量，保证物料提升机结构、机构不会因起重量过大而被破坏；二是吊笼若在上升过程中受阻，当阻力达到起重量限制器动作值时，可使吊笼断电制停，防止事故的发生。目前起重量限制器大多采用机械式。

6.1.2　防坠安全器的功能：当吊笼发生断绳时。防坠安全器将带有额定起重量的吊笼制停，并不应造成结构损坏，依照现行国家标准《施工升降机安全规程》GB 10055 的规定，物料提升机可采用瞬时式防坠安全器，但有些物料提升机采用一种非标弹射式防坠器，此种防坠器在设计上存在缺陷，动作不可靠，故应禁

止使用。

6.1.3　安全停层装置与防坠安全器功能不同，所以两项装置必须单独设置。安全停层装置应采用刚性结构，保证动作安全可靠。禁止使用钢丝绳，挂链等非刚性结构替代停层装置。

6.1.4　上限位开关是防止因司机误操作或电气故障，使吊笼超越安全越程，发生冲顶事故的安全装置。安全越程大，相对安全，但过大又不实际，故将安全越程规定为3 m。

6.1.7　因施工现场条件所限(或安装高度超过30 m的物料提升机)，造成司机作业视线不良，不能清楚看到每层装卸料作业时，必须装设具有语音和影像功能的通信装置，并保证信号准确、清晰无误，防止误操作。

6.11.2.6.2　防护设施

6.2.1　本条款依据国家标准《施工升降机安全规程》GB 10055—2007中第4.2条规定。

6.2.2　有些现场为图方便，在原有脚手架的基础上增加几道小横杆再铺脚手板，便完成了停层平台的搭设，由于平台长度与外脚手架宽度相同，卷扬机司机不能清晰看到台口内的情况，容易引发误操作事故。若将平台长度加大，其外边缘至脚手架外侧立杆的水平距离不小于1 m.这样视线不良的问题解决了，可防止

误操作事故的发生。

平台门不仅应做到工具式、定型化，其安装位置也很重要。有的现场将平台门安装在靠近建筑物一侧，这样就失去了平台门的防护作用，所以规定平台门的安装位置与台口外边缘的距离不应大于200 mm，以便起到临边防护的作用。

6.2.3、6.2.4　进料口防护棚、卷扬机操作棚是防止物体打击的防护设越，其长度是参照现行国家标准《高处作业分级》GB3608中对物体坠落半径说明规定的。卷扬机操作棚主要强调定型化，同时应有足够的操作空间，并具有防雨、防风等功能。

6.11.2.7　电气

7.0.2　根据现行国家标准《通用用电设备配电设计规范》GB 50055和现行行业标准《施工现场临时用电安全技术规范》JGJ 46的规定，对电气设备应进行漏电、短路、过载及失压保护，确保电气设备及人身安全。

7.0.3　施工现场用电环境恶劣，因此电气设备及线路的绝缘电阻值必须达到规定标准方可使用。

7.0.5　为保证司机安全操作，对便携式控制开关的线路电压要求不太于36 V。引线过长容易导致碾压、挂扯情况，因此将其长度限定在5 m以内。

7.0.7　根据行业标准《施工现场临时用电安全技术规范》JGJ 46—2005中第9.1.5条的规定，正、反向运转控制装置中的控制电器应采用接触器、继电器等自动控制电器，不得采用手动双向转换开关作为控制电器。

6.11.2.8　基础、附墙架、缆风绳与地锚

6.11.2.8.1　基础

8.1.1～8.1.2 物料提升机的基础与安装高度、施工荷载及现场地质情况有关，对安装高度超过 30 m 的物料提升机应进行设计计算，对安装高度小于 30 m 的物料提升机可按本规定直接选用，必要时可进行验算确定。

6.11.2.8.2 附墙架

8.2.2 附墙架是增加物料提升机刚度、保证稳定性的重要设施，应尽量选用制造商提供的标准件；当标准件不能满足要求时，可经计算确定，并应符台率条款的规定。

6.11.2.8.3 缆风绳

8.3.1 本规定中“安装条件受到限制不能使用附墙架时”，是指工程结构部位尚未达到设置附墙架的高度。

缆风绳设置的位置应按说明书的规定，对双立柱门架式物料提升机.当中间设置缆风绳时，可能由于水平分力的作用造成立柱受弯变形。此时应采取横向连接加固的措施保证整体刚度。

8.3.2 物料提升机安装高度超过 30 m 时，使用缆风绳不但给现场施工带来不便，而且对保证提升机的稳定也是不利的，所以必须采用附墙架，以确保安全。

6.11.2.8.4 地锚

8.4.2 经试验，当在地面打入两根 Φ48 钢管，深度 1.7 m 时，若两根钢管沿受力方向前后间隔 1 m.并分别接 45°、60°承拉时拉力来达到 10 kN 就会产生位移，原因是两根钢管不能同时受力。但将两根钢管并排(两根钢管中心线与受力方向垂直)间隔 1 m 设置时，其拉力可达 12 kN。

6.11.2.9 安装、拆除与验收

6.11.2.9.1 安装、拆除

9.1.1 物料提升机为建筑起重机械，依照《特种设备安全监察条例》、《建设工程安全生产管理条例》规定，其安装、拆除单位应具有相应的资质。安装、拆除等作业人员必须经专门培训，取得特种作业资格证。

9.1.2、9.1.3 依照建设部《危险性较大的分部分项工程安全管理办法》规定，物料提升机安装、拆除作业，应编制专项施工方案，并应经本单位技术负责人审批后实施。专项施工方案应明确防坠安全器、起重量限翩器等主要安全装置的调试程序。

9.1.5 本条款是依据现行国家标准《塔式起重机安全规程》GB5144 和现行行业标准《施工现场临时用电安全技术规范》JGJ 46 的规定。

9.1.6 本条款依据国家标准《施工升降机安全规程》GB 10005—2007 中第 9.3.7 条规定。

9.1.8 调研中发现许多施工现场采用简易托架来解决钢丝绳拖地的问题。效果不好。设置钢丝绳防护槽是解决钢丝绳拖地的有效措施，既简单又实用。

6.11.2.9.2 验收

9.2.1 物料提升机的验收是对其安装质量评价的重要程序，依照《建设工程安全生产管理条例》的规定，验收必须有文字记录，并有相关责任人签字确认。

6.11.2.10 检验规则与试验方法

6.11.2.10.1 检验规则

10.1.3　本条款判定规则依据国家标准《施工升降机》GBT 10054—2005 中第 7.4.2 条规定。

10.1.4　使用过程检验参照现行国家标准《施工升降机》GB/T10054、《塔式起重机技术条件》GB/T 9462 的规定。

6.11.2.10.2　试验方法

10.2.1～10.2.2　试验条件、试验内容参照现行国家标准《施工升降机》GB/T 10054 及其他相关规定制定。

6.11.2.11　使用管理

11.0.2　物料提升机属建筑起重机械，依据建设部建质(2008)75 号文件要求，其司机应取得特种作业操作资格，持证上岗。

11.0.3　本规范的物料提升机不具备载人的安全装置，故只允许运送物料，严禁载人。

6.12　施工现场临时建筑物技术规范

《施工现场临时建筑物技术规范》(JGJ/T 188—2009)

本规范的主要技术内容是：1. 总则；2. 术语；3. 基本规定；4. 基地与总平面；5. 建筑设计；6. 建筑防火；7. 结构设计；8. 建筑设备；9. 施工安装；10. 质量验收；11. 使用与维护；12. 拆除与回收；附录 A　活动房质量检查表；附录 B　建筑设备安装质量检查记录表；附录 C　临时建筑工程质量验收记录表。

6.12.1　施工现场临时建筑物技术规范

6.12.1.1　总则

1.0.1　为加强房屋建筑工程和市政公用工程施工现场临时建筑物工程建设和使用管理，保障作业人员的安全和健康，保护生态环境，节约资源，规范施工现场临时建筑物的建设和使用，制定本规范。

1.0.2　本规范适用于房屋建筑工程和市政公用工程施工现场临时建筑物的设计、施工安装、验收、使用与维护、拆除与回收。

1.0.3　施工现场临时建筑物的建设和使用应执行国家有关节能、节地、节水、节材和环境保护等法规。

1.0.4　本规范规定了施工现场临时建筑物的建设、使用、拆除及回收的基本技术要求。当本规范与国家法律、行政法规的规定相抵触时，应按国家法律、行政法规的规定执行。

1.0.5　施工现场临时建筑物的建设、使用、拆除及回收除应符合本规范外，尚应符合国家现行有关标准的规定。

6.12.1.2　术语

2.0.1　施工现场 construction site：房屋建筑工程、市政公用工程的施工作业区、办公区和生活区。

2.0.2　施工现场临时建筑物 temporary building of construction site:施工现场使用的暂设性的办公用房、生活用房、围挡等建(构)筑物,简称临时建筑。

2.0.3　装配式活动房 prefabricated mobile house:以轻钢为主要受力构件和轻质板材做围护,能够方便快捷地进行组装与拆卸,可重复使用的建筑物,简称活动房。

2.0.4　轻型屋面砌体建筑 masonry building with light roof:采用块材砌筑的墙体、轻型瓦材和木(或钢木)屋架、轻钢屋架组成的暂设性建筑,简称砌体建筑。

2.0.5　拆卸 disassemble:将装配式建筑的构、配件拆解并卸下的过程。

2.0.6　拆除 demolition:对建筑物无法重复使用的构件进行肢解、破碎、拆毁的过程。

6.12.1.3　基本规定

3.0.1　临时建筑应由专业技术人员编制施工组织设计,并应经企业技术负责人批准后方可实施。临时建筑的施工安装、拆卸或拆除应编制施工方案,并应由专业人员施工、专业技术人员现场监督。

3.0.2　临时建筑建设场地应具备路通、水通、电通、讯通和平整的条件。

3.0.3　临时建筑、施工现场、道路及其他设施的布置应符合消防、卫生、环保和节约用地的有关要求。

3.0.4　临时建筑层数不宜超过两层。

3.0.5　临时建筑设计使用年限应为5年。

3.0.6　临时建筑结构选型应遵循可循环利用的原则,并应根据地理环境、使用功能、荷载特点、材料供应和施工条件等因素综合确定。

3.0.7　临时建筑不宜采用钢筋混凝土楼面、屋面结构;严禁采用钢管、毛竹、三合板、石棉瓦等搭设简易的临时建筑物;严禁将夹芯板作为活动房的竖向承重构件使用。

3.0.8　临时建筑所采用的原材料、构配件和设备等,其品种、规格、性能等应满足设计要求并符合国家现行标准的规定,不得使用已被国家淘汰的产品。

3.0.9　活动房主要承重构件的设计使用年限不应小于20年,并应有生产企业、生产日期等标志。活动房构件的周转使用次数不宜超过10次,累计使用年限不宜超过20年。当周转使用次数超过10次或累计使用年限超过20年时,应进行质量检测,合格后方可继续使用。

3.0.10　临时建筑应根据当地气候条件,采取抵抗风、雪、雨、雷电等自然灾害的措施。

6.12.1.4　基地与总平面

6.12.1.4.1　基地

4.1.1　临时建筑不应建造在易发生滑坡、坍塌、泥石流、山洪等危险地段和低洼积水区域,应避开水源保护区、水库泄洪区、濒险水库下游地段、强风口和危房影响范围,且应避免有害气体、强噪声等对临时建筑使用人员的影响。

4.1.2　当临时建筑建造在河沟、高边坡、深基坑边时,应采取结构加强措施。

4.1.3　临时建筑不应占压原有的地下管线;不应影响文物和历史文化遗产的保护与修复。

4.1.4 临时建筑的选址与布局应与施工组织设计的总体规划协调一致。

6.12.1.4.2 总平面

4.2.1 办公区、生活区和施工作业区应分区设置，且应采取相应的隔离措施，并应设置导向、警示、定位、宣传等标识。

4.2.2 办公区、生活区宜位于建筑物的坠落半径和塔吊等机械作业半径之外。

4.2.3 临时建筑与架空明设的用电线路之间应保持安全距离。临时建筑不应布置在高压走廊范围内。

4.2.4 办公区应设置办公用房、停车场、宣传栏、密闭式垃圾收集容器等设施。

4.2.5 生活用房宜集中建设、成组布置，并宜设置室外活动区域。

4.2.6 厨房、卫生间宜设置在主导风向的下风侧。

6.12.1.5 建筑设计

6.12.1.5.1 一般规定

5.1.1 临时建筑各类用房的功能配置，应根据建设规模与现场情况确定。

5.1.2 临时建筑的平面设计应根据场地条件、使用要求、结构选型、生产制作等情况确定，并应符合现行国家标准《建筑模数协调统一标准》GBJ 2 的规定。

5.1.3 餐厅、资料室应设在临时建筑的底层，会议室宜设在临时建筑的底层。

5.1.4 办公用房、宿舍宜采用活动房，围挡宜选用彩钢板。

5.1.5 临时建筑的体形宜规整，应有自然通风和采光，并应满足节能要求。

5.1.6 临时建筑外窗可开启面积不应小于整窗面积的 30%，并应有良好的气密性、水密性和保温隔热性能。办公用房和宿舍的窗地面积比不宜小于 1/7。

5.1.7 严寒和寒冷地区外门应采取防寒措施。夏热冬暖和夏热冬冷地区的外窗宜设置外遮阳。

5.1.8 屋面、外墙、外门窗应采取防止雨、雪渗漏的措施。

5.1.9 临时建筑地面应采取防水、防潮、防虫等措施，且应至少高出室外地面 150 mm。临时建筑周边应排水通畅、无积水。

5.1.10 临时建筑屋面应为不上人屋面。

6.12.1.5.2 办公用房

5.2.1 办公用房宜包括办公室、会议室、资料室、档案室等。

5.2.2 办公用房室内净高不应低于 2.5 m。

5.2.3 办公室的人均使用面积不宜小于 4 m^2，会议室使用面积不宜小于 30 m^2。

6.12.1.5.3 生活用房

5.3.1 生活用房宜包括宿舍、食堂、餐厅、厕所、盥洗室、浴室、文体活动室等。

5.3.2 宿舍应符合下列规定：

1. 宿舍内应保证必要的生活空间，人均使用面积不宜小于 2.5 m^2，室内净高不应低于 2.5 m。每间宿舍居住人数不宜超过 16 人。

2. 宿舍内应设置单人铺，层铺的搭设不应超过 2 层。

3. 宿舍内宜配置生活用品专柜，宿舍门外宜配置鞋柜或鞋架。

5.3.3 食堂应符合下列规定：

1. 食堂与厕所、垃圾站等污染源的距离不宜小于 15 m，且不应设在污染源的下风侧。

2. 食堂宜采用单层结构，顶棚宜设吊顶。

3. 食堂应设置独立的操作间、售菜(饭)间、储藏间和燃气罐存放间。

4. 操作间应设置冲洗池、清洗池、消毒池、隔油池；地面应做硬化和防滑处理。

5. 食堂应配备机械排风和消毒设施。操作间油烟应经处理后方可对外排放。

6. 食堂应设置密闭式泔水桶。

5.3.4 厕所、盥洗室、浴室应符合下列规定：

1. 施工现场应设置自动水冲式或移动式厕所。

2. 厕所的厕位设置应满足男厕每 50 人、女厕每 25 人设 1 个蹲便器，男厕每 50 人设 1 m 长小便槽的要求。蹲便器间距不应小于 900 mm，蹲位之间宜设置隔板，隔板高度不宜低于 900 mm。

3. 盥洗间应设置盥洗池和水嘴。水嘴与员工的比例宜为 1∶20，水嘴间距不宜小于 700 mm。

4. 淋浴间的淋浴器与员工的比例宜为 1∶20，淋浴器间距不宜小于 1 000 mm。

5. 淋浴间应设置储衣柜或挂衣架。

6. 厕所、盥洗室、淋浴间的地面应做硬化和防滑处理。

5.3.5 施工现场宜单独设置文体活动室，使用面积不宜小于 50 m^2。

6.12.1.6 建筑防火

6.0.1 临时建筑场地应设有消防车道，且消防车道的宽度不应小于 4.0 m，净空高度不应小于 4.0 m。

6.0.2 临时建筑的耐火等级、最多允许层数、最大允许长度、防火分区的最大允许建筑面积应符合表 6.0.2 的规定。

表 6.0.2 临时建筑的耐火等级、最多允许层数、最大允许长度、防火分区的最大允许建筑面积

临时建筑	耐火等级	最多允许层数	最大允许长度(m)	防火分区的最大允许建筑面积(m^2)
宿舍	四级	2	60	600
办公用房	四级	2	60	600
食堂	四级	1	60	600

6.0.3 防火间距应符合下列规定：

1. 临时建筑距易燃易爆危险物品仓库等危险源的距离不应小于 16 m。

2. 对于成组布置的临时建筑，每组数量不应超过 10 幢，幢与幢之间的间距不应小于 3.5 m，组与组之间的间距不应小于 8.0 m。

6.0.4 安全疏散应符合下列规定：

1. 临时建筑的安全出口应分散布置。每个防火分区、同一防火分区的每个楼层，其相邻两个安全出口最近边缘之间的水平距离不应小于 5.0 m。

2. 对于两层临时建筑，当每层的建筑面积大于 200 m^2 时，应至少设两个安全出口或疏散楼梯；当每层的建筑面积不大于 200 m^2 且第二层使用人数不超过 30 人时，可只设置一个安全出口或疏散楼梯。当临时建筑超过两层时，应按现行国家规范《建筑设计防火规范》GB 50016 执行。

3. 房间门至疏散楼梯的距离不应大于 25.0 m，采用自熄性轻质材料做芯材的彩钢夹芯板作围护结构的房间门至疏散楼梯的距离不应大于 15.0 m。

4. 疏散楼梯和走廊的净宽度不应小于 1.0 m，楼梯扶手高度不应低于 0.9 m，外廊栏杆高度不应低于 1.05 m。

6.0.5　使用温度超过 80℃的场所，不应采用自熄性轻质材料做芯材的彩钢夹心板。

6.0.6　厨房墙体的耐火极限不应低于 0.50 h。厨房灶具、烟道等高温部位应采取防火隔热措施。

6.0.7　每 100 m^2临时建筑应至少配备两具灭火级别不低于 3A 的灭火器，厨房等用火场所应适当增加灭火器的配置数量。

6.12.1.7　结构设计

6.12.1.7.1　一般规定

7.1.1　临时建筑的结构设计应采用以概率理论为基础的极限状态设计方法，以分项系数设计表达式进行计算。

7.1.2　临时建筑结构应按照承载能力极限状态和正常使用极限状态进行设计。

7.1.3　临时建筑结构设计应满足抗震、抗风要求，并应进行地基和基础承载力计算。

7.1.4　临时建筑的结构安全等级不应低于三级；结构重要性系数不应小于 0.9。

7.1.5　临时建筑的抗震设防类别应为丁类。

7.1.6　临时建筑的结构计算模型应符合其主要受力特征和构造状况。

7.1.7　临时建筑的结构体系应符合下列规定：

1. 应采用几何不变体系；

2. 结构布置宜规则、对称，质量和刚度沿建筑物高度方向的变化宜均匀；

3. 所有构件之间应有可靠的连接和必要的锚固、支撑，保证结构的刚度和整体性；

4. 应具有直接、合理的传力途径。

7.1.8　办公用房、宿舍宜采用钢框架、钢排架或门式刚架等承重结构体系；食堂宜选用钢框架或门式刚架等轻型钢结构承重结构体系。

7.1.9　活动房和砌体建筑的层高、总高度及跨度限值不宜超过表 7.1.9 的规定。

表 7.1.9　活动房和砌体建筑的层高、总高度及跨度限值

结构类型	层数	层高(m)	总高度(m)	跨度(m)
活动房	单层	5.5	5.5	9.1
	二层	3.5	6.5	9.1
砌体建筑	单层	4.0	4.0	6.0

7.1.10　附着在临时建筑上的设施、设备应与主体结构有可靠的连接，并应进行受力验算。

7.1.11　钢结构主要受力构件的防火保护层应根据临时建筑的耐火等级进行设计。

7.1.12　在活动房的设计文件中应明确钢材除锈等级与方法、防火与防腐涂料性能及涂层厚度等要求。

7.1.13　活动房闭口截面构件沿全长和端部均应焊接封闭。当主构件采用两根C型薄壁型钢焊接制作时，应在C型薄壁型钢外侧接缝处进行防水密封处理。

6.12.1.7.2　材料

7.2.1　现浇混凝土强度等级不应低于C20，预制混凝土构件的强度等级不应低于C25。

7.2.2　钢筋混凝土构件用的纵向受力钢筋宜选用HRB400级和HRB335级热轧钢筋，箍筋宜选用HRB335、HPB235级热轧钢筋。

7.2.3　活动房承重结构用的钢材宜根据结构形式、荷载特征以及工作环境等因素综合选用，并应符合下列规定：

1.冷弯薄壁型钢、轻型热轧型钢、圆钢拉杆和连结钢板等，应采用符合现行国家标准《碳素结构钢》GB/T 700的Q235钢或《低合金高强度结构钢》GB/T 1591的Q345钢。

2.冷弯薄壁型钢的性能指标应满足现行国家标准《冷弯型钢》GB/T 6725及相关标准的要求。

7.2.4　钢材的强度设计值、性能指标应满足现行国家标准《钢结构设计规范》GB 50017和《冷弯薄壁型钢结构技术规范》GB50018的要求，并应符合下列规定；

1.经退火、焊接和热镀锌等热处理的冷弯薄壁型钢构件不得采用冷弯效应的强度设计值。

2.采用厚度小于4 mm的钢材或冷弯薄壁型钢时，钢材的强度设计值应降低5%。

7.2.5　承重砌体材料的选用应符合下列规定：

1.烧结多孔砖、蒸压粉煤灰砖、蒸压灰砂砖的强度等级不应低于MUIO。

2.混凝土砌块的强度等级不应低于MU5.0。

3.石材的强度等级不应低于MU20。

4.砌筑砂浆强度等级不应低于M2.5。

7.2.6　轻型瓦材屋面用承重木材的强度等级应符合现行国家标准《木结构设计规范》GB 50005的规定。

7.2.7　压型钢板可选用具有PE涂层的彩钢板或镀锌钢板。用于非承重的彩钢板厚度不应小于0.4 mm；彩钢板用于屋面时，彩钢板的厚度不应小于0.5 mm。

7.2.8　用于承重彩钢夹芯板的芯材体积密度不应小于15 kg/m^3，用于非承重彩钢夹芯板的芯材体积密度不应小于12 kg/m^3；板与芯材的粘结强度不应小于0.1 MPa。

7.2.9　计算下列情况的结构构件和连接时，本规范第7.2.4条规定的强度设计值，应乘以下列相应的折减系数：

1.平面格构式檩条的端部主要受压腹杆：0.85。

2.单面连接的单角钢杆件：

1)按轴心受力计算构件强度和连接：0.85；

2)按轴心受压计算构件稳定性：0.6＋0.001 4λ，其中λ为杆件的长细比。

3.两构件的连接采用搭接或其间填有垫板的连接以及单盖板的不对称连接：0.90。

上述几种情况同时存在时，其折减系数应连乘。

6.12.1.7.3　荷载与荷载效应

7.3.1　楼面均布活荷载标准值及其组合值系数应符合表7.3.1的规定。

表7.3.1　楼面均布活荷载标准值及其组合值系数

序号	类别	标准值(kN/m^2)	组合值系数(Ψ_c)
1	宿舍	2.0	0.7
2	走廊、楼梯	3.5	0.7
3	办公室	2.0	0.7
4	会议室	2.0	0.7
5	食堂	2.5	0.7
6	资料室	2.5	0.9
7	不上人屋面	0.5	0.7

注：(1)屋面均布活荷载与雪荷载不同时考虑，应取两者中的较大值；

(2)栏杆顶部水平荷载宜取1.0 kN/m；

(3)当实际荷载较大时，应按实际情况取值；

(4)表中未列出的楼面均布活荷载标准值应按现行国家标准《建筑结构荷载规范》GB 50009执行。

7.3.2　风荷载、雪荷载的取值应按现行国家标准《建筑结构荷载规范》GB 50009执行。

7.3.3　临时建筑结构在永久荷载、可变荷载作用下的内力和变形宜采用弹性分析的方法计算。

7.3.4　分析临时建筑结构的刚架、屋架、檩条的内力时，应考虑由于负风压作用引起构件内力变化的不利影响，且永久荷载的荷载分项系数应取1.0。

7.3.5　临时建筑结构构件按承载能力极限状态设计时，应根据现行国家标准《建筑结构荷载规范》GB 50009的要求采用荷载效应的基本组合进行计算。

7.3.6　临时建筑结构构件按正常使用极限状态设计时，应采用荷载效应的标准组合计算变形，并应符合相关变形限值的要求。

7.3.7　计算临时建筑结构构件和连接时，荷载效应组合、荷载分项系数、荷载组合系数的取值，应满足现行国家标准《建筑结构荷载规范》GB 50009的有关要求。

6.12.1.7.4　地基与基础

7.4.1　基础应埋入稳定土层，埋置深度不宜小于0.3 m，严寒与寒冷地区基础埋深应符合现行行业标准《冻土地区建筑地基基础设计规范》JGJ 118的有关规定。

7.4.2　同一结构单元的基础宜采用同一类型，基础底面宜埋置在同一标高上，当基础底面不在同一标高上时，应按1：2的台阶逐步放坡。

7.4.3　临时建筑宜采用天然地基，并应符合下列规定：

1.地基承载力特征值不应小于60 kPa，当遇到松散填土、暗浜时，应根据地基承载力要求进行地基处理或加固；

2. 对于符合本规范表 7.1.9 限值的临时建筑，可按照工程项目或邻近场地的岩土工程勘察报告进行地基承载力验算；

3. 对于不符合本规范表 7.1.9 限值的临时建筑，应按照临时建筑所在位置的岩土工程勘察报告进行地基承载力验算。

7.4.4　活动房宜采用预制混凝土基础。活动房基础设计除应满足现行国家标准《建筑地基基础设计规范》GB 50007 和《混凝土结构设计规范》GB 50010 的有关要求外，尚应符合下列规定：

1. 单层活动房的基底宽度不应小于 300 mm，厚度不应小于 150 mm；

2. 两层活动房的基底宽度不应小于 500 mm，厚度不应小于 200 mm。

7.4.5　砌体建筑、砌体围挡宜采用砖、石砌筑的条形基础或混凝土条形基础；基础的构造和尺寸除应满足现行国家标准《建筑地基基础设计规范》GB50007 的规定外，尚应符合下列规定：

1. 基底宽度不应小于 300 mm，厚度不应小于 150 mm；

2. 软弱土层上的砌体条形基础应设置地圈梁。地圈梁宽度不宜小于 200 mm，高度不应小于 120 mm；纵向钢筋不应小于 4Φ12，箍筋直径不应小于 Φ6，箍筋间距不应大于 250 mm，

3. 砌体围挡基础顶面宜高出地面 0.2 m。

7.4.6　彩钢板围挡宜采用预制混凝土基础，基础的构造和尺寸除应满足现行国家标准《建筑地基基础设计规范》GB 50007 的要求外，尚应符合下列规定：

1. 基础宽度不应小于 300 mm；

2. 基础厚度不应小于 150 mm。

7.4.7　湿陷性黄土、膨胀土等特殊地质上的地基基础应按国家现行有关标准的规定进行处理。

6.12.1.7.5　活动房设计与构造要求

7.5.1　活动房的设计应遵循标准化、定型化及通用化的原则。

7.5.2　活动房结构构件设计应符合现行国家标准《冷弯薄壁型钢结构技术规范》GB 50018《钢结构设计规范》GB 50017 的规定。

7.5.3　活动房节点应按照通用性强、连接可靠、坚固耐用、适应多次拆装的原则进行设计；各结构构件之间的连接应采用螺栓连接，不得采用现场焊接。

7.5.4　钢柱脚可采用预埋锚栓与柱脚板连接的外露式做法，并应符合下列规定：

1. 柱脚底面应至少高出室内地面 50 mm；

2. 门式刚架结构承重体系可采用铰接柱脚；钢排架、钢框架承重体系应采用刚接柱脚；

3. 柱脚锚栓应采用 Q235 钢或 Q345 钢制作，直径不宜小于 16 mm，数量不应少于 4 根。锚固长度不宜小于锚栓直径的 25 倍；当锚栓的锚固长度小于锚栓直径的 25 倍时，可加锚板，锚板厚度不宜小于 12 mm。

7.5.5　活动房的节点构造应符合下列规定：

1. 活动房杆件的轴线宜汇交于节点中心；

2. 钢排架承重体系中的梁与柱或主梁与次梁之间应采用直径不小于 12 mm 的螺栓连接，连接螺栓的数量应根据计算确定，并不应少于 2 个。

7.5.6　活动房的柱间垂直支撑宜分布均匀，并应符合下列规定：

1. 当采用钢排架轻型钢结构承重体系时，在山墙、端跨应设置外墙柱间垂直支撑，中间跨应间隔设置柱间垂直支撑。长度每超过 18 m 应增设一道隔墙，并应符合山墙的规定；

2. 当采用钢框架或门式刚架轻型钢结构承重体系时，在山墙、两端跨和外墙纵向长度每 45 m 应设置一道柱间垂直支撑；

3. 当采用带花篮式调节螺栓的交叉圆钢作为外墙柱间垂直支撑时，圆钢的直径不应小于 10 mm，圆钢与构件的夹角应在 30°～60°之间，宜为 45°；

4. 当房屋高度大于 1.6 倍的柱距时，柱间垂直支撑宜分层设置。

7.5.7　当采用钢排架轻型钢结构承重体系时，应设置屋面垂直支撑，并应符合下列规定：

1. 在设置纵向柱间垂直支撑的开间应同时设置屋面垂直支撑；

2. 当屋架跨度不大于 6 m 时，沿跨度方向设置的屋面垂直支撑不应少于 2 道；

3. 当屋架跨度大于 6 m 时，沿跨度方向设置的屋面垂直支撑不应少于 3 道。

7.5.8　活动房屋面水平支撑的设置应符合下列规定：

1. 设置纵向柱间支撑的开间宜同时设置屋面横向水平支撑。当采用钢排架轻型钢结构承重体系时，宜在屋架的上、下弦同时设置屋面横向水平支撑；

2. 未设置屋面垂直支撑的屋架间，相应于屋面垂直支撑的屋架上、下弦节点处应沿房屋纵向设置通长的刚性系杆；

3. 在柱顶、屋脊处应设置沿房屋纵向通长的刚性系杆，刚性系杆可由檩条兼作，檩条应按压弯杆件验算其强度、刚度和稳定性；

4. 由支撑斜杆组成的水平桁架，其直腹杆应按刚性系杆考虑。

7.5.9　山墙屋架的腹杆与山墙立柱宜上下对齐，在立柱与腹杆连接处沿立柱内、外两侧应设置长度不小于 2 m 的条形连接件，并应采用螺栓连接。

7.5.10　楼板、屋面板应与主体结构可靠连接，并应符合下列规定：

1. 采用木楼板时，宜将木格栅和木楼板预制成标准的装配单元，木楼板装配单元的支承长度不应小于 35 mm。木格栅的间距不应大于 600 mm。木格栅可采用矩形、木基材工字形截面，截面尺寸应通过计算确定；

2. 上弦节点处的檩条与屋架上弦应通过檩托板用螺栓连接；

3. 穿透屋面螺栓处应采取防渗漏措施。

7.5.11　活动房结构构件的厚度应符合下列规定：

1. 主要承重构件的钢板厚度不应小于 2.0 mm，且不宜大于 6.0 mm；用于檩条和墙梁的冷弯薄壁型钢的壁厚不应小于 1.5 mm；用于 H 型钢主刚架的钢板厚度不宜小于 2.3 mm；

2. 结构构件中受压板件的最大宽厚比应符合现行国家标准《冷弯薄壁型钢结构技术规范》GB 50018 的规定。

7.5.12　构件的允许长细比不宜超过表7.5.12的限值。

表7.5.12　构件的允许长细比

构件类别	允许长细比
主要承重构件(如受压柱、梁式桁架中的受压杆等)	150
其他构件及支撑	200
受拉构件	350
门式刚架	180

注:张紧的圆钢拉条的长细比不受此限。

7.5.13　活动房的层间位移不宜大于柱高的1/150;当采用门式刚架时,层间位移不宜大于柱高的1/60。

7.5.14　受弯构件的允许挠度应符合表7.5.14的规定。

表7.5.14　受弯构件的允许挠度

构件类别	允许竖向挠度
楼(屋)面梁、桁架	$L/200$
檩条、楼面板、屋面板、围护墙板	$L/150$
门式刚架	$L/180$
悬挑构件	$L/400$

注:L为受弯构件的长度。

7.5.15　走道托架应采用螺栓与结构柱可靠连接,当走廊宽度超过1.0 m时,走道托架端部应设置落地柱。

7.5.16　活动房结构构件不宜采取对接焊接的方式进行拼接,当需要采用焊接时,焊接的形式、焊缝质量等级要求、焊接质量保.证措施等除应满足现行国家标准《冷弯薄壁型钢结构技术规范》GB 50018的要求外,尚应符合下列规定:

1.梁、柱的拼接应设置在杆件内力较小的节间内,且应与杆件等强;

2.每根构件的接头不应超过1个;

3.焊接材料应与主体金属材料相匹配,当不同强度等级的钢材连接时,可采用与低强度钢材相适应的焊条;

4.焊缝的布置宜对称于构件的形心轴。

6.12.1.7.6　砌体建筑设计与构造要求

7.6.1　砌体建筑的结构静力计算应采用刚性方案,横墙间距不应大于16 m,并应符合下列规定:

1.墙体布置应闭合,纵横墙的布置宜均匀对称,在平面内宜对齐;同一轴线上的窗间墙宽度宜均匀;纵、横墙交接处应有拉结措施;烟道、通风道等竖向孔道不应削弱墙体承载力;

2.横墙中开有洞口时,洞口的水平截面积不应超过横墙面积的50%;

3. 横墙长度不宜小于其高度；

4. 承重墙厚度不宜小于 180 mm。

7.6.2 砌体建筑的屋盖宜采用钢木或轻钢屋架。

7.6.3 砌体建筑应在屋架下设置闭合的钢筋混凝土圈梁，并应符合下列规定：

1. 圈梁宽度应与墙厚相同，高度不应小于 120 mm，圈梁纵向配筋不应少于 4Φ10，钢筋搭接长度应根据受拉钢筋确定，箍筋宜为 Φ6@250 mm，

2. 纵横墙交接处的圈梁应有可靠的连接；

3. 圈梁与屋盖之间应采取可靠的锚固措施。

7.6.4 砌体建筑应在外墙、大房间四角设置钢筋混凝土构造柱，并应符合下列规定：

1. 构造柱与墙体的连接处的墙体应砌成马牙槎；

2. 应沿墙高每隔 500 mm 设 2Φ6 拉结钢筋，每边伸人墙内不少于 1 m。

7.6.5 屋盖应有足够的承载力和刚度；屋架端部应用直径不小于 Φ14 的锚栓与圈梁或构造柱锚固，锚栓的数量应经过计算确定，且不应少于 2 根。

7.6.6 檩条与桁架上弦锚固应根据屋架跨度、支撑方式及使用条件选用螺栓或其他可靠的锚固方法。

7.6.7 屋盖应根据结构的形式和跨度、屋面构造及荷载等情况选用上弦横向支撑或垂直支撑。

6.12.1.7.7 围挡

7.7.1 围挡宜选用彩钢板、砌体等硬质材料搭设，并应保证施工作业人员和周边行人的安全。

7.7.2 在软土地基上、深基坑影响范围内、城市主干道、流动人员较密集地区及高度超过 2 m 的围挡应选用彩钢板。

7.7.3 彩钢板围挡应符合下列规定：

1. 围挡的高度不宜超过 2.5 m；

2. 当高度超过 1.5 m 时，宜设置斜撑，斜撑与水平地面的夹角宜为 45°；

3. 立柱的间距不宜大于 3.6 m；

4，横梁与立柱之间应采用螺栓可靠连接；

5. 围挡应采取抗风措施。

7.7.4 砌体围挡的高厚比、强度应符合现行国家标准《砌体结构设计规范》GB 50003 的规定。

7.7.5 砌体围挡的结构构造应符合下列规定：

1. 砌体围挡不应采用空斗墙砌筑方式；

2. 砌体围挡厚度不宜小于 200 mm，并应在两端设置壁柱，壁柱尺寸不宜小于 370 mm ×490 mm，壁柱间距不应大于 5.0 m；

3. 单片砌体围挡长度大于 30 m 时，宜设置变形缝，变形缝两侧均应设置端柱；

4. 围挡顶部应采取防雨水渗透措施；

5. 壁柱与墙体间应设置拉结钢筋，拉结钢筋直径不应小于 6 mm，间距不应大于 500 mm，伸入两侧墙内的长度均不应小于 1 000 mm。

6.12.1.8　建筑设备

6.12.1.8.1　一般规定

8.1.1　建筑设备设计应做到安全可靠、经济合理、维护管理方便，并应整体协调。

8.1.2　临时建筑应考虑声、光、废弃物等对环境的影响，并应采取综合治理措施，确保周边环境安全。

8.1.3　临时建筑应采用节能和节水措施，并应采用节能型设备和节水型器具。

6.12.1.8.2　给水排水

8.2.1　临时建筑宜设置室内、外给水排水系统。

8.2.2　临时建筑的市政引入管上应设水表，各用水点可根据管理的需要分别设置水表。

8.2.3　临时建筑的水源可采用市政水源或自备水源。生活给水的饮用水系统、杂用水系统和热水系统的水质应满足使用要求，并应符合国家现行有关卫生标准的规定。

8.2.4　临时建筑的用水定额，宜根据用途、卫生器具完善程度和区域条件等因素，按现行国家标准《建筑给水排水设计规范》GB 50015 及有关标准确定。

8.2.5　生活给水系统应充分利用城镇给水管网的水压直接供水。当城镇管网的压力无法满足使用要求，且供水条件许可时，宜采用管网叠压供水方式。

8.2.6　市政引入管严禁与自备水源供水管道直接连接。生活饮用水管网严禁与非饮用水管网连接。严禁生活饮用水管道与大便器(或槽)直接连接。

8.2.7　临时建筑的生活用水和施工用水，应在引入管后分成各自独立的给水管网，其中施工用水管网的起端应采取防回流污染措施。

8.2.8　当采用非饮用水或自备水源作为施工、冲洗和浇洒等用水时，应采取防止误饮误用的措施。

8.2.9　生活饮用水池(或水箱)应与其他用水的水池(或水箱)分开设置，且应有明显的标识。生活饮用水池(或水箱)应采用独立的结构形式，不宜埋地设置，且应采取防污染措施。

8.2.10　临时建筑各用水点压力应满足使用要求。各配水横管的给水压力大于 0.35 MPa 时，应设置减压或调压设施。

8.2.11　室内、外给水系统应采用卫生安全、耐压、耐腐蚀、连接密封性好的管材、配件和阀门，并应采取有效措施防止管网漏损现象。

8.2.12　在严寒地区和寒冷地区等有可能结冻的场所，给水排水管道和设施应采取防冻措施。

8.2.13　临时建筑宜设置饮水供应点，饮水供应点不得设在易被污染的场所。

8.2.14　浴室等场所宜设置热水供应系统。热水供应系统热源的选择，应根据施工现场、当地气候和自然资源条件综合确定，宜优先利用可再生能源。

8.2.15　燃气热水器、电热水器必须带有保证使用安全的装置。当采用燃气作为热源时，除平衡式燃气热水器外，其他燃气热水器不得设置在淋浴室内，并应设置可靠旳通风排气设施。

8.2.16　卫生器具内无水封时，在室内排水沟与室外排水管道连接处应设置水封装置，且水封深度不得小于 50 mm。

8.2.17 生活饮用水储水箱（或水池）的泄水管和溢流管、开水器和热水器的排水管不得与污、废水管道系统直接连接，应采取间接排水的方式。

8.2.18 食堂内排水宜与其他排水系统分开单独设置，并应采取隔油处理措施。

8.2.19 化粪池距离地下水取水构筑物不得小于 30 m。

8.2.20 室内、外排水应有组织地排放，不得污染周边环境和水体。

8.2.21 排水系统应按污水和雨水分流的原则设计。在水资源紧缺地区，宜根据施工现场和区域降雨情况，采取雨水收集回用的措施。

8.2.22 排人城市下水道、明沟（或明渠）和自然水体的污、废水应根据排放要求进行处理，并应达到规定的排放标准。

8.2.23 临时建筑消防给水设置应根据各类用房的性质、面积、层数等因素，按照国家现行有关防火规范执行。

6.12.1.8.3 采暖、通风与空调

8.3.1 严寒地区和寒冷地区临时建筑宜设采暖设施。

8.3.2 最热月平均室外气温不低于 25℃地区的临时建筑可设置空调设备。

8.3.3 当办公室、会议室、宿舍、文体活动室及餐厅等房间设置空调时，夏季室内设计温度不宜低于 26℃，冬季室内设计温度不宜高于 18℃。

8.3.4 当公共浴室设置采暖设施时，采暖室内设计温度宜为 25℃，并应有防止烫伤的措施。

8.3.5 临时建筑内严禁采用明火采暖。

8.3.6 设置空调及采暖时，宜采用单元式空调机或多联式空调机。

8.3.7 除电力充足和供电政策支持外，不应采用直接电热式采暖供热设备。

8.3.8 浴室、厕所、盥洗室等，当利用自然通风不能满足室内卫生要求时，应设置机械通风，其排风换气次数不应小于 10 次/h。

8.3.9 空调室外机应统一安装，其安装位置应统一设计。室外机应设置在通风良好、便于散热的地方，并应避开人行通道。

8.3.10 空调设备的冷凝水应有组织排放。冷凝水不应直接与污水管或雨水管连接。

6.12.1.8.4 电气

8.4.1 临时建筑的低压配电应采用交流 50 Hz、220/380 V。当由施工专用变压器或独立变压器供电时，低压配电系统接地形式应采用 TN 系统；当由地区共用低压电网供电时，低压配电系统接地形式应与原系统一致。

8.4.2 变配电室设置应符合下列规定：

1. 应靠近电源进线侧，不宜设在多尘、水雾或有腐蚀性气体的场所。当无法远离多尘、水雾或有腐蚀性气体的场所时，不应设在污染源的下风侧；

2. 不应设在有剧烈振动或有易燃易爆物的场所；

3. 不应设在厕所、浴室、厨房或其他经常积水场所的正下方，也不宜与厕所、浴室、厨房或其他经常积水场所贴邻。

8.4.3 自备发电机电源必须与城市供电线路电源连锁，严禁并列运行。

8.4.4 室外配电采用架空线路时，架空线必须采用绝缘导线。架空线必须架设在专用电杆上，严禁架设在树木、脚手架及其他设施上。

8.4.5 接户线的档距不宜大于 25 m，档距超过 25 m 时，宜设接户杆。

8.4.6 接户线在档距内不得有接头，进线处离地高度不得小于 2.5 m，进户线过墙处应穿管保护。接户线最小截面应符合表 8.4.6 规定。

8.4.7 应采用悬挂式架空或埋地敷设，并应避免机械损伤和介质腐蚀。

8.4.8 室内配线必须采用绝缘导线或电缆。木屋盖吊顶内的电线应采用金属管配线，或采用带金属保护层的绝缘导线。

8.4.9 室内配线应根据配线类型采用瓷瓶、瓷（或塑料）夹、嵌绝缘槽、穿电工套管、金属线槽、阻燃型刚性塑料导管（或槽）或钢索敷设。

8.4.10 电器和导体的选择、配电线路的保护和敷设，应符合现行国家标准《低压配电设计规范》GB 50054 的有关规定。

8.4.11 每幢临时建筑进线处应设置电源箱，并应设置具有隔离作用及短路保护、过负载保护和接地故障保护作用的电器。

8.4.12 漏电保护器的选择应符合现行国家标准《剩余电流动作保护电器的一般要求》GB/Z 6829 和《剩余电流动作保护装置安装和运行》GB13955 的规定。

8.4.13 临时建筑的照明应优先采用高效光源和节能灯具。照度应符合现行国家标准《建筑照明设计标准》GB 50034 的有关规定。

8.4.14 照明方式的确定应符合下列规定：

1. 工作场所应设置一般照明。

2. 同一场所内的不同区域有不同照度要求时，应采用分区一般照明。

3. 对于部分作业面照度要求较高，只采用一般照明不能满足要求的场所，宜采用混合照明。

8.4.15 照明控制方式的选择应符合下列规定：

1. 应充分利用天然光并根据天然光的照度变化控制各分区的电气照明。

2. 根据照明使用特点，可采取分区控制灯光或适当增设照明开关。

8.4.16 白炽灯、卤钨灯、荧光高压汞灯及其镇流器等不应直接安装在木构件等可燃材料上。直接安装在可燃材料表面的灯具，应采用标有 ▽F 标志的灯具。

8.4.17 照明系统中的每一单相分支回路电流不宜超过 16 A，光源数量不宜超过 25 个。当插座为单独回路时，每一回路插座数量不宜超过 10 个（或组），用于计算机电源的插座数量不宜超过 5 个（或组）。

8.4.18 在照明分支回路中不应采用三相低压断路器对多个单相分支回路进行控制和保护。

8.4.19 配电回路应将照明回路和插座回路分开，插座回路应有防漏电保护措施。食堂的用电设备终端配电回路应装设剩余电流动作保护器。

8.4.20 用于插座回路和用电设备终端配电回路的剩余电流动作保护器的额定动作电流值不应大于 30 mA，额定动作时间不应大于 0.1 s。

潮湿或有腐蚀介质场所配电的剩余电流动作保护器，其额定动作电流值不应大于15 mA，额定动作时间不应大于0.1 s。安装于潮湿或有腐蚀介质场所的剩余电流动作保护器应采用防溅型产品。

8.4.21　宿舍每居室用电负荷标准应按使用要求确定，且不宜小于1.5 kW。

8.4.22　宿舍每居室电源插座的数量应按使用要求确定，且不应少于2个。电源插座不宜集中在同一面墙上设置。当居室内设置空调器、洗浴用电热水器、机械换排气装置等，应另设专用电源插座。

8.4.23　接地装置宜采用共用接地网，接地电阻值应按设备要求的最小值确定。

8.4.24　临时建筑应设总等电位联结。有洗浴设施的卫生间应设局部等电位联结。

8.4.25　临时建筑的电气防火、应急照明和疏散指示标志应符合现行国家标准《建筑设计防火规范》GB 50016的有关规定。

8.4.26　办公室应设置电话终端插座，并宜设置宽带信息插座。文体活动室宜设电视终端插座。

6.12.1.9　施工安装

6.12.1.9.1　一般规定

9.1.1　临时建筑的构件应按设计要求制作。活动房、轻钢屋架等构件制作应在生产车间内完成，不得在施工现场进行。

9.1.2　原材料、构配件和设备进场时，应提供相应的产品合格证、材质证明和检测报告；对于活动房，还应提供建筑、结构图纸和安装施工说明书及使用说明书。

9.1.3　临时建筑施工前应对结构构件的质量进行检查。当结构构件的变形、缺陷超出允许偏差时，应进行处理，并应经检验合格后方可使用。

9.1.4　进场的构件、设备和材料应根据施工顺序和场地情况合理布置堆放区域，分类堆放，避免挤压变形、冲击损伤，并应有防水、防火、防倾倒措施。

9.1.5　钢构件主梁起拱量宜为主梁跨度的2‰～3‰。

9.1.6　临时建筑安装施工前，应根据设计图纸和施工专项方案对操作工人进行技术交底。

9.1.7　块材、水泥、钢筋、外加剂等除应有产品的合格证书、产品性能检测报告外，尚应有材料主要性能的进场复验报告。

9.1.8　临时建筑的场地及基础应符合下列规定：

1. 场地应平整、坚实，平整偏差不应大于50 mm，并应做好有组织排水；

2. 地基承载力及地基处理应满足设计要求，并应查清基础部位是否存在溶洞、坟墓等地下空洞；

3. 基础混凝土强度、预埋件的位置及标高应符合设计要求。基础施工完成后应经过相关负责人验收；

4. 混凝土基础梁的质量宜符合现行国家标准《混凝土结构工程施工质量验收规范》GB 50204和《建筑地基基础工程施工质量验收规范》GB 50202的有关规定。基础定位轴线、截面尺寸、支承顶面和地脚螺栓位置允许偏差应符合表9.1.8的规定：

表 9.1.8　基础定位轴线、截面尺寸、支承顶面和地脚螺栓位置允许偏差

项目		允许偏差(mm)
基础梁定位轴线		5
基础上柱的定位轴线		3
基础截面尺寸		+20、-10
支承顶面	标高	±5
	水平度	3/1 000
地脚螺栓	任意两螺栓中心线距离	±2
	伸出长度	+20,0
	螺纹长度	+20,0

5. 基础的混凝土强度应达到设计强度的 75%后，方可进行上部建筑物的施工或安装。

9.1.9　临时建筑的施工安装应采取安全防护措施。

6.12.1.9.2　活动房施工

9.2.1　活动房原材料、构配件和设备进场时，应按下列规定进行验收：

1. 钢构件不应明显变形、损坏和严重锈蚀，油漆应完好。构配件的焊接部位不得脱焊，焊缝表面不得有裂纹、焊瘤等缺陷；

2. 楼梯踏步板与外廊走道板应有防滑措施。栏杆构造和高度应符合本规范第 6.0.4 条的规定；

3. 彩钢夹芯板外观质量要求和尺寸允许偏差应分别符合表 9.2.1-1 和表 9.2.1-2 的规定；

表 9.2.1-1　彩钢夹芯板外观质量要求

项目	质量要求
板面	板面平整，色泽均匀，无明显凹凸、翘曲、变形、伤痕
表面	表面清洁、无胶痕与油污，表面烤漆附着量应符合相关规定
切口	切口平直，板面向内弯包
芯板	切面整齐，无剥落，接缝处无明显回隙

表 9.2.1-2　彩钢夹芯板尺寸允许偏差(mm)

项目	长度		宽度	厚度	对角线	
	≤3 000	>3 000			≤6 000	>6 000
允许偏差	±3	±5	±2	±2	≤4	≤6

4. 构配件验收记录应按本规范附录 A 中表 A.0.1 执行。

9.2.2　安装前应对活动房的平面位置和标高等定位线进行复测，并应对基础、轴线等进行复核及验收，无误后方可进入下道工序。

9.2.3　活动房的主要受力构件在安装过程中应保证其稳定，并应在安装就位后进行校正、固定。

9.2.4　主框架安装应符合下列规定：

1. 安装顺序宜从山墙一端向另一端推进；刚架在形成稳定的空间体系前，应采用临时支撑或拉索给予固定；

2. 梁、柱、屋架等构件之间采用螺栓连接时，接触面必须紧贴严密，螺栓孔应无损、干净，螺栓应紧固。

9.2.5　墙板安装应符合下列规定：

1. 嵌入式墙板安装，可在型钢柱安装时镶人槽内，也可在型钢柱就位后从上方滑入槽内。上、下板之间的搭接缝应采用企口缝，上板的外侧面向下搭接，搭接长度应为 8～15 mm；

2. 墙板不得现场裁割；

3. 墙板在安装过程中应轻拿轻放，不得拖拽、损坏表面及边角。

9.2.6　门窗安装应符合下列规定：

1. 门窗搬运时应选择合理的着力点，表面应用软质材料衬垫；

2. 门窗可与墙壁板同时就位安装，并应在校正其垂直度、平整度和固定后，在接缝处施打玻璃密封胶。安装完成后应对框和玻璃进行成品保护。

9.2.7　屋面板的安装应符合下列规定：

1. 屋面板安装应在屋架、檩条安装固定后进行；

2. 瓦楞形彩钢夹芯板与檩条间应采用对穿螺栓连接。屋面板的螺栓孔应在工厂内预留，不得现场打孔，孔内应设置带法兰的尼龙管，孔的位置应设置在瓦楞的顶部。螺栓应设有橡胶套圈和金属垫圈，螺栓间距不应大于 500 mm；

3. 屋面板应安装平稳、檐口平直，板的搭接方向应正确一致。屋面包角钢板、泛水钢板等构配件的搭接应顺主导风向或顺水流方向，搭接部位应符合设计要求，搭接长度不应小于 100 mm。屋脊引水板应用自钻钉固定在屋面板上；

4. 铺设屋面板时，不得集中堆荷，作业人员也不得在未固定的屋面板上行走；

5. 屋面板安装完毕后，应安装屋面垂直支撑。

9.2.8　楼板、地板安装应符合下列规定：

1. 楼板、地板安装应在楼、地面梁和水平拉杆安装完毕后进行。楼板、地板应搁置在楼、地面梁（或桁架）上，应安装牢固平稳，锁定装置应齐全有效；

2. 木地板、木格栅的安装质量应符合现行国家标准《木结构工程施工质量验收规范》GB 50206 和《建筑地面工程施工质量验收规范》GB 50209 的有关规定；

3. 楼板、地板应安装平稳、拼缝紧密。楼板、地板与墙板之间的缝隙应采用 30 mm×5 mm 的压边条封边。

9.2.9　楼梯、栏杆安装应符合下列规定：

1. 结构构件安装完毕后，可立即安装楼梯。楼板铺设完毕后，应立即安装栏杆；

2. 楼梯的坡度应符合设计要求。楼梯与楼面梁之间应用螺栓可靠连接，栏杆与楼面、楼梯应连接牢靠。

9.2.10　金属构件防锈油漆受到破坏时，应补刷相同颜色防锈漆。

9.2.11　活动房钢构件与其他材料之间应防止相互腐蚀，并应符合下列规定：

1.金属管线与钢构件之间应设置橡胶垫；

2.墙体与基础之间应有防潮措施。

9.2.12　活动房应进行施工质量检查，并应按本规范附录A中表A.0.2执行。

6.12.1.9.3　砌体建筑施工

9.3.1　砌体建筑施工质量宜符合现行国家标准《混凝土结构工程施工质量验收规范》GB 50204、《砌体工程施工质量验收规范》GB 50203的有关规定。

9.3.2　砌筑砂浆应按砂浆配合比配制，并在砂浆保塑时间内使用完毕，不得使用隔夜砂浆。

9.3.3　砌块(或砖)在砌筑前，应按国家现行有关标准的要求润湿。

9.3.4　墙体转角处及墙体与钢筋混凝土构造柱之间必须按设计要求设置拉结钢筋。

9.3.5　砌体每日砌筑高度不应大于2.4 m，每次连续砌筑高度不应大于1.5 m。

9.3.6　砌体的转角处和交接处应同时砌筑，留置的临时间断处应砌成斜槎。

9.3.7　砌筑时铺浆应均匀、平整，并应随铺随砌；灰缝砂浆应饱满，不得出现透明缝、瞎缝和假缝。

9.3.8　应在砌体完成3 d后进行屋架安装工序。

9.3.9　砌体的轴线及垂直度允许偏差应符合表9.3.9的规定。

表9.3.9　砌体的轴线及垂直度允许偏差

项次	项目			允许偏差(mm)	检验方法
1	轴线			10.0	用经纬仪和尺检查
2	垂直度	每层		5.0	用2 m托线板检查
		全高	≤10 m	10.0	用经纬仪、吊线和尺检查
			＞10 m	20.0	

9.3.10　钢木屋架制作应符合下列规定：

1.所用原木的材质应符合现行国家标准《木结构设计规范》GB 50005的有关规定；

2.钢木屋架下弦圆钢拉杆应平直，连接应采用双绑条焊连接，不得采用搭接焊连接；

3.钢木屋架节点制作应保证钢、木接触处的正确角度；

4.钢木屋架应就地卧式组装，并应有合适的组装平台。

9.3.11　砌体建筑屋盖施工时，应有防止屋架倾覆的措施。

6.12.1.9.4　围挡施工

9.4.1　砌体围挡施工除宜符合现行国家标准《砌体工程施工质量验收规范》GB 50203的规定外，尚应符合下列规定：

1.砌体基础宜符合现行国家标准《建筑地基基础工程施工质量验收规范》GB 50202的有关规定；

2.砌筑砂浆强度等级不应低于设计要求；

3. 墙体与壁柱之间应设置 2Φ6@500 的拉结筋。

9.4.2　彩钢板围挡构件进场验收应符合下列规定：

1. 彩钢板的高度应满足设计要求，其波距、波高及侧向弯曲尺寸允许偏差应符合表 9.4.2 的规定；

表 9.4.2　彩钢板的波距、波高及侧向弯曲尺寸允许偏差(mm)

项目			允许偏差
波距			2.0
波高	彩色压型钢板	截面高度≤70	1.5
		截面高度>70	2.0
侧向弯曲	在测量长度 L_1 的范围内	20.0	

注：L_1 为测量长度，指板长扣除两端各 0.5 m 后的实际长度(小于 10 m)或扣除两端后任选的 10 m 长度。

2. 彩钢板的基板不应有裂纹，涂层不应有肉眼可见的裂纹、剥落等缺陷。

9.4.3　彩钢板围挡的施工应符合下列规定：

1. 彩钢板围挡的立柱设置应符合本规范第 7.7.3 条的规定；

2. 彩钢板与横梁之间应采用铆钉或螺栓连接，间距不宜大于 200 mm；

3. 彩钢板与地面之间应保持 20～50 mm 的间距；

4. 彩钢板受到损伤或油漆剥落的部位应采用防锈漆及时补刷。

6.12.1.9.5　建筑设备安装

9.5.1　建筑设备安装质量宜符合现行国家标准《建筑给水排水及采暖工程施工质量验收规范》GB. 50242、《通风与空调工程施工质量验收规范》GB 50243、《建筑工程电气施工质量验收规范》GB 50303 的有关规定。

9.5.2　给水排水管道安装应符合下列规定：

1. 给水管道接口应严密不渗漏，管道应进行水压试验，试验压力应为管道压力的 1.5 倍；

2. 给水管道不得直接穿越污水井、化粪池、公共厕所等污染源；

3. 给水管道在埋地时，宜在当地的冰冻线以下；当在冰冻线以上铺设时，应采取可靠的保温措施。在无冰冻地区，埋地敷设时，管顶的覆土厚度不得小于 500 mm，

4. 给水、排水管道穿越道路时，埋深不宜小于 700 mm；当埋深小于 700 mm 时，应加钢套管进行保护；

5. 排水管道埋设前应进行闭水试验。排水应通畅、无堵塞，管接口应无渗漏；

6. 食堂的烹调、备餐部位上方，不得设置排水管道；

7. 配电房上方不得设置给水、排水管道。

9.5.3　卫生间、厨房、浴室地面坡向应正确，排水应通畅，无积水；管道穿楼板部位不得渗漏。

9.5.4　公共厨房设置的排气装置管道接口应严密，排气应通畅。

9.5.5　空调设备安装位置应满足设计要求，支架安装应牢固。

9.5.6　电器配置应满足设计要求。配电箱、柜的金属框架接地应可靠,装有电器的可开启门与框架的接地端子间应用裸编织铜线连接,且应有标识。

9.5.7　电线、电缆敷设应符合下列规定:

1. 电缆进入电缆沟、配电房时,其出入口应密封;

2. 电线、电缆敷设后应进行绝缘电阻测试,其绝缘电阻值应符合设计规定;

3. 室内电器线路宜采用 PVC 管(或槽)明敷,布线宜整齐美观;

4. 线路不得有绝缘老化及接长使用的情况。

9.5.8　插座间的接地线不得串联连接。

9.5.9　接地装置应符合下列规定;

1. 连接应采用搭接焊,焊接应牢固可靠,焊缝不应有咬肉、夹渣、裂缝、气孔等缺陷;

2. 圆钢与圆钢、圆钢与扁钢连接时,焊接长度应为圆钢直径的 6 倍,并应双面施焊。扁钢与扁钢连接时,焊接长度应为扁钢宽度的 2 倍,且不得少于三面施焊;

3. 当采用人工接地极时,垂直接地体应与地面垂直,当有两个以上接地极时,其间距应大于 5 m;

4. 接地电阻应满足设计要求。

9.5.10　建筑设备应进行安装质量检查,并按本规范附录 B 执行。

6.12.1.10　质量验收

6.12.1.10.1　一般规定

10.1.1　临时建筑宜在施工安装完工后进行一次性验收。

10.1.2　临时建筑的质量验收应按本规范附录 C 的规定执行。

10.1.3　临时建筑相关技术文件和验收合格报告等验收资料应单独汇编成册,并应移交使用单位归档保管。

10.1.4　临时建筑应在验收合格后,方可交付使用。当临时建筑工程质量不符合要求时,可按照现行国家标准《建筑工程施工质量验收统一标准》GB 50300 的规定进行处理,并应在重新验收合格后交付使用。

6.12.1.10.2　活动房验收

10.2.1　活动房安装质量验收宜符合现行国家标准《钢结构工程施工质量验收规范》GB 50205、《冷弯薄壁型钢结构技术规范》GB 50018、《建筑装饰装修工程质量验收规范》GB 50210 的有关规定。

10.2.2　活动房质量验收应提交下列文件资料:

1. 设计图纸及施工方案;

2. 原材料、构配件的质量合格证及进场复验报告、验收记录;

3. 隐蔽工程验收资料;

4. 混凝土及砂浆强度检验报告;

5. 不合格项的处理记录及验收记录。

10.2.3　活动房质量验收合格应符合下列规定:

1. 各分项工程质量均应符合质量标准;

2. 质量控制资料和其他资料文件应完整;

3. 有关安全及功能的检验和复验结果应符合本规范的要求；

4. 观感质量应符合本规范的要求。

6.12.1.10.3 砌体建筑验收

10.3.1 砌体建筑质量验收宜符合现行国家标准《砌体工程施工质量验收规范》GB 50203、《混凝土结构工程施工质量验收规范》GB 50204、《建筑装饰装修工程质量验收规范》GB 50210、《建筑地面工程质量验收规范》GB 50209的有关规定。

10.3.2 砌体建筑质量验收应提交下列文件：

1. 施工执行的技术标准、施工图纸及施工方案；

2. 原材料、构件的质量合格证及进场复验报告；

3. 钢筋接头的试验报告；

4. 混凝土及砂浆配合比报告；

5. 混凝土及砂浆试件抗压强度试验报告；

6. 混凝土工程施工记录；

7. 隐蔽工程验收资料。

10.3.3 砌体建筑质量验收合格应符合下列规定：

1. 有关分项、子分部工程质量验收应合格；

2. 质量控制资料应完整；

3. 观感质量验收应合格。

10.3.4 对有裂缝的砌体验收，应符合下列规定：

1. 对有可能影响结构安全性的砌体裂缝，应由有资质的检测单位检测鉴定，需返修或加固处理的，应在返修或加固后进行二次验收；

2. 对不影响结构安全性的砌体裂缝，宜予以验收，对明显影响使用功能和观感质量的裂缝，应进行处理。

10.3.5 对混凝土强度的检验，宜以在混凝土建筑地点制备并与结构实体同条件养护的试件强度为依据；也可根据合同的约定，采用非破损或局部破损的检测方法，按国家现行有关标准的规定进行。

6.12.1.10.4 围挡验收

10.4.1 砌体围挡质量验收宜符合现行国家标准《砌体工程施工质量验收规范》GB 50203的有关规定。

10.4.2 砌体围挡质量验收应提交下列文件：

1. 有关部门审批文件和施工方案；

2. 原材料合格证；

3. 砂浆强度检测报告；

4. 施工质量检验评定表。

10.4.3 砌体围挡质量验收合格应符合下列规定：

1. 有关分项工程施工质量验收应合格；

2. 质量控制资料应完整；

3. 观感质量验收应合格。

10.4.4　围挡质量验收合格应符合下列规定：

1.应按有关方审核确认的验收方案进行验收；

2.施工质量检查、验收标准应符合相关标准的规定；

3.施工质量验收的主要内容应包括围挡的基础、构件节点、防腐蚀处理及围挡的标高、强度、尺寸等。

6.12.1.10.5　建筑设备验收

10.5.1　建筑设备质量验收宜符合现行国家标准《建筑给水排水及采暖工程施工质量验收规范》GB 50242、《通风与空调工程施工质量验收规范》GB 50243、《建筑电气工程施工质量验收规范》GB 50303 的有关规定。

10.5.2　建筑设备质量验收应提交下列文件：

1.有关部门审批文件和施工方案；

2.建筑设备合格证；

3.建筑设备检测报告；

4.施工质量检验评定表。

10.5.3　建筑设备质量验收合格应符合下列规定：

1.有关分部、分项工程施工质量验收应合格；

2.质量控制资料应完整；

3.观感质量验收应符合下列规定：

1)墙板预留的水、电、空调等设施安装部位应正确；

2)给水排水管道安装应牢固、接头严密、通水后无渗漏、使用方便；

3)电气电线管槽应牢固，接头及插座等应接线牢固、位置适宜、绝缘完善有效；

4)电气照明灯具和开关应安装牢固、位置适宜、使用方便；

5)空调室外机安装应牢固，空调冷媒管安装应平整、美观。

6.12.1.11　使用与维护

6.12.1.11.1　使用

11.1.1　临时建筑使用单位应建立健全安全保卫、卫生防疫、消防、生活设施的使用和生活管理等各项管理制度。

11.1.2　活动房应按照使用说明书的规定使用。

11.1.3　活动房超过设计使用年限时，应对房屋结构和围护系统进行全面检查，并应对结构安全性能进行评估，合格后方可继续使用。

11.1.4　临时建筑使用单位应定期对生活区住宿人员进行安全、治安、消防、卫生防疫、环境保护等宣传教育。

11.1.5　临时建筑使用单位应建立临时建筑防风、防汛、防雨雪灾害等应急预案，在风暴、洪水、雨雪来临前，应组织进行全面检查，并应采取可靠的加固措施。

11.1.6　临时建筑在使用过程中，不应更改原设计的使用功能。楼面的使用荷载不宜超过设计值；当楼面的使用荷载超过设计值时，应对结构进行安全评估。

11.1.7　临时建筑在使用过程中，不得随意开洞、打孔或对结构进行改动，不得擅自拆除隔墙和围护构件。

11.1.8　生活区内不得存放易燃、易爆、剧毒、放射源等化学危险物品。活动房内不得存放有腐蚀性的化学材料。

11.1.9　在墙体上安装吊挂件时，应满足结构受力的要求。

11.1.10　严禁擅自安装、改造和拆除临时建筑内的电线、电器装置和用电设备，严禁使用电炉等大功率用电设备。

11.1.11　使用空调、采暖设备的临时建筑，其室内温度控制应符合本规范第8.3.3条、第8.3.4条的规定。

11.1.12　围挡的使用应符合下列规定：

1. 严禁在彩钢板等轻体围挡或紧靠围挡架设广告或宣传标牌；

2. 对围挡应定期进行检查，当出现开裂、沉降、倾斜等险情时，应立即采取相应加固措施；

3. 堆场的物品、弃土等不得紧靠围挡堆载，堆场离围挡的安全距离不应小于1.0 m；

4. 围挡上的灯光照明设置和使用等，应符合现行行业标准《施工现场临时用电安全技术规范》JGJ 46的规定。

6.12.1.11.2　维护

11.2.1　临时建筑使用单位应建立健全维护管理制度，组织相关人员对临时建筑的使用情况进行定期检查、维护，并应建立相应的使用台账记录。对检查过程中发现的问题和安全隐患，应及时采取相应措施。

11.2.2　周转使用规定年限内的活动房重新组装前，应对主要构件进行检查维护，达到质量要求的方可使用。

11.2.3　活动房构配件的维护应符合下列规定：

1. 承重架焊缝不得开焊，锈蚀严重的焊缝应进行除锈补焊；

2. 构配件的活动连接部位维修后应涂抹防锈油保护。

11.2.4　当构件和板材产生弯曲变形时，应及时修复或更换。

11.2.5　当门窗及配件出现断裂、损坏时，应及时修复或更换。

6.12.1.12　拆除与回收

6.12.1.12.1　一般规定

12.1.1　临时建筑的拆除应符合现行行业标准《建筑拆除工程安全技术规范》JGJ 147的规定。

12.1.2　临时建筑的拆除应遵循“谁安装、谁拆除”的原则；当出现可能危及临时建筑整体稳定的不安全情况时，应遵循“先加固、后拆除”的原则。

12.1.3　拆除施工前，施工单位应编制拆除施工方案、安全操作规程及采取相关的防尘降噪、堆放、清除废弃物等措施，并应按规定程序进行审批，对作业人员进行技术交底。

12.1.4　临时建筑拆除前，应做好拆除范围内的断水、断电、断燃气等工作。拆除过程中，现场用电不得使用被拆临时建筑中的配电线。

12.1.5　临时建筑的拆除应符合环保要求，拆下的建筑材料和建筑垃圾应及时清理。楼面、操作平台不得集中堆放建筑材料和建筑垃圾。建筑垃圾宜按规定清运，不得在施工现场焚烧。

12.1.6　拆除区周围应设立围栏、挂警告牌，并应派专人监护，严禁无关人员逗留。当遇到五级以上大风、大雾和雨雪等恶劣天气时，不得进行临时建筑的拆除作业。

12.1.7　拆除高度在 2 m 及以上的临时建筑时，作业人员应在专门搭设的脚手架上或稳固的结构部位上操作，严禁作业人员站在被拆墙体、构件上作业。

12.1.8　临时建筑拆除后，场地宜及时清理干净。当没有特殊要求时，地面宜恢复原貌。

6.12.1.12.2　活动房拆卸

12.2.1　活动房拆卸顺序应遵循“先安装的构件后拆卸、后安装的构件先拆卸”的原则。

12.2.2　活动房的支撑杆件应逐跨、逐榀拆除，并应防止活动房整体失稳倒塌。拆卸长杆件时，应至少两人配合操作，拆卸的长杆件应放置平稳或直接传递到地面。

12.2.3　拆卸有支撑（或屋）架的活动房时，应先拆卸面板与钢架之间的连接件，使面板与钢架体脱离开；拆卸无固定支撑（或屋）架的活动房时，必须对钢架采取可靠的临时固定措施。

12.2.4　操作人员严禁站在构件上采用晃动、撬动或用大锤砸钢架的方法进行拆卸。

12.2.5　拆下的工作面板、构件、钢丝绳等材料，应及时传至地面，不得高空抛掷。

6.12.1.12.3　砌体建筑拆除

12.3.1　人工拆除砌体建筑的作业流程应按自上而下、先非承重构件、后承重构件的搭建施工逆顺序进行。

12.3.2　对于存在结构安全隐患的砌体建筑应采用机械进行破坏性拆除，严禁人工进行拆除作业。

12.3.3　禁止采用立体交叉方式进行拆除作业。砌体建筑确需采用倾覆法拆除的，倾覆物与相邻建（构）筑物间必须满足安全距离要求。

12.3.4　在高处进行拆除作业时应先设置溜放槽，体积小、重量轻的构件宜通过溜放槽溜下，体积较大或沉重的材料应用吊绳或起重机吊下，禁止向下抛掷。砌体建筑的屋架宜采用起重机配合拆卸。

6.12.1.12.4　回收

12.4.1　拆卸周转使用的活动房时，应采取措施避免损伤构配件，构件拆卸后应分类堆放在安全区域。

12.4.2　结构构件应平稳放在支撑座上，支撑座之间的距离，应以不使钢结构产生残余变形为限。屋架、桁架、梁等宜垂直堆放。

12.4.3　变形和损坏的构配件应及时进行维修，并经抽样检验，性能满足要求后，方可再利用。

12.4.4　活动房钢构件重新涂装的质量应符合现行国家标准《钢结构工程施工质量验收规范》GB 50205 的有关规定。

12.4.5　活动房构件在露天环境中存放时，应采取防腐蚀措施。

附录A 活动房质量检查表

A.0.1 活动房构配件进场验收记录应符合表A.0.1规定的格式。

表 A.0.1 活动房构配件进场验收记录

<table>
<tr><td>工程名称</td><td colspan="3"></td><td>编号</td><td></td></tr>
<tr><td>构件、配件名称</td><td colspan="3"></td><td>进场日期</td><td></td></tr>
<tr><td>材料品种</td><td></td><td>规格</td><td></td><td>进场数量</td><td></td></tr>
<tr><td>生产企业</td><td colspan="3"></td><td>出厂批号</td><td></td></tr>
<tr><td colspan="6">验收情况：
1.数量　　件，　　包。
2.表面质量情况检查
损坏：
破包：
污染：
3.存放地点
4.附件：
生产企业资质：
构配件合格证：
材料质量证明：
检测报告：
建筑、结构图纸、安装施工说明书、使用说明书；</td></tr>
<tr><td colspan="6">验收意见：

质检员：　　　　材料员：　　　　年　　月　　日</td></tr>
</table>

A.0.2 活动房质量检查记录应符合表A.0.2规定的格式。

表 A.0.2 活动房质量检查记录

<table>
<tr><td colspan="2">工程名称</td><td></td><td>使用单位</td><td></td><td>建筑面积</td><td></td></tr>
<tr><td colspan="2">建设单位</td><td></td><td>安装单位</td><td></td><td>层数</td><td></td></tr>
<tr><td colspan="2">监理单位</td><td colspan="5"></td></tr>
<tr><td colspan="3">检查项目</td><td colspan="3">检查情况</td><td>使用单位验收意见</td></tr>
<tr><td rowspan="3">主控项目</td><td colspan="2">1.构件应提供出厂合格证</td><td colspan="3"></td><td></td></tr>
<tr><td colspan="2">2.钢构件不应明显变形、损坏和严重锈蚀</td><td colspan="3"></td><td></td></tr>
<tr><td colspan="2">3.构配件的焊接部位不得脱焊，焊缝表面不得有裂纹、焊瘤等缺陷</td><td colspan="3"></td><td></td></tr>
</table>

（续表）

	检查项目	检查情况	使用单位验收意见
主控项目	4. 主要受力构件的防火保护层应符合设计要求		
	5. 基础的混凝土、砂浆强度应符合设计要求		
	6. 楼板质量应符合设计要求，锁定装置应齐全有效		
	7. 节点螺栓规格、数量应符合设计要求，螺栓应坚固		
	8. 支撑体系应符合设计要求，花蓝式调节螺栓的锁定装置应完好		
	9. 屋面、外墙、外门窗防止雨、雪渗漏措施应符合设计要求		
一般项目	1. 主构件采用 2 根 C 型薄壁型钢焊接制作的，应在 C 型薄壁型钢外侧接缝处进行防水密封处理		
	2. 非承重的彩钢板厚度不应小于 0.4 mm；彩钢板用于屋面时，彩钢板的厚度不应小于 0.5 mm		
	3. 墙板应无明显变形、损坏；不得现场裁割		
	4. 外窗气密性、水密性、保温隔热性能应符合设计要求		
	5. 嵌入式墙板安装应平整，上下搭接缝应采用企口缝，外侧板应向下搭接，搭接长度 8～15 mm		
	6. 楼板、地板应安装平稳、拼缝紧密，楼板、地板与墙板之间的缝隙应采用 30 mm×5 mm 的压边条封边		
	7. 楼梯的坡度应符合设计要求。楼梯与楼面梁之间应用螺栓可靠连接，栏杆与楼面、楼梯应连接牢靠		
	8. 穿透屋面螺栓处的防渗漏措施应符合设计要求。屋面板的固定螺栓、防水垫圈、金属垫圈、尼龙套管等应齐全、连接可靠		
	9. 屋面板应安装平稳、檐口平直，板的搭接方向应正确一致。屋面包角钢板、泛水钢板等构配件的搭接应顺主导风向或顺水流方向，搭接部位、长度应符合设计要求。屋脊引水板应固定牢固		
	10. 门窗垂直和平整度应符合规范要求，接缝处应用玻璃胶密封，门窗框和玻璃应有成品保护措施		
	11. 钢构件油漆应完好，外露螺栓应有防护措施		
	12. 活动房周边排水应通畅、无积水		

（续表）

检查项目				允许偏差（mm）	检查情况										使用单位验收意见
					1	2	3	4	5	6	7	8	9	10	
允许偏差	基础	基础截面尺寸		+20、−10											
		建筑物定位轴线		5											
		基础上柱的定位轴线		3											
		支承顶面	标高	±5											
			水平度	3/1 000											
		现浇基础地脚螺栓	任意两螺栓中心线距离	±2											
			伸出长度	+20、0											
			螺纹长度	+20、0											
		装配式基础螺栓孔	中心线水平位置	5											
			中心线与顶面距离	±3											
	柱子安装	底层柱底轴线对定位轴线的偏差		3											
		柱子定位轴线		1											
		柱子垂直度（单层）		10											
		柱子垂直度（二层，全高）		15											
	桁架（梁）安装	跨中垂直度		10											
		侧向弯曲矢高		$L/1\,000$											
	楼板安装	支承面标高		±5											
		支承长度		±3											
		表面平整度		5											
	整体尺寸	主体结构的整体垂直度		15											
		主体结构的平面弯曲		20											
	檩条安装	檩条间距		±5											
		弯曲矢高		5											
	钢梯及栏杆安装	楼梯平台	平台标高	±15											
			平台柱垂直度	10											
			平台梁垂直度	10											
			平台梁侧向弯曲	10											
		楼梯段	水平度	10											
			垂直度	10											

（续表）

<table>
<tr><td colspan="4" rowspan="2">检查项目</td><td rowspan="2">允许偏差
(mm)</td><td colspan="10">检查情况</td><td rowspan="2">使用单位
验收意见</td></tr>
<tr><td>1</td><td>2</td><td>3</td><td>4</td><td>5</td><td>6</td><td>7</td><td>8</td><td>9</td><td>10</td></tr>
<tr><td rowspan="3">允许偏差</td><td rowspan="3">钢梯及栏杆安装</td><td rowspan="3">栏杆</td><td>栏杆高度</td><td>＋15，－5</td><td></td><td></td><td></td><td></td><td></td><td></td><td></td><td></td><td></td><td></td><td></td></tr>
<tr><td>立柱间距</td><td>5</td><td></td><td></td><td></td><td></td><td></td><td></td><td></td><td></td><td></td><td></td><td></td></tr>
<tr><td>立柱垂直度</td><td>5</td><td></td><td></td><td></td><td></td><td></td><td></td><td></td><td></td><td></td><td></td><td></td></tr>
<tr><td colspan="5">自检结论：

项目负责人：
年　月　日</td><td colspan="11">使用单位验收意见：

项目负责人：
年　月　日</td></tr>
</table>

注：(1)主控项目必须全部符合要求；

(2)一般项目每项合格率达到80%才能视为合格；

(3)允许偏差项目最大偏差不得大于允许偏差的1.5倍，每项合格率达到75%为合格。

附录B　建筑设备安装质量检查记录表

表B　建筑设备安装质量检查记录

<table>
<tr><td>工程名称</td><td></td><td>使用单位</td><td></td><td>建筑面积</td><td></td></tr>
<tr><td>建设单位</td><td></td><td>安装单位</td><td></td><td>层数</td><td></td></tr>
<tr><td>监理单位</td><td colspan="5"></td></tr>
</table>

<table>
<tr><td colspan="2">检查项目</td><td>检查情况</td><td>使用单位
验收意见</td></tr>
<tr><td rowspan="6">主控项目</td><td>1. 原材料、配件和设备进场时，应提供相应的产品合格证</td><td></td><td></td></tr>
<tr><td>2. 自备发电机电源必须应与外电线路电源连锁，严禁并列运行</td><td></td><td></td></tr>
<tr><td>3. 室外配电采用电缆线路时，严禁沿地面明敷，电缆线路应采用悬挂式架空或埋地敷设，并应避免机械损伤和介质腐蚀。埋地电缆路径应设方位标志</td><td></td><td></td></tr>
<tr><td>4. 用于插座回路和用电设备终端配电回路的剩余电流动作保护器的额定动作电流值不应大于30 mA，额定动作时间不应大于0.1 s</td><td></td><td></td></tr>
<tr><td>5. 向潮湿或有腐蚀介质场所配电的剩余电流动作保护器，其额定动作电流值不应大于15 mA，额定动作时间不应大于0.1 s。安装于潮湿或有腐蚀介质场所的剩余电流动作保护器应采用防溅型产品</td><td></td><td></td></tr>
<tr><td>6. 绝缘电阻、接地电阻应满足设计要求</td><td></td><td></td></tr>
</table>

（续表）

检查项目		检查情况	使用单位验收意见
一般项目	1. 给水管道接口应严密、不渗漏		
	2. 排水管道埋设前应进行闭水试验。排水应通畅、无堵塞，管接口无渗漏		
	3. 卫生间、厨房、浴室地面坡向应正确、排水通畅、无积水；管道穿楼板部位不得渗漏		
	4. 公共厨房设置的排气装置管道接口应严密、排气通畅		
	5. 空调设备的支架安装应牢固		
	6. 配电箱、柜的金属框架接地应可靠		
	7. 室内电器线路宜采用PVC管（槽）明敷，布线宜整齐美观，线路不得有绝缘老化及接长使用的情况		
	8. 防火间距、安全疏散、灭火器配置应符合设计和规范要求，消防通道应通畅；厨房等用火场所防火隔热措施应有效；木地板等可燃材料宜做防火处理		
	9. 接地装置焊接应牢固可靠		
	10. 插座间的接地线不得串联连接		
	11. 临时建筑应设总等电位联结。有洗浴设施的卫生间应设局部等电位联结		
自检结论： 项目负责人： 年　月　日		使用单位验收意见： 项目负责人： 年　月　日	

附录C　临时建筑工程质量验收记录表

表C　临时建筑工程质量验收记录

工程名称			
建设单位		项目负责人	
施工总承包单位		项目经理	
临时建筑施工单位		项目负责人	
监理单位		总监理工程师	
临时建筑用途		临时建筑层数	

（续表）

项目	质量控制资料	安全和主要使用功能	观感质量	验收结论	检(核)查人
地基与基础					
主体结构					
建筑屋面					
建筑门窗					
建筑设备					
综合验收结果： 临时建筑施工单位：(盖章)　　　　项目负责人： 生产或租凭单位：(盖章)　　　　项目负责人： 使用单位：(盖章)　　　　项目负责人： 年　月　日					

6.12.2　施工现场临时建筑物技术规范条文说明

6.12.2.1　总则

1.0.1　本条是依据建设工程安全、建筑节能等有关方面的法律、法规和房屋建筑工程、市政公用工程施工现场临时建筑物的现状，确定本规范实施的目的。

1.0.2　本规范主要是对房屋建筑工程、市政公用工程施工现场的活动房、轻型屋面砌体建筑等临时建筑的设计、施工安装、验收、使用与维护、拆除与回收等进行规范。对于特殊环境条件下的，或其他类型的临时建筑应依据现行国家标准进行个体设计。

1.0.3　“四节一环保”的规定是我国的一项重要国策，临时建筑也必须落实国家相关法律的要求。

1.0.5　本条说明本规范与其他相关标准的关系。

6.12.2.2　术语

本章给出了本规范使用的6个术语。由于本规范引用了《钢结构防火涂料》GB14907等30个规范标准，因此在相关规范标准中出现的与本规范相关的术语不再一一列出。

在编写本章术语时，主要参考了《建筑结构设计术语和符号标准》GB/T 50083—97等国家现行标准中的相关术语。

本标准的术语是从建筑工程施工现场临时建筑物工程质量管理的角度赋予其涵义的，但涵义不一定是术语的定义。同时，还给出了相应的推荐性英文术语，该英文术语不一定是国际上通用的术语，仅供参考。

2.0.5 拆卸临时建筑的主要产物为可再利用的材料或构配件。

2.0.6 拆除临时建筑的主要产物为建筑垃圾。

6.12.2.3 基本规定

3.0.1 目前临时建筑的搭、拆随意性较强，搭、拆安全事故时有发生。因此规定临时建筑的搭、拆应由专业人员施工，专业技术人员现场监督。

3.0.2 本条规定了临时建筑建设场地应具备的条件。

3.0.3 本条规定了临时建筑及其他设施应满足的有关要求。

3.0.5 本条根据《建筑结构可靠度设计统一标准》GB 50068的有关规定编制。

3.0.6 临时建筑结构选型需要注意以下几个方面：

1.临时建筑结构选型应根据地理环境、使用功能、荷载特点、工程地质、水文地质条件以及材料供应和施工条件等，按照安全可靠、经济合理和施工方便等原则，结合建筑功能、模数等因素综合分析选用相应的结构体系。

2.临时建筑结构设计应充分体现标准化、定型化、多样化及通用化的原则，实行工厂预制成品、现场组装，以充分适应构件标准化设计、工厂化生产、通用化应用、多样化组合的特点，以满足在正常维护条件下重复使用的要求。

3.由于活动房具有拆装方便、可重复利用等优点，目前在施工现场临时建筑中得到广泛的应用。此外，不少施工现场仍采用砌体结构，故本规范主要对该两种常用结构形式提出具体的设计要求(对砌体结构仅提出资源消耗较低的轻型屋面与结构形式)。

4.临时建筑尚可采用钢框架、钢排架、门式刚架等可循环利用的轻钢结构承重体系并按相应的国家标准进行设计。

3.0.7 限制现浇钢筋混凝土楼、屋面结构主要从资源节约的角度考虑；严禁采用钢管、毛竹等搭设简易临时建筑物，则主要从安全方面考虑，并参照了建设部建质〔2003〕186号文件《关于预防施工工棚倒塌事故的通知》进行制定。

3.0.8 本条规定了临时建筑所采用的原材料、构配件和设备的品种、规格、性能等要求。同时，规定了不得违反国家政策使用已被淘汰的产品。

3.0.9 为确保使用安全，本条对活动房主要承重构件的设计使用年限、周转次数和主要承重构件的标志进行了规定：

1.根据现行国家标准《建筑结构可靠度设计统一标准》GB50068，易于替换的结构构件设计使用年限为25年。考虑活动房构件拆卸频繁损伤累积的因素，适当降低活动房构件的使用年限。

2.由于活动房主要承重构件的设计使用年限为不少于20年且可多次周转使用，用于同一临时建筑的不同构件出厂时间有可能不同，为便于管理，本规范规定了主要承重构件应有构件名称、规格、生产企业及生产日期等标志。

3.根据中南大学防灾科学与安全技术研究所提供的《活动房结构构件损伤性能测试试验报告》，活动房构件周转次数不宜超过10次。

4.活动房构件拆卸后应及时维修保养，以延长其使用寿命，并应抽样检验，合格后方可重复使用。

3.0.10　沿海地区应考虑台风影响，北方地区应考虑雪灾的影响，夏季应考虑雷击的影响等。

6.12.2.4　基地与总平面

6.12.2.4.1　基地

4.1.1　本条规定了临时建筑选址的原则。

4.1.2　本条规定了临时建筑地基条件受限时需要采取措施，对结构进行加强。

4.1.3　本条规定了临时建筑不应影响城市既有设施和文物保护。

4.1.4　在施工组织设计中应对临时建筑的选址和布局进行统一规划。

6.12.2.4.2　总平面

4.2.1　施工现场各区域的布置需既相对独立又便于联系。

4.2.2　人员较为密集的办公区、生活区应避免受施工作业产生的坠落物等潜在危险影响。因场地条件限制不能满足本条规定时，应采取设置防护网和警示标志等防护措施。

4.2.3　本条规定了临时建筑的布置应确保避免外电设施对其安全的影响。

4.2.4　本条规定了办公区应设置的主要设施。

4.2.5　为节约用地和方便管理，生活用房宜集中布置，形成相对独立的生活组团。

4.2.6　厨房、厕所设置在生活区主导风向的下风侧，可减少对生活区的空气污染。

6.12.2.5　建筑设计

6.12.2.5.1　一般规定

5.1.1　临时建筑的功能设置和建筑面积应与工程建设规模和现场情况相适应，在满足施工现场使用的前提下应尽可能节约投资和节省用地。

5.1.2　本条规定了临时建筑的平面设计应便于标准化生产和装配式施工。

5.1.3　从疏散安全和结构安全角度考虑，人员密集、荷载较大的餐厅、资料室应布置在底层，会议室宜布置在底层。

5.1.4　适合标准化设计和施工的办公用房、宿舍等临时建筑宜采用装配式活动房，以方便生产制作、装配施工和循环使用。

5.1.5　本条规定了临时建筑的体形与平面设计应简单规整，且应满足通风、采光、卫生和节能的基本要求。

5.1.6　临时建筑的外窗设置应同时满足采光、通风、防水和节能要求。

5.1.7　夏热冬暖和夏热冬冷地区，由于太阳辐射原因，应在其外窗设置外遮阳，以减少太阳辐射热。严寒和寒冷地区外门应设置防寒措施，以满足保温和节能要求。

5.1.8　本条规定了临时建筑应与永久性建筑一样，易发生渗漏的部位不得有渗漏。

5.1.9　本条既是建筑地基安全的要求，也是环境卫生的需要。

6.12.2.5.2　办公用房

5.2.1　本条规定了办公用房功能设置的内容。

5.2.2、5.2.3　本条根据现行行业标准《办公建筑设计规范》

6.13　建筑施工土石方工程安全技术规范

根据中华人民共和国住房和城乡建设部公告(第 332 号),《建筑施工土石方工程安全技术规范》(JGJ180—2009)为行业标准,自 2009 年 12 月 1 日起实施。其中,第 2.0.2,2.0.3,2.0.4,5.1.4,,6.3.2 条为强制性条文,必须严格执行。

6.13.1　建筑施工土石方工程安全技术规范

6.13.1.1　总则

1.0.1　为了在建筑施工土石方工程作业中,贯彻执行国家有关安全生产法规,做到安全施工、技术可靠、经济合理,制定本规范。

1.0.2　本规范适用于工业与民用建筑及构筑物工程的土石方施工与安全。

1.0.3　建筑施工土石方工程的安全技术要求,除应执行本规范外,尚应符合国家现行有关标准的规定。

6.13.1.2　基本规定

2.0.1　土石方工程施工应由具有相应资质及安全生产许可证的企业承担。

2.0.2　土石方工程应编制专项施工安全方案,并应严格按照方案实施。

2.0.3　施工前应针对安全风险进行安全教育及安全技术交底。特种作业人员必须持证上岗,机械操作人员应经过专业技术培训。

2.0.4　施工现场发现危及人身安全和公共安全的隐患时,必须立即停止作业。排除隐患后方可恢复施工。

2.0.5　在土石方施工过程中,当发现古墓、古物等地下文物或其他不能辨认的液体、气体及异物时,应立即停止作业,作好现场保护,并报有关部门处理后方可继续施工。

6.13.1.3　机械设备

6.13.1.3.1　一般规定

3.1.1　土石方施工的机械设备应有出厂合格证书。必须按照出厂使用说明书规定的技术性能、承载能力和使用条件等要求,正确操作,合理使用,严禁超载作业或任意扩大使用范围。

3.1.2　新购、经过大修或技术改造的机械设备,应按有关规定要求进行测试和试运转。

3.1.3　机械设备应定期进行维修保养,严禁带故障作业。

3.1.4　机械设备进场前,应对现场和行进道路进行踏勘。不满足通行要求的地段应采取必要的措施。

3.1.5　作业前应检查施工现场,查明危险源。机械作业不宜在有地下电缆或燃气管道等 2 m 半径范围内进行。

3.1.6　作业时操作人员不得擅自离开岗位或将机械设备交给其他无证人员操作,严禁疲劳和酒后作业。严禁无关人员进入作业区和操作室。机械设备连续作业时,应遵守交接班制度。

3.1.7　配合机械设备作业的人员，应在机械设备的回转半径以外工作；当在回转半径内作业时，必须有专人协调指挥。

3.1.8　遇到下列情况之一时应立即停止作业：

1.填挖区土体不稳定、有坍塌可能；

2.地面涌水冒浆，出现陷车或因下雨发生坡道打滑；

3.发生大雨、雷电、浓雾、水位暴涨及山洪暴发等情况；

4.施工标志及防护设施被损坏；

5.工作面净空不足以保证安全作业；

6.出现其他不能保证作业和运行安全的情况。

3.1.9　机械设备运行时，严禁接触转动部位和进行检修。

3.1.10　夜间工作时，现场必须有足够照明；机械设备照明装置应完好无损。

3.1.11　机械设备在冬期使用，应遵守有关规定。

3.1.12　冬、雨期施工时，应及时清除场地和道路上的冰雪、积水，并应采取有效的防滑措施。

3.1.13　爆破工程每次爆破后，现场安全员应向设备操作人员讲明有无盲炮等危险情况。

3.1.14　作业结束后，应将机械设备停到安全地带。操作人员非作业时间不得停留在机械设备内。

6.13.1.3.2　土石方开挖设备

6.13.1.3.2.1　挖掘机

3.2.1　挖掘前，驾驶员应发出信号，确认安全后方可启动设备。设备操作过程中应平稳，不宜紧急制动。当铲斗未离开工作面时，不得作回转、行走等动作。铲斗升降不得过猛，下降时不得碰撞车架或履带。

3.2.2　装车作业应在运输车停稳后进行，铲斗不得撞击运输车任何部位；回转时严禁铲斗从运输车驾驶室顶上越过。

3.2.3　拉铲或反铲作业时，挖掘机履带到工作面边缘的安全距离不应小于1.0。

3.2.4　在崖边进行挖掘作业时，应采取安全防护措施。作业面不得留有伞沿状及松动的大块石。

3.2.5　挖掘机行驶或作业中，不得用铲斗吊运物料，驾驶室外严禁站人。

3.2.6　挖掘机作业结束后应停放在坚实、平坦、安全的地带，并将铲斗收回平放在地面上。

6.13.1.3.2.2　推土机

3.2.7　推土机工作时严禁有人站在履带或刀片的支架上。

3.2.8　推土机上下坡应用低速挡行驶，上坡过程中不得换挡，下坡过程中不得脱挡滑行。下陡坡时，应将推铲放下接触地面。

3.2.9　推土机在积水地带行驶或作业前，必须查明水深。

3.2.10　推土机向沟槽回填土时应设专人指挥，严禁推铲越出边缘。

3.2.11　两台以上推土机在同一区域作业时，两机前后距离不得小于 8 m，平行时左右距离不得小于 1.5 m。

6.13.1.3.2.3　铲运机

3.2.12　铲运机作业前应将行车道整修好，路面宽度宜大于机身宽度 2 m。

3.2.13　自行式铲运机沿沟边或填方边坡作业时，轮胎离路肩不得小于 0.7 m，并应放低铲斗，低速缓行。

3.2.14　两台以上铲运机在同一区域作业时，自行式铲运机前后距离不得小于 20 m（铲土时不得小于 10 m）；拖式铲运机前后距离不得小于 10 m（铲土时不得小于 5 m）；平行时左右距离均不得小于 2 m。

6.13.1.3.2.4　铲运机

3.2.12　铲运机作业前应将行车道整修好，路面宽度宜大于机身宽度 2 m。

3.2.13　自行式铲运机沿沟边或填方边坡作业时，轮胎离路肩不得小于 0.7 m，并应放低铲斗，低速缓行。

3.2.14　两台以上铲运机在同一区域作业时，自行式铲运机前后距离不得小于 20 m（铲土时不得小于 10 m）；拖式铲运机前后距离不得小于 10 m（铲土时不得小于 5 m）；平行时左右距离均不得小于 2 m。

6.13.1.3.2.5　装载机

3.2.15　装载机作业时应使用低速挡。严禁铲斗载人。

3.2.16　装载机不得在倾斜度超过规定的场地上工作。

3.2.17　向汽车装料时，铲斗不得在汽车驾驶室上方越过。不得偏载、超载。

3.2.18　在边坡、壕沟、凹坑卸料时，应有专人指挥，轮胎距沟、坑边缘的距离应大于 1.5 m，并应放置挡木阻滑。

6.13.1.3.3　土方平整和运输设备

6.13.1.3.3.1　压路机

3.3.1　压路机碾压的工作面，应经过适当平整。压路机工作地段的纵坡坡度不应超过其最大爬坡能力，横坡坡度不应大于 20°。

3.3.2　修筑坑边道路时，必须由里侧向外侧碾压。距路基边缘不得小于 1 m。

3.3.3　严禁用压路机拖带任何机械、物件。

3.3.4　两台以上压路机在同一区域作业时，前后距离不得小于 3 m。

6.13.1.3.3.2　载重汽车

3.3.5　载重汽车向坑洼区域卸料时，应和边坡保持安全距离，防止塌方翻车。严禁在斜坡侧向倾卸。

3.3.6　载重汽车卸料后，应使车厢落下复位后方可起步，不得在未落车厢的情况下行驶。车厢内严禁载人。

6.13.1.3.3.3　蛙式夯实机

3.3.7　夯实机的扶手和操作手柄必须加装绝缘材料，操作开关必须使用定向开关，进线口必须加胶圈。

3.3.8　夯实机的电缆线不宜长于 50 m，不得扭结、缠绕或张拉过紧，应保持有至少 3

～4 m 的余量。

3.3.9　操作人员必须戴绝缘手套、穿绝缘鞋。必须采取一人操作、一人拉线作业。

3.3.10　多台夯机同时作业时，其并列间距不宜小于 5 m，纵列间距不宜小于 10 m。

6.13.1.3.3.4　小翻斗车

3.3.11　运输构件宽度不得超过车宽，高度不得超过 1.5 m(从地面算起)。

3.3.12　下坡时严禁空挡滑行；严禁在大于 25°的陡坡上向下行驶。

3.3.13　在坑槽边缘倒料时，必须在距离坑槽 0.8～1.0 m 处设置安全挡块。严禁骑沟倒料。

3.3.14　翻斗车行驶的坡道应平整且宽度不得小于 2.3 m。

3.3.15　翻斗车行驶中，车架上和料斗内严禁站人。

6.13.1.4　场地平整

6.13.1.4.1　一般规定

4.1.1　作业前应查明地下管线、障碍物等情况，制定处理方案后方可开始场地平整工作。

4.1.2　土石方施工区域应在行车行人可能经过的路线点处设置明显的警示标志。有爆破、塌方、滑坡、深坑、高空滚石、沉陷等危险的区域应设置防护栏栅或隔离带。

4.1.3　施工现场临时用电应符合现行行业标准《施工现场临时用电安全技术规范》JGJ 46 的规定。

4.1.4　施工现场临时供水管线应埋设在安全区域，冬期应有可靠的防冻措施。供水管线穿越道路时应有可靠的防振防压措施。

6.13.1.4.2　场地平整

4.2.1　场地内有洼坑或暗沟时，应在平整时填埋压实。未及时填实的，必须设置明显的警示标志。

4.2.2　雨期施工时，现场应根据场地泄排量设置防洪排涝设施。

4.2.3　施工区域不宜积水。当积水坑深度超过 500 mm 时，应设安全防护措施。

4.2.4　有爆破施工的场地应设置保证人员安全撤离的通道和庇护场所。

4.2.5　在房屋旧基础或设备旧基础的开挖清理过程中，应符合下列规定：

1. 当旧基础埋置深度大于 2.0 m 时，不宜采用人工开挖和清除；

2. 对旧基础进行爆破作业时，应按相关标准的规定执行；

3. 土质均匀且地下水位低于旧基础底部，开挖深度不超过下列限值时，其挖方边坡可作成直立壁不加支撑。开挖深度超过下列限值时，应按本规范第 6.3.5 条的规定放坡或采取支护措施：

1)稍密的杂填土、素填土、碎石类土、砂土：1 m；

2)密实的碎石类土(充填物为黏土)：1.25 m；

3)可塑状的黏性土：1.5 m；

4)硬塑状的黏性土：2 m。

4.2.6　当现场堆积物高度超过 1.8 m 时，应在四周设置警示标志或防护栏；清理时严禁掏挖。

4.2.7　在河、沟、塘、沼泽地(滩涂)等场地施工时，应了解淤泥、沼泽的深度和成分，并应符合下列规定：

1. 施工中应做好排水工作；对有机质含量较高、有刺激臭味及淤泥厚度大于1.0 m的场地，不得采用人工清淤；

2. 根据淤泥、软土的性质和施工机械的重量，可采用抛石挤淤或木(竹)排(筏)铺垫等措施，确保施工机械移动作业安全；

3. 施工机械不得在淤泥、软土上停放、检修；

4. 第一次回填土的厚度不得小于0.5 m。

4.2.8　围海造地填土时，应遵守下列安全技术规定：

1. 填土的方法、回填顺序应根据冲(吹)填方案和降排水要求进行；

2. 配合填土作业人员，应在冲(吹)填作业范围外工作；

3. 第一次回填土的厚度不得小于0.8 m。

6.13.1.4.3　场内道路

4.3.1　施工场地修筑的道路应坚固、平整。

4.3.2　道路宽度应根据车流量进行设计且不宜少于双车道，道路坡度不宜大于10°。

4.3.3　路面高于施工场地时，应设置明显可见的路险警示标志；其高差超过600 mm时应设置安全防护栏。

4.3.4　道路交叉路口车流量超过300车次/d时，宜在交叉路口设置交通指示灯或指挥岗。

6.13.1.5　土石方爆破

6.13.1.5.1　一般规定

5.1.1　土石方爆破工程应由具有相应爆破资质和安全生产许可证的企业承担。爆破作业人员应取得有关部门颁发的资格证书，做到持证上岗。爆破工程作业现场应由具有相应资格的技术人员负责指导施工。

5.1.2　A级、B级、C级和对安全影响较大的D级爆破工程均应编制爆破设计书，并对爆破方案进行专家论证。

5.1.3　爆破前应对爆区周围的自然条件和环境状况进行调查，了解危及安全的不利环境因素，采取必要的安全防范措施。

5.1.4　爆破作业环境有下列情况时，严禁进行爆破作业：

1. 爆破可能产生不稳定边坡、滑坡、崩塌的危险；

2. 爆破可能危及建(构)筑物、公共设施或人员的安全；

3. 恶劣天气条件下。

5.1.5　爆破作业环境有下列情况时，不应进行爆破作业：

1. 药室或炮孔温度异常，而无有效针对措施；

2. 作业人员和设备撤离通道不安全或堵塞。

5.1.6　装药工作应遵守下列规定：

1. 装药前应对药室或炮孔进行清理和验收；

2. 爆破装药量应根据实际地质条件和测量资料计算确定；当炮孔装药量与爆破设计

量差别较大时，应经爆破工程技术人员核算同意后方可调整；

3.应使用木质或竹质炮棍装药；

4.装起爆药包、起爆药柱和敏感度高的炸药时，严禁投掷或冲击；

5.装药深度和装药长度应符合设计要求；

6.装药现场严禁烟火和使用手机。

5.1.7　填塞工作应遵守下列规定：

1.装药后必须保证填塞质量，深孔或浅孔爆破不得采用无填塞爆破；

2.不得使用石块和易燃材料填塞炮孔；

3.填塞时不得破坏起爆线路；发现有填塞物卡孔应及时进行处理；

4.不得用力捣固直接接触药包的填塞材料或用填塞材料冲击起爆药包；

5.分段装药的炮孔，其间隔填塞长度应按设计要求执行。

5.1.8　严禁硬拉或拔出起爆药包中的导爆索、导爆管或电雷管脚线。

5.1.9　爆破警戒范围由设计确定。在危险区边界，应设有明显标志，并派出警戒人员。

5.1.10　爆破警戒时，应确保指挥部、起爆站和各警戒点之间有良好的通信联络。

5.1.11　爆破后应检查有无盲炮及其他险情。当有盲炮及其他险情时，应及时上报并处理，同时在现场设立危险标志。

6.13.1.5.2　作业要求

6.13.1.5.2.1　浅孔爆破

5.2.1　浅孔爆破宜采用台阶法爆破。在台阶形成之前进行爆破时应加大警戒范围。

5.2.2　装药前应进行验孔，对于炮孔间距和深度偏差大于设计允许范围的炮孔，应由爆破技术负责人提出处理意见。

5.2.3　装填的炮孔数量，应以当天一次爆破为限。

5.2.4　起爆前，现场负责人应对防护体和起爆网路进行检查，并对不合格处提出整改措施。

5.2.5　起爆后，应至少5 min后方可进人爆破区检查。当发现问题时，应立即上报并提出处理措施。

6.13.1.5.2.2　深孔爆破

5.2.6　深孔爆破装药前必须进行验孔，同时应将炮孔周围(半径0.5 m范围内)的碎石、杂物清除干净；对孔口岩石不稳固者，应进行维护。

5.2.7　有水炮孔应使用抗水爆破器材。

5.2.8　装药前应对第一排各炮孔的最小抵抗线进行测定，当有比设计最小抵抗线差距较大的部位时，应采取调整药量或间隔填塞等相应的处理措施，使其符合设计要求。

5.2.9　深孔爆破宜采用电爆网路或导爆管网路起爆；大规模深孔爆破应预先进行网路模拟试验。

5.2.10　在现场分发雷管时，应认真检查雷管的段别编号，并应由有经验的爆破员和爆破工程技术人员连接起爆网路，并经现场爆破和设计负责人检查验收。

5.2.11　装药和填塞过程中，应保护好起爆网路；当发生装药卡堵时，不得用钻杆捣捅药包。

5.2.12　起爆后，应至少经过15 min并等待炮烟消散后方可进人爆破区检查。当发现问题时，应立即上报并提出处理措施。

6.13.1.5.2.3　光面爆破或预裂爆破

5.2.13　高陡岩石边坡应采用光面爆破或预裂爆破开挖。钻孔、装药等作业应在现场爆破工程技术人员指导监督下，由熟练爆破员操作。

5.2.14　施工前应做好测量放线和钻孔定位工作，钻孔作业应做到“对位准、方向正、角度精”，炮孔的偏斜误差不得超过1°。

5.2.15　光面爆破或预裂爆破宜采用不藕合装药，应按设计装药量、装药结构制作药串。药串加工完毕后应标明编号，并按药串编号送人相应炮孔内。

5.2.16　填塞时应保护好爆破引线，填塞质量应符合设计要求。

5.2.17　光面(预裂)爆破网路采用导爆索连接引爆时，应对裸露地表的导爆索进行覆盖，降低爆破冲击波和爆破噪声。

6.13.1.5.3　爆破安全防护及爆破器材管理

5.3.1　爆破安全防护措施、盲炮处理及爆破安全允许距离应按现行国家标准《爆破安全规程》GB 6722的相关规定执行。

5.3.2　爆破器材的采购、运输、贮存、检验、使用和销毁应符合现行国家标准《爆破安全规程》GB 6722的有关规定。

6.13.1.6　基坑工程

6.13.1.6.1　一般规定

6.1.1　基坑工程应按现行行业标准《建筑基坑支护技术规程》JGJ 120进行设计；必须遵循先设计后施工的原则；应按设计和施工方案要求，分层、分段、均衡开挖。

6.1.2　土方开挖前，应查明基坑周边影响范围内建(构)筑物、上下水、电缆、燃气、排水及热力等地下管线情况，并采取措施保护其使用安全。

6.1.3　基坑开挖深度范围内有地下水时，应采取有效的地下水控制措施。

6.1.4　基坑工程应编制应急预案。

6.13.1.6.2　基坑开挖的防护

6.2.1　开挖深度超过2 m的基坑周边必须安装防护栏杆。防护栏杆应符合下列规定：

1.防护栏杆高度不应低于1.2 m；

2.防护栏杆应由横杆及立杆组成；横杆应设2道～3道，下杆离地高度宜为0.3～0.6 m，上杆离地高度宜为1.2～1.5 m；立杆间距不宜大于2.0 m，立杆离坡边距离宜大于0.5 m；

3.防护栏杆宜加挂密目安全网和挡脚板；安全网应自上而下封闭设置；挡脚板高度不应小于180 mm，挡脚板下沿离地高度不应大于10 mm；

4.防护栏杆应安装牢固，材料应有足够的强度。

6.2.2　基坑内宜设置供施工人员上下的专用梯道。梯道应设扶手栏杆，梯道的宽度不应小于1 m。梯道的搭设应符合相关安全规范的要求。

6.2.3　基坑支护结构及边坡顶面等有坠落可能的物件时，应先行拆除或加以固定。

6.2.4　同一垂直作业面的上下层不宜同时作业。需同时作业时，上下层之间应采取隔离防护措施。

6.13.1.6.3　作业要求

6.3.1　在电力管线、通信管线、燃气管线 2 m 范围内及上下水管线 1 m 范围内挖土时，应有专人监护。

6.3.2　基坑支护结构必须在达到设计要求的强度后，方可开挖下层土方，严禁提前开挖和超挖。施工过程中，严禁设备或重物碰撞支撑、腰梁、锚杆等基坑支护结构，亦不得在支护结构上放置或悬挂重物。

6.3.3　基坑边坡的顶部应设排水措施。基坑底四周宜设排水沟和集水井，并及时排除积水。基坑挖至坑底时应及时清理基底并浇筑垫层。

6.3.4　对人工开挖的狭窄基槽或坑井，开挖深度较大并存在边坡塌方危险时，应采取支护措施。

6.3.5　地质条件良好、土质均匀且无地下水的自然放坡的坡率允许值应根据地方经验确定。当无经验时，可符合表 6.3.5 的规定。

表 6.3.5　自然放坡的坡率允许值

边坡土休类别	状态	坡率允许值(高宽比)	
		坡高小于 5 m	坡高 5 m～10 m
碎石土	密实	1∶0.35～1∶0.50	1∶0.50～1∶0.75
	中密	1∶0.50～1∶0.75	1∶0.75～1∶1.00
	稍密	1∶0.75～1∶1.00	1∶1.00～1∶1.25
黏性土	坚硬	1∶0.75～1∶1.00	1∶1.00～1∶1.25
	硬塑	1∶1.00～1∶1.25	1∶1.25～1∶1.50

注：(1)表中碎石土的充填物为坚硬或硬塑状态的黏性土；

(2)对于砂土填充或充填物为砂石的碎石土，其边坡坡率允许值应按自然休止角确定。

6.3.6　在软土场地上挖土，当机械不能正常行走和作业时，应对挖土机械行走路线用铺设渣土或砂石等方法进行硬化。

6.3.7　场地内有孔洞时，土方开挖前应将其填实。

6.3.8　遇异常软弱土层、流砂(土)、管涌，应立即停止施工，并及时采取措施。

6.3.9　除基坑支护设计允许外，基坑边不得堆土、堆料、放置机具。

6.3.10　采用井点降水时，井口应设置防护盖板或围栏，设置明显的警示标志。降水完成后，应及时将井填实。

6.3.11　施工现场应采用防水型灯具，夜间施工的作业面及进出道路应有足够的照明措施和安全警示标志。

6.13.1.6.4　险情预防

6.4.1　深基坑开挖过程中必须进行基坑变形监测，发现异常情况应及时采取措施。

6.4.2 土方开挖过程中,应定期对基坑及周边环境进行巡视,随时检查基坑位移(土体裂缝)、倾斜、土体及周边道路沉陷或隆起、地下水涌出、管线开裂、不明气体冒出和基坑防护栏杆的安全性等。

6.4.3 在冰雹、大雨、大雪、风力6级及以上强风等恶劣天气之后,应及时对基坑和安全设施进行检查。

6.4.4 当基坑开挖过程中出现位移超过预警值、地表裂缝或沉陷等情况时,应及时报告有关方面。出现塌方险情等征兆时,应立即停止作业,组织撤离危险区域,并立即通知有关方面进行研究处理。

6.13.1.7 边坡工程

6.13.1.7.1 一般规定

7.1.1 边坡工程应按现行国家标准《建筑边坡工程技术规范》GB 50330进行设计;应遵循先设计后施工,边施工边治理,边施工边监测的原则。

7.1.2 边坡开挖施工区域应有临时排水及防雨措施。

7.1.3 边坡开挖前,应清除边坡上方已松动的石块及可能崩塌的土体。

6.13.1.7.2 作业要求

7.2.1 临时性挖方边坡坡率可按本规范第6.3.5条的要求执行。

7.2.2 对土石方开挖后不稳定或欠稳定的边坡应根据边坡的地质特征和可能发生的破坏形态,采取有效处置措施。

7.2.3 土石方开挖应按设计要求自上而下分层实施,严禁随意开挖坡脚。

7.2.4 开挖至设计坡面及坡脚后,应及时进行支护施工,尽量减少暴露时间。

7.2.5 在山区挖填方时,应遵守下列规定:

1.土石方开挖宜自上而下分层分段依次进行,并应确保施工作业面不积水;

2.在挖方的上侧和回填土尚未压实或临时边坡不稳定的地段不得停放、检修施工机械和搭建临时建筑;

3.在挖方的边坡上如发现岩(土)内有倾向挖方的软弱夹层或裂隙面时,应立即停止施工,并应采取防止岩(土)下滑措施。

7.2.6 山区挖填方工程不宜在雨期施工。当需在雨期施工时,应编制雨期施工方案,并应遵守下列规定:

1.随时掌握天气变化情况,暴雨前应采取防止边坡坍塌的措施;

2.雨期施工前,应对施工现场原有排水系统进行检查、疏浚或加固,并采取必要的防洪措施;

3.雨期施工中,应随时检查施工场地和道路的边坡被雨水冲刷情况,做好防止滑坡、坍塌工作,保证施工安全;道路路面应根据需要加铺炉渣、砂砾或其他防滑材料,确保施工机械作业安全。

7.2.7 在有滑坡地段进行挖方时,应遵守下列规定:

1.遵循先整治后开挖的施工程序;

2.不得破坏开挖上方坡体的自然植被和排水系统;

3.应先做好地面和地下排水设施;

4. 严禁在滑坡体上部堆土、堆放材料、停放施工机械或搭设临时设施；

5. 应遵循由上至下的开挖顺序，严禁在滑坡的抗滑段通长大断面开挖；

6. 爆破施工时，应采取减振和监测措施防止爆破振动对边坡和滑坡体的影响。

7.2.8　冬期施工应及时清除冰雪，采取有效的防冻、防滑措施。

7.2.9　人工开挖时应遵守下列规定：

1. 作业人员相互之间应保持安全作业距离；

2. 打锤与扶钎者不得对面工作，打锤者应戴防滑手套；

3. 作业人员严禁站在石块滑落的方向撬挖或上下层同时开挖；

4. 作业人员在陡坡上作业应系安全绳。

6.13.1.7.3　险情预防

7.3.1　边坡开挖前应设置变形监测点，定期监测边坡的变形。

7.3.2　边坡开挖过程中出现沉降、裂缝等险情时，应立即向有关方面报告，并根据险情采取如下措施：

1. 暂停施工，转移危险区内人员和设备；

2. 对危险区域采取临时隔离措施，并设置警示标志；

3. 坡脚被动区压重或坡顶主动区卸载；

4. 作好临时排水、封面处理；

5. 采取应急支护措施。

6.13.2　建筑施工土石方工程安全技术规范条文说明

6.13.2.1　总则

1.0.1　本条说明制定本规范的目的，在于深人贯彻国家有关安全生产的法律法规和“安全第一，预防为主”的方针，防止建筑施工土石方工程作业中发生危及人身安全的各种事故。

1.0.2　本条指出本规范的适用范围仅限于工业与民用建筑及构筑物，至于其他类型的(如水利等)土石方工程需要参照其相应的安全技术规范。

1.0.3　建筑工程土石方施工属于建筑施工的一部分，建筑施工已有不少安全技术规范、标准及规定，其中也有涉及土石方安全施工作业的要求，土石方施工时要同时贯彻执行。

6.13.2.2　基本规定

2.0.1　土石方工程施工企业的施工管理能力和安全管理能力是保障工程安全的首要前提，故要求企业具备相应的施工资质和安全生产许可证。

2.0.2　土石方工程在施工中易发生安全事故，为对安全风险进行预控，故规定需要事先编制专项施工安全方案，必要时由专家进行论证。施工中要切实遵守。

2.0.3　本条规定施工前要根据工程实际情况对施工人员进行有针对性的安全教育和安全技术交底。特种作业及机械操作人员要经过专业培训上岗，其中特种作业人员还要持证上岗。

2.0.4　施工中发现安全隐患时，要及时整改。当发现有危及人身安全和公共安全的隐患时，要立即停止作业，以避免事故的发生；在采取措施排除隐患后，才能恢复施工。应防止出现冒险蛮干的现象。

2.0.5　根据国家有关法律、法规的规定，如发现古墓、古物等文物要立即停止施工并报告相关部门进行文物鉴定和保护。发现异常气体、液体、异物时也要立即停止作业，待专业人员检测无害后方可继续开挖，防止发生意外伤害事故。

6.13.2.3　机械设备

6.13.2.3.1　一般规定

3.1.1　建筑工程土石方施工的机械设备较多，其性能完好是安全生产的保证，因此需要对机械设备的出厂合格证书加以检查，并要按机械使用说明、操作指南（操作手册）检查和使用机械设备。特种设备还需要有制造许可证和监督检验证明。机械设备的使用还要符合现行行业标准《建筑机械使用安全技术规程》JGJ 33的规定。

3.1.2　对机械设备进行测试和试运转可提前发现问题并及时处理。

3.1.3　保持机械设备完好，才能减少故障和防止事故发生，操作人员要按照保养规定，对机械设备进行保养。

3.1.4　本条规定机械设备，尤其是大型机械设备进场前，需要查明现场情况和行驶路线的情况，包括桥梁、涵洞的承载能力及允许通行的宽度和高度等，当不满足通行要求时，要采取措施或绕行。这样可以避免机械设备在运输过程中出现安全和道路拥堵问题。

3.1.6　本条强调了对操作人员的纪律要求。交接班制度使操作人员在相互交班时不致发生差错，防止由于职责不清引发的事故。

3.1.7　本条规定是促使施工和机械设备操作人员相互了解情况，密切配合，达到安全生产的目的。

3.1.8　本条所列各项基本归纳了土方施工中常见的危害安全生产的情况。机械设备操作时，操作人员要随时观察周围情况。当遇到类似情况时要立即停止作业。

6.13.2.3.2　土石方开挖设备

3.2.4　挖土时如出现伞沿状及松动的大块石就有塌方危险，要采取措施处理。

3.2.9　推土机可涉一定深度的水，但涉水前要查明水深和水底土质，并根据机械使用说明进行操作。

3.2.11　本条规定多台机械在同一场地作业时，要保持足够的安全距离。

3.2.12　本条对铲运机作业的道路条件作出规定。

3.2.15　装载机载物时要采用低速挡行驶，防止高速行驶发生意外。由于铲斗载人发生的安全事故很多，故要求禁止铲斗载人。

3.2.18　本条规定装载机在边坡、沟、坑边卸料要采取的安全措施。

6.13.2.3.3　土方平整和运输设备

3.3.1　对压路机的工作面进行适当平整、夯实，首先是保证机械设备的安全，其次也可提高工作效率。

3.3.2　由里侧向外侧碾压，保持距路基边缘的安全距离，是保证机械安全作业的条件。

3.3.6　车厢不复位就起步，可能会造成车辆倾覆；同时未复位的车厢很高，会给周边其他设施造成损害。

3.3.7 夯机作业时,一般作业条件较差,振动大,电器元件和绝缘材料很容易损坏,易发生漏电事故,因此对夯机的绝缘要严格要求。

3.3.11 使用翻斗车运输时,要限制货物的宽度和高度。

6.13.2.4 场地平整

6.13.2.4.1 一般规定

4.1.1 随着城市建设加快,各种地下管网、电缆交叉密布,地下管网被挖坏,造成停水、停气、停电、通信中断的事故频繁发生。场地平整工作开始前要做好场地地下管线、障碍物等情况的调查工作,并制定出处理措施。

4.1.2 行人及车辆易掉进开挖沟槽、害井里造成人员伤亡及车辆损坏,因此设立警示标志和护栏是进行土石方施工的必要措施。警示标牌和防护栏栅要清晰坚固,可抗日晒雨淋。

4.1.4 施工现场临时供水管线埋设时除要合理避开交通繁忙线路和穿越主要通道外,还要考虑避开软弱地层,并采取必要的防冻、防压、防渗措施。

6.13.2.4.2 场地平整

4.2.2 计算泄排量需要根据工程重要性合理选取最大日雨水量,其资料数据以气象部门提供的为基准。

4.2.3 积水坑深度超过500 mm时,易产生人员尤其是少年、儿童落水伤亡事故,所以需要采取有效防护措施。

4.2.4 庇护场所需要坚固可靠,可容纳人员不少于10人,同时要便于紧急庇护和疏散。

4.2.6 当松散堆积物(如块石、炉渣、建筑垃圾等)的堆积高度大于1.8 m时,会因堆积物坍塌危及人身及设备安全,需要设置警示标志、护栏。清理时分层挖除。

4.2.7 清淤前,需要对清淤的河床、池塘进行必要的勘测,主要查明淤泥的厚度、成分,有无刺激臭味等。淤泥有机质、腐殖质含量较高,会危及人体健康。淤泥厚度大于1.0 m,人陷人其中,不能自救。

在淤泥上填土,重点是保护作业机械的安全。第一次回填土厚度小于0.5 m时,会造成机械下陷。当机械在淤泥、软土上停置时间过长,也会造成机械下陷。

4.2.8 在制定冲(吹)填土施工方案时,需要考虑冲(吹)填土(砂)船的作业顺序,冲(吹)填作业半径及作业船的工作安全。因为冲(吹)填土(砂)更为松软,所以第一次回填土厚度要大于0.8 m。

6.13.2.5 土石方爆破

6.13.2.5.1 一般规定

5.1.1 爆破作业是一项技术要求高、危险性极大的工作,因此,除要求承担爆破工程的企业和作业人员具有规定的资质、资格外,还要求现场作业必须在专业技术人员的指导下进行。技术人员在现场便于及时发现问题,及时加以解决。

5.1.2 爆破工程分级,要参照现行国家标准《爆破安全规程》GB 6722的规定。

5.1.4 本条规定,当爆破作业对人民生命财产安全构成威胁或者可能引发严重的次生灾害时，以及当天气恶劣对作业本身的安全构成严重威胁时，为确保人民生命财产安全、确保作业安全，需要从严限制爆破作业的进行。恶劣天气条件是指风力6级及以上、雷电、大雨雪、能见度不超过100 m的浓雾等。

5.1.8　装药或填塞过程中偶尔会出现炮孔卡堵，现场发现有人会硬拉拔孔外的导爆索、导爆管或电雷管脚线，这是很危险的。这里予以强调“严禁硬拉或拔出起爆药包中的导爆索、导爆管或电雷管脚线”。

5.1.9　爆破警戒范围由设计确定，但不能小于现行国家标准《爆破安全规程》GB 6722的规定值。警戒区的明显标志要包括视觉信号和听觉信号，岗哨要有人值守。

5.1.10　爆破警戒时，通信联络的工具和方式可以根据现场条件而定，但要确保指挥部、起爆站和各警戒点之间有良好的通信联络，避免出现混乱。常用的联络方法有口哨、警报器、对讲机、彩旗等。

5.1.11　盲炮处理要符合现行国家标准《爆破安全规程》GB672Z的规定。

6.13.2.5.2　作业要求

5.2.1　爆破开挖形成台阶需要一个过程，有些小型的场地平整或小沟槽开挖可能不需要形成台阶，但非台阶爆破夹制作用大，飞石较远，所以要求“在台阶形成之前进行爆破时应加大警戒范围”。

5.2.6　孔口岩石比较破碎，一般用泥浆护壁。因孔口岩壁不稳容易塌孔、卡孔，是钻孔工作必须认真对待的问题。

5.2.8　通常第一排炮孔的最小抵抗线变化较大，若前排出现反坡或大裂隙会产生大量飞石；前排底盘抵抗线过长，容易留根底。

5.2.12　深孔爆破起爆后，要求等待炮烟消散、并确认坍落体和边坡稳定后才准进人爆破区检查。

5.2.13　光面爆破或预裂爆破开挖岩石边坡可以提高边坡质量和长期稳定性，近年来国内外广泛采用，效益显著。光面爆破或预裂爆破的钻孔、装药要求较高，要由熟练爆破员操作，并应有技术人员指导监督。

5.2.14　钻孔质量控制是保证光面爆破或预裂爆破效果的关键。

6.13.2.5.3　爆破安全防护及爆破器材管理

5.3.1、5.3.2　中华人民共和国《民用爆炸物品安全管理条例》和现行国家标准《爆破安全规程》GB 6722对爆破安全防护措施、盲炮处理、爆破安全允许距离以及爆破器材的采购、运输、贮存、检验、使用和销毁都有详细的规定。土石方爆破按此执行即可。

6.13.2.6　基坑工程

6.13.2.6.1　一般规定

6.1.1　本条规定基坑工程要按照设计和施工方案的要求进行施工。基坑土方要求分层、分段、对称、均衡开挖，使支护结构受力连续均匀，防止坍塌。

6.1.2　土方开挖前，要查清基坑周边影响范围内建(构)筑物、管线等情况并采取相应的措施，防止盲目开挖造成对建(构)筑物和管线的破坏。

6.13.2.6.2　基坑开挖的防护

6.2.1　根据现行国家标准《高处作业分级》GB/T 3608—2008中的规定：“在距坠落

高度基准面 2 m 或 2 m 以上有可能坠落的高处进行的作业为高处作业”，高处作业应执行现行行业标准《建筑施工高处作业安全技术规范》JGJ 80 等的相关规定。鉴于基坑、管沟、边坡等土石方开挖作业中，时常有坠落伤亡事故发生的情况，故规定开挖深度超过 2 m 的基坑周边要安装防护栏杆。

6.2.3　基坑顶部坠物对坑内作业人员的安全威胁极大，施工中要引起足够的重视，对可能坠落物料要在基坑开挖前予以清除。

6.13.2.6.3　作业要求

6.3.1　在管线范围内开挖土方时，要有专人在旁边监视，以免碰到及损坏管线。

6.3.2　基坑开挖时支护结构需要达到一定的强度，否则将造成支护结构因强度不足而破坏。但基坑支护结构的设计一般按开挖到坑底后的极限状态设计，而开挖时一般均分数层开挖，此时支护结构达不到极限状态。支护结构设计者要针对这种情况，设计每一层土方开挖时支护结构应达到的强度，当结构强度达到该强度时，方可开挖下层土方。“严禁超挖”一是指基坑开挖总深度不得超过设计深度，二是指每层开挖深度不得超过设计允许的深度。对支护结构的碰撞常会引起支护体系局部或整体失稳；在支护结构上放置或悬挂重物，除会引起支护结构破坏外，还易发生坠落伤人事故，故需要严格禁止。

6.3.3　基坑坑底被水浸泡后会造成基坑安全性的降低，故需要及时浇筑混凝土垫层防止浸泡。

6.3.5　本条规定基坑边坡自然放坡的坡率允许值。

6.3.7　场地内的孔洞除指原地下存在的警井等之外，还包括人工挖孔桩、钻孔灌注桩等施工后在场地内形成的孔洞。

6.3.9　基坑边堆土、堆料或停放施工机械等加大了基坑的附加载荷，故需要限制在设计允许的范围内。

6.3.11　夜间施工容易发生安全事故，要做好照明及安全警示标志。

6.13.2.6.4　险情预防

6.4.2　基坑变形监测为定期进行的观测，而基坑塌方经常是突发的，所以每日对基坑及周边进行巡视很有必要，可及时发现异常情况并采取相应的措施。

6.13.2.7　边坡工程

6.13.2.7.1　一般规定

7.1.1　边坡土石方作业贯彻“先设计后施工、边施工边治理、边施工边监测”的原则是确保土石方作业安全施工、科学有序的基本保证。

5.13.2.7.2　作业要求

7.2.3　一般边坡工程的最不利滑移线大部分都经过坡脚。如果土方开挖不按设计自上而下分层实施，擅自先挖坡脚，很容易造成边坡整体失稳破坏。

7.2.4　坡面暴露过久，易产生雨水冲刷、粉细砂失水坍塌等对边坡安全的不利影响。

7.2.6　雨期，山区易暴发洪水，给施工人员、机械、设施安全造成巨大威胁，故尽量避免土石方工程在雨期进行施工。如需要在雨期施工时，要采取可靠的防护措施。

7.2.7　在滑坡区挖方造成工程事故的概率较高，本条规定了开挖方案中要求遵守的原则。

从某种意义上讲“无水无滑坡”。防水、排水是滑坡治本思想的体现，采取保护坡面植被、控制水(雨水、地下水和施工用水)对滑面的软化，是提高滑坡稳定性的重要措施。

在对牵引式滑坡的前缘开挖滑体，特别是大面积开挖滑体，将使猾体抗滑段的抗力减小，易造成滑坡失稳，因此土方开挖一般要由上(滑坡的推力段)至下进行，并避免在滑坡的抗滑段通长大断面开挖。

6.13.2.7.3 险情预防

7.3.1 在进行土石方开挖时，要进行变形观测，作好记录，并对可能出现的险情作出判断和分析，做到信息化施工。

7.3.2 发生沉降、裂缝、滑坡等险情时要立刻采取应急措施。应急措施要考虑滑坡类型、成因、工程地质及水文地质条件、滑坡的稳定性、发展趋势、危险性等因素。

6.14 建筑施工作业劳动防护用品配备及使用标准

根据中华人民共和国住房和城乡建设部公告(第439号)，《建筑施工作业劳动防护用品配备及使用标准》(JGJ184—2009)为行业标准，自2010年6月1日起实施。其中，第2.0.4、3.0.1、3.0.2、3.0.3、3.0.4、3.0.5、3.0.6、3.0.10、3.0.14、3.0.17、3.0.19条条为强制性条文，必须严格执行。

6.14.1 建筑施工作业劳动防护用品配备及使用标准

6.14.1.1 总则

1.0.1 为贯彻“安全第一、预防为主、综合治理”的安全生产方针，规范建筑施工现场作业的安全防护用品的配备、使用和管理，保障从业人员在施工生产作业中的安全和健康，制定本标准。

1.0.2 本标准适用于建筑施工企业和建筑工程施工现场作业的劳动防护用品的配备、使用及管理。

1.0.3 从事新建、改建、扩建和拆除等有关建筑活动的施工企业，应依据本标准为从业人员配备相应的劳动防护用品，使其免遭或减轻事故伤害和职业危害。

1.0.4 进人施工现场的施工人员和其他人员，应依据本标准正确佩戴相应的劳动防护用品，以确保施工过程中的安全和健康。

1.0.5 本标准规定了建筑施工作业劳动防护用品配备、使用及管理的基本技术要求。当本标准与国家法律、行政法规的规定相抵触时，应按国家法律、行政法规的规定执行。

1.0.6 建筑施工作业劳动防护用品配备、使用及管理，除应符合本标准以外，尚应符合国家现行有关标准的规定。

6.14.1.2 基本规定

2.0.1 本标准所列劳动防护用品为从事建筑施工作业的人员和进人施工现场的其他人员配备的个人防护装备。

2.0.2 从事施工作业人员必须配备符合国家现行有关标准的劳动防护用品，并应按规定正确使用。

2.0.3　劳动防护用品的配备,应按照“谁用工,谁负责”的原则,由用人单位为作业人员按作业工种配备。

2.0.4　进入施工现场人员必须佩戴安全帽。作业人员必须戴安全帽、穿工作鞋和工作服;应按作业要求正确使用劳动防护用品。在 2 m 及以上的无可靠安全防护设施的高处、悬崖和陡坡作业时,必须系挂安全带。

2.0.5　从事机械作业的女工及长发者应配备工作帽等个人防护用品。

2.0.6　从事登高架设作业、起重吊装作业的施工人员应配备防止滑落的劳动防护用品,应为从事自然强光环境下作业的施工人员配备防止强光伤害的劳动防护用品。

2.0.7　从事施工现场临时用电工程作业的施工人员应配备防止触电的劳动防护用品。

2.0.8　从事焊接作业的施工人员应配备防止触电、灼伤、强光伤害的劳动防护用品。

2.0.9　从事锅炉、压力容器、管道安装作业的施工人员应配备防止触电、强光伤害的劳动防护用品。

2.0.10　从事防水、防腐和油漆作业的施工人员应配备防止触电、中毒、灼伤的劳动防护用品。

2.0.11　从事基础施工、主体结构、屋面施工、装饰装修作业人员应配备防止身体、手足、眼部等受到伤害的劳动防护用品。

2.0.12　冬期施工期间或作业环境温度较低的,应为作业人员配备防寒类防护用品。

2.0.13　雨期施工期间应为室外作业人员配备雨衣、雨鞋等个人防护用品。对环境潮湿及水中作业的人员应配备相应的劳动防护用品。

6.14.1.3　劳动防护用品的配备

3.0.1　架子工、起重吊装工、信号指挥工的劳动防护用品配备应符合下列规定:

1.架子工、塔式起重机操作人员、起重吊装工应配备灵便紧口的工作服、系带防滑鞋和工作手套。

2.信号指挥工应配备专用标志服装。在自然强光环境条件作业时,应配备有色防护眼镜。

3.0.2　电工的劳动防护用品配备应符合下列规定:

1.维修电工应配备绝缘鞋、绝缘手套和灵便紧口的工作服。

2.安装电工应配备手套和防护眼镜。

3.高压电气作业时,应配备相应等级的绝缘鞋、绝缘手套和有色防护眼镜。

3.0.3　电焊工、气割工的劳动防护用品配备应符合下列规定:

1.电焊工、气割工应配备阻燃防护服、绝缘鞋、鞋盖、电焊手套和焊接防护面罩。在高处作业时,应配备安全帽与面罩连接式焊接防护面罩和阻燃安全带。

2.从事清除焊渣作业时,应配备防护眼镜。

3.从事磨削钨极作业时,应配备手套、防尘口罩和防护眼镜。

4.从事酸碱等腐蚀性作业时,应配备防腐蚀性工作服、耐酸碱胶鞋,戴耐酸碱手套、防护口罩和防护眼镜。

5. 在密闭环境或通风不良的情况下，应配备送风式防护面罩。

3.0.4　锅炉、压力容器及管道安装工的劳动防护用品配备应符合下列规定：

1. 锅炉及压力容器安装工、管道安装工应配备紧口工作服和保护足趾安全鞋。在强光环境条件作业时，应配备有色防护眼镜。

2. 在地下或潮湿场所，应配备紧口工作服、绝缘鞋和绝缘手套。

3.0.5　油漆工在从事涂刷、喷漆作业时，应配备防静电工作服、防静电鞋、防静电手套、防毒口罩和防护眼镜；从事砂纸打磨作业时，应配备防尘口罩和密闭式防护眼镜。

3.0.6　普通工从事淋灰、筛灰作业时，应配备高腰工作鞋、鞋盖、手套和防尘口罩，应配备防护眼镜；从事抬、扛物料作业时，应配备垫肩；从事人工挖扩桩孔孔井下作业时，应配备雨

靴、手套和安全绳；从事拆除工程作业时，应配备保护足趾安全鞋、手套。

3.0.7　混凝土工应配备工作服、系带高腰防滑鞋、鞋盖、防尘口罩和手套，宜配备防护眼镜；从事混凝土浇筑作业时，应配备胶鞋和手套；从事混凝土振捣作业时，应配备绝缘胶靴、绝缘手套。

3.0.8　瓦工、砌筑工应配备保护足趾安全鞋、胶面手套和普通工作服。

3.0.9　抹灰工应配备高腰布面胶底防滑鞋和手套，宜配备防护眼镜。

3.0.10　磨石工应配备紧口工作服、绝缘胶靴、绝缘手套和防尘口罩。

3.0.11　石工应配备紧口工作服、保护足趾安全鞋、手套和防尘口罩，宜配备防护眼镜。

3.0.12　木工从事机械作业时，应配备紧口工作服、防噪声耳罩和防尘口罩，宜配备防护眼镜。

3.0.13　钢筋工应配备紧口工作服、保护足趾安全鞋和手套。从事钢筋除锈作业时，应配备防尘口罩，宜配备防护眼镜。

3.0.14　防水工的劳动防护用品配备应符合下列规定：

1. 从事涂刷作业时. 应配备防静电工作服、防静电鞋和鞋盖、防护手套、防毒口罩和防护眼镜。

2. 从事沥青熔化、运送作业时，应配备防烫工作服、高腰布面胶底防滑鞋和鞋盖、工作帽、耐高温长手套、防毒口罩和防护眼镜。

3.0.15　玻璃工应配备工作服和防切割手套；从事打磨玻璃作业时，应配备防尘口罩，宜配备防护眼镜。

3.0.16　司炉工应配备耐高温工作服、保护足趾安全鞋、工作帽、防护手套和防尘口罩，宜配备防护眼镜；从事添加燃料作业时，应配备有色防冲击眼镜。

3.0.17　钳工、铆工、通风工的劳动防护用品配备应符合下列规定：

1. 从事使用锉刀、刮刀、錾子、扁铲等工具作业时，应配备紧口工作服和防护眼镜。

2. 从事剔凿作业时。应配备手套和防护眼镜；从事搬抬作业时，应配备保护足趾安全鞋和手套。

3. 从事石棉、玻璃棉等含尘毒材料作业时，操作人员应配备防异物工作服、防尘口罩、风帽、风镜和薄膜手套。

3.0.18 筑炉工从事磨砖、切砖作业时，应配备紧口工作服、保护足趾安全鞋、手套和防尘口罩，宜配备防护眼镜。

3.0.19 电梯安装工、起重机械安装拆卸工从事安装、拆卸和维修作业时。应配备紧口工作服、保护足趾安全鞋和手套。

3.0.20 其他人员的劳动防护用品配备应符合下列规定：

1.从事电钻、砂轮等手持电动工具作业时，应配备绝缘鞋、绝缘手套和防护眼镜。

2.从事蛙式夯实机、振动冲击夯作业时，应配备具有绝缘功能的保护足趾安全鞋、绝缘手套和防噪声耳塞(耳罩)。

3.从事可能飞溅渣屑的机械设备作业时，应配备防护眼镜。

4.从事地下管道检修作业时，应配备防毒面罩、防滑鞋(靴)和工作手套。

6.14.1.4 劳动防护用品使用及管理

4.0.1 建筑施工企业应选定劳动防护用品的合格供货方，为作业人员配备的劳动防护用品必须符合国家有关标准，应具备生产许可证、产品合格证等相关资料。经本单位安全生产管理部门审查合格后方可使用。

建筑施工企业不得采购和使用无厂家名称、无产品合格证、无安全标志的劳动防护用品。

4.0.2 劳动防护用品的使用年限应按国家现行相关标准执行。劳动防护用品达到使用年限或报废标准的应由建筑施工企业统一收回报废，并应为作业人员配备新的劳动防护用品。劳动防护用品有定期检测要求的应按照其产品的检测周期进行检测。

4.0.3 建筑施工企业应建立健全劳动防护用品购买、验收、保管、发放、使用、更换、报废管理制度。在劳动防护用品使用前，应对其防护功能进行必要的检查。

4.0.4 建筑施工企业应教育从业人员按照劳动防护用品使用规定和防护要求，正确使用劳动防护用品。

4.0.5 建设单位应按国家有关法律和行政法规的规定，支付建筑工程的施工安全措施费用。建筑施工企业应严格执行国家有关法规和标准，使用合格的劳动防护用品。

4.0.6 建筑施工企业应对危险性较大的施工作业场所及具有尘毒危害的作业环境设置安全警示标识及应使用的安全防护用品标识牌。

6.14.2 建筑施工作业劳动防护用品配备及使用标准条文说明

6.14.2.1 总则

1.0.1 本条规定了制定本标准的目的。

1.0.2 本条规定了本标准的适用范围。

1.0.3 本标准规定的从业人员是指从事施工生产活动的所有人员。本条规定了标准的使用范围。

本条规定的劳动防护用品是指：

(1)头部防护类：安全帽、工作帽；

(2)眼、面部防护类：护目镜、防护罩(分防冲击型、防腐蚀型、防辐射型等)；

(3)听觉、耳部防护类：耳塞、耳罩、防噪声帽等；

(4)手部防护类：防腐蚀、防化学药品手套，绝缘手套，搬运手套，防火防烫手套等；

(5)足部防护类:绝缘鞋、保护足趾安全鞋、防滑鞋、防油鞋、防静电鞋等;

(6)呼吸器官防护类:防尘口罩、防毒面具等;

(7)防护服类:防火服、防烫服、防静电服、防酸碱服等,

(8)防坠落类:安全带、安全绳等;

(9)防雨、防寒服装及专用标志服装、一般工作服装。

6.14.2.2 基本规定

2.0.1 本条定义了标准中所指的劳动防护用品。

2.0.2 本条规定了从业人员正确使用劳动防护用品的义务。

2.0.3 本条规定参照《中华人民共和国安全生产法》第三十七条制定。

2.0.4 本条所规定安全带的使用以《建筑施工高处作业安全技术规范》JGJ 80 为依据。本条规定的陡坡是指大于25°的坡度。

6.14.2.3 劳动防护用品的配备

3.0.1 本条规定的信号指挥工是指垂直运输机械的专职指挥人员。自然强光环境条件作业是指人员在面向太阳光直接照射的环境条件下,有可能影响视觉和操作准确性的作业。

3.0.2 本条规定的高压电气作业是指高压电气设备的维修、调试、值班。

3.0.4 本条规定的从事管道作业应配备绝缘手套是指从事电焊或使用手持电动工具作业时,避免人身触电事故发生。

3.0.6 本条规定的淋灰、筛灰作业产生粉尘,污染环境。为保护操作人员身体健康应穿戴相应的劳动防护用品。

普通工从事其他工种作业时,应按实际情况配备相应的劳动防护用品。

本条规定的安全绳是指其抗拉力不低于1 000 N的锦纶绳。

3.0.7 本条规定的浇筑混凝土作业是指混凝土振捣器操作及现场泵送混凝土的泵管安装、维护作业。

3.0.8 本条规定的砌筑工是指从事墙体砌筑和石材安装的工种。

3.0.9 本条规定的抹灰工是指从事地面、墙面和屋顶进行细石混凝土、水泥砂浆、白灰砂浆摊铺、抹面等的工种。

3.0.12 本条规定的操作人员必须戴防噪声耳罩,应按照《工业企业噪声卫生标准》配备。

3.0.13 本条规定的钢筋工是指钢筋搬运、加工、绑扎的工种。

3.0.16 本条规定不包括使用清洁燃料的锅炉及茶炉的操作人员。

3.0.17 本条规定的防异物工作服应是“三紧”(衣领、袖口、裤脚)。

3.0.20 本条规定手持电动工具的使用以《施工现场临时用电安全技术规范》,JGJ 46—2005 中第9.6节手持式电动工具为依据。本条规定的操作人员是指扶夯和整理电源线的人员。蛙式夯实机、振动冲击夯的使用以《施工现场临时用电安全技术规范》JGJ 46—2005 中第9.4节夯土机械为依据。

本条规定的防护眼镜是指对眼睛有伤害的危险工种作业人员所使用的劳动防护用品。防护眼镜的类型分为防冲击型、防腐蚀型、防辐射型。因本人视力缺陷自配的眼镜,

可作为一般防护眼镜使用。

6.14.2.4　劳动防护用品使用及管理

4.4.1　本条规定参照《建设工程安全生产管理条例》第三十四条制定。

本条规定的相关资料是指生产劳动防护用品的企业，应有工商行政管理部门核发的营业执照、生产厂家合格证、产品标准和相关技术文件；使用的劳动防护用品属于国家实施工业产品生产许可证管理的，生产厂家必须有生产许可证及相关资料。其产品应有劳动防护用品安全标志和检测、检验合格证。由购置单位的相关管理部门存档备查。

4.0.2　本条规定了劳动防护用品的使用年限应按其产品的国家标准或行业标准，按照地区实际情况，由地市级以上建设行政部门负责。防寒服装的使用年限不应超过6年；一般工作服装的使用年限不应超过3年。

4.0.3　本条规定了建筑施工企业应通过建立劳动防护用品购买、验收、保管、发放、使用、更换、报废管理制度，确保劳动防护用品的使用质量，达到保护劳动者人身安全与健康的目的。对于在易燃、易爆、烧灼及静电场所的作业人员，禁止发放和使用化纤材质的劳动防护用品。

4.0.4　本条规定了建筑施工企业应教育从业人员正确使用劳动防护用品。

6.15　建筑施工现场环境与卫生标准

根据中华人民共和国建设部公告（第308号），《建筑施工现场环境与卫生标准》（JGJ146—2004）为行业标准，自2005年3月1日起实施。其中，第2.0.2、3.1.1、3.1.7、3.1.11、4.1.6、4.2.3条为强制性条文，必须严格执行。

6.15.1　建筑施工现场环境与卫生标准

6.15.1.1　总则

1.0.1　为保障作业人员的身体健康和生命安全，改善作业人员的工作环境与生活条件，保护生态环境，防治施工过程对环境造成污染和各类疾病的发生，制定本标准。

1.0.2　本标准适用于新建、扩建、改建的土木工程、建筑工程、线路管道工程、设备安装工程、装修装饰工程及拆除工程。

1.0.3　本标准所指的施工现场包括施工区、办公区和生活区。

1.0.4　建筑施工现场环境与卫生除应执行本标准的规定外，尚应符合国家现行有关强制性标准的规定。

6.15.1.2　一般规定

2.0.1　施工现场的施工区域应与办公、生活区划分清晰，并应采取相应的隔离措施。

2.0.2　施工现场必须采用封闭围挡，高度不得小于1.8 m。

2.0.3　施工现场出入口应标有企业名称或企业标识。主要出入口明显处应设置工程概况牌，大门内应有施工现场总平面图和安全生产、消防保卫、环境保护、文明施工等制度牌。

2.0.4　施工现场临时用房应选址合理，并应符合安全、消防要求和国家有关规定。

2.0.5　在工程的施工组织设计中应有防治大气、水土、噪声污染和改善环境卫生的有效措施。

2.0.6　施工企业应采取有效的职业病防护措施，为作业人员提供必备的防护用品，对从事有职业病危害作业的人员应定期进行体检和培训。

2.0.7　施工企业应结合季节特点，做好作业人员的饮食卫生和防暑降温、防寒保暖、防煤气中毒、防疫等工作。

2.0.8　施工现场必须建立环境保护、环境卫生管理和检查制度，并应做好检查记录。

2.0.9　对施工现场作业人员的教育培训、考核应包括环境保护、环境卫生等有关法律、法规的内容。

2.0.10　施工企业应根据法律、法规的规定，制定施工现场的公共卫生突发事件应急预案。

6.15.1.3　环境保护

6.15.1.3.1　防治大气污染

3.1.1　施工现场的主要道路必须进行硬化处理，土方应集中堆放。裸露的场地和集中堆放的土方应采取覆盖、固化或绿化等措施。

3.1.2　拆除建筑物、构筑物时，应采用隔离、洒水等措施，并应在规定期限内将废弃物清理完毕。

3.1.3　施工现场土方作业应采取防止扬尘措施。

3.1.4　从事土方、渣土和施工垃圾运输应采用密闭式运输车辆或采取覆盖措施；施工现场出入口处应采取保证车辆清洁的措施。

3.1.5　施工现场的材料和大模板等存放场地必须平整坚实。水泥和其他易飞扬的细颗粒建筑材料应密闭存放或采取覆盖等措施。

3.1.6　施工现场混凝土搅拌场所应采取封闭、降尘措施。

3.1.7　建筑物内施工垃圾的清运，必须采用相应容器或管道运输，严禁凌空抛掷。

3.1.8　施工现场应设置密闭式垃圾站，施工垃圾、生活垃圾应分类存放，并应及时清运出场。

3.1.9　城区、旅游景点、疗养区、重点文物保护地及人口密集区的施工现场应使用清洁能源。

3.1.10　施工现场的机械设备、车辆的尾气排放应符合国家环保排放标准的要求。

3.1.11　施工现场严禁焚烧各类废弃物。

6.18.1.3.2　防治水土污染

3.2.1　施工现场应设置排水沟及沉淀池，施工污水经沉淀后方可排入市政污水管网或河流。

3.2.2　施工现场存放的油料和化学溶剂等物品应设有专门的库房，地面应防渗漏处理。废弃的油料和化学溶剂应集中处理，不得随意倾倒。

3.2.3　食堂应设置隔油池，并应及时清理。

3.2.4　厕所的化粪池应做抗渗处理。

3.2.5　食堂、盥洗室、淋浴间的下水管线应设置过滤网，并应与市政污水管线连接，保证排水通畅。

6.18.1.3.3　防治施工噪声污染

3.3.1　施工现场应按照现行国家标准《建筑施工场界噪声限值及其测量方法》(GB 12523～12524)制定降噪措施,并可由施工企业自行对施工现场的噪声值进行监测和记录。

3.3.2　施工现场的强噪声设备宜设置在远离居民区的一侧,并应采取降低噪声措施。

3.3.3　对因生产工艺要求或其他特殊需要,确需在夜间进行超过噪声标准施工的,施工前建设单位应向有关部门提出申请,经批准后方可进行夜间施工。

3.3.4　运输材料的车辆进入施工现场,严禁鸣笛,装卸材料应做到轻拿轻放。

6.15.1.4　环境卫生

6.15.1.4.1　临时设施

4.1.1　施工现场应设置办公室、宿舍、食堂、厕所、淋浴间、开水房、文体活动室、密闭式垃圾站(或容器)及盥洗设施等临时设施。临时设施所用建筑材料应符合环保、消防要求。

4.1.2　办公区和生活区应设密闭式垃圾容器。

4.1.3　办公室内布局应合理,文件资料宜归类存放,并应保持室内清洁卫生。

4.1.4　施工现场应配备常用药及绷带、止血带、颈托、担架等急救器材。

4.1.5　宿舍内应保证有必要的生活空间,室内净高不得小于 2.4 m,通道宽度不得小于 0.9 m,每间宿舍居住人员不得超过 16 人。

4.1.6　施工现场宿舍必须设置可开启式窗户,宿舍内的床铺不得超过 2 层,严禁使用通铺。

4.1.7　宿舍内应设置生活用品专柜,有条件的宿舍宜设置生活用品储藏室。

4.1.8　宿舍内应设置垃圾桶,宿舍外宜设置鞋柜或鞋架,生活区内应提供为作业人员晾晒衣物的场地。

4.1.9　食堂应设置在远离厕所、垃圾站、有毒有害场所等污染源的地方。

4.1.10　食堂应设置独立的制作间、储藏间,门扇下方应设不低于 0.2 m 的防鼠挡板。

制作间灶台及其周边应贴瓷砖,所贴瓷砖高度不宜小于 1.5 m,地面应做硬化和防滑处理。

粮食存放台距墙和地面应大于 0.2 m。

4.1.11　食堂应配备必要的排风设施和冷藏设施。

4.1.12　食堂的燃气罐应单独设置存放间,存放间应通风良好并严禁存放其他物品。

4.1.13 食堂制作间的炊具宜存放在封闭的橱柜内,刀、盆、案板等炊具应生熟分开。食品应有遮盖,遮盖物品应有正反面标识。各种佐料和副食应存放在密闭器皿内,并应有标识。

4.1.14　食堂外应设置密闭式泔水桶,并应及时清运。

4.1.15　施工现场应设置水冲式或移动式厕所,厕所地面应硬化,门窗应齐全。蹲位之间宜设置隔板，隔板高度不宜低于 0.9 m。

4.1.16 厕所大小应根据作业人员的数量设置。高层建筑施工超过 8 层以后，每隔四层宜设置临时厕所。厕所应设专人负责清扫、消毒，化粪池应及时清掏。

4.1.17 淋浴间内应设置满足需要的淋浴喷头，可设置储衣柜或挂衣架。

4.1.18 盥洗设施应设置满足作业人员的使用的盥洗池，并应使用节水龙头。

4.1.19 生活区应设置开水炉、电热水器或饮用水保温桶；施工区应配备流动保温水桶。

4.1.20 文体活动室应配备电视机、书报、杂志等文体活动设施、用品。

6.18.1.4.2 卫生与防疫

4.2.1 施工现场应设专职或兼职保洁员，负责卫生清扫和保洁。

4.2.2 办公区和生活区应采取灭鼠、蚊、蝇、蟑螂等措施，并应定期投放和喷洒药物。

4.2.3 食堂必须有卫生许可证，炊事人员必须持身体健康证上岗。

4.2.4 炊事人员上岗应穿戴洁净的工作服、工作帽和口罩，并应保持个人卫生。不得穿工作服出食堂，非炊事人员不得随意进入制作间。

4.2.5 食堂的炊具、餐具和公用饮水器具必须清洗消毒。

4.2.6 施工现场应加强食品、原料的进货管理，食堂严禁出售变质食品。

4.2.7 施工现场作业人员发生法定传染病、食物中毒或急性职业中毒时，必须在 2 小时内向施工现场所在地建设行政主管部门和有关部门报告，并应积极配合调查处理。

4.2.8 现场施工人员患有法定传染病时，应及时进行隔离，并由卫生防疫部门进行处置。

6.15.2 建筑施工现场环境与卫生标准条文说明

6.15.2.1 总则

1.0.1 制定本标准的目的。作业人员指从事建筑施工活动的人员，包括建设单位、施工单位、监理单位以及为施工服务的人员。

1.0.2 规定了本标准的适用范围。

1.0.3 本标准的“生活区”指建设工程作业人员集中居住、生活的场所，包括施工现场以内和施工现场以外独立设置的生活区。施工现场以外独立设置的生活区是指施工现场内无条件建立生活区，在施工现场以外搭设的用于作业人员居住生活的临时用房或者集中居住的生活基地。

1.0.4 说明本标准与其他相关标准的关系。

6.15.2.2 一般规定

2.0.2 施工现场应设封闭围挡，防止与施工作业无关的人员进入，防止施工作业影响周围环境。

2.0.3 工程概况牌内容一般有工程名称、面积、层数、建设单位、设计单位、施工单位、监理单位、开竣工日期、项目经理以及联系电话等。

2.0.4 临时用房是指施工期间临时搭建、租赁暂设的各种房屋。临时用房的结构、搭设、使用等应符合安全、消防的有关规定。

2.0.6 防护用品是指作业人员在施工中使用的防治职业病和防止劳动者身体受到

意外伤害的保护用品。

6.15.2.3 环境保护

3.1.1 硬化处理指可采取铺设混凝土、礁渣、碎石等方法,防止施工车辆在施工现场行驶中产生扬尘污染环境。

3.1.3 在大风天气里不得进行对环境产生扬尘污染的土方回填、转运作业。

3.1.6 混凝土搅拌场所一般安装喷水雾装置进行降尘。

3.1.9 清洁能源指燃气、油料、电力、太阳能等。

3.2.3 隔油池是指食堂在生活用水排入市政管道前设置的阻挡废弃油污进入市政管道的池子,并能及时清理。

3.3.2 降低噪声措施指可采用隔声吸声材料,使用低噪声设备等。

3.3.3 夜间施工一般指当日 22 时至次日 6 时(特殊地区可由当地政府部门另行制定)。

6.15.2.4 环境卫生

4.1.10 防鼠挡板:指门扇下方采用金属材料包裹,防止老鼠啃咬。

4.1.16 临时厕所是指便于清运和使用方便的如厕设施。

4.2.8 法定传染病是指:非典型性肺炎、鼠疫、霍乱、病毒性肝炎、细菌性和阿米巴性痢疾、伤寒和副伤寒、艾滋病、淋病、梅毒、脊髓灰质炎、麻疹、百日咳、白喉、流行性脑脊髓膜炎、猩红热、流行性出血热、狂犬病、钩端螺旋体病、布鲁氏菌病、炭疽、流行性和地方性斑疹伤寒、流行性乙型脑炎、黑热病、疟疾、登革热、肺结核、血吸虫病、丝虫病、包虫病、麻风病、流行性感冒、流行性腮腺炎、风疹、新生儿破伤风、急性出血性结膜炎、感染性腹泻病。

附录　山东省建设厅及建筑工程管理局文件

关于印发《山东省建筑施工特种作业人员管理暂行办法》的通知

（鲁建管发〔2008〕12号）

各市建管局（处、办），有关市建委（建设局）：

现将《山东省建筑施工特种作业人员管理暂行办法》印发给你们，请结合当地实际，认真贯彻执行。在执行过程中有何意见和建议，请及时函告我局安监站。

附件：山东省建筑施工特种作业人员管理暂行办法

二〇〇八年七月二十一日

山东省建筑施工特种作业人员管理暂行办法

第一章　总　则

第一条　为规范建筑施工特种作业人员培训、考核、发证、从业和监督管理工作，提高特种作业人员素质，防止和减少生产安全事故，根据《建设工程安全生产管理条例》、《建筑起重机械安全监督管理规定》和《建筑施工特种作业人员管理规定》等有关规定，制定本办法。

第二条　凡在本省行政区域内从事建筑施工特种作业的人员和用人单位，以及实施对建筑施工特种作业人员培训、考核、发证和从业的监督管理，必须遵守本办法。

本办法所称建筑施工，是指从事房屋建筑施工和与其配套的线路管道敷设、设备安装、装饰装修工程的施工。

第三条 本办法所称建筑施工特种作业人员（以下简称“特种作业人员”）是指在建筑施工活动中，对操作者本人、他人及周围设施的安全可能造成重大危害作业的人员。

第四条 特种作业包括以下工种：

（一）建筑电工；

（二）建筑架子工（普通脚手架）；

（三）建筑架子工（附着升降脚手架）；

（四）建筑起重司索信号工；

（五）建筑起重机械司机（塔式起重机）；

（六）建筑起重机械司机（施工升降机）；

（七）建筑起重机械司机（物料提升机）；

（八）建筑起重机械安装拆卸工（塔式起重机）；

（九）建筑起重机械安装拆卸工（施工升降机）；

（十）建筑起重机械安装拆卸工（物料提升机）；

（十一）高处作业吊篮安装拆卸工；

（十二）建筑电气焊接（切割）工。

第五条 特种作业人员必须经专门培训，由省建筑工程管理局考核合格，取得建筑施工特种作业操作资格证书（以下简称“操作资格证书”），方可上岗从事相应作业。

第六条 省建筑工程管理局负责全省建筑施工特种作业人员的监督管理工作，县级以上建筑工程管理部门负责本行政区域内特种作业人员的监督管理工作。

省建筑工程管理局在省建筑施工安全监督站设立“山东省建筑施工特种作业人员考核办公室”（以下简称“省考核办”），具体负责全省特种作业人员的考核、发证工作以及培训、从业的监督管理。

省考核办在设区的市建筑工程管理部门设立考核小组（以下简称“市考核小组”），负责本行政区域内特种作业人员的考核考务工作以及培训、从业的监督管理，并接受省考核办的领导和监督。

第二章 培 训

第七条 特种作业人员的培训内容包括安全技术理论和实际操作。

培训大纲由省建筑工程管理局另行制定。

第八条 从事特种作业人员培训的机构（以下简称“培训机构”），应当按照培训大纲规定的内容和学时进行培训，并为培训合格人员出具培训证明。

第九条 培训机构应在招生前将特种作业人员招生培训计划、师资以及安全技术理论和实际操作教学场地、设施、设备、仪器等资料，报所在地市考核小组审核、备案。

第十条 培训机构应当在招生简章和招生场所公布特种作业各工种操作资格证书的申请条件。

第三章　考核、发证

第十一条　特种作业人员的考核、发证审核程序包括：考核申请、受理、审查、考核、发证。

第十二条　市考核小组应当根据考试考核任务合理设置特种作业人员考试考核基地，并报省考核办审核备案。

第十三条　考试考核基地应当具备以下条件：

(一)与所承担考核任务相适应的考评师资力量，其考评人员中应当具有安全管理、施工管理、土建、机械、电气等专业人员，以及相应工种的高级工或技师；

(二)与所承担考核任务相适应的安全技术理论考试场所；

(三)与所承担考核任务相适应的实际操作考核场地、设施、设备、仪器等；

(四)健全的考务管理制度；

(五)考试考核要求的其他条件。

第十四条　市考核小组应当在办公场所和考试考核基地公布操作资格证书申请条件、申请程序和工作时限等事项。

第十五条　申请操作资格证书的人员，应当具备下列基本条件：

(一)年龄满 18 周岁，且符合相关工种规定的年龄要求；

(二)经二级乙等以上医院体检合格，无妨碍从事相应特种作业的疾病和生理缺陷；

(三)初中及以上学历；

(四)符合相应特种作业需要的其他条件。

第十六条　申请操作资格证书的人员，经专门培训后，应向本人户籍所在地或者从业所在地市考核小组提出申请，也可由培训机构代理集中申请，并提供下列资料：

(一)操作资格证书考核申请表；

(二)身份证(原件和复印件)；

(三)培训机构出具的培训证明(近 6 个月以内)；

(四)由二级乙等以上医院出具的体检报告(近 3 个月以内)；

(五)考核发证机关规定提交的其他资料。

第十七条　市考核小组应当自收到申请人提交的申请材料之日起 5 个工作日内依法作出受理或者不予受理的决定。

不予受理的，应当当场或书面通知申请人并说明理由。对于受理的申请，应当在考核前 5 个工作日内向申请人核发准考证。

第十八条　特种作业人员的考核内容包括安全技术理论考试和实际操作技能考核。

考核标准由省建筑工程管理局另行制定。

第十九条　市考核小组应当严格按照考核标准对申请人进行考核，并自考核结束之日起 10 个工作日内公布考核成绩。

对于考核不合格的，允许补考一次；补考仍不合格的，应当重新接受专门培训。

第二十条　对于考核合格的，市考核小组应当自公布考核成绩之日起 15 个工作日内向省考核办申请颁发操作资格证书。

经省考核办审核，对于符合条件准予颁发证书的，应在 5 个工作日内颁发操作资格证书；对于不予颁发证书的，应当书面说明理由。

第二十一条 操作资格证书采用国务院建设行政主管部门规定的统一样式，全省统一编号。

第二十二条 省考核办应定期向社会公布操作资格证书颁发情况。

第四章 从 业

第二十三条 特种作业人员应当与用人单位签订劳动合同。

第二十四条 特种作业人员应当履行下列义务：

(一)严格遵守有关安全生产法律、法规，遵守劳动纪律；

(二)严格按照安全操作规程进行作业；

(三)正确佩戴和使用安全防护用品；

(四)按规定参加年度安全教育培训和继续教育；

(五)发现事故隐患或者不安全因素立即向现场管理人员和有关负责人报告；

(六)作业时随身携带证件，并自觉接受用人单位的管理和建筑工程管理部门的监督检查；

(七)法律法规及有关规定明确的其他义务。

第二十五条 特种作业人员有权拒绝违章指挥和强令冒险作业。

发生危及人身安全的紧急情况时，有权立即停止作业或者撤离危险区域。

第二十六条 用人单位对于首次取得操作资格证书的人员，应当在其正式上岗前安排不少于 3 个月的实习作业。

第二十七条 用人单位应当履行下列职责：

(一)依法雇用持有效操作资格证书的人员从事相应特种作业；

(二)与雇用的特种作业人员依法签订劳动合同；

(三)制定并落实本单位特种作业安全操作规程和有关安全管理制度；

(四)书面告知特种作业人员违章操作的危害；

(五)按规定向特种作业人员提供齐全、合格的安全防护用品和安全作业条件；

(六)按规定组织特种作业人员参加年度安全教育培训和继续教育，每年培训时间不少于 24 学时；

(七)建立本单位特种作业人员管理档案；

(八)查处特种作业人员违章行为并记录在档；

(九)法律法规及有关规定明确的其他职责。

第二十八条 任何单位和个人不得非法涂改、倒卖、出租、出借或者以其他形式转让操作资格证书。

第二十九条 任何单位和个人不得以任何理由非法扣押特种作业人员的操作资格证书。

第五章　延期复核

第三十条　操作资格证书有效期为两年。有效期满需要延期的，特种作业人员应当于期满前3个月内向原考核发证机关申请办理延期复核手续。延期复核合格的，证书有效期延期2年。

第三十一条　操作资格证书延期复核内容主要包括：身体状况、年度安全教育培训和继续教育情况、责任事故和违法违章情况等。

第三十二条　特种作业人员申请延期复核，应当提交下列材料：

(一)特种作业人员申请延期复核申请表；

(二)身份证(原件和复印件)；

(三)由二级乙等以上医院出具的体检报告(近3个月内)；

(四)年度安全教育培训证明和继续教育证明；

(五)用人单位出具的特种作业人员管理档案记录；

(六)考核发证机关规定提交的其他资料。

第三十三条　特种作业人员在操作资格证书有效期内，有下列情形之一的，延期复核结果为不合格：

(一)超过相关工种规定年龄要求的；

(二)身体健康状况不再适应相应特种作业岗位的；

(三)对生产安全事故负有责任的；

(四)2年内违章操作记录达3次(含3次)以上的；

(五)未按规定参加年度安全教育培训或者继续教育的；

(六)考核发证机关规定的其他情形。

第三十四条　考核发证机关在接到特种作业人员提交的延期复核申请后，应当根据下列情况分别作出处理：

(一)对于属于本办法第三十三条情形之一的，自收到延期复核资料之日起5个工作日内作出不予延期决定，并说明理由；

(二)对于提交资料齐全且无本办法第三十三条情形的，自受理之日起10个工作日内办理准予延期复核手续，在证书上注明延期复核合格，并加盖延期复核专用章。

第三十五条　考核发证机关应当在操作资格证书有效期满前按本办法第三十四条作出决定；逾期未作出决定的，视为延期复核合格。

第三十六条　操作资格证书遗失、损毁的，持证人应当在公共媒体上声明作废，持声明作废材料向原考核发证机关申请办理补证手续。

第六章　监督管理

第三十七条　考核发证机关应当制定特种作业人员培训、考核、发证、延期复核等管理制度，建立特种作业人员管理档案。

第三十八条 县级以上建筑工程管理部门应当加强对特种作业人员从业活动的监督管理，查处违章行为并记录在档。

第三十九条 有下列情形之一的，考核发证机关依据职权，应当撤销操作资格证书：

(一)考核发证机关工作人员违反规定程序核发操作资格证书的；

(二)考核发证机关工作人员对不具备申请资格或者不符合规定条件的申请人核发操作资格证书的；

(三)持证人弄虚作假骗取操作资格证书或者办理延期手续的；

(四)考核发证机关规定应当撤销的其他情形。

第四十条 有下列情形之一的，考核发证机关应当注销操作资格证书：

(一)按规定不予延期的；

(二)持证人逾期未申请办理延期复核手续的；

(三)持证人死亡或者不具有完全民事行为能力的；

(四)考核发证机关规定应当注销的其他情形。

第四十一条 用人单位雇用未取得操作资格证书的人员从事特种作业的，依照《建设工程安全生产管理条例》第六十二条予以处罚。

第四十二条 考核发证机关的工作人员有下列行为之一的，由上级机关责令改正；情节严重的，对直接负责的主管人员和其他直接责任人员，依法给予行政处分；造成经济损失的，依法承担赔偿责任；构成犯罪的，移交司法机关处理：

(一)已受理的申请，逾期不予答复的；

(二)违反本办法颁发操作资格证书或者批准复审合格的；

(三)其他滥用职权、徇私舞弊情形的。

第四十三条 考核发证机关应当建立举报制度，公开举报电话或者电子信箱，受理有关特种作业人员考核、发证以及延期复核的举报。

对受理的举报，有关机关和工作人员应当及时妥善处理。

第七章 附 则

第四十四条 设区的市建筑工程管理部门可结合本地区实际情况，根据本办法制定实施细则，并报省建筑工程管理局备案。

第四十五条 本办法自发布之日起施行。原特种作业人员培训考核管理有关规定与本办法不一致的，按本办法执行。

第四十六条 本办法由省建筑工程管理局负责解释。

关于做好全省建筑施工企业管理人员安全生产考核合格证书延期复审工作的通知

（鲁建管质安字〔2009〕2号）

各市建管局（处、办），有关市建委（建设局）：

根据建设部印发的《关于建筑施工企业主要负责人、项目负责人和专职安全生产管理人员安全生产考核合格证书延期工作的指导意见》（建质〔2007〕189号）和省建管局《山东省建筑施工企业管理人员安全生产考核实施暂行办法》（鲁建管发〔2004〕15号）、《山东省建筑施工企业管理人员安全生产考核实施细则》（鲁建管质安字〔2005〕2号）等有关规定，为切实做好全省建筑施工企业管理人员（主要负责人、项目负责人和专职安全生产管理人员，以下简称"施工企业管理人员"）安全生产考核合格证书延期复审工作，现就有关事宜通知如下：

一、延期范围

取得由建设部监制、省建管局颁发的《建筑施工企业主要负责人安全生产考核合格证书》、《建筑施工企业项目负责人安全生产考核合格证书》和《建筑施工企业专职安全生产管理人员安全生产考核合格证书》有效期届满的，均应办理证书延期手续。未申请办理延期手续的，其原证书自动失效，省建管局建筑施工企业管理人员安全生产考核办公室（以下简称"省考核办公室"）将予以注销。

二、延期条件

建筑施工企业管理人员严格遵守有关安全生产的法律、法规和规章，认真履行安全生产职责，在安全生产考核合格证书有效期间无下列行为之一的，省考核办公室不再重新考核，其证书有效期可延期3年。否则，不予延期，应重新考核。

（一）对于企业主要负责人和企业安全机构负责人：

1.所在企业发生过较大（三级，以下同）及以上级别生产安全责任事故或两起及以上一般（四级，以下同）生产安全责任事故的；

2.所在企业存在安全生产违法违规行为，或本人未依法认真履行安全生产管理职责，被县级以上建筑工程管理部门处罚或通报批评累计三次及以上的；

3.未按规定接受企业年度安全生产培训教育、建设行政主管部门继续教育和考核不合格的；

4.被追究刑事责任或受到撤职处分的；

5.未按规定提出延期申请的；

6.有必要重新考核的其他行为。

(二)对于项目负责人：

1.按照《山东省建筑施工企业项目负责人安全生产职责管理暂行办法》(鲁建管发〔2004〕10号)考核，年度考核结论为不合格的；

2.承建的工程项目发生过一般及以上级别生产安全责任事故的；

3.承建的工程项目存在安全生产违法违规行为，或本人未依法认真履行安全生产管理职责，被县级以上建筑工程管理部门处罚或通报批评的；

4.未按规定接受企业年度安全生产培训教育、建设行政主管部门继续教育和考核不合格的；

5.被追究刑事责任或受到撤职处分的；

6.未按规定提出延期申请的；

7.有必要重新考核的其他行为。

(三)对于专职安全生产管理人员：

1.所负责工程项目发生过一般及以上级别生产安全责任事故的；

2.所负责工程项目存在安全生产违法违规行为，或本人未依法履行安全生产管理职责，被建筑工程管理部门处罚或通报批评的；

3.未按规定接受企业年度安全生产培训教育、建设行政主管部门继续教育和考核不合格的；

4.被追究刑事责任或受到撤职处分的；

5.未按规定提出延期申请的；

6.有必要重新考核的其他行为。

三、延期程序

(一)持证人在安全生产考核证书有效期满前90日内，由本人向所在建筑施工企业提出延期申请；经企业审查，符合延期条件同意延期的，由企业登录《山东省建筑业信息网》(http://www.sdjgj.gov.cn)，点击《安全监督》，进入《山东建筑安全监督管理信息系统》《企业登录》管理模块，填写证书延期相关申请数据，打印《安全生产考核合格证书延期申请表》(见附件1，系统自动生成)和《安全生产考核合格证书延期汇总表》(见附件2，系统自动生成)，报企业所隶属的建筑工程管理部门建筑施工企业管理人员安全生产考核机构(山东省建筑施工企业管理人员安全生产考核办公室考核小组，以下简称“考核小组”)，并向考核小组提供以下资料：

1.《安全生产考核合格证书延期申请表》；

2.《安全生产考核合格证书延期汇总表》；

3.《安全生产考核合格证书》原件；

4.应当提供的其他资料。

（二）考核小组收到企业申请后，应当登录《山东建筑安全监督管理信息系统》进入（市地，县区）主管部门管理模块，结合日常安全生产监督管理工作以及继续教育考核情况，对申请资料进行严格审查，打印《安全生产考核合格证书延期手续办理情况申报表》（见附件3，系统自动生成）、《安全生产考核合格证书延期汇总表》（见附件2，系统自动生成）；符合延期条件同意延期的，由考核小组在证书"有效期"栏打印新的有效期和"经考核，同意延期三年"字样，报省考核办公室办理证书延期手续，并提供以下资料：

1.《安全生产考核合格证书延期手续办理情况申报表》；

2.《安全生产考核合格证书延期汇总表》；

3.《安全生产考核证书》原件；

4.应当提供的其他资料。

其中，《安全生产考核合格证书延期汇总表》应当按照予以延期、应重新考核、撤（吊）销证书和未申请人员分别打印。

（三）考核小组在接到企业的延期申请后应在5个工作日内做出是否受理的决定，省考核办公室在接到市考核小组延期申请后应在15个工作日内做出是否受理的决定；予以受理的应当及时办理延期手续，对不予受理和不予延期的应当书面通知本人并申明理由。

（四）经省考核办公室审查，符合延期条件同意延期的，在证书"有效期"栏加盖"山东省建筑工程管理局安全证书专用章"。

（五）对不符合延期条件需要重新考核的，由省考核办公室另行安排组织重新考核，重新考核合格的，可办理延期手续，并在其证书内注明"经重新考核，同意延期三年"字样。

重新考核将参照《考核实施暂行办法》（鲁建管发〔2004〕15号）和《考核实施细则》（鲁建管质安字〔2005〕2号）相关规定执行；考核内容、标准将参照《考核大纲（试行）》和《考核标准（试行）》（鲁建管质安字〔2005〕3号）执行。

五、工作要求

（一）高度重视证书延期复审工作。各市建筑工程管理部门、考核小组要加强延期复审的组织领导，指派专人负责，在办公场所明示延期的条件、程序、期限和需提交的材料，方便申请人办理延期手续。

（二）严格遵守证书延期复审标准。要结合日常安全生产监督管理工作情况，认真审查申请人在安全生产考核合格证书有效期内的安全生产情况，严格按照确定的条件、程序做好证书的延期复审工作。

（三）认真做好安全生产继续教育工作。各考核小组要认真组织实施延期复审的安全生产知识继续教育工作。凡未按规定参加继续教育和考核不合格的，不得予以延期。继续教育办法由考核小组结合工作实际制定，并适时组织培训、考核工作。继续教育应当采用全省统编教材，继续教育办法应报省考核办备案。

（四）进一步强化计算机网络管理。各考核小组要注意加强有关部门、企业从事考核工作相关人员的计算机网络管理的应用培训；从事考核工作的机构应配备满足工作需要的计算机、打印机和网络传输等硬件系统，确保延期复审等证书管理工作的顺利进行。

（五）认真做好证书信息的变更工作。要按照省考核办公室印发的《关于做好"建筑施工企业管理人员安全生产考核合格证书"变更事宜的通知》(鲁建安考办字〔2009〕2号)要求,认真做好证书信息的变更工作;原手工变更证书的一律重新换证,变更为计算机打印填写的证书。

(六)进一步规范持证管理。凡违规在两个以上单位持证、有两个以上同类别证书(法人代表持A证的除外)或者持有C证的同时持有A证或B证等,应当依法清理。各考核小组要注意对违规事实的调查取证,并相关资料、名单和处理建议报省考核办公室,及时撤销其证书。

(七)主项资质为电力、铁路等专业工程的建筑施工企业,已申请参加省建筑工程管理部门组织考核的,由已确定的考核小组按照本通知要求做好相关证书的延期工作。

(八)省考核办公室于2009年3月15日开始受理延期申请,各考核小组可根据本通知要求,结合当地工作实际,制定具体实施细则,统筹规划好延期工作。

附件:

1.山东省建筑施工企业管理人员安全生产考核合格证书延期申请表

2.山东省建筑施工企业管理人员安全生产考核合格证书延期汇总表

3.山东省建筑施工企业管理人员安全生产考核合格证书延期手续办理情况申报表

二〇〇九年二月五日

附件 1

山东省建筑施工企业管理人员
安全生产考核合格证书延期申请表

申请号：

<table>
<tr><td>姓　　名</td><td></td><td>身份证号码</td><td colspan="2"></td><td colspan="2" rowspan="4">照片</td></tr>
<tr><td>证书类别</td><td></td><td>合格证书编号</td><td colspan="2"></td></tr>
<tr><td>发证时间</td><td></td><td>发证机关</td><td colspan="2"></td></tr>
<tr><td>工作单位</td><td colspan="4"></td></tr>
<tr><td rowspan="6">证书有效期内
工作简历</td><td>聘任起止时间</td><td colspan="3">工作单位</td><td colspan="2">岗位职务</td></tr>
<tr><td></td><td colspan="3"></td><td colspan="2"></td></tr>
<tr><td></td><td colspan="3"></td><td colspan="2"></td></tr>
<tr><td></td><td colspan="3"></td><td colspan="2"></td></tr>
<tr><td></td><td colspan="3"></td><td colspan="2"></td></tr>
<tr><td colspan="6">本人签字：　　　　　　　　　　　　年　　月　　日</td></tr>
<tr><td rowspan="5">接受企业年度
安全生产教育
培训情况与
审查意见

（企业填写）</td><td>年度</td><td colspan="3">培训内容</td><td>学时</td><td>考核成绩</td></tr>
<tr><td></td><td colspan="3"></td><td></td><td></td></tr>
<tr><td></td><td colspan="3"></td><td></td><td></td></tr>
<tr><td></td><td colspan="3"></td><td></td><td></td></tr>
<tr><td colspan="6">（盖企业公章）
考核负责人签字(章)：　　　　　　　　年　　月　　日</td></tr>
<tr><td>与职责有关的事故、处罚、表彰和其他履行职责情况
以及建筑工程主管部门审查意见
（主管部门填写）</td><td colspan="6">（公 章）
年　　月　　日</td></tr>
<tr><td>考核小组
审查意见</td><td colspan="6">考核小组负责人签字(章)：　　　　（盖考核小组印章）
年　　月　　日</td></tr>
</table>

附录A　建筑施工安全检查评分汇总表

表A　建筑施工安全检查评分汇总表

企业名称：　　　　　　　　　　资质等级：　　　　　　　　　　年　　月　　日

<table>
<tr><td rowspan="2">单位工程
（施工现场）
名称</td><td rowspan="2">建筑
面积
（m²）</td><td rowspan="2">结构
类型</td><td rowspan="2">总计得分
（满分分值
100分）</td><td colspan="10">项目名称及分值</td></tr>
<tr><td>安全管理
（满分
10分）</td><td>文明施工
（满分
15分）</td><td>脚手架
（满分
10分）</td><td>基坑工程
（满分
10分）</td><td>模板支架
（满分
10分）</td><td>高处作业
（满分
10分）</td><td>施工用电
（满分
10分）</td><td>物料提升
机与施工
升降机（满
分10分）</td><td>塔式起重
机与起重
吊装（满
分10分）</td><td>施工机具
（满分5分）</td></tr>
<tr><td></td><td></td><td></td><td></td><td></td><td></td><td></td><td></td><td></td><td></td><td></td><td></td><td></td><td></td></tr>
<tr><td colspan="14">评语：</td></tr>
<tr><td>检查单位</td><td colspan="3"></td><td>负责人</td><td colspan="2"></td><td>受检项目</td><td colspan="2"></td><td>项目经理</td><td colspan="3"></td></tr>
</table>

附录C 电动机负荷线和电器选配

表C 电动机负荷线和电器选配(一)

<table>
<tr><th colspan="4">电动机</th><th colspan="4">熔断器</th><th colspan="2">启动器</th><th colspan="3">接触器</th><th colspan="2">漏电保护器</th><th colspan="2">负荷线 mm²</th></tr>
<tr><th>型号</th><th>功率</th><th>额定电流</th><th>启动电流</th><th>RL1</th><th>RM10</th><th>RT10</th><th>RC1A</th><th>QC20</th><th>MSJB</th><th>B</th><th>CJX</th><th>LC1-D</th><th>DZ15L</th><th>DZ20L</th><th>通用橡套软电缆主芯截面</th><th>铁芯绝缘线铜线界面</th></tr>
<tr><td>Y</td><td></td><td>A</td><td>A</td><td colspan="4">熔断器规格 A</td><td colspan="2">额定电流 A</td><td colspan="3">额定电流 A</td><td colspan="2">脱扣器额定电流 A</td><td>环境 35℃</td><td>环境 30℃</td></tr>
<tr><td>1</td><td>2</td><td>3</td><td>4</td><td>5</td><td>6</td><td>7</td><td>8</td><td>9</td><td>10</td><td>11</td><td>12</td><td>13</td><td>14</td><td>15</td><td>16</td><td>17</td></tr>
<tr><td>801-4</td><td>0.55</td><td>1.6</td><td>10</td><td>15/4</td><td rowspan="7">15/6</td><td rowspan="4">20/6</td><td>10/4</td><td rowspan="22">16</td><td rowspan="22">8.5</td><td rowspan="22">8.5</td><td rowspan="22">9</td><td rowspan="22">9</td><td rowspan="14">6</td><td rowspan="22">16</td><td rowspan="22">2.5</td><td rowspan="22">1.5</td></tr>
<tr><td>801-2</td><td rowspan="3">0.75</td><td>1.8</td><td>13</td><td rowspan="3">15/5</td><td rowspan="6">10/6</td></tr>
<tr><td>802-4</td><td>2.0</td><td>14</td></tr>
<tr><td>90S-6</td><td>2.3</td><td>14</td></tr>
<tr><td>802-2</td><td rowspan="3">1.1</td><td>2.5</td><td>18</td><td rowspan="3">15/6</td><td rowspan="3">20/10</td></tr>
<tr><td>90S-4</td><td>2.7</td><td>18</td></tr>
<tr><td>90L-6</td><td>3.2</td><td>19</td></tr>
<tr><td>90S-2</td><td rowspan="3">1.5</td><td>3.4</td><td>24</td><td rowspan="3">15/10</td><td rowspan="3">15/10</td><td rowspan="5">20/15</td><td rowspan="7">10/10</td></tr>
<tr><td>90L-4</td><td>3.7</td><td>24</td></tr>
<tr><td>100L-6</td><td>4.0</td><td>24</td></tr>
<tr><td>90L-2</td><td rowspan="4">2.2</td><td>4.8</td><td>33</td><td>15/15</td><td rowspan="4">15/15</td></tr>
<tr><td>100L1-4</td><td>5.0</td><td>35</td><td rowspan="2">60/20</td></tr>
<tr><td>112M-6</td><td>5.6</td><td>34</td><td rowspan="2">20/20</td></tr>
<tr><td>132S-8</td><td>5.8</td><td>32</td><td>15/15</td></tr>
<tr><td>100L-2</td><td rowspan="4">3.0</td><td>6.4</td><td>45</td><td rowspan="4">60/20</td><td rowspan="4">60/20</td><td>20/20</td><td rowspan="4">15/15</td><td rowspan="4">10</td></tr>
<tr><td>100L2-4</td><td>6.8</td><td>48</td><td rowspan="7">30/25</td></tr>
<tr><td>132S-6</td><td>7.2</td><td>47</td></tr>
<tr><td>132M-8</td><td>7.7</td><td>43</td></tr>
<tr><td>112M-2</td><td rowspan="4">4.0</td><td>8.2</td><td>57</td><td rowspan="4">60/30</td><td rowspan="4">60/25</td><td rowspan="4">30/20</td><td rowspan="4">16</td></tr>
<tr><td>112M-4</td><td>8.8</td><td>62</td></tr>
<tr><td>132M1-6</td><td>9.4</td><td>61</td></tr>
<tr><td>160M1-8</td><td>9.9</td><td>59</td></tr>
<tr><td>132S1-2</td><td rowspan="4">5.5</td><td>11</td><td>78</td><td rowspan="4">60/35</td><td rowspan="4">60/35</td><td rowspan="4">30/30</td><td rowspan="4">30/25</td><td rowspan="4">16</td><td rowspan="4">11.5</td><td rowspan="4">11.5
(B12)</td><td rowspan="4">12</td><td rowspan="4">12</td><td rowspan="4">16</td><td rowspan="4">16</td><td rowspan="4">2.5</td><td rowspan="4">1.5</td></tr>
<tr><td>132S-4</td><td>12</td><td>81</td></tr>
<tr><td>132M2-6</td><td>13</td><td>82</td></tr>
<tr><td>160M2-8</td><td>13</td><td>80</td></tr>
</table>

关于印发《山东省建筑起重机械安全监督管理办法》的通知

（鲁建管发〔2009〕6号）

各市建管局（处、办），有关市建委（建设局）：

现将《山东省建筑起重机械安全监督管理办法》印发给你们，请结合当地实际，认真贯彻执行。

附件：山东省建筑起重机械安全监督管理办法

二〇〇九年六月三日

山东省建筑起重机械安全监督管理办法

第一章 总 则

第一条 为了加强建筑起重机械的安全监督管理，防范安全事故发生，保障人民群众生命财产安全，根据《建设工程安全生产管理条例》、《特种设备安全监察条例》和《建筑起重机械安全监督管理规定》，结合本省实际，制定本办法。

第二条 建筑起重机械的出租、安装（含拆卸）、使用及监督管理，应当遵守本办法。

本办法所称建筑起重机械是指房屋建筑工程施工现场使用的塔式起重机、施工升降机、物料提升机等建筑施工起重机械设备。

第三条 省建筑工程管理部门负责全省建筑起重机械的安全监督管理工作，县级以上建筑工程管理部门负责本行政区建筑起重机械的安全监督管理工作。

第四条 建筑起重机械出租单位、自购建筑起重机械使用单位（以下统称“产权单位”）和安装单位、使用单位应当建立健全起重机械安全管理制度和岗位安全责任制度，制定事故应急救援预案。

产权、安装、使用单位的主要负责人应当对本单位建筑起重机械的安全全面负责。

产权、安装、使用单位和检验检测机构应当接受建筑工程管理部门的监督管理。

第五条　产权、安装和使用单位应当对建筑起重机械作业人员进行安全教育和培训，保证作业人员具备必要的安全作业知识。

第六条　从事建筑起重机械作业的安装拆卸工、建筑起重机械司机和起重司索信号工，必须接受专门培训，并经建筑工程管理部门考核合格，取得国家建设主管部门统一格式的特种作业人员操作资格证书，方可从事相应的作业。

第七条　任何单位和个人对违反本办法的行为，有权向建筑工程管理部门和有关部门举报。

建筑工程管理部门应当建立建筑起重机械安全监督举报制度，公布举报电话、电子信箱，受理对建筑起重机械出租、安装、使用和检验违法行为的举报，并及时予以处理。

第二章　建筑起重机械的购置和出租

第八条　产权单位购置的建筑起重机械，必须为依法取得国家特种设备制造许可证的合格产品。

对未实行制造许可的建筑起重机械产品，必须通过省级以上建筑工程管理部门组织的安全技术鉴定或备案后，方可购置。

购置进口建筑起重机械，应当按照国家有关规定办理。

第九条　购置旧建筑起重机械时，除符合本办法第八条的规定外，还应有近两年设备完整运行记录和维修、改造等技术资料。

第十条　有下列情形之一的建筑起重机械不得购置：

（一）属国家明令淘汰或者禁止使用的；

（二）超过安全技术标准或者制造厂家规定的使用年限的；

（三）经检验达不到安全技术标准规定的；

（四）存在严重事故隐患无改造、维修价值的；

（五）达到国家规定出厂年限，未进行安全评估和经评估不宜继续使用的；

（六）违反国家规定擅自进行改造的；

（七）没有完整安全技术档案的；

（八）没有齐全有效的安全装置的。

第十一条　产权单位应当建立健全建筑起重机械淘汰报废制度。凡有本办法第十条（一）至（五）项情形之一的，应当予以报废。

第十二条　出租单位应当依法取得工商行政管理部门核发的企业法人营业执照，并具有与企业生产经营活动规模相适应的场所。

第十三条　提倡产权单位取得建筑工程管理部门颁发的起重设备安装工程专业承包企业资质，配备建筑起重机械司机，负责本单位建筑起重机械的安装、拆卸和操作驾驶。

第十四条　出租单位应当在签订的建筑起重机械出租合同中，明确租赁双方的安全责任，并出具建筑起重机械特种设备制造许可证、产品合格证、制造监督检验证明、备案证明和自检合格证明，提交安装使用说明书。

第十五条 产权单位应当按规定对建筑起重机械安全装置进行校验和标定。

建筑起重机械安装前，产权单位应当对整机进行维护保养，对其安全性能进行检测；出租的，在签订租赁协议时，出租单位应当出具检测合格证明。

第十六条 产权单位应当建立建筑起重机械安全技术档案。安全技术档案应当包括以下内容：

(一)本规定第十七条第一款(六)(七)项和第二款规定的资料；

(二)历次安装验收资料；

(三)定期检验和定期自行检查的记录；

(四)日常维护保养记录；

(五)安全装置的校验和标定资料；

(六)维修和技术改造资料；

(七)运行故障和事故记录；

(八)累计运转记录。

第三章 建筑起重机械的备案

第十七条 建筑起重机械产权单位在建筑起重机械首次安装前，应当到本单位工商注册所在地县级以上建筑工程管理部门办理备案，并提供下列资料：

(一)建筑起重机械备案申请表；

(二)产权单位法人营业执照；

(三)企业岗位安全责任制、设备安全管理制度及事故应急救援预案；

(四)与起重机械有关的管理、检验、维护保养人员情况；

(五)企业生产经营场所证明材料；

(六)特种设备制造许可证、监督检验证明(未实行制造许可的，提供省级以上建筑工程管理部门组织的产品鉴定证明或备案证明)和产品设计文件、产品质量合格证明、安装及使用维修说明、有关型式试验合格证明等文件；

(七)购销合同或发票；

(八)其他应提供的资料。

达到国家和省规定使用期限的，应提供评估报告；出租的设备，应当出具检测合格证明；进口的设备，提供国家规定的相关文件。

在用设备，还应提供本办法第十六条(五)至(七)项规定的资料。

第十八条 有本办法第十条所列情形之一的建筑起重机械不予备案。

第十九条 予以报废的建筑起重机械，产权单位应当向原备案机关办理注销手续。

第四章　建筑起重机械的安装

第二十条　从事建筑起重机械安装活动的单位应当依法取得建筑工程管理部门颁发的起重设备安装工程专业承包资质和建筑施工企业安全生产许可证，并在其资质许可范围内承揽建筑起重机械安装工程。

第二十一条　安装单位应当配备与所从事的安装工程规模相适应的土建、机械、电气工程技术人员和建筑起重机械安装拆卸工、建筑起重机械司机和建筑起重司索信号工等建筑施工特种作业人员，具备与所从事的安装工程规模相适应的检验手段与仪器设备。

严禁临时拼凑人员从事建筑起重机械安装活动。

第二十二条　使用单位和安装单位应当在签订的建筑起重机械安装合同中明确双方的安全生产责任。

实行施工总承包的，施工总承包单位应当与安装单位签订建筑起重机械安装工程安全协议书。

第二十三条　安装单位应当履行下列安全职责：

(一)根据安全技术标准及建筑起重机械性能要求编制建筑起重机械安装工程专项施工方案，按照规定的程序进行审核，并由本单位技术负责人审批；

(二)按照安全技术标准及安装使用说明书等检查建筑起重机械及现场施工条件；

(三)专业技术人员向作业人员进行安全施工技术交底，并由双方签字确认；

(四)将建筑起重机械安装工程专项施工方案，安装人员名单，安装、拆卸时间等材料报施工总承包单位和监理单位审核后，告知工程所在地县级以上建筑工程管理部门。

第二十四条　安装单位应当按照建筑起重机械安装工程专项施工方案及安全操作规程组织安装作业。

安装单位的专业技术人员、专职安全生产管理人员应当进行现场监督，技术负责人应当定期巡查。

第二十五条　建筑起重机械安装完毕后，安装单位应当按照安全技术标准及安装使用说明书的有关要求对建筑起重机械进行自检、调试和试运转。自检合格的，应当出具自检合格证明，并向使用单位进行安全使用说明。

第二十六条　安装单位应当建立建筑起重机械安装工程档案。建筑起重机械安装工程档案应当包括以下资料：

(一)安装合同及安全协议书；

(二)安装工程专项施工方案；

(三)安全施工技术交底资料；

(四)自检合格证明；

(五)安装工程验收资料；

(六)安装工程生产安全事故应急救援预案。

建筑起重机械投入使用前，安装单位应当将上述(二)(三)(四)项资料提供给使用单位。

第二十七条 建筑起重机械安装完毕后，使用单位应当组织产权、安装、监理等单位进行验收，或者委托具有相应资质的检验检测机构进行验收。建筑起重机械经验收合格后方可投入使用，未经验收或者验收不合格的不得使用。

实行施工总承包的，由施工总承包单位组织验收。

列入特种设备目录的建筑起重机械在验收前应当经有相应资质的检验检测机构监督检验合格。

检验检测机构和检验检测人员对检验检测结果、鉴定结论依法承担法律责任。

第五章 建筑起重机械的使用

第二十八条 使用单位应当自建筑起重机械安装验收合格之日起30日内，将建筑起重机械安装验收资料、建筑起重机械安全管理制度、特种作业人员名单等，向工程所在地县级以上建筑工程管理部门办理建筑起重机械使用登记。登记标志置于或者附着于该设备的显著位置。

第二十九条 使用单位应当履行下列安全职责：

(一)根据不同施工阶段、周围环境以及季节、气候的变化，对建筑起重机械采取相应的安全防护措施；

(二)制定建筑起重机械生产安全事故应急救援预案；

(三)在建筑起重机械活动范围内设置明显的安全警示标志，对集中作业区做好安全防护；

(四)设置相应的设备管理机构或者配备专职的设备管理人员；

(五)指定专职设备管理人员、专职安全生产管理人员进行现场监督检查；

(六)建筑起重机械出现故障或者发生异常情况的，立即停止使用，消除故障和事故隐患后，方可重新投入使用。

第三十条 使用单位应当对在用的建筑起重机械及其安全装置、吊具、索具等进行经常性和定期的检查、校验、维护和保养，并做好记录。

建筑起重机械租赁合同对建筑起重机械的检查、校验、维护、保养另有约定的，从其约定。

第三十一条 使用单位应当建立建筑起重机械使用安全技术档案，记录本次设备使用情况。安全技术档案应当包括以下内容：

(一)建筑起重机械安装单位移交的安装技术资料；

(二)建筑机械设备安装后，验收资料和检验资料；

(三)建筑起重机械及其安全装置的日常维护保养和校验记录；

(四)建筑起重机械的台班记录、运行故障和事故记录。

建筑起重机械拆除后，使用单位应当将上述资料移交产权单位。

第三十二条 建筑起重机械在使用过程中需要附着的，应当由原安装单位或者具有相应资质的安装单位按照专项施工方案实施，并按照本规定第二十七条规定组织验收。验收合格后方可投入使用。

建筑起重机械在使用过程中需要顶升的，由原安装单位或者具有相应资质的安装单位按照专项施工方案实施。

禁止擅自在建筑起重机械上安装非原制造厂制造的标准节和附着装置。

第三十三条　施工总承包单位应当履行下列安全职责：

(一)向安装单位提供拟安装设备位置的基础施工资料，确保建筑起重机械进场安装、拆卸所需的施工条件；

(二)审核建筑起重机械的特种设备制造许可证、产品合格证、制造监督检验证明、备案证明等文件；

(三)审核安装单位、使用单位的资质证书、安全生产许可证和特种作业人员的特种作业操作资格证书；

(四)审核安装单位制定的建筑起重机械安装工程专项施工方案和生产安全事故应急救援预案；

(五)审核使用单位制定的建筑起重机械生产安全事故应急救援预案；

(六)指定专职安全生产管理人员监督检查建筑起重机械安装、拆卸、使用情况；

(七)施工现场有多台塔式起重机作业时，组织制定并实施防止塔式起重机相互碰撞的安全措施。

第三十四条　监理单位应当履行下列安全职责：

(一)审核建筑起重机械特种设备制造许可证、产品合格证、制造监督检验证明、备案证明等文件；

(二)审核建筑起重机械安装单位、使用单位的资质证书、安全生产许可证和特种作业人员的特种作业操作资格证书；

(三)审核建筑起重机械安装工程专项施工方案；

(四)监督安装单位执行建筑起重机械安装工程专项施工方案情况；

(五)监督检查建筑起重机械的使用情况；

(六)发现存在生产安全事故隐患的，应当要求安装单位、使用单位限期整改；情况严重的，应当要求施工单位暂时停止施工，并及时报告建设单位；对安装单位、使用单位拒不整改或者不停止施工的，及时向建筑工程管理部门和建设单位报告。

第三十五条　依法发包给两个及两个以上施工单位的工程，不同施工单位在同一施工现场使用多台塔式起重机作业时，建设单位应当协调组织制定防止塔式起重机相互碰撞的安全措施。

安装单位、使用单位拒不整改生产安全事故隐患的，建设单位接到监理单位报告后，应当责令安装单位、使用单位立即停工整改。

第三十六条　建筑起重机械特种作业人员应当遵守建筑起重机械安全操作规程和安全管理制度，在作业中有权拒绝违章指挥和强令冒险作业，有权在发生危及人身安全的紧急情况时立即停止作业或者采取必要的应急措施后撤离危险区域。

建筑起重机械作业人员在作业过程中发现事故隐患或者其他不安全因素，应当立即向现场安全管理人员和负责人报告。

第六章　监督管理

第三十七条　建筑工程管理部门依照本办法规定，对建筑起重机械出租、备案登记、安装、检验检测和使用等实施安全监督管理。

对毗邻学校、幼儿园、商场集市和城市主干道等公众聚集场所的建筑施工现场使用的起重机械应当实施重点安全监督管理。

第三十八条　建筑工程管理部门履行安全监督检查职责时，有权采取下列措施：

(一)要求被检查的单位提供有关建筑起重机械的文件和资料；

(二)进入被检查单位和被检查单位的施工现场进行检查；

(三)对检查中发现的建筑起重机械生产安全事故隐患，责令立即排除；重大生产安全事故隐患排除前或者排除过程中无法保证安全的，责令从危险区域撤出作业人员或者暂时停止施工。

第三十九条　负责办理备案或者登记的建筑工程管理部门应当建立本行政区域内的建筑起重机械档案，按照有关规定对建筑起重机械进行统一编号，并定期向社会公布建筑起重机械的安全状况。

第四十条　建筑起重机械产权、安装、使用单位和工程建设、监理单位违反本办法的规定，由建筑工程管理部门依照有关法律、法规和规章予以处罚。

第四十一条　违反本办法，建筑工程管理部门的工作人员有下列行为之一的，依法给予处分；构成犯罪的，依法追究刑事责任：

(一)发现违反本办法的违法行为不依法查处的；

(二)发现在用的建筑起重机械存在严重生产安全事故隐患不依法处理的；

(三)不依法履行监督管理职责的其他行为。

第七章　附　则

第四十二条　房屋建筑工程施工现场使用的高处作业吊篮，产权单位应参照本办法办理备案手续。

第四十三条　本办法由山东省建筑工程管理局负责解释。

第四十四条　本办法自发布之日起施行，原《山东省建筑施工起重机械设备登记管理暂行办法》(鲁建管发〔2004〕16号)同时废止。

关于印发《山东省建筑工程安全专项施工方案编制审查与专家论证办法》的通知

（鲁建管发〔2010〕4号）

各市建管局（处、办），有关市建委（建设局）：

现将《山东省建筑工程安全专项施工方案编制审查与专家论证办法》印发给你们，请结合实际，认真贯彻执行。

二〇一〇年一月二十七日

山东省建筑工程安全专项施工方案编制审查与专家论证办法

总　则

第一条　为了加强建筑施工安全技术管理，规范安全专项施工方案的编制、审查、论证、审批、实施和监督管理，防止生产安全事故的发生，依据《建设工程安全生产管理条例》和《危险性较大的分部分项工程安全管理办法》，结合本省实际，制定本办法。

第二条　在本省行政区域内从事房屋建筑以及与其配套的线路、管道、设备安装和装修工程的新建、改建、扩建等活动的建筑工程安全专项施工方案的编制、审查、论证、审批、实施和监督管理，适用本办法。

第三条　本办法所称建筑工程安全专项施工方案（以下简称专项方案），是指在建筑施工过程中，施工单位在编制施工组织（总）设计的基础上，针对危险性较大的分部分项工程，单独编制的具有针对性的安全技术措施文件。

本办法所称危险性较大的分部分项工程是指在建筑工程施工过程中存在的、可能导致作业人员群死群伤或造成重大不良社会影响的分部分项工程。

第四条　建设单位在申请领取施工许可证或办理安全监督手续时，应当提供危险性较大的分部分项工程清单和安全技术措施文件。

第五条　施工单位、监理单位应当建立专项方案的编制、审查、论证、审批和实施制度，保证方案的针对性、可行性和可靠性，并严格按照方案组织施工。

方案编制和专家论证的范围

第六条　下列危险性较大的分部分项工程以及临时用电设备在5台及以上或设备总容量在50 kW及以上的施工现场临时用电工程施工前，施工单位应编制专项方案。

(一)土石方开挖工程

1. 开挖深度3 m及以上的基坑(沟、槽)的土方开挖工程；

2. 地质条件和周围环境复杂的基坑(沟、槽)的土方开挖工程；

3. 凿岩、爆破工程。

(二)基坑支护工程

1. 开挖深度3 m及以上的基坑(沟、槽)支护工程；

2. 地质条件和周边环境复杂的基坑(沟、槽)支护工程。

(三)基坑降水工程

1. 需要采取人工降低水位，且开挖深度3 m及以上的基坑工程；

2. 需要采取人工降低水位，且地质条件和周边环境复杂的基坑工程。

(四)模板工程及支撑体系

1. 工具式模板工程，包括滑模、爬模、飞模、大模板等；

2. 混凝土模板支架工程

(1)搭设高度5 m及以上的；

(2)搭设跨度10 m及以上的；

(3)施工总荷载10 kN/m^{2}及以上的；

(4)集中线荷载15 kN/m及以上的；

(5)高度大于支撑水平投影宽度且相对独立无结构可连接的。

3. 用于钢结构安装等满堂承重支撑系统工程。

(五)脚手架工程

1. 落地式钢管脚手架；

2. 附着升降脚手架；

3. 悬挑式脚手架；

4. 高处作业吊篮；

5. 自制卸料平台、移动操作平台；

6. 新型及异型脚手架。

(六)起重吊装工程

1. 采用非常规起重设备、方法，且单件起吊重量在10 kN及以上的起重吊装工程；

2. 采用起重机械设备进行安装的工程。

（七）起重机械设备拆装工程

1. 塔式起重机的安装、拆卸、顶升；

2. 施工升降机的安装、拆卸；

3. 物料提升机的安装、拆卸。

（八）拆除、爆破工程

1. 建筑物、构筑物拆除工程；

2. 采用爆破拆除的工程。

（九）其他危险性较大的工程

1. 建筑幕墙安装工程；

2. 预应力结构张拉工程；

3. 钢结构及网架工程；

4. 索膜结构安装工程；

5. 地下暗挖、隧道、顶管施工及水下作业工程；

6. 水上桩基工程；

7. 人工挖扩孔桩工程；

8. 采用新技术、新工艺、新材料，新设备可能影响工程质量和施工安全，尚无技术标准的分部分项工程，以及其他需要编制专项方案的工程。

第七条　下列超过一定规模的危险性较大的分部分项工程，应由工程技术人员组成的专家组对专项方案进行论证、审查。

（一）深基坑工程

1. 开挖深度 5 m 及以上的深基坑（沟、槽）的土方开挖、支护、降水工程；

2. 地质条件、周围环境或地下管线较复杂的基坑（沟、槽）的土方开挖、支护、降水工程；

3. 可能影响毗邻建筑物、构筑物结构和使用安全的基坑（沟、槽）的开挖、支护及降水工程。

（二）模板工程及支撑体系

1. 混凝土模板支撑工程

（1）搭设高度 8 m 及以上的；

（2）搭设跨度 18 m 及以上，施工总荷载大于 15 kN/m^2 的；

（3）集中线荷载 20 kN/m 及以上的；

2. 工具式模板工程，包括滑模、爬模、飞模工程。

3. 承重支撑体系：用于钢结构安装等满堂支撑体系，承受单点集中荷载 7 kN 以上。

（三）脚手架工程

1. 搭设高度 50 m 及以上的落地式脚手架；

2. 悬挑高度 20 m 及以上的悬挑式脚手架；

3. 提升高度 150 m 及以上附着升降脚手架。

（四）起重吊装工程

1. 采用非常规起重设备、方法，且单件起吊重量在 100 kN 及以上的起重吊装工程；

2. 2 台及以上起重机抬吊作业工程；

3. 跨度 30 m 以上的结构吊装工程。

(五)起重机械安装拆卸工程

1. 起重量 300 kN 及以上的起重设备安装拆卸工程；

2. 高度 200 m 及以上内爬起重设备的拆卸工程。

(六)拆除、爆破工程

1. 采用爆破拆除的工程；

2. 码头、桥梁、烟囱、水塔和高架等建筑物、构筑物的拆除工程；

3. 拆除中容易引起有毒有害气(液)体或粉尘扩散、易燃易爆事故发生的特殊建筑物、构筑物的拆除工程；

4. 可能影响行人、交通、电力设施、通讯设施或其他建筑物、构筑物安全的拆除工程；

5. 文物保护建筑、优秀历史建筑或历史文化风景区控制范围的拆除工程。

(七)其他工程

1. 施工高度 50 m 及以上的建筑幕墙安装工程；

2. 跨度大于 36 m 及以上的钢结构安装工程；

3. 跨度大于 60 m 及以上的网架和索膜结构安装工程；

4. 开挖深度超过 16 m 的人工挖扩孔桩工程；

5. 地下暗挖、隧道、顶管及水下作业工程；

6. 采用新技术、新工艺、新材料，新设备可能影响工程质量和施工安全，尚无技术标准的分部分项工程，以及其他需要专家论证的工程。

方案的编制与审批

第八条　专项方案应由施工单位组织编制，编制人员应具有本专业中级及以上专业技术职称。

实行施工总承包的，应由施工总承包单位组织编制。其中，起重机械设备安装拆卸、深基坑、附着升降脚手架、建筑幕墙、钢结构等专业工程，应由专业承包单位负责编制。

第九条　除工程建设标准有明确规定外，专项方案主要应包括以下内容。

(一)工程概况：危险性较大的分部分项工程概况、施工平面布置、施工要求和技术保证条件。

(二)编制依据：所依据的法律、法规、规范性文件、标准、规范的目录或条文，以及施工组织(总)设计、勘察设计、图纸等技术文件名称。

(三)施工计划：包括施工进度计划、材料与设备计划。

(四)施工工艺：技术参数、工艺流程、施工方法、检查验收等。

(五)施工安全保证措施：组织保障、技术措施、应急预案、监测监控等。

(六)劳动力组织：专职安全生产管理人员、特种作业人员等。

(七)计算书及相关图纸、图示。

第十条　专项方案应由施工单位技术负责人组织施工、技术、设备、安全、质量等部门的专业技术人员进行审核。

审核人员中至少2人应具有本专业中级及以上专业技术职称。其中,需专家论证的,审核人员中至少2人应具有本专业高级及以上专业技术职称。

审核合格,由施工单位技术负责人审批;实行施工总承包的,还应报总承包单位技术负责人审批。

第十一条 工程监理单位应组织本专业监理工程师对施工单位提报的专项方案进行审核,审核合格,由监理单位项目总监理工程师审批。

第十二条 专项方案的编制、审核、审批等人员应由本人在专项方案审批表上签名并注明专业技术职称。

方案的专家论证

第十三条 需专家论证审查的,专项方案审核通过后,施工单位应组织专家对方案进行论证审查,或者委托具有相应资格的勘察设计、科研、大专院校和工程咨询等第三方组织专家进行论证审查。

实行施工总承包的,由施工总承包单位组织专家论证。

第十四条 专家组应当由5名及以上符合相关专业要求的专家组成。专家组中同一单位的人员,不应超过半数;本工程项目的建设、勘察设计、施工和工程监理等参建各方的人员不得作为专家组成员。

专家组的专家应具备下列基本条件:

(一)诚实守信、作风正派、学术严谨;

(二)从事专业工作15年以上或具有丰富的专业经验;

(三)具有高级专业技术职称或高级技师职业资格。

第十五条 专家论证审查宜采用会审的方式。下列人员应当参加专家论证会:

(一)专家组成员;

(二)方案编制人员;

(三)建设单位项目负责人或技术负责人;

(四)施工单位分管安全的负责人、技术负责人、项目负责人、项目技术负责人、项目专职安全生产管理人员;

(五)监理单位项目总监理工程师及相关人员;

(六)勘察、设计单位项目技术负责人及相关人员。

第十六条 专家论证的主要内容包括:

(一)专项方案内容是否完整;

(二)专项方案计算书和验算依据是否符合有关工程建设标准,采用新技术、新工艺、新材料,新设备的工程专项方案的数学模型是否准确;

(三)专项方案是否可行,是否符合现场实际情况。

第十七条 专项方案经论证后,专家组应当提交论证报告,对论证的内容提出明确的意见。

专家组成员本人应在论证报告上签字、注明专业技术职称，并对审查结论负责。

专家组论证报告应作为专项方案的附件。

第十八条 施工单位应当根据专家组提交的论证报告对专项方案进行修改完善，经施工单位技术负责人、工程项目总监理工程师和建设单位项目负责人签字后，方可实施。

实行施工总承包的，还应经施工总承包单位技术负责人审核签字。

第十九条 专家组认为专项施工方案需做重大修改的，施工单位应当根据论证报告组织修改，并重新组织专家进行论证。

第二十条 设区的市建筑工程管理部门或建筑安全监督机构应当建立专项方案论证审查专家库和专家诚信档案，及时更新专家库，公示专家名单，为方案论证组织单位提供人员信息。

专家库的专业类别及专家数量应根据本地实际情况设置，其人员资格审查办法、适用范围、专家职责等管理制度由各市制定。

方案的实施

第二十一条 施工单位必须严格执行专项方案，不得擅自修改经过审批的专项方案。如因设计、结构等因素发生变化，确需修订的，应重新履行审核、论证、审批程序。

第二十二条 方案实施前，应由方案编制人员或技术负责人向工程项目的施工、技术、安全、设备等管理人员和作业人员进行安全技术交底。

施工作业人员应严格按照专项方案和安全技术交底进行施工。

第二十三条 在专项方案实施过程中，施工单位或工程项目的施工、技术、安全、设备等有关部门应对专项施工方案的实施情况进行检查。施工单位应当指定专人对专项方案实施情况进行现场监督和按规定进行监测，发现不按照专项施工方案施工的行为要予以制止并要求立即整改。

专职安全生产管理人员应进行现场监督，发现有危及人身安全紧急情况的，应当立即组织作业人员撤离危险区域。

施工单位技术负责人应当定期巡查专项方案实施情况。

第二十四条 施工单位应建立健全专项方案实施情况的验收制度。在方案实施过程中，对于按规定需要验收的危险性较大的分部分项工程，施工单位（或工程项目）、监理单位应当组织有关人员进行验收。验收合格的，经施工单位项目技术负责人及项目总监理工程师签字后，方可进入下一道工序。

需经专家论证的危险性较大的分部分项工程的验收，必须由施工单位组织，并由施工单位技术负责人签字。实行工程施工总承包的，由总承包单位组织。

第二十五条 工程监理单位应将需编制专项方案的工程列入监理规划和监理实施细则，应针对工程特点、周边环境和施工工艺等制定详细具体的安全生产监理工作流程、方法和措施。

对需经专家论证的危险性较大的分部分项工程，监理单位应实施旁站监理。

第二十六条 工程监理单位应加强对专项方案实施情况的监理。对不按专项方案实施的，应及时要求施工单位改正；情况严重的，由总监理工程师签发工程暂停令，并报告建设单位；施工单位拒不整改或不停止施工的，要及时向当地建筑工程管理部门报告。

第二十七条　存在危险性较大的分部分项工程的，施工单位应在施工现场醒目位置挂牌公示，公示内容应包括：危险性较大的工程的名称、部位、措施、施工期限、安全监控责任人和举报电话等。

第二十八条　各级建筑工程管理部门应将危险性较大的工程作为监督重点，发现有下列行为的，应责令限期改正；逾期未改正的，按照有关法律法规予以处罚。

（一）建设单位在申请领取施工许可证或办理安全监督手续时，未按规定提供危险性较大的分部分项工程清单和安全管理措施的；

（二）施工单位未按规定编制、审核、论证、审批和实施专项方案的；

（三）监理单位未对施工组织设计中的安全技术措施或者专项施工方案进行审查的；发现安全事故隐患未及时要求施工单位整改或者暂时停止施工的；施工单位拒不整改或者不停止施工，未及时向有关主管部门报告的。

附　则

第二十九条　本办法自发布之日起实施，原《山东省建筑工程安全专项施工方案编制审查与专家论证暂行办法》（鲁建管质安字〔2007〕35 号）同时废止。

第三十条　本办法由省建筑工程管理部门负责解释。

第三十一条　各市可根据本办法制定实施细则。

关于印发《山东省建筑施工企业及项目部领导施工现场值班带班管理规定》的通知

（鲁建管发〔2011〕14号）

各市建管局(处)，有关市住房城乡建委(建设局)：

现将《山东省建筑施工企业及项目部领导施工现场值班带班管理规定》印发给你们，请结合当地实际，认真贯彻执行。

附件1：山东省建筑施工企业及项目部领导施工现场值班带班管理规定
附件2：建筑施工企业及项目部领导施工现场值班带班交接班记录表

二〇一一年五月十一日

附件1

山东省建筑施工企业及项目部领导施工现场值班带班管理规定

第一条 根据《国务院关于进一步加强企业安全生产工作的通知》(国发〔2010〕23号)、住房和城乡建设部有关规定，为认真落实建筑施工企业及项目部领导施工现场值班带班制度，进一步加强房屋建筑工程安全生产管理工作，制定本规定。

第二条 本规定所称的施工现场，是指房屋建筑的新建、扩建、改建等建筑施工活动的作业场地。

本规定所称建筑施工企业领导轮流值班，是指企业的领导班子成员和副总工程师在节假日连续生产作业期间轮流值班并定时巡查，统筹协调和处理安全生产方面的有关问题。

本规定所称项目部领导带班，是指建筑工程项目的总承包单位项目部或分包单位项目部的项目经理、项目副经理、主任工程师必须在施工现场轮流带班，指挥和监督安全生产工作，并与施工人员同时上下班。

第三条　建筑施工企业主要负责人对落实企业领导干部轮流值班带班全面负责。企业领导班子其他成员应当自觉履行值班责任。项目负责人是落实项目部领导施工现场带班制度的责任人。

第四条　施工安全带班管理应遵循“全面兼顾，重点防范，带 班在工地，解决在现场”的原则，将风险始终处于可控状态，确保施工安全。

第五条　建筑施工企业领导轮流值班应遵循下列要求

（一）建筑施工企业在节假日连续生产作业期间要建立健全领导轮流安全值班并定时巡查制度。节假日必须安排企业领导安全值班并定时巡查；

（二）安全值班领导在生产作业时间内不得离开工作岗位。如因有事离岗时，必须事先通知安排其他领导顶替班，顶替班领导未到位，不得离开工作岗位；

（三）建立安全轮流值班记录制度。值班领导应真实准确填写当天值班的情况，并按要求做好轮流值班记录的交接手续。安全值班领导的通讯方式要在各施工现场公布，以便及时了解生产安全情况；

（四）领导安全值班计划安排和值班情况要定期公示，接受群众监督，并建立安全值班档案。企业领导轮流值班计划安排，应报当地建筑安全监督机构备案。

第六条　建筑施工企业领导轮流安全值班职责

（一）安全值班领导是企业安全生产现场管理和事故处置的第一责任人，要认真做好当班安全生产的领导和指挥工作，全面深入了解企业安全生产状况，协调组织好安全生产工作；

（二）安全值班领导在当班期间，要全面掌握当班安全生产情况，认真组织对重点部位、关键环节、危险源点进行检查巡视，发现隐患及时消除，监督各项安全规章制度的落实；

（三）安全值班期间，发生生产安全事故或突发事件，应迅速组织应急救援，确保生产作业人员生命安全。

第七条　项目部领导轮流带班职责

（一）轮流带班领导要把保证安全生产作为第一位的责任，全面掌握当班安全生产状况，加强对重点部位、关键环节、危险源点的检查，并指导现场人员安全作业；

（二）及时发现和组织消除事故隐患和险情，及时制止违章违规行为，严禁违章指挥；

（三）当现场出现重大安全隐患或遇到险情时，及时采取紧急处置措施，并立即下达停工令，组织涉险区域人员及时有序撤离到安全地带。

第八条　项目部领导施工现场带班实行交接班制度。带班领导应当向接班的领导详细告知当前施工现场安全存在的问题、需要注意的事项等，并认真填写交接班记录。

第九条　项目部应当建立项目部领导施工现场带班生产档案管理制度。项目部领导施工现场带班生产、值班交接班记录应由专人负责整理，并存档备查。

第十条　建筑施工企业应建立项目部领导带班检查制度。应明确检查人员、检查方式、检查内容、考核奖惩等。建筑施工企业领导要定期对项目部领导施工现场带班情况进行检查,每次检查结束后,应将检查的情况、发现的问题和隐患整改情况记录存档备查。

第十一条 各级建筑工程管理部门应当加强对施工企业领导值班和项目部领导施工现场带班制度落实情况进行检查,对于未建立相应制度或制度不落实的,应责令限期改正。对在整改期内仍没有整改的,按《建设工程安全生产管理条例》等法规对企业和企业负责人及项目经理给予规定上限的经济处罚;上述人员擅离职守的,给予规定上限的经济处罚;发生安全事故的,依法从重追究单位和相关人员的责任。

第十二条 监理企业领导和项目监理负责人施工现场值班带班可参照本规定执行。

第十三条 本规定由山东省建筑工程管理局负责解释。

第十四条 本规定自公布之日起施行。

附件 2

建筑施工企业及项目部领导施工现场值班带班交接班记录表

时间			
班次			
带班人		职务	
带班工作情况			
存在问题和需注意事项	现场问题整改：		
	班组长签认：		
接班人签字			

注：1. 本表可印制成记录本，以方便现场随身携带。

2. 记录本封面需有施工单位名称、记录本编号栏目，并加盖单位公章。

山东省建筑施工企业安全生产许可证管理办法

（鲁建管发〔2011〕16号）

第一章　总　则

第一条　为了严格规范建筑施工企业安全生产条件，进一步加强安全生产监督管理，防止和减少生产安全事故，根据《建筑施工企业安全生产许可证管理规定》、《建筑施工企业安全生产许可证动态监管暂行办法》，制定本办法。

第二条　在本省行政区域内申请建筑施工企业安全生产许可证，对建筑施工企业实施安全生产许可证管理，适用本办法。

本办法所称建筑施工企业，是指从事土木工程、建筑工程、线路管道和设备安装工程及装修工程的新建、扩建、改建和拆除等有关活动的企业。

第三条　除预拌商品混凝土、混凝土预制构件、电梯安装工程专业承包企业外，取得施工总承包、专业承包、劳务分包资质和建筑智能化工程、消防设施工程、建筑装饰装修工程、建筑幕墙工程设计与施工资质的建筑施工企业均须取得安全生产许可证。未取得安全生产许可证的，不得参加建设工程投标和从事建设工程施工等活动。

第四条　省建筑工程管理局负责省内除市政公用工程施工企业以外的建筑施工企业安全生产许可证的颁发和管理，并接受省建设行政主管部门和国务院建设行政主管部门的指导和监督。

县级以上人民政府建设（建筑）行政主管部门负责本行政区域内建筑施工企业安全生产许可证的监督管理工作。

第五条　各市建设（建筑）行政主管部门负责辖区内注册的建筑施工企业安全生产许可证申报、延期换证和管理工作。省交通运输厅、省水利厅、省煤炭工业局、省地矿局、省公安厅消防局、省冶金总公司、山东电力集团公司、山东黄河河务局等有关单位在各自的职责范围内，负责其所属行业建筑施工企业安全生产许可证申报、延期换证和管理工作。

第二章　申请和延期

第六条　建筑施工企业首次申请安全生产许可证，应当具备下列安全生产条件：

（一）建立、健全安全生产责任制，制定完备的安全生产规章制度和操作规程；

（二）保证本单位安全生产条件所需资金的投入；

(三)设置安全生产管理机构,按照国家有关规定配备专职安全生产管理人员;

(四)主要负责人、项目负责人、专职安全生产管理人(以下简称“三类人员”)经省级以上建设(建筑)主管部门或者其他有关部门考核合格;

(五)特种作业人员经有关业务主管部门考核合格,取得特种作业操作资格证书;

(六)管理人员和作业人员每年至少进行一次安全生产教育培训并考核合格;

(七)依法参加工伤保险,依法为施工现场从事危险作业的人员办理意外伤害保险,为从业人员交纳保险费;

(八)施工现场的办公、生活区及作业场所和安全防护用具、机械设备、施工机具及配件符合有关安全生产法律、法规、标准和规程的要求;

(九)有职业危害防治措施,并为作业人员配备符合国家标准或者行业标准的安全防护用具和安全防护服装;

(十)有对危险性较大的分部分项工程及施工现场易发生重大事故的部位、环节的预防、监控措施和应急预案;

(十一)有生产安全事故应急救援预案、应急救援组织或者应急救援人员,配备必要的应急救援器材、设备;

(十二)法律、法规规定的其他条件。

第七条 申请人申请安全生产许可证时,应当提供下列材料:

(一)建筑施工企业安全生产许可证申请表一式三份,(附件 1);

(二)企业法人营业执照、建筑业企业资质证书副本(复印件);

(三)各级安全生产责任制和安全生产规章制度目录及文件,操作规程目录;

(四)保证安全生产投入的证明文件;

(五)设置安全生产管理机构和配备专职安全生产管理人员的文件;

(六)本企业“三类人员”安全生产考核合格名单及证书(复印件);

(七)本企业特种作业人员名单及操作资格证书(复印件);

(八)本企业管理人员和作业人员年度安全培训教育材料;

(九)从业人员参加工伤保险以及施工现场从事危险作业人员参加意外伤害保险有关证明;

(十)施工起重机械设备检测合格证明;

(十一)职业危害防治措施;

(十二)危险性较大分部分项工程及施工现场易发生重大事故的部位、环节的预防监控措施和应急预案;

(十三)生产安全事故应急救援预案。

其中,第二至第十三项统一装订成册。企业在申请安全生产许可证时,需要交验所有证件、凭证原件。

第八条 安全生产许可证有效期满前三个月内两个月前,企业应当通过所在市建设(建筑)主管部门(省直有关部门)向省建筑工程管理局提出延期申请。根据安全生产许可证有效期内企业安全生产管理情况,安全生产许可证延期申请分为正常延期和延期重审。

(一)属于下列范围的建筑施工企业,应当重新对其安全生产条件进行审查,按照延期重审上报：

1. 在安全生产许可证有效期内，发生生产安全事故且对事故发生负有责任的；

2. 在安全生产许可证有效期内，曾被暂扣过安全生产许可证的；

3. 在安全生产许可证有效期内，受到各级建设（建筑）主管部门（省直有关部门）3 次以上（含 3 次）与安全生产相关的处罚、通报批评或有安全生产诚信不良记录的；

4. 安全生产许可证动态考核曾经定为不合格的；

5. 年度安全生产评价定为不合格的；

6. 未在规定时间内提出延期申请的；

7. 各市建设（建筑）主管部门（省直有关部门）结合日常的监督管理工作认为有必要重新审查的。

（二）在安全生产许可证有效期内，遵守有关安全生产的法律、法规、规章和工程建设强制性标准，不属于本条第一项规定的应当重新审查范围的建筑施工企业，经各市建设（建筑）主管部门（省直有关部门）同意，可以不再对其进行安全生产条件审查，按照正常延期上报。

第九条 定为正常延期的企业，应提交以下申请材料：

1. 建筑施工企业安全生产许可证申请表一式三份（附件 2）；

2. 企业法人营业执照、建筑业企业资质证书副本、原安全生产许可证副本、"三类人员"安全生产考核合格证书（企业安全生产许可证获准延期之前，"三类人员"安全生产考核合格证书应在有效期之内）、特种作业人员证书复印件。

第十条 定为延期重审的企业，应提交本办法第七条规定的有关文件、资料。

第十一条 企业进行安全生产许可证首次申请、延期换证和变更申请时，除上报书面申请资料外，应同时通过《山东省建筑施工企业安全生产许可证审批管理系统》申报企业信息。

第十二条 各市建设（建筑）主管部门（省直有关部门）依据有关法规、规章对企业申请材料、网上信息和所有证件、凭证原件进行审查，必要时可到企业施工现场进行抽查。审查合格企业用文件的形式提出推荐意见，连同企业申报资料上报省建筑工程管理局，同时通过《山东省建筑施工企业安全生产许可证审批管理系统》上报企业信息。

第十三条 已经取得安全生产许可证的建筑施工企业改制、合并、分立，应当自取得新的企业法人营业执照之日起 10 个工作日内交回原安全生产许可证，并重新按本办法申请建筑施工企业安全生产许可证。

第十四条 省建筑工程管理局在办公场所、本机关网站上公示审批安全生产许可证的依据、条件、程序、期限，申请所需提交的全部资料目录以及申请书示范文本等。

第三章 受理和颁发

第十五条 省建筑工程管理局对提交的申请资料，按照下列规定分别处理：

（一）对申请事项不属于本机关职权范围的申请，应当及时作出不予受理的决定，并告知申请人向有关安全生产许可证颁发管理机关申请；

(二)对申请材料存在可以当场更正的错误的,应当允许申请人当场更正;

(三)申请材料不齐全或者不符合要求的,应当当场或者在5个工作日内书面一次告知申请人需要补正的全部内容,逾期不告知的,自收到申请材料之日起即为受理。

(四)申请材料齐全、符合要求或者按照要求全部补正的,自收到申请材料或者全部补正之日起为受理。

第十六条　对于隐瞒有关情况或者提供虚假材料申请安全生产许可证的,省建筑工程管理局不予受理,该企业一年之内不得再次申请安全生产许可证。

第十七条　省建筑工程管理局在受理申请资料后,组织专家对申请材料进行审查,自受理申请之日起31个工作日内作出颁发或者不予颁发安全生产许可证的决定。

省建筑工程管理局作出准予颁发申请人安全生产许可证决定后,自决定之日起10个工作日内向申请人颁发、送达安全生产许可证;对作出不予颁发决定的,在10个工作日内书面通知申请人并说明理由,同时退回申请材料,申请人达到安全生产条件后可重新申报。

第四章　安全生产许可证证书

第十八条　建筑施工企业安全生产许可证采用国家安全生产监督管理局规定的统一样式。证书分为正本和副本,正本为悬挂式,副本为折页式,正、副本具有同等法律效力。

建筑施工企业安全生产许可证证书由住房城乡建设部统一印制,实行全国统一编码。

第十九条　经审批合格的建筑施工企业安全生产许可证加盖省建筑工程管理局公章有效,副本延期和变更栏内加盖省建筑工程管理局安全许可证管理专用章有效。

第二十条　建筑施工企业的名称、地址、法定代表人等内容发生变化的,应当自工商营业执照变更之日起10个工作日内通过《山东省建筑施工企业安全生产许可证审批管理系统》填报网上变更信息,填写《山东省建筑施工企业安全生产许可证变更申请表》(附件2),持申请报告、原安全生产许可证和变更后的工商营业执照副本、工商营业执照变更证明、资质证书副本等相关证明材料,通过各市建设(建筑)主管部门(省直有关部门)提出变更申请,经各市建设(建筑)主管部门(省直有关部门)审查,上报省建筑工程管理局。省建筑工程管理局在对申请人提交的相关文件、资料审查后,办理安全生产许可证变更手续。

第二十一条　建筑施工企业遗失安全生产许可证,应填写《山东省建筑施工企业安全生产许可证增补申请表》(附件3),持申请报告及在省级以上综合类报刊上刊登的遗失作废声明、企业法人营业执照副本、资质证书副本等相关材料,通过各市建设(建筑)主管部门(省直有关部门)提出补办申请,经各市建设(建筑)主管部门(省直有关部门)审查,上报省建筑工程管理局补办安全生产许可证。

第二十二条　每个具有独立企业法人资格的建筑施工企业只能取得一套安全生产许可证,包括一个正本,两个副本。企业需要增加副本的,经省建筑工程管理局同意,可以适当增加。

建筑施工企业申请增加安全生产许可证副本,应填写《山东省建筑施工企业安全生产许可证增补申请表》,持申请报告、原安全生产许可证、企业法人营业执照、资质证书副本等相关材料通过各市建设(建筑)主管部门(省直有关部门)提出增补申请,经各市建设(建筑)主管部门(省直有关部门)审查,上报省建筑工程管理局增加安全生产许可证。

第二十三条 各市建设(建筑)主管部门(省直有关部门)对企业申请变更增补资料的原件进行审查,向省建筑工程管理局上报相关资料复印件。

第二十四条 建筑施工企业破产、倒闭、撤销、歇业的,应当将安全生产许可证交回省建筑工程管理局予以注销。

第五章 监督管理

第二十五条 县级以上人民政府建设(建筑)行政主管部门负责本行政区域内取得安全生产许可证的建筑施工企业的日常监督管理工作,根据监管情况、群众举报投诉和企业安全生产条件变化报告,对相关建筑施工企业及其承建工程项目的安全生产条件进行核查,发现企业降低安全生产条件的,应当视其安全生产条件降低情况通过设区的市级建设(建筑)主管部门及时向省建筑工程管理局提出安全生产许可证处罚建议。

本行政区域内取得安全生产许可证的建筑施工企业既包括在本地区注册的建筑施工企业,也包括跨省、跨市在本地区从事建筑施工活动的建筑施工企业。

第二十六条 县级以上地方人民政府交通、水利等有关部门负责本行政区域内有关专业建设工程安全生产的监督管理,发现从事有关专业建设工程的建筑施工企业降低安全生产条件的,应当视其安全生产条件降低情况通过省级交通、水利等有关部门及时向省建筑工程管理局提出安全生产许可证处罚建议。

第二十七条 建设单位或其委托的工程招标代理机构在编制资格预审文件和招标文件时,应当明确要求建筑施工企业提供安全生产许可证,以及企业主要负责人、拟担任该项目负责人和专职安全生产管理人员相应的安全生产考核合格证书。

第二十八条 建设行政主管部门在审核发放施工许可证时,应当对已经确定的建筑施工企业是否具有安全生产许可证以及安全生产许可证是否处于暂扣期内进行审查,对未取得安全生产许可证及安全生产许可证处于暂扣期内的,不得颁发施工许可证。

第二十九条 建设工程实行施工总承包的,建筑施工总承包企业应当依法将工程分包给具有安全生产许可证的专业承包企业或劳务分包企业,并加强对分包企业安全生产条件的监督检查。

第三十条 工程监理单位应当查验承建工程的施工企业安全生产许可证和有关"三类人员"安全生产考核合格证书持证情况,发现其持证情况不符合规定的或施工现场降低安全生产条件的,应当要求其立即整改。施工企业拒不整改的,工程监理单位应当向建设单位报告。建设单位接到工程监理单位报告后,应当责令施工企业立即整改。

第三十一条 建筑施工企业应当加强对本企业和承建工程安全生产条件的日常动态检查,发现不符合法定安全生产条件的,应当立即进行整改,并做好自查和整改记录。

第三十二条 建筑施工企业在"三类人员"配备、安全生产管理机构设置及其他法定安全生产条件发生变化以及因施工资质升级、增项而使得安全生产条件发生变化时,应当向省建筑工程管理局和当地建设(建筑)主管部门(省直有关部门)报告。

第三十三条　省建筑工程管理局实行建筑施工企业安全生产许可证动态考核制度，对企业安全生产条件实施动态考核。各市建设（建筑）主管部门（省直有关部门）在安全生产许可证动态考核中定为不合格的企业，应及时向省建筑工程管理局提出安全生产许可证处罚建议。

第三十四条　市、县级建设（建筑）主管部门（省直有关部门）或其委托的建筑安全监督机构在日常安全生产监督检查中，应当查验承建工程施工企业的安全生产许可证。发现企业降低施工现场安全生产条件或存在事故隐患的，应立即提出整改要求；情节严重的，应责令工程项目停止施工并限期整改。

第三十五条　依据本办法第三十四条责令停止施工符合下列情形之一的，各市建设（建筑）主管部门（省直有关部门）应当于作出最后一次停止施工决定之日起 15 日内以书面形式向省建筑工程管理局提出安全生产许可证处罚建议，并附具企业及有关工程项目违法违规事实和《责令停止违法行为通知书》、《建设行政执法调查笔录》及《现场勘验笔录》等证明安全生产条件降低的证据材料。

（一）在 12 个月内，同一企业同一项目被两次责令停止施工的；

（二）在 12 个月内，同一企业在同一市、县内三个项目被责令停止施工的；

（三）施工企业承建工程经责令停止施工后，整改仍达不到要求或拒不停工整改的。

第三十六条　工程项目发生一般及以上生产安全事故的，工程所在地市级建设（建筑）主管部门（省直有关部门）应当在事故发生之日起 15 日内复核相关企业施工现场安全生产条件，根据事故基本情况和相关施工企业应负有的责任以书面形式向省建筑工程管理局提出安全生产许可证处罚建议，同时附具相关企业违法违规事实和证明安全生产条件降低的相关询问笔录或其他证据材料。

第三十七条　省建筑工程管理局接到各市建设（建筑）主管部门（省直有关部门）或山东省外的省级建设行政主管部门关于符合本办法第三十五条，三十六条规定情形的安全生产许可证处罚建议后，委托企业注册所在市建设（建筑）主管部门（省直有关部门）复核相关企业的安全生产条件，应于 20 日内复核完毕，向省建筑工程管理局上报企业安全生产条件复核报告。

工程承建企业跨省施工的，省建筑工程管理局提出暂扣企业安全生产许可证的建议，书面通报给企业安全生产许可证发证颁发管理机关，由颁发机关依法处理。

第三十八条　省建筑工程管理局原则上委托各市建设（建筑）主管部门（省直有关部门）复核施工企业及其工程项目安全生产条件。必要时，省建筑工程管理局可会同有关市建设（建筑）主管部门（省直有关部门）进行复核。被委托的有关部门应严格按照法规规章和相关标准进行复核，并及时向省建筑工程管理局反馈复核结果。

第三十九条　各市建设（建筑）主管部门（省直有关部门）向省建筑工程管理局提出的安全生产许可证处罚建议，应包括企业基本情况、注册所在地、许可证编号、企业及有关工程项目违法违规事实、处罚依据、处罚方式等，并附安全生产许可证暂扣建议告知书复印件（附件 4）。

第四十条　省建筑工程管理局建立安全生产许可证档案，定期通过报纸、网络等公众媒体向社会公布企业取得安全生产许可证以及暂扣、吊销安全生产许可证等行政处罚情况。

第四十一条 省建筑工程管理局或者其上级行政机关发现有下列情形之一的，可以撤销已经颁发的安全生产许可证：

1.安全生产许可证颁发管理机关工作人员滥用职权、玩忽职守颁发安全生产许可证的；

2.超越法定职权颁发安全生产许可证的；

3.违反法定程序颁发安全生产许可证的；

4.对不具备安全生产条件的建筑施工企业颁发安全生产许可证的；

5.依法可以撤销已经颁发的安全生产许可证的其他情形。

依照前款规定撤销安全生产许可证，建筑施工企业的合法权益受到损害的，建设行政主管部门应当依法给予赔偿。

第四十二条 发生下列情形之一的，省建筑工程管理局应当依法注销已经颁发的安全生产许可证：

1.企业依法终止的；

2.安全生产许可证有效期期满未延期的；

3.安全生产许可证依法被撤销、吊销的；

4.因不可抗力导致行政许可事项无法实施的；

5.依法应当注销安全生产许可证的其他情形。

第四十三条 建筑施工企业不得转让、冒用安全生产许可证或者使用伪造的安全生产许可证。

第四十四条 建设（建筑）行政主管部门工作人员在安全生产许可证颁发、管理和监督检查工作中，不得索取或者接受建筑施工企业的财物，不得谋取其他利益。

第四十五条 任何单位或者个人对违反本办法的行为，有权向安全生产许可证颁发管理机关或者监察机关等有关部门举报。

第六章　法律责任

第四十六条 建设（建筑）行政主管部门工作人员有下列行为之一的，给予降级或者撤职的行政处分；构成犯罪的，依法追究刑事责任：

（一）向不符合安全生产条件的建筑施工企业颁发安全生产许可证的；

（二）发现建筑施工企业未依法取得安全生产许可证擅自从事建筑施工活动，不依法处理的；

（三）发现取得安全生产许可证的建筑施工企业不再具备安全生产条件，不依法处理的；

（四）接到对违反本办法行为的举报后，不及时处理的；

（五）在安全生产许可证颁发、管理和监督检查工作中，索取或者接受建筑施工企业的财物，或者谋取其他利益的。

由于建筑施工企业弄虚作假，造成前款第（一）项行为的，对建设（建筑）行政主管部门工作人员不予处分。

第四十七条 符合本办法第三十五条规定情形的企业，省建筑工程管理局根据有关安全生产条件复核报告和安全生产许可证处罚建议，于5个工作日内立案，确认企业降低安全生产条件的，根据情节轻重依法给予企业暂扣安全生产许可证30日至60日的处罚。

第四十八条 发生事故的企业，省建筑工程管理局根据有关安全生产条件复核报告和安全生产条件处罚建议，于5个工作日内立案，确认企业降低安全生产条件的，依法给予企业暂扣安全生产许可证的处罚；属情节特别严重的或者发生特别重大事故的，依法吊销安全生产许可证。

暂扣安全生产许可证处罚视事故发生级别和安全生产条件降低情况，按下列标准执行：

(一)发生一般事故的，暂扣安全生产许可证30至60日；

(二)发生较大事故的，暂扣安全生产许可证60至90日；

(三)发生重大事故的，暂扣安全生产许可证90至120日。

第四十九条 建筑施工企业在12个月内第二次发生生产安全事故的，视事故级别和安全生产条件降低情况，分别按下列标准进行处罚：

(一)发生一般事故的，暂扣时限为在上一次暂扣时限的基础上再增加30日；

(二)发生较大事故的，暂扣时限为在上一次暂扣时限的基础上再增加60日；

(三)发生重大事故的，或按本条(一)、(二)处罚暂扣时限超过120日的，吊销安全生产许可证。

12个月内同一企业连续发生三次生产安全事故的，吊销安全生产许可证。

第五十条 不符合本办法第三十五条、第三十六条规定情形的企业，在安全生产许可证动态考核中因不具备安全生产条件定为不合格的，省建筑工程管理局根据各市建设(建筑)主管部门(省直有关部门)安全生产许可证处罚建议，于5个工作日内立案，确认企业降低安全生产条件的，根据情节轻重依法给予企业暂扣安全生产许可证30日至90日的处罚。

第五十一条 建筑施工企业瞒报、谎报、迟报或漏报事故的，在本办法第四十八条处罚的基础上，再处延长暂扣期30日至60日的处罚。暂扣时限超过120日的，吊销安全生产许可证。

第五十二条 建筑施工企业在安全生产许可证暂扣期内，拒不整改的，吊销其安全生产许可证。

第五十三条 建筑施工企业安全生产许可证被暂扣期间，企业不得承揽新的工程项目。发生问题或事故的工程项目停工整改，经工程所在地有关建设(建筑)主管部门(省直有关部门)核查合格后方可继续施工。

第五十四条 建筑施工企业安全生产许可证暂扣期满前10个工作日，被暂扣许可证企业需通过有关市建设(建筑)主管部门(省直有关部门)提出发还安全生产许可证申请，省建筑工程管理局委托有关市建设(建筑)主管部门(省直有关部门)对企业安全生产条件进行复核。复核合格的，经省建筑工程管理局批准同意后，在暂扣期满时发还安全生产许可证。复核不合格的，按本办法延长暂扣期，直至吊销安全生产许可证。

第五十五条 建筑施工企业安全生产许可证被吊销后，自吊销决定作出之日起一年内不得重新申请安全生产许可证。

第五十六条 建筑施工企业存在未取得安全生产许可证擅自从事建筑施工活动、安全生产许可证有效期满未办理延期手续继续从事建筑施工活动、转让安全生产许可证、冒用或者使用伪造的安全生产许可证、以欺骗、贿赂等不正当手段取得安全生产许可证等行为的，按照《建筑施工企业安全生产许可证管理规定》有关条款进行处罚。

第五十七条 本办法的暂扣、吊销安全生产许可证的行政处罚，由省建筑工程管理局决定；其他行政处罚，由县级以上人民政府建设（建筑）行政主管部门决定。

第七章　附　则

第五十八条 本办法规定由省建筑工程管理局负责解释。

第五十九条 本办法自公布之日起施行。原《山东省建筑施工企业安全生产许可证管理实施细则（暂行）》鲁建管发〔2004〕12 号同时废止。

山东省建筑施工企业安全生产许可证动态考核办法

（鲁建管发〔2011〕17号）

第一条　为加强建筑施工企业安全生产许可证的动态监管，促进建筑施工企业保持和改善安全生产条件，控制和减少生产安全事故，根据《建筑施工企业安全生产许可证动态监管暂行办法》和《山东省建筑施工企业安全生产许可证管理办法》，制定本办法。

第二条　在本省行政区域内取得安全生产许可证的建筑施工企业，适用本办法。

第三条　各市建设（建筑）主管部门负责辖区内注册的建筑施工企业安全生产许可证动态考核工作。省交通运输厅、省水利厅、省煤炭工业局、省地矿局、省公安厅消防局、省冶金总公司、山东电力集团公司、山东黄河河务局等有关单位在各自的职责范围内，负责其所属行业建筑施工企业安全生产许可证动态考核工作。

第四条　建筑施工企业安全生产许可证动态考核将《建筑施工企业安全生产许可证管理规定》中的11项安全生产条件进行分解，形成《山东省建筑施工企业安全生产许可证动态考核标准》（附件1，以下简称《动态考核标准》）。实行企业一般安全生产条件动态考核和施工现场安全生产条件动态双考核联动机制，考核结果分为合格、基本合格、不合格。分别对应绿、黄、红三色动态监管，绿色为最高级别，红色为最低级别。企业初始监管状态为绿色，上一年度考核不计入下一年度。

第五条　企业一般安全生产条件动态考核实行量化打分制，汇总分值作为企业一般安全生产条件动态考核的依据，存在问题作为企业安全生产条件不良行为予以记录。

第六条　企业一般安全生产条件动态考核汇总分值85分（含）以上，定为合格，列入绿色监管。

第七条　企业一般安全生产条件动态考核汇总分值70分（含）至85分（不含），定为基本合格，列入黄色监管。各市建设（建筑）主管部门（省直有关部门）应立即与该企业主要负责人进行约谈，限期整改，并至少抽查该企业30%以上施工现场。整改后经市建设（建筑）主管部门（省直有关部门）检查合格，解除黄色监管，转化为绿色监管。

第八条　企业一般安全生产条件动态考核汇总分值70分（不含）以下或定为基本合格后经整改仍达不到要求，定为不合格，列入红色监管。各市建设（建筑）主管部门（省直有关部门）应对企业所有施工现场进行检查，并按《山东省建筑施工企业安全生产许可证管理办法》（以下简称《许可证管理办法》）有关规定向省建管局提出安全生产许可证处罚建议。暂扣期间经所在市建设（建筑）主管部门（省直有关部门）对企业安全生产条件复查合格，暂扣期满解除红色监管，转化为绿色监管。暂扣期间拒不整改或者整改后仍达不到要求的，按《许可证管理办法》有关规定予以延长暂扣期直至吊销安全生产许可证。

第九条 各级建设(建筑)主管部门或其委托的建设工程安全生产监督机构,在日常监督过程中对企业施工现场的办公、生活区及作业场所和安全防护用具、机械设备、施工机具及配件是否符合有关安全生产法律、法规、标准和规程的要求进行检查,根据检查情况确定企业施工现场安全生产条件动态考核结果。

第十条 在施工过程中发现企业降低施工现场安全生产条件或存在事故隐患符合以下情形之一的,施工现场安全生产条件动态考核定为不合格,列入红色监管。

(一)同一企业同一项目被2次责令停止施工的;

(二)同一企业在同一市、县内3个项目被责令停止施工的;

(三)施工企业承建工程经责令停止施工后,整改仍达不到要求或拒不停工整改的;

(四)发生安全生产事故并负有责任的。

第十一条 在施工过程中发现企业降低施工现场安全生产条件或存在事故隐患符合以下情形之一的,施工现场安全生产条件动态考核定为基本合格,列入黄色监管。

(一)同一工程项目3次以上(含)下达安全隐患通知书,未进行有效整改的;

(二)同一企业在同一市、县内工程项目6次以上(含)下达安全隐患通知书,未进行有效整改的;

(三)工程项目首次被责令停止施工的;

(四)同一企业在同一市、县内2个以下(含)项目被责令停止施工的。

第十二条 企业在施工过程中遵守有关安全生产的法律、法规、规章和工程建设强制性标准,不具备本《办法》第十条、第十一条规定情形的,施工现场安全生产条件动态考核定为合格,列入绿色监管。

第十三条 施工现场安全生产条件动态考核合格,根据企业一般安全生产条件考核结果确定企业安全生产许可证动态考核结果和监管类别。

第十四条 施工现场安全生产条件考动态考核基本合格,各市建设(建筑)主管部门(省直有关部门)应立即按照《动态考核标准》复核企业一般安全生产条件,约谈企业主要负责人,限期整改。

企业一般安全生产条件复核达到基本合格以上,安全生产许可证动态考核定为基本合格,列入黄色监管。经整改符合要求,解除黄色监管,转化为绿色监管。

企业一般安全生产条件复核不合格,安全生产许可证动态考核定为不合格,列入红色监管,各市建设(建筑)主管部门(省直有关部门)按《许可证管理办法》有关规定向省建管局提出安全生产许可证处罚建议。暂扣期间经所在市建设(建筑)主管部门(省直有关部门)对企业安全生产条件复查合格,暂扣期满转为绿色监管。暂扣期间拒不整改或者整改后仍达不到要求的,按《许可证管理办法》有关规定予以延长暂扣期直至吊销安全生产许可证。

第十五条 企业施工现场安全生产条件动态考核定为不合格的,各市建设(建筑)主管部门(省直有关部门)应立即按照《动态考核标准》复核企业一般安全生产条件,安全生产许可证动态考核直接定为不合格,列入红色监管,并按《许可证管理办法》有关规定向省建管局提出安全生产许可证处罚建议。暂扣期间经所在市建设(建筑)主管部门(省直有关部门)对企业安全生产条件复查合格,暂扣期满转为绿色监管。暂扣期间拒不整改或者整改后仍达不到要求的，按《许可证管理办法》有关规定予以延长暂扣期直至吊销安全生产许可证。

第十六条　施工企业要按照《动态考核标准》将安全生产条件逐一进行分工，责任到人，定期组织自查自纠，查找不完善的项目，防止出现管理空白和盲区。

第十七条　施工企业应定期按照《动态考核标准》进行自查，每年向各市建设（建筑）主管部门（省直有关部门）上报自查结果不少于 2 次。企业自查应认真、细致，逐级自纠。未按时上报自查结果或者弄虚作假的，列入黄色监管。

第十八条　各市建设（建筑）主管部门（省直有关部门）应根据《动态考核标准》，对本地各类企业进行动态抽查，督促企业不断改进、完善安全生产条件。各市（各部门）每年组织检查不少于一次，每次抽查企业总数不得低于本地（本部门）企业总数的 20%，可根据实际情况到企业施工现场进行抽查。安全生产管理薄弱、存在安全生产行为不良记录，发生安全生产事故的企业应作为监督检查的重点。

各市建设（建筑）主管部门可直接组织抽查或由企业注册所在地县级建设（建筑）主管部门抽查。县级建设（建筑）主管部门应严格按照《动态考核标准》和相关法规规章进行抽查，并及时向市级建设（建筑）主管部门上报复核结果。

第十九条　各市建设（建筑）主管部门（省直有关部门）应将列入黄色与红色监管企业存在问题作为企业安全生产条件不良行为予以记录。

第二十条　各市建设（建筑）主管部门（省直有关部门）每年 1 月 15 日前应将本地、本部门企业上年度安全生产许可证动态考核年度汇总表报省建管局（附件 2）。

第二十一条　建立建筑施工企业安全生产许可动态考核激励制度。对于安全生产工作成效显著、动态考核一直列入绿色监管的企业，在评选各级各类安全生产先进集体和个人、文明工地、优质工程等时予以优先考虑，各市建设（建筑）主管部门（省直有关部门）可根据本地、本部门实际情况在监督管理时采取有关优惠政策措施。

第二十二条　根据本办法执行情况，省建管局将在《山东省建筑施工企业安全生产许可证审批管理系统》基础上开发《山东省建筑施工企业安全生产许可证动态监管系统》，建立数字化动态管理机制，实现安全生产许可证的网上动态监管。

第二十三条　各市建设（建筑）主管部门（省直有关部门）可根据本办法，制定本地（部门）的安全生产许可证动态考核办法或实施细则。

第二十四条　本办法由省建管局负责解释。

第二十五条　本办法自公布之日起施行。

关于建立建筑工程安全生产警示约谈制度的通知

(鲁建管质安字〔2006〕17号)

各市建管局(处、办)、有关市建委(建设局):

为了贯彻国务院《建设工程安全生产管理条例》、省政府《山东建筑安全生产管理规定》(省长令172号)和建设部《建设工程安全生产监督管理导则》的有关规定,加强全省建筑工程安全生产监督管理,强化工程建设参建各方主体的安全生产意识,控制和减少安全生产事故,保障人民群众的生命财产安全,经研究,决定建立山东省建筑工程安全生产警示约谈制度,现将有关事宜通知如下:

一、按照省市县三级管理的原则,建立省、市、县(市、区)三级建筑工程安全生产警示约谈制度。

二、警示约谈的对象包括建设单位、勘查设计单位、施工单位、工程监理单位以及建筑机械设备安装、租赁、检验检测等与工程建设安全生产有关的责任单位的法人代表、项目经理、专职安全员、项目监理工程师等有关人员。

三、凡有下列行为之一的,由各市、县(市、区)建筑工程管理部门在10日内对有关安全生产责任单位相关人员进行警示约谈。

1.发生四级及以上安全生产事故的;

2.工程项目参建主体违反法律法规、安全生产技术标准,受到上级建筑工程主管部门行政处罚的;

3.工程项目参建主体违反法律法规、安全生产技术标准,工程项目存有重大安全隐患,工程管理部门下达停工整改通知书或隐患整改通知书后拒不整改或未按期整改的;

4.市、县(市、区)建筑工程管理部门规定的其他行为。

四、凡有下列行为之一的,由省建筑工程管理局在15日内对有关安全生产责任单位相关人员进行警示教育约谈。

1.发生三级及以上生产安全事故的;

2.一年内发生两起以上四级安全生产事故的;

3.其他违法违规行为。

五、警示约谈主要内容:

1.听取被约谈单位在事故发生(或收到整改通知书)后,采取的应急救援和整改措施情况的汇报,帮助分析事故(重大安全隐患)原因,确定整改方案,对责任单位进一步加强安全生产管理提出具体要求。

2.听取被约谈单位承包工程项目所在地市、县(区、市)建筑工程管理部门对本地区建筑工程安全生产监管工作的汇报,帮助当地分析安全生产形势,对存在的问题提出整改要求,对进一步加强安全生产监管提出具体意见。

六、由约谈单位签发约谈通知书(见附件1),被约谈单位承包工程项目所在地市、县(区、市)建筑工程管理部门负责送达。约谈通知书一式四联,加盖建筑工程管理部门印章,建设单位、施工企业、监理企业和建筑安全监督管理机构各一联。约谈时,约谈单位要派专人做记录(见附件2),约谈负责人、被约谈人签字后存档备查。

七、有关责任单位要严格按照国家有关建设工程安全生产法律、法规和我省有关规定及行业标准进行全面整改,并在约谈后10日内以书面形式将事故(隐患)整改报告上报省、市、县建筑工程管理部门。

八、对无故不参加约谈或约谈无效的单位,要进行严肃处理。

附件:

1.山东省建筑安全生产警示约谈通知书

2.山东省建筑安全生产警示约谈记录

二〇〇六年六月五日

附件 1

山东省建筑安全生产警示约谈通知书

<table>
<tr><td colspan="2">被约谈单位名称</td><td colspan="2"></td><td>法定代表人</td><td></td></tr>
<tr><td colspan="2">被约谈人员姓名</td><td colspan="4"></td></tr>
<tr><td colspan="2">约谈时间</td><td></td><td>约谈地址</td><td colspan="2"></td></tr>
<tr><td colspan="2">约谈主要事由</td><td colspan="4"></td></tr>
<tr><td>具
体
要
求</td><td colspan="5">约谈单位负责人签字(章):　　　　约谈单位(盖章)
年　　月　　日</td></tr>
</table>

山东省建筑工程管理局　制

附件 2

山东省建筑安全生产警示约谈记录

<table>
<tr><td>被约谈单位名称</td><td colspan="4"></td></tr>
<tr><td>被约谈人员姓名</td><td colspan="4"></td></tr>
<tr><td>约谈时间</td><td></td><td>约谈地址</td><td colspan="2"></td></tr>
<tr><td>约谈负责人</td><td colspan="2"></td><td>记录人员</td><td></td></tr>
<tr><td>参与约谈人员</td><td colspan="4"></td></tr>
<tr><td>约谈记录</td><td colspan="4">（可附页）</td></tr>
<tr><td colspan="2">约谈负责人签字(章)：
年　月　日</td><td colspan="3">被约谈人员签字(章)：
年　月　日</td></tr>
</table>

山东省建筑工程管理局　制

关于进一步落实建设工程安全生产监理责任的意见

（鲁建建字〔2006〕17号）

各市建委（建设局）：

为认真贯彻国务院《建设工程安全生产管理条例》，落实工程监理单位在建设工程安全生产活动中的责任，切实加强建设工程安全生产管理工作，现提出以下意见，请指导各监理单位认真贯彻执行。

一、工程监理在建设工程安全生产中的责任范围

工程监理单位和监理工程师应当按照法律、法规和工程强制性标准实施监理，并对工程建设过程中的安全生产承担以下监理责任：

1. 审查施工组织设计中的安全技术措施和专项施工方案是否符合工程建设强制性标准，发现工程建设不具备相应安全生产条件的，不得签发工程开工报审表。

2. 在监理实施过程中，发现存在安全事故隐患的，应当要求施工单位立即进行整改；情况严重的，应当要求施工单位暂时停止施工，并及时报告建设单位；施工单位拒不整改或者不停止施工的，应当及时向建设行政主管部门报告。

二、工程监理单位落实安全生产监理责任的主要工作

建设工程监理合同应当包括安全生产管理内容，明确工程监理在安全生产管理方面的权利和义务，工程监理单位和监理工程师应当根据建设单位的委托开展监理工作。

（一）企业管理方面

1. 应当建立安全生产管理体系，以保证建设工程安全生产监理责任的落实；

2. 应当加强监理从业人员的安全生产教育培训，总监理工程师和具体负责安全生产管理的监理人员应当具备相应的安全生产知识；

3. 应当要求项目监理机构编制包括安全生产管理内容的项目监理规划，对危险性较大的分部分项工程应当单独编制安全监理实施细则；

4. 应当建立安全生产监理资料管理制度，及时收集、整理、归档工程监理单位及监理人员在建设工程安全生产方面依法落实监理责任的有关资料；安全生产方面的主要监理资料应当由注册监理工程师签字。

（二）施工准备阶段

1. 审查工程建设是否严格履行了法定程序、遵循了法定制度；

2. 审查承建单位是否具备相应的资质资格，是否依法取得了安全生产许可证；

3. 审核施工单位编制的施工组织设计中的安全技术措施和危险性较大分部分项工程专向施工方案是否符合安全生产强制性标准；

4. 审查施工现场安全生产保证体系的组织机构，包括项目经理、工长、安全管理人员、特种作业人员配备的数量及安全资格培训持证上岗情况；

5. 审查施工现场安全生产责任制、安全管理规章制度和安全操作规程的制定情况；

6. 审查施工现场拟投入使用的大型机械、机具以及电器设备等检测检验、验收、备案手续，以及现场设置是否符合规范要求；

7. 审查施工现场应急救援预案制定和应急救援体系建立情况，以及针对重点部位和重点环节制定的工程建设危险源监控措施；

8. 审查施工总平面图是否合理，安全标志和临时设施的的设置以及施工现场场地、道路、排污、排水、防火措施是否符合有关安全技术标准规范和文明施工的要求。

对工程项目未依法履行建设程序、遵循法定制度以及施工单位不具备相应资质条件和安全生产许可证的，监理单位应当拒绝实施监理，指导督促建设单位改正，并向工程所在地建设行政主管部门报告；对施工单位提交的施工组织设计或专向施工方案不符合工程建设安全生产强制性标准的，监理单位不得批准施工单位开工，应当要求施工单位修改、完善，并将有关情况书面报告建设单位。

（三）施工实施阶段

1. 总监理工程师应当定期主持召开工地例会，并在例会上分析、通报安全生产情况。

2. 监理人员应当每天在监理日志中记录当天施工现场发现和处理的安全生产问题。

3. 监理月报应包含安全管理内容，对当月施工现场的安全生产监理责任落施情况作出评述。

4. 对基础工程土石方施工、高大模板支护、起重机械拆装以及起重吊装等易发生事故的危险源和安全生产薄弱环节，应当实行重点监控。

5. 复核施工机械、施工用电设备和各种设施的验收手续，并签署意见。

6. 发现存在安全事故隐患的，应当要求施工单位立即进行整改，并检查整改结果，签署复查意见；情况严重的，应当要求施工单位暂时停止施工，并及时报告建设单位；施工单位拒不整改或者不停止施工的，应当及时向建设行政主管部门报告。

7. 发生重大安全事故或突发性事件时，总监理工程师应当立即下达停工令，并积极配合有关部门、单位做好应急救援和现场保护以及调查处理工作。

三、建设工程安全生产监理责任的界定

监理单位的法定代表人对本单位所有监理项目的安全生产负监理责任；总监理工程师对所承担的具体工程项目的安全生产负监理责任；项目其他监理人员按照职责分工，对各自承担工作内容的安全生产负监理责任。

1. 未对施工组织设计中的安全技术措施或专项施工方案进行审查擅自允许施工单位开工，或者批准严重违反工程建设强制性标准的施工组织设计中的安全技术措施或专项施工方案的，工程监理单位应当承担《建设工程安全生产管理条例》第五十七条规定的法律责任。

施工组织设计中的安全技术措施或专项施工方案未经监理单位审查批准,施工单位擅自施工的,工程监理单位应当及时下达书面指令予以制止,并将情况及时书面报告建设单位;施工单位违背监理指令继续施工后发生安全事故的,由施工单位承担相应的法律责任。

2.对发现的安全隐患没有及时下达书面指令要求施工单位整改或停止施工的,对拒不整改或停止施工的没有及时向有关主管报告报告的,工程监理单位应当承担《建设工程安全生产管理条例》第五十七条规定的法律责任。

已下达书面指令要求施工单位进行整改或停止施工,同时依法将情况及时报告了建设单位和有关主管部门,施工单位违背监理指令继续施工后发生安全事故的,由施工单位承担相应的法律责任。

3.工程监理单位要求施工单位整改或停止施工,并已将有关情况报告建设单位,因建设单位要求施工单位继续施工,从而造成安全生产事故的,应当由建设单位和施工单位共同承担相应的法律责任。

四、建设行政主管部门的监管职责

1.要进一步加强对建设工程安全生产的管理工作,积极指导工程监理单位严格依法落实在安全生产方面的监理责任;

2.督促建设单位、勘察设计单位、施工单位及其他与工程建设安全生产有关的单位依法履行安全生产主体职责,支持和配合监理单位的安全生产工作;

3.对工程监理单位报告的有关安全生产问题及时提出解决和处置措施;

4.将工程监理单位落实安全生产监理责任情况纳入日常监督检查范围,对工程监理单位不依法落实安全生产监理责任的,列入不良行为记录;

5.对发生建设工程安全生产事故的,要视工程监理单位在安全生产方面的责任落实情况,依法认定并追究有关单位责任,不得擅自扩大工程监理单位的责任范围;

6.对在荣获鲁班奖、泰山杯、安全文明工地等荣誉的工程项目中,监理责任落实、安全生产保障有力的工程监理单位和监理人员,应当给予相应的荣誉和奖励。

山东省建设厅

二〇〇六年七月七日

关于印发《山东省建筑安全生产标准化工作实施方案》的通知

（鲁建管质安字〔2011〕38号）

各市建管局（处），有关市住房城乡建委（建设局）：

现将《山东省建筑安全生产标准化工作实施方案》印发给你们，请认真贯彻实施。

二〇一一年六月二十九日

山东省建筑安全生产标准化工作实施方案

为深入贯彻落实国务院安委会《关于深入开展企业安全生产标准化建设的指导意见》（安委〔2011〕4号）和住房城乡建设部《关于继续深入开展建筑安全生产标准化工作的通知》（建安办函〔2011〕14号），进一步推动我省建筑安全生产标准化工作深入持久开展，特制订本方案。

一、指导思想

以科学发展观为统领，坚持“安全发展”理念和“科技兴安”战略，全面贯彻“安全第一、预防为主、综合治理”的方针，以对建筑企业和施工现场的综合评价为基本手段，深入持久开展安全生产标准化建设，大力推进建筑安全生产法律法规和技术标准的贯彻落实，促使主管部门落实监管职责，施工企业落实主体责任，提高施工现场安全生产水平，防范生产安全事故发生，促进我省建筑施工安全生产形势持续稳定好转。

二、参与范围

在山东省注册的三级及以上建筑施工（包括总承包和专业承包）企业以及辖区内所有规模以上房屋建筑工程施工现场必须开展建筑安全生产标准化工作。

三、工作目标

通过深入持久开展建筑安全生产标准化工作，推动全省建筑施工企业全面贯彻落实安全生产法规制度和技术标准，实现市场行为规范化、安全管理程序化、场容场貌秩序化，不断加大安全生产科技装备投入，提高建筑施工现场安全防护水平，确保全省建筑施工安全生产形势持续稳定。

（一）建筑施工企业，按照《施工企业安全生产评价标准》（JGJ/T77—2010）进行评定，全部达到“基本合格”标准，到2015年全部达到“合格”标准。

1. 特、一级建筑施工总承包企业达到“合格”标准的，2012年应达到85％、2013年达到95％、2014年达到100％；

2. 二级建筑施工总承包企业和一级建筑施工专业承包企业达到“合格”标准的，2012年应达到75％、2013年达到85％、2014年达到95％、2015年达到100％；

3. 三级建筑施工总承包企业和二级建筑施工专业承包企业达到“合格”标准的，2012年应达到60％、2013年达到80％、2014年达到90％、2015年达到100％；

4. 其他建筑施工企业达到“合格”标准的，2012年应达到50％、2013年达到70％、2014年达到90％、2015年达到100％。

（二）建筑施工现场，规模以上房屋建筑施工现场符合《建筑施工现场环境与卫生标准》（JGJ146），按照《建筑施工安全检查标准》（JGJ59）进行评定，全部达到“合格”标准。

1. 特级建筑施工总承包企业施工现场的“优良”率，2012年应达到85％、2013年达到95％、2014年达到100％；

2. 一级建筑施工总承包企业施工现场的“优良”率，2012年应达到75％、2013年达到85％、2014年达到95％、2015年达到100％；

3. 二级、三级建筑施工总承包企业及其他各类专业承包企业施工现场的“优良”率，2012年应达到65％、2013年达到75％、2014年达到85％、2015年达到95％。

四、实施方法

坚持“统筹规划、分步实施、突出重点、全面推进”和“属地管理、分级负责”的原则，通过结合工作、典型推动、制度规范，促进企业不断查找缺陷、堵塞漏洞，形成制度不断完善、工作不断细化、程序不断优化的持续改进机制，确保建筑安全生产标准化工作取得实效。

（一）健全组织，加强领导。省建筑工程管理局成立山东省建筑安全生产标准化工作领导小组，领导小组办公室设在省建筑施工安全监督站，具体负责全省建筑施工安全标准化工作的组织实施。各市建筑工程管理部门应根据具体情况，建立相应的组织机构，加强工作指导，组织施工企业开展建筑安全生产标准化工作。

（二）统筹规划，分步实施。各市要结合本地区建筑安全生产标准化工作开展以来的实践情况，制定本地区深入开展建筑安全生产标准化工作实施方案，进一步明确开展建筑安全生产标准化工作的要求、目标、任务和考核办法，按照“差别化管理”的原则，先易后难、先点后面，先从特级企业、一级企业和中心城 区工程入手逐渐展开。

（三）突出重点，全面推进。要继续健全完善以《施工企业安全生产评价标准》（JGJ/

T77—2010)和《建筑施工安全检查标准》(JGJ59—99)及有关规定为核心的考评体系，科学评定建筑施工企业和工程项目安全生产标准化工作，推动企业全面贯彻落实安全生产法规制度和安全技术标准，按照各市颁布的《建筑施工安全防护设施标准图集》，推进施工现场安全防护标准化、规范化、工具化建设，按照《建筑施工现场环境与卫生标准》(JGJ146—2004)，打造卫生环保型建筑施工现场。

(四)树立典型、示范引路。继续在全省开展以安全生产标准化为核心的创建“安全生产文明工地”暨“安全生产标准化示范工地”活动，按年度进行表彰并在招投标中增加信誉分，成绩优异的推荐为国家级“AAA级安全文明标准化诚信工地”；每两年开展一次“安全生产管理十佳企业”评选活动，树立一批安全生产标准化示范工程和示范企业，充分发挥典型示范引路的作用，提高施工企业开展安全标准化工作的积极性。

(五)强化检查、全面推进。各级建筑工程管理部门、建筑施工安全监督机构要按照“属地管理”的原则，结合日常监督管理工作，强化对建筑施工企业和施工现场的安全生产监督检查，采取量化考核的方式开展对建筑施工企业和施工现场的综合评价工作。对所辖区域内的施工现场要按照“网格化”管理模式，分片包干进行定期检查和不定期巡查，对在本地注册的建筑施工企业每年进行一次考评。从2011年起省建筑工程管理局将组织人员对各地开展建筑施工安全标准化工作的情况进行检查验收。

五、工作要求

(一)提高认识，积极推动建筑施工安全标准化工作。建筑安全生产标准化是加强建筑安全生产管理的一项基础性、长期性工作，是新形势下安全生产工作方式方法的创新和发展。2005年以来，各市根据住房城乡建设部印发的《关于开展建筑施工安全质量标准化工作的指导意见》的要求，扎实推进了建筑安全质量标准化工作，使我省建筑安全生产形势持续平稳运行。当前，各市要从落实科学发展观的高度出发，进一步增强做好这项工作的使命感、责任感和紧迫感，坚决克服厌战情绪和麻痹松懈思想，要坚持不懈、持之以恒，稳步实施、扎实推进，不断巩固和扩大安全标准化工作成果。

(二)采取措施，确保建筑安全标准化工作取得实效。各市要认真研究制定建筑施工安全标准化工作的具体措施，按照“一岗双责”和“层级管理”的原则，建立健全安全标准化工作责任制，层层分解目标，层层贯彻标准，层层落实责任，层层检查考核，狠抓工作落实，确保工作目标的实现。同时要不断总结经验，创新工作方法，完善工作机制，营造浓厚氛围，努力形成比、学、赶、超的工作局面。要大力表彰和鼓励安全标准化工作成绩突出的施工企业和施工现场，带动本地区安全标准化工作的全面开展。对于建筑安全生产标准化工作开展不力的地区、企业和工程项目要予以通报批评，通过完善奖惩机制，促进各地建筑工程管理部门、施工企业和工程项目进一步提高开展建筑安全生产标准化工作的积极性和主动性。

(三)综合协调，扎实推进建筑安全标准化各项工作。在开展建筑安全生产标准化工作中要做到“六个结合”，即与深入开展执法行动相结合，依法严厉打击建筑施工非法违法建设行为；与安全专项整治相结合，深化建筑安全隐患排查治理；与推进落实企业安全生产主体责任相结合，强化安全生产基层和基础建设；与促进提高安全生产保障能力相结合，着力提高先进安全技术装备和现代信息化水平；与加强职业安全健康工作相结合，改善从业人员的作业环境和条件；与完善安全生产应急救援体系相结合，加快救援基地和相关专业队伍标准化建设，切实提高实战救援能力。

山东省建筑工程管理局

二〇一一年七月一日